renzel, 1997)에서 확인할 수 있다.

수목관리학 제4판

Arboriculture FOURTH EDITION

경관 교목, 관목, 덩굴식물의 종합 관리
(Integrated Management of Landscape Trees, Shrubs, Vines)

Richard W. Harris
명예교수
캘리포니아주립대학교 데이비스(Davis, CA) 캠퍼스
환경원예학과

James R. Clark
부사장/HortScience, Inc.
캘리포니아 플레젠튼(Pleasanton, CA)

Nelda P. Matheny
사장/HortScience, Inc.
캘리포니아 플레젠튼(Pleasanton, CA)

삽화: Vera M. Harris

옮긴이: 이규화
서울대 식물병원 자문위원
이안도시숲연구원장/농학박사

감수: 이경준
명예교수/서울대학교

BIOSCIENCE (주)바이오사이언스출판

국립중앙도서관 출판시도서목록(CIP)

수목관리학 / 저자: Richard W. Harris, James R. Clark, Nelda P. Matheny
역자 ; 이규화. — 서울 : 바이오사이언스출판, 2012
p. ; cm

원표제: Arboriculture
원서의 제4판을 번역함
영어 원작을 한국어로 번역
ISBN 978-89-92709-88-0 93480 : ₩35000

485.16-KDC5
582.16-DDC21 CIP2012002546

수목관리학 4판

초판 인쇄: 2012년 5월 21일 2쇄 인쇄: 2019년 1월 07일
초판 발행: 2012년 5월 31일 2쇄 발행: 2019년 1월 15일

저 자: Harris / Clark / Matheny
옮긴이: 이규화
감 수: 이경준
발행인: 문정구
발행처: (주)바이오사이언스출판
본 사: 14040 경기도 안양시 동안구 전파로 107(호계동)
서울사무소: 06569 서울시 서초구 도구로 115, 1층(방배동)
TEL: (02)581-4057~8
FAX: (02)581-4059
편집부: edit@biobooks.co.kr
영업부: sales@biosciencepub.com
주 문: order@biosciencepub.com
홈페이지: http://www.biobooks.co.kr
ISBN: 978-89-92709-88-0 93480

등록번호: 제22-3079호
값 35,000원

차례

제13장 수분 관리 313

제14장 전정 339

머리말

초판(初版, first edition)이 발행되고 나서 20년이 지났다. 그 동안 수목관리학은 괄목할만한 변화를 경험하였다. 연구를 통한 새로운 발견; 수목관리자에 대한 지원, 훈련, 자격증; 실무자에 의한 혁신; 새롭고 향상된 장비; 전문가들의 세계적인 공동체; 수목관리학의 미래에 대한 좋은 징후인 공중의 보다 나은 정보와 관심 등. 인터넷을 통한 정보에 대한 즉각적인 접근은 전 세계에 산재한 수목관리자들 간에 의견과 경험의 교환을 가능하게 하고 있다.

본 수목관리학의 제4판은 문제와 상황을 분석하고, 가장 적절한 해결방안과 대응과정을 선택하는데 도움을 줄 것이다. 지난 개정판과 마찬가지로, 새로운 정보와 유지관리 실무는 평가를 거쳐 적절한 경우 기존의 관행을 재평가하였다. 분석적인 접근이 강조되어, 관리 요구도를 평가하고 적절한 해법을 결정하였다.

전반적으로 사용되는 보통병과 학명은 Hortus Third(Bailey 등, 1976)와 Annotated Chedklist of Woody Ornamental Plnats of California, Oregon, and Washington(McClintock과 Leiser, 1979)에 수록된 것과 일치시켰다.

치수는 미터단위로 표시하고, 이에 상당하는 영국식 단위를 괄호 안에 표시하였다. 대부분의 경우, 근사치 정도만으로 충분하기 때문에, 두 단위 간의 환산은 편의상 반올림하였다.

저자들 각각은 소규모 회합이나 관련 워크숍, 회의 등에서 환영과 격려, 가르침을 받음으로써 수목관리학의 모든 분야에서 많은 사람들로부터 도움을 받았다. 우리는 새로운 아이디어와 관행으로부터, 그리고 매우 일상적인 질문에 대한 대답을 다시 생각함으로써 다시 배우고 있다.

우리는 Sunset 전국 식물-기후 지도의 사용을 허가해 준 캘리포니아 Menlo Park에 있는 Sunset Books, Inc.의 Kathleen N. Brenzel, Robert Doyle, Sue Erye에게 감사를 표한다.

많은 사람들이 처음 세 번의 개정판에 도움을 주었는데, 아래에 열거하는 사람들은 이번 개정판에 도움을 준 사람들로서 자신들의 경험과 연구결과를 공유하고, 원고의 일부를 검토해 주었다. 미국산림청(Davis, CA)의 Philip A. Barker; Sierra Moreno Mercantile Company(Big Pool, MD)의 Donald F. Blair; Britton Tree Service(St. Helena, CA)의 고(故) John C. Britton과 Denice F. Britton; 플로리다대학교(Fort Lauderdale, FL)의 Timothy K. Broschat; 퍼듀대학교(West Lafayette, IN)의 Bill Chaney; CN Utility Consulting(Petaluma, CA)의 Stephen R. Cieslewicz; Barrie D. Coate(Los Gatos, CA); Dermot Cox(Gildford, UK); Scott Cullen(Greenwich, CT); 스웨덴농업과학대학교(Uppsala, Sweden)의 Tom Ericsson; Dunster & Assoc. Ltd.(Bowen Island, BC)의 Julian Dunster; The Arbor Center(Bath, UK)의 David Evans; Eyerly & Associates(Denver, CO)의 Eugene B. Eyerly; 플로리다대학교(Gainesville, FL)의 Edward F. Gilman, Jason Grabosky; 몬태나주립대학교 사회교육서비스의 Bob Gough; DendroTech(Calistoga, CA)의 Rob Gross; National Shade(Houston, TX)의 Eric Hess; 퍼듀대학교(West Lafayette, IN)의 Harvey Holt; Barlett Tree Experts(Osterville, MA)의 James B. Ingram; Conectiv(Newark, DE)의 Richard Johnstone; 미국산림청 북부중앙연구소(St. Paul, MN)의 Jennifer Juzwik; Kelly and Associates Environmental Sciences, Inc.(Davis, CA)의 David B. Kelley; Brian Kempf(Visalia, CA); Asplundh Tree Expert Co.(Willow Grove, PA)의 Geoff Kempter; 일리노이대학교(Champaign, IL)의 William Kruidenier; Tree Associates(Winters, CA)의 John M. Lichter; Gordon Mann(Redwood City, CA); Massey Consultants(Raleigh, NC)의 Bill Massey; Karlsruhe Research Center(Karlsruhe, Germany)의 Claus Mattheck; 로드아일랜드대학교의 Brian Maynard; Joe McNeil Consulting Arborist(Pleasant Hill, CA)의 Joe

McNeil; 미국산림청(Davis, CA)의 E. Greg McPherson; Pacific Corp.(Vancouver, WA)의 Randy Miller; 위스콘신 대학교(Stevens Point, WI)의 Robert Miller; DMG Group(Vancouver, BC)의 Michael Mills; 미국산림청(Syracuse, NY)의 David Nowak; Barlett Tree Expert Co.(UK)의 Glynn Percival; Darnish Forest and Lands Research Center(Horsholm, Denmark)의 Thomas Randrup; Jacksonville Electric(Jacksonville, FL)의 Mike Robinson; 전국수목관리자협회(Manchester, NH)의 Robert Rouse; Ralph Sievert(Minneapolis, MN); 미국산림청(Davis, CA)의 Jim Simpson; Barlett Tree Research Laboratory(Charlotte, NC)의 Thomas Smiley; 폴스미스 칼리지(NY)의 Randal Swanson; West Coast Arborists (Anaheim, CA)의 Andy Trotter; Urban & Associates (Annapolis, MD)의 James Urban; Avista Utilities (Spokane, WA)의 Sharon Vore; Walter Warriner(Santa Monica, CA); Morton Arboretum(Lisle, IL)의 Gary W. Watson; V-MAX(Woodland, CA)의 Laurence Weltch; Treescapes, Inc.(Oakland, CA)의 Torrey Young.

캘리포니아주립대학 동료 중에서 다음 분들의 도움과 인내에 감사한다. Berkeley 캠퍼스의 Theodore T. Kozlowski; Davis 캠퍼스의 Alison M. Berry, David W. Burger, Steve H. Dreistadt, Clyde Elmore, Andrew T. Leiser, James D. MacDonald, Jack L. Paul, Warren G. Roberts, Roy M. Sachs; 협동기술지도서비스의 Laurence R. Costello, James A. Downer, Gary W. Hickman, Katherine Jones, Edward J. Perry, David A. Shaw, Pavel Svihra.

처음 세 번의 책자에 실린 삽화는 Vera Harris(Davis, CA)가 그렸다. 이 중 대부분이 우리가 전달하고자 하는 정보와 생각을 표현하는데 유효하여 제4판에도 포함시켰다. 이번에 게재된 삽화는 Jane Whitcomb(HortScience)와 Nelda Matheny가 새로이 그리거나 수정하였다. HortScience 직원인 Edward Brennan, Jane Whitcomb, Michael Santos, Jen Bowman의 도움에 감사한다.

논리적인 아이디어의 흐름에 대한 도움과 상호참조의 정확성 확인 등에는 Carlisle Communications의 Emily Bush의 도움이 컸고, 책의 제작에 대해서는 부주필인 Kimberly Yehle에게 감사한다. Prentice Hall의 Debbie Yarnell과 Janice Stangel은 이 책의 준비 전반에 걸쳐 매우 협조적이며, 잘 이해하고, 기다려주었다.

이러한 여러분의 도움에도 불구하고, 우리는 이 책에 게재된 아이디어, 이들의 설명과 정확성 모두에 대해 전적인 책임을 진다. 이 개정판에서 낙후되거나 빠트린 연구, 관행, 관찰 등은 앞으로 지속적으로 새롭게 수정될 것이다. 이 책에 도움이 되는 이 분야의 가장 최신 아이디어와 진전에 관한 정보는 감사한 마음으로 수용할 것이다.

끝으로, 함께 할 수 없는 기간 동안 인내와 이해 그리고 사랑을 보여준 우리들의 가족에게 감사한다.

Richard W. Harris
James R. Clark
Nelda P. Matheny

2002년 5월
캘리포니아 Dabis와 Pleasanton에서

옮긴이 머리말

우리가 도시에 수목을 본격적으로 식재하기 시작한 것은 1986년 아시안게임과 1988년 올림픽게임을 준비를 시작하는 1980년대 초반인 것으로 생각된다. 그 이후 우리는 여러 가지 목적으로 다양한 수종을 주변에 식재해왔다. 대표적인 도시 수목인 가로수의 경우, 2010년 말 현재 전국 도로 총 연장의 33.2%인 34,817km에 5,349천 그루가 식재되어 있으며, 최근 5년간 매년 250천 그루 정도의 가로수가 새로이 식재되어 왔다.

우리는 나무를 심기 전에 왜 나무를 심는지, 심고자 하는 장소의 환경에 어떤 수종이 적절한지에 대해 얼마나 고민해 보았는가? 나무를 심을 때 건강하고 수형이 좋은 수목을 선정하기 위해 얼마나 노력하는가? 식재한 후에는 스스로 수분을 흡수할 수 있을 때까지 관수를 몇 번이나 해주고 있는가? 수목이 생장하면서 구조적으로 튼튼하게 성장할 수 있도록 결함을 교정해 주고 구조를 바로잡아 주기 위한 관리계획은 수립해 두었는가?

불행하게도 우리는 이러한 질문에 자신 있게 답변할 수 없는 것 같다. 우리 주변에 식재된 소중한 수목들이 자신의 수형을 잃은 채 제대로 관심을 받지 못하고 아무렇게나 방치되어 있는 현실이 이러한 질문에 대한 대답을 대신하고 있다. 우리는 지금까지 나무를 심어야 한다고 하니까, 누가 어떤 수종이 좋다고 하니까, 잘 알지도 못하는 나무를 적당히 심어놓은 다음 더 이상 관심을 두지 않는 것이 당연한 관행으로 굳어져 있는 것 같다.

또한 급한 마음에 다 자란 아름드리 수목을 옮겨 심도록 고집하고, 인간의 욕심을 충족시키기 위해 수령 수백 년의 고목을 아무런 죄의식 없이 옮겨 심어서 죽이고 있다. 어릴 때 건물 정면에 심어놓은 교목은 십여 미터 이상의 높이로 자라서 시야를 가릴 때가 되어서야 굵은 가지를 잘라내기 바쁘다. 이러한 잘못된 수목 관리 관행이 너무도 만연하여 이것이 당연한 것으로 생각될 정도이다.

수목은 인간과 환경에 많은 편익을 제공하지만, 잘못 관리하면 인명을 위협하고 재산에 피해를 줄 수도 있다. 이제 우리 주변 수목들도 식재된 후 30년이 경과하고 있어서 올바른 관리를 통해 피해가 발생할 가능성을 지속적으로 줄여나갈 필요가 있다. 그리고 이러한 문제를 근원적으로 예방하기 위해서는, 앞으로 심는 수목은 식재 목적과 부지에 알맞은 수종을 선정하여 올바르게 심고 관리하는 노력을 기울여야 할 것이다. 그러나 문제는 지금까지 우리의 연구가 이러한 요구를 충족시키기에는 크게 부족하다는 것이다. 이로 인해 수목관리 현장에서는 잘못된 관행이 반복되고 있고, 이는 또다시 위험한 수목을 양산하고 있는 실정이다.

역자가 이 책을 소개하는 이유는, 이 책이 우리보다 먼저 이러한 문제에 당면했던 선진국이 다양한 연구를 통해 확인한 해결 방안을 포함하고 있기 때문이다. 특히, 수종의 선정으로부터 수목의 위해(危害, hazard) 관리에 이르기까지 다양한 연구결과를 제시하고 있다. 따라서 이 책을 통해 여기에 소개된 방법들이 우리의 수목관리 현장에 적용되고, 부족한 부분은 우리 환경에 맞게 더욱 발전시킬 수 있는 계기가 마련된다면, 역자에게는 이보다 더 큰 보람이 없을 것이다. 다만 부족한 지식으로 저자들의 뜻을 잘못 전달하지 않을까 하는 두려움은 떨칠 수 없는 것이 사실이다.

끝으로 여러 가지 부족하고 나이도 많은 사람을 제자로 받아들여서 자상하게 지도해 주시고, 이 책의 출간에 즈음하여 감수를 통해 번역의 미흡함을 채워주신 은사이신 서울대학교 이경준 교수님께 무한한 감사를 드린다. 그리고 결과를 예측하기 어려운 이 책의 출간을 기꺼이 수락해 주신 (주)바이오사이언스출판 문정구 사장님께도 감사의 말씀을 전하고, 불평 없이 오랜 기간 혼자 어려움을 견뎌온 집사람에게 이 책을 바친다.

2012년 5월
옮긴이 씀

감수자 추천의 글

수목은 현대 도시의 주요 구성요소로서 삭막한 도시환경을 순화시키고 인공구조물 사이에서 자연의 아름다움을 연출한다. 사계절에 맞추어 독특한 경관을 만드는 나무와 숲은 도시민에게 안식처를 제공하고 생활에 활력을 불어넣어 주는 등 도시에서 수목이 주는 혜택은 매우 크고 다양하다. 수목이 도시 삶의 질을 결정할 정도다.

한국은 20세기 후반부터 집약적인 도시개발이 진행되면서 빌딩 사이에 열린 공간과 녹지대의 필요성을 인식하게 되었다. 이를 위해 대규모로 나무를 심기 시작한 것은 1970년대 초반이며, 도시수목의 식재와 관리 역사는 겨우 반세기밖에 되지 않는다.

수목관리학(樹木管理學, arboriculture)에 대한 이론과 응용 기술은 서양에서 오래전부터 발전해 왔다. 나무를 임분 내에서 집단으로 관리하여 목재 생산을 도모하는 임학(林學, forestry)은 독일에서 먼저 발전한 반면, 도시수목의 개체별 관리 기술은 영국에서 식민지로부터 다양한 식물을 수집하여 식물원, 수목원, 정원, 공원을 조성하면서 발달하기 시작했으며, 자연스럽게 수목관리학 학문으로 이어졌다.

미국은 20세기 초까지 유럽에서 식물학을 포함한 대부분의 학문을 도입하였다. 이를 바탕으로 열대지방부터 한대지방까지 넓은 국토에서 자라고 있는 다양한 기후대의 수목을 관리하는 기술을 폭넓게 발전시켰다. 미국의 수목관리기술은 자국의 엄청난 조경수 생산 규모와 수요에 맞게 선진화되어 있다. 미국이 주도하고 있는 국제수목관리학회(ISA, International Society of Arboriculture)는 2만 명 이상의 회원을 거느린 세계적인 규모의 학회다. 수목관리에 관한 연구, 교육, 홍보, 자문, 자격증 관리, 각종 수목관리 표준제정 등에 관한 업무를 맡고 있으며, 미국의 수목관리기술이 세계의 표준이 되도록 이끄는데 크게 기여하고 있다.

캘리포니아 주는 다양한 기후와 지형을 가진 곳이다. 19세기 전반까지 유럽 이민의 손길이 닿지 않았기 때문에 자연파괴가 거의 없었다. 넓은 면적에 많은 종류의 독특한 동식물이 서식하는 곳이라는 명성에 걸맞게 자연보호 분야에 앞장서고 있으며, 농업과 조경수 생산 기술 분야에서도 세계를 선도하고 있다.

캘리포니아 주가 설립한 주립대학교(University of California) 중에서 Davis 캠퍼스는 미국의 생물학, 작물학, 원예학 등을 이끌고 있는 명문대학이다. 특히 Richard Harris 명예교수는 수목관리학 분야의 세계적인 권위자로서 30여 년 전에 "수목관리학" 책을 펴냈다. 지금까지 4회에 걸쳐서 개정판을 냈으며, 대학 교과서로서 세계적으로 이 분야의 best seller에 해당한다. 이번에 한국어로 번역한 4차 개정판은 그동안 미비한 점을 보완하여 수목관리학 분야의 바이블이라고 해도 과언이 아니다. 감수자도 대학교에서 정년퇴임하기 전까지 수목관리학을 가르치면서 이 책을 교재로 선택하여 썼다.

이 책은 조경수의 생물학적 관리에서 꼭 필요한 지식과 기술을 골라 체계적으로 정리해 놓았다. 전술한 바와 같이 국내에서는 조경의 역사가 매우 짧아서 수목의 생물학적 특성을 잘 모르는 건설업자, 토목업자, 조경설계자들이 수목을 아무렇게나 식재하고 관리함으로써 나무의 건강을 해치는 경우가 자주 발생하고 있다. 이 책은 국내의 허술한 조경수 관리기술을 발전시킬 수 있는 훌륭한 지침서가 될 것이며, 대학교에서 수목관리학 분야의 교과서로서 가장 적절하다고 믿는다.

이 책을 번역한 이규화 박사는 감수자의 서울대학교 제자로서 국내에서 최초로 수목의 가지치기 생리와 상처 치유 생리로 박사 학위를 취득하여 열악한 국내 수목관리학 연구 분야를 독보적으로 개척하고 있다. 이 박사는 현재 감수자와 함께 서울대학교 식물병원에서 자문위원으로 일하고 있으며, 조경수 관리에 관한 전문가 교육과 전반적인 수목 건강에 대한 자문을 맡고 있다. 이 박사는 평소 성실한 생활에 걸맞게 매우 꼼꼼하게 이 책을 번역하여 원저자의 뜻을 제대로 전달하려고 노력했다. 이 책이 국내에서 불모지대에 있는 수목관리학의 발전에 크게 기여하리라고 믿으면서 추천서에 갈음하고자 한다.

이 경 준
서울대학교 산림과학부 명예교수

옮긴이 소개

이규화

마산상고(현 마산용마고)를 졸업하고 한국은행에 입행하여
주경야독으로 성균관대학교 경영학과를 졸업하였다. SK에너지에 입사하여 19년간 근무한 다음
SKM을 거쳐 동산C&G 대표이사를 역임하였다. 인생의 후반을 준비하기 위해
천안연암대학 조경학과를 졸업하고 서울대학교 대학원에 진학하여
2010년 2월 58세에 농학박사(산림환경학)학위를 받았다.
현재 이안도시숲연구원장과 서울대학교 식물병원 자문위원으로 활동 중이다.
저서(역서)로는 올바른 나무전정(아인북스), 도시 임학(월드사이언스)이 있다.

감수자 소개

이경준

서울대학교 농과대학 임학과 졸업(학사)
미국 University of Wisconsin 임학과 졸업(석사)
미국 University of Florida 임학과 졸업(박사 및 박사후 과정)
임목육종연구소 전문직 연구원 및 연구관
서울대학교 농업생명과학대학 산림자원학과 조교수, 부교수, 교수
미국 University of Washington 국비파견 연구교수
서울대학교 명예교수 및 식물병원 자문위원

주요저서: 수목생리학, 조경수 식재관리기술(공저), 산림생태학(공저), 임학개론(공저), 조경수병해충도감(공저), 산에 미래를 심다, 박정희가 이룬 기적: 민둥산을 금수강산으로.

제1장 서론

목표

- 수목관리학(樹木管理學, arboriculture) 전반과 여기에 속하는 전문 분야를 정의하고 설명한다.
- 수목관리학과 도시임학(都市林學, urban forestry) 간의 유사성과 차이를 고찰한다.
- 수목관리학의 지도원리(指導原理, guiding principle)를 제시하고, 수목관리 실무에 대한 틀(frame)을 제공한다. 이 원리에는 수목관리 전반에 대한 개념과 수종별 관리요구도에 대한 개관이 포함된다.

1.1 수목관리학

수목관리학은 다음에 기술한 바와 같이, 수목의 선정(selection), 식재(planting), 관리(care) 등을 다룬다. 일반적으로 수목관리학은 교목(喬木, tree)과 관목(灌木, shrub)을 육성(育成, cultivation)하는 것이라고 정의된다(Bailey 등 1976; Webster's 1976; Lawrence 등 1993; Dunster와 Dunster, 1996). 임학사전(*Dictionary of Forestry*)에서 Helms(1998)는 수목관리학을 "비산림(nonforest) 환경에서 교목과 목본식물(木本植物, woody plant)을 식재, 관리, 과학적으로 육성하는 것"이라고 기술하였다.

또한 일반적인 수목관리학의 정의에는 관목과, 미국에서는 vine으로, 영국에서는 wall shrub(Brown, 1972; Halliwell 등, 1979)으로, 호주 climbing shrub(Mullins, 1979)으로 알려진 덩굴식물을 포함한다고 추정하는 것이 합리적일 것이다. 여기에 언급하는 식물은 보통 관리 필요성이 있는 목본의 다년생식물을 의미한다. 이들은 우선 크기와 수형이 다르다. 그럼에도 불구하고, 등나무(*Wisteria sinensis*) 덩굴이 교목으로 정지(整枝, training)될 수도 있고, 아이비(*Hedera helix*)의 성숙한 수형은 관목처럼 생겼다.

수목관리학은 자연자원관리사전(*Dictionary of Natural Resource Management*)에 언급된 바와 같이, 단목(單木, single tree)과 함께 작은 집단을 이루고 있는 수목 모두에 대한 관리활동을 포함한다(Dunster와 Dunster, 1996). 이와는 달리, *Hortus Third*(Bailey 등, 1976)는 수목관리학을 산림이나 과수원에 있는 수목보다 개별 수목의 육성으로 정의하고 있다.

수목관리학은 식물과학(植物科學, plant science)에 속하는 원예학(園藝學, horticulture)의 한 지류이다. 다음은 식물과학에 속하는 분야의 목록으로, 이들의 정의와 서로의 관계를 나타내고 있다.

경종학(耕種學, agronomy)은 주로 농작물, 목장, 초지 식물의 재배를 다룬다.

임학(林學, forestry)은 목재의 상업적인 생산과 활용에 관여한다.

- 조림학(造林學, silviculture)은 산림 임분(林分, stand)을 관리하는 실무이다.
- 도시임학(都市林學, urban forestry)은 도시 및 도시와 접하는 지역에서 식재되거나 자연적으로 발생한 수목의 관리를 다룬다.

원예학(園藝學, horticulture)은 식량과 미학을 위해 집중적으로 키우는 식물을 취급한다.

- 과수원예학(pomology)은 주로 목본식물과 덩굴식물의 다년생 결실 식물의 재배를 다룬다.
- 채소학(vegetable crop)은 사람이 먹는 초본식물의 재배를 다룬다.
- 환경원예학(environmental horticulture)은 환경을 향상시키기 위해 식물을 재배하는 것이다.
  - 화훼원예(花卉園藝, floriculture)는 절화(折花, cut flower)와 분에 담긴 식물을 생산한다.
  - 양묘(養苗, nursery production)는 조경식재와 과실생산을 위한 주로 목본식물을 생산한다.

경관원예(landscape horticulture)는 조성된 경관에 있는 식물을 관리한다.

수목관리학(arboriculture)은 목본식물, 특히 교목, 관목, 덩굴식물과 같은 목본식물의 육성을 다룬다.

경관건설(landscape construction)은 경관계획에 따라서 구조물과 식물소재를 설치하는 것에 관여한다.

경관관리(landscape maintenance)는 조성된 경관에서 사용되는 다양한 식물을 식재하고 관리하는데 전문적이다.

잔디재배(turf grass culture)는 조경과 스포츠용을 위해 잔디를 키우는데 관여한다(때로는 경종학으로 간주된다).

조경학(造景學, landscape architecture)은 인간의 이용과 즐거움을 위해 외부 공간을 계획하고 설계하는 것이다.

공원관리(park management)는 주택개발과 도시공원으로부터 이용객이 많은 국립공원에 이르기까지, 공적 및 사적인 경관지역을 설계, 개발, 관리하는 종합적인 책임을 지고 있다.

이들 전문화된 영역이 서로 배타적인 것으로 생각될 수도 있지만, 이들 간의 경계선은 분명하지 않다. 어떤 회사나 기관은 조경설계, 양묘, 그리고 모든 분야의 조경원예에 관여할 수도 있다. 지자체(地自體, municipal)의 공원부서는 농장운영과 함께 조경 식재를 취급할 수도 있다. 많은 조직은 하나 이상의 전문영역에 관여함으로써 안정적인 노동력을 유지하고 재무적인 위험을 분산할 수 있다는 것을 알게 된다.

1.2 수목관리학 실무

미국에서 도시지역(인구 2,500명 이상인 지역)은 약 38억 그루의 수목을 보유하고 있다. 대도시권(大都市圈, metropolitan area)은 미국 인구 80%의 집이 있고 744억 그루의 수목을 보유하고 있다(Dwyer 등, 2000). 대도시권은 미국 전체 수목 수관피복의 약 1/4을 차지하고 있다.

이러한 수목을 돌보는 것은 수목관리학과 도시임학 분야의 전문 영역이다. 국제수목관리학회(International Society of Arboriculture, ISA)는 몇 가지 전문 분야를 가진 광범위한 영역으로 기술하였다:

지자체 수목관리자(municipal arborist)는 시와 소도시, 기타 공공기관이 소유하고 있는 공적인 수목의 관리를 담당한다. 이들은 보통 공공기관에 직접 고용되거나 계약기준으로 서비스를 제공한다(**그림 1-1**).

(a)

(b)

그림 1-1 수목관리는 송전선 근처(a)나 도시의 도로변(b)과 같은 특수한 상황에 있는 수목의 관리에 관여하고 있다.

상업적 수목관리자(commercial arborist)는 수수료를 받고 전정(剪定, pruning), 시비(施肥, fertilization), 건강관리, 식재, 수목제거와 같은 수목관리 서비스를 제공하는 사업을 운영한다. 고객에는 공공기관과 민간기업, 개인 등이 있다.

송전선 수목관리자(utility arborist)는 송전선 공도용지(公道用地, right-of way)를 따라 자라는 수목의 관리를 담당한다. 이들의 주된 관리목적은 단전(斷電, power outage)을 방지하는 것이다. 이를 위해 송전선 수목관리자는 수목 선정, 전정, 수목생장조절제 처리, 수목제거 등에 대한 필요성 평가와 일정계획 수립에 관여한다. 이들은 전력회사가 자체적으로 고용할 수도 있고, 식생관리 서비스를 제공하는 회사와 계약을 체결할 수도 있다.

국제수목관리학회에 의해 명확하게 정의되지는 않았지만, 최근에 제4의 전문 분야가 나타났다.

수목관리 자문가(arboricultural consultant)는 서비스 작업을 수행하기보다 문제 진단(problem diagnosis), 관리 프로그램, 수목 감정 등을 포함한 기술적인 전문성을 제공한다. 이들 자문가는 상업적인 기준으로 운영되지만, 미국 농무부(USDA)의 협동지도 프로그램(協同指導-, cooperative extension program)이나 주(州, state)의 도시임업 프로그램 등과 같은 기관의 공무원이 자문적인 전문성을 제공할 수도 있다.

이러한 광범위한 영역 내에서, 이들 분야 간에는 상당한 중첩이 있다. 어떤 상업적인 수목관리회사는 개인 고객과 지자체나 전력회사 모두에게 수목관리 서비스를 제공한다. 또한 많은 상업적인 기업이 자문 서비스를 수행하고 있다.

수목관리 서비스의 경제적인 영향은 매우 중대하다. 예를 들면, 미국에서는 이 산업의 송전선 관련 분야에서의 식생관리 시장규모가 연간 18억~20억 달러에 이르는 것으로 추산된다(Steve Cieslewicz, CN Utility Consulting, Petaluma, CA, 2002). 캘리포니아 주에서는, 도시임업이 보수적으로 보아 매년 주 경제에 38억 달러를 기여하고 64,000개의 일자리를 제공한다고 추정된다(Templeton과 Goldman, 1996).

수목관리 분야의 범위와 전문 분야는 수목관리자를 대표하는 전문 단체에 나타나 있다(**표 1-1**). 국제수목관리학회(ISA)는 38개 지부와 5개 전문적인 제휴기관을 가지고 있으면서 26개국에 있는 14,000명 이상의 수목관리자를 대표하고 있다. 미국에는 몇 개의 단체가 수목관리 분야 내의 좀 더 세분화된 전문 영역을 대표하고 있다. 전국수목관리자협회(National Arborist Association)와 상업수목관리협회(Society of Commercial Arboriculture)는 상업적인 수목관리자의 관심에 초점을 맞추고 있다. 미국자문수목관리자협회(American Society of Consulting Arborists)는 수목관리자문가의 이해를 대변한다. 지자체수목관리자협회(Society of Municipal Arborists)와 송전선수목관리자협회(Utility Arborist Association)는 그들 각각의 전문 분야에 초점을 맞춘다. 마찬가지로, 영국에서는 수목관리협회(Arboricultural Association)가 광범위한 의미의 수목관리 분야를 대변한다. 전국수목관리공무원협회(National Association of Tree Officers)와 송전선 수목관리자협회(Utility Arborist Association)는 지자체와 송전선 수목관리자를 대표한다. 이와 유사한 조직이 전 세계적으로 다른

표 1-1 수목관리 분야와 관련된 조직

조직명	프로그램과 조직적인 관심	연락처
국제수목관리학회 (International Society of Arboriculture)	연구와 교육. 38개 지부를 거느린 상부단체(umbrella organization). 다양한 교육재료와 프로그램을 제공한다. *Arboriculture and Urban Forestry*와 *Arborist News*를 발행한다.	2101 W. Park Court, Champaign, IL 61821. 217-355-9411. www.isa-arbor.com E-mail: isa@isa-arbor.com
전국수목관리자협회 (National Arborist Association)	미국과 영국에 있는 상업적 수목관리자를 위한 동업자 조직. 회원에게 교육적, 사업적 관리 프로그램을 제공한다. 규제관련 동향을 모니터 한다. *Tree Care Industry* 잡지를 발행한다.	P.O. Box 1094, Meeting Place Mall, Route 101, Amherst NH 03031-1094. 1-800-733-2622 http://www.natlarb.com
수목관리연구교육원 (Arboriculture Research and Education Academy)	국제수목관리학회 산하 직업별 조직으로 연구와 교육에 중점. 회원은 대부분 대학 교수, 연구와 교육에 관심이 많은 현장 수목관리자들이다.	c/o International Society of Arboriculture, 2101 W. Park Court, Champaign, IL 61821. 217-355-9411 www.isa-arbor.com E-mail: isa@isa-arbor.com
송전선수목관리자협회 (Utility Arborist Association)	국제수목관리학회 산하 직업별 조직. 송전선 수목관리에 중점을 두며, 송전선 정리업자와 전력회사 모두를 포함한다. 계간 소식지를 발행한다.	c/o International Society of Arboriculture, 2101 W. Park Court, Champaign, IL 61821. 217-355-9411 www.isa-arbor.com E-mail: isa@isa-arbor.com
지자체수목관리자협회 (Society of Municipal Arborists)	국제수목관리학회 산하 직업별 조직. 지자체 수목관리에 중점을 둔다. 계간 소식지를 발행한다.	c/o International Society of Arboriculture, 2101 W. Park Court, Champaign, IL 61821. 217-355-9411 www.isa-arbor.com E-mail: isa@isa-arbor.com

(계속)

표 1-1 수목관리 분야와 관련된 조직 (계속)

조직명	프로그램과 조직적인 관심	연락처
상업적 수목관리협회 (Society of Commercial Arboriculture)	국제수목관리학회 산하 직업별 조직. 상업적 수목관리에 중점을 둔다. 계간 소식지를 발행한다.	c/o International Society of Arboriculture, 2101 W. Park Court, Champaign, IL 61821. 217-355-9411 www.isa-arbor.com E-mail: isa@isa-arbor.com
수목관리학학생회 (Student Society of Arboriculture)	국제수목관리학회 산하 직업별 조직. 대학별 개별 지회로 구성되어 있다.	c/o International Society of Arboriculture, 2101 W. Park Court, Champaign, IL 61821. 217-355-9411 www.isa-arbor.com E-mail: isa@isa-arbor.com
유럽수목관리평의회 (European Arboricultural Council)	유럽 13개국의 수목관리 교육, 연구, 실무 관련 상부단체. 목적은 수목관리 실무의 표준화이다. 수목관리자(AWEB)의 훈련과 시험 프로그램 개발, 수목 전정 지침과 안전작업 실무 표준을 발행하였다.	EAC-European Arboricultural Council Secretary, Alice Holt Lodge, Wrecclesham, Nr Farnham, Surrey, GU10 4LU United Kingdom. E-mail: jean@eventsrus.freeserve.co.uk
수목관리협회 (Arboricultural Association)	영국 내에서 활동하는 수목관리자들로 구성된 직업별 조직. *Arboricultural Journal*을 발행한다. 공식적인 시험과 등록 프로그램을 통해 도급자와 자문가 자격을 부여한다.	Ampfield House, Romsey, Hants, SO51 9PA, England 0794 368912. www.trees.org.uk E-mail: treehouse@dial.pipex.com
미국자문수목관리자협회 (American Society of Consulting Arborists)	수목관리자문가를 대표하는 직업별 조직. 훈련과 봉사 프로그램을 제공한다. 계간 소식지 *Arboricultural Consultant*를 발행한다.	15245 Shady Grove Road #130, Rockville MD 20850. 301-947-0483 www.asca-consultants.org. E-mail: asca@mgmtsol.com
미국임업가협회 (Society of American Foresters)	임업 분야를 대표하는 직업별 조직. 지역지부와 관심 분야별로 조직되어 있다. 산하에 도시임업 실무그룹(Urban Forestry Working Group)이 있다. 교육과 전문가 개발 프로그램을 제공하고, *Journal of Forestry*를 발행한다.	5400 Grosvener Lane, Bethesda, MD 20814-2198. 301-897-8720 http://www.safnet.org.
미국산림협회 (American Forests)	수목과 산림의 건강과 가치에 중점을 두는 단체. 특히 봉사와 실행 프로그램을 통해 도시임업에 중점을 둔다. *American Forests*를 발행하고, 격년으로 전국도시임업회의를 주관한다.	P.O. Box 2000, Washington DC 20013. 202-945-4500. http://www.amfor.org. E-mail: member@amfor.org.

나라에도 존재한다.

수목관리 활동에 관한 법령

수목관리자는 자신들의 매일매일 작업 활동이 무엇이든, 명확하게 규정된 일련의 법령과 산업별 표준의 범위 내에서 움직여야 한다(**표 1-2**). 어떤 유형의 민간 기업이든 자신들이 운영하는 영역 내에서, 면허나 보험과 같은 표준적인 사업 요구사항을 충족해야 한다. 어떤 경우에는 수목관리 서비스에 대한 특별한 법령이 있을 수 있다. 미국 내 몇 주(Connecticut, Maryland, Rhode Island, Louisiana)는 수목관리자에게 특별한 면허를 요구한다. 캘리포니아 주에서는 주 도급자 면허법(state contractor' s license laws) 내에 연간 400달러 이상의 상업적인 수목관리 계약에 적용하기 위한 별도의 규정이 있다. 미국에서 농약과 관련된 수목관리 활동은 재료 명세에서부터 실재 적용에 이르기까지 연방 살충제, 살균제, 살서제법(Federal Insecticide, Fungicide, and Rodenticide Act)에 제시된 광범위한 규정의 적용을 받는다. 개별 주(state)는 농약을 살포하거나 관리하는 사람들에 대한 시험과 면허 프로그램을 입법하도록 요구되고 있다. 규정이 주에 따라 차이가 있지만, 일반적으로 사용이 제한된 농약과 관련된 활동은 면허를 받은 작업자나 자문가로 제한된다.

송전선에 근접하여 작업하는 수목관리자는 경험과 훈련 모두에 관한 최소한의 자격요건을 충족하여야 한다. 미국 직업안전위생관리청(Occupational Safety and Health Administration, OSHA)이 관장하는 연방법은 전기가 흐르

표 1-2 수목관리 작업과 관련된 자격과 표준

수목관리 작업 분야	내 용
면허 관련 규정	
병해충 방제 면허 (pest control license)	50개 각 주는 연방 살충제, 살균제, 살서제법(1972)을 준수해야 한다. 적용이나 자문가와 같은 특정의 전문 분야는 세부적으로 규정할 수 있다.
사업 면허(business license)	개별 주나 개별 지자체가 규정한다. 캘리포니아 주는 수목관리 도급자에 대한 구체적인 지정 요건을 가지고 있다.
수목관리자 면허	어떤 주에서는 특정한 수목관리자 면허를 요구한다.
특정한 수준의 전문성을 제공하기 위한 자격	주 수준에서 규정한다. 예를 들면, 뉴저지 주는 수목전문가에 대해 시험을 실시하고 자격을 부여한다.
송전선 부근에서의 작업(working in proximity to electrical line)	송전선 정리 수목 작업자와 훈련생은 미국 직업안전위생관리청(OSHA)의 CFR 1910.269를 준수해야 한다. 공인되지 않은 송전선 정리 수목 작업자는 CDF 1910.333을 준수해야 한다.
산림관리 작업 수행	캘리포니아 주와 메릴랜드 주를 포함한 많은 주에서는, 특정의 산림관리활동을 수행하는 사람에게 면허를 요구하고 있다.
작업을 위한 산업계의 표준	
안전(safety)	수목관리작업에 관한 국가표준(National Standards for Tree Care Operations (Z133.1)의 최신판과 OSHA 규정 1910.269와 1910.333에 따라 고용주는 작업자 안전을 위해 훈련을 실시해야 한다. 미국국립표준원은 수목관리작업에 관한 표준(Z133.1)을 제정하였다.
	유럽수목관리평의회는 다음과 같은 표준을 제정하였다: 안전한 작업수행 지침 – 교목 작업수행(A guide to safe work operations – Tree work operations).
	영국에서 수목관리자는 작업에 관한 영국표준을 준수하여야 한다. 체인톱 작업은 능력 인증서(certificates of competence)를 획득해야 한다.
전정(pruning)	미국국립표준원은 수목 전정에 관한 표준(A300)을 발간하였다. 국제수목관리학회는 수목전정지침(Tree Pruning Guideline)을 발간하고 있다. 유럽수목관리평의회는 유럽에서의 수목 전정 작업을 일원화하기 위해 1999년 수목전정지침(tree pruning guide)을 제정하였다.
농장 출하수목 품질 (nursery stock quality)	미국국립표준원은 농장 출하수목에 관한 표준(Z60)을 제정하였다.
수목관리자 자격 (arborist qualification)	국제수목관리학회는 시험과 경험 프로그램을 통해 수목작업자(treeworker), 수목관리자(arborist), 송전선 수목관리자 자격을 부여하고 있다.
	영국의 수목관리협회(Arboricultural Association)는 시험 프로그램을 통해 수목관리 도급자와 수목관리 자문가를 등록하고 있다.
	유럽수목관리평의회는 수목작업자(AWEB)에 대한 훈련과 시험 프로그램을 운영하고 있다.

는 전선으로부터 3.1m(10피트) 내에서 작업하는 수목관리자는 OSHA 간행물 CFR 1910.269(표 1-2)에 규정된 최소한의 자격을 충족할 것을 요구한다. 고용주는 자신들의 종업원이 사내훈련이나 전국수목관리자협회가 마련한 전기위해인지프로그램(Electrical Hazard Awareness Program) 등을 통해 상기 규정을 충족할 수 있는 초기 및 계속 훈련을 받았다는 것을 보증해야 한다. 이러한 완벽한 훈련과 함께 종업원은 자신들의 능력을 보여주어야 한다.

수목관리 산업은 주로 자신의 직업별 단체의 노력으로, 자신들이 수행하는 수목관리와 수목보호활동에 대한 여러 가지 표준을 만들었다. 예를 들면, 국제수목관리학회(ISA)는 공인 수목관리자(Certified Arborist)와 공인 수목작업자(Certified Tree Worker) 프로그램을 통해서 수목관리자의 교육과 경험을 보증한다. 여기에는 지식과 기능의 검증은 물론 계속적인 교육도 포함된다. 영국에서는, 수목관리협회(Arboricultural Association)가 지식과 기능시험을 충족하는 개인과 기업을 승인된 도급자(都給者, contractor)와 승인된 자문가(consultant) 목록에 등록한다. 유럽수목관리평의회(European Arboricultural Council)는 모든 회원국에 인정되는 수목작업자(Treeworker; AWEB) 훈련과 시험 프로그램을 개발하였다.

수목관리자에 대해 자격을 부여하는 프로그램 외에, 수목관리 업계는 일련의 작업 수행 표준을 제정하였다. 미국국립표준원(The American National Standards Institute,

ANSI)은 수목관리작업(Tree Care Operations; Z133.1), 표준 작업(Standard Practices; A300), 농장 출하수목(Nursery Stock; Z60.1) 등을 포함한 여러 가지 산업별 표준을 제정하였다. 영국에서는 영국표준(British Standards)이 이러한 요구를 충족하고 있다. 유럽수목관리평의회는 안전한 작업과 전정 작업에 관한 유사한 문서를 발행했다.

1.3 수목관리학과 도시임학과의 관계

도시임학

도시임학은 도시지역에 자연적으로 발생하거나 식재된 수목의 관리와 관련된 임학 내의 특정 분야 중 하나이다. 도시임학에 대한 정의는 다양하다. 다음은 이들에 관한 사례들이다:

Helms(1998)는 도시임학을, "수목이 사회에 제공하는 생리적, 사회적, 경제적, 심미적 편익을 위해 도시 지역사회 생태계 내부 또는 주변에 있는 수목과 산림자원을 관리하는 예술, 과학, 기술"이라고 정의한다.

Miller(1997)는 도시림을, "시골에 정착된 작은 지역사회로부터 대도시권에 이르기까지 조밀한 인간 정착지 내부와 주변에 있는 모든 목본식물 및 이와 관련된 식생의 총체"라고 기술하였다. 이 정의에 의하면, 도시림관리는 이러한 자원의 조성과 관리이다.

Dunster와 Dunster(1996)는 도시임학을, "도시인들에 의해 영향을 받거나 이용되는 모든 지역에 있는 수목의 육성 및 관리와 관련된 특수한 산림관리 유형"이라고 정의하였다.

미국임업가협회(Society of American Foresters)의 도시임학실무자그룹(Urban Forestry Working Group, 1972)은 "도시임학은, 가장 광의로는, 지자체 유역(流域, watershed), 야생동물 서식처, 야외 휴양기회, 경관 설계, 지자체 폐수의 재활용, 전반적인 수목관리, 미래의 원료로서의 목섬유(木纖維, wood fiber) 생산 등을 아우르는 임학의 특수 분야 중 하나"로 간주하였다. 뒤이은 도시 및 지자체 숲에 관한 입장 표명에서 미국임업가협회(1993)는 도시임학을 "도시지역 내 또는 주변에 있는 공유지와 사유지에 대한 관리"라고 묘사하였다.

이러한 도시임학에 대한 정의는, 어느 정도 수목관리학의 정의와 유사하다. 도시임학과 수목관리학은 모두 다양한 소유권과 관할지역에 걸쳐 있는 도시의 수목을 관리하는데 관여한다. 또한 모두 도시 내의 수목과 산림이 제공하는 독특한 가치를 인식하고 있다. **그러나 차이는, 수목관리학은 개별수목이나 작은 수목 집단에 대한 수목관리활동에 중점을 둔다는 것이다. 반면, 도시임학은 전통적인 수목관리학적인 기술과 임학적(조림학적) 처리를 모두 동원하여 수목 집단을 관리하는데 초점을 둔다.** 한편, 이 두 분야를 인위적인 선으로 억지로 구분하는 것은 의미 없는 일이므로, 두 분야 사이의 중첩되는 분야를 수용하고 이들이 공유하는 공통의 장을 구축하는 것이 좋을 것이다. 많은 수목관리자들은 자신들을 도시임업가라고 생각하기도 한다.

북미에서는 시골이나 산림지역과 도시나 교외 환경 간의 윤곽이 흐려져서 전체가 도시림 경계 지역으로 변하였다. 이런 곳에서는 도시림과 산림을 구분하기가 불가능하다. 이들은 순수한 도시림도 원시의 산림지대도 아니다. 도시가 기존의 산림지역 안으로 잠식하여 이러한 경계면을 창출함에 따라 수목관리자는 전통적으로 임업으로 여겨졌던 활동을 수행하도록 요청받을 수 있다. 이러한 작업을 수행하면서, 수목관리자는 산림작업에 관한 지자체의 규정을 준수해야 할 것이다.

도시임업 관련 작업은 가끔 수확 작업, 화재연료 관리, 야생동물 관리, 기타 조림학적 활동 등의 특수한 지식을 요구할 수 있다(제10장 참조). 미국의 일부 주에서는 산림작업이 법에 의해 규정되어 있다(표 1-2). 일부 수목관리 활동이 임업활동으로 간주되어 산림관리 법령을 준수해야 하기 때문에, 수목관리자는 자신이 속한 주의 법령을 숙지하여야 한다. 예를 들면, 일부 주에서는 수목이 주거지에 있더라도 주가 정한 산림지역으로부터 수목을 제거하기 위해서는 목재작업자 면허를 요구한다. 다른 주는 특정한 산림지역에 대한 관리계획을 수립할 것을 규정하고 있다.

수목관리학과 지속가능한 도시 숲

도시림관리의 장기목표는 생태적, 사회적, 경제적 기능과 편익을 계속해서 유지하는 지속가능성(持續可能性, sustainability)이다. 도시림의 환경적인 기능은 대개 수관피복량(canopy cover, 제5장 참조)에 달려 있기 때문에, 건강한 수목자원이 반드시 필요하다.

지속가능성을 측정할 수 있는 다양한 기준이 Clark 등(1997)에 의해 지속가능한 도시림 모델(**표 1-3**)에 기술되어 있다. 그들의 접근방법에 의하면, 자연적으로 발생하거나 식재한 수목의 관리가 가중 중요한 요소이다. 수목의 건강과 구조, 개발과 재개발 중의 보전, 수종과 부지 선정, 식재 수목의 품질, 작업 표준, 재활용 등에 관한 관심 등이 지속가능 도시림에 필수적이다.

Clark 등이 제시한 아래의 기준에 의하면, 수목관리자는 도시림 지속가능성에 깊숙이 관여하고 있다. 수목관리자의 역할은 수목의 편익을 증진하고 이와 관련된 비용은 최소화하는 것이다. 도시 수목이 제공하는 편익은 수목의 크기와 직접적으로 연결되어 있기 때문에 수목의 건강과 구조적인 안정성에 도움이 되는 어떤 수목관리 활동도 지속가능성으로 연결된다. 반대로, 부적합한 부지나 수목 선정, 그릇된 전정 등과 같이 초라한 생장과 비용 증가로 이어지는 활동은 지속가능성을 저해한다. 이러한 결과는 수목이 공유지에 자라든 사유지에 자라든, 또는 독립수든 작은 집단을 이루든 차이가 없다.

도시림 지속가능성은 지역사회의 모든 구성원이 수목과 산림에 대한 비전(vision)을 공유하고 있을 때 실현된다. 수목관리자는 수목에 전문적인 지식을 가지고 있기 때문에, 이들은 지속가능성과 관련된 프로그램을 개발하는데 전문성과 지도력을 제공해 줄 것을 요청받을 것이다.

Dwyer 등(2000)은 도시림의 지속가능성은, 종합적이고 적응력이 있는 관리를 통해 다음 사항을 강조해야 한다: (1) 향상된 수목 인벤토리(tree inventory)와 평가, (2) 기관, 수목 소유자, 관리자 간의 대화와 협력 증진, (3) 산림 배치와

표 1-3 Clark 등(1997)이 제시한 도시림 지속가능성에 대한 전반적인 구성 요소와 구체적인 기준

구성요소	기준	기준을 충족하기 위한 수목관리자와 경관관리자의 역할
식생 자원 (vegetation resource)	수관 피복	새로운 수목의 선정, 식재, 육성 및 기존 수목의 보존/유지 관리를 위한 전문성과 활동을 제공하라.
	지역사회 내 수목의 수령분포	진행 중인 식재프로그램에 대한 전문서과 활동을 제공하라.
	수종 구성	외래종과 자생종 모두에 대해 식재부지와 수종의 조화에 관한 전문의견을 제공하라.
	자생(native) 식생	남겨진 자생 수목 및 산림의 보전과 유지관리에서의 전문의견과 활동을 제공하라.
지역사회 구조 (community framework)	공공 기관 협조	지자체 및 송전선 수목관리자는 정부기관 내의 전문의견과 관리 프로그램을 제공한다.
	대규모 개인 및 기관 토지소유자	상업적 수목관리자 및 수목관리 자문가는 정부기관 외부의 고객에게 전문의견과 프로그램을 제공한다.
	녹색산업(green industry) 협력	수목의 품질, 조성 방법 등에 대한 표준을 개발하기 위해 농장 및 조경업계와 협력하라.
	주민의 행동	개인 수준에서 수목과 수목관리에 관한 전문의견을 제공하라. 지자체 수목행사에 참여하라.
	주민-정부-업계의 상호작용	수목과 도시림의 편익과 올바른 관리프로그램의 가치에 관해 지역사회 모든 분야에 전문의견 제공하라.
	수목이 지역사회 자원이라는 일반적 인식	지역사회 전반에 대해 수목과 수목관리에 관한 전문의견을 제공하라.
	지역적 협력	지역별로 수목관리자와 수목 관리책임자 간에 상호 협력하라.
자원 관리 (resource management)	전도시적 관리 계획	지역사회 내 수목에 대해 공유된 비전의 개발과 수행에 대해 지원하라.
	전도시적 기금확보	적절한 수목관리를 위해 필요한 기금확보에 전문적인 의견을 제공하라.
	시 직원확보	시 정부 내부에서는, 우수한 직원 육성을 위해 노력하고, 외부에서는 우수성을 요구하라.
	평가 도구	도시림의 구조와 기능을 평가하는데 전문의견과 활동을 제공하라.
	기준 수목의 보호	수목보전 계획과 프로그램을 통해 전문의견과 활동을 제공하라.
	수종과 부지 선정	공적 및 개인적 수목 모두에 대해, 식재지와 수종이 서로 조화가 되도록 전문의견을 제공하라.
	수목관리 표준	수목관리에 관한 전문적인 표준을 채택하고 준수하라.
	시민 안전	파손가능성과 포장 공사로 인한 교란 등과 관련된 수목의 위해를 점검하고 감축하라.
	재활용	목재폐기물을 재활용하고 재사용하라.

편익과의 관계에 대한 이해 증진, (4) 산림 건강에 영향을 미치는 요소에 대한 지식 증진, (5) 정보 소통 향상.

1.4 수목관리학의 지도원리

교목과 같은 목본식물을 돌보는 수목관리 작업은 다양한 기본적인 개념, 즉 주요 원칙에 근거를 두고 있다. 이들 지도원리(指導原理, guiding principle)는 모두 관리 프로그램의 근간을 형성하며, 다음 장에 대한 철학적인 기반이 된다.

- **수목은 시간이 경과하면서 생장하기 때문에, 수목관리가 필요하다.** 수목은 어릴 때 빨리 자라기 때문에 전체 생활사(生活史, life cycle)에서 볼 때 비교적 빨리 성숙한 수고에 도달한다. 생장이 빠른 시기에는, 양호한 구조를 발달시키고 유리한 주변 여건을 유지하는데 관리의 초점을 둔다. 수목의 크기가 성목에 이르면, 관리 프로그램은 환경과 구조의 안정성을 제공하는 방향으로 바뀐다(**그림 1-2**). 즉, 시간이 경과함에 따라 관리는 생장을 촉진하는 것으로부터 안정적인 구조를 유지하는 것으로 변화된다(Clark와 Matheny, 1991). 동시에 결국 수목을 죽이는 쇠퇴(衰退, decline)와 고사 패턴을 알아야 하며, 수목의 쇠퇴를 가져오는 요소를 회피하는 노력을 해야 한다(제19장 참조).
- **수목관리는 장기간(long-term), 낮은 강도(low-intensity)로 진행된다.** 수목은 일반적으로 수명이 길며 안정적인 여건 하에서 번창한다. 어떤 형태든 변화는 수목에게 스트레스를 의미한다(Clark와 Matheny, 1991). 수목관리자는 이식, 전정, 병해충 관리와 같은 처리가 스트레스 요소가 될 수 있다는 것을 인식하여야 한다. 따라서 관리 프로그램은 수목 주위의 변화를 최소화해야 한다. 그러므로 수목관리적 처리는 낮은 수준으로 장기간에 걸쳐 진행되어야 한다.
- **수목관리는 수목건강관리(Plant Health Care, PHC), 원칙에 근거를 둔다.** 병해충관리와 수목관리는 분리할 수 없다. 병해충과 재배적(栽培的, cultural) 문제를 관리하는 것은 수목에서는 가장 중요한 것이다(제19장 참조). 수목관리 프로그램에 관한한, 건강하고 활력이 좋은 수목이 모든 유형의 스트레스에 가장 높은 저항력을 보여준다는 것을 명심해야 한다. 역의 논리도 성립하는데, 즉 병해충관리에 수목관리가 포함된다. 많은 수목에 대한 중요한 병해충 방제는 전정이나 관개(灌漑, irrigation)와 같은 재배적 조치에 기반을 둔다.
- **수목관리에서는 일반개념을 특정 유전자형(遺傳子型, genotype)에 적용한다.** 수목관리적 처리는 자연표적 전정(natural targer pruning), 구획화(區劃化, compartmentalization), 적지적수(適地適樹, right tree, right place) 등과 같은 일반적인 개념에서 출발한다. 그러나 우리는 이러한 일반적인 개념을 개별 속(屬, genera), 종(種, species), 품종(品種, cultivar)의 요구에 따라 매우 구체적인 방법으로 적용한다. 위스콘신 주에서 여름철에 자생 참나무(예: 루브라참나무[*Quercus rubra*], 흑참나무[*Q. velutina*])에 대한 관개가 수분스트레스를 피하기 위한 표준작업이다. 그러나 캘리포니아 주에서 여름철에 자생참나무(예: 캘리포니아참나무[*Quercus agrifolia*], 계곡참나무[*Q. lobata*])에 관개하는 것은 뿌리 부패와 부후를 초래할 것이다.

그림 1-2 수목이 나이가 들고 크기가 커짐에 따라 관리프로그램은 활력, 구조, 재배적 요구도의 변화에 대응하도록 조정되어야 한다.

그러므로 우리가 취급하고 있는 개별 수종의 재배적, 환경적 요구를 알아야 한다. 올바른 수목관리를 위해 필요한 지식의 수준은 매우 높을 수 있다. Clark 등(1990)은 관리 의사결정에서 유익한 개별 수종의 속성과 특징을 96개 동정하였다. 이들은 일부 정보가 수목관리자나 수목을 다루는 사람의 경험을 통해서만 얻을 수 있다고 하였다. 일부 수목관리 기업은 개별수종에 관한 정보를 정리하기 위해 수목관리 개요서(tree care profile)를 작성한다. 이 개요서에는 한 수종에 대한 중요한 관리 고려사항의 전반적인 사항이 정리되어 있다. 이것은 생장과 전개(展開, development), 병해충과 재배적

표 1-4 태산목(*Magnolia grandiflora*)에 대한 수목관리 개요서

자생 범위	미국 동남부 연안 평원의 저지대 산림; 뉴저지와 펜실베이니아 지역의 동해안과 캘리포니아에 식재되어 있다. 자생지역의 강수량은 1,000~1,500mm(40~60인치)로 여름철에 가장 많이 내린다. USDA의 내한성 지대는 6b~10b로, 최저기온은 −20℃(−5℉). Sunset의 내한성 지대 4~12, 14~24, 26~33
생장과 발달	큰 원추형/난형(oval)/구형, 상록 교목, 수고 25m, 수관폭 12m 활착하면 보통 빠르기로 생장 일단 활착되면 어느 정도 빨리 자란다. 일반적으로 표본목(specimen tree)으로 식재; 봄과 초여름에 피는 희고 큰 꽃은 크고 다육질의 열매로 이어진다. 내음성은 있으나, 침수에는 약하다. 잔디와 함께 잘 자라지만 배수가 필요; 짙은 그늘은 수관 아래의 잔디 생장을 위축시킨다. 비옥하고 배수가 잘되는 토양이 최적이지만 폭넓은 토양조건에 적응한다; 보통 수준의 내염/내붕소성. 단근(root cutting)에 약하여, 건설공사 영향에 내성이 낮다.
병해충과 문제	일부 지역에서는 떨어진 잎과 열매가 문제가 될 수 있다. 수피는 얇아서 쉽게 손상된다. 깍지벌레(scale insect), 특히 목련과 백합나무 깍지벌레가 주 해충이다. 암브로시아나무좀류(black twig borer)가 가지 끝을 죽일 수 있다. 청고병(青枯病, verticillium wilt)과 선충(nematode)에 감수성이다.
수목 파손 패턴	잘 파손되지 않는다. 성숙 또는 과성숙된 수목은 수간의 아래쪽에 부후가 발생할 수 있다.
관리	적절한 관수를 해준다; 수간 주위의 잔디는 제거한다. 실생묘에서 자란 수목은 수형이 다양하다; 수고와 수형이 다양한 품종이 많이 있다; 소교목(10m)인 Edith Bogue는 내한성 −31℃(−24℉); 더 작은 수목은 Little Gem으로 간주. 좋은 구조를 유지하기 위해서는 전정하라.

출처: HortScience, Inc., February 2002.

문제, 파손 패턴 등을 고려한 특정 종의 환경적, 재배적, 관리적 요구에 관한 요약이다. **표 1-4**는 태산목(*Magnolia grandiflora*)에 대한 개요서의 사례를 보여준다. 개요서는 생장, 전개, 병해충, 파손 패턴의 지식을 특정 수목별로 요약한 것이다. 이러한 정보를 편집함으로써, 수목관리자는 자신의 수목생물학(tree biology)적 일반 지식을 관할 지역에 적용할 수 있는 구체적인 관리 프로그램에 효과적으로 활용할 수 있게 된다.

- **수목관리에서 치료(治療, cure)할 수 있는 능력에는 한계가 있기 때문에, 1온스(1/16 파운드)의 예방은 1파운드의 치료와 맞먹는다.** 수목은 역사(history)와 처리(treatment)가 누적되는 식으로 자란다. 일단 수목이 건설장비에 의해 상처를 입고, 지표높이(grade)의 변화나 답압을 경험하고, 전정을 잘못하게 되면, 이 문제를 바로잡는 것은 불가능하다. 마찬가지로 일단 수목이 심각한 쇠퇴상태에 접어든 경우, 이러한 진행을 중단시킬 수 있는 방안은 거의 없다. 우리가 할 수 있는 것은 수목의 생장환경에 심각한 변화를 주거나 수목이 스트레스와 쇠퇴를 유발하는 요소를 회피하기 위한 적극적이고 예방적인 조치를 취하는 것이다.
- **양호한 수목과 수목관리는 양질의 수목(quality plant)으로부터 시작된다.** 농장 출하수목(nursery stock)이건 기존 수목이건, 양질의 수목이어야 한다. 수목의 구조는 최초의 재배에 달려 있기 때문에, 잘못된 가지 배치 간격과 부착, 뿌리가 얽힌 용기 수목, 부적절한 초살도 등과 같은 기본적인 문제를 교정하기는 어렵다. 우리가 할 수 있는 최선의 노력은 양질의 수목을 요구하고 사용하는데 초점을 두어야 할 것이다.
- **수종선정(樹種選定, tree selection)은 "적지적수(適地適樹; right plant, right place)"에 기반을 둔다.** 특정한 환

(a)

(b)

그림 1-3 전정과 같은 관리활동은 수목에게 유익한데, 이는 강도, 시기, 적용이 수종과 장소에 적합했을 경우로 제한된다. (a) 올바르게 수행되면 이 플라타너스(*Platanus* sp.)처럼 수목의 외관과 구조를 향상시킨다. (b) 전정이, 이 유카리나무(*Eucalyptus* sp.)에 대한 단간과 과도한 솎기처럼, 부적절하면, 수목의 건강과 구조는 피해를 입을 것이다.

경에 대한 수종이나 유전자형(遺傳子型, genotype)을 선정하는 것은 수목을 둘러싼 환경과 재배 조건을 완전히 이해하는 것으로부터 출발해야 한다(제3장과 4장 참조). 이는 **"장소를 알고, 수목을 선택하라(know the place, select the plant)"**라고 표현할 수 있다. 우리는 물리적 환경과 수목 자체의 특성 중 어느 것 하나도 바꿀 수 없다. 그러므로 우리는 특정 부지나 생장 여건에 적응된 수종이나 품종을 선택하는데 심혈을 기울여야 한다. 부지평가에서 고려해야 할 중요한 사항은 기온, 강우 패턴, 토양, 환경적 스트레스(예: 해빙염, road salt), 생육 공간(상하, 그리고 주변), 관리 주체(management regime) 등이다. 올바르게 선정된 수목은 이러한 부지 환경 내에서 제대로 생장, 발달할 수 있을 것이다.

- **수목관리적 처리는 긍정적인 편익과 부정적인 결과 중 하나를 초래할 수 있다.** 비록 수목관리자는 전적으로 긍적적이라고 생각하는 보편적인 수목관리 작업일지라도, 사실은 이들 중 일부는 수목생장에 부정적인 영향을 미칠 수 있다. Shigo(1999)는 종종 전정이 우리가 수목에게 해 줄 수 있는 최선의 작업일 수도 있고, 최악의 작업일 수도 있다고 언급하였다(**그림 1-3**). 한편으로는, 죽거나 죽어가는, 그리고 병든 가지, 또는 구조적으로 건전하지 못한 가지를 수관에서 제거하는 것은 일반적으로 긍정적이다. 다른 한편으로는, 같은 수목을 단간(斷幹, topping)하여 잎의 90%를 제거하는 것은 부정적이다. 전정의 시기와 강도, 프로그램의 적용과 수준이 이러한 노력의 편익과 해악을 결정한다. 관수, 시비, 멀칭, 병해충 관리, 지지 시스템, 수간주사 등과 같은 다른 처리도 반응에서 유사한 차이를 보인다.
- **수목의 건강과 위해(危害, hazard)는 서로 관계가 있지만 일치하지는 않는다.** 겉으로 건강하게 보이는 수목도 안정을 해치는 중대한 구조적인 결함을 가지고 있을 수 있다. 이렇게 되면, 평소에 활력이 좋다고 여기던 수목도 쓰러질 수 있다(제16장 참조). 수목의 건강과 구조적 안정성이 서로 관련이 있는 것은 사실이지만 반드시 일치하지는 않는다(**그림 1-4**). 따라서 수목관리자는 관리 프로그램을 평가하고 이에 대한 조언을 할 때 수목 발달의 이들 두 가지 측면을 모두 고려해야 한다.
- **수목관리학과 임학은 관련이 있지만, 분야가 같은 것은 아니다.** 수목관리자와 임업가(forester)는 수목과 이들 관리에서 커다란 관점의 차이를 보이고 있다. 수목관리자는 수목을 개별적으로 보고, 시간적인 개념이 거의 없이, 이들 각각에 대한 발달을 최대화하는 것을 목적으로 한다. 반면, 임업가는 수목을 하나의 큰 집단으로 보고, 주어진 기간 내에 집단의 발달을 극대화하는데 목적을 둔다. 더구나 개방공간에서 자라는 수목은 집단으로 자라는 것과 다르게 생장한다. 그러므로 이러한 상이한 관점과 발달을 존중하고 인정해야 하며, 이를 다양한 관리 상황에 활용해야 한다(제10장 참조).

이러한 지도 원리들은 이 책 전반에 걸쳐 나타나는 수목과 경관관리 실무와 아이디어에 대한 기초를 형성한다. 수목을 관리하는데 있어서, 수목관리자는 특정한 작업이 수목의 현재와 장래의 건강과 구조에 영향을 미친다는 것을 인식하여야 한다. 이러한 지도 원리를 준수함으로써, 수목관리자는 수목과 경관관리에 대해 기본적으로 건전한 틀을 구축할 수 있을 것이다.

이 책에 기술된 정보가 우리 주변의 경관을 구성하고 있는 수목을 보다 잘 자라게 하고 관리하는데 도움이 되기를

(a)

(b)

그림 1-4 수목의 건강과 안정성은 서로 관련이 있지만 항상 일치하지는 않는다. (a) 하와이에 줄지어 서 있는 카수아리나(*Casuarina* sp.)가 건강한 것처럼 보이지만 많은 수목이 쓰러질 가능성이 높은 심각한 구조적인 결함을 가지고 있다. (b) 수간 기부에 심각하게 부후된 큰 공동이 보인다.

희망한다. 우리는 Shigo(1989)가 '어린 왕자'에서 인용한 다음 구절을 좋아하고 강조한다: **"당신은 당신이 길들인 것에 대해 영원히 책임이 있다."**

복습

- 수목관리학은 개별수목이나 작은 집단의 수목을 돌보는 기술과 과학이다. 이는 작은 수목 집단이 아닌 식림지(植林地, woodlot)와 임분(林分, stand)을 주 대상으로 하는 도시임학과 다르다.
- 수목관리자는 상업적인 고객에 대한 수목관리 서비스 제공, 공공 수목 관리, 송전선 공도용지 상의 식생 관리 등으로 구분할 수 있다.
- 장소는 다양하더라도 바람직한 수목관리의 기본요소는 전세계적으로 유사하다. 수목관리의 지도 원리에는 시간에 따른 수목생리(tree biology)의 변화 인식, 식재를 위한 양질의 수목 선정, 올바른 방법으로 바람직한 수목관리 실무의 적용 등이 포함된다.

추천문헌

CLARK, J., N. MATHENY, G. CROSS, and V. WAKE. 1997. A Model of Urban Forest Sustainability. *J. Arboriculture* 23(1):17-31.

MILLER, R. 1997. *Urban Forestry: Planning and Managing Urban Green Spaces*. 2nd. ed. Upper Saddle River, NJ: Prentice Hall.

제2장 수목의 구조와 기능

목표

- 시간이 경과함에 따라 공간 속으로 수목이 어떻게 생장하고 발달하는가를 소개한다. 수목의 기계적인 설계와 수목이 죽어가는 과정을 고찰한다.
- 수관, 뿌리, 수간의 생장 유형을 살펴본다.
- 수목의 생장과 발달의 조절 기작(機作, mechanism)을 소개한다.

수목관리학은 교목을 주 대상으로 하면서 관목, 덩굴식물, 지피식물도 어느 정도 취급한다(**그림 2-1**). 그런데 이들 유형 간의 뚜렷한 차이가 없는 경우가 있다. 줄기가 적은 대관목은 교목으로 취급될 수도 있고, 어린 교목은 관목으로 보일 수도 있다. 미국 내 많은 지자체에서는, 조례와 기타 법령이 "교목(喬木, tree)"을 좀 더 세부적으로 정의하는 경우가 있다.

그러나 대부분의 수목관리자에게는 교목에 대한 자세한 정의는 필요하지 않다. 왜냐하면 전 대법관 Potter Stewart의 말을 인용하면, "보면 알기(they know one when they see it)" 때문이다. 교목은 일반적으로 하나의 우세한 수직의 수간과 수고가 5m(15피트) 이상인 목본식물로 묘사된다. 반대로, 관목(灌木, shrubs)은 지면에서 또는 지면 가까이에서 자라는 여러 개의 직립 또는 직립에 가까운 가지를 가지고 있으면서 교목보다 키가 작다. 덩굴식물이나 벽을 오르는 관목은 지지가 필요한 가늘고 유연한 줄기를 가지고 있다. 다간(多幹, multistem)으로 자라는 교목은 어릴 때에는 관목으로 보일 수 있으며, 관목이라고 생각하는 많은 수목도 최종적으로는 10m(30피트) 이상 자라기도 한다.

교목의 특징을 구분하는데 수형이나 크기보다 다른 생장이나 발달 특성을 활용할 수 있다. Shigo(1984)는 교목을 "고도로 구획화되어 있는 목질의 다년생(perennial) 탈피(shedding) 식물로서, 오래 살고 크게 자란다"라고 기술하였다. 다년생으로 오래 살고, 덩치가 큰 교목이 되기 위해서는, 구조적인 안정성을 저해하지 않으면서 새로운 조직을 추가하고, 상처에 대응하며, 비활동성 부분을 폐기하고, 시간의 경과에 따라 불가피한 환경적인 변화에 적응하는 등의 능력을 가지고 있어야 한다. 관리적인 관점에서 보면, 이러한 기본적인 특징을 이해하는 것이 올바른 수목관리를 위해서는 필요하다.

그림 2-1 교목, 관목, 덩굴식물은, 플로리다 주 올랜도(Orlando)에 있는 Harry Leu Garden에서처럼, 경관에서 다양한 형태, 색상, 질감을 보여준다.

수목관리자가 수목(이 책에서 수목은 다른 구체적인 표현이 없으면 교목을 의미한다 - 역자 주)의 구조와 기능, 그리고 이들 양자 간 상호작용을 이해하는 것은 필수적이다. 조경용 목본식물이 크기나 수형에서 매우 다양하지만, 이들은 구조와 내부 기능에서 유사한 **관속식물**(管束植物, vascular plant)이다. 교목도 다른 식물과 마찬가지로, **유조직**(柔組織, parenchyma; 단순하고 세포벽이 얇은 세포군)과 **목부**(木部, xylem; 수분 통도조직)와 같은, 특정한 조직으로 집단을 이룬 개별세포들로 구성되어 있다. 조직은 다시 줄기, 뿌리, 잎, 꽃, 과실 등과 같은 기관을 형성한다. **분열조직**(分裂組織, meristematic tissue)은 새로운 조직으로 분화되고 발달할 세포와 함께 스스로를 유지할 세포를 활발하게 분열하는 세포를 가지고 있다.

이 장에서는 수목의 생장과 발달 유형을 기술하고 이러한 유형에 대한 환경적 요소의 영향을 고려한다. 이러한 정보는 일반화되어 소개되고 있지만, 사실은 수종별로 그 차이는 매우 다양하다. 수목관리자가 당면하는 어려움은 자신들이 상대하는 무수한 종을 적절하게 관리하는데 필요한 충분한 정보를 확보하는 것이다.

2.1 수목의 기계적 설계

수목은 하나의 구조(構造, structure)이다. 따라서 이들은 자신의 무게는 물론 열매, 바람과 눈, 얼음, 비 등과 같이 수목에 작용하는 힘에 대응하여 적절한 균형을 유지하기 위해서는 지지 조직(支持組織, supporting tissue)을 발달시켜야 한다. 독일의 Claus Mattheck 등의 연구는 수목의 생장을 이해하는데 중대한 진전을 이루었다(추천문헌 참조). 최근에는 Lothar Wessolly가 바람과 자신의 무게, 강수 등이 수목에 작용하는 관점에서 수목을 연구하였다.

기계적인 관점에서 보면, 수목은 스스로 최적화하는(self-optimizing) 구조이다; 즉, 이들은 기계적인 스트레스에 대응하여 목재를 활발하게 추가한다(**그림 2-2**). 지지유형은 **불변인장가설(不變引張假說, constant strain hypothesis)**에 충실한다; 즉, 생장은 기계적인 스트레스가 구조 전반에 고루 분포하도록 이루어진다. 따라서 수목의 어떤 부분도 지지조직을 너무 많게 또는 적게 가지지 않는다. 달리 표현하면, 무게나 바람과 같은 형태의 기계적인 스트레스는 약한 부분에 지지조직을 만드는 결과를 가져온다. 1983년 Metzer가 언급한 바와 같이(Dean과 Long, 1986), “어떤 지점에서의 줄기 직경은 바람에 의한 휨응력(-應力, bending stress)이 일정하도록 차이가 있다.”

그림 2-2 수목은 스스로 최적화하는 구조이다. 이 버지니아참나무(*Quercus virginiana*)처럼, 수목은 취약한 부위에 목재를 추가하여 기계적인 스트레스를 전 수관에 걸쳐 고루 배분한다.

Mattheck의 연구는 다섯 가지 일반원칙에 근거를 두고 있다.

1. **수목은 스트레스가 자신의 표면을 따라 고루 분포하도록 생장한다.** 수목은 일정변형가설에 충실한다. 따라서 움직임의 변화는 약한 부위에서 나타난다. 우리는 보통 수간 전체가 수목 자체의 무게는 물론 바람의 하중을 지탱한다고 생각하지만, 줄기의 바깥층, 주로 변재(邊材, sapwood)가 대부분의 나이든 수목에서 기계적인 지지의 대부분을 제공하는 것으로 보인다(Mencuccini 등, 1997).
2. **시간이 경과함에 따라 부하가 과중하거나 과소한 부분은 없다.** 시간이 경과함에 따라 수목은 일정변형가설을 지킨다. 예를 들면, 태풍이나 얼음폭풍이 부는 특정 시점에는 수목의 구조에서 약한 부위가 있을 수 있다. 개발 때문에 수목의 조밀한 임분이 개방되는 것과 같은 수목 주변의 생장환경이 변화하면, 약한 부위가 발생하는 시기가 될 것이다.
3. **기계적인 스트레스는 활발한 형성층 생장으로 연결된다.** 목재 생산은 수목에게 수직적, 수평적으로 구조적인 지지를 제공한다. 기계적인 스트레스에 대한 반응은 적극적인 과정으로 에너지가 소비된다. 그러므로 활력이 좋은 수목은 기계적인 스트레스에 가장 잘 대응할 수 있다. 수목은 상처를 받았거나 약점이 나타난 곳에 이를 보상하기 위한 목재를 활발하게 추가한다.
4. **수목의 내부 구조는 기계적인 강도와 직접적으로 관련이 있다.** 목재와 목재 방사조직(wood ray)은 기계적인 강도를 제공한다.
5. **수목이 생장하는 방식은 스트레스의 유형을 나타낸다.** 형성층의 생장이 기계적인 스트레스에 반응하여 발생하는 경우, 추가적인 생장이 발생한 부위가 취약한 부위이다. Mattheck이 언급한 바와 같이, “결함 증상은 보상생장(報償生長, repair growth)의 산물이다.” Mattheck은 수간과 가지를 따라 나타난 생장 패턴을 수목의 몸짓 언어(body language)라고 부른다. 그는 “몸짓 언어는 거짓말을 하지 않는다”라고 언급하면서 생장 유형의 중요성을 분명히 인정하였다(Mattheck과 Breloer, 1994).

무게와 바람에 의해 부과된 힘에 반응한다는 Mattheck의 기계적인 관점에서의 수목 생장에 대한 설명은 공학적인 관점보다 더 잘 설명하고 있다. 그는 생물학적인 유기체인 수목은 생장과 지지 간의 균형을 찾는다고 주장한다. 이러한 생각을 위해 평가(危害評價, hazard appraisal)에 적용하는 것은(제16장 참조) 의미 있는 것이다.

Wessolly(1995)는 수목이 부하에 대해 탄성반응(彈性反應, elastic response)을 한다고 말한다. 수목을 향해 바람이 불면, 잔가지와 잎은 방향을 바꾸어 표면적이 줄어들게 하고, 수간도 구부러진다. 바람이 불어오는 방향에서는 목재가 장력 하에 놓이게 되고, 바람이 빠져나가는 방향에는 목재가 압축된다. 이러한 힘이 소멸되면(즉, 눈이 녹고 바람이 그치면), 수목은 원래의 위치로 되돌아온다. 이러한 탄성반응은 부하의 크기, 수형, 목재의 재질 등에 의해 한계가 정해진다. Wessolly는 탄성한계(彈性限界, elastic limit)라고 알려진 수목의 탄성반응을 평가하는 방법을 개발하였다.

2.2 수관 발달

수관(樹冠, crown)과 덮개(canopy)는 종종 동의어로 간주되지만 여기서는 구분하여 사용한다. 수관은 "수간에 있는 가장 낮은 가지로부터 수목의 상단까지 측정된 수목의 잎과 가지이다"(**그림 2-3**) (Gilman과 Lilly, 2002).

신초(新梢, shoot)

어떤 조직 내 신초의 끝에는 핀의 끝(pinpoint) 정도 되는 크기의 신초정단분열조직(新梢頂端分裂組織, shoot apical meristem)이라고 불리는 빠르게 분열되고 확대되는 작은 세포들의 반구형 덩어리(hemispherical mass)가 있다. 꽃눈, 잎눈, 액아의 원기(原基, primordia)와 줄기의 통도조직이 여기에서 나온다. 항상 세포가 분열한 후 성숙한 크기로 확대되어 줄기가 신장하는 전 부위는 줄기의 최선단 20~50mm 부분에 있다. 이는 가지나 주된 줄기에서도 마찬가지다. 일부 덩굴식물에서는, 줄기 신장이 정단 100mm에 걸쳐 분포하는데, 이는 흔한 현상이 아니다.

많은 목본식물에서, 또 다른 분열부위가 정단(頂端, apex) 바로 아래에 있다. 준정단분열조직(subapical meristem)이라고 알려진 이 부위도 고도의 세포분열을 한다. 준정단의 활동은 신장되는 신초에 있는 잎 사이(절간이라고도 함)의 간격과 관련이 있는 경우도 있다.

개별 신초의 생장량은 세포분열과 확장의 속도와 지속기간에 달려 있다. 일별과 연간 신장률(伸張率, elongation rate)은 수종별로 크게 차이가 난다. 정단과 준정단분열조직은 세포분열의 양을 통제한다. 일반적으로 속성수(速成樹, faster-growing plant)는 느리게 자라는 수목보다 신초의 끝에 더 긴 세포분열과 확장부위를 가지고 있다.

눈(bud)

눈(bud)은 전개되지 않은 신초나 꽃이다. 신초는 정아(頂芽, terminal bud)의 생장에 의해 신장되고, 신초를 따라 마디에 있는 잎의 겨드랑이(axil)에서 형성된 측아(側芽, lateral bud)로부터 가지를 형성한다(**그림 2-4**). 정아가 전정이나 손

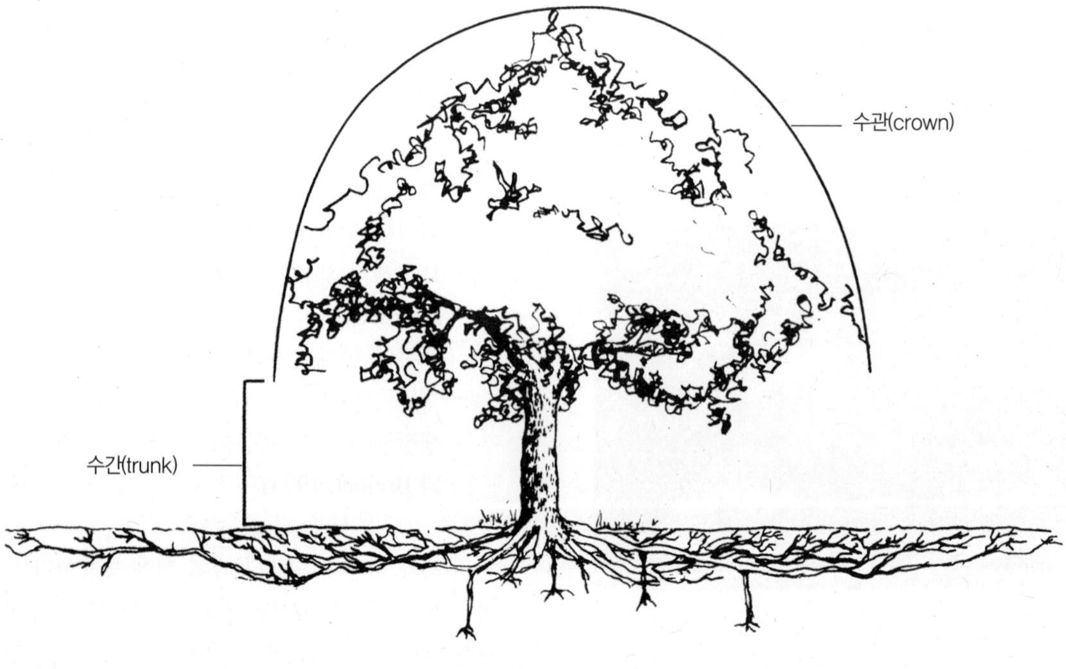

그림 2-3 수목의 수관(crown)은 가지, 잔가지, 잎을 포함한다.

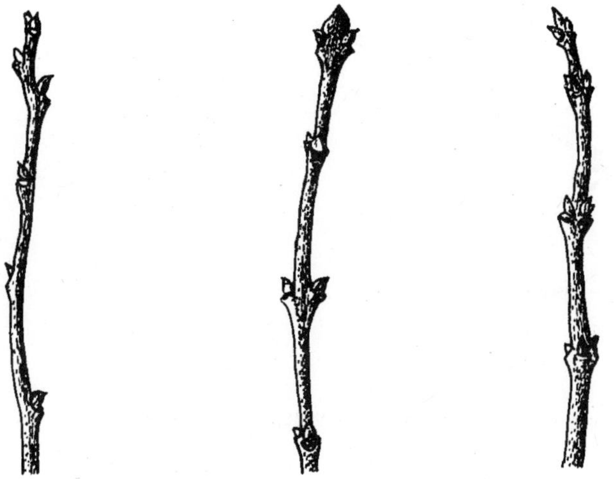

그림 2-4 눈은 끝이나 측면에 위치한다. 측아의 배열에는 호생(왼쪽), 대생(가운데), 윤생(오른쪽) 등이 있다.

상으로 제거되면, 손상된 부위 아래에서 눈이 자란다. 또한 **부정아**(不定芽, adventitious bud)가 뿌리, 잎, 때로는 신초나 가지의 마디 사이(internodal) 부위에서 형성될 수 있다. 정아나 측아와는 달리, 부정아는 장소가 일정하지 않다.

눈은 잎(그리고 신초)이나 꽃, 또는 두 가지 모두를 만들 수 있는데, 이들은 각각 잎눈(leaf bud), 꽃눈(flower bud), 혼합눈(混合-, mixed bud)이라고 부른다. 한 가지 이상의 눈 유형이 같은 잎겨드랑이에서 나타날 수도 있다.

신초에서의 잎과 눈의 배열을 **엽서/잎차례**(葉序, phyllotaxy)라고 한다. 수종(species)별로, 때로는 속(屬, genera)이나 과(課, family)별로 독특한 패턴을 가지고 있다. 두 개 이상의 눈이 같은 마디에서 서로 마주보거나 간격을 두고 주변에 모여 나면, 이러한 배열을 **대생**(對生, opposite - 예: 물푸레나무속이나 단풍나무속) 또는 **윤생**(輪生, whorled - 예: 카탈파속)이라고 부른다(그림 2-4). 마디에 있는 마주보는 두 눈 사이의 임의의 선(imaginary line)은 바로 위나 바로 아래 마디에 있는 비슷한 선과 항상 평행하지는 않지만 이들 선에 대해 거의 직각에 가까울 것이다. 마디에 눈이 하나만 있으면서 눈이 신초를 따라 나선형으로 배열될 수도 있고(예: 사과나무, *Malus domestica*), 모든 눈이 마디의 한쪽 면에 있을 수도(예: 복숭아나무, *Prunus persica*) 있다. 이러한 **호생**(互生, alternate)의 엽서는 보통 1/2, 1/3, 2/5, 3/8 등과 같이 분수로 표시된다. 분자(分子, numerator)는 바로 위의 눈에 도달할 때까지 걸리는 신초의 회전(revolution)수를 나타내고, 분모(分母, denominator)는 중간에 있는 마디의 수이다. 수목의 엽서는, 특히 수목에 잎이나 꽃이 없을 때 수목을 동정하는데 도움이 된다.

눈은 활동성 상태에 따라 다양하다. 신초정단분열조직은 잎이나 눈, 꽃을 가진 신초를 전개하는 활발하게 자라는 조직이다. **휴면아**(休眠芽, dormant bud)는 늦가을이나 낙엽이 진 이후 신초에 있는 비활동성 눈으로 다음 생육기(生育期, growing season)에 새로운 생장을 시작한다. 전정, 액제 살포, 이식 등은, 수목이 대부분의 스트레스에 가장 잘 견디는, 이러한 휴면기에 실시되도록 계획을 수립할 수 있다. 다음 항에 언급된 바와 같이, 활발한 생장에서 휴면아로의 전환(또는 반대로)은 특정한 환경적인 여건에 대한 반응으로 인해 발생한다.

잠아(潛芽, latent/suppressed bud)는 1년 이상 된 눈으로, 눈의 생장점이 수피의 표면 또는 근처에 위치할 수 있을 정도로 매년 자란다. 정아가 전정이나 파손에 의해 제거되면, 남은 가지 끝 부분의 부근에 있는 하나 이상의 눈이 정단역할(頂端役割, terminal role)을 이어받기 위해 자란다. 큰 가지나 큰 전정상처 부근에서 자라 나오는 신초는 **도장지**(徒長枝, epicormic shoot)라고 부른다. 이들의 대부분은 많은 사람들이 생각하는 것처럼 부정아에서 나오는 것이 아니라, 잠아에서 나온다.

신초 신장

연간 신초 신장은 수목 활력을 나타내는 좋은 척도이다. 수목은 1년에 한 번의 생육기를 가지고 휴면아를 형성하여 당년의 연간 생장을 결정한다(**그림 2-5**). 낙엽수에서는 정아의 아린흔(芽鱗痕, bud scale scar)이, 구과식물에서는 가지의 각각의 윤생체(輪生體, whorl)가, 1년에 한 번만 생장 전개를 하거나 미리 형성된 원기에 의해 생장이 한정되는 수종은, 1년간의 생장을 나타낸다. 낙엽수의 연간생장은 당년지(當年枝, current season's shoot)에 나타난 잎이나 눈으로부터 결정될 수도 있다. 그러나 활엽 상록수나 여러 번의 생장 전개를 하는 수목들은, 겉으로 보이는 것을 기준으로 구분하는 것은 불가능하다.

많은 목본식물은 짧은 신초(short shoot, 단지; 短枝)와 함께 정상적인 신초를 형성한다(그림 2-5). 단지는 길이가 보통 100mm(4인치) 미만으로, 과수 재배자는 **spur**(새의 며느리발톱)라고 부른다. 단지에는 정상 가지보다 마디가 더 가까이 붙어 있고, 일반적으로 꽃눈의 비율이 더 높다. 대부분의 단지는 단지가 나오는 가지에 대한 부착각도가 넓다. 단지의 연간생장은 가시(예: 피라칸타, 아카시나무)나, 정상적인 영양생장 눈, 잎과 꽃을 모두 만드는 혼합아(예: 사과나무) 등으로 끝난다. 크기가 같으면 단지를 형성하는 수목이 단지가 부족한 수종에 비해 일반적으로 더 많은 꽃과 과실을 산출한다.

기부도장지(基部徒長枝, watersprout)와 **흡지**(吸枝,

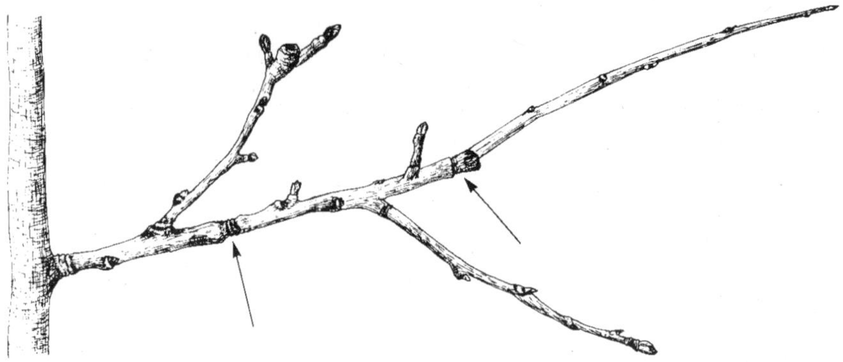

그림 2-5 수직의 가지에서 자란 3년생 신초와 단지의 생장; 정아 아린흔(bud scale scar; 화살표)이 각 연도의 생장을 구분한다. 두 짧은 가지와 두 단지가 2차년도 단지에서 자랐다.

그림 2-6 지상 또는 접목접착부 위쪽에서 나오는 활력이 강한 신초를 기부도장지(watersprout)라고 부르고(위 왼쪽), 접목접착부 아래(위 오른쪽)나 지면 아래(아래 왼쪽)에서 나오는 것을 흡지(sucker)라고 부른다. 대목(root stock)인 북캘리포니아흑호두나무(*Juglans hindsii*)의 잎과 수피가 페르시아호두(*J. regia*)와 다른 점에 유의하라(위 오른쪽).

sucker)는 오래된 목질부에 있는 잠아로부터 자라는 활력이 강하고, 직립하는 도장지(徒長枝, epicormic shoot)이다. 이들은 많은 과수나 조경수목에서 문제가 될 수 있으며(**그림 2-6**), 1년에 3~5m까지 자랄 수 있다. 가끔 이들은 어린 나무의 **주지**(主枝, leader)보다 더 크게 자라기도 한다. 일부 수종에서는 이들이 수목의 전 생애에 걸쳐 매년 반복되는 문제가 되기도 한다. 과거에 발생한 이들 맹아지를 줄기나 지면 가까이 발생지점에서 절단해 주지 않으면, 이들이 특히 번성할 수 있다. 화학적 처리를 통한 맹아지 발생 예방은 제 15장에서 고찰된다.

(a)

(b)

그림 2-7 도장지(epicormic shoot)는, (a) 워싱턴 주에서 벌채로 미송(美松, *Pseudotsuga menziesii*)의 수간이 노출되거나, (b) 사우스캐롤라이나 주에서 허리케인에 의한 낙엽과 수관 손상 이후, 종전에 그늘져 있던 가지가 노출될 때 나타날 수 있다.

기부도장지와 흡지는 우선 발생지점이나 위치에서 다르다. 기부도장지는 지면이나 접목접착부 위에서 발생하며, 주로 오래된 수간이나 가지의 잠아에서 발생한다; 반면, 흡지는 접목접착부 아래와 지면 아래의 수간이나 뿌리에서 발생한다. 이들은 예외 없이 가능하면 빨리 제거하여야 한다. 예외적으로, 수목의 빈 공간을 채우기 위해 기부도장지를 주가지로 육성하기도 한다. 하지만 접목된 수목에서 흡지는 상부의 접수와 다른 유전형임을 명심하라.

기부도장지와 흡지는 수목이 적어도 이들이 발생하는 부위 아래에서는, 활력이 강한 상태에 있음을 의미한다. 기부도장지는 큰 전정 상처 바로 아래에서, 특히 가지가 가지터기를 두고 절단했을 때 발생한다. 기부도장지는 이들이 발생한 수간이나 가지에 단단하게 부착되는 경우는 드물다. 이 맹아지가 생장하기 시작한 이후에 형성된 새로운 수피(사부)와 목부(xylem)층만이 이들과 연결되어 있기 때문이다.

성목이 가뭄, 영양 결핍, 노령, 병 등으로 스트레스를 받으면 내부의 가지가 더 많은 햇빛에 노출된다. 빛의 강도가 높아지면 길이 500mm(18인치)의 활력이 낮은 도장지가 주가지의 위쪽을 따라 발생한다(**그림 2-7**). 이들은 수목이 살아남기 위한 최후의 노력인 것처럼 보이며, 전정 이상의 조치가 필요하다. 낙엽, 수관의 개방, 강한 전정, 화재나 유사한 재앙으로 인한 가지 고사 등으로 가지나 수간이 햇빛에 노출되면 비슷한 신초가 발생할 수 있다.

신초 신장 유형

주기성(週期性, periodicity) 어떤 수목은 봄에 짧은 기간 동안(3~4주) 신초가 신장되는가 하면, 다른 수목은 생육기(生育期, growing season) 동안 활기를 띠기도 하고, 일부 수종은 여건이 맞으면 거의 계속적으로 신장하기도 한다. 많은 낙엽성 및 상록성 수목에서, 생육기에 발달하는 모든 눈과 마디의 원기는 정아(頂芽, terminal bud)에 형성된다. 이러한 원기가 신장되고 전개된 다음 휴면아가 형성되는데, 이를 고정신장유형(固定伸張類型, fixed pattern of elongation)이라고 한다. 유리한 생장 여건은 마디 간의 거리에 영향을 줄 수 있지만, 마디가 추가적으로 발생하지는 않는다. 이와는 달리, 미국풍나무(*Liquidambar styraciflua*), 레드우드(*Sequoia sempervirens*), 설탕단풍나무(*Acer saccharum*) 등과 같은 수목은 기존에 형성된 신초원기(新梢原基, shoot initial)가 전개된 다음 신초가 계속적으로 새로운 잎을 형성하는 자유신장유형(自由伸張類型, free pattern of elongation)을 가지고 있다. 자유생장(自由生長, free growth) 수목은 여건이 허용되는 한 신장을 계속할 것이다. 고정생장과 자유생장의 변이가, 라디아타소나무(*Pinus radiata*)와 많은 참나무류(*Quercus* sp.)와 같이, 한 생육기에 여러 번 싹을 틔우는 수목에서 나타난다. 이러한 수종은 고정신장유형을 가지고 있지만, 생장 여건에 따라 한 생육기에 여러 번의 신장을 하기도 한다.

정아우세(頂芽優勢, apical dominance) 현재 신장하고 있는 신초의 정아가 활발하게 생장하면서 측아가 억제되는 경우가 있는데, 이를 정아우세라고 한다. 이는 보통 강하다(측아의 완전한 억제) 또는 약하다(측아가 생장)라고 표현한다(**그림 2-8**). 솔송나무속(*Tsuga* sp.)이나 미국풍나무(*Liquidamba styraciflua*) 같은 정아우세가 약한 수목에서는, 자라는 눈의 위치를 살펴볼 필요가 있는데, 정아에 가까이(끝눈 웃자라기; acrotony) 또는 신초의 기부(아래 눈 웃자라기; basaltony)에 위치할 수 있다.

식물학자나 임학자들은 눈이 전개하기 전에 휴면기의 필요에 따라 **동시지(同時枝, sylleptic shoot)**와 **선발지(先發枝, proleptic shoot)**로 구분한다. 무휴면생장(syllepsis)은 측아가 휴면기를 필요로 하지 않는 면에서 약한 정아우세와 유사하다. 예기(豫期, prolepsis)는 강한 정아우세와 유사하다.

정아우세는 당년 생육기에서의 정아와 측아의 생장 유형을 설명하는 것이라고 기억하면 도움이 될 것이다. 이는 다음에 고찰할 정아통제(apical control)와는 뚜렷한 차이가 있다. 측아의 억제는 생장 요소의 균형에 의해 결정되는 것으로 보이는데, 이들 관계는 수종에 따라 복잡하고 다양하다. 아직 한마디로 설명할 수는 없지만, 우세성은 생장점과 어린잎이 생산하는 옥신(auxin)의 수준을 반영하는 것으로 보인다.

동일한 수종 내에서는, 활력이 높은 신초가 활력이 낮은 신초보다 낮은 정아우세성을 보인다. 어린 나무는 나이가 든 수목보다 낮은 정아우세를 보인다.

그림 2-8 정아가 당년 생장지의 측아생장을 억제하는 상태; 정아우세가 강하다(왼쪽). 억제가 불완전하여 일부 측아가 신장하기 시작하면, 정아우세가 약하다(오른쪽).

2.3 잎

잎(leaf)은 빛에너지(light energy)를 식물체 내, 또는 동물이나 다른 식물의 생명과정(life process)을 위해 사용되는 화학에너지로 변환한다. 여러 가지로 변이가 많지만, 활엽수(闊葉樹, hardwood)의 잎은 얇고, 넓은 엽신/잎몸(葉身, blade)과 가는 **엽병(葉柄, petiole)**을 가지고 있다. 침엽수(針葉樹, softwood)는, 은행나무(*Ginkgo biloba*)를 제외하고 바늘(needle)이나 비늘(scale)처럼 생겼다.

단면을 살펴보면(**그림 2-9**), 엽신은 수분손실을 보호하고

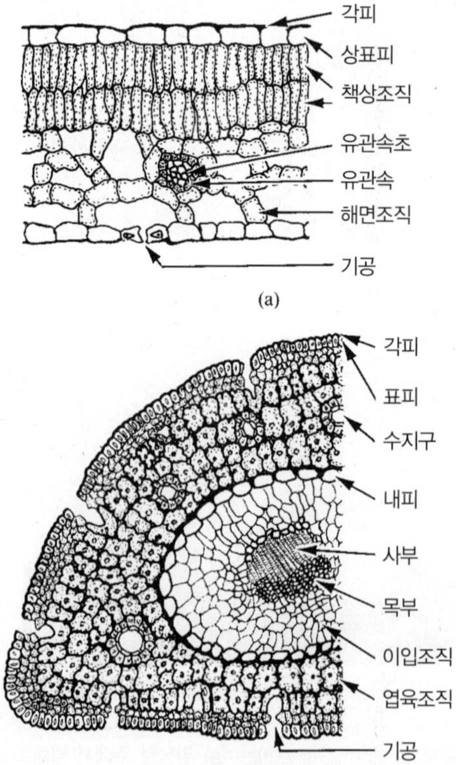

그림 2-9 활엽수 잎의 단면도(위). 잎이 두 개인 흑송(*Pinus* sp.) 침엽의 단면 반쪽(아래). (출처: Chamberlain, 1935.)

저감하는 밀랍성분의 각피(角皮, cuticle)로 싸인 **상, 하표피**(上下表皮, upper and lower epidermis)를 가지고 있다. 보통 잎의 아래 표면에만 있는 **기공**(氣孔, stomata; 단수 *stoma*)은 수분손실(증산작용)을 조절하는 표피에 있는 작은 구멍들이다. 주로 이산화탄소(二酸化炭素, cabon dioxide)와 산소(酸素, oxygen) 같은 기체가 기공을 통해 잎으로 들락거린다. 잎의 가운데 있는 **엽육조직**(葉肉組織, mesophyll)은 대개 책상조직(柵狀組織, palisade parenchyma)과 해면조직(海綿組織, sponge parenchyma) 세포로 구성되어 있다. 유세포(柔細胞, parenchyma cell), 특히 상표피 바로 아래에 있는 책상조직은 **엽록체**(葉綠體, chloroplast)라고 불리는 과립(顆粒, granules) 안에 엽록소(葉綠素, chlorophyll)를 함유하고 있다. 엽육조직 내의 엽맥(葉脈, vein)에 있는 목부(木部, xylem)와 사부(篩部, phloem)는 물, 영양소, 유기 화합물을 이동시킨다.

침엽수의 침엽(針葉, needle)과 인엽(鱗葉, scale) (그림 2-9)은, 기본적으로 활엽수의 잎과 같은 조직을 가지고 있고 유사한 기능을 수행한다. **낙엽수**(落葉樹, deciduous plant)의 잎은 한 생육기만 살아 있는 반면, 상록수(常綠樹, evergreen plant)의 잎은 더 오래, 보통 3~4년 동안 살아 있다. 상록수는 매년 오래된 잎을 떨어뜨리는데, 이러한 낙엽은 긴 시간, 즉 대부분의 생육기에 걸쳐 일어난다. 상록수의 낙엽은 낙엽수의 잎보다 더 골칫거리가 될 수 있다.

잎의 구조는 환경적인 여건, 특히 햇빛에 대한 노출에 반응하여 변화한다. 양지쪽(full sun)에 형성된 잎은 음지에 형성된 잎보다 작고 두꺼우며 더 많은 해면조직을 가지고 있다. 대부분의 활엽수 양엽(陽葉, sun leaves)은 여름철 전광(full summer sunlight)의 20~40%에서 광포화(光飽和, light saturation - 더 높은 광도[光度, light intensity]에서 광합성이 더 이상 증가하지 않는 광도)에 이른다(표 3-1). 침엽수의 광합성(光合成, photosynthesis)은 여름철 전광(full summer sunlight)의 40~85%까지 광도를 높여도 증가한다(Kramer와 Kozlowski, 1979). 성숙한 사과나무(*Malus domestica*)에서 수관의 외부에 있는 양엽은 내부에 있는 음엽(陰葉, shade leaf)보다 15배 이상의 햇빛을 받는다. 양엽은 음엽보다 3.5배의 광합성 속도를 가지고 있다(Heinicke, 1966). 양지에서 자란 수목은 보통 8~10주 정도 낮은 광도에 노출되면 잎이 떨어진다.

2.4 수관

교목과 관목의 전형적인 형태는 수관(樹冠, crown)과 이를 지지하고 있는 수간(樹幹, trunk)의 외형이다. 이들 형태에 대한 이미지는 다음과 같은 특징에 의해 결정된다: (1) 잎눈과 꽃눈의 위치(정아 또는 측아), (2) 수간과 가지를 따라 눈이 트는 패턴, (3) 가지가 자라나오는 곳의 각도, (4) 눈과 가지 신장(伸張, elongation)의 격차. 예를 들면, 대부분의 수목성 **단자엽식물**(單子葉植物, monocot - 예: 야자수)은 측아가 없어서, 잎이 모여나 있고 가지가 없는 수간 끝에서 원주형으로 생장하는 습성을 보인다.

수형: 원추형, 구형, 정아 통제

수관형의 가장 중요한 요소는 주된 수간인 **중앙 주지**(中央主枝, central leader)의 존재여부이다. 일부 피자식물(被子植物, angiosperm-예: 백합나무[*Liriodendron tulipifera*], 미국풍나무[*Liquidambar styraciflua*])과 대부분의 **구과식물**(毬果植物, conifer)은, 그 수목의 생애를 통해 주된 수간(main trunk)이 존재하며, 모든 측지(側枝, lateral branch)는 이들에 비해 열위에 있다. 이로 인해 **원추형**(圓錐形, excurrent)이라고 불리는 수형인 중앙 수간을 가진 원뿔형태의 수관으로 자라게 된다(**그림 2-10**). 이러한 수목은 중앙주지가 측지에 비해 우세한 위치를 점하고 있기 때문에, 강한 정아통제(頂芽統制, apical control)를 가지고 있다고 말한다. 반대로, 대부분의 피자식물과 관목은 수목의 꼭대기에 이르기까지 주된 주지가 없이 위쪽이 둥글고 넓게 퍼진다. 이러한 습성을 **구형**(球形, decurrent, deliquescent, diffuse)이라고 부른다. 이러한 수목의 측지는 주지와 같은 속도로 자라거나 주지의 생장을 앞질러서 주지가 존재하지 않게 된다(**그림 2-11**). 이러한 수종은 정아통제가 약하다고 말한다.

정아통제는 여러 생육기에 걸친 중앙주지와 측지의 생장관계를 의미한다. 이는 한 생육기 내에서 작용하는 정아우세(頂芽優勢, apical dominance)와는 다르다. 가지가 퍼지는 생장습성을 가진 수목은 정아우세성이 약하고, 원추형 수형의 수목은 정아우세성이 강하다고 할 수 있을 것이다. 그러나 신초 신장패턴이 수관발달 패턴을 반영하지는 않는다(Brown 등, 1967) (**표 2-1**). 미국풍나무와 미국찝빵나무(*Thuja plicata*)와 같은 수종은 신초의 정아우세성은 약하지만 수관은 강한 정아통제성을 가진다. 이와 달리, 주엽나무(*Gleditsia triacanthos*)와 느릅나무류(*Ulmus* sp.)는 정아우세가 강하지만 수관은 약한 정아통제를 보여준다. 미송(*Pseudotsuga menziesii*)과 스트로브잣나무(*Pinus strobus*)는 정아우세와 정아 통제가 모두 강하다. 일부 관목성 버드나무류(*Salix* sp.)는 정아우세와 정아통제가 모두 약하다.

정아우세와 정아통제 간의 관계에 대한 명확한 이해가 부족한 것 같다. 두 개념 모두 신초 신장의 관련성으로 묘사하지만, 물리적, 시간적으로 완전히 다른 크기로 작용한다.

그림 2-10 미국풍나무와 같은 전형적인 원추형 수목의 1년(왼쪽), 3년(가운데), 수년(오른쪽) 후의 모습. 정생지(頂生枝, terminal shoot)는 아랫가지보다 빨리 자라고 이들을 억제한다.

그림 2-11 물푸레나무와 같은 전형적인 구형 생장 수목의 1년(왼쪽), 3년(가운데), 수년(오른쪽) 후의 모습. 정아(terminal bud)가 첫 생육기 동안 아래 눈의 생장을 억제하지만, 정생지는 보통 다음 연도에는 생장이 늦다.

표 2-1 정아우세(apical dominance)와 정아통제(apical control)가 서로 다른 강도를 가진 수관 유형과 대표 수종

정아우세 (apical dominance)	정아통제(apical control)			
	약하다		강하다	
	수관형	대표 수종	수관형	대표 수종
약하다	관목 (shrub)	관목형 버드나무류 (*Salix* sp.)	원추형 (excurrent)	미국풍나무 (*Liquidanbar styraciflua*) 자이언트 측백나무(*Thuja plicata*)
강하다	구형 (decurrent)	주엽나무 (*Gleditsia triacanthos*) 느릅나무류(*Ulmus* sp.)	원추형 (excurrent)	미송(*Pseudotsuga menziesii*) 스트로브잣나무(*Pinus strobus*)

그림 2-12 수관형은 강력한 유전적 통제 하에 있다. 침엽수 같은 원추형 수목의 중앙 주지가 제거되면, 기존의 측지가 직립하거나 새로 나온 가지가 형성되어 주지를 대체한다. 따라서 원추형으로 크게 자라는 교목은 송전선 아래에 식재하면 안 된다.

그림 2-13 불꽃나무(*Koelreuteria bipinnata*)처럼 가지 끝에서 꽃이 피는 수종은 가지가 지난해의 정생화 밑에서 갈라진다. 이는 구형 형성을 촉진하여 취약한 구조로 발전할 수 있다.

수관형의 기본적이 패턴은 강한 유전적 통제 하에 있어서 쉽게 조작할 수 없다. 중앙 주지를 제거한다고 개별 수목의 원추형 생장습성이 바로 변하지는 않는다(**그림 2-12**). 송전선 아래의 원추형 수목을 관리하려고 노력하는 송전선 수목관리자를 오랜 기간 좌절하게 만든 경험이 이러한 사실을 예증하고 있다. 반복적인 전정만이 원추형을 구형에 가깝게 유지시키나, 구형을 원추형으로 유지시킨다.

수관형 및 이와 관련된 정아통제의 기본 패턴은 시간과 환경에 따라 변이가 크다. 어린 미국풍나무 묘목은 일반적으로 직립의 중앙 주지를 가지고 있는데, 짙은 그늘에서 자라면 이들의 습성이 완전히 바뀌게 된다(Brown 등, 1967). 이러한 환경 하에서는 활력이 너무 약해 당년 생장가지에서 측지가 거의 발달하지 못해 구형생장습성이 거의 소멸된다. 저자는 뉴질랜드와 호주에 있는 미국풍나무가 구형을 하고 있는 것을 본적이 있다.

어린 나무는 강한 정아통제성을 가지고 있으나 시간이 지나면서 이를 점차 잃어간다. 수목이 성숙하거나 스트레스 혹은 영양결핍 상태에서 자라면, 활력이 떨어져서 정아통제성을 상실하는 경우도 있다. 정생화(頂生花, terminal flower)를 가진 수종은, 생장이 개화 후 꽃이 피는 정단 아래의 측아에서 전개되기 때문에, 보통 상단이 둥근 모양을 하고 있다(**그림 2-13**). 둘 이상의 눈이 전개되어 둥근 수관이 빠르게 형성된다. 둘 이상의 신초 간 경쟁은 동일세력 줄기(codominant stem) 형성과 각각의 생장을 저해하는 결과를 가져와 더욱 치밀한 수목으로 발전한다.

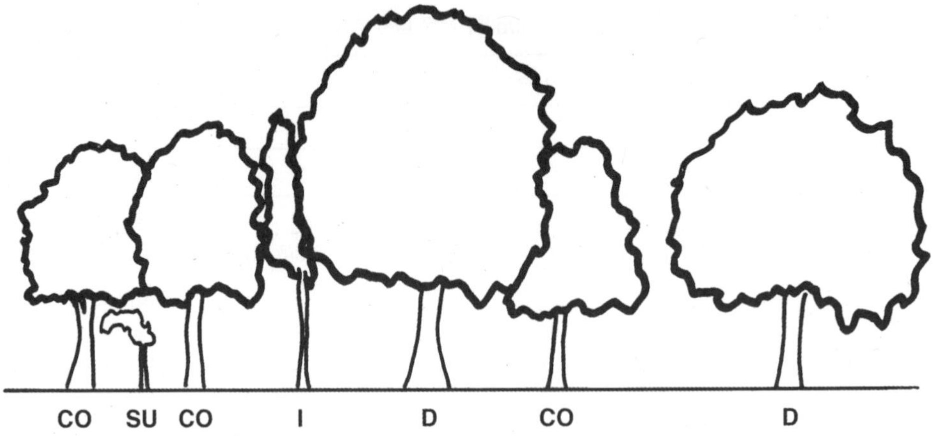

그림 2-14 수관급(crown class)은 임분이나 식재지에서의 수목의 상대적인 위치를 기준으로 우세(dominant, D), 준우세(codominant, CO), 중간(intermediate, I), 피압(suppressed, SU) 등으로 구분된다.

수관급(樹冠級, crown class) 산림 임분이나 혼합식재지(mixed planting)에서 모든 수목이 같은 속도로 자라는 것은 아니다. 시간이 경과함에 따라 특정 개체가 다른 개체보다 두드러지게 된다. 이러한 생장차이는 수형에 심각한 영향을 미친다. 수관급은 임분 내 수목의 상대적인 위치를 설명하는 임학 용어이다(**그림 2-14**). 다음은 Helms(1998)의 기술을 일부 수정한 것이다:

우세(優勢, dominant). 임분 내 인접 수목의 키 위로 뻗어 있는 수관을 가진 개체로, 상부와 측면으로부터 햇빛을 받는다.

준우세(準優勢, codominant). 임분이나 조림지의 전반적인 수관을 형성하는 개체로서 햇빛은 상부로부터 받고 측변으로부터는 거의 받지 못한다.

중간(中間, intermediate). 수관이 주 수관을 향해 뻗어 있지만 준우세목보다는 낮은 수목으로, 상부로부터 직접 햇빛을 받지 못하며, 측면으로부터의 햇빛은 없다.

피압(被壓, suppressed). 인접 수목들에 의해 압도된 수목.

세 개의 또 다른 용어, 개방지 생장(open grown), 가장자리(edge), 내부(interior) 등의 생장 위치도 임분 내 상대적인 위치를 설명하는 것이다. 개방지에서 자란 수목은 햇빛을 사방으로부터 받기 때문에 일반적으로 단일의 표본목(標本木, specimens)이 된다. 가장자리 수목은 식재지의 가장자리를 따라 자라며, 내부 수목은 다른 수목에 의해 둘러싸인 수목들이다.

살아 있는 수관비율(live crown ratio, LCR)은 보통 구과식물에서 전체 수고에 대한 상대적인 수관의 크기를 설명할

그림 2-15 살아 있는 수관비율(live crown ratio)은 총 수고 대비 수관의 크기를 나타내며, 일반적으로 구과식물에만 적용한다. 왼쪽의 소나무류(*Pinus* sp.)는 살아 있는 수관비율이 30% 정도이고, 오른쪽 수목은 95% 정도 된다.

때 사용된다(**그림 2-15**). Dunster와 Dunster(1996)는 "살아 있는 수관비율이 30% 미만인 수목은 일반적으로 약하고 활력이 부족하여 낮은 직경생장을 보인다"는 것을 발견하였다. LCR은 전반적인 안정성과 개발되는 부지에서 수목의 보존 가능성을 판단하는 중요한 지표이다(제11장 참조).

2.5 뿌리

수목의 지상부는 이를 지탱하고(anchorage), 수분과 영양분 흡수, 비축식량(food reserve)의 저장, 수목 지상부의 활동을 조절하는 것을 포함한 특정 유기물질의 합성 등과 관련된 것을 뿌리(root)에 의존한다. 뿌리 시스템의 발달, 크기, 형태,

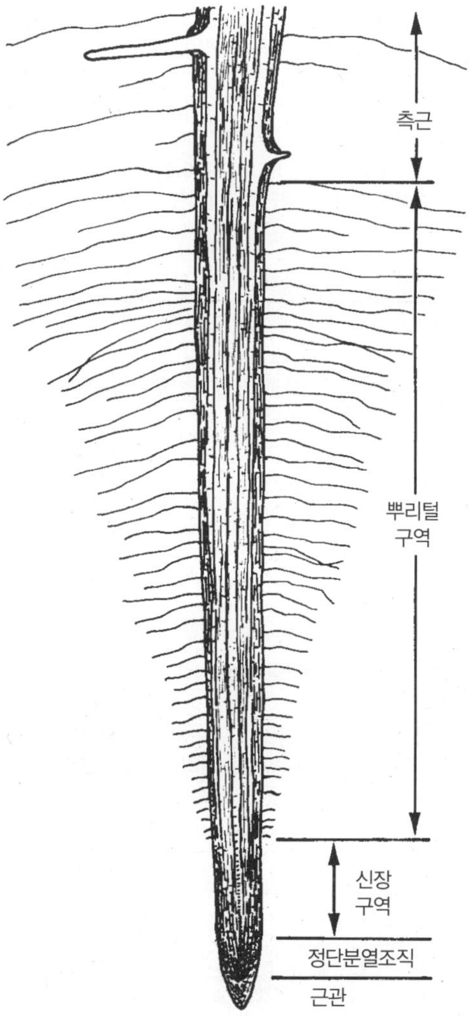

그림 2-16 뿌리 끝의 수직 단면은 근관(root cap), 신장 구역, 뿌리털 구역, 측근(lateral root) 발달이 시작되는 지점 등을 보여준다.

기능은 수목에 내재된 유전적인 조건과 이러한 특징의 발현을 변화시키는 환경적, 관리적 조건에 의해 조절된다. 뿌리는 여러 가지 면에서 신초와 다르다. 뿌리는 잎의 겨드랑이에 있는 눈으로부터 마디에서 가지가 나오는 것과는 달리, 일정한 분기(分岐, branching) 패턴이 없다. 측근(側根, lateral root)은 사부(篩部, phloem)와 표피(表皮, epidermis) 사이에 있는 몇 개 층의 조직으로부터 발달된다(**그림 2-16**); 반면 측지는 줄기 내부에서 유관속 연결이 되어 있지만 끝이 표피 바깥으로 노출되어 있는 눈으로부터 자란다. 근관(根冠, root cap)은 뒤에 있는 신장조직에 의해 토양 속으로 밀려나갈 때 뿌리의 끝을 보호한다; 반면, 생장하는 신초의 끝은 신장하는 신초, 잎, 외부에 대한 보호가 거의 없는 부드러운 눈으로 되어 있다. 뿌리의 끝에서는 근관의 가장 오래된 세포는 탈락하면서 뿌리가 흙 속으로 움직이는데 윤활유 역할을 한다.

근관 뒤에는 뿌리정단분열조직(root apical meristem)이 세포분열(細胞分裂, cell division)을 통해 근관을 보충하고, 나중에 특정의 뿌리조직으로 발달하는데 필요한 미분화 세포(undifferentiated cell)를 뿌리 끝의 뒤쪽에 형성한다. 세포분열이 활발한 정단분열조직의 뒤쪽은 끝 부분을 토양 속으로 1~5mm 정도 밀어 넣는 세포신장(細胞伸長, cell elongation)이 가장 집중적으로 일어나는 부위이다(그림 2-16). 세포신장 부위 내부와 뒤쪽에서는 세포가 목부(xylem), 형성층, 사부, 내초(內鞘, pericycle), 내피(內皮, endodermis), 피층(皮層, cortex) 등으로 분화(分化, differentiation)된다. 1차 조직(一次組織, primary tissue)이 형성되는 이 지역에 있는 표피세포는 길이가 8mm 정도 되는 뿌리털(root hair)을 형성한다. 수분은 뿌리털과 흡수 표면적이 뿌리털보다 훨씬 작은 세포신장 부위를 통해 주로 흡수된다. 독립적으로 성숙한 호밀(rye, *Secale cereale*)의 뿌리털은 140억 개로 매일 1억 개 이상 증가하며, 표면적은 370m^2을 초과하였다(Robbins 등, 1950). 뿌리털은 뿌리가 되지 않는데, 대부분 수종의 뿌리털은 2~3주 정도밖에 살지 못한다. 주엽나무(*Gleditsia triacanthos*)나 박태기나무류(*Cercis* sp.) 같은 수목의 뿌리털은 1년 이상 생존하는가 하면, 일부 구과식물은 뿌리털이 거의 없다(Weier 등, 1974).

내초에서 발생하는 측근과 뿌리 형성층으로부터의 목부와 사부의 2차 생장은 뿌리털 뒷부분에서 이루어진다. 그러나 부정근(不定根, adventitious root)은 줄기, 근경(根莖, rhizome), 주근(走根, stolon), 기타 다른 조직에서 발생할 수 있다.

세포가 커지고 2차 조직이 생성됨으로써 뿌리의 크기가 커짐에 따라 이들은 상당한 힘을 발휘하게 된다. MacLeod와 Cram(연도 미상)은 이들 힘의 성질과 크기를 개관하였다. 이들은 수목의 뿌리가 발휘하는 방사가압(放射加壓, radial pressure)에 대한 직접적인 측정은 없었다고 하였다.

뿌리와 토양미생물

뿌리는 토양 내에서 다른 미생물과 격리되어 존재하지 않는다. 이들은 곰팡이나 세균과 폭넓은 구조-기능(structure-function)의 관계를 발달시킨다. 균근형성(菌根形成, mycorrhizal association)과 질소고정박테리아(nitrogen-fixing bacteria)가 잘 알려진 두 사례이다(**상자 2-1**). 이들은 공생적인 상호작용으로 두 당사자가 이러한 관계를 통해 이득을 본다.

균근의 경우, 수목에 대한 1차적인 편익은 흡수하는 뿌리의 표면적이 증가하는 것이다. Perry(1982)는 균근이 "기능적으로 가는 뿌리를 효과적으로 수백 배 이상 늘린다"라고

상자 2-1

수목과 토양 미생물 간의 공생관계

균근(菌根, mycorrhizae)

균근은 어린 측근이 서로 유리한 공생관계를 형성하는 특정 곰팡이에 의해 감염이 될 때 창출되는 뿌리 구조이다. 곰팡이는 수목의 양분흡수를 도와주고, 수목은 곰팡이에게 식량을 제공한다. 목본식물은 두 가지 일반적인 형태의 균근을 형성한다: 외생균근(外生菌根, ectomycorrhizae)과 내생균근(內生菌根, endomycorrhizae).

항목	외생균근	내생균근
감염되는 뿌리 부위	짧은 측근의 피층세포 사이에서 자라며, 감염된 뿌리 주변에 균투(菌套, mantle)를 형성한다.	피층(皮層, cortex) 내 개별 세포 안으로 침투하고 뿌리 주변에 균투를 형성하지 않는다.
감염되는 수목 유형	거의 교목에 한정된다.	피자식물(속씨식물)과 나자식물(겉씨식물) 대부분의 과(課, family)에 나타난다.

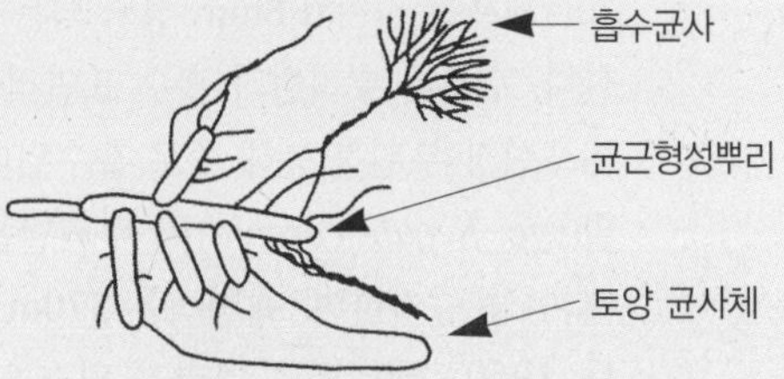

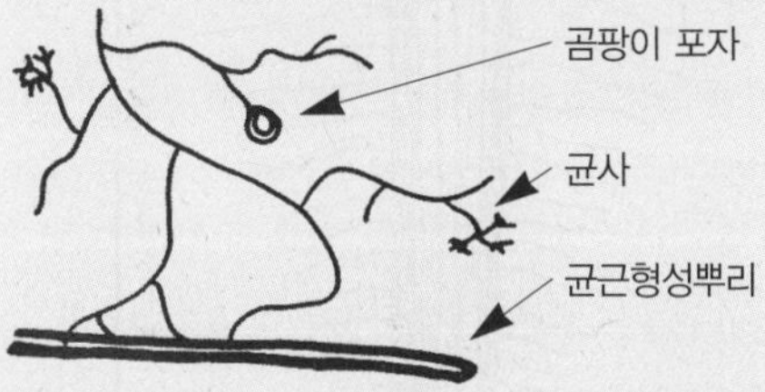

항목	외생균근	내생균근
뿌리 외관	측근이 부풀고, 짧아지고, 두 갈래로 갈라지는 경우가 많으며, 보통 뿌리털이 없다. 아래 그림은 균근에 감염된 뿌리와 균사속(菌絲束, mycelial strand)의 단면을 보여준다.	뿌리의 외관은 변화가 없다. 아래 그림은 가지모양 균사(arbuscule), 피층세포 내의 분기된 흡기(haustoria), 세포 내 균사(intracellular hyphae), 소낭(vesicle), 곰팡이 저장 구조 등에 대한 현미경 사진이다.

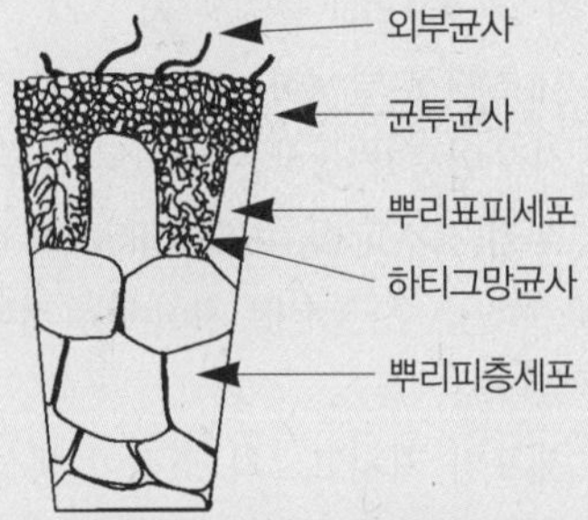

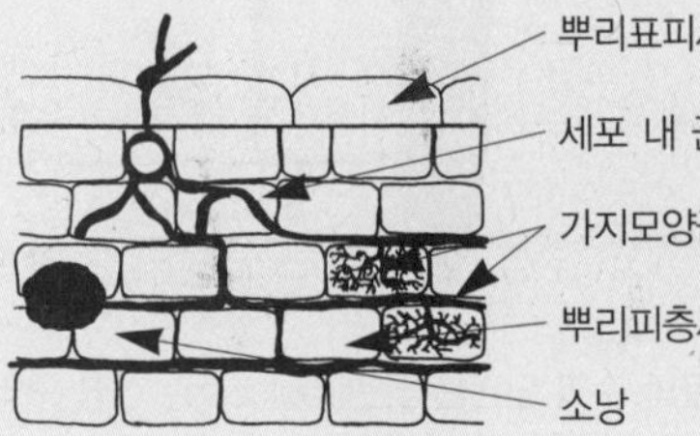

질소고정박테리아(nitrogen-fixing bacteria)

일부 박테리아는 식물 뿌리와 결합하여 식물에게 공기 중의 질소를 공급한다. 반면, 식물은 박테리아에게 탄수화물을 제공한다. 목본식물에 공생하는 박테리아는 두 가지 유형이 있다: 프랑키아속(*Frankia* spp.)과 근류(根瘤) 박테리아(rhizobia). 질소고정 뿌리혹은 뿌리혹선충에 의해 형성된 구조와 비슷하게 보인다(그림 18-27). 혹을 반으로 갈라보아 분홍색이면 질소고정 뿌리혹이다.

항목	프랑키아속(*Frankia* sp.)	근류(根瘤) 박테리아(Rhizobia)
박테리아 종류	방선균(放線菌, Actinomycete)	리조비움속(*Rhizobium* spp.)과 브라디리조비움속(*Bradyrhizobium* spp.) 막대형, 운동성, 종속영양성 박테리아
감염 식물의 유형	비콩과식물 10여 속(genera) 이상에 속하는 200종. 예, 오리나무속(*Alnus*), 갈매나무속(*Ceanothus*), 소귀나무속(*Myrica*), 카주아리나속(*Casuarina*), 보리수나무속(*Eleagnus*).	콩과식물(legume family)
뿌리 외관	질소고정 뿌리혹 형성. 아래 그림은 식물 뿌리에 형성된 혹을 보여준다.	질소고정 뿌리혹 형성. 화살표는 레그 헤모글로빈(leghaemoglobin) 색소로 뿌리혹 단면의 내부가 분홍 빛임을 보여준다.

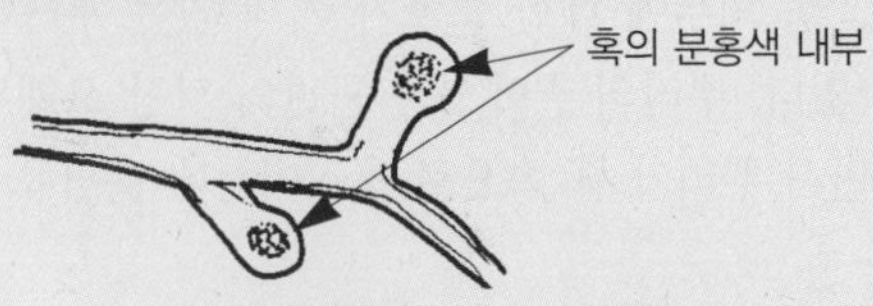

언급하였다. 늘어난 표면적은 수분과 영양분 흡수를 증대시킨다. 또한 균근은 수목을 보호하는 기능도 있다. 반면, 곰팡이는 수목으로부터 탄수화물을 받음으로써 연합의 편익을 얻는다.

질소고정박테리아는 박테리아가 살 수 있는 작은 혹(nodule)을 형성하기 위해 뿌리와 상호작용한다. 수목은 탄수화물을 제공하고, 박테리아는 대기 중의 질소를 고정하여 수목이 이용 가능한 형태로 전환("고정")시킨다. 이러한 뿌리-박테리아의 상호작용은 목본식물에서 균근을 형성하는 곰팡이보다 덜 보편적이다. 콩과(legume family) 수종은 리조비움속(*Rhizobium* sp.)의 박테리아에 의해 감염된다. 또한 프랑키아속(*Frankia* sp.)도 목본식물 12개 속(genera) 수목과 공생관계를 형성한다.

뿌리 발달

실생묘(seedling)는 하나의 **직근**(直根, taproot)을 뻗거나 **수염뿌리계**(fibrous root system)를 형성하여 많은 1차 뿌리를 갖는 경향이 있다(**그림 2-17**). 일부 수종, 또는 특정 토양 조건 하에서는, 1차 뿌리가 상당한 거리까지 자라거나 장애물을 만나기 전에는 2차 뿌리를 거의 만들지 않는다. 다른 식물은 1차 뿌리가 자라면서 2차 뿌리를 계속 만드는 경우도 있다. 어린 실생묘의 직근은, 지상부의 생장이 아직 미진한 상태임에도 상당한 깊이까지 땅속으로 침투한다. 캘리포니아 중부에서 청참나무(*Quercus douglasii*) 도토리를 심은 지 6개월이 지났을 때, 한 실생묘의 직근은 1m(40인치) 깊이까지 뻗어 있는데 비해 지상부는 75mm(3인치)에 불과하였다. 이런 상황에서 이러한 뿌리 생장 패턴은 어린 수목의 활착에 크게 도움을 준다. 그러나 직근을 가진 수목은 나근(裸根, bare root)이든 근분(根盆, balled-in-burlap) 형태든 이식하기 어렵다고 하는데, 이는 이러한 수목이 토양을 잡고 있을 수 있는 수염뿌리계가 부족하고 이식 후에 수분을 흡수할 수 있는 잔뿌리가 거의 없기 때문이다.

직근을 제외한 다른 뿌리들은 아래쪽으로 자라면서 점차 굵어져서 수목의 지상부에 대한 안정성을 확보한다. 이러한 뿌리를 **심장근**(心臟根, heart root)이라고 부른다. 어떤 수목은 주로 지표면 가까이에 **수평근**(水平根, horizontal root)과 수평근으로부터 수직으로 자라는 **수직근**(垂直根, sinker/striker root)을 형성한다. 수직근은 보통 수간 부근에서 발생하여 수목의 안정성에 기여하고, 뿌리가 활용할 수 있는 토양 심도를 높여준다(**그림 2-18**). 대부분의 성목에서는 심장근과 측근이 직근보다 더 크게 자라서 직근을 찾아보기 어렵다(**그림 2-19**). 근계(根系, root system)는 일반적으로 생각하는 것보다 지표에 훨씬 가까이에 있다.

실생묘의 1차 뿌리, 특히 직근은 굴지성(屈地性, geotropic)이 매우 강하여 토양 조건이 좋으면 수직으로 자란다. 반면, 측지는 항상 수평적으로 자란다. 1차 직근의 끝이 절단되거나 손상되면 측근이 다소 수직적으로 자란다. 갈라지지 않은 직근의 끝이 절단되면 절단 부위 위에서 측근이 발달하여 모근과 같이 거의 같은 방향으로 자란다(**그림 2-20**).

뿌리 생장은 주로 토양 조건의 영향을 받지만, 개별 뿌리는 타고난 안내 기작(案內機作, guidance mechanism)을 가지고 있는 것 같다. 끝의 활력이 강한 뿌리는 항상 수평적으로 자란다(Wilson, 1984). 굵은 뿌리에서 측면으로 나오는 뿌리는 수직으로부터 다양한 각도로 자란다. 그러나 근계에서 실재로 아래로 자라는 뿌리는 거의 없다(Wilson, 1984).

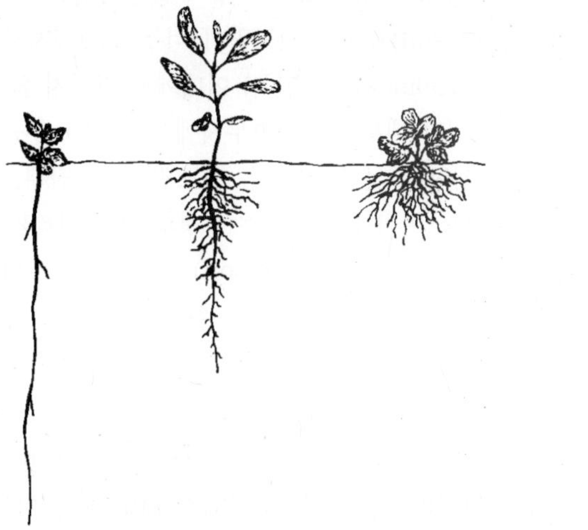

그림 2-17 어린 식물의 뿌리는 측근이 거의 없는 단일 직근(왼쪽)으로부터, 근원(根元, root crown) 부근에서 나오는 대부분의 뿌리로 된 수염뿌리계(오른쪽)에 이르기까지 다양하다.

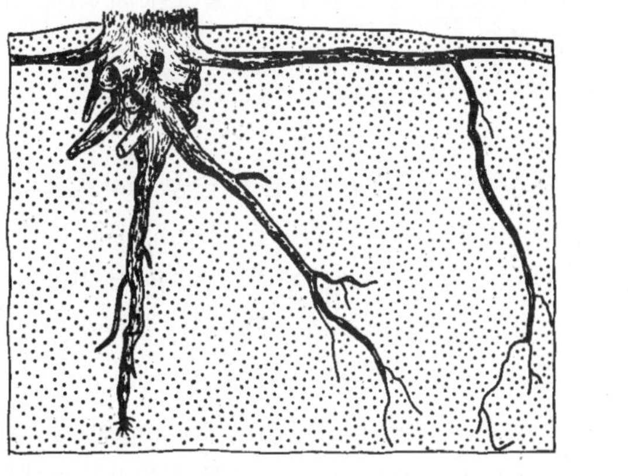

그림 2-18 성목에서 나타날 수 있는 뿌리의 유형. 수직적인 직근은 위에 있는 뿌리에 의해 억제된다. 심장근은 근원으로부터 일정한 각도로 자란다. 수직의 측근은 보통 지표면 부근에 있다. 수직근은 측근으로부터 아래로 자란다(Fayle, 1968).

그림 2-19 성목에서 직근은 없어졌거나 크기가 축소되어 있다. 근계(根系, root system)의 절대 다수는 수평으로 뻗은 측근으로 구성되어 있다.

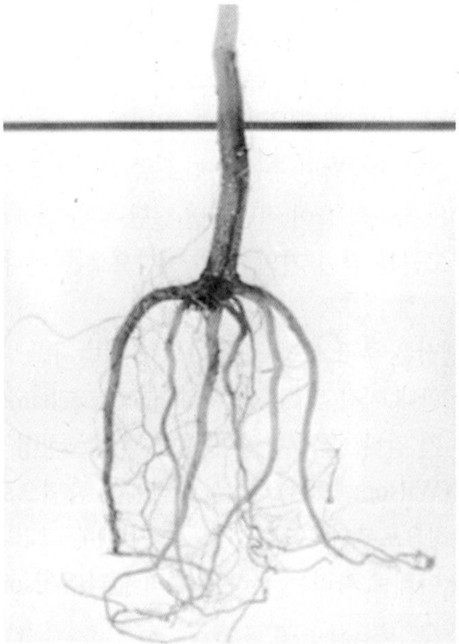

그림 2-20 참나무 직근의 분기. 실생묘를 모판에서 용기로 이식할 때 직근을 절단했다.

굵고 수평적인 뿌리의 생장점은 종종 **경사굴성**(傾斜屈性, plagiotropic)이어서 뒤집어두면 위로 자란다. 또한 이들은 토양 표면의 경사와 관계없이 같은 깊이에서 자라는 경향이 있다. 포장면과 보도의 뿌리 융기를 최소화하기 위해서는 이러한 현상에 대한 추가적인 연구가 필요하다.

일부 수종의 뿌리는 나침반 방향(compass direction)의 생장을 유지할 수 있다. 이러한 수목의 뿌리가 장애물을 만나서 꺾이게 된 경우, 그 장애물을 통과한 후에는 원래 방향으로 다시 생장하게 된다(Wilson, 1984). 이러한 현상을 **외굴성**(外屈性, exotropy)이라고 부른다.

근계의 크기

뿌리 생장은 기회적이다; 즉, 뿌리는 생장할 수 있는 지역에서 번성한다. 경쟁이 없는 비옥한 토양에서 개별적인 뿌리는 비교적 대칭적으로 뻗는다. 대교목을 포함한 대부분 식물의 뿌리는 토양 지표에서 1m(3피트) 이내에서 주로 자란다. 이러한 이상적인 조건이 다른 식물과의 경쟁이나 토양 내 사정에 의해 바뀌면 비대칭 생장이 발생한다. 근계의 유형과 범위에 대한 일반화가 당연하겠지만, 개별 수목에 대한 의사결정에 특정한 정보가 필요한 경우에는, 근계에 대한 직접 조사가 필요하다.

대부분의 수목은, 지표가 멀칭이나 산림 낙엽으로 보호되어 있으면, 토양의 상부 150mm(6인치) 이내에 대부분의 흡수하는 작은 뿌리를 집중시킨다(Zimmermann과 Brown, 1971; Perry, 1982). 보호용 멀칭이 없는 경우, 노출된 나지(裸地, bare soil)에서는 지표면이 너무 뜨거워져서 뿌리가 상부 200~250mm(8~10인치) 이내에서 자라지 않는다. 그러나 산림이나 대부분의 조경부지에서는, 지표 부근의 토양이 뿌리 생장에 문제가 없다. 지표면 부근 잔뿌리(feeder root)의 활동 여건을 개선하는 멀칭과 같은 관리활동은, 특히 토심이 얕은 토양(shallow soil)이나 세립질 토양(細粒質土壤, fine-texture soil)인 경우, 수목생장을 촉진시킨다. 그러나 잔디밭이나 건물, 포장도로 근처에 있는 수목의 지표면 뿌리는 문제가 심각할 수 있는데, 특히 최대 크기에 이른 성목보다 활발하게 자라는 어린 나무에게 심하다(Morling, 1963). 지표면 뿌리 뻗기는, 잘못된 관수 관행으로 지표는 너무 습하게 깊은 곳은 너무 건조하게 토양을 유지하거나 부적절한 배수로 계속 너무 습하게 토양을 유지하는 경우, 더욱 심해질 것이다(**그림 2-21**).

그림 2-21 지표면 뿌리는 잔디처럼 햇빛과 빈번한 관수를 받을 때 발생한다. 이는 배수가 불량한 경우에도 발생한다.

뿌리는 옆으로 상당한 거리까지 뻗어나가는데, 이는 수목과 토양의 여건에 따라 차이가 있다. 습기가 있고 비옥하며 통기성이 좋은 토양에서 자라는 뿌리는 가지를 많이 치고, 개별 뿌리의 길이는, 뿌리의 수가 적은 경우보다, 덜 자란다. 이런 토양에서는 여건이 좋지 않은 토양에서 자라는 경우보다, 더 많은 수량, 더 가는 뿌리가 수간에 더 가까이 자란다. 수분 공급이 부적절한 척박한 토양에서는, 뿌리는 수가 작은 반면 굵고 수목으로부터 멀리까지 자라게 된다. 이는 분명히 좋은 생존 전략이다.

개방지에서 자란 수목의 뿌리는 수관 반경의 2~3배까지 뻗는다(Zimmermann과 Brown, 1971; Perry, 1982). 반면, 조밀하게 식재된 곳에서 자라는 수목은 이보다 훨씬 제한적일 것이다. 내부적인 억제요소가 없으면, 뿌리는 통기, 수분, 기온, 영양분, 토양 경운(土壤耕耘, soil tilth)이 알맞은 곳이면 어디서나 자란다.

지하수위가 높아서 수직적인 생장이 제한되는 곳에서는, 근계가 바람에 견디기 위해 적응한다. Nicoll과 Ray(1996)는 이러한 여건에서 수목의 뿌리가 적응하는 다섯 가지 전략을 발견하였다: (1) 뿌리 판(root plate)의 크기를 키운다, (2) 뿌리에 더 많은 탄소(炭素, carbon)를 배분한다(뿌리/줄기 비율을 높인다), (3) 바람이 불어가는 방향(leeward)에 대한 발달을 제고한다, (4) 판근(板根, buttress)을 발달시킨다, (5) 구조적인 I자형 빔(beam)을 형성한다. 이러한 전략은 토양-뿌리판 지레팔(lever arm)의 강도와 길이를 향상시켜 안정성을 높인다.

뿌리와 지하 배관

도시와 교외 지역에 수목을 식재할 때, 수목의 뿌리는 수도, 가스, 전기선 등과 같은 지하 공익설비와 접촉하기 쉽다. 뿌리가 이러한 시설물을 밀어낼 수 있는 능력은 구조물의 강도와 뿌리가 가하는 힘에 달려 있다. 수목 뿌리의 2차적인 발달에 의해 발생하는 힘을 직접 측정한 적은 없다(MacLeod와 Cram, 연도 미상). 뿌리가 견딜 수 있는 방사가압(放射加壓, radial pressure)은 축방향 힘(軸方向-, axial force)보다 크다. MacLeod와 Cram(연도 미상)은 뿌리가 발휘하는 힘이 포장을 들어 올릴 정도는 될지 몰라도 건물을 밀어내기에는 부족하다고 하였다.

Mattheck과 Bethge(2000)는 배관 아래에서 자라는 뿌리가 가하는 기계적인 힘을 다음과 같이 설명하였다. 배관표면과 접촉하면 목질 조직은 "베개를 벤다", 즉 표면적을 늘린다. 따라서 바람에 의한 수목의 흔들림이 뿌리에 전달되면 배관에 가하는 힘이 커진다. 이러한 상황은 뿌리가 아래위로 밀어 올리거나 내릴 때 발생한다. 두 힘 중 바람에 의해 밀어 올리는 힘(sling)이 더 크게 작용한다.

수목 뿌리에 의한 포장 파손, 뿌리의 하수관 내부로의 침입, 건물 침하와 같은 상황의 관리는 제10장에서 다룬다.

옥죄는 뿌리

뿌리가 수간으로부터 옆으로 멀리 뻗는 것이 아니라 수간 주위를 선회하는 형태로 자라는 것을 맴도는 뿌리(circling root)라고 부른다. 한편 다른 뿌리나 수간을 압박하여 생장에 제약을 가하는 경우가 있는데, 이를 옥죄는 뿌리(girdling root)라고 부른다. 맴도는 뿌리나 옥죄는 뿌리 모두 자연적으로 발생할 수 있지만, 대부분 농장의 관행과 관련이 있다 **(그림 2-22)**. 이러한 뿌리는 어린 나무에게는 심각한 결함이므로, 이러한 뿌리의 존재여부를 잘 점검하여야 한다(제6장 참조).

Watson 등(1990)은 식재 후 3~10년이 지난 노르웨이단풍(*Acer platanoides*), 설탕단풍(*A. saccharum*), 적단풍(*A. rubrum*), 붉은물푸레나무(*Fraxinus pennsylvanica*), 주엽나무(*Gleditsia triacanthos*), 작은잎피나무(*Tilia cordata*)의 근원(根元, root crown)을 노출시켰다. 옥죄는 뿌리가 3종의 단풍나무에서는 흔한 반면 다른 수종에서는 발견되지 않았다. 옥죄는 뿌리의 형성은 이식과 관련이 있었는데, 아마 근분을 굴취하면서 주근(主根, main root)이 절단될 때 기존 및 새로운 뿌리가 자극을 받아서 생긴 것으로 추정하였다. 측근은 1차 뿌리에 대해 직각으로 자랐는데, 이 중 일부가 수간에 근접하였다. 성목에서 옥죄는 뿌리가 노르웨이단풍에서는 많이 존재하여 고사의 원인이 되었으나, 적단풍과 설탕단풍은 그렇지 않았다.

d' Ambrosio(1990)는 30년 된 832그루의 도로변 노르웨이단풍과 설탕단풍 중 93%가 옥죄는 뿌리를 가지고 있다는 것을 발견하였다. 그는 부적절한 식재와 수간 주위에 대한 과도한 토양이 이들 수목의 52%에 대해 옥죄는 뿌리 형

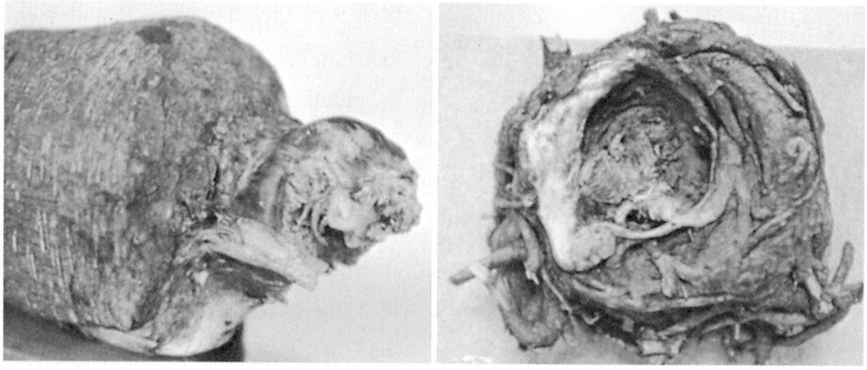

그림 2-22 라디아타소나무(*Pinus radiata*)의 수간(왼쪽)과 뿌리(오른쪽)가 북부 캘리포니아 골프장에 있는 75그루 이상 수목의 죽음을 말해주고 있다; 옥죄는 뿌리가 위치한 수간의 직경은 바로 위 대비 반 이하이다. 수목이 식재될 때 맴도는 뿌리를 바로잡지 않았다.

성의 원인이 되었다고 결론지었다. 대부분의 옥죄는 뿌리는 식재 후 일정기간이 경과한 후 발생하여 수간에 밀착하게 된다(**그림 2-23**). Pirone 등(1988)은 특히 옥죄는 뿌리가 쉽게 발생하는 수종으로 노르웨이단풍, 설탕단풍, 참나무류, 느릅나무류, 소나무류 등을 거론하였다.

옥죄는 뿌리는 성목에서 심각한 구조적인 결함이 될 수 있다. 캘리포니아 수목 손상 보고 프로그램(California Tree Failure Report Program)의 데이터베이스에 의하면 총 뿌리 손상의 약 15%가 옥죄는 뿌리와 관련이 있었다(K. Jones, 캘리포니아 주립대학교 사회교육, Half Moon Bay, CA, 2002). 옥죄는 뿌리를 예방하는 효과적인 방법은 농장에서의 수목 점검과 올바른 식재절차 등이다. 기존 수목에 대해서는 **근원(root collar)** 점검이 도움이 된다.

2.6 수간

구과식물(conifer, 나자식물)과 **쌍자엽식물(dicotyledon**, 피자식물)에서 수간, 가지, 뿌리는 유관속 형성층(維管束形成層, vascular cambium)의 2차 생장에 의해 강화되고, 야자수 같은 **단자엽식물(monocot**, 피자식물)의 경우, 줄기는 상단 바로 아래에 있는 두껍게 만드는 가장 활발한 특수한 분열조직에 의해 굵어지고, 뿌리는 개별 뿌리가 굵어지는 것이 아니라 뿌리의 수가 늘어나서 안정성을 확보한다.

목본식물의 직경생장(直徑生長, radial growth)은 유관속 **형성층**이라고 불리는 대부분 식물의 기부에서 상단에 이르기까지 연결되어 있는 세포들의 얇은 원통에서의 세포분열과 팽창에 의존한다. 새로운 세포는 형성층의 양쪽에서 형성된다(**그림 2-24**). 안쪽으로 형성되는 세포는 **목부**(木部, **xylem**)라고 하는데, 수분과 양분의 이동통로 역할을 하는 줄기 조직이다. 바깥쪽 세포는 **사부**(篩部, **phloem**)라고 불리는 또 다른 통도조직의 일부가 되는데, 농도가 높은 곳에서 낮은 곳으로 유기화합물(예: 설탕, 아미노산, 비타민, 호르몬, 저장 물질)이 이동하는 통로이다. 이러한 형성층에서의 세포분열 패턴에 의해, 가장 오래된 목부는 중심에 가깝게, 가장 오래된 사부는 바깥에 위치한다.

형성층의 활동은 계절성이 뚜렷하다. 온대지방에서 활동

그림 2-23 식재될 때 모든 수목에 맴도는 뿌리가 존재하거나 수간을 압박하는 것이 아니고, 이들은 나중에 형성되거나 압박한다. 참나무 성목의 지표면 뿌리가 이를 식재할 때 존재했던 것 같지는 않다(왼쪽). 노르웨이단풍 성목을 맴도는 뿌리는, 이식될 때 뿌리가 절단되는데, 이때 자극받은 1차 뿌리에서 수간 쪽으로 자란 측근으로 보인다(오른쪽) (Watson 등, 1990). (사진: Gary Watson, Morton 수목원.)

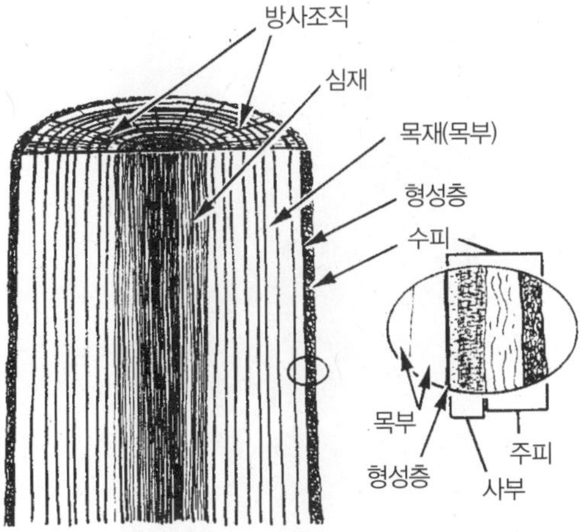

그림 2-24 수목 수간의 횡 및 종단면. 형성층은 바깥쪽으로는 사부를 만들고 안쪽으로는 동심원 형태의 목부를 만드는 얇은 분열세포층이다. 주피(周皮, periderm)는 외수피로서 연속적일 수도(평탄), 불연속일 수도(거침) 있다. 유관속 방사조직(ray)은 목부에 있는 에너지나 기타 물질에 대한 통로와 저장 기능과, 목부와 사부 간의 통로 기능을 한다.

은 봄에 눈이 트기 바로 직전에 시작하여 **식물생장조절제**(植物生長調節劑, plant growth regulator)의 존재와 이와 관련된 전진파(前進波, advancing wave) 형태로 줄기를 따라 아래로 확산된다. 신초 신장과 함께, 형성층 활동 기간은 수종에 따라 기후 조건에 따라 현저하게 차이가 있으며, 특히 토양수분의 변동에 영향을 많이 받는다.

목부

형성층에 의해 생성된 목부(木部, xylem)는 목재(木材, wood)이다. 이것은 수목에게 네 가지 중요한 기능을 제공한다: 운송, 저장, 방어, 지지. 그리고 이러한 기능은 수직적인 방향은 물론 수평적인 방향으로도 작용한다. 목부는 수목이 직립으로 서 있도록 기계적인 지지력을 제공해 주고, 뿌리로부터 상단에 이르기까지 수분과 양분의 통로이다. 또한 늦여름 이후부터 살아 있는 목부는 유기물질(주로 전분)을 저장한다(Wargo, 1979). 상처를 입으면, 감염이나 목재 부후를 지연시키거나 제한하는 보호물질을 형성한다.

나자식물에서, 목부는 물의 이동통로인 동일한 크기의 가도관(假導管, tracheid)과 측면으로 향하는 방사 유세포(放射柔細胞, ray parenchyma)로 구성되어 있다. 이 목부는 가도관 사이의 막공(膜孔, pit)이 수분을 천천히 이동시키기 때문에 무공재(無孔材, non-porous)라고 부른다. 세포벽이 두껍고 직경이 작은 가도관으로 이루어진 한 해의 추재(秋材, latewood)는 이듬해 봄의 춘재(春材, earlywood)와 분명한 대조를 보인다(**그림 2-25**). 물은 구과식물 목부의 가장 최근 연륜(年輪, annual ring) 5~6개의 춘재 가도관을 통해 이동한다.

활엽수(피자식물)에서 통도조직은 주로 **도관**(導管, vessel)이다. 가도관보다 직경이 큰 도관이 각 연륜 전반에 고루 분포되어 있으면, 이러한 목재를 **산공재**(散孔材,

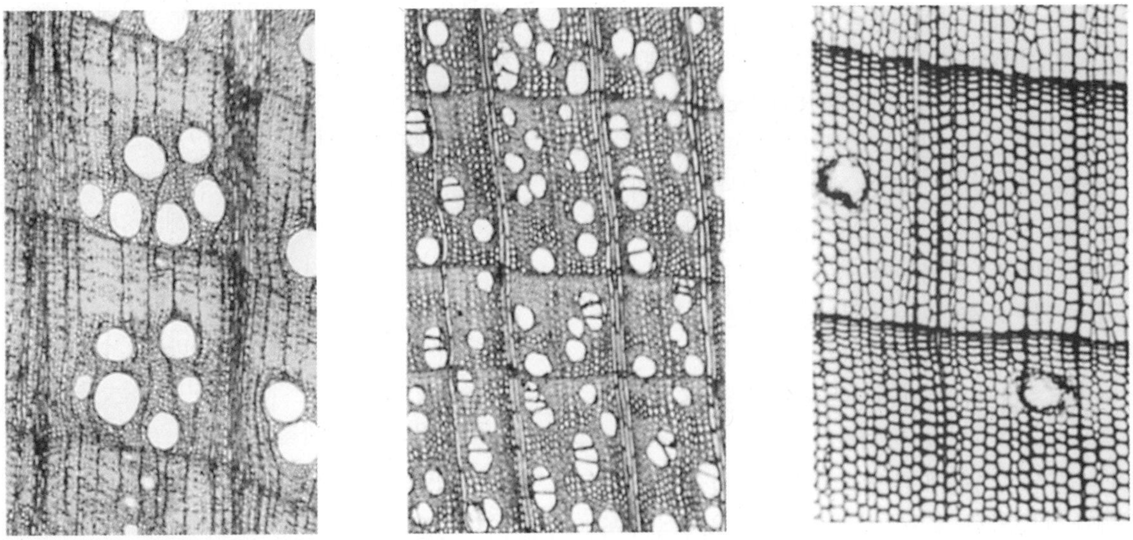

그림 2-25 연륜의 단면 내에서의 도관과 가도관의 크기와 분포의 차이. 참나무의 환공재 큰 도관은 춘재에 집중되어 있다(왼쪽). 단풍나무의 산공재 큰 도관은 환공재보다 작으며 연륜 전반에 고루 분포되어 있다(가운데). 소나무속, 가문비나무속, 전나무속과 같은 나자식물의 무공재의 가도관은 측벽(sidewall)에 있는 막공에 의해 연결된 방추형(spindle-shaped) 세포가 종축방향으로 쌓여서 만들어진다(오른쪽). 각 사진의 춘재는 아래쪽을 향하고 있다. (왼쪽 두 사진: A. Shigo와 K. Dudzik, 오른쪽 사진: W. Chaney.)

diffuse-porous)라고 부른다(그림 2-25). 물은 주로 가장 어린 연륜 5~6개에 있는 도관을 통해 이동한다(Chaney, 1986). 단풍나무속(*Acer* sp.) 호두나무속(*Juglans* sp.), 포플라속(*Populus* sp.) 수종은 산공재를 가지고 있다.

참나무, 물푸레나무, 주엽나무는 직경이 큰 도관이 각 연륜의 춘재에 집중되어 있는 **환공재**(環孔材, ring-porous)를 가지고 있다. 물은 주로 당년 생장 연륜에 있는 큰 도관을 통해서만 이동한다. 오래된 연륜의 도관은 기체, 전충체(塡充體, tylosis), 검(gum) 등으로 막혀 있다(Chaney와 Kozlowski, 1977).

방사조직(放射組織, ray)은 2차 목부(secondary wood) 내에서 수평으로 향한 조직이다. 이들은 목재의 8~40%를 차지한다(Burgert와 Eckstein, 2001). **변재**(邊材, sapwood)에서 이들은 사부와의 에너지 이동 통로이다. 변재에 있는 축방향(axial)과 방사방향(ray) 유세포는 주로 수간과 가지의 영양분을 저장하는 창고이다. 대부분의 수종에서 목부의 중심부는, 방사방향 유세포가 그 속에서 죽으면서 심재(心材, heartwood)가 된다.

심재(心材, heartwood)는 근본적으로 생리적으로 비활동적이지만 구조적인 강도와 감염을 제한하는 능력을 보유하고 있다. 강도, 특히 종축방향과 방사방향의 주된 부분은 방사조직에 의해 제공된다. 방사조직은 "바람에 의해 발생하는 항력(抗力, drag force)에 의한 굽힘력(bending force)에 대처하는 능력"을 제공한다(Burgert와 Eckstein, 2001).

목부생장의 연륜은, 봄에 생산되는 춘재가 뚜렷한데, 이는 춘재가 생육기(生育期, growing season) 후반에 생산되는 추재보다 항상 얇은 세포벽을 가진 크고 밝은 색의 세포를 가지고 있기 때문이다. 비가 많은 해와 가문 해는 대부분의 목본식물의 목부에 선명하게 기록된다(Glock와 Agerter, 1962). 연륜의 폭은 신초 길이와 마찬가지로, 활력의 척도로 활용될 수 있다. 수분 통도 역할을 계속 수행하는 연륜의 수는 수종에 따라 다양하다; Sargent(1926)의 연구에 의하면, 연륜 범위는 하나에서 20개까지 매우 다양하다. 이와는 달리, 뿌리의 목부는 전체가 수분과 양분을 운반할 수 있다. 통도 목부조직은 죽은 조직이다.

상대적으로 추재의 비율이 높은 목재가 가장 바람직하다고 간주된다. 세포의 크기가 상대적으로 작을 뿐만 아니라 세포벽이 더 두껍기 때문에 더 단단하고 더 강한 목재를 만든다. 두께가 같으면, 큰 세포를 가진 활력이 좋은 수목의 목재가 약할 수 있지만, 직경생장을 많이 하기 때문에 전반적인 강도는 활력이 좋은 수목이 더 좋다. 이 두 유형의 상대적인 강도를 살아 있는 수목에서 평가하는 것은 어렵다.

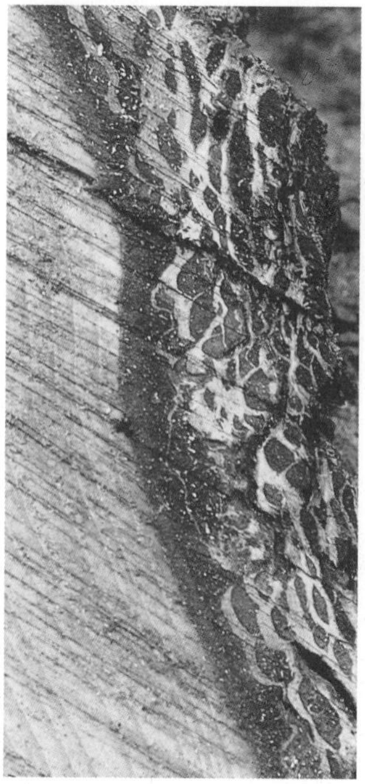

그림 2-26 미송의 수피는 연속적으로 더 깊은 코르크 형성층이 생장함에 따라 밝은 조직과 어두운 조직의 층이 교대로 나타나는 것처럼 보이는 수많은 코르크 같은 세포의 포켓을 형성한다(사진 오른쪽).

사부와 수피

일부 수목은 사부조직이 수피를 만들어 낸다; 그러나 많은 수종에서 또 다른 분열/팽창세포 층인 **코르크 형성층**(cork cambium, phellogen)이 사부 바깥에서 수피와 수간을 보호하는 물질을 추가로 형성한다(**그림 2-26**). 매끈한 수피를 가진 수목은, 수목의 일생 세포분열과 신장에 의해 줄기가 팽창하는 것과 보조를 맞추는 피층조직과 표피를 가지고 있거나, 처음 형성된 코르크 형성층이 몇 년 동안 살아 있는 경우이다(Zimmermann과 Brown, 1971). 그러나 대부분의 수목은, 줄기의 둘레가 커감에 따라 코르크 형성층은 이와 보조를 맞추지 못해 갈라지게 된다. 해가 감에 따라 지속적으로 더 깊은 수피조직이 형성되고, 거칠고 갈라진 수피가 두꺼워지게 된다.

수피의 발달과 존재는 수목 전반에 나타난 기계적인 스트레스의 패턴을 반영한다. 갈라진 수피는 구조적인 결함의 징후일 수 있으며, 추가적인 확인이 필요할 수 있다(제16장 참조). Mattheck(1994)이 언급한 바와 같이, "수피는 수목의 영혼으로 통하는 창이다."

수간 초살

수목은 생장하면서 무게를 축적해감에 따라 추가적인 지지를 위해 목재를 생산한다. 일정한 지점에 대한 목재량은 목

그림 2-27 수간이나 가지의 길이에 따라 굵기가 변하는 것이 초살이다. 이는 수목이 기계적인 힘에 반응하여 스트레스가 높은 부위에 목재를 추가함으로써 발달한다.

그림 2-28 온실에서 자라는 두 그루의 미국풍나무는 처음에는 키가 같았는데, 왼쪽나무의 위쪽을 21일 동안 매일 30초씩 부드럽게 흔들어 준 결과 수고 차이가 발생하였다(Neel과 Harris, 1971).

재가 감당해야 할 부하량과 비례한다. 따라서 수간과 가지의 직경은 길이에 따라 변화하는데, 기점(起點, origin)에 가까울수록 굵어지고 끝으로 갈수록 가늘어진다. 길이에 따라 직경이 변하는 것을 초살(梢殺, taper)이라고 부르며, 수관의 기계적인 강도를 나타내는 가장 중요한 지표 중의 하나이다(그림 2-27). 수간 발달과 초살에 영향을 미치는 요소들을 이해함으로써, 수목관리자는 수목을 외줄기나 다간(多幹, multiple stem) 구조, 또는 좀 더 조형적인 형태로 유인할 수 있다.

수간의 길이를 따라 발생한 측지는 직경생장을 촉진하고, 측지를 짧게 축소해 주지 않으면 수고생장이 억제된다(Chandler와 Cornell, 1952; Leiser 등, 1972). 이러한 현상은 어린 나무에서는 확인된 것이며, 성목에서도 같은 현상이 나타날 것이다. 수평으로 자라는 측지는 보통 천천히 자라기 때문에 쉽게 일정한 범위 내에서 관리할 수 있다. 앞서 언급한 바와 같이, 활력이 강한 신초는 더 직립으로 자라고, 일반적으로 활력이 낮은 가지에 비해 더 많은 측아를 형성한다.

수간 흔들림(trunk movement) 수간의 흔들림은 초살의 발달에 필수적이다. 수간이 당김줄(guy)이나 지주목(stake) 설치, 고밀도 식재 등으로 흔들리지 않도록 하면, 수목은 키가 더 크게 자라고, 지면 부근의 직경생장이 부진하여 초살이 덜 발달된다. 이렇게 생장한 수목은, 지지 장치가 제거되면 똑바로 서 있을 수 있는 능력이 부족하게 된다. 수간의 기부에 지지할 수 있는 목재가 부족하면 수목의 상단부를 지지할 수 없다. 높게 위치한 가지는 바람의 저항을 더 많이 받게 되고, 수간에 더 큰 레버리지(leverage)를 가한다. 초살도가 낮으면 스트레스를 수간에 걸쳐 고루 배분하지 못하고 지면 가까이에 집중시키게 된다.

지주목 설치와 고밀도 식재의 주된 효과는 수간의 움직임을 줄이는데 있다. 온실에서 자라는 미국풍나무(*Liquidambar styraciflua*)와 옥수수(*Zea mays*) 상부 줄기를 하루에 30초씩 흔들어준 결과 수고생장이 25% 이상 감소하였다(그림 2-28) (Neel과 Harris, 1971; Leiser 등, 1972). 동시에 기부의 줄기와 뿌리의 생장은 증가하였다. 눈의 휴면도 빨라졌다. 수간 흔들림은, 흔들림이 수간 둘레에 일정하게 이상재(異常材, reaction wood) 형성을 초래하는 것을 제외하면, 수직으로부터의 이탈과 유사한 역할을 하는 것 같다.

흔들림이 적은 것이 농장과 산림 임분에서 조밀하게 자라는 수목의 수간을 높고 가늘게 만드는 주된 원인 중의 하나이다(Harris 등, 1972). 낮은 초살도는 목재용으로 바람직하며, 마디가 적고 곧은결을 가진 고품질의 판재를 생산한다.

그림 2-29 어린 느티나무(*Zelkova serrata*)를 불투명한 지주에 근접하여 묶어두었다(왼쪽사진의 왼쪽 나무). 결속을 풀자 수직으로부터 휘어졌으며(가운데), 거꾸로 뒤집어도 마찬가지였다(오른쪽). 대조군(각 사진의 오른쪽 나무)은 투명 지주에 묶어두었다.

그림 2-30 수목은 수직지향성을 회복하기 위해 이상재를 생산함으로써 기울어짐에 반응한다. 이 히말라야시다(*Cedrus deodara*)는 뿌리 판이 부분적으로 손상되었다. 수간이 수직으로 회복되도록 이상재가 형성되었다.

수간의 한 방향 차광(unidirectional shading) 어린 나무의 수간은 하나의 지주목에 근접해서 매어두는 경우가 많다. 이후 이러한 결속이 제거되면, 그 나무는 대부분 예외없이 지주목 반대방향으로 굽는다. 극단적인 경우, 나무의 상단이 지면에 거의 닿게 된다. 처음에는 이것이 약한 수간 때문이라고 생각했지만, 용기에 있는 나무의 일부를 뒤집어 놓았을 때에도 수간이 여전히 수직으로부터 휘어져 있었다(그림 2-29) (Neel, 1971). 이 실험은 지주목 가까이에 있는 목부의 세포가 지주목으로부터 먼 곳의 세포보다 더 많이 신장(伸張, elongate)되었다는 것을 보여준다. 이러한 비대칭적 발달은 투명한 지주를 사용했을 때에는 나타나지 않았다. 수간이 불투명한 지주 반대방향으로 휘어지는 경향은 수간의 밝은 면과 어두운 면 간 생장 물질의 재분배 때문인 것으로 추정된다.

수목의 직립하는 주지(主枝, leader)가 수직선에서 이탈하게 되면 새로이 형성된 목부는 주지를 직립으로 되돌리려는 경향이 있다. 이는 신초의 정단에서 새로이 자라는 것뿐만 아니라 2차 목재가 이미 형성된 주지의 보강에도 적용된다(그림 2-30).

이상재(異常材, reaction wood) 주 줄기가 수직선에서 벗어난 각도에서 자라면, 수목은 이러한 기울기에 대한 반작용으로 이상재를 생성한다(그림 2-30). 활엽수에서는 이상재를 **인장 이상재**(引張異常材, tension wood)라고 부르며, 가지와 기울어진 수간의 위쪽에 형성된다. 이는 수간을 수직적으로, 그리고 가지를 당초의 생장각도로 끌어당기는 내부의 수축력을 가한다. 구과식물에서 이에 해당하는 목재인 **압축 이상재**(壓縮異狀材, compression wood)는 가지나 기울어진 수간의 아래쪽에 발달한다. 이는 수간을 수직적으로, 그리고 가지를 당초의 생장각도로 회복시키기 위해 수간의 아래쪽에 있는 목부세포의 신장을 더 크게 하는 압축력(壓縮力, compressive force)을 가한다. 이러한 새로운 목부의 수축과 압축은 강력해서 직경 30cm(1피트) 이상의 수간을 수직으로 구부린다. 이를 잘 기억하는 요령은, 구과식물(*c*onifers)은 압축 이상재(*c*ompression wood)를 형성하므로 공통적인 첫 영어철자가 '*c*'라는 것을, 활엽수의 인장이상재(*t*ension wood)는 위쪽(*t*op)에 발생하므로 공통적인 첫 영어철자가 '*t*'라는 것을 기억하는 것이다.

이러한 생장반응의 극단적인 사례는 크리스마스트리 농장에서 볼 수 있다. 농장주는 수목을 수확할 때 그루터기에 하나 이상의 가지 마디를 남긴다. 남은 마디에서 가장 강하게 자라는 가지는 항상 직립으로 휜다. 직립하는 가지나 눈으로부터 자라는 수목은 어린 실생묘보다 훨씬 빨리 자란다.

이들의 수간은 잠아에서 발생한 신초만큼 곧거나 가지가 대칭적이지 못하지만, 구과식물에서 이러한 잠아는 거의 없다.

이상재가 건조되면 구부러지고 뒤틀리며, 결이 똑바른 목재보다 약하다. 따라서 이상재는 목재용으로 부적합함으로 이의 형성이 최소화되도록 관리하여야 한다. 그러나 살아 있는 동안에는 이상재가 정상적인 목재 대비 강도가 비슷하거나 더 강한 것처럼 보인다.

또한 이상재는 가지에도 형성되는데, 이는 가지 끝에 계속 증가하는 무게에 대한 반작용 때문인 것으로 추정된다. 가지는 이상재 형성을 통해 본래의 각도를 유지한다. 대부분의 경우, 가지의 위쪽보다 아래쪽에 더 많은 목재가 형성된다. 가지가 정상적인 각도로부터 힘을 받으면, 방향의 상하를 불문하고, 본래의 각도를 회복하기 위해 이상재를 형성한다. 수목관리자는 이러한 반응을 명심하여, 가지에 대한 줄당김이나 쇠조임을 할 때, 가지의 지지에 도움이 되는 정상적인 이상재 형성을 방해하지 않도록 해야 한다. 사실, 가지를 본래의 각도에서 당겨 올리면 줄에 대한 부하를 증가시켜 가지가 스스로 본래의 각도를 유지할 수 있는 능력을 억제한다.

대부분의 경우, 이상재 형성이 수간의 수직적 생장과 가지 본래 각도의 이탈을 완전히 극복할 수 있는 것은 아니다. 생장하는 각도를 교정할 수 없도록 수간이나 가지를 1~2년 정도 묶어두면, 외부의 힘이 제거되었을 때, 새로 생긴 목재가 원래 위치로 돌아가는 것을 불가능하게 만든다.

구획화

1935년 Hepting(1935)은 수목은 구획화(區劃化, compartmentalization)를 통해 감염을 제한할 수 있다고 주장하였다. 이러한 개념은 후에 Shigo(1979b)에 의해 다듬어졌다. Hepting과 Shigo는 다년생식물이 상처와 그 효과를 봉쇄하는 물리적, 화학적 방벽을 구축함으로써 상처에 반응한다고 제안하였다. 이들은 이러한 과정을 구획화라고 불렀다. 이 개념에 의하면, 수목은 적극적으로 상처나 손상부위 주위에 방벽이나 칸막이를 형성한다. 구획화의 기본적인 빌딩 블록

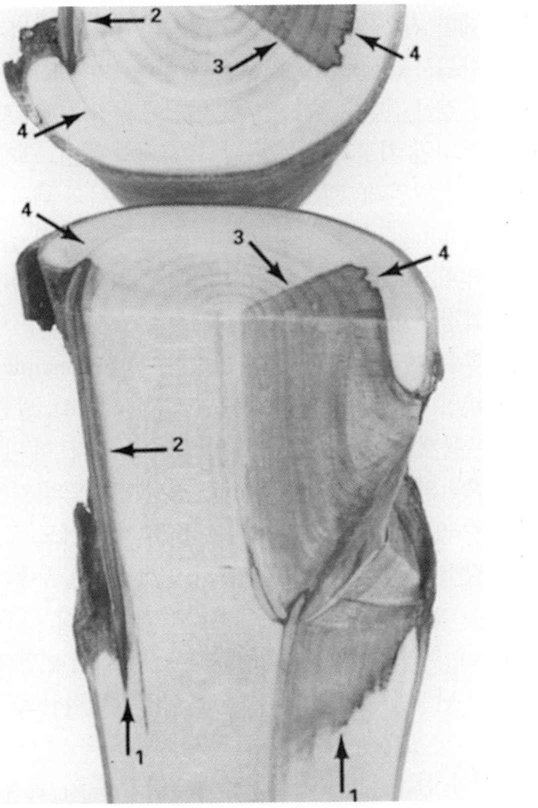

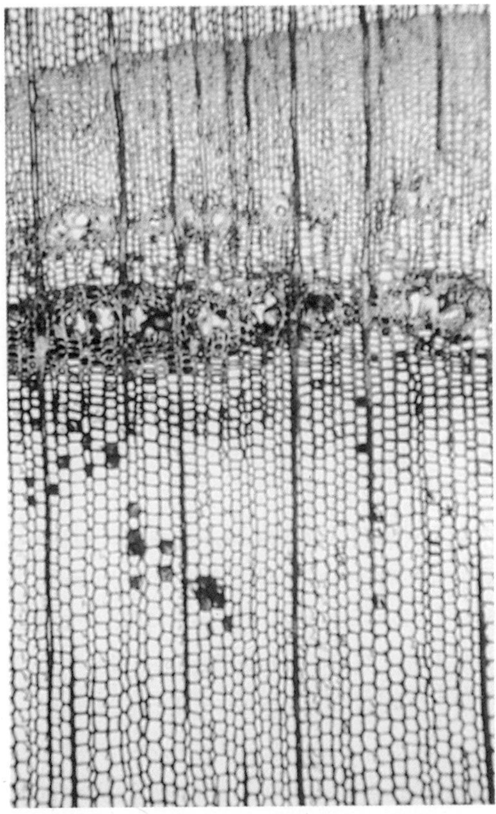

그림 2-31 왼쪽 사진: 적단풍 수간 내의 두 상처; 가지 깃 안쪽으로 절단한 2년 된 상처(오른쪽)와, 같은 시기의 크지만 얕은 또 다른 상처(왼쪽)의 구획화. 숫자는 상처발생 후 형성된 구획화의 네 가지 벽을 의미한다(Shigo, 1989). Wall 1–3은 상처발생 당시에 존재하던 목재 내에서 반응지대(reaction zone)를 형성한다; Wall 4는 이전에 형성된 목재로부터 상처발생 후 형성된 조직을 분리하는 방벽지대(barrier zone)를 창출한다. 오른쪽 사진: 현미경 사진에서 설탕단풍나무의 연륜 내에서 춘재 다음에 어두운 방벽지대(wall 4)가 형성되었음을 보여준다. (사진: Shigo와 Dudzik.)

(building block)은 방사조직과 연륜 간 기존의 경계선과 추가적인 화학적인 변화와 새로운 세포분열이다.

수목의 수간이 상처를 입으면, 상처에 인접한 목부세포는 네 개의 벽(wall)으로 여섯 면의 칸막이를 형성하기 시작한다(Shigo와 Marx, 1977): wall 1은, 상처 위와 아래의 목부 도관(피자식물)이나 가도관(나자식물)을 막는다(2면의 칸막이); wall 2는, 연륜 내부 추재의 두꺼운 세포막을 가진 세포; wall 3은 방사방향의 목부 방사조직(2개 이상의 벽); wall 4는, 상처 발생 후 형성되는, 평상시에 형성되는 것과 해부학적 화학적으로 다른, 새로운 목부(**그림 2-31**). Wall 2와 wall 3은 변색(變色, discoloration)과 부후(腐朽, decay)에 대한 저항성을 증대시키는 화학적 변화(주로 피자식물은 페놀 화합물, 나자식물은 테르펜[terpene]의 산화와 중합)가 진행된다. Shigo는 이러한 과정을 compartmentalization of decay in trees의 머리글자를 따서 CODIT라고 명명하였다.

Wall 1은 목재의 변색과 부후 확산에 대한 저항력이 가장 약하다. Wall 4는, 방벽지대(防壁地帶, barrier zone)라고 불리는데(Sharon, 1973), wall 중에서 병리학적으로 가장 강하며 항상 손상되거나 부후 감염된 목재를 상처발생 당시의 위치에서 한정시킬 수 있다. Wall 4가 부후에 대한 저항력이 매우 강하지만, 구조적으로 약하여 윤할(輪割, ring shake; 연륜을 따라 목부의 환상 분리)로 이어질 수 있으며, 이는 목재생산용 수목에 바람직하지 못하고 조경수도 약화시킬 수 있다.

가지가 죽고, 부러지고, 비록 올바르게 전정되어도, 이로 인해 발생하는 변색과 부후는 물리적 화학적 장벽에 의해 보통 수간 내의 가지 터기 부위에 한정된다. 그러나 전정 절단(pruning cut)이 지피융기선(枝皮隆起線, branch bark ridge) 안쪽에서 이루어지면(평절/平切, flush cut) (그림 2-31과 14-7), 수간 조직은 위험에 노출된다(Shigo 등, 1979).

목재 부후

목재 부후(木材腐朽, wood decay)는 세포벽 성분을 소화시키는 곰팡이와 박테리아의 천이(遷移, succession)에 기인한다. 많은 병리학자들이 이를 예방하기 위해 이 과정과 방법을 연구했지만, 1878년 Robert Hartig의 발표 이후 50년간 중대한 발견은 거의 없는 실정이다. Hartig의 개념은 목재의 열화(劣化, deterioration)가 새로운 상처에 대한 곰팡이 감염의 결과라는 것이다(Merrill 등, 1975). Welch(1949)는 Hartig 발표 이후 50년간 얻은 지식을 다음과 같이 요약하였다:

- 어떤 수종은 다른 수종에 비해 더 빨리 부후되고, 동일한 수종 내의 개별 수목도 부후 감수성(感受性, susceptibility)이 다르다.
- 곰팡이들 간에도 목재를 공격하고 붕괴시키는 능력에 차이가 크다.
- 부후는 물과 공기의 가용량에 영향을 받는다. 살아 있는 수목의 목재 내부 수분량은 항상 곰팡이의 생장을 지원하기에 충분하다; 물이 상처를 통해 수목 내부로 들어갈 수 있으면 곰팡이 포자나 다른 미생물도 들어갈 수 있다. 목재 내의 공기량은 외부로부터 들어가는 물의 양보다 더 중요하다. 표면적인 상처 부후와 변재 부후(邊材腐朽, sapwood rot)는 매우 많은 공기를 필요로 하는 반면, 심재 부후(深材腐朽, deep rot)는 거의 필요로 하지 않는다; 어떤 부후는 완전히 밀봉된 수목 내부에서 매우 잘 활동한다.
- 2차 매개체(곤충, 설치류[齧齒類, rodent], 새 등)의 활동은 부후 전개에 영향을 주는 공기와 수분을 끌어들일 수 있다.

Hepting과 Shigo의 구획화 모델을 통해 일반화된 상처에 대한 수목의 반응과 곰팡이의 활동에 대한 이해는 잠재적인 부후 확산을 평가하고, 부후의 진행과, 이에 대한 대응방향에 대한 기초를 이룬다. 상처 부근의 목재라 하더라도 감염이 반드시 분해로 이어지는 것은 아니다. 미생물의 천이가 얼마나 깊이 진행되는가는 다음 여건에 따라 결정된다: 수목의 유전적인 기질과 수목의 활력; 상처의 유형, 크기, 위치; 미생물의 병원력(病原力, virulence)과 수목의 대항물질(對抗物質, antagonist); 환경적인 조건. 유기체 간의 길항작용(拮抗作用, antagonism), 수목의 방어, 기타 여러 가지 힘이 부후 과정을 어떤 단계에서 중단시킬 수도 있다.

부후는 여러 단계에 걸쳐 발생한다: 발단(incipient), 초기(early), 중기(intermediate), 말기(advanced). 발단 단계에서는 목재가 변색이 될 수도 안 될 수도 있다. 이 단계에서도 세포벽의 감육(減肉, thinning)은 목재 강도의 저하로 이어질 수 있다. 따라서 부후가 분명해지기 전에도 구조적인 강도 감소는 일어날 수 있다. 초기 단계에서는, 부후가 탐지될 수는 있어도 분명하지는 않다. 목재의 색상, 질감(質感, texture), 취약성(脆弱性, brashness) 등은 약간 변한다. 부후는 중간 단계에서 분명해지지만, 목재의 전반적인 조직은 그대로 남아 있다. 마지막으로, 말기에는 목재구조가 완전히 파괴되어 섬유질이나 가루처럼 보인다. 부후가 탐지가능한 정도이면, 영향을 받고 있는 목재는 거의 모든 강도가 상실되었다고 생각해야 한다(Wilcox, 1978).

곰팡이는 두 가지 방법으로 살아 있는 수목을 부후시킨다. 백색 부후(白色腐朽, white rot)는 세포벽에 있는 섬유소

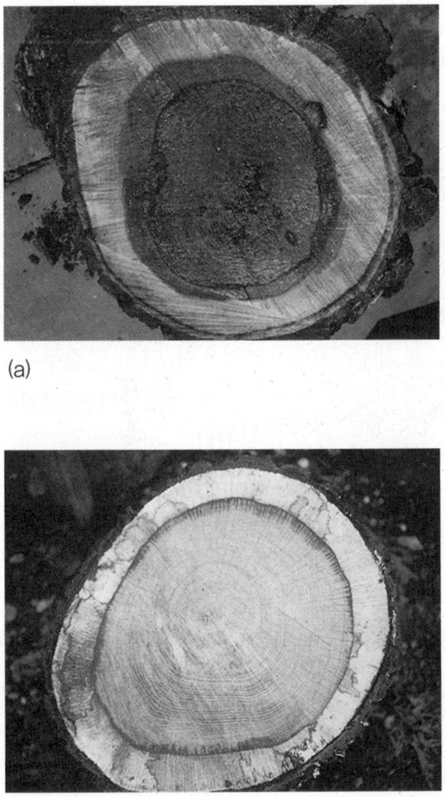

(a)

(b)

그림 2-32 심재 부후는 수간, 가지, 판근의 중앙에 있는 목재를 부후시킨다(a). 변재 부후는 변재를 부후시키고, 수목의 안쪽은 그대로 둔다(b).

(纖維素, cellulose)와 리그닌(lignin)을 모두 분해하여 부드럽고 파편 또는 섬유질이 백색 내지 적갈색 부후로 나타난다. 갈색부후(褐色腐朽, brown rot)는 섬유소는 분해하고 리그닌은 남기는 곰팡이에 의해 기인한다. 부후된 목재는 밝은 갈색에서 어두운 갈색을 띤다; 질감이 푸석푸석하고, 건조되면 직사각형의 덩어리로 부서지며, 손가락으로 비비면 가루로 변한다.

부후는 수목 내 위치에 의해 구분되기도 한다. **심재 부후(heart rot)**는 곰팡이의 침입장소에 따라 수간이나 근원(root crown) 내에 발생한다(**그림 2-32**). 수간의 가지터기를 통해 침입한 곰팡이는 수간 부후로 발전하며, 기부의 상처를 통해 침입한 것은 근원이나 아래 수간의 부후로 발전한다(Wagener, 1963). 수목 내 부후 위치는 수목의 안전에 영향을 미칠 수 있는 부후를 확인하는데 중요한 요소이다(제16장 참조).

일부 곰팡이는 산소가 풍부한 곳인 죽은 가지나 노출된 변재에서 가장 잘 자라고 작동한다. 이들은 산소요구도가 높으며, 침엽수보다 활엽수에 흔하다. 이들의 대부분은 부후되고 있는 가지로부터 이 가지가 부착되어 있는 살아 있는 수간이나 큰 가지 속으로 확산된다. 그러나 구획화와 낮은 산소농도로 살아 있는 조직 속으로의 진행은 크지 않다. **변재 부후(邊材腐朽, sap rot)** 곰팡이는 수간에 노출부위가 많지 않으면 수목 내 광범위한 부후를 초래하지 않는다(Wagener, 1963). 그러나 이들은 가지와 가지의 부착을 심각하게 약화시킬 수 있다.

다른 곰팡이들은 때로는 산소 공급이 제한적인 곳에서도 생장하고 기능을 발휘할 수 있도록 적응되어 있다. 구획화로 제한하지 않으면 노출 여부와 관계없이 상당한 수직적 거리까지 심재를 침투한다. 수목의 심각한 심재 부후는 이러한 곰팡이로부터 발달된다.

부후는 어리고 활력이 강한 수목보다 늙고 쇠퇴하는 수목에서 더 빨리 진행된다. Wallis 등(1980)은 말굽버섯(*Fomes pini*)에 감염된 침엽수에서 예상되는 심재 부후의 정도를 임분 연령의 함수로 설명하였다. 100년 미만의 임분은 전형적으로 자실체의 상하 3m(9.1피트)에 걸쳐 심재 부후를 가지고 있었다. 400년 이상의 임분은 부후가 11m(33.3피트)까지 뻗어 있었다. 직경 75mm(3인치) 이상의 부러진 상단을 통해 들어간 심재 부후 곰팡이는, 특히 낙엽수에서 빠르게 줄기 아래로 진행하는 경우가 많았다. 부러진 상단부에 인접한 굵은 가지는 부후에 의해 줄기의 껍질이 얇아지면 떨어져 나가게 된다.

변색된 목재(discolored wood) 목재변색은 대사(代謝, metabolism) 변화에 반응하여 살아 있는 세포의 내용물이 변질되기 때문이다. 이는 상처와 감염 후에 변재와 심재에서 발생한다(Shigo, 1986a). 변색은 목재를 보호하기 위해 발생하는 화학적 변화에 기인한다. 그럼에도 불구하고, 일부 부후미생물은 보호물질을 파괴할 수 있다(Shigo, 1986a). 변색 그 자체는 목재를 약화시키지 않지만 부후가 멀지 않았다는 경고이다.

그러나 모든 목재변색이 부후의 지표가 되는 것은 아니다. 참나무속(*Quercus*), 소나무속(*Pinus*), 흑호두나무(*Juglans nigra*) 등은, 노화의 정상적인 과정에 의해 심재가 어두운 색으로 변한다. 심재가 더 이상 수분과 양분의 통도 역할을 못하지만, 강도를 유지하고, 목재가 나이가 들어감에 따라 유세포에 의해 이전에 분비된 화학물질을 축적하고(Shigo, 1986a; Sinclair 등, 1987), 미량원소(微量元素, microelement)와 수분을 감소시켜 감염에 대한 저항력을 유지한다(Shigo, 1986b). 목재는 상처에 반응하여 변색된다. 그러나 심재는 감염에 노출되어도 변색되고 부후되며, 변색된 심재에 인접한 활동적인 변재(상처발생 전에 형성된)도 항상 변색된다.

2.7 가지 부착

줄기에 대한 가지 부착(branch attachment)은 수목생장의 생체단위체/빌딩 블럭(building block) 중 하나로서, 생물적, 기계적 두 관점에서 살펴볼 수 있다. 한편, 가지와 수간의 부착은 수분, 양료, 유기물질의 양방향 통도가 가능해야 한다. 다른 한편으로는, 부착은 계속 커지는 가지에 대한 기계적인 지지력을 제공해야 한다. 따라서 가지의 부착은 통도와 지지 사이에 타협이 필요하다. Mattheck과 Breloer(1994)는 "기계적인 관점에서 보면, 수목은 가지가 하나도 없는 것이 매우 유리할 것이다"라고 하였다.

20종에 대한 절개를 기초한 가지 부착 모델에서, Shigo (1985)는 줄기에 대한 가지의 결합을 결합부위 주변과 아래 부분에서 2차 목부가 중첩되는 일련의 층으로 묘사하였다. 시간이 경과함에 따라 이들 층은 Shigo가 명명한 가지 깃(branch collar)을 형성한다. 형성층에 의해 목부의 연륜이 계속적으로 추가됨에 따라 수간과 가지의 조직이 모두 수간 안으로 더욱 깊이 파묻히게 된다(**그림 2-33**). 이러한 가지는 의자 다리에 있는 맞춤못(dowel)처럼 수간에 의해 지탱되고 있다. 가지 접합과 Shigo의 묘사에 대한 고찰에서, Mattheck과 Breloer(1994)는 "이 접합의 설계는 절대적으로 최적이며 이의 완벽함을 개선하는 것은 불가능하다"라고 말했다.

이러한 층이 어떻게 형성되는가는 분명하지 않다. Shigo는 처음에 형성층 생장의 시간적인 차이 때문이라고 제안하였다. 즉, 가지에 있는 목부가 줄기에 있는 목부보다 먼저 생장을 시작한다. Neely(1991)는 8개 낙엽수종에 대해, 가지 아랫부분 줄기의 가장 최근 목부 속으로 수용성 염료를 주입하였다. 염료는, 잎이 나오기 전부터 첫서리가 올 때까지, 생육기 중에 8회 주입하였다. 줄기와 가지를 절단한 다음, 수피를 벗기고 염료 이동 패턴을 관찰하였다. 그러나 8개 수종의 염료분포 패턴 차이는 없었으며, 가지 연결부위 아래에서 가지와 줄기 목부가 교대로 층을 형성한다는 가설을 뒷받침할 수 있는 결과를 얻지도 못했다.

Shigo는 가지조직이 가지의 기부에서 갑자기 구부러져서 수간 아래로 뻗어 있는 것을 분명하게 보여주고 있다(그림 2-33, 왼쪽). Neely(1991)의 염료실험은 가지 위쪽에 있는 목부도관이 가지의 기부에서 아래쪽으로 구부러진다는 Shigo의 관찰을 지지하고 있다. 이러한 발견은 1985년 이전에 발행된 정보(Eames와 MacDaniels, 1947)와 상반되는 것이다.

구조의 패턴이 무엇이든, 가지 부착 지점에서의 목부 구조와 기능에서의 변화는 명백하다. Ewers와 Zimmermann (1984)은 엽면적 대비 줄기 통도성 비율(leaf specific conductivity)이 줄기 근처보다 가지 연결부위에서 더 느리다는 것을 실증하였다. 부착부위의 통도조직의 직경과 수가

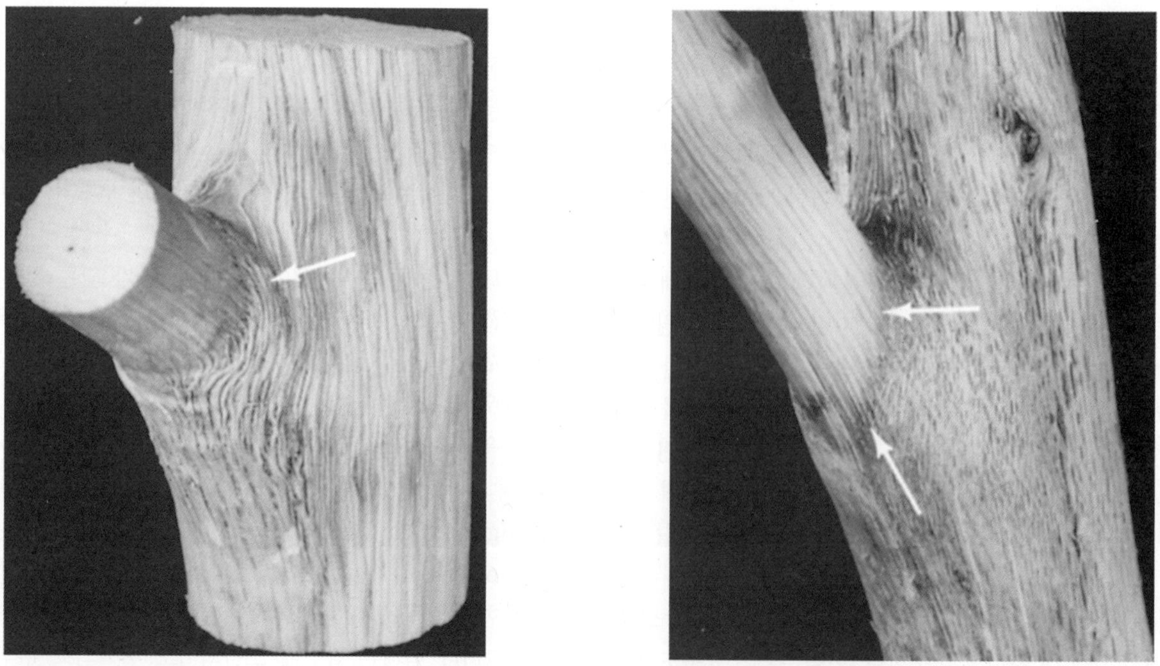

그림 2-33 가지는 목재가 중첩되는 방식으로 줄기에 부착되어 있다. 어린 루브라참나무(*Quercus rubra*)의 수피를 벗기면, 가지 위쪽의 목부 도관이 아래쪽으로 구부러지는 것이 보인다(왼쪽). 생육기 후반에 이 조직은 줄기에서 생성된 목부에 의해 덮인다(오른쪽). (사진: Shigo와 Dudzik.)

(a)

(b)

그림 2–34 각도가 넓고 굵기가 다른 부착(a)은 강한 가지 부착의 특징이다. 줄기가 좁은 각도로 부착되어 있고 굵기가 비슷하면(b) 부착은 약하다.

더 적었다(Ikeda와 Suzaki, 1984).

수간 목부가 가지 주변에 자라서 강한 부착을 형성할 수 있는 유일한 길은 수간이 부착부위에서 가지보다 직경이 더 크기 때문이다. Shigo(1985, 1989)와 Neely(1991)가 가지부착을 보여주기 위해 사용한 사진에서, 대부분의 가지 직경이 수간 직경보다 40~50% 더 작다는 것은 시사하는 바가 크다.

만약 가지와 수간의 굵기가 거의 같으면, 두 목부조직이 평행하여 어느 쪽도 다른 쪽 주위에 목부를 형성할 수 없기 때문에 연결부위가 약할 것이다. 이러한 경우를 쌍대(雙對, double leader) 또는 동일세력주지라고 부른다(**그림 2–34**).

가지 부착의 강도(strength of branch attachment) 그러므로 부착강도를 결정하는 데에는 상대적인 가지 굵기가 부착 각도보다 더 결정적이다. Miller(1959)가 품종, 수령, 크기가 같은 60그루의 사과나무 가지가 찢어질 때까지 힘을 가해본 결과, 부착 각도와 가지가 찢어지는 힘 사이에는 상관관계가 없었다. 각도가 가지 부착의 강도에 직접적인 영향이 없었으나, 부착각도가 좁으면 가지가 더 수직으로 왕성하게 자란다. 곧게 자라는 모든 가지의 부착각도가 좁은 것은 아니지만, 대부분의 각도가 좁은 가지는 직립한다. 직립하는 가지는 일반적으로 수평에 가까운 가지보다 수간 대비 상대적인 굵기가 크다. 시간이 흐름에 따라 수직적인 가지의 길이, 폭, 무게 등이 부착지점(분기/分岐, crotch)에서의 스트레스가 증가하여, 수간이 가지 대비 상대적으로 굵은 경우보다 약하게 된다.

어린 사과나무 묘목에서, 부착각도가 상단으로부터 기부방향으로 가면서 증가하였다(Verner, 1955). 주간(main stem)이 절단 또는 부러지거나, 눈이 제거되거나, 신초가 발생하도록 눈 위의 수피에 흠집을 내면, 신초에 의해 형성된 가지의 각도는 좁아진다. 과수 재배자들은 이를 알고 있기 때문에, 새로 식재한 사과나무와 배나무 묘목(측지가 없는)에서 눈을 제거할 때, 골격지의 간격을 원하는 대로 배치하기 위해 눈의 간격을 조절하였다. 이러한 작업은 분명히 호르몬의 수준을 낮추거나, 적어도 가지 부착각도를 넓게 하는데 도움이 되도록 균형을 유지시켜줄 것이다. 역으로, 눈 아래쪽의 수피에 흠집을 내면 가지각도가 넓어질 것이다.

어린 주지와 좁은 각도로 부착되어 있는 측지를 제거하면 같은 마디에서 하나 이상의 덧눈(accessory bud)이 자라도록 강요하게 될 것이다(Harris와 Balics, 1963). 이렇게 발생한 신초는 훨씬 가늘고 부착각도도 처음 가지보다 넓을 것이다(그림 14-17). 이러한 원리를 응용하면, 어린 수목이 강한 가지 부착을 전개하도록 유도할 수 있을 것이다.

매몰된 수피(included bark) 서로 분리된 수피가 매몰되어 있는 부착은 부착부위가 서로 연결된 목재가 있는 경우에 비해 확실히 구조적으로 약하게 보인다(그림 2-34). 매몰된 수피는 쉽게 확인할 수 있고, 두 줄기가 굵어지면서 찢어질 가능성을 낮추기 위해서는 가능하면 빨리 이를 제거하는 것이 현명하다.

2.8 야자수

온대지방 출신의 수목관리자는 야자수(palm)를 수목이 아닌 어떤 다른 것으로 생각한다. 아열대, 열대, 온난한 지중해성 기후 지대의 조경에서 이 부류 식물의 중요성을 간과하는 경향이 있다. Wilson(1984)의 수목생장에 관한 사려 깊은 고찰에서도 야자수는 완전히 제외되었다. 또한 야자수는 Dunster와 Dunster(1996), Helms(1998)와 같은 사전에서도 누락되어 있다.

그러나 미국 남부와 전 세계 따뜻한 기후의 수목관리자에게는 야자수가 조경의 중요한 부분이다. 이들은 전통적인 정의를 기준으로 보면 수목이 아닐지도 모르지만, 이들에 대한 관리는 수목관리자의 영역에 속한다. 야자수 관리에 관한 탁월한 정리는 Broschat와 Meerow(2000)를 참조하라.

야자수는 옥수수, 밀, 쌀, 양파 등과 같은 농작물; 잔디류; 튤립, 붓꽃류, 수선화 등의 화훼작물이 속하는 그룹인 단자엽식물로 알려진 현화식물문(顯花植物門, division of flowering plant)에 속한다. 야자수는 직립으로 자라는 습성과 상당한 크기로 자라는 점에서 다른 단자엽식물에 비해 특이하다. 이에 따라 야자수는 목본성 단자엽식물로 알려져 있다.

전반적으로 단자엽식물은 2차 조직이 없는데, 이는 목재를 생산하지 않는다는 뜻이다. 야자수는 직경을 키우는 패턴에서 수목과 차이가 있다. 수목과 달리, 지지역할을 하는 섬유는 연속적인 원으로 되어 있지 않고, 오히려 줄기 전반에 걸쳐 불연속적인 다발로 나타난다(**그림 2-35**). 이러한 특성 때문에, 수목에서 나타나는 부후 전개와 구획화 패턴이 야자수에는 없다. 예를 들면, 유관속(維管束, vascular bundle)이 손상되어도 이를 대체하거나 보수하기 위한 새로운 조직이 형성되지 않는다.

또한 야자수는 단일 생장점인 **정단분열조직**(頂端分裂組織, apical meristem)을 가지고 있다. 이 조직과 주변 조직은 심장(heart)으로 알려져 있다. 야자수는 새로운 정단분열조직을 생성하는 능력이 부족하다. 더구나 측아를 생성하는 종도 거의 없다. 따라서 생장점을 제거하면 전체 나무가 죽는다.

야자수는 신장(伸張, elongation)에 앞서 직경생장을 완료한다. 이는 어린 야자수가 수고생장을 시작하기 수년 전일 것이다. 그러나 줄기 직경이 최대가 되고 나면 추가적인 증대는 일어나지 않는다. 스트레스를 받고 있는 동안 보통 식재할 때, 정단의 활동이 떨어져서 줄기가 가늘어지거나 균열이 생긴다. 스트레스(예: 건조) 요인이 제거되면 분열조직이 정상적인 생장을 재개하여 줄기의 굵기가 회복된다. 이로 인해 줄기가 모래시계(hourglass)처럼 된다(그림 9-10). 고질적인 환경 스트레스는 연필처럼 줄기가 가늘게 만든다.

(a)

(b)

그림 2-35 야자수는 전형적인 수목에서 발견되는 목재의 연륜이 형성하는 2차 목부가 없다(a). 야자수 수간을 지지하는 섬유질이 불연속적인 다발로 발생한다(b).

야자수는 시간이 흘러도 직경이 굵어지지 않기 때문에 보통 키를 기준으로 거래된다(**그림 2-36**). 두 가지 용어가 사용되는데, 전체 수고(全體樹高, overall height)는 수간의 기부에서 가장 높은 잎까지의 높이를, 수간고(樹幹高, trunk height)는 잎이 없는 수간으로, 수간의 기부에서 속 잎(heart leaf)의 기부까지 높이를 의미한다.

가운데 분열조직의 활동으로 엽상체(葉狀體, frond)라고 부르는 크고 상록성의 잎의 덩어리가 형성된다. 이들은 장상(掌狀, palmate), 중앙맥을 가진 장상(costapalmate), 우상(羽狀, featherlike) 등의 형태를 취한다. 잎은 1년 이상 생존하며, 죽은 잎과 이와 관련된 기부의 제거는 이러한 식물군에 대한 일상적인 유지관리 활동이다. 그러나 야자수 잎의

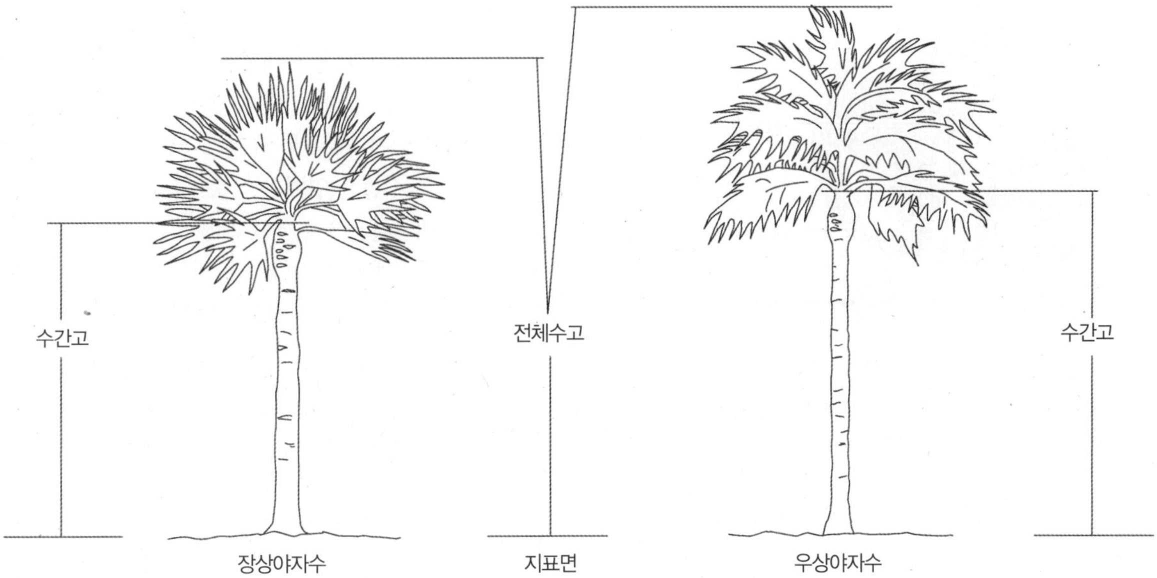

그림 2-36 야자수의 수고는 수간의 기부에서 가장 높은 잎의 가장 높은 지점까지 측정된다. 수간고, 또는 잎이 없는 수간은 수간의 기부에서 중앙 잎의 기부까지 측정된다. (Valley Crest Tree Company, Calabasas, CA.)

발생과 발달은 상대적으로 느리다. 따라서 전정할 때 가능하면 많은 녹색 잎을 남겨두어야 한다(제14장 참조).

야자수는 대추야자와 코코넛 생산에서 보는 바와 같이 꽃이 피는 식물이다. 개별적인 꽃은 작아서 특별히 눈에 띄지 않는다. 이들은 집단으로 모여 있고, **꽃송이**(inflorescence)라고 부르는 줄기에 붙어 있다. 꽃이 피는 줄기와 익어가는 열매를 제거하는 것도 또 다른 중요한 유지관리 작업이다. 예를 들면, 하와이에서는 큰 열매가 생기는 것을 예방하기 위해 코코넛 야자의 꽃송이를 주기적으로 제거한다.

야자수의 근계는 수목과 비교하면 훨씬 단순하다. 개별 뿌리가 가지를 치지만 수목의 목질 뿌리처럼 굵어지지는 않는다. 뿌리 원기는 식물의 일생동안 계속 생성된다. 따라서 큰 야자수도 성공적으로 이식할 수 있다. 그러나 수간의 기부 주변의 생장 환경이 스트레스를 주거나 제한적이면, 소규모의 뿌리로서는 충분히 적응할 수 없다.

2.9 생식 생장

목본식물은 종종 이들의 재미있고, 화려하고, 아름다운 꽃과 열매 때문에 경관에서 돋보인다. 그러나 어떤 수종은 사람들이 꽃가루에 알레르기 반응을 일으키거나 열매가 지저분하고, 역겨운 냄새를 풍기거나 위험하다고(예: 20m[65피트] 높이의 콜트리소나무[*Pinus coulteri*] 상단 부근에 있는 솔방울은 무게가 4.5kg[10파운드]에 이른다) 생각되어 기피된다. 무거운 열매의 무게는 과수에서 가지 파손을 초래하고 있는데, 최근에는 미국풍나무의 가지가 찢어지는 원인이 되고 있다.

피자식물 꽃

피자식물(被子植物, angiosperm)의 꽃은 꽃의 구조(floral structure)를 가진 새싹(shoot)이다. 봄에 피는 꽃은 전년도 봄이나 초여름에 분화된 눈에서 전개된다. 복숭아(*Prunus persica*)와 느릅나무속(*Ulmus* sp.)이 여기에 속하는데, 이들의 꽃은 1년생 가지에 달린다. 늦은 봄이나 여름에 피는 꽃은 보통 당년지에서 분화된 눈에서 전개되는데, 배롱나무(*Lagerstroemia indica*)와 모감주나무(*Koelreuteria paniculata*)가 여기에 속한다(그림 14-2).

완전화(完全花, complete flower)는 아래쪽에 보통 녹색을 띤 꽃받침(sepal 또는 calyx)이 환상으로 붙어 있다(**그림 2-37**). 꽃받침의 위쪽 또는 안쪽에는 화려한 꽃잎(petal 또는 corolla)의 고리가 있다. 꽃잎의 안쪽에는 배주(胚珠/밑씨, ovule)를 가진 암술(pistil, 雌性)과 그 주변으로 꽃가루(pollen, 雄性)를 가진 **수술**(stamen)이 있다. 암술과 수술을 모두 가진 꽃을 **양성화**(兩性花, perfect/bisexual flower)라고 부른다. 그러나 어떤 수종은 **수꽃**(staminate flower)과 **암꽃**(pistillate flower)이 분리된 구조로 같은 나무(예: 호두나무속/*Juglans* sp., 자작나무속/*Betula* sp.)에, 또는 다른 나무(예: 포플러속/*Populus* sp., 버드나무속/*Salix* sp.)에 달린다. 후자의 경우, 수꽃만 피는 수목을 영양번식하면 열매가 열리지 않는 수목을 확보할 수 있다. 이런 수목의 대부분은

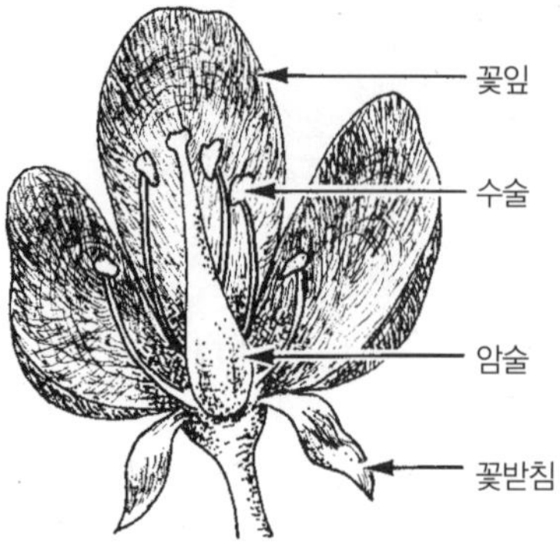

그림 2-37 전형적인 피자식물의 꽃. 대부분의 암술은 열매와 씨앗을 발달시키기 위해 수정이 필요하다.

대량의 꽃가루를 생산하여 바람을 이용하여 수정한다.

양성화나 수꽃과 암꽃을 한 나무에 갖고 있는 수목은 유전적으로 동일한 수목의 꽃가루를 이용하여 수분(受粉, pollination)된 암술이나 수정(受精, fertilization)된 배주에 의해 열매를 맺게 된다(자가 결과/自家結果, self-fruitful). 그러나 많은 수종은 자신들의 꽃이, 같은 수종 또는 유사 수종이지만, 유전적으로 다른 수목의 꽃가루를 이용하여 수정되는 상이한 수정 패턴을 보인다(자가 불결과/自家不結果, self-unfruitful). 어떤 수목은 꽃가루의 부족이나 불화합(不和合, incompatible), 꽃가루매개자(花粉媒介者, pollinator) 부족, 불리한 환경조건 등의 원인으로 열매를 거의 맺지 못하는 경우도 있다.

수정의 결과는 열매의 발달로 이어진다. 수목의 수종과 활력에 따라 차이가 있지만, 수목은 보통 자신이 성숙시킬 수 있는 것보다 더 많은 열매를 맺는다. 성숙 과정 중에 많은 열매가 개화 후 1~2개월 내에 떨어진다. 그 이후에도 많은 열매가 남아 있기 때문에, 크기가 작아도 가지를 파손시킬 수 있다. 일부 수종은 열매가 성숙하는데 1년 이상이 걸리기도 하지만, 대부분은 3~6개월 안에 성숙된다.

대부분의 열매에는 하나 이상의 씨앗이 있다. 어떤 수종은 몇 년 동안 일부 개별 수목이 생명력 있는 씨앗을 거의 생산하지 않는다. 많은 수종의 생명력 있는 씨앗도 성숙한 열매로부터 얻었음에도 **종자휴면**(種子休眠, **seed dormancy**) 때문에 발아하지 않는다. 이는 일부 수종에게는 중요한 생존 기작이다. 종자휴면은 물과 공기, 특히 산소가 휴면하는 **배**(胚, **embryo**)로 침투할 수 없게 하는 종피(種皮, seed coat)에 기인할 수 있다. 특정 수종에 한정된 것이지만, 발아를 제고시키기 위해서는 종피를 부드럽게 하는 다양한 방법이 활용될 수 있다. 목본의 다년생식물 씨앗에 공통적인 배휴면(胚休眠, embryo dormancy)은 씨앗을 냉온(1~7°C; 35~45°F)에 3~12주 동안 저장하면 타파될 수 있다(Hartmann 등, 1990). 배휴면은 겨울철 추위에 의해 자연적으로 타파된다.

나자식물 꽃

나자식물의 꽃은 **웅성구과**(雄性毬果, staminate cone)이거나 **자성구과**(雌性毬果, **ovulate cone**)이며, 보통 한 그루에 달린다(**그림 2-38**). 웅성구과는 평균적으로 길이가 10~12mm(0.5인치), 직경이 5~6mm(0.25인치)이다. 이들은 항

그림 2-38 소나무(*Pinus* sp.)의 꽃: 웅성구과(雄性毬果)는 신장하는 주지와 측지 아래에 밀집되어 있다(왼쪽). 3개의 자성구과(雌性毬果)는 커다란 주지 눈 아래에 있다(오른쪽). (사진: Elliot Weier; Gifford와 Foster, 1989.)

상 수목의 아래쪽에 달린다. 자성구과는 같은 수종의 웅성구과보다 항상 더 크다. 성숙하면, 자성구과는 길이가 25mm 미만에서 500mm(1~20인치)에 이른다. 자성구과는 보통 수목의 상단에 있는 가지에 홑으로 또는 겹으로 달리는데, 이러한 배치는, 구과식물이 풍매(風媒, wind pollination)를 하기 때문에, 타가수분(他家受粉, cross-pollination)을 보장한다.

수종과 기후에 따라 다르지만, 예를 들면 소나무의 구과원기(毬果原基, cone primordia)는 봄에 당년지에서 형성되지만 다음 생육기가 되기 전에는 보이지 않는다. 수분은 다음 해 봄에 일어난다. 수정된 구과는 2개 생육기 동안 발달하여 구과원기가 발달하기 시작한 이후 3차 생육기 늦여름에 성숙된다.

열매의 성숙과 씨앗의 전파는 피자식물과 비슷하다. 많은 소나무의 구과가 씨앗을 방출하기 위해서는 높은 열처리를 필요로 한다. 이러한 폐성구과(閉性毬果, serotinous)를 가진 수종은 주기적인 산불이 발생하는 지역에 적응되어 있다.

2.10 수목의 죽음

수목은 죽는다. 수목관리자들(선의의 시민을 포함해서)이 아무리 이러한 사실을 부인해도 죽음은 피할 수 없다. 나이를 먹고 죽어가는 과정을 **노화**(老化, senescence)라고 부르고, 이는 다른 생리적인 과정과 같이 당연히 수목 생활사(生活史, life cycle)의 일부분이다. 수목관리자가 이러한 과정 전반에 걸쳐 수목을 최고로 관리하기 위해서는, 수목이 나이가 들어감에 따라 일어나는 변화와 죽음 그 자체의 과정 모두를 이해해야 한다. 우리도 죽음을 피할 수 없지만, 가능하면 오래 동안 죽음에 이르는 요소들을 피하기 위해 노력할 수는 있다.

수목은 어떻게 죽는가

자연 산림에서 수목은 병이나 해충과 같은 생물적인 전염원으로부터 산불이나 바람과 같은 무생물적 원인에 이르기까지 다양한 요인에 의해 죽는다(Franklin 등, 1987). 마찬가지로, 도시수목도 다양한 사유로 죽는다. 일부는 느릅나무시들음병(*Ceratocystis ulmi*)이나 참나무시들음병(*C. fagacearum*)과 같은 병이나, 오극가시나무좀(*Ips paraconfusus*)과 같은 해충에 의해 완전히 죽는다. 일부는 쓰러지기도 한다. 또 다른 경우, 죽음이 생물적 요소와 환경적 요소의 공동작용에 기인하기도 한다. Clark와 Matheny (1991)는 조경수목의 죽음을 구조적인 파손, 환경적인 악화, 기생체의 침입 등으로부터 초래되는 것으로 규정하였다.

Franklin 등(1987)과 Clark와 Matheny(1991)는 수목의 죽음을 **사망나선**(死亡螺線, mortality spiral)이라고 부르는 예측 가능한 궤도에 휩쓸리게 된다고 언급하였다. 일반적인 형태로, 사망나선은 건강한 상태에서 스트레스를 받고 쇠퇴하여 죽음에 이르는 수목의 상태가 변화해 가는 일련의 과정을 설명한다. 캘리포니아참나무(*Quercus agrifolia*)의 경우, 죽음의 원인은 보통 줄기역병(*Phytophthora*)에 의한 부후나 뿌리 썩음에 기인한 구조적인 파손이다(**그림 2-39**). 일단 뿌리썩음 곰팡이에 의해 광범위하게 부후되거나 감염되면, 죽음(넘어지는 것을 포함)을 피하기 위해 할 수 있는 일은 없다. 캘리포니아참나무의 사망나선에서 죽음을 연기시키는 비결은 이 수종이 부후나 뿌리썩음병에 감염되기 쉬운 요소를 피하는 것이다. 건설공사나 전정으로 인한 상처와 손상, 지면 변경, 과도한 여름철 관수 등이 여기에 속한다.

비슷한 상황이 라디아타소나무(*Pinus radiata*)에서도 존재하는데, 가장 흔한 죽음의 원인은 오극가시나무좀(five-spined engraver beetle)이다. 건강한 라디아타소나무는 일반적으로 다량의 송진(松津, pitch)을 생산하여 공격에 저항한다. 건조 스트레스, 과도한 전정, 붉은나무좀(*Dendroctonus valens*) 감염 등으로 약해진 수목은 오극가시좀을 죽일 정도의 송진을 생산할 수 없게 된다(Koehler 등, 1978). 또한 생육기 중에 수목에 대한 상처는(예: 전정에 의해), 나무좀 성충을 유인한다. 일단 나무좀에 감염되면, 화학적 방제가 거의 효과가 없다. 가장 효과적인 방제 프로그램은 관개(灌漑, irrigation), 가벼운 전정, 겨울철 붉은나무좀 방제 등이다.

캘리포니아참나무나 라디아타소나무 모두, 죽음의 원인(아밀라리아 뿌리썩음병/*Armillaria mellea*에 의한 쓰러짐과 부후, 나무좀에 의한 공격)을 제거할 수는 없다. 일단 부후가 광범위하고 나무좀 감염이 만연하면 처리하거나 치유할 방법은 없다. 감염소지가 있는 요소의 존재나 강도를 관리하는 것이 조경 수목의 죽음을 관리하는 비결이다.

기계적인 파손이 자주 발생하는 수종에서는, 죽음은 대개 부후에 의한 구조적인 안정성 상실에 기인한다. 포플러와 사시나무(둘 다 포플러속/*Populus* sp.), 버드나무속(*Salix* sp.)에 속하는 수종은 부후곰팡이가 분해하는 것보다 더 빨리 새로운 목재를 추가할 수 있을 때까지 생존한다. 이들이 부후에 앞설 수 있을 정도로 빨리 자라지 못하면, 그들의 구조적인 완전성이 와해되어 넘어지게 된다. 이들 수종의 관리는 활력과 생장을 촉진하고 부후의 분포와 정도를 최소화하는 것이다.

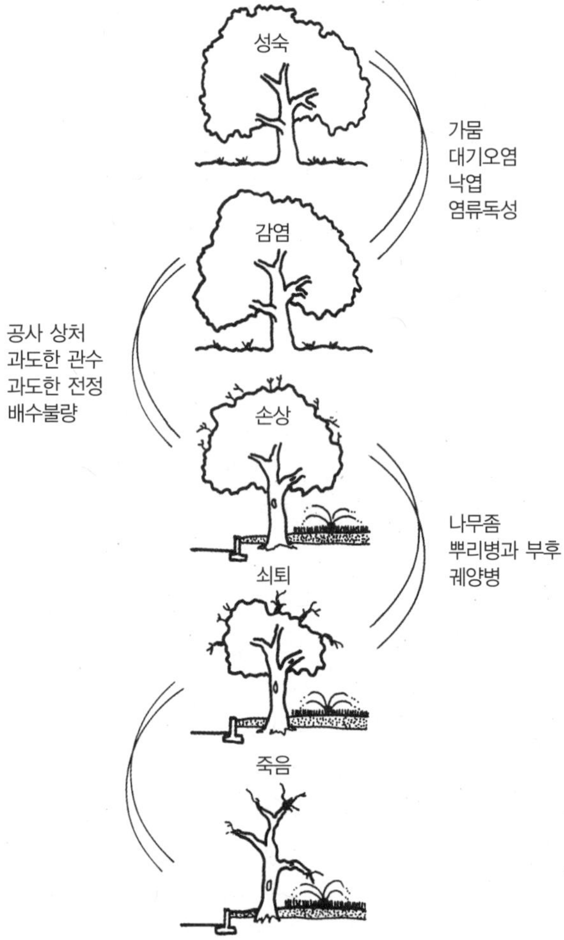

그림 2-39 수목은 종종 연결된 일련의 사건에 의해 죽는다. 사망나선은 건강한 상태에서 스트레스, 손상, 쇠퇴, 죽음에 이르는 수목의 전환을 묘사한다. 각 단계별로 특유의 생물적, 재배적, 환경적 요소가 개입된다.

2.11 기본적인 생리작용 개관

광합성

이산화탄소(공기로부터)와 물(주로 토양으로부터)을 단순한 탄화수소와 산소로 변환하는 과정을 **광합성**(光合成, photosynthesis)이라고 한다. 이러한 변환은 에너지원으로 빛을 필요로 한다. 잎에서 색소인 엽록소(葉綠素, chlorophyll)가 빛에너지를 붙잡는다. 단순한 탄화수소는 좀 더 복잡한 물질로 전환된다. 잎이 광합성의 주된 장소이지만 일부는 미성숙 열매나 어린 줄기(겨울철에 낙엽수에게는 중요한 요소이다)에서도 일어난다. 엽록소는 수목에게 녹색을 띠게 한다: 가스교환(gas exchange)은 기공(氣孔, stomata)이라고 부르는 구멍을 통해 일어난다.

수목의 생장과 올바른 삶은 궁극적으로 적절한 광합성에 달려 있다. 광합성의 제약은 내부와 환경 요소에 기인한다. 내부요소에는 잎 자체의 구조와 영양상태가 있다. 수목의 물질대사(物質代謝, metabolism; 즉, 전반적인 기능)를 해치는 요소는 대부분 엽록소의 양과 광합성 능력(rate of photosynthesis)을 감소시킬 것이다.

온도(溫度, temperature)가 광합성에 미치는 영향은 빛처럼 중요하고 복잡하다. 목본식물의 광합성은 빙점 가까이에서부터 40°C(104°F) 이상에서도 일어난다(Kramer와 Kozlowski, 1979). 낮은 온도에서, 광합성은 온도상승과 함께 현저하게 증가한다; 반면, 높은 온도에서는 광합성은 천천히 증가하지만 호흡(呼吸, respiration)은 빠르게 증가한다.

이산화탄소(二酸化炭素, carbon dioxide)는 햇빛이 충분할 때 항상 광합성의 제한요소이다. 공기 중의 이산화탄소의 농도가 낮을 뿐만 아니라(1991년 기준 0.036%), 잎 내부로의 확산(擴散, diffusion)도 수분 부족에 따른 기공 폐쇄로 인해 현저히 감소한다. 기공이 열려 있는 상태에서도 잎 내부의 엽록소 세포로의 이산화탄소 확산이 제한된다(Kramer와 Kozlowski, 1979). 이산화탄소 농도는 자동차와 산업 활동으로 도시지역에서 증가되었다. 수목이 많은 지역에서는, 밤에는 호흡으로 이산화탄소 농도가 증가하고, 낮에는 광합성으로 감소한다. 토양도 상당한 이산화탄소를 방출한다.

수분(水分, water)은 광합성의 필수요소이다. 수분은 광합성의 원료일 뿐만 아니라 잎의 팽압(膨壓, turgor)을 유지하기 위해 필요하다. 토양 수분의 결핍과 과잉 모두 잎의 수분부족으로 나타날 수 있다. 수분부족은 기공 폐쇄, 잎의 시듦, 원형질(原形質, protoplasm) 탈수 등을 유발한다. 적절한 수분이 없으면, 잎이 작아지고 일찍 떨어지게 될 것이다.

영양소(營養素, nutrient)는 가스 교환과 빛에 대한 적절한 노출에 필요한 충분한 엽록소 조직을 가진 넓은 엽면적(葉面積, leaf area)을 확보하기 위해 필요하다. 영양소, 특히 질소와 철은 엽록소 합성에 필수적이지만, 질소 함량이 낮은 곳에서 엽록소가 높게 유지될 수도 있다(Ingestad와 Lund, 1979).

대기오염, 농약, 제초제(除草劑, herbicide), 증산억제제(蒸散抑制劑, anti-transpirant), 병해충 등도 직접 또는 간접적으로 광합성 능력을 저하시킨다.

호흡

살아 있는 세포 내 유기화합물의 산화는 수목의 여러 가지 생명활동에 대한 연료로서 저장된 에너지를 방출한다. 이러한 과정을 **호흡(呼吸, respiration)**이라고 부른다. 탄수화물(炭水化物, carbohydrate)을 분해하기 위해서는 항상 산소가 필요하다. 에너지 방출에 추가하여, 호흡의 산물은 주로 물과 이산화탄소이다. 너도밤나무(*Fagus sylvatica*) 숲이 생산한 총 탄수화물 중에서, 45%가 산림을 구성하고 있는 수목의 호흡으로 소비되며, 열대우림에서는 생산된 탄수화물의 78%가 수목의 호흡으로 소비된다(Kramer와 Kozlowski, 1979).

호흡은 잎, 신초와 뿌리의 생장점, 형성층, 성숙하는 열매 등과 같이 대사활동이 가장 활발한 조직에서 가장 빠르다. 어린잎과 신초는 오래된 잎과 가지보다 호흡률(rate of respiration)이 더 높다. 호흡률은 기온 상승과 함께 광합성보다 더 빨리 증가한다. 적정 수준보다 크게 낮거나 높은 토양수분은 호흡이 증가시킨다고 한다. 토양에서의 낮은 산소 농도(10% 미만)는 뿌리 호흡을 크게 감소시켜 뿌리의 생장과 활동을 제한한다. 부적절한 토양 통기성은 도시에서 자라는 수목에게 가장 심각한 제한요소 중의 하나이다.

상처에 대한 반응인 수목의 구획화는 에너지(호흡)를 필요로 하며, 이렇게 구획화하지 않으면 앞으로 수목이 활용할 수 있는 저장된 에너지를 벽으로 차단한다.

증산작용

수목으로부터 수분이 증발되는 것이 **증산(蒸散, transpiration)**이다. 수목에서 거의 대부분의 증산은 잎에서, 주로 기공을 통해 일어나며 일부는 수피에 있는 피목(皮目, lenticel)으로부터 발생한다. 수목이 흡수한 수분의 95%는 증산된다. 수관폭이 12m(36피트)인 독립수 한 그루는 여름철에 하루 2,000리터(525갤런)를 증산한다.

수목의 생존에 필수적인 것은 아니지만, 증산은 잎을 냉각시키고 물과 영양소의 흡수와 상승률을 높인다. 증산과 광합성 및 다른 과정에서 사용되는 물은 수목의 상단으로 수분을 상승시키는 역할을 한다. 다시 말하면, 물은 증산에 의해 수목의 상단으로 끌어올려진다.

수목의 내부와 환경 요소가 잎 주변의 증기압(蒸氣壓, vapor pressure)을 최저로, 수목 내부를 최고로 만들면 증산이 최대가 될 것이다. 기공은 잎이 팽창되어 있고, 햇빛이 있을 때에만 열려 있다. 증산의 90%가 기공을 통해 발생하는데, 기공의 개방 크기와 밀도가 잎의 증산율(rate of transpiration)을 대부분 결정한다. 엽면적이 큰 수목이 엽면적이 작은 유사한 수목보다 더 많이 증산한다. 그러나 잎을 제거한다고 제거된 잎의 면적에 직접적으로 비례하여 증산이 감소하지는 않는다. 잎을 더 오래 달고 있는 일부 낙엽수는 이로 인해 더 많은 물을 이용한다. 엽면적이 같은 경우, 작고 가는 잎을 가진 수목이 크고 두터운 잎을 가진 수목보다 더 많이 증산한다. 짙은 녹색과 얇은 각피를 가진 잔털이 없는 잎은 두꺼운 각피와 조밀한 잔털을 가진 밝은 색의 잎보다 항상 더 많이 증산한다(Kramer와 Kozlowski, 1979).

증산율은 빛과 고온, 낮은 습도, 약한 바람, 적정한 수분이 있을 때 높을 것이다. 증산은 한여름의 무덥고 일장이 짧은 날보다 늦봄의 일장이 긴 날에 더 많이 발생한다.

2.12 생장과 발달 기작의 통제

수목은 무작위로 자라는 것이 아니라 엄격한 원칙에 따라 예측 가능한 방향으로 자란다. 미송(*Pseudotsuga menziesii*)이 항상 상록성의 바늘 같은 잎과 원추형 생장습성을 가지고 있으며, 구과를 측지에 형성하는 것 등이다. 이러한 외관상의 특이성이 미송을 미송답게 만드는 것이며 미송을 미국솔송나무(*Tsuga heterophylla*)와 구분할 수 있게 한다.

미송 개별 수목의 크기와 수형은 오랫동안 외부 환경에 의해 다듬어진 기본적인 유전적 청사진의 산물이다. 유전적 설계의 발현은 빛, 기온, 일장, 수령 등과 같은 요소에 달렸다. 키 큰 수목의 임관 아래의 환경이 열악한 곳에서 자라는 미송 실생묘는 집중적으로 재배되는 조경 여건 하에서 자라는 같은 수목과는 다르게 자랄 것이다. 개별 요소, 유전형, 환경, 시기 등은 수목 생장을 통제하는데 중요하다.

유전적 통제

수목의 생장과 발달의 몇 가지 중요한 특징은 수목의 유전적 구성(genetic makeup)에 의해 정해진다.

해부학적 조직과 구조(anatomy and structure) 수목의 크기, 형태, 가지 전개 패턴, 눈의 배치, 생식구조의 위치, 기타 기본적인 특징은 유전적으로 통제된다. 일부 수종은 수고가 엄격하게 통제되는데, 과수의 왜성 대목(倭性臺木, dwarf rootstock)을 이용하는 것이 가장 좋은 예이다. 원하는 품종을 이러한 대목에 접목하면 수목의 키를 직접 통제할 수 있다. 그러나 대부분의 경우, 키에 대한 일반적인 한계가 존재한다.

가지 부착각도도 주로 수목의 유전적 구성에 의해 영향을 받는다. 어떤 수종이나 품종(예: 브래드포드콩배나무, Pyrus calleryana 'Bradford')은 취약한 가지 부착과 잘 찢어지는 성향이 주목을 받는다.

병해충과 환경에 대한 내성(pest and environmental tolerances) 해충, 병, 환경 요소와 변화에 대한 내성과 감수성에 대한 수종 간 차이가 매우 크다. 이러한 타고난 다양성을 이용하는 것이 종합적 병해충관리(integrated pest management)와 수목건강관리(plant health care) 프로그램의 기본적인 관리 개념이다(제19장 참조). 예를 들면, 적참나무(red oak; *Quercus rubra* 등) 집단은 참나무시들음병에 매우 감수성이지만, 백참나무(white oak; *Quercus alba* 등) 집단은 저항성이다. 미국느릅나무(*Ulmus americana*)는 느릅나무시들음병에 감수성이지만, 상록성 느릅나무(*U. parvifolia*)는 그렇지 않다. 이러한 것들은 유전적으로 통제되는 특징이며, 환경이나 수령에 영향을 받지 않는다. 저온과 그늘과 같은 환경에 대한 저항성과 감수성에서도 유사한 유전적인 기본이 있다.

생활사(生活史, life history) 수목은 탄수화물이나 영양소와 같은 자원을 생활사 패턴이라고 알려진 광범위한 생장전략에 따라 배분한다. Loehle(1988)은 두 가지 광의의 패턴을 기술하였다. 하나는 조밀한 목재, 두꺼운 수피, 강력한 구획화 반응과 같은 방어 요소에 대한 장기적인 투자를 거의하지 않고 빨리 자라는 것을 선호하는 것이다. 이러한 생활사를 가진 수종은 빨리 자라고, 이들을 공격하는 부후 미생물에 의한 손실보다 많아 자랄 수 있을 때까지만 살고 빨리 죽는다. 포플러, 사시나무, 버드나무 등이 좋은 예이다. 이와는 달리, 두 번째 생활사 패턴은 천천히 자라지만 방어에 더 많은 자원을 배분하는 특성을 가진 것이다. 미송과 같이 오래 사는 수종이 이 패턴을 따른다.

수명(壽命, life span) 눈, 뿌리 끝, 형성층에 있는 분열조직이 끝없이 분열하는 능력을 가지고 있는 것처럼 보이지만 수목은 영원히 살지는 못한다. 오히려, 수종별로 제한된 수명이 있다. 예를 들면, 회색자작나무(*Betula populifolia*)는 전형적인 수명이 50년인 반면, 설탕단풍(*Acer saccharum*)은 300~400년 동안 생존할 수 있을 것이다. Loehle(1988)의 생활사 패턴의 특징이 수종간 수명의 차이에 대한 이유의 일부를 설명해 준다: 방어 분야에 투자하는 수종은 그렇지 않은 수종보다 더 오래 산다.

구획화 반응(compartmentalization response) 상처를 받고 난 다음 강력한 구획을 형성하는 능력은 본래 유전적이다. 특정 수종 내의 영양계선발(營養系選拔, clonal selection)은 상처를 구획화하는 능력을 기준으로 이루어진다. Santamour(1979c)는 적단풍(*Acer rubrum*)의 구획화 변이를 보여주고, 이러한 능력은 유전적이며 수목을 선정하는 기준으로 활용할 수 있다고 주장하였다.

타감물질(他感物質, allelopathic chemical) 생산 타감작용(他感作用, allelopathy)은 주변에 방출하는 화학물질을 생산하여 한 수목이 다른 수목에게, 특히 어릴 때, 직접 또는 간접적으로 해를 입히는 현상을 말한다. 주글론(juglone)은 흑호두나무(*Juglans nigra*)가 생산하는 물질로, 이러한 현상의 사례로 널리 알려져 있다. 뿌리와 잎이 이러한 억제제의 가장 보편적인 공급원이다. 타감물질의 분비는 근계가 서로 엉키는 것이나 조성된 수목의 아래나 근처에서 치수(穉樹, seedling)가 자라는 것을 막아준다. 이에 따라 다른 수목과의 경쟁이 줄어들고, 특히 건조한 여건에서, 생존할 수 있는 기회를 높여준다.

녹지조성에서 타감물질의 분비는 바람직할 수도, 그렇지 않을 수도 있다. 몇 차례 연구에서, 송전선로를 침범할 수 있는 수목의 치수 수량을 크게 줄여주는 식물 피복유형을 확인하였다. 펜실베이니아에서, Bramble 등(1990)은 3년간 교목 수종의 침입이 발생하지 않는 세 가지 지피식생(관목, 초본, 관목 초본)을 발견하였다. 이는 경쟁과 함께 타감작용에 기인하였다. 반면, 페스큐속(*Festuca* sp.) 잔디는 어린 미국풍나무(Walters와 Gilmore, 1976)와 흑호두나무(Todhunter와 Beineke, 1979)의 생장과 생존을 억제하는 것으로 나타났다. 이는 잔디 예초 잔해를 어린 나무의 멀칭용으로 활용하면서 이들 주변에 잔디가 없는 지역을 유지하는 것이 옳은 것인가에 대한 의문이 생길 수 있다(제8장 참조).

환경적 통제

넓게 보면, 환경요인은 무엇이든 생장과 발달에 대한 통제 기작으로 간주될 수 있다. 적절한 수분과 햇빛의 부족, 기온이나 바람의 극한 상황, 이와 관련된 모든 것이 광합성, 호흡, 기타 생리적인 작용에 영향을 미친다. Kim Coder(조지아대학교, 1997, 개인적인 정보)는 이러한 전반적인 환경적인 요소를 수목의 생장에 필요한 가장 기본적인 것으로 묘사하였다.

수목생장에 영향을 미치는 구체적인 환경적 조절도 있다(제3장). 휴면을 타파하고 휴지 상태를 극복하기 위해 특정한 저온처리 시간이 필요한 것이 가장 좋은 사례가 될 것이다. 이들은 적정한 저온처리가 필요하기 때문에 생장 범위를 벗어난 분포에 제약요인이 된다.

일장(日長, day length)도 휴면 시작에 직접적으로 관여하는 또 다른 구체적인 환경적 신호이다. 여름에서 초가을로 일장이 바뀜에 따라, 수목은 낮이 짧아지는 것(또는 더 정확히는 밤이 길어지는 것)을 감지한다. 많은 수종에서, 휴면아(休眠芽, dormant bud) 형성은 일장과 직접적으로 관련되어 있다.

시기

수목관리자들은 보통 시기(時期, time)를 생장과 발달의 통제 기작으로 생각하지 않는다. 그러나 수목의 생장과 발달에서 시기와 명확하게 연결된 세 가지 점이 있다.

유형(幼形, juvenility)과 성숙(成熟, maturity) 치수가 성목으로 발달하는 과정에서 여러 가지 형태적, 생리적 변화가 발생한다(Greenwood, 1995). 이는 시간에 따른 차별적인 유전자발현(遺傳子發現, gene expression)에 기인한다. 가장 명백한 변화는 많은 목본식물이 상당한 기간 동안, 때로는 10년 이상 꽃이 피지 않는다는 것이다. 이러한 변화는 특히 번식가, 육종가, 수목의 잎과 꽃, 열매를 위해 이를 재배하는 사람들에게 관심사이다. 어릴 때, 모든 환경적인 여건이 유리함에도 불구하고 꽃을 피우지 않으면, 그 수목은 유형이라고 여긴다. 수목이 개화를 유발하는 여건에 반응하면 생식적으로 성숙했다고 여긴다.

수목 전체가 유형에서 성숙으로 변화하는 것이 아니고, 이러한 현상은 정단분열조직과 관련 조직에 한정된다. 수목이 나이가 들지만, 목본식물의 낮은 부위와 내부는 유형적인 특성을 보유하고 있는 반면, 위쪽과 외부로의 생장점은 성숙한 가지와 꽃을 생성한다. 이들 상부의 분열조직은, 수목이 나이가 들거나 수목의 다른 부분으로부터 유입되는 수분, 양분, 기타 물질의 양이 감소하면, 성숙한 신초를 생성하는 경향이 있다(Zimmermann과 Brown, 1971).

유형과 관련된 형태적인 특성에는, 왕성한 직립생장; 성숙한 형태와 다른 덩굴 형태, 잎 모양, 잎차례(phyllotaxy); 원추형 생장습성; 매끈한 수피, 가시; 낙엽수의 잎 유지 등이 있다(**그림 2-40**) (Zimmermann과 Brown, 1971). 가장 흔한 유형적 생리 특성은 삽목의 발근 용이, 개화 반응 부족 등이 있다.

유형 수목의 크기와 생장률을 증대시키는 작업은 개화와 결실을 촉진시킬 것이다. 그러나 성목의 조직을 이용하여 번식시킨, 대부분의 과수나 많은 목본 관상수와 같은, 어린 수목은 너무 왕성하면 개화가 지연된다(Hackett, 1976). 영양번식(營養繁殖, vegetative propagation) 수목은, 삽수와 접수의 올바른 선택이 발근 성공과 구조적인 발달에 중요할 수 있다. 유형조직과 성숙조직이 다를 뿐만 아니라 수평으로 누운 가지에서 취한 번식용 가지는 생산된 수목의 수평적인 특성이 전달될 수 있다. 이러한 경향은 일부 나자식물, 특히 아라우카리아(Araucaria)에서 나타난다.

기존 구조(existing structure) 수목의 생장은 그 수목의 기존 구조와 활력에 달려 있다. 매 생육기는 전년도와 무관하지 않다. 대부분의 소나무 수종은, 고정생장을 하는 다른 수목과 마찬가지로, 정아의 크기는 이듬해 봄의 신장량과 관련이 있다. 이처럼, 한해의 생장여건은 다음해의 신장 잠재력에 직접적으로 영향을 미친다.

기존 구조의 영향은 이어지는 생육기에 한정되지 않고 생장의 여러 분야에 영향을 미친다. 산림 임분에서 수목은 임관에서 열린 공간이 생기기 전에 상당한 기간 동안 하층(下層, understory)에서 생장하다가 노출되게 된다. 그러나 즉시 빠른 생장이 시작되는 것이 아니라, 더 유리한 생장 여건의 출현과 왕성한 생장의 시작 사이에는 항상 시차(時差, time lag)가 있다. 임분을 간벌(間伐, thinning)했을 때 비슷한 현상이 나타난다. Saint Helens 산이 폭발했을 때 상층 임관이 사라졌다. 하층에서 자라면서 눈에 의해 보호되고 있던 태평양은빛전나무(*Abies amabilis*)가 갑자기 전광에 노출되었다. 분출한 화산이 큰 나무와의 경쟁을 제거해 주었지만, 이들 치수가 여기에서 벗어나 빠른 생장을 시작하기까지는 몇 년이 걸렸다(**그림 2-41**).

여건이 생장에 유리한 때에도, 이렇게 반응이 지연되는 것은 수목의 기존구조 때문이다. 그늘에서 자라는 다른 수목들과 마찬가지로, Saint Helens 산의 전나무도 그늘에서 잎

그림 2-40 아이비(*Hedera helix*)의 유형 형태는 손바닥 모양(삽입사진에서 오른쪽)으로 갈라진 잎을 가진 덩굴식물이다; 성숙 형태는 심장형 잎(삽입사진에서 왼쪽)과 열매를 가진 직립하는 관목이다.

과 가지 생성을 통해 낮은 광도 환경에 적응되어 있었다. 연간 신장량도 매우 작았다. 이러한 특징들은 하층의 낮은 광도에서 수목이 생존하는 데는 문제가 없었지만, 햇빛에 노출되었을 된 후에는 생산적이지 못했다. 이러한 수목이 전광(全光, full sun)을 최대한 활용하기 위한 잎을 생성하고 가지를 배치하는데 수년이 걸렸다.

생장은 기존의 수목 구조뿐만 아니라 안정성의 영향을 받는다. Claus Mattheck은 수목관리자에게 수목의 "신체언어(body language)" 이해를 권장하면서, 그는 수목의 생장 이력을 평가할 것을 요구하였다(제16장 참조). 산림의 내부에서 자라는 수목은 임분 내의 다른 수목의 보호를 받으면서 발달한다. 이들의 수간 초살은 개방지에서 자란 수목보다 덜 발달되어 있으며, 살아 있는 수관비율도 작을 것이다. 임분이 개방되고 수목이 바람에 더 직접적으로 노출되면, 자신의 생장 패턴을 수간 목재를 생산하고 직립으로 유지하는데 필요한 초살을 확보하도록 변경시키는 것이 여의치 않을 수 있다. 수목은 생장에서의 이러한 변화를 즉시 겪는 것이 아니라 시간을 두고 겪게 된다.

수목관리자는 전정을 할 때 이러한 구조에 대한 한계를 인식해야 한다(제14장). 가지의 길이를 줄일 때, 제거되는 가지 직경의 최소 1/3 정도 되는 가지에서 절단하는 것이 일반적인 원칙이다. 이러한 원칙의 이유는, 1/3보다 작은 가지는 적절하게 자라서 구조적으로 건전한 신체의 일부가 될 수 없기 때문이다. 이러한 기술은 수목의 기존 구조에 근거한다.

그림 2-41 St. Helens 산이 분출했을 때, 폭발력으로 상층 수목이 제거되고, 작고 피압된 하층 수목이 남았다. 분출이 모든 경쟁요인을 제거했지만, 생존하는 잔존수목은 짙은 그늘에 적응되어 있었다(위). 분출 전의 잎과 신초 생장 패턴을 새로운 생장에 유리한 조건을 활용할 수 있도록 변경시키는데 수년이 걸렸다(아래). (사진: Thomas Hinckley, 워싱턴대학교, Seattle, WA.)

노화(老化, aging) 수목이 시간의 경과와 함께 생장하고 발달함에 따라 이들의 생체에 여러 가지 변화가 발생한다. 이러한 생각은 Goff와 West(1975)에 의해 가장 잘 정리되어 있는데, 그들은 "수목은 한창나이(maximum age)에 접근함에 따라 생장이 느려지고, 병과 바람, 기타 죽음의 원인에 대해 더 취약해진다"라고 언급하였다. Clark와 Matheny(1991)는 수령의 증가로 발생하는 변화를 요약하였다.

나이가 들면서 생장이 느려지는 것은, 부분적으로는, 나이가 들면서 수목의 순 생산성(net productivity; 1년 동안 면적당 추가되는 부피의 비율)이 감소한다는 관찰에 기인한다. 산림 임분에서 이러한 감소를 설명하기 위해 세 가지 가설이 제시되었다: (1) 광합성과 호흡 간의 불균형, (2) 양료 제한, (3) 감소된 기공 전도(氣孔傳導, stomatal conductance)와 수압제약(hydraulic limitation)과 관련된 광합성 능력의 감소. 세 가설 모두 일리가 있는 것처럼 보인다. Gower 등(1996)과 Murty 등(2000)은 양료 제한과 감소된 광합성은 생산성 감소를 설명할 수 있다고 결론지었다. 반면, Hunt 등(1999)은 호흡과 광합성 간의 균형은 점점 높아지는 호흡량 때문에 변한다고 주장하였다. 또한 그들은 하나의 가설로 모든 수목을 설명할 수 없다고 주장하였다.

Gower, Murty, Hunt 등의 산림 수목에 대한 관찰이 조경 수목에도 적용이 가능하다면, 수목이 나이 들어감에 따라 안정적인 환경과 안정적인 구조를 제공하는데 관리의 초점을 두어야 할 것이다. 나이든 수목에 대해서는, 기존의 잎을 유지하고, 시비를 통해 양료 가용성을 높여주고, 수관 내의 죽은 가지를 제거하고, 지상 및 지하 토양환경의 변화를 피하는 것 등이 주된 관리 목적이 될 것이다.

Bond(2000)는 목본식물에서 노화와 상변화(相變化, phase change) 간의 상호 연관성, 특히 광합성과 기공전도에 관하여 개관하였다. 그녀는 연구자가 크기와 복잡성이 증가하는 것과 노화를 구분하는 것은 어렵다고 말했다.

식물생장조절물질

식물계(植物界, plant kingdom) 전반을 통해 자연적으로 생성되는 화학물질 몇 종을 분리하고 동정하였다(표 2-2). 식물생장조절물질(植物生長調節物質, plant growth regulator, PGR) 또는 호르몬(hormones)이라고 알려진 이들 화학물질은 기본적인 생리적 과정인 세포의 생장, 확장, 분화, 죽음에서 중요한 역할을 한다. 이 물질은 유전적인 발현을 조절하는데 도움을 주고 환경적인 신호를 생리적인 행동으로 전환하는 화학적인 신호이다. 특정한 조직에서 생산된 이들 물질은 행위를 유도하기 위해 다른 부위로 이동한다.

이러한 화합물의 주된 유형으로는 옥신(auxin), 지베렐린(gibberellins), 사이토키닌(cytokinin), 앱시스산(abscisic acid, ABA), 에틸렌(ethylene) 등이다. 이러한 물질은 모든 목본식물에 존재하고 있는 것으로 생각된다. Beveridge(2000)는 몇 가지 다른 물질이 뿌리와 가지 사이의 장거리 신호 전달에 관여하고 있을 수 있다고 언급하였다. 일반적인 식물생장조절물질은 상호작용을 하기도 하고 서로 적대적이기도 하다. Ross와 O' Neill(2001)은 이들 물질 간의 상호간섭(cross-talk)은 흔한 일임을 암시하고 있다. 예를 들면, 에틸렌 생합성은 옥신과 ABA 모두에 의해 자극을 받는다. 조직 내에서 옥신과 사이토키닌의 상대적인 비율이 조직의 분

표 2-2 **호르몬처럼 작용하는 식물생장물질**

구분	주요 화합물	생리적 작용	실제 적용
옥신 (auxin)	천연 옥신: indole-3-acetic acid (IAA); 합성 옥신: indolebutyric acid(IBA), naphthaleneacetic acid (NAA), 2,4-dichlorophenoxyacetic acid(2,4-D)	세포분열과 신장 촉진, 뿌리 발달 자극, 탄수화물의 분할(partitioning)을 포함한 광범위한 생리적인 활동에 관여한다.	수목 번식에서 삽수의 발근을 자극하기 위해 사용; 조직배양 배지의 기본 성분의 하나; 고농도에서 2,4-D는 농약으로 사용; NAA는 맹아발생을 억제하기 위해 사용(제15장 참조).
지베렐린 (gibberellin)	80종 이상의 천연 화합물이 있다; 가장 흔한 것이 gibberellic acid GA_3 이다.	세포분열과 신장을, 특히 신초의 준정단(subapical) 분열조직에서 촉진한다.	포도 열매를 키우는데 사용; 항지베렐린(antigibberellin)은 신초 신장을 조절하는데 사용된다(제15장 참조).
사이토키닌 (cytokinin)	천연 물질: kinetin, zeatin; 일반적으로 가용한 합성 물질: benzyladenine(BA)	세포분열과 신장을 촉진; 탄수화물의 분할과 기공 개방에 적극적으로 관여한다.	수목 번식에서 조직배양 배지의 기본 성분의 하나.
앱시스산 (abscisic acid, ABA)	일반적으로 생장억제제로 여긴다; 잎과 열매의 탈락과 신초와 종자의 휴면 발달을 조절한다.	실무적인 적용이 없다.	
에틸렌 (ethylene)		일반적으로 생장억제제로 여긴다; 환경적인 스트레스 상태에서 발생한다; 열매와 채소의 숙성을 자극하고, 파인애플과(bromeliads) 식물의 개화를 촉진한다.	처리하면 에틸렌을 방출하는 에테폰 형태로 상업적으로 가용하다; 과일 숙성과 고엽제로 사용; 만개한 꽃에 처리하면 발달하는 조직을 고사시켜 원하지 않는 결실을 방지한다(제15장 참조).

화(分化, differentiation)에서 역할을 한다. ABA와 에틸렌은 애기장대(*Arabidopsis*)의 종자휴면과 뿌리 신장에서 상호작용한다. 옥신은 완두콩(*Pisum*)에서 지베렐린 생합성을 촉진한다.

모든 호르몬 같은 물질과 마찬가지로, 식물생장조절물질의 효과는 농도에 달려 있다. 체내 농도는 고도로 조절된다. 옥신과 에틸렌은 매우 낮은 농도에서는 생장을 자극하지만, 높은 농도에서는 이를 억제한다. 2,4-D와 같은 합성 옥신은 제초제로 사용된다. 또한 한 조직에서 생장을 자극하는 농도가 다른 조직에서는 억제할 수 있다. 끝으로, 이러한 물질의 추출 가능한 농도에는 분명한 계절성이 있다.

식물생장조절물질이 수목의 생장 기작의 조절에 관여하는 것은 분명하지만, 이러한 활동의 명확한 사례를 발견하는 것은 어렵다. 흔들림과 바람이 직경 발달에 작용하는 것은 에틸렌의 매개에 의한 것으로 보인다. 줄기가 구부러질 때, 에틸렌이 분비되어 신초생장의 중지와 함께 직경발달의 증가를 가져온다.

거의 예외 없이, 이러한 물질을 일반적인 수목에 처방하면 발달이 급격하게 변하지 않는다. 예를 들면, 옥신은 뿌리 발달을 자극하는 것으로 알려져 있다. 그래서 번식할 때 삽수의 아래쪽 끝에 합성 옥신을 도포하는 것이 상투적인 처리가 되었다. 이식한 묘목에 이러한 처리를 한 결과는 일정하지 않다(Scagel과 Linderman, 2000). Scagel 등(2000)은 생장조절제 도포가 야외에 이식된 미송 묘목의 생장과 생존율을 증대시켰다고 보고하였다. 그러나 줄기조직에 옥신을 도포한 결과 직경생장의 급격한 증가는 나타나지 않았다.

이러한 일반적인 규칙에 세 가지 주목할 만한 예외가 있다(제15장 참조). 첫째, 에틸렌은 원하지 않는 과실의 발달을 방지하기 위해 사용되어 왔다. 만개한 꽃에 에테폰(ethephon) 형태로 처리했을 경우, 발달하는 열매가 아주 작을 때 떨어진다. 둘째, 지베렐린의 생합성을 억제하는 식물생장조절물질은 농장 수목과 성목의 신초 신장을 조절하기 위해 사용된다. 셋째, 줄기와 전정 상처 주변에 맹아 발생을 방지하기 위해 합성 옥신이 사용된다.

2.13 시간에 따른 생장의 통합

수목의 생장과 발달은 시간적 공간적으로 고도로 통합된 것이다. 다시 말하면, 수목의 어떤 부분도 서로 독립적이지 못하다. 뿌리는 에너지 확보를 위해 수관에 의존한다. 반대로, 수관은 뿌리가 흡수한 수분과 무기양료를 필요로 한다. 물이 수간을 통해 이동할 수 있는 양은 이를 수송할 수 있는 줄기의 능력을 초과할 수 없다. 가지의 무게는 이를 지지하는 부착강도를 초과하여 자랄 수 없다.

수목의 각 부분들 간의 정교한 균형에 관한 훌륭한 사례가 있다. 광범위한 지역의 다양한 수종에서 수관의 엽면적

(leaf area)과 변재의 면적(수분 통도조직) 사이에 명확한 상관관계가 수립되어 있다(**그림 2-42**). 이들 **상대생장관계**(相對生長關係, **allometric relationship**)는 원인과 결과를 실증하는 것이 아니다(큰 엽면적이 변재 면적 증가를 유발하지 않는다). 오히려 이는 수목 내의 구조와 기능의 광범위한 통합으로 규정할 수 있다.

Raimbault(1996)는 수목의 생활사를 통해 뿌리와 수관의 긴밀한 관계를 설명하였다. 수령 증가와 함께 수관이 쇠퇴하는 것은 천천히 진행되는 근계(根系, root system)의 퇴화와 관련이 있다는 것을 발견하였다. 그는 나무가 어릴 때에서는 전정의 목적이 수형 조성이지만, 쇠퇴 수목에서는 수관 축소로 바뀌어야 하는 이유를 설명하였다. 일부 고령목에서는 수관의 고사와 전반적인 크기의 축소가 예상되는 발달 단계이다. 영국의 한 수목관리자가 상단이 고사된 참나무를 보고 말한 것처럼, "이는 안정을 위해 크기를 희생하는 것이다."

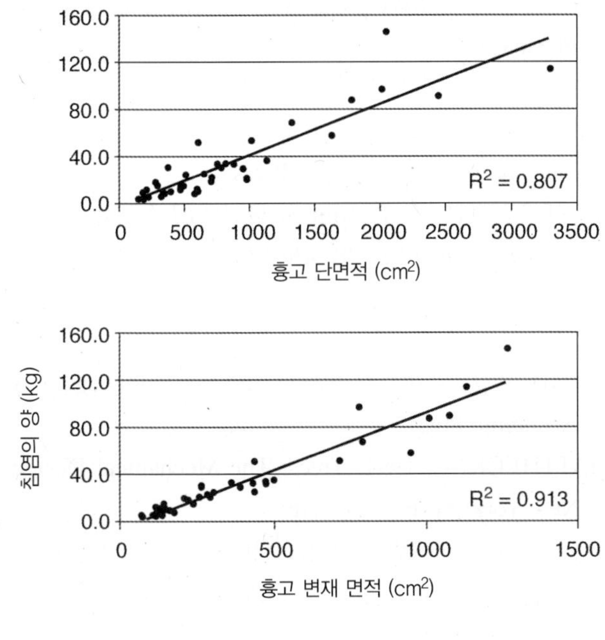

그림 2-42 잎과 수분통도조직 간의 강한 상관관계가 여러 수종에서 증명되었다. 오스트리아의 독일가문비(*Picea abies*)에서 잎의 양(*y*축)과 수간의 흉고단면적(위), 통도 면적인 변재(중간), 봄에 생산된 변재(아래)는 선형의 상관관계가 있다(Eckmüller와 Sterba, 2000).

주어진 부지에서 수목은 다양한 기관 간의 발달에 균형을 유지하는 방법으로 생장한다. 환경 여건이 변하면, 생장은 새로운 균형을 확립하기 위해 방향을 재정립한다. 어린 나무가 농장에서 굴취되면, 대부분의 뿌리를 상실한다. 우리는 식재 후 일정기간 동안, 새로운 뿌리가 재생되는 동안, 신초 생장이 감소하는 것을 볼 수 있다. 농장에 있을 당시의 뿌리와 수관의 균형이 회복되지는 않는다. 오히려 현재의 생장 여건에 적합한 새로운 균형이 확립된다.

새로운 여건에 반응하여 생장이 변화한다는 개념은 수목 관리 실무에 적용될 수 있다. 뿌리를 상실한 후 수관에 고사가 발생하는 이유는 수분과 기타 자원을 공급할 뿌리의 능력이 감소했기 때문이다. 이후 새로운 뿌리가 재생되고 잃었던 잎과 가지가 대체되지 않으면, 수관이 줄어든 크기로 그대로 있을 것이다.

변화가 너무 강렬하거나 급속하지 않으면, 대부분의 수목은 변화된 여건에 적응할 수 있다. 지상부가 전정되면, 지상부를 회복하는데 더 많은 탄수화물이 사용되어 뿌리를 위한 것은 줄어들 것이다. 반대로, 뿌리가 손상을 입거나 양분과 수분이 부족하면, 더 많은 탄수화물이 뿌리로 향하여 지상부로의 배분은 감소할 것이다. 질소가 부족하면, 지상부보다 뿌리가 더 많이 자라고, 더 많은 질소가 잎으로 배분되어 그렇지 않은 경우보다 엽록소를 더 높게 유지될 것이다.

이러한 변화를 일으키는 수목의 능력은 보편적인 것이 아니다. 이식이나 건설공사 영향에 대해 반응하는 능력은 수종 간에 분명한 차이가 있다. 더구나 변화에 반응하는 능력은 시간이 흐르면서 감소한다. 나이든 수목은 어린 나무에 비해 조직 간 균형을 재구축하는 능력이 훨씬 떨어진다.

수목의 노화에 대한 이러한 관찰 결과와 같이, 관리 프로그램도 수령과 발달 단계에 따라 다양하다. 어린 나무에 적합한 것이 성목에게는 스트레스가 될 수도 있다.

뿌리/줄기 비율

수목관리자는 수목의 내부 균형의 한 예로 보통 수관 크기에 대한 뿌리 크기의 상대적인 비율인 **뿌리/줄기 비율(root-shoot ratio)**을 얘기한다. 유리한 기후, 시비, 관개, 통기 등과 같이 생장 조건을 개선시키는 요소들은 비율적으로 뿌리보다 더 많은 지상부 생장을 유발한다; 즉, 뿌리/줄기 비율이 낮아진다. 이는 자연 산림에서도 나타난다; 즉, 척박한 부지보다 비옥한 부지에서의 뿌리/줄기 비율이 더 낮다(Keyes와 Grier, 1981).

지상부와 뿌리의 상대적인 크기는 수목의 크기와 생장하는 환경에 따라 크게 다를 수 있다. 뿌리/줄기 비율은 보통 뿌리와 지상부의 무게의 비율에 의해 계산된다. 정상적인 여건 하에 있는 대부분의 수목은 지상부가 뿌리 대비 5~6배 더 무겁다. 그러나 수간을 제외하면 지상부와 뿌리의 무게는 거의 같을 것이다(Perry, 1982).

뿌리와 지상부의 상대적인 무게는 수분과 양분을 공급하는 뿌리의 적정성을 나타내는 유효한 척도가 아니다; 보다 유용한 것은 뿌리의 표면적이나 길이와 증산하는 수목의 엽면적을 비교하는 것이다. 수목의 낙수선(落水線, dripline) 안에 있는 뿌리는 해당 수목의 엽면적(한쪽 면) 대비 2.5~4.5배에 해당하는 표면적을 가지고 있는 것으로 추정된다(Perry, 1982). 낙엽수의 잎은 주로 아래 표면에 기공을 가지고 있다.

뿌리의 길이는 흡수 능력인 표면적보다 더 나은 척도가 될 수도 있다. 물은 토양 내에서 천천히 움직이므로, 수분을 흡수하는 데는 가는 뿌리도 굵은 뿌리와 거의 비슷하게 효과적이다. 뿌리는 수분과 양분을 얻기 위해 토양을 뚫고 길게 자라야 한다. 정상 여건 하에서 수목의 뿌리는 지상부에 수분, 양분, 저장된 탄수화물, 특정한 생장조절물질 등을 제대로 공급할 수 있다.

뿌리의 양과 연계된 지상부의 크기는 용기에서 자란 수목이 현장에 식재될 때 이들의 실패와 관련된 중요한 요소이다. 대부분의 농장에서 수목은 생육기 중에 거의 매일 관수와 시비를 해주기 때문에, 특히 뿌리가 용기 내부에 제한되어 있는 동안, 상대적으로 지상부를 더 크게 발달시키게 된다. 이식할 때 뿌리를 전혀 제거하지 않았음에도 불구하고, 뿌리분의 수분 보유능력은 수목 지상부의 증산 면적에 비해 상대적으로 작다. 용기 대비 적정한 크기의 수목이 관수를 하지 않는 현장에서는 더 잘 생존할 것이다.

복습

- 수목은 자신들의 유전적 청사진과 주변 환경의 상호작용으로 생장하고 발달한다. 수목관리자는 수관형과 같은 유전적으로 통제되는 생장 습성을 극복할 능력은 없다. 신초, 뿌리, 줄기의 생장은 환경과 균형을 유지하면서 이루어진다.
- 일반적으로 수목의 죽음에 대한 패턴이 있는데, 이는 정해진 수명, 다양한 병, 해충, 환경적인 요소 등과 연계되어 있다. 쇠퇴와 죽음의 패턴을 사망나선(mortality spiral)이라고 부른다.

추천문헌

BROSCHAT, T., and A. MEEROW. 2000. *Ornamental Palm Horticulture*. Gainesville: University Press of Florida.

KOZLOWSKI, T. T., P. J. KRAMER, and S. G. Pallardy. 1991. *The Physiological Ecology of Woody Plants*. San Diego, CA: Academic Press.

KOZLOWSKI, T. T., and S. G. PALLARDY. 1997. *Growth Control in Woody Plants*. San Diego, CA: Academic Press.

KOZLOWSKI, T. T., and S. G. PALLARDY. 1997. *Physiology of Woody Plants*, 2nd. ed. San Diego, CA: Academic Press.

MATTHECK, C. 1991. Trees: The Mechanical Design. New York: Springer-Verlag.

________ and H. BRELOER. 1994. *The Body Language of Trees: A Handbook for Failure Analysis*. London: HMSO Publications.

PERRY, T. O. 1982. The Ecology of Tree Roots and the Practical Significance Thereof. *J. Arboriculture* 8:197–211.

WILSON, B. F. 1990. *The Growing Tree*, rev. ed. Amherst: University of Massachusetts Press.

제3장 부지평가: 기후와 환경

목표

- 조경수목과 이들 주변에 대한 기온, 햇빛, 수분, 바람의 영향과 상호작용을 명확히 하고, 탐구하고, 고찰한다.
- 올바른 계획수립, 실행, 생육 관행에 의해 수목과 주변 환경에 대한 기후적인 영향이 유리하게 미치게 하는 방법을 제시한다. 지구 육지 표면의 8% 미만이 경작되고 있고, 나머지의 대부분은 경작하기에 너무 춥고, 너무 덥고, 너무 습하고, 너무 건조하고, 너무 염분이 높고, 너무 바위가 많고, 너무 가파르다. 수목의 생장과 웰빙(well-feing)을 좌우하는 데는 기후가 토양보다 더 중요할 것이다. 사실, 기후가 토양의 발달에서 중요한 요소 중의 하나이다. 원예가, 조경가, 정원가 등은 기후와 기후의 수목에 대한 영향, 가능하다면, 이를 유리하게 조절하는 방법까지도 이해하고 있어야 한다.

기후적인 요소에는 기온, 복사(輻射, radiation), 빛(light), 강수(降水, precipitation), 안개, 습도, 바람, 기압(氣壓, air pressure) 등이 있다. 주어진 특정 부지에서 기후는 어떤 수목이 그곳에 가장 잘 적응되어 있는지를 결정하는데 핵심요소이다. 재배 기술과 시기의 유효성도 기후에 의해 영향을 받기도 한다. 사실, 일부 재배 기술은 어떤 지역에 살고 있는 수목과 사람에게 유리하도록 미기후(微氣候, microclimate)를 조절할 수도 있다.

개별 수목이나 수목 집단은 세 가지의 규모가 다른 기후적 영향을 받는다. 대기후(大氣候, macroclimate)는 상당히 유사한 기후적인 조건에 의해 경계 지어진 상대적으로 넓은 지역에 미친다. 이들 조건은 대개 지구 표면을 이동하는 기단(氣團, air mass)에 의해 결정되며, 위도, 고도, 큰 수체(水體, body of water), 산맥(山脈, mountain range), 계절 등에 의해 조정된다.

훨씬 작은 크기인 중기후(中氣候, mesoclimate)는 주변이나 시, 큰 공원, 농장, 숲 등의 지역적인 기후이다. 중기후는 지형(地形, terrain), 수체, 구름량(cloud cover), 바람, 토지피복(土地被覆, land cover) 등의 지역적인 영향에 의해 변화함으로써 대기후에 영향을 미친다.

더 작은 크기인 미기후(微氣候, microclimate)는 개별 수목 내부 또는 주변의 여건을 의미한다. 근접한 지역에 대해 영향을 미치는 중기후가 더욱 세분된 것이다. 미기후라는 용어가 중기후에 잘못 적용되기도 하지만, 이러한 오류는 우리가 취급하는 크기를 알면 피할 수 있다.

미국 농무부(U.S. Department of Agriculture, USDA)의 식물내한성지대지도(Plant Hardiness Zone Map; Cathey, 1990) (맨 뒷장 접어 넣은 페이지 참조)는 미국, 캐나다, 멕시코 각지의 매년 예상될 수 있는 가장 낮은 온도를 보여준다. 이들 온도는 위도(緯度, latitude) 경도(經度, longitude)별로 정밀하게 위치한 약 8,000개 관측소에서 10년 넘는 기간 동안 기록한 최저 기온을 기준으로 한 평균 연중 최저기온이다. 1960년과 1965년 내한성 지도는 1990년에 개정되었는데, 이는 "북미에서 1960년 이후 수십 년 동안의 기온과 습도에 대한 기록의 범위가 1940년대에서 1960년대에 걸쳐 기록된 것보다 폭이 넓어서" 이를 반영하기 위해서이다(Cathey, 1990, p. 3). 현재의 지도는 −50°F (−45.6°C)인 Zone 1로부터 40°F(4.4°C)인 Zone 11까지 11개 Zone으로 구분되어 있다. 그리고 Zone 2에서 Zone 10까지는 각각의 10°F(5.6°C) zone을 다시 5°F(2.8°C) 단위로 둘로 세분하였다.

이 지도에는 각각의 가장 추운 zone에서 "살아남은 대표적"인 식물 6종의 목록이 있다(부록 I). 이러한 식물은 각각의 zone에서 재배 가능성을 보여주는 유용한 지표로서의 역할을 한다. 80개의 추가적인 수종에 대한 내한성 등급도 등재되어 있다(부록). 농장 카탈로그에는 다년생 식물에 대한 가장 추운 식물내한성지대가 표시되기도 한다.

캐나다의 식물내한성지대지도가 최근 경신되었다

(McKenney 등, 2001). 새로운 지도에는 당초의 자료(1930~1960)에 1961년부터 1990년까지의 관측치가 추가되었다. 기온, 강수량, 고도에 대한 상세한 분석도 반영되었다.

Sunset National Garden Book(Brenzel, 1997)은 미국 대륙과 인근 캐나다와 멕시코에서 45개 뚜렷한 식물-기후지대(plant-climate zone)를 확인하고 표시하였다(맨 뒷장 접어 넣은 페이지에 있는 식물-기후지대 지도 참조). 각 지대는 연중 특정한 기간 동안 서로 상이한 대기후와 중기후를 기준으로 구분하였다. 위도와 고도, 일장, 물, 대륙적인 공기 영향, 지역적인 지형의 상호작용이 생육기(生育期, growing season)의 길이를 결정하고, 이는 다시 각각의 지대를 수목 생장 환경에 유리하거나 불리한 것으로 판단된다. 식물-기후는 개별 지대별로 기술되어 있으며, 23개의 자세하고 1~2 페이지의 지역적인 식물-기후 지도가 추가로 표시된다. 표는 28개 특정한 조경 입지나 영향에 적합한 수종을 제시한다. 이 Sunset 책에는, 속(genus)과 적지를 기준으로 6,000종 이상의 종과 품종에 대한 식물의 유형, 수목-기후 지역, 햇빛 노출과 수분 요구도, 조경 이용, 독성 등이 나열되어 있다. 이 책은 조경 식물을 취급하거나 이에 관심이 있는 사람들에게는 매우 귀중한 것이다. 미국 농무부의 내한성 지도와 비슷한 것이 유럽에서도 제정되었다(Heinze와 Schreiber, 1984).

세계 기상정보는 전국기상자료센터(National Climate Data Center, 미국)의 www.ncdc.noaa.gov/ol/climate/climatedata.html에서 얻을 수 있다.

외국의 유망 종을 자신들의 지역에서 시도해볼 가치가 있는가를 알고 싶은 사람들은 독일 생물지리학자 Heinrich Walter(1985)가 발행한 *Vegetation of the Earth and Ecological System of the Geobiosphere*를 참고하기 바란다. 1960년부터 1967년까지 Walter와 Melmut Lieth는 전 세계에 걸쳐 기후유형과 개별 지역 지도의 윤곽에 따라 분류된 8,000 관측소로부터 기후/식생 정보를 수집하였다(Hamilton, 1986). 기상관측소의 기록을 이용하여, 다른 지역과 시각적으로 비교할 수 있도록 한 지역의 기후적인 평균치와 극한치를 비교적 단순한 그림으로 나타낸다. 기후적인 관점에서 두 지역의 그림이 매우 비슷하다면, 한 지역에서 잘 살고 있는 종은 다른 지역에서도 잘 살 가능성이 높을 것이다.

미주 대륙의 북반구에서 미국농무부의 식물내한성지대 지도와 *Sunset* 식물-기후지도, 식물-기후지대에 관한 설명, 생육기의 길이, 일장(day length) 등을 활용하면, 특정한 부지와 기능에 알맞은 수종을 선정하는데 안전한 정보를 얻을 수 있을 것이다. 그러나 내한성과 식물-기후지도는 신중하게 사용해야 하는데, 특히 지대 경계선에서는 그러하다.

강수량과 기온(생육기간을 포함하여)은 식물의 분포와 생장에서 가장 흔한 기후적인 제약요인들이다. 많은 조경 환경에서 건조와 과잉 수분은 관수나 배수, 또는 기타 재배적인 기술로 최소화할 수 있다. 좋은 부지가 선정되고, 적응 가능한 수종이 선정되고, 동해 위험성이 감소된 경우에도, 더 좋은 미기후를 제공하기 위한 노력은 대기후의 영향을 피할 수 없다. 기온은 조경에서 가장 통제하기 어려운 환경요소이다.

3.1 수목과 기후: 기온

하나의 특정 시각에 하나의 특정 기온이 한 수종에 대해 이상적인 기후를 조성하는 것은 아니다. 많은 식물은 생장 단계가 달라지면 적정 요구온도도 달라진다. 대부분의 식물은 밤의 기온이 낮의 기온보다 낮을 때 더 풍부하게 생장하고, 개화하고, 결실을 맺는다. 밤의 기온은 수분이 문제가 되지 않을 경우, 생육기 중에 가장 보편적인 제약요인이다(Kimball과 Brooks, 1959). 밤의 저온이나 고온이 결실에 악영향을 미치는 경우, 이는 개화 중에 특히 두드러진다.

감귤류와 일부 낙엽성 과일은 밤 기온이 낮 기온보다 현저하게 서늘한 지역에서 더 진한 빛깔과 더 좋은 풍미를 나타낸다. 많은 낙엽수의 단풍색의 농도도 유사하게 영향을 받는다. **일부 다년생 식물은 서로 다른 이유 때문에 밤 기온 차이가 나는 기간을 필요로 한다.** 예를 들면, 동백나무(*Camellia japonica*) 꽃눈 형성은 최고의 개화를 위해 밤에 일정 기간 동안 15~18°C(65~65°F)를 유지한 다음 10°C(50°F)로 이어져야 한다. 복숭아나무의 생장과 착과(着果, fruit setting)를 위한 눈은 여름에 밤의 기온이 15°C(60°F) 이상 되는 동안에 형성되지만, 휴면은 겨울철 7°C(45°F) 이하의 기온이 일정기간 지나야 타파된다. 후자의 경우, 밤과 이른 아침 동안만 휴면타파에 충분한 저온을 제공할 것이다.

통제된 조건 하에서의 실험과 노지에서의 관찰은 다음 주장을 지지한다: 식물은 꽃눈 형성과 착과에 알맞은 온도 범위보다 더 넓은 밤 기온 범위에서 만족할 만한 생식생장을 나타낸다(**그림 3-1**); 착과를 위한 기온범위는 보통 생육가능 씨앗(viable seed)을 생산하기 위한 것보다 넓다. 이는 많은 외래식물이 스스로 번식할 수 없을 수도 있는 지역에서, 영양생장을 주로 고려하는 조경목적에 사용될 수 있음을 의미한다.

예를 들면, 상당한 기간에 걸쳐 "열매 없는" 올리브나무(*Olea europaea*)가 발견되어 무성적으로 번식되고 있다. 사

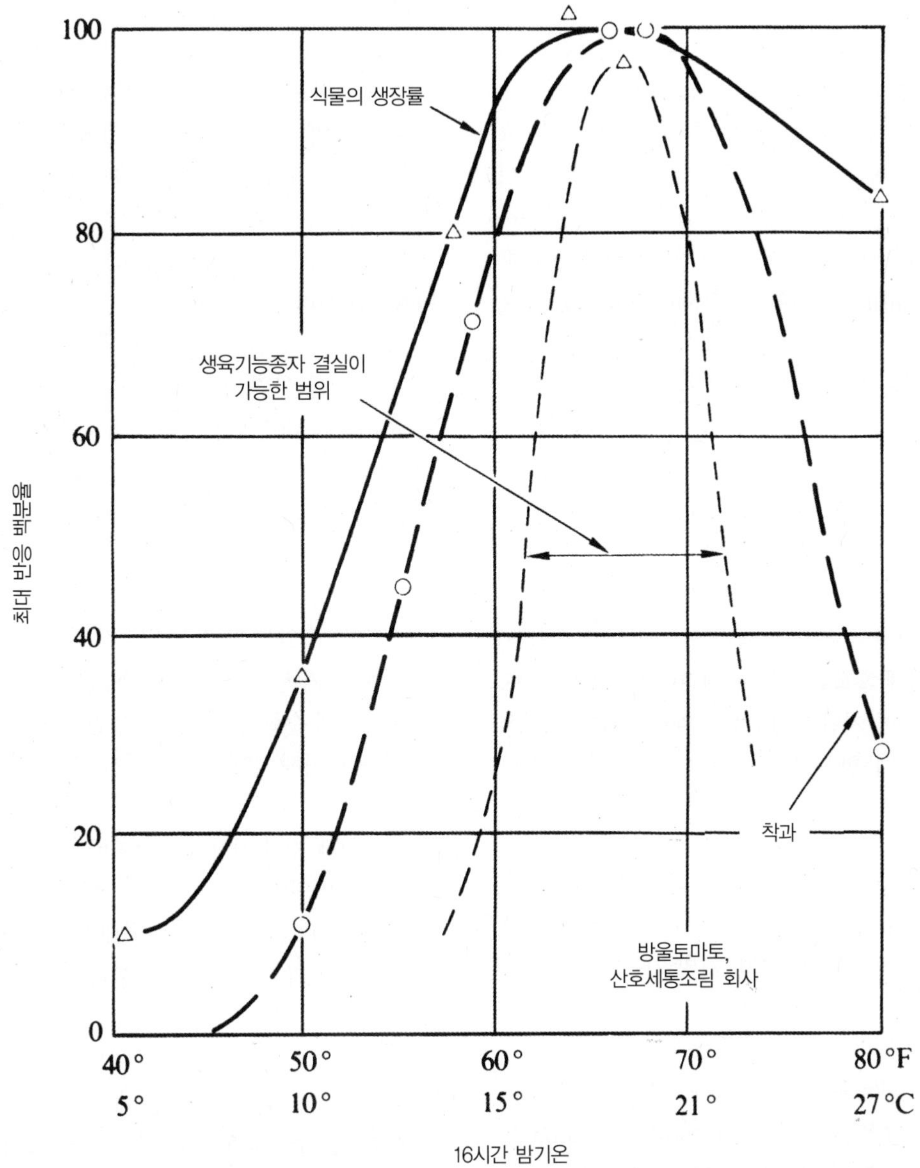

그림 3-1 조절된 조건 하에서의 토마토 생장 반응은, 생육 가능한 종자를 생산하기 위한 밤 기온 범위가 식물 생장을 위해 필요한 범위보다 좁다는 것을 보여주고 있다(Kimball과 Brooks/1959에 인용된 Went/1994). 대부분의 식물이 생장과 개화에 대한 기온과 다른 환경 제약에 대해 이와 유사하게 반응한다.

실 열매가 없는 것이 이들의 조경용 수목으로서의 가치를 제고시켰다. 이들 수목은 올리브가 상업적으로 재배되고 있는 지역에 식재되면, 상업적인 품종보다는 떨어지지만 열매를 맺는다. 처음부터 열매를 맺지 않는 수목이 발견된 위치에서는 해당 수목이 만족할 만한 생식생장을 하고 있음에도 불구하고, 꽃눈 형성과 개화기 중의 여건이 결실이 안 되는 여건과 유사하였다. 1961년 Hartmann(1967)은 열매가 없는 스완힐올리브(Swan Hill olive)를 소개했다. 이것은 꽃은 풍부하게 피지만 꽃가루가 거의 방출되지 않으므로 분명히 열매가 없는 품종이다.

식물에 대한 주간과 계절 기온의 영향에 관한 더 많은 지식은 조경 식물에 대해 유리한 환경을 결정하는데 매우 중요한 도구이다. 지금도 많은 유익한 정보가 카운티나 지역 단위로 정리되고 있고, 지역 기상대나 농업 지도기관에서 이를 얻을 수 있다. *Sunset National Garden Book* (Brenzel, 1997)은 바람직한 방향으로의 중요한 발전이다.

기온의 영향은 수종, 생장 단계, 수령, 여건, 식물의 특정 부분이나 조직에 따라 차이가 크다. 식물은 높은 기온에서 생장이 불충분하거나 죽을 수도 있지만, 낮은 기온도 고도가 낮은 열대지방을 제외한 모든 지역에서는 더 큰 문제를 야기시킨다.

어떤 수종에 대한 이상적인 기후는 하나의 특정한 시기에서의 하나의 특정한 기온에 의해 조성되는 것이 아니다. 많은 수목이 생장 단계에 따라 서로 다른 최적 기온으로 요구한다. 거의 모든 수목은 밤 기온이 낮 기온보다 낮을 때 더 왕성하게 자라고, 꽃을 피우고, 열매를 맺는다. 물이 부족하지 않으면, 밤 기온은 생육기 중에 더욱 일반적인 억제력(抑制力, controlling influences)이 된다(Kimball과 Brooks, 1959). 이는 낮거나 높은 밤 기온이 착과(着果, fruit set)에 불리한 영향을 미치는 시기인 개화기 중에 특히 뚜렷하다.

저온

수목은 연중 언제든지 저온(低溫, low temperature)에 의해 상해를 입거나 죽을 수 있다. **그러나 가장 결정적인 기간은, (1) 서리와 급격한 극한적 기온 변화 가능성 때문에 봄과 가을과, (2) 겨울 중 가장 추운 기간(앞장 안쪽과 뒤표지 참조) 및 (3) 수목이 이전에 혹독한 추위를 견디어 냈다 하더라도, 겨울에 따뜻한 기간이 지난 후 최저 기온이 나타나는 경우 등이다.** 흔한 동해 유형으로는 다음과 같은 것이 있다(Weiser, 1970b):

교목과 관목 줄기 내부의 흑심재(黑心材, black heart)
휴면 중인 꽃눈의 겨울철 고사
수간과 가지의 피소(皮燒, sunscald; 결빙 기온으로의 급격한 하강)
수목 수간이나 가지의 상렬(霜裂, frost splitting)
어린 나무의 토양 히빙(soil-heaving) 피해
침엽수 잎의 동계건조(冬季乾燥, winter burn/desiccation)
월동하는 활엽수목의 줄기 마름(dieback)
연한 신초, 꽃, 열매의 만상(晩霜, spring frost) 또는 조상(早霜, fall frost) 피해
수목 전체의 고사

이런 유형의 상해는 특히 고위도나 고지대에서 두드러진다. 이들 중 절반 이상은 열대지방을 제외한 전 지역에서 식물의 분포를 제한하고 생장을 저해한다. 겨울이 온난한 지역에서도 줄기마름과 서리피해는 매우 위험하다. 내한성(耐寒性, hardy)은 저온에 대한 저항성과 감수성을 묘사할 때 사용된다. 어떤 수목이 내한성이 있다고 하면, 그 수목은 기온이 낮은 지역에서 연중 생존할 수 있다는 것을 의미한다.

어떤 수종은 다른 수종에 비해 내한성이 더 강하거나, 가을에 일찍 충분한 내한성을 조성하여 결정적인 기온에 견딜 수 있도록 이를 오래 유지한다. 적당한 활력을 가지고 적당한 과실을 맺는 수목은 과도한 활력을 가지고 과도한 과실을 맺는 수목보다 내한성이 더 강한 경향이 있다. 수종에 따라 동해에 견디는 능력이 다를 뿐만 아니라, 개별 수목의 저항성도 연중 계속 변화한다. 여름철에 동결점(凍結點, freezing point) 바로 아래에서 죽는 수목도 가장 낮은 겨울철 기온에서 생존할 수 있다. 이렇게 감수성에서 저항성으로 변하는 것을 순화(馴化, acclimation) 또는 내성강화(耐性强化, hardening)라고 부른다.

더욱 혼란스러운 것은 수목 내 인접 조직 간의 내한성 차이이다. 예를 들면, 줄기에서는 살이 있는 목부가 초겨울에는 사부보다 내한성이 강하지만, 한겨울에는 인접하는 형성층이나 사부조직보다 종종 5, 6도 열위에 있는 경우도 있다. 가는 가지의 목부가 저온에 손상을 입으면 목부가 짙게 변하는 흑심재라고 불리는 상황이 발생할 수 있다. 이는 가지를 잘라보기 전에는 알 수 없지만, 생장과 개화가 감소하거나, 다음 해 봄에 일부 가지가 죽는 것을 보고 감지할 수 있다.

수목의 기관들도 다른 내한성을 가지고 있다. 낙엽수의 잎은 추위에 순화되지 않아서 추워지면 떨어진다. 꽃눈은 보통 잎눈에 비해 내한성이 약해서, 영양 생장용 눈보다 동사(凍死, winterkill) 피해가 클 수 있다. **뿌리는 월동하는 줄기보다 동결에 대한 저항성이 낮지만, 일반적으로 토양에 의해 충분히 단열되어 있다.** 겨울철 맑은 날에는, 수목의 수간은 기온보다 10°C(18°F) 정도 더 데워질 수 있다. 이렇게 데워진 수간이나 가지가 짙은 구름이나 낙조(落照, nightfall), 불투명한 물체 등에 의해 그늘이 지게 되면, 수피온도는 빠르게 결빙점까지 떨어지게 되어 수피와 형성층의 손상이나 고사를 초래하게 된다. 이는 동해(凍害, freezing injury)지만, 보통 피소(皮燒, sunscald)라고 부른다(Sinclair 등, 1987; Kozlowski 등 1991). 이러한 손상을 상렬(霜裂, frost crack)이라고 부르기도 한다.

목재가 결빙 온도 상하로 넓게 변동하면 윤할(輪割, cup/arc shake; 하나 이상의 연륜을 따라 목재가 분리되는 현상)이 발생하기도 한다. 이러한 현상은 동결된 수간에서 태양에 노출된 면이 빠르게 데워질 때 발생한다. 즉, 데워진 바깥쪽 목재가 팽창하여 덜 팽창된 안쪽 목재로부터 분리된다. 호열은 수간이 절단되거나 부러지기 전에는 알 수 없지만, 목재의 중대한 결함을 초래하고 살아있는 수목을 약화시킬 수 있다.

수직적인 상렬은 수피와 목재에서 목재결과 평행하게 발생하여 수간의 중심으로 확대된다(**그림 3-2**). 상렬(일종의 방사할렬/放射割裂, radial shake)은 참나무에서 흔히 발생하는데, 가끔 다양한 상처, 가지터기(stub of branch), 기부 맹아지 등과 관련이 있다(Butin과 Shigo, 1981). Himelick

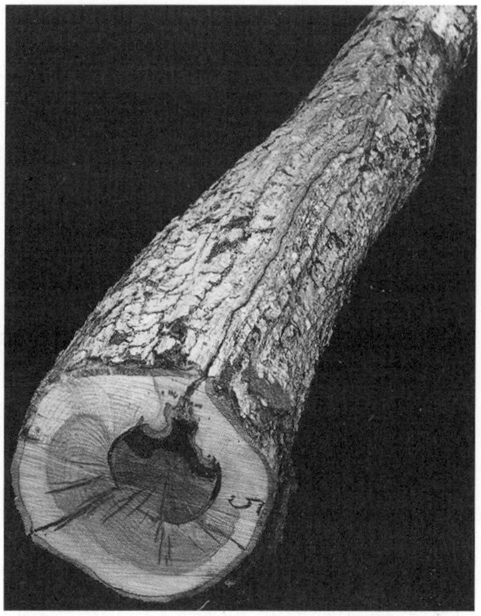

그림 3-2 런던버즘나무(*Platanus* x *acerfolia*)의 상렬은 기온이 -13℃(8℉) 이하로 떨어지면 나타난다(왼쪽). 방사할렬인 상렬은 오래된 상처와 관련이 있다(오른쪽) (Butin과 Shigo, 1981). (사진: Eugene Himelick.)

(1970)은 기온이 -13°C(8°F)까지 떨어지면 런던버즘나무(*Platanus* x *acerfolia*)에 상렬이 나타난다는 것을 발견하였다. 기온이 낮으면 낮을수록 균열은 더 넓게 발생한다. 이러한 균열이 발생하면, 적어도 런던버즘나무에서는, 매년 겨울에 나타나고 봄에 아문다. 반복적인 균열이 지속되면 상당한 유상조직(癒傷組織, callus)이 균열의 가장자리를 따라 형성되고, 부후가 시작될 것이다. 직경이 15~45cm(6~18인치) 정도 되는 수목에서 이보다 더 작거나 더 큰 수목보다 발생되기 쉽다(Pirone 등, 1988).

겨울이 추운 지역에서도 상렬은 신중한 수종선정, 식재, 유지관리 등으로 최소화할 수 있다. Shigo(1986a)는 "상처 발생을 예방하고, 올바른 가지 절단과 뿌리 손상을 예방함으로써 상렬을 예방할 수 있다"라고 말했다. Kubler(1988)는 상처가 상렬 발생 원인의 하나인 것은 인정하지만 주된 원인을 아니라고 하였다. 낙엽수는 상록수보다 균열이 발생하기 쉽다. 가장 쉽게 영향을 받는 수종은 다음 수종들이다.

Himelick(1970)	**Pirone 등(1988)**
런던버즘나무 (*Platanus x acerifolia*)	사과나무(*Malus sylvestris*)
	너도밤나무속(*Fagus*)
느릅나무속(*Ulmus*)	꽃사과(*Malus*)
서양칠엽수 (*Aesculus hippocastanum*)	모감주나무 (*Koelreuteria paniculata*)
피나무속(*Tilia*)	호두나무속(*Juglans*)
참나무속(*Quercus*)	
버드나무속(*Salix*)	

조밀한 식재나 구조물에 의해 보호되는 수목은 홀로 서 있는 수목보다 균열이 발생할 가능성이 낮다.

가을과 겨울철 토양수분 수준은 상렬 발생에 영향을 주지 않는 것으로 생각된다(Himelick, 1970). 한편, 수간에 그늘을 드리우거나 흰색의 라텍스 외장페인트를 수간에 칠하는 것은 하루의 온도극치(溫度極値, temperature extreme)를 완화하여 상렬과 피소, 호열 등의 피해를 줄일 수 있을 것이다.

Himelick(1970)은 균열부위를 30cm(12인치) 간격으로 직경 10mm(7/16인치)의 구멍을 뚫고 여기에 12mm(1/2인치)의 막대형 나사로 고정시킨 결과 다음 겨울에 균열부위가 다시 벌어지지 않는다는 것을 발견하였다. 이때 막대 끝에는 수목 방향으로 오목한 타원형 와셔(washer)가 필요하다고 한다.

눈이 없거나 멀칭이 안 된 표토(表土, surface soil)는, 특히 겨울이 시작될 때와 끝날 때, 얼고 녹기가 반복될 것이다. 최근 식재한 작은 교목, 관목 등의 수목은 동결된 토양에 의해 솟아오른 후 녹을 때 부분적으로 제자리로 돌아가고, 다음 얼 때에는 더 높이 들어올려지게 된다. 이런 과정은 작은 나무의 뿌리를 손상시키고 땅 밖으로 노출시켜 더 이상 서 있을 수 없게 한다. 이러한 토양 히빙(heaving) 피해는 봄에 식재를 하거나, 토양의 온도극치를 완화시키는 멀칭을 이용하여 피할 수 있을 것이다. 그러나 멀칭 위의 수목부위는 더 큰 온도극치에 노출될 것이다.

식재 부지가 극지방에 가깝고 고도가 높을수록 나자식물 침엽의 각피(角皮, cuticle)가 더 얇아지고 이들의 증산 속도

(蒸散速度, transpiration rate)가 더 커진다(DeLucia와 Berlyn, 1984; Kozlowski와 Palardy, 1997b). 이는 토양을 동결시키는 추운 기후와 함께, 수분흡수를 감소시켜 수분 손실에 대응할 수 없게 된다. 더 많이 노출된 잎은 탈수로 죽게 될 것이다. 바람은 지열 손실과 잎의 수분 손실을 가중시켜 상황을 악화시킨다. 죽은 잎은 탈습(脫濕, desiccation)에 기인하지만, 불에 탄 것처럼 보여서 동계 화상(winter burn)이라고도 한다. 침엽은 끝이 갈색으로 변하고, 피해 정도에 따라 기부 쪽으로 변색이 확산된다.

뿌리는 수목의 지상부보다 내한성이 떨어지지만 저온에 의한 피해는 덜 받는다. 건조한 토양, 유기물 멀칭, 눈 등이 추위로부터 뿌리를 격리시키는데 도움을 준다. 그래서 배수가 잘 안 되는 토양에서 자라는 수목이 배수가 잘되는 곳에 자라는 것보다 추위에 의한 피해를 더 많이 받는다. 뿌리의 손상은 봄에 신초와 잎이 시들고 죽는 것이 나타나는 봄이 되기 전에는 명확하지 않다.

추운 겨울 동안, 상점가의 높은 곳에 진열된 식재대(植栽臺, planter)나 용기에서 자라는 수목은 뿌리를 직접 손상시키거나 피해를 입을 정도로 수분흡수를 감소시키는 기온의 영향을 받을 수 있다. 뿌리는 스스로 내한성을 2, 3℃ 이상 높이지 못한다(Kramer와 Kozlowski, 1979). 피해는 작고 단열이 잘 안되는 용기에서 발생하기 쉽다. 겨울철 추위가 가혹하고 오래 지속되는 곳에서는 뿌리를 보호하기 위해 들어 올린 식재대 아래에 열선(heating cable)을 설치하기도 한다. 토양은 배수를 잘 해주어야 하며(제10장 참조), 습도를 유지하되 젖은 상태가 되지 않도록 해야 한다. 기온변동을 최소화하기 위해서는 토양표면을 멀칭해야 한다(제7장 참조). 잎이나 줄기에 증산억제제를 뿌리면 탈습을 완화시킬 수 있다(제13장 참조). 민감한 수목이나 작은 식재대에 있는 수목은 이를 보호할 수 있는 장소로 옮길 수도 있다.

한계적인 내한성을 가진 수목의 동결 피해를 줄이기 위한 노력에는, 추위에 적응이 잘된 품종 선정, 기후 조절, 기계적인 보호 장치 제공, 휴면기간 연장, 낙관하는 것(hopping for the best) 등이 있다. 지금까지 이러한 노력들은 부분적으로 성공했을 뿐이다. 저온에서 살아남을 수 있는 가장 믿음직한 방법은 믿을 만한 내한성을 가진 수종을 선택하는 것이다.

예상되는 최저기온

주어진 부지에 식재할 목본식물을 선택할 때, 해당 수목이 예상되는 최저기온에 견딜 수 있는지 여부를 먼저 확인해야 한다. 지역 원예가나 기상대의 기록은 항상 유용한 정보를 제공해 준다. 그러나 기상 관측소는 일반적으로 주변 시골지역보다 기온이 높은 시내 중심가에 위치하고 있다는 것을 명심해야 한다(Peterson, 1969). 또한 식물내한성지대지도(Cathey, 1990)와 Sunset의 식물-기후지도(Brenzel, 1997)도 확인해야 한다.

대륙의 중심부는 해안지역보다 드러나는 서리가 발생하지 않는 건조한 차가운 한대 기단(寒帶氣團, polar air)을 유입하는 강한 바람에 피해를 입기 쉽다. 이러한 유형의 추위는 이류동결(移流凍結, advective freeze)이라고 부르며 광범위한 피해를 줄 수 있다. **수목은 기온 하강이 며칠에 걸쳐 천천히 떨어지는 것보다 갑자기 이루어지는 경우에 피해를 입을 가능성이 높다.** 이러한 현상은 캐나다로부터 뉴멕시코에 이르는 로키산맥 전면(前面, front range)을 따라 그리고 중서부 지역에서 심하다. 임계온도극치(critical temperature extreme)는 수목의 내한성이 극대화되지 않았을 때, 가을부터 봄에 걸쳐 발생한다. 예를 들면, 오후에 10°C(50°F)이던 기온이 강한 극풍(極風, polar wind) 때문에 이튿날 아침에는 −25°C(−13°F)까지 떨어질 수 있다. 이 경우, 일부 수목과 어린 가지는 완전히 고사될 수도 있고, 목부와 구과식물의 침엽도 피해를 받는다.

1991년 10월 27~28일의 급격한 기온 강하로 "보수적으로 추산해서 콜로라도 평원에 있는 수목 40만 그루"가 죽었다(Day, 1993과, 2001 개인적인 정보). 1991년, 죽은 참느릅나무(*Ulmus parvifolia*) 약 100그루에서 추출한 생장추(生長錐, incremental core) 표본에 의하면, 1988~1989년 결빙 이후 3년간의 평균 연륜 폭은 동 결빙 이전 8~10년간 이루어진 연륜의 25~44%에 불과하였다(Day, 1991). 1988~ 1989년 결빙으로 쇠약해진 수목은 1991년 결빙에 더욱 취약하였다. 수목의 건강은 추운 기온에 대한 내성과 무관하게 중요한 요소이다. **적절한 활력의 건강한 수목은 내한성을 조기에 발달시킬 수 있는 탄수화물을 보유하고 있다.** 나이든 수목이 보통 같은 품종의 어린 나무보다 내한성이 강하다. **동해로부터 수목을 보호하는 노력에는 다음과 같은 것이 있다:**

내한성 수종의 선정
봄 중간이나 늦봄에 식재
건물, 벽, 방풍림의 양지쪽에 식재
한여름 이후에는 질소질 비료 시비와 관수 삼가
해충과 병으로부터 수목 보호
생장 개시 전까지 가지치기 연기

동해가 발생하면, 올바른 관수를 할 수 있거나 병이 발생할 가능성이 있는 경우를 제외하고는 참고 기다려야 한다.

수목으로 하여금 언제 교정조치를 취해야 하는가를 나타내도록 하라. 가지치기는 취해야 할 조치가 명확해질 때까지 연기하라.

내한성은 그 지역에 자라는 수종을 조사한다고 확인되는 것은 아니다. 왜냐하면 기온이 해당 수목이 도입된 이후 동 수목의 내한성 수준까지 기온이 내려가지 않았거나, 심각한 피해를 입은 후에 다시 자라고 있을 수도 있기 때문이다. 유망한 조경 식물의 상대적인 내한성에 대해 관심이 있는 연구자나 지식이 풍부한 정원사의 주의 깊은 기후와 수목 관찰 기록이 현명한 수종 선정을 할 수 있도록 정보를 제공할 것이다. 이러한 정보는 오래 사는 대교목에 특히 중요하다.

봄과 가을의 저온

결빙 이하의 기온은 신초와 잎의 시듦, 처짐(flagging), 암화(暗化, darkening), 죽음을 초래할 수 있다. 움트는 눈, 꽃, 어린 열매는 늦서리에 의해 죽을 수 있고, 늦게 자라는 신초와 성숙한 열매는 가을에 피해를 입을 수 있다. 구과식물의 침엽이 동해를 입으면 붉게 변하여 떨어진다. 공기 이동이 거의 없는 곳에서 추위가 발생하면, 최초의 그리고 가장 심각한 피해 부위는 수목의 낮은 부위와 하늘 방향으로 노출된 부위가 될 것이다. 봄과 가을에는, 오래된 조직도 한겨울보다 내한성이 약하다. 수목의 현명한 선정과 관리를 위해서는 저온을 조장하는 요소를 이해해야 한다.

이는 열이 어떻게 전달되는가를 잘 이해하는 것이다. 전도(傳導, conduction)는 열이 뜨거운 커피 잔 안에 있는 스푼의 손잡이로 올라가듯이, 한 분자가 다른 분자와의 접촉을 통해 열이 전달되는 것이다. 대류(對流, convection)는 기체와 액체 내의 흐름에 의해 열이 전달되는 것인데, 이는 밀도의 차이나, 더운 공기의 상승과 찬 공기의 하강, 바람과 같은 외부적인 힘 등에 기인한다. 복사(輻射, radiation)는 태양이나 불에 의한 열과 같은 복사에너지(radiant energy)의 전달이다. 복사에너지는 기온에 무시할 정도의 직접적인 영향을 미치면서 대기를 통과한다. 전도와 대류는 기온에 직접적으로 영향을 미친다. 복사에너지는 물체를 가열시키며, 이는 다시 전도와 대류를 통해 기온에 영향을 준다. 열은 세 가지 경로 모두에 의해 동시에 전달되지만, 한 가지가 주류를 이룬다.

지역적인 기후조건(대개 대기후에 의해 결정됨)은 중기후와 미기후의 상호작용에 의해 조절된다. 이러한 상호작용은 신초, 꽃, 열매가 추위에 민감한 각 생육기 말에 대기후가 임계온도(臨界溫度, critical temperature)에 접근할 때 수목의 생존과 정상적인 생장에 특히 중요하다.

특별히 강력한 한랭전선(寒冷前線, cold front)이 특정 지역으로 이동해 올 경우에는, 지역적인 여건은 수목을 보호할 수 있을 정도의 완충지대 역할을 못할 수도 있다. 이것이 이류동결(advective freeze)이다. 내륙지방은 해안지방보다 한랭기단의 영향을 받기 쉽다. **동결은 항상 바람, 낮은 습도, 보이지 않는 서리형성 등과 관련이 있다.** 기온이 빨리 떨어지면, 노출된 수목을 급격하게 냉각시킬 것이다. 이러한 상황에서는 오후 태양에 노출된 부지와 바람으로부터 보호된 곳이 가장 따뜻하다.

봄에 수목이 생장, 개화, 결실을 시작할 때, 공기의 이동이 거의 없는 상태에서 지표 가까이는 열의 복사 손실(輻射損失, radiant loss)로 손상을 줄 수 있는 임계온도까지 떨어질 수 있다. 기온과 습도에 따라서는 수분이 노출된 지표에 응축되고 동결되어 가시적인 서리가 발생할 수 있다. 노출된 지표는 받은 것보다 더 많은 에너지를 발산하기 때문에 공기보다 더 차게 되어, 기온이 물의 빙점에 도달하기 전에 지표에 서리가 형성된다. 대기에 노출된 수목 부위는 복사손실로 인해 주변의 공기보다 10°C(18°F)까지 더 낮게 된다. 그러나 **습도가 낮으면, 복사냉각에 의한 동결온도는 가시적인 서리 없이도 발생할 수 있다.** 이것이 된서리(black frost)이다.

일부 수목은 빙점 이상의 기온에서 피해를 입는데, 대부분의 온대와 아열대 수목의 아주 어린 신초를 제외하고는 −1~−3°C(30~26°F)의 기온에 견딜 수 있다. 특정 수목이 견딜 수 있는 손상의 정도는 극심한 정도, 진행 기간, 기온 강하 속도에 달려 있다. 낮은 기온에 대한 노출이 길수록 피해가 커지고, 기온 강하가 천천히 진행될수록 식물이 피해 없이 견딜 수 있는 온도가 낮게 된다. 세포 내용물과 같은 정지된 액체는 결빙이 예상되는 온도보다 1~4°C(2~8°F) 정도 과냉각(過冷却, undercool)될 수 있다. **수목 조직의 온도가 결빙이 발생하기 전에 빙점 위로 올라가면, 그 조직은 손상을 입지 않는다.** 그러나 과냉각된 조직이 충격을 받거나 얼음결정(ice crystal)이 형성되면 그 조직은 즉시 동결된다.

복사서리 조건 복사서리(radiation frost) 발생 여부를 결정하는 요소는 여러 가지가 있다. 저녁이 시작될 때의 기온이 결정적인 범위(5°C 또는 40°F 이하) 내에 있어서 대기가 빙점 이하로 냉각될 수 있어야 한다. **예외 없이, 서리가 발생하기 위해서는 하늘은 맑고 대기는 밤 동안 고요해야 한다.** 맑은 하늘에 노출된 지표는 태양에 의해 데워지고, 밤에 찬 대기로 에너지를 방출한다. 찬 지표와 접촉하고 있는 공기는 주로 공기 분자 간의 전도에 의해 냉각된다. 공기는 열 전도력이 떨어지기 때문에 진행과정이 느리며, 지면 가까이 있는 공기는 바로 위의 공기보다 몇 도 더 차게 된다. 그러나 밤의 구름은 열을 흡수하고 지구로 방출하기 때문에 순 열손실

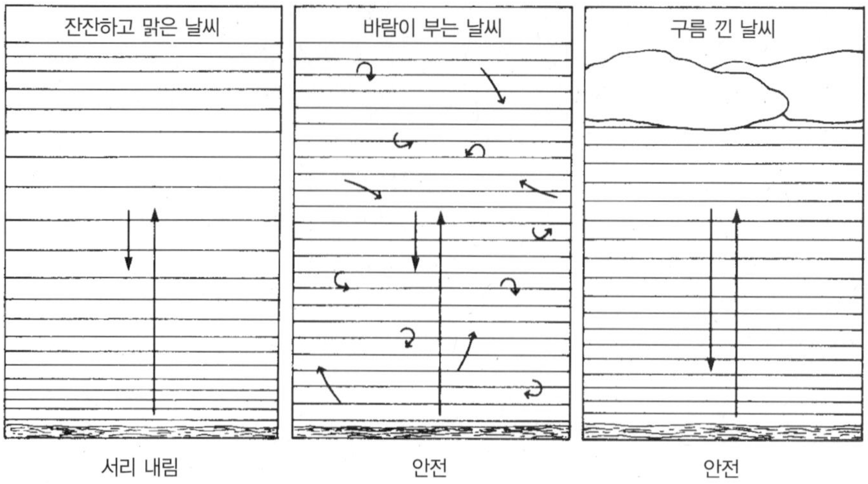

그림 3-3 일출 전 복사 조건이 기온은 임계범위 내에 있고 기후는 맑고 바람이 없으면 서리가 형성된다. 토양이나 다른 물체의 표면으로부터의 전도 냉각으로 지표면 근처의 공기가 더 차고(사진의 수평선 간격이 좁다) 높은 곳의 공기가 더 따뜻한(수평선 간격이 넓다) 기온 역전현상이 발생한다(왼쪽). 10km/h 이상의 미풍은 위의 따뜻한 공기와 아래의 찬 공기가 섞이게 하여 바람이 없을 때보다 더 높은 평균기온을 만들어낸다(가운데). 구름은 받은 열의 대부분을 방출하여 냉각과정을 더디게 한다(오른쪽). 수직방향의 직선 화살표는 토양이나 다른 물체의 표면이 받고 잃은 복사를 나타낸다.

(net heat loss)을 감소시킨다(**그림 3-3**).

밤 동안에 지상에서는 공기가 상층부까지 냉각되고, 냉각된 공기는 무거워져 가라앉게 된다. 공기는 지표면 근처에서 가장 차고, 고도가 높아짐에 따라 지표면 찬 공기에 의해 냉각되지 않는 높이에 이를 때까지 점차 상승한다. 공기는 그 자리에서 냉각되며, 땅으로부터 상승하는 따뜻한 공기를 감싸지는 않는다. 기온은 60~180m(200~600피트) 높이까지 영향을 받는다(Chang, 1968). 이로 인해, 정상적인 경우 낮 동안에는 100m마다 0.6°C(1°F/300피트)씩 떨어지는 것과는 달리, 고도가 높아짐에 따라 기온이 상승하는데, 이를 기온역전(氣溫逆轉, temperature inversion)이라고 부른다(그림 3-3, 왼쪽).

복사조건 하에서 복사 손실과 전도냉각(conductive cooling)이 밤새 계속되기 때문에, 해뜨기 직전의 기온이 가장 낮고 가장 높은 곳까지 냉각된다. 기온역전은 기온이 지표 대비 12~15m에서 6°C(10°F) 정도 높으면, 고도 대비 기온 상승이 매우 크다고 간주된다. 변화가 3°C(5°F) 정도이면 역전이 약하다고 한다(Gardner 등, 1939). 대기가 따뜻하고, 정체되어 있고, 맑고, 다습하며, 지표면이 밤이 시작될 때 열 비축이 거의 없이 찬 경우, 강한 역전이 발생할 가능성이 높다. 위의 따뜻한 공기와 아래의 찬 공기를 섞어주기 위한 강풍기(强風機, wind machine)와 가열기는 약한 역전 여건 하에서보다 강한 여건 하에서 더 효과적이다. **고요한 상태는 가장 찬 공기가 지표 근처에 머물도록 하여 임계온도에 더 빨리 도달하도록 해준다**(그림 3-3, 왼쪽).

밤에 구름과 바람이 복사서리 가능성을 줄여주듯이, 낮 동안의 구름이나 바람은 공기, 수목, 토양, 기타 열원(熱源, heat reservoir) 등을 데우는 복사유입(radiation input)을 감소시킨다. 이런 상태의 낮이 지나면, 밤 동안 하늘이 맑고 바람이 없을 경우, 밤은 냉각을 더디게 하는데 필요한 열이 적은 상태에서 낮은 기온으로 시작된다. 서리는 낮보다 이른 아침에 맑고 고요한 경우에 발생하기 쉽다.

다른 요소도 복사냉각조건 하에서 기온에 영향을 미친다. 수증기가 파장이 긴 복사의 가장 큰 흡수원이기 때문에, 건조한 공기가 습한 공기보다 더 빠르게 온도를 변화시킨다. 가시적인 안개나 구름이 없어도, 공기 중의 높은 습도는 지구 표면으로부터 복사손실을 어느 정도 감소시킬 것이다. 즉, 습기는 냉각되면 기체에서 액체로, 결국에는 고체로 바뀌어야 한다. 상대적으로 많은 양의 열이 기체가 액체로 바뀔 때 방출되며, 물이 결빙될 때에는 더 많이 방출된다. 공기 중 수분량은 보통 이슬점(露點, dew point)이라는 용어, 즉 **공기가 수증기로 포화되어(100% 상대습도) 물이 공기로부터 응축되기 시작하는 온도로 표현된다.** 증기압(蒸氣壓, vapor pressure), 또는 습도는 증기압과 기온으로부터 계산될 수 있다. 기온이 이슬점 아래로 떨어지면 공기 중의 수분은 물방울(안개나 비)의 형태로 응축된다. 다른 조건이 동일하다면, 이슬점이 높을수록 공기 중에는 더 많은 습도가 있고 온도는 더 천천히 떨어진다.

땅의 표면은 항상 공기보다 이슬점으로 더 빨리 떨어지기 때문에 이슬은 표면에 맺힌다. 이슬점이 빙점보다 높으

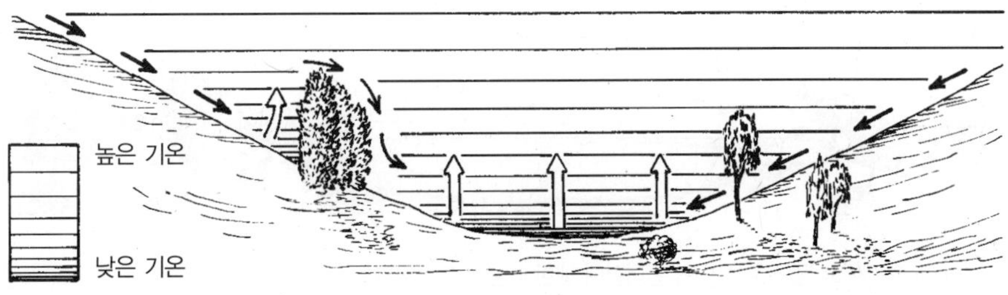

그림 3-4 서리 주머니는 찬(무거운) 공기가 경사면을 따라 아래로 흘러서 더운 공기를 위로 밀어 올리기 때문에 발생한다. 경사면에 있는 장애물은 국지적인 저온 주머니를 형성할 수 있다.

면, 표면에 응축된 수분은 표면이 빙점에 도달하면서 얼음 결정으로 바뀌게 되어, 전형적인 서리가 만들어진다. 이슬점이 높을수록 응축되는 수분은 더 많아지고, 주어진 온도에서 더 두터운 서리가 생기게 된다.

복사냉각에 노출된 물질의 열용량(熱容量, heat capacity)과 열전도도는 표면온도에 크게 영향을 미치고, 이는 다시 공기가 냉각되는 정도를 결정한다. 보통 토양은 대기에 노출되어 있고, 표면 조건은 기온에 영향을 미치는 중요한 요소이다. **단단하고 습한 토양은 건조하거나 덜 단단한 토양보다 낮 동안 태양으로부터 더 많은 에너지를 흡수하고 밤에는 더 많이 재복사한다.** 습한 토양의 표면으로부터의 증발(蒸發, evaporation)에 의한 냉각이 발생하는데(증발 냉각기[蒸發冷却機, evaporative cooler]의 작용과 유사하게), 이는 습한 토양의 열용량과 전도도에 의해 상쇄된 것보다 더 크다. 단단한 토양이 느슨한 토양보다 더 효율적인 열 전도체이다. 그러므로 습하고 단단한 토양의 표면은 건조하고 느슨한 토양보다 천천히 냉각될 것이다: 열이 습한 토양의 표면으로부터 복사됨에 따라 낮 동안에 더 깊은 곳에 흡수된 열로 대체된다.

유기질 멀치(mulch), 목재 데크, 잔디, 잡초, 기타 지피 등과 같은 지피(地皮, soil cover)는 열전도성이 약하고 열용량이 낮다. 멀칭된 표면은 에너지를 흡수하지만, 약한 전도성 때문에 대부분의 열을 방출하여 낮 동안에 나지(裸地, bare soil)보다 적은 열을 저장한다.

잡초는 토양이 노출되고 나중에 비가 오면 다져질 수 있도록 늦겨울에 갈아서 파묻는다. 그러나 드문드문 난 25mm 이하의 잡초는 토양이 열을 흡수하고 복사하는 것을 허용하면서도 공기의 이동을 최소화할 것이다. 이것은 토양에 단열 효과가 있는 더 조밀한 잡초 피복이나 최근의 경운보다 서리 발생 가능성을 감소시킨다. 그러나 경운되지 않은 토양에서 더 높은 기온이 발생하여 피해가 나타나지 않는데 비해, 새로이 경운된 토양에서 더 낮은 기온이 발생하여 신초를 죽일 수도 있다. 환경의 이러한 결합에 관한 사례는 많이 있다. 아스팔트와 콘크리트는 유기물 멀치나 잔디보다 더 높은 열용량을 가지고 있어서 토양으로부터 더 빨리 축적된 열을 복사하고 열을 전도한다. 그러므로 잔디나 유기물 멀치로 덮인 토양이나 다리와 같이 토양과 접촉하지 않는 토양이 없는 콘크리트나 아스팔트 구조물에 있는 수목보다 아스팔트나 콘크리트로 포장된 토양에 있는 수목이 서리피해를 덜 받을 가능성이 있다.

서리 주머니(frost pocket) 찬 공기는 더운 공기보다 밀도가 높아서 경사면을 따라 아래로 흘러 가장 낮은 곳에 축적되고 더운 공기를 위쪽으로 밀어 올린다. 이것을 서리 주머니라고 부른다. 일부 따뜻한 공기가 아래로 내려온 찬 공기를 대체하면(**그림 3-4**), 비탈 위쪽에 따뜻한 지대를 형성한다. 늦서리와 동사(冬死, winter killing) 문제가 발생하는 지역에서는, 피해를 입기 쉬운 과수나 채소는, 토양이 계곡보다 못하더라도, 언덕의 중턱이나 상단에서 키운다.

경사에 대해 직각방향으로 조밀하게 식재된 교목이나 관목의 행렬, 견고한 울타리, 긴 건물은 찬 공기의 흐름에 대한 장벽 역할을 하여 국지적인 저온 주머니를 창출한다(그림 3-4). 이러한 것들이 특정한 지역에서 위해를 가할 수 있으면, 경관설계에 이를 반영해야 한다. 이러한 것들이 이미 존재한다면, 수목을 선정할 때 이러한 현상을 고려하여야 한다.

서리 대책

다양한 방법으로 수목에 대한 서리 피해 가능성을 줄일 수 있다. 복사서리 조건 하에서, 단지 1~2°C(2~4°F)가 수목의 건강과 생존에 중대한 차이를 초래할 수 있다.

이런 추위를 피할 수 있는 부지를 선정하라 큰 수체(水體, body of water)가 영향을 조절할 수 있다는 것은 잘 알려져 있으며, 저온 피해를 줄이는데 활용될 수 있다. 수체가 가까이 있을수록 수체에 의한 보호 효과는 더 크다. **이때 식재는**

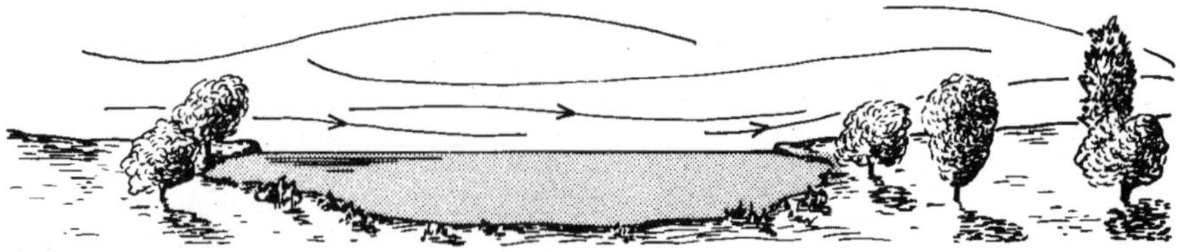

그림 3-5 큰 수체(body of water)는 특히 물의 주풍 방향 건너편에 대한 기온을 조절한다.

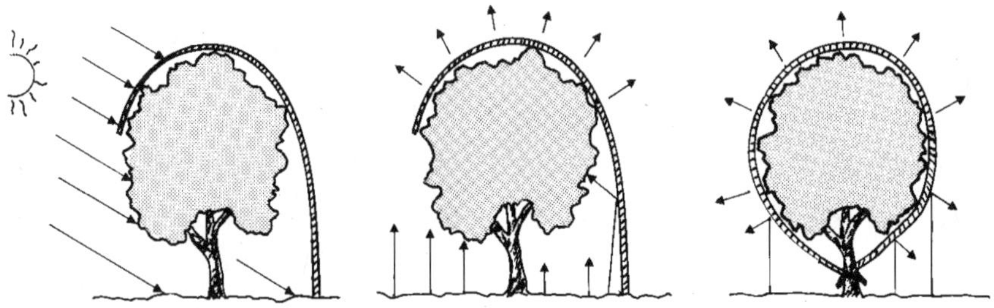

그림 3-6 서리로부터의 보호를 위해서 관목이나 소교목을 덮어주라. 낮 동안에는 토양과 수목의 낮은 부위가 가열되고(왼쪽) 밤에는 열이 보존되도록(중간) 하기 위해 덮개의 북쪽은 지면까지 연장하고 남쪽은 일부 햇빛에 열어 두라. 덮개를 수간에서 묶어두면, 덮개 내부의 온도가 덮개가 없을 때보다 더 낮을 수 있다(오른쪽).

주풍(主風, prevailing wind)이 물을 건너서 불어올 수 있도록 바람이 불어오는 반대방향(lee side)에 하는 것이 최선이다(그림 3-5). 겨울에는, 물이나 얼음보다 찬 공기는 이를 통과하면서 데워질 것이다. 봄에는, 따뜻한 공기가 물 위를 통과하면서 냉각되어 수목이 휴면에서 깨어나 생육을 시작하는 시기를 지연시킨다. 늦추위가 발생하면, 물이 통과하는 공기를 데워서 임계온도 발생 가능성을 줄여준다. 원예가들이 이러한 기회를 갖는 것은 쉬운 일이 아니지만 이러한 여건을 항상 명심하고 있어야 한다. 이런 효과 때문에 대부분의 미국 북부와 남부 캐나다의 과수 생산지역이 오대호(五大湖, the Great Lake)에 인접해 있다.

이미 언급한 바와 같이, 식재 부지는 서리 주머니를 피할 수 있도록 선정할 수 있다. 주어진 부지 내에서도 해당 지역의 평균보다 더 많이 보호되고 따뜻한 특정 부지를 선택할 수 있다. 예를 들면, 오후의 태양을 향하고 있는 콘크리트나 바위벽은 밤에 복사손실을 감축시키고 낮에 저장된 열을 방출할 것이다. 수목은 저장된 열과 감축된 방사를 활용하기 위해 벽을 등지고 격자시렁(espalier; 평면으로 자라도록 정지된 것, 그림 14-40 참조)으로 유인할 수 있다.

저온에 의한 손상은, 겨울 추위에 대한 내한성이 있고, 봄에 늦게 생장과 개화를 시작하며, 가을에 추위가 시작되기 전에 생장과 과실 성숙을 완료하는 변종(變種, variety)이나 종을 선정하면 더욱 줄일 수 있다. 과실이 서리피해를 받을 수 있는 시기에 성숙하는 경우, 바깥으로 노출되어 더 빨리 익는 상단이나 외부에 있는 과실을 먼저 수확해야 한다. 잎에 의해 보호되는 안쪽 과실은 좀 더 안전하기 때문에 나중에 수확해도 된다. 가을 추위에 민감한 수목은 생장이 일찍 완료되어 신초와 과실의 성숙을 제고시키도록 관수와 시비를 삼가야 한다. 그러나 추위가 시작되면, 수목에 적절한 수분을 제공하고 열의 흡수, 전도, 방출을 향상시키기 위해 토양은 적정한 습도를 유지해야 한다.

열손실을 줄여라 관목과 일부 소교목은 열의 손실을 줄이기 위해 부분적으로 또는 완전히 덮어씌우면 보호될 수 있다. 대상 토양 면적이 넓을수록 수목을 위한 열원(熱源, heat reservoir)은 더 클 것이다. 텐트, 수지, 목재, 상록수 가지 등이, 양지쪽의 돌출 지붕이나 장벽, 견고한 울타리, 큰 상록교목 등과 같이, 효과적인 피복이 될 수도 있다. 극단적인 상황에서 천천히 자라는 수목과 다른 수목의 기부는 멀치나 토양을 덮어주어 보호할 수 있다.

구름은 열을 지구 방향으로 반사하고 재복사함으로써 거의 대부분 서리형성을 방지하다. 일부 사람들은 연기나 안개 피복이 같은 작용을 할 것이라고 생각한다. 연기는 태양으로부터 들어오는 복사(짧은 파장)를 줄일 수는 있지만 재복사(긴 파장)를 방지하는 데는 매우 비효율적이다. 10m(30피트) 깊이의 연기는 적외선(긴 파장) 복사의 전도를 최대 20% 정도 줄여주지만, 같은 깊이의 안개는 전도를 90% 이상 줄여준다(Mee와 Bartholic, 1979). 과수원난방기(果樹園煖房機, orchard heater)는 이것이 그 지역에 열을 복사하기 때문에 효과가 있는 것이지, 이들의 연기가 복사 손실을 줄여주기 때문이 아니다. 실제로는, 효율을 높이고 공해를 줄이기 위해 오늘날 가열기는 최소량의 연기를 배출해야 한다.

가장 인접한 열을 이용하라 덮개는 수목과 토양, 기타 표면으로부터 복사손실을 감소시킨다(**그림 3-6**). 낮 동안에 될 수 있는 대로 많은 열을 비축하기 위해서는 수목, 토양과 이들 주변이 태양에 노출되어야 한다. 덮개는 수목이나 토양으로부터 쉽게 제거될 수 있으면 가장 효과적이다. 덮개가 낮 동안에 그대로 두어야 한다면, 상단 근처에 구멍을 뚫어두면 식물의 가온을 최소화할 것이며, 이는 내한성 상실로 이어질 것이다. **수간에서 동여맨 수목 덮개는 덮개를 하지 않은 것보다 토양으로부터의 열을 배제하기 때문에, 더 심한 저온피해를 입을 수 있다**(그림 3-6, 오른쪽).

앞서 언급한 바와 같이, 단단하고 드러나 있고 습한 토양이, 느슨하고 건조하고 멀치나 식생에 의해 피복된 토양보다 더 많은 열을 흡수하고 떠 빨리 이를 전도한다. 낮 동안에 태양에 노출된 벽이나 벤치가 밤에 좋은 열원이 된다.

복사서리 조건 하에서 위쪽의 더운 공기와 지표 근처의 공기가 혼합되어 데워질 수 있다. 이러한 혼합은 미풍(5km/h 이상)에 의해 자연적으로, 또는 강풍기(wind machine)에 의해 기계적으로 될 수 있다. 어떤 상업적인 과수원이나 채소농장에서는 공기를 혼합하기 위해 헬리콥터를 이용한다. **강풍기의 효과는 기온역전의 강도에 달려 있다.** 혼합된 공기가 수목의 결빙온도 이상인 경우, 역전이 강할수록 더 큰 보호활동이 필요하다.

추가적인 열을 공급하라 전원에 가까이 있는 관목이나 소교목은 수관 내부에 100W 전구를 걸어 놓음으로써 가열할 수 있다. 일부 경관에서는 특수한 과수원난방기가 서리 피해를 줄이거나 예방할 수 있다. 이들 난방기는 공기를 데워서가 아닌, 주로 이들의 뜨거운 연돌로부터의 복사에 의해 가열되며 여러 대의 작은 열원이 몇 대의 큰 열원보다 효과적이다. 하나의 큰 불은 열을 수목 위로 끌어올리고 주변의 찬 공기를 끌어들이는 상당한 역류를 창출하기 때문에 역효과를 가져올 수 있다(Kepner, 1950).

홍수와 스프링클러 관수는 물의 열용량(heat capacity) 때문에 수목을 보호할 수 있다. **그러나 물의 진짜 가온(加溫, warming) 잠재력은 얼음이 만들어질 때 나타난다.** 예를 들면, 1g의 물이 1°C 냉각될 때 1cal의 열이 방출되지만, 같은 량의 물이 액체에서 얼음으로 바뀔 때에는 80cal의 열이 방출된다. 대부분의 수목조직의 결빙온도는 0°C(32°F)보다 5~6도 낮기 때문에, 수목은 얼음 안에서 얼지 않고 견딜 수 있다(Schultz와 Lider, 1968). 추위가 며칠간 지속되면, 배수가 원활한 토양을 제외하고는 문제가 발생할 수 있으므로 물을 추가로 공급해야 한다. 얼음 무게에 견딜 수 있는 수목은 스프링클러 관수가, 더 빨리 냉각시키고 넓은 지역에 걸쳐 물을 결빙시키기 때문에, 더 큰 보호효과를 준다. 그러나 스프링클러 작동은 기온이 임계범위 위에 이를 때까지 계속되어야 한다.

이러한 서리보호기술은 기온역전이 강할 때, 즉 온도가 지상 고도에 따라 현저하게 높아질 때, 더욱 효과적이다. 이러한 여건(낮은 운저고도[雲底高度, ceiling]라고도 함) 하에서는 난방기와 강풍기 모두 가장 효과적이다. 약한 역전(높은 운저고도)에서는 고도에 따라 온도가 거의 상승하지 않고 데워진 공기는 균형 상태에 이르기 전에 높게 상승하기 때문에, 더 많은 열이 수목위로 흩어져 없어진다(그림 3-3 참조).

수목보호관(tree shelter, 제8장 참조)은 수목 중 관 내에 있는 부분의 내한성 발달을 저해한다. 그래서 복사냉각 상태 하에서, 관 내의 결빙온도는 바람이 불어도 더 따뜻한 외부 공기에 의해 완화되지 않는다. 가을에 수목조직의 내한성을 발달시키고 나중의 복사열 손실을 완화시킬 수 있도록 일부 관은 부분적으로 개방되어 있다.

겨울 저온처리와 휴면

낮의 길이가 짧아지기 시작하면, 대부분의 온대지방 낙엽수의 눈(bud)은 휴면(休眠, rest) 상태에 들어가기 시작하여 다른 여건이 모두 유리해도 생장하지 않는다. 이것이 겨울 저온처리(winter chilling)라고 알려져 있다. 휴면이 끝난 뒤에도, 기온이 10°C(50°F)보다 낮으면 눈은 생장을 시작하기 않는다. 이렇게 두 생장정지 상태를 구분하기 위해 휴면(休眠, rest)과 휴지(休止, quiescence)라는 용어를 사용한다. 휴지 상태에 있는 수목은 환경적 여건이 호전되면 생장을 시작하지만, 휴면 중인 수목은 그렇지 않다.

휴면 조건은 특정의 온대지방 수목의 개별 눈이나 씨앗 내에서 발달된다. 대부분의 수목에서 휴면아(休眠芽, dormant bud)는 신초의 신장을 억제할 뿐만 아니라 뿌리와 형성층 등 다른 생장점의 활동도 더디게 한다. **휴면은 여름에 낮의 길이가 짧아지면서 점진적으로 발달하기 시작하고 가을에 강화되며 초겨울에 최고에 달한다.** 대부분의 온대지방에서 휴면은 늦겨울까지 지속된다.

자연적으로 휴면을 타파하기 위해서는, 눈이 −4~10°F (24~50°F) 정도의 저온에 4~8주 정도 노출되어야 한다. 당연히, 종이나 품종별로 휴면을 타파하는데 필요한 기온은 물론 기간도 차이가 있다. 그리고 휴면 타파에는 극단적으로 낮은 온도보다 임계온도(臨界溫度, threshold temperature)

가 더 효과적이다. 저온처리에 필요한 양은 주어진 수종별로 임계온도 또는 그 이하에서의 시간량으로 표시된다. 대부분의 과수에 대한 임계온도는 7°C(45°F)이다. 그러나 중요한 것은 발아온도(發芽溫度, bud temperature)인데, 발아온도 10°C(50°F)가 휴면을 타파하는데 효과적일 것이다. 과수 수종 중에서 사과나무는 복숭아보다 더 긴 저온처리 기간을 필요로 하고, 복숭아는 아몬드(*Prunus dulcis*)보다 더 길다. 복숭아 품종 중에는 7°C(45°F) 이하에서 350~1,200시간 정도의 저온처리가 필요한 것도 있다. 저온처리 기간이 짧은 품종이 미국 남부와 겨울이 온난한 지역에서 잘 자라도록 양묘되고 있다.

일정한 저온처리 기간에 끝나면, 휴면타파는 눈에 근접한 전정, 개별 눈에 대한 마사지, 핀으로 눈 찌르기, 수목에 대한 에틸렌 처리 등에 의해 가속화될 수 있다. 그러나 이러한 처리는 수목의 일부에 상처를 줄 수 있다. 휴면타파를 위한 유일한 실용적인 처리는 겨울이 따뜻한 지방의 일부 배 재배자에 의해 활용되고 있는데, 이들은 휴면아에 다이니트로페놀(dinitrophenol) 화합물을 처리하는 것이다.

저온처리 기간이 짧은 해에는, 눈의 온도를 대기온도 정도로 유지시키기 위해서는 안개 끼고 흐린 날과 바람이 중요하다. 맑은 날에는, 눈의 온도가 대기온도보다 5, 6도 더 높을 수 있다. 겨울이 온난한 지역에서는 겨울 안개나 구름이 없으면 주요한 과수재배지가 되지 못한다.

겨울에 저온처리가 부적당하면, 수목은 잎의 전개가 느려지고 개화가 지연된다. 잎눈(leaf bud)에 대한 영향이 꽃눈(flower bud)보다 심각하다. 극단적인 경우에는 잎이 거의 나오지 않아 가지가 햇볕에 타게 되고 탄수화물 생산부족으로 수목이 약해진다. 꽃눈이 영향을 덜 받기 때문에, 약한 수목이 꽃이 피고 열매를 맺을 수 있는데, 이로 인해 수목은 더욱 약해진다. 이러한 영향을 받은 수목을 발엽지체(發葉遲滯, delayed foliation)로 인해 피해를 입었다고 말한다.

개화 기간이 길면(longer bloom period) 결실에 도움이 된다. 그러나 오랜 기간 지속되는 개화(prolonged bloom)는 병, 특히 배나무, 피라칸타(*Pyracantha*), 산사나무(*Crataegus*)와 같은 수목에게 화상병(*Erwinia amylovora*) 위험을 증대시킨다. 가을에 일정한 저온처리가 안되면, 사과나무와 살구나무, 배나무와 같은 과수의 꽃눈은 이듬해 봄에 개화하기 전에 죽을 수도 있다.

휴면 상태가 대부분의 온대지방 수목의 겨울 생존에 관건이다. 온난한 기후로 뒤에 닥칠 추위에 피해를 입을 수 있는 활동을 유발하면 눈의 활동성은 약화된다. 휴면기에는 온난한 기간 동안에도 눈이 생장을 시작하는 것이 억제되기 때문에, 지금까지 휴면이 한겨울에 비정상적으로 따뜻한 날씨 동안의 내한성 손실도 보호한다고 생각해 왔다. 그러나 불행히도 이는 잘못된 믿음일 수도 있다. 휴면 상태에서 멍덕딸기(*Rubus idaeus*)의 줄기는 휴지 상태의 동일한 내한성 줄기보다 높은 기온에서 더 빨리 내한성을 상실하는 것으로 나타났다(Weiser, 1970a). 이를 다른 수목에 적용할 수 있는지는 아직 확인되지 않았다.

뿌리 휴면은 수목이 종에 따라 복잡한 현상을 보여주고 있다. 어떤 소나무의 뿌리는 연중 계속 자라고 있는 것이 관찰되었다. 다른 수종의 뿌리는 영양비축과 토양조건이 맞으면 언제든지 자라는 것으로 보인다. 아직 다른 수종의 뿌리는 생육기 중에도 상당한 주기성(週期性, periodicity)을 나타낸다. 주목(*Taxus cuspidata*)의 뿌리는 9주간의 저온처리를 거친 뿌리가 그렇지 않은 것보다 4배 정도 더 자라는 것이 관찰되었다(Lathrop와 Mecklenburg, 1971).

뿌리의 활동은 연구하기가 어려운데, 이는 지상부의 건강과 활력뿐만 아니라 토양의 기온, 통기, 습도, 답압, 독성 등에 따라 다르기 때문이다. **지금까지의 증거에 의하면, 대부분의 목본식물의 뿌리는 지상부와는 달리 휴면조건이 없는 것으로 보인다.** 많은 수종은 뿌리가 생장을 시작하기 전에 전개하는 눈이 있고, 계속적인 뿌리 신장을 위해서는 활동적인 잎이 있어야 한다(Richardson, 1958). 이러한 호르몬적인 조절 외에, 뿌리 생장은 저장되어 있거나 잎이 생산한 탄수화물에 의존한다. **다른 조건이 충족된다면, 뿌리는 줄기보다 낮은 기온에서 생장할 것이다.** 은단풍(*Acer saccharinum*)의 뿌리는 4°C(40°F)에서 생장을 시작하지만, 잎눈은 20일 동안 기온이 적어도 10°C(50°F)가 되지 않으면 전개되지 않는다. **이는 수목을 이식하는 시기를 결정하는 데 중요한 요소가 된다.**

고온(high temperature)

수목은 특정의 최고 기온 위에서 죽거나 심각하게 손상되는데, 이는 종, 생장 단계, 과거의 환경적인 역사 등에 따라 다르다. 한 수종에게 최고기온이 다른 수종에게는 최적기온이 될 수도 있다.

고온피해는 주로 증산이 수분 흡수를 초과하는 탈습(脫濕, desiccation)문제이다. 잎의 수분 함량이 줄어들고, 잎이 시들고, 증산이 감소하고, 증발냉각(蒸發冷却, evaporative cooling) 감소로 인한 잎 온도 상승 등과, 이러한 현상의 순환은 사태를 악화시켜 잎의 일부 또는 전부를 죽일 수 있다. 맑은 날, 증기압이 낮고(낮은 습도) 순 복사가 높은(높은 기온) 상황에 있는 수분공급이 원활한 수목의 잎은 공기보다 서늘할 것이다. 반면 순 복사가 낮고(낮은 기온) 증기압이 높은(높은 습도) 환경 하의 잎은 공기보다 더 따뜻할 것이다.

그림 3-7 오후 태양에 노출된 농장 한 구역의 바깥쪽 줄에 위치한 용기에서 자라는 은자작나무(*Betula pendula*)의 뿌리 중 바깥쪽은 죽거나 생장이 억제되었다.

잎의 온도는 항상 잎이 수분 스트레스 상태에 이르더라도, 치명적인 수준 아래에서 평형온도(平衡溫度, equilibrium temperature)에 도달한다.

기공이 적은 작고 두터운 잎은 일반적으로 크고 얇은 잎보다 고온에 대한 저항성이 높다. 같은 종이나 클론 내에서도 낮은 광도의 서늘한 환경에서 자란 수목이 크고 얇은 잎을 만들어서 열에 의한 피해를 입기 쉽다. **봄에 서늘하고 구름 낀 날씨는 새로이 식재된 수목이 크고 얇은 잎을 만드는 원인이 될 수도 있다. 기후가 갑자기 덥고, 건조하고, 다소 미풍이 부는 조건으로 바뀌면, 증산은 수목이 수분을 흡수하여 토양으로부터 잎으로 운송하는 능력을 초과할 수 있다. 이렇게 되면 노출된 잎의 시듦과 손상으로 이어질 수 있다.** 지속적인, 특히 밤 동안의 고온은 호흡량을 광합성량 수준까지 높일 수 있다. 밤의 고온은 많은 수목에서 잎으로부터 탄수화물의 전위(轉位, translocation)를 느리게 한다는 것이 발견되었다. 이러한 상태가 몇 주간 계속되면 수목은 크게 약해질 것이다.

뿌리는 수목의 지상부보다 극단적인 기온에 더 민감하다. Wong 등(1971)은 여러 수종의 어린뿌리가 40~45°C(104~113°F) 사이의 온도에 단 한번 4시간 동안의 노출만으로 죽는다는 것을 발견하였다. **태양에 노출된 토양의 표면으로부터 100~150mm(4~6인치) 깊이의 온도는 뿌리에게 치명적이 될 수도 있다.** 오후 태양에 노출된 4ℓ(1갤런) 용기의 측면에서 25mm(1인치)까지의 토양은 43~46°C(110~115°F)에 이를 수 있다. 이러한 현상은 봄, 여름, 가을 내내 맑은 날은 언제든지 발생할 수 있다. 이렇게 노출된 수목은 용기의 서쪽 3/4에 뿌리가 없거나 드물게 된다(Harris, 1967) (그림 3-7). 이러한 수목은 영양분이 풍부한 물이 빈번하게 공급되기 때문에 그늘진 곳에 있는 뿌리량에 비례하여 생장할 것이다. 그러나 현장에 식재되고 나면 이러한 관수는 더 이상 어려울 것이다.

3.2 햇빛: 복사

수목은 빛의 질(파장이나 색), 강도(광도/光度, irradiance), 기간, 빛이 태양으로부터 오는지, 아니면 실내 조경(제10장 참조)과 야간 조명에 일반적으로 사용되는 인공 광원(人工光源, artificial light)으로부터 오는지에 따라 영향을 받는다.

인간의 눈이 감지할 수 있는 전자기 스펙트럼(electromagnetic spectrum)의 일부인 가시광선(可視光線, visible light)은 대략 380~760nm(나노미터; 10억분의 1미터) 범위에 걸쳐 있다. 이 중 시지각(視知覺, visual sensation)을 가장 효과적으로 자극하는 파장은 대략 500~600nm(녹색에서 오렌지색까지) 사이이다. 표면에 투사된 빛(가시광선)의 양(조도/照度, illuminance)은 럭스(lux; 평방미터당 루멘)로 나타내며, 영국식 단위는 ft-c(foot-candle, 피트 촉광)로 1ft-c는 10.8럭스이다.

이와는 달리 식물은 발광에너지(發光-, luminous energy) 대신 복사에너지(輻射-, radiant energy)에 반응한다. 조도와 광도는 에너지원의 강도가 아닌 주어진 표면에 투사된 에너지의 양을 표시한다. 광합성유효복사(photosynthetic active radiation, PAR: 400~700nm)라고 불리는 광합성에 유효한 광도는 평방미터 초당 마이크로아인슈타인(μE/m²/sec)으로 정밀하게 측정하고 표시할 수 있다. (광도가 erg/sec/cm², watt/m², cal/min/cm² 등으로 표현되면 일반적으로 PAR보다는 전자기 스펙트럼을 의미한다.) 그러나 보통 광도는 사실은 조도의 단위인 럭스나 피트 촉광으로 표시된다. 이 두 에너지의 크기는, 햇빛이나 백열등 등과 같이 하나 또는 두 개의 유사한 에너지에 관련된 경우에는, 쉽게 그리고 정확하게 서로 환산할 수 있다. 그러나 광원에 따라서 조도와 광도의 상대적인 양은 다를 수 있다. 광원이 다르면 방출하는 스펙트럼도 다르다: 한 전등은 다른 전등보다 특정한 파장(색)의 빛을 더 많이 방출한다; 백열등(白熱燈, incandescent light)은 적색과 적외선을 많이 방출하여 과도한 줄기 신장을 유발할 수 있다. **형광등(螢光燈, fluorescent light)**은 청색과 일부 적색광이 많아 일부 수종에서 정상보다 더딘 생장을 유발할 수 있다. 또한 시지각은 550nm의 발광에너지에서 최대가 되는데 반해, 복사에너지 단위당 PAR은 파장과 반비례적으로 변화한다. 예를 들면, 단위 파주기(波週期, wave cycle, 1 photon)에서 광도 400nm(청색)가 700nm(적색)보다 75% 더 큰 복사에너지를 가지고 있다. 그러므로 노출계(露出計, light meter)는 특히 상이한 광원으로부터의 광도를 비교하는데 적합하지 않다. 복사계(輻射計, radiometer)로 광도를 측정할 수 있지만 비싼 것이 문제이다.

조도가 광도를 정확하게 나타내지는 못하지만 이러한 목적으로 사용되어 왔고, 앞으로도 그럴 것이다. 그러므로 조도나 광도의 측정과 인공광원 하에서 식물을 키우는데 필요한 최저 광도(럭스나 피트 촉광)에 대한 권고는 광원의 종류와 이들의 복사조도 특성을 자세히 표시하여야 한다.

효과적인 파장은 식물의 광생물학적 기작(photobiological process)에 따라 다르다:

광합성: 청색(400~450 nm)과 적색(625~700 nm)
굴광적 반응: 청색(400~450 nm)
광주기적 반응: 적색(625~700 nm)과 적외선(700~850 nm)

표 3-1

A. 다양한 수목, 개별 잎, 수목 반응에 대한 조도(광도)

	광도	조도	
	평방미터 초당 마이크로아인슈타인[a] (μE/m^2/sec)	럭스	피트 촉광 (ft-c)
대부분의 수목에 적절한 수준	1,000	54,000	5,000
개별 잎	240	13,000	1,200
그늘진 수목	200	10,800	1,000
실내 식물	10–100	540~5,400	50~500
일장 유도(日長誘導, photoperiodic induction)	0.063–3	3.2~160	0.3~15
실내(독서 가능)	–	200~300	20~30

B. 다양한 상황에 대한 조도(광도) 추정

	광도	조도	
	(μE/m^2/sec)	럭스	피트 촉광
전광[b] – 여름	2,400	130,000	12,000
겨울	800	43,000	4,000
흐린 날[c] – 여름	1,000	54,000	5,000
겨울	200	10,800	1,000
2층 건물의 그늘진 곳(맑은 날) – 여름	400	21,600	2,000
겨울	100	5,400	500
달빛	–	0.22	0.02
백열등[d](1.5m 높이에 있는 100W)	5	240	22
형광등: 냉백색(1.5m 높이에 있는 150W)	17	1,050	100

[a]햇빛의 경우, 1 μE/m^2/sec = 54럭스 = 5ft–c, 1럭스 = 0.093ft–c, 1ft–c = 10.8럭스
[b]캘리포니아 데이비스(Davis)의 전형적인 여름과 겨울날 정오의 햇빛.
[c]구름 밀도에 따라 광도는 50%에서 75%까지 달라질 수 있다.
[d]직경 250mm(10인치)의 반사경을 가진 전구.

광합성

생육기의 맑은 날 낮의 광도는 개별 잎의 최대 광합성을 위해 필요한 것보다 5~10배 정도 많다(**표 3-1**). 그러나 수목의 외곽 수관 내부에서는 광도가 급격하게 떨어진다. **가지 전개 습성이나 잎의 밀도, 잎의 크기에 따라 차이가 있겠지만, 수관 표면 내 250~500mm(10~20인치)에서의 광도 수준은 너무 낮아서 잎이 살아남지 못할 수 있다;** 이러한 현상은 다듬어진 생울타리(그림 14-53)에서 현저하다. 많은 수목은 바깥에는 조밀한 잎을 가지고 있으나, 중심부에는 잎이 없다. 이러한 수목은 특징이나 관심을 끄는 것이 거의 없이 단지 조밀한 녹색의 덩어리를 보여줄 뿐이다. **수관 외부의 잎 밀도는 빛이 내부 가지로 들어가서 수목이 건강을 유지하고 가지의 초살이 발달될 수 있도록 솎아주어야 한다**(제14장 참조). 또한 수관의 잎이 조밀한 수목 아래에서는 대부분의 수종이 자라기 어렵다. 정지(整枝, training)와 전정(剪定, pruning) 작업은 이러한 문제를 방지하는 것을 강화하거나 도움을 준다. 최적 수준 이하의 광도는 수목이 길고, 허약한 절간(節間, internode), 측지가 거의 없는 가지와, 크고, 얇고, 창백한 잎을 창출하는 원인이 될 수 있다.

굴광성(屈光性, phototropism)

수목의 가지가 한쪽 방향으로부터 비치는 빛(400~450nm의 복사)에 노출되면, 가지의 끝이 빛을 향해서 자라거나 휜다. 해바라기가 낮 동안에 태양을 향하는 것과 어린 묘목이 결박된 지지목으로부터 먼 방향으로 휘는 것에 의해 잘 설명된다.

광주기성

광주기(光週期, photoperiod)에 민감한 수종은 개별 잎이 최대 광합성을 위해 적어도 20,000럭스가 필요함에도 불구하고 160럭스 이하의 광도에 반응한다(표 3-1). 광주기에 민감한 수목에서 일반적으로 일장(日長, day length)은 영양활동과 생식활동을 통제한다. 계절과 선호하는 온도에 따라 차이가 있지만, 장일(長日, long day)은 영양생장을 촉진한다. 일장은 적도의 12시간에서 여름철 북위 또는 남위 66.5° 이상의 24시간에 이르기까지 위도에 따라 다양하다(Salisgury와 Ross, 1978). 일부 수목에서 광주기는 잎의 형태와 탈리(脫離, abscission), 색소 형성, 잔 털, 뿌리 발달, 휴면 시작 등에도 영향을 미칠 수 있다. 고위도에서 자라는 수목의 신초 신장은 광주기가 18시간 미만이 되면 억제되는데 비해, 다른 수목은 하루에 10시간 미만이 될 때까지 영향을 받지 않는다. 어떤 종이 자생지 위도보다 낮은 위도에서 자라면, 생육기가 단축되어 정상적인 경우보다 작아질 수 있다. **일반적으로, 일장은 수목의 크기와 형태에 영향을 미치는 중요한 요소가 될 수 있다.**

실험에 의하면, 밝은 기간의 길이보다 암기(暗期, dark period)의 길이가 광주기적 반응을 유도하는데 더 중요한 것으로 나타났다. 장일 동안에 영양생장을 하는 수목이 단일 동안 생장할 때, 이들이 한밤에 30분간 빛에 노출되면 많은 경우 생장을 계속할 수 있다. 온난한 지역의 농장 운영자들은 백열등을 이용하여 일장을 연장시킴으로써 많은 수목에 대해 왕성한 생장을 조장할 수 있다는 것을 발견하였다. **그러나 수목이 길어진 일장에 반응하기 위해서는 10°C(50°F)의 온도를 포함하여 모든 생장 조건이 적합해야 한다.** 많은 수목에서 추가적인 광주기 동안 전반적인 기온이 21~27°C(70~80°F)일 때 가장 왕성할 것이다.

야간 조명

많은 사람들이 가로등이나 기타 야간 조명이 인근의 수목생장에 미치는 영향에 관해 궁금해 했다. 앞서 살펴본 바와 같이, 이러한 낮은 광도의 조명은 광합성에는 영향을 거의 미치지 못하겠지만, 일장에 민감한 수목에는 영향을 줄 수도 있을 것이다. 광질(光質, light quality)인 파장이 수목 생장에 중요한 요소이다. 광가역적(光可逆的, photoreversible) 청색 색소인 파이토크롬(phytochrome)은 적색(625~700nm)과 적외선(700~850nm)을 흡수하는 방식으로 수목 반응을 조절하는데 관여한다. 장일에 의해 유도된 휴면 지연은 신초의 영양생장을 지속시킬 것이다. 신초 신장을 촉진하는 적외선 광선(700~850nm)이 추가로 공급하는 빛에 존재할 경우 휴면을 지연시킬 것이다. 적색광(625~700nm)은 개화를 촉진한다.

Cathey와 Campbell(1975a, 1975b)은 20°C(68°F)의 밤 온도에서 5개의 전등을 11럭스 수준으로 16시간 켜둔 결과 목본식물의 영양생장(휴면 지연)이 촉진되었다는 것을 발견하였다. 이들은 느릅나무속(*Ulmus*)과 단풍나무속(*Acer*)에서 각각 2개 종, 모감주나무속(*Koelreuteria*), 진달래속(*Rhododendron*), 옻나무속(*Rhus*), 느티나무속(*Zelkova*) 등에서 각각 한 종씩 사용하였다. 효과가 높은 것으로부터 낮은 것 순으로 나열하면, 사용된 광원은 형광등 > 고압나트륨등(high-pressure sodium, HPS) > 메탈할라이드등(metal halide) = 백색형광등(cool white fluorescent) > 수은등(clear mercury) 순이었다. 11럭스 이상의 광도에서 또는 수종의 차이에 따라 광원의 상대적인 효과는 다를 수 있다.

포인세티아속(*Poinsettia*), 자작나무속(*Betula*), 개오동

속(*Catalpa*), 버즘나무속(*Platanus*), 피나무속(*Tilia*) 등은 빛에 가장 민감하여 모든 광원에 반응하여 영양생장을 계속하였다. 호랑가시나무속(*Ilex*)과 2종의 소나무속(*Pinus*)은 11럭스 수준에서 어떤 광원에도 반응하지 않았지만, 광도가 200럭스까지 상승하면 반응하였는데, 이러한 수종을 연장된 광주기에 대해 낮은 민감성을 가졌다고 한다. HPS등은 동일한 영양생장 조절 효과를 얻기 위해서는, 백열등 대비 광도(럭스 기준)를 적어도 4~8배 높여야 했다. 대부분의 공원과 거리에는 HPS, 백열등, 메탈 할라이드등은 민감한 수목의 영양생장을 연장시키기에 충분히 높은 적색과 적외선 광도를 가지고 있을 수 있다.

Andresen(1977)은 시카고, 클리블랜드, 밀워키의 도로변 수목 200그루와 이들의 HPS 야외조명에 대한 반응을 조사하였다. 또한 그는 수년 동안 HPS등으로 수목을 조명하고 있는 다른 16개 도시의 공무원과 접촉한 후 다음과 같이 말했다: "지금까지 모든 지표에 의하면, HPS는 미국의 동부지역 도시에 자라는 수목에 대해서는 대체로 중서부 지역은 특히 결정적인 영향을 미치지 않는다." **Andresen은 이식목이나 성목(成木, mature tree)에 근접하여 HPS등을 1,000W까지 설치하는 것은 안전하다고 결론지었다.** 이는 광주기 반응에 대한 온도요구가 최소 10°C(50°F)라는 가정 하에 내린 결론일 것이다.

이와는 달리, 매릴랜드에서 상단이 백열등 투광조명(投光照明, floodlight)에 노출된 은자작나무(*Betula pendula*)는 거의 매년 상단이 죽어내려 왔다. USDA 내한성지대 7과 8에서, 일부 수종은 피해를 받을 수도 있다. 필요한 경우, 야외조명등은 빛이 수목에서 멀리 향하도록 차단할 수 있다.

지속적인 조명은 잎의 엽록소 형성과 유지를 약화시키고, 신초의 절간을 길게 하고 잎의 전개를 조장한다. 지속적인 조명 하에서 생장한 수목의 잎은 생육기 동안 대기오염과 수분스트레스에 더 취약할 수 있다. Cathey와 Campbell (1975a, 1975b)은 높은 가시성이 요구되고 주변에 조명에 둔감한 수목이 있는 경우에 HPS를 사용할 것을 제안하였다. HPS등보다는 덜 효율적이지만, 수목, 사람, 건물 등에 대한 보다 바람직한 색상 연출이 필요한 경우, 어느 정도 조밀하게 식재된 상가, 공원, 주거지역에서는 메탈 할라이드등이 선호될 수도 있다.

증산작용

일장은 수목, 특히 상록수에 의한 수분 증산(蒸散, transpiration)의 양에도 영향을 미친다. 캘리포니아 데이비스(Davis)에서, 6월 한 달의 평균 증발산(evapotranspiration)은 212mm(8.3인치)로서 8월(164mm, 6.5인치)보다 30% 더 많았다. 북반구에서 5월은 상대적으로 서늘하지만, 일장으로 인해 5월이 8월과 거의 비슷한 증발산을 나타낸다. **관수가 필요한 곳에서는 늦은 봄에 잔디나 수목에 대해 일반적으로 생각하는 것보다 더 자주 관수를 해주어야 한다.**

3.3 수분

비

강우량과 이의 계절적인 분포는 관수를 해주는 녹지에서도 중요하다. 기후가 대륙성 기단의 지배를 받을수록 강우가 연중 어떤 계절에도 발생할 수 있다. 반대로, 온대지방에 있는 많은 서유럽 대륙의 지중해성 기후대에는 거의 제한적으로 늦가을, 겨울, 이른 봄에 비가 온다. 이러한 환경 하에서 토양의 수분 저장은 생육기 동안 식물에게 매우 중요하게 된다.

기상 기록은 그 지역에 대한 월별 강우량과 증발산(증발과 증산에 의한 수분 상실)을 확인하는데 기본이 될 것이다. 토양 내 수분량과 계절적인 강우량, 최종 강우의 평균 일자, 증발산 등을 예측함으로써 수목을 키우기 위해 필요한 최소 관수량을 추정할 수 있다. **여름철에 비가 내리는 지역에서는 건기가 심각한 영향을 미치기 때문에 소중한 식재 수목의 관수에 관한 규정이 일반화되어 가고 있다.**

안개

안개(fog)는 특히 생육기 중에 발생하는 경우, 식물생장에 대한 중요한 수분 공급원 중의 하나가 될 수 있다. 이는 실질적인 토양수분 공급에 보탬이 될 뿐만 아니라 잎 표면의 수분함량을 높여주고 온도 상승을 지연시켜 증발산을 감소시킨다. 생육기 동안, 안개는 들어오는 따뜻하고 습한 공기가 찬 공기와 찬 표면, 특히 복사에 의해 냉각된 잎 표면을 만나면서 냉각되는 해안을 따라 가장 흔히 발생한다. 대교목의 잎은 안개가 찬 잎이나 가지 표면에 응축될 때 상당한 양의 수분을 가로챌 수 있다. 짙은 안개가 낀 4일 동안, Geiger (1961)는 개방된 시골에서는 약 20mm(0.75인치)의 강수량을, 산림의 가장자리에 있는 젓나무 아래에는 150mm 이상의 강수량을 관측하였다. 캘리포니아 버컬리(Berkeley)에서는 한 생육기 동안 개별 유칼리나무 아래에 0.7~1m(30~40인치)의 안개비가 관측되었다.

그러므로 **작은 숲이 유입되는 안개로부터 내륙지역을 효과적으로 보호할 수 있다.** Geiger(1961)는 산림을 기준으로 바람이 빠져나가는 쪽보다 바람이 불어오는 방향의 안개강우량이 20배 정도 높다고 보고하였다. 일본인들은 바다로부터의 안개에 의한 수분을 줄이는데 가장 효과적인 수종과 숲의 크기에 대해 연구한 적이 있다.

내륙지방에서는, 열의 복사손실과 높은 습도가 조성되는 환경 하에서 겨울에 땅 안개(ground fog)가 발생한다. **겨울 안개는 수목의 눈을 대기 온도와 비슷하게 유지시켜 주고 겨울 저온처리의 효과를 더욱 높여준다.** 그러나 따뜻한 시기의 안개는 특정 곰팡이 병의 감염을 증가시킬 수 있다.

이슬

이슬(dew)도 증발산을 감소시키고 때로는 토양 저수지(土壤貯水池, soil reservoir)에 수분을 더하는 또 다른 수분공급원이다. 이슬점(露點, dewpoint)은 수증기가 응축되기 시작하는 온도이다. 이슬은 이슬점 이하로 냉각된 표면(잎, 바위, 금속 등)에 응축된다. 이는 지역적인 열의 복사손실에 적절한 여건(맑고, 바람이 없는) 하에서 나타난다.

하룻밤에 형성될 수 있는 이슬의 최대량은 약 1mm(0.04인치) 깊이의 물에 상당한다고 산출되었다(Geiger, 1961). 풀에는 0.1mm(0.004인치) 정도에 부과하였다. 최대의 수분량은 비가 자주 오지 않고 밤에 극단적인 복사냉각으로 이슬 형성이 잘 되는, 건조(arid) 또는 반건조(semiarid) 열대성 기후에서만 가능하다. 이러한 수분은 토양수분 공급에 중요하지 않을 수도 있지만, 잎의 표면에 맺힌 이슬은 많은 수종에 의해 흡수되고 다음 날 잎의 온도가 높아지는 것을 지연시킬 수 있다. 서로 근접한 동일 수종의 수목보다 고립된 수목에 더 많은 이슬이 맺힌다.

이슬은 어떤 경우에는 토양 저수조를 부분적으로 재충전할 수 있다. 북아프리카의 사막에서 수백 년 전에 만들어진 직경 1.5m(5피트) 깊이 0.6m(2피트)의 자갈 더미는 매우 흔하다. 이들은 이슬이 복사 냉각된 표면에 응축되어 잉여 수분이 땅으로 떨어지도록 하는 방법을 보여준다고 생각된다. 이것의 변형이 사막생존기술로서, 땅에 구멍을 파고 이를 플라스틱 시트를 덮은 다음 작은 돌멩이를 얹어 맺힌 이슬이 흘러 구멍 바닥에 놓인 용기로 떨어지도록 하는 것이다. 이러한 기술은 몬태나에서 이식한 수목에 수분을 공급하기 위해 실험적으로 채택되었다(Jensen과 Hodder, 1979). **자갈 멀칭과 플라스틱으로 덮인 구멍은 모두 밤에 복사 냉각이 잘 일어나는 경우에 한해 효과적일 수 있다.** 수목이 어느 정도 크고 나면 자갈과 플라스틱의 표면으로부터의 복사손실을 감소시키게 되고, 이로 인해 응축되는 수분량도 감소한다.

가뭄

여름에 비가 오는 지역에서는, 3주간 비가오지 않으면 민감한 수목과 토양수분의 저수조가 작은 수목은 문제가 발생하기 시작한다. 반대로 지중해성 기후는 보통 생육기에 4~5개월 동안 거의 비가 내리지 않는다. 이러한 지역에 추가적인 수분 공급원과 깊고 배수가 잘되는 토양이 없으면, 식생은 여름에 비가 내리는 지역의 식생과 완전히 다를 것이다. 지중해성 기후의 자생수목은 작지만 상대적으로 큰 뿌리시스템을 가지고 있고, 이들은 서로 더 멀리 떨어져 있을 것이다. 어떤 수목은 증산을 줄일 수 있는 특수하거나 변형된 구조를 가지고 있을 것이며, 또 다른 캘리포니아 칠엽수 같은 수목은 수분이 부족할 때 잎의 대부분을 떨어뜨리기도 있다.

많은 도시 녹지에서는 수분공급에 제약을 받는다. 포장과 건물은 뿌리에 도달하는 수분량을 감소시키고, 늘어난 복사로 증산이 증가할 수도 있다. 여기에 대해서는 제18장에서 더 자세히 다룬다.

과습

집중적인 강우는 심각한 침식과 홍수를 유발한다. 토양과 수목이 씻겨나갈 수 있고 비탈은 수목이 사라지면서 침식되거나 패이게 된다. 수목은 산사태와 퇴적으로 묻힐 수 있다. 토양이 장기간의 비나 녹은 눈으로 인한 지표수 때문에 물에 잠기게 되면, 내성이 강한 수목을 제외하고는 대부분 죽거나 생장이 위축된다. **녹지대 식재는 예상되는 가장 큰 비에 견딜 수 있도록 설계되어야 한다**(제7장 참조).

우박

우박(雨雹, hail)은 둥글거나 불규칙한 얼음 덩어리 형태의 강수이다(Long, 1989). 얼음 덩어리의 크기는 작게는 완두콩 정도에서 크게는 자몽(grapefruit) 또는 그보다 더 큰 것도 있다. 가장 큰 것으로 기록된 것은 직경이 135mm(5.5인치) 이상이고 무게가 0.75kg(1.6lb)에 이른다. 우박은 창문을 부수고, 지붕을 손상시키며, 차를 움푹 들어가게 하고, 미국에서 매년 수억 달러의 농작물 피해를 유발하며, 사람을 죽이기까지 한다. 우박은 수목의 잎을 떨어뜨리거나 찢어 놓고, 수피에 상처를 주고, 꽃과 과실을 손상시키거나 떨어뜨리며, 작은 가지를 부러뜨린다.

우박은 중부 텍사스에서 대평원에 위치한 주를 거쳐 앨버타(Alberta)에 이르는 지역에 매우 흔히 있는 기상 현상이다. 미국에서 우박은 와이오밍 주 남동부, 네브라스카 주 서부, 콜로라도 주 동부에서는 매우 자주 떨어진다. 우박은 폭풍우 구름 내에서 결빙된 빗방울로 시작하여 형성된다. 피해는 수목의 상단과 바람이 불어오는 쪽에서 가장 심하다. 우박 피해는 매우 보기 흉하지만, 꽃과 과실, 작은 가지를 제외하고는 수목의 외관은 항상 새로운 생장이 시작하면 거의 정상으로 되돌아온다.

그림 3-8 가지에 얼어붙은 비는 심각한 가지 파손을 유발할 수 있다. (사진: Kim Morse, Dallas Park Department, TX.)

눈과 우빙

습한 눈, 얼어붙는 비, 우빙(雨氷, glaze ice)은 불어나는 무게 때문에 가지가 부러지기 전까지 수목의 가지에 쌓일 수 있다. 습한 눈은 가지, 특히 침엽수의 가지에 달라붙으며, 이는 건조한 가루눈보다 훨씬 무겁다. 어린 나무는 겨울의 첫 습한 눈의 무게에 의해 심하게 변형될 수 있으며, 이러한 눈은 봄이 될 때까지 나무에 붙어 있기도 한다. 낙엽수도 비가 찬 가지와 접촉할 때 결빙되는 비에 의해 만들어진 얼음에 둘러싸일 수도 있다(그림 3-8). **나무 전체가 얼음 무게 때문에 파괴된 경우도 있다.** Semonin(1978)은 수고 15m(50피트) 상록수에 45톤의 얼음이, 직경 6mm의 낙엽수 가지에 그 가지의 12~17배 무게의 얼음이 매달려 있는 경우가 있었다고 보고했다. Pirone(1978a)은 가지 무게의 약 40배에 상당하는 얼음으로 덮인 가지를 발견하였다.

3.4 바람

토네이도(tornado), 허리케인(hurricane), 강풍 등은 수목의 파손과, 특히 토양이 젖어 있을 때에는 수목을 뿌리째 뽑아 버리는 피해로 인해 녹지의 수목을 황폐화시킬 수 있다. 이보다 약한 강도의 바람은 잎과 가지을 손상시키고 수목을 변형시킨다. 수목을 손상시킬 정도로 강하지 않아도, 바람은 가지와 수간의 직경과 초살도를 제고시켜 주는 측면도 있지만, 증산과 이산화탄소 흡수를 높이고 신초 신장을 감소시킴으로써 생장에 영향을 미친다.

교목은 바람의 피해를 최소화하는 수단을 가지고 있는데, 어떤 것은 신속하게 반응하고, 다른 것은 시간을 두고 발달한다. 적어도 15개 과에 속하는 수목의 잎은, 단풍나무속(*Acer*)과 버즘나무속(*Platanus*)과 같이, 상대적으로 긴 엽병(葉柄, petiole)과 기부가 넓은 엽신(葉身, blade)을 가지고 있다. 어떤 잎은 바람자루(wind sock)처럼 원뿔형으로 말려서 바람에 대한 내성이 약하다. 바람은 생장하는 부위에 영향을 미치는데, 나이든 수목과 마찬가지로 어린 나무에서도, 뿌리와 줄기의 직경은 더 많이 생장하는데 비해 수고생장은 위축된다(Harris 등, 1976). 수목의 관점에서 보면, 이들은 바람에 의해 변형되는 것보다 주풍에 더 잘 견딜 수 있도록 재구성하는 것이다.

기후에 따라서는 바람에 견디는 수종을 선정하는 것이 장기적인 성과와 수목의 안전을 위해서는 가장 중요한 기준 중의 하나가 될 수 있다(제6장 수종 선정 프로그램 참조).

수목 피해

강한 주풍은 수목을 변형시킬 뿐만 아니라, 특히 수목이 잎을 달고 있고 토양이 젖어 있을 때, 심각한 피해를 줄 수도 있다(그림 3-9, 16-3). **한 쪽 방향으로부터 강한 바람이 주로 불어오는 경우, 반대방향에서 불어오는 중간 정도의 강한 바람이 더 강한 주풍에 견디던 개방지에서 자라는 수목을 넘어뜨릴 수 있다.** 바람은 수목이 잎이 없을 때보다 수관이 잎으로 가득 차 있을 때 더 많은 피해를 유발한다. 뉴질랜드 웰링턴(Wellington)의 바람은 봄에 너무 강해서 보호되는 지역 외에는, 낙엽수가 거의 자라지 않는데 이는 봄에 부드러운 새 잎이 심각하게 피해를 입기 때문이다. 겨울에 땅이 결빙되는 지역에서는 바람이 침엽수의 증산을 증가시켜 침엽의 동계건조를 초래할 수 있다.

허리케인의 강한 바람과 토네이도의 맹렬한 회오리바람은 매년 수천 그루의 수목을 황폐하게 만든다. 1987년 10월

그림 3–9 호우 중이나 뒤이어 부는 바람은 큰 피해를 줄 수 있다. 초가을 캘리포니아에 비가 내리는 동안 직경 100~125mm(4~5인치) 크기의 버즘나무 절반이 바람에 쓰러졌다(위); 흥미로운 것은 아직 지주목이 지지하고 있는 수목만 쓰러졌다는 것이다(Harris 등, 1976). 많은 느릅나무 성목이 강렬한 중서부 태풍에 뿌리째 뽑혔다(아래). (사진: Eugene Himelick, Illinois Natural History Survey.)

혹독한 허리케인에 의해 남부 잉글랜드에서 수백만 그루의 수목이 뿌리가 뽑히고 피해를 입었다. **Matthews(1988)는 도로변과 개방지에 있는 솎기 전정(thinning)을 한 수목은 그대로 서 있는 반면 주변의 솎기 전정을 하지 않은 수목은 넘어졌다는 것을 발견하였다.**

1992년 허리케인 앤드류(Andrew) 이후, 10그루 이상의 수목이 넘어진 수종 중에서 버지니아참나무(*Quercus virginiana*)와 검보림보(*Bursera simaruba*; 감람과 상록교목 - 역자 주)의 경우, 여전히 서 있는 수목의 비율은 전정을 실시한 수목이 그렇지 않은 수목보다 25% 더 많았다. 흑올리브(*Bucida buceras*)는 전정한 수목이 건재하는 비율이 그렇지 않는 수목 대비 2배였다(Duryea 등, 1996). 3종의 주요 야자수에서는 전정 여부에 따른 차이는 거의 없었다.

매사추세츠 주 케이프코드(Cape cod)에서, 주기적으로 유지관리를 실시한 조경수는 허리케인이 지나간 다음 전정을 자주해 주지 않은 수목보다 치료 요구도가 훨씬 적었다. 건전한 뿌리 시스템을 가진 건강하고 구조가 잘 구축된 수목은 강한 바람에 가장 잘 견딜 수 있다. 숲 속의 수목은 강한 바람으로부터 서로를 보호하지만, 일부 수목이 제거되면, 남아 있는 수목들은 그들의 보호력이 떨어지기 때문에 더욱 심각하게 위험해진다. **침엽수는 활엽수보다 바람 피해에 더 취약하다**(Kozlowski와 Pallardy, 1997b). 바람에 의한 수목 피해는 제16장에서 자세히 고찰한다.

증산

바람의 증산에 대한 직접적인 영향은, 증산이 수종에 따라 차이가 있을 뿐만 아니라 풍속의 변화는 기온과 습도의 변화를 동반하기 때문에, 계량화하기 어렵다. 몇 번의 실험을 분석한 결과, Chang(1968)은 **증산은 어느 정도까지는 풍속과 함께 증가하지만 그 이상이 되면 일정하거나 약간 감소한다**고 보고하였다. 바람은 지상으로 올라갈수록 강해지고 고립된 수목의 잎은 공기의 흐름에 더 많이 노출되기 때문에 고립된 키 큰 나무는 가장 심각하게 영향을 받는다. Chang에 의하면, Copeland(1906)는 시속 8km의 미풍은 바람이 없을 때보다 맑은 날 코코넛 야자(*Cocos nucifera*)의 증산량을 약 2배로 증가시킨다는 것을 발견하였다.

많은 논문은 수관 외곽의 잎(foliage canopy)이 빈틈이 없으면, 바람이 증산에 미치는 영향은 일반적으로 작다고 결론을 내리고 있다. 그러나 풍속이 증가하면 더 따뜻하고 건조한 공기가 수관 안쪽으로 들어가게 되고, 이로 인해 증산량이 증가한다. 바람의 영향은 습도가 낮고, 온도가 높고, 토양 수분이 적정할 때 최대가 된다. Pruitt(1971)는, 기온이 30°C(87°F)이고 상대습도가 30%인 경우, 16km/h의 바람은 맑은 한여름 날 정오에 증발산(蒸發散, evapotranspiration)을 25% 정도 증가시킨다고 추정하였다. 전형적인 기온과 습도에서, 16km/h의 바람은 이른 아침에는 50%, 늦은 오후에는 100% 정도 증발산을 증가시킨다. 32km/h의 바람은 증발산량을 거의 배로 증가시킬 수 있다.

상대습도가 포화상태에 가까워지면 바람은 증산에 거의 영향을 미치지 못한다. 또한 토양습도가 낮거나 기공 개방이 기체 이동을 억제하는 경우에도 바람이 증산에 미치는 영향이 미미할 것이다.

광합성

고광도 하에서, 이산화탄소(CO_2) 수준이 대기 중의 정상농도인 0.03%의 4배까지 증가할 때까지 광합성 속도(光合成

速度, photosynthetic rate)가 증가한다. 바람이 잔잔한 맑은 날에는, 수목의 수관 내 CO_2 수준이 대기 중의 농도 이하로 떨어지지만, 공기의 이동으로 CO_2 수준을 거의 비슷하게 유지시킬 것이다. 수관 가장자리의 CO_2 수준을 유지시키기 위해서는 적어도 20km/h의 풍속이 필요할 것이다. 이는 광합성을 10~20% 정도 증가시켜줄 것이다(Chang, 1968).

체감온도(體感溫度, windchill factor)

바람은 개인의 미기후 조절을 통해 인간의 안락함에 영향을 미치는 몇 가지 요소 중 하나이다. 따뜻함과 공기의 이동은 피부로부터 수분을 증발시키고 직접 열을 제거함으로써 사람을 냉각시킨다. 추운 날씨에는 바람에 의한 체온 상실이 증가한다. 예를 들면, 25km/h의 바람을 동반한 −15°C(5°F)의 기온은 잔잔한 날 기온 −31°C(−24°F)와 동일한 냉각효과를 가진다(Foster, 1978). 이는 물체가 공기보다 따뜻하다는 것을 전제로 한다. **물체가 대기 온도에 이르면, 바람은 복사나 호흡에 의해 열이 가해지면 열을 제거하고 증발이나 복사에 의해 열을 잃으면 열을 공급하여 균형을 유지시킬 것이다.**

추운 기후에서는, 자신의 생존을 위해 대기보다 따뜻하게 유지해야 하는 노출된 동물이나 수목에게는 바람에 의한 냉각이 해롭다. 방풍(防風, windbreak)은 바람에 의한 냉각을 감소시켜 동물의 안녕을 증대시키고 건물의 난방비용을 줄일 수 있다. 그러나 수목이 대기온도에 견딜 수 있는 한 바람이 수목에 대해 동해를 증대시키지는 않을 것이다. 실제로, 노출된 수목의 일부가 밤에 복사손실로 인해 더 냉각되거나, 맑은 날 낮 동안 데워지면, 바람은 이들을 대기 온도 수준으로 유지시켜줄 것이다. 그러나 바람은 수분 손실을 증가시켜 탈습을 유발시킴으로써 결빙 조건 하에서 수목 손상을 증대시킨다. 또한 바람은 결빙이 발생하기 전에 나타날 수 있는 과냉각(過冷却, undercooling)의 양을 줄여줄 수 있다.

3.5 도시 기후

도시개발이 도시의 중기후(mesoclimate)를 변화시키는 것은 물론이다. 이로 인해 식생이 감소하고, 노출된 공간의 대부분은 포장과 건물이 차지한다. 따라서 주변을 둘러싸고 있는 시골보다 기온, 강우, 그늘 등이 상대적으로 증가하는 반면, 바람과 습도, 복사는 감소한다(**표 3-2**). 이러한 결과를 도시열섬(urban heat island)이라고 부른다. 이러한 영향의 범위는 도시의 크기와 식생의 량에 따라 다르다. 대부분의 도시에는 상당한 식생피복을 가지고 있다. 1973년 캔자스주 3개 도시의 수목과 잔디에 의해 피복된 지표는 각각 53%(캔자스시티, 인구 168,000명), 63%(로렌스, 인구 46,000명), 85%(볼드윈, 인구 2,500명)였다(Marotz와 Coiner, 1973).

그러나 도시 내부 지역은 매우 다양하다; Outcalt(1972)는 자신이 "도시의 찬 도넛(urban cold doughnut)"이라고 부르는 것을 확인하였다. 실제로, **기후를 구분할 수 있는 동심원적 지역이 있을 수 있다.** 예를 들면, 시골에서 도시로 들어갈 때 외곽지역은 보통 작물과 목재 생산을 위한 농장으로 구성되어 있다. 다음에 나타나는 새로운 거주지는, 좀 더 따뜻한 식생이 거의 없고 광활한 노출된 포장, 건물, 나지 등으로 되어 있다. 다음으로, "찬 도넛"인 오래된 거주지는 상당한 수목과 잔디로 피복되어 있어서 기온이 농지와 비슷할 것이다. 도심은 대부분 포장과 건물로 구성되어 있어서 가장 따뜻한 지역이 될 것이다.

바람은 이러한 중기후 지역의 위치와 배치를 변화시킬 것이다. 도심 내에서 높은 건물이 있는 지역은 여름에 서늘하고 겨울에 따뜻할 것이고 개방된 포장지역이나 같은 높이의 낮은 건물로 구성된 지역보다 바람으로부터 더 잘 보호될 것이다(Federer, 1971). 그러나 고립된 높은 건물은 강한 바람을 아래로 반사시켜 그 힘을 건물의 기부와 모서리에 집중시킨다. 또한 높은 건물은 바람을 건물 사이의 도로로 집중시켜 풍속을 크게 높인다. 많은 도시는 풍속이 빨라지기 쉬운 거리에 바람에 의한 변형에 강한 수종을 식재한다. 건물은 또한 항구적인 그늘을 만들고, 빛을 반사하며, 열을 복사하여 고유의 미기후를 형성한다. **한 건물의 다른 쪽은 인간의 안락함과 수목 생장, 수목 관리에 영향을 미치는 미기후가 아주 다르다.**

포장과 건물 지표의 넓은 지역에 가까이 심는 수목은 가혹한 환경을 견디어 내야 한다. 여름 기온은 더 높고, 상대습도는 더 낮고, 토양 습도와 통기는 제한적이고, 공기의 질은 더 나쁠 것이다. 이러한 환경에 대한 내성이 더 강한 수종이 이러한 지역에 식재되어야 하며(Brenzel, 1997), 이를 정착시키기 위해서는 특별한 관리가 필요하다.

표 3-2 도시화로 인해 야기된 중기후 요소의 평균적인 변화

요소	시골 환경과 비교
풍속	
연평균	20%~30% 더 낮음
극단적인 돌풍(gust)	10%~20% 더 낮음
무풍(calm)	5%~20% 더 높음
기온	
연평균	0.5~1.0℃(0.9~1.8℉) 더 높음
겨울 최저(평균)	1.0~2.0(℃1.8~3.6℉) 더 높음
난방도일(heating degree-day)	10% 더 낮음
강우	
총 강우량	5%~10% 더 많음
5mm 미만 일수	10% 더 많음
강설(snowfall)	5% 더 적음
상대습도	
겨울	2% 더 낮음
여름	8% 더 낮음
흐린 하늘(cloudiness)	
운량(雲量, cloud cover)	5%~10% 더 많음
안개, 겨울	100% 더 많음
안개, 여름	30% 더 많음
복사	
총 복사	15%~20% 더 적음
자외선, 겨울	30% 더 적음
자외선, 여름	5% 더 적음
일조시간(sunshine duration)	5%~15% 더 적음
오염	
응결핵(凝結核, condensation nucleus)과 분진	10배 더 많음
기상 혼합물	5~25배 더 많음

출처: Landsberg, H.E. 1970. Climates and Urban Planning. In *Urban Climates*. Geneva, Switzerland: World Meteorological Organization Tech. Note 108, pp. 376–74.

복습

- 수목의 생장은 기온, 복사, 빛, 강우, 안개, 습도, 바람, 기압 등의 기후적인 요인의 결합에 의해 결정된다. 기온과 강우는 수목의 분포와 생장에 대한 주 제약요인이다.
- USDA 식물내한성지대지도는 유사한 가장 낮은 겨울 기온이 예상되는 지역을 나타낸다. *Sunset National Garden Book*은 조경 식물의 적응과 생장에 관한 미국 내 45개 식물-기후지대를 구분하고 기술한다.
- 가장 낮은 겨울 기온이 식물의 생존 여부에 관한 가장 결정적인 기후요소이다.
- 봄과 가을 추위는, 수목에 치명적인 경우는 드물지만 꽃, 열매, 꽃눈과 잎눈, 연한 신초를 죽일 수 있다.
- 저온이 임계수준에 가까워지면, 맑은 하늘, 잔잔한 대기, 낮은 습도, 저지대의 건조하거나 멀칭된 토양은 보이지 않는 서리에 의해 부드러운 수목이 동해를 입을 수 있는 복사열손실이 발생할 수 있다. 이와 반대되는 여건은 이러한 저온상황이 발생할 가능성이 낮다. 이슬은 표면 온도가 공기의 이슬점 이하일 때 발생한다. 가시적인 서리는 표면 온도가 이슬점과 결빙점 이하일 때 발생한다.
- 수목은 언덕의 상단 근처, 호수의 바람이 불어가는 쪽 물가, 벽의 양지쪽 부근에 식재하거나, 밤에 천으로 둘러싸고, 관수를 하거나 전기 등이나 가열기로 데워주면 저온으로부터 보호할 수 있다.
- 일부 온대지방 수목은 봄에 기온이 따뜻해질 때 잎눈과 꽃눈이 제대로 생장을 시작하기 위해서는 휴면을 타파하기 위해 4~8주 동안 10°C(50°F) 이하의 온도가 필요하다. 휴면은 특정 수종을 겨울이 끝나기 전에 따뜻한 날씨가 나타나도 생장을 시작하지 않도록 해준다.
- 많은 수목은 생장 단계별로 요구하는 최적 기온이 다르다. 수목이 자라는 기온 범위는 결실을 할 때보다 더 넓다. 발아 가능한 씨앗을 생산하기 위한 온도 범위는 더 좁다.
- 고온 피해는 주로 증산이 수분흡수를 초과하는 건조 문제이다. 적은 기공을 가진 작고 두꺼운 잎은 크고 얇은 잎보다 고온에 더 잘 견딘다. 뿌리는 수목의 지상부보다 온도 극치에 더 민감하다. 가끔 수목의 굵은 가지가 덥고 잔잔한 오후에 또는 오후가 지난 후에 처진다.
- 빛의 색상, 강도, 길이에 대한 민감성은 수종에 따라 다르다. 광합성은 청색광과 적색광을 필요로 한다; 생식생장과 개화의 광주기 조절에는 적색광과 적외선광이 필요하다; 굴광성은 청색광에 의해 영향을 받는다. 주변 녹지의 형광등은 민감한 수목의 생장을 연장시킬 수도 있다.
- 비는 물론 안개와 이슬도 녹지 수목에 대한 중요한 수분 공급원이 될 수 있다. 호우는 녹지의 홍수와 침식을 유발할 수 있다. 우박은 수목의 잎은 떨어뜨리고, 수피와 과일을 손상시키고, 가는 가지를 부러뜨린다. 눈과 우빙은 수목의 가지를 부러뜨릴 수 있다. 눈이나 얼음이 쌓이면 수목 전체가 피해를 입을 수 있다.
- 토네이도, 허리케인, 강풍은 수목을 해체하고 뿌리째 뽑아 버릴 수 있다. 지지목을 설치하지 않고 적절하게 정지(training)된 어린 나무가 높은 초살도를 가진 수간과 뿌리 시스템을 발달시켜 강한 바람에 더 잘 견딜 수 있다. 주기적으로 유지관리된 성목이 불규칙적으로 전정해 준 수목보다 강풍이나 허리케인에 더 잘 견디었다. 강한 해변 바람에 의한 탈습과 염분 독성은 노출된 상단 신초를 죽일 수 있다.
- 대도시의 기후는 식생이 풍부한 시골로부터 도심의 도시 열섬에 이르기까지 동심원을 이루면서 변화한다.

추천문헌

CHANG,J. 1968. *Climate and Agriculture*. Chicago: Aldine.

GEIGER, R. 1961. *The Climate near the Ground*. Cambridge, MA: Harvard University Press.

MATTHECK, C., and H. BRELOER. 1994. *The Body Language of Trees*. London: HMSO.

WALTER, H. 1985. *Vegetation of the Earth and Ecological Systems of the Geobiosphere*. Berlin: Spring-Verlag.

WEISER, C. J. 1970. Cold Resistance and Injury in Woody Plants. Science 169:1269-78.

제4장 식재 부지: 토양과 수분

목표

- 수목생장에 중요한 토양(土壤, soil)과 수분(水分, water)의 특성에 관해 고찰한다.
- 고려될 토양 요소에는 토양 생성과정과 토성, 구조, 깊이, 토층, 지형 등과 같은 물리적 성질이 있다. 수목생장에 중요한 비옥도, pH, 염분(鹽分, salinity) 등과 같은 토양의 화학적 성질과 유기화합물, 생물적 성질도 설명한다.
- 부지 개발이 정지(整地, grading)와 답압을 통해 토양에 어떻게 영향을 미치는가를 포함한 도시 토양의 독특한 특성이 기술된다.
- 토양의 물리적, 화학적 성질과 토양 표본 수집, 결과 해석 등에 대한 방법을 기술한다.
- 수질과 재활용수로 관수하기에 적합한 부지를 선별하는 방법을 기술한다.
- 수목생장에 필요한 여건을 증진시키기 위한 부지 특성의 변경과 관리는 제7장에서 다룬다.

토양은 수목에게 수분, 양분을 공급하고, 뿌리 고정(root anchorage)이 가능하게 해준다. 적절한 뿌리 발달이 가능하고 최적의 수분, **통기(aeraton)**, 양분을 제공하는 토양에서 생장하는 수목은 왕성하게 자라고 건강을 유지할 수 있는 잠재력이 있다. 바꾸어 말하면, 조경수의 생장이 불량한 것은 토양에 기인한다. 토양 여건은, 토양의 기원과 지형학적 발달, 처리 이력 때문에 물론 수목에게 불리할 수도 있다. 새로운 녹지가 조성될 때, 토양은 부지 정지와 공사 중에 변형되고 답압되어 토양 여건이 뿌리의 생장과 기능에 불리하게 되기 쉽다. 이미 조성된 녹지에서도, 토양은 시간이 경과함에 따라 척박해져서 개량이 필요해진다.

수질(水質, water quality)은 수목의 생장에 영향을 미치는 또 다른 요인이다. 물은 특정 수목에 유독한 이온(ion)이나 염(鹽, salt)을 함유할 수도 있다. 양질의 물은 대부분의 수목에 대한 관수에 사용하기에 적합하지만, 수질이 좋지 않은 물은 관수가 제한된다.

토양과 물의 질은 밀접한 관련이 있다. 물은 토양을 통해 이동하기 때문에, 토양과 이온을 교환한다. 염분은 물이 지표에서 증발하기 때문에 토양 내에 남겨진다. 특정한 이온과 염의 축적이 증가함에 따라 민감한 수목에 대한 독성이 나타나서, 토양의 구조와 **배수(drainage)**에 부정적 변화가 나타날 수 있다. 토양과 수분을 평가하는 데는 다음과 같은 네 가지 목적이 있다.

1. **식재에 앞서 해당 부지에 대한 수목의 적합성을 확인하기 위해.** 성공적이고 효율적인 녹지를 조성하기 위해서는 부지 여건과 수목의 요구와 내성 간에 실질적인 조화가 필요하다. 해당 녹지에 대한 수종을 선정하기에 앞선 부지 평가는 부지 여건에 가장 적합한 수종을 확인할 수 있게 해준다. 구체적인 양분 결핍과 독성은 물론 수목 생장의 제약요인까지도 확인되어야 한다. 수목의 건강과 생장, 발달은 '적지적수(適地適樹; right tree, right place) 원칙'이 지켜질 때 극대화된다.
2. **식재 전에 개량작업의 필요성을 확인하기 위해.** 수목생장 여건을 증진시키기 위해 식재 전에 몇 가지 토양 조건에 변경이 필요할 수 있다. 이러한 처리는 토양 본래의 화학적 및/또는 물리적 성질을 변경시키는 것이다. 식재에 앞서 토양과 수분을 평가함으로써 이러한 특성이 동정되어, 적절한 처리가 처방되고 적용될 수 있다. 식재 전 부지 준비는 제7장에서 고찰될 것이다.
3. **녹지관리 활동에 미치는 영향을 평가하기 위해.** 녹지관리는 구체적인 부지 여건에 부합해야 한다. 관수 방법과 일정, 시비 프로그램, **토성개량(土性改良, soil amendment)**, 제염 소요 수량(除鹽所要數量, leaching

requirements), 병해충 관리 등은 부지의 토양과 수원(水源, water source)의 물리적, 화학적 성질에 의해 영향을 받는다.

4. **토양과 수분 관련된 수목 문제를 동정하기 위해.** 수목의 생장이 부진한 것은 배수불량, 과도한 염분, 양분 부족, 답압 등 다양한 토양 요소에 기인할 수 있다. 이러한 특성에 관한 부지 평가는 문제를 정확하게 확인하여 적절한 조치를 취할 수 있게 해준다.

4.1 토양 평가

토양은 수목의 생장과 건강에 긴요하기 때문에, 이에 대한 평가와 사정(査定, assessment)은 설계하고 식재하며 성공적인 녹지를 관리하는데 결정적이다. 토양 평가 작업을 수행할 때 첫 번째로 요구되는 것은 토양의 형성과정과 뿌리 환경으로서의 기능에 대한 이해이다. 토양은 하나의 복잡한 물리적, 화학적, 생물적 시스템이다. 토양 부피의 약 반은, 일부 유기물이 포함된 주로 광물질인 고형물(固形物, solid material)이다; 나머지 반은 공기와 물이 다양한 비율로 채워진 공극(孔隙, pore space)이다. 토양은 또한 여러 가지 세균, 곰팡이, 기타 미생물이 생존하는 살아 있는 시스템이다.

토양 형성

토양은 바위의 화학적, 물리적 풍화에 의해 조성된다. 다섯 가지 토양형성 요소가 토양의 성질을 결정한다: 모암(母岩, parent material), 기후, 지형(地形, topography), 생물적 활동, 시간. 토양은 풍화된 바위 위인 그 자리에서 조성될 수도 있다. 이를 **잔적토**(殘積土, **residual soil**)라고 부르고, 산의 비탈이나 언덕에서 발견된다. 이와는 달리, **퇴적토**(堆積土, **depositional soil**)는 바람, 물, 얼음, 중력에 의해 모암으로부터 분리되어 새로운 장소에 퇴적된다. 물이 이동수단일 경우, 이를 **충적토**(沖積土, **alluvial**)라고 부른다. 대부분의 충적토는 흐르는 물에 의해 산으로부터 퇴적되는데, 이 물은 침식된 잔적토와 하상(河床, stream bed)에 있는 바위가 부서져서 생긴 모래(sand), 미사(微砂, silt), 점토(粘土, clay)를 운반한다. 이러한 토양은 잔적토보다 토심이 더 깊고, 토층이 더 많고, 투수성이 더 좋다.

토양은 역동적이고 진화한다: 시간이 경과하면서 다양한 변화가 발생하여, 지표면 아래에 지표면과 평행하게 다소 시각적으로 구분이 가능한 층이 생긴다. 이러한 층을 **토양층위**(土壤層位, **soil horizon**)라고 부르고, 이들이 모여서 토양단면(土壤斷面, soil profile)을 구성한다(**그림 4-1**). 토양층위는 지표로부터 아래로 내려가면서 *A*, *B*, *C*, *R*로 나타낸다.

그림 4-1 토양단면은 매우 다양하다: 도로단면은 부서진 퇴적암 위에 얇은 토양층을 보여준다(왼쪽); 부서지기 쉬운 표면 *A*층, 30~60cm(1~2피트) 사이에 축적된 *B*층, 아래의 *C*층으로 이루어진 양토(loam soil) (가운데); 어두운(유기물이 많은) 지표층과 약 30cm(1피트) 깊이의 밝은 색의 *A*층, 지표 아래 약 60cm에서 시작하는 *C*층 위의 어두운 *B*층을 가진 식양토(단면의 깊이는 1.5m[5피트]정도 된다) (오른쪽). (사진: USDA Soil Conservation Service.)

- ***A*층(*A* horizon).** 처음 나타나는 뚜렷한 층은 *A*층의 일부를 형성하는 지표에 유기물과 부식질을 분해시키는 어두운 색의 층이다. 더운 기후보다 서늘한 기후에서, 건조한 기후보다 습한 기후에서, 산림보다 초지에서 더 많은 **부식질**(腐植質, humus)이 축적된다. 이것은 수십 년 내에 발달될 것이다. 양분은 이 층에서 용탈되어 아래쪽 층으로 이동된다. 이 층을 보통 표토(表土, topsoil)라고 부르며, 통기성이 좋고, 분해되는 낙엽으로 인해 양분이 많고, 부드럽기 때문에 수목이 생장하기에 가장 적합하다.
- ***B*층(*B* horizon).** 하층토(下層土, subsoil) 또는 집적대(集積帶, zone of accumulation)라고도 하는데, *B*층은 *A*층으로부터 용탈된 점토와 가용성 물질이 축적된 층이다. 점토의 축적이 수천 년에 걸쳐 서서히 일어나기 때문에, *B*층은 안정되고 침식이나 분해가 일어나지 않는 토양에 형성된다.
- ***C*층(*C* horizon).** 토양재료(soil material)라고도 부르는 *C*층은, 아직 *A*층보다 덜 풍화되었지만, 푸석푸석하거나 풍화된 바위로 구성되어 있다.
- ***R*층(*R* horizon).** 풍화되지 않은 바위는 잔적토에서 발견되는 가장 아래층이다.

증발산이 강우를 초과하는 지역에서는, 표토의 물질은 강우량에 따라 빗물이 침투하는 깊이에 비례하여 얕게 용탈된다. 나트륨(sodium)이 주된 양이온(cation)인 경우, 알칼리토양(alkali soil)이 형성된다. 축적된 염의 주성분이 탄산칼슘(calcium carbonate)이면, 이 과정을 석회화(石灰化, calcification)라고 부른다. *B*층에 탄산칼슘이 축적되는 것을 칼리치(caliche)라고 부른다(**그림 4-2**). 고운 토양입자도 *B*층에 축적되어, 물, 공기, 뿌리의 침투가 거의 불가능한 층을 형성할 수도 있다. 23cm 또는 10m(30피트) 이상도 될 수 있는 이러한 기반층/하드팬(基盤層, hardpan)은 집적층인 *B*층의 극단적인 사례이다. 기반층 위의 토심(土深, soil depth)은 강우와 토양의 연령에 따라 10cm 미만에서 수 미터(10~15피트)에 이르기까지 차이가 크다. 기반층은 경운에 의한 답압으로 인해 생긴 같은 깊이의 경반층(耕盤層, plowpan)과 혼동해서는 안 된다(이 장의 구조 참조). 유기질 흑니토(黑泥土, muck soil)와 이탄토(泥炭土, peat soil)는 습한 지역에서 분해된 식물로부터 형성된다.

토양은 3차원의 물체이다. 토양이라고 볼 수 있는 가장 작은 크기가 토양단위체/페돈(土壤單位體, pedon)인데, 이는 토양을 개별적으로 설명하는데 필요한 특성을 모두 포함할 정도로 충분한 크기여야 한다(Singer와 Munns, 1987)(**그림 4-3**). 토양단위체의 크기는 토양의 변이에 따라 작게는 1m^2(3ft^2)에서 크게는10m^2(30ft^2)에 이른다(Craul, 1992). 토양단위체는 작고 경계가 불분명하기 때문에, 유사한 토양단위체가 지도에 표시할 수 있는 단위인 **토양체**(土壤體, polypedon)로 집단화된다. 토양은 이들의 분류와 설명을 용이하게 하기 위해 통(統, series)으로 집단화된다. 통은 유사한 과정에 의해 유사한 물질로부터 발달하고 유사한 단면을 가진 토양단위체를 포함하고 있다. 같은 통 내의 토양은 주로 A층의 토성에 차이가 많다. 토양 통은 보통 이들이 처음 발견되고 기술된 위치의 지리적인 명칭에 의해 명명된다. 통의 이름은 랜싱(Lansing; 미시간 주도) 미사, 핸드포드(Handford) 세사(細沙, fine sand), 더블린(Dublin) 점토 등과 같이 표토의 토성에 따라 다르다.

그림 4-2 칼리치는 B층에 탄산칼슘이 축적된 건조 토양에서 일반적으로 단단하고 밝은 색을 띤 층이다. (사진: Juan Barba.)

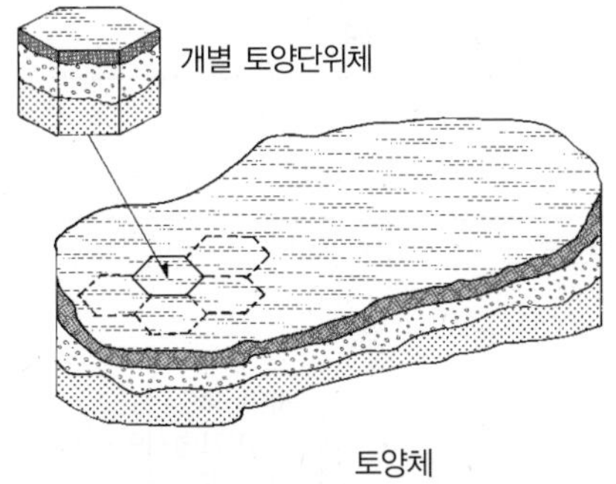

그림 4-3 토양단위체는 토양이라고 간주될 수 있는 가장 작은 크기이다. 유사한 토양단위체는 토양체라고 부르는 지도에 표시할 수 있는 단위로 집단화된다(Craul, 1992).

토양의 물리적 성질

수목의 생장과 건강에 영향을 미치는 토양의 성질은 다양하다. 이들 성질에는 토성(土性, soil texture; 입자의 크기 분포), 구조(構造, structure; 입자의 배열), 토심(土深, soil depth) 등이 있다. 이들 요소는 다시 토양 내 수분의 침투와 이동, 수분과 양분의 보유 능력, 통기성과 뿌리 침투, 이들의 분포 등에 영향을 미친다. 지형(地形, topography)은 수분 집적과 유거(流去, runoff), 침식, 기온에 영향을 미침으로써 토양과 수목에 영향을 줄 수 있다.

토성 토양(土性, soil texture)을 이루는 광물질은 크기와 형태가 혼합된 상태로 존재한다. 입자 크기의 비율이 토성을 결정한다. 광물질 입자의 크기는 세 가지로 정해져 있다: 모래(sand), 미사(微砂, silt), 점토(粘土, clay) (**표 4-1**). 가장 작은 모래 입자의 직경은 가장 큰 점토 입자의 25배이다(**표 4-2**). 미사 입자는 크기가 두 입자 사이에 있다. 모래와 미사 입자는 모양이 둥글거나 모난데 비해 점토 입자는 웨이퍼(wafer; 부드러운 가루 반죽) 같다. 점토 입자는 단위 부피당 큰 표면적을 가지고 있다. 점토는 음전기를 띠고 있어서 양전기를 띤 이온을 끌어당겨 보유(흡수, absorption)한다. 토양 내 점토 입자가 존재하면, 토양의 비옥도(肥沃度, fertility)와 수분보유능력(water-holding capacity)을 크게 높여준다. 돌멩이나 자갈과 같은 큰 입자는 화학적, 물리적으로는 토양에 보탬이 되지 않지만, 공간을 넓혀주고 침투성에 영향을 미친다.

토성은 토양의 주된 입자의 크기(모래, 미사, 점토)와 입자 크기가 토성 삼각도(textural triangle)에서 토질(土質, soil property)에 기여하는 정도에 의해 결정된다(**그림 4-4**). 중간 토질인 양토(壤土, loam)는 모래, 미사, 점토가 동일한 비율로 구성되어 있지 않다. 오히려, 모래와 미사가 점토보다 두 배 정도 많다. 모래가 다소 많아서 거친 감이 드는 양토는 사양토(砂壤土, sandy loam)라고 부른다. 토양이 사질(砂質, sandy)로 분류되기 위해서는 부피 기준으로 모래가 45% 이상 되어야 한다. 마찬가지로, 미사질 토양도 미사 함량이 40% 정도는 되어야 한다. 토양이 점토질로 분류되기 위해서는 점토가 최소 20%는 필요한데, 이는 토양의 성질을 주도하는데 점토는 모래나 미사보다 적은 양이 필요하기 때문이다.

주어진 토양의 특징은 일부 토성에 의해 결정된다. 물의 투과(透過, percolation)와 보유(保有, retention), 통기, 양분 보유력, 토양강도(土壤强度, soil strength)는 토성의 영향을 받는다. 사질 토양의 큰 공극은 투수성, 통기성, 작업성(作業性, workability)을 높여주는 대신, 수분과 양분의 보유능력을 낮춘다. 반대로, 점토질 토양은 작은 입자로 물의 이동이 느리고 통기성과 작업성이 낮은 반면, 수분과 양분 보유력이 높다. 양토(loam soil)는 중간 정도의 특징을 나타내며, 각각의 입자 크기가 가지고 있는 바람직한 속성을 결합시키기 때문에 다양한 수목이 생장하는데 이상적이다.

토성에 의해 토양을 구분하는 또 다른 방법은 거침(coarse), 중간(medium), 고움(fine)으로 구분하는 것이다. 거친 질감의 토양에는 모래, 양질사토(壤質砂土, loamy sand), 일부 사질양토(砂質壤土, sandy loam)가 있다. 이들은 일반적으로 배수가 잘 되어 마르기 쉽다. 중간 질감의 토양에는 양토, 사질양토, 미사질양토(silt loam), 일부 사질식양토(砂質埴壤土, sandy clay loam)와 식양토가 있다. 이들은 일반적으로, 구조가 적합한 경우, 여러 수목에 가장 좋은 유형의 토양이다. 식토(埴土, clay), 사질식토(砂質埴土, sandy clay), 미사질식토(silty clay), 식양토(clay loam)는 고운 토성의 토양이다. 이들은 개별 토양의 구조에 크게 영향을 받지만, 일반적으로 다른 토양보다 배수가 느리고, 통

표 4-1 모래, 미사, 점토의 특성

	입자 크기	감촉	수목생장에 미치는 특성				
			수분 침투성	통기성	수분 보유력	양분 저장 능력	입단 능력
모래 (sand)	육안으로 볼 수 있다. 2.0~0.05mm	거칠다	빠르다	양호	낮다	낮다	낮다
미사 (silt)	현미경으로 볼 수 있다. 0.05~0.002mm	건조하면 부드럽고, 젖으면 미끄럽지만 끈적이지 않는다.	느리다	불량	중간	중간	낮다
점토 (clay)	전자현미경으로 볼 수 있다. < 0.002mm	젖으면 끈적이거나 가소성이 있다.	구조에 따라 중간 또는 불량	구조에 따라 중간 또는 불량	높다	높다	높다

표 4-2 입자 크기에 의한 토성 분류

입자	직경 크기(단위: mm(인치))			
	USDA 분류체계		국제 분류체계	
자갈	> 2.0	(> 0.08)	—	
매우 거친 모래	2.0~1.0	(0.08~0.04)	—	
거친 모래	1.0~0.5	(0.04~0.02)	2.0~0.2	(0.08~0.008)
중간 모래	0.5~0.25	(0.02~0.01)	—	
가는 모래	0.25~0.10	(0.01~0.004)	0.2~0.02	(0.008~0.0008)
매우 가는 모래	0.10~0.05	(0.004~0.002)	—	
미사	0.05~0.002	(0.002~0.00008)	0.02~0.002	(0.0008~0.00008)
점토	< 0.002	(< 0.00008)	< 0.002	(< 0.00008)

출처: Hartmann 등. 1988. *Plant Science: Growth, Development, and Utilization of Cultivated Plants.* Prentice Hall, Inc., Upper Saddle River, NJ.

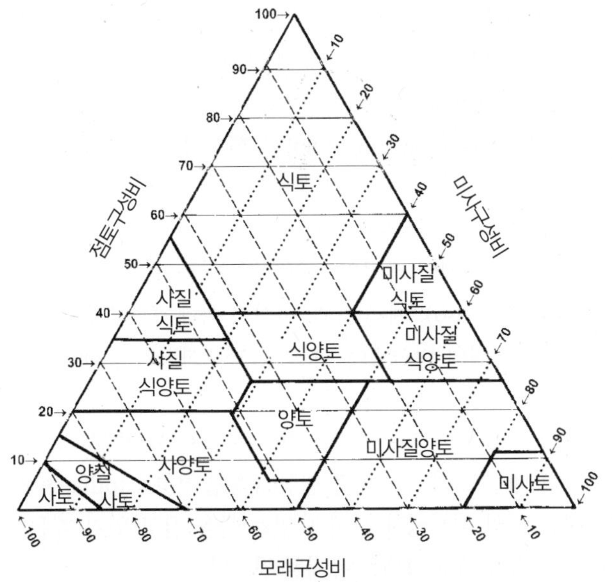

그림 4-4 토성 삼각도는 각각 다른 토성 유형을 보여준다(USDA). 기계적인 분석치를 이용하여 토성을 확인하기 위해서는 모래, 미사 점토 비율에 해당하는 선을 따라 이들의 교차점까지 따라 가라.

기성이 좋지 못한 반면, 양분과 수분 보유력은 더 크다.

구조 토양구조(土壤構造, soil structure)는 토양 입자들이 토괴(土塊, ped)라고 부르는 단위로 어떻게 배열되어 있는가를 설명할 때 사용하는 질적인 용어이다. 토양 내 대부분의 입자는 하나씩 분리되어 있지 않고, 하나의 큰 입자처럼 행동하는 입단(粒團, aggregate)으로 모여 있다. 토괴는 직경이 수 mm에서 수 cm까지 다양하고, 형태도 다르며, 연결 강도가 약한 것도 있고 강한 것도 있다. 입단 사이에는 물과 공기가 이동하고 뿌리가 자랄 수 있는 대공극(大孔隙, macropore)이라고 부르는 공간이 있다. 입단 내부에는 개별 입자 사이에 미세 공극(micropore)이 있다. 미세 공극 내의 수분과 양분 보유능력은 주로 입자의 크기와 형태에 의해 영향을 받는다.

잘 뭉쳐진 토양에서 입단 사이의 대공극은 양호한 통기와 뿌리 침투를 용이하게 하고 입단 내의 미세 공극은 수분을 보유하기 때문에, 수목에게는 바람직한 구조이다. 주로 모래와 미사로 된 토양은 잘 뭉쳐지지 않는데, 그래서 이러한 특성은 주로 토성에 의해 정해진다. 한편, 식토(clay soil)의 특성은 대개 구조의 영향을 받는다. **잘 결합된 식토에서는 일반적으로 사질토와 관련된 특성인 양호한 배수, 통기, 뿌리 침투가 가능하면서도 더 많은 수분과 양분을 보유할 수 있다.**

대부분의 수목에 가장 좋은 구조는 입상구조(粒狀構造, granular structure)이다. 둥근 토괴는 대공극 비율이 높은 다공질 토양을 형성한다. 입상구조는 주로 양토와 일부 식토에서 유기물 함량이 높고 토양이 습윤(濕潤, wetting)과 건조(乾燥, drying)가 빈번하게 발생하는 *A*층에서 나타난다. 가장 좋지 않은 구조가 약하게 결합된 괴상구조(塊狀構造, massive structure)이다. 괴상구조는 유기물 함량이 낮고 미사와 비팽창성 점토(nonexpansive clay) 비율이 높은 토양에서 흔하다. 하나의 토양 단면 내에서 하나 이상의 토양구조가 다른 층에 존재할 수도 있다.

토성과는 달리, 토양구조는 변할 수 있다. 토양 입자는 전기적 및 화학적 결합의 연합, 수목의 뿌리와 미생물(微生物, microorganism)에 의해 생성된 아교질의 물질, 수산화철과 수산화알루미늄 등에 의해, 입단 내에서 서로 붙잡고 있다. 분해되는 유기물은 토양 입단의 발달과 안정화에 도움을 준

표 4-3 토심 분류

구분	토심 범위			
	Storie(1932)		USDA	
	mm	인치	mm	인치
매우 얕음	< 300	< 12	< 250	< 10
얕음	300~600	12~24	250~500	10~20
중간 깊이	600~900	24~36	500~900	20~36
깊음	900~1,200	36~48	> 900	> 36
매우 깊음	> 1,200	> 48	> 1,500	> 60

출처: Wildman and Gowans, 1975.

다. 토양 집합은 속도가 느린 과정이지만 쉽게 부서질 수 있다. 기계적인 수단에 의해 토양입자가 부서지는 것을 답압(踏壓, compaction)이라고 부른다(도시 토양에서 자세히 고찰함). 입단은 화학적으로 파괴될 수도 있는데, 염분 함량이 높은 물을 관개하면 분산(分散, dispersion)이라는 과정을 통해서 일어난다(알칼리 토양에서 자세히 고찰함).

많은 농장에서 흔히 하는 것처럼, 매년 같은 깊이로 경운하면 경운하는 깊이 바로 아래의 토양에 답압이 발생한다. 이는 경반층이라고 알려진 25~50mm(1~2인치) 두께의 매우 조밀한 층을 만들어낸다. 경반층은 수분과 공기의 이동을 방해하기 때문에, 농장이 녹지조성 부지로 전환될 때 문제가 될 수 있다.

토심과 층화 토심(土深, soil depth)은 뿌리 시스템의 크기에 영향을 주기 때문에 수목을 관리하는데 중요하다. 일반적으로, 토양이 깊을수록 뿌리 시스템이 크고, 따라서 수목이 이용하는 양분과 수분의 공급이 많아진다. 토성과 구조에 따라 차이가 있겠지만, 배수설비가 있더라도 깊이는 지표 토양의 수분함량에 영향을 줄 수 있다.

토심은 지표로부터 기반암이나 지하수위(地下水位, water table)까지 측정된다. 그러나 토양단면에는 화학적 또는 물리적 성질 때문에 뿌리가 자랄 수 없는 층이 있을 수 있다. 유효뿌리깊이(effective root depth)는 토양 중에서 뿌리가 자랄 수 있는 부분을 가리킨다. 특기할 층화(層化, layering)가 없는 충적토(沖積土, alluvial soil)는 유효뿌리깊이가 1.5m(5피트) 이상 될 수 있고, 점토경반층(粘土硬盤層, claypan) 토양은 30cm(12인치) 정도, 또는 점토층 위 토양의 깊이 정도가 될 것이다. 토심을 확인하기 위해서는, 토양의 어느 층이 뿌리와 수분의 침투를 방해하는가를 조사할 필요가 있다.

토양을 통한 뿌리와 수분의 침투는 위 또는 아래 토양과 토성이 확실히 차이가 나는 층에 의해 바뀔 수 있다. 심토층(subsoil layer)에서 점토가 현저하게 증가하면, 물이 주수위(宙水位, perched water table)를 형성하여 상층에 상당기간 축적되고 통기성이 나빠 뿌리가 손상될 것이다. 이러한 여건을 침수(浸水, waterlogging)라고도 한다. 모래층이나 자갈층도 정상적인 뿌리의 하향 침투와 물의 여과를 방해할 수 있다(그림 8-6). 예를 들면, 미사층 아래에 모래층이 있을 경우, 물은 위의 미사층이 어느 정도 포화되기 전에는 모래층으로 자유롭게 배수되지 않는다. 이러한 포화된 층이 뿌리를 손상시킬 수 있다. 포화된 지대는 입자 사이에서의 물의 흐름이 매우 느리고 모세관 현상(毛細管現象, capillarity)이 모래층 위의 미사입자 사이에 있는 물을 잡고 있기 때문에, 배수가 된 후에도 그대로 유지될 것이다.

지형 지형(地形, topography)은 땅 표면의 높낮이이다. 미기후, 물의 이동, 토심 등은 언덕, 산마루, 저습지(低濕地, swale), 비탈 등과 같은 지형적인 특성에 의해 영향을 받는다. 토양은 언덕의 상단과 산마루에서는 얕고, 침식과 퇴적 때문에 저습지와 계곡에는 깊다.

지표에 가까운 토양과 공기의 온도는, 태양에 대한 노출 차이로 인해 경사의 방향, 즉 향(向, aspect)에 따라 다를 것이다. 캘리포니아 중부지역 고속도로 교차로에서, 가을의 중간쯤 지표 아래 25mm(1인치)에서의 토양온도를 측정한 결과, 양지쪽 경사지에서는 34°C(93°F), 음지쪽 경사지는 17°C(62°F)로 나타났다. 이 정도의 온도범위는 수목의 분포와 생육기 중 증산량에 크게 영향을 미칠 수 있다. 언던 상단 가까이에서는, 이러한 온도극치가 3m(10피트) 내에서도 존재할 수 있다. 스프링클러나 점적관수를 할 경우, 두 향에 대해 공급하는 물의 양을 달리해야 할 것이다.

토양의 화학적 성질

토양 비옥도(肥沃度, fertility) 토양은 부피 기준으로 무기물이 절반을 차지하고, 유기물이 1~6% 정도 차지하며, 나머지가 공극이다. 무기물 입자, 특히 점토와 유기물은 식물생장에 필수적이라고 알려진 17개 요소 중에서 14개 요소의 주된 저장소이다(표 12-1). 양분은 토양 내에 다양한 상태로 존재한다.

- 토양의 액상(토양 용액)에 녹아 있는 이온(ion)
- 결정성 침전물(結晶性沈澱物, crystalline precipitate; 인산칼슘, 석회, 석고)과 조암광물(造岩鑛物, rock mineral; 장석, 운모)
- 토양 유기물
- 토양 입자(특히 점토와 유기물) 표면에 흡착된 치환가능 이온

용액에 녹아 있는 양분은 수목의 뿌리에 흡수될 수도 있고 쉽게 용탈될 수도 있다. 양분이 수목에 의해 흡수되거나 용탈되면, 보통 더 많은 양분이 용액으로 들어온다. 양분은 토양 입자가 풍화되고(느린 과정) 유기물이 분해되면서 가용하게 된다. 그러나 입자 표면에 양분을 흡수할 수 있는 토양의 능력이 대체로 비옥도와 생산성을 결정한다.

양이온 치환 능력 뿌리가 가장 쉽게 이용할 수 있는 양분은 토양 입자를 둘러싸고 있는 물에 녹아 있고 점토 표면에 흡수된 것들이다. 토양 입자는 음이온을 띠고 있고, 따라서 양전기를 띤 이온(양이온)을 끌어당기게 된다. 양이온을 흡수할 수 있는 토양의 능력을 **양이온 치환 능력**(陽이온置換能力, cation exchange capacity, CEC)이라고 부른다. 토성이 미세할수록 단위 부피당 표면적이 넓어져서 CEC가 크다. 미세한 질감의 토양은 일반적으로 CEC가 높기 때문에 거친 질감의 토양보다 더 비옥하다.

토양 입자가 가지고 있는 양이온은 치환이 가능한데, 이들은 용액으로 들어가서 용액 내의 다른 양이온에 의해 대체된다. 흡수된 이온이 치환 가능하지만, 용액 내 다른 이온에 의해 대체되지 않는 한 용탈되지 않을 정도로 꽤 튼튼하게 부착되어 있다. 용액 내 이온과는 달리, 치환가능 양이온은 쉽게 용탈되지 않는다.

음이온 토양 용액은 양이온과 상대적인 음전기를 띤 이온인 음이온(陰-, anion)을 함유하고 있다. 질산염(窒酸鹽, nitrate), 황산염(黃酸鹽, sulfate), 인산염(燐酸鹽, phosphate)이 음이온을 띤 토양 용액 내 주 양분이다. 질산염은 거의 완전히 용해되어 뿌리에 쉽게 이용되거나 용탈될 수 있다. 황산염은 중간 정도 용해되고 질산염 이온보다 덜 용탈된다. 인산염은 대부분의 토양에서 침전물 형태로 존재하며, 산성토양에서는 불용성의 인산철(iron phosphate)과 인산알루미늄(aluminum phosphate), 중성과 알칼리 토양에서는 인산칼슘calcium phosphate) 상태로 존재한다.

토양반응 pH로 표현되는 토양반응(土壤反應, soil reaction)은 토양의 산도(酸度, acidity)나 알칼리도(alkalinity) (**그림 4-5**), 또는 수소(hydrogen, 산성)와 수산화물(hydroxide, 알칼리) 이온의 상대적인 비율을 나타낸다. 두 이온의 동등한 농도는 중성반응으로 pH가 7.0이다. 토양이 산성화됨에 따라 pH는 낮아지고, 알칼리화됨에 따라 pH는 높아진다. pH 한 단위 변화는 수소와 수산화물 이온 농도가 10배(대수관계) 변한다는 것을 가리킨다.

토양반응은 식생은 물론 강우와 토양 배수의 영향을 받는다. 초본은 침엽 낙엽보다 높은 농도의 칼슘과 마그네슘을 함유하고 있다; 따라서 기본 영양소의 재활용에 의해 초본 아래의 지표로부터 더 많은 수소이온이 치환되고 용탈된다. 초본은 산림 수목, 특히 침엽수보다 토양을 더욱 알칼리화하는 경향이 있다(Halfacre와 Barden, 1979). 침엽수의 침엽을 멀칭재료로 사용하는 것이 산성 토양을 유지하는데 도움을 주는 한 가지 방법이 된다. 산성 토양을 선호하는 대부분의 수목은 습도가 높고 강우량이 많은(연간 500mm[20인치] 이상) 기후에서 배수가 잘되는 토양에서 발달하는데, 이러한 환경은 기본적인 이온, 주로 칼슘과 마그네슘을 용탈하고 대신 이들을 수소이온으로 대체한다. 배수가 불량한 토양은 대부분의 기본 이온을 보유하고 있어서 알칼리 토양이 된다. 배수가 잘되더라도, 건조지역(연중 강우량이 500mm 미만인 지역)에 있는 대부분의 토양은 강우량이 기본 이온을 용탈할 정도로 충분하지 않기 때문에 중성 또는 알칼리이다. 사실, 이온은 대부분 건조한 환경 하에서 축적된다.

토양반응은 주로 이온의 용해성(溶解性, solubility)과 미생물의 활동에 영향을 미침으로써 수목의 생장에 간접적으로 영향을 미친다. 많은 양분, 특히 인(燐, phosphorus)과 미량원소(微量元素, micronutrient)의 가용성은 pH에 의해 크게 영향을 받는다. 몰리브덴(molybdenum)과 염소(chloride)를 제외하고, 미량원소는 토양 알칼리성이 높아짐에 따라 가용성이 감소하게 된다. pH가 높은 토양에서는, 보통 철과 망간만이 심각하게 결핍된다. 그러나 망간과 알루미

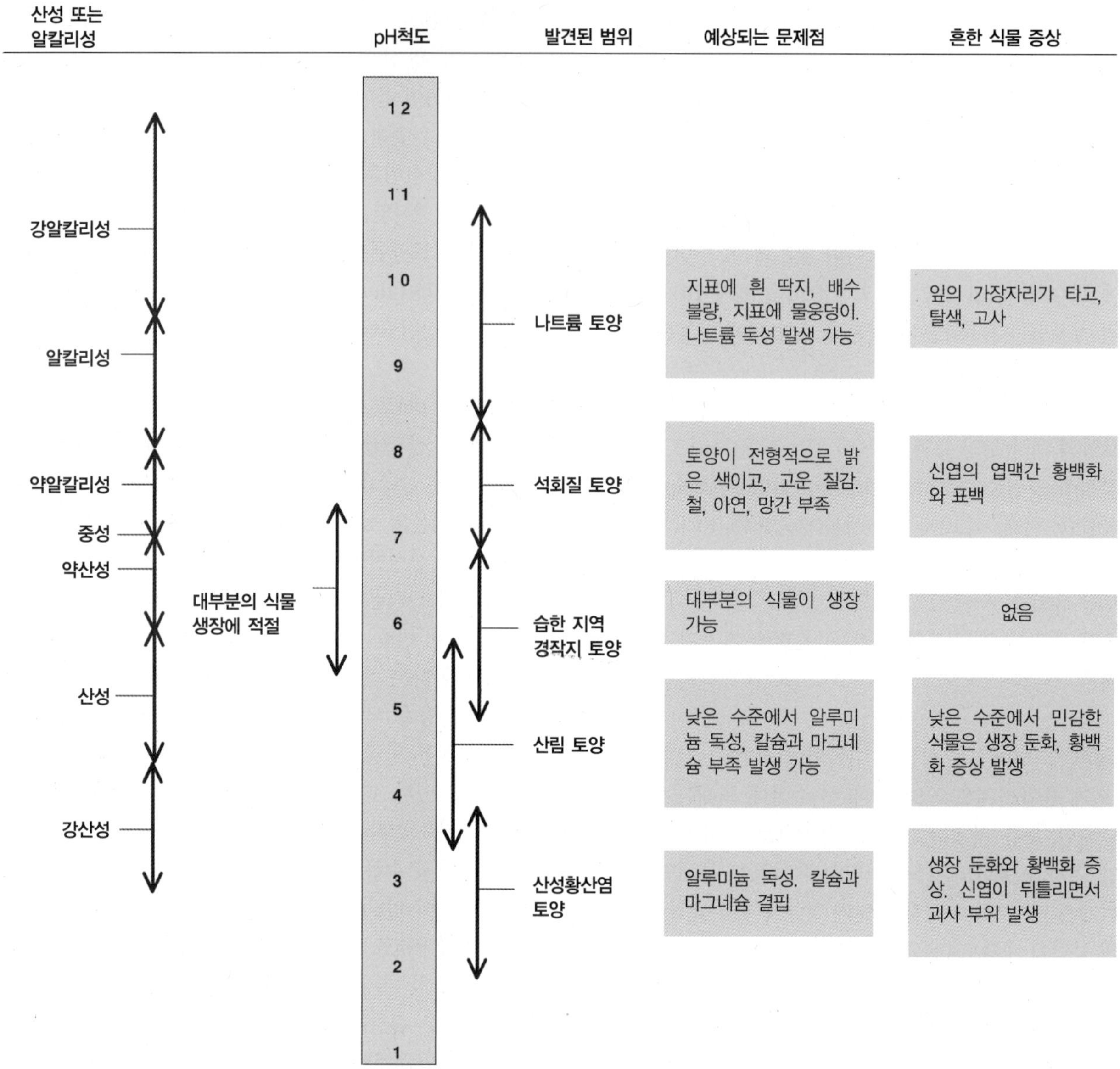

그림 4-5 토양의 상대적인 알칼리도와 산도(pH), 예상되는 관련 수목문제(Harris 등, 1977; Brady와 Weil, 1996).

늄은 보통에서 높은 산성 여건 하에서 유독한 수준에 이를 수 있다. 토양 내 대부분의 미생물, 특히 질소고정 박테리아의 활동은 pH 5.5의 산성토양에서 위축된다. 대부분의 콩과 식물은 질소고정 박테리아가 번성할 수 있는 중성 또는 알칼리 토양에서 더 잘 자란다. 반대로, 침엽수 농장 토양은 모잘록병(damping off)과 다른 곰팡이 병 피해를 줄이기 위해 pH를 5.5 이하로 유지하기도 한다(Pritchett, 1979).

많은 수목은 5.5에서 8.3까지 폭넓은 pH 토양에서, 특히 배수가 잘 되는 경우 잘 자란다. pH가 6.0에서 6.5 사이인 토양이 가장 좋다고 생각된다. pH 4.0에서 6.5 사이의 토양에서 잘 자라는 산성을 좋아하는 수목은 통기성(배수)이 좋은 토양에서 가장 잘 자란다. 자생 서식지를 잘 살펴보면 pH 범위에 대한 수목의 내성을 추정할 수 있다. 건조한 지역 출신의 수목은 일반적으로 알칼리 토양에 잘 적응되어 있는 반면, 습한 환경 출신 수목은 산성 토양에서 가장 잘 자란다(Brady와 Weil, 1996).

석회질 토양 석회질(*石灰質*, calcareous) 토양은 중량 기준으로 2% 이상의 탄산칼슘(calcium carbonate)을 함유하고 있다. 이 토양은 전형적으로 색이 밝고, 고운 질감이며, 배수가 불량한 경우도 있다. pH는 알칼리성으로 보통 7.5~8.0 범위이다. 석회성분이 높은 토양에서 자라는 민감한 수목은 철분 부족에 기인한 석회 유발 황백화현상이 나타난다(**그림 4-6**).

그림 4-6 석회질 또는 알칼리 토양에서는 위 철쭉처럼 민감한 수목은 철분부족 증상인 황백화 증상을 보일 수 있다.

특징으로는, 엽맥은 녹색을 유지한 채 잎이 노랗게 변하고, 잎의 가장자리가 타기도 한다. **석회질 성분이 많은 토양의 pH를 낮추기 위한 화학적 처리는 탄산칼슘 함량이 높기 때문에, 대개 효과적이지 못하다.** 따라서 석회질 토양에 식재할 때에는 이러한 토양에 내성이 있는 수목을 선정하는 것이 중요하다.

토양 염분 토양은 염(鹽, salt)의 혼합체이다. 가용성 염의 농도가 높은 것을 **염분이 있다(saline)**라고 한다. 염은 토양의 모암으로부터 유래할 수도 있고, 관개되는 물이나 높은 지하수위, 해빙염 등에 의해 토양에 축적될 수도 있다. 토양 염분(soil salinity)은 연간 강우량이 750mm(30인치) 미만인 건조 지역이나 해안 지역에서 종종 문제가 된다. 빗물이나 관개수(灌漑水, irrigation water)가 토양 깊이 침투하지 못하면 염이 지표 가까이 남게 된다. 지하수는 일반적으로 지표 관개수(강이나 호수로부터)보다 더 많은 염을 함유하고 있다. 지하수위가 지표에 가까운 곳에서는 일부 수분이 증발과 식물의 이용으로 인해 위로 움직인다. 이렇게 되면 지표의 염분 농도가 높아져서 식물생장은 둔화된다. 좋은 토양도 한 계절 정도는 염분 토양이 될 수 있다.

지표면에 형성된 흰 딱지는 보통 나트륨, 칼슘, 마그네슘 등의 염 혼합체이다. 대부분의 촉촉하고, 검고, 미끄러운 지표는 염화칼슘(calcium chloride)이 과다함을 나타낸다. 이러한 염은 물에 쉽게 녹기 때문에, 토양염도를 높인다. 석회(石灰, lime)나 석고(石膏, gypsum) 같은 다른 염들은 물에 잘 녹지 않아서 토양염도를 크게 높이지 않는다.

겨울에 얼음을 녹이기 위해 염화나트륨이나 염화칼슘이 사용되는 도로변에서는 과도한 염이 문제가 될 수 있다(Carpenter, 1970). 토양에 살포하거나 식물에 뿌릴 경우, 염화나트륨이 염화칼슘보다 더 높은 독성을 보여주었다. 염이 도로에 살포되었을 때, 통행에 의해 발생되는 물보라에 존재하는 염이 토양 속으로 배수되는 염보다 수목에 더 많은 피해를 줄 수 있다. 이는 토양염분에 내성이 강한 수목이 반드시 잎에 대한 염분 분무나 안개에 강하지 않을 수도 있기 때문이며, 반대의 경우도 있을 수 있다.

염류토양(鹽類土壤, saline soil)은 몇 가지 이유로 바람직하지 않다. 염분은 이에 민감한 수목의 생장을 둔화시키고, 잎의 가장자리를 죽이며, 심하면 수목 자체를 죽일 수도 있다(그림 18-11). 나트륨, 보론(boron), 염소는 일부 수목에 대해 엽소, 낙엽, 줄기 고사 등의 특정한 손상을 초래할 수 있다. 나트륨 함량이 높으면 토양구조에도 좋지 않은 영향을 미쳐서, 통기 불량과 느린 수분 침투로 이어질 수 있다. 그리고 염류 토양에서는 삼투장력(osmotic tension)이 높아서 수목에 대한 수분 가용량이 감소한다. 이러한 환경에서는 관개를 더 자주 해주어야 한다.

염도는 보통 토양침출액(土壤浸出液, soil extract)의 cm 당 밀리모(millimho) (mmho/cm)로 나타내는데, 이는 **전기전도도(electrical conductivity, EC)**를 측정하는 단위이다. 전기전도도의 미터법 단위는 미터당 데시지멘(decisiemen) (dS/m)이다. 1dS/m는 1mmhos/cm과 동일하다. 토양염도가 높을수록 침출된 토양용액의 전기전도도도 높을 것이다(ECe). 가용성 염 함량이 수목 생장에 나쁜 영향을 미칠 만큼 높으면 그 토양은 염류 토양이다. 이 수준은 민감한 수목인 경우 3dS/m 정도로 낮을 수 있지만, 일부 수종은 10dS/m의 토양에서도 잘 자랄 수 있다.

알칼리 토양 강우가 용탈에 필요한 양에 미달하는 건조 또는 반건조(semiarid) 지역에서는, 토양은 항상 알칼리성이고 염분이 높다. 개량수단은 염분을 토양으로부터 용탈시키는 것이다(제7장 참조). 나트륨이 치환용량(exchange capacity)의 15% 이상 되면, 중간 또는 고운 질감의 토양은 점토의 해교(解膠, deflocculation; 개별 입자로 분산)로 인해, 입단구조를 상실할 것이다. 이러한 토양을 알칼리 토양 또는 **나트륨성 토양(sodic soil)**이라고 부르며, 공기와 수분의 투과성이 매우 낮다.

중금속 중금속(重金屬, heavy metal)에는 비소(砒素, As), 카드뮴(Cd), 납(Pb), 구리(Cu), 크롬(Cr), 니켈(Ni), 아연(亞鉛, Zn), 수은(水銀, Hg), 망간(Mn) 등이 있다. 이 중 일부는 수목에 필수영양소이지만(제12장 참조), 이들의 농도가 과도하게 높으면 문제가 발생할 수 있다. 중금속의 공급원은 모암이나 화산 분출, 산불 등과 같은 자연일 수도 있고, 화석

표 4-4 토양 내 주요 중금속의 공급원

	공급원	As	Cd	Co	Cr	Cu	Hg	Mn	Ni	Pb	Zn
자연적											
	모암의 풍화, 빙역토(glacial till, 氷礫土), 강물에 의한 퇴적		X		X	X			X	X	X
	화산 분출 가스		X		X	X	X	X	X		X
	비와 눈		X			X				X	X
	해양 연무질(물보라/안개)	X	X			X		X	X		
	육상 먼지				X			X	X		
	산불	X	X			X	X		X	X	X
인위적											
	화석연료 연소	X	X	X		X			X	X	X
	연료유 연소					X			X	X	
	공장과 주택 굴뚝					X			X	X	X
	자동차(배기, 폐기물)		X		X		X		X	X	X
	채광과 제련										
	납(lead) 산업		X			X				X	X
	아연(Zinc) 산업		X			X				X	X
	크롬과 니켈 산업			X		X		X	X	X	X
	비료 산업		X		X				X		X
	농약 산업	X				X	X				
	석회질 물질(liming material)					X		X			X
	염기성 광재(鹽基性鑛滓, basic slag)		X						X	X	
	유기질 비료(organic manure)		X		X	X		X	X	X	X
	하수 오니(下水汚泥, sewage sludge)		X		X	X		X	X	X	X

출처: Baligar 등, 1998.

연료의 연소나 채광과 제련, 농약과 하수오니(下水汚泥, sewage sludge)의 살포 등과 같은 인간 활동일 수도 있다(Baligar 등, 1998) (**표 4-4**). 도시토양은 시골토양에 비해 중금속 농도가 더 높은 것으로 나타났다.

중금속은 보통 토양 입자나 유기화합물과 결합되며 토양 pH가 산성이 아니면 쉽게 용탈되지 않는다. 또한 이들은 이동하지 않기 때문에 시간이 경과하면서 축적되기 쉽다. 중금속(주로 Zn, Cu, Ni, Cd, Pb에 대해 연구됨)은 중간 또는 강산성 조건에서 더 잘 녹는다(Brady와 Weil, 1999). 일단 중금속이 용액 내에 존재하면, 지하수에 용탈되어 오염되고 식물에 의해 흡수될 수 있다.

중금속은 뿌리 생장을 억제하고 다른 스트레스에 의한 쇠퇴를 유발하는 소인(素因, predisposition)이 된다고 보고되어 있지만, 수목에 직접적으로 유독한 경우는 드물다(Baligar 등, 1998; LeBlanc와 Loehle, 1993). 많은 식물은 뚜렷한 손상 없이 중금속을 축적한다. **주된 관심은 식물 조직에 축적된 중금속이 동물에게 유독할 수 있다는 것이다.** 문제는 동물이 중금속으로 오염된 토양에서 자라는 열매, 식물, 잎 등을 섭취하거나 중금속이 먹이 사슬(food chain)을 따라 농축될 때 발생한다.

토양의 생물적 성질

찻숟갈 하나 정도(5ml)의 토양에 수십 억 개의 살아 있는 유기체가 존재할 수도 있다(Clark, 1957). 토양 서식동물 중에는 유기물을 분해하는 것, 공기로부터 질소를 고정하는 것, 질소를 변형시키는 것, 토양의 경작성을 향상시키는 것,

항생물질을 생산하는 것, 기타 식물의 생존에 긍정적 또는 부정적 영향을 미치거나 전혀 영향을 미치지 않는 것 등이 있다.

토양 유기체는 먹이와 공간을 두고 경쟁하는 상호의존적 식물과 동물의 먹이 사슬의 일부이다. 식물은 태양, 이산화탄소, 물의 에너지를 먹이로 전환하는 1차 생산자이다(다음 항의 토양 유기물 참조). 소비자는 이러한 식물을 먹고 사는 유기체들이다. 초식동물(草食動物, herbivore)은 살아 있는 식물을 먹는 반면, 잔사섭식생물(殘死攝食生物, detrivore)은 죽은 동식물을 먹고 산다. 토양 유기체도 모든 생명체와 마찬가지로 다음과 같은 네 가지 기본적인 요구조건이 있다(Singer와 Munns, 1987):

1. 토양 공극 내, 토양 입자와 뿌리 표면에 있는 공간
2. 원하는 pH와 염도를 가진 물
3. 적절한 양분
4. 원하는 온도

양분, 물, 온도는 종다양성과 밀도에 대한 1차적인 제약요소이다. 폭넓은 유기체에 유리한 조건을 제공하는 토양에는 많은 서식처가 존재한다. 이러한 서식처는 식물이 발달하고, 환경 조건이 변화하고, 시간이 경과함에 따라 유기체의 천이가 진행되면서 바뀐다. 건강한 생태계에서는 죽은 동식물의 부스러기가 계속적으로 토양에 공급되고, 다양한 미생물과 잔사섭식생물의 공격을 받는다. 유기체의 활동으로, 가을에 떨어진 잎이나 지표에 덮어둔 멀칭재료는 이들이 소비하면서 점차 없어진다. 이러한 활동의 부산물은 식물생장에 유리한 토양환경을 창출하여, 더 많은 유기물질이 생산된다. 개별 유기체의 활동은 서로에게 도움을 주기도 하고 서로 경쟁하기도 한다. 먹이 사슬에서의 소비자들은 크게 1차, 2차, 3차 소비자로 분류된다:

1차 소비자(primary consumer)는 식물체에 저장된 에너지를 활용하기 위해 유기물 잔해를 먹고 산다. 크기는 뒤쥐(gopher)나 생쥐(mouse)처럼 비교적 큰 척추동물(脊椎動物, vertebrate)로부터 진드기(mite)와 같은 작은 절지동물(節肢動物, arthropod)에 이르기까지 다양하다. 지렁이(earthworm)는 가장 잘 알려진 1차 소비자이다. 1차 소비자는 식물 사체의 분해를 크게 향상시킨다(Brady와 Weir, 1996).

2차 소비자(secondary consumer)는 1차 소비자의 몸체를 먹고 산다. 이들에는 박테리아, 곰팡이, 지네(centipede), 선충(線蟲, nematode), 달팽이(snail) 등이 있다.

3차 소비자(tertiary consumer)는 먹이로 2차 소비자를 이용한다. 많은 3차 소비자가 2차 소비자이기도 하다: 개미, 지네, 거미, 진드기, 전갈 등(Brady와 Weir, 1996).

미생물은 각 단계별로 활발하게 활동한다. 이들은 살아 있는 동식물이나 죽은 동식물의 파편을 모두 직접 공격하며, 유기물의 소화를 도와주기 위해 많은 토양 동물의 소화관(消化管, digestive tract) 내에 살기도 한다(Brady와 Weir, 1996). 건강한 토양 시스템은 유기물 분해가 다수의 종에 의해 수행되는 다양한 유기체 집단에 의존한다(**상자 4-1** 참조).

상자 4-1

토양 서식 생물

- 고등 식물(higher plant)
  - 뿌리
  - 구근(球根, bulb)
  - 뿌리줄기(rhizome)
  - 알줄기/구경(球莖, corm)
- 동물(動物, animal)
  - 굴토성(掘土性, burrowing) 포유류
  - 파충류(爬蟲類, reptile)
  - 곤충(昆蟲, insect)
  - 민달팽이와 달팽이(slug and snail)
  - 노래기(millipede)
  - 지렁이(earthworm)
  - 진드기(mite)
  - 원생동물(原生動物, protozoa)
- 미생물(微生物, microbe)
  - 곰팡이(fungi)
  - 조류(藻類, algae)
  - 박테리아
  - 방선균(放線菌, actinomycete)

토양동물 토양에 대한 동물의 유용성은 기본적으로 크기의 역순이다(Pritchett, 1979). 더 중요한 동물은 곤충, 벌레, 원생동물(protozoa), 선충 등이다. 다양한 곤충과 거미류가 유기물을 씹어서 토양 속으로 이동시킨다. 이들은 유기물을 작은 조각으로 찢고 씹어서 이들을 토양 속으로 이동시키는데 중요한 역할을 한다.

지렁이(earthworm)는 아마 가장 잘 알려진 토양 동물로서 가장 큰 공간을 차지하고 있다. 이들의 존재는 토양이 통기성이 좋고, 물리적 조건이 좋고, 식물 생장에 유리하다는 것을 의미한다. 지렁이는 엄청난 양을 혼합하고 기름지게 하여 습하고, 부드럽고, 비옥한 토양을 만드는데 기여한다.

단세포 유기체인 원생동물은 수가 가장 많은 토양 동물이다. 이들은 주로 지표에서 유기물과 박테리아를 분해한다. 현미경으로 관찰이 가능한 선형동물인 선충은 사물기생(死物寄生, saprophytic)과 활물기생 두 가지가 있다. 사물기생균(死物寄生菌, saprophyte)은 독립생활하며, 보통 유기물을 분해함으로써 도움을 준다(Pritchertt, 1979). 기생선충 중 일부는 토양 내 다른 미생물을 공격하여 바람직하다고 여긴다. 그러나 다른 것들은 주로 식물의 뿌리를 공격하여, 상당한 피해를 입힌다(제18장 참조).

토양 미생물 토양 내 미생물(微生物, microflora)에는 조류(algae), 박테리아, 방선균류(actynomycete), 곰팡이(fungus) 등이 있다. 조류와 일부 박테리아 종은 엽록소를 가지고 있어서 탄수화물을 생성할 수 있다. 조류는 중성 또는 약 알칼리의 비옥한 토양에 가장 많다. 이들은 토양 광물을 분해하고 토양을 형성하는데 도움을 준다.

박테리아는 혐기성 토양에서도 유기물의 분해에 기여하는 다양한 생물적, 화학적 과정에 관여한다. 일부 박테리아는 홀로 또는 콩과식물과 공생하여 대기 중의 질소를 고정하고(상자 2-1), 다른 것들은 질산염(窒酸鹽, nitrate)을 탈질화한다. 여전히 다른 토양 박테리아는 근두암종병(根頭癌腫病, crown gall; *Agrobacterium tumefacians*)과 같은 심각한 식물병을 일으킨다(제18장 참조).

방선균류(Actinomycetes)는 환경적인 요구조건이 박테리아와 비슷하고, 균사(菌絲, mycelia)와 균사체(菌絲體, mass of hyphae)를 형성하고 셀룰로오스를 분해하는 방법에서는 곰팡이와 비슷하다. 일부 종은, 오리나무속(*Alnus*)이나 갈매나무속(*Ceanothus*) 수목과 공생하여 질소를 고정할 수 있다(상자 2-1).

곰팡이는 특히 통기성이 좋은 산성 토양에서, 아마 가장 중요한 분해 미생물일 것이다. 많은 토양 곰팡이가 심각한 식물병을 유발한다: 주로 피티움속(*Pythium*)과 푸사리움속(*Fusarium*)에 의한 모잘록병(damping-off), 아르밀라리아 뿌리썩음병(armillaria root rot, *Armillaria*), 청고병(青枯病, verticillium wilt, *Verticillium*) (제18장 참조). 일부 곰팡이는 뿌리와 공생관계를 형성하는데, 이는 식물의 생존에 필수적이다. 이러한 협력을 균근(菌根, mycorrhizae)이라고 부른다(상자 2-1).

토양 유기물

대부분의 토양 물리적, 화학적, 생물적 성질은, 유기물 성분에 의해 영향을 받는데, 대부분의 토양이 가진 양은 중량 기준으로 5% 미만에 불과하다. 토양 내 유기물은 식물과 동물의 찌꺼기와 배설물로부터 유래한다. 이러한 유기물의 분해를 통해서 토양 내에 살고 있는 미생물이 이용할 수 있도록 질소, 황, 탄소가 방출된다.

유기물의 토양에 대한 기여는 수없이 많다(표 4-5). 유기물은 거친 상태에 있을 때나 분해되면서, 그리고 콜로이드 상태(colloidal state)에 도달할 때에 이르기까지 편익을 제공한다. 거친 상태에서 유기물은 토양의 용적비중(bulk density)을 감소시키고 공극률(孔隙率, porosity)을 증가시킨다. 분해가 진행됨에 따라 토양 유기체에 먹이 공급원을 제공하고 식물생장에 필요한 양분을 방출한다. 콜로이드 상태에서 유기물은 토양의 양분(CEC)과 수분 보유력을 증대시키고, pH 변화로부터 토양을 보호하며, 토양 입단을 형성하고 안정화하는데 도움을 준다.

유기물이 토양에 들어가면, 토양 유기체의 천이가 작용하여 더 작은 입자로 부수고 이를 화학적으로 변화시킨다. 이러한 변화를 합쳐서 부후(腐朽, decay) 또는 분해과정(分解過程, decomposition process)이라고 말하는데, 화학적, 물리적 반응이 모두 포함된다:

1. 유기물 입자는 토양 동물에 의해 부서지고, 섭취되어 토양 속으로 이동된다.
2. 토양 곰팡이와 박테리아가 분비한 효소는 탄소화합물을 산화시켜 이산화탄소, 물, 에너지를 방출한다. 미생물은 이렇게 방출된 에너지를 사용한다.
3. 유기물에 있던 필수 영양소(예: N, P, S)는 식물의 뿌리에 의해 흡수가 가능한 무기물 형태로 변환되는데, 이 과정을 무기화(無機化, mineralization)라고 부른다. 아니면, 이들 영양소는 미생물에 의해 흡수되고 이들의 원형질(原形質, protoplasm)에 저장되어 고정된다(Craul, 1992).
4. 미생물에 의해 더 이상 분해되지 않는 물질이 형성된다. 이는 부식질(腐植質, humus)이라고 부르는 어두운 색의 콜로이드 물질이다.

분해과정은 따뜻하고, 습하고, 통기성이 좋은 여건 하에서 가장 빠르게 일어난다. 산소가 부족하거나 추운 여건 하에서는 분해는 천천히 일어난다. 침수된 토양에서 발생하는 것과 같은 산소가 없는 상태(혐기상태)에는 앞에 언급한 반응이 일어나지 않는다. 대신 유기산(有機酸, organic acid), 알코올, 메탄가스가 형성되는 발효(醱酵, fermentation)라는 과정이 일어난다. 이러한 화합물은 식물에 유독할 수 있다.

비료를 주지 않은 토양에서는 식물에 가용한 질소의 거의 대부분이 유기물의 분해에 의해 공급된다. 미생물은 아민

표 4-5 토양 유기물이 토양 성질, 식물의 생산성, 환경적인 질에 미치는 영향

유기물의 1차 효과	2차 효과	토양 시스템에 대한 후속 효과		환경적인 효과
거친 입자가 용적비중을 낮추고, 대공극을 제공하며, 통기와 배수를 개선한다.		가스 교환 증대	통기와 뿌리에 대한 산소 공급 개선	지하수 재함양 증대
		수분 침투 증가	식물에 대한 수분 가용량 제고	침수 저감, 변화가 적은 유량(流量)
		토양 침식 감소	지표 유거수 손실 저감	토양 훼손 감소
		뿌리에 대한 산소 공급 개선		수질오염 감소
먹이 공급원으로서, 토양 미생물의 활동을 증대시킨다.	질소고정, 병 저항성 등 미생물의 기능 제고	가용 N, P, S와 미량원소 공급 증가	독성, 농약의 불활성화	비료 요구량 감소
		무기화 증가	더욱 안정된 토양 pH	특정 농약의 필요성 증가 또는 감소
	부식물질 생산	수분보유력 증대	완충능력 증대	CO_2 고정 증가
		이온 흡수능력 증대	유기물질 흡수 증가	더 큰 식물 생산
		더 어두운 토양색	Ca, Mg, K, 미량원소 보유량 증가	
		완충능력 증가	Pb, Cd, Cu와 같은 오염물질 흡수	
	다당류 생산	입단의 안정성, 대공극 증가	더 많은 태양에너지 흡수(토양 기온 상승)	
		Fe, Mn, Cu, Zn의 가용량 증가	알루미늄 독성 감소	

출처: Brady와 Weil, 1996.

(amine, NH_2)을 암모늄(ammonium, NH_4)으로 변환시키고, 이는 많은 식물에 의해 직접적으로 흡수될 수 있다. 다음, 질산화작용(窒酸化作用, nitrification)이라는 과정에서, 니트로조모나스속(*Nitrosomonas*) 박테리아는 암모늄을 아질산염(亞窒酸鹽, nitrite, NO_2)으로 변환시키고, 니트로박터속(*Nitrobacter*) 박테리아는 아질산염을 질산염(窒酸鹽, nitrate, NO_3)으로 변환시킨다. 이러한 과정은 박테리아의 활동을 조장하는 여건에 의해 촉진된다: 중성에서 약산성 pH, 포장용수량(圃場容水量, field capacity)에 가까운 수분 함량(Craul, 1992). 주로 망간과 황과 같은 다른 영양소가 미생물의 활동을 통해 유기물이 분해되고 산화되면서 방출된다(**상자 4-2**). 산소가 낮은 여건에서는, 질산염이 질소(N_2)와 아산화질소(亞酸化窒素, nitrous oxide, N_2O), 일산화질소(NO) 등으로 휘발화되어 가스 상태로 대기 속으로 사라진다.

질소의 무기질 형태는 식물과 미생물 모두에게 가용하다. 식물 뿌리보다 경쟁력이 앞선 미생물은 질소를 흡수하여 유기물 형태로 전환하는데, 이러한 과정을 고정화(固定化, immobilization)라고 부른다. 이 질소는 미생물이 이를 방출할 때까지 식물이 사용할 수 없게 된다. 이는 분해과정이 더 많은 질소를 방출할 때까지 토양 내에서는 일시적인 질소 결핍(窒素缺乏, nitrogen deficiency/draft)현상이 유발된다.

질소의 유동화(流動化, mobilization)와 고정화 정도는 유기물 내의 질소에 대한 탄소의 비율에 달려있다. 토양 유기물은 약 48~58%의 탄소를 가지고 있지만, 수종에 따라 질소 농도는 다르다. 예를 들면, 사시나무속(*Populus*)과 단풍나무속(*Acer*) 잎은 0.5~1.0%의 질소를 함유하여 탄질비(炭窒比, carbon to nitrogen[C/N] ratio)가 45~70인 반면, 참나무속(*Quercus*) 목재는 질소 성분이 0.1~0.3%로서 C/N이 130~400이다(Singer와 Munns, 1987). 목재는 잎보다 분해될 때 식물 생장에 가용한 질소가 적게 방출되며, 고정화 정도는 더 크다.

전 세계 토양 속에 있는 유기물은 전 세계 모든 식생이 가지고 있는 탄소의 3배 정도를 가지고 있다(Brady와 Weil, 1996). 토양 유기물은 건강한 토양의 작용에 중요할 뿐만 아니라 지구적인 탄소 순환(炭素循環, carbon cycle)에 대한

상자 4-2

토양 내 중요한 무기적 산화반응

토양 미생물은 유기물을 산화시켜 식물이 이용할 수 있는 무기 화합물을 방출한다.
예를 들면 다음과 같다:
질산화작용은 먼저 암모늄을 아질산염으로 산화시킨 다음 질산염으로 산화시킨다:

$$2NH_4^+ + 3O_2 \rightarrow 2NO_2^- + 4H^+ + 2H_2O$$

$$2NO_2^- + O_2 \rightarrow 2NO_3^-$$

전반적인 반응은,

$$NH_4^+ + 2O_2 \rightarrow NO_3^- + 2H^+ + H_2O$$

황 산화는 황이나 황화물로부터 황산을 만든다:

$$2H_2S + O_2 \rightarrow 2S + H_2O$$

$$2S + 3O_2 + H_2O \rightarrow 2SO_4^{-2} + 4H^+$$

망간 산화는 망간이온을 용해성이 낮은 산화제2망간으로 변환시킨다:

$$2Mn^{2+} + O_2 + 2H_2O \rightarrow 2MnO_2 + 4H^+$$

출처: Singer와 Munns, 1987.

주요 공헌자이며, 지구온난화(global warming)의 중대한 요소이다. 식물의 낙엽을 통해 토양에 추가되는 유기물과 CO_2를 방출하는 분해 사이의 균형을 확보하는 것이 온실효과(溫室效果, greenhouse effect)를 최소화하는데 중요하다.

토질과 건강

최근 토양에 대한 전체론적 개념, 즉 토질(土質, soil quality)에 대한 개념이 출현했다. 토질은 토양의 생물적, 화학적, 물리적 성질을 고려한다(Karlen 등, 1997). Bruger와 Kelting(1999)이 언급한 바와 같이, "토질은 주어진 환경에서 식물 생장의 가장 중요한 결정요소인 선택된 토양 속성의 효과의 합이다." 이처럼 이 용어는 생산적이고 지속가능 토양에 기여하는 모든 특성을 포괄하고 있다. Burger와 Kelting에 의하면, 토질 기준은 토양 특유의 기능과 이들 기능을 지지하는 속성에 초점을 둔다. 예를 들면, 식물 생산성을 지원하기 위해서 토양은,

1. 뿌리 생장을 촉진해야 한다.
2. 물을 수용, 보유, 공급해야 한다.
3. 양분을 보유, 공급, 순환시켜야 한다.
4. 최적의 가스 교환을 조장해야 한다.
5. 생물적 활동을 증진시켜야 한다.
6. 탄소를 수용, 보유, 방출해야 한다.

이러한 특성은 측정할 수 없는 다양한 속성을 내포하고 있기 때문에, 토양학자들은 측정 가능한 개별 요소의 지표를 확인하였다. 예를 들면, 답압은 용적비중으로 측정하거나, 수분 침투율(水分浸透率, water infiltration rate)로 측정할 수 있을 것이다. 적절한 지표를 확인하고 계량화하는 것은 어려운 과제로, 토양학자들이 현재 논의 중에 있는 것이다(**상자 4-3**). 더구나 토질지표는 특정 부지와 토양에 핵심적이어야 한다(Page-Dumroese 등, 2000).

토양 건강은 토질의 생물적 요소로서, "생태계 건강의 일부분으로 생각할 수 있다"(van Bruggen과 Semenov, 2000). 건강한 토양은 다양한 미생물(예: 곰팡이, 박테리아, 원생동물)과 동물(예: 선충, 지렁이, 곤충)을 포함한 다양한 생물적 요소를 가지고 있다. 이러한 유기체의 다양성은 기준 식물병을 억제하고 궁극적으로는 토양 환경에서 유래하는 전염병 문제를 억제하는데 도움을 줄 것이다(van Bruggen과 Grunwald, 1996). 토양 건강의 측정은 개발 중에 있지만, 과학자들은 생물적 다양성과 활동성에 주목하는 경향이 있다.

상자 4-3

토질을 평가하기 위한 지표

물리적 성질
- 수분 침투성
- 가용 수분 보유 능력
- 토심
- 토양 강도(strength)/답압
- 토양 전위(soil displacement)
- 토양 침식(erosion)

화학적 성질
- pH
- 염도(salinity)
- 양이온치환능력(CEC)
- 유기물 함량
- 중금속

생물적 성질
- 토양 효소 활동성
- 토양 동물
- 미생물 활동성
- 미생물 다양성

출처: Page-Dumroese 등, 2000.

도시 토양

오늘날 녹지가 조성되고 관리되는 대부분의 부지는 정지 작업과 공사 활동에 의해 어느 정도 변경되었다. 이를 도시 토양(都市土壤, urban soil)이라고 하는데, 이는 혼합, 매립, 오염 등에 의해 만들어진 비농업적(nonagricultural), 인위적 지표층을 가지고 있다(Bockheim, 1974). 부지 토양의 성질은 개발을 하게 되면 심각하게 변형될 수 있다. Craul(1992)는 "도시 토양은 현재 환경에서의 토양생성작용(土壤生成作用, pedogenic process)보다는 이들에 대한 교란 방법에 의해 결정되는 특성을 나타낸다"라고 말했다. 토양이 부지 주변으로 이동함에 따라 어떤 층은 다른 곳으로 옮겨지고 다른 것이 추가되어 자연적인 단면은 섞이고 바뀌게 된다. 이 과정에서 새로운 층이 만들어지고, 이로 인해 기존 토성이 혼합되거나 이질적인 층이 만들어지고 토양 구조가 파괴될 것이다. Craul(1985)은 도시토양의 특징 8가지를 제시하였다.

1. **매우 큰 수직적, 공간적 다양성.** 한 층에서 다른 층으로의 점진적인 전환보다는 도시 토양은 층 사이가 급격하게 바뀐다(**그림 4-7**). 토성, 구조, 층 간의 화학적 차이, 층 간의 경계면(境界面, interface)은 통기, 배수, 수분보유 능력, 비옥도 등 관련된 토양 성질에 영향을 주며, 이에 따라 뿌리 생장과 기능에도 영향을 미치게 된다. 공간적인 변이도, 수목 식재 구덩이(planting hole) 별로 다른 토양 단면을 보이는 것처럼, 매우 클 수 있다.

그림 4-7 많은 도시 토양은 정지, 혼합, 답압, 다른 지역에서 들여온 토양 추가 등으로 교란된다. 한 가지 흔한 특징은, 굴착된 주차장의 도랑에서 나타나 있는 것과 같이 이질적인 층이 존재한다는 것이다.

2. **답압으로 이어지는 변형된 토양 구조.** 대부분의 도시 토양은 기계적인 조작, 낮은 유기물 함량, 낮은 습함-건조의 빈도, 부족한 토양 피복 등과 같은 토양 구조를 파괴하는 힘을 받기 쉽다(다음에 살펴볼 답압 참조).
3. **나지(裸地, bare soil)에 나타나는 지표 크러스터(crust).** 식생이나 멀칭과 같은 토양 피복이 없는 나지는 우적(雨滴, rain drop splash)과, 다양한 화학제품과 석유를 원료로 하는 에어로졸의 축적으로 인해 답압되기 쉽다. 발수성(撥水性, water repellent) 지표가 형성되면, 투수가 크게 감소한다.
4. **변형된 토양 반응.** 도시 토양의 pH는 자연 토양보다 높은 경향이 있다. 이렇게 높은 pH는 해빙염 사용, 알칼리성 물 관수, 시멘트나 석재(石材, masonry)와 같은 칼슘을 함유하고 있는 건축자재의 풍화 등에 기인한다.
5. **통기와 배수의 제약.** 토양 답압과 토양 위에 포장 재료의 설치 등은 통기와 수분 침투를 제한한다.
6. **차단된 양분 순환과 변형된 토양 미생물 활동.** 유기물 순환과 무기 광물의 풍화를 통한 영양분의 보충은 많은 도시 토양에서 제한을 받는다. 낙엽은 폐기물로 취급되어 제거되고, 토양은 멀칭 재료의 축적을 방해하는 포장으로 피복되어 있다.
7. **폐기물과 기타 오염물질의 존재.** 석재, 유리, 금속, 콘크리트, 아스팔트, 목재 등과 같은 고체 폐기물이 도시 토양에 혼합되어 있을 수 있다. 제초제와 살충제 잔유물도 존재할 수 있다.
8. **변형된 토양 온도 체계.** 도시의 대기와 토양 온도는 인접 시골지역보다 높은 경향이 있다. 상대적으로 높은 기온은 유기물 분해 속도를 높이고, 뿌리 생장이 가을과 겨울까지 연장되고, 토양 건조 속도가 빨라진다.

토양 답압과 정지작업 답압은 토양 입단을 부수는 토양의 압착이다. 답압은 총 공극 공간을 감소시키는데, 더욱 중요한 것은 대공극이 심각하게 압착되어 뿌리 침투에 대한 저항이 증가한다는 것이다. 이에 따라 수분 침투가 느려지고, 통기가 불량하고, 배수가 느려지며, 뿌리 생장과 활동성이 악화되고, 침식이 증가하며, 뿌리썩음병에 걸리기 쉬운 반면, 균근 활동성이 감소하여, 수목의 안녕이 위태롭게 된다.

토양 입단(土壤粒團, soil aggregate)은 예민하여 경작이

나 통행, 건설 활동 등에 의해 쉽게 부서질 수 있다. 느슨하고 잘 뭉쳐진 토양은 그렇지 않은 토양보다 더 답압이 되기 쉽다. 양토와 같이 토양 입자의 범위가 넓은 토양은 사토(sandy soil)와 같은 균일한 토성의 토양보다 더 심각하게 답압될 수 있는데, 이는 작은 입자가 큰 입자 사이의 공극 사이를 채우기 때문이다(그림 7-1 참조). 이러한 토양은 수분이 높을 때 특히 피해를 받기 쉽다. 이는 물이 입단을 접합시키는 물질을 더욱 액체 상태로 만들어서, 토양 입자가 공간을 덜 차지하는 위치로 미끄러져 들어가도록 한다. 최고의 답압은 포장용수량 상태에서 가장 일어나기 쉬운데, 이때는 토양 입자가 압력으로 쉽게 움직일 수 있고, 토양 내 공기로 채워진 공극은 압착되고 더 작은 입자로 채워지기 때문이다.

포화 상태의 토양은 공극 내 물은 압착되지 않기 때문에, 더 이상 답압되지 않는다. 토양에 대한 대부분의 압력은 신발이나 타이어에 의한 것처럼, 부분적으로 한정되기 때문에, 진흙 토양은 압력을 받으면 이동하게 되고, 이로 인해 입단이 분리되고 입자가 재배치된다. 이렇게 잘못 사용되고 있는 토양을 반죽이 되었다(puddled)고 말하고, 건조해지면 수축되고 답압되며, 특히 불투성이 된다.

도시 토양은 두 가지 유형의 답압을 받기 쉽다: 땅 위를 통과하는 통행에 의한 지표 답압(地表踏壓, surface compaction), 안정된 건물 기초를 다지기 위한 의도적인 답압(intentional compaction).

지표 답압은 지표가 차량이나 보행인으로부터 보호되지 않은 곳에서는 어디에나 존재할 수 있다. 압착하는 힘의 압력은 깊이를 따라 확산된다. 보행과 차량 통행의 손상 효과는 보통 토양 표면으로부터 10cm(4인치)에 한정된다(Chancellor, 1976). 답압이 가장 크게 발생하는 것은 지하 2cm(0.75인치)에서 발생한다. 중장비(重裝備, heavy equipment)는 더 깊은 곳까지 영향을 미칠 수 있는데, 그래도 가장 심각한 답압은 토양 수분이 많아 물이 타이어 아래에서 흘러나오는 반죽 상태가 아니면, 보통 지표 아래 15~20cm(6~8인치)로 제한된다.

나지 지표의 입단은 비나 스프링클러 관수의 충격에 의해서도 부서질 수 있다. 매우 고운 입자는 지표를 밀폐하여 수분 침투와 공기 교환을 감소시킨다.

부지 **정지작업**(整地作業, grading)은 특정한 지역 내에 답압을 유발한다. 정지작업은 지형을 개조하는 것이다(Untermann, 1973). 특정 부지에서 발생하는 정지작업의 량은 여러 가지 요소에 의해 결정된다: 자연 지세, 범람으로부터 보호 필요, 지표 또는 지하 배수 요구, 건축을 위한 현장 토양의 적합성, 산사태(landslide) 가능성, 인접 부지와의 수평을 일치시킬 필요, 개발의 유형, 건축물 건설 방법, 토지 이용 규정 등. 광범위한 부지 개조나 고밀도 개발이 필요한 곳에서는 보통 **일괄정지**(一括整地, mass grading)를 한다(**그림 4-8**). 공사 지역은 정지 경계선에 의해 한정되고 경계선 내 모든 지역은 개조된다. 토양은 답압되고, 토양층위(土壤層位, soil horizon)는 부지 전반에 걸쳐 바뀌게 된다. 대신, **선별정지**(選別整地, selective grading)는 지정된 공사지역과 도로에서만 일어나고, 일부 지역은 교란되지 않도록 남겨둔다(**그림 4-9**).

그림 4-8 일괄정지를 하면, 정지 경계선 범위 내의 토양은 답압을 초래하는 교란과 개조가 일어난다.

그림 4-9 선별 정지를 하면, 지정된 공사 지역은 교란되는 반면 비공사 지역은 자연 상태로 남겨진다.

공사지역의 토양은 안정된 건축 기초를 만들기 위해 조작된다. 교란되지 않은 토양의 약 절반은 물과 공기가 다양한 비율로 채워진 공극이다. 토양 기술자(soil engineer)는 공극을 빈 **공간**(void)이라고 부른다. 빈 공간은 건축 재료인 토양의 안정성을 해치는데, 이는 이러한 공간이 붕괴하면서 토양이 가라앉을 가능성이 있기 때문이다. 유기물도 토양 강도를 떨어뜨리는데, 유기물이 분해되면서 공간이 만들어지기 때문이다. 뿌리, 낙엽, 기타 식물체가 포함되어 있는 토양은 제거되어야 하고 빈 공간은 최대한 없애야 한다. 정지작업의 첫 번째 작업은 부지 내 유기물로 덮인 표토(表土, top soil)를 걷어내는 것이다(**그림 4-10**). 여기에는 대부분의 흡수 뿌리(absorbing root)가 위치한 층이다. 제거되는 토양은

그림 4-10 정지의 첫 작업은 대부분의 흡수 뿌리가 위치한 유기물로 덮인 표토를 걷어내는 것이다.

건축물 아래나 도랑을 메우는데 사용하기에는 부적합하지만, 쌓아두었다가, 비록 토양 구조가 악화되었더라도, 나중에 녹지지역에 사용할 수도 있다.

두 번째 작업은 토양을 다져서 빈 공간을 줄이는 것이다. 이 작업은 구조를 부수고 단단한 덩어리를 만들기 위해 중장비를 이용한다. 이때 자연적으로 단단해진 깊이까지 약한 토양을 제거하고, 15~20cm(6~8인치) 두께의 층으로 토양을 추가한다. 각 층은 건조한 토양을 축축하게 하거나 젖은 토양을 통기시켜 적절한 수분 함량(토양 기술자가 정한 바와 같이)이 되도록 만든다. 최적 습도에서 토양응집력(土壤凝集力, soil cohesion)과 답압 저항성이 감소된다. 다음으로 다짐 노력이 극대화되도록 설계된 중장비가 해당 층을 왕복한다(**그림 4-11**). 답압된 토양 지역은 건축물의 가장자리 바깥까지 확장되거나 여유롭게 조성되어 해당 건축물의 안정성을 확보한다. 전형적으로, 빌딩 패드(building pad)는 1~1.5m(3~5피트), 도로는 0.6~1m(2~3피트) 더 넓게 조성된다. 그러므로 건축물이나 기타 안정된 토양을 필요로 하는 구조물에 인접한 식재는 답압에 직면하게 된다.

토양을 다지기 위해 필요한 작업량, 필요한 다짐의 정도와 깊이는 토양의 유형과 이를 지지하고 있는 구조에 따라 다양하다. 현장에서 확보해야 할 다짐의 정도는 기술자에 의해 다짐도(percent compaction)로 표시된다. 이것은 퍼센트로 표시된 것으로, 표준 시험 방법에 의해 결정된 같은 물질의 최대 건조 밀도 대비 현장에서 다짐된 토양의 건조밀도의 비율이다. 공사 토양은 보통 90~98%까지 다져진다. 이는 공극 공간이 2~10% 미만이라는 뜻은 아니다. 이는 해당 토양이 실험 방법에 규정된 방법에 의거 최대로 가능한 다짐의 90~98% 정도까지 다짐이 되었다는 뜻이다. 주어진 다짐도에서 나타나는 실질적인 용적비중과 공극률은 특정 토양의 토성에 따라 다르다(용적비중을 고찰하기 위한 이 장의 토양

그림 4-11 안정된 성토를 위해서는 토양을 얇은 층(lift)으로 놓고, 축축하게 하여 다짐 작업이 극대화될 수 있도록 설계된 중장비로 지나다닌다. 목적은 도양 내 공극을 최대한 제거하는 것이다.

분석 참조).

지표면 변경에는 **절토**(切土, cut; 자연적인 지표면을 낮추는 것)와 **성토**(盛土, fill; 자연적인 지표면을 높이는 것)가 있다. 절토는 적절한 높이에 이를 때까지 토양을 제거하는 것이다. 절토는 자연적으로 다져지거나 때로는 단단하지 않은 모재(母材, parent material)나 기반암(基盤岩, bedrock)이 있는 더 낮은 층위까지 노출시킨다. 절토가 건축물을 지지할 것이라면, 해당 토양은 15~30.5cm(6~12인치) 깊이까지 파낸 다음 지반(地盤, subgrade)을 조성하기 위해 앞서 기술한 대로 다짐을 하여야 한다. 성토를 하는 데는 몇 단계가 필요하다. 대부분의 경우, 지질공학 기술자에 의해 규정된 표준에 따라 다짐을 하여야 한다. 성토로 안정된 기반을 조성하기 위해서는 자연적인 사면은 자연적으로 다져진 깊이까지 30cm(1피트) 또는 그 이상 절개하여 제거되어야 한다. 다음으로, 기존 토양과 혼합된 성토 토양층을 깐 다음 다진다. 성토 토양은 리프트(lift)라고 부르는 얇은 층으로 더해지고, 토양 구조가 쉽게 부서지도록 축여지고, 원하는 높이에 이르기까지 정해진 다짐도로 다져진다. 따라서 성토는 먼저 절토를 한 다음 전체 깊이에 걸쳐 다짐을 하게 된다.

반입성토(搬入盛土, import fill)는 현지 토양으로 적절한 안정성을 확보할 수 없거나 원하는 수준까지 지반을 높이기에 토양의 양이 부족한 곳에서 사용한다. 현지 토양이 부적합한 경우, 그 토양을 일정 깊이까지 제거하고 원하는 성질

표 4-6 부지 개발과 건설에 대해 일반적으로 규정된 토양 다짐의 범위[a]

건물로부터 1.5~3m(5~10피트) 이내
도로 가장자리로부터 1.5m(5피트) 이내
도로 아래 0.6~1m(2~3피트)
보도 아래 0.2~0.3m(8~12인치)
기초(footing) 아래 0.15~0.6m(6~24인치)
비탈 기슭(toe of slope)에서 0.3~1m(1~3피트); 비탈 기슭이 키 인(Key in; 쐐기돌이 박힌)된 경우, 답압된 지역은 폭이 장비의 폭에 상당하는 2~4m(6~12피트), 깊이는 0.6~1m(2~3피트) 정도 된다.
성토 전체 깊이에 0.15m(6인치) 추가
공익설비용 호(utility trench)의 되메움
흙더미 아래
보수된 비탈

[a]다짐요구도는 토성, 수축/팽창 특성, 토양이 부담하는 무게, 기타 침강 가능성에 영향을 주는 요소들에 따라 다르다.

을 가진 선정된 토양으로 교체하여 규정된 표준에 따라 다져준다. 젖으면 부풀고 건조해지면 수축하는 팽창성 점토와 유기물이 많은 토양은 부적합할 것이다. 선정된 성토 토양은 다른 장소에서 현지 토양과 다른 성질을 가지고 있는 것을 반입하거나, 적합한 토양을 현장 내 다른 곳에서 확보할 수도 있다. 어떤 경우든, 토양의 자연적인 단면은 붕괴되었다.

요약하면, 지표든 지표 아래든 답압된 토양은 정지와 공사가 있었던 부지의 대부분의 위치에 존재할 가능성이 높다(**표 4-6**). 수목관리자는 녹지에 식재하고 이를 관리할 때 어디에 답압이 발생할 가능성이 높은가를 고려해야 한다. **가능한 경우, 장래에 식재할 지역은 공사 활동을 배제하기 위해 해당 지역 주위에 임시 울타리를 설치하여 탈피(脫皮, stripping), 정지, 답압 등으로부터 보호하는 것이 좋다.**

부지 토양의 평가

토양은 식물의 생장과 건강에 지극히 중요하기 때문에, 이를 평가하고 사정하는 것은 성공적인 녹지의 설계, 식재, 유지관리에 긴요하다. 목본식물(木本植物, woody plants)의 적절한 생장을 지원하기 위한 토양의 능력은 부분적으로 해당 부지나 이와 같은 유형의 인접 토양에서 자라는 수목을 관찰함으로써 확인할 수 있다. 수목이 없거나 생장이 부진한 징후는 열악한 토양 조건을 나타낼 수 있다. 토양 평가는 두 단계로 실시할 수 있다: (1) 토양 단면을 기술하고, 존재하는 다른 토양체(polypedon)를 분류하고 지도에 표시하는 토양 개략조사(土壤槪略調査, soil reconnaissance survey)와, (2) 특정의 화학적 구성요소와 물리적 성질을 동정하는 선별적인 토양 표본추출과 분석.

토양 조사 토양 조사(土壤調査, soil survey)는 많은 나라의 농경지와 산림지역에서 수행되어 왔다. 미국에서는 토양보전청(Soil Survey Division)이 국가 단위로 토양을 조사하고 지도를 작성한다. 토양조사보고서는 토양의 성질은 물론 기후, 지질, 토지 이용, 토지 유형에 대한 적합성 분류 등에 관한 유용한 정보를 제공한다. 이 보고서는 수목관리자와 조경가가 부지를 분석할 때 하나의 중요한 출발점이다.

도시 토양에 대한 지도제작은 제한된 규모로 진행되었는데, 이는 도시 토양은 조작되고, 변이가 크며, 자연적인 성질과 유사성이 거의 없어서, 기술하고 지도를 제작하기 어렵기 때문이다. 도시 토양을 평가하는 사람들은 대개 개략적인 토양조사에 의존할 수밖에 없다. 이는 도시 토양의 위치를 표시하고 기술하는 부지특이적 조사이며, 경험이 있고 훈련된 토양학자들에 의해 가장 잘 수행될 수 있다. 토양 조사의 일반적인 방법은 굴착기(backhoe)를 이용하여 판 토양 구덩이(soil pit)를 조사하는 것이다(**그림 4-12**). 대안으로 버킷 오거(bucket auger)가 사용될 수 있다(**그림 4-13**). 표본추출 위치는 지형, 식생 변화, 토양 외관 등을 기준으로 선정한다. 토양단면(土壤斷面, soil profile) 조사는 다음 사항을 평가해야 한다:

- 개략적인 뿌리 깊이와 지역
- 각 층위의 색상, 질감, 구조
- 배수와 통기의 역사
- 토양 형성의 역사

토색(土色, soil color)은 식물에 영향을 줄 수 있는 과거의 역사와 토양 성질을 시사한다(Wildman, 1976):

그림 4-12 토양은 대개 굴착기로 판 구덩이를 통해 쉽게 관찰되고 평가된다. 표본은 실험실 분석을 위해 적절한 깊이에서 수집할 수 있다.

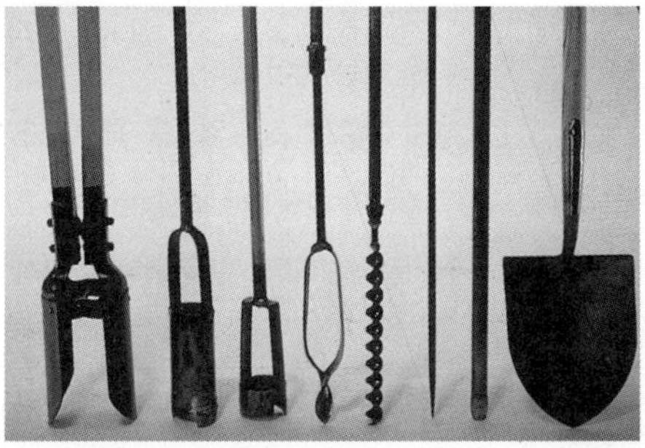

그림 4-13 토양 표본추출에 사용되는 도구는, 혈공기(post-hole digger), 오거(auger), 토양 샘플기(soil probe), 삽 등 다양하다. (사진: R. Baldwin.)

- 지표 가까이의 어두운 토양은 항상 그곳에 유기물 함량이 높다는 것을 의미한다. 이러한 토양은 하층토보다 더 나은 경작성과 더 높은 양료 함량을 보여준다.
- 하나의 색상으로 된 단면은 풍화되지 않은 전형적인 젊은 토양으로, 보통 다른 토양 성질도 동일하여 뿌리에게 훌륭한 환경이다.
- 하층토에서 황색과 적색이 증가하는 것은 자유산화철(free iron oxide)을 함유하고 있는 전형적인 오래되고 풍화된 토양이다. 이러한 하층토는 가끔 점토 비중이 높고 괴상구조(塊狀構造, blocky structure)를 하고 있어서, 뿌리, 물, 공기의 침투성이 떨어진다.
- 흰색 또는 연한 회색 구역이나 토양 틈을 따라 흰 망이 나타나 있는 것은 탄산칼슘/석회(石灰, calcium carbonate) 성분이 높다는 것을 보여주는 것으로, 이는 특히 특정 목본식물에 대해 철분과 망간 결핍을 초래할 수 있다. 1% 염산(鹽酸, hydrochloric acid) 용액 한두 방울을 토양에 떨어뜨렸을 때 거품이 일면 석회가 함유되어 있다는 뜻이다. 햇빛에 반짝이지만 산성 용액에 거품이 일지 않는 작고 흰 결정체는 보통 석고(石膏, gypsum; 황산칼슘)로서, 이는 결핍증상을 유발하지 않는다.
- 청색이나 회색 구역, 또는 토양에 회색이나 녹색(銹色, rust-color) 반점이 있는 것은 배수가 불량하고 통기가 부족함을 나타낸다. 자연 상태의 가스나 매립지에서 발생한 메탄가스(methane gas)는 토양에서 비슷한 착색을 유발할 수도 있다(제18장 참조).

개략적인 토양조사를 통해 조사자는 녹지의 형성과정과, 현재 진행되고 있는 과정에 대한 기본적인 이해를 가져야 한다. 또한 조사자는 부지에서 수목 생장을 제한하는 요소와 수목이 어디에 위치해야 하는가를 제시할 수 있어야 한다.

토양 표본추출 토양은 비옥도, 독성, pH와 같은 화학적 성질과 토성과 용적비중과 같은 물리적 성질을 측정하고 평가하기 위해 표본을 추출하고 분석한다. 표본추출은 전반적인 조사 없이도 할 수 있지만, 토양에 대한 개략조사를 실시할 때 가장 쉽게 할 수 있다. 분석 결과는 식재에 앞서 해당 부지에 적합한 수종을 평가하고, 적절한 식재 전 조치를 확인하고, 수목 문제를 동정하는데 도움을 주고, 시비와 관수관리 프로그램을 수립하는데 도움을 주는데 활용된다. 표본추출 방법과 분석하는 유형은 실험의 목적과 원하는 정보에 따라 다르다(**표 4-7**). 다음은 미래 또는 현재 녹지에서의 토양 표본추출 단계이다:

1. **표본추출 지역을 결정하라.** 먼저, 토양의 균질성과 결핍을 추정하기 위해 부지조사가 이루어져야 한다. 다음, 부지를 조건이 유사한 표본추출 지역으로 나눈다: 토색, 토성, 식물 생장(**그림 4-14**). 하나의 표본은 하나의 토양 유형이나 생장 여건을 대표할 뿐이다. 다음과 같은 특성이 다른 지역의 표본과 혼합되는 것은 피해야 한다:

- 토성과 토색
- 식물의 증상(예: 탈색된 잎과 녹색 잎)
- 식물 생장률(예: 활발한 식물과 발육이 부진한 것)
- 토양 배수 특성
- 시비나 개량 조치
- 식물 재료의 유형(예: 잔디와 관목)

특정 부지로부터 수집되는 토양 표본의 수는 원하는 정보의 유형, 해당 부지의 크기와 변이, 분석을 위한 예산 등에 달렸다. 일반적으로, 부지의 변이가 심할수록 부지 여건을 대표하기 위해 필요한 표본은 많아진다. 해당 부지가 광범위하게 정지된 적이 없으면, 토양조사 지도를 참고하여 지정된 토양 유형별로 표본을 추출하면 된다. 좁은 지역을 차지하고

표 4-7 토양 표본추출과 분석을 위한 지침

토양 표본추출 목적	표본추출 지침	수행할 분석
식재 전 수종 선정과 토양 준비를 위한 토양 표본추출	토양 외관과 지형이 다른 각각의 지역에서 표본을 추출하라. 식재유형이 다르게 계획된 지역은 별도로 표본을 수집하라(예: 잔디와 정원 식재). 식재유형에 따라 표본수집 깊이를 조정하라. 녹지공간에 사용될 반입되는 매립 토양 표본을 수집하라.	대부분의 부지에 대한 기본 분석: 토성: 모래, 미사, 점토의 비율 대량원소: P, K, Ca, Mg 염도: 전기전도성, 나트륨 흡착률(SAR), 치환성 나트륨 백분율(ESP) 지역적인 여건에 따라 선택적인 분석: 미량원소: Zn, Cu, Mn, Fe, SO4, B 독성 이온: B, Cl, Na 석회 함량: 탄산칼슘 구성비 석고 요구량
시비 요구량을 확인하기 위한 토양 표본추출	식물의 뿌리층에서 표본을 수집하되, 하층토보다 표토에 집중하라. 잔디, 지피식물, 목본식물을 분리하여 표본을 수집하라. 과거 상이한 시비처리를 받은 지역은 분리하여 표본을 수집하라. 식물의 영양 상태를 평가하기 위해 식물 조직에 대한 표본도 수집하라.	토양의 화학적 성질과 토성을 모르면, 식재 전에 해야 하는 것과 같이 전반적인 분석을 하는 것이 좋다. 부지의 토성, pH, 염도를 최근 2년 내에 분석한 적이 있다면, 가장 흔하게 나타나는 결핍에 대해서만 분석하라. 장기관리계획을 위해서 매년 분석 대상에 pH와 염도를 포함시켜라.
문제 동정을 위한 표본추출	병징을 보이는 지역과 정상적인 식물이 자라는 지역은 분리하여 표본을 수집하라.	우려되는 문제를 기준으로 분석하라. 염도와 알칼리도 문제가 우려될 때 하는 일반적인 분석은 pH, ECe, B, Na, Cl, SAR에 대한 것이다. 우려되는 미량원소 결핍의 동정은 토양이 아닌, 잎 표본을 분석하는 것이 최선이다.

있는 토양 유형보다 널리 퍼진 유형으로부터 더 많은 표본을 수집해야 할 것이다. 토양조사 자료가 없는 경우, 부지를 동일한 특성을 가진 지역으로 구분하여 각각의 표본을 수집해야 한다. 넓은 부지는 4~8ha 크기의 블록으로 나눌 수 있는 반면, 작은 부지는 10~20m^2 정도가 적절할 것이다.

2. **적절한 표본추출 깊이를 결정하라.** 표본은 식물의 뿌리가 존재하거나 앞으로 뻗을 지역 내에서 수집되어야 한다. 전형적인 표본추출 깊이는 다음과 같다:

잔디, 1년생	0~7.5cm(0~3인치), 7.5~15cm(3~6인치)
지피 상(bed)	0~15cm(0~6인치), 15~45cm(6~18인치)
교목과 관목	0~30cm(0~12인치), 30~60cm(1~2피트), 60~120cm(2~4피트)
지상 식재대	용기 깊이 전체

3. **표본 지역 내에 하위 표본을 수집하라.** 하나의 표본은 단일 표본지역 전반에 걸쳐 같은 방법으로 수집한 10~15개의 하위 표본으로 구성되어야 하며, 이는 완전히 혼합되어 하나의 표본으로 분석된다. 하위 표본은 적절한 깊이의 지하에 밀어 넣은 오거(auger)나 토양 샘플기를 이용하여 수집하기도 하고, 삽으로 판 구덩이에서 수집할 수도 있다. 구덩이에서 수집할 경우, 적절한 깊이까지 구덩이를 판 다음 파낸 흙은 버린다. 구덩이 한쪽으로부터 두께 13mm(0.5인치)의 얇은 조각을 잘라낸 다음 폭 25mm(1인치) 정도의 심(心, core)이 되도록 가장자리 흙을 잘라낸다(**그림 4-15**). 이러한 과정을 각각의 하위 표본추출 위치에서 반복한다. 이들 하위 표본은 혼합되어 하나의 용기에 담긴다.

4. **다음 표본추출 지역으로 이동하여 하위 표본을 수집하라.** 표본추출과정은 표본추출이 완료될 때까지 개별 지역에서 반복된다.

토양 분석 수행할 분석유형은 필요로 하는 정보에 따라 다르다. 가장 일반적인 토양 분석(土壤分析, soil analysis)은

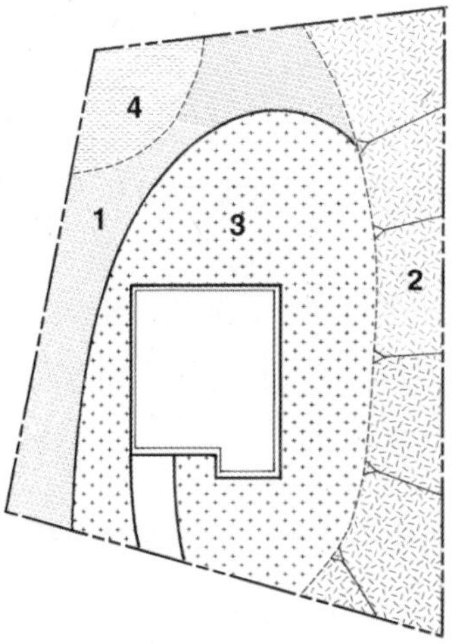

표본지역	내용
1	교목과 관목상
2	지피로 덮인 절취 사면
3	잔디
4	배수가 불량한 저지대 점질토

그림 4-14 토양 성질을 분석하기 위해 특정 부지에 대한 토양 표본추출을 할 때, 토색, 토성, 식물의 징후와 생장, 경사, 배수 등과 같은 조건이 다른 지역으로부터 별도의 표본을 수집하라(표 4-7 참조).

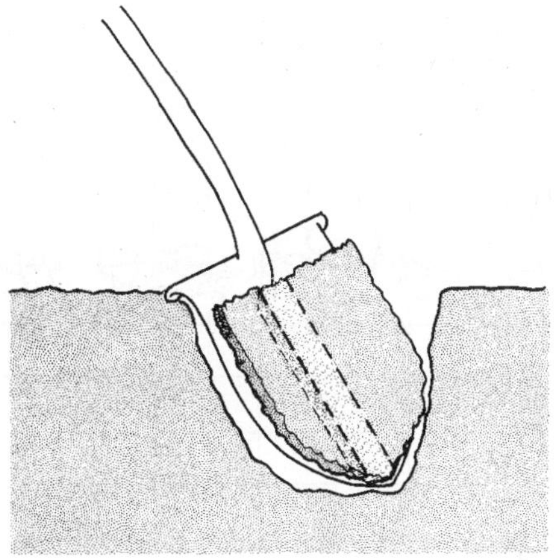

그림 4-15 삽을 이용하여 토양 표본을 추출할 때 적절한 깊이까지 구덩이를 판다. 구덩이 한쪽으로부터 두께 13mm의 얇은 판을 잘라낸 다음 폭 25mm 정도의 심(core)이 되도록 가장자리 흙을 잘라낸다. 이러한 과정을 각각의 하위 표본추출 위치에서 반복한다.

pH, 비옥도 평가와 독성 물질 존재여부 확인이다. 토양 시험의 결과는 해당 지역의 식물과 토양에 관한 실험실 자료를 평가하는데 경험이 있는 사람에 의해서 해석되어야 한다.

토양 분석으로 잔디, 초본식물, 소관목에 대한 인(燐, phosphorus)과 칼륨(potassium)의 가용성은 상당히 정확하게 확인할 수 있지만, 교목이나 심근성 관목에 대해서는 확실치 않다(Mader와 Cook, 1982). 산성 사토와 같이 극단적으로 영양이 결핍된 경우에만 토양 시험 결과가 목본식물 생장과 상관관계가 있으며, 그것도 인의 수준과 관련된 것이다(Pritchett, 1979). 토양 내 다른 영양분의 양도 확인할 수 있지만, 아직까지 조경 수종의 비료 요구량을 결정하는데 활용하기에는 부족한 자료이다.

비가 많이 오는 지역에서 시험은 산성토양 pH를 좀 더 좋은 수준으로 올리는데 필요한 석회의 양을 확인하는데 사용될 수 있다(제7장 참조). 붕소(硼素, boron), 염화물(鹽化物, chloride), 나트륨(sodium), 총 염(total salt)의 유독 수준도 토양 분석에 의해 확인될 수 있다. 물도 토양에 대한 이러한 요소들의 독성 수준을 높일 수 있으므로 나쁜 수질이 의심되면 시험을 해야 한다(이 장 후반의 수질 참조).

토성은 보통 토양 분석의 일부로서 확인된다. 토성은 포화율(飽和率, saturation percentage)로부터 추정될 수 있다. 좀 더 정확한 방법은 모래, 미사, 점토의 비율을 측정하는 기계적인 분석을 실시하는 것이다. 이를 통해 얻은 자료를 토성 삼각도에 적용하면 토성을 확인할 수 있다(그림 4-4).

토성을 제외하고, 토양의 물리적 성질은 일상적으로 하는 토양 분석 대상이 아니다. 물리적 성질, 특히 구조, 밀도, 토심이 녹지에서 식물의 생장에 가장 중요한 것임을 고려하면, 이는 불행한 일이다. 물리적 성질에 대한 대부분의 분석은 실험실이 아닌 현장에서 수행하는 것이 최선일 수도 있다. 실험실에서 실시하는 한 가지 분석은 **용적비중**(容積比重, **bulk density**)이다. 용적비중은 주어진 토양 용적에 대한 무게 비율이다. 부지에서 토양 표본추출용 특수 관으로부터 토양 표본을 채취한 다음, 그 표본의 부피를 측정한다. 다음으로 이를 오븐에서 건조하여 무게를 측정한다. 용적비중은 g/cm^3, 또는 lb/ft^3로 표시한다. 용적비중 측정치는 토양 조건을 평가하거나 우려되는 토양 문제를 확인할 때 유용할 수 있다. 어떤 토양의 용적비중과 답압될 수 있는 정도는 토양의 구조와 입자 크기의 분포, 가해지는 답압력에 따라 다르다. 그러나 **그림 4-16**에서 보는 바와 같이, 비슷한 용적비중을 가진 두 토양도 식물 생장에 대한 적합성에서는 크게 다를 수 있다. 두 토양은 거의 같은 총 공극 공간과 용적비중을 가지고 있지만, 미사양토(silt loam)는 대공극의 수가 더 적다. 주어진 토양에서 용적비중이 클수록 뿌리의 생장과 활동이 제약을 더 많이 받는다. 토양의 토성을 알면 용적비중치를 해석하는데 도움이 될 것이다. 토성은 아래 열거된 용적비중 측정치를 해석하는데 도움이 될 것이다:

1.0~1.6g/cm^3	보통 토양(Brady, 1990)
1.4~1.6	뿌리 생장 제약(Alberty 등, 1984)
1.7~2.2	공사장에서 흔히 발견됨(Patterson, 1977)
2.6	바위

일반적인 용도의 부지에서 토양 답압을 측정하는 데는

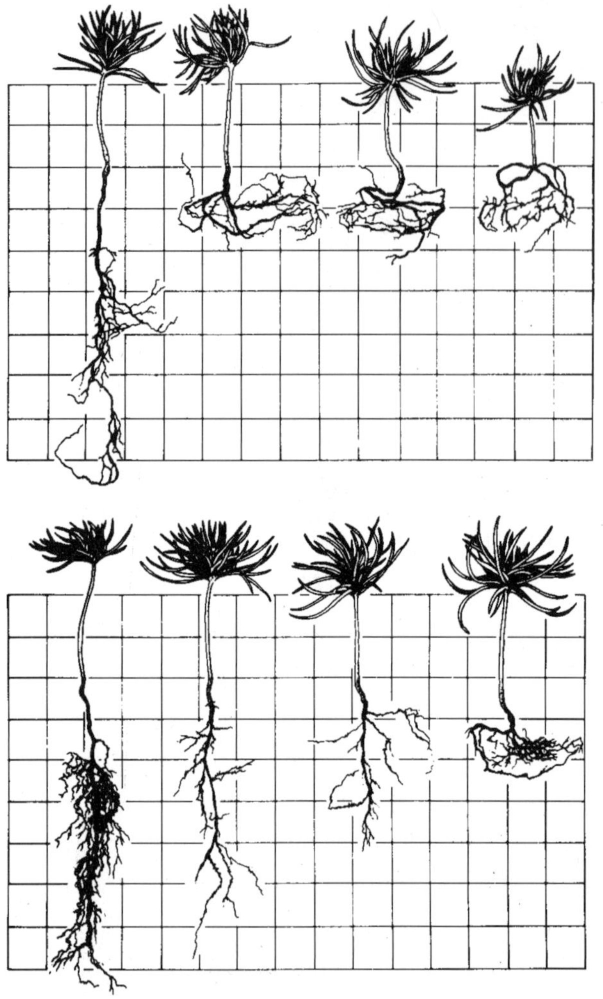

그림 4-16 용적비중이 비슷해도 토성이 다르면 토양에서 뿌리를 뻗는 깊이가 다르다. 용적비중 1.2, 1.4, 1.6, 1.8g/cm^{3}의 사양토(아래)와 미사양토(위)에서의 유럽흑송(*Pinus nigra*) 묘목의 생장 차이(20mm 격자) (Zisa 등, 1980).

두 가지 방법이 있다. 토양 기술자와 정지업체는 건축을 위해 변형할 토양의 답압을 평가하기 위해 지표 방사선 측정기(surface nuclear gauge)를 이용한다. 이 기기는 5~10cm(2~4인치) 깊이까지 토양의 습윤 밀도(濕潤密度, wet density)와 수분함량을 측정한다. 습윤 밀도에서 수분함량을 공제하여 건용적비중(乾容積比重, dry bulk density)을 구한다. 다른 측정 장비는 금속 탐침(探針, probe)인 경도계(硬度計, penetrometer)이다.

토양수 투과(透過, percolation) 새로운 녹지부지에서는, 토양의 투수율(透水率, water percolation rate)을 시험하는 것이 좋다. 이때 발견되는 문제들은 답압, 토성이 상이한 층, 식토(埴土, clay soil), 경반층(plowpan) 등이다. 총 투수율은 직경과 높이가 각각 150mm(6인치) 이상 되는 원통을 토양 속으로 25~35mm(1~1.5인치) 밀어 넣은 다음 얕은 구덩이(25~50mm; 1~2인치)를 파서 추정할 수 있다. 8~10시간 동안 원통 안에 물을 가득 채운 상태를 유지한다. 그리고 마지막으로 물을 채운 다음, 2시간 이내에 수위가 적어도 25mm(1인치) 낮아지지 않으면 투과성에 문제가 있을 가능성이 있다. 이러한 문제가 단면 전체에 걸쳐 있는지, 아니면 한두 층에 한정된 것인지를 확인하기 위해서는 추가적인 조사가 필요하다.

투수율은 관수, 배수, 뿌리 발달에 문제를 일으킬 수 있는 답압된 층과 토성이 다른 층이 중간에 끼어 있는 위치를 확인하기 위해서는 여러 깊이에서 투수율을 조사할 필요가 있다. 이를 통해 지표 가까이에 있는 기반층(hardpan)과 기반암(基盤岩, bedrock)의 위치를 확인할 수 있다. 토양 단면이 균일한 것처럼 보여도, 이 중 일부는 물의 이동이 어렵거나 제한될 수 있다. 단면은 굴착기나 손 공구(hand tool)로 구덩이를 파서 조사할 수 있다(그림 4-12, 4-13).

물의 이동은 여러 토층에서 확인될 수 있다. Wildman(1969)은 75mm(3인치) 알루미늄 관수용 파이프, 약간의 유리병, 고무마개(rubber stopper), 투명유리 배관(Plexiglas tubing) 등을 이용하여 침투계(浸透計, infiltrometer)를 고안하였다. 그는 길이가 0.3m(12인치)에서 1.1m(44인치)까지 다양한 6개의 배관을 60~90cm(2~3피트) 간격으로 다양한 깊이로 파낸 오거 구멍(auger hole)의 바닥에서 아래로 7~8cm(3인치) 정도 더 깊이 박아 넣었다. 각 투과 파이프에 설치된 물통은 투명유리관이 삽입된 고무마개로 막힌 유리병으로 구성되어 있다. 유리병을 그림 4-17에서 보는 바와 같이 설치하면, 물은 알루미늄 파이프 내의 수위가 유리관 끝보다 위로 올라갈 때까지 유리관으로부터 똑똑 떨어질 것이다. 물이 토양 속으로 스며들어서 유리관 속으로 공기가 들어가는 한 물의 흐름은 계속될 것이다. 유리병 측면에 붙여 놓은 눈금은 여러 간격으로 읽을 수 있도록 구분한다. 투명유리관은 구멍 안의 수위를 매우 일정하게 유지시켜 주며, 유리병은 보충하지 않고도 충분히 계측이 가능하도록 충분한 량의 물로 채워져 있어야 한다.

토양의 초기 수분함량은 측정치의 유용성에 크게 영향을 미칠 것 같지는 않다. 15, 30, 60, 120분에 얻은 수위 측정치 정도면 유익한 투수곡선을 그리기에 충분할 것이다. 알루미늄 파이프로부터 침투된 물의 깊이를 알기 위해서는, 유리병 반지름을 제곱한 값을 파이프 반지름을 제곱한 값으로 나누어서 수위 측정치의 차이를 곱하면 된다.

75mm(3인치) 파이프에서 시간당 투수 속도가 5~7mm 이하인 토층은 느리다고 판단되며, 개선이 필요하다. 같은 부지 내 같은 깊이의 여러 침투계가 다른 계측치를 나타낼

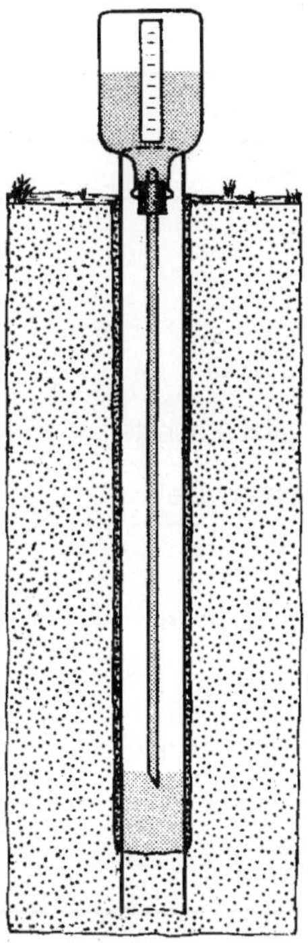

그림 4-17 여러 깊이에서의 물의 이동을 확인하고 투수성이 낮은 층의 위치를 찾아내는데 값싼 투수계 세트를 이용할 수 있다. 토양 내 직경 90mm 오거(auger) 구멍에 직경 75mm 알루미늄 파이프를 구멍 바닥에서 75mm 정도 더 깊이 박는다. 파이프보다 20cm 정도 짧은 유리관이 삽입된 고무마개로 막힌 4ℓ 유리병에 물을 채우고, 거꾸로 세워 파이프 안으로 넣는다. 물의 이동 속도는 유리병의 물이 줄어드는 속도에 의해 측정된다. 다른 깊이에 설치된 일련의 투수계가 해당 토양의 수분 침투 윤곽을 보여줄 것이다.

수 있기 때문에 2~3반복이 바람직하다. 이 기법은 대략적인 수분 투수율을 알려주는 것으로, 대개 토양의 실제 투수율보다 높은 경향이 있다. 그러나 이는 여러 깊이에서의 물의 이동에 대한 상대적인 차이를 비교적 정확하게 보여준다. 따라서 수분 침투를 제약하는 층을 찾아낼 수 있다.

토양 배수 비가 자주 내리거나 관수가 필요한 경우, 일반적인 토양 배수(土壤排水, soil drainage)는 토양 투수를 점검하기 위해 사용하는 방법과 비슷한 방법으로 측정할 수 있다. 토양에 1.2~1.5m(4~5피트) 깊이 또는 기반층이나 기반암까지 구덩이를 판 다음, 호우나 관수 후에 구덩이에 물이 고이는지를 확인하기 위해 그대로 둔다. 물이 5~6일 이상 구덩이에 그대로 있으면 배수시설이나 다른 조치가 필요할 것이다. 가능한 경우, 배수가 가능한 투수층이 있을 가능성을 확인하기 위해 구덩이를 1~2m(3~6피트) 더 깊이 파 보는 것도 좋다. 투수층이 나타났는가를 확인하기 위해 비나 관수가 끝난 후에 더 깊은 구덩이의 배수를 관찰하라. 토양배수를 개선하기 위한 방법을 더 고찰하기 위해서는 제7장을 참조하라.

4.2 수질

수질(水質, water quality)은 식물의 생장에 영향을 미치는 또 다른 토양요소이다. 물은 특정 식물에 유독한 이온이나 염(salt)을 함유할 수 있다. 양질의 물은 대부분의 식물에 대한 관수에 적합하지만, 수질이 나쁜 물은 해당 부지에 대한 수종 선정을 제한하고 민감한 식물에 피해를 줄 수도 있다. 관수에 사용되는 세 가지 주공급원은 지하수, 지표수(강이나 호수로부터), 재활용수(再活用水, recycled water)이다. 물이 지질학적 물질을 통과하거나 지나감에 따라 염이 물에 녹게 된다. 염의 종류는 모암과 토양의 화학적 조성에 달려있다. 모든 물은 꼭 같은 주성분(主成分, major constituent)을 가지고 있지만, 미량성분은 수원(水源, water source)에 따라 차이가 날 수 있다(Farnham 등, 연도 미상) (**표 4-8**).

재활용수의 경우, 수질은 처리과정에 투입되는 물의 성분과 처리 전 사용 유형에 따라 다르다. 예를 들면, 가정 연수장치(軟水裝置, water softener)는 물속의 칼슘을 나트륨과 교환한다. 그러므로 연수장치를 사용하는 생활하수가 공급원인 재활용수는 원수(原水, original water)보다 나트륨 수준이 더 높다. 하수처리 중에 고형물과 유기물이 제거되지만, 염이나 중금속 같은 많은 무기화합물은 그대로 남는다. 염은 역삼투(逆滲透, reverse osmosis) 공정을 통해서 재활용수로부터 제거될 수 있지만, 일반적으로 사용하지 않는 선진화된 공정이다.

수질 평가

녹지 관수와 관련하여, 수질평가로 총 염(TDS, Ecw)의 존재와 함량 및 몇 가지 특정 이온(Cl, Na, B), 중탄산염(重炭酸鹽, bicarbonate), pH, 미량원소(微量元素, trace element), 일부 대량원소(N, P, K) 등을 확인한다. 수질 자료를 해석하는 지침은 **표 4-9**에 기술되어 있다.

총 염(total salt) 염분은 조경수목과 관련된 수질 중 가장 중요한 지표이다. 이는 총 용존 고형물(總溶存固形物, Total Dissolved Solid, TDS)과 전기 전도도(電氣傳導度, electrical conductivity, EC_w)로 표시된다. 토양에 물을 주었을 때, 일부 염(주로 Na, Cl, B)은 남아 있게 되고, 이들이 축적되면, 식물에 독성이 나타난다. 염분 독성은 처음에는 생장 위축과 잎의 황화로 나타난다. 이는 보통 잎 가장자리가 타 들어가고 낙엽으로 이어지며, 심하면 식물이 죽는다. 피해의 정도

표 4-8 물의 일반적인 조성(Farnham 등, 연도 미상)

양이온(cations)		음이온(anions)		
원소	기호	원소	이온[a]	기호
모든 자연적으로 나오는 물에 있는 원소				
칼슘	Ca^{2+}	염소(chloride)	염소	Cl^-
마그네슘	Mg^{2+}	황(sulfur)	황산염(sulfate)	SO_4^{2-}
나트륨	Na^+	탄소(carbon)	중탄산염(bicarbonate)	HCO_3^-
		탄소	탄산염(carbonate)	CO_3^-
수원(water source)에 따라 차이가 나는 원소				
칼륨(potassium)	K^+	인(phosphorus)	인삼염(phosphate)	HPO_4^{2-}
		질소(nitrogen)	질산염(nitrate)	NO_3^-
		불소(fluorine)	플루오르화물(fluoride)	F^-
		붕소(boron)	붕산염(borate)	$B(OH)_3$
		규소(silicon)	규산염(silicate)	$Si(OH)_4$

[a]대부분 물의 알칼리 pH 범위에서의 원소 형태.

는 식물의 염에 대한 민감도와 토양 내 축적된 염의 함량에 따라 다르다.

콜로라도 강물은 물 헥타르 센티미터(ha cm)당 75kg (800ppm, 또는 EC 1.25dS/m) 상당의 염을 함유하고 있다. 합리적인 관수 관행으로 볼 때, EC 0.75dS/m 이하의 물은 염분 문제가 거의 없지만, EC 3.0 이상이 되면 몇몇 내염성 식물을 제외하고는 심각한 문제를 유발할 수 있다 (Stromberg, 1975). 염분에 민감한 식물은 EC가 2.0dS/m 보다 높지 않으면 견딜 수 있다.

특정 이온 독성 염도는 총 염 함량을 표시하지만, 이는 특정 이온에 의한 잠재적인 독성을 정확하게 확인하지는 못한다. 재활용수의 염소(Cl), 나트륨(Na), 붕소(B) 함량은 민감한 식물에 피해를 입힐 수 있다. 특히 붕소는 별도로 평가되어야 하는데, 매우 낮은 농도(1ppm)에서도 유독한데 비해 이의 존재는 전도성 측정치에는 반영되지 않을 수 있다.

나트륨과 염소 함량은 스프링클러로 관수를 할 경우 특히 중요하다. 식물은 잎을 통해서도 두 이온을 흡수한다. 잎의 흡수에 의한 독성은 토양으로부터의 흡수보다 훨씬 낮은 농도에서 발생할 수 있는데, 특히 증발산이 높은 여건에서는 더욱 그러하다(표 4-9).

특정 이온의 독성 증상은 다른 원인에 의한 증상과 구분하기 어려운 경우가 많은데, 잎의 탈색과 가장자리가 타는 것이 전형적이다. 붕소에 의한 괴사(壞死, necrosis)는 색이 검고, 잎의 가장자리 근처에 작은 반점으로 나타난다. 염분과 마찬가지로, 개별 이온에 대한 식물의 내성은 종 특이성이 높다. 인도산사나무(*Raphiolepis indica*)와 같은 일부 식물은 7ppm 이상의 붕소에도 견딜 수 있는데 비해, 홍가시나무(*Photinia* × *Fraseri*)는 0.5ppm에서도 피해를 받는다 (표 12-2). 더구나 붕소에 상대적으로 내성이 있는 종이 염소에는 매우 민감할 수도 있다. 특정 이온에 대한 민감성 목록을 작성하기에 충분한 정보가 부족하기 때문에, 녹지 관리자는 주로 경험과 관찰에 의존할 수밖에 없다.

나트륨흡착률(Sodium adsorption ratio, SAR) 식물에 직접적으로 영향을 주는 것 외에, 나트륨은 토양 구조에 부정적인 영향을 줄 수 있는데, 이는 농도가 높으면 토양 입단의 분산을 유발할 수 있다. 이렇게 되면, 배수와 토양 통기성이 악화되어 식물의 쇠퇴와 심하면 고사까지도 초래한다. 점토 비율이 높은 토양은 특히 나트륨에 의해 입단이 파괴되기 쉽다.

토양에 해로운 나트륨은 보통, 나트륨, 칼슘, 마그네슘 함량으로부터 계산된 값인 **나트륨흡착률**을 이용하여 평가한다. 그러나 높은 SAR로 인해 유발될 수 있는 투과성 문제는 물속의 염에 의해 부분적으로 상쇄될 수 있다. 관개수의 잠재적인 문제에 대한 좀 더 정확한 측정치가 물속의 염분, 중탄산염, 칼슘, 나트륨, 마그네슘 농도로부터 계산된 조정된 나트륨흡착률(adj R_{Na})이다.

표 4-9 **녹지 관수를 위한 수질 해석 지침. 수종별 수질에 대한 내성은 차이가 있다. 수질이 나쁠수록 수종 선정에 엄격한 제한을 둔다.**

지표	사용 제한 정도		
	없음	약간에서 중간	엄격함
염분			
TDS, mg/ℓ	< 450	450~2000	> 2000
ECw, dS/m 또는 mmhos/cm	< 0.7	0.7~3.0	> 3.0
투과성(透過性, permeability)[a]			
SAR(Sodium adsorption ratio)	6	6~9	> 9
특정 이온 독성[b]			
붕소(B)	< 0.5	0.5~1.0	> 1.0
염소(Cl)			
지표 관수(mg/ℓ)	< 140	140~350	> 350
스프링클러 관수(mg/ℓ)	< 100	> 100	
나트륨(Na)			
지표 관수(SAR)	< 3	3~9	> 9
스프링클러 관수(mg/ℓ)	< 70	> 70	
미량원소(중금속)			
권장 최대 농도			
카드뮴(Cd, mg/ℓ)	< 0.01		
구리(Cu, mg/ℓ)	< 0.2		
니켈(Ni, mg/ℓ)	< 0.2		
아연(Zn, mg/ℓ)	< 2.0		
기타 요소			
질소(총 질소, mg/ℓ)	< 5	5~30	> 30
중탄산염(HCO_3^-)			
스프링클러 관수	< 90	90~500	> 500
pH		정상적인 범위 6.5~8.4	
잔류염소(殘留鹽素, residual chlorine)			
스프링클러 관수(mg/ℓ)	< 1.0	1.0~5.0	> 5.0

출처: Pettygrove와 Asano, 1985.

[a]투과성은 토양에 대한 투수율에 영향을 미친다. ECw와 SAR을 모두 사용하여 평가하라. 주어진 SAR에서, 투수율은 염분(ECw)이 증가할수록 높아진다.

[b]특정 이온에 대한 민감성은 식물에 따라 매우 다양하다.

중탄산염 중탄산염(重炭酸鹽, bicarbonate)은 pH에 대한 영향과 나트륨과의 상호작용을 통해 식물에 영향을 미친다. 중탄산염 농도가 높으면 식물에 철황백증(鐵黃白症, iron chlorosis) 증상을 유발할 수 있다(Pratt, 1966). 중탄산염, 탄산염(炭酸鹽, carbonate), 칼슘, 마그네슘 농도가 높은 물은 스프링클러 관수를 받는 잎에 백강홍(白降汞, white precipitate) 형성으로 이어질 수 있다. 관수 설비는 중탄산염에 의해 손상될 수 있는데, 침전물(沈澱物, precipitate)은 점적장치(drip emitter)를 막히게 한다.

중탄산염이 토양에서 칼슘이나 마그네슘과 결합하면, 탄산칼슘(calcium carbonate)과 탄산마그네슘(magnesium carbonate)이 침전된다. 따라서 토양의 SAR이 상승하면 투수성이 문제가 될 수 있다. 토양에 대한 중탄산염의 위해는 잔존 탄산나트륨(residual sodium carbonate, RSC)을 계산하여 평가할 수 있다. RSC는 탄산염과 중탄산염의 합에서 칼슘과 마그네슘이온의 합을 차감한 것이다(Harivandi, 1988). RSC가 2.5리터당 밀리당량(milliequivalent per liter, meq/ℓ) 이상인 물은 투과성 문제가 발생할 수 있다.

중금속 중금속(重金屬, heavy metal)은 식물에 직접적으로 유독할 정도로 충분한 양이 물에 존재하는 경우는 드물다. 그러나 대부분의 금속은 토양 내에 결합되어 시간이 지나면서 그 농도가 증가한다. 수질 기준은 오랜 기간 관수로 인한 금속원소의 축적을 고려하여 장기 사용으로 인한 최대 축적량을 제시한다. 생활하수는 보통 미량원소와 관련된 문제를 유발하지 않는다(Berry, 1974).

양분 녹지대에 재활용수를 사용하는 이점 중 하나는 식물이 필요로 하는 영양소를 가지고 있어서 시비의 필요성을 낮춘다는 것이다. 질소, 인, 황은 이들의 주요한 성분이다. 이들 함량은 시비 요구량을 결정하기 위해 재활용수를 평가할 때 고려된다. 일반적으로 재활용수는 식물이 필요로 하는 대부분의 미량원소를 포함하고 있다(Harivandi, 1988).

이러한 성분의 부정적인 면은 재활용수를 저장할 때 발생한다. 고여 있는 영양분이 풍부한 물은 식수보다 조류(藻類, algae)나 수초(水草, aquatic weed) 문제를 더 빨리 일으킨다.

재활용수를 이용한 관수가 적합한 부지 선정

재활용수를 이용한 관수를 수용할 수 있는 녹지의 능력은 토양의 염분 증가 정도와 식물의 염에 대한 내성에 따라 차이가 있다. 그러므로 재활용수를 이용한 관수를 위해 부지를 평가할 때에는 식물과 부지 요소는 물론 관수 방법도 고려해야 한다. 평가할 요소는 다음과 같다:

- **녹지 내 수목의 염 감수성.** 수목의 염에 대한 내성은 매우 다양하다. 염에 민감한 수종은 저항성 수종보다 재활용수에 의해 피해를 입을 가능성이 높다. 알려진 대부분의 염 저항성 수준은 도로변에 뿌리는 해빙염에 대한 반응이 기준이 된다. 재활용수에 대한 수목의 반응은 다를 수 있다. 수목은 전형적으로 잎에 뿌린 염보다 토양 염분에 대한 저항성이 더 크다.
- **부지의 토성.** 수질이 나쁠수록 점토질 토양보다 사질 토양에 뿌리는 것이 낫다. 앞서 언급한 바와 같이, 나트륨은 토양에 축적되기 때문에, 입단화된 토양의 분산을 유도하여 토양 투과성을 낮춘다. 따라서 문제 발생 가능성은 사질 토양보다 점토질 토양에서 더 커진다.
- **토양 배수.** 배수가 잘 안 되는 토양은 염이 용탈되지 않고 축적된다. 그러므로 어떤 이유든(예: 기반층, 답압, 높은 지하수위) 배수가 불량한 토양은, 염 저항성이 높은 수목을 식재하지 않는 한, 나쁜 수질에는 적합하지 않다. 배수가 안 될수록 양질의 물이 요구된다.
- **관수 방법.** 수목은 물을 토양이 아닌 잎에 뿌렸을 때, 나트륨과 염소 독성에 더 민감하다. 그러므로 스프링클러에 의해 관수되는 민감한 수목은 나트륨과 염소 성분이 낮은 물을 요구한다. 점적관수(點滴灌漑, drip irrigation) 배출구는 탄산칼슘 침전물이나 물속의 부유 물질(*浮遊物質*, suspended solid)에 의해 막힐 수 있다. 3차 처리까지 하면 부유물질이 제거된다.
- **관수 주기.** 수질이 떨어짐에 따라 토양수분이 높은 상태에서 건조 스트레스가 발생한다. 토양 속 염을 희석시키고 수분과 염 스트레스가 발생하지 않도록 하기 위해서는 관수를 더 자주해야 한다.

수질과 토성, 배수, 수목 민감성 간의 관계가 **표 4-10**에 요약되어 있다. 수질이 나쁜 물로 관수되는 녹지의 관리에 관한 고찰은 제7장과 제13장을 참고하라.

표 4-10 토성, 배수, 수목의 염에 대한 민감성 등에 따라 녹지 관수에 요구되는 최저 수질

	염에 대한 수목의 감수성		
토성/배수	민감	중간	저항성
사질토/배수 양호	양질[a]	중간	저질
양토/배수 양호	양질	중간	중간
식토/배수 불량	매우 양질	양질	중간

[a]수질에 관한 세부 지침은 표 4-8 참조.

복습

- 토양과 수분을 평가하는 주된 목적은 다음 네 가지이다:

  1. 식재에 앞서 부지에 대한 수목의 적합성을 확인하기 위해
  2. 식재에 앞서 개량 작업 필요성을 확인하기 위해
  3. 녹지 관리 활동에 대한 영향을 평가하기 위해
  4. 토양과 수분 관련된 수목 문제를 동정하기 위해

- 다섯 가지 토양 요소가 토양 성질을 결정한다: 모암, 기후, 지형, 생물적인 활동, 시간.
- 토양이 발달함에 따라 토양 단면을 구성하는 층이 형성된다.
- 수목의 생장과 건강에 영향을 미치는 토양의 물리적 성질은 토성(입자의 크기 분포), 구조(토양 입자의 배열), 토심 등이다.
- 토성(土性, soil texture)은 모래, 미사, 점토의 구성비에 의해 결정된다. 사질토양은 전형적으로 배수와 통기성이 좋은 반면 양분과 수분 보유력이 낮고, 점질토양은 배수 속도가 느리고 통기성이 나쁘지만 양분과 수분의 보유력이 높다. 양토토양(loam soil)은 중간적인 성질을 보이며 다양한 수목이 생장하는데 이상적이다.
- 토양 구조(soil sturcture)는 토양 입자가 입단(粒團, aggregate)이라고 불리는 단위로 어떻게 배열되어 있는가를 나타낸다. 입단화가 잘 된 토양은, 입단 사이의 대공극으로 통기와 뿌리 침투가 가능하고, 입단 내부의 소공극이 수분과 양분을 보유하고 있기 때문에, 수목에 바람직하다. 토양 구조는 답압에 의해 쉽게 손상된다.
- 토성이 다른 토양층, 특히 거친 질감의 토양층 위에 고운 질감의 토양이 있으면, 물의 이동과 뿌리 생장을 방해한다.
- 수목 생장에 중요한 토양의 주요 화학적 성질은 비옥도, pH, 염도, 알칼리도 등이다. 토양 pH는 이온의 가용성과 미생물의 활동에 영향을 미침으로써 수목 생장에 간접적으로 영향을 미친다. 염화물, 붕소, 나트륨을 포함한 염은 수목의 내성을 초과하여 함유되어 있으면, 식물에 유독할 수 있다. 나트륨은 수목에 유독할 뿐만 아니라 토양구조와 배수에 부정적인 영향을 미칠 수 있다.
- 토양에는 상호의존적이거나 먹이와 공간을 두고 경쟁하는 살아 있는 미생물이 다양하게 섞여 있다. 토양에 서식하는 생물들은 유기물을 분해하고, 공기로부터 질소를 고정하며, 질소를 변형시키고, 토지의 경운성을 개선하며, 항생물질을 생산하고, 수목에 긍정적으로(예: 균근 곰팡이) 또는 부정적으로(예: 수목 기생 미생물) 영향을 미친다.
- 토양의 대부분의 물리적, 화학적, 생물적 성질은 대부분의 토양이 무게 기준으로 5% 미만의 유기물을 함유하고 있지만, 유기적 성분에 의해 영향을 받는다. 초기의 거친 상태에서 유기물은 용적비중을 낮추고 공극률을 높인다. 분해가 진행되는 과정에는 토양 유기체의 먹이 공급원이 되고, 수목 생장에 필요한 양분을 방출한다. 콜로이드 상태(colloid state)에서는 토양의 양분과 수분 보유력을 증대시키고, pH 변화에 대한 완충 역할을 하고, 토양 입단을 형성하고 안정화하는데 도움을 준다.
- 토양 유기체의 활동과 이들이 토양 유기물을 분해함에 따라 파생되는 수목에 대한 편익은, 포장용수량에 가까운 토양 수분, 유리한 기온, 선호하는 pH와 염도, 적절한 양분 등에 의해 향상된다.
- 토질은 수목의 생산성을 지원하는 토양의 생물적, 화학적, 물리적 성질로서, 뿌리 생장 촉진; 수분과 무기 양분, 탄소의 수용, 보유, 공급; 최적의 가스 교환과 생물적 활동의 촉진 등이 있다.
- 토양 건강은 토질의 생물적 요소이다. 건강한 토양은 수목 병원균을 억제하는데 도움이 되는 다양한 미생물과 동물을 포함하는 다양한 생물적 구조이다.
- 도시토양은 정지와 건설 활동에 의해 변형되었다는 점에서 자연 녹지의 토양과 다르며, 크게 교란되고 변이가 심하다.
- 토양과 수분 특성을 평가할 때에는 물리적 성질을 평가하기 위해 뿌리를 뻗는 깊이까지 표본을 수집하며, 수목 생장에 중요한 화학적 요소를 확인하기 위해 표본을 실험실에 보내기도 한다.
- 녹지 관수와 관련하여, 수질은 총 염은 물론, 특정 이온(Cl, Na, B), 중탄산염, pH, 미량원소, 대량원소(N, P, K)의 존재와 농도도 고려한다.
- 재활용수를 이용한 관수에 대한 녹지의 적응능력은 토양이 염화되는 정도와 수목의 염에 대한 저항성 정도에 달려있다. 평가 요소는 물의 염도, 녹지 내 수목의 염에 대한 민감성, 토성, 토양 배수, 관수 방법과 빈도 등이다.

추천문헌

CRAUL, P. J. 1992. *Urban Soil in Landscape Design*. New York: Wiley.

DORAN, J. W., D. C. COLEMAN, D. F. BEZDICEK, and B. A. STEWARD, eds. 1994. Defining Soil Quality for a Sustainable Environment. SSSA Special Pub. No. 35. Madison, WI: Soil Science Society of America.

PETTYGROVE, G. S., and T. ASANO. 1985. *Irrigation with Reclaimed Municipal Wastewater–A Guidance Manual*. Chelsea, MI: Lewis Publishers.

PRITCHETT, W. L. 1979. *Properties and Management of Forest Soils*. New York: Wiley.

SINGER, M. J., and D. N. MUNNS. 1987. *Soils: An Introduction*. New York: Macmillan.

U.S. Department of Agriculture. 1957. *Soil: The 1957 Yearbook of Agriculture*. Washington, DC: U.S. Superintendent of Documents.

제5장 수목의 편익

목표

- 도시지역에서 생장하는 수목의 생태적, 환경적, 경제적, 사회적 기능을 살펴본다.
- 편익/비용분석(便益費用分析, benefit-cost analysis) 개념을 도입하고 고찰하며 사례도 제시된다.

1970년대 이전까지, 도시지역에 있는 수목과 녹지 공간(綠地空間, green space)에 대한 우리들의 이해는 유아기에 해당한다고 할 수 있다(Schmid, 1975). 1980년대까지 몇몇 생태학자, 특히 미국농무부 산림청(USDA Forest Service)의 Rowan Rowntree는 도시림으로 알려지기 시작한 수목 집단의 구성과 구조, 기능에 관심을 갖게 되었다. Rowntree(1984, 1986)는 일련의 토시생태에 관한 논문에서 오늘날 연구의 대부분에 대한 개념 단계(概念段階, conceptual stage)를 설정하였다.

한편 이 기간 동안, 수목관리자들은 녹음(綠陰, shade)이나 차폐(遮蔽, screening)와 같은 일반적인 용어로 환경에서의 수목의 역할을 기술하고 있었다. 우리는 초보적인 수준의 펜으로 그린 그림(pen-and-ink graphic)으로 우리의 관점을 설명하였다. 그때까지 수목의 구체적인 편익을 기술한 양적, 질적 연구 결과는 그렇게 많지 않았다. 1990년에 미국국립학술연구원(U.S. National Research Council, NRC)은 도시림이 지구온난화(地球溫暖化, global warming)와 생물다양성(生物多樣性, biodiversity)에 중요하다는 것을 인정하였다. 그리고 동 위원회는 아직 건전한 도시림 관리에 필요한 정보 기반이 부적절하다고 언급하였다.

미국에서 1990 농업법(Farm Bill)의 통과는 도시지역에 있는 수목에 대한 획기적인 사건이었다. 수목 식재와 교육에 대한 예산이 확보되었을 뿐만 아니라, 농업법은 현장에 대한 연구계획을 수립할 것을 요구하였다. 연구 필요성에 대한 평가는 국제수목관리학회(ISA)와 협력하여 미국농무부 산림청이 수행하였다. 평가의 결과와 수목이 제공하는 계량화할 수 있는 편익의 요약은 1990년대 도시임업에 관한 국가 연구의제(A National Research Agenda for Urban Forestry in the 1990s; ISA, 1991)에 게재되었다. 국제수목관리학회가 발간한 상기 연구의제는 현장에서의 연구와 기술이전 요구를 제시하였다. 가장 우선순위가 높은 연구필요성은 도시림의 생태적인 편익에 대한 것이었다. 기타 우선순위가 높은 주제는 도시림의 경제적 편익, 기존 수목 대비 새로운 수목의 비용/편익, 에너지 소비에 대한 영향 등이었다. 기술이전 요구 중에서는, 가장 우선순위가 높은 항목은 도시림의 환경적인 편익이었다. 동 연구의제는 관련 전문가와 함께 산림청 측이 도시림 연구에 대한 중대한 확약을 하는 단계를 마련하였다.

당시 과학자, 전문가, 선출직 지도자, 공중의 관심은 Don Willeke(1992)가 가장 잘 정리하였다. 로스앤젤레스에서 열린 제5차 전국도시임업회의(National Urban Forestry Conference)에서 그는 "도시림에 대한 정확하고 완전한 회계(true and full accounting of the urban forest)" (p. 40)를 주장하였다. 그가 설명하는 잠재적인 편익은 대기 질의 향상으로부터 높아진 지역정체성(地域正體性, community identity)으로 인한 재산가치의 상승에 이르기까지 다양하다. 여러 가지 면에서 Willeke의 주장은 오늘날 수행하는 연구에 대한 방향을 제시하고 있다.

지난 10여 년 동안 도시수목의 편익에 대한 우리의 지식에 굉장한 진전이 있었다. 미국농무부 산림청과 전국도시임업자문회의(National urban and Community Forestry Advisory Council, NUCFAC)는 이러한 광범위한 문제를 알리기 위해 상당한 시간(time), 재능(才能, talent), 재원(財源, resources)을 투입해 왔다.

이 장에서는 도시수목이 제공하는 편익의 본질과 규모를 살펴보고자 한다. 우리는 수목의 생장이 보장되는 곳에 식재된 건강하고 구조적으로 건전한 수목이 가장 큰 편익을 제공한다는 것을 강조하고 싶다. 전략적인 식재가 편익을 극대화하고 비용을 최소화할 것이다.

5.1 대기의 질

식생은 미립물질(微粒物質, particulate matter)을 차단하고 기공(氣孔, stomata)을 통해 기체상태의 오염물질을 흡수함으로써 대기의 질을 향상시킨다. 이러한 오염물질은 발전, 수송, 기타 산업적인 공정을 위한 화석연료(化石燃料, fossil fuel)의 연소를 통해 발생된다. 각각의 주요 오염물질은 그 농도가 높을 경우 수목의 잎에 손상을 줄 수 있다. 그러나 수목의 생장에 대한 영향은 열악한 대기의 질이 사람의 건강에 미치는 영향에 대한 염려에 비하면 2차적이다.

주요 대기오염물질

아황산가스(亞黃酸-, sulfur dioxide, SO_2)는 가장 흔한 기체성 오염물질로 석탄과 석유가 연소할 때 나온다. SO_2는 호흡기 자극제가 될 수 있고, 산성비(酸性-, acid rain)의 주성분 중의 하나이다. **질소산화물(窒素酸化物, nitrogen oxide)**, 특히 이산화질소(二酸化窒素, nitrogen dioxide)는 내연기관 내부의 높은 온도로 대기 중의 질소가 산소와 결합하여 발생한다. 이산화질소는 강우에 의해 부분적으로 제거되는데, 이는 산성비의 원인이 된다. **오존(ozone)**은 자외선과 습기가 있는 상태에서 이산화질소와 휘발성 유기화합물(揮發性有機化合物, volatile organic compound; 탄화수소/炭化水素, hydrocarbon)이 광화학반응(光化學反應, photochemical reaction)을 일으켜 발생한다. "**스모그(smog)**는 주로 도시지역에서 화석연료 연소 시 발생하는 이산화질소와 탄화수소가 맑은 날 자외선(紫外線, ultraviolet)에 노출되어 화학적으로 반응할 때 발생한다"(Nowak, 1992). 스모그는 오존, 질산과산화아세틸(Peroxy-acetyl nitrate, PAN), 질소산화물, 탄화수소 등 대기 화학물질의 혼합체이다. **분진(粉塵, particulate)**은 기체가 아닌 고체로, 화석연료의 연소, 건축과 해체, 생산 공정, 토양 경운과 침식, 햇빛과 기체 오염물질 간의 복잡한 반응 등에 의해 발생한다. 분진은 기관지(천식)와 심장(심장마비) 관련된 병 및 암(癌, cancer)의 발병과 관련이 있다(EPA, 1991; McPherson 등, 1993).

수목으로부터의 오염물질 – 생물기원 휘발성 유기물

Nowak과 Crane(1998)은 "수목은 오존과 일산화탄소(一酸化炭素, carbon monoxide) 형성에 도움이 될 수 있는 휘발성 유기화합물을 배출한다"고 주장하였다. 이러한 화학물질은 생물기원 **휘발성유기화합물(生物基源揮發性有機化合物, biogenic volatile organic compound)**이라고 알려져 있다. 이들의 존재는 수목에 의한 오염에 관한 폭넓은 관심의 원인이 되고 있다.

이러한 물질을 생산하는 것은 종별로 매우 다양하다. 예를 들면, 남부 캘리포니아에서는 루브라참나무(*Quercus rubra*), 미국풍나무(*Liquidambar styraciflua*), 런던버즘나무(*Platanus × acerifolia*)가 배출량이 높은 것으로 보고 있다(Nowak과 Crane, 1998).

수목이 오염을 유발한다는 우려는 균형을 잃지 않은 태도로 보아야 한다. 캘리포니아 남부해안 대기분지(South Coast Air Basin)에서 탄화수소의 12%가 수목으로부터 나오고 88%는 인간에 의해 발생하였다(Herr, 1992). 수목이 오존형성을 증대시킬 수 있는 탄화수소를 배출하지만, 수목은 전반적인 오존 수준을 낮춘다(McPherson 등, 1993).

수목에 의한 공기정화

1990년대 이전까지, 수목에 의한 대기오염 물질의 제거에 관한 양적인 자료는 많지 않았다. Bernatzky(1978)는 독일 프랑크푸르트(Frankfurt)에서 수목이 있는 도로의 공기에는 리터당 3,000입자가 존재하는데 비해 수목이 없는 도로에서는 10,000~12,000입자가 있었다고 보고하였다. 분진은 수목에 의해 차단되어 대기로부터 제거되었다.

대기오염물질 제거의 범위와 가치를 계량화하는 것은 미국농무부 산림청, 특히 북동연구소(Syracuse, NY)와 태평양 남서연구소(Pacific South-western; Davis, CA)의 주요 연구 대상이 되고 있다. 시러큐스에서는 도시림효과(Urban Forest Effects, UFORE) 모델을 개발하는데 집중하고 있다. 이 모델과 관련된 현장 자료를 이용하면, 과학자들은 도시림의 구조(예: 종 구성, 임관 피복)와 함께 다양한 대기 오염물질의 흡수와 저장되는 탄소의 양을 평가할 수 있다. UFORE는 현재 네 개의 모듈(module)로 구성되어 있다: A 모듈은 도시림의 구조를 다루고, B는 수목에 의한 휘발성 배출물(volatile emissions)을 계량화하고, C는 **탄소격리(炭素隔離, carbon sequestration)**와 저장을 계산하고, D는 오염 제거와 이로 인한 대기 질 향상을 계량화한다.

UFORE 모델의 계산 결과, 도시림에 의해 제거된 대기 오염물질의 양은 1994년 뉴욕에서는 1,650MT, 애틀랜타(Atlanta)에서는 1,084MT으로 나타났다(**표 5-1**). 이들 제거로 인한 가치는 뉴욕시에서는 9백만 달러, 애틀랜타에서는 6백만 달러 이상 되었다. 뉴욕이 애틀랜타에 비해 수목의 수가 적고 수관 피복이 절반에 불과한데도 불구하고, 오염물

표 5-1 뉴욕(NY), 애틀랜타(GA), 새크라멘토(CA)에 대한 오염물질 총 제거량(MT)과 관련된 가치(천 달러)의 추정치

오염물질	뉴욕, NY		애틀랜타, GA		새크라멘토, CA	
	제거량	가치	제거량	가치	제거량	가치
오존	506	$3,417	514	$3,471	603	$16,281
분진(10μ 이하)	470	$2,120	406	$1,833	679	$7,933
이산화질소	510	$3,441	145	$979	148	$4,008
아황산가스	238	$394	95	$158	27	$541
일산화탄소	97	$93	35	$33	–	–
총계	**1,821**	**$9,465**	**1,196**	**$6,474**	**1,457**	**$28,761**

New York and Atlanta: Nowak and Crane, 1998; Sacramento: Scott, McPherson, and Simpson, 1998.

질의 농도가 높아서 도시림에 의한 오염물질 제거량이 더 많았다.

Scott 등(1998)이 캘리포니아 새크라멘토(Sacromento) 카운티에서 행한 유사한 연구에 의하면(표 5-1), 오염물질 제거량은 1,305MT, 가치는 28백만 달러 이상으로 나타났다. 연구 지역 내 약 6백만 그루의 수목이 있으므로, 한 그루당 편익의 가치는 $5로서, 뉴욕의 $1.82, 애틀랜타의 $0.13보다 훨씬 높았다.

제거된 대기오염물질의 양과 편익의 가치에 대한 결과 수치는 수목 피복량, 지역적인 기후, 대기의 질, 오염물질 흡수의 가격 산정(pricing), 기타 기상적인 가치 등을 기준으로 도시에 따라 차이가 있을 수 있다. 현재 UFORE는 대도시 지역으로부터 지방의 평가로 확대되고 있다.

탄소흡수와 저장

지구의 대기권 내 이산화탄소 농도는 산업시대(産業時代, Industrial Age) 이후 계속 증가하고 있다. 이러한 증가는 지구 온도의 온난화와 관련이 있다. 1996년 미국의 이산화탄소 배출량은 4.95억 MT로 추정되었다(McPherson과 Simpson, 1999).

수목은 대기 중의 이산화탄소의 증가를 완화시킬 수 있는 가능성 높은 수단으로 고려되고 있다. 수목은 생장하면서 대기로부터 이산화탄소를 제거한다. 광합성을 통해 탄소는 설탕으로 변한 다음 나중에는 목재(木材, wood)로 저장된다. 소량의 저장된 이산화탄소는 호흡(呼吸, respiration)을 하면서 대기로 다시 방출된다. 그러나 시간이 지나면서 수목은 대기 중의 탄소를 목재의 형태로 축적한다. 수목 내에 저장된 탄소의 양은 목질 물질(줄기와 뿌리)의 양과 이들의 질에 의해 결정된다. 이렇게 저장된 탄소는, 목재가 곰팡이에 의해 분해되거나, 불에 타거나, 아니면 화학적으로 파괴되지 않으면, 대기 중으로 방출되지 않는다.

Nowak과 Crane(1998)은 UFORE를 이용하여, 뉴욕시에 있는 수목이 매년 39,000MT의 탄소를 제거한다고 추정하였다. 그리고 뉴욕시내 수목의 주어진 수령, 크기, 수종, 생육 분포를 기준으로 뉴욕의 도시림에는 1.2백만MT의 탄소가 저장되어 있다고 추정하였다. 그러나 수목 제거와 고사로 인해 저장되는 탄소량보다 더 많은 탄소가 도시림으로부터 제거되어 탄소 순감소가 발생하고 있다.

McPherson(1998)은 새크라멘토의 수목 6백만 그루가 8백만MT의 탄소를 저장하고 있다고 발표하였다. 그리고 연간 격리량은 215,630MT이고 방출량은 8,520MT이다.

수목은 간접적으로 발전소의 배출을 회피함으로써 이산화탄소를 제거한다(다음 항 참조). 수목이 건물과 주택에 그늘을 드리우면, 실내 온도가 하락하여 공기조절 요구가 감소한다. 마찬가지로, 수목을 집단으로 식재하면 바람의 영향을 감소시켜 난방을 위해 필요한 연료의 양을 줄여준다. 회피된 에너지비용에 의한 탄소 저장량은, 기후와 난방 및 전기를 얻기 위한 연료 공급원의 상이로 인해 지역에 따라 다르다.

McPherson(1998)은 도시수목에 의한 탄소저장과 관련된 "내재된 절감(implied saving)"도 있다고 지적하였다. 캘리포니아에서 내재된 비용 절감은, 지구온난화와 관련된 문제(예: 홍수 증가)를 회피하는 사회의 가치를 기준으로, 주의 에너지위원회는 $11/MT로 제시하였다.

McPherson은 새크라멘토 도시림의 탄소 순제거량은 매년 304,000MT라고 결론지었는데, 그 내용은 직접 제거량 238,000MT, 배출량 9,400MT, 배출 회피 효과 75,600MT이었다. 이러한 효과의 내재가치는 3.3백만 달러($0.55/그루)이다.

1999년, McPherson과 Simpson은 도시임업을 통한 이산화탄소 감축: 전문가와 자발적인 수목식재자를 위한 지침

(Carbon Dioxide Reduction through Urban Forestry: Guidelines for Professional and Volunteer Tree Planters)을 저술하였다. 이 보고서는 미국의 수목관리자, 도시 임업가, 자원봉사자가 탄소 저장을 극대화하기 위해 어떻게 수목을 선정하고 유지관리해야 하는가를 개괄하고 있다. 이들은 여기서 탄소저장을 계산할 수 있는 참고용 표를 제시하고 있다. 이 보고서가 암시하는 주제의 하나는 올바른 수목관리, 즉 식재할 부지에 적합한 수목을 선정하고 이들은 일생동안 유지 관리하는 것이 최대의 탄소저장을 가져온다는 것이다.

Abdollahi 등(2000)은 지구적인 기후변화와 이로 인한 영향을 최소화하는데 있어서의 도시림 역할을 잘 요약 정리하였다.

5.2 기온, 바람, 에너지 절약

수목은 그늘을 제공하는데, 이는 한여름에 주차공간을 선택하는 우리들의 행동에 영향을 준다. 나무 아래의 주차공간을 원하지 않는 사람이 누구일까? 우리는 이러한 공간을 차지하기 위해 소량의 진딧물 감로(甘露, honeydew) 정도는 참을 수 있을 것이다. 사람들은 분명 그늘진 주차공간을 선호한다.

문제는 수목이 그늘을 제공하는지 바람을 막아주는지의 여부가 아니다. 문제는 "그 그늘의 가치가 무엇인가?" "일련의 수목이 바람을 어느 정도 감소시키고 바람에 의한 주택난방비용의 증가가 얼마나 되는가?" "전략적으로 수목을 배치함으로써 편익을 어떻게 극대화할 수 있는가?" "겨울이 아닌 여름에 그늘을 제공하는 수종, 여름에는 미풍이 주택에 도달하면서 겨울바람을 차단하는 수종 등을 어떻게 선정할 것인가?"하는 것이다.

이러한 문제는 수목이 제공하는 편익의 규모가 매우 크기 때문에, 사소한 문제가 아니다. 그리고 부지 내 위치선정은 수목이 편익을 줄 것인지 배상책임으로 작용할 것인지를 결정하는데 주된 요소이다.

1983년, John Parker는 에너지 사용을 감축하기 위한 수목과 기타 식물의 전략적인 배치에 관한 "정밀 경관조성(precision landscaping)"을 기술하였다. 그의 분석의 핵심은 수목이 세 가지 역할을 한다는 것이다: (1) 내도하는 일사(日射, solar radiation)를 차단함으로써 주택에 대한 태양열을 감소시킨다; (2) 증산을 통해 대기를 냉각시킨다; (3) 공기 흐름(예: 바람과 미풍)을 바꾼다. Parker는 에너지 사용에 대한 수목의 직접적인 효과(기온을 낮추는 그늘)와 간접적인 효과(그늘지게 하여 공기조절기의 효율 제고)를 모두 언급하였다.

Parker의 관찰은 선견지명이 있었다. 그늘은 온도를 낮추고 이는 다시 에너지 사용을 줄인다는 생각은 개별 주택과 전체 도시 규모에서의 에너지절감 연구의 주제가 되었다. 그의 정밀 경관조성 아이디어는 전략적인 식재로 진화되었다.

수목과 바람

수목이 지방이나 농촌지역에서는 오랫동안 중요한 역할을 해오고 있다. 주풍(主風, prevailing wind)과 수직으로 길게 식재하면 공기가 비껴가게 하거나 흐름을 감소시키는 역할을 한다. 이로 인한 풍속의 완화는 토양 침식을 예방하고, 곡물 수확량(crop yield)을 늘려주고, 날린 눈(blowing snow)을 비껴가게 하고, 방풍림 뒤쪽의 기후를 온건하게 만든다(Caborn, 1965). 이는 방풍림(防風林; windbreak는 수목이 한 줄인 경우, shelterbelt는 여러 줄인 경우)으로 잘 알려져 있는데, 수목 생장을 위해 가용한 공간의 크기에 따라 바람에 대한 수목의 영향을 두 가지 상황으로 구분한다.

시골이나 대단지 지역 시골과 대단지 지역에서는 바람이 방해를 받지 않고 먼 거리를 이동할 수 있다. 방풍림(windbreak)은 전통적으로 구조물이 개방된 들판에 산재되어 있는 농업현장에서 이용되어 왔다.

풍속이 감소하는 거리는 1차적으로 방풍림의 높이에 의해, 2차적으로 방풍림의 밀도에 의해 결정된다. 한편, 바람이 감소하는 양은 방풍림의 밀도에 의해 조절된다. 40~50% 정도의 방풍 공극률(防風孔隙率, windbreak porosity)은 바람감소와 감소가 일어나는 거리 간의 가장 좋은 배합을 가져올 것이다. 보호되는 범위는 바람이 불어가는 방향으로 방풍림 높이의 30배, 바람이 불어오는 방향으로 방풍림의 5배 정도까지 미칠 것이다(Caborn, 1965).

일반적으로 가장 강한 바람은 겨울에 불기 때문에, 보호효과를 극대화하기 위해 상록수를 이용한다. 낙엽성 방풍림은 겨울에는 잎이 있을 때와 비교하면, 그 효과가 60%에 불과하다(Heisler, 1991).

녹지조성 도심의 도시 협곡(city canyon)의 풍동(風洞, wind tunnel)을 제외하고는, 단지 및 이와 관련된 식재의 크기는 시골 녹지에서 볼 수 있는 것보다 작다. 노출과 바람의 유형이 다양하기 때문에, 적용되는 일반 원칙은 거의 없다. Heisler(1990)는 주변의 모든 건물과 수목의 효과를 고려하여 비전략적 식재에 의한 바람 감소를 기술하였다.

수목은 바람을 줄이기 위해 주택과 정원의 바람이 불어오는 방향(windward)에서 차단막을 형성하도록 위치하여야 한다. 키가 큰 수목이 있을 경우, 바람은 수관 아래로 불 것이다. 이러한 경우와 작은 주거단지에서는, 교목보다 관목이 활용될 수 있다. 구조물에 가까이 식재된 관목은 복사 손실(radiation loss)을 줄이고, 상대적으로 정체된 공기의 단열 구역 역할을 한다.

에너지 절약 – 직접적인 편익

여름에 태양이 이른 아침과 늦은 오후에 동쪽이나 서쪽을 향한 벽이나 창문에 내리쬐면, 건물은 더워진다. 주택의 서쪽 벽이 오후 태양에 노출되어 있으면 더 덥게 되겠지만, 동쪽 벽이 아침 태양에 마찬가지로 노출되어 있을 경우 집이 아침 일찍 더워져서 더 오랫동안 더운 상태가 지속될 수 있다.

낙엽수, 생울타리, 격자(格子, trellis) 위의 덩굴 등은 여름에 그늘을 제공해 주면서, 겨울에는 햇빛의 투과를 허용한다. 고위도(30° 이상) 지방에서, 상록수도 동쪽과 서쪽의 벽에 심을 수 있는데, 이는 태양의 각도가 이들 벽이 열을 효과적으로 받을 수 없을 정도이기 때문이다.

낙엽수의 낙엽 진 가지도 상당한 양의 햇빛을 차단한다(Zanetto, 1978; Heisler, 1982). McPherson(1984)은 낙엽 진 수관에 의한 평균 일사 감소치는 약 35%로 전형적인 범위는 25~50%이다. 따라서 적도 방향의 표면은 겨울에 그늘지게 해서는 안 된다.

McPherson과 Rowntree(1993)는 알맞은 위치에 식재된 수목이 전 미국에 걸쳐 선정된 지역의 주택 난방비와 냉방비를 얼마나 줄일 수 있는가를 추정하였다. 에너지 절약은 여름철 그늘, 겨울철 태양, 바람의 양 등에 의해 영향을 받았으며(**그림 5-1**), 여름철이 더운 지역에서 그 효과가 가장 크게 나타났다.

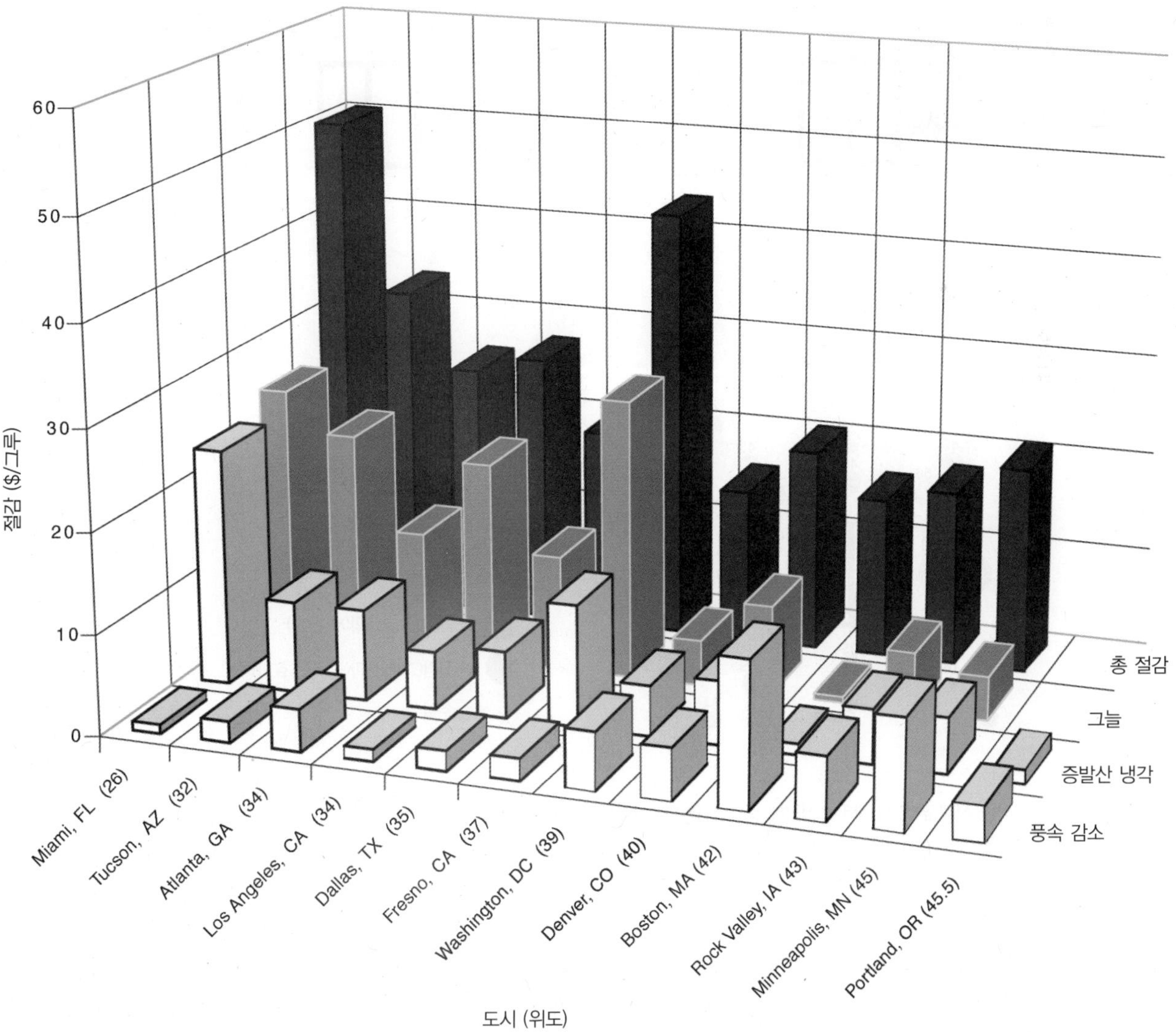

그림 5-1 수고 7.6m(25피트) 수목 한 그루의 직접적인 그늘과, 지역의 수목 피복이 5% 증가한다고 가정할 때의 간접효과(ET[증발산, evapotranspiration] 냉각과 풍속 감소)를 기준으로 추정한 연간 총 난방, 냉방 에너지 절약(McPherson과 Rowntree, 1993).

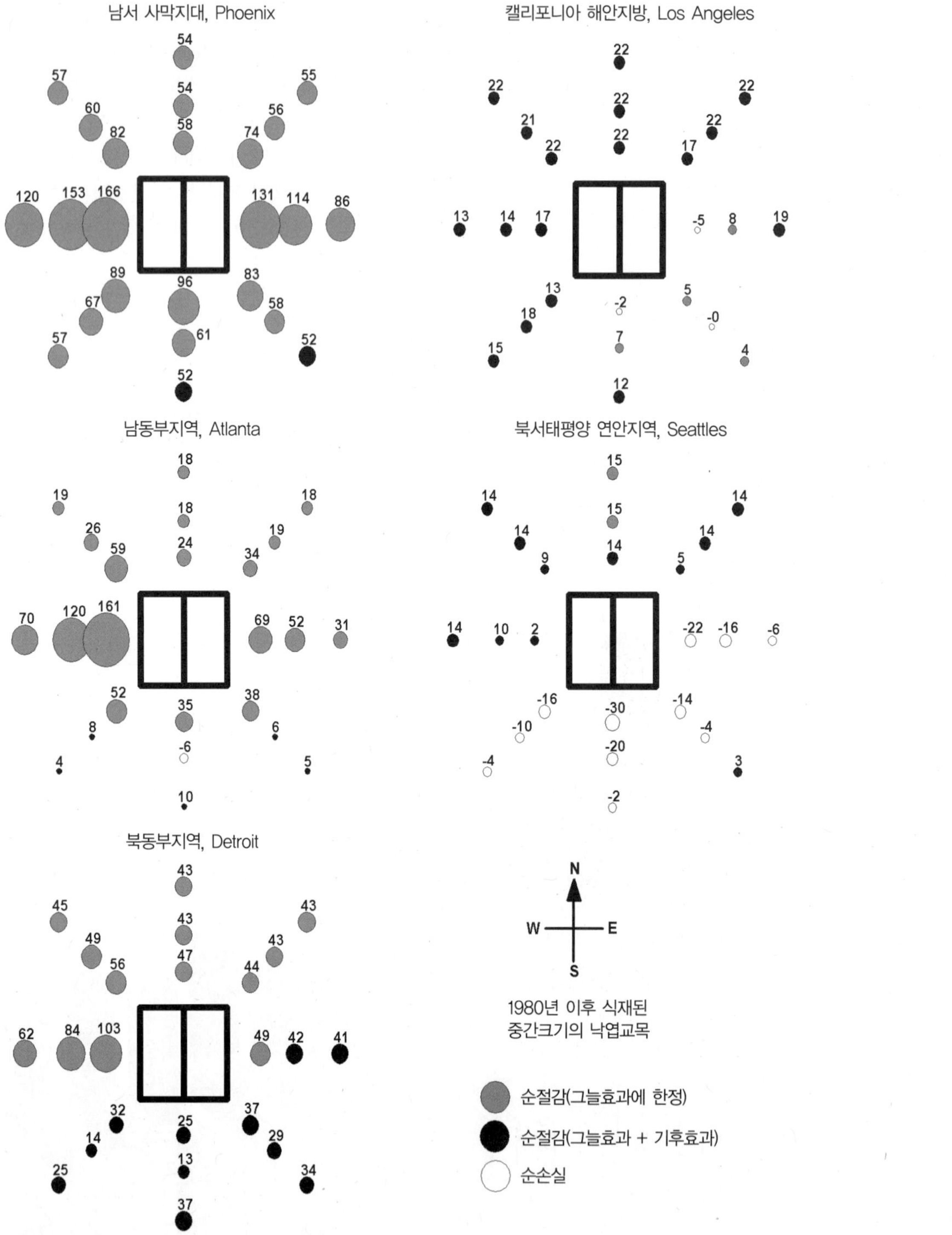

그림 5-2 녹음수의 특정한 식재 위치는 에너지 절약에 중대한 영향을 미친다. 주택의 동쪽과 서쪽에 식재하는 것이 가장 큰 절약을 가져온다. 주택의 남쪽에 그늘을 만들면, 특히 추운 지방(Seattle, WA)에서는 일사량이 줄어들어, 에너지 비용이 증가할 수 있다(Simpson과 McPherson, 2001).

수목이 제공하는 총 편익은 여름이 길고 더운 마이애미(Miami)와 프레즈노(Fresno)에서 가장 컸다. 에너지 절약이 가장 낮은 지역은 여름이 서늘하고 겨울이 온난한 포틀랜드(Portland)였다. 바람의 감소와 관련된 절약은 겨울이 추운 지방인 미니아폴리스(Minneapolis)와 보스턴(Boston) 같은 지방에서 가장 컸다.

난방과 냉방 관련 절약의 크기는 지리적인 위치뿐만 아니라 부지 내 식재 위치와도 관계가 있었다**(그림 5-2)**(Simpson과 McPherson, 2001). 최대의 절약은 수목이 건축물의 동쪽과 서쪽에 위치할 때 나타났다. 이는 지역이 애틀랜타이든 시애틀이든 차이가 없었다. 주택의 적도방향 그늘은 에너지 사용량을 증대시키고, 편익보다는 배상책임을 유발할 것이다.

캘리포니아 새크라멘토 카운티의 지역적인 난방, 냉방, 최대 에너지 사용에 관한 후속 실험에서, Simpson(1998)은 토지 사용, 건물 연령, 수목 밀도 등을 고려하였다. 그는 6백만 그루의 수목 중에서 3.5백만 그루가 주거지와 상업지역에 위치하고 있었다고 지적하였다. 이 중 1.1백만 그루가 그늘을 제공할 잠재력을 가지고 있었다. 이들 수목을 통해 연간 냉방비의 11%, 최대 수요의 6%, 난방비의 0.7%를 절약하였다. 이러한 절약의 가치는 2천만 달러로, 냉방비 절약이 대부분을 차지하고 있다. 주택의 경우, 절약 범위는 수목 당 $8~16이었다.

수목이 제공하는 편익이 따뜻한 지방에서 가장 크게 나타났지만, 시카고(UADA Zone 5, Sunset Zone 39)와 같이 추운 기후에서도 전략적인 수목 식재가 자산이 될 수 있다는 것을 보여주었다. 이 지역의 겨울철 저온은 −18~−12°C (0~10°F)이며, 시카고는 겨울철 바람도 강한 편이다.

전형적인 시카고 한 가구의 연간 난방비와 냉방비는 각각 $755와 $216이었다(1994년 자료). McPherson은 수목 피복(tree cover)을 10% 높이면(건물당 3그루 기준) 총 난방비와 냉방비가 5~10% 절약된다고 산출하였으며, 수목은 최대 에너지 수요도 낮추었다. 수목 식재의 비용/편익비율(cost-benefit ratio)은 벽돌 건물은 1.35, 목재 건물은 1.90이었다(가정: 건물당 교목 한 그루) (다음 항 참조).

McPherson(1994)은 "가로수가 건물 그늘의 주된 원천이다"라고 인정하였다. 이러한 발견은 잘 개발된 가로수 프로그램은 인접 부동산 소유자에게 에너지 절약 편익으로 귀속된다는 것을 의미한다.

Jim Simpson(미국농무부 산림청, 2002; 개인적인 정보)은 수목에 의한 냉방비 절약과 겨울 그늘 모두의 중요성을 다음과 같이 요약하였다: 여름에 수목의 그늘은 냉방에너지 사용을 줄여준다. 겨울철 수목의 그늘은 일사량을 감소시켜 난방비를 증가시킬 수 있지만, 인접 수목에 의한 건물의 방풍으로 수목이 난방에너지 사용을 감축시킬 수도 있다. 이러한 국지적인 그늘과 바람 효과를 때로는 직접적인 효과라고 언급한다. 또한 지역적인 수목 피복의 증가로 인해 낮아진 기온과 풍속은 냉방수요의 순 감소로 이어진다. 겨울에는 느려진 풍속이 난방 요구를 감소시킨다.

에너지 절약 – 간접적인 편익

도시림이 에너지 절약에 얼마나 중요한가에 대한 우리의 관점에 또 다른 시각이 있다. 간단하게 말해서 이는 크기의 문제이다. 전 항에서 기술한 에너지 비용 절약은 개별 주택에 대한 가치에 근거를 두고 있다. 새크라멘토와 같은 카운티 규모로 볼 때, 누적적인 효과는 매우 크다.

도시지역은 인접 시골지역보다 2~5°C(4~9°F) 더 높다고 알려져 있고, 더 많은 스모그가 발생한다. 도시열섬(urban heat island)이라고 알려진 이러한 현상은 오랫동안 보고되고 있다. 열섬효과는 시카고나 오슬로 같은 추운 기후에서는 도움이 되겠지만, 여름이 더운 지방에서는 이로 인해 상당한 에너지 비용과 대기오염을 가중시킨다. 예를 들면, Garbesi 등(1989)은 열섬효과가 냉방 수요를 50% 증가시킬 수 있다고 제시하였다.

스모그 발생도 기온이 5°C(9°F) 상승할 때마다 10%씩 증가한다. Akbari 등(1992)은 로스앤젤레스에서 오존(스모그의 주성분) 수준이 연방 기준을 초과하는 빈도는 기온과 연관이 있다고 말한다. 사소한 대기온도의 하락도 스모그 발생에 큰 영향을 줄 수 있다. 수목식재가 열섬효과를 줄이는 효과적인 방법의 하나로 인식되고 있다(Garbesi 등, 1989; Akbari 등, 1992).

1992년, 미국의 비영리 시민 임업단체인 미국산림(American Forests)은 환경보존청(Environmental Protection Agency) 및 에너지부(Department of Energy)와 협력하여 시원한 지역사회(Cool Community) 프로그램을 발족하였다. 연구 정보를 현실화시키는 것을 목표로, 동 프로그램은 수목식재를 통한 에너지 절약과 지붕이나 포장과 같은 반사표면(reflective surface)의 활용 등에 착수할 수 있는 위치를 몇 개소 확인하였다. 자세한 정보는 Cool Communities Atlanta의 웹 사이트인 www.coolcommunities.org에서 확인할 수 있다.

에너지 절약 – 에너지 생산비용 지연

미국농무부 산림청의 연구를 바탕으로, John Parker를 비롯한 과학자들이 여름이 더운 지역에 있는 발전회사와 함께 수목식재 프로그램을 시작하였다. 이들은 재정적인 지원과 주택에 대한 나무 그늘의 가치에 관한 교육 자료의 형태로 주거용 고객을 지원하였다. 새크라멘토 전력국은 새크라멘토 수목재단(Sacramento Tree Foundation)과 협력하여 주민들이 1990년 이후 1백만 그루 이상의 낙엽수를 식재하도록 도와주고 있다.

언뜻 보기에 이것은 에너지를 판매하는 에너지회사의 목표와 상충하는 것처럼 보일 수도 있다. 나무를 심는 것이 에너지 수요를 감소시키지 않을까? 발전회사가 수요증가를 원하지 않은가?

에너지회사는 고객이 냉방기를 가동함으로써 더 많은 전

기를 요구하면 이에 대응해야 한다. 수요는 여름철 늦은 오후와 초저녁에 가장 높다. 하루나 연중 수요가 일정할 때보다 발전회사는 정점과 최하점(peak and valley)의 반복에 직면하게 된다. 회사는 피크 여건을 기준으로 계획을 수립해야 하므로, 수요가 가장 높은 수준에서도 에너지를 공급할 수 있는 능력을 갖추어야 한다. 여름에 냉방수요를 줄임으로써 피크수요가 낮아지고, 이로 인해 필요한 피크발전능력이 감소된다.

전력수요에 대한 발전소 측의 두 번째 고려사항은 발전소 건설비용이다. 피크수요를 낮추기 위한 장기 경영계획은 모두 거액의 자본비용(資本費用, capital expense)이 소요되는 추가적인 발전소 건설 필요성을 줄여줄 것이다.

McPherson과 Simpson(2001)은 캘리포니아에서 도시림과 전략적인 수목 식재가 에너지 사용에 미치는 영향을 평가하였다. 주 전체에 걸쳐 177백만 그루의 녹음수와 242백만 개소의 식재 가능 지점이 있었다. 이들은 기존의 수목이 연간 573백만 달러를 절약하는 것으로 추정하였다. 그리고 이들 수목을 통해 피크 수요를 11%, 연간 전기 사용량을 3% 낮추었다.

또한 이들은 전략적인 위치에 50백만 그루를 식재하면 15년간 6,100GWh의 에너지 사용 순 절약을 가져온다고 추정하였다. 이러한 절약은 100MW 발전소 7기의 건설을 지연시킬 수 있을 것이다.

캘리포니아의 기후 여건 하에서 주 내의 도시림은 에너지 소비를 줄이는데 중대한 역할을 할 수 있고 현재 그 역할을 하고 있다. Parker(1983)가 언급한 것처럼, 이러한 편익은 겨울 햇빛을 가리지 않고 최대의 편익(그늘과 방풍)을 확보할 수 있는 장소에 수목을 심는 것을 기준으로 한다. 다른 주에서는 전체적인 효과가 이에 미치지 못할 수도 있지만, 발전회사가 도시림의 건강과 구조에 높은 관심을 가지고 있다는 것은 명백해 보인다.

전략적인 수목식재를 통한 에너지 절약

수목이 에너지 절약에서 중요한 역할을 한다는 것은 명백하다. 이들 편익의 가치는 미국의 선벨트(Sun Belt; 미국 남부의 노스캐롤라이나 주에서 캘리포니아 주에 이르는, 북위 약 37도 이남의 따뜻한 15개 주 - 역자 주)에 있는 발전소에 의해 확인되었으며, 이들 중 일부는 수목 식재 프로그램을 실행하고 있다. 또한 도시수목은 탄소를 저장하는 중요한 역할을 수행한다.

수목관리자로서는, 수목이 제공하는 편익의 정도는 수목의 크기와 위치에 직접적으로 영향을 받는다는 것을 강조하는 것이 중요하다. 크고, 오래 살고, 활력이 좋고, 건강한 수목이 오랜 기간 동안 최대의 편익을 제공한다. 이러한 상태를 유지할 수 있도록 수목을 키우는 것이 훈련받은 수목관리자의 역할이다. 두 번째 중요한 요소는 수목이 에너지 절약을 최적화하고 비용 발생을 최소화할 수 있도록 위치하는 것이 중요하다는 것이다. 에너지 사용과 관련된 수목 식재의 가치에 관한 연구에서 거론되는 요점을 정리하면 다음과 같다(그림 5-3):

그림 5-3 수목을 건물의 동쪽과 서쪽에 전략적으로 위치시킴으로써 에너지 사용을 줄일 수 있다. 적도방향은 햇빛을 받을 수 있도록 비워 놓아야 한다. (출처: 미국농무부 산림청 도시림연구센터, Davis, CA.)

- 수목은 주택과 상업지역의 에너지 비용을 줄이는 중요한 도구이다. 이들은 그늘을 통해 일사취득(日射取得, solar gain)을 줄이고 바람을 차단하는 역할을 한다.
- 이러한 편익은 여름이 길고 기온이 따뜻한 지역에서 가장 크게 나타난다.
- 이는 기온을 낮추고 스모그 발생을 줄이는 형태로 도시 전체에 영향을 준다.
- 수목의 편익은 전략적으로 선정되고 위치할 때 가장 크다. 낙엽수는 여름에 그늘을 제공하지만 겨울에는 수관을 통해서 햇빛이 들어오도록 허용한다. 북반구에서 수목이 구조물의 동쪽, 북서쪽, 서쪽에 위치하면 가장 효과적이다. 남쪽은 그늘이 지지 않도록 남겨두어야 한다.
- 수목은 포장된 안뜰(patio)이나 냉방기와 같은 반사면이 그늘지게 하는 데에도 사용될 수 있다.
- 수목은 주택의 3~6m(10~20피트) 남쪽에 식재하는 것이 좋다.
- 바람을 차단하기 위한 수목의 위치는 주풍 방향에 대해 수직적인 것이 좋다.

일조권(日照權, solar access) 관련 주요정보 세계적으로 일부 지역에서는, 태양집열기(passive solar collector)와 이와 유사한 수동적 난방시스템을 이용하여 난방과 발전을 한다. 이들을 사용하기 위해서는 태양에 직접 접근해야 한다. 물을 데우기 위한 태양집열기는 오전 9시에서 오후 3시까지, 특히 겨울철에, 태양에 대한 접근에 방해가 없어야 한다. 일반적으로, 이러한 요구조건은 그늘을 위한 수목의 위치와 충돌하지 않는다. 그러나 부지가 작은 곳에서는 큰 수목이 태양집열기를 가진 인접 주택에 그늘을 드리우는 것은 아닌지 확인해야 한다.

5.3 강우 유거수(流去水)와 침식 조절

수목의 수관(樹冠, canopy)은 비, 눈, 기타 강하물을 중간에 차단한다. 이를 통해 지면에 영향을 주는 빗방울의 충격 속도(衝擊速度, impact velocity)를 낮추고 최종적으로 지면에 부딪히는 전반적인 강우량을 줄여준다. 또한 나지를 덮고 있는 멀칭층도 유사한 효과가 있다. 강우에 대한 이러한 효과로 인해 유거수(流去水, run-off)와 토양침식(土壤浸蝕, soil erosion)이 감소하게 된다. 물의 흐름이 빠를수록 쓸려나가는 입자의 크기가 커지고 침식이 더 심각하게 된다.

차단의 크기와 강도는 수관피복(樹冠被覆, canopy cover)의 크기에 직접적으로 연결되어 있다. 도시지역(데이톤; Dayton, OH)에서 수목이 강우 유거 속도에 어떻게 영향을 미치는가에 관한 실증연구에서 Sanders(1986)는 해당 도시 수목의 수관피복(22%)이 유거수를 7%정도 감소시켰다는 것을 발견하였다. 수관피복을 높이면 이 효과를 거의 배로 늘릴 수 있을 것이다. Walton(1998)은 오스틴(Austin, TX)의 도시수목이 강우 유거량을 7% 줄여주며, 이는 홍수조절지(洪水調節池, retention pond) 건설비용 2.3억 달러에 상당하는 편익이다.

캘리포니아 새크라멘토 카운티에서 도시림 수관은 겨울보다 여름철 강우를 완화시키는데 더 효과적이었다(Xiao 등, 1998). 전체 연구지역에서 연간 강수량의 1%가 차단되었고, 수관이 있는 곳에서는 11%까지 차단되었다. 상록수종이 낙엽수종보다 더 효율적이었으며, 수목은 저밀도 강우(low-density storm)를 차단하는데 가장 효과적이었음을 발견하였다. 강우 기간이 길어짐에 따라 물은 잎에서 떨어지고 줄기를 타고 흐른다. Xiao 등은 수관에 의한 차단은 홍수조절보다는 오염된 유거수를 줄이는데 더 효과적이라고 제안하였다.

최대부하와 에너지 절약과 마찬가지로, 수관에 의한 강우 차단의 편익 중 하나는 강우 유거 강도를 약화시키는 것이다(즉, 유거수 관리 시스템의 최대 부하를 경감시킨다).

강우관리에 대한 또 다른 수목 기반 접근은, 제방을 범람하여 주변의 수풀지역을 침수시키는 수변 통로(水邊通路, riparion corridor)를 허용하는 것이다. 수목은 자연적인 범람원(氾濫原, flood plain) 기능을 하여 물의 흐름을 늦춘다. 이로 인해 침식을 줄어들고, 물은 흘러가기보다 토양 속으로 스며들 수 있다.

로스앤젤레스에서는 이러한 아이디어가 실험되고 있다. 지역의 강우관리기관은 Tree People(지역의 비영리 집단)과 협력하여, 수로화된 통로를 없애고 범람원이 발달하도록 허용하며, 지하로의 투수나 재활용 녹색 폐기물을 활용한 멀칭과 같은 다른 강우관리 방법을 실행하고 평가하는 작업을 하고 있다.

5.4 소음 저감

수목은 소음을 줄이는데 크게 효과적이지 못하다. 소음 수준을 현저하게 낮추기 위해서는 조밀하고 큰 수목을 넓게(25~35m) 식재해야 한다. 이로 인해 인접의 고속도로나 산업시설과 같은 큰 공간에 대한 소음 저감에 수목을 사용하는 데는 한계가 있다.

비슷하게 식재한다면, 소음원(騷音源, noise source)으로부터 가깝게 심는 것이 멀리 심는 것보다 더 효과적이다. 다육질의 잎과 수가 많은 가지는 초과 감쇠(減衰, attenuation) 효과를 증대시킨다; 즉, 단순한 거리 비례보다 더 많은 소음 저감을 가져온다. 그러나 대부분의 수종은 소음수준을 낮추는 능력에 큰 차이가 없는데, 상록수는 연중 효과적인 점이 강점이다(Cook과 Van Haverbeke, 1971).

그러나 수목이 소음에 대한 인식을 낮추는 심리적인 장벽을 구축한다고 주장할 수 있는 간접적인 증거가 있다. "눈에 보이지 않으면 멀어진다(out of sight, out of mind)"는 것이 어느 정도 적용되며, 공간을 제한하는 역할을 할 수 있다.

5.5 수목의 심리적, 사회적 편익

수목관리자는 사람들이 수목에 대해 강한 감성적인 애착을 가지고 있다는 것을 안다. 수목이 불러일으키는 열정을 직접 보고 싶으면 수목제거 문제를 논의하는 공청회(公聽會, public meeting)에 참석해 보면 된다. 우리는 수목이 쇠퇴하거나 불안정하다는 것을 알면서도 상당기간 동안 이들을 보존한다. 그리고 중요한 수목이 제거되면 큰 슬픔과 상실감을 느낀다. 다른 사람들보다 수목관리자는 수목과 더 깊고 근본적인 관계를 맺고 있을 것이다.

수목관리자가 아닌 사람들도 지역사회에 있는 수목의 가치를 부여하고 이들에 대한 정서적인 애착을 키움으로써 유사한 관계를 맺고 있다(Barro 등, 1997). 인간은 자연과 녹지 공간, 조경 식물에 반응하게 되며, 도시림이 우리의 감정과 기분, 행동에 어떻게 영향을 미치는가를 이해하기 위해 노력한다.

자연의 회복력

수목과 녹지공간의 심리적인 가치는 Roger Ulrich(1984)의 유명한 복부 수술(腹部手術, abdominal surgery) 환자의 회복에 관한 연구에 잘 나타나 있다. 숲을 조망하는 환자는 벽돌 벽을 보고 있는 환자보다 더 빨리 회복되고, 진통제 처방과 합병증이 적었다. Ulrich의 연구 결과와 같이, 창문을 통한 식물 조망이 수술 후 입원기간을 8.5% 단축시킬 수 있다면, 미국 전체의 연간 건강 비용 절감액은 수억 달러에 이를 것이다(Ulrich, 1986).

수목과 녹지 공간이 인간의 정신건강(mental health)을 증진시킨다는 유사한 연구가 많이 있다. Kaplan 등(1988)은 자연경관을 보면서 일하는 사무직 근로자가 이러한 경관을 보지 못하거나 인공적인 환경(built environment)을 보는 사람보다 업무 스트레스를 덜 받고 직무 만족도가 더 높았다고 보고하였다. 대규모 연방 감옥의 죄수 가운데, 감방에서 감옥의 내부만 보이는 죄수는 농지가 보이는 방의 죄수보다 더 자주 건강 검진을 받았다(Moore, 1982).

Ulrich(1986)는 수목이나 다른 식생과의 시각적인 만남은 스트레스나 분노에 차 있는 사람에게 최선이 될 수 있다고 보고하였다. 경영자들은 매력적인 건물과 경관이 평균 이상의 노동생산성과 낮은 결근율, 기술 수준이 낮은 노동자를 더 쉽게 채용한다는 것을 발견하였다(Lovelady, 1965).

자연의 힘에 관한 이러한 사례들은, 조성된 수목에 의해 연출된 자연일지라도, 매우 중대한 수목의 가치를 보여준다. 자연이 회복시키고 안정시키는 힘을 가지고 있다는 것은 Rachel과 Stephen Kaplan에 의해 광범위하게 보고되었다. "심리적, 기능적, 정신적 편익의 원천으로서의 도시림"이라는 발표에서 Steve Kaplan(미시간대학교, Ann Arbor MI, 1993, 미발간 초록)은 다음과 같이 기술하였다:

> 인간 생활에서 자연의 특별한 역할의 중요한 구성요소는 마음과 정신을 복원하고, 정신적인 피로를 회복하도록 해주고, 또 다시 편안하고, 정중하고, 효과적으로 될 수 있게 하는 자연의 능력이다. 이러한 회복능력의 무한한 중요성은 자연이 없을 때 발생하는 것에 의해 가장 잘 설명될 수 있다. 치유되지 않은 정신적인 피로는 위험하고 충동적인 행동과 과민성, 주의산만성, 열의 부족 등으로 이어진다. 도시림은 크고 항상 인식할 수 없지만 매우 긴요한 복원적인 환경으로서의 기능을 하는 능력을 가지고 있다.

그림 5-4 도시 내 공원과 녹지공간은 사람들이 정신적인 피로를 회복시킬 수 있는 회복력 있는 환경을 제공한다.

Hammitt(2002)의 연구는 Kaplan의 의견을 보강한다. Hammitt는 사람들이 사적 자유(privacy), 고독(isolation), 반성적 사고(reflective thought)를 경험하는 피난처로서 클리블랜드(Cleveland, OH)에 있는 네 개의 도시림/공원을 활용하는 실험을 하였다. Hammitt 연구에서의 응답자들은 붐비는 장소와 매일 반복되는 직장과 집의 일상으로부터의 탈출과 평화롭고 조용한 장소에 가는 것 모두에 관심을 나타내었다(**그림 5-4**).

자원봉사 기구와 프로그램에서 일하는 수목관리자와 도시임업가들은 회복을 위한 행사로 수목을 식재하고 돌보는 일의 효과에 대해 직접 증언한다. 즉, 무언가 긍정적인 일을 하고 기여를 했다는 분명하고 강력한 느낌을 갖는다.

자원봉사자로 구성된 수목관련 단체의 지도자들은 이러한 회복력이 개인을 넘어 이웃이나 지역사회에까지 미친다고 첨언한다. 지역사회를 치유하고 회복시키는 매개체로서 도시임업활동을 활용할 가능성은 대부분의 수목관리자들의 경험을 초과할 것이다. 그러나 아직 우리는 다른 사람들의 감동적인 경험에서 벗어나지 못하고 있다.

일리노이대학교 인간환경연구실험실(Human-Environment Research Laboratory)에서 William Sullivan과 Frances Kuo는 도심(都心, inner-city)지역 주민이 수목이나 다른 식생에 어떻게 반응하는가를 연구하고 있다. 그들은 어쨌든 Kaplan의 관찰을 자세하게 살펴보았을 것이다. Kuo 등(1998)은 "인근의 자연이나 자연적인 경관에 접근하는 것이 육체적 심리적 건강에 도움이 된다는 증거가 계속 증가하고 있다"고 언급하였다. 예를 들면, 이들(1995)은 가족이 식생에 둘러싸인 집에서 살면 가정 내 폭력사건이 감소한다는 것을 발견하였다. 수목관리자는 도시 녹지공간을 주로 심미적 편익을 고려하는데 비해, Sullivan과 Kuo는 심리적이고 사회적인 기능이 더 중요하다고 말했다. 결국, 이들은 "인간은 도시 자연을 보편적으로 선호한다"고 결론지었다.

도시 숲과 인간의 행동

도시지역 내 녹지공간에 대한 전통적인 관점 중 하나는 녹지공간이 안전의식(安全意識, sense of safety)을 떨어뜨린다는 것이었다. 조밀한 산림경관의 이미지에 대한 인간의 반응은 엇갈리는 메시지(message)를 보낸다. 자연스럽게 보이는 공원을 선호하지만 한편으로는 위험하다고 생각한다(Schroeder와 Anderson, 1984). 한 가지 유형의 녹지공간에 대한 선호도는 인구통계학적 특징의 다양성만큼이나 다양하다(Fraser와 Kenney, 2000).

경관이 조밀한 관목 식재로 폐쇄된 공간을 창출할 경우, 볼 수 없는 것에 대한 두려움, 미지에 대한 두려움, 범인이 생울타리(hedge) 뒤의 숨어 있을 것이라는 두려움 등 두려운 반응을 보일 것이다. 이러한 두려움은 일부 범인은 잠복을 위해 이러한 유형의 경관을 이용한다는 것을 보여주는 경찰의 연구에 의해 더욱 강화된다. 결국, 녹지공간과 경관식재가 도심에서는 제거되었다.

Kuo와 Sullivan(2001)은 도심의 주민들이 수목과 녹지공간을 어떻게 생각하고 반응하는가를 실험하였다. 결과는 조밀한 관목과 차폐 식재가 없는 교목과 잔디로 된 경관을 선호한다는 것이다. 이들은, 첫째로 더욱 쾌적하고 살기 좋은 환경을 조성함으로써, 둘째로 일종의 "영역표시(領域表示, tyerritorial marker)"로서의 기능을 수행함으로써, 더 많은 주목을 받고 있다고 말했다. 중요한 것은 Kuo와 Sullivan이 식생은 자극감수성(刺戟感受性, irritability), 주의력 결핍(inattentiveness), 충동적인 행동(impulsive behavior)과 같은 범죄에 대한 심리적인 징후를 경감시킬 수 있다고 언급한 것이다. 도시 내 자연의 회복력이 이러한 조짐을 줄여준 것이다. 이들이 시카고 내 어떤 지역사회의 범죄 유형을 분석한 결과, 수목이 밀집하고 잔디가 있는 지역에서 범죄가 적게 발생하였다는 것을 발견하였다(**그림 5-5**).

그림 5-5 경관수목은 사람들이 모일 수 있는 개방되고 쾌적한 장소를 제공함으로써 도심 주민들의 안전감을 높일 수 있다. 수목과 잔디가 잘 관리된 공공 주택단지에서 범죄가 더 낮다는 증거도 있다.

자연의 존재에 따른 어린이의 행동을 조사한 Wells(2000)의 연구에서도 비슷한 결과를 얻었다. Wells는 자연의 정도가 다양한 새로운 집에 이사를 전후한 어린이의 주의력(注意力, attention capacity)을 검사하였다. 자연의 존재가 주의력이나 다른 행동의 개선과 직접적인 관련이 있었다.

Sullivan과 Kuo는 녹지 공간이 없으면 정신적인 피로로 이어지고, 이의 존재는 회복에 도움이 된다는 Kaplan의 가설을 강화하였다. 이들은 자연(녹지 식재의 형태로)을 경험한 도심 소녀들이 집중(concentration), 충동성(impulsiveness), 만족지연(delay of gratification) 등에 의해 측정된 자기수양(self-discipline) 검사에서 높은 점수를 받았다는 것을 발견했다. Sullivan과 Kuo 연구에 대한 요약은 www.herl.uiuc.edu에서 확인할 수 있다.

수목의 심리적, 사회적 편익 요약

수목관리자는 같은 지역사회에 있는 우리들 모두가 수목과 도시림에 강한 애착을 가지고 있다는 사실에 놀랄 필요는 없다. 우리는 녹지공간에 반응하며 우리의 행동도 이에 의해 영향을 받는다. 현대 도시생활에서 경험하는 정신적인 피로가 풀린다. 이러한 회복력의 가치는 이제야 이해되고 있다. 도시 내에 살기 좋은 공간을 조성하는 방법에 관한 연구를 활용하는 것은 아직 초보 단계에 있다. 가장 중요한 사실은 사람이 수목에 반응한다는 것 같다.

5.6 경제적 가치

전 항에서 수목이 제공하는 다양한 가치를 고찰하였다. 어쩌면 보다 근본적인 질문은 "수목이 부동산에 가치를 부여하는가?"일 것이다. 이것은 수목 가치평가 문제와 개별 수목의 가치는 부동산과 밀접하게 연결되어 있기 때문에, 중요한 질문이다. 수목이 부동산 가치에 어떻게 영향을 미치는가는 도시림에서 매우 중요한 변수 중의 하나이다.

몇 가지 연구가 이러한 질문을 확인하였다(**표 5-2**). 연구는 두 가지 접근 방법으로 나누어진다. 첫 번째 접근 방법은 가상적 상황(hypothetical situation)을 기준으로 한다. Payne(1973)은 같은 단지에서 조경이 다른 동일한 주택의 사진을 부동산 평가사와 잠재적인 주택구매자에게 보여주었

표 5-2 수목과 조경의 부동산 가치에 대한 기여에 관한 연구

Payne, 1973	매사추세츠 주	수목이 있거나 없는 단지의 가상적인 주택의 사진을 비교	수목이 판매가격을 평균 7%(5~15% 범위) 증대시킴
Payne과 Strom, 1975	매사추세츠 주	수목 피복이 상이한 개별 필지 모델의 가상적인 가치를 비교	수목이 미개발 가상 필지의 가치를 약 30% 증대시킴
Morales 등, 1976; Morales, 1980	코네티컷 주	주택 60채의 판매가격을 조사	수목 피복으로 판매가격이 6% 상승함
Morales 등, 1983	코네티컷 주	반은 수목 피복이 잘 되어 있고, 반은 피복이 거의 안 된 신규 개발단지 주택 60채의 판매가격 비교	수목 피복이 판매가격을 10% 증대시킴
Seila와 Anderson, 1982, 1984	조지아 주	수목이 많은 단지에 있는 주택과 그렇지 않은 단지의 주택 가치에 관해 건축주 조사	수목이 많은 단지의 판매가격이 평균 7% 높았음
Anderson과 Cordell, 1988	조지아 주	3년간 844채의 판매가격을 비교	앞뜰에 수목 5그루가 있는 주택이 수목이 없는 집보다 3.5~4.5% 더 높게 팔림
Henry, 1994	사우스캐롤라이나 주	3년간 288채의 판매가격을 비교하였는데, 조경의 강도와 질을 기준으로 분류	조경의 질이 판매가격에 영향을 미침: 조경이 탁원한 집은 좋은 집보다 8~10% 높은 가격에 판매되었으며, 조경이 빈약한 집은 좋은 집보다 8~10% 낮은 가격에 판매됨

다. 이 결과 수목으로 조경된 주택의 가상적 판매가격이 평균 7%(5~15% 범위) 상승하였다.

두 번째 접근 방법은 실제 주택판매 통계를 이용한다. Anderson과 Cordell(1988)은 애선스(Athens, GA)의 단독주택(single-family house) 844채에 대한 판매가격을 조사한 결과, "수목에 의한 조경이 판매가격을 3.5~4.5% 상승시키는 역할을 한다"는 것을 발견하였다. 이러한 가격 상승은 크게 자란 교목 때문이었다. 이때 수종은 중요하지 않은 것으로 나타났다. Henry(1994)는 조경이 그린빌(Greenville, SC)의 단독주택 가격에 미치는 영향을 조사한 결과, 조경이 탁월한 주택은 조경이 잘된 주택에 비해 가격이 4~5% 높고, 조경이 잘된 주택은 빈약한 주택보다 가격이 8~10% 높다는 것을 발견하였다.

Anderson과 Cordell은 자신들과 다른 사람들의 연구결과를 바탕으로, 수목이 주택판매가격 증대에 기여하는 합리적인 추정 수준은 5% 정도라고 결론지었다. 그들의 연구 결과가 다른 연구와 비슷하였지만, 그들은 수목에 의한 판매가격 5% 상승이 미국의 동해안에서도 그대로 적용되는 것에 대해서는 주의를 당부했다. 수목 피복과 기후가 다른 미국 내 다른 지역에서는 차이가 크게 날 수 있다.

판매가격이 높은 것은 수목이 있는 부지뿐만 아니다. 샌프란시스코(San Francisco, CA) 지역의 개발업자는 큰 수목이 있는 단지의 주택이 더 높은 가격에 팔린다는 것은 알고 있다(산호세[San Jose, CA] The Riding Group의 Tom Quaglia와의 개인적인 정보). 그리고 그린벨트와 공원 근처에 있는 집도 판매가격이 더 높게 형성된다.

경관수목의 가치 평가

조성된 녹지에 있는 교목과 관목의 가치를 추정하는 또 다른 접근 방법은 수목 · 경관평가자협의회(Council of Tree and Landscape Appraisers, CTLA)의 접근 방법으로, 동협의회의 식물평가지침(*Guide for Plant Appraisal*, 2000)은 개별 수목에 대한 방법론을 제공한다. CTLA는 7개의 조경 및 원예 산업 단체를 대표한다.

대상 수목의 크기에 따라 두 가지 방법이 권장된다. **대체원가법(代替原價法, replacement cost method)**은 같은 크기와 종의 수목에 의해 대체될 수 있는 수목에 적용된다. **수간공식법(樹幹公式法, trunk formula method)**은 너무 커서 대체할 수 없다고 판단되는 수목에 적용된다. 기본가치는 동일 또는 유사한 종으로 흔히 구할 수 있는 가장 큰 수목을 대체하는 비용에, 평가하는 수목과 대체하는 수목과의 수간 면적 차이를 기준으로 한 가치 증가를 더하여 계산된다. 두 방법 모두, 산출된 가치는 평가 가치를 알고자 하는 수목의 상태등급과 위치등급을 감안하여 조정된다. 비용은 특정한 지역에서의 수목의 생육과 관리관행을 기준으로 한다.

CTLA 절차에 의한 평가는 보험청구, 민사소송(民事訴

訟, civil suit), 토지수용(土地收用, property condemnation) 등을 청산하거나, 수목이 공사 중에 피해를 입었을 경우, 인벤토리(inventory)나 대체를 위한 수목의 가치 산정 등을 하기 위해 사용된다. 미국 국세청(Internal Revenue Service)은 대체가능 크기(replacement-size) 수목의 사고손실(casualty loss)에 대한 공제는 인정하고 있으나, 더 큰 수목에 대한 기본 가치평가 공식에 근거한 손실은 아직 완전히 인정하지 않고 있다.

영국의 수목관리협회(Arboricultural Association)는 최근에 자신들의 수목과 산림의 편익평가(*Amenity Valuation of Trees and Woodlands*; Holliwell, 2000)를 경신하였다. 이는 수목의 가치를 평가하는데 6개 요소를 제시하고, 역사적인 가치와 같은 특별한 요소를 추가하고 있다. 각 요소는 1점에서 4점까지 점수가 매겨진다. 개별 수목의 화폐적 가치는 이들 요소의 점수를 전부 곱한 다음 이 값에 단위당 부여된 화폐적 가치(1990년에는 £10)를 곱하여 산출된다. 예를 들어, 평가요소 중 하나인 수목의 크기는 평균 수관폭(mean crown diameter)과 수고(樹高, tree height)를 곱하여 결정한다.

기타 평가 방법에는 호주의 Burnley 방법(Moore, 1991), 뉴질랜드의 표준수목평가법(Standard Tree Evaluation Method, STEM), 스페인의 Norma Granada(Asociation Española de Parques y Jardines Publicos, 1999) 등이 있다. 호주와 뉴질랜드의 공동 표준인 어메니티수목-평가지침(*Amenity Trees-Guide to Valuation*)이 개발되어 검토 단계에 있다.

Watson(2002)은 앞에 언급한 다섯 가지 평가 방법을 이용하여 리슬(Lisle, IL)에 있는 모톤수목원(Morton Arboretum)에서 선정된 수목의 가치를 평가한 다음 결과를 비교하였다. 6개 수종에 대해 CTLA와 Holliwell 방법이 항상 가장 낮은 평가액을 나타냈으며, 가끔 현저히 낮았다. Watson은 또한 사용하는 방법과 마찬가지로 평가자 간에도 큰 차이가 있었다고 하였다.

가치평가를 위한 다른 접근 방법

수목의 가치를 평가하는 경관적인 접근 방법은 수목의 생태적 기능을 직접 고려하지 않는다. 토양과 물의 보전, 야생동물 서식처, 종다양성에 대한 고려는 위치요소에 명시적으로 포함되어 있지 않다.

1988년, Franks와 Reeves는 수목의 생태적인 가치를 평가하는데 사용될 수 있도록 수간공식법을 개정할 것을 제안하였다. 이들의 목적은 식림용지(植林用地, woodlot)나 임지(林地, forestland) 지역을 평가할 때 목재적인 접근법에 대한 대안을 개발하는 것이었다. 그들은 생태적인 기여(심미적 또는 환경적인 기능과 달리)를 평가할 수 있는 채점 방법을 제시하였다. 또한 그들은 단면적 평방피트(cross-sectional square inch)당 \$3의 기본가치(基本價値, base value)를 제안하였다.

아직 Franks와 Reeves의 방법을 적용하는 경우를 본 적은 없지만, 이는 몇 가지 중요한 문제를 제기하고 있다. 첫째로, 이들은 식림용지나 수목 임분(林分, stand)이 제공하는 중요한 생태적 기능을 인식하였다. 둘째로, 이들의 접근 방법은 CTLA나 목재적 방법의 한계를 지적하였다.

임지의 환경에 대한 경제적 기여를 입증할 수 있다는 개념에서 출발한 연구는 활발하다. 예를 들면, Costanza 등(1997)은 세계 전체의 자연 자본(自然資本, natural capital)의 가치를 연간 평균 33조 달러(세계 GNP의 약 두 배) 정도로 추정하였다. 이 중 임지는 매년 4.7조 달러를 기여한다.

5.7 도시 숲의 정확하고 전체적인 계리 – 비용/편익 분석

도시환경에서 수목의 편익을 확인하기 위한 연구 노력의 범위에 대해 Don Willeke는 "도시림의 정확하고 전체적인 계리(true and full accounting)"를 요구하고 있는데, 이는 이전(1992년)보다 훨씬 실체에 가까운 것이다. 이러한 계리(計理, accounting)를 수행하기 위해서는, 수목이 제공하는 편익의 가치와 함께 도시 수목과 관련된 비용도 알아야 한다. 비용 문제는 제10장에서 고찰할 예정이다.

이 주제에 대한 연구는 진전을 보여주고 있다. 최초의 연구 중 하나는 산호세(San Jose, CA) 지역을 정리한 "모든 것을 고려한-도시수목의 비용과 편익 계량(On Balance-Weighing the Costs and Benefits of Urban Trees; Kollin, 1991)"이었다.

1993년, McPherson 등(1993)은 "지역사회 수목식재의 편익과 비용 모델링(Modeling Benefits and Costs of Community Tree Plantings)"을 발간하였다. 이 보고서는 수목식재 활동에 대한 가치를 부여하고 계량화하는 어떤 모델(수목의 비용-편익 분석, C-BAT)의 개발에 대해 고찰하였다. 이 연구에서, 소득 중 하나는 화폐 기준의 비용-편익 비율이었다. 이 비율이 1보다 크면 수목이 제공하는 편익의 가치가 더 크고, 1보다 작으면 비용이 편익을 능가한다. 따라서 비용-수익 비율이 1 : 3.5인 수목은 1달러를 지출할 때마다 기여하는 편익이 3.5달러가 될 것이다. 비용-편익비율 분석과 C-BAT는 계속 활용되고 있다.

McPherson 등(1999, 2000)은 머데스토와 산타모니카

표 5-3 도시림의 정확하고 전체적인 계리: 캘리포니아 머데스토와 산타모니카(수지계산서, 1999)

		머데스토 (Modesto)	산타모니카 (Santa Monica)
편익			
환경적			
	에너지	$1,000,560	$147,626
	이산화탄소	449,445	66,473
	대기 질	1,442,036	268,908
	빗물	616,139	110,784
부동산/기타		1,455,636	1,894,758
총 편익		**$4,963,816**	**$2,488,550**
지출			
수목 조성		$271,090	$22,900
성목 관리		1,627,842	986,644
행정 관리		315,572	102,404
녹지과 외 지자체 지출		472,012	432,052
총 지출		2,686,516	1,544,000
수익(자원봉사 학점, 수수료, 계약 등)		− 63,132	0
순 지출 합계		**$2,623,384**	**$1,544,000**
차이		**$2,340,432**	**$944,550**
순 지출에 대한 순 편익 비율		**1.89**	**1.61**

Modesto: McPherson 등, 1999; Santa Monica: McPherson 등, 2001.

(Modesto and Santa Monica, CA)의 도시림에 대한 편익-비용분석을 수행하였다(**표 5-3**). 두 지역 모두, 그들은 가로수와 공원 수목만을 고려하였으며, 수목의 총 수량은 머데스토 90,000그루, 산타모니카 29,000그루였다.

머데스토의 경우, 제공된 총 편익은 4.9백만 달러인 반면, 순 지출은 2.6백만 달러였다. 머데스토의 공공 수목에 제공한 순 편익은 2.3백만 달러로, 편익-비용 비율은 1.89였다. 즉, 가로수와 공원수목을 돌보기 위해 지출된 1달러는 1.89달러의 편익으로 회수된다. 보도와 연석(緣石, curb)의 보수, 낙엽 청소, 재산이나 인적 클레임과 같은 녹지부서 외부에서 발생하는 수목관리 비용도 포함하였다.

산타모니카의 경우, 전체 편익은 머데스토의 절반 정도였으나, 재산에 대한 가치는 더 컸다(표 5-3). 산타모니카의 편익-비용 비율은 1.61이었다.

머데스토와 산타모니카의 공공 수목이 제공하는 편익의 평가는 에너지 비용절감, 대기 질 향상, 탄소 저장, 빗물 유거량 감축 등과 관련된 환경적인 절감에 초점을 두고 있다. 가로수와 관련된 재산 가치의 상승과 포장비용의 유예는 계산에 포함되어 있지는 않지만, 정성적으로 표현되었다. 두 도시 모두, 수목 자원은 큰 집단의 성목이 지배하는 이령림 구조를 하고 있어 취약한(fragile) 것으로 보인다.

도시림에 대한 정확하고 전체적인 계리를 해볼 기회는 없을까? 이 질문에 대한 대답은 이러한 작업이 진행 중에 있다는 것이다. 독자들은 공공 및 주거 녹지에 있는 수목의 편익과 비용을 확인하는 방법에 대한 사례를 보여주기 위해 미국농무부 산림청의 도시림연구센터(Center for Urban Forest Research)가 최근 발간한 수목지침(*Tree Guideline*; 추천문헌 참조)을 참고하기 바란다. 이 지침은 도시림과 관련된 비용과 편익을 검토하고, 건전한 도시림 관리 프로그램의 구성요소를 점검하며, 수종에 대한 추천을 해준다.

Greg McPherson(2002)은 지금의 편익-비용 방법은 장점과 단점을 모두 가지고 있다고 언급한다. 그는 직접 비용은 잘 정립되어 있지만 편익을 수량화하는 능력은 잘 개발되어 있지 않다고 했다. 더구나 관리 문제는 충분히 반영되지

그림 5-6 수목에 의해 그늘진 주차장(마우이, HI의 공항처럼)은 기온이 낮고 대기오염물질을 적게 배출한다. 수관이 넓을수록 편익이 더 크다.

못하고 있다. 예를 들면, 현재 모델은 수목의 수명을 40년을 기준으로 한다. 실제로, 브래드포드콩배나무(*Pyrus calleryana* 'Bradford')와 미국느릅나무(*Ulmus americana*)와 같은 흔한 가로수의 잠재 수명은 크게 달라서, 장수하는 수목의 편익 가치를 과소평가하게 된다.

이러한 유형의 분석은 앞으로 수목이 제공하는 서비스와 기능을 강조할 뿐만 아니라, 관리자가 비용과 편익에 대한 명확한 이해를 바탕으로 의사결정을 할 수 있도록 해 줄 것이다. 이들 활용 사례는 Scott와 Betters(2000)의 수목제거 문제와, Jetter 등(1997)의 물푸레나무 가루이(ashfly) 방제 관련 보고서가 있다. 모델이 더욱 정교해지고 사회적, 경제적, 환경적 편익을 더욱 폭넓게 반영함에 따라 수목관리자와 도시임업가는 믿을만한 재무적인 정보에 기초한 관리 의사결정을 지원할 수 있을 것이다(**그림 5-6**).

Walter Warriner(Santa Monica, CA, 2002, 개인적인 정보)도 다른 시의 임정관처럼 지저분한 열매와 솟아오른 보도에 대해 불평하는 주민으로부터 전화를 받는다. 농무부 산림청의 서부도시림연구센터의 분석 덕분에, 이제 그는 이들 수목이 이러한 문제를 일으키지만 매년 환경에 대해 $98의 편익을 제공한다고 즉시 대답할 수 있게 되었다. 시민들이 수목이 얼마나 가치가 있는가를 알게 될 때가 교육할 수 있는 기회다.

5.8 결론

수목관리자는 수목과 수목이 제공하는 다양한 환경적, 생태적, 심리적, 기타 편익을 언급한다. 이때 일반 대중은 "눈을 즐겁게" 하고 "우리 정원과 집의 외관을 향상"시키는 것이 수목의 편익이라고 생각한다는 것을 잊어서는 안 된다(Schroeder와 Ruffalo, 1996; Summit와 McPherson, 1998). 우리는 포장을 들어 올리고 쓰레기를 발생시키는 부정적이고 성가신 측면도 언급한다.

일부 점포주인은 수목을 복합적인 대상으로 보고 있다. 한편으로는 긍정적인 분위기를 창출하고, 장소를 구분해주고, 편안한 마음을 갖게 하고, 지역사회의 이미지를 높여준다. 그러나 다른 한편으로는, 수목은 자신들의 건물을 가리고 쓰레기의 원천이 되기도 한다(Wolf, 1997).

대중은 에너지 절감과 대기 오염물질 제거의 편익을 이해하고 있을지 모르지만, 편익을 미학적 용어로 표현한다. 이러한 현상이 수목에 제공하는 구체적인 기여에 관해 대중을 교육시켜야 하는 것을 의미하는지, 우리가 이해해야 할 정서적인 유대를 반영하는 것인지는 분명하지 않다. 분명한 것은 공중이 이해하는 용어로 이들에게 말해야 한다는 것이다.

복습

- 수목은 도시지역에 대기 오염물질을 제거하고, 에너지를 절감하며, 소음을 줄이고, 빗물 유거량을 줄이는 등 상당한 편익을 제공한다.
- 수목의 키와 폭은 수목이 제공하는 편익의 크기와 관련이 있으며, 활력이 좋은 크고 건강한 수목이 최고의 편익을 제공한다.
- 캘리포니아 주 머데스토와 산타모니카의 도시수목 프로그램은 각각 1.89와 1.61의 양(陽, positive)의 편익-비용 비율을 나타내고 있다.

추천문헌

ABDOLLAHI, K., Z. NING, and A. APPEANING, eds. 2000. *Global Climate Change and the Urban Forest.* Baton Rouge, LA: Gulf Coast Regional Climate Change Council.

KAPLAN, R., and S. KAPLAN. 1989. *The Experience of Nature.* New York: Cambridge University Press.

MCPHERSON, E. 2001. Sacramento's Parking Lot Shade Ordinance: Environmental and Economic Costs of Compliance. *Landscape Urban Planning* 57:105-123.

MCPHERSON, E., J. SIMPSON, P. PEPER, K. SCOTT, D. PETTINGER, and Q. XIAO. 2001. *Tree Guidelines for Inland Empire Communities*. Western Center for Urban Forest Research and Education.

USDA Forest Service, Pacific Southwest Experiment Station, Davis, CA.

MCPHERSON, E., J. SIMPSON, P. PEPER, K. SCOTT, and Q. XIAO. 2000. *Tree Guidelines for Coastal Southern California Communities*. Western Center for Urban Forest Research and Education. USDA har88826_CH05.qxd 11/21/02 3:18 PM Page 116Forest Service, Pacific Southwest Experiment Station, Davis, CA.

MCPHERSON, E., J. SIMPSON, P. PEPER, and Q. XIAO. 1999. *Benefit-Cost Analysis of Modesto's Municipal Urban Forest.* Western Center for Urban Forest Research and Education. USDA Forest Service, Pacific Southwest Experiment Station, Davis, CA.

MCPHERSON, E., J. SIMPSON, P. PEPER, and Q. XIAO. 1999. *Tree Guidelines for San Joaquin Valley Communities*. Western Center for Urban Forest Research and Education. USDA Forest Service, Pacific Southwest Experiment Station, Davis, CA.

MILLER, R. W. 1988. *Urban Forestry, Planning and Managing Urban Greenspaces.* Upper Saddle River, NJ: Prentice Hall.

SCHMID, J. A. 1975. *Urban Vegetation*. University of Chicago, Department of Geography Research Paper No. 161. Chicago, IL.

제6장 수목 선정

목표

- 수목을 선정할 때 사용하는 기본적인 기준을 살펴본다. 선정 과정에서 타협의 필요성이 강조된다.
- 식재를 위해 일반적으로 가용한 농장 출하수목(nursery stock)의 유형을 살펴본다.
- 농장 출하수목의 질과 관련된 특징을 살펴본다.

특정 위치에 식재할 종(種, species)이나 품종(品種, cultivar)을 결정하는 수목 선정은 수목관리 전문가가 하는 가장 중요한 의사결정 중 하나이다. 선정의 결과는 장기적이고 광범위하게 영향을 미친다. 수목관리학의 지도원칙(指導原則, guiding principle) 중의 하나인 "적지적수(適地適樹, right plant, right place)"가 이 주제를 대변한다. 우리는 수목의 타고난 속성을 부지의 특성과 조화시키도록 힘써야 한다. 우리는 부지의 여건을 변경하기는 어렵기 때문에 이러한 여건에 적응할 수 있는 수종을 선정하는 것이 수목의 장래 생장과 활력을 보장하는 결정적인 단계이다.

6.1 적합한 수목 선정

오래전부터 사람들은 다른 것보다 우수하다고 생각되는 식물을 선정하고, 번식하고, 키워왔다. 옛날의 탐험가나 여행자들은 귀국할 때 식품, 약품, 섬유용은 물론 관상용으로 식물은 가져왔다. 귀족의 농지나 초기의 식물원(植物園, botanical garden)은 흥미로운 식물이 광범위하게 모여 있는 진열장이 되었다.

수목원(樹木園, arboretum)과 정부 기관 출신의 식물 탐험가(plant explorer)들은 주로 식량식물(food plant)과 섬유식물(fiber plant)을 찾았지만, 조경용으로 이용 가능성이 있는 많은 식물로부터 종자도 수집하였다. 미국농무부는 해외 대사관에 있는 식물 도입조직과 담당자를 통해 유망한 많은 관상식물을 수집하였다. 연구에 종사하는 사람들, 특히 식물병리학자들은 특정의 심각한 병, 해충, 장애(障碍, disorder)에 저항성을 가진 조경 식물을 선별하기 시작했다. 농장주, 식물원의 원예학자, 수목관리자, 조경가, 아마추어 정원사들은 같은 종 중에서 다른 것보다 더 잘 자라는 개체를 발견하였다. 이들은 연구자들의 관심을 끌게 되어 이들을 실험하고 관찰하게 되었다.

장미, 동백나무, 라일락 등과 같은 꽃이 피는 일부 관목 또는 소교목은 번식 프로그램에 주의가 집중되었지만, 대부분의 새로운 교목과 관목(예쁜 꽃이 없는)은 자생지나 지역적으로 행해진 식재에서 수집되었다. 독특하고 우수한 개체들은 번식되어 널리 배포되었다. 런던버즘나무(*Platanus* × *acerifolia*)와 적단풍(*Acer rubrum*) 같은 일부 수종은 어디에서나 볼 수 있게 되었다.

우수한 조경수목을 번식시키기 위한 최초의 노력은 1920년대 후반 느릅나무시들음병(*Ceratocystis ulmi*) (네덜란드에서)과 밤나무줄기마름병(*Chryphonectria parasitica*) (브루클린식물원에서)에 저항성이 있는 수목을 개발하기 위해 시작되었다. 수목 번식은 느린 과정으로, 네덜란드는 느릅나무를 개발하는데, 3대에 걸친 통제된 번식을 통해, 48년이 걸렸다(Shurtleff, 1980).

미국에서는 국립수목원(National Arboretum)에서, Frank Santamour(1972)가 처음으로 도시지역에 식재할 유전적으로 우량한 녹음수를 개발하기 위한 대규모 작업을 시작했다. 목적은 도시환경에 적합한 서로 다른 생장특성을 가진 다양한 속(屬, genera)의 우량한 수목을 생산하는 것이었다. 주요한 병, 해충에 대한 저항성, 환경적인 스트레스에 대한 내성(耐性, tolerance), 구획화(區劃化, compartmentalization) 능력은 이들 수목에 대한 기본적인 요구조건들이다. Townsend(1977), Santamour(1979b) 등을 비롯한 여러 학자들은 지역적 차이로 인한 종 내의 변이를 시험하고 추가적인 평가와 번식을 위한 우량한 개체를 선발하기 위해 임학자들이 오랫동안 사용해온 산지시험(産地試驗, provenance test)과 후대검정(後代檢定, progeny test)을 이용하였다. 예를 들면, Bey(1980)는 미국 중서부에서 자라는 흑호두(*Juglans nigra*) 묘목을 비교해본 결과, 그 지역에서 채종한 종자에서 나온 묘목보다 적도 쪽으로 320km(200마일) 가까운 곳에서 채종한 종자에서 나온 묘목이 더 잘 자란다는 것을 발견하였다. 반면, 적도에 가까운 곳에서 채종한 종자에서 나온 묘목은 늦서리와 추운 겨울에 피해를 입을 가능성이 더 높았다.

이러한 노력이 계속되고 더 많은 사람들이 연구와 관찰에 참여하게 됨에 따라 잘 자랄 수 있는 수목을 선정하기가 훨씬 나아질 것이다. 이때에도, **성목이 되었을 때 어떤 기여를 하고 어떻게 보일 것인가를 예측하기 위해서는 가까운 공원이나 식물원, 수목원, 도로변 식재, 개인 정원 등에 있는 성숙한 표본목(標本木, specimen)을 관찰하는 것이 가장 좋은 방법이다.** 수목을 돌보고 이들과 가까이 사는 사람들의 자문을 받는 것도 좋은 방법이다.

유전적 특성

완전한 수목의 요건을 제시하라는 요구를 받으면, 수목관리자는 생장 습성, 환경과 병해충에 대한 내성을 고려한다(**표 6-1**). 수목의 이러한 능력의 폭이 넓을수록 바람직하지만, **이러한 능력을 완비한 수목은 없다; 즉, 완벽한 수목은 없다**는 것이 현실이다. 모든 수목은 특정한 환경과 관리 상황에 대해 각자의 장점과 단점을 가지고 있다. **특정한 위치에 사용하기 위한 수목을 선정하는 것은 수목이 발휘하는 기능, 수목의 부지에 대한 적응력, 향후 필요한 유지관리 규모 등을 고려하여 절충하는 과정이다.**

표 6-1 이상적인 조경 및 가로수의 바람직한 특징

예측 가능한 크기와 수형
튼튼한 수관 구조(가지와 줄기 부착)
빠른 생장 속도
이식과 활착 용이
최소의 쓰레기 발생(잎, 열매)
장수(長壽, long-lived)
병해충 공격에 대한 저항성
알레르기를 일으키지 않을 것
햇빛 친화적(solar friendly)
환경 조건에 대한 폭넓은 내성(기온, 강우, 토양)
강한 구획화 반응
심근성(深根性, deep-rooted)
탁월한 미학적 특성
비침입성(非侵入性, noninvasive)

이는 수목관리자, 조경가(造景家, landscape architect), 이러한 절충의 필요성을 알고 있는 다른 전문가들이 할 일이다. 대중들이 완벽한 수목을 원하는 한, 우리의 최선의 목표는 수목의 장점(자산)을 극대화하고 단점(부채)을 최소화하는 것이다.

특별한 특성의 상대적인 중요성은 특정한 부지와 관리 상황에 따라 다를 수 있다. 일부 부지 적응성이나 관리 문제가 있는 수목이 월등한 심미적 효과나 특별한 기능적인 요구 때문에 채택될 수도 있다. 예를 들면, 난대지방에 사는 일부 사람은 열악한 환경 하에서 유지관리 없이도 자라는 회색 잎을 가진 소교목을 갖기 위해 올리브(*Olea europaea*)의 꽃가루와 성가신 열매를 참고 견딘다.

특정한 수목이 부적절하여 피하는 것이 좋은 경우가 있을 수 있다. 예를 들면, 송전선 바로 아래의 크게 자라는 교목은 장기적인 관리 문제를 유발한다. 산성토양 조건을 필요로 하는 수종을 알칼리 토양에 식재하기 위해 선정하는 것은 부적절하다. 부지나 수목의 유전적 요소와 맞서는 것은 실패한 계획이다.

수목이 제공하는 기능은 다양하다. 조경가는 건축적, 공학적 특성을 이용하여 사적 공간, 점진적인 조망 개방, 공간 조성 등을 할 수 있다. 발전회사와 지자체 수목관리자는 에너지 사용 절감, 탄소 격리, 대기 오염물질의 제거 등 환경적인 기능에 가치를 부여할 것이다. 생물학자들은 야생동물 서식처와 복원과 관련된 가치에 관심을 가질 것이다.

그러나 수목은 알레르기를 일으키는 꽃가루와 잎의 솜털(leaf pubescence), 유독한 수액이나 분비물, 악취가 나는 열매나 꽃 등으로 건강과 안전에 위험하게 보일 수도 있다. 수목은 보도가 솟아오르게 하고, 표지판을 가리고, 송전을 방해하며, 사람이나 건축물 위로 넘어질 수도 있다. 또한 자연지역(natural area)을 침범하여 자생종(自生種, indigenous species)과의 경쟁에서 이겨 이들의 자리를 차지함으로써 피해를 줄 수도 있다.

수목의 생장과 발달의 다양한 특성은 매우 강한 유전적인 통제 하에 있다(제2장 참조). 따라서 재배 조건에 의해 조절되거나 억제될 수 없다. 유정적인 특성이 그 부지와 부합하지 못하면, 다른 종이나 분류군을 선택하는 것이 더 좋은 결정이다.

그림 6–1 흔히 모든 교목과 관목이 처음 의도했던 용도에 비해 너무 크게 자란다.

생장 습성과 크기

식물은, 교목, 관목, 덩굴, 지피 모두, 자신의 **생장습성**(生長習性, growth habit)과 궁극적인 크기가 정해져 있으므로, 의도하는 조경용도와 부지의 본질에 따라서 고려해야 한다. 일반적으로 큰 것이 좋다고 여기지만, 좁은 장소에 심은 대교목(大喬木, large tree)은 자산이 아닌 부채가 된다.

수목의 키와 폭은 집중적이고 지속적인 유지관리에 의해서만 통제할 수 있기 때문에 성목의 크기는 매우 중요하다. 이는 교목뿐만 아니라, 보편적인 문제인, 과도하게 자란 관목에도 적용된다(**그림 6–1**). 생육 장소에서 너무 크게 자란 교목은 바람직한 조망에 방해가 되고; 연석, 배수구, 보도, 포장을 파손시키며; 아래에서 자라는 식물에 과도한 그늘을 지우고; 성숙했을 때 관리가 어렵게 만들고; 제거할 때 비용이 많이 들어간다. 얕은 토양과 바람이 많이 부는 부지에 크게 자라는 교목을 선정하는 것은 잘못된 결정이다. 덩굴식물은 특수한 지지가 필요하며, 일정한 지점 이상으로 자라면 구조물에 손상을 줄 수 있다.

소교목에 관한 높은 관심은 1940년대에 시작되었는데, 이때는 느릅나무시들음병(*Ceratocystis ulmi*)이 미국 동부 지역을 강타하기 시작하고, 주택 조경이 더욱 일반화되고, 도심의 도로변에 심은 교목이 상점의 간판을 가리고, 전력회사가 자신들의 지상 송전선에 수목이 닿지 않도록 하기 위한 비용이 증가하고 있는 등의 시기였다. 그러나 일부 수목관리자는 공공이나 사유 녹지에 너무 많은 소교목이 식재되어 왔다고 생각한다.

이제는 경관적 기능에 더 많은 관심을 보이고 있다. 포장된 지역에 그늘을 지우고, 여름에 냉방비용을 절감하고, 태양열난방(solar heating)이나 태양열발전(solar power) 설비의 적절한 작동이 가능하게 하고, 겨울에 햇빛이 건물을 데우도록 하는 것 등의 수목의 능력은 수목의 크기와 관련이 있다. 수종이나 품종을 잘 선정하는 것이 원하는 수목의 크기를 확보하는 가장 만족스러운 방법이다; 크기를 조절하기 위해 전정을 하거나 농약을 사용하는 것은 번거롭고 비용이 들어가는 일이다.

수형(樹形, plant form) 교목이나 관목의 종이나 클론(clone)은 수간과 가지의 발달 유형에 의해서 창출되는 독특한 형태를 가진다. 수형의 다양성은 조경가와 수목관리자에게 거의 무한대의 건축적, 기능적 요소를 제공한다. 가지의 발달구조는 심미적 특성과 환경적인 기능을 제공할 뿐만 아니라 수목의 구조적인 강도를 결정하는데 특히 중요할 수 있다. 수목은 가지가 수간을 따라 일정한 간격으로 잘 배치되어 있거나, 수간이 가지가 나오는 지점에서 가지보다 직경이 더 크거나, 가지들이 측지를 가지고 있으면, 더욱 튼튼할 것이다. 원추형으로 가지를 뻗거나 튼튼한 가지 구조를 가진 수목은 폭넓은 수관을 가진 수목에 비해 어배너(Urbana, IL)의 강렬한 얼음폭풍(ice storm)이 불어도 피해를 덜 받을 것이다(Hauer 등, 1993). 취약한 가지 배치나 수직적인 가지 발달과 같은 바람직하지 못한 모습은 수목이 어릴 때에는 올바른 가지 유인/정지(整枝, training)로 극복할 수 있지만,

가끔 이러한 정지가 간과되거나 부적절하게 실시된다.

생장 속도 사람들은 일반적으로 빨리 그늘을 만들고, 보기 싫은 풍경을 가리고, 바람으로부터 보호되고, 녹지에서 자신의 기능을 수행할 수 있는 생장 속도가 빠른 수목(매년 1.5m[5피트] 이상 생장)을 원한다. **속성수(速成樹, fast-growing tree)는 보통 열악한 부지와 특별히 관리하지 않아도 잘 자라고,** 양묘장에서도 빠르게 생장한다. 따라서 대부분의 농장 경영자, 조경가, 개발업자, 주택 소유자, 경관관리자들이 이들을 좋아한다.

그러나 완벽한 수목은 없다! 대부분의 속성수는 크게 자라기 때문에 이와 관련된 문제를 야기시킨다: **속성수는 일반적으로 수명이 짧고, 목질이 약하고, 가지가,** 특히 태풍이 불면, **부러지기 쉽다.**

중간 정도의 생장 속도를 가진 수목도 양질의 묘목을 선택하고, 올바르게 식재하여 적절한 관수와 질소비료를 주면 정상적인 경우보다 더 빨리 생장시킬 수 있다.

목재 강도 가지 구조와 목재 강도(木材强度, wood strength)는 수목이 바람, 얼음폭풍, 제한적인 수목훼손행위(vandalism)에 견디는 선천적인 능력을 결정하는 것과 밀접한 관련이 있다. 이미 언급한 바와 같이 속성수종은 목재가 약한 경향이 있다. 일부 침엽수(針葉樹, conifer)의 목재는 활엽수(闊葉樹, hardwood)보다 강하지 못하다. 그러나 폭풍우에 견디는 능력에서 침엽수의 수형과 가지 구조는 부족한 목재 강도를 보상하고도 남음이 있다. 눈이 오지 않는 지역에서 자란 수목의 가지는 눈이 오는 곳에서 자라면 가지가 부러질 가능성이 높다.

어떤 수목은 죽은 내부 가지를 제거해 주지 않으면 위해(危害, hazard)할 수도 있다. 런던버즘나무(*Platanus* × *acerifolia*), 느티나무(*Zelkova serrata*), 일부 느릅나무(*Ulmus* sp.)에는 직경 5cm(2인치) 굵기의 죽은 가지가 흔히 있고, 이들이 떨어지면, 크지 않아도, 손상을 유발할 수 있다. 이러한 수목 아래 지면에는 강한 바람이 지나가고 나면 잔가지와 가는 가지들이 떨어져서 나뒹군다.

뿌리 뻗음 뿌리는 수목을 고정시키고, 양분과 수분을 공급한다. 깊고, **특히 펼쳐진 뿌리 시스템은,** 특히 토양이 젖어 있을 때, **강한 바람으로부터 수목을 고정시키는데 필수적이다.** 습한 부지는 토양 내 낮은 산소농도나 높은 이산화탄소 농도에 내성이 있고, 뿌리 썩음병(root rot)에 저항성이 있는 수종을 요구한다.

얕은 토양, 다양한 토성 층을 가진 토양, 비가 많이 오거나 관수를 하는 부지에서는 얕은 뿌리 발달을 유발한다. 한편, 어떤 수종(예: 일부 물푸레나무속, *Fraxinus* sp.; 뽕나무속, *Morus* sp.; 느릅나무속, *Ulmus* sp. 등)은 다른 수종(예: 참나무속, *Quercus* sp.; 피스타치오속, *Pistacia* sp.; 배나무속, *Pyrus* sp. 등)보다 지표면 근처에 뿌리를 뻗는 경우가 많다. 굵고 얕은 뿌리를 뻗는 수목은 바람에 넘어지기 쉽다(**그림 6-2**). 일부 종(느릅나무속과 포플러속/*Populus* sp.)의 지표면 뿌리는, 특히 상처를 받으면, 흡지를 많이 발생시켜서 눈에 거슬리는 유지관리 문제를 발생시킬 수 있다(**그림 6-3**).

그림 6-2 상록물푸레나무(*Fraxinus uhdei*) 같은 일부 수목은 수많은 지표면 뿌리를 자주 만든다.

그림 6-3 양버들(*Populus nigra* 'Italica') 같은 수종은 수목이 제거되거나 뿌리가 상처를 입으면 근맹아를 형성한다. 이런 맹아들이 모수로부터 30m 떨어진 곳에서 발생하였다.

버드나무속(*Salix* sp.), 포플러속(*Populus* sp.), 은단풍(*Acer saccharinum*)은 침투성 뿌리(invasive root)로 유명하다. 빠르게 확장하는 뿌리는 멀쩡한 배수관에 균열을 유발하여 세근이 들어갈 수 있는 공간을 제공함으로써 관 내에 섬유성 덩어리를 빠르게 형성하여 관이 막히게 만든다(제10장 참조). 이러한 뿌리는 근처의 하수관에도 문제를 일으킬 수 있다. 수목 뿌리의 구조와 생장 속도는 공동구(共同溝, utility-pipe conduit)가 도로변 녹지대에 식재된 수목 아래 또는 근처의 지역권 내에 서로 가까이 있을 때 특수한 문제

왜냐하면 겨우살이가 근처에 있으면, 겨우살이 열매에 유인된 새들이 이 씨를 가지고 다니다가 먹이를 먹는 사이사이에 인접 교목에 앉을 때 겨우살이 씨의 일부를 떨어뜨리기 때문이다. 또한 이러한 교목 아래 지역은 새들의 배설물로 매우 지저분해질 수 있다.

은행나무(*Ginkgo biloba*)와 가중나무(*Ailanthus altissima*) 같은 일부 수목의 열매는 뭉그러지면 매우 불쾌한 냄새가 난다. 대관목과 교목의 열매가 포장된 지역이나 잔디밭에 떨어지면 관리문제가 발생할 수도 있다. 이러한 수목은 열매가 떨어졌을 때 감추어질 수 있도록 아래에 관목이나 두터운 지피식물을 식재하는 것이 좋다. 열매로 인한 문제를 없애기 위해 여러 수종에 대해 열매가 없는 클론(clone)을 선발하여 번식해 오고 있다.

자생 수목

최소한의 관리로도 잘 자라는 수목을 선정하기 위한 노력의 일환으로, 자생 수목(自生樹木, native plant)이 자주 권장된다. **그러나 종종 자생 수목이 외래종이나 비자생 수목만큼 잘 자라지 못하는 경우가 있다.** 이는 대부분의 도시 녹지 지역이 다음과 같은 이유로 더 이상 자연 그대로(native)가 아니기 때문이다: 토양은 크게 조작 되었고, 미기후는 포장과 건물에 의해 영향을 받고 있고, 수계(水系, water regime)는 바뀌었고, 오염이 증가하는 등. 우리가 필요한 것은 "적응된(adopted)" 수종이며, 일부 자생종이 잘 생장하고 있지만, 더 많은 외래종이 이와 비슷하게 또는 더 잘 생장하고 있다.

그러나 자생종이 적합한 경우가 있을 수 있다. 많은 도시나 기관들이 가장 적절한 안으로 경관 설계에 자생식물 복원을 반영하도록 요구한다. 기존의 산림이나 임지 조성지 내에서 이루어지는 주택개발은 전반적으로 자생 수목을 사용할 수 있다. 어떤 경우에는 그 지역에서 채집된 종자를 이용하여 키운 수목을 사용하도록 요구하기도 한다.

수목 선정 프로그램

최근에는 컴퓨터를 활용한 수목 선정 프로그램(computer-based plant selection program)이 널리 활용되고 있다. 각 프로그램은 사용자에게 특정한 선정 기준에 대해 질문한 다음 적절한 수목을 확인하기 위해 데이터베이스(database)를 검색한다. 예를 들면, Sunset New Media(Menlo Park, CA)는 CD-ROM 기반의 "고객의 뜰과 정원에 대한 쌍방향 안내(interactive guide to your yard and garden)"라는 프로그램을 발매하고 있다. 이것은 *Western Garden Book*의 자매편(companion volume)이다(Brenzel, 1995). 이 프로그램은 미국 서부를 1에서 24 기후지구로 구분하고 사용자의 위치를 지정하기 위해 우편번호를 이용한다. 기후 지구는 위도, 고도, 해양의 영향, 대륙 기단의 영향, 지역적인 강우량 등을 기준으로 구분한다. 질문은 수목 유형(교목, 관목, 덩굴식물 등)과 물 이용에 관한 일반적인 기준이나 특수한 식재 상황에 의해 구분될 수 있다. 질문은 다시 각각의 수목 유형 내에서 크기, 꽃, 색상 등에 따라 더 좁혀질 수 있다. 질문에 대한 답은 속(屬, genera) 수준에서 나오며, 속 내에서 종을 확인하기 위해서는 추가적인 검색이 필요하다. 정보는 문서, 사진, 음성(발음이 필요한 수목 명에 대해) 등으로 제시된다.

또 다른 CD-ROM 기반 수목 선정 프로그램으로 Southern Trees가 있다(Gilman 등, 1996). 이 프로그램은 미국 전역에서 자라고 있는 887종의 교목과 관목을 담고 있으며, "적지(right place)에 적수(right tree)를 선정할 수 있도록" 설계되어 있다. 이는 식재 부지를 설명하는 전문가 시스템(expert system), 특정한 속성을 기준으로 수목을 고를 수 있는 수목 선정 기능, 수목 동정 키(key) 등을 제공한다. 개별 수목은 65개 속성이 기술되어 있다. Southern Trees는 기후 지대를 구분하는데 미국농무부의 내한성지대지도(UADA Hardiness Zone Map, 제3장 참조)를 활용하였다. Sunset의 식물-기후지대(Plant-climate Zone) 9, 10, 12에서 28(뒤표지 안쪽에 첨부된 지도 참조)은, Southern Trees가 주로 기준으로 하고 있는 미국농무부 내한성 지대 8, 10과 동등한 겨울철 최저기온을 나타내고 있다.

6.2 식재 수목의 공급원과 크기

자체 수요를 위해 수목을 번식하고 키우는 개인이나 기관이 일부 있기는 하지만, 대부분의 공공과 개인 조경용 수목의 거의 대부분은 도매 또는 소매 농장에서 구매한다. 도매 농장(都賣農場, wholesale nursery)은 보통 수목을 노지(露地, field)나 용기(容器, container)에서 키운다. 일부 농장은 몇 가지 수종에 특화되어 있는 반면, 다른 농장은 다양한 수종을 키운다. 일부는 소매 판매(小賣販賣, retail sale)를 위해 수목을 번식하고 키우는 반면, 다른 농장은 묘목을 구입하여 재판매를 목적으로 키우기도 한다. 대부분의 소매 농장과 원예 용품점(garden center)은 조경용 수목과 함께 조경용 소모품과 장비 일체를 판매한다.

부근에 있는 하나 이상의 농장과 친분관계를 유지하는 것이 좋은데, 이는 이들이 수목의 공급원이기도 하지만 이들로부터 수목의 적응과 유지관리에 관한 정보를 풍부하게 얻을 수 있기 때문이다. 또한 우리의 경험과 지식이 그들에게도 도움이 될 수 있을 것이다. 대부분의 수목은 5~6년이 지나야 출하되기 때문에, 자신이 원하는 수종, 크기, 품질을 분

그림 6-4 어린 나무는 나근(왼쪽), 근분(B & B, 가운데), 용기(오른쪽)의 형태로 식재용으로 활용된다. (근분 사진: William Flemer, Priceton Nurery, NJ.)

그림 6-5 전통적으로 노지에서 자란 미국물푸레나무(*Fraxinus americana*) (왼쪽)의 뿌리를 노지의 Root Control® 자루 안에서 자란 뿌리(가운데)와 비교해 보면, 자루에서 자란 수목이 흡수하는 가는 뿌리를 더 많이 가지고 있다. Root Control® 자루를 제거하면, 자루를 통과했던 뿌리가 잘록해져서 생긴 굵은 뿌리 끝이 근분 표면(흰색 원)에 나타난다(오른쪽). 이 자루 내부에서 맴도는 뿌리를 거의 만들지 않는다. 수목을 식재할 때 자루가 제거되는데, 이때 근분이 그대로 유지되도록 하기 위해서는 Root Control® 자루 안에 채우는 토양이 아주 가는 토성의 토양이어야 한다. (사진: Root Control, Inc., Oklahoma City.)

명히 하기 위해서는 식재하기 수개월 또는 길게는 1년 전에 농장과 접촉하는 것이 좋다. 최근에 도입된 수종에 대해서는 이들을 재배하고 있는 농장과 수량과 크기에 대해 계약을 체결해야 할지도 모른다. 수목의 수량이 충분하지 않으면, 대부분의 도매 농장은 미래의 인도를 전제로 한 계약에 의한 재배에 동의할 것이다.

수목은 일반적으로 **나근묘**(裸根苗, bare root), **근분묘**(根盆苗, balled-in-burlap), **용기묘**(容器苗, container) 형태로 판매되거나 이식된다(**그림 6-4**). 대부분의 낙엽성 묘목은 묘상(苗床)에서 직근을 절단(undercut)하여 굴취한 다음 뿌리에 흙이 없거나 거의 없는 상태(나근)로 늦가을이나 겨울 동안 보관된다. 이들 묘목은 뿌리에는 수분이 유지되고, 지상부에는 휴면 상태가 유지되도록 하면서, 전체 묘목은 얼지 않도록 저장된다. 이들은 생장이 시작되기 전에 녹지에 식재되는 것이 좋다.

많은 교목과 관목은 노지에서 재배된다. 노지에서 자란 상록수와 일부 낙엽수는 뿌리 주변에 흙덩어리가 붙어 있는 상태로 굴취한 다음, 이 덩어리를 감싸거나 용기에 넣는다. 근분의 직경이 50cm(20인치) 이상 되는 수목은 보통 한쪽 면이 60cm(24인치) 이상 되는 상자(箱子, box)에 포장되는데, 이러한 수목은 판매될 때까지 용기에서 자란 수목처럼 취급된다. 근분묘는 나근묘보다 식재할 수 있는 기간이 길지만 봄이 되기 전에 식재하는 것이 좋을 것이다.

특히 용기에서 자라는 수목이 겨울에 동결되기 쉬운 지역의 경우, 농장의 노지에서 철사로 된 바구니(wire basket), 플라스틱 용기(plastic container), 천으로 만든 자루(fabric

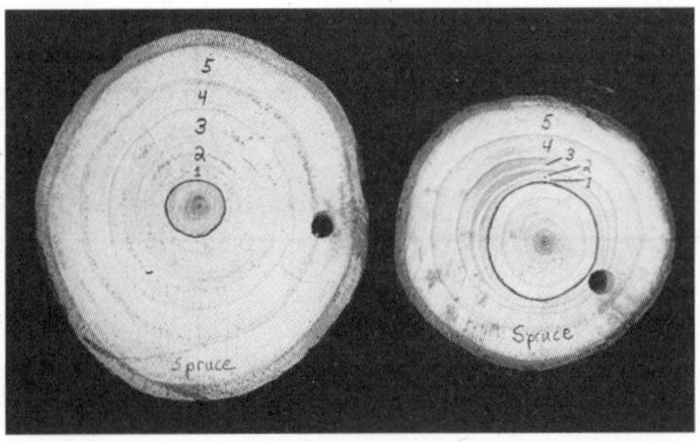

그림 6-6 크기가 작은 농장 출하수목이 큰 수목보다 식재 후 스트레스로부터 더 빨리 회복한다. 위의 두 가문비나무(*Picea* sp.)는 같은 시점에 식재하였으며, 이때 수목의 크기(단면 내의 짙은 검은 선)에서 차이가 있었다. 식재할 때, 왼쪽 수목이 오른쪽 수목보다 더 작았다. 그러나 더 작은 수목이 더 빨리 활착하여 식재 후 5년에는 수간 직경이 더 크게 자랐다. (사진: Gary Watson, The Morton Arboretum, Lisle, IL.)

bag)를 이용하여 재배되는 수목의 수가 점차 증가하고 있다. 이들 수목은 식재된 후에는 노지에서 자란 수목과 동일하게 취급된다. 이러한 바구니나 자루는 근분을 계속 보유하고 있기 때문에 농장에서의 굴취와 녹지에 식재될 때까지의 취급을 용이하게 해준다.

Whitcomb(1987)은 땅 속에 놓고 그 안에 작은 묘목을 심어서 노지에서 자란 수목처럼 키울 수 있는 다공성(多孔性, porous) 직물 자루를 개발하였다. 이 자루는 Root Control®이라는 상표로 판매되고 있다. 뿌리는 천을 통과하는데, 이들이 굵어지면 천에 의해 잘록하게 된다. 이로 인해 자루 안의 뿌리는 같은 부피의 토양을 기준으로, 노지에 자란 수목의 뿌리보다 직경과 탄수화물의 증가가 더 크게 나타난다(**그림 6-5**). 자루 바깥의 뿌리는 잘록해져 있지만, 활발하게 양분과 수분을 흡수하고 운반한다. 자루에서 자란 수목이 전통적으로 키운 수목보다 더 빨리 활착한다고 보고되었다(Whitcomb, 1987). 자루에서 자란 붉은물푸레나무(*Fraxinus pennsylvanica*)와 근분묘를 비교한 뒤이은 연구에서는 활착 성공률에서 "둘 사이에 차이가 없다"라고 보고되었다(Cole와 Hensley, 1994).

큰 수목을 식재하는데 대한 특히 교목에서 관심이 높아지면서 농장의 노지에서 크게 키워서 기계적으로 굴취한 다음 녹지에 직접 식재하거나, 운반이나 추후 판매를 위해 큰 용기 안에 식재하는 수목의 수가 많아지고 있다(제9장 참조).

6.3 식재 후 생육

식재 수목(植栽樹木, planting stock)의 구체적인 유형을 선정하는 것은 생산 방법에서의 근원적인 차이보다 구매 가능성, 비용, 개인적인 선호에 의해 결정될 것이다. 식재 수목을 생산하는 주요한 방법은 제각기 장점과 단점을 가지고 있다. 예를 들면, 용기에서 키운 수목은 연중 가용하고 언제든지 식재할 수 있다. 그러나 이러한 수목은 추가적인 관수로 적정한 수분을 보장해 주지 않으면 식재 후에 수분 스트레스를 받기 쉽다.

식재 후 생장에 대해서는 두 가지 관점이 있다. 첫째, 큰 수목을 식재할수록 조성기간이 더 길다는 것은 분명하다. 식재 수목의 크기가 클수록 식재할 때 더 큰 수고와 넓은 폭을 제공하지만, 초반 크기의 차이는 일반적으로 조성과정에 상실된다. 몇몇 연구에 의하면, 큰 수목을 식재한 수목은 식재 후 더 천천히 자라서 몇 년 후에는 크기가 더 작아지는 것으로 나타났다(**그림 6-6**) (Watson과 Himelick, 1997).

둘째, 수목관리자가 농장 출하수목의 유형을 선정한다면, 어떤 것이 더 잘 자랄까? Gilman(2001)의 연구에 의하면, 대답은 사후관리(事後管理, aftercare)에 달렸다. Gilman은 노지와 용기 재배 방법에 의해 생장한 몇 그루의 직경 6cm (2.5인치) 버지니아참나무(*Quercus virginiana*)의 생육을 비교하였다. 식재 후 관수를 해주었을 경우, 생산 방법들 간 생육의 차이는 없었다. 식재 후 제한적인 관수를 한 경우, 노지에서 키워 근분형태로 수확한 수목이 용기에서 자란 수목보다 생존율이 더 높았다. Gilman은 용기에서 자란 수목이 식재 후 수분 스트레스를 겪을 가능성이 더 높다고 추정하였다.

6.4 양질의 수목 선정

식재를 위해 선정된 교목과 관목의 질은 녹지에서 성공적인 활착을 결정하는 수종, 식재, 유지관리 방법에 대한 올바른 선정만큼이나 중요하다. 어떤 특성은 수목의 생존과 생장에 상당한 영향을 미치는 반면, 다른 특성은, 매력적이지만, 생육에 크게 영향을 미치지 않을 수 있다. 가지를 전개하는 형태와 크기는 수목의 경관효과에 바로 영향을 미치지만 장기적인 생장에는 거의 영향을 미치지 않는다. 활력, 수간에 부착된 측지, 수고-직경 비율(height-caliper ratio)의 변이는 생존을 위협하지는 않지만, 만족스러운 생장을 확보하기 위한 노력에 실질적인 영향을 미친다. 뿌리와 가지의 질은 생장뿐만 아니라 생존까지도 결정할 수 있다.

농장 출하수목에 대한 전통적인 지침은 출하수목에 대한 수고와 직경에 대한 표준을 제공하는 농장 출하수목에 대한 미국표준(American Standard for Nursery Stock; ANSI Z60.1, 1997)이다. 이 표준에 제시된 자료를 이용하여 **표 6-2**를 작성하고, 그림 6-9와 6-11을

표 6-2 노지 생장 수목의 유형별 권장 최소 근분 크기

녹음수 유형 1과 2[a]			
직경(mm)	최소[b] 근분 직경(cm)	직경(인치)	최소 근분 직경(인치)
15[c]	30	0.5	12
20	35	0.75	14
25	40	1	16
30	45	1.25	18
35	50	1.5	20
40	55	1.75	22
50	60	2	24
65	70	2.5	28
80	80	3	32
95	95	3.5	38
105	105	4	42
115	120	4.5	48
125	135	5	54
소교목 유형 3과 4			
키 또는 직경 (m 또는 mm)	최소 근분 직경(cm)	키 또는 직경 (피트 또는 인치)	최소 근분 직경(인치)
0.5	20	2	10
1	30	3	12
1.25	35	4	14
1.5	40	5	16
—[d]		—	
20	40	0.75	16
25	45	1	18
35	50	1.5	20
40	55	1.75	22
50	60	2	24
65	70	2.5	28
80	80	3	32
95	95	3.5	38
105	105	4	42
115	120	4.5	48
125	135	5	54

출처: 미국 국립표준원, ANSI Z.60.1 1997.

[a]유형 1, 2는 표준형으로 천천히 자라는 녹음수. 유형 3은 직립하는 소교목. 유형 4는 구형의 소교목.

[b]성기거나 넓게 퍼지는 근계를 가진 교목이나 부적절한 계절에 이식하는 교목은 이들 권장 크기를 초과하는 근분을 요구할 수도 있다.

[c]미터법으로 표시된 수치는 환산과정에서 반올림하였다.

[d]점선 위쪽의 수치는 키(m 또는 피트)를 나타내고, 점선 아래는 직경(mm 또는 인치)을 나타낸다.

작도하였다. 이 Z60.1 표준에 대한 한 가지 우려는 출하 수목의 질을 적절하게 제시하지 못하고 있다는 것이다. 근년에 플로리다와 캘리포니아의 수목관리자와 재배자들은 동반표준(同伴標準, companion standard)을 개발하였다.

플로리다 등급과 표준(Florida Grades and Standards; 플로리다 농무부, 1996)은 수목의 질에 초점을 맞추어 중앙

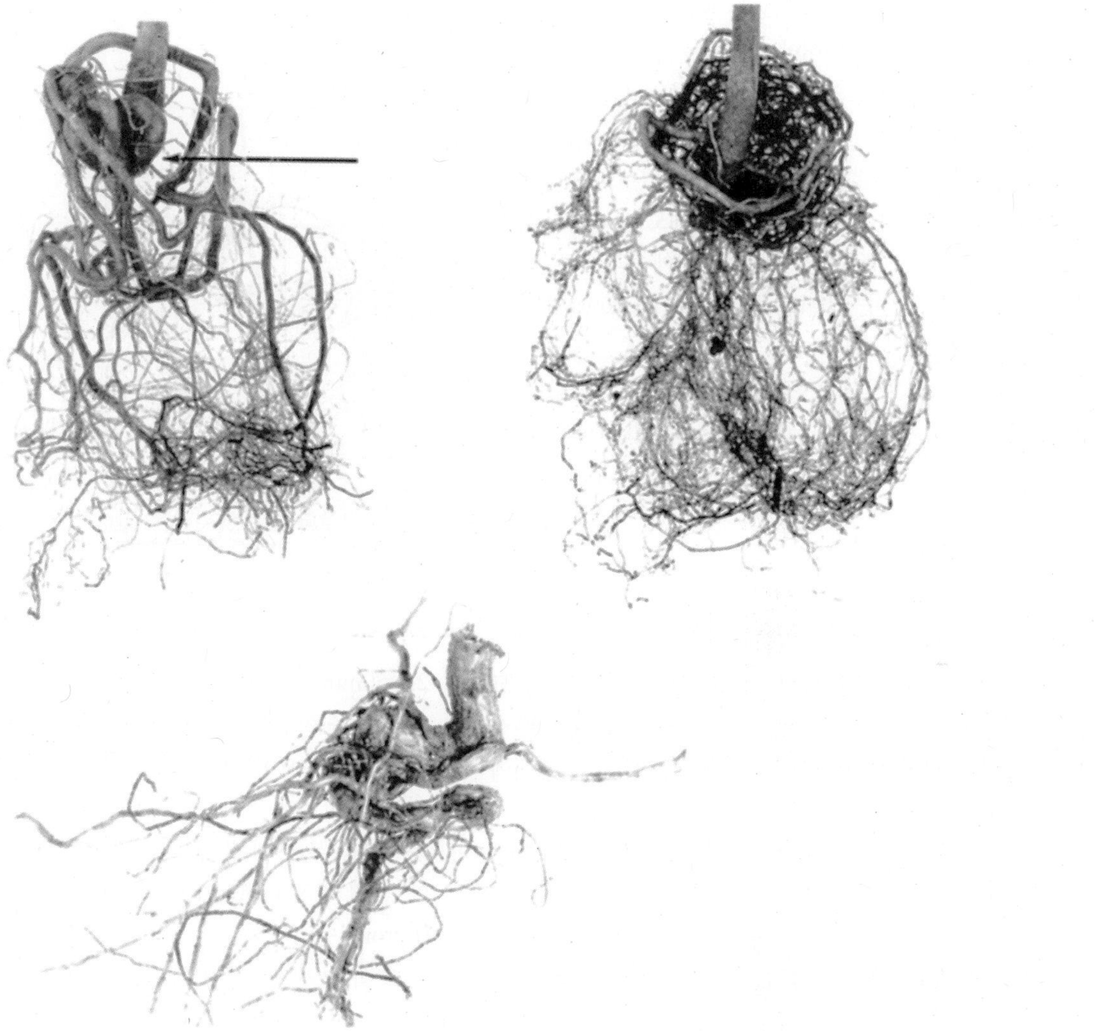

그림 6-7 4ℓ(1갤런) 용기 속 수목의 뿌리에서 배합토양을 씻어내자 꺾이거나 맴도는 뿌리가 노출되었다. 참나무 뿌리(위 왼쪽)가 묘상에서 50mm(2인치) 피트 포트(peat pot)로 이식할 때 꺾였고(화살표); 피트 포트의 형태가 피트 포트에서 4ℓ 용기에 옮겨 심을 때 축소해주지 않은 뿌리에서 나타나고 있다. 소나무 뿌리(위 오른쪽)는 단근이 되지 않고 4ℓ 용기에 옮겨 심을 때 펴 주었기 때문에, 100mm(4인치) 사각 용기의 모양이 아직 남아 있다. 노지에서 자란 라디아타소나무(*P. radiata*)의 뿌리(아래)는 심하게 꺾여 있다. 꺾임은 온실 내에서 처음 이식할 때 발생하였다. 이러한 근계는 모두 이제 녹지에 식재할 수 있도록 전정을 할 수 없다(Harris 등, 1969).

주지(中央主枝, central leader)의 존재, 전정 절단의 적정성, 상처, 병해충 감염, 초살도 등과 같은 요소들에 중점을 둔다. 최고 등급인 Florida Fancy를 받은 수목은 결점이 거의 없고 교정을 위한 처리가 거의 필요 없다. 수목관리자, 조경전문가, 재배자는 농장 출하수목의 등급을 결정하는데 필요한 교육을 받을 수 있다. 이러한 등급은 계약서류에 명시될 수도 있다.

캘리포니아에서는, 용기 재배 수목의 품질에 초점을 두고 있다(부록 I 참조). 현재의 지침안은 도시수목재단(Urban Tree Foundation, Visalia, CA)에서 입수할 수 있으며, http://www.urbantree.org/pdf/specs10-13.pdf로 접속할 수 있을 것이다. 특히 관심을 갖는 것은 뿌리의 품질(맴도는 뿌리나 꺾인 뿌리), 중앙 주지의 존재, 측지의 간격, 수간의 초살도(taper) 등이다.

뿌리 특성

잘 발달하고 건강한 근계(根系, root system)는 원기 왕성한 수목, 특히 오래 동안 살고 크게 자라는 교목에게는 필수적인 것이다. 체계적으로 형성된 근계에서는 뿌리 뻗음이 좌우 대칭적이고, 주근(主根, main root)은 수간(trunk)을 지지할 수 있도록 아래로 그리고 옆으로 자란다. 용기묘와 근분묘는 용기에서 꺼냈을 때나 식재하는 동안 취급 중에 뿌리 덩어리가 그 모양을 유지하고 서로 붙잡고 있을 수 있도록 충분히 발달한 수염뿌리(fibrous root)를 가지고 있는 것이 좋다. 식재 대기 중인 용기묘는 뿌리의 움직임 없이 수간을 잡고 들어 올릴 수 있어야 하고, 주근은 꺾이거나 맴돌지 않아야 한다. 나근묘의 주근은 튼튼하면서 갈라진 틈이나 찢어지고 상처 난 껍질, 근두암종균(*Agrobacterium tumefaciens*), 선충(線蟲, nematode) 등이 없어야 한다.

식재할 때 뿌리의 질은 아무리 강조해도 지나치지 않는다; 특정 결함은 수목의 생장 불량, 지상에서의 수간 파손, 또는 고사를 예고할 수 있다(Long, 1961; Barrows, 1970). 어린 나무의 지상부는 근계의 질을 대변하는 좋은 지표가 될 수 없다(Harris 등, 1971). 뿌리의 결함이 주로 용기묘에서 발생한다고 생각하고 있지만, 묘판(苗板, seedflat)에서 번식되었거나 노지에 직접 파종하여 자란 묘목도 뿌리 문제가 발생할 수 있다.

뿌리 결함의 유형 두 가지 유형의 결함(缺陷, defect)이 발생할 수 있다: (1) 꺾인 뿌리(kinked root)로 직근(直根, taproot)이나 주 분지근(分枝根, branched root) 또는 둘 모두가 급격하게 휘는 것이다; (2) 맴도는/옥죄는 뿌리(circling 또는 girdling root)로, 수간이나 다른 뿌리 주위에 원을 일반적으로 수평으로 그리는 것이다(**그림 6-7**) (Harris 등 1971). 두 유형의 결함이 한 근계 내에 동시에 발생하는 경우도 있다.

뿌리 결함의 위치 뿌리의 상태를 평가하기 위해서는 뿌리를 점검해야 한다. 수목의 생장과 생존에 심각한 영향을 미칠 수 있는 뿌리 변형은 용기묘의 근분 내 세 구역(묘목이 커지면서 용기 교체로 발생하는 구분이 가능한 과거 용기에 의한 뿌리 형성 모양 - 이 경우 세 번째 용기임; 역자 주) 중 어느 곳 또는 세 곳 모두에서 발생할 수 있다(**그림 6-8**).

지제부 뿌리부위(地際部-, trunk-surface root zone)는 지표면으로부터 75mm(3인치), 수목의 수간으로부터 50mm(2인치) 이내에 해당하는 부위로, 이 부분은 보통 치수 용기에 해당한다.

중심 뿌리부위(center root zone)는 수간-지표뿌리부위 아래의 근분 내 부위로 근분의 외곽을 제외한 부위로서, 그 위치는 하나 이상의 용기가 사용되었다면 중간 용기의 크기에 따라 다를 수 있다.

외곽 뿌리부위(peripheral root zone)는 근분의 가장자리와 바닥부위이다.

지제부 뿌리는 지표에서 또는 지표 위에서 볼 수 있는데, 만약 보이지 않으면, 토양을 근원(根原, root crown) 아래 50~75mm(2~3인치) 깊이까지 또는 수간으로부터 25~50mm(1~2인치) 깊이까지 씻어 내거나 수압으로 파내어 이들을 확인할 수 있을 것이다. 만약 주근으로부터 발생한 분지근이 보이지 않을 경우에는 분지근이 보일 때까지 더 깊이 씻어 내어 적어도 한 그루는 희생시키는 것이 좋다. 묘목이 처음부터 너무 깊게 심겨져 있다면, 옮겨 심었을 경우에 근원 부후(crown rot)나 다른 문제를 유발할 수 있다(Pyrone 등, 1988). 이식할 때 단근이 되지 않은 직근을 가진 수목도 지표면 근처에 측근이 없는 주근을 가지고 있을 수 있다. 단근되지 않은 직근은 이식할 때 구부려져서 나중에 맴도는 뿌리가 된다.

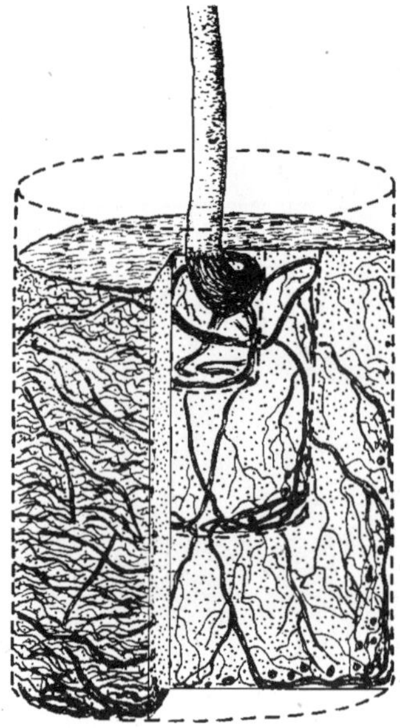

그림 6-8 꺾이고 맴도는 뿌리가 14ℓ(3.5갤런) 이상 되는 근분의 여러 부위에서 나타날 수 있다; 각 부위는 이전의 근분 크기를 나타낸다.

심하게 맴도는 중심뿌리는 지제부 뿌리를 점검할 때 쉽게 볼 수 있다. 그렇지 않으면, 근원으로부터 100~125mm(4~5인치), 수간으로부터 50~75mm(2~3인치) 정도로 더 깊이까지 토양을 씻어내어 점검하라. 그러나 중심뿌리부위를 완벽하게 점검하기 위해서는 용기를 제거한 후 뿌리에서 토양을 씻어내어라. 이러한 파괴적인 점검이 필요한 경우, 수목의 표본을 추출하여 실시한다.

외곽뿌리는 근분에서 용기를 제거하면 볼 수 있다. 이는 초살된 측면을 가진 용기인 경우 특히 용이하다. 이러한 점검은 주로 일반적인 뿌리 상태 대비 지상부의 활력을 비교하기 위해 실시되기 때문에, 보통 몇 그루만 점검하게 된다.

파괴적으로 점검된 수목을 제외하고, 뿌리가 부분적으로 노출된 수목은 점검 후에 뿌리가 건조해지지 않고 제거된 토양과 같은 혼합토양으로 대체되고, 다져지고, 수분이 제공되면, 부정적인 영향을 받지 않을 것이다. 그러나 이러한 뿌리 점검을 거쳐 수목을 인수하면, 녹지에서 이들의 생장은 공급자가 아닌 구매자의 책임이 된다. 따라서 취급, 식재(적절한 전정 포함), 관수를 조심스럽게 실시해야 한다.

뿌리 결함 평가 조경 수목을 살펴보면 꺾이고 맴도는 뿌리 때문에 생장의 제약을 받는 경우를 많이 볼 수 있다(Long, 1961; Barrows, 1970). **다음과 같은 뿌리 상태가,** 특히 교목에서, **생장을 저해할 뿐만 아니라 수목을 죽게 할 수도 있다:**

주근이 90° 이상 급격하게 휘거나 꺾인 부위 바깥쪽으로 20% 미만의 근계가 발생한 꺾인 뿌리; 이러한 뿌리를 가진 수목은 지주목을 제거하면 지표면이나 지표면 아래에서 휘어질 수 있다.

수간 지표나 중심부에서 80% 이상의 근계를 360° 이상 휘감은 맴도는 뿌리; 이러한 뿌리를 가진 수목은 옥죄는 경우 20% 미만의 뿌리가 지지력을 잃을 것이다.

맴도는 외곽의 뿌리는 식재할 때 바로잡을 수 있기 때문에 보통 문제가 되지 않는다; 적절하게 뿌리가 발달된 용기묘에서 이러한 유형의 맴도는 현상을 보이는 것은 불가피하다. 그러나 외곽 뿌리는 수목이 용기에 너무 오래 있었던 것은 아닌가를 확인하는 지표가 될 수 있다. 근분의 바닥과 외곽에 크고 얽힌 뿌리의 덩어리는 용기 내부가 비정상적으로 뿌리로 가득 찬 상황(potbound)을 나타낼 수 있다(Bancroft-Whitney, 1967). 그러나 수목의 지상부가 활력에 차 있으면, 아직 근계가 비정상적으로 용기에 가득 찬 것은 아니다.

교정하기 가장 어려운 뿌리 결함은 수간 지표의 중심뿌리 부위에서 발생한다. 왜냐하면 보통 주근이 관련되어 있기 때문에 교정하면 수목을 심각하게 약화시킬 수 있다. 지상부의 활력이 여전히 좋더라도, 이식할 때 얽히고설킨 뿌리를 교정하는 것은 시간을 너무 많이 소비하여 가치 있는 일이 아닐 수도 있다. 그러나 맴돌거나 뭉쳐 있는 외곽 뿌리는 묘목을 큰 용기에 옮기거나 녹지에 식재할 때 솎아주거나 곧게 펴줄 수 있고 이렇게 해 주어야 한다. 외곽 뿌리가 크고, 얽혀 있거나 뭉쳐 있는 경우, 이를 절단하고 곧게 펴주는 것은 이미 용기 내에서 오랫동안 가두어진 상태로 인해 느려진 생장이 더욱 지체될 수 있다. 그러나 어떤 경우에는 지상부가 심각하게 축소되면 수목이 활력을 잃을 수도 있다. 만약 맴도는 뿌리를 교정해 주지 않으면, 그 수목은 아마 맴도는 뿌리가 결국 수목을 옥죌 때까지 빈약한 생장을 지속할 것이다.

유칼리나무류(*Eucalyptus* sp.)와 레드우드(*Sequoia sempervirens*) 같은 일부 교목은 흙이나 바위로 덮이게 되는 수간 부위로부터 새로운 뿌리를 형성하는 것으로 알려져 있다. Hamilton(1983)은 무가유칼리(*Eucalyptus sideroxylon*)의 경우, 식재한 다음 심각하게 맴도는 근계(root system) 위쪽에 다섯 개 이상의 뿌리가 발달하면 그 수목은 정상적으로 생장한다는 것을 발견하였다. 그러나 유칼리나무류(*Eucalytus* sp.)를 비롯한 많은 수목들이 수간과 뿌리 연결의 파손과 맴도는 뿌리로 인해 죽을 수 있다는 사실은 많은 수목에서 충분하지 못한 새로운 뿌리가 중요한 역할을 할 수 있을 정도로 빨리 자라지 못한다는 것을 나타낸다. 이에 대해서는 추가적인 연구가 필요하다.

예비연구와 현장 관찰에 의하면, 농장에서 키우는 동안 생장이 느리지 않았다면, 그 수목은 외부에 식재했을 때 빠르게 생장하는 것으로 나타났다. 일부 건강하게 보이는 수목이 생장 점검을 시작한 용기에 너무 오랫동안 방치된 경우도 있다. 이식할 때에는 근분을 전체적으로 붙잡고 있기에 충분한 이상적인 근계가 발달되어 있었다. 뿌리 발달이 부족한 경우에는, 뿌리 주변의 토양 손실과 뿌리 파손으로 수목의 생존이 위협을 받을 수 있으며, 특정 단계에서 과도한 발달은 미래의 활력을 떨어뜨릴 수 있다.

향후 전망

최근, 많은 용기 농장들이 재배 기간 중에 뿌리 조절 시스템(root-control system)을 도입하고 있다. 이는 수확할 때 보유하는 뿌리의 수와 밀도를 높이면서 전반적인 근계의 질을 향상시키는데 그 목적이 있다. 이들 기술 중 탁월한 기술 두 가지를 소개하면 다음과 같다. 첫째, 용기(또는 뿌리 조절 자루)의 안쪽 표면을 구리(예: Spin Out® 뿌리생장조절제)로 도색을 하거나 구리를 함유한 천으로 안을 댄다. 이러한 용기에서는, 뿌리가 페인트와 접촉하면 죽게 되어 맴도는 것이 방지되고 토양 중심부에서의 뿌리 증식이 조장된다. 두 번째 기술은 용기의 가장자리에서 뿌리를 전정하는 용기를 사용하는 것이다. 용기는 뿌리를 아래쪽으로 빗겨가게 하는 수직적인 융기를 가지고 있거나, 공기가 뿌리 끝을 전정할 수 있는 망사 안감을 가지고 있다. 이 산업에서 번식을 위해 용기나 노지에서 이러한 제품을 폭넓게 활용하게 되면 농장 출하 수목의 근계 품질은 현저하게 향상될 것이다.

지상부와 수간 특성

적절한 공간에서 지주나 고강도 전정 없이 자란 대부분의 수목은 강풍에서도 스스로를 지탱할 능력이 있다(Harris와 Hamilton, 1969; Leiser 등, 1972). 대부분의 수목은 특정의 수고-직경 비율(height-caliper ratio), 매우 균일한 수간 초살도(taper), 풍하중(風荷重, wind loading)을 수간을 따

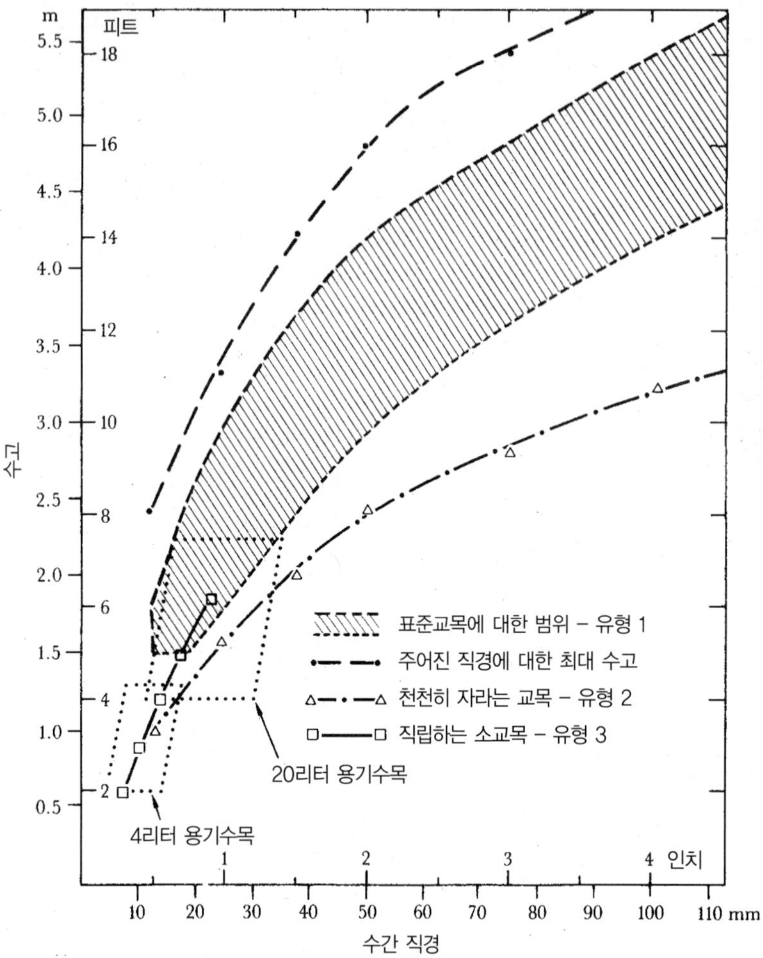

그림 6–9 노지 생산 수목의 여러 유형에 대한 수고와 직경 표준(ANSI Z60.1, 1997). 빗금 친 영역은 표준교목(유형 1)에 대한 수용 가능한 수고와 직경의 범위를 나타낸다. 소교목(유형 3)의 수고-직경 비율은 거의 표준교목 곡선 아랫부분의 연장선인 것에 주목하라. 천천히 자라는 교목의 수고는 동일한 직경의 표준교목 수고의 2/3 정도이다. 왼쪽 아래의 두 평행사변형은 적절한 공간이 주어진 지주목 없이 용기에서 자란 교목에 대한 수고-직경 관계를 나타낸다(Harris 등, 1976).

라 배분하는 수관 배치(crown configuration) 등을 유지하면서 생장한다(Leiser와 Kemper, 1973). 재배 작업은 이러한 특성을 크게 조절할 수 있다.

수고-직경 비율 노지에서 자란 수목은 이들이 나근묘로 판매되든 근분묘로 판매되든, 오래 전부터 수고와 수간 직경에 따라 분류되고 있다. 미국농장주협회(American Association of Nurserymen; ANSI Z60.1, 1997)는 나근묘에 대한 수고-직경 값을 규정하고 있다(**그림 6–9**). 수고가 주어진 직경에 대해 제시된 것보다 더 크다는 것은 잎이 완전히 전개되었을 때 똑바로 서 있을 수 있는 능력이 없는 허약한 수간임을 의미한다. 특정 직경에 대해 제시된 수고보다 낮은 수목은 활력이 적절한가를 확인해 보는 것이 좋다.

수고-직경 값은 일반적으로 용기묘에 대해서는 적용하지 않고 있다. 직경이 2.5cm(1인치)인 수목의 수고는 2.1m(7피트)가 되어야 한다(American National Standard Institute[ANSI], 1997). 그러나 캘리포니아에 있는 농장 세 곳에서 20ℓ(5갤런) 용기에서 자라는 수목을 대상으로 한 실험에서 특정의 지주목 대기와 전정 기법을 동원하면 노지 생장 묘목에 대한 표준을 충족하거나 초과하는 묘목을 생산할 수 있음을 보여주었다(Leiser 등, 1972). 이들 수고 2m(6피트)의 용기묘 직경이 지주목을 설치하고 낮은 수간의 측지를 제거한 수목보다 평균 5mm(0.2인치) 또는 30% 더 굵었다. 지주목이 설치된 대부분의 수목은 이들 지주목을 제거했을 때 똑바로 서 있을 수 없었다(그림 8-12 참조).

수고-직경 값(그림 6-9)에 대한 ANSI Z60.1(1997)의 표준은 대부분 하위 직경 한계를 강조하지만, 주어진 수고에 대한 상위 직경 한계도 동시에 규정하고 있다. 어떤 수종은 보통 수고에 비해 큰 직경을 발달시킨다. 그러나 어떤 묘목이 주어진 수고에 비해 키가 너무 작으면, 생장이 불량하여 그 묘목은 침체하게 되고, 이러한 묘목은 녹지에 식재되었을 때 제대로 자라지 못할 것이다.

초살(梢殺, taper)은 키가 커짐에 따라 수간 직경이 감소하는 것이다. 바람 스트레스 하에서 지주목을 대지 않은 수목의 초살이 잘된 수간은 줄기를 따라 고르게 휘지만, 초살이 안 된 수목은 기본적으로 지면 가까이의 한 부분에서 휘게 된다(그림 8-12 참조) (Leiser와 Kemper, 1973). Leiser 등

그림 6-10 런던버즘나무(왼쪽)의 수간에 대한 풍하중은 절반 이상의 잎이 런던버즘나무 수간의 아래 2/3를 따라 발생한 가지에 붙어 있기 때문에(지주목이 절대로 필요하지 않음), 태산목(오른쪽)에 가해진 것보다 더 고르게 배분될 것이다. 태산목에 대한 대부분의 스트레스는 가장 아래 가지 바로 아래에 집중될 것이다.

(1972)은 대부분의 용기묘 생산 농장에서 지주목 대기, 과도한 전정, 조밀한 간격 등이 초살이 거의 없거나 역의 초살을 가진 묘목까지도 생산한다는 것을 발견하였다; 즉, 수간 직경이 아래쪽보다 2m(6피트) 높이에서 더 클 수 있다는 것이다. 아래쪽 수간에 작은 가지를 가진 묘목을 확보할 수 있도록 명시하고 노력하라.

수관 배치 바람이 불 때, 수간을 따라 가지가 발달된 어린 수목은 그 압력을 매우 균일하게 배분할 것이다(Leiser와 Kemper, 1973). 그러나 수간이 복잡하다고 아래쪽 측지나 차광(遮光, shading)을 제거하면 상단 근처에 집중된 수관(이로 인해 풍하중의 중심이 됨)을 가진 묘목을 생산하게 될 것이다. 이러한 묘목은 지주목 없이는 스스로를 지탱할 수 없을 것이다.

이상적인 가지 분포는 수목에 작용하는 풍하중을 전체 수고의 2/3 지점에 중심을 두게 할 것이다(Leiser와 Kemper, 1973). 이상적인 것은, **잎의 절반 이상이 수간의 아래쪽 2/3에서 나온 가지에 있고,** 나머지 절반 이하가 위쪽 1/3에서 나온 가지에 있는 것이 좋다(**그림 6-10**). 지주 없이 서 있을 수 있고 바람이나 손에 의해 휜 다음 직립자세(直立姿勢, upright position)로 되돌아올 수 있는 수목을 선정하라; 이렇게 하면 항상 앞서 언급한 지침인 수고-직경 비율, 초살, 지상부 배치 등을 충족시킬 것이다.

여기에 언급한 지침은 가능하면 지키는 것이 좋고, 이렇게 하면 공급자들이 이러한 기준을 충족하는 수목을 생산하는 것을 장려하게 될 것이다. 이러한 수목을 구할 수 있으면, 보호용이나 근분 고정 지주(anchor staking)는 필요할지 모르지만 지주목 설치는 현저히 줄어들 수 있을 것이다.

가지 전개 유형 수목은 이들의 활용 용도에 어울리는 가지 전개 유형과 형태를 가지고 있다. 낮은 주지(主枝, main branch)는 방풍, 시각적 차폐, 관목상(灌木床, shrub bed)에서의 표본목(標本木, speciment)으로 이용될 수 있지만, 교통이나 시각적인 장애물이 없어야 하는 곳에서는 수용하기 어려울 것이다. 아래쪽 측지의 조기 제거는 수간 생장과 풍하중 배분의 희생을 초래할 것이다(Chandler와 Cornell, 1952; Leiser와 Kemper, 1973). 수목을 두절(頭切, heading/topping; 수목의 주지를 절단하는 것; 그림 14-4 참조)하면, 항상 절단 부위 바로 아래에서 수직적인 간격이 조밀한 가지들이 발달하게 될 것이다; 이를 바로잡아 주지 않으면, 이들이 굵어지면서 구조적인 취약성을 초래한다(Harris 등, 1969). 또한 두절된 수목은 아래쪽 가지가 위쪽 가지보다 더 크게 자라면 보기 흉한 모습이 된다. **대부분의 경관용은 주지(主枝, main leader)를 단간하지 않는 것이**

좋다. 그러나 단간이 된 경우에는 새로운 주지를 선정하여 그 자리를 메워야 한다.

수목이 영구 골격(骨格, scaffold)을 구축하기 위해 선정할 수 있는 가지를 가질 정도로 크게 자라면, 이들 가지는 수간보다 직경이 가늘고 가지 부착지점에 매몰된 수피가 없도록 관리하는 것이 좋다. 수목이 어릴 때 수간과 굵기가 비슷하거나 수피가 매몰된 상태로 부착된 잠재적인 골격지를 제거하면, 같은 마디에서 또 다른 눈(bud)이 자라서 굵기가 가늘고 수피매몰이 안 된 각도가 넓은 새로운 가지가 나온다(Harris와 Balics, 1963). 이러한 가지는 강하게 부착되어 있을 것이다. 이러한 노력을 고려하면 교정을 위한 전정이 필요 없는 수목을 선정하는 것이 더 바람직할 것이다.

어린 나무는 영구 가지가 될 수 있는 가지를 발달시킬 정도로 크지 않을 것이다. 수목이 커 감에 따라 가장 낮은 영구지(永久枝, permanent branch) 아래에 있는 측지는 수관 배치와 주지 선정에 관한 항에서 기술한 대로 처리하면 된다.

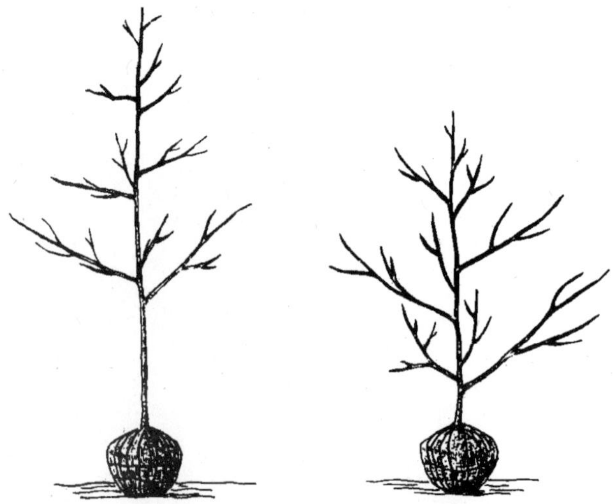

그림 6-11 근분묘에 대한 미국농장주협회의 표준(ANSI Z60.1, 1997)은 근분의 표준 크기를, 단일 수간의 표준 및 천천히 자라는 교목(왼쪽)에 대해서는 수간 직경을, 소교목(오른쪽)에 대해서는 수고를 각각 기준으로 한다.

지상부 대 지하부의 관계

도시의 도로변을 포함한 공적 및 사적인 녹지에는 원하는 경관 효과를 극대화하고 반달리즘이나 도난을 줄이기 위해 60ℓ(15갤런) 용기와 상자에서 기른 수목을 식재한다. 이러한 일정 크기 이상의 수목은 일반적으로 비싸고 식재하기 어려울 뿐만 아니라 식재 초기에 더욱 집중적인 유지관리를 필요로 한다.

수목의 크기가 녹지에서의 생장에 반드시 영향을 미치지는 않지만, 일반적으로는 실제로 영향을 미친다. 수목이 클수록, 이것이 일련의 용기 안에서 자랐을 경우, 지상부의 활력이 더욱 결정적이다. 숙련되고 신중한 일정계획을 가지고 수목을 키우는 동안 생장을 관리해야 한다. 극단적으로, 대부분의 농장에서 흔히 볼 수 있는 빈번한 관수와 높은 시비는 뿌리보다 더 큰 지상부 생장으로 이어져, 환경이 더 열악한 녹지에서는 지속적인 고도의 유지관리 없이는 유지가 불가능한 수목을 생산하게 된다. 이러한 수목이 반드시 바람직하지 못한 것은 아니지만, 식재 후에는 이러한 재배 조건을 알고 관리해야 한다: 즉, 증산을 줄이기 위해 지상부를 솎아주었다 하더라도, 처음에 집중적인 유지관리를 해주어야 한다. 근계에 비례하여 지상부의 크기가 적절한 수목이 지상부가 큰 수목보다 항상 더 활기차게 자랄 것이다(Hendrickson, 1918; Watson과 Himelick, 1997).

미국농장주협회(ANSI Z60.1, 1997)는 농장에서 자란 교목 나근묘의 뿌리 폭은 수고가 3m(10피트)에 이를 때까지 적어도 수고의 1/6 정도 되는 것이 좋다고 권고한다. 또한 ANSI Z60.1은 근분묘에 대한 최소 근분 크기를 수고와 직경에 따라 규정하고 있다(표 6-2, **그림 6-11**). 다른 정보가 가용할 때까지, 이러한 규정은 기계적으로 이식되는 수목에 대한 지침으로도 활용될 수 있을 것이다. 표 6-2에 기술된 규격은 자연적인 생장 습성과 토양 조건 때문에 성기고 넓게 퍼지는 뿌리를 가진 수목에 대해서는 조정이 필요하며, 가끔 적기가 아닌 시기에 이식하는 수목은 권장하는 크기보다 더 큰 근분이 필요할 것이다. 또한 식재 수목이 포트나 다른 용기에서 자랐거나, 노지 수목이 최근에 용기로부터 또는 더 작은 근분으로 식재 되었을 경우, 그리고 이들이 자주 이식되거나 단근(斷根, root pruning)이 된 경우 등에는 권장된 크기가 과도할 수도 있다(ANSI Z60.1, 1997).

용기에서 키운 수목은 보통 용기의 크기에 따라 판매된다: 즉, 20ℓ(5갤런) 미국풍나무(*Liquidambar styraciflua*)라고 표기된 수목을 구매할 수 있다. **용기 크기가 반드시 수목의 크기를 표시하는 것은 아니다.** 연중 생산이 일반화된 지역에서 가을에 더 큰 용기로 이식된 수목은 봄까지 지상부는 상대적으로 작지만 뿌리는 서늘한 기후에서도 발달할 수 있기 때문에 더 넓게 퍼져 있을 것이다. 그러나 봄에 이식된 수목은 가을까지 상대적으로 지상부가 큰 반면 뿌리는 작을 것이다. 수목의 크기를 평가할 때에는 이러한 계절적인 변이를 고려해야 한다.

건강

수목의 건강은 해당 수목의 활력과 손상이나 병해충 감염 여부로 판단할 수 있다.

활력 활력(活力, vigor)은 수목이 식재되었을 때 생장할 수 있는 능력을 측정할 수 있는 좋은 지표이다. 주관적으로 평가하는 것보다 수종에 대한 지식이 이를 확인하는데 도움이 된다. 잎의 색상은 수종과 연중 시기에 따라 녹색에서 짙은 녹색에 이르기까지 다를 수 있다. 크고 조밀한 잎은 높은 활력을 나타낸다. 신초 생장이 더 좋은 계량적인 지표이지만 마찬가지로 수종에 따라 변이가 크다. 조경에 사용되는 거의 대부분 교목은 1년에 적어도 30cm(1피트) 정도는 자라야 하지만, 많은 수종이 1~2m(4~6피트)까지 자란다. 이는 수간이 지상부를 직립으로 유지할 수 있을 정도로 충분히 굵고 초살이 되어 있으면 문제가 되지 않는다. 일부 관목이나 이미 형성된 신초의 원기(原基, initial)에서만 생장하는 수종은 덜 활기차게 자랄 것이다. 전정된 신초 생장은 평가하기 어렵겠지만, 이렇게 전정된 작은 가지의 나이와 크기는 활력을 추정하는데 사용될 수 있다.

어린 수목의 수관과 주지의 매끈하고 밝은 수피는 일반적으로 활력이 좋다는 것을 나타낸다. 거칠고, 갈라지고, 윤기가 없고, 어두운 수피는 활력이 약하다는 것을 보여줄 수 있는데, 이는 특정 수목의 특징일 수 있으므로 다른 지표를 추가로 점검해 보는 것이 좋다.

대부분 수목의 어린뿌리는 색상이 밝다. 이들 뿌리의 직경은 수종에 따라 변이가 매우 크기 때문에 활력을 나타내는 좋은 지표가 아니다. 그러나 굵고 어두운 색의 뿌리는 낮은 활력을 나타내는 지표가 될 수 있으며, 이러한 뿌리를 가진 수목은 그 크기에 비해 노령화되었을 수도 있다.

손상 손상된 수피가 없는 수목을 선정하라. 그러나 진짜 손상과 올바른 전정 상처는 분명하게 구분해야 한다. 수피 손상은 수목에 지주목을 설치하는 경우에 발생할 수 있다 (Harris 등, 1969; Leiser 등, 1972). 수목 결속과 라벨이 때로는 수간과 주지를 옥죄어서 이러한 구속이 제거된 후에도 생장이 부진하고 회복이 지연된다.

일소(日燒, sunburn)는 수목, 특히 활력이 낮은 교목이 오후 태양에 노출되거나 수간에 잎이 거의 없는 가지가 부착되어 있을 때 흔히 발생한다. 피소가 발생한 수간은 회복이 극히 느리고, 천공성 해충의 공격을 받기 쉬우며, 활력이 낮다는 것을 의미한다.

병해충 대부분의 농장 출하수목은 점검이 되거나 주기적으로 점검되는 농장에서 나오기 때문에 병해충(病害蟲, pests)이 문제가 되는 경우는 드물다. 수목의 인도는 농장의 점검과 정부의 농장 출하수목 등급, 표준, 벌률, 규정 등에 따라 이루어져야 한다. 문제가 추정되는 사유가 있을 경우, 구매자는 지역 카운티의 농무관이나 기타 책임 있는 농장 관리관에게 문의하는 것이 좋다.

그림 6-12 유칼리나무에 발생한 수간결절(화살표). 일부 유칼리나무의 수간결절과 다른 수종의 혹은 정상적이며 우려할 필요가 없다. 같은 종 내에서도 수간결절을 형성하는 수목도 있고, 그렇지 않은 수목도 있다.

어떤 유기체(有機體, organisms)나 이들 존재의 징후가 항상 해로운 것이 아니라는 것을 명심해야 한다. 많은 유기체가 수목에 영향을 거의 미치지 않거나 전혀 미치지 않으며, 일부는 도움이 된다.

뿌리나 수간에 혹이나 솟아오르는 것은 많은 수목에서 정상이다(**그림 6-12**). 때로는 이들 혹이 선충이나 근두암종균(*Agrobacterium tumefaciens*)에 의해 유발된 것과 혼동된다. 균근균(菌根菌, mycorrhizal fungi)은 실뿌리(feeder root)를 둥글게 돌출시키고, 구슬이나 머리처럼 생긴 모양으로 굵어지도록 만든다. 콩과식물(legume)의 뿌리는 질소고정 박테리아를 가진 혹을 가지고 있을 것이다. 레드우드(*Sequoia sempervirens*), 베어베리류(*Arctostaphylos* sp.), 유칼리나무류(*Eucalyptus* sp.) 등과 같은 수목의 수간 기부에 융기된 조직이 발생할 수 있는데, 이를 혹(burl) 또는 수간결절(樹幹結節, lignotuber)이라고 부른다. 이러한 솟아오른 목질조직의 덩어리는 측아의 저장소 기능을 한다. 수간결절이 잘 발달된 수목은 지상부가 손상되는 경우 신속하게 맹아가 발육할 수 있다. 이와는 달리, 선충에 의한 근두암종과 혹은, 우리가 알고 있는 한, 맹아를 발생시키지 않는다.

그림 6-13 용기묘의 근계를 점검하기 위한 간단한 시험. 표면의 맴돌거나 꺾인 뿌리는 심각한 뿌리 문제를 의미한다(왼쪽). 수목에 지주가 설치되어 있으면, 지주목의 결속을 풀어라; 수간이 용기의 상단에서 급격하게 휘어지면(오른쪽), 꺾이거나 맴도는 뿌리를 의심하라.

수목 검수

수목이 크기와 품질에 대한 기준을 충족하는지를 확인하기 위해 **이들을 인수하기 전에 모든 수목, 또는 대표적인 표본에 대해 주의 깊게 검사해야 한다.** 수목, 특히 교목의 수량이 많은 경우, 수목관리자는 인도되기 전에 농장에서 이들을 검사해야 한다. 농장에서 규격(規格, specification)을 확인하고 교체하는 것이 식재지에서 하는 것보다 훨씬 쉽다. 소매 농장에서와 마찬가지로, 재배하는 현장에서 원하는 수목을 선정하는 것은 어려운 일이 아니다.

명확하게 기술된 규격에 대한 수치는 인수할 때 가장 좋은 증거이다. 현실적인 규격은 우량한 생장, 용이한 유지관리, 경관 조성을 보장해야 하지만, 불필요한 제약은 최소화해야 한다. 어린 나무의 일부 특성은 앞으로의 활기찬 생장은 물론 생존에도 필수적이다. 기타 특성들은 더 좋은 생장을 조장하거나 유지관리를 더 용이하게 하지만, 이들이 없다고 수목의 생명을 위협할 정도는 아닐 것이다. 수목의 용도에 따라 다르겠지만, 기타 특성들은 바람직하지만 생존과 웰빙(well-being)에 결정적인 것은 아니다. 이들 특성은 이들의 잠재적인 중요성에 의해 구분된다.

- 수목의 생명과 생장을 위협할 수 있는 특성
  - 심각하게 꺾인 뿌리
  - 심각하게 맴도는 뿌리
  - 유독한 병해충
  - 가지나 뿌리의 건조
- 생장을 향상시키거나 유지관리를 용이하게 할 수 있는 특성
  - 보통 이상의 활력
  - 적절한 지상-뿌리 비율
  - 직경과 초살(지주 없이 서 있을 수 있는 능력)
  - 수간을 따라 발달한 측지
  - 가지 아래 수피 침하가 거의 없음
- 바람직하지만 결정적이지 않은 특성 또는 교정 가능한 특성
  - 적정한 수종
  - 가지 전개 유형

교목과 관목에서 검사하기 가장 쉽고 가장 명백한 부위는 지상부이다: 그 수목이 원하는 크기인가? 그 수목의 활력이 좋은가? 가지와 잎은 팽팽하고 건강한가? 그 수목은 지주 없이도 서 있을 수 있는가? 병해충이나 상처가 없는가? 그 수목이 바람직한 수형과 구조를 가지고 있는가? 이러한 특성들을 확인하는 것은 매우 쉬운 일이다.

지상부가 수용 가능하면, 다음으로 뿌리를 점검하라. 나근묘일 경우, 점검은 쉽다; 반면, 근분묘나 용기묘일 경우 좀 더 어렵다. 우선, 수목 재배방법과 관계없이, 꺾인 뿌리와 맴도는 뿌리를 확인하기 위해 지제부위(地際部位, trunk-surface zone)를 점검하라. 이는 근분묘에서도 마찬가지로 점검해야 한다: 해당 수목이 노지에 식재된 것 중에서 굴취되었을 경우, 지제부 뿌리가 괜찮으면 나머지 뿌리 구조는 문제가 없을 가능성이 높다. 용기묘의 열악한 뿌리 품질은 확인하기 쉬울 것이다(**그림 6-13, 6-14**): (1) 맴돌거나 꺾인 뿌리가 근분의 표면에서 볼 수 있는 경우; (2) 지주목이 제거된 후 수간이 지면에서 급격하게 휘는 경우; (3) 수간을 천천히 들어 올렸을 때, 용기와 토양이 올라오기에 앞서 수간이 25~50mm(1~2인치) 위로 움직이는 경우. 이들은 각각 맴돌고, 꺾이고, 미발달된 뿌리 중 하나 이상의 문제가 있음을 나타낸다. 이러한 수목은 거부되어야 한다. 수목의 규격은

그림 6-14 수간이 용기 위에서 활처럼 휘어지면(왼쪽), 뿌리는 문제가 없을 것이다. 또 다른 방법은, 수간을 천천히 들어 올려보라(오른쪽); 이때 용기가 같이 올라와야 한다. 용기가 움직이기 전에 수간이 25~50mm 정도 올라오면, 뿌리가 맴돌고 있거나 발달이 빈약할 수 있다.

부록 I에 요약되어 있다.

추가적인 고려

수종(species) 구매자에게 배달될 때, 각 클론, 품종, 종에 대해 적어도 한 그루는 정확한 학명(學名, botanical name)이 적힌 라벨이 붙어 있어야 한다. 한 종에 대해 하나 이상의 클론이 주문되었을 경우, 식재 시에 혼란을 피하기 위해 수목 마다 라벨이 있어야 한다.

특정한 수목이 특수한 경관적인 목적을 위해 중요하고, 이를 대량으로 사용하는 경우, 구매자나 자격을 가진 대리인이 정확한 동정을 검정해야 한다. 많은 종이 내병성, 개화, 생장 등의 특성이 다른 계통(系統, strain)을 가지고 있다. 교체 보증은 일반적으로 최초 공급된 크기만 보장한다. 예상 손실률을 고려하여, 일정 비율의 추가 수목을 구매하여, 수목이 반달리즘 피해를 받거나, 생장이 불량하고, 고사하고, 수종이 다른 것으로 확인되는 경우에 교체용으로 사용될 수 있도록 이를 큰 용기에 옮겨 심거나 야외에 식재해 두어야 한다.

배달 인수 수목은 보통 특정 일자에 배달되는 조건으로 주문한다. 구매자가 배달을 연기하고 싶으면, 당초 배달일자에 수목을 검사하여야 하여 이들의 인수 여부를 결정하여야 한다. 만약 그때 인수할 수 있으면, 나중에 용기 내부가 뿌리로 가득 찼다거나 웃자람, 낮은 활력 등의 이유로 이들을 거절해서는 안 된다. 소매업자나 도매업자는 수목에 대한 관리가 연장되어 발생한 합리적인 추가 비용을 부과할 수 있다.

수목 보호 취급 중에 수목은 손상이나 건조에 대한 노출, 극단적인 기온 등으로부터 보호되어야 한다. 뿌리는, 특히 나근(bare root)이거나 어두운 용기 안에 있을 경우, 축축하고 서늘하게 유지되어야 한다.

복습

- 주어진 상황에 맞는 수목을 선정하는 것은 이상적이거나 완벽한 수종을 찾아내는 것이 아니다. 왜냐하면 이러한 수종은 거의 존재하지 않기 때문이다. 오히려 선정은 편익을 극대화하면서 문제는 극소화할 수 있는 방안을 탐색하는 일종의 타협이다.
- 식재 수목(planting stock)의 질은 수목의 건강과 병해충 미감염뿐만 아니라 수관, 수간, 근계 등의 구조적인 관계에 의해서도 평가된다. 최고 품질의 출하수목은 맴돌거나 꺾인 뿌리가 없이 잘 발달된 근계, 우세한 주지를 가진 강한 수관, 잘 배치된 가지와 지주목 없이 수관을 지지하기에 적합한 수간 초살 등을 구비하고 있다.

추천문헌

BAILEY, L. H., E. Z. BAILEY, and Staff of the L. H. Bailey Hortorium. 1976. *Hortus Third*. New York: Macmillan.

GILMAN, E. 1996. *Trees for Urban and Suburban Landscapes*. Albany, NY: Delmar.

GRANT, J. A., and C. L. GRANT. 1955. Trees and Shrubs for Pacific Northwest Gardens. San Carlos, CA: Brown and Nourse.

HOYT, R. S. 1978. *Ornamental Plants for Subtropical Regions*. Anaheim, CA: Livingston Press.

JACOBSON, A. 1996. *North American Landscape Trees*. Berkeley, CA: Ten Speed Press.

KELLY, S. 1969. *Eucalypts*. Melbourne: Thomas Nelson.

METCALF, L. J. 1975. *The Cultivation of New Zealand Trees and Shrubs*. Wellington, NZ: A. H. and A. W. Reed.

PERRY, R. 1992. *Landscape Plants for Western Regions*. Claremont, CA: Land Design Publishing.

REHDER, A. 1940. *Manual of Cultivated Trees and Shrubs Hardy in North America*, 2nd ed. New York: Macmillan.

RUSHFORTH, K. 1987. *The Hillier Book of Tree Planting and Management*. London: David and Charles.

SUNSET BOOKS, Inc. 1997. *Sunset National Garden Book*. Menlo Park, CA: Sunset Books, Inc.

제7장 부지 개량과 관리

목표

- 토양의 물리적 성질(physical property; 토성, 구조, 토심, 층위)을 변경하는 방법을 고찰한다.
- 토양의 화학적 성질(chemical property; 토양 반응과 염도)을 변경하는 방법을 고찰한다.
- 토양 개량제(改良劑, amendment)와 멀칭(mulching)을 포함한 유기물의 증대와 관리 방법을 기술한다.
- 토양의 생물적인 활동(균근, 질소고정박테리아, 토양 서식동물)을 증진시키는 방법을 고찰한다.

녹지에서 수목의 생장은 그 수종이 자신이 자랄 해당 환경에 얼마나 잘 적응하는가, 식재 수목의 품질, 부지 준비, 식재 방법, 사후 관리 등에 달려 있다. 부지는 일반적으로 사전에 결정되기 때문에, 부지 준비와 수종 선정은 매우 중요하다. 이상적인 수준에 미치지 못하는 부지는 때로는 수목의 생장을 증진하고 유지관리를 용이하게 하기 위해 개량될 수 있다.

이 장에서는 배수(排水, drainage)와 통기성(通氣性, aeration)을 향상시키기 위한 토양의 물리적 성질을 개량하는 방법과 pH, 염도(鹽度, salinity)와 같은 토양의 화학적 성질을 증진시키는 방법을 고찰한다. 토양의 특성을 평가하고 시험하는 것과 이들이 수목 생장에 미치는 영향에 관한 정보는 제4장을 참고하기 바란다. 그리고 부지 요소에 의해 기인된 수목 문제의 진단(診斷, diagnosis)은 제18장에서 고찰될 것이다. 일부 식재 전 부지 개량은 제8장에도 언급되어 있다.

많은 경우, 우리가 부지의 성질을 변경할 수 있는 능력은 제한적이다(**표 7-1**). 예를 들면, 토성(土性, soil texture)은 토양을 제거하거나 교체하지 않고는 현저하게 변경할 수 없다. 우리는 식재 전에 어느 정도 토양 구조(土讓構造, soil structure)를 개선할 수 있으나, 식재 후에는 처리가 제한적이다. 배수 개선은 항상 가능하지만 설치하는데 엄청난 돈이 들어간다. 토양의 화학적 특성을 변경할 수 있는 우리의 능력은 다양하다. 염(鹽, salt)은 한 생육기 내에 감축할 수 있지만, pH를 개선하는 것은 수년이 걸릴 것이다. 화학적 문제를 개선하기 위해서는 먼저 물리적 문제를 해결해야 하는 경우도 있다. 효과적인 처리는 식재 전에 하는 것이 가장 좋으며, 식재 후에 개량하면 뿌리를 절단하고 식재 수목과 관수 시스템에 손상을 초래할 수 있다.

어떤 처리 프로그램에서든, 첫 번째 단계는 문제의 원인을 정확하게 동정하는 것이다. 토양의 배수와 통기 문제는 다양한 물리적 문제에 기인할 수도 있고, 화학적 문제(높은 나트륨이나 알칼리) 여건이 범인일 수도 있다. 포화된 토양(saturated soil)은 답압된 토양, 또는 지표 배수(地表排水, surface drainage)가 잘 안 되는 저지대(低地帶, low area), 지표 아래에 물이 아래로 이동하는 것을 제약하는 불투수층(不透水層, impervious layer)이 존재하는 곳 등에서 나타날 수 있다. 이들 문제는 해결방안이 서로 다르다. 그러므로 처리 프로그램을 시작하기에 앞서 문제에 대한 구체적인 원인을 확인하기 위한 전반적인 토양 분석을 실시하는 것이 중요하다. 부지 분석을 실시하고 적절한 표본을 수집하는 것은 제4장에서 고찰하였다.

7.1 토양의 물리적 성질 개량

토양의 물리적 성질(토성, 구조, 토심, 층위)은 녹지에서 수목의 생장에 영향을 미치는 여러 특성을 결정한다.

- 수분 보유 능력(water-holding capacity)
- 양분 보유 능력(nutrient-holding capacity)
- 통기성
- 토양 속으로의 수분 투과율(水分透過率, rate of water percolation)

표 7-1 식재 전후에 부지 여건을 개선할 수 있는 능력 비교

부지 특성	개선할 수 있는 능력	
	식재 전	식재 후
토성(soil texture)		
조도(粗度, coarseness) 제고	낮음	낮음
섬도(纖度, fineness) 제고	낮음	낮음
교체(replace)	높음	중간~낮음
유기물 함량 증대	높음[a]	낮음
토양 구조(soil structure)		
답압(踏壓, compaction) 저감	중간[a]	낮음
통기성 제고	중간[a]	낮음
토양 수분(soil moisture)		
수분 보유력 제고	중간[a]	낮음
수분 투과율 제고	높음~중간	중간~낮음
지표 배수 제고	높음	높음~낮음
내부 배수 제고	높음~낮음	중간~낮음
지하수위 낮추기	높음~낮음	높음~낮음
토양 화학적 특성		
pH 높이기	높음	중간
알칼리 토양의 pH 낮추기	높음~중간	중간~낮음
석회질(calcareous) 토양의 pH 낮추기	낮음	낮음
염분(鹽分, salinity) 낮추기	높음~중간	높음~중간
붕소(硼素, boron) 낮추기	중간	중간
제초제 잔류(herbicide residue) 저감	높음~낮음	중간~낮음
중금속(heavy metal) 저감	낮음	낮음

[a]효과는 일반적으로 단기간임.

• 토양을 통한 배수
• 뿌리 침투의 용이성

어떤 토양의 물리적 성질은 수목 생장을 위한 여건을 향상시키기 위해 개량될 수 있는 반면(**표 7-2**), 다른 특성은 교정하기 어려워서 적절한 수목 선정과 관리를 통해 접근하여야 한다.

토성변경과 토양구조 개량

개량제 혼합 세립질토성(細粒質土性, fine texture)이나 답압된 토양의 통기성과 경작성(耕作性, tilth)을 개선하고, 사질토양(沙質土壤, sandy soil)의 수분과 양분 보유능력을 어느 정도 제고하고, 과도한 중량이 문제가 될 때 용적비중(bulk density, 단위부피당 무게)을 낮추기 위해 개량제를 보충한다. 이러한 기능을 발휘하는 개량제의 능력은 대개 개량제의 특성에 의해 결정되기 때문에, 적절한 재료를 선정하는 것이 중요하다(**표 7-3**). 토성 변화에 영향을 주기 위해서는 대량의 개량제가 필요하기 때문에, 녹지 전반에 대한 유의한 개량은 비현실적이다. **토성에 큰 효과를 주기 위해서는 개량제가 적어도 토양 부피의 50%는 되어야 한다.** 이러한 유형의 대량의 개량제는 일반적으로 토양의 양이 제한적인 용기식재나 인공적인 배수(제10장 자연배수가 없는 식재대에서의 조경 참조)가 필요할 때 사용된다.

토양개량제는 기본적으로 토양에 희석되어 토양입자의 일부가 더욱 분산되도록 하는 역할을 한다. 불행하게도, 아직도 모래가 개량제의 하나로 가끔 제시된다(Flemer, 1986). 모래가 첨가되면, 공극률이 증가하는 것이 아니라, 미세한 입자들이 모래 입자 사이의 공간을 차지함으로써 더 조밀하고 공극이 적은 혼합물로 변한다(**그림 7-1**). 모래가 부피의 45% 이상이 되어야 혼합물은 사질토양으로 볼 수 있는 성질을 가지기 시작할 것이다.

광물성 개량제는 혼합된 토양에서 거의 영구적인 성분이

표 7-2 답압, 층위, 높은 지하수위에 기인한 토양 배수성 제고를 위한 지침

문제	추정 원인	조치
지표면에 괴어 있는 물	A. 건설공사나 통행에 의해 답압된 지표면	1. 토양의 입단에 도움이 되도록 답압된 깊이만큼 유기물을 전반적으로 섞어 주어라.
	B. 유거수를 위한 배출구가 없는 낮은 지점	1. 유거수의 양을 줄일 수 있도록 관수를 조절하라. 2. 기존 토양과 동일한 토성의 토양으로 낮은 곳을 성토하라. 3. 투수성이 나은 토양을 가진 지역으로 적어도 2%의 경사를 가진 잡석 암거(雜石暗渠, French drain)를 설치하거나, 더 낮은 곳으로 배출구를 설치하라(그림 7-4).
	C. 높은 나트륨 농도(나트륨 흡수율 6 이상, pH 8.3 이상) 때문에 흩뜨리진 토양(구조가 없음)	1. a. 토양에 석고(gypsum)를 혼합하라(비율은 토양의 치환능력에 따라 다르다). b. 용탈을 위한 관수를 수차례 실시하라; 관수와 관수 사이에는 토양 내 배수가 될 때까지 기다려라.
	D. 높은 지하수위	1. 배수 시스템을 설치하라; 간격과 깊이는 지하수위 깊이, 토성, 수목 뿌리의 깊이에 따라 다르다.
	E. 토양 배수를 방해하는 지표 아래의 불투수층	(아래 참조)
지표면 아래의 포화된 토양 (내부 배수 불량)	A. 아래에 투수성 토양이 있는 0.6m(2피트) 미만의 불투수층	1. a. 불투수층 아래를 두 방향으로 깊이 파괴하라; 심토경운기(深土耕耘機, subsoiler)와 슬립 쟁기(slip plow; 폭이 9~12인치[22~30cm]이고 높이가 13피트[4m]까지 다양한 절제 빔 – 역자 주)로 1.5~2m(5~7피트) 깊이까지 파괴가 가능하다; 대안으로는 굴삭기(backhoe)를 사용할 수도 있다. b. 몇 차례 관수를 통해 토양이 안정되도록 하라. c. 땅고르기를 완료한 후 토양이 안정되도록 관수하라.
	B. 아래에 투수성 토양이 있는 0.6m(2피트) 이상의 불투수층 또는 심토경운이 비현실적인 곳	1. a. 식재 구덩이 바닥에서 기반층(hardpan)을 관통하는 직경 10~15cm(4~6인치)의 구멍을 뚫어라(그림 7-7). b. 부지 토양과 같은 토성의 입단화된 토양이나 더 거친 토성으로 그 구멍을 채워라. c. 토양이 안정되도록 관수하라.
	C. 지표 아래 1.2m(4피트) 이내의 불투수층으로, 투수성 토양이 없는 경우	1. 마운드를 조성하거나 지반을 올려 토심을 증대시켜라. 2. 천근성 수목을 활용하라.
	D. 지표 아래 1.2m(4피트)보다 더 깊은 불투수층으로, 투수성 토양이 없는 경우	1. 최종 정지지면으로부터 최소 1.2m(4피트) 아래에 배수 시스템을 설치하라; 배수구는 이보다 낮은 곳에 위치한 배출구로 지속적으로 내려가야 한다(그림 7-8, 7-9).
	E. 아래에 거친 질감의 토양이 있는 세립질토양	1. 균일한 토양이 되도록 두 층을 함께 완전히 혼합하라. 2. 세립질 토양을 통과하여 거친 질감의 토양 안쪽으로 수직적인 구멍이나 도랑을 파서 수직적인 멀칭을 한다; 거친 질감의 토양으로 메워라.

되는 장점을 가지고 있다. Patterson과 Bates(1994)는 통행이 빈번한 두 부지의 토양 답압을 최소화하기 위해 몇 가지 가벼운 입자의 효율성을 22년간 실험하고 그 결과를 보고하였다. 부피 기준으로 20%와 33%의 소성플라이애시(燒成-, sintered fly ash)나 익스팬디드 슬레이트(expanded slate)를 이용하여 개량한 토양이, 교란되지 않거나 회전식 경운기(rotary tiller)에 의해 경운된 대조군(對照群, control)의 토양보다 유의하게 총 공극 공간이 크고 용적비중이 낮았다. 거친 모래를 혼합한 것은 대조군에 비해 용적비중은 증가하였고 총 공극 공간은 감소하였다.

유기물(피트모스/peat moss, 수피, 톱밥, 분뇨/manure, 퇴비/compost)을 토양에 흔히 추가하지만, 이들은 시간이

표 7-3 유기적, 비유기적 개량제의 비교

	개량제	수명[a]	투수성	수분 보유	양분 함량	비 고
유기물						
	피트 모스 (물이끼)	2~3년	중간	매우 높다	낮다	공급 부족; 비싸다; 건조되면 재습윤(rewet)하기 어렵다.
	갈대와 사초속 토탄	장기	낮다	매우 높다	낮다	품질에 변이가 크다; 염분함량이 높을 수 있다; 입자의 양이 투수성을 결정한다.
	레드우드 대팻밥	5~6년	높다	낮다	낮다	질소를 첨가해야 한다; 사용하기 전에 썩혀야 한다; 갓 나온 대팻밥은 일부 수목에 유독할 수 있다.
	톱밥	1년 이하	높다	낮다~중간	낮다	목재의 종류에 따라 특성이 다르다; 소나무와 전나무는 빨리 분해된다; 레드우드, 사이프러스, 삼나무는 5년까지 존속한다; 질소를 첨가해야 한다; 퇴비로 최적; 갓 나온 것은 일부 수목에 유독할 수 있다.
	전나무 수피	5~6년	높다	낮다	낮다	사용하기 전에 썩혀야 한다; 그렇지 않으면 질소를 첨가하라.
	완숙 퇴비	2~3년	중간	중간	낮다~중간	원료, 방법, 썩히는 기간에 따라 특성이 다르다.
	퇴비화된 분뇨	2~3개월	낮다~중간	중간~높다	중간	염분이 높을 수 있다; 썩히지 않으면 잡초 씨앗과 불쾌한 냄새를 함유하고 있다.
	퇴비화된 침전물	장기	낮다	높다	중간	가는 입자의 비율이 투수성을 결정한다; 염분과 중금속을 함유하고 있을 수 있다.
	부엽토	1년 이하	높다	중간	중간	입자의 크기가 투수성과 수분 보유력에 영향을 미친다.
무기물						
	소점토(calcined clay)	장기	높다	높다	낮다	오래 지속된다; 답압에 잘 견딘다; 수분의 침투와 산소 확산을 증진시킨다.
	부석(浮石)	장기	높다	낮다~중간	낮다	보통 화분용 토양에 한정적으로 사용한다.
	버미큘라이트	장기	높다	높다	낮다	쉽게 압축된다; 보통 화분용 토양에 한정적으로 사용한다.
	펄라이트	장기	높다	낮다	낮다	통기성과 배수성을 제고한다.
	모래	무기한	높다	낮다	낮다	배합비율이 낮으면 통기성과 배수성이 떨어지고, 높으면(50~80%) 통기성과 배수성이 향상된다.

[a]기후와 관수 여부에 따라 차이가 있다.

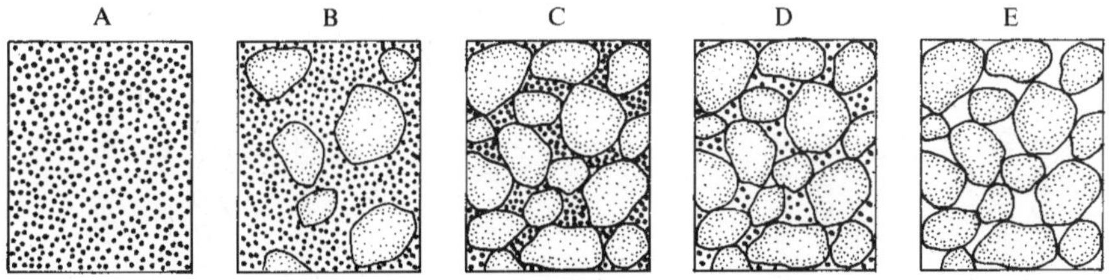

부피%	A	B	C	D	E
점토	100	75	50	25	0
모래	0	25	50	75	100
소공극	50	37.5	25	12.5	0
대공극	0	0	0	25	50

그림 7-1 점질토에 거친 모래의 혼합 비율을 높여갈 때의 효과를 보여주고 있는데, 순수 점질토와 순수사질토의 공극률은 각각 50%(A와 E)이다. 위 그림에서 모래와 점토를 같은 부피로 혼합한 경우(C) 대공극은 그대로 0인 반면, 소공극은 25%로 감소하였다. 즉, 배합토 C의 통기성이 가장 나쁘게 나타났으며, 모래의 혼합비율이 그 이상으로 높아짐에 따라 통기성은 향상된다. 배합토 A와 B는 쉽게 답압될 수 있는 반면, C, D, E는 답압에 대한 저항성이 높을 것이다(Spomer, 1983).

경과하면서 분해된다. 따라서 이들의 토성에 대한 효과는 일시적이다. 하지만 유기물은 토양의 구조에 대해서는 긍정적인 효과를 가져 온다. 유기물이 분해되면서 조립화(組粒化, granulation)와 입단 안정성(粒團安定性, aggregate stability)이 향상되어, 투수율과 수분 보유력이 제고된다(Brady와 Weil, 1996). 토양의 유기물 성분을 관리하는 것은 이 장의 뒷부분에서 살펴본다.

극단적인 토성을 다루는 최선의 방법은 해당 토양이 극도로 건조하든 극도로 점토질(粘土質, heavy)이든, 해당 토양의 특성에 부합되도록 관리활동을 변경하는 것이다. 사질토양(sandy soil)에 대해서는 관수의 빈도를 높이고 1회 관수의 양을 줄여 주어라. 비료를 주어야 한다면 완효성(緩效性, slow-release) 비료를 사용하라. 점토질 토양에 대해서는, 관수 빈도를 줄이고 투수가 가능할 정도의 짧은 간격을 두고 필요한 양을 주어라. 그리고 속도가 느린 관수 시스템을 사용하라. 점질토는 수목이 필요로 하는 양분을 보유할 수 있는 능력이 큰 경향이 있기 때문에, 비료 사용량을 줄여야 한다. 따라서 시비의 필요성을 확인하기 위해 토양을 분석하라. 수분 보유력과 배수성을 제고하기 위한 다른 방법은 뒤에 언급된다.

때로는 수목 생장에 더 좋은 토양을 제공하기 위해 표토를 외부에서 들여와 부지의 기존토양 위에 올려놓는 경우가 있다. 이 경우, 도입된 토양의 토성이 기존 토양과 다르기 때문에, 항상 두 토양이 접촉하는 면에서 수분이동 문제가 발생한다(제4장의 토심과 층위, 그림 8-6 참조). 또한 기존 토양은 외부 토양으로 성토하기에 앞서 답압이 발생하는 것이 보통이다. 가끔 표토(表土, top soil)라고 판매되고 있는 것이 사실은 유기 개량제가 첨가된 심토(心土, subsoil)인 경우가 있다. 바람직하지 못한 pH, 염도, 낮은 양료 수준 등은 해당 토양에 대한 기대에 부합하지 못할 것이다.

표토층은 2~3인치(5~8cm)에 불과하기 때문에, 이들의 교목과 관목에 대한 편익은 극히 작다. 결국 뿌리는, 표토의 존재와 관계없이, 기존 토양 속으로 발달할 수밖에 없다. **이들 두 유형의 토양이 접촉하는 면에서 발생하는 문제와 수목 생장에 대한 제한적인 편익 때문에, 관목과 교목을 식재할 때 표토를 들여오는 것은 실효성이 낮다.**

토양 답압의 이완 토양 답압은 도시 녹지 토양에서는 어디든 존재하는 문제이다. 많은 토양이 녹지 조성 중에, 특히 건축이 동반되면 심각하게 답압이 발생하게 된다. 토양 답압을 이완시키는 다양한 방법이 널리 활용되고 있다. 이들 처리는 토양의 용적비중을 낮추고 통기성을 높이는데 그 목적이 있으며, 이를 통해 뿌리의 생장 여건이 제고된다. 대부분의 방법은 답압된 지역의 전부 또는 일부를 물리적으로 붕괴시키고, 답압된 토양을 교체하거나 공극률을 높이기 위해 개량하는 것 등이다. 여러 가지 기법을 평가한 발표 논문의 개관이 **표 7-4**에 나타나 있으며, 다음과 같이 요약될 수 있다.

굴삭기(掘削機, excavator), 심토경운기(subsoiler), 회전경운기(rototiller) 등을 이용하여 토양을 물리적으로 교란(攪亂, disruption)시키는 것이 답압된 토양을 교란하고 용적비중을 낮추는 효과적인 방법 중 하나이다. 처리는 어느 정도 건조한 토양에 적용해야 하며, 수분이 많은 토양을 교란시키는 것은 피하는 것이 좋다. 토양의 유기물 함량이 해당 토양의 평균보다 낮으면, 유기물을 첨가하여 토양 속으로 섞어 줄 수 있을 것이다(이 장의 7.3 토양 유기물의 증대와 유지를 참고할 것). 가장 좋은 방법은, 식재 지역 내의 답압

표 7-4 답압된 토양의 토양 구조와 수목생장을 증진시키기 위해 실험한 처리들의 비교

방 법	처 리	결 과	인용 문헌
유기물 멀칭	• 최근 답압된 토양에 식재된 수목 주위에 활엽수와 침엽수 칩을 깊이 10cm(4인치), 폭 3m(10피트)로 멀칭	2년 후 콩배나무(Callery pear)의 수간직경이 대조군보다 더 컸고, 가시적인 외관도 좋아졌다.	Smiley, 1997
	• 잔디밭에서 자라는 황화현상이 나타난 미국참나무의 낙수선 내에 8cm(3인치) 두께의 신선한 목재 칩을 깔았다; 4년 동안 매년 봄에 141g/m^2(29lbs/ft^2)의 황산암모늄(ammonium sulfate)을 칩에 뿌렸다; 대조구 수목은 멀칭을 하지 않았고, 조성된 잔디는 손대지 않고 그대로 두었다.	멀치 아래에 있는 토양의 부피비중, pH가 대조구보다 유의하게 낮았다; 외생균근(ectomycorrhizae)의 밀도(감염된 뿌리 길이 mm/토양 부피 cc)는 유의하게 높았다; 멀칭된 수목의 잎 색깔이 대조구 수목보다 유의하게 더 녹색을 띠었다.	Himelick와 Watson, 1990
수직적인 구멍을 파거나 수직적인 멀칭	• 뿌리 지역 전반에 걸쳐 직경 5cm(2인치), 깊이 45cm(18인치)의 구멍을 60cm(2피트) 간격으로 오거와 고압 물 분사기를 이용하여 굴착한 후, 되메우기를 하지 않거나, 모래와 분쇄된 전나무 수피를 1:1로 혼합한 것으로 되메우기를 하였다; 네 번째 처리는, 수간에서 1.5m 떨어진 직경 10cm(4인치), 깊이 45cm(18인치) 크기의 2개 구멍으로, 유공관을 박고 내부를 자갈로 채웠다. 토양은 답압된 사질양토였다. 수목은 약간의 스트레스를 받은 중국굴피나무(*Pterocarya stenoptera*)였다.	처리한 다음 2년 후, 처리 간의 수목 생장(수간 직경, 수고, 연간 신초 생장)에서 유의한 차이가 없었다.	Pittenger와 Stamen, 1990
	• 5그루의 설탕단풍나무 주위에 수목 당 16개의 직경 5cm(2인치) 크기 수직 멀칭 구멍을 45cm(18인치) 깊이로 뚫었다; 구멍은 펄라이트로 되메웠다; 토양은 석회질의 미사질양토 또는 미사질식양토였다.	3개 생장기 후에 수직 멀칭 처리한 토양의 뿌리 질량이 비처리 토양보다 유의하게 작았다; 수목의 생장이나 수분 상태에 영향이 없었다.	Kalisz 등, 1994
	• 최근에 식재된 아리스토크래트 콩배나무(*Pyrus* 'Aristocrat') 주변에 피트모스와 비료로 수직 멀칭	대조구보다 수간 직경이 약간 굵었으나 통계적으로 유의하지는 않았다.	Smiley, 1997
	• 콩배나무(*Pyrus calleryana*) 주변에 사질양토로 되메우기를 한 수직 멀칭	주입된 사질양토가 대조구에 배해 수목의 뿌리와 신초 생장을 향상시켰다.	Day 등 1995
	• 4개 수종이 자라는 답압된 식토와 식양토 토양 3개 부지에 대해 잔디용 코어 에어레이터(core aerator)를 이용하여 깊이 8cm(5.5인치)의 관내토(soil plug)를 제거하였다.	처리 후 3년 이내에 수목 생장에서 유의한 증가가 없었다.	Smiley, 1994
	• 4개 수종이자라는 답압된 식토와 식양토 토양 3개 부지에 대해 깊이 20cm(8인치)의 구멍을 뚫기 위해 비료 주입용 탐침을 통해 물을 주입하였다.	처리 후 3년 이내에 수목 생장에서 유의한 증가가 없었다.	Smiley, 1994
토양 제거와 교체	• 사질양토 토양을 가진 방사상 도랑을 설치한 답압된 식양토에 콩배나무를 식재하였다.	2년 후, 도랑을 설치한 수목이 대조구보다 신초생장이 유의하게 더 컸다.	Day, 1993; Day와 Bassuk, 1994

	• 성숙하고 쇠퇴하고 있는 피나무와 런던버즘나무 주변에 구멍을 뚫기 위해 고압 물 분사기를 사용하였다; 구멍은 거친 모래, 발효된 유기물과 비료를 혼합한 것으로 되메웠다.	처리 후 수목의 생장이 신장되었으나, 통계적으로 유의하지는 않았다.	Watson 등, 1996
	• 2년 전에 답압된 사질양토 토양에 식재된 수목에 대해 수목당 6개의 폭 10cm(4인치), 깊이 30cm(12인치), 길이가 근분으로부터 2m(6피트)인 도랑을 팠다; 발효된 정원의 낙엽으로 멀칭을 하였다.	처리 다음 해에 생장이 제고되었다.	Smiley, 1997
압축공기로 토양 파쇄	• 답압된 사양토와 식양토 토양에 1m 간격의 격자형으로 Terralift 탐침(探針, probe)을 박고 0.45m와 0.75m(1.4, 2.3피트) 깊이에서 압축공기를 쏘았다; 처리지역에는 5개 수종이 식재되어 있었다.	사양토에서는 부피비중이 감소하였다; 양토 토양에서는 부피비중이 증가하였다; 처리구와 대조구 간의 수목생장에서는 차이가 없었다.	Rolf, 1994
	• 답압된 식양토와 식토 토양에서 생장이 불량한 4개 수종 근처에 Terralift나 Grow Gum으로 틈을 만들고, 여기에 다양한 물질을 주입하였다.	수목의 직경생장에서 안정적이거나 통계적으로 유의한 증가는 없었다. 장비에 의해 만들어진 틈에서만 산소확산율(oxygen diffusion rate, ODR)이 더 높았다. 토양의 부피비중은 유의하게 감소하지 않았다.	Smiley 등, 1990; Smiley, 1994
	• 자작나무 준성목의 낙수선에서 답압된 사양토 토양에 압축공기를 2회 주입하기 위해 Robin Dagger를 사용하였다.	처리 후 세 번째 여름에 신초 신장이 유의하게 증가하였다.	Hodge, 1993
	• 답압된 식양토 토양에 있는 쇠퇴하는 유럽밤나무(*Castanea sativa*) 성목의 낙수선 안쪽에 평균 10곳에 팽창된 폴리스티렌 볼이나 해초 토양개량제를 주입하기 위해 Terralift를 사용하였다.	처리 후 2년 경과된 다음, 토양의 건부피중량에서 유의한 차이는 없었다; 처리구 수목의 잎은 대조구보다 더 황색을 띠었다.	Hodge, 1993
	• 가는 사양토, 사양토, 사질식양토 토양을 가진 3개 부지에서 Terravent™ 를 사용하였다.	주입 부지의 처리구와 대조구 간 15cm와 70cm(6, 28인치) 깊이에서의 토양 부피중량이 유의하게 차이가 나지 않았다.	Smiley, 2001
토양 와해	• 답압된 사질양토의 심토를 1m(3피트) 깊이까지 파서 뒤집고, 섞고, 교체하였다.	교란 후 3년 경과시점에, 깊이 85~95cm(33~37인치)와 24~35cm(10~15인치)의 토양이 처리 전보다 기상공극률(氣狀孔隙率, air porosity)은 높아지고 토양강도(soil strength)는 약해졌다.	Webster, 1980
	• 답압된 사양토와 식양토를 들어 올리고 흩뜨리기 위해 굴삭기를 사용하였다; 처리지역 내에 5개 수종이 식재되어 있었다.	토양의 부피비중이 유의하게 떨어졌다; 공극량은 42%까지 증가하였다; 사양토 토양에서 수목 생장이 유의하게 더 컸다. 식재 전에만 유효했다.	Rolf, 1994
	• 답압된 사양토 토양에서 2년 전에 식재된 수목의 근분 부근을 회전경운한 다음, 멀치와 회전경운을 반복하였다.	수목의 생장과 외관이 향상되었다.	Smiley, 1997

된 전체 토양을 파서 대략적으로 고르고, 관수를 하여 토양을 안정시킨 다음, 토양이 충분히 건조되었을 때, 최종적으로 정지를 하고, 식재하고, 멀칭을 하는 것이다.

경운(tilling)과 심토경운 처리는 식재하기 전에 하면 가장 효과적이다. 최근에 식재된 관목과 교목에 대해서는 근분의 바깥을 회전경운(rototilling) 해 주면 수목의 생장과 외관을 증진시킬 수 있을 것이다(Smiley, 1997). 이미 활착된 수목의 주변에 있는 토양을 대대적으로 교란하는 것은 과도한 뿌리 손상 가능성이 있기 때문에 일반적으로 처리 대안이 아니다.

흔히 시행되는 치료적인 처리 방법에는 몇 가지가 있다. 압축공기로 토양을 부수는 것과 수직적인 멀칭을 하는 두 가지 방법은 토양의 용적비중을 낮추고, 통기성을 높이고, 수목의 생장을 향상시키는데 효과적이지 않은 것으로 나타났다.

압축공기로 토양을 부수는 것은 1920년대 후반에 몇몇 수목관리 회사가 자신들이 개발한 장비를 이용하여 시작하였다(Smiley 등, 1990). 오하이오에서 Charles Irish가 수목에 대한 통기와 시비를 위해 Aero-Fertil Gun의 특허를 받아 판매하였다. 이 장비의 당초 목적은 압축된 공기를 토양 속으로 주입하여 답압된 층을 교란하는 것이었는데, 이후 교란 후에 비료, 개량제, 물 등을 주입하는데 활용되었다. 이 장비의 사용은 1940년대 액체비료의 주입이 시작되면서 결국 중단되었다(Smiley 등, 1990).

압축된 공기를 주입하는 처리(Terralift, Grow Gun, Robin Dagger)는 엇갈리는 결과를 보였다. Hodge(1993)은 식양토(埴壤土, clay loam soil)에 압축공기를 주입한 지 2~3년 후에 런던버즘나무(*Platanus* × *acerifolia*)와 자작나무류(*Betula* sp.)의 신초 생장이 향상되었다고 보고하였다. 그러나 Smiley 등(1990)과 Smiley(1994)는 수목 생장에서 향상을 발견하지 못했다. Terravent™를 이용하여 탐침을 통해 토양 속 30cm(12인치) 깊이로 고압의 질소가스를 주입하는 실험에서 Smiley(2001)는 처리 지역과 비처리 지역 간에 토양 용적비중에서 유의한 차이가 없음을 발견하였다. Hodge(1993)는 압축공기 처리의 유효성은 토양의 유형, 토양의 수분 상태, 이외 다른 요소에 따라 차이가 있다고 결론지었다.

다이너마이트(dynamite)는 단단한 토양을 초기에 개선하고 기반층과 경반층을 성공적으로 부수기 위한 방법의 하나였다. 다이너마이트 폭파는 토양의 용적비중을 낮추지 못할 것이며, 매우 건조한 토양을 제외하고는 이는, 특히 폭파 지점 아래에서 용적비중을 높일 것이다. 또한 Rolf(1994)는 축축한(수분함량 30%) 점질토(粘質土, clay soil)에서의 폭발로 인해 지면의 높이를 맞추기 위해 흙을 메워야 할 정도로 지표면이 크게 침하된 일본에서의 실험을 소개하였다.

수직적인 멀칭(vertical mulching)은 뿌리 지대에서 생장 여건을 향상시킨다는 생각으로 흔히 시행하는 처리이다. 이를 위해 직경 약 5cm(2인치), 깊이 45cm(18인치)의 구멍을 0.5~1.5m(1.5~4.5피트) 간격으로 뚫는다. 오거(auger)나 고압 물 분사기(water jet)를 이용하여 구멍은 뚫은 후 다공질 물질로 채우거나 비어 있는 상태로 그대로 둔다. 펄라이트(perlite), 생물촉진제(生物促進劑, biostimulant), 모래, 피트모스 등 다양한 수직 멀칭 유형을 이용하여 실험한 결과, 토양 특성이나 수목의 건강을 증진하는 것과 관계가 없거나 부정적인 결과를 나타내었다(Pittenger와 Stamen, 1990; Kalisz 등, 1994; Smiley, 1994, 1997). Smiley (1994)는 "이는 토양 통기성 처리에 의해 영향을 받은 토양의 량이 작았기 때문이다"라고 설명하였다. 이에 대한 예외적인 실험이 Rolf(1992b, 1994)에 의해 진행되었는데, 그는 수목이 제자리에 활착한 후가 아닌 식재 전 생장 여건을 향상시키기 위한 개량 처리에 초점을 맞추었다.

명확한 편익을 제공하는 것을 보여준 두 가지의 토양 치유 처리가 있다. 이 중 첫 번째가 유기 멀칭재료를 이용하여 수관 아래의 토양을 멀칭하는 것이다. Smiley(1996)는 "토양 답압실험에서 내가 본 가장 극적인 효과는 멀치(mulch) 사용 그 자체로부터 얻었다"라고 말했다. 또한 Smiley (1997)는 답압된 토양 환경에서 배롱나무(*Lagerstroemia indica*)와 콩배나무(*Pyrus calleryana*)의 수간 생장이 향상되었음을 보여주었다. Himelick과 Watson(1990)은 4년간 두께 7.5cm(3인치)의 목재칩(wood chip) 멀치를 유지한 결과, 토양의 용적비중이멀칭을 하지 않은 토양에 비해 유의하게 낮아졌다는 것을 발견하였다.

효과적으로 나타난 두 번째 처리 유형은 토양 제거와 교체이다(Watson 등, 1996; Watson, 1996; Smiley, 1997). 그러나 Watson의 실험에서 이용된 토양이 실험을 시작할 때 답압이 되어 있었던 것으로 기술되어 있지 않았다.

활착된 수목에 대해서는 토양 제거와 교체는 과도한 뿌리 손상이 되지 않는 범위 내에서 시행되어야 한다. Watson 등(1996)은 이 실험을 성숙한 백참나무(*Quercus alba*) 주변에서 실시했는데, 수간으로부터 3m(10피트) 떨어진 지점에서 시작하여 굴삭기로 방사상(放射狀, radially oriented)의 도랑을 팠다. 도랑은 길이 3m(10피트), 폭 35cm(14인치), 깊이 60cm(2피트)이었으며, 큰 뿌리 사이에 배치되었다. 토양을 교체한 지 4년이 경과된 후에 처리된 지역 내의 뿌리 밀도는 도랑을 100% 완숙된 다양한 활엽수 잎으로 된 퇴비로 되메운 경우가 퇴비와 토양을 50:50으로 혼합한 것

그림 7-2 토양제거와 교체는 활착된 수목 주변의 토양 답압을 완화시키는 유망한 처리이다. 도랑은 굴삭기를 이용하여 물리적으로 팔 수도 있고, 토양을 물이나 공기로 제거할 수도 있다. 답압된 토양은 양질의 물질로 교체된다. (사진: Bruce Fraedrich, Bartlett Tree Laboratory.)

으로 되메운 경우나 대조구(비처리)에 비해 유의하게 높았다. 한편, 처리 지역 바깥에서의 뿌리 밀도는 유의한 차이가 없었다. 굴삭기의 대안으로 소형 구굴기(溝掘機, trencher)나 수력굴착(水力掘鑿, hydraulic excavation)이 추천되었다. Barlett Tree Research Laboratory(Fraedrich 등, 1989)는 비슷한 기술을 추천하고 있는데, 이는 수간으로부터 방사상으로 폭 15cm, 깊이 30cm(6 × 12인치)의 도랑을 45° 간격으로 파는 것이다(**그림 7-2**). 도랑은 뿌리를 손상시키지 않으면서 수간 가까이에서 시작하여 소교목의 낙수선(落水線, dripline), 또는 대교목인 경우 낙수선까지 거리의 절반까지 이어진다. 추가적인 도랑은 0.6~1.2m(2~4피트) 거리를 유지하면서 일차 도랑 사이에 팔 수 있다. 도랑은 구조가 좋은 표토로 되메운다.

Woodtli(1989)는 물을 이용하여 표토를 액화한 후 수간과 지표 뿌리 주위로부터 슬러리(slurry)를 퍼내는 장비와 기술을 보고하였다. 해당 토양은 "new vital" 토양(토양-퇴비-비료와 특별히 구운 점토로 된 작은 볼로 구성)으로 교체된다. 이 기술은 성숙하여 쇠퇴하고 있는 피나무(*Tilia tomentoa*와 *T. platyphylos*)와 런던버즘나무(*Platanus* × *acerifolia*)를 대상으로 실험하였다. 고압 물 분사기를 이용하여 깊이 60cm(24인치), 넓이 $7m^2$($65ft^2$) 이내의 구덩이와 직경 10cm(4인치), 깊이 60cm(24인치)의 구멍에 있는 토양을 제거하였으며, 이들의 간격은 30~75cm(12~30인치)이었다. 이들 토양은 거친 모래, 잘 썩은 유기물, 비료의 혼합물로 교체되었다. 처리 후에 연간 생장 증분(增分, increment)으로 측정된 수목의 생장이 증가(통계적으로 유의한 수준은 아니지만)하였고, 외관도 향상되었다.

답압된 토양 위에 성토하기 공사비용과 시간을 줄이기 위해 어떠한 사전 준비도 없이 답압된 토양 위에 매립용 흙으로 성토(盛土, fill)를 하기도 한다. 얕은 매립토양으로 덮인 고르지 못하고 답압된 지면은 수분과 통기 문제로 이어질 수 있다. 답압된 지표가 경사져 있으면, 물이 답압된 층 위로 흘러서 그 경사의 기슭에 습한 지역이 발생한다. 이러한 지역에 식재된 수목은 수분 공급이 균일하지 못해 생장이 균일하지 않거나 불량해질 수 있다. 성토의 깊이가 꽤 깊으면, 포화된 지역이 뿌리 구역보다 훨씬 아래에 있기 때문에, 문제가 경감될 것이다.

답압된 토양을 최종 정지하기 전에, 비교적 건조할 때, 이를 리핑(ripping; 수직의 긴 기둥으로 땅을 깊이 절단하는 작업 - 역자 주)이나 깊은 경운을 통해 부수는 것이 좋다. 그 다음 이 지역을 개략적으로 정지해 준다. 지면을 높이기 위해 추가적인 토양이 필요한 경우, 들여오는 토양의 토성은 기존의 토양과 비슷한 것이 좋다. 개략적인 정지나 성토용 토양을 추가한 다음, 그 지역 전반에 대한 관수를 실시하고 최종 정지(final grading)에 앞서 토양이 안정되도록 건조시켜야 한다.

토양 답압 최소화 토양 답압과 이로 인한 토양 구조의 악화에 대처할 때 가장 중요한 것은 답압을 예방하고 회피하는 것이라는 것은 분명하다. 수목관리자가 효과적이고 장기간 지속되는 조치를 제공할 수 있는 능력은 제한적이다. Rolf (1992a)가 언급한 바와 같이, "제한된 공간에서 자라는 수목의 주변과 식생이 이미 조성된 곳에서 통기성을 제고할 수 있는 완벽한 방법은 없다."

토양의 지표에서 30cm(1피트) 이내의 구조(構造, structure)를 일부 파괴하는 것이 불가피할지라도, 토성과 토양 구조에 대한 이해가 있으면 구조적인 파괴를 줄일 수 있을 것이다. 답압은 치료하는 것보다 예방하는 것이 더 쉽다. 이를 위해서는 다음과 같은 작업이 필요하다:

- 토양이 건조하거나 수분이 적당할 때 경운하라; 젖은 토양은 피하라.
- 갓 경운되었거나 느슨해진 토양이 재답압되는 것을 피하라; 느슨하게 만든 후에 경운을 덜 할수록 더 좋다.
- 토양이 건조할 때 녹지 유지관리 작업을 하도록 일정계획을 수립하라.
- 부지를 둘러보는 것을 최소화하라; 통로를 몇 개로 제한하고, 통로는 수목과의 거리를 유지하라.
- 크고 편편하고 압력이 낮은 타이어를 가진 무게가 가벼운 차량을 이용하라.
- 하중이 분산되도록 토양 표면에 두껍고 거친 멀치를 살포하라.

화학적으로 안정된 토양 형태가 잘 변하는 점토질 토양과 같이 건물의 지반이나 도로용으로 부적당한 토양은 때로는 석회(石灰, lime; 생석회/quick lime, CaO, 또는 소석회/hydrated lime, $Ca(OH_2)$)나 석탄 연소 후 잔존물인 비산재(飛散-, fly ash)를 섞어줌으로써 안정화된다. 이들 물질은 토양을 결합시켜 딱딱하게 만들고, 원하는 정도의 강도를 확보한다. 안정화 목표를 달성하기 위한 석회 배합률은 산성토양의 pH를 원하는 수준으로 높이기 위해 사용되는 양보다 대부분의 경우 더 많다. 또한 산성토양의 pH를 올리는 데는 보통 덜 가성적(苛性的, caustic) 형태의 석회인 탄산칼슘(calcium carbonate, $CaCO_3$)을 사용한다.

수목이 식재되어 있거나 근처에 화학적으로 안정된 토양이 있을 때 문제가 발생할 수 있다. 이들 매우 단단한 토양은 뿌리 발달을 제한할 뿐만 아니라 부정적인 화학적 영향을 미친다. 생석회와 소석회는 수목의 뿌리에 유독하다. 처리된 토양은 강한 알칼리성으로, 철(Fe), 망간(Mn), 아연(Zn)과 같은 일부 원소의 가용성을 감소시킨다. 비산재는 토양 염도, 붕소(B), 몰리브덴(Mo), 셀레늄(Se) 등에 민감한 수목에게는 유독한 수준까지 높일 수 있다(Adriano 등, 1980). 녹지 수목의 뿌리층(root zone) 이내에 존재하는 화학적으로 안정된 토양은 모두 제거하고 식재 전에 양질의 토양으로 교체하여야 한다.

지표 배수 개선

많은 녹지에서 과도한 수분이 문제가 된다. 이 문제를 해결할 때, 물의 공급원과 물이 흐르는 패턴을 고려해야 한다(**그림 7-3**). 물은 낮은 지대의 지표에 고이거나, 고도가 높은 곳에 있는 외부 수원(水源, water source)으로부터 땅 속으로 스며들고, 포장이나 건물의 유거수로부터 집수되기도 한다. 처음 정지(整地, grading)를 할 때 낮은 지점이 발생하지 않도록 또는 낮은 지점은 배수가 될 수 있도록 지표수의 흐름을 예측하여야 한다. 전형적으로 배수구는 녹지에서 가장 낮은 지점에 설치된다. 그러나 배수입구 높이 아래에 있는 토양은 정체수(停滯水, standing water)가 배수구 속으로 흘러 들어간 이후에도 포화상태에 있을 것이다. 이러한 문제는 투수성이 낮은 토양이 아래를 받치고 있을 경우 더욱 악화된다.

정지만으로는 지표수를 제거할 수 없는 곳에서는, 물의 량이 많지 않을 경우, 잡석 암거(雜石暗渠, French drain)가 기존의 습한 지점을 제거하거나 지하의 흐름을 가로챌 수 있을 것이다. 잡석암거는 폭이 5~10cm(2~4인치) 정도 되는 좁은 도랑으로, 습한 지역을 관통하여 낮은 지역이나 투수성이 좋은 토양 등의 배출구 쪽으로 땅을 파서 조성한다. 도랑

그림 7-3 녹지에서 포화토양과 지표수는 문제이다. 원인은 과도한 관수, 지표면에 대한 경사와 지표배수에 대한 불충분한 고려, 변경된 지표면 아래에 답압되고 투수속도가 느린 층의 존재 등이다(그림 7-5 참조).

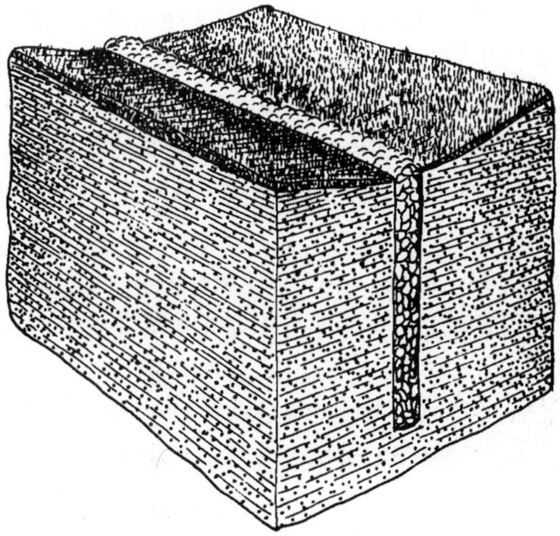

그림 7-4 잡석암거(french drain)는 지표수를 제거하거나 지하 흐름을 가로채기 위해 활용된다.

의 바닥은 낮은 지역 쪽으로 1~3%의 경사를 이루어야 한다. 도랑은 중사(中沙, medium sand; 0.25~0.5mm)나 작은 자갈로 채운다. 미세한 토양이 충전물 속으로 씻겨 들어가서 생길 수 있는 도랑의 밀폐를 지연시키기 위해 충전물을 주변 토양보다 높게 볼록하게 쌓아야 한다(**그림 7-4**). 잔디밭에서는 잔디가 빨리 자라서 도랑을 가리게 되고, 관목상(shrub bed)에서는 수목이나 멀치가 충전물을 덮을 것이다. 비록 도랑이 배수로로 이어지지 않더라도, 물은 도랑으로부터 지표 근처의 토양이 아닌 투수성이 더 좋은 토양 속으로 측면으로 흐를 수 있을 것이다. 도랑을 따라 통기성도 향상될 것이다. 식재지로 흘러들어가는 지하수를 차단하기 위해서는, 일부 누수를 허용하더라도, 위쪽을 따라 경사에 대해 직각으로 잡석암거를 설치하라.

지하 배수 개선

지하 배수 문제는 불투수성 또는 반투수성 층이 물의 하향 이동을 저지하거나 지하수위가 뿌리층 근처에 있을 때 발생한다. 식재된 녹지에서 흔한 상황은 답압된 토양 위에 투수성이 있는 토양층이 성토되어 있는 것이다(**그림 7-5**). 물은 이러한 지표층을 빠르게 이동한 다음 투수 속도가 느린 밀도가 더 높은 아래 층 위에 머물러 있다. 관수나 강우가 빈번한 경우, 뿌리층에 있는 토양은 항상 포화상태에 있을 것이고, 이런 상황에서 자라는 수목은 쇠퇴하거나 죽게 된다.

이전에 경작지였던 토양은 당시의 경작 깊이에 따라 차이가 있지만, 보통 지표면 아래 15~25cm(6~10인치)에 답압된 층(경반층/耕盤層, plowpan)이 존재한다. 충적토(沖積土, alluvial soil)와 부지 조성 중에 정지된 토양은 뿌리 침투와 수분 이동을 심각하게 저해하는 층이 발생할 수 있다. 세립질 토양은 본래 치밀하여 뿌리의 침투와 기능은 물론, 배수와 통기도 저해할 수 있다. 미국의 남서부와 기타 건조한 지역의 많은 토양에서 두께가 다른 기반층이 지표면 아래 다양한 깊이에서 나타난다.

지하배수를 개량하는 데는 다섯 가지 방법이 있다. 해당 부지에 대한 최선의 해결방안은 배수를 저해하는 본질, 통기성 있는 토양이 필요한 깊이, 토양단면 깊숙이 투수성 토양의 존재 여부, 습한 토양에 대한 수목의 저항성, 처리가 필요한 지역의 넓이, 장비의 부지 접근성, 처리에 투입할 수 있는 예산 등에 따라 다를 수 있다.

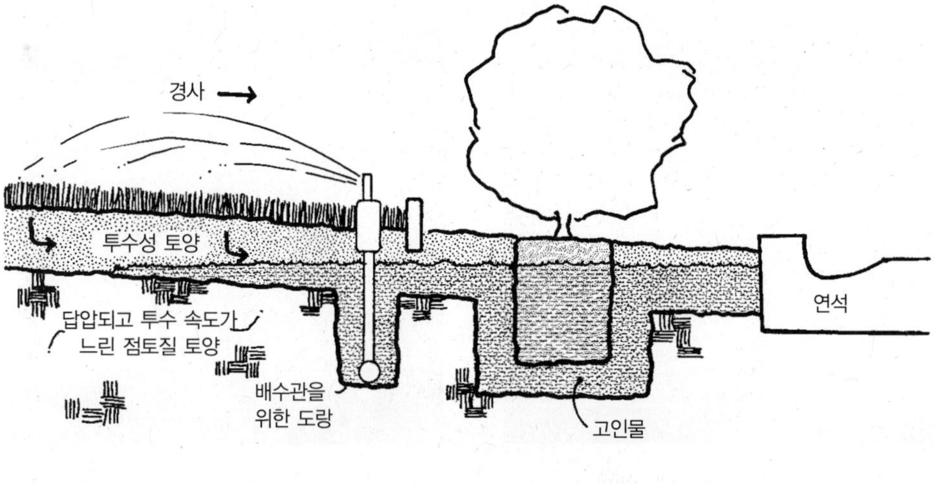

그림 7-5 식재 전에 변경된 표토는 건설 공사 중에 답압된 투수성인 낮은 토양이 아래에 깔려 있는 경우가 있다. 물은 변경된 토양을 통해 빠르게 이동할 것이다. 관수나 강우가 빈번한 경우에는 식재 구덩이와 같은 낮은 지역에 물이 고여서 수목에 피해를 유발한다.

1. 심경(深耕, deep plow) 또는 불투수층을 관통하는 리핑(ripping)
2. 굴삭기(backhoe)나 기타 굴착장비를 이용하여 불투수층을 통과하는 굴착
3. 불투수층을 관통하여 오거링(augering)을 하거나 시굴(試掘, boring)
4. 지하배수 시스템 설치
5. 매립용 토양을 이용하여 포화된 지대 위의 토심을 제고.

관수가 필요한 녹지의 경우, 이러한 문제는 다음 관수 전에 토양이 건조해지도록 관수 주기의 일정계획을 적절하게 통제함으로써 해결할 수 있을 것이다.

심경(深耕, deep cultivation) 20~25cm(8~10인치)에 위치한 경반층이나 지표 75cm(30인치) 이내에 있는 두께 60cm(2피트) 미만의 기반층은 양방향으로, 가능하면 수목을 식재하는 위치에서 교차하도록, 심경을 하거나 리핑을 하여 파괴할 수 있다. 서로 대각선 방향으로 리핑하는 것이 90° 교차하는 리핑보다 좀 더 효과적이다(Trouse와 Humbert, 1959). 기반층은 배수를 위해서 기반층 전체를 파쇄해 주어야 한다. 심토경운(深土耕耘, subsoiling)은 토양이 건조할 때 실시하면, 답압된 층을 파쇄하는데 가장 효과적이다. 스웨덴에서는 답압된 토양에 수목을 식재하기 전에 심토경운을 해 준 결과 수목 생장이 향상되었다(Rolf, 1990). 비가 안 오는 곳에서는, 무성한 잡초나 기타 식물이 젖은 토양을 건조시키는데 꽤 효과적일 수 있다. 그러나 층위가 자연적으로 형성된 경우에는 파쇄된 토양이 곧 바로 다시 뭉쳐지기 때문에, 심토경운도 효과가 제한적이다(Aljibury 등, 1979).

심토경운이 폐쇄된 녹지에서는 어려울 수도 있다. 시간이 오래 걸리겠지만, 이러한 부지에 대한 식재 준비를 하는 데는 굴삭기가 최적의 장비일 수 있다. 굴삭기는 각 수목당 1.2~1.5m(4~5피트) 깊이의 육면체 구덩이를 파는데 사용될 수 있는데, 이를 이용하여 답압된 층을 파쇄할 수 있고, 토성이 다른 층위를 혼합할 수 있고, 구덩이 안의 토양을 교체할 수도 있다. 관목상도 비슷하게 준비할 수 있다. 기반층 덩어리나 바위, 혐기성(嫌氣性, anaerobic) 분해로 인한 짙은 남빛(blue-black) 층은 제거하여 버리는 것이 좋다. 굴착된 토양에 물기가 많으면, 개별 흙더미를 몇 주 동안 건조시킨 다음, 건조된 흙더미들을 혼합하여 구덩이를 되메우는 것이 좋다. 일부 수목관리자는 천천히 분해되는 유기물을 부피 기준으로 25~30% 첨가하기도 한다. 그러나 많은 연구는 관목과 교목을 식재하는 토양을 개량하는 것의 유효성에 대해 의문을 제기하고 있으며(Pellett, 1971; Whitcomb, 1979b; Corley, 1984; Davies, 1987), 이러한 의문은 어느 정도 넓은 지역을 준비하는 데에도 적용된다(제8장 참조). 굴삭기를

그림 7-6 상위 30cm(1피트)의 사질양토, 두 번째 30cm(1피트)의 모래, 그리고 밑에 깔려 있는 미시질 식양토 사이의 경계가 뚜렷한 층위를 이루고 있는 극단적인 사례. 토양 밀도가 문제는 아니었지만, 어린 배나무의 뿌리는 경계를 통과해서 거친 흰모래 쪽으로 자라지는 않았다(왼쪽). 굴착 장비를 이용하여 고루 섞은 토양에 수목을 다시 식재한 다음 2년 후 수목의 뿌리 생장과 비교해 보라(오른쪽) (Wildman 등, 1975).

이용한 식재지 준비는 유기물을 첨가하지 않아도 과수원과 녹지 부지에 성공적이었다(**그림 7-6**). 또한 굴삭기를 이용하여 판 구덩이는 답압된 층에 대한 토양 단면; 토성, 구조, 색상의 변화; 인접한 수목으로부터의 뿌리 뻗음 등을 점검할 수 있는 기회를 제공한다. 이러한 정보는 진행 중인 부지 준비를 결정하는데 활용될 수 있다.

심토경운이나 굴삭기에 의한 토양 준비가 완료되면, 이렇게 교란된 토양은 안정화시키고 에어 포켓(air pocket)을 제거하기 위해 물을 공급해야 한다. 이러한 과정이 끝나면, 이 토양이 식재하기에 충분할 정도로 건조되도록 1~2주 정도 기다린다. 느슨해진 토양이 식재하기 전에 안정화되지 않으면, 나중에 안정화되는데, 이로 인해 강우나 관수 후에 건조가 천천히 진행되는 웅덩이가 발생한다. 이렇게 고인 물은 뿌리썩음병(crown rot), 불량한 생장으로 이어지며, 심하면 수목이 죽기도 한다. 안정화되기 전에 토양을 준비할 경우에는, 토양이 너무 축축하지 않을 때 실시해야 하며, 그렇지 않으면 토양 구조가 피해를 입을 수 있다.

반불투수층 관통 투과성이 좋은 토양 아래에 투수성이 낮은 토양이나 기반층이 깔려 있는 경우, 물의 이동과 아래 토양으로의 뿌리 뻗음이 부분적으로 가능하도록 이들 층을 관통하여 파쇄함으로써 배수를 향상시킬 수 있을 것이다(**그림 7-7**) (Gowans와 Hall, 1971) (제4장 토양 배수시험 방법 참조). 교목 식재지마다 직경 10~15cm(4~6인치) 또는 그 이상의 구멍을 뚫거나, 관목상(shrub bed)에 약 2m(6피트) 간격으로 구멍을 뚫어라. 전신주를 세우기 위해 사용되는 것과 같은 동력 오거(power auger)를 이용하면 대부분의 기반층을 관통하여 구멍을 뚫을 수 있다. 기반층 위에 있는 토양의 투수성이 아주 높으면, 전체 식재 수목 기준으로 교목당 하나 이하의 배수구로서 배수를 할 수 있다. 토양의 입자가 가늘수록, 그리고 토심이 얕을수록 배수구의 간격은 더 가까워야 한다. 이러한 배수구가 효율적이기 위해서는 기반층 아래 층위의 투수성이 좋아야 한다.

이 분야에서의 실제 경험과 실험은 매우 드물어서 배수구의 간격과 이를 충전하는데 사용하는 재료에 대한 추천이 거의 없는 상태이며, 이로 인해 어떤 배수구는 지표 아래층의 배수를 목적으로 함에도 불구하고, 마른 우물처럼 조성되기도 한다. 몇 개의 구멍을 뚫은 후, 이들 중 1.2~1.5m(4~5피트) 깊이의 관찰 구멍 하나를 정한 다음 여기에 물을 주입한 후 물의 변화를 관찰한다. 나머지 구멍의 간격은 이러한 관찰의 결과에 따라 정할 수 있다.

배수구는 중간 입자의 모래(medium sand, 직경 0.25~0.50mm)나 잔자갈(fine gravel)로 채워야 한다. 더 굵은 재료로 채우면, 주변 토양이 미사질일 경우 토양이 포화되면 충전재 속으로 흘러들어가서 배수구를 막을 것이다. 포화 상태에서 액체 상태가 되는 토양인 경우, 직경 7~10cm(3~4인치)의 플라스틱 유공관을 약 10mm(0.5인치) 두께의 섬유유리 매트나 토목섬유(土木纖維, geotextile)로 된 천으로 외부를 감싼 다음 배수구에 설치하여야 한다. 이러한 피복물질은 가는 모래와 굵은 입자를 걸러내어 관이 막히지 않도록 해준다. 배수관은 흙이나 부스러기들이 들어가지 않도록 지표면에서 뚜껑을 씌워두는 것이 좋으며, 공간을 채울 필요는 없다. 이러한 배수관은 여과용 피복이 막혔다고 생각되면, 압력을 걸어서 물을 역류(back flush)시키면 된다.

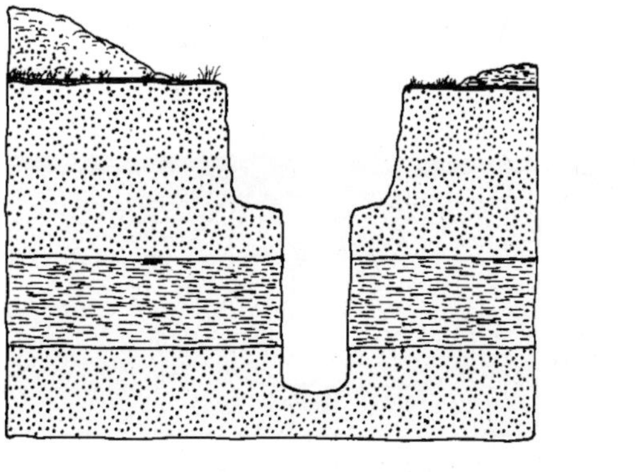

그림 7-7 기반층이 아래에 깔려 있는 얕은 토양에서 적절한 배수와 뿌리 발달 공간을 확보하기 위해 구멍을 뚫을 필요가 있다. 표토와 비슷하거나 좀 더 거친 토양으로 구멍을 채워라.

직경이 큰 배수구를 이용하여 배수와 함께 수목의 뿌리 발달에 필요한 공간을 제공하는 것을 목적으로 하는 경우(그림 7-7), 토성이 표토와 비슷하거나 이 보다 약간 더 거친 토양으로 되메우기를 하라. 이렇게 하면, 물의 이동을 가로막는 경계면을 줄여주고, 배수구 바닥의 포텐셜(potential)을 더 크게 만들어서 배수에 도움이 될 것이다. 토양이 반복적으로 침수된 다음, 배수구 내의 물이 시간당 적어도 2mm(0.1인치)는 낮아져야 하는데, 그렇지 않으면 쓸모가 없다. 토양의 배수가 잘되면, 뿌리가 배수구를 따라 기반층 아래의 투수성이 높은 토양 속으로 자랄 수 있다. 이렇게 되면 수목의 내건성을 증대시키고 관수 간격을 연장시킬 수 있을 것이다.

교목이나 관목을 식재하기 전에 다이너마이트로 기반층이나 답압된 층을 폭파하는 것은 좋은 생각이 아니다. 이는 고인 물이 뿌리를 죽일 수 있는 불투수성 웅덩이를 만들 수 있다.

지하 배수시스템 설치 단단한 토양, 바위, 기반층에 의해 물이 아래로 이동하는 것이 방해를 받으면, 지하배수만이 뿌

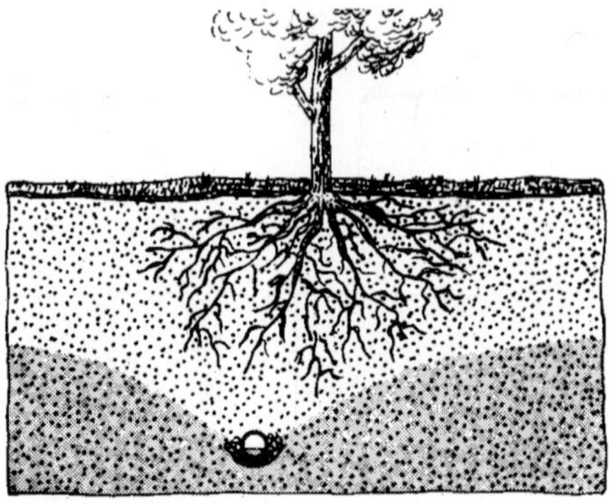

그림 7-8 배수도관은 뿌리 생장과 배수 기능에 유리한 적절한 토양을 제공하기 위해 필요하다.

리 발달에 필요한 최적의 공간을 제공할 수 있을 것이다(**그림 7-8**) (자연적인 배수시설이 없는 식수대에 관해서는 제 10장에서 살펴본다).

바람직한 배수관로의 깊이와 간격은 토성과 구조, 불투수성 토양과 바위의 깊이, 수목이 필요로 하는 배수 깊이, 제거되어야 하는 물(강우, 관수, 삼출수/seepage)의 양 등에 따라 다르다. 제대로 자라서 안정화되는데, 대부분의 교목(tree)은 관목(shrub)보다 더 깊은 배수된 토양이 필요하다. 많은 사람들이 생각하는 것과는 달리, 토양 내 물의 이동이 느릴수록 배수관로는 더 깊어야 한다; 배수해야 할 물의 양이 많을수록 배수관로는 더 깊고 더 가까워야 한다. 그리고 배수관로는 어떤 불투수층보다 위에 위치해야 한다.

배수관로는 적어도 지표 아래 1m(3피트)는 되어야 하며, 관로를 1.5m(5피트) 깊이에 설치하면 수목은 더 잘 자랄 것이다(Beauchamp, 1955). 관로를 이 정도 깊이에 설치할 수 없는 경우, 간격을 더 좁혀 이를 설치해야 한다. **표 7-5**에는 농업용지에서 권장되는 관로 사이의 간격이 제시되어 있는데, 배수가 불량한 도시 녹지에서는 거리를 적어도 반으로 줄여야 할 것이다. 제대로 역할을 하기 위해서는 배수시스템은 다음 사항을 준수해야 한다:

- 배수관 전반에 걸쳐 10m 당 5~30cm(100피트당 6~16인치) 정도로 일정한 경사
- 관이 막히지 않도록, 특히 토양이 미사질이나 사질인 경우, 배수관로 위에 여과용 자재 부설; 점토입자는 덩어리로 남아 있거나 물속으로 확산된다.

배수관로는 점토나 콘크리트, 합성수지(合成樹脂, plastic)로 만든다. 농업용지 배수에는 보통 직경 10cm(4인치) 점토나 콘크리트 도관이 사용된다. 대부분의 조경 녹지에서는 10cm당 서너 개의 3mm 구멍이 뚫린(1피트당 10개의 0.125인치 구멍) 직경 5~10cm(2~4인치) 합성수지 관이나 유연한 배수 튜브 정도면, 물을 이동시키기에 충분하고; 설치하기 쉽고; 토성, 답압, 침전 등의 특성이 다른 토양에서 안정성이 높고; 도관보다 뿌리가 침투할 가능성이 낮다. 관의 직경이 클수록 배수시스템은 막히지 않고 더 오래 그 기능을 발휘할 것이다. 배수관은 역류나 청소 등을 통해 기능을 유지할 수 있도록 규정이 마련되어야 한다. 10cm 당 서너 개의 3mm 구멍이 뚫린(1피트 당 10개의 0.125인치 구멍) 직경 5~10cm(2~4인치) 합성수지 관은 다른 도관과 비슷하게 설치하는데, 배관의 마디는 접합되어야 한다. 유연한 배수 튜브는 원하는 길이에서 자를 수 있도록 롤(roll) 형태로 구매할 수 있다.

일부 합성수지관은 둘레의 1/3에만 구멍이 있는데, 이 부위는 바닥으로 향해야 한다. 둘레 전체에 걸쳐 구멍이 나있는 합성수지관은, 토양이 미사질인 경우 위쪽을 합성수지 조각으로 덮어 주는 것이 좋은데, 사질이나 점토질 토양에서는 위쪽 구멍에 문제가 발생하지 않는다. 물이 배수구멍으로 흘러가도록 하고, 토양 입자가 배수관 속으로 들어가지 않도록 하기 위해서는 5cm(2인치) 두께로 거친 모래나 잔자갈, 합

표 7-5 **토성과 투수성[a]이 다른 농업용지에 대해 권장되는 배수관 간격[b]**

토양	투수성	간격	
		미터(m)	피트(feet)
식토와 식양토(clay loam)	매우 느림	9~20	30~70
미사질토와 미사질식양토	느림~보통 느림	18~30	60~100
사질양토(sandy loam)	보통 느림~빠름	30~90	100~300
흑니(黑泥, muck), 이탄(泥炭, peat)	가변적	15~60	50~200

출처: Beauchamp, 1995.

[a]배수가 불량한 도시 녹지에서는, 간격을 반으로 줄여라. 배수관은 지표면으로부터 1~1.5m(3~5피트) 아래에 위치해야 한다.

[b]상기 간격은 Hillel(1980)이 제시한 것과 매우 유사하다.

그림 7-9 배수 도관은 모래나 잔자갈 바닥 위에 놓이고, 물이 도관 연결부위로 이동할 수 있도록 5cm(2인치) 두께의 거친 재료로 덮는다. 연결부위는 배수관으로 들어가는 침전물의 양을 줄이기 위해 감싼다.

성 여과자재로 배수관을 감싸주는 것이 좋다. 합성 여과자재는 사질토양에 거친 모래나 잔자갈은 점토질 토양에 바람직하다. 미국 동부지역에서는 점토질 토양 속의 배수관은 보통 어떤 거친 자재로도 감싸주지 않는데, 이는 대부분의 점토 입단은 매우 안정되어 있어서 배수관 속으로 들어가는 점토 입자가 있다면 이들은 배수되는 물과 함께 빠져나갈 것이라고 판단하기 때문이다. 이와는 달리, 미사질 토양은 배수관에 문제를 유발할 수 있다: 미사 입자는 쉽게 질퍽해져서 그 물눈이 가는 여과자재를 막는다. 미사질 토양 속의 배수관은 5cm(2인치) 두께의 거친 모래나 잔자갈, 또는 합성 여과자재(아직 실험해보지는 않은 방법임)로 위쪽과 옆쪽을 적절하게 감싸주어야 한다. 사소한 배수시스템을 제외하고, 모두 관수 또는 배수 기술자와 상의하는 것이 좋다.

도관(길이 60~90cm; 2~3피트)은 거친 모래나 잔자갈 위에 물이 들어갈 수 있는 작은 틈(약 3mm, 0.125인치)을 두고 끝과 끝을 붙여 놓아야 한다(**그림 7-9**). 도관의 연결부위는 타르페이퍼(tar paper)나 합성수지로 위쪽을 덮어주어, 물이 아래로부터 도관으로 들어가도록 해야 한다; 이렇게 하면 일부 입자가 큰 부유물이 배수관에 도달하기 전에 물에서 침전된다.

토심 심화 토심(土深, soil depth)이 얕은 곳에서는 지하수위(地下水位, water table)가 높고, 뿌리층 내의 배수가 개선되지 않으며, 흙무덤(mound)이나 둔덕(berm)을 쌓거나 바닥을 올림으로써 토심을 심화시킬 수 있다. 흙무덤은 비가 많이 올 때 지표 배수가 되도록 해주고, 동시에 통기성이 좋아 좀 더 나은 지하배수가 가능하도록 해준다. 적절한 지표 배수는 경사의 기부(基部, base)에 물이 축적되지 않도록 지표 유거수(runoff)를 멀리 보낼 수 있도록 설계되어야 한다. 유지관리를 잘 하지 않는 녹지에 있는 일단의 토양은 물리적인 지지와 영양 및 수분 공급을 충분하게 하지 못하므로, 수목은 수목당 토량(土量, soil volume)을 높이기 위해 간격을 더 넓혀야 한다.

흙무덤은 조경에서 주로 미적인 목적 때문에 가끔 조성된다. 그러나 경사는 조경가와 유지관리 인력 모두에게 독특한 문제를 야기하기 때문에, 정당한 사유가 있는 경우에 한해 인공적으로 도입되어야 한다. 경사로 인한 가장 흔한 문제는 강우나 관수로 인한 토양 침식이다. 관수할 때, 물은 토양 속으로 흡수될 수 있는 속도보다 보통 더 빨리 뿌려진다; 이는 침식뿐만 아니라, 상단에서는 수분이 부족하고 기부에서는 과습한 고르지 못한 수분 분포로 이어진다.

흙무덤은 평지에서 수목만으로 된 것보다 더욱 효과적인 방음벽(防音壁, sound barrier)이다. 이 흙무덤이 잔디 단독보다 수목으로 피복해야 한다면, 좀 더 쉬운 방법은 평지에 키가 더 큰 수목을 조성하는 것이다.

흙무덤은 교목이나 관목이 전체 깊이를 뿌리층으로 활용할 수 있도록 매우 균일한 토성으로 이루어져야 한다. 만약 표토가 답압된 토양이나 토성이 다른 토양 위에 얇은 층으로 되어 있으면, 물은 흙무덤에서 자라는 수목이 이용할 수 있도록 흙무덤 안으로 거의 들어가지 않고, 표토를 통해서 경사의 기부로 흘러내릴 것이다.

토양 수분 상태 개선

사질토양의 수분보유력 향상은 보통 유기물을 혼합하는 방법으로 시도된다. 이 방법은 단기적으로는 효과적이지만, 유기물은 분해되기 때문에 이를 다시 대체해 주어야 한다. 앞서 살펴본 바와 같이, 수목이 있는 상태에서 유기물을 공급하면 뿌리 손상을 유발할 수 있다. 보다 나은 장기적 해법은 지표면 위에 멀치를 유지하고 수목의 필요에 따라 관수를 해주는 것이다(제13장 참조).

친수성 중합체(親水性重合體, hydrophilic polymer)가 토양과 배합토(配合土, soil mix)의 수분보유력을 증대시킬 수 있다는 가능성 때문에 원예가들의 관심을 끌어왔다. 수화겔(水化-, hydrogel)은 순수(純水, pure water)를 자체 중량의 1,500배까지 흡수할 수 있다(Johnson, 1984). 향상된 수분보유력은 관수 간격을 연장시켜 주기 때문에, 조경수 생산으로부터 녹지 수목 관리에 이르기까지 전 단계를 통해 수목에 크게 도움이 된다.

초기의 하이드로겔은 수명이 짧고, 비싸고, 효과의 변이가 심하였다. 지금은 몇 가지 유형의 하이드로겔을 이용할 수 있다. 전분과 요소기반(urea-based) 중합체는 미생물 분해(microbial degradation)에 의존하는 반면, 가교(架橋, cross-linked) 폴리아크릴아미드(polyacrylamide)는 더 오래 작용한다(Walmsley, 1989). 하이드로겔은 건조된 가루로 토양과 혼합될 수도 있고, 수분 현탁액(水分懸濁液, water suspension)으로 토양에 주입될 수도 있다.

하이드로겔을 사용한 결과는 용기와 노지에 자란 수목 모두에 대해 엇갈린다(Walmsley, 1989; Bowman 등, 1990). Walmsley는 중합체들이 많은 녹지 수목과 과수원 사과나무에서 식재 수목의 생장과 신초생장을 증대시켰다는 보고서를 인용하였다. 또한 그는 리버풀(Liverpool) 도심에서 중합체가 흰팥배나무(*Sorbus aria*)와 버즘단풍나무(*Acer pseudoplatanus*)의 생장에 효과가 없었다는 Gilbertson (1987)의 연구도 인용하였다. Sandell과 Kube(연도 미상)는 되메우는 흙에 혼합된 두 가지 하이드로겔(유형 불명)로부터 호주 중부에 식재된 코랄유칼리(*Eucalyptus torquata*)의 생존과 생장에 대한 도움을 얻지 못했다.

리버풀에서 Walmsley(1989)는 2년생 버즘단풍나무 나근묘를 거친 모래나 이탄이끼:거친 모래 혼합 토양이 담긴 15ℓ(4갤런) 용기와 토양으로 되메우기를 한 노지에 각각 이식하였다. 분말로 된 중합체를 용기 및 노지 토양과 0.004:1 (부피 기준)의 비율로 혼합하였다. 중합체로 개량된 토양의 수목이 총 건중량(乾重量, dry weight)과 신초 길이에서 더 크게 증가하였으나 통계상으로 유의하지는 않았다. 가장 흥미로운 것은 세 가지 실험에서 모두 중합체 처리 수목의 뿌리 건중량이 중합체를 혼합하지 않은 것의 두 배였다. 지상부는 중합체 첨가로 5~45% 증가하였으나, 그 증가는 유의하지 않았다. Walmsley가 중합체 처리 토양에서 이러한 뿌리 생장을 처음으로 보고하였다.

피트-모래 배합토에 중합체를 혼합한 결과 용기에서 자란 수목에 대한 가용 수분량과 시들기 전의 일수(14일에서 28일로)가 두 배로 증가하였다(Walmsley, 1989).

수목의 가용수분 증가에 미치는 하이드로겔의 효과에 관한 다양한 보고서는 토양의 차이, 용질(溶質, solute)의 영향, 관수하는 물의 질 등이 그 원인일 수 있다. 토양용액이 농축될수록 하이드로겔이 흡수할 수 있는 양은 작아진다(Woodhouse, 1989; Bowman 등, 1990). 하이드로겔은 비료성분이 없는 모래와 혼합했을 때 가용수분이 가장 크게 증가하였다. 반면, 비옥하고 경수(硬水, hard water; Ca와 Mg 농도가 높은 물)로 관수되는 염류토양(鹽類土壤, saline soil)에서 효과가 가장 적었다. Bowman 등은 수화를 75% 저감시키는 질산칼륨(potassium nitrate) 양의 두 배에 상당하는 요소에 의해서도 겔 수화(水化, hydration)가 영향을 받지 않는다는 것을 발견하였다.

조경수목의 생산과 조기 생장에서 항상 선호되는 높은 비옥도가 하이드로겔의 수화에 부정적으로 작용할 수도 있다. 중합체 사용에 관심이 있다면, 중합체가 사용될 조건 하에서 시험을 해보는 것이 현명할 것이다. 그리고 질소가 필요하다면 요소를 첨가하라.

습윤제 일부 사람들은 물의 표면장력(表面張力, surface tension)을 낮추는 습윤제(濕潤劑, wetting agent)가 토양 내부로의 수분 침투를 향상시킨다고 생각한다. **관개수에 습윤제를 첨가함으로써 수분 침투가 증가될 수 있는 토양 여건은 거의 없다.** 수분의 침투를 지연시킬 수 있는 용액은 많이 있다. 침투율(浸透率, infiltration rate)은 토성, 구조, 피복, 알칼리도의 차이; 층위를 제한하는 심토(subsoil); 유지관리 관행 등이 다르기 때문에 차이가 많다(Oster와 Singer, 1984).

습윤제에 반응할 수 있는 투수 문제는 뜨거운 산불이 발생한 토양이나 유기물이 풍부한 토양에서 발생한다(James Oster, University of California, Riverside, 1990, 개인적인 정보). 유기물이 많은 토양, 특히 용기 내 토양과 건조된 잔디 대치(thatch)는 습윤제를 첨가하지 않으면 다시 젖게(rewet) 하기가 극히 어렵다. 그러나 습윤제가 광물질 토양(鑛物質土壤, mineral soil)의 침투율을 향상시킬지는 의문이다.

만약 습윤제가 침투율을 향상시킬 것이라고 생각되면, 넓은 지역에 적용하기 전에 습윤제의 효과를 확인하기 위한 실험을 하라. 대부분의 가정에서 사용하고 있는 접시닦이용 세제(洗劑, detergent; 예 - Joy®나 Ivory® 용액)가 가장 효과적인 습윤제이다.

토양개량제 토양개량제(土壤改良劑, soil conditioner)는 토양의 물리적 여건을 유리하게 바꾸기 위해 오랫동안 연구되고 있다. 초기의 합성 중합체(Krilium®이 가장 유명하였다)는 토양 구조를 안정화시키는데 효과적이었다. 이들 중합체는 사용하기 어렵고 상업적인 농민들에서는 너무 비쌌다(Oster와 Singer, 1984).

최근, 상대적으로 소량의 개량제를 사용하여 토양의 상태를 개량하는 것을 보증하는 수용성(水溶性, water-soluble) 중합체가 활용가능하게 되었다(Helalia와 Letey, 1988). 새로운 중합체는 토양 트렌치(soil trench)로 또는 관개수에 섞어 뿌리면 가장 효과적이다(Wallace와 Nelson, 1986). 이들 화합물에 대해 제시된 기대 편익의 일부는 너무 좋아서 사실이라고 믿기가 힘들 정도이다. 새로운 중합체가 처음 말한

표 7-6 토양의 화학적 문제를 변경하고 관리하는 지침

분석	문제	처리
강한 산성 pH(pH < 5.5)	일부 원소, 주로 알루미늄과 망간이 유독해진다.	1. 칼슘을 함유하고 있는 물질(예: 석회석, 백운석)을 처리하라. 2. 토양 속으로 섞어주어라. 3. 식재하기 전에 토양에 대한 관개와 건조를 몇 차례 반복하라.
알칼리 토양(pH 7.5~8.2, 나트륨흡착비(SAR) < 0.6, 불용성 탄산 없음)	철, 아연, 망간의 가용성이 감소한다; 민감한 수목은 결핍 증상을 나타낸다.	1. 산성화시키는 물질(예: 황)을 반복적으로 처리하라. 2. 산을 형성하는 비료를 사용하라. 3. 토양에 적응할 수 있는 수종을 활용하라. 4. 결핍증상을 치유하기 위해 필요한 원소(예: 황산철, 황산아연)를 처리하라.
석회질 토양(불용성 탄산을 함유하고 있고, pH 7.0~7.8, SAR < 6.0)	상기 알칼리 pH와 유사; 민감한 수목의 석회에 의한 황백화현상 발생	1. 저항성 있는 수종을 선정하라; 결핍증상을 치유하는데 필요한 양의 미량원소를 제공하라.
나트륨 또는 알칼리 토양(SAR > 6.0, 또는 ESP > 10.0, pH > 8.3)	토양 구조가 나트륨에 의한 콜로이드의 분산(分散, dispersion)으로 파괴된다; 배수가 불량하고 수목에 대한 나트륨 독성이 나타난다.	1. 용탈을 방해하는 불투수층이나 높은 지하수위를 점검하라. 2. 석고(石膏, gypsum)를 토양 속에 혼합하라. 3. 용탈을 위한 관수를 몇 차례 실시하라.
염류 토양(Ec > 4.0, 식재하는 수종에 따라 차이가 있다)	민감한 수목에게 염류 독성: 발육 장애, 황화현상, 엽소, 낙엽, 고사 현상 발생	1. 적절한 토양 배수를 확보하라. 2. 염이 수목의 뿌리층 아래로 이동하도록 대량의 관수를 몇 차례 실시하여 용탈시켜라.
붕소 과다(토양 붕소 > 1.0ppm	염류토양과 동일	염류토양과 동일
염료물 과다(토양 염소 > 250ppm 또는 7meq/ℓ)	염류토양과 동일	염류토양과 동일
나트륨 과다(Na > 10meq/ℓ, 또는 230ppm)	염류토양과 동일	염류토양과 동일 토양에 혼합된 석고가 용탈을 도와줄 것이다.

효과를 발휘한다면, 녹지 토양은 이들로부터 다양한 편익을 얻을 수 있을 것이다. 이들 중합체를 사용하고 싶다면, 넓은 지역을 처리하기 전에 반드시 자신이 처한 것과 같은 여건하에서 이들을 시험해 보아야 한다.

7.2 토양의 화학적 성질 변경

녹지 관리자들이 바꾸고 싶어 하는 토양의 화학적 특성은 pH, 염도, 알칼리, 붕소나 염화물(鹽化物, chloride) 같은 특정의 유독한 이온 등이다(표 7-6). 처리를 시도하기에 앞서 구체적인 문제를 확인하기 위해 해당 토양을 검사하여야 한다(제4장 토양 표본추출과 토양분석 참조).

토양 반응 조절

토양이 과도하게 산성이거나 알칼리성이면, 석회(石灰, lime)를 혼합함으로써 토양 pH를 높일 수도 있고, 황(黃, sulfur)을 혼합함으로써 낮출 수도 있다. 필요한 석회나 황의 양은 토성(soil texture), 유기물, 사용되는 재료, 조절할 pH의 정도 등에 따라 다르다. 토양이 미세할수록 그리고 유기물 함량이 높을수록 동일한 pH를 변경하기 위해 추가해야 할 개량제는 더 많이 필요하다.

일반적으로 탄산칼슘(calcium carbonate)이나 탄산석회고토(炭酸石灰苦土, calcium magnesium carbonate; 백운석/白雲石, dolomite)로 구성된 석회석분말(石灰石粉末, ground limestone)이 토양 pH를 높이는데 사용되고 있다

표 7-7 지표 20cm(8인치)까지 산성토양의 pH를 6.5까지 올리는데 필요한 가늘게 간 석회석[a]의 대략적인 양

	100m²당 석회석 양(kg)[b,c]					
희망하는 pH 변화	사질토양	사질양토	양토	미사질양토	식양토	멀치
4.0에서 6.5로	130	250	350	420	500	950
4.5에서 6.5로	110	210	290	350	420	810
5.0에서 6.5로	90	170	230	280	330	630
5.5에서 6.5로	60	130	170	200	230	430
6.0에서 6.5로	30	70	90	110	120	220

출처: USDA Handbook 18과 19(Dickey, 1977).
[a]또는 백운석.
[b]lb/1000ft²로 개략적으로 환산하기 위해서는 kg/100m²를 두 배하라.
[c]상당량의 유기물을 함유한 토양에 대해서는 석회석의 양을 식토 토양에 대해서는 15%, 사질토양에 대해서는 50%까지 늘려라.

표 7-8 탄산이 없는 토양의 지표 20cm(8인치)까지 산성도를 높이기 위해 필요한 황의 대략적인 양

	100m²당 황의 양(kg)[a]		
희망하는 pH 변화	사토	양토	식토
8.5에서 6.5로	100	125	150
8.0에서 6.5로	60	75	100
7.5에서 6.5로	25	40	50
7.0에서 6.5로	5	8	15

출처: California Fertilizer Association, *Western Fertilizer Handbook*, 7판, 1985.
[a]lb/1000ft²로 개략적으로 환산하기 위해서는 kg/100m²를 두 배하라.

(**표 7-7**). 생석회(生石灰, quick lime; 산화칼슘과 산화마그네슘)와 소석회(消石灰, slaked lime; 수산화칼슘과 수산화마그네슘)는 석회보다 더 빨리 작용하지만 더 비싸고 취급하기 어렵다. 작은 석회석 입자는 큰 입자보다 떠 빨리 pH를 높일 것이다. 석회는 토양에 균일하게 뿌려져야 하며, 수목이 없으면 지표로부터 5~10cm(2~4인치) 이상 깊이에서 섞어주어야 한다. 필요한 경우, 식재에 앞서 부지를 준비할 때 석회를 토양 속으로 혼합해 주는 것이 좋다. 높여진 pH(5.5 이상으로)는 토양구조를 증진시키고, 인(phosphorus)과 몰리브덴(molybdenum)을 높여주고, 가용성 망간과 알루미늄의 유해한 수준을 낮추고, 미생물 활동을 제고시켜 준다.

나무 재(wood ash)는 탄산칼슘의 약 35%에 상당하기 때문에, 산성토양을 중화시키는데 탄산칼슘의 30~50%의 효과를 나타낸다(American Horticultural Society, 1980). 활엽수의 재는 침엽수 재보다 칼슘 함량이 약 1/3 정도 더 높다. 또한 칼륨(potassium) 함량도 30%에 달해 산성토양에서 칼륨 공급원으로 활용될 수 있다(제12장 참조). 나무재는 알칼리 토양에 직접 적용할 수는 없지만, 유기산(有機酸, organic acid)이 토양의 알칼리성을 떨어뜨리기 때문에 낙엽이나 다른 유기물과 함께 발효시켜 퇴비로 만들 수 있다.

알칼리 토양은 보통 농업용 황(**표 7-8**)이나 황산철(黃酸鐵, iron sulfate), 황산알루미늄(aluminum sulfate)과 같은 황 함유물질(**표 7-9**)을 적용하여 산화시킨다. pH를 낮추기 위해 필요한 황의 양은 주로 토양 내 탄산염(炭酸鹽, carbonate)의 함량에 영향을 받는다. 어떤 토양의 탄산염 함량이 높으면, 원하는 pH에 도달하는데 필요한 황의 양을 정확하게 결정하기 위해 분석을 해야 하는데, 토양 표본을 채취하는 방법은 제4장에 기술되어 있다. 탄산염이 너무 높으면, pH를 낮추는 것이 비현실적일 수도 있다. 곱게 간 먼지 모양으로 물에 쉽게 젖는 황은 거친 농업용 황보다 빠르게 작용하지만 가격이 더 비싸다. 석회와 마찬가지로, 황도 토양에 고루 뿌린 다음 가능하면 지표 아래 5~10cm(2~4인치) 이상의 깊이로 섞어주는 것이 좋다. 황산(黃酸, sulfuric

표 7-9 특정 개량제와 비료의 상대적인 산성화 효과

자재	100g의 황에 상당하는 무게(g)	100g의 자재에 의해 중성화된 탄산칼슘의 양(g)	질소 100g당 자재를 중성화시키기 위해 필요한 탄산칼슘의 양(g)
황(sulfur)	100	312	–
황산(sulfuric acid)	306	104	–
석고(gypsum)	538	58	–
황산알루미늄(aluminum sulfate)	694	45	–
황산철(iron sulfate)	869	36	–
무수암모니아(anhydros ammonia)	212	148	180
황산암모늄(ammonium sulfate)	283	110	530
요소(尿素, urea)	439	71	160
질산암모늄(ammonium nitrate)	503	62	180
액체암모니아(aqua ammonia)	867	36	180
과린산석회(superphosphate)	–	0	–
대부분의 칼륨염(potassium salt)	–	0	–
질산칼슘(calcium nitrate)	(1,560)[a]	(20)[b]	(130)
질산칼륨(potassium nitrate)	(1,357)	(23)	(180)

출처: California Fertilizer Association, *Western Fertilizer Handbook*, 7판, 1985.
[a]알칼리 반응; 황 100g을 중화시키기 위해 필요한 자재의 양(g).
[b]알칼리 반응; 탄산칼슘의 양과 동등한 양.

acid)은 토양 pH를 낮추는데 매우 효과적이지만, 이를 사용한 주변 지역에서 광범위한 뿌리 손상이 발생하기 때문에 권장되지 않고 있다(Watson 등, 1991).

알칼리 토양의 pH(pH 8.3 초과, 나트륨흡착비/SAR 6.0 초과)는 다음의 나트륨(sodic) 토양과 염류-나트륨 토양(saline-sodic soil)의 교정에 기술되어 있는 바와 같이 석고를 혼합하거나 용탈을 통해 낮출 수 있다.

염류토양의 교정

염은 관수하는 물, 높은 지하수면(地下水面, groundwater table), 해빙염, 기존의 염 침전물 등으로부터 토양 속에 축적될 수 있다(제4장 토양 염분 참조). 관수하는 물이 토양에 깊이 침투하지 않으면, 그 물에 함유된 염의 대부분이 지표 부근에 남아 있을 것이다. 지하수는 일반적으로 지표에 관수하는 물보다 더 많은 염을 함유하고 있다. 지하수면이 지표면에 가까이 위치해 있으면, 증발과 수목의 이용 때문에 물의 일부가 위로 이동한다. 이러한 상황이 발생함에 따라 지표 토양의 염 함량은 증가하게 되고, 수목의 생장은 감소될 수 있다. 질이 좋은 토양은 한 생육기 안에 염류토양이 될 수 있다.

대부분의 염류토양은 양질의 물을 이용하여 염을 용탈시켜 수목의 뿌리 아래에 있는 토양으로 깊이 이동시킴으로써 교정할 수 있다(**그림 7-10**). 관수되는 각각의 지역이나 분지(盆地, basin)는 최소의 물로써 균일한 용탈 효과를 얻을 수 있도록 고르게 정지하는 것이 좋다. 적절한 배수도 중요하다. 자연 배수가 부적절한 경우, 도관이나 개방식 배수(open drain) 설치를 고려해야 한다. 불량한 토양배수가 과도한 나트륨(나트륨흡착비[SAR] > 6.0)에 기인한 것이라면, 다음 항인 나트륨과 염류-나트륨 토양의 교정에 기술된 방법에 따라 처리하라.

식수대, 용기, 토양이 얕은 상(bed)은 염 축적에 취약하다. 부피와 깊이가 제한된 토양은 염이 유해한 수준까지 증가하는 것을 방지하기 위해 자주, 그리고 충분한 급수가 필요하다.

통상적인 관수 방법은 어느 정도 용탈을 가져오는데, 이는 토양수에 있는 염의 축적을 줄일 수는 있어도 없애지는 못한다. 토양 염도를 안전한 수준으로 저감시키기 위해 공급해야 하는 물의 양은 주로 물의 염도와 수목의 민감성에 따

그림 7-10 이 부지는 염류토양으로 녹지가 쇠퇴하고 있었다(위 왼쪽). 염류토양 아래에 투수 속도가 느린 층이 있어 배수에 어려움이 있었다. 용탈에 앞서 배수를 개선하기 위해 녹지 전반에 걸쳐 투수 속도가 느린 층을 통과하는 격자형태의 도랑을 팠다(위 오른쪽). 용탈 후, 녹지에는 수목이 식재되고 건강한 녹지가 조성되었다(아래 왼쪽).

표 7-10 상이한 내염성 수목에 대해 안전한 염분 수준을 유지하기 위해 필요한 물의 양(증발산된 물에 대한 퍼센트)

	수목의 내염성		
관개수의 염도 ECw(dS/m)[a]	높다 (최대 10dS/m)	중간 (최대 5–8dS/m)	낮다 (최대 3dS/m)
0(염이 없다)	100	100	100
0.5	105	106~111	120
1.0	111	115~125	150
2.0	125	125~166	300
4.0	166	200~500	

출처: Bernstein, 1964.
[a]전기전도도는 미터당 데시지멘(dS/m)으로 표시되었다; 1dS/m는 1mmho/cm(센티미터당 밀리모/millimho)와 동일하다.

라 차이가 있다. 일반적으로, 중립질 토양(中粒質土壤, medium-textured soil) 10cm(4인치)당

5cm(2인치)의 관개수(灌漑水, irrigation water)가 염의 1/2을 용탈시키고
10cm(4인치)의 관개수가 염의 4/5를 용탈시키고
20cm(8인치)의 관개수가 염의 9/10를 용탈시킨다.

토양 염도가 식물이 견딜 수 있는 수준까지 낮아진 후에는, 토양 염도가 안전한 수준에서 유지될 수 있도록 하기 위해 물은 수목이 사용되는 양보다 많이 공급되어야 한다. 관개수의 염도가 높을수록, 그리고 수목의 염에 대한 감수성이 클수록 더 많은 물이 공급되어야 한다(**표 7-10**). 예를 들면, 내염성이 중간 정도인 수목은 수분의 염도가 2.0dS/m인 경우, 증산(蒸散, transpiration)하는 물의 125~166%가 공급되어야 한다. 30mm(1.2인치)가 증산된다면, 해당 수목은 38~50mm(1.5~2인치)의 물(30mm 곱하기 1.25~1.66)이 관수되어야 한다. 이렇게 하면 토양 염도가 안전한 수준(5~8dS/m 이하)에서 유지될 것이다.

염도가 높은 물의 영향은, 뿌리층의 평균 염분 함량이 증가하지 않도록, 용탈의 량을 늘려서 상쇄할 수 있다고 일반적으로 알고 있다. 미국염분실험실(U.S. Salinity Laboratory)

은 자주개자리(alfalfa)의 수확량(그리고 아마 다른 작물도)은 평균 토양 염도가 아니라 관수되는 물의 염도에 의해 주로 결정된다는 것을 보여주었다(Bernstein과 Francois, 1973). 실험상의 수확은, 용탈이 일어나는 양과는 무관하게, 관수되는 물의 염도가 증가함에 따라 감소하였다. 이러한 사실을 고려하면, 염도가 높은 배수되는 물을 염분이 낮은 관개수와 혼합하는 것은 재평가되어야 한다. 수확이 고려사항이 아닌 자생 녹지에서는 염류 수분으로 생장이 감소하더라도 수목의 외관이 만족스러우면 바람직할 수도 있다.

관개수가 민감한 수목이 견딜 수 있는 염도를 초과할 수도 있다. 전도도가 4dS/m인 관개수는 양버들(*Populus nigra* 'Italica')과 같은 특정 수종의 치명적인 수준 이하로 토양 염도를 낮출 수가 없다. 또한 관개수의 염도가 높으면 민감한 수목이 필요로 하는 수분량으로 용탈시킨다는 것은 비현실적이다. 왜냐하면 적절한 용탈을 위해 필요로 하는 많은 양의 물은 염분만큼이나 유해할 수 있기 때문이다.

토양 내 염분 축적을 줄일 수 있는 다른 방법도 있다. 고농도비료(high-analysis fertilizer)가 토양 염도를 최소한으로 높이면서 적절한 양분을 공급한다. 예를 들면, 100m²당 질소 2kg(4lb/1000ft²)을 공급하기 위해서는 100m²당 20kg(40lb/1000ft²)의 10-6-6 비료가 필요하지만, 요소(尿素, urea; 질소 함량 45%)는 6kg(8.9lb/1000ft²)면 충분하다. 지표 멀칭은 증발을 감소시켜 염의 지표면 축적을 줄여준다. 멀칭 재료가 목재 칩, 수피, 기타 유기물이면, 두께가 작아도 5cm(2인치)는 되어야 한다. 스피링클러 관수를 실시할 때에는 멀칭 재료들이 낮은 곳으로 떠내려가지 않도록 주의해야 한다.

천근성(淺根性, shallow-rooted) 수목의 뿌리층에 염이 집중되는 것을 최소화하기 위해 지표 토양에 염이 축적되도록 조장할 수도 있다. 염은 보통 식재지의 높은 곳에 축적되기 때문에, 염이 뿌리층에서 멀리 축적되도록 하기 위해 수반관개(水盤灌漑, basin irrigation)와 고랑관개(-灌漑, furrow irrigation)에 사용되는 두둑을 조성할 수 있다(**그림 7-11**). 그러나 강우량이 적으면 이러한 염을 뿌리층으로 이동시킬 수 있기 때문에, 충분한 비가 오지 않으면 대량의 관수가 필요할 것이다. 일부 녹지에서는 합리적인 수준의 유지관리를 통해 만족할만한 생장과 외관을 유지하기 위해서 상대적으로 내염성이 높은 수종을 선정할 필요가 있다(Bernstein, 1964; Maire와 Branson, 1972).

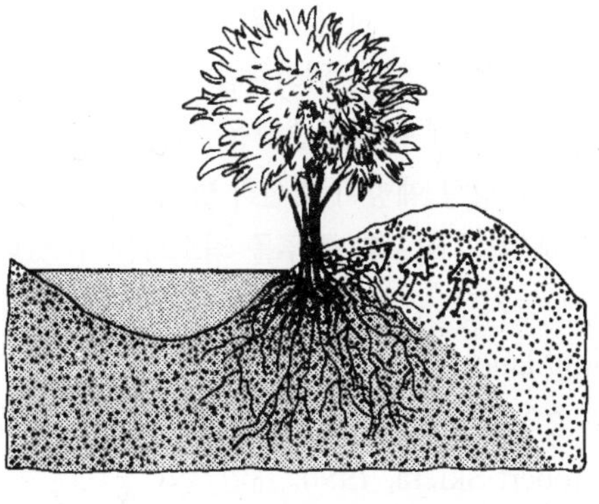

그림 7-11 대부분의 잉여 염분은 두둑의 상단에 축적되기 때문에, 소관목은 뿌리층에 염의 축적을 최소화하기 위해 이랑의 바닥이나 측면에 조성한다.

해빙염 도로와 보도의 해빙(解氷, deicing)을 위해 수백만 톤의 염화나트륨(sodium chloride)이 매년 겨울 미국에서 사용되고 있다. 1989년 밀워키(Milwaukee, WI)에서는 38,000MT의 염이 2,240km(1,400마일)의 도로에 뿌려졌다; 이는 도로의 주행미터(running meter)당 17kg(11lb/주행피트)에 해당한다(Robert Skiera, Milwaukee, WI, 1990, 개인적인 정보).

염은 보통 분포의 균일성을 높이고 마찰력(traction)을 향상시키기 위해 모래나 화산재(volcanic cinder), 기타 모래 유사물질과 혼합된다. 이러한 염이 도로에 뿌려지지만 이들 대부분은 결국 토양 속으로 들어가 수목과 접촉하게 된다. 녹은 눈과 지표를 흘러가는 빗물은 이러한 염을 도로를 따라 낮은 지역으로 운반한다. 염은 눈을 치울 때 도로를 벗어나고 고속도로를 따라 발생하는 난류성(亂流性, turbulent) 안개로 인해 상당한 거리까지 표류한다. 따라서 토양 내 그리고 수목에 영향을 미치는 염의 양과 수목 손상의 강도는 도로와의 거리가 멀어짐에 따라 통행 속도가 느림에 따라 통행량이 감소함에 따라 낮아진다(Lumis 등, 1973). 뉴햄프셔(New Hampshire)에서 Rich(1971)는 염의 영향을 받는 대부분의 수목은 도로로부터 9m(30피트) 이내에 있었다는 것을 발견하였다.

매년 반복적인 염의 살포로 인한 영향은 뿌려진 염의 양, 수목에 불어 닥치거나 유거수(runoff)에 의해 축적된 양, 토성과 배수, 강우량 등에 따라 다르다. 메인(Maine)에서 Huchinson(1968)은 도로로부터 거리에 차이를 두고 15~20cm(6~8인치) 깊이의 토양을 분석하였다. 염을 살포한 후 최초 5년 이내에는, 대부분의 나트륨과 염소 증가는 도로로부터 5m(15피트) 이내에서 발생하였다. 그러나 18년 후에는 그 수준이 훨씬 높아졌고 범위도 도로로부터 최소 15m(45피트)까지 확대되었다. 15m 지점의 농도는 2m(6피트) 지점의 약 절반 정도였다.

염화칼슘은 먼지 발생을 줄이기 위해 흙/자갈길에 사용되기도 한다. 해빙염과 마찬가지로, 염화칼슘도 빗물 유거수,

튀기는 진흙, 통행하는 차량에 의한 난기류 등에 의해 인근 식생으로 이동될 수 있다. 염화칼슘은 염화나트륨만큼 유독하지 않지만, 수목에 유사한 손상을 초래한다.

예외 없이, 항상 예방이 최선의 방법이다. 차도와 식수대 조성을 통해 염의 살포와 침투를 최소화할 수 있다. 밀워키의 조성된 녹지로 구분된 도로(divided road)에서 차선(車線, driving lane)은 중앙분리 식수대 쪽으로 기울어져 있으며, 물은 중앙분리대 아래에 있는 공동 빗물 배수구로 빠져나간다(Robert Skiera, 1990, 개인적인 정보). 중앙분리 식수대의 표면은 약간 볼록하게 되어 있고, 중앙분리대마다 스프링클러 관수시스템이 설치되어 있다.

염수(鹽水, salty water)는 도로로부터 중앙 빗물하수구로 흘러들어간다. 밀워키에서는 항상 땅이 동결되는데, 봄에 땅속이 녹기 전에 살포된 염을 함유하고 있는 눈이 녹는다. 스프링클러는 잔디를 포함한 대로변 녹지로부터 염분이 있는 눈과 염을 최종적으로 씻어내기 위해 가동된다. 다음으로 관개를 통해 토양에 남아 있는 염을 대부분 용탈시킨다. 식수대의 가장자리를 보도보다 약간 높게 하여 염이 보도의 식수대로 들어가는 것을 최소화시킨다. 관개시스템 비용은 염 제거작업과 항상 있는 한여름 가뭄에 대한 관개에 동등하게 배분된다.

잎과 가지에 침전된 염은 염이 축적되고 난 다음 충분한 비가 오지 않을 경우, 정원용 호스(garden hose)나 고압 분무기를 이용하여 씻어내면 된다. 크게 손상된 수목의 일부는 잘라내는 것이 좋다. 배수가 적절하거나 잘 되는 토양에서는 많은 양의 물을 공급하여 염을 용탈시킬 수 있다(제13장 참조). 여름에 관수를 자주 해주면, 토양 내 염의 축적을 낮게 유지할 수 있다.

Ben-Jaacov 등(1980)은 해풍(海風, onshore wind)의 풍속이 시간당 22km(13마일)를 넘을 때 나무 위에 설치한 스프링클러 시스템을 가동하면 협죽도(夾竹桃, *Nerium oleander*)의 엽소(葉燒, leaf scorch)를 예방할 수 있었다. 수목에 대한 관수가 잘 되고 있더라도, 스프링클러로 씻어주지 않은 잎은 한 번의 건조한 강풍에 의해서도 심각하게 손상되었다. 스프링클러로 시간당 50mm(2인치)의 물을 뿌렸으며, 바람이 임계 속도 이하로 떨어진 다음 5분간 계속했다. 살포 강도를 좀 더 낮추더라도 효과는 비슷할 것이며, 물의 사용량과 토양의 침수 가능성은 줄일 수 있을 것이다. 스프링클러는 바람에 날리는 물을 줄이기 위해 큰 방울로 떨어뜨리는 것이 좋다.

염의 피해를 최소화하기 위한 장기적인 대책이 더욱 효과적이다. 상대적으로 내염성이 높은 수종을 선정하되, 토양 내 염에 저항성이 있는 수종이 잎에 뿌려지는 염에 저항성이 약할 수도 있고, 반대의 경우도 있다는 것을 고려해야 한다. 염을 살포하는 포장된 지역과 인접한 식재 지역을 완만하게 경사지게 하고, 지표로 배수되는 물이 근처의 수목에 축적되지 않도록 장애물을 설치해야 한다. 또한 해빙염 살포도 삼가고 필요할 때에만 하도록 한다. 수목 근처에 있는 포장 속으로 스며드는 것을 줄이기 위해서는 가능하다면 모래, 화강풍화토(花崗風化土, decomposed granite), 톱밥 등을 사용하라. 수목은 겨울철 해빙염의 피해를 받기 전에 생육기 전반에 걸쳐 생장할 수 있도록 봄에 식재하라. 높은 나트륨 함량으로 토양의 구조가 악화되어 있을 경우, 구조와 배수를 향상시키고 용탈이 용이해지도록 석고(石膏, gypsum)를 공급하라. 해안가 식생에 대한 염분 분무에 관한 고찰은 제3장을 참고하라.

나트륨 토양과 염류-나트륨 토양의 교정

나트륨(또는 알칼리) 토양은 토양 입자의 분산을 유발하는 치환성 나트륨이온(exchangeable sodium [Na] ion)의 수준이 높다. 문제는 치환성 나트륨 백분율(exchangeable sodium percentage, ESP)이 15%를 초과하거나 나트륨 흡착비(sodium adsorption ratio, SAR)가 6보다 큰 경우에 중립(medium) 또는 세립질(fine-texture) 토양에서 예상할 수 있다. 염류-나트륨 토양은 전기전도도가 4.0dS/m 이상이다.

나트륨은 토양 미셀(micelle, 교질[膠質] 입자)로부터 토양용액(土壤溶液, soil solution)으로 치환되지 않으면 용탈되지 않는다. 가장 일반적인 방법은 나트륨을 칼슘으로 치환하기 위해 석고($CaSO_4$)를 혼합해 주는 것이다. 이렇게 하면 나트륨이 황산염(黃酸鹽, sulfate)과 결합하여 가용성 염인 황산나트륨($NaSO_4$)을 형성함으로서 앞써 설명한 바와 같이 뿌리층 아래로 용탈될 수 있게 된다. 석고는 곱게 갈아서 용탈 처리를 하기 전에 토양 속으로 완전히 혼합해 주어야 한다. 나트륨 토양을 교정하기 위해서는 많은 양의 개량제가 필요하다. 석고의 경우 헥타르당 수 톤이 필요할 수도 있다. 해당 토양에 대해 필요한 석고의 양은 실험실 시험에 의해 결정될 수 있다.

다량의 석회($CaCO_3$)와 탄산수소나트륨(sodium bicargonate, $NaHCO_3$)이 같이 존재하는 경우, 황과 황산(sulfuric acid)이 효과적인 것으로 나타났다. 황이 박테리아에 의해 황산으로 바뀌면서 박테리아가 활동하기 좋은 환경(따뜻하고 다습)이 된다. 다음으로 황산은 석회와 반응하여 나트륨을 치환할 수 있는 칼슘이온을 공급한다. 이에 따라 황산나트륨($NaSO_4$)이 형성되고 용탈이 일어나게 된다.

이러한 토양에서 자라는 수목은 황과 석고를 이용한 개량에 도움을 준다. 즉, 뿌리가 이러한 물질들이 토양 속으로 이동하는 통로를 제공한다(Brady와 Weil, 1996). 유기물을 혼합하는 것도 토양 구조의 안정성과 침투율(浸透率, infiltration rate)을 제고시킴으로써 교정에 도움을 준다(Lax 등, 1994).

7.3 토양 유기물의 증대와 유지

제4장에서 살펴본 바와 같이, 토양의 물리적, 화학적, 생물적 성질의 대부분은 자체 유기물 성분에 의해 영향을 받는다. 유기물이 거친 상태(coarse state)에 있을 때, 분해가 진행되어 콜로이드 상태(colloidal stage)에 이르면 편익이 발휘된다(표 4-5 참조). 거친 상태에서 유기물은 토양의 용적비중을 낮추고 공극률을 높인다. 유기물의 분해가 진행되면, 토양 유기체에 대해 먹이 공급원이 되며 수목 생장에 필요한 양분을 배출한다. 콜로이드 상태에서는 유기물은 영양분(양이온치환능력)과 수분보유력을 증대시키고, pH 변화에 대한 토양의 완충지대 역할을 하며, 토양 입단을 형성하고 안정화시키는데 도움을 준다(**상자 7-1** 참조).

유기물의 여러 편익을 고려하면, 유기물을 토양 속에 혼합하거나(교정) 이를 지표면에 깔아주는 것(멀칭)이 광범위하게 실행되고 있다는 것은 놀라운 일이 아니다. 그러나 아쉬운 점은, 어떤 유형의 유기물이 적절한지, 필요한 양이 얼마인지, 유기물이 분해됨에 따라 언제 어떻게 보충해 주어야 하는지에 대한 관심이 부족하다는 것이다.

농업 역사의 전반에 걸쳐, 수확에 의해 제거된 양분을 순환시키기 위해 유기물을 토양에 첨가하여 왔다. 1900년대 중반 서방세계에서 화학비료 사용이 가능해지면서, 무기질 비료를 이용하여 양분을 보다 정확하게 공급할 수 있게 되었기 때문에, 유기물을 보충해 주는 것에 대해 관심을 덜 갖게 되었다. 수목이 무기영양(無機營養, mineral nutrition)을 적절하게 공급받고 있는 한, 유기물이 수목의 생장을 위해 필수적인 것은 아니다(Vetterlein과 Hüttl, 1999). 그럼에도 불구하고, 과거 10년 동안 토양의 질과 건강에 관한 지침에 나타나면서 더 많은 관심이 주로 토양 미생물과 토양 구조에 대한 토양 유기물의 편익에 집중되었다. 유기물을 저질의 토양에 혼합해 주면 토양의 생물적인 질과 수목 생장이 모두 향상될 수 있다(Garcia 등, 2000).

대부분의 개발 부지에서는 토양의 표토층이 제거되는데, 이때 대부분의 유기물도 함께 제거된다. 유기물은 분해되면서 토양이 가라앉고 이로 인해 구조물의 안정성 문제를 유발하기 때문에, 기술자의 관점에서 유기물층은 건물 부지에서 부적합한 층으로 간주된다. 자연계에서 유기물은 낙엽과 목질의 잔해가 축적되면서 보충된다. 대부분의 도시 녹지에서 낙엽과 잔해들은 긁어모아 다른 곳으로 버린다. 그러므로 도시토양은 일반적으로 교란되지 않은 토양에 비해 유기물 함량이 낮다.

토양 내 유기물 성분의 재조성은 천천히 진행되며, 유기물을 공급하고, 토양 유기체가 토양 내 번성하고, 유기물 입자를 부수고, 이를 토양 단면(土壤斷面, soil profile) 속으로 이동시키는데, **몇 년이 걸리기도 한다.** 토양을 준비할 때, 유기 개량제를 지표층의 회전 경운(rototilling)을 통해, 또는 식재 구덩이를 되메우는 토양에 혼합하는 방식으로 토양에 첨가해 줌으로써 척박한 토양이나 교란된 토양을 강화시켜 주게 된다.

유기 개량제나 멀치를 과도하게 사용하면 문제가 발생할 수 있다. 유기 개량제가 분해되면서 토양의 부피가 줄어들게 되는데, 이는 경사도와 식재 깊이 문제를 유발할 수 있다. 부적절한 혼합은 뿌리 발달과 배수를 저해하는 과도하게 습하거나 건조한 개량제 포켓(pocket)을 형성할 수 있다. 개량된 토양과 개량되지 않은 토양이 접촉하는 곳은 뿌리 생장과 배수에 부정적인 영향을 미칠 수 있다. 실험에 의하면, 되메우기 토양에 유기 개량제를 부피 기준으로 25~50% 혼합했을 때, 수목의 활착과 초기 생장에 편익이 나타나지 않았으며, 일부에서는 피해를 보이기도 했다(제8장 식재 구덩이[植栽-, planting hole] 준비 참조). 수간 주위의 두꺼운 멀치 층은 병해 문제를 유발하고 수피를 갉아먹는 설치류(齧齒類, rodent)의 은신처를 제공할 수 있다.

토양 유기물을 관리하는 계획이 해당 토양과 기후를 고려하여, 표준적인 유기물 수준보다 높지 않게 회복시켜주고 유지되도록 노력한다면, 가장 성공적이 될 것이다. 배수가 가장 잘 되는 광물질 토양은 토양 상위 15cm(6인치) 이내에 중량 기준으로 1~6%의 유기 탄소(有機炭素, organic carbon)를 함유하고 있으며, 대부분 토양의 전형적인 수준은 1~2%이다. 온난한 지역이나 건조한 지역의 토양은 낮은 범위에 속하는 경향이 있는 반면, 춥고 습한 기후에 속하는 토양은 높은 범위에 속한다. 지표층의 경우, 사질 토양이나 사막 토양에서는 유기탄소의 흔적 정도만 존재하는데 비해, 일부 산림의 A층은 20~30%까지 존재하기도 한다(Brady와 Weil, 1996).

Craul(1992)은 토양 미생물에 먹이를 제공하고 토양구조를 유지하면서도 토양 침하문제가 발생하지 않는 가장 적절한 수준으로 무게 기준으로 5%의 유기 개량제 적용을 권고한다. 유기 개량제에 대한 비율은 일반적으로 부피 기준으로 표시되고, 그 범위는 보통 25~66% 정도이다. 부피를 무게 기준으로 환산하기 위해서는 개량제와 토양의 용적비중(bulk density)과 함께 개량제의 유기탄소 함량을 알아야 한

상자 7-1

토양 유기 개량제에 어떤 일이 있어나고 있는가?

유기 토양 개량제가 토양에 첨가되면, 다양한 성분을 먹이로 사용하는 토양 유기체에 의해 분해된다. 토양 속에서 수목의 잔해가 분해되는 속도는 기후와 유기적 잔해의 성분에 의해 결정된다. 수목 세포의 성분인 설탕, 단백질, 전분 등은 빠르게 분해되는 반면, 구조적인 성분인 세포벽은 좀 더 천천히 분해된다.

토양 유기체들이 유기물질을 분해함에 따라 양분(NH_4^+, PO_4^{2-}, SO_4^{2-})은 무기화과정(無機化過程, mineralization)을 통해 방출되고, 부식화작용(腐植化作用, humification)을 통해 부식질(腐植質, humus)이 생성된다.

토양 유기물은 크게 세 부류로 그룹화할 수 있다: 활성적, 활성이 떨어진, 비활성적. 활성적인 토양 유기물은 상대적으로 회전 속도(回轉速度, turnover rate)가 빨라서 토양 내 유기물량을 유지하기 위해서는 정기적으로 보충해 주어야 한다. 비활성적인 부류는 주로 부식과 부식산(腐蝕酸, humic acid)으로, 토양 유기물의 약 60~90%를 구성하고 있다. 이는 더 이상의 부후가 진행되기 어렵다. 이들 두 극단적인 부류 사이에 분해가 천천히 일어나는, 활성이 떨어진 부류가 매우 적은 비중을 차지하고 있으며, 리그닌 함량이 높은 물질이다.

토양 개선제나 멀칭 재료용으로 유기물질을 선정할 때, 해당 수목의 잔해물, 이들의 분해 속도, 토양 유기물 부류에 대한 이들의 기여 등을 고려하여야 한다(표 7-3).

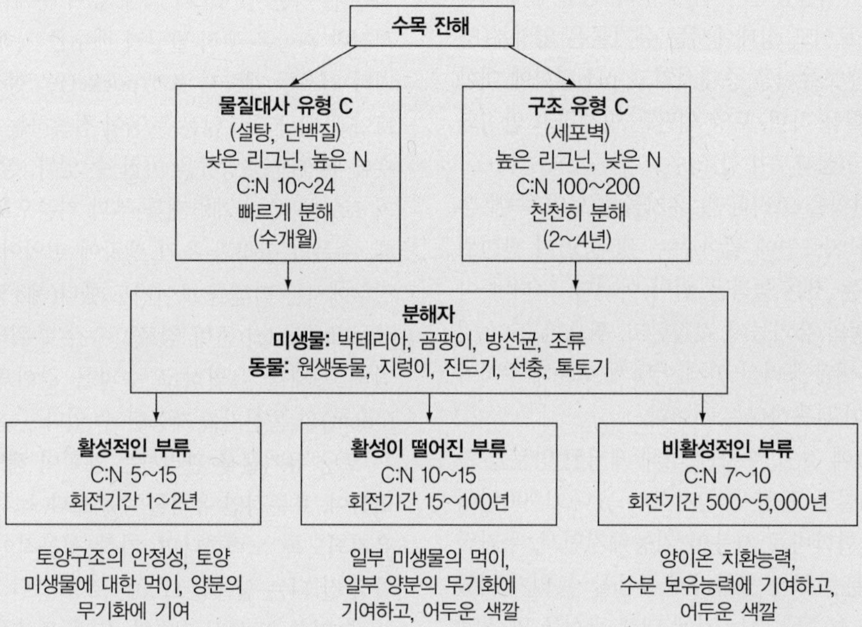

출처: Brady와 Weil, 1996.

다. 용적비중이 1.5g/cc인 토양과 용적비중이 0.6g/cc이고 유기탄소 함량이 50%인 퇴비를 50:50으로 혼합하면, 무게 기준으로 유기탄소가 14%인 토양이 된다. 무게 기준으로 유기탄소를 5% 수준으로 공급하고자 한다면 혼합되는 퇴비의 부피는 부피기준으로 약 15% 정도로 감소되어야 할 것이다. Craul(1999)은 부피기준으로 개량제가 10%이면, 일반적으로 무게기준으로 5%의 유기물을 공급하게 될 것이라고 제안한다.

식재지에 대한 개량이 필요한 경우에는, 개량제가 뿌리 깊이 전반에 걸쳐 혼합되어야 하며, 지표면을 멀칭해 줌으로써 분해되는 유기물을 지속적으로 대체해 줄 수 있을 것이다. 토양동물(soil fauna)은 토양 표면과 내부에서 멀칭 재료들을 작은 조각으로 부술 것이다. 멀칭 재료로는 천천히 분해되는 유기물을 사용하라.

유기 토양 개량제

도시 녹지에 사용할 수 있는 유기 토양 개량제는 여러 가지 유형이 있다. 대부분은 산업의 부산물, 전정이나 농사 작업에서 나온 녹색 폐기물, 하수 처리로부터 나오는 고체 폐기물 등이다. 이들은 입자의 크기, 분해 속도, 유기탄소 함량, 양분 함량, pH, 염도, 중금속 함량 등이 다양하다. 인기 있는 개량제에는 물이끼 이탄(sphagnum peat), 미국 삼나무

(redwood) 톱밥(sawdust), 가공하지 않은 전나무 수피, 낙엽, 목재 칩, 기타 고체 폐기물과 분뇨 등이 포함된 안정화된 혼합물 등이 있다. 제품들은 어떤 유기 폐기물이 가용하고 풍부한가에 따라 지역적으로 다양하다.

이탄 이탄(泥炭, peat)은 습지(濕地, bog)에 있는 식물의 잔해이다. 지속성, 유기물 함량, 수분보유능력은 이들이 유래한 식물에 따라 차이가 크다. 물이끼(peat moss/sphagnum)는 pH가 산성이고 수분보유능력이 크다. 갈대 퇴적 이탄(reed-sedge peat)은 섬유질이 많고 분해가 잘 되지 않는다. 수분보유력은 물이끼보다 낮다.

목재 톱밥과 대팻밥 톱밥(sawdust)과 대팻밥(shaving)은 수분침투성과 통기성은 개선시키지만 수분보유력은 약하다. 분해 속도는 목재의 유형에 따라 다르다: 소나무와 전나무는 수개월; 미국 삼나무, 삼나무(cedar), 사이프러스(cypress) 등은 수년이 걸린다. 탄질비(carbon:nitrogen [C:N] ratio)가 높기 때문에, 질소결핍이 발생되는 것을 피하기 위해서는 질소를 첨가해 주어야 한다. 정상적인 비율은 5~10g/m^2(1~2lb/1000ft^2)이다.

빻은 수피 빻은 수피(ground bark)는 상당한 수분보유력을 가지고 있고, 투수성과 통기성이 좋다. 둥근 모양은 답압 피해를 줄여준다. 빻은 전나무 수피는 수년간 존속할 것이다.

부엽토 부엽토(腐葉土, leaf mold)는 주로 발효된 낙엽으로, 토양과 혼합되어 있을 때도 있다. 이것은 높은 질소함량 때문에 상대적으로 빨리 분해된다.

부숙 분뇨 분뇨(糞尿, manure)는 악취와 잡초로 인한 오염 문제를 피하기 위해 사용하기 전에 상당기간 동안 묵혀야 한다. 갓 나온 분뇨는 수목을 시들게 할 수 있다. 분뇨는 일반적으로 염분이 많기 때문에, 사용하기 전에 분뇨의 염도를 확인하는 것이 중요하다.

소화오니/생물고형물(消化汚泥, digested sludge/biosolid) 이것은 하수처리과정에서 나오는 고형의 폐기물이다. 입자 크기가 미세하기 때문에, 이것만으로는 토양개량제로 바람직하지 않지만, 목재 개량제나 다른 퇴비와 혼합하여 사용할 수 있을 것이다. 미국에서는 생물고형물의 퇴비화가 환경보호국(Environmental Protection Agency)의 규제를 받고 있다. 중금속 농도는 수질환경법(Clean Water Act, 1987)의 "예외적 품질(exceptional quality; EQ)"을 준수해야 한다.

퇴비 퇴비(堆肥, compost)는 미생물의 활동을 통하여 유기물을 적절하게 분해시킨 제품이다. 퇴비의 원료로는 낙엽, 파쇄된 목재, 분뇨, 왕겨(rice hull)와 옥수수 대(corn stalk) 같은 다양한 농업 폐기물들이 있다. 원료는 발효시키기 전에 파쇄하거나 빻아 주어야 한다. 부숙 생물고형물은 생물고형물(하수 슬러지)과 정원 폐기물(낙엽, 나무가지, 목재)로 구성되어 있다. 지자체의 고형 폐기물퇴비는 일반적으로 종이, 판지(板紙, cardboard), 폐목재, 음식 폐기물로 구성되어 있으며, 일부 생물고형물을 함유할 수도 있다. 발효과정 중에 열이 발생하여 잡초 씨앗과 병원균등을 죽이고, 타감물질(他感物質, allelopathic compounds)과 농약이 분해된다. 완숙한 퇴비에서는 C/N비가 매우 안정된 수준으로 떨어지기 때문에 퇴비가 토양에 적용되더라도 토양의 질소고갈 문제는 발생하지 않는다. 퇴비의 성분이 다르기 때문에 퇴비의 특성도 다양하다. 체로 친 퇴비는 토양개량제로 적합한 반면, 입자가 큰 것은 보통 멀칭 재료로 사용된다. 퇴비 만드는 방법은 제10장에서 고찰한다.

유기 생물촉진제(organic biostimulant) 이것은 소위 식물의 생장과 스트레스 내성을 제고하기 위한 비영양(非營養, non-nutrition) 유기물이다. 상업적으로 가용한 제품들은 일반적으로 다음 중 하나 이상의 성분을 가지고 있다: 부식물질(부식탄/腐植炭, humin; 부식산; 플루빅산/fluvic acid); 사이토키닌(cytokinin)과 같은 식물생장호르몬; 비타민; 아미노산(Kelting 등, 1997). 일부 제품은 균근(菌根, mycorrhizae)과 질소고정 박테리아(nitrogen-fixing bacteria)를 포함하고 있다.

유기 생물촉진제가 목본식물의 생장을 증대시킨 것을 보여주는 통제된 연구는 없지만, 일년생 식물에 대한 생장 증대 기록은 있다. Kelting 등(1997)은 용기에만 부식산염(腐蝕酸鹽, humate) 기반 제품을 처리한 경우 터키개암나무(*Corylus colurna*)의 지상부와 뿌리의 생장에 영향이 없다는 것을 발견하였으나, 입자 형태의 부식산염을 처리한 수목의 총 뿌리 길이는 용기당 2.5g의 질소(2.5g N/용기)를 동시에 시비했을 때에는 부식산염을 초리하지 않은 경우보다 더 길었다. 부식산염, 다시마 추출물(kelp extract), 티아민(thiamine), 중간 "대사물질(代謝物質, metabolite; 제조업체의 주장)"의 혼합물에 뿌리를 30분간 담갔을 때, 지상부와 뿌리 생장이 유의하게 감소하였다. 어린 파스티기아타 영국참나무(*Quercus robur* 'Fastigiata')를 대상으로 한 실험에서 수목의 생장은 두 종류의 상업적인 생물촉진제 용액에 의해 증가하지 않았지만, 식재 및 처리한 지 2년 후에 광합성, 증산 속도, 수분 활용 효율, 잎의 엽록소 함량, 엽 면적, 잎 건중량 등이 증가한 것으로 나타났다(Ferrini와 Nicese, 2002). 상업적인 제제(製劑, formulation)에는 여러 가지 성분이 혼합되어 있기 때문에, 수목의 반응을 해석하는 것은 어렵다. **지금까지의 증거에 의하면, 생물촉진제 적용이 목본 식물의 조성과 생장에 편익을 준다는 명확한 근거는 찾아보기 어렵다.**

유기 개량제 선정 토양 유기 개량제의 적용과 관리는 다음 중 하나 이상의 목적 때문이다:

1. 도시 폐기물로부터 작물 잔해에 이르는 유기물의 처리;
2. 토양 구조, 수분 보유, 양분 공급과 보유, pH 완충 등을 향상시키기 위해 부식질을 높이거나 유지;
3. 점토질 토양과 답압된 토양에서의 투수성과 통기성 향상;
4. 토양 표면을 보호하기 위한 멀치를 제공하고, 토양 내 유기물을 보충하는 공급원 제공(Singer와 Munns, 1987);
5. 토양 내 생물적인 활동 제고.

어떤 유기물도 한 가지로 이들 목적을 모두 달성할 수는 없으며, 어떤 경우에는 한 용도에 맞는 물질이 다른 용도에는 최선이 아닐 수도 있다. 유기물의 처분을 위해서는 빠른 부식이 최적이지만, 투수성은 거칠고 오래 지속되는 물질이 가장 좋다. 멀칭 재료는 오랫동안 부식이 진행되지 않아야 하지만, 이들이 부식되기 전에는 토양에 대한 유기물 보충을 기대하기 어렵다.

특정한 용도를 위한 선정에 영향을 주는 유기적 토양개량제 척도는 분해 속도, C/N비, 수분 함량, 유기물 함량, 입자 크기, 수분보유력, 양분 함량, pH, 염도, 중금속 농도, 부숙도(腐熟度, maturity) 등이다(표 7-3).

분해 속도 목재는 수피보다, 침엽수(針葉樹, softwood)는 활엽수(闊葉樹, hardwood)보다, 작은 입자는 거친 입자보다, 수분이 많은 물질은 목재보다, 싱싱한 조직은 마른 조직보다 더 빨리 분해된다. 어떤 경우에는, 예를 들어 미생물 밀도를 높이기 위해서는 빠른 분해가 바람직하지만 다른 경우, 예를 들어 멀칭된 지표를 유지하기 위해서는 느린 분해가 바람직할 것이다.

탄질비(C/N ratio) 최적의 생장을 위해 토양 미생물은 탄소(炭素, carbon)와 질소(窒素, nitrogen)의 균형을 필요로 한다; C:N의 비율이 30:1일 때 활동이 최대가 된다(McLaurin과 Wade, 2000). 목질 조직은 일반적으로 높은 C:N비(예: 300:1)를 가지고 있는 반면, 녹색 조직은 낮은 C:N비(예: 16:1)를 가지고 있다. C:N비가 아주 낮으면, 유기물이 빠르게 분해가 되지만, 많은 양의 질소를 잃는다. 반면 C:N비가 아주 높으면, 분해가 천천히 진행되고 질소는 고정화(immobilize)된다. 적정한 C:N비를 확보하기 위해서는 퇴비는 녹색 조직과 목질 조직을 배합하여야 한다. C:N비가 높은 유기 개량제(톱밥이나 대팻밥 같은)를 혼합하면 토양 내 질소 징발(nitrogen draft) 현상이 유발되고, 이는 질소질 비료를 공급하여 보상해 주어야 한다. 적절하게 부숙되면, C:N비는 토양에 질소를 배출하는 안정된 상태에 도달하게 된다. 이러한 문제 때문에, C:N비가 20:1에서 30:1 사이에 있는 개량제가 선호된다(제19장 퇴비 제조 참조).

습도 너무 마른(습도 35% 미만) 개량제는 작업에 불편을 초래하는 먼지가 많이 발생할 수 있고, 녹지에서 수분을 추가로 공급하는 것은 쉽지 않다. 반면, 과도하게 습도가 높은 개량제는 수송비가 많이 들고, 적용 과정에 서로 엉킬 수 있다. 40~50% 정도의 수분 함량이 일반적으로 적당하다(U.S. Composting Council, 1996).

유기물 함량 이것은 탄소기반 물질(유기탄소, organic C)을 측정한 것으로, 보통 건중량에 대한 구성비로 표시된다. 이 값은 부피 적용률을 무게 적용률로 환산하여야 한다. 유기 탄소 함량의 범위는 97%인 수태(水苔, sphagnum peat)에서 30%인 일부 퇴비에 이르기까지 매우 넓다. 미국의 Composting Council(1996)은 완숙 퇴비에 대해 50~60%를 권장하고 있다.

입자 크기 입자 크기는 분해 속도와 공극률(孔隙率, porosity)에 영향을 미친다. 일정한 체의 크기에서 잔류되는 물질의 비율이나 주어진 체의 크기를 통과하는 비율로 표시된다. 토양 개량제 용으로는, 0.5~1cm(0.25~0.5인치) 이하의 입자가 종종 선호된다; 반면, 멀칭용으로는, 5~7cm(2~3인치) 크기가 보통이다. 멀칭용 재료의 입자 크기는 바람이나 물에 의해 멀리 이동되지 않을 정도로 커야 한다.

용적비중 이는 단위 부피당 무게를 의미한다. 이 값은 적용율과 운반 요구량을 산출하기 위해 부피와 무게 사이의 환산을 할 때 사용된다. 유기물의 용적비중은 물이끼의 105kg/m^2(1,76lbs/yd^3)로부터 일부 퇴비의 717kg/m^3(1,299lbs/yd^3)에 이르기까지 차이가 크다. 미국 퇴비화위원회(Composting Council, 1996)는 퇴비에 대해 475~600kg/m^2(800~1,000lbs/yd^3)의 용적비중을 권장한다.

수분보유능력 건중량의 백분율로 측정되는 수분보유능력(水分保有能力, water-holding capacity)은 물질의 토양 수분에 대한 잠재적인 영향을 평가하는데 도움이 된다.

미국 퇴비화위원회(Composting Council, 1996)는 지자체에서 나오는 원료를 사용하여 생산된 대부분의 퇴비는 건중량의 75~200%의 수분보유력을 가지고 있다고 한다.

양분 함량 질소, 인, 칼륨, 칼슘, 마그네슘의 농도는 비료 시비와 pH 조절에 대한 영향을 평가하기 위해 확인되어야 한다. 퇴비의 전형적인 범위는 건중량 기준으로 질소 0.5~2.5%, 인 0.2~2.0%, 칼륨 0.3~1.5%이다.

pH 유기물의 pH는 일부 이탄의 3.3으로부터 일부 생물고형물의 8.5 이상에 이르기까지 그 범위가 넓다. 대부분의 용도에는 pH 5.5에서 7.5 사이가 일반적으로 수용가능하다.

가용성 염(soluble salt) 일부 유기물, 특히 분뇨를 함유하고 있거나, 일부 생물고형물은 수목에 손상을 줄 정도로 과도한 염을 함유하고 있을 수 있다. 견딜 수 있는 염의 농도는 염에 대한 수목의 민감성과 토양 단면을 통해 염이 이동할 수 있는 능력에 따라 다르다. 대부분의 경우, 전기전도도(ECe) 1.0~4.0dSm/cm가 선호된다.

미국에서 중금속 농도는 수질환경법(Clean Water Act, 1987)의 "예외적 품질(exceptional quality; EQ)"을 준수해야 한다. 대부분의 중금속이 녹지 수목에 피해를 주지 않지만, 이들이 영양 불균형의 원인이 될 수 있다. 주된 우려는 토양으로부터 축적된 중금속을 함유한 식물체를 뜯어 먹거나 소비함으로써 동물과 인간의 체내에 중금속이 축적되는 것이다. 그러나 미국 환경보호국 Part 503 규정을 준수하는 개량제를 사용하면 문제가 발생하지 않을 것이다.

또 다른 고려사항은 폐기물 처리일 것이다. 환경보호국은 미국 내에서 2000년까지 매립 폐기물의 75%를 감축하도록 강제하고 있다. 매립 폐기물 중 부피 기준으로, 녹지에서 발생하는 폐기물이 약 20%, 종이와 종이 제품이 약 40%를 차지하고 있다. 이러한 물질의 재사용은 쓰레기 매립으로 들어가는 폐기물의 량을 대폭적으로 줄일 수 있을 것이다. 유기물을 처분할 수 있는 가능성이 있는 곳이 녹지이다. 폐기물을 이용해서 만든 몇 가지 토양 개량제와 멀칭 재료가 사용가능하거나 개발 중에 있다. 목재 폐기물 단독 또는 생물고형물과 혼합된 지자체의 퇴비가 폭넓게 사용되고 있는 물질이다. 종이 펠릿(pellet)을 포함한 종이 기반 물질들이 멀칭 재료용으로 시험되고 있다.

미국 내 많은 주(州, state)는 폐 고무타이어를 매립하는 것을 더 이상 허용하지 않고 있는데, 이의 처리문제를 해결하는 핵심은 재사용이다. 잘게 부순 타이어는 토양 개량제와 스포츠용 잔디(sports turf)의 배토(培土, top dressing)용으로(Salmond와 Miner, 1996; Tompkins 등, 1997), 농장의 용기 배합토의 성분 중 하나로(Jarvis 등, 1996) 성공적으로 활용되고 있다. 토양 개량제의 경우, 고무분말(crumb rubber)이 답압에 견디는 힘이 있기 때문에, 통행이 빈번한 지역에 매우 적합하다. 잔디 경기장을 이용한 실험에서 부피 기준으로 15~30%의 고무분말과 15%의 퇴비를 혼합한 토양이 양호한 잔디 색깔을 유지했고 탄력성(彈力性, resiliency)도 향상시켰다(Tompkins 등, 1997). 고무분말은 아연(亞鉛, zinc) 함량이 높은 것으로 나타났으며, 미생물에 의한 붕괴가 진행됨에 따라 질소를 방출할 것이다(Jarvis 등, 1996). 재활용 타이어 고무를 일반적인 녹지 상태에 대한 토양 개량제로 활용 가능성을 평가하기 위해서는 연구가 필요하다.

멀치

토양을 피복하거나 보호하기 위해 토양을 덮는 자재를 멀치(mulch)라고 부른다. 유기물 멀치는 수피, 목재 칩, 낙엽, 침엽수의 침엽(針葉, needle), 잔디깎기 부산물, 밀짚, 옥수수대(corn cob), 땅콩 껍질(peanut hull), 퇴비 등과 같은 식물의 잔해에서 나온다. 토양 내 토양 유기물을 유지하는 첫 번째 방법은 유기물 멀치를 사용하는 것이다. 분쇄된 돌이나 흑색 폴리에틸렌(black polyethylene) 필름, 부직포(不織布, spunbonded polypropylene)나 폴리에스터 직물(polyester fabric), 포장 등의 무기 또는 합성 멀치는 부분적인 토양 보호나 유기물 멀치를 보완하는 편익을 제공할 수는 있지만, 토양 유기물을 보충해 주지는 못한다.

멀칭의 효과 수목의 미세환경(微細環境, microenvironment)은 멀칭에 의해 광범위하게 변화되는데, 멀치의 개별적인 편익에 대한 원인을 구체적으로 구분해 내는 것은 거의 불가능하다. 더구나, 토양 구조와 질, 건강 등의 향상과 같은 몇 가지 편익은 시간을 두고 나타나기 때문에, 단기간의 실험으로 측정하기는 어렵다.

토양환경과 궁극적으로는 수목의 건강과 생장에 대한 멀치의 편익은 멀치가 토양 표면을 보호함으로써 적용 후 즉시 나타나기도 하고, 유기물 멀치가 분해되면서 시간을 두고 나타나기도 한다(**표 7-11**). 즉각적인 편익에는 토양 수분 보존, 염의 표토 축적 감축, 토양 침식과 빗물 유거수(runoff) 저감, 답압을 초래하는 힘으로부터 보호, 극한적인 기온으로부터 토양 격리, 열의 반사(反射, reflection), 재복사(再輻射, reradiation) 감축, 잡초 생장 억제 등이 있다. 유기물 멀치를 사용함으로써 시간을 두고 나타나는 편익에는 토양 구조, 투수성, 통기성, 비옥도, 생물적 활동 등의 향상이 있다.

지표 부근의 향상된 통기성, 기온, 수분 조건은 토양 구조

표 7-11 멀칭의 편익

멀칭의 편익	관련된 편익	편익이 나타나는 상대적인 시기	지지하는 논문
태양 복사(太陽輻射, solar radiation)를 차단, 바람으로부터 보호, 토양 온도 완화, 증산 저감 등을 통해 토양 수분 보존	• 멀치 아래의 뿌리발달이 향상된다.	빠르다	Iles와 Dosmann, 1999; Greenly와 Rakow, 1995; Carter와 Johnson, 1988; Tukey와 Schoof, 1963; Russell, 1939
	• 염류 토양에서, 표토에서 염의 축적이 감소된다.	즉시	
	• 팽창성이 있는 점토질 토양은 큰 균열이 덜 발생할 수 있다.	즉시	
	• 관수 요구도가 낮아지면 지역적인 수자원(水資源, water resource)이 보존된다.	장기간 동안	
빗방울의 충격을 완화시키고, 물의 흐름을 늦추고, 물을 토양과의 접촉면에 간수함으로써 토양 심식과 빗물 유거량을 줄여준다.	• 지표수 오염이 감소한다.	즉시	Borst와 Woodburn, 1942
토양 비옥도는 직접적인 용탈이나 분해에 의한 멀치로부터 유래하는 양분으로 보통 증가한다.	• 화석연료(化石燃料, fossil fuel)를 이용하여 생산되는 비료에 대한 의존도를 낮춘다. • 수목 생장이 증진된다.	보통 장기간 동안	Jacks 등, 1955; Watson과 Himelick, 1997; Pickering과 Shepherd, 2000
토양 미생물의 활동이 증진된다.	• 수목 생장을 위해 필요한 영양분이 증가한다.	장기간 동안	Vetterlein과 Hütttl, 1999
	• 일부 토양에서 발생하는 병으로부터 보호될 수 있다.	장기간 동안	Chanry 등, 1992
	• 부식 형성이 증진되고, 토양의 양분과 수분 보유능력이 증대되고, 통기성을 제고시키는 토양 입단을 안정화시킨다.	장기간 동안	
차량과 사람의 무게, 빗방울의 충격 등과 같은 답압력(compactive forces)으로부터 지표 토양 보호	• 뿌리 발달과 수목 생장이 증대된다. • 물의 투과성이 향상되고, 지표수 오염이 감소한다.	즉시	Lincher와 Lindsey, 1995; Borst와 Woodburn, 1942

(계속)

표 7-11 멀칭의 편익 (계속)

멀칭의 편익	관련된 편익	편익이 나타나는 상대적인 시기	지지하는 논문
토양 온도가 조절되어 지표가 여름에는 보다 서늘하고 겨울에는 보다 따뜻하다.	• 멀치 아래 토양은 뿌리를 손상시킬 수 있는 동결이나 반복적인 동결융해(凍結融解, freeze and thaw)가 발생할 가능성이 낮다. • 얕은 뿌리에 대한 열 손상을 피할 수 있다.	즉시	Appleton 등, 1990; Iles와 Dosmann, 1999
거친 멀치는 열의 반사와 재복사를 감소시킨다.	• 대기 온도가 더 서늘하여 더욱 쾌적하다. • 수목의 증산이 줄어들어 관수 요구량이 감소한다.	즉시	
잡초 생장이 억제된다.	• 제초제 의존도가 감소한다. • 경관 수목에게 더 많은 수분과 양분이 가용하다.	즉시 즉시	Greenly와 Rakow, 1995; Ashworth와 Harrison, 1983; Holloway, 1992
토양 구조가 향상된다: 토양 입단의 크기, 공간, 총 공극률이 증가한다.	• 뿌리 뻗음과 생물학적 활동이 증진된다. • 수분 투과력이 증진되고, 지표수 오염이 감소된다.	장기간 동안	Greenly와 Rakow, 1995
평소에 매립장에 버리는 유기 폐기물이 재활용된다.	• 쓰레기 매립장의 매립 진행이 느리다.	즉시	

를 향상시켜 뿌리와 기타 생물적 활동을 조장한다. 얇은 멀치가 제공하는 경작 부재(absence of cultivation)와 낮은 수준의 답압만으로도, 건습(乾濕, wetting and drying) 순환과 생물적 활동을 통해 토양 구조의 향상을 가져올 것이다. 향상된 토양구조는 투수성을 높여주고, 수분 분포를 더욱 균일하게 하고, 토양 침식을 줄여주는데, 이 모든 것이 수목 생장에 도움이 된다. Smiley(1997)와 Himelick과 Watson(1990)은 수목을 멀칭한지 각각 2년과 4년 후에 수목의 외관과 생장이 향상되었다고 보고하였다.

비록 멀치가 많은 편익을 제공하지만, 몇 가지 부정적인 효과를 초래할 수 있는 조건이 있다. **멀치와 관련된 대부분의 문제는 적절한 재료를 선정하고 이들을 올바르게 적용하고 관리함으로써 피할 수 있다.** 그러나 어떤 경우에는 멀치를 하지 않는 것이 최선의 처방일 수 있다(**표 7-12**). 비옥도, 토양 수분, 토양과 대기 온도, 잡초 방제, 뿌리 병 등에 대한 긍정적이고 부정적인 영향의 양면은 다음과 같다:

- 토양 비옥도(土壤肥沃度, soil fertility)는 보통 유기물 멀치의 직접적인 용탈이나 분해로부터 유래한 양분에 의해 향상된다. Pickering과 Shepherd(2000)는 멀치의 양분 함량은 특히 질소와 칼륨에 대해, 토양의 양분을 제고시킬 수 있는 능력을 나타내는 좋은 지표라고 언급한다. Jacks 등(1955)은 농지와 산림을 대상으로 한 연구에서 유기물 멀치 아래에 있는 대부분의 토양에서 양분의 증가가 나타났다는 결과를 인용한다. Holloway(1992)는 목재 칩으로 멀칭된 세 가지 수종에서 멀칭을 하지 않거나 돌멩이로 멀칭된 경우보다 잎의 칼륨 함량이 유의하게 높았다고 보고하였다. 분해되는 멀치에 의해 방출되는 유기화합물(organic compound)은 킬레이트화(chelation)를 통해 망간과 같은 미량원소(微量元素, micronutrient)의 가용량을 증가시킬 수 있다.

  그러나 C:N비가 높고 입자 크기가 작은(예: 직경 9mm[3/8인치] 미만) 멀칭 재료를 적용하면, 질소 결핍이 발생할 수 있다(Carlson, 2001). 종종 질소 징발이라고 불리는 이러한 결핍은 멀치를 분해하는 미생물이 가용한 질소를 소비하여 식물용으로 공급되는 것을 고갈시키기 때문에 발생한다. Holloway(1992)는 멀칭을 하지 않거나 돌멩이로 멀칭된 경우보다 생 목재 칩으로 멀칭된 네 가

표 7-12 **멀치 사용으로 인해 발생할 수 있는 문제와 이를 회피하는 방법**

발생 가능 문제	문제 회피 방법
• 수목에 질소결핍 현상이 발생할 수 있다.	• C:N비가 25:1 이하인 부숙된 멀칭 재료를 사용하라.
• 세립질 토양이나 배수가 불량한 토양에서 과습이 발생할 수 있다.	• 멀치를 사용하는 것이 부적절하다; 배수를 향상시키는 처리를 적용하라(표 7-2).
• 겨울에 멀치 위의 기온이, 특히 복사서리(radiation frost) 상황 하에서 더 낮다(제3장 참조).	• 토양의 열용량(熱容量, heat capacity)이 대기 온도를 완화시킬 수 있도록 추운 날씨가 시작되기 전에 멀치를 제거하라; 이는 해당 수종이 그 지역에 한계적인 내한성을 가질 때에만 문제가 될 수 있다.
• 여름에 멀치 위의 기온이 더 높다.	• 여름철 기온이 높을 때, 열에 민감한 수목이 피해를 입을 수 있는 곳에서는 멀치 사용을 피하라.
• 멀칭이 된 수목은 보통 여름 늦게까지 생장하므로 추위에 대한 대비가 지연될 수 있다.	• 늦여름에는 멀치를 제거하라; 이는 흔한 문제가 아니고, 그 지역에 한계적인 내한성을 가진 수종에 대해서만 보고되었다(Whitcomb, 1980)
• 멀치가 없는 곳보다 토양이 천천히 데워지기 때문에, 멀치가 봄에 생장을 지연시킬 수도 있다.	• 봄에 토양이 햇빛에 노출되도록 수목 주변의 멀치를 제거하라; 목본식물에서 문제가 되는 경우는 드물다.
• 아밀라리아 뿌리썩음병(*Armillaria mellea*)이나 줄기역병(*Phytophthora*) 같은 일부 병이 발생할 수 있다.	• 수관과 근원부에 멀치를 적용하지 마라.
• 수간과 근원부에 대한 설치류의 피해가 증가할 수 있다.	• 멀치를 수간이나 근원부에서 멀리 적용하면, 설치류들이 활동하는데 필요한 은신처가 없기 때문에 설치류의 섭식이 억제될 것이다.
• 일부 멀치는 발화 위험을 높인다.	• 불이 날 우려가 있는 곳에서는 짚이나 기타 건조하고 가벼운 성긴 멀치 재료의 사용을 피하라.
• 일부 멀치는 식물에 유해할 수 있다.	• 완전히 발효된 멀치를 사용하라.

지 수종에서 잎의 질소 수준이 유의하게 더 낮았다고 보고하였다. 그러나 Pickering과 Shepherd(2000)는 C:N비가 높은 멀치 아래 토양의 질소 감소가 유의하지 않은 것으로 평가하였다. 이러한 질소 결핍 현상은 C:N비가 낮은(25:1 이하) 퇴비화된 멀치나 입자가 큰 멀치를 사용함으로써 회피할 수 있다. 발생 가능한 어떠한 결핍도 질소 비료 5~10g/m^2(1~2lbs/ft^2)를 토양에 적용하면 교정할 수 있다.

- **토양 수분 보존은**, 특히 강우량이 적은 지역과 사질토양에서, 중요한 멀치의 편익이다. 체로 친 소나무 수피와 목재 칩 멀치와 같은 "치밀한(mesh together)" 재료나 자갈과 같은 미세한 질감의 광물성 멀치는 거친 물질보다 수분 손실에 대해 더 큰 장벽을 구축한다(Iles와 Dosmann, 1999). 그러나 멀칭을 하면 증발을 감소시킴으로써 세립질 토양에서 과도한 수분과 배수가 불량한 토양 상태를 유발시킬 수 있다. Rickman(1979)은 배수 속도가 느린 토양에서는 멀치가 혐기조건(嫌氣條件, anaerobic condition)을 심화시켜 탈질소반응(脫窒素反應, denitrification)이나 질소비료 손실로 이어질 수 있다는 것을 발견하였다. 여러 연구는(예: Jacks 등, 1955) 배수가 잘되는 토양에서도 나지에서 보다 멀칭된 토양에서 질산화(窒酸化, nitrification)가 더 천천히 진행된다고 보고하고 있다. 이는 연중 기온이 따뜻한 기간 동안 멀칭된 토양이 습도는 더 높고 온도는 더 낮은데 기인할 수도 있다. 이러한 문제가 발생하면, 멀칭은 중단하고 배수를 개선하는 것이 좋다.

파손되지 않은 넓은 플라스틱 시트는 뿌리층에 도달하는 비와 스프링클러 관수의 양을 감소시키기 때문에 플라스틱 멀치 아래에서는 수분 부족현상이 발생할 수 있다. 토목섬유 직물이나, 수목 주변, 겹쳐진 시트의 가장자리나 이를 따라 나 있는 구멍이나 틈은 충분한 물이 플라스틱을 통해서 또는 플라스틱 아래로 흘러들어갈 수 있도록 허용함으로써 토양을 적신다. 플라스틱 시트에 뚫어 놓은 작은 구멍은 잡초 발생을 조장하지 않고 이러한 문제를 극복할 것이다. 물론 담수관개(湛水灌漑, flood irrigation)를 하면 이러한 문제는 발생하지 않을 것이다.

유기물 멀치는 건조한 지역에서 가벼운 강우가 멀치에 의해 완전히 흡수되어 토양으로 침투하지 않은 경우, 일부 피해가 발생할 수 있다.

- **토양기온은 멀치에 의해 영향을 받는다.** 유기물 멀치는 그렇지 않은 경우에 비해 토양 기온을 조절하여 표토가 여름에는 더 시원하게, 겨울에는 더 따뜻하게 유지되도록 하는 경향이 있다. Skroch 등(1992)은 실험에 사용된 다섯 가지 유기물 멀치가 지표면의 일일 최고기온(maximum daily tenperature)을 2.2~3.3°C(4~6°F) 낮추고, 일일 최저기온(minimum daily temperature)을 1.1~2.2°C(2~4°F) 높였다고 보고하였다. 이는 따뜻하고 더운 기후와 결빙된 토양으로 어린 나무가 솟아오르는 지역에서는 유리한 점이지만, 추운 기후에서는 유해할 수도 있다. 또한 유기물 멀치는 나지에 비해 봄에 토양 가온(加溫, warming)이 천천히 진행되어, 수목 생장이 지연될 수 있다. Holloway(1992)는 알래스카에서의 멀치 시험에서 나지보다 짙은 색의 분쇄된 현무암질 암석(basaltic rock)으로 멀칭된 수목의 생장이 더 좋았으며, 목재 칩으로 멀칭된 수목이 가장 나빴다. 목재 칩으로 멀칭된 토양은 멀칭되지 않은 토양에 비해 5~7일 정도 토양 해동이 지연되었다. 광물질 멀치 아래의 토양 기온은 유기물 멀치 아래보다 높은 경향이 있다(Iles와 Dosman, 1999).
- **극단적인 기온은 멀치 위에서 악화된다.** 멀치는 복사와 대기 온도로부터 토양을 격리시키기 때문에 온도는 멀치 표면 또는 위가 더 극단적이 된다. 여름에 멀치의 표면은 너무 더워서 멀치 위에 자라는 어린 나무는 손상될 수도 있다. 대부분의 수목에 대한 더욱 빈번한 위협은 복사서리 조건 하에서 멀치 위가 더욱 추워지는 것이다(제3장 참조). 멀치는 열 흡수와 저장 특성이 낮기 때문에 멀치 표면은 밤 복사 하에서는 빠르게 식는다. Maryland 등(1960)은 가을의 중간(10월 4일~11월 12일) 최저기온이 나지 위보다 건초 멀치 위 5cm에서 평균 3°C(5.5°F) 더 낮다는 것을 발견하였다; 맑은 날 밤에는 멀치 위의 기온이 4°C(7°F) 더 낮았다. 멀치로 인해 늦게까지 자란 생장조직에 가을 첫서리가 내림으로써 2년생 진달래의 눈(bud)이 한해(寒害, winter injury)를 입고 수피균열(bark splitting)이 발생하였고, 지속적인 멀칭으로 비정상적으로 낮은 기온이 발생하였다. 추위가 수목의 지상부에 위해(危害, hazard)한 경우, 토양의 열용량(熱容量, heat capacity)이 대기 온도를 조절할 수 있도록 추위가 오기 전에 멀치를 제거하는 것이 좋다.
- 멀치는 **잡초의 경쟁력을 떨어뜨려서**(Greenly와 Rakow, 1995) 녹지 수목이 가용한 수분과 양분을 더 많이 남겨둔다. Skroch 등(1992)은 9cm(3.5인치) 두께의 다양한 성분의 유기물 멀치가 잡초발생을 50%까지 감소시켰다고 보고하고 있다. 멀치 두께를 25.5cm(10인치)로 키우거나 멀치 아래에 흑색 폴리에틸렌이나 프로필렌 직물을 깔아주면(Skroch 등[1992]), 모든 잡초를 배제할 수 있다. 다년생 잡초(多年生雜草, perennial weed)는 매우 두꺼운 멀치나 프로필렌 직물을 뚫고 자랄 수도 있다.

두께 5cm(2인치) 미만의 얇은 유기물 멀치는 잡초 생장을 증대시킬 수 있다. 게다가 유기물 멀치가 분해되면서 이들이 잡초 생장에 유리한 양분이 될 수 있다. 거친 멀치를 보충해 주면 이러한 문제를 바로잡을 수 있을 것이다. 밀짚이나 분뇨와 같이 미숙성된 일부 멀치는 녹지에 만연할 수 있는 골치 아픈 잡초 씨앗을 포함하고 있다. 이러한 미숙성 물질은 피하는 것이 좋다.

- **분해되는 멀치에서 유래하는 유기물질에 의해 토양 내 생물다양성(生物多様性, biological diversity)을 제고시킨다.** 토양 미생물은 수목의 병, 특히 뿌리 관련 병의 방제에 도움이 된다(Cook와 Baker, 1983). 그러나 일부 병해충은 멀칭된 수목에서 더욱 심각할 수도 있다. 멀칭된 토양은 대부분의 미생물이 증식하고 발달하는데 좋은 환경을 제공하며, 이중 일부는 병원균일 수도 있다. 아밀라리아 뿌리썩음병(*Armillaria mellea*)은(제19장 참조) 멀치 아래의 습한 토양을 선호한다. 줄기역병(*Phytophthora*)은 감수성 수목의 수간에 멀치가 쌓여 있어 습한 상태가 지속되면 감염될 가능성이 높다(**그림 7-12**). 올바른 멀치의 선정과 배치는 감염 가능성을 크게 낮출 것이다. 병에게 유리한 상황인 경우에는 멀치를 사용하지 않는 것이 좋다.
- **토양 pH가 멀치의 영향을 받을 수도 있다.** 산성을 띤 멀치를 이용하면 토양 pH가 낮아진다고 한다. Himelick과 Watson(1990)은 유기물 멀치 아래 토양의 pH가 낮아지고 참나무의 엽맥간 황백화(interveinal chlorosis) 현상이 완화되었다고 기록하고 있는데, 이는 분명히 낮아진 pH가 망간의 가용성에 영향을 미쳤기 때문일 것이다. 그러나 대부분의 연구에서는 pH에 대한 영향이 없거나(Watson과 Kupkowski, 1991; Greenly와 Rakow, 1995; Hickman과 Perry, 2000), pH가 약간 상승하였다(Iles와 Dosmann, 1999). Pickering과 Shepherd(2000)는 pH 범위가 5.5~8.7에 이르는 네 가지 유기물 멀치를 이용한 실험에서, 멀치의 pH와 무관하게, 적용 1년 후에 토양 pH가 약 6.0~6.6으로 유의하게 증가하였다고 보고하였다. 이들은 pH 상승의 원인을 멀치의 분해와 유기 음이온(organic anion)의 탈카르복실화반응(脫~化反應, decarboxylation) 중에 염기성 양이온(basic cation)이 방출되기 때문이라고 추정하였는데, 이는 산성 멀치도 토양 pH를 상승시키는 등 멀치의 pH를 기준으로 정확하게 예측할 수 없는 효과이다. 이들은 **멀치가 토양 pH에 미치는 효과는 토양의 완충능력(緩衝能力, buffering capacity)에 크게 좌우된다**고 지적하였다. 멀치 아래에서 산성화되기 쉬운 토양은 처음부터 강한 산성에 약하다(Jacks 등, 1955). 또 다른 변수는 실험에서 토양 표본을 채취하는 깊이이다. Hild와 Morgan(1990)은 소나무 수피 멀치 아래의 표토(0~5cm, 0~2인치)에서는 pH가 낮아졌지만 그 아래에서는 변함이 없었다고 보고하였다. 콩 자갈(pea gravel), 분쇄된 벽돌, 규질암(carmel rock/chert), 강 자갈(river rock), 화산암(lava rock) 등의 광물질 멀치 아래에서도 약간의 pH 상승이 보고되었다(Iles와 Dosmann, 1999).

그림 7-12 이 사진에 있는 멀치는 잘 못 적용되었다. 멀치를 수간에 쌓아 놓으면, 줄기 병에 감염되고 설치류 피해가 증가할 수 있다. 멀치는 수간으로부터 10~20cm(4~8인치) 정도의 거리를 두고 적용되고 유지되어야 한다.

멀치에 대한 다른 우려는 멀치에 유해한 화학물질, 잔류농약(殘留農藥, pesticide residue), 병, 해충 등이 내포되어 있을 수도; 화재 위험이 증가할 수도; 수목의 뿌리가 얕게 발달하도록 조장할 수도 있다는 것이다. 멀치의 부숙, 재료 선정, 적용과 관리를 올바르게 하면 이러한 문제를 최소화할 수 있다.

일부 신선한 수피, 톱밥, 낙엽 등의 멀치는, 특히 어린 초본식물에게 유독할 수 있다(Jacks 등, 1955; Del moral과 Muller, 1970; Green, 1978). 몇몇 연구에서 유독한 조직이 확인된 재료는 유칼리 톱밥과 낙엽; 레드우드와 삼나무(cedar)의 톱밥; 미송(美松, Douglas fir), 낙엽송(larch), 가문비나무(spruce)의 수피 등이다. 독성을 가진 멀치는 멀치 입자가 작고(톱밥 처럼), 깊이(10cm 이상) 들어가거나, 멀치를 적용한 직후 큰 비나 많은 양의 관수를 하거나, 멀칭된 수목이 어리거나, 수목의 뿌리가 대부분 표토에 분포하고 있는 등의 경우, 피해를 초래할 가능성이 높다.

위의 멀치들이 다른 수목에 유독한 성분을 가지고 있더라도, 갓 분쇄된 목재나 수피 조각(평균 직경이 약 20mm/0.75인치)들은 보통 성목을 멀칭하는데 사용되므로, 이로 인한 악영향은 발생하지 않는다. Hickman과 Perry (2000)는 신선한 레드리버검(*Eucalyptus camaldulensis*), 페르시아호두나무(*Juglans regia*), 알레포소나무(*Pinus halepensis*)의 칩이 어린 나무에 미치는 효과를 평가하였는데, 결과는 수목의 생장에 부정적인 영향이 없는 것으로 나타났다. Downer(캘리포니아 대학교, Ventura county, Cooperative Extension, 2002, 개인적인 정보)는 신선한 유칼리 칩을 이용하여 비슷한 경험을 얻었다. 잠재적인 독성 물질은 사용에 앞서 멀치를 용탈시키거나 부숙시킴으로써 제거하거나 비활성화시킬 수 있다(Hoitink와 Poole, 1977).

잘못 숙성된 멀치는 메탄(methane), 알코올, 암모니아 가스, 황화수소(黃化水素, hydrogen sulfide) 가스 등의 농도를 높이고, pH를 1.8에서 3.6까지 올릴 수 있다(Hansen, 2001). 이들 화합물은 혐기 상태에서 숙성될 때 발생한다. 이러한 유형의 멀치는 암모니아나 식초 같은 "신(sour)" 냄새가 나며, 수목에 유독하다. 수목 주변에 적용하면, 적용 직후에 잎 가장자리의 황백화, 엽소(葉燒, leaf scorch), 낙엽, 고사 등의 증상이 나타난다(Hansen, 2001). 피해가 발생하면 멀치를 제거하는 것이 좋으며, 수목이 생존하면 새로운 생장이 정상이어야 한다. 신 냄새가 나는 멀치는 퇴비와 혼합하여 산소를 공급해 줌으로써 문제 발생을 예방할 수 있다.

유기물 멀치의 표면에는 점균류(粘菌類, slime mold), 새둥지 곰팡이(bird nest fungi), 다양한 버섯 등을 포함한 곰팡이들이 나타난다. 이들은 피해를 주지 않지만, 공버섯(*Sphaerobolus stellatus*)은 문제가 될 수 있다. 곰팡이는 빛을 향해 9.4m(20피트)까지 날아갈 수 있는 검고 끈적한 포자 덩어리(spore mass)를 만든다. 이 포자 덩어리는 표면에 붙어서 검은 타르 같은 점을 남긴다. 이들이 집단적으로 발생하면 건물, 자동차, 기타 조경 구조물에 손상을 초래할 수 있다. 목재와 수피, 수령, 입자 크기가 다른 25개 유기 멀치들에서 포자 덩어리 생산 강도와 발달 속도의 차이는 있지만, 모두 공버섯이 발생하였다(Brantley 등, 2001b). 트리코델마 하지아눔(*Trichoderma harzianum*)이라는 곰팡이의 균주(菌株, strain)와 고초균(枯草菌, *Bacillus subtilis*)이라는 박테리아가 배양 실험(in culture)에서 공버섯균을 억제하였다. 생물적 방제를 위한 이러한 미생물의 효험은 현장에서 시험해 보지 않았다(Brantley 등, 2001a). 공버섯균이 문제인 경우, 멀치를 제거하거나 덮어주는 것이 좋다(Carlson, 2002).

유기 폐기물과 퇴비 내의 농약 잔류가 우려의 대상이 되고 있다. Büyüksönmez 등(2000)은 부숙 중에 발생하는 농약의 변형에 대해 보고한 연구논문을 종합 정리하였다. 이들의 결론은 대부분의 농약은 부숙 과정에서 약효가 약화되고, 잔존하는 농약은, 주로 유기염소계(有機鹽素系, organochlorine) 살충제(insecticide) (예: 알드린/aldrine, 클로르데인/chlordane, DDT, 린덴/lindane)는 낮은 농도로 존재했다. 그들은 "일반적으로 유기인계(有機燐系, organophosphate)와 카바메이트계(carbamate) 살충제와 대부분의 제초제는 거의 검출되지 않았다"라고 말했다. 그러나 농약이 처리된 생 재료는 잔류 농약을 함유하고 있을 수 있다. 깎기 전 1~5일 전에 2,4-D와 디캄바(dicamba), MCPP를 혼합한 제초제를 $100m^2$당 50g(1.6oz/1,000ft^2)의 비율로 처리한 톨페스큐(*Festuca*)에서 나온 잔디깎기 잔해를 멀치로 사용했을 때, 몇 가지 초본식물과 화초의 생장이 현저하게 감소하였다. 처리를 거쳐 10~15일 후에 적용된 잔해는 영향이 훨씬 적었다.

가능성은 낮지만, 일부 병은 멀치를 통해 전염될 수 있다. 청고병(青枯病, verticillium wilt)에 걸린 나무를 파쇄하여 그 칩을 감수성 초본식물에 적용한 결과 곰팡이가 전염되었으나, 단풍나무 묘목은 감염되지 않았다(Herms 등, 2001). 소나무재선충(*Bursaphelenchus xylophilus*)은 감염된 나무로 만든 생 칩을 줄기에 쌓아 두면 어린 유럽적송(*Pinus sylvestris*) 속으로 이동할 수 있다(Halik, 1990). 사용하기 전에 멀치를 쌓아두면, 높은 온도가 발생하기 때문에, 그 속에 있던 병의 번식체(繁殖體, propagule)를 죽이게 될 것이다. 멀치와 수간의 거리를 유지하는 것도 수목에 대한 병의 전염을 막는 방법이다. 부숙이 안된 멀치를 사용해야 한다면, 멀치에 병든 수목의 조직이 섞이지 않도록 하라.

멀치는 수간의 아래 부위를 갉아먹는 생쥐나 들쥐 같은 설치류에 의한 피해를 키울 수 있다. 멀치는 포식자(捕食者, predator)로부터 이들을 보호해 주는 은신처를 제공해 준다. 수간에는 멀치를 적용하지 않는 것이 이러한 문제를 최소화할 것이다.

목본식물을 가해하는 해충은 멀치에서 생존하지 못할 것이다. Duryer 등(1999)은 흰개미(termite)가 시험 대상 수목 중 멜라루카(*Melaleuca*)를 제외한 6개 수종의 수피와 목재 멀치를 갉아먹었다는 것을 발견하였다. 건물 기초 주위의 멀치가 흰개미 집단에게 은신처를 제공하거나 이들을 먹여 살리는지는 아직 확인되지 않았다.

일부 멀치가 화재의 위해를 높일 수 있지만, 대부분은 이러한 위험 없이 사용할 수 있다. 표면으로부터 1cm(0.5인치) 정도를 제외하면 대부분의 멀치는 습도가 매우 높아 내화성이 있다. 그러나 밀짚이나 기타 건조하고 가벼운 유기물로 된 느슨한 멀치는 관수를 하고 있는 지역일지라도 화재로 인한 위해가 발생할 수 있다. **거의 대부분의 화재 위험은 올바른 멀치 선정과 관리를 통해 제거할 수 있다.** 목재로 멀칭된 식재지로 화재가 번지게 되면, 멀치가 화재에 대해 추가적인 연료를 제공하게 되므로, 멀칭이 안 된 식재지보다 피해가 더 클 수도 있다.

멀칭이 된 수목이 그렇지 않은 수목보다 근계(根系, root system)를 얕게 발달시킨다는 믿음은 몇몇 연구에 의해 사실로 확인되지 않았다. 멀칭이 된 토양에는 멀칭이 안 된 토양에서보다 지표면 근처에 더 많은 세근(細根, fine root)이 자란다는 것은 의심할 여지가 없다(**그림 7-13**). 이들 뿌리는 멀치 바닥의 습하고 분해되는 유기물 층에서 높은 함량의 산소와 영양분을 활용할 수 있다. 그러나 멀칭이 된 수목의 굵은 뿌리는 멀칭이 안 된 수목의 같은 뿌리보다 항상 더 깊이 침투하고 있다(Beckenbach와 Gourley, 1932; Kenworthy, 1953; Jacks 등, 1955; Whitcomb, 1980).

어떤 여건 하에서 멀치는 소수성(疏水性, hydrophobic)이 될 수 있는데, 이렇게 되면 한 번 건조된 멀치는 다시 물에 젖기 어렵게 된다. 물이끼(peat moss)는 건조해지면 다시 적시는데 어려움을 겪는 재료의 한 예이다. 멀치의 수분함량이 34% 미만으로 내려가면 발수성(撥水性, water repellent)이 된다(Carlson, 2001). 갈퀴로 긁어주는 것이 소수성 층을 흩뜨리는데 도움이 될 수 있다.

그림 7-13 가늘고 흡수하는 뿌리는 습도가 유지되고 통기성이 좋은 멀치 바로 아래 지표토양에 발달하기 쉽다. 이들 세근은 직경이 굵은 목질의 뿌리로 발달하지 않는다.

고려해야 할 멀치 품질의 대부분은 토양 개량제에서 기술된 것들이다: 분해 속도, C:N비, 부숙도, 입자의 크기, 양분 함량, pH, 염분, 잡초 종자와 폐기물과 같은 오염물질의 존재 여부(이 장의 앞 부분에 자세히 기술된 이들 특성 참조). 멀치는 토양 표면을 덮고 있기 때문에 외관도 추가적인 고려사항이다.

멀칭 재료 선정 사용되고 있는 재료는 수백 가지가 넘는다(**그림 7-14**). 유기성 멀치는 주로 산업체, 농사, 지자체 폐기물 등의 부산물이다. 대부분이 목재와 수피, 또는 낙엽을 내포하고 있지만, 일반적으로 해당 지역에 풍부한 수종이나 농작물이 멀치의 성분을 결정한다. 코코아 껍질이나 옥수수 속대(corn cob)와 같은 재료는 한 지역에는 흔한 재료지만 다른 지역에서는 들어보지도 못한 것일 수도 있다. 이러한 재료들은 잘게 부수거나 자르고 빻은 다음, 다른 재료와 혼합하거나 단독으로, 부숙하거나 그대로 사용될 것이다. 무기적 재료는 해당 지역 내 채광 작업의 부산물이거나 건축자재의 재활용일 수도 있고, 폴리에틸렌 필름(polyethylene sheet)이나 폴리프로필렌 직물을 이용하는 경우에는 조경용으로 특별히 제조된 것일 수도 있다. 이러한 다양성 때문에 멀치의 물성도 그 범위가 매우 넓다. **모든 조경녹지에 최선인 어디에서나 수용되는 만능 멀칭 재료는 없다.** 대신 재료의 확보 가능성, 비용 적정성, 바람직한 특성 등에 대한 평가가 필요하다(**표 7-13**).

멀치는 주로 외관, 잡초 방제(weed control), 수분 보존, 침식 방지, 토양 구조 개선, 추위와 더위로부터 토양 보호, 특정 기업의 규정, 보행자를 위한 깨끗한 지표 유지, 정원 폐기물의 처분 등을 위해 사용된다. 이들 목적은 서로 배타적인 것이 아니며, 멀치의 선택과 관리방법은 주된 목적에 의해 결정될 것이다.

- 가격과 인도(引導, delivery) 등을 포함한 가용성은 사용할 멀치를 결정하는데 가장 중요한 요소가 될 수 있다. 어떤 멀치는 무료로 얻을 수 있지만 운반과 취급의 어려움으로 인도 비용이 발생할 수 있다.
- 멀치는 일반적으로 토양 개량제보다 입자가 더 큰 경우에 기능을 잘 발휘한다. 큰 입자는 수분 투과, 공기 교환을 원활하게 하고, 씻겨 내려가지 않는다. 유기적 멀치의 경우, 대부분의 입자는 1.5cm(0.6인치) 이상 되는 것이 좋다. 크기의 상한은 원하는 외관에 의해 결정되지만 그 범위는 2.5~7.5cm(1~3인치) 정도이다. 잔디깎기 부산물, 두꺼운 낙엽층, 잘게 부순 수피 등은 압착이 되고 서로 밀착되어 공기와 물의 이동을 제한할 수 있다. 분뇨 함량이 높거나, 생물고형물(biosolid), 가늘게 빻거나 부숙된 수피나 목재 등과 같이 입자가 가는 물질의 두꺼운 층은 이와 유사한 문제를 유발할 수 있다.
- 적용과 유지관리의 용이성도, 특히 기존의 식재지에서는 주요한 고려사항이다. 목재 칩은 적용하고 관리하기 쉬운 반면, 플라스틱 시트나 직물은 작업이 어렵고 비쌀 수 있다.
- 멀치의 외관은 조경 설계에서 주요한 요소가 될 수 있다(**그림 7-15**). 멀치는 정원의 외관을 향상시켜야 하며, 이러한 사항이 설계에 반영되어야 한다. 대부분의 유기물 자재는 용도가 다양하다. 자갈, 유색의 쇄석(crushed colored

그림 7-14 다양한 유기적, 무기물 멀치가 가용하며, 유형도 지역적으로 차이가 크다. 멀칭 재료는 가용성; 비용 적정성; 외관; 바람직한 화학적, 구조적, 생물적 속성 등을 고려해야 한다(표 7-13 참조). 여기서 보여주는 예는 (a) 전정 작업에서 나온 목재 칩, (b) 수피, (c) 작은 솔방울, (d) 화산석, (e) 쇄석(碎石, crushed stone) 등이다.

rock), 조약돌(cobblestone), 모래 등이 사용되지만, 보통 잡초 방제를 위해 밑에 직물이나 검은 플라스틱을 깔아준다. 녹지의 규모가 적절한 멀치의 질감을 제시하게 된다.

- 바람이 많거나 습도가 높은 곳에서는 멀칭 재료의 안정성이 중요하다. 왕겨 같은 가벼운 재료는 쉽게 날려서 대부분의 장소에서 부적합하다. 유기물 멀치는 멀치가 가장 필요한 시점인 비가 많이 올 때 씻겨 나갈 수 있다. 토양과 밀착된 거칠고 무거운 재료는 바람에 날리거나 씻겨나갈 문제가 적다. 지표수의 흐름은 녹지 보호뿐만 아니라 멀치 보호를 위해서라도 바꾸어 주어야 할 것이다.
- 오염되지 않은 멀치는 수목을 보호하고 유지관리를 용이하게 한다. 멀칭 재료는 잡초 씨앗, 유해한 곤충이나 병, 그리고 유독한 물질이 없어야 한다.
- 분해가 천천히 진행되면 멀치의 효과가 오래 지속되고 질소 결핍 가능성도 줄어든다. 리그닌(lignin)이 많은 유기물 재료는 C:N비가 낮고, 크기가 큰 입자는 분해가 더 천천히 진행된다.
- 토양과 접촉하는 멀치의 양은 상대적으로 작기 때문에, 토양 개량제로서 멀치의 C:N비는 중요한 것이 아니다. 목재와 수피로 이루어진 멀치는 이들이 녹색 조직과 혼합되지 않는 한(제10장의 부숙 참조), C:N비가 높을 것이다. 질소결핍이 나타나면 질소비료를 추가할 수 있다(다음의 멀치 적용과 관리 참조).

멀치 오염제거 앞서 언급한 바와 같이, 일부 수목의 수피, 목재, 낙엽은 다른 수목, 특히 어린 나무에 유독한 성분을 함유하고 있다. 이들이 다른 수목에 유독한 성분을 가지고 있다하더라도, 갓 분쇄된 목재와 수피 조각(평균 직경 약

표 7-13 토양 환경에 대한 유기적, 무기적 멀치의 효과 비교

자재	지표토양 습도 보전	토양 온도 조절	생물적 활동 증진	토양구조 향상	수분 투과 제고	잡초 방제	토양 유기물 증대	침식 예방	지표토양 답압 보호	토양 비옥도 제고	내구성	평가
목재 칩	+	+	+	+	+	+	+	+	++	+	+	완전히 부숙되지 않으면 지표 토양에 질소 결핍을 초래할 수 있다; 생칩은 일부 초본식물에 유독한 물질을 가지고 있을 수 있다; 다년생 잡초보다 일년생 잡초 방제에 효과적이다.
수피 칩	+	+	+	+	+	+	+	+	++	+	++	수종에 따라 입자의 크기가 다양하고, 이는 편익에 영향을 미친다.
수피 조각	+	+	+	+	+/−	+	+	+	+	+	+	서로 뭉쳐서 수분과 공기의 이동을 제한할 수 있다.
견과 껍질	+	+	+	+	+	+	+	+	+	+	++	두껍게 적용되면 층이 뭉쳐서 수분과 공기의 이동을 저해한다.
소나무 낙엽	+	+	+	+	+	+	+	+	+	+	+	
낙엽	+	+	+	+	+/−	+/−	+	+	+	+	+	
재활용 종이	+	+	+	+	+	+	+	+	+	+/−	+	파쇄된 종이는 바람에 날린다; 대부분의 재생종이는 알루미늄 함량이 높다; 인(P)을 추가하면 부작용을 피할 수 있다.

자갈, 쇄석 (crushed rock)	+	+	−	−	+/−	+	− −	+	+	− −	++	보도의 노면 포장용으로 사용되었을 경우, 답압되면 수분의 투과를 저해할 수 있다.할 수 있다.
화강풍화토 (decomposed granite)	+	+	−	−	−	−	− −	+	−	?	++	
폴리에틸렌	++	+/−	− −	−	− −	++	− −	+	+	− −	++	낮은 공극률로 수목 생장에 부정적인 영향을 미칠 수 있다; 투명 폴리에틸렌은 봄에 토양을 빨리 데운다.
폴리프로필렌 직물 (잡초 방제직물)	++	+/−	−	−	− −	+	− −	+	+	− −	++	폴리에틸렌보다 다년생 잡초를 방제하는데 효과가 낮다.

주: '+' = 긍정적인 효과, '−' = 효과가 부정적 또는 없음.

그림 7-15 처음에 잔디와 함께 식재되었던 공원 지역이 목재 칩으로 변경되었다(위 왼쪽). 보도를 따라 식재된 관목과 교목 가장자리에 깔린 검은 플라스틱 위의 두 색깔의 쇄석(위 오른쪽). 정면의 정원이 검은 플라스틱 위에 자갈로 멀칭되어 있다; 장미와 기타 관목이 플라스틱을 뚫어서 식재되어 있다(아래 왼쪽). 플라스틱 위의 오래된 자갈 멀치(아래 오른쪽)에 잡초가 자라고 있다(왼쪽 앞뜰).

2cm/0.75인치)은 보통 현저한 부작용 없이 성목의 멀칭에 활용된다. 생 칩(fresh chip)의 독성이 우려된다면, 세 가지 처리 방법이 있다. 첫째, 멀치를 수목 아래에 얇게(층이 2~3cm 두께의 층) 깔아 준다. 독성은 토양 입자에 흡착되어 다른 토양 성분에 의해 비활성화될 것이다. 상처가 발생하면, 상처가 발생한 수목의 아래에는 멀치를 제거하거나, 독소를 주요한 뿌리층 아래로 이동시킬 수 있도록 토양을 많이 용탈시키면 된다.

두 번째 방법은, 수용성 독소를 제거하기 위해 멀치를 용탈시키는 것이다. 다량의 스프링클러 관수나 몇 개월 동안 비를 맞도록 하면 레드우드(*Sequoia*)나 삼나무(*Cedrus*) 톱밥으로부터 유독한 성분을 용탈시킬 수 있다. 수목 근처의 지표수나 지하수가 영향을 받지 않도록 여기를 통과한 물은 하수구나 특별히 침전시킬 수 있는 웅덩이로 배수시키는 것이 좋다. 서양측백나무(*Thuja plicata*)의 침출수(浸出水, leachate)는 추출물 10ppm만으로도 내오염성(耐污染性, pollution tolerant) 물고기를 죽일 수 있다(Scroggins, 1971).

세 번째 방법은 멀치를 부숙시키는 것이다. 이 처리는 독소를 비활성화시키고, 잡초 종자와 병원균을 죽이며, 멀치를 안정화시킨다(제10장 퇴비화 참조).

멀치 적용과 관리 일단 적절한 멀치 재료가 선정되면, 멀치는 녹지에 대한 편익을 제공하고 잠재적인 문제가 최소화되도록 적용되고 관리되어야 한다. 어떤 경우에는 멀칭을 하지 않는 것이 좋을 수도 있다. 멀치로 인한 대부분의 문제는 부적절한 멀치의 선정이나 적용의 잘못과 관련이 있다. 멀치와 관련하여 발생 가능한 문제와 이들 문제를 줄이기 위한 방법은 표 7-12에 기술되어 있다.

올바른 지침을 준수하면, 멀치는 가장 효과적이 되고 가장 쉽게 유지관리할 수 있다.

정지(整地, soil preparation). 멀치를 설치하는 것은 보통 식재 부지나 녹지를 조성하는데 있어서 가장 마지막 단계이다. 부지는 먼저 지표배수(地表排水, surface drainage)를 위해 지면을 정지해야 한다. 최종 지면은 원하는 멀치의 깊이가 확보될 정도로 낮아야 한다. 잡초는, 특히 이들이 열매를 맺었을 경우 제거되어야 한다. 표토의 물리적 조건이 좋지 않을 경우 물과 공기의 투과가 증진되도록 이를 느슨하게 해 주어야 한다.

멀치 적용. 거친 유기물 멀치는 일반적으로 7.5~10cm(3~4인치) 깊이로 적용하지만, 이보다 얇은 층(1~2cm, 0.5인치 두께)으로도 비로 인한 지표 이상화(泥狀化, puddling), 침식, 진흙 튀김 등을 매우 효과적으로 줄일 수 있다. 또한 여름철 토양 온도를 조절하여 토양으로부터 증발을 감소시킬 수 있다. 그러나 잡초를 효과적으로 방제하고, 통행으로 인한 답압을 최소화하고, 습도가 높은 상태에서 공고한 지반(firm footing)을 제공하기 위해서는 멀치의 두께가 5cm(2인치) 이상은 되어야 한다. 유기물 멀치의 보온력(保溫力, insulation value)은, 특히 겨울철 추위에 대해, 멀치의 두께에 달려 있다.

목본식물(木本植物, woody plants)의 수간(樹幹, trunk)과 근원부(根元部, root collar)가 멀칭되지 않도록 하는 것이 중요하다. 멀치가 수간에 닿으면, 병이 발생할 가능성이 높아진다. 일부 지역에서, 흔히 수목의 주위에 멀치를 원뿔 모양으로 쌓는데(그림 7-12), 이러한 관행은 중단되어야 한다. 멀치는 수목의 기부로부터 10~20cm(4~8인치) 떨어져서 적용하는 것이 좋다.

무기물 멀치는 일반적으로 약 5cm(2인치) 두께로 적용된다. 이들 아래에는 통행이 없는 지역의 경우, 토목섬유 직물(geotextile fabric, 폴리프로필렌)이나 흑색 수지(black plastic)를 깔아준다. 이들 직물이나 수지는 잡초방제 효과가 좋지만, 수지는 잘 찢어지는 문제점이 있다. 지표는 배수를 위해 수목으로부터 멀어지면서 경사져야 한다. 토목섬유 직물은 적용의 편이를 위해 125cm(50인치) 폭의 긴 조각으로 절단될 수 있다. 수지는 수목의 수간 주변에 맞추어서 길게 찢고 구멍을 낼 수 있다. 수지에 작은 구멍을 내면, 잡초의 발생을 억제하면서 공기와 물의 이동에 필요한 공간을 제공하게 된다. 이들 재료의 인접 부위는 10cm(4인치) 정도 겹치는 것이 좋다. 직물이나 수지를 설치한 다음, 이들을 완전히 가릴 정도의 두께로 수피, 자갈, 쇄석, 조약돌, 기타 자재를 적용하라. 일부 토목섬유 직물은 자외선에 의한 손상을 5년간 보증한다. 수지도 통행에 의해 손상되지 않으면 수년간은 유지될 것이다. 예상되는 문제는 멀치 내에 축적되는 먼지, 수목 잔해, 작은 쓰레기 조각 등이다. 깔개나 수피, 돌멩이 멀치를 교체하기 위해서는 멀치를 제거한 후, 새로운 깔개를 깔고 멀치를 교체해야 한다.

시비(施肥, fertilization). 유기물을 이용한 멀칭으로 인한 생장 증대로 시비 필요성이 감소하거나 없어질 수도 있다. 그러나 유기물 멀치를 적용하고 난 다음, 멀칭 하에서 대부분의 다른 원소들은 증가하는데 반해, 질소결핍이 발생할 수도 있다. 입자가 가늘고 빨리 분해되는 재료를 질소 함량이 낮은 토양에 밀착하여 적용하면, 멀칭된 수목에서 질소결핍 증상을 일으킬 가능성이 높다.

수목 생장을 잘 관찰하는 것이 시비 필요성을 확인하는 가장 좋은 방법이다. 생장이 활발하고 잎의 색깔이 진하면 비료를 줄 필요가 없다. 반면, 생장이 기대에 미치지 못하고 잎이 노랗게 변하면 질소를 공급하는 것이 좋다. 질소부족 수목이 어리면, 수목 아래의 멀치를 갈퀴로 걷어내고 평방미터당 25~100g(0.05~0.20lb/yd^2)의 질소를 각각의 수목 주변 지표에 뿌리고 멀치를 교체해 주면 된다. 이때 비료가 웅덩이에 고이지 않도록 해야 한다. 수목의 수관이 훨씬 넓을 경우, 질산염(窒酸鹽, nitrate)이나 요소비료를 약 1.5kg/100m^2(3lb/1,000ft^2) 비율로 멀치에 뿌려주고 비료가 멀치를 통과해서 토양 속으로 스며들 수 있도록 스프링클러 관수(약 2.5cm/1인치 정도의 물)를 해준다. 경험상 멀칭이 질소결핍을 초래할 수 있다고 판단되면, 멀칭을 하기 전에 질소비료를 적용할 수 있다(제12장 참조). 대안으로, 멀치 100kg 또는 600ℓ당 질소 1kg의 비율(1lb/100lb 또는 10ft^3)로 비료를 멀치와 혼합할 수도 있다. 비료는 멀치와 혼합하든 멀치 위에 뿌리고 물을 뿌려 주든, 멀치의 분해를 촉진시킬 뿐만 아니라 질소결핍을 예방할 수 있다.

결핍 증상이 시비 후 2개월 동안 지속되면, 멀치 아래의 높은 습도로 인해 토양의 통기성이 떨어졌을 가능성이 있다. 이 경우 멀치의 두께를 얇게 조정해 주어야 한다.

관수(灌水, irrigation). 관수가 필요한 지역에서는 멀칭이 그 빈도를 줄여준다. 유기물로 멀칭된 수목은 점적(點滴, drip), 흡수(吸水, soaker), 스프링클러 관수를 해주면 가장 좋다. 담수관수나 고랑관수(furrow irrigation)는 가벼운 멀치를 낮은 지역이나 웅덩이의 바람이 불어가는 부분으로 이동시킬 것이다. 스프링클러 관수는 멀치의 습도를 유지시켜 화재 위험을 낮춘다. 합성수지 멀치를 설치한 수목은 보통 담수관수, 스프링클러 관수, 점적관수 등에 의해 관수가 이루어진다.

화재 방지(fire protection). 대부분의 멀치는 제대로 관리해 주면 대체로 화재 위험이 높지 않다. 밀짚이나 이탄은 불에 잘 타기 때문에 보통 녹지 멀치로 사용하지 않는 것이 좋다.

건조한 지역에서는, 표면에 황산암모늄(ammonium sulfate)이나 인산이암모늄(diammonium phosphate)을 뿌려주면 (100m²당 물 40ℓ에 1~1.5kg, 또는 1,000ft²당 물 10갤런에 2~3lb의 비율) 유기물 멀치의 발화 가능성을 줄일 수 있다(Hickman과 Perry, 1996). 황산암모늄은 토양의 비옥도와 멀치 분해를 증진시킨다. 이는 멀치에 불이 잘 붙지 않고 비료가 멀치 표면에서 씻겨 나가는, 관수를 하는 녹지나 여름에 비가 많이 오는 지역에서는 사용하지 않는다. 로스앤젤레스 소방서는 산림지역 내 방화대(防火帶, firebreak)에 두께 30cm(12인치)의 목재 칩 설치를 권장한다. 이는 잡초 발생을 억제하고 연소와 불의 확산을 지연시켜 소방관에게 더 많은 시간을 벌게 해 준다(제10장 화재 위험 감축 참조).

병해충 방제(disease and pest control). 해당 수목을 감염시킬 수 있는 병원체를 보유하고 있을 가능성이 있는 멀치 재료는 사용하지 마라. 부숙(腐熟, composting)되면 어떤 병원체도 죽겠지만, 병에 걸린 재료는 부숙시키지 않는 것이 좋다. 멀치 아래의 적절한 습도는 병의 발생을 조장하기 때문에, 뿌리썩음병(*Armillaria mellea*)이 있는 습한 토양에 식재된 수목에는 멀칭을 하지 마라.

설치류가 겨울철에 교목이나 관목의 수간을 가해하는 경우, 수간 주위에 자갈이나 쇄석을 10~15cm(4~6인치) 두께로 깔아주어라. 설치류는 자갈밭에서 은신하기는 어렵다는 것을 알 것이다. 자갈을 이용한 방어벽 없이도, 수목의 기부와 멀치 간의 거리를 두는 것도 설치류 피해를 줄일 수 있을 것이다. 뿌리가 피해를 입으면, 덫이나 쥐약을 이용하여 설치류를 방제해야 하는데, 구체적인 방법은 지역 농무관실의 병해충 방제관에게 문의하면 된다.

동해 방지. 멀치는 아래로부터의 복사와 전도를 감소시킴으로써 열 손실을 막는다. 낮게 자라는 수목은 첫서리 직후부터 봄 생육기까지 밀짚과 같은 성긴 멀치로 덮어주면 동해로부터 보호될 수 있다. 바람이 잔잔하고 맑은 날 밤, 멀치 위의 기온은 나지 위의 기온보다 더 낮다. 이러한 기온 차이는 수목의 지상부에 대한 심각한 손상에 차이를 가져올 수도 있다. 이러한 상황에서는 낮에 토양이 햇빛을 받아 데워져서 밤에 수목이 보호되도록 멀치를 제거해 주는 것이 좋다. 그러나 수관에 잎이 있으면, 햇빛과 추운 밤하늘에 대한 노출이 제한적이기 때문에 멀치로 인한 차이는 거의 없다.

멀치 혼입. 대부분의 유기물 멀치가 토양의 물리적, 화학적 성질을 향상시키지만, 이것이 이들의 주된 목적이 아닌 경우가 일반적이다. 대부분의 경우, 멀치는 지표면에 남아 있어야지 토양 속으로 혼입되어서는 안 된다.

멀치 보충. 유기물 멀치는 시간이 경과함에 따라 분해되기 때문에 이들은 보충해 주어야 한다. 보충하는 빈도는 분해 속도에 따라 차이가 있다(**표 7-14**). 유기물 멀치를 보충해 주지 않으면, 멀치 층이 얇아져서 잡초에게 유리한 모판이 되어 잡초 생장이 증진될 것이다.

표 7-14 유기물 멀치 유형과 바닥에 부설하는 합성재료에 따른 멀치의 내구성 차이. 멀치는 적용 2년 동안 매년 원래 두께(9cm)로 보충되었다. 연구는 노스캐롤라이나에서 시행되었다.

처리	최초 부피 대비 9cm(3.5인치) 두께로 멀치를 보충하기 위해 필요한 양의 비율		
	1차년도 말	2차년도 말	2년 합계
유기물 멀치 종류			
소나무 수피	51.5 b[a]	17.2 a	68.7 a
활엽수 수피	64.4 c	38.6 b	103.0 c
삼나무 칩	66.5 c	21.5 a	88.0 b
대왕송 침엽	36.5 a	57.9 c	94.4 b
짧은잎소나무 침엽	70.8 c	53.7 c	124.5 d
유기물 멀치 아래 피복재료			
피복 안함	62.2 b	38.6 a	100.8 b
폴리프로필렌	59.9 ab	36.5 a	94.4 ab
폴리에틸렌	53.7 a	36.5 a	90.2 a

출처: Skroch 등, 1992.

[a]카테고리 내의 열 평균은 최소자승법 검증(LSD test, $P = 0.05$)에 의해 구분되었다. 열 내에서 같은 문자를 가진 값은 5% 수준에서 유의한 차이가 없다.

7.4 토양의 생물적 활동 제고

제3장에 기술되어 있는 바와 같이, 모든 살아 있는 물체인 토양 유기체(有機體, organisms)는 네 가지 기본적인 요구 조건을 가지고 있다:

1. 토양 공극 내 입자와 뿌리 표면의 공간
2. 알맞은 pH와 염도를 가진 물
3. 적당한 양분
4. 알맞은 온도

이들 중 어느 하나라도 부족하면, 토양 유기체의 개체수, 기능 다양성 등은 위축된다. **생물적 활동을 제고시키기 위해서는 먼저 유기체의 생장과 번식을 위해 필요한 여건을 만들어 주어야 한다.** 이를 위해 필요한 활동들 중 일부는 다음과 같다:

- 답압된 토양에서의 구조 개선
- 습한 토양에서의 배수 개선
- 토양 염도 저감
- 과도하게 산성이거나 알칼리성일 경우 토양 pH 조정
- 양분 공급원 제공(예: 유기물)
- 과도한 더위나 추위로부터 가능한 범위로의 보호
- 가능한 경우 과도한 토양 건조 제한

토양 조건을 개선하기 위한 처리는 이 장에서 이미 고찰하였다. 이를 다시 한 번 정리하면, 답압된 층을 부수기 위한 깊이 갈기(deep tilling), 유기물 또는 화학적 토양 개량제 혼입, 멀치의 적용과 유지, 자연 낙엽의 보존, 염을 제거하기 위한 용탈, 배수 개선, 불량토양(不良土壤, poor soil)의 제거와 이를 양질의 토양과 대체하는 것 등이다.

토양 유기체는 유기물의 공급원에 의존한다. 낙엽의 자연적인 축적에 의하든 토양 표면의 멀치 교체에 의하든, 주기적인 유기물의 보충은 이러한 환경을 가장 잘 조성하는 결과가 된다.

공생적 유대관계 제고

수목에 대해 가장 중요한 생물적 요소 중의 하나지만 가장 이해가 부족한 것이 균근균(菌根菌, mycorrhizal fungi)과의 결합이다(제2장 참조). 균근은 특정 곰팡이가 수목의 뿌리를 침범할 때 형성되는 특수한 뿌리 구조이다. 이는 공생적 연합(symbiotic association)으로, 수목은 곰팡이에게 탄수화물을 제공하고, 곰팡이는 수목에게 주변 토양으로부터 흡수된 영양분을 공급한다. 또한 곰팡이는 가끔 뿌리 병으로부터 수목을 보호하고(Marx, 1973; Graham, 2001) 내건성을 제고시킨다.

균근은 균사(菌絲, fungal hyphae)와 뿌리 세포 간의 관계에 따라 일반적으로 두 가지 유형으로 구분한다(제2장 상자 2-1 참조). 외생균근(外生菌根, ectomycorrhizae)의 균사는 짧은 측근의 피층세포(皮層細胞, cortical cell) 사이에서 자라며 감염된 뿌리 주위에 균투(菌套, mantle/sheath)를 형성한다. 한편, 내생균근(內生菌根, endomycorrhizae; vesicular-arbuscular 또는 VA mycorrhizae/VAM으로도 불린다)은 주로 피층(皮層, cortex) 내의 개별 세포에 침입하고 뿌리 주위에 균투를 형성하지는 않는다. 곰팡이가 피층을 활발하게 침입하지만 이들은 내피(內皮, endodermis)나 뿌리 조직의 더 내부 조직까지 침입하지 않는다. 균근균 곰팡이의 균사속(菌絲束, mycelial strand)과 이들의 균사는 이들이 침입한 뿌리로부터 연장되어 정상적인 실뿌리처럼 기능을 수행한다(Merrill과 Solomonson, 1977). 뿌리와 세포가 침범 당하더라도 균근은 피층 세포를 죽이지 않고 이들의 효과를 강화시키기도 한다. 외생균근에 감염된 측근은 이로 인해 크게 짧아지고, 부풀고, 흔히 두 갈래로 갈라지며, 보통 실뿌리가 많지 않다. 반면, 내생균근에 감염된 뿌리는 외관에 큰 영향을 주지 않는다.

균근을 형성하기 위해서는, 곰팡이가 뿌리를 침입하여 정착하여야 한다. 이렇게 되기 위해서는 다음 네 가지 요소가 충족되어야 한다(Allen, 1991).

1. 수목과 곰팡이가 유전적으로 친화성(compatible)이 있어야 한다.
2. 토양 조건이 적합해야 한다. 뿌리는 습기가 있고, 부드럽고, 따뜻하고, 통기성이 좋은 토양에서 잘 자란다. 비옥하고, 염도가 높고, 침수된 여건은 균근 발달을 저해한다. 그리고 감염원(感染源, inoculum; 포자, 감염된 뿌리 조각, 균사)이 충분한 밀도로 존재해야 한다.
3. 균근균과 다른 뿌리 감염 병원체 사이의 경쟁이 발생할 경우, 균근균이 침입할 수 있는 공간이 확보되어야 한다.
4. 균근균 감염원이 적절한 밀도로 존재해야 한다.

Sylvia 등(1998)에 의하면, "조경 수목에 도움이 되도록 균근을 관리하기 위해서는, 수목과 공생하는 균근균의 범위와 다양성, 상이한 수종의 균근에 대한 반응, 다양한 재배적 방법이 균근의 기능에 미치는 영향 등에 대한 이해가 필요하다." 불행하게도, 이러한 정보는 손쉽게 얻을 수가 없다. 수

그림 7-16 대부분의 수목은 인간의 간섭 없이도 균근과의 결합을 형성한다. 두 가지 다른 외생균근균의 자실체가 다른 경관 부지에 있는 소나무 아래에서 볼 수 있다.

종에 차이가 있고, 수령과 발달 단계, 토양과 개량제 처리, 시비와 관수 처리, 온실/농장/교란되거나 자연 식재지, 균근균 적용 유형/종/방법 등에서 차이가 있는 실험의 결과들을 합리적으로 비교한다는 것은 어려운 일이다. 수종, 곰팡이, 균근, 토양 요소 등의 차이를 측정해야 한다. 때로는 처리 이전에 균근이 존재했는가에 대한 정보가 없다. 마지막으로, 문제는 녹지 환경에 식재된 목본식물에 대한 실험이 거의 없다는 것이다. 따라서 필요한 자료는 농장과 농업 생산 시스템, 광산 매립, 산림녹화(山林綠化, reforestation) 노력 등에서 나온 자료를 원용하고 있다. 녹지에서의 균근 발달과 기능 발휘가 얼마나 유사하고 상이한가에 대해서는 알려진 바가 없다.

일반적으로 명확한 그림을 제시하는 것은 어려운 일이지만, 관련 논문으로부터 유추할 수 있는 일부 잠정적인 결론은 다음과 같다.

- 대부분의 수목은 사람의 중재 없이도 균근과의 공생관계를 형성한다(**그림 7-16**). Baxter 등(1999)은 도시의 참나무(루브라참나무, *Quercus rubra*; 흑참나무, *Q. nigra*) 산림 임분(林分, stand)에서 16개의 외생균균 유형을 발견하였다. 유사한 시골 참나무 임분보다 적은 종이 발견되었지만, 단위 토양부피 당 가는 뿌리의 길이는 더 컸다. 균근은 잔디를 포함한 녹지 환경에 있는 수목에서 발견되었다 (Watson 등, 1990; Smiley 등, 1997). 농장에서 자라고 있는 수목에서도 접종을 하지 않음에도 불구하고 균근에 감염된 뿌리가 발견되고 있다(Garbaye와 Churin, 1996; Silvia 등, 1998).
- 조성된 수목 녹지 내의 토양은 종종 새로운 수목을 감염시키기에 충분한 균근 곰팡이를 함유하고 있다(Hauer와 Dawson, 1996). Baxter 등(1996)은 도시와 시골의 루브라참나무(*Quercus rubra*)와 흑참나무(*Q. velutina*) 임분에서 참나무 치수를 재배하였다. 도시 토양에서 자라는 치수가 시골 토양에서 자라는 것에 비해 뿌리 시스템에 대한 정착(定着, colonization)률이 83% 더 높았다.
- 어느 정도의 조경 수목이 균근과 공생하는가는 알려져 있지 않다. 아마 감염이 안 된 수목도 시비와 관수를 적절하게 해주고, 병을 방제해 주면 만족스럽게 자랄 것이다. Allen(2001)은 "수목은 영양분이 가용하면 균근균 없이도 어떤 경우든 잘 생존할 수 있다. 영양분은 토양의 특성(낮은 총 영양분, 불용화된 영양분)과 경쟁(높은 수목 밀도)에 의해 제한을 받는다"라고 말했다. 녹지가 유지되고 있는 곳에서는, 생장에 대한 제한이 거의 없기 때문에, 균근이 필요 없을 수도 있다. 한편, 균근이 있는 곳에서는 유지관리 노력이 덜 필요할 수도 있을 것이다.
- 균근균을 수목을 식재할 때 적용하는 것과, 대부분의 녹지 지역에서 활착이 완료된 수목에 대해 적용하는 것을 비교

하는 실험에서 수목 생장이 유의하게 향상되는 결과를 보여주지 못했다(Morrison 등, 1993; Smiley 등, 1997; Gilman, 2001). 주목할 만한 예외적인 결과도 있다. Garbaye와 Churin(1996)은 그 지역의 라임나무(lime)에서 분리된 균근균을 은색피나무(*Tilia tomentosa*)에 적용한지 4년 후에 수고가 25% 커진 것을 발견하였다. 내생균근(*Glomus intraradices*)을 접종한 결과 이식 2년차 마가목(*Sorbus aucuparia*)의 직경 생장이 유의하게 향상되었다(Morrison 등, 1993). 폐광지역과 같은 고도로 교란된 지역처럼 자생 균근균 밀도가 낮은 곳에서는, 모래밭버섯(*Pisolithus tinctorius*)을 이용한 접종이, 이 외생균근은 보통 토양 유기물이 증가하거나 다른 균이 침범하면 대체되지만(Allen, 1991), 상당한 효과가 있음을 보여주었다(Marx, 1991).

Smith와 Read(1997)는 생장반응이 미흡한데 대한 설명 중 하나로, 감염원에 의해 유발된 균근은 농장으로부터 현장에 이식되면 잘 생존하지 못할 수도 있다는 것을 제시하고 있다. 수목과 균근의 결합은 접종된 종이 자생 곰팡이와 경쟁할 수 없는 상이한 환경에서는 스트레스와 손상을 받고, 대체된다.

균근 처리의 유일한 성공 척도로서 수목 생장의 증대만을 고려한다면, 잘못 이해할 수도 있다. Allen(1991)은 자연적인 생태계에서 균근 결합의 주된 효과는 "각각의 공생 당사자에 대한 적응성(適應性, fitness)"을 향상시키는 것이다. 뚜렷한 반응(예: 생장 증대)이 측정되지는 않겠지만, "단일 스트레스 기간 동안 균근에 의한 수목 집단의 생존율 증가는 그 수목의 적응성을 향상시키기에 충분하다." 농업과 임업적인 적용에서 주된 관심은 생장 증대이며, 성공의 측도는 생체량(生體量, biomass)에 초점을 두고 있다. 녹지 여건에서의 보다 적절한 목표는 수목의 건강과 스트레스로부터 회복하는 능력을 향상시키는 것일 것이다. 이러한 반응을 측정하는 것은 더욱 어려울 것이다.

- 균근 접종에 대한 수종별 반응은 매우 다양하다. Simmons와 Pope(1987)은 미국풍나무(*Liquidambar styraciflua*)에 내생균근(*Glomus fasiculatum*)을 접종시킨 결과 총 뿌리 길이가 거의 5배 증가하였지만, 백합나무(*Liriodendron tulipifera*)는 소량 증가하는데 그쳤다고 보고하였다. 모래밭버섯 접종으로 피칸(*Carya illinoensis*)과 버들 떡갈나무(*Quercus phellos*)의 가는 뿌리는 유의하게 증가하였지만, 루브라참나무(*Q. rubra*)는 그렇지 않았다(Smiley 등, 1997).
- 곰팡이는 종별로 특정한 토양과 환경 조건에 적응한다. 편익을 극대화하기 위해서는 수목과 균근균의 종을 환경적인 여건과 일치시킬 필요가 있다. 예를 들면, 답압된 토양에서 내생균근 *Glomus fasiculatum*을 미국풍나무에 접종시킨 결과 유의한 뿌리 생장을 보였지만, *G. Macrocarpum*은 효과가 없었다(Simmons와 Pope, 1987).
- 균근의 종 구성은 식재 후 짧은 기간 안에 변하기 때문에, 접종의 편익은 단기간에 끝난다. Garbaye와 Churin(1996)은 식재 시에 짧은 뿌리의 50%가 외생균근 *Cenococcum*에 감염되어 있던 수목이 3년 후에는 이 균을 찾아볼 수 없었다. 그럼에도 불구하고, 이들 수목은 대조군보다 유의하게 크게 자랐다. 이러한 명확한 차이는 *Cenococcum*이 실험초기에 수목의 생장을 제고시킨 다음 뿌리 표본을 채취하기 전에 개체군이 쇠퇴하였기 때문이라고 설명하고 있다.
- 편익을 극대화하기 위한 균근 정착의 최적 수준은 알려져 있지 않고 있다. VAM(vesicular-arbuscular mycorrhizae)의 뿌리 정착이 24~39% 범위에 있는 눈향나무(*Juniperus chinensis var. sargentii*) 삽목묘(揷木描, rooted cuttings)의 생장이 증대되었다고 보고되었다. 대조구 수목의 비접종 뿌리는 4~18%의 정착을 보였지만, 생장 편익이 발생하기 전인 실험의 후반부에 감염이 일어났다고 설명하고 있다(Foncardori와 Pokorny, 1982). 수목의 90%가 처리 이전에 1~20%의 VAM 감염률을 나타내고 있음에도 불구하고, *Glomus*속 중 2개 종을 마가목에 접종한 결과, 이식 후 2년차에 뿌리의 정착과 생장이 유의하게 증가되었다.
- 일부 조건 하에서 균근은 수목에 도움이 되지 않을 수도 있다. 수목은 공생관계를 유지하기 위해 자신의 탄수화물 생산 중 약 4~20%를 소비한다(Smith와 Read, 1997). 만약 수목이 스스로 자원을 획득할 수 있어서 곰팡이가 제공하는 재료가 수목의 탄수화물 생산을 증가시키지 못할 경우, 수목은 탄수화물의 순손실을 초래하게 될 수 있다. Morrison 등(1993)은 이러한 현상을 두 종의 *Glomus*에 접종된 노르웨이단풍(*Acer platanoides*)의 경우에서 발견하였다. 접종과 식재한지 1년 후에, 균근 처리를 한 수목들이 대조군보다 직경생장이 더 낮게 나타났다. 이들은 "인(燐, phosphate) 비옥도가 높아서 VAM에 의해 증대된 인 영양분이 내생균근의 광합성 산물(photosynthate) 소비를 상쇄할 수 없기 때문에 생장 억제가 발생했다"고 언급하였다. Johnson(1993)은 영양 수준이 높으면, 수목은 균근 정착이 발생하지만 수목에 편익을 주지 않는 비효과적인 곰팡이를 선택하는 결과로 이어질 수 있다고 말했다.

• 상업적으로 생산된 균근 제제(製劑, formulation)의 적용은 자생적인 균근 곰팡이를 억제할 수 있다. 모래밭버섯을 처리한지 7개월 후에 버들참나무에서 자생 균근의 집락이 억제되었다(Smiley 등, 1997).

요약하면, 녹지 환경에서 균근에 관한 이해가 아직 부족한 것이 많지만, 일부 주요 견해는 다음과 같다:

1. 대부분의 수목은 인간의 간섭 없이도 균근과의 결합을 형성한다.
2. 비료를 주고 관수를 하는 유지관리가 되고 있는 녹지에서 균근의 역할은 물과 영양분, 특히 인이 부족한 자연 환경에 비해 그 중요성이 떨어진다.
3. 토양은 고도로 교란되거나 표토가 제거되지 않는 한, 균근균을 내포하고 있다. 토양이 교란되는 경우, 바람과 동물들이 곰팡이 포자를 그 지역으로 옮겨주기 때문에 시간이 경과하면서 자연적으로 균근균이 도입될 것이다.
4. 대부분의 경관 수목과 조성된 녹지에서는 균근 제제를 적용하더라도 생장의 유의한 증가가 나타나지 않는다. 수목의 생존과 생장에서 유의한 증가를 나타내는 경우는 고도로 교란된 토양에 식재된 묘목과, 실험실 내에서 키우는 식물이나 새로운 수목을 도입하는 등 원하는 기주식물과 결합하는 균근 곰팡이 종이 격리되어 있는 상태인 경우 등이다.

경관에 균근균 적용

대부분의 경관 토양에서 균근균이 부족하여 보충이 필요한 경우는 없다. 적절한 곰팡이는 해당 부지에 유사한 수목이 자라고 있으면, 항상 수목이나 토양, 또는 둘 모두에 이미 존재한다. 그러나 교란된 토양에는 균근균이 존재하지 않고, 목본식물에 유해한 식물이 존재하거나 토양 조건이 불리하여 자생 균근이 수목에 편익을 주는데 부적절하기 때문에, 녹지 환경에서 자라는 수목이 균근 감염원의 적용을 통해 도움을 받을 수 있지 않을까 하는 기대를 하는 경우가 있다. 균근의 개체수가 작거나 없는 경우도 있다: 자연적인 표토가 벗겨져 나가거나 심토(心土, subsoil)가 노출될 정도로 정지된 경우, 염분 또는 알칼리 토양, 침수된 토양. 이러한 경우는, 묘목에 균근균을 적용하면 수목 활착과 생장에 향상을 가져오는 광산 폐기물에 비유될 수 있다(Marx, 1991). 이러한 조건 하에서는 균근 감염원의 적용이 고려될 수 있다.

균근 접종은 가능하면 수종과 환경을 고려하여 맞춤 적용되어야 한다. 처리를 시행하기에 앞서 부조 여건을 평가하고 토양 내 균근 뿌리나 번식체(繁殖體, propagule)의 존재를 확인하라(**상자 7-2**).

토양 내에 유기물을 혼합해 주면 접종 후 균근 형성을 향상시킨다(Garcia 등, 2000).

균근이 결핍된 것으로 확인된 녹지에 균근 곰팡이를 도입할 수 있는 방법은 네 가지가 있다.

1. 인근의 수목으로부터 확보한 토양이나 지표 낙엽을, 병원체가 도입되지 않도록 조심하면서, 적용하라(Berman과 Bledsoe, 1998). 신규 식재지인 경우, 이 토양을 표토에 혼합해 주거나 부지 토양 위에 위치시켜라. Claassen과 Zasoski(1993)는 모아두었던 표토(表土, topsoil)를 정지된 경사에 10cm(4인치) 정도 적용한 결과 표토가 없는 경우보다 균근 형성이 크게 향상되었다고 보고하였다. 온실 실험에서 균근 감염을 유의하게 증내시키기 위해서는 부피 기준으로, 표토의 양이 총 토양의 20% 이상 되어야 한다. 표토를 5개월 동안 쌓아두어도 감염 능력의 현저한 손실은 없었다. 기존 수목의 경우, 이러한 토양이나 낙엽을 감염시키고자 하는 수목의 지표 아래로 섞어 주어야 한다.
2. 이미 균근을 가지고 있는 수목을 식재하라. 식재를 위해 대기 중인 수목이 적절한 균근균에 미리 감염되어 있지 않으면, 이들 뿌리를 감염원의 현탁액(懸濁液, slurry)에 담그는 것도 생각할 수 있다. 종자도 감염원의 현탁액에 담금으로써 감염시킬 수 있다.
3. 부지에 자생 균근균을 재도입하기 위해서는 정지하기 전에 해당 부지로부터 또는 수목이 자라고 있는 인접 장소로부터 이 균을 분리하라. 그리고 이들 부지 특유의 균주를 배양한 다음, 수목에 접종시켜라.
4. 식재에 앞서 토양에 상업적인 감염원을 적용하라. 대부분의 상업적인 감염원은 광범위하게 분포하고 있고, 많은 수종과 결합관계를 형성할 수 있는 능력이 있고, 불리한 환경에서 효과가 높은 특징 때문에 선정된 곰팡이 종의 몇몇 균주들이다(Smith와 Read, 1997). 평판이 좋은 회사로부터 신선한 제품을 구매하라; 오래되고 잘 못 보관된 제품은 살아 있는 번식체가 없을 수도 있다. 상업적인 감염원은 해당 부지, 환경, 수목 등에 특정한 것이 아니기 때문에, 이 방법은 효과를 기대하기 가장 어려운 것이다.

일부 녹지 유지관리 관행은 균근 개체수에 영향을 미칠 수 있다. 트리플루랄린(trifluralin; 비선택성 제초제)과 같은 일부 제초제는 소나무 묘목에서 외생균근을 감소시키는 것

상자 7-2

균근 감염원을 적용하기 전에 제기하는 핵심 질문

1. 토양 내 존재하는 균근균이 있는가?

이것은 토양 표본을 실험실에서 분석하면 확인할 수 있다. 새로운 식재지의 경우, 과거에 목본식물이 그 부지에 자랐고 자체의 표토가 확보되어 있다면, 균근균이 존재할 가능성이 있다. 대부분의 기존 녹지에는 균균이 존재한다. 균근균의 적정 개체수가 얼마인지, 또는 몇 퍼센트의 뿌리 감염률이 최적의 편익을 제공하는지에 대해서는 알려진 바가 없다.

2. 감염원에 있는 균근균의 종이 해당 수종과 결합을 형성하는데 효과적인가?

특정 수종과 균근을 형성하는데 가장 효과적인 특정 곰팡이에 대해서, 또는 어떤 균근이 가장 큰 편익을 제공하는가에 대해서는 알려진 바가 거의 없다. 생물적으로 다양한 토양은, 특히 이전에 목본식물이 자란 부지인 경우, 대부분의 종과 균근을 형성할 수 있는 곰팡이를 가지고 있을 가능성이 높다.

3. 균근 결합의 발달에 필요한 여건 증진을 위해 개선이 필요한 부지 여건은 무엇인가?

감염이 안 된 뿌리와 마찬가지로, 균근이 형성된 뿌리도 느슨하고, 습하고, 통기성이 좋고, 독성이 없는 토양에서 최고의 기능을 발휘한다. 뿌리의 기능을 제한하는 어떤 요소도 식재 전에 교정해 주어야 한다. 수목이 자라고 있으면, 토양 조건을 개선하기 위한 처리를 할 때 과도한 뿌리 교란을 피하라. 균근균의 추가 적용은 피폐한 토양을 향상시키지 않을 것이다.

4. 수목이 균근에 감염된 뿌리를 가지고 있는가?

농장에서 자라는 대부분의 조경수는 녹지에서 자라는 수목과 마찬가지로, 균근에 감염된 뿌리를 가지고 있다. 외생균근의 존재 여부는 뿌리 표본을 파내서 이를 살펴보면 평가할 수 있다(제2장 균근 뿌리 설명 참조). 내생균근은 현미경을 이용하여 뿌리를 관찰하여야 하는데, 이러한 서비스는 실험실에서 제공한다.

균근 형태형(形態型, morphotype)의 효과성을 평가하는 방법과, 수목에 최대의 편익을 제공하기 위해서는 얼마나 많은 균근 뿌리를 가져야 하는가에 대해서는 현재로서는 알지 못한다.

5. 균근균은 토양을 감염시키는가?

많은 균근 포자는 바람으로 이동하며 며칠 안에 소독된 토양으로 침입할 수도 있다. 다른 곰팡이는 동물에 의해 운반된다. 부지가 이미 조성된 목본식물과 인접해 있으면, 균근균은 자연적으로 침입할 것이다.

6. 감염원이 자생하는 토양 미생물상(微生物相, microflora)에 무슨 영향을 미칠 것인가?

상업적인 감염원 제제는 자생종을 제압할 수 있는 곰팡이 외래종이나 균주를 도입한다. 이러한 것들이 토양의 건강에 어떤 영향을 미치는가는 알려져 있지 않다. 다른 경우에는 자생종이 도입된 종을 억제하여 이들이 영향을 미치지 못하게 한다. 자생종을 분리하여 실험실에서 이들의 개체수를 증식시킨 다음, 목표로 하는 수목에 맞춤 감염원을 적용하게 되면 발생할 수 있는 부작용을 회피할 수 있다.

7. 감염원이 살아 있는 포자를 가지고 있는가?

오래되고 부적절하게 준비하거나 저장된 감염원은 살아 있는 곰팡이가 없을 수도 있으며, 이는 수목에 적용했을 때 효과가 없을 것이다. 상업적으로 생산된 감염원을 사용하는 경우, 감염원이 신선하고 활동적이어야 한다.

으로 나타났다. 그러나 Jacobs 등(2000)은 완효성(緩效性, slow-release) 트리플루랄린이 도포된 뿌리 통제 직물인 Biobarrier®는 대왕참나무(*Quercus palustris*)와 미국풍나무의 균근 발달에 영향을 미치지 않았다고 보고하였다. 관수가 도시 녹지에 식재된 자생 수종의 내생균근 개체수를 감축시키는 것으로 알려져 있다(Stabler 등, 2001). 높은 비옥도와 습한 여건을 유지하면 일반적으로 균근이 감소하는데, 이는 여건이 최적이면, 수목은 균근과 결합하는 것이 유리하지 않기 때문이다.

복습

- 많은 경우, 토양의 성질을 조정할 수 있는 사람의 능력은 제한적이다. 효과적인 이들 처리는 식재 전에 적용하는 것이 최선이다.
- 처리를 적용하기 전에 부지를 점검하고, 적절한 표본을 수집하고, 적절한 현장 또는 실험실 시험을 수행하여 문제의 원인을 정확하게 동정하라.
- 토양 답압을 경감시킬 수 있는 방법은 다양하다. 연구에 의해 효과적이라고 입증된 것은 기계적으로 토양을 부수는 것, 토양 표면에 유기물로 멀칭을 하는 것, 토양을 제거하고 교체하는 것 등이 있다.
- 배수구로 물을 유인하기 위한 지표 높낮이를 조정하거나 잡석암거(French drain)를 설치하면 지표배수를 향상시킬 수 있다. 지하 배수를 향상시키기 위해서는 불투수층을 관통하거나 지하 배수(地下排水, subdrain) 시스템을 설치해야 한다.
- 토양이 과도하게 산성 또는 알칼리성이면, 석회석을 첨가하여 pH를 높이거나 황을 첨가하여 이를 낮출 수 있다. 석회를 함유하고 있거나 칼슘 또는 중탄산염(重炭酸鹽, bicarbonate)을 함유하고 있는 물을 관수하고 있으면 토양의 pH를 낮추기 어렵다.
- 염은 대량의 물을 적용(용탈)함으로써 토양 내 농도를 낮출 수 있다. 이때 토양은 이러한 처리가 가능하도록 배수가 잘 되어야 한다. 나트륨 토양에 대해서는 용탈하기 전에 석고를 혼합해 주는 것이 좋다.
- 유기물 개량제를 혼합하거나 유기물 멀치를 적용하여 정상적인 토양 유기물 수준(보통 중량 기준 2~5%)을 유지하는 것이 토양의 물리적, 화학적, 생물적 성질에 도움이 된다. 흔히 과도한 양의 토양 개량제를 토양에 혼합하는 경우가 있는데, 부피 기준으로 약 10%가 편익을 증진시키면서 문제를 회피할 수 있는 합리적인 양이다.
- 주어진 부지에 대해 투수성을 제고시킬 것인지, 보습력을 증진시킬 것인지, 토양 구조를 개선할 것인지, 생물적인 활동을 향상시킬 것인지 등, 적용하는 목적을 달성할 수 있는 토양 개량제 제품을 선정하라. 유기물 토양 개량제의 경우, 탄:질비, 유기물 함량, 입자 크기, 수분 보유 능력, 양분 함량, pH, 염도, 중금속 농도 등을 고려하라.
- 멀치는 토양 습도를 보전하고, 침식을 줄이고, 토양 비옥도를 제고하고, 토양 생태를 향상시키고, 답압으로부터 토양을 보호하고, 토양 온도를 완화하고, 잡초를 억제하고, 토양 구조를 향상시키는데 도움을 줄 수 있다. 가용한 멀치 자재는 다양하며, 모든 부지에 최적인 하나의 멀치는 없다. 멀치를 선택할 때, 가용성, 비용, 적용과 유지 용이성, 외관, 토양과 수목에 대한 효과 등을 고려하라.
- 토양의 생물적 활동을 향상시키기 위해서는, 먼저 유기체의 생장과 번식에 필요한 여건을 확보해야 한다. 이를 위해서는 불리한 토양의 물리적, 화학적 여건을 조정하고 양분 공급원(예: 유기물)을 제공해야 한다.
- 균근은 수목의 뿌리와 균근균의 공생적 결합에 의해 형성된 뿌리 구조이다. 이 결합은 영양분이 부족하고 건조한 부지에서 수목이 생장하는데 편익을 준다. 대부분의 수목은 인간의 간섭 없이 균근 결합을 형성한다. 목본식물에 적절한 균근균이 없거나 개체수가 적은 부지는 광산 폐기물, 표토가 제거된 정지된 부지, 이전에 초지였던 부지 등이다. 이러한 녹지로 균근균을 다시 도입하는 방법에는 몇 가지가 있다. 대부분의 녹지 토양에 균근이 부족하여 보충이 필요하다는 증거는 없다.

추천문헌

BRUNDRETT, M., N. BOUGHER, B. DELL, T. GROVE, and N. MALAJCZUK. 1996. *Working with Mycorrhizas in Forestry and Agriculture*. Canberra, Australia: Australian Centre for International Agricultural Research.

BRADY,N.C., and R. WEIL. 1999. *The Nature & Properties of Soils*, 12th ed. Upper Saddle River, NJ: Prentice-Hall.

CRAUL, P. J. 1992. *Urban Soil in Landscape Design*. New York: Wiley.

제8장 식재

목표

- 종자, 유묘(幼苗, liner), 삽목(挿木, cutting)을 이용한 목본식물(관목과 교목)의 식재 방법을 기술한다.
- 수목의 취급과 준비, 식재 구덩이 준비, 수목의 고정, 되메우기를 포함한 나근(裸根, bare-root)과 용기에서 자란 교목과 관목을 식재하는 절차를 제시한다.
- 식재 후 관리에는 전정, 지주목 유형과 영향, 수목 보호관(shelter)의 사용, 관수, 토양 관리 등을 다룬다.

식재(植栽, planting)는 다양한 준비 작업(부지 분석, 조경 계획의 수립, 적절하고 건강한 수목의 선정, 기존 수목을 보존하고 새로운 수목이 적응할 수 있는 부지 준비 등)의 마지막 단계이다. **묘목의 취급, 식재, 사후관리를 올바르게 하는 것이 어쩌면 간단하게 보일지 모르지만, 이를 제대로 시행하는 것은 대단히 중요하다.** 수목은 녹지에 씨앗을 직접 뿌리거나 실생묘(實生苗, seedling), 삽목, 어린 나무 등으로부터 시작될 수 있다. 특수 장비가 필요할 수 있는 큰 수목의 이식은 다음 장에서 다룬다.

8.1 종자, 유묘, 삽목

직접 파종된 수목은 일반적으로 주변 환경과 조화롭게 발달되고 조성된 후에는 유지관리가 거의 필요 없다. 직접 파종, 유모, 삽목 등은 고속도로와 송전선로(utility right-of-way), 저수지 부지, 미래의 휴양지역, 도시 숲, 녹지, 오픈 스페이스(open space), 대규모의 조경 공사 등과 같은 관리를 거의 하지 않고 즉각적인 효과를 요구하지 않는 지역에 식재하는데 경제적인 방법이 될 수 있다. 이러한 식재의 목적과 범위는 가장 적절한 방법과 수종이 선정될 수 있도록 명확히 되어야 한다. 유묘와 삽목은 생육기(生育期, growing season)가 짧은 지역에서는 파종보다 더 효과적일 것이다.

파종(播種, planting seed)

파종된 수목은 해당 부지에서 발생하는 환경적인 여건 하에서 발아(發芽, germination)하고, 성장하고, 생존해야 한다. 교목이나 관목은 연간 강우량이 250mm(10인치) 미만인 지역에서도 파종에 의해 성공적으로 조성될 수 있다(Chan 등, 1977) (**그림 8-1**). 조경용 교목과 관목은 일반적으로 특정한 입지를 요구하지 튼튼한 묘목을 원하는 경우는 드물다. 이랑을 조성하여 뿌리거나 흩뿌리기보다는 보통 작은 구덩이에 파종하는 것이 가장 좋다.

녹지가 요구하는 특정한 기능과 부지에 대한 적응성을 위해 활력이 좋고 내한성이 있는 수종의 종자를 선정하라. 종자는 그 지역에 있는 수목으로부터 채집하거나 상업적 또는 국가 기관으로부터 구매할 수 있을 것이다. 광범위한 파종 작업을 수행하기에 앞서 필요한 경우, 그 종자가 휴면을 타파하기 위한 처리와 발아력(發芽力, viability) 시험을 거친 것인가를 확인하라. 수종에 따라서는 종자의 휴면 타파 처리가 다르다. 지역의 농촌지도소나 주 산림담당자들이 종자의 공급원과 필요한 휴면처리에 관한 정보를 가지고 있을 것이다. 대규모 식재는 경험이 없는 사람이 시도하지 않도록 하는 것이 좋다.

종자는 여건이 발아와 발아 후 실생묘의 생장에 모두 유리할 때 파종되어야 한다. 겨울에 강우량이 낮거나 보통 수준인 온화한 지역에서는 가을 파종이 대부분의 수종에서 성공적일 것이다. 바로 발아하지만 발아 후 낮은 겨울 기온에 견딜 수 없는 수종이나 발아를 위해서 따뜻한 기온이 필요한 수종은 봄에 파종하는 것이 가장 좋다. 초기의 관수는 파종할 수 있는 기간을 연장시켜 준다.

파종을 하기 위해서는, $1m^2$의 토양을 깨끗하게 정리한 다음, 정리된 곳의 중앙에 깊이 10cm(4인치)의 구덩이를 파라. 서릿발(frost heaving)이 발생하기 쉬운 점토질 토양을 제외하고, 아래로 갈수록 좁아지는 바닥이 뚫린 1ℓ(1/4갤런) 크기의 원통형 종이 용기를 구덩이 안에 놓아라. 용기의 크

그림 8-1 연평균 강우량이 250mm(10인치) 미만인 캘리포니아 주 산 호아킨 밸리(San Joaquin Valley)에 직파된 이후 11년이 지난 아까시나무(*Robinia pseudoacacia*)와 캘리보니아 플라넬부시(*Fremontodendron californicum*). 아까시나무는 초기 6년 동안 실수로 진디 깎기 장비에 의해 지표면까지 절단되었다.

기는 0.5ℓ에서 크게는 4ℓ까지(1/8~1갤런) 가능하다. 용기의 크기와 관계없이, 구덩이 바닥에 14-14-14(N, P, K) 완효성 비료 10g(0.3온스) 상당량을 놓아라. 그리고 그 부지에서 나온 흙을 부수어 용기를 주변 토양의 높이까지 채워라. 그 다음 용기 내 토양에 종자(큰 것은 3개, 작은 것은 20개)를 심어라. 작은 종자는 자기 직경의 1배에서 2배, 큰 종자는 자기 직경의 1배 깊이로 흙을 덮어 주어라. Propex™ 또는 천을 입힌 검은 색 수지와 같은 잡초 방제용 직물 $1m^2$의 중간을 X자로 찢은 다음, 그 직물을 파종 용기 위에 놓고 꺾쇠로 고정시키거나 돌멩이나 흙으로 그 직물을 눌러 두어라. 직경 20~30cm(8~10인치) 크기의 큰 돌멩이를 용기 옆에 놓아두면 파종 구덩이를 보호하고, 실생묘가 발에 밟히거나 초식동물에 의해 먹히는 피해를 줄여줄 것이다. 가능하다면 토양에 가볍게 물을 주어라. 용기 주위에 30cm(1피트) 높이의 원통형 알루미늄 방충망(防蟲網, insect screen)을 철사 줄로 고정하라. 다음으로 새나 곤충을 비롯한 다른 동물들이 접근할 수 없도록 원통형 방의 상단을 접어서 주름지게 해 두어라(**그림 8-2**). 용기는 뿌리를 보호하고, 토양을 따뜻하게 해주고 씨앗의 발아를 촉진시키는 작은 온실 역할을 한다. 또한 용기는 적용된 물이 파종된 지점 밖으로 나가는 것을 막아줄 것이다. 실생묘가 막힌 망의 끝에 가까이 이르면, 이들이 계속 자랄 수 있도록 상단을 개방해 주어라.

잡초 방제는 기본이다. 만약 잡초 방제 보호벽이 설치되어 있지 않은 경우, 제초제(除草劑, herbicide)를 뿌리면 용기가 보호막 역할을 할 것이다. 실생묘가 나오기 전, 그리고 잡초의 키가 5~7.5cm(2~3인치)일 때에는 접촉성제초제(接觸性除草劑, contact herbicide)를 사용하라. 실생묘가 나오고 난 후에는 제초제를 뿌릴 때 버킷(bucket)으로 파종 지점을 덮어 주어라.

Chan(1974)은 압축된 질석(蛭石, vermiculite)으로 만든 25 × 100cm(1 × 4인치) 크기의 블록의 한 쪽 끝에 종자를, 다른 한 쪽에는 비료를 삽입한 다음 이 블록을 종자가 삽입된 부분을 위로 향하도록 수직으로 묻었다. 이 질석 블록을 이용한 결과, 실험 대상인 갈매나무속(*Ceanothus*)에 속하는 3종에서 발아된 파종 지점의 수가 두 배 이상으로 증가하였다(질석 파종 블록은 캘리포니아 주 로스앤젤레스 소재 Zonolite Division의 W.R. Grace가 제공하였다.).

유묘 식재

유묘는 생육기가 너무 짧아 발아와 첫 여름에 충분한 생장이 어려운 곳에서 어린 나무를 심을 수 있게 해준다. 어린 나무는 겨울철 추위를 피하고 생육기 초기에 좀 더 유리한 수분 환경을 확보함으로 여름철 더위와 가뭄에 더 잘 견딜 수 있다. 그러나 겨울과 이른 봄이 너무 춥거나 습하지 않으면, 늦가을이나 초겨울 식재가 유묘가 좀 더 빨리 활착하는데 도움이 될 것이다. 유묘 식재는 동물의 활동이 많지 않거나 처음 1, 2년 동안 수목이 뚜렷하게 보일 필요가 없는 경우에 경제적인 경관조성 대안이 된다.

그림 8-2 천을 입힌 검은 수지, 혼합 토양을 채운 원통형 종이 용기, 보호용 철망 등을 이용하여 Frank Chan이 수행한 점뿌리기(點播, spot seeding) 기술; 각각의 재료(왼쪽); 설치류, 새, 곤충의 접근을 막을 수 있도록 접은 망과 함께 설치된 재료들(중간); 실생묘의 키가 클 수 있도록 개방된 망(오른쪽). 그 부지에서 구한 큰 돌이 지면을 덮고 있는 수지를 누르면서 큰 동물로부터 파종 구덩이를 보호한다.

실생묘는 튜브나 블록을 포함한 다양한 소형 용기에서 자란다. 용기는 수지, 종이, 이탄(泥炭, peat) 등 소재에 따라 생분해(生分解, biodegradbility) 속도가 다르다. 수지 용기에서 자란 실생묘는 뿌리만이 배양토를 붙잡고 있기 때문에, 식재할 때 조심스럽게 빼내어야 한다. 생분해성 재료로 만든 용기에서 자란 묘목은 그 상태로 식재해도 된다. 유묘는 더위나 추위, 전광(全光, full sun)에 의해 불필요하게 손상을 받거나 위축되지 않도록 식재 부지 근처나 식재 부지와 유사한 환경 하에서 2, 3주 동안 순화(馴化, hardening)시켜 주는 것이 좋다. 순화시킬 때에는 강도가 묘목이 지금까지 경험한 것보다는 더 높지만 식재 후의 환경만큼은 가혹하지 않은 극한적인 기온이나 광도에 노출시키는 것이 좋다.

유묘는 파종하는 것과 거의 같은 방법으로 하되, 식재 깊이는 유묘의 근분 깊이를 고려한다. 일반적으로 식재 구덩이 안이나 지표면에 비료를 주지 않도록 권장하고 있는데, 수목이 활착된 다음에는 시비를 하여도 무방할 것이다. 잡초 방제, 멀칭, 동물로부터의 보호 조치는 파종과 마찬가지로 해주어야 한다.

삽목

냇가나 초원의 덤불 속에서 자라는 많은 수종(버드나무류/*Salix*와 포플러류/*Populus* 등)은 일반적으로 습한 토양에 삽목(插木, cutting)을 함으로써 쉽게 뿌리를 내린다. 생육기 동안 토양이 어느 정도 습하면, 삽목이 녹지를 조성하는 경제적인 방안이 될 수 있다. 뿌리를 쉽게 내리는 수종은 이들의 삽목된 수목에 의해 보호되고 있는 건조한 부지를 다른 수목이 침입할 때까지 그 지역을 개척할 것이다.

습하고 풍화된 화강토(마사토, decomposed granite)에 식재된 레몬버드나무(*Salix lemmonii*)의 큰 삽수(길이 25cm/10인치, 직경 10mm/3/8인치)는 47%가 생존한 반면, 작은 삽수(길이 15~20cm, 직경 6mm)는 생존율이 30%에 불과했다(Leiser 등 1974). 가을과 초봄 식재는 성공률이 같았다.

휴양지역을 넓히고, 물고기 서식처를 향상시키고, 연안의 침식을 경감시키기 위해 저류지 내 수위가 낮아지는 지역에 실시한 버드나무의 삽목은 성공적이었다. 여름과 봄에 물이 빠질 때 길이 30~45cm(12~18인치), 직경 2.5~4cm(1~1.5인치)의 삽수를 가장자리 진흙에 꽂아 넣었다. 아래쪽 끝을 구분하는 것과 삽수를 절단하고 꽂아 넣는 것을 용이하게 하기 위해 삽수의 아래쪽은 대각선으로, 위쪽은 직각으로 절단하였다. 이듬해 봄에 침수가 발생하기 전에 많은 삽수가 뿌리를 내리고 지상부가 생장하였다. 많은 삽수가 이듬해 4개월 이상의 침수에서도 살아남았다(Whitlow와 Harris, 1979).

8.2 어린 수목

어린 수목은 비용이 적정하고 단기간에 녹지에 적절한 효과를 가져오기 때문에, 가정과 상업, 산업, 공공의 녹지에 가장 흔하게 활용되고 있다. 관목과 교목은 건물과 쇼핑몰(shopping mall), 옥상 정원(roof garden), 사무실용 빌딩(office building)과 공업단지 공원 및 공공시설 주변 등에 새롭게 집중적으로 조성된 녹지에서 주된 요소이다. 조경산업은 주로 어린 수목에 대한 설계, 생산, 판매, 식재, 관리에 기반을 두고 있다.

식재 적기

겨울이 해당 수종의 어린 수목에게 너무 춥지 않으면, 가을에 식재된 수목이 일반적으로 늦겨울이나 봄에 식재된 것보다 더 잘 자란다(Whitcomb, 1987; Pirone 등, 1988). 가을에는 봄보다 토양이 더 따뜻하고 수분과 통기 여건이 더 좋다. 상록수마저도 짧은 일장과 시원한 기온 때문에 증산량이 더 작으며, 뿌리는 봄에 지상부에 의한 수분 요구량이 증가하기 전에 생장할 수 있는 시간을 더 많이 가질 수 있다. 가을에 식재된 수목은 이듬해 봄에 생장을 빨리 시작할 수 있다. 그러나 수목의 식재 적기는 이들이 어떻게 생장해 왔는가에 따라 다를 수 있다(다음 항과 제9장 참조).

식재 전 수목 취급

수목은 이들이 뿌리의 질과 지상부 구조가 규격에 적합한가를 확인하기 위해 인도 전 또는 당시에 주의 깊게 점검되어야 한다(제6장과 부록 I의 수목 점검 참조). 식재 부지가 수목이 보관되어 있는 곳보다 더 춥거나, 더 덥거나, 더 많이 노출되어 있으면, 이들 수목은 식재 전에 순화되거나 적응을 시켜야 된다. 이러한 과정은 짧게는 2, 3일에서 길게는 2, 3주가 걸린다. 수목을 건조하지 않게 유지하고, 무엇보다 극한적인 기온으로부터 보호되도록 하라.

많은 교목과 관목은 휴면기(休眠期, dormant season)에 나근(bare root)으로 인수한다. 인수한 다음 즉시 식재하는 것이 최선이지만, 나근묘는 뿌리나 눈이 자라지 않을 정도로 서늘하게 보관하면 2, 3주 정도는 유지될 수 있다. 뿌리는 습하지만 젖지 않도록 유지되어야 한다. 이들 수목은 습한 톱밥, 이탄이끼(peat moss), 모래, 양토 속에 뿌리를 묻어 그늘진 곳에 가식할 수 있다. 이들을 개방지에서 보관해야 하는 경우, 이른 오후의 태양과 직각이 되는 도랑에 뿌리를 묻어서 이들을 가식하면 된다. 이들의 지상부는 눈이 따뜻해지는 것이 최소화되도록 이른 오후 태양을 향하도록 해야 한다. 뿌리는 습한 토양을 덮어주고 에어포켓(air pocket)이 최소화되도록 뿌리 주변을 채워주어야 한다.

수목은 서늘한 보관소 내에 저장하거나 수목의 뿌리 주위에 습한 포장 재료로 묶어서 보관할 수 있다. 많은 수목이 타파해야 할 저온 요구를 만족시키는 수준 이상의 낮은 기온은 수목이 녹지에 식재되었을 때 좀 더 균일한 발아(發芽, bud break)를 보장한다. 나근묘를 저온(0~4°C/32~40°F)에 저장하면, 눈이 트는 것을 지연시킴으로써, 그렇지 않은 경우보다, 2~4주 늦게 식재할 수 있게 해준다.

근분묘(B-in-B; balled-in-burlap)와 용기에서 자란 묘목은 연중 거의 언제나 식재할 수 있지만, 근분묘는 보통 굴취한 직후 식재한다. 대부분 수목의 용기는 색깔이 어두운 것이 보통이다. 오후에 햇빛에 노출된 면에 있는 토양의 온도가 49°C(120°F)에까지 이를 수 있고, 38°C(100°F)이상이 6~8시간 동안 유지된다. 한 실험에 의하면, 토양의 온도를 4일간 연속으로 매일 6시간 동안 35°C(95°F)를 유지시킨 결과 아까시나무의 뿌리 생장이 75% 감소하였다(Wong 등, 1971). 온도를 4시간 동안 40°C(104°F)만 유지해도 대부분 수목의 뿌리 끝이 죽을 수 있다. 다른 연구에서 매일 오후 태양에 노출된 4ℓ(1갤런) 용기의 서쪽 1/3에서 뿌리가 발견되지 않았다(그림 3-7) (Harris, 1967). 이들 용기묘에게는 매일 물과 비료가 주어지기 때문에 이들의 지상부는 거의 영향이 나타나지 않았다. 그러나 묘목이 가용한 토양의 용량이 용기 내에 있는 것이 전부인 경우, 녹지에 이식하면, 뿌리가 전체 용기를 채우고 있는 다른 묘목보다 처음에는 더 자주 관수해 주어야 한다. 살아 있는 뿌리가 용기를 채우고 있더라도, 그 묘목을 식재한 후에는 용기 내에 있을 때보다 더 자주 관수해 주어야 할 것이다(이 장의 마지막에 있는 식재 후 관리 참조).

식재를 위해 묘목을 옮기는 동안에는 가능하면 그늘에서 이들을 서로 붙여 놓아라. 이들을 개방된 공간에 두어야 한다면, 바깥 용기나 근분을 햇빛으로부터 보호하라. 햇빛이 비치는 방향에 넓은 판자, 길고 좁은 판지, 알루미늄 포일(foil), 멀치나 토양의 둑 등을 배치하면 해결할 수 있을 것이다. 이를 통해 묘목이 시드는 것을 방지하라. **이들을 가까이 붙여 놓으면 증산이 어느 정도 감소하고, 지상부가 과도하게 움직여서 발생하는 손상을 줄이며, 수목이 직립 상태를 유지하는데 도움이 될 것이다.** 맑고 햇빛이 강한 날에는 묘목이 식재되기에 앞서 가능한 한 짧은 시간에 그 묘목을 식재지로 운송함으로써 뿌리 피해가 최소화되도록 하라.

식재 구덩이 준비

지하 송전선과 배관을 피할 수 있도록 이들의 위치를 확인하여야 한다. 앞으로의 고찰은 제7장에 언급한 바와 같이, 토양은 경운하기 좋거나 30~90일 전에 준비되어 있다고 가정한다.

구조가 좋은 토양에서 식재 구덩이(植栽-, planting hole)는 수목의 근분이 들어갈 수 있을 정도의 깊이면 충분하다. **사질토양을 제외하고는 "높게(high)" 식재하라.** **용기묘**의 경우, 식재 구덩이는 20ℓ(5갤런) 용기묘 내의 토양 깊이보다 5cm(2인치) 얕게 파도 된다(4ℓ 용기의 경우 2.5cm[1인치] 얕게). 구덩이를 더 깊이 파고 느슨한 흙으로 되메우면, 수목은 보통 소량의 관수나 비가 온 후에 가라앉게 된다. 근분의 상단이 주변 토양의 높이보다 아래에 위치하면, 배수가 좋은

그림 8-3 오거로 판 구덩이에 식재된 후 15년 된 소나무. 식재 구덩이 밖으로 자라나온 뿌리는 부드럽고 통기성이 좋은 지표토를 통해서 자란 것뿐이었다.

그림 8-4 수목을 식재한 후 답압된 토양에는 근분의 반경 4~6배 정도의 느슨한 토양이 수목 방향으로 최소 길이 2m의 좁은 도랑으로 조성되어야 한다. 되메운 토양 안쪽으로 2.5~5cm(1~2인치) 정도 들어가야 하며, 근분이 다치지 않도록 조심해야 한다. (사진: E, Thomas Smiley.)

토양이 아니면 물이 수간 주위에 고이게 된다. 이러한 상황에서는 가끔 근원부가 썩거나 다른 뿌리 문제가 발생한다. 사질토양에서는, 원래 깊이나 2.5~5cm(12인치) 더 깊이 심는 것이 뿌리 주위 토양이 빠르게 마르는 것을 막을 수 있다.

각 구덩이의 직경은 수목 주위에서 토양을 되메우는 작업을 용이하게 할 수 있도록 적어도 용기나 근분 직경의 두 배 정도가 되는 것이 좋다. **나근묘**의 경우, 뿌리가 뭉치지 않고 수용할 정도의 크기면 충분하다. 동력 오거(auger)로 구덩이를 팔 경우, 측면의 글레이징(glazing; 반들반들한 면이 형성되는 것 - 역자 주)을 최소화하기 위해 토양이 포장용수량(field capacity) 수준 또는 그 이하일 때 시행해야 한다. 많은 식재 구덩이의 반들반들한 면은 대부분의 뿌리가 침투할 수 없는 경우가 많다(**그림 8-3**). **되메우는 토양과 현장 토양이 잘 섞이도록 구덩이의 측면과 바닥은 파헤치고 거칠게 만들어서 발달하는 뿌리가 쉽게 접근할 수 있도록 해주는 것이 좋다(Smith, 1977).**

일반적으로 노지에서 자란 **근분묘(B-in-B)**의 경우, 근분의 상단에 있는 불필요한 농장의 노지 토양을 제거하는 것이 중요하다. 그 다음, 근분묘도 용기묘와 비슷하게 식재하면 된다.

답압되거나 층화된 토양이 제7장에 기술된 바와 같이 파쇄되지 않은 경우, 수목 식재부지는 회전경운기(rototiller)나 이와 유사한 장비를 사용하여 조성되어야 한다. 적어도 근분 직경의 3배와 근분 깊이보다 2.5~5cm(1~2인치) 얕은 범위의 흙을 느슨하게 만들어라. 수목을 식재한 후에는, 수목 방향으로 근분 반경의 4~6배, 깊이 40~50cm(15~20인치), 폭 10~15cm(4~6인치)의 느슨한 토양으로 된 적어도 길이 2m(6피트)의 도랑을 조성하라(**그림 8-4**) (E. Thomas Smiley, Bartlett Tree Research Laboratory, Charlotte, NC, 1977, 개인적인 정보). 이때 되메운 토양을 통과하되 근분이 다치지 않게 조심해야 한다.

Himelick(1991) 및 Watson과 Himelick(1997)은 답압된 토양에 식재할 경우, 식재 구덩이의 직경은 근분 직경의 3배, 깊이는 굴착 가장자리에서 깊이 15cm(6인치)로 시작하여 근분 깊이 정도 또는 중앙은 근분 깊이보다 다소 얕게 안쪽으로 경사지도록 조성할 것을 권고한다(**그림 8-5**). 경사진 측면은 뿌리가 통기성이 나은 토양 속으로 자라도록 조장한다. 되메우기 토양이 많은 것은 긍정적이지만, 경사진 측면이 그대로 있거나 부분적으로 답압된 토양인 경우, 근분의 바닥 부분이 오랜 기간 동안 침수(浸水, waterlog)되는 결과를 가져올 수 있다. 그림에서 보여주듯이, 미사질양토(silt loam)로 되메우기를 한 경우에도, 토양이 포장용수량(圃場容水量, field capacity)에 이른 다음, 25mm(1인치)의 강우에도 근분의 반 이상이 포화용수량(飽和容水量, saturated capacity)이 된다. 이러한 문제를 제거할 수 없다면, 구덩이가 커지도록 측면을 수직으로 만듦으로써 줄일 수 있다. 측면이 다소 수직적인 구덩이를 파는 것이 쉬울 수도 있다. Watson은 모든 낮은 뿌리가 식재 구덩이의 경사를 따라 위로 자라는 것이 아니라 교란되지 않은 토양 속으로도 자란다는 것을 발견하였다. 뿌리는 그 수종이 토양 여건에 최소한으로 적응할 수 있으면 자란다.

불행하게도, 위에 있는 토양의 배수를 향상시킬 목적으로 모래와 자갈을 식재 구덩이의 바닥에 깔아왔다. **사실, 이러한 층을 조성하게 되면, 이러한 층이 없으면 일어나지 않을 상부 토양의 포화를 가져와, 예상과 상반되는 효과를 초래할 것이다**(**그림 8-6**). 자갈층의 가랑자리 주변으로 물이 흐르기

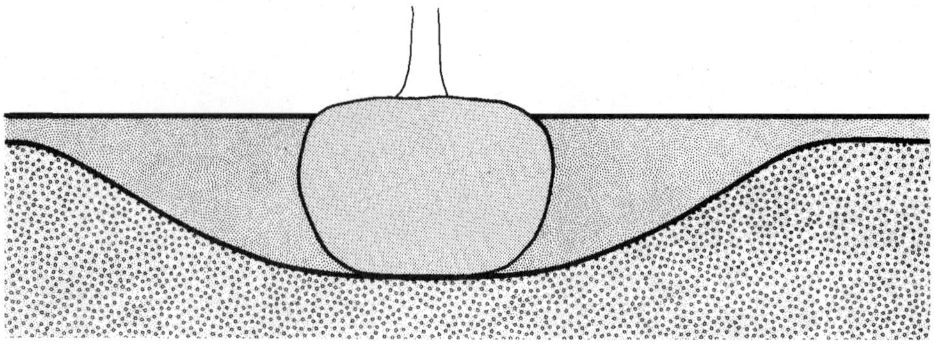

그림 8-5 뿌리가 침투하기 어려울 가능성이 있는 답압된 토양에 대한 식재 구덩이의 단면도(Watson과 Himelick, 1997). 표토 부근의 보다 나은 토양으로 뿌리가 자랄 수 있도록 측면은 경사지게 되어 있다. 구덩이의 상부 직경은 양호하지만, 측면이 경사져 있어서 바닥 직경이 좁기 때문에, 25~50mm(1~2인치)의 비가 오면 되메운 토양이 답압된 토양의 높이만큼 침수되기 쉽다. 되메우는 토양이 더 많이 소요될 수도 있지만, 적절한 장비를 이용하면 같은 직경의 수직적인 구덩이를 파는 것이 더 쉽고, 침수 가능성도 최소화시킬 것이다.

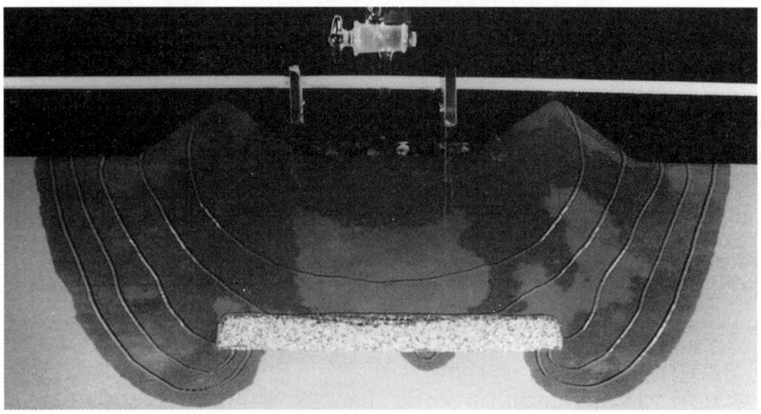

그림 8-6 배수구 없이 식재 구덩이의 바닥에 거친 모래나 자갈층을 설치하는 관행은 잘못되었다는 것을 실험실의 토양 단면이 보여주고 있다. 물이 모래로 이동하기 위해서는 먼저 모래층 위의 토양이 포화되어야 한다. 물은 모래층을 관통하기 전에 모래 주변으로 흐른다.

위해서는 물이 충분하여 상부 토양이 포장용수량을 초과해야 하기 때문에, 기본적으로 자갈층은, 아래에 있는 물이 올라오거나 위에 있는 물의 수두(水頭, water head)가 토양 속의 수분 포텐셜보다 크기 전까지는 건조한 상태에 있다. 배수가 필요하다면, 물이 더 낮은 배수구로 흐를 수 있는 배출구를 설치하거나 과잉수(過剩水, excess water)를 펌프로 퍼내는 것이 좋다.

뿌리전정(root pruning)

나근묘의 죽고, 병들고, 손상되고, 뒤틀린 뿌리는 건강한 조직에서 절단하는 방법으로 제거하라. 용기에서 자란 묘의 바닥에서 엉킨 뿌리나 근분 주위를 맴도는 뿌리는 절단하여 제거하거나 짧게 또는 곧게 펴주어야 한다. 어떤 수목관리자는, 숨겨진 맴도는 뿌리가 나중에 옥죌 수 있는 가능성을 줄이기 위해, 근분의 외곽으로부터 수간까지 거리의 최소 절반 정도까지 근분의 양쪽을 수직으로 절단해 준다. 근분의 외곽에서 뿌리를 노출시킬 때, 근분이 거칠게 되어 있으면 좋다: 이는 되메우는 토양과의 접촉을 개선해 줄 것이다. 외곽의 뿌리가 곧게 펴져서 되메우는 토양 속으로 5cm(2인치) 이상 들어가면, 가용한 토양과 뿌리의 부피가 20ℓ(5갤런) 용기의 뿌리 시스템의 두 배가 될 것이다. 또한 뿌리가 되메우기 토양 속으로 뻗어서, 뿌리가 손대지 않은 근분 밖으로 자라나오는 경우보다 더 쉽게 자랄 것이다. 근분의 외곽 2.5cm(1인치)에 있는 뿌리의 1/4~1/2 정도를 제거하는 것은 매우 민감한 수목을 제외하고는 문제가 되지 않는다. 대부분의 수목은 오히려 자극을 받는다.

용기에서 자란 수목 근분의 하부 절반에 대한 뿌리를 펼쳐주는 나비꼴 펼침(butterflying)은 옥죄는 뿌리를 최소화하고, 특히 단단한 토양에서, 수목의 활착을 촉진시키기 위해 권고되어 왔다(Gouin, 1983, Feucht, 1988). 우선, 용기로부터 근분을 빼낸 다음, 옆으로 누이고, 날카로운 삽이나 절단 도구를 이용하여 아래로부터 위로 2/3 정도 분할해 준다(**그림 8-7**). 양분된 절반들을 넓고 얕은 구덩이 안에 있는 낮은 흙무덤 위에 펴서 놓는다. 구덩이는 근분의 상단이 주변 토양보다 2.5~5cm(1~2인치) 높게 되메우기를 하라; 이후 작업은 다음 페이지에 제시된 식재 권고 사항을 준수하라.

근분의 뿌리를 나비꼴로 펼쳐주는 가장 주된 목적은

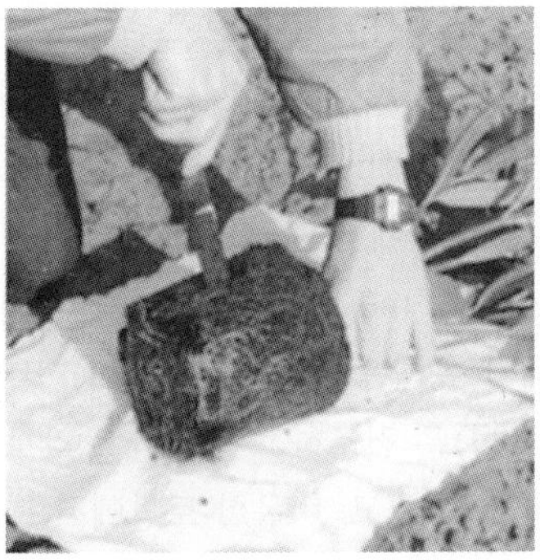

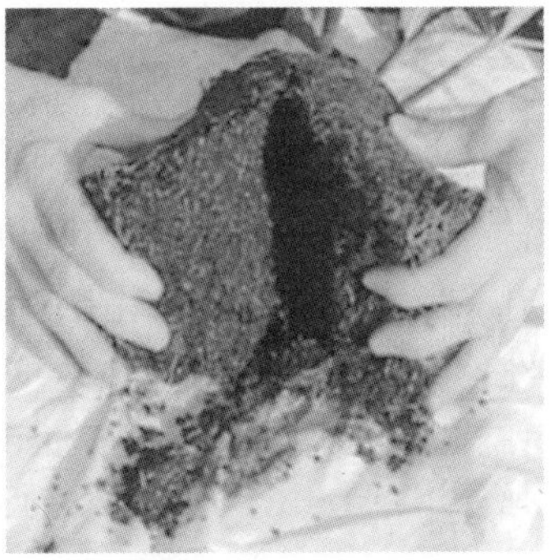

그림 8-7 근분을 나비꼴로 펼치는 것은 수목이 새립질 토양이나 배수가 불량한 토양에 적응하는데 도움을 줄 것이다. 칼이나 큰 근분인 경우 날카로운 삽을 이용하여 근분을 전체 깊이의 2/3를 아래로부터 절단한다(왼쪽); 근분의 아래를 펼쳐서(가운데) 식재 구덩이 안의 낮은 흙무덤 상단에 올려놓을 수 있도록 준비한 다음(오른쪽) 구덩이에 넣고 되메우기를 한다. 근분을 흰 천 위에서 다루면 쉽게 확인할 수 있다. 그러나 이렇게 뿌리를 펼치는 것도 수간 가까이에 있는 맴도는 뿌리를 교정할 수는 없다(그림 6-6, 6-7 참조).

Gouin이 언급한 것처럼, 특히 얕고 점토 성분이 많고 답압된 토양에서 활착을 제고시키는데 있다. Gilman 등(1987)은 식재 후 초기 3년간 가시 없는 주엽나무(*Gleditsia triacanthos*)의 뿌리 신장 생장의 70% 내외가 답압된 토양의 상부 12cm(5인치)에서 일어났다는 것을 발견하였다. 부드러운 토양에서도 적어도 뿌리 신장 생장의 25%가 상부 12cm에서 일어났다.

Gouin(1983)이 옥죄는 뿌리를 "제거"하기 위해 근분의 위쪽으로 절반 정도까지 절단할 것을 권고하였지만, 근분을 나비꼴로 펼쳐주는 것이 옥죄는 뿌리를 제거하지 못하였기 때문에 이를 더 이상 권고하지 않고 있다(Francis R. Gouin, 메릴랜드대학교, 1990, 개인적인 정보). 파종상이나 작은 용기에서 시작된 묘목의 옥죄는 뿌리의 대부분은 수간과 토양 표면에 가까이 있기 때문에, 나비꼴로 펼쳐주는 것이 옥죄는 뿌리를 제거하는데 실패할 것이라는 것은 예상하지 못한 것이 아니다. 그럼에도 불구하고, **근분을 나비꼴로 펼쳐주는 것은 단단하고 배수가 불량한 토양에서는 현명한 대안일 것이다.** 묘목이 근분의 상단에서 수간 가까이에 맴도는 뿌리를 가지고 있는지를 확인하라(제6장 참조). Gouin은 이제 근분의 측면을 최소 네 곳에서 위로부터 아래로 잘라줄 것을 권고한다.

수목 앉히기

구덩이에 수목을 앉히기 직전에 구덩이 바닥에 있는 흙의 약 2.5cm(1인치)를 느슨하고 부드럽게 만들어라. **수목을 구덩이에 앉힐 때, 중요성이 낮은 몇 가지 요소들이 고려될 수 있다**(일부 권고사항은 어떤 상황에서 서로 상충될 수도 있으므로, 이들의 상대적인 중요성과 적정성은 판단할 필요가 있다):

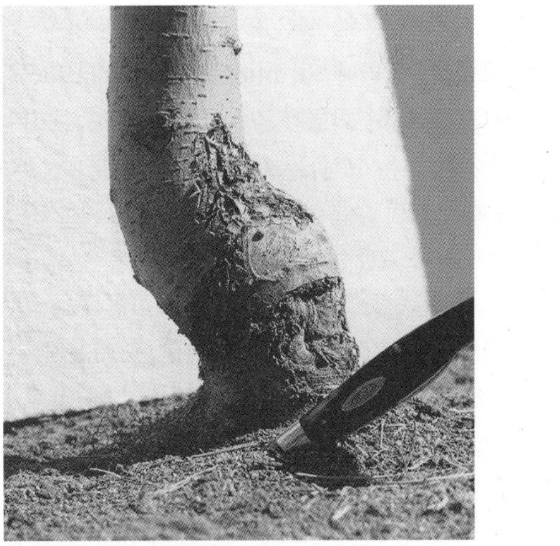

그림 8-8 접목된 수목을 식재할 때에는, 접수가 오후 태양을 향하도록 하라. 햇빛에 노출되면, 접목부 바로 위의 흰 부분 안쪽 수피가 죽거나 심각하게 손상될 수 있다. 노출되어야 한다면, 나중에 손상이 발생할 가능성을 최소화하기 위해 이 부분에 그늘을 만들어주거나 흰 라텍스 페인트를 칠해 주어라.

- 가장 자주 보이는 방향에서 수목이 가장 좋게 보이도록 방향을 잡아라.
- 접목된 부분(接木部, bud union) 바로 위의 구부러진 부분이 일소(日燒, sunburn) 피해를 받지 않도록 접목된 수목의 접수(椄穗, scion)를 특히 교목의 경우, 오후의 태양 방향으로 향하도록 위치시켜라(그림 8-8).
- 낮은 잎은 이러한 부분에 그늘을 만들지만, 수간이 노출되는 경우, 흰 외장 라텍스 페인트로 칠할 수 있다.
- 가장 낮은 가지가 있는 쪽은 활동성이 낮은 지역을 향해 높은 가지가 있는 쪽은 높은 통과높이가 필요한 지역을 향하도록 각각 방향을 잡아라. 이렇게 하면 주변 환경에 따른 전정을 최소화할 수 있다.

바람과 일소, 외관이 수목의 향을 결정하는 요소가 아닌 경우, 가장 큰 가지 또는 대부분의 가지가 위치한 쪽을 오후의 태양으로부터 멀리 위치시켜라. 그러면 수목에서 덜 발달된 쪽이 햇빛을 더 많이 받는 혜택을 느릴 것이다.

이 책의 두 번째 개정판까지의 권고와는 달리, 나근묘의 경우, 가장 큰 뿌리를 수목의 잎이 만개했을 때 가장 강한 주풍(主風, prevailing wind) 방향으로 향하도록 하라(Mattheck과 Breloer, 1994). 더 많은 수목의 뿌리가 바람이 불어가는 방향으로 생장함으로써 뿌리 간의 스트레스가 보다 고르게 분포될 것이다.

근분과 수간의 기부가 직립하는 것과는 달리 수목의 지상부가 수직이 아닌 경우, 구덩이 안의 근분을 원하는 바에 따라 수간의 각도를 기울여라.

대부분의 가지가 있는 쪽이 강한 주풍 방향을 향하도록 하라; **낙엽수의 경우, 생육기 중의 바람은 겨울철 바람보다 더 중요하다.** 그러나 Stribling Nurseries(1966)는 어리고 접목된 과수, 특히 회초리 같은 유묘(whip, 수고가 1.2~2m이고 측지가 없는 묘목)는 접수가 바람이 불어오는 방향으로 향하게 함으로써 수목이 직립한 상태를 유지할 수 있도록 하라고 권고한다. 그는 "우리는 주풍 방향을 향하고 있는 강한 가지의 더 큰 집중을 기대한다"라고 설명한다. 이것이 유효한 관찰이라면, 접목부 위쪽 사부(篩部, phloem)의 불균형적인 발달이 호르몬 균형에 영향을 미쳐 더 많은 눈이 바람이 불어가는 쪽을 왕성하게 자라도록 자극하기 때문일 것이다. 이 장의 뒷부분에 제시된 정보가 지주목 설치가 필요한지, 필요하다면, 어떤 종류를 사용해야 하는가를 결정하는데 도움이 될 것이다.

되메우기

대부분의 경우, 식재 구덩이에서 파낸 흙은 뿌리나 근분 주변을 되메우는데 적합하다. 이는 특히 나근묘에 적용되는데, 이렇게 되면 토성에 차이가 나는 토양 경계면이 생기지 않는다. 토양이 오래 전에 느슨하게 되고 혼합되었다면, 그 토양은 깊이에 따라 상당히 균일하기 때문에, 되메우기용으로 바로 사용할 수 있다. 토양이 느슨해 지지 않았고 식재 구덩이의 측면에 토성이나 답압의 층위가 나타나는 경우, 주변의 표토 또는 토성이 가장 거친 층과 유사한 토성의 토양을 되메우기용으로 사용하는 것이 좋다.

유기물을 되메우기 토양에 첨가하도록 권고하는 것을 자주 볼 수 있지만, 영국과 미국 일부 지역에서의 연구에 의하면 이러한 관행이 일관된 편익을 보여주지는 않았다(Pellett, 1971; Whitcomb, 1979a; Smalley와 Wood, 1995). 오클라호마의 여러 토양 유형을 가진 다섯 군데 실험부지에서 Whitcomb(1979a)은 개량된 토양으로부터 주변 토양으로의 뿌리 생장이 개량되지 않은 토양으로부터의 생장보다 작다는 것을 발견하였다. Whitcomb은 이탄이끼(pear moss)로 개량된 되메우기 토양에 식재된 교목과 관목에 대한 생장측도(生長測度, growth measurement)를 제시하지는 않았지만, 이러한 처리가 유해(有害, detrimental)하다고 말한다. 그러나 Wilson(1984)은 건조하고 척박한 토양보다 잘 부서지고, 통기성이 좋고, 습하고, 비옥한 토양에서 뿌리는 더 풍부하게 가지를 친다는 것을 발견하였다. 여기서 형성된 많은 작고 짧은 뿌리는 건조하고 통기성이 나쁜 토양에서 자란 뿌리만큼 빨리 자라지는 않았다. 이는 Whitcomb의 결론을 설명할 수 있다: 그는 가뭄이 들면 뿌리가 주로 개량된 되메우기 토양으로 둘러싸인 수목은 숫자는 적지만 뿌리를 더 멀리 뻗는 수목처럼 잘 살지는 못할 것이라고 추정했다. 하여튼, 그의 실험은 개량된 되메우기 토양이 순 편익을 가져온다는 결과를 얻지 못했다.

영국에서 Derek Patch(1980, 개인적인 정보)는 가끔 되메우기 토양을 유기물로 개량했을 때 좋지 않은 결과를 관찰하였다. 그가 확인한 주된 문제는 부적당한 혼합이었다: 크고 습한 유기물 덩어리가 뿌리 생장을 방해한다.

지금까지의 증거에 비추어볼 때, **도시 녹지에 수목을 식재할 때 되메우기 토양을 개량해야 할 이유는 거의 없다.** 상업적인 과수 재배자, 상록의 아열대성 근분묘를 식재하는 사람들조차도 유기물을 사용하지 않는다. 그러나 유기물을 사용하고자 한다면, 되메우기 토양에 적어도 부피 기준으로 30~40%를 첨가하고 이를 완전히 혼합해 주어야 한다.

식재 구덩이에 비료를 주거나 되메우기 토양과 섞어주는 것은 불편하고 시간 낭비이며, 수목을 손상시킬 수 있다. 대부분의 수목은 농장에서 충분히 시비가 되어서 추가적인 시비 없이도 첫 생육기 일부 또는 전 기간에 걸쳐 잘 자랄 것이다. 그러나 25~50g(1~2온스)의 질소를 적용하는 것은 – 열대 지방, 호주, 뉴질랜드, 일부 오래된 토양이나 용탈이 많이 된 토양에는 비슷한 양의 인 – 좋은 안전장치가 될 것이다(양분과 어린 수목 시비에 관한 제12장 참조). 질소 비료는 수목을 식재한 다음 물 웅덩이(tree basin) 안에 적용하라. 시비된 수목 주변의 잡초가 문제가 될 수 있다는 것을 인식하고 있어야 한다.

뿌리가 단단한 덩어리로 압착되지 않고 잘 펴지고 아래에 있는 토양에 의해 지지될 수 있도록 뿌리 주변의 토양을 다루어라. 7.5~10cm(3~4인치)의 토양을 구덩이에 채울 때마다 뿌리나 근분 주변의 토양을 발로 단단하게 하고, 뿌리가 찢어지거나 상처를 받거나 껍질이 벗겨지지 않도록 주의해야 한다.

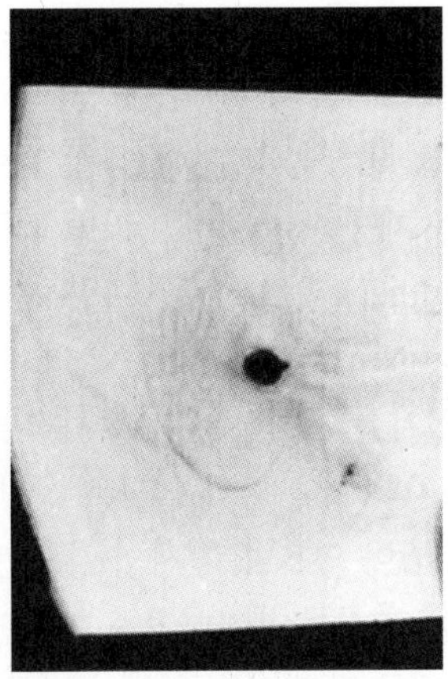

그림 8-9 8년 전에 뿌리 주변에 철사 바구니를 그대로 둔 상태에서 식재한 미송(*Pseudotsuga menziesii*)의 뿌리(왼쪽). 철사가 뿌리 안으로 파묻혔지만 완전히 감싸지는 못했다(화살표). (사진: James Feucht와 Eugene Eyerly.) 13년 전에 식재된 노르웨이단풍(*Acer platanoides*)의 뿌리 종단면을 보면, 수목에 남겨진 바구니의 철사를 뿌리가 완전히 감싸고 있다(오른쪽); 철사를 감싸고 난 다음 형성된 목부 구조는 정상적으로 보이며, 염료는 유사한 조직을 통해 이동하였다. (사진: Glen Lumis, 겔프(Guelph) 대학교.)

활착에 도움이 되는 처리

곰팡이와 뿌리의 공생관계인 균근의 존재에 관한 관심이, 특히 새롭게 식재된 교목과 관목에 대해 상당히 높다. 균근의 가치는 제4장에 언급되어 있다. 목본식물이 자라는 곳에는 수천 종의 균근 곰팡이가 존재하지만, 멸균된 농장 토양에서 자란 일부 수목은 적절한 감염원이 거의 없이 토양에 식재된다. Kozlowski와 Pallardy(1997a, 1997b)가 보고한 다양한 연구에 의하면, 목본식물이 균근에 대해 우호적인 반응을 나타내고 있는 것을 보여주고 있다. **그러나 목본식물이 교란되지 않은 부지에서 생장하면 균근은 이미 존재할 것이다.** 굴착, 살균, 답압, 침수된 다음, 토양 손상 등은 균근의 수준을 감소시킬 것이다. 관심이 있다면, 미기후와 깊이가 비슷한 부지에서 뿌리와 함께 비슷한 유형의 현지 표토를 120mm^3(8온스) 채취하라. 되메우기 전에 식재 구덩이 바닥의 근분 주변에 이 토양이나 상업적으로 배양된 균근을 뿌려주어라. 수목의 생장은 후자가 빨리 시작하겠지만 자생하는 균근 곰팡이가 아마 바로 이어받을 것이다.

Roots^{TM}로 알려진 액상의 조류-부식(algal-humic)물질을 이용한 시도가 수많은 농장에서 있었지만, **이러한 물질을 녹지 환경에 사용하는 것을 지지하는 확실한 실험적인 증거는 아직 확인된 바 없다.**

철사 바구니

일부 지역에서는, 수작업으로 또는 기계로 굴취한 수목의 근분을 마대로 감싼 다음 흔히 2.5~10cm(1~4인치) 크기의 그물눈(mesh opening)을 가진 철사 바구니(wire basket)를 두른다. 이렇게 하는 것은 농장에서 식재지에 이르기까지 취급하는 동안 근분을 단단하게 잡아두기 위해서다. 수목이 식재될 때에도 바구니를 제거하지 않는 것이 보통이다. 이로 인해 콜로라도에서 토네이도 같은(tornadolike) 바람으로 쓰러진 많은 포플러류(*Populus*), 물푸레나무류(*Fraxinus*), 소나무류(*Pinus*)의 뿌리들이 7~10년 전에 식재할 때 남겨둔 철사 바구니의 바로 바깥에서 부러졌다(James Feucht, Golden, Colorado, 개인적인 정보).

뿌리가 철사로 인해 물리적, 생리적으로 손상될 수 있다는 우려 때문에 몇 차례의 조사가 진행되었다(**그림 8-9**). 캐나다 온타리오에서, Lumis와 Struger(1988), Lumis(1990)는 노르웨이단풍(*Acer plataniods*)과 설탕단풍나무(*A. saccharum*)를 포함한 7개 수종 34그루의 뿌리를 파보았다. 이들 수목은 4~15년 전에 철사 바구니 안에 식재되었으며 수간 직경은 7.5~30cm(3~12인치)이었다. 수목의 생장은 정상처럼 보였지만 굴취된 뿌리는 마르고 절단되어 있었다. "예외 없이, 뿌리 조직은 철사를 통과하면서 철사와 결합되어 있거나 철사를 품고 있었다. 철사 위로는 정상적인 수피와 목질부가 이었다"(Lumis, 1990) (그림 8-9). 철사 바로 위에 설탕단풍나무의 일부 뿌리 수피가 철사를 감싸는 초기 조직이 이었지만, 뿌리 조직은 철사를 감싸고 활발한 생장을 재개하였으며, 주입된 색소는 감싸고 있는 뿌리 목부를 통해 이동하였다. 콜로라도에서, Feucht(1990, 개인적인 정보)는 식재 후 3년차에 미루나무(cottonwood)의 일부 뿌리가 철사 위를 완전히 덮고 있는 것을 관찰하였다. 처음에는 철망 바깥쪽 뿌리 조직은 변형되고 유상조직처럼 보였는데, 이후의 관찰은 보고되지 않았다.

사부와 목부 내의 물질이동이 방해를 받지 않는다 하더

라도, 뿌리 주변에 철사 바구니가 그대로 있는 채로 식재된 수목의 안정성은 걱정스러울 수 있다. 그러나 철사 바깥의 뿌리조직이 정상적인 생장을 재개하면, 굽힘력(bending force)에 대한 강도를 제공하는 것은 이러한 외곽 생장이다(Wagener, 1963; Mattheck과 Breloer, 1994).

근분의 위쪽 20~30cm(8~12인치, 근분의 크기에 따라 조정) 주변에 있는 철사를 제거하는 것은 대부분의 조경수목에 대해 현명한 조치다. 바구니의 철사는 상당한 기간 동안 토양 내에 그대로 남아 있으며, 철사의 강도는 천천히 떨어진다(Lumis, 1990). 철사를 제거하고자 한다면, 구덩이에 근분을 앉힌 다음 마대를 잡고 있는 철사나 밧줄, 또는 새끼를 제거하기 전에 근분의 아랫부분을 지지할 수 있도록 흙을 채워라. **근분이 깨지거나 수목이 흔들리면, 수종에 따라 차이가 있겠지만, 그 수목은 식재하지 않는 것이 현명할 것이다.** 근분이 단단한 상태를 유지하고 있으면, 근분의 위쪽 주변의 철사를 제거해 주고, 수간 주위와 뿌리 덩어리의 위쪽 주변의 마대를 벗겨주어라. 느슨한 마대는 절단하거나 최종 되메우기를 했을 때 묻히도록 벗겨내려야 한다. 마대가 단단한 경우, 특히 근분에 문제가 있었을 경우, 조심스럽게 제거하거나 뿌리가 과도하게 제한되지 않도록 근분의 아래쪽에 마대를 잘라서 커다란 틈을 만들어주어라. 되메우기를 한 다음 토양을 단단히 다져주어라. Papier mâché(풀을 먹인 딱딱하고 두꺼운 종이) 용기는 건조해지면 축축하게 만들기 어려우며, 젖어 있을 때에도 뿌리가 침투하기에는 어려울 것이다. 따라서 이들을 남겨두는 경우, 마대와 papier mâché 모두 심지 같은 역할을 하여 자신과 주변 토양을 건조시키기 때문에, 이들이 토양 위로 노출되지 않도록 해야 한다.

농장에서의 원래 지표면(地表面, ground level; 나근묘 수간의 토양 선[soil line] 또는 14ℓ[3.5갤런] 이상 크기의 근분 상단)은 사질토양을 제외하고는 식재 후 최종 지표면보다 2.5~5cm(1~2인치) 더 높아야 한다. 물 웅덩이는 처음부터 물매턱(watering ring)이 있고 적어도 직경이 75cm(30인치)는 되어야 하며(그림 8-22), 점적관수를 제공하기도 한다. 토양을 다진 다음, 토양을 추가로 침전시키고 수목에 물을 공급하기 위해 물 웅덩이에 물을 채워라. 토양의 밀도를 높이고, 공기 포켓을 최소화하고, 되메우기 토양과 뿌리 사이의 접촉을 향상시키기 위해 근분을 가볍게 흔들어 줄 수도 있다.

원래의 토양 선이 지표면 아래에 위치하도록 수목이 자리를 잡으면, 나근묘인 경우 토양이 진흙 상태에 있는 동안 수간을 들어 올려 높일 수 있다(**그림 8-10**). 이때 원하는 높이보다 좀 더 높이 들어 올린 다음 토양 속으로 가라앉힌다. 뿌리를 많이 들어 올릴수록 뿌리가 서로 가까워지기 때문에, 이러한 움직임은 최소한으로 제한되어야 한다. 용기묘를 들어 올릴 때에는 근분 아래에 삽을 이용하라(그림 8-10).

토양에 물이 빠지고 나면, 물 웅덩이의 최종 윤곽은 수목의 근원부가 물 웅덩이 바닥보다 약간 높이 조성되도록 설계되어야 한다(Harris와 Davis, 1976). 일부 토양이 근분의 상단으로부터 떨어져 나가거나 제거되지 않았으면, 원하는 물 웅덩이 윤곽을 확보하기 위해 그곳에 토양을 추가하면 안 된다. **이는 되메우는 토양이 근분의 토양보다 토성이 가는 경우 특히 중요하다. 만약 토양으로 덮어주면, 근분을 축이는 것이 어렵거나 불가능할 수도 있다(그림 8-11).**

물 웅덩이 안의 근분 위와 물매턱에 적용한 멀치는 수분 손실을 감소시키고, 표토 온도를 조절하며, 토양이 젖고 건조해짐에 따라 토양과 물매턱 표면이 침전되고 갈라지는 것을 감소시킬 것이다. 5~7.5cm(2~3인치) 크기의 거친 유기물, 굵은 자갈, 작은 돌멩이, 건조한 잔디 깎기 잔해의 두터운 층(수간으로부터 거리를 두어라)을 사용하라. 잔디밭 내에 흩어져 있는 수목의 경우, 거친 멀치는 잔디 깎기에 방해가 될 수 있지만 잔디 잔해는 일반적으로 문제가 없다.

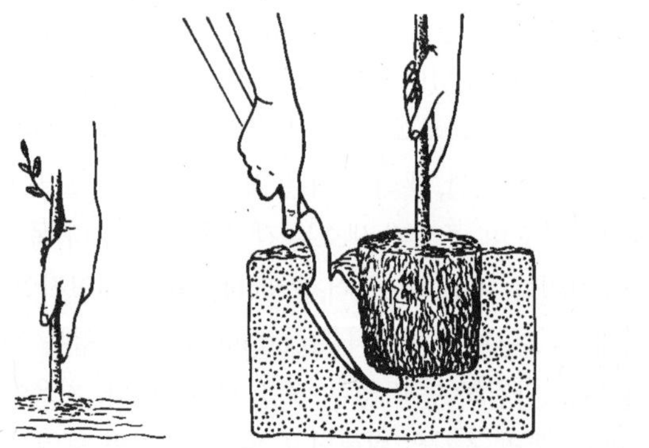

그림 8-10 너무 깊게 심은 근분묘는 토양이 축축할 때 수간을 잡고 들어 올림으로써 적절한 높이로 높일 수 있다(왼쪽). 근분묘나 용기묘는 수간을 잡고 들어 올릴 때 근분을 드는데 삽을 이용하라(오른쪽).

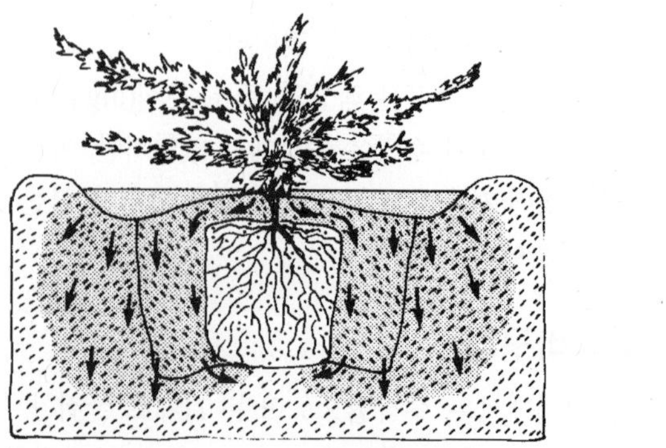

그림 8-11 근분 토양 입자보다 가는 토성의 토양층으로 근분이 덮여 있으면, 물은 근분 속으로 들어가지 않고 그 주변으로 흐른다. 이렇게 되면, 근분은 아래로부터 올라오는 물이 아니면 젖지 않는다.

그림 8-12 수목 결속은 손상을 유발할 수 있다. 결속이 느슨하면, 수간이나 가지가 지주목과 마찰이 일어난다(왼쪽). 결속이 단단하면, 수간을 옥죄게 되어(가운데), 수피에서의 전위(轉位, translocation)를 제한하고, 결국에는 부러지게 된다(오른쪽). 수간 깊숙이 파묻힌 철사를 주목하라(화살표); 철사 위의 수간 직경이 수간 아래보다 더 크다.

전정

새로이 식재된 교목과 관목에 대해 지상부 크기를 줄이는 것이 나근묘의 뿌리 손실과 대부분의 근분묘와 용기묘의 상대적으로 작은 근분 크기를 보상할 것이라는 잘못된 생각 때문에, 가끔 전정을 실시한다. 수분이 충분한 경우, 수목은 항상 강한 전정을 한 수목보다 거의 전정을 하지 않은 수목이 더 큰 총 생장을 보여줄 것이다. 수목의 기본적인 가지 구조가 바람직하지 않다면, 일부 교정적인 전정을 시작하는 것이 좋을 것이다; 가끔 권고되는 것처럼 다음 생육기까지 기다리지 마라(제14장 참조).

지주 설치

지주 설치(staking)는 아래 수간을 보호하고, 뿌리를 내리고, 어린 수목의 지상부를 지지하기 위해 필요할 수 있다. 아래에 퍼져 있는 가지가 남아 있는 어린 수목은 지주 설치가 불필요할 것이다(Harris 등, 1976). **교목에 대한 지주 설치 범위는 수간의 강도, 수목 구조, 예상되는 바람 조건, 차량과 보행인의 통행량, 녹지 식재의 유형, 후속 유지관리 수준 등에 달렸다.** 대부분의 어린 수목은 스스로 서 있을 수 있다; 반면, 바람에 견디거나 원하는 대로 직립으로 자라기 위해서는 지주가 필요한 것도 있다. 지주 설치가 필요한지, 필요하다면 어떤 유형으로 할 것인가를 결정하기 위해서는 지주나 당김줄(guying)로 수목을 지지했을 때의 영향을 검토하라.

지주 설치의 영향 수간이 구부러지지 않아서 스스로 서 있는 수목에 비해 지주가 설치된 수목은,

- 키가 더 크게 자란다.
- 지면에 가까운 수간의 직경은 덜 자라는 반면, 지주에 결속한 상단 가까이에서는 더 많이 자란다.

그림 8-13 지주목 설치의 누적적인 영향이 20ℓ(5갤런)의 용기에서 11개월간 자란 두 그루의 실버달러유칼리(*Eucalyptus pulverulente*)에서 나타나고 있다. 한 그루는 축소된 낮은 측지가 수간에 붙어 있으면서 지주목을 설치하지 않았고(왼쪽 수목); 다른 하나는 낮은 측지가 제거되고 지주목을 설치하였다(오른쪽 수목). 지주목이 설치되었던 수목은 결속을 풀었다(Harris 등, 1976).

- 수간의 초살도가 낮아지거나 역전되기도 한다.
- 뿌리 시스템이 더 작아진다(그림 3-9 참조).
- 같은 수고의 수목보다 바람에 대한 저항이 크다(지상부가 굽어지지 않기 때문에).
- 지상부의 결속 지점(지주목을 설치하지 않은 수목은 지면)에서 횡단면적당 스트레스를 더 많이 받기 쉽다.
- 지주와 결속으로 인해 마찰과 환상의 상처를 입을 가능성이 더 높다(**그림 8-12**).
- 수간이 한 지주에 너무 가까이 결속되면 수간 주위의 목부가 불균형적으로 발달한다(그림 2-29 참조).
- 결속이 풀리면 직립으로 서 있을 수 없게 될 수도 있다(**그림 8-13**).

이들 지주의 영향으로 수목은 지주 없이 지탱할 수 없게 되고(그림 8-13)**, 지주를 설치하면, 특히 결속이나 지주가**

그림 8-14 지면 가까이에 측지를 가지고 있는 대부분의 수목은 지주목을 설치할 필요가 없다(왼쪽). 많은 낙엽수는 잔디 깎는 기계나 다른 장비로부터 수간을 보호하기 위해 짧은 지주목 정도만 필요하다(가운데). 다른 수목은 강한 수간을 가지고 있을 수 있지만, 특히 토양이 습할 때, 뿌리 발달이 수목을 직립으로 유지하기에 부적당할 수 있다. 이러한 수목은 두 개의 낮은 지주목 사이에 묶어줌으로써 고정시켜주는 것이 좋다(오른쪽) (Harris 등, 1976).

그림 8-15 이용도가 높은 지역에 있는 수목은 흔히 금속의 격자(왼쪽)나 더 튼튼한 방벽(오른쪽)으로 보호된다.

부러지거나 느슨해지면, 상처를 받기 쉽다. 또한 지주 설치는 비용이 많이 들고 시간 낭비적일 수 있고, 특히 잘못 설치하면, 수목의 외관이 손상된다. 그럼에도 불구하고, 지주 설치는 뿌리에 의해 고정되고 지상부가 홀로 서 있을 정도로 튼튼해질 때까지 어린 수목을 도와주기 위해 필요할 수도 있다. 차량이나 장비, 동물, 반달리즘으로부터 어린 수목을 보호하기 위해 지주 설치와 다른 자재가 필요할 수도 있다(그림 8-15). 필요한 지주를 올바르게 설치하면 이러한 여건과 관련된 대부분의 문제를 해결할 수 있다.

지주 설치 유형 대부분의 관목과 많은 침엽수, 지면 가까이까지 가지가 달린 기타 교목은 지주가 필요 없다(**그림 8-14**). 낮은 가지는 사람과 장비를 수간으로부터 멀리 떨어져있게 만든다. 이들 수목은 어릴 때 키가 작고 지상부가 직립을 유지하기에 적절한 수간, 뿌리 시스템, 근분을 가지고 있는 것이 보통이다.

보호용 지주(protective staking)는 주로 홀로 서 있을 수 있는 어린 수목을 잔디 깎는 기계, 차량, 수목에 피해를 주는 사람(vandal)으로부터 격리시키기 위해 사용된다. 대부분의 침엽수, 직립으로 자라는 습성을 가진 소교목, 나근으로 식재되는 대부분의 교목 등에 적용된다. 뿌리에 비해 상대적으로 큰 지상부를 가진 많은 수목도 수관 내 가지의 1/4을 솎아 주어 바람의 저항과 지상부 무게를 줄여주면 스스로 서 있을 수 있다.

반달리즘이 문제가 안 된다면, 2, 3개의 짧은 지주(두께 5 × 5cm 길이 1.2m)를 지상으로 50~75cm(20~30인치) 정도 높이가 되도록 하여 수목으로부터 약 40cm(15인치) 주위에 설치하라. 이러한 지주는 사람들이 넘어 다니지 않도록 잘 보이게 하는 것이 좋다. 반달리즘을 최소화하기 위해 일부 공공기관은 큰 교목을 심고 두꺼운 철사나 철제 격자로 감싸준다(그림 8-15).

고정용 지주(anchor staking)는 뿌리가 주변의 토양 속으로 자라서 스스로를 지탱할 수 있을 때까지 직립하는 교목과 관목의 뿌리나 근분을 잡아두기 위해 필요하다. 어린 수목에게 봄비나 잦은 관수는 이들의 불안정성을 높인다. 뿌리가 잘 정착되지 않으면, 수간이 움직이게 되고 이로 인해 주변 토양 속으로 자란 새로운 뿌리가 절단될 수 있다. 높이가 낮은 고정용 지주는 뿌리가 움직이지 않도록 잡아주면서 상단부는 자유롭게 움직이도록 허용한다.

수목의 수간을 보호하기 위해 설치되는 짧은 2, 3개의 지주목은 뿌리를 고정시키기에 충분하다. 각 지주와 수목의 수간 사이에 고리가 하나(one loop)인 결속이나 8자형(figure-eight) 결속을 설치하라. 각각의 결속은 지주의 상단 가까이에서 고정시키는 것이 좋으며, 뿌리의 움직임과 수간과 지주 간의 마찰이 일어나지 않는 범위 내에서 어느 정도의 움직임은 허용하는 것이 좋다. 일부 수목의 지상부는 솎음 전정으로 바람에 대한 저항과 무게를 줄여주면 도움이 될 수 있다. 결속은 첫 생육기 말까지는 제거하는 것이 일반적이지만, 수간을 보호할 필요가 있으면 그대로 두어라.

단단한 근분을 가진 수목을 고정하는 또 다른 방법은, 근분 아래 단단한 토양 속으로 적어도 30cm(1피트) 정도 들어가고, 지주가 근분 표면 위로 2.5cm(1인치) 정도 나오도록 3~4개의 목재 또는 금속 지주를 근분에 밀착하여 주위를 따라 박아 주거나, 길이 1m(3피트)의 철제 나사 지주(metal screw stake)를 이용하는 것이다(그림 8-19). 근분의 표면에서는 고리가 하나인 12번(2mm) 아연도금 철사로 지주를 에워싼 다음, 지주가 근분에 밀착될 때까지 두 가닥의 끝을 한 지주에서 조여준다. 이 철사는 1년 안에 제거하고 지주는 근분 표면과 같은 높이가 되도록 박아 넣는 것이 좋으며, 나사 지주는 다음 사용을 위해 제거할 수 있다.

지지용 지주(support staking)는 지지 없이 서 있거나 강풍이 지나간 뒤에 직립으로 되돌아올 수 있을 정도로 수간이 강하지 못한 수목에게 필요하다. 그러나 어린 수목의 수간이 필요하거나 바람직한 높이보다 더 높은 곳에서 지주와

그림 8-16 지주가 설치된 교목의 상단 결속에서의 휨응력(bending stress)은 심각한 변형과 파손을 유발할 수 있다. 금속 배관에 결속된 멜라루카(*Melaleuca linariifolia*) (왼쪽), 단단한 지주에 결속된 어린 배롱나무(*Lagerstroemia indica*) (오른쪽) 가로수가 위쪽 결속부에서 부러졌다. 수간이 휠 수 없는 높이에서 지주와 결속되어 있는 것에 유의하라; 수간은 거의 초살이 되지 않는다.

결속되어 있는 경우가 종종 있다. Leiser와 Kemper(1968)는, 초살된(tapered) 수간을 가진 교목에서는, 지주의 높이가 높을수록 수간 단위면적당 스트레스가 증가한다는 것을 발견하였다. 초살된 수간에서 단면적은 수고가 커지는 것보다 지주를 높이는 것에 더 크게 비례하여 감소하였다. 지지가 높을수록 지상부는 더 직립으로, 그리고 유연하지 않게 지지된다. 따라서 이들은 기울어지는 것보다 바람에 의한 피해를 유의해야 한다. 또한 주지(主枝, leader)의 상단에 가까울수록 육즙이 증가하여 바람응력(wind stress)에 견디는 능력이 떨어진다.

Leiser와 Kemper(1968)는 **초살된 수간의 지주 설치 높이가 수고의 2/3보다 높을 때 가장 결정적인 스트레스가 발생한다는 것을 확인하였다.** 횡단면 단위면적당 스트레스는 지주 설치 높이가 이 높이 이상으로 높아짐에 따라 급격하게 증가한다. 초살된 수간을 가진 교목이 상단으로부터 0.75m (30인치) 이내에 해당하는 높이에서 지주와 결속되면, 단위면적당 스트레스는 지면 가까이에서 결속되거나 지주가 없는 경우보다 3~4.5배 더 커질 수 있다. **초살이 안된 수간에게는 지면 근처의 스트레스가 더 클 수 있다.** 지주가 설치된 수간의 상단부 결속에서 발견되는 스트레스는 대부분의 수종이 견딜 수 있는 것을 능가하기도 한다(**그림 8-16**). 더 높은 지주가 설치된 교목의 상단부가 변형되지 않거나 부러지지 않은 것은 기적이다.

때로는 소교목이 자신보다 더 큰 지주에 결속되어 있다. 이런 상황에서, 상단부가 위쪽 결속 지점 위로 자라면, 이 지역이 보호되는 지역이 아니면, 주지가 바람에 의해 극도의 스트레스를 받을 것이 명백하다. 이러한 경우, 상단 결속의 높이를 낮추고, 지주의 상단이 주지 끝에서 최소 1m(3피트) 아래에 위치하도록 조치하는 것이 최선일 것이다. 주지를 일시적으로 지지하기 위해 유연한 보조 지주가 필요할 수도 있다.

수간이 약한 어린 수목은 주지의 상단에서 적어도 1m(3피트) 아래, 그리고 수간을 결속할 수 있고 지상부가 휜 후에 직립으로 되돌아오는 가장 낮은 높이 보다 15cm(6인치) 위를 지지해 주어야 한다(**그림 8-17**). 이 위치는 지상부에 유연성을 주면서도 적절한 지지를 제공한다. 수목의 지상부가 한 방향에서 바람을 받으면, 지지용 결속 아래의 수간이 반대방향으로 휘게 하면, 수간이 낮은 위치에서 결속되거나 여전히 농장 지주에 결속되어 있을 때 발생하는 것보다, 지지 결속 위치에서, 더 낮은 스트레스가 나타나게 된다.

한 지점에서 수목을 지지할 수 있는 널리 수용되는 만족할 만한 일각지주(一脚支柱, single-stake) 부착기술이 없기

그림 8-17 이 제주광나무(*Ligustrum lucidum*)는 지주 없이는 곧게 서 있을 수 없다. 지지하는 결속의 높이를 결정하기 위해, 지상 1.2m(4피트)에서 수간을 잡고 그 위는 휘어 있다(왼쪽); 이 지점이 수간을 잡고 있으면서 지상부를 직립으로 되돌릴 수 있는 가장 낮은 높이이다(가운데); 수목은 이 지점에서 15cm(6인치) 더 높은 곳에서 지지되는 것이 좋다. 수관을 솎아주면 지상부의 무게와 바람의 저항을 줄여줄 것이다.

그림 8-18 Bio-Tie™의 Single Stake Tree Tie™에 의해 수목이 일정 높이에서 하나의 목재 지주에 부착되어 있다(왼쪽, 위 오른쪽). 반원형의 기부와 완충 연결선으로 된 수목 연결고리는 수간이 거의 전 방향으로 유연성을 가질 수 있게 한다. 완충 연결선의 장력은 덮개 달린 연결부에서 조절할 수 있다(아래 오른쪽).

때문에, 지지가 필요한 수목은 두 지주 사이에서 지탱되도록 권고되어 왔다. 수목은, 각 지주에 하나씩, 한 지점에서 두 개의 결속에 의해 지지된다(Harris 등, 1976; Harris, 1992). 이러한 2각지주(二脚支柱, two-stakes) 시스템이 여러 분야에서 표준 관행이 되었다(그림 8-17). 불행하게도, 많은 경우 지주가 만족할 만한 깊이까지 박히지 않고, 지면 가까이에서 지주 간 교체결속을 권고하는 규정이 없다. 이로 인해 지주가 직립으로 유지되는 경우가 드물고, 수목이 적절한 지지를 받지 못하고, 수간과 가지가 손상되고, 수목과 지주가 매력적인 경관 요소가 되지 못하고 있다.

바람이 문제가 되지 않는 곳에서 두 개의 지주를 사용하는 경우, 지주는 통행이나 장비로부터 최대한의 보호를 받도록 설치되어야 한다. 바람의 세기가 중간 이상인 환경에서는, 두 지지용 지주 간 임의의 선이 가장 결정적인 바람 방향과 직각이 되는 것이 좋다. 특히 토양이 습할 경우, 땅 속에 부분적으로 묻힌 2.5 × 7.5cm(1 × 3인치)의 목재 침목으로 지주를 연결시키면 바람에 더 잘 견딜 수 있을 것이다. 침목은 지표 근처의 뿌리를 손상시키지 않도록 조심하면서, 지주목의 바람이 불어가는 방향에 설치하라. 두 지주를 옆바람(cross wind) 방향으로 향하게 하면, 수간이 마찰로 인한 손상으로 피해를 받거나 강한 바람으로 인해 지주 조립체가 땅에서 뽑히는 등의 위험을 경감시킬 수 있을 것이다. 낮게 설치한 하나 정도의 침목은 두 지주가 더 곧게 서고 지주 간 거리를 일정하게 유지하는데 도움을 주면서, 강한 바람에도 유연성이 유지된다.

수간에 대한 피해발생 가능성을 줄이면서 일각 지주를 이용하여 한 지점에서 원하는 유연성을 가지고 지지할 수 있는 지주 설치 방법과 재료가 있다. Bio-tie™는 탄력적인 완충 연결선(shock cord)에 연결된 조절 가능한 수목 연결고리(tree collar)를 가진 내충격성(high impact) 폴리프로필렌수지로 만든 5 × 23 × 2.5cm(2 × 9 × 1인치) 크기의 지지 장치이다(**그림 8-18**). 정해진 위치에서 바람이 불어오는 방향을 향해 수목으로부터 18cm(7인치) 떨어져서 설치한 5~7.5cm(2~3인치)의 목재 지주에 네 개의 나사못을 이용하여 완충 연결선을 부착한다. 수간은 처음 위치로부터 장력이 증가하면서 거의 360°의 호를 그리면서 움직일 수 있

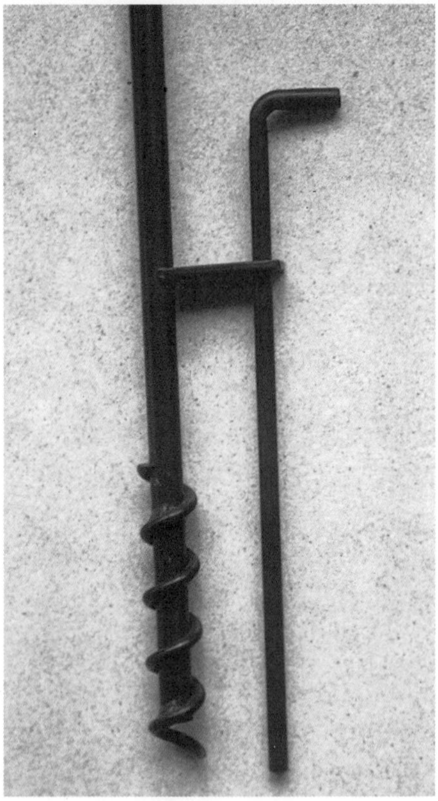

그림 8-19 철제 파이프인 Reddy Stake[TM] 지주가 설치된 런던버즘나무(*Platanus* x *acerifolia*) (위 왼쪽). 지주의 끝은 나사봉(screw rod)에 용접되어 있다. 지주에 붙어 있는 탭(tap)의 구멍에 꽂혀 있는 길이 40cm(16인치) 핀(아래 왼쪽)은 지주를 탭이 있는 깊이 또는 다소 낮은 깊이까지 돌려 박는데 사용한 다음, 안정성을 높이기 위해 탭의 구멍을 통해 땅속으로 박아준다. 지주는 핀이 있는 상태에서 제거할 수 없다. T자형 막대를 원하는 높이에 고정하고, 부드러운 튜빙(탄력있는 호스 – 역자 주)으로 수간을 감싼 다음 T자형 막대의 끝에 걸친다(위 오른쪽). 집 타이(zip tie – 전선 결속에 사용)로 튜빙의 끝을 T자형 막대에 고정시킨다. 필요한 경우, 수간과 T자형 막대 사이에서 튜빙을 묶어줄 수도 있다. 튜빙의 길이는 수목을 잡고 있는 유연성을 결정한다. 지주가 더 이상 필요하지 않으면, 다음 사용을 위해 지주를 땅에서 쉽게 뽑을 수 있다. 이것은 2개의 키 큰 목재 지주를 땅속에 박는 것보다 쉽게, 그리고 안전하게 설치할 수 있다.

다. 이 장치는 60cm(24인치) 상자에서 자란 수목(box tree)까지 설치할 수 있는 크기가 있다고 광고하고 있다. 하나의 지주와 Bio-Tie[TM] 장치를 설치하는 것이 지주 두 개를 설치하고 결속하는 것보다 쉽고 빠르다. 반면 자재비와 노무비는 2각 지주 설치와 비슷하다. 이 장치의 판매자는 캘리포니아주 버컬리(Berkeley)에 있는 Vitech Technologies, Inc. (510-526-2810)이다.

끝에 나사가 달린 독창적인 금속 지주인 Reddy Stake[TM](**그림 8-19**)는 몇 가지 이점이 있다. **구덩이를 팔 수 없거나 지주를 박을 수 없는 매우 단단한 토양을 제외하고**

는 모든 토양에 대해 쉽게 금속 지주를 설치할 수 있다. 두 사람이 2각 지주 시스템을 설치하는 것보다 한 사람이 지주를 더 빨리 설치할 수 있다. Reddy Stake™는 지지하는 수목에 피해를 주지 않는다. 금속 지주는 쉽게 재사용이 가능하지만 목재 지주는 제거하기 어렵고, 제거할 때 부러지기 쉽다. 이 제품의 길이는 두 종류가 있다: 2.3m와 3m(7피트와 9피트). 길이 20cm(7.5인치)의 금속 지지대 하나를 원하는 높이에서 고정 볼트(lock bolt)로 지주에 고정시킨다. 매우 부드럽고 유연하게 수간을 잡고 있을 수 있도록 하기 위해 지지대 끝에 자외선에 견디는 튜빙(tubing; 탄성이 높은 호스 - 역자 주)을 부착한다. 지주를 땅에 돌려 박을 때 사용한 40cm(16인치)의 쇠막대는 지주를 더욱 안정시키고 도난의 위험을 낮추는데 활용된다. 이 지주는 두 개의 목재 지주 및 결속과 비교하여 경쟁적인 가격이다. 캘리포니아 털록(Turlock, California)에 있는 Decoration for Generations Inc.가 공급자이다(888-333-3090).

한 지점에서 수목을 지지하는 지주는 결속 지점 아래 수간이 원하는 만큼 수직이 아니더라도, 결속 지점 위쪽은 수직에 가깝게 되도록 위치하여야 한다. 상태가 심각하지 않으면, 수간은 휜 것이 두드러지지 않게 자랄 것이다. 너무 가늘고, 허약하고, 초살이 안된 수간은 수간 전반에 걸쳐 추가적인 지지가 필요할 것이다. 수간을 따라 25~30cm(10~12인치)마다 결속된 탄력적인 보조 지주는 일반적으로 필요한 교정과 지지를 제공하며, 이는 수간의 일부라고 할 수 있다. 이 보조 지주(補助支柱, auxiliary stake)의 굵기와 높이는 수간이 휘어질 수 있고, 수직으로 되돌아 올 수 있을 정도가 되는 것이 좋다. 또한 수간에 그늘을 만들지 않을 정도로 가늘어야 한다. 2.5 × 2.5cm(1 × 1인치) 지주는 너무 딱딱하여 직경 1.8cm(3/4인치)의 수간을 변형시켜 결속을 풀면 지주로부터 수목이 멀리 휘게 된다(Neel, 1967) (그림 2-29). 스프링 강(-鋼, spring-steel) 막대, 섬유유리 막대, 대나무, 제재목 등이 보조지주로 이용될 수 있다. 금속 막대는 언제든지 가용하고 규격이 일정하다. 필요한 경우, 20ℓ(5갤런) 용기 수목에 직경 3mm(1.8인치)의 스프링 강 막대를 사용하도록 제안하고 있다(Harris 등, 1976). 수간의 아래쪽에 더 많은 지지가 필요한 경우, 좀 더 짧은 것을 설치하면 처음 지주를 강화하면서 위쪽의 탄력성을 계속 확보할 수 있을 것이다. 많은 수목관리자가 20ℓ(5갤런) 용기 수목에는 6mm(1/4인치) 금속 막대를, 60ℓ(15갤런) 용기 수목에는 9mm(3/8인치) 금속 막대를 사용한다. 이렇게 굵은 막대(6mm 막대의 단면적은 3mm 막대 두 개 단면적의 2배다)는 수목의 아래쪽에 대해 더 많은 지지를 해주는 반면, 위쪽에서는 유연성이 부족하다.

이러한 금속 막대는 주지의 끝으로부터 1m(3피트) 범위 안까지 연장되지 않는 것이 좋다. 보조 지주는 좀 더 전문적으로 보일 수 있는데, 지면까지 연장될 필요는 없다. 개별 막대의 끝은 수목이나 사람을 손상시킬 수 있는 위험을 줄이기 위해 둥글게 다듬고 절연테이프나 접착테이프로 감싸주는 것이 좋다. 끝에 감아둔 테이프는 바람 때문에 상단의 결속이 아래로 미끄러지는 것도 막아 준다. 폴리에틸렌 테이프를 이용하여 25~30cm(10~12인치) 간격으로 수간을 보조 지주에 묶어 주어라; 다음으로, 수간과 막대를 하나의 한 몸이라고 생각하고 한 지점에서 지주와 결속해 준다. 보조 지주는 첫 생육기 동안만 이용하는 것이 좋으며, 가능하면 적절한 시기에 빨리 제거해 주어라. 두 번째 해에도 지지용 지주가 필요한 경우가 있겠지만, 두 번째 해가 되기 전에 결속된 높이를 낮추어 주고 지주도 짧게 해줄 필요가 있다.

지주가 설치된 수목을 자주 점검하는 경우가 드물다: 결속이 수간을 옥죄고; 결속이 풀리고; 지주가 바로 서 있지 않고, 수간과 사지를 손상시키고; 지주가 너무 오래 남아 있다. 지주 점검은 전정, 관수, 병해충 문제를 점검하는 정기적이 일상의 일부가 되어야 한다.

지주와 결속 자재 Bio-Tie™와 Reddy Stake™ 외에 지지용 지주는 자재가 다양하고 다면형상(多面形狀, cross-sectional shape)이다. 목재 지주는 보통 제재목이나 직경이 5~7.5cm(2~3인치)인 소구경 막대기이다(흔히 롯지폴소나무[*Pinus murrayana*]가 판매되고 있다). 막대기도, 제재목처럼 쉽게 파손되지는 않지만, 사용 중이나 땅에 박을 때 쪼개지고 부러진다. 긴 지주는 박기 어렵고, 위해(危害, hazard)가 전혀 없는 것은 없다. 대부분의 목재 지주는 보존처리가 되어 있는데, 이것이 토양 오염을 유발할 수 있다.

목재 막대기 지주는 더 이상 필요가 없을 때 제거하기 어렵다. 이는 흔히 부러져서 땅속에 보존 처리된 목재를 남긴다. 막대기는 흔든 다음 파이프렌치(pipe wrench)로 돌려서 토양으로부터 느슨하게 만든 다음 이를 들어 올려서 쉽게 제거할 수 있다. 막대기는 필요하면 다시 사용할 수 있다.

다양한 크기의 철제 파이프, T자 울타리 지주, 강화 철근 등도 사용된다. 금속 지주는 일반적으로 안정성을 위해 지표면 바로 아래에 플랜지(flange)나 판이 필요하다. 그러나 금속 플랜지는 뿌리와 얽혀서 지주를 제거하기 어렵게 만든다. 가용성, 비용, 강도, 내구성, 설치의 용이성, 외관 등 모든 요소가 지주 재료를 선정할 때 고려된다.

수목을 지주에 결속하기 위해 몇 가지 서로 다른 자재와 방법이 사용된다. 사용되는 재료는 기본적으로 넓고 부드러운 표면으로 수간과 접해야 하며, 수간의 상처와 박피를 최소화할 수 있도록 충분한 탄성을 가져야 한다. 밧줄, 철사 결속이 된 타이어 코드, 호스나 튜빙으로 피복된 철사, 포장용 철사, 피복된 전선, 끈, 낚싯줄 등은 수목과 지주를 묶는데 사용하지 않는 것이 좋다. **호스로 피복된 철사도 상처를 방지하는데 적절하지 못하다**(Feucht와 Butler, 1988). Brown(1987)은 일주일 에 한번 휴대용 측미척(測微尺, micrometer)으로 일년생 자작나무의 줄기를 조심스럽게 측정하는 것도 상처의 흔적은 없었지만, 정상적인 줄기 형성을 저해한다는 것을 관찰하였다.

특히 1각 지주에서 철사 결속은 바람에 의해 구부러지면서 끊어진다. 이러한 절단은 수간과 지주 사이에서 일어나 철사 고리가 수간 주변에 남게 된다. 수간이 지지를 잃음으로써 바로 피해를 입지 않더라도, 지주와 절단된 날카로운 철사와의 마찰, 또는 수간이 생장함에 따라 철사에 의한 옥죄임 등에 의해 나중에 피해를 입을 것이다. 이러한 옥죄임은 낮게 달린 잎에 의해 너무 늦게 될 때까지 보이지 않을 수 있다(그림 8-12). 일 년 정도만 지속되는 폴리에틸렌이나 직물 결속은 이들이 지주와의 마찰을 방지할 수는 없지만, 옥죄는 문제는 최소화할 수 있을 것이다.

특허를 받은 결속과 장치를 제외하고, 대부분의 결속 방법은 수간과 지주 사이에 8자형 고리를 사용한다. 8자형 결속은 수간을 안전하게 붙잡을 수 있게 하면서 어느 정도의 유연성을 허용한다; 또한, 이중 결속 자재는 지주와 수간 사이에서 완충재 역할을 한다. 지주가 2개 이상인 경우, 수목과 각 지주 사이에 단순한 고리를 사용하기도 하는데, 이들 결속 중 하나가 끊어지면 8자형 결속 대비 완충 능력이 떨어지게 된다.

올바르게 사용된다면, 수용 가능한 결속 자재로는 탄성이 있는 끈, 벨트, 폴리에틸렌 테이프, 탄력적인 튜빙, 이와 유사한 자재 등이 있다. 폭이 다양하고 끝에 쇠고리가 달린 길이 35~50cm(15~19인치)인 타이어 내부의 튜브 두께(inner-tube-thick)에 상당하는 고무 띠 두 개의 Camb Guards©는, 두 지주 사이에 적어도 띠 하나 길이만큼 거리를 두고 설치하면, 새로이 식재된 수목을 안전하게 고정시킬 수 있을 것이다. 철사는 Camb Guards©와 지주 사이에 설치된다. 이 자재는 펜실베이니아 웨스트체스터(West Chester, PA)에 있는 Keslick & Son으로부터 구할 수 있다.

지지용 지주에 대한 대안

지지용 지주에 대한 대부분의 반응은 수목이 튼튼하게 되는 것을 지연시킨다. 지지용 지주는 수목이 최종적으로 스스로 설 수 있을 때까지 이를 똑바로 붙잡아 두는 최후의 노력이다. 대부분의 경우, 수목이 빨리 스스로 설수록 더 빨리 튼튼해진다.

지지용 지주에 대한 대안의 하나로, 수간 직경이 5cm(2인치) 미만인 대부분의 교목을 지상 또는 접목부위(graft union)로부터 30cm(1피트) 위를 절단하고 흰색의 외장 라텍스 페인트를 칠한 다음, 지주를 최소화하거나 설치하지 않기 위해 한 개의 신초를 자라도록 하였다. 캘리포니아대학교 산타바바라(Santa Barbara) 교정에서, 새로 식재한 직경 3.5cm(1.5인치)의 유칼리나무에 대해 생장을 시작하기 전에 유사한 전정을 실시하였다. 이들 수목은 지주와의 결속을 풀었을 때 스스로 똑바로 설 수 없었다. 왜냐하면 이들은 농장에서 지주가 설치된 상태에서 서로 가까이 붙어서 자랐기 때문이다. 주된 수간으로 키우기 위해 각각의 그루터기로부터 하나의 기부도장지(watersprout)를 선정하였다. 지주 없이도 곧고 튼튼한 수간은 첫 생육기 말에 키가 전정 전과 거의 같은 수목으로 자랐다(William Smith, University of California, Santa Barbara, 1971, 개인적인 정보).

많은 오리건 주 농장들은 다음해 생장이 곧고, 활력 있고, 판매하기 좋게 되도록 낙엽성 조경수나 과수를 노지에서 첫 생육기 말에 지면 가까이에서 절단한다. 몇 그루가 죽을 수 있지만, 살아나는 수목은 관리를 덜해도 되는 보기 좋고 튼튼한 묘목이 된다. 이러한 강전정(強剪定, severe pruning)은 생장이 시작되기 전에 실시하는 것이 좋다.

수목보호관

수목보호관(treeshelter)은 대부분 수종의 어린 수목에 대한 생존과 수고 생장을 제고시킨다(그림 8-20); 이는 어린 수목을 동물, 잔디깎기 기계, 예초기(刈草機, string trimmer)로

그림 8-20 호랑가시참나무(*Quercus ilex*) 실생묘(키 40cm)가 20ℓ 용기에서 각각 다른 조건 하에서 2년 동안 자랐다: (왼쪽에서 오른쪽) 지주 설치와 전정 등 정상적인 농장 관행; 지주와 보호관 설치를 하지 않음; 2년간 0.9m 수목보호관 안에서 자람; 첫해는 보호관 안에서 자랐고, 2년차에는 보호관 제거. 농장재배 관행을 적용한 수목만 전정을 했다(Svilhra 등, 1993).

부터 보호하고, 제초제 살포를 쉽고 안전하게 할 수 있게 한다(Evans와 Shanks, 1987). **수고 생장이 되면 거의 예외 없이 지상부와 뿌리가 가벼워지고 수간이 가늘어져서 지지가 필요하게 된다**(Burger 등, 1991; Burger 등, 1997). 이러한 수고, 수간 직경, 뿌리 무게 등의 반응은 수간의 유연성을 제한하는 단단한 지주 설치에 대한 어린 수목의 반응과 비슷하다(Leiser 등, 1972). 수목보호관 내부의 광도(光度, irradiance)는 외부 광도의 약 절반 수준이다.

1979년 영국에서 개발된 수목보호관(Potter, 1991)은 직경이 약 10cm(4인치)이고 높이가 0.6~2m(2~6피트)인 수직적, 밝은 색, 반투명, 이중벽, 단면이 사각형 또는 원형, 플라스틱 튜브 또는 싸개(wrap)였다(그림 8-20, 8-21). 보호관의 높이는 어린잎을 먹는 동물의 크기와 희망하는 가장 낮은 영구가지의 높이에 의해 결정된다. 가장 흔한 높이는 1.2m(4피트)이다. 보호관은 수목의 위에서 씌워서 지주와 결속해 준다. Evans와 Shanks(1987)는 보호관 설치 대상으로 정아가 튼튼하고, 수고 15~40cm(6~16인치), 줄기 직경이 최소 6mm(0.25인치)인 뿌리가 잘 내린 이식목을 추천한다. 수고가 1.2m(4피트)를 넘는 수목은 수목보호관 설치를 추천하지 않는다.

수목보호관은 작은 수직의 온실(glasshouse) 역할을 한다: 낮 동안의 더 높은 내부 온도, 더 높은 습도, 더 높은 이산화탄소, 거의 없는 공기 이동, 낮은 햇빛 등. 보호관 아래 절반의 이산화탄소 수준은 주변 공기보다 20% 더 높다(Burger 등, 1991). 이렇게 늘어나는 이산화탄소의 주된 공급원은 아마 토양 미생물일 것이다.

보호관 내의 여름철 높은 온도는 관심을 가져야 하지만, 토양 수분이 충분하고, 수목이 습도를 높게 유지할 수 있을 정도로 충분히 크다면, 고온으로 인한 수목 손상은 문제가 되지 않을 것이다. 보호관 내의 높은 습도는 수분 이용률을 40% 정도 감소시킨다. 그러나 토양 수분이 불충분하거나 수목이 너무 작으면, 보호관의 기온이 상승하여 보호관 표면과 접촉하는 잎이 마를 수 있다(Svihra 등, 1993). 지중해성 기후에서는 높이 0.6m(2피트)의 보호관에 직경 2.5cm(1인치) 크기의 환기공 6개를 설치한 결과, 보호관 온도가 0.5°C (1°F) 미만 낮아졌으며, 환기공이 없는 보호관과 비교하여 차이가 거의 없었다(Costello 등, 1996).

영국에서는 1.2m(4피트) 수목보호관과 나일론 망의 보호효과를 비교해 본 결과, 식재 후 3년이 경과된 시점에서 어린 수목 평균 수고생장이 9개 수종은 50%까지; 15개 수종은 50~100%; 10개 수종은 100% 이상 증가하였다(Potter, 1991). 잡초는 대부분의 실험에서 방제되었고, 비가 수분 공급원이었다. 나일론 망도 전반적으로 보호조치를 하지 않은 수목보다 생장이 향상되었으나, 망의 주된 편익도, 보호관과 마찬가지로, 동물로부터의 보호였다. 이러한 발견은 몇몇 나라에서 행한 수많은 실험에 의해 확인되었다(Burger 등, 1996; Dunn 등, 1996; Witmer 등, 1997).

캘리포니아에서 키가 20~40cm(8~16인치)인 실생묘를 식재한 후 30일 이내에, 보호관 내에 있는 활엽수 7종 중 4종이 보호관을 설치하지 않은 수목보다 키가 유의하게 컸다(Burger 등, 1996). 실험 대상 10개 수종 중 7개 수종이 첫 생육기에 1.2m(4피트) 보호관 바깥으로 자라나왔다; 영국에서는 이 정도의 생장을 확보하기 위해서 2년이 필요하였다(Potter, 1991). 수목이 보호관보다 더 크게 자라면, 수간을 보호하기 위해 보호관을 제거해야 하는데, 이때 스스로 서 있을 수 없는 수목은 지주를 설치해 주었다. 2차년도 말까지는 이들 7개 수종은 결국 첫해에 보호관 안에 있었는지 여부와 무관하게 키가 같아졌다. 보호관의 보호를 받은 수목과 받지 않은 수목들의 키는 거의 비슷하였지만, 보호관의 보호를 받은 수목의 지상부와 뿌리의 생중량(生重量, fresh weight)은 보호관이 설치되지 않았던 수목보다 25~45% 더 가벼웠다. 반면, 보호관이 설치된 칠레메이텐(*Maytenus boaria*; 노박덩굴과 상록활엽교목 – 역자 주)에서 나타나던 빠른 성장이 100일 후에는 중단되었으며, 보호관이 설치되었던 수목은 실험 기간 동안 계속 보호관 안에 있었음에도 불구하고, 이후부터 보호관이 설치되지 않은 수목과 비슷한 속도로 자랐다. 보호관 안에서 자란 수목은 그렇지 않은 수목보다 73% 더 가벼웠다. **수목보호관에 대한 반응은 수종에 따라 차이가 있다.**

Evans와 Shanks(1987)에 의하면, "수목보호관은 처음 2, 3년간 이상적인 온실효과를 제공하고, 이후 2, 3년간 줄기가 굵어지는 동안 지지하고 보호하는 역할을 계속한다." 이들은 보호관의 수명인 5년 동안 최대한의 편익을 위해 필요하다고 생각한다. 이러한 주장은 동물이 문제인 경우 맞을지 모르지만, 보호관의 보호에서 빨리 벗어난 수목일수록, 필요한 경우 적절한 지지를 해 주더라도, 더 빨리 스스로 설 수 있을 것이다. 2, 3년 후에 수목보호관을 제거한 수목은 매력적인 경관적 모습을 보여주지 못할 것이다.

수목보호관에서 자란 수목은 공중의 접근이 제한된 녹지, 예를 들면 고속도로변, 개인 정원, 조성중인 공원, 식림지(植林地, woodlot), 식생을 재생하는 넓은 지역, 특히 동물이 문제가 되는 지역 등에 가장 적합할 것이다. 이러한 상황에도 불구하고, 1989년 이후 일리노이 페킨(Pekin, Illinois)시는 수목보호관으로 보호된 키 30~45cm(12~18인치) 크기의 교목 실생묘 수백만 그루를 도로변, 공원, 학교, 기타 공공장소에 식재했다(**그림 8-21**) (Thomas Sassman, 1997, 개인

그림 8-21 1990년 일리노이 페킨(Pekin)시 도로변을 따라 식재된 키 30~45cm(12~18인치)의 교목 실생묘를 보호하기 위한 높이 1.2m(4피트)의 수목보호관 행렬(왼쪽). 이 부지의 수목보호관 안에서 자라기 시작한 8년생 대왕참나무가 8m(25피트)까지 자랐다(오른쪽). (사진: Tom Sassman, Pekin, IL.)

적인 정보). 백참나무(*Quercus alba*)와 대왕참나무(*Quercus palustris*)의 실생묘는 첫해에 1.2m(4피트)의 보호관 위로 자라나왔다. 이전에 어린 수목 손실이 많았던 지역에서의 반달리즘에 의한 수목손실도 거의 없었다.

보호관 사용과 관련하여 보고된 유일한 병해충 문제는 영국에서의 너도밤나무(Potter, 1987)와 캘리포니아에서의 호랑가시참나무(Burger 등, 1991)에 대한 진딧물류(*Aphididae*) 감염이었다. 호랑가시참나무의 한 보호관에 투입한 소수의 무당벌레류(ladybird beetle)가 진딧물을 방제하였다. 참나무 흰가루병은 보호관 안에서는 덜 발견되었다(Evans와 Shanks, 1987). 수목이 보호관의 상단에 이를 때까지 새가 보호관에 갇히는 것을 방지하기 위해 보호관 상단을 금속이나 플라스틱 스크린 커버로 씌워두기도 한다.

보호관이 1, 2년 후에 제거되면, 일부 수종에게는 지주설치와 관수가 문제가 될 수 있다. 이 장에서 앞서 언급한 바와 같이 탄력적인 보조 지주설치 방법이 수간을 가장 빨리 튼튼하게 발달시킬 것이다. 캘리포니아주의 연구에서 보호관이 설치된 수목의 제한된 뿌리 시스템은 첫 생육기 동안의 현명한 관수가 지속적으로 우량한 생장에 중요하다는 것을 보여준다.

수목보호관은 작은 수목이 좋은 출발을 할 수 있는 기회를 제공한다. 보호관은 녹화(綠化, revegetation)를 촉진시키기 위해 식재되는 실생묘를 보호하는데 사용된다. 여러 가지 상표의 수목보호관이 시장에서 판매되고 있다.

8.3 식재 후 관리

수분

적당한 수분은 새로 식재된 교목과 관목에 필수적이다. 일반적으로 여름철 관수가 필요하다고 생각되는 지역에서는 나근 상태로 식재되고 식재 당시와 그 이후 꾸준히 관수를 해준 낙엽성 교목과 관목은 생장이 시작된 이후 2~4주 동안은 관수를 안 해도 괜찮다. 다른 지역에 있는 수목은 강우량이 예년보다 작으면 생육기 중 관수가 필요할 수도 있다. 생육기 초기에는, 지상부에는 잎이 거의 없지만, 뿌리는 습한 토양 속으로 활발하게 자랄 것이다. **그러나 이 기간 동안 과도한 관수는 뿌리의 생장과 기능을 위태롭게 할 수 있다.**

그러나 용기묘나 근분묘는 낙엽성과 상록성 모두 토성(soil texture)이나 기후, 엽면적과 근분의 상대적인 크기에 따라 차이가 있겠지만, 오히려 빈번한 관수가 필요할 수 있다. 수목의 크기와 기후에 따라서는 근분의 수분이 수목에 의해 꽤 빨리 사용되는데, 이 때문에 통기성이 문제가 되는 경우는 드물다. **용기묘나 근분묘를 이식하면, 기존에 근분이 함유하고 있던 유효수분(有效水分, available water)의 대부분이 근분의 주변과 아래 토양으로 움직인다.** 근분토양이 주변 토양보다 입자가 크면, 근분의 수분 함량은 모세관력(毛細管力, capillary force)에 의해 포장용수량(圃場容水量, field capacity) 아래로 감소할 수 있다. 크기가 작은 근분의 토양은 수목이 물을 거의 사용하지 않거나 주변 토양이 포장

(a) (b) (c)

그림 8-22 새로 식재된 수목에 관수를 하는 방법은 여러 가지 있다. (a) 식재되는 수목이 자라고 있던 플라스틱 용기의 위쪽 12.5cm 정도를 자른 다음 수목 주변의 토양 속으로 2.5~5cm 정도 묻어서 물 홈통(water ring)을 만든다. 물 홈통은 수목 주위를 두르도록 절단할 필요가 있는데, 이때 일부 박스테이프(duct tape)와 토양이 이 통을 연결시킬 것이다. 토양을 불필요하게 교란시키지 않도록 주의해서 관수하라. (b) 마운트버넌(Mount Vernon, WA)에 새로 식재된 노르웨이단풍에 Tree Canteen이 매달려 있다. 이것은 끝에 뚜껑이 달린 직경 10~15cm, 길이 1.2m의 PVC 파이프이다. 뚜껑에는 한두 개의 3mm 구멍이 뚫려 있고, 각 구멍은 코터 핀(cotter pin)을 삽입한 다음 안쪽에서 빠지지 않도록 벌려주었다. 이렇게 하면 물이 방울져 나와 토양을 씻어 내리지 않는다. 이 수통은 신속하게 다시 채울 수 있고, 물은 근분으로 제한된다. Pat Howard(마운트버넌의 공원관리 책임자)는 이것을 사용하면, "내가 본 어떠한 수동적인 관수시스템보다 시간과 비용을 절감할 수 있다"고 자랑하였다. (c) 토양 박테리아가 겔(gel)을 분해함에 따라 수분을 공급하도록 식재할 때 수목 근처에 DriWater 용기를 놓고 묻는다. (사진: James Barborinas, Mount Vernon, WA; Debbra Stokes-Haglund, DriWater, Santa Rosa, CA.)

용수량에 근접해 있어도, 쉽게 위조점(萎凋點, wilting point)에 근접하게 된다. Costello와 Paul(1975)은 4ℓ(1갤런) 용기에서 양토(壤土, loam soil)에 새로 식재된 수목을 관찰한 결과, 배합토 내의 유효수분 80%가 담수관개(湛水灌漑, flood irrigation) 후 24~36시간 안에 없어졌다는 것을 발견하였다. **4ℓ 용기 안의 수목이 관수 후에 시드는데 2일이 걸린다면, 녹지에 처음 식재되었을 때에는 거의 매일 관수할 필요가 있을 것이다.** 큰 근분에서는 모세관 효과가 그렇게 극적이지는 않겠지만, 아래 토양으로의 배수와 모세관 현상은 근분 토양의 포장용수량을 마찬가지로 크게 낮추게 될 것이다.

매일 관수를 하면 주변 토양이 과도하게 습한 상태로 유지될 것이다. 처음 2, 3주 동안은 근분과 주변 토양의 일부에게 다시 수분을 공급(rewet)할 정도의 관수면 적정할 것이다. 점적관수가 어려우면, 근분 바로 외곽에 근분을 적실 정도의 물을 가두기에 충분한 높이의 물매턱을 설치하거나, 토양 속으로 2.5~5cm(1~2인치) 밀어 넣은 10cm(4인치) 높이의 플라스틱 용기를 일시적으로 근분을 관수하기 위한 웅덩이로 사용하면 된다(**그림 8-22a**). 더 큰 수반(水盤, basin)은 2, 3주 간격으로 관수하면 된다. 처음 2, 3일 후에는 수반 내 관수 주기를 위조의 초기 증상이 나타날 때까지 늘릴 수 있다. 다음 2, 3주 동안의 관수 주기는 위조 주기보다 하루 짧은 주기를 적용할 수 있다. 이후에는 관수 일정을 조정하기 위해 위조실험을 반복하라. 비를 고려해야 하는 것은 물론이다.

며칠 동안 한 그루의 수목에게 천천히 물을 흘려주는 물을 담을 수 있는 장치가 몇 가지 개발되어 있다. 이 용기들은 주기적으로 다시 채워주어야 한다. 어떤 것은 납작하게 만든 자동차 타이어의 내부 튜브를 닮았으며, 이를 물웅덩이에 설치한다. Barborinas(1997, 개인적인 정보)는 뚜껑이 달린 높이 1m(3피트) 직경 10cm(4인치)의 PVC 파이프를 해당 수목의 지주나 수간에 부착하였다. 뚜껑의 끝은 진흙에 닿지 않도록 거친 멀치나 다른 물체 위에 올려놓았으며, 뚜껑에는 원하는 속도로 물을 방출할 수 있는 작은 구멍이 나 있었다(**그림 8-22b**). 점적관수는 간단하게 적용할 수 있지만, 관수하는 양에 대한 주의가 필요하다(더 자세한 사항은 제13장 참조).

추가적인 물을 쉽게 구할 수 없거나 수목이 활착하기 시

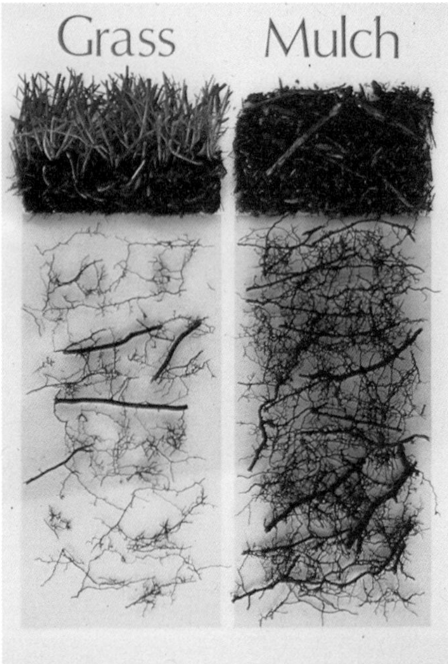

그림 8-23 설탕단풍나무의 뿌리는 잔디와 경쟁관계에 있을 때보다 멀칭된 토양 아래에서 더 잘 자랐다(Watson과 Himelick, 1997).

작하는 처음 2, 3개월 동안만 관수가 필요한 경우, DriWater의 사용을 고려해볼 수 있다(**그림 8-22c**). 이것은 토양과 접촉하도록 놓아두면 박테리아에 의해 분해되어 제어된 유출속도로 액체로 분해되는 겔(gel)에 결합된 물이다. 이 제품은 보통 투명필름에 1/4갤런(1ℓ)씩 분리되어, 또는 1/4갤런 크기의 종이로 된 우유용기에 담아 판매하고 있다. 사용 방법은 종이 용기와 겔 포장의 바닥을 제거한 다음, 용기를 노출된 겔의 끝이 근분에 닿도록 약 45° 각도로 수목(키 30cm/12인치까지)과 함께 묻어주면 된다. 이후 해당 수목은 식재 후 수분을 잘 공급받을 것이다. 관수해야 하는 수목이 크면 하나 이상의 용기를 사용하면 된다. 물이 흡수됨에 따라 겔로부터 더 많은 물이 나올 것이다. 기후, 토양, 수목의 크기, 설치되는 DriWater 용기의 수에 따라 다르겠지만, 처음 설치된 것은 3개월 정도 지속될 수 있다. DriWater는 다양한 경관조성 공사에 성공적으로 사용되고 있다.

식재 당시 또는 바로 다음에 토양을 보호하고, 토양의 물리적 조건을 유지하거나 향상시키고, 녹지 이용을 위한 매력적인 외관과 즐거움을 제공하기 위해 몇 가지 재배적인 작업(시비와 관수에 추가하여)을 고려해야 한다. 이러한 작업은 대개 지하의 뿌리 발달 여건을 보장하거나 증진시키기 위한 표토 관리이다.

토양의 표면을 개선하고 관리하는 것은 모든 조경계획에 필수적인 사항이다. 포장된 표면은 보행자와 휴양활동을 위해 사용된다. 잔디는 레저, 스포츠, 토양 보호 등에 매력적인 지표면을 제공한다. 포장이나 잔디로 피복되지 않은 지역은 일반적으로 다음과 같이 처리된다:

화초(bedding plant)나 지피식물(ground cover)로 피복
깔끔한 경종적 또는 화학적 잡초방제
유기 또는 무기 멀치

지표면의 올바른 취급은 녹지의 기능, 토양의 유형과 녹지의 지형(地形, topography), 강우의 강도, 생장할 식물의 종류 등에 따라 다르다.

잔디, 화초, 지피식물은 기존 교목에게는 별 문제가 없지만, 새로이 식재된 교목과 관목의 생장은 근접해서 자라는 잔디에 의해 크게 저해될 수 있다. 잔디나 다른 하층식생에 관수할 때, 교목과 관목이 과도하게 또는 과소하게 관수되지 않도록 주의를 기울여야 한다. 과도한 관수는 지표면 가까이로 뿌리를 뻗도록 하고, 뿌리를 질식시키거나 뿌리의 근원부 썩음(collar rot)병균 감염을 조장한다. 햇빛과 잦은 관수가 잔디나 화초를 건강하게 유지할 수는 있겠지만, 교목과 관목에게 충분한 수분을 공급하는 데는 실패할 수도 있다.

잔디

잔디(turf)는 수목 가까이 자라면 어린 수목의 생장을 현저하게 저하시킬 수 있다. 치밀한 점토(粘土, clay) 토양의 잔디밭에서 6년간 자란 것과 비교하여, 낙엽과 목재 칩 멀치가 쌓인 자연적인 임상에 의해 둘러싸인 나근의 설탕단풍나무(*Acer saccharum*) 교목이 흡수근(吸收根, absorbing root; **그림 8-23**)의 밀도가 더 높고, 수관이 50% 더 크고, 수간 직경이 150% 더 컸다(Green과 Watson, 1989).

적절한 관수와 시비가 생장 저해의 대부분을 회복하는데 도움이 되겠지만 전부를 회복하지는 못할 것이다. 여러 잔디 종과 활엽 식물이 어린 교목과 관목에 타감작용(他感作用, allelopathic effect)을 한다(제2장 참조). 생장저해 효과를 최소화하기 위해서는 잔디와 다른 식물이 어린 수목의 수간으로부터 적어도 30cm(12인치) 이상 거리를 유지하도록 해야 한다(**그림 8-24**) (Meskimen, 1970; Harris 등, 1977; Whitcomb, 1987).

잔디, 잡초, 기타 지피식물의 확산은 제초제, 생장조절제(growth regulator), 기계적인 절단, 멀치 등으로 조절할 수 있다. 줄로 된 예초기의 개발로 수목 주변과 고립된 물체, 보도와 울타리를 따라 예초하는 것이 매우 용이하게 되었다. 길이가 짧고 유연한 끈이 고속으로 회전하면서 잎과 굵기가 가는 줄기를 절단하거나 부러뜨린다. 또한 유연한 끈은 접근

그림 8-24 톨페스큐가 어린 태산목(*Magnolia grandiflora*)에 미치는 영향(왼쪽). 사진은 식재 2년 후의 생장을 보여준다: 수목 주위에 잔디가 없는 면적은 0, 0.36, 17.7m²(앞에서 뒤로)이다(Harris 등, 1977). 42년 된 세 그루의 은행나무가 수목생장에 미친 잔디의 영향을 보여주고 있다(오른쪽). 식재 후 25년차에 오른쪽에 위치한 한 그루가 잔디에 둘러싸였다. 반면 다른 두 그루는 관목 상(shrub bed)에 있는 잔디의 가장자리에서 자랐다. 가장 작은 것은 활력이 너무 낮아 오후 햇빛에 노출된 수피가 죽었다: 이는 증산이 형성층을 식히기에 충분한 물을 "끌어올리지" 못했기 때문이다.

그림 8-25 끈으로 된 예초기는 관목상 주변의 잔디를 예리하게 잘라내고 수목 주변을 정리하는데 효과적이다. 형성층이 활동적인 봄에 수피는 유연한 끈의 충격에 의해서도 손상되고 찢어질 수 있다.

하기 어려운 곳에 대한 예초도 가능하게 한다(**그림 8-25**). 그러나 수목의 기부 주변을 예초할 때에는 조심하여야 한다. **줄로 된 예초기는 잔디나 잡초가 절단된 다음 다시 위로 자라서 수피에 대한 손상을 가리기 때문에 작업자가 모르는 사이에 어린 수목의 수피를 벗길 수 있다.** 예초기에 달린 보호대나 수간 주위의 보호망이 이러한 손상을 줄이거나 예방할 수 있다.

수간의 수피는 수목의 조직 중에서, 특히 형성층이 활동적이고 수피가 잘 벗겨지는 봄과 초여름에, 기계적인 상처를 가장 자주 입는 조직이다. 따라서 가벼운 충격에도 수피가 느슨해지거나 찢어질 수 있다. 그러나 자동차, 잔디깎기 기계, 예초기 등은 계절에 관계없이 수목의 수피를 벗길 수 있

그림 8-26 2년생 런던버즘나무의 수간이 계속적인 잔디깎기 기계의 타격으로 75%가 박피되었다(왼쪽). 차에 인접하여 자라는 런던버즘나무 성목의 수피가 차량에 의해 반복적으로 손상되고 있다(오른쪽).

그림 8-27 잔디밭에 있는 어린 수목 주위에 잔디깎기 턱 역할을 하는 성형된 폴리에틸렌 수지 수목 보호대인 Edgemasta™의 세 가지 형태 중 두 가지. 측면(왼쪽), 원의 직경, 타원형의 긴 축(오른쪽)의 길이는 96~97cm(약 38인치)이다. 지면 위로 보이는 잔디깎기 턱의 지면 가장자리에서 수지의 7.5cm(3인치)가 땅속에 묻혀 있고 3.5cm(1.5인치)가 수평으로 나와 있는데, 이로 인해 이 보호대가 제자리에 견고하게 고정되어 있다. 밀치도 보호대 안에 위치할 수 있다. Edgemasta™ International Ltd.(P.O.Box 14-553, Panmure, Auckland, New Zealand)가 제조회사이다. (사진: Paul Wright, Panmure, Auckland, NZ.)

다(**그림 8-26**).

수간 주위의 나지나 보호용 지주는 잔디 깎기나 예초 장비에 의한 수간 손상을 최소화할 것이다. 폭이 1m(3피트)인 성형된 수지인 수목보호장치 Edgemasta™는 잔디밭에 있는 수목을 보호하기 위한 것으로 세 가지 형태가 있다(**그림 8-27**). 이것은 잔디깎기 턱(mow strip)과 멀치를 보유하기 위한 10cm(4인치) 높이의 수직적인 테두리 역할을 한다. 1998년 뉴질랜드에서 도입되었으며, 제조회사는 Edgemasta(P.O. Box 14-553, Panmure, Auckland, New Zealand)이다.

화단용 및 지피 식물

보행자의 통행이 빈번하지 않거나 이를 원하지 않을 경우, 낮게 자라는 관목, 덩굴식물, 다년생 초본을 이용할 수 있으며, 낙엽이 문제가 되지 않으면 이는 잔디보다 유지관리가 덜 필요로 한다. 밀식(密植, dense planting)이 잡초 발생을 단기에 최소화하겠지만, 지피식물이 토양을 덮기 전까지는 일반적으로 물리적 또는 발아 전 잡초방제(preemergent weed control)가 필요하다. 이들 식물이 조성될 때까지는 빈번한 관수가 필요할 것이다. 대부분의 지피식물, 특히 덩굴식물은 경계를 벗어나지 않도록 하고 매력적인 상태를 유지하기 위해서는 전정이 필요하다(제14장 참조).

잡초 관리

잡초는 해당 녹지에 어울리지 않는 식물이다. 같은 식물종도 어떤 환경에서는 바람직한 식물이 될 수 있지만 다른 장소에서는 잡초가 된다. 가장 효과적인 잡초관리 프로그램을 시작하는 최선의 시점은 식재하기 전이다. 현명한 조경계획 수립과 설계, 올바른 부지 준비가 잡초 문제를 최소화할 수 있다(Dreistadt, 1994). 아래의 많은 주제가 이 책의 여러 곳에 더 자세히 언급되어 있지만, 이들을 여기서 요약하는 것이 좋을 것이다:

잡초 문제를 회피하기 위해 부지를 설계/재설계하라:

- 현지 기후와 토양 조건에 잘 적응된 수종을 선정하라.
- 수분 요구도와 같은 비슷한 재배관리를 요구하는 수목을 함께 묶어라.
- 서로 공존하기 어려운 생장 특성을 가진 수목은 분리하라.
- 관수가 필요할 경우, 소량관수시스템을 설치하라.
- 병해충 방제에 관한 지식을 가진 전문적인 조경가 활용을 고려하라.
- 잡초 위에 그늘을 만드는 중첩적인 수관을 발달시키는 수목을 선정하라.

식재 전에 부지를 준비하고 올바르게 식재하라:

- 활착되어 있는 잡초, 특히 다년생 종을 제거하라.
- 배수가 잘 되도록 부지를 정지하고 준비하라(제7장 참조).
- 필요한 경우, 표토를 느슨하게 하고, 개량하고, 추가해 주어라.
- 필요한 관수를 해 주어라.
- 교목과 관목을 올바르게 식재하라.
- 적절한 멀치를 선정하고 이를 올바르게 적용하라.

조성된 경관을 올바르게 관리하라:

- 올바른 관리를 통해 바람직한 수종을 제공하라.
- 주기적으로 그리고 빈번하게 잡초를 모니터하고, 다른 종이 나타나면 서면 기록을 유지하라.
- 어떤 잡초가 저항성이 있고, 언제 방제하는 것이 적절한가를 확인하라.
- 잡초가 어릴 때 이를 손으로 뽑거나 괭이로 파라.
- 소량관수시스템을 효과적으로 운영하고 유지관리하라.
- 멀치를 올바르게 유지관리하라.
- 토양에 대한 교란을 최소화하라.
- 적당한 곳에 발아 전 제초제를 살포하거나 발아 후 이행성 제초제(移行性除草劑, systemic herbicide)를 국지적으로 적용하라(제15장 참조).
- 문제가 발생하기 쉬운 녹지는 재설계와 재식재를 고려하라.

경운

경운(耕耘, cultivation)의 일차적인 목적은 모판(seedbed) 준비, 잡초 방제, 유기물 혼합 등이다. 그러나 녹지 식재에서 경운을 최소화 하는 데는 이유가 있다. **이러한 과정은 비용을 증가시키고, 얕은 뿌리를 절단하고 손상시키며, 경사지에 있는 토양을 더 잘 침식되도록 한다.** 경운이 잡초를 구제할 수는 있겠지만, 묻혀 있던 씨앗이 지표면으로 나오도록 만들어서 문제가 지속되도록 만든다. 녹지에서 잡초는 일부 토양을 거의 교란시키지 않는 농약, 멀치, 지표 괭이질 등으로 방제될 수 있다.

일부 사람들은 아직도 통기성과 수분 투과성을 향상시키기 위해 기존의 녹지 주변 토양을 뒤섞는 것이 필요하다고 고집한다. **경운이 경작성(耕作性, tilth)을 향상시키는 것처럼 보일지 모르지만, 사실은 토양 구조를 붕괴시키고 일반적으로 경운된 바로 아래 토양을 단단하게 만든다.** 경운된 토양의 표면은 튀기는 빗방울이나 스프링클러 물방울에 의해 빠르게 밀폐된다. 그러나 경운은 단단한 토양을 파 일궈서 비(관수)와 식물 추출물에 의한 흙덩이(clod)의 가습과 건조가 토양구조를 향상시킬 수 있는 내부 경운(internal cultivation)을 유발시킬 수 있다. 스칸디나비아에서는 공원이나 교회 마당, 운동장의 인도에 자라는 잡초는 농약을 사용하지 않기 위해 프로판 버너로 죽인다(Niels Hvass, Ballerup, Denmark, 1990, 개인적인 정보).

수목주변의 나지 효과

잡초를 손으로 뽑거나, 경운이나 제초제를 사용하여 방제하든, 이들이 제거된 토양 표면은 물이나 바람에 의한 침식과 답압으로부터 보호되지 않는 상태로 남게 된다. 경사지의 토양 표면은 물이 적용된 장소 가까이에서 물을 흡수할 수 있도록 둑을 조성할 수도 있다. 수목의 수관 아래에 있는 나지는 관수가 되지 않는 건조한 녹지에서의 들불(grass fire)로부터 수목, 특히 교목을 보호할 수 있다.

멀치는 여러 가지 면에서 유익할 수 있다. 이의 활용과 관리는 제7장에서 고찰하였다. 잡초방제매트(landscape fabric)와 토목섬유는 잡초방제와 토양 보호 등 여러 가지 가능성을 제시한다.

복습

- 교목과 관목은 연중 강우량이 250mm(10인치) 미만인 지역에서도 파종을 통해 성공적으로 조성되고 있다. 유묘는 생육기가 짧은 지역에서 더 성공적일 수 있다. 냇가나 초지에서 자라는 수종의 삽목은 환경이 비슷한 지역에서 조성될 수 있다.
- 겨울철 추위가 문제가 되지 않으면, 가을에 식재된 나근묘, 근분묘, 용기묘가 일반적으로 겨울이나 봄에 식재된 것보다 더 잘 살아간다. 수목은 점검되고, 순화되고, 수분이 유지되고, 극단적인 기온으로부터 보호되어야 한다.
- 식재지의 토양이 경운성이 좋은 경우, 나근이 들어갈 수 있는 충분한 크기나 근분보다 더 큰 구덩이를, 수목이 농장의 용기나 나지에 있을 때보다 약간 높게 위치할 정도의 깊이로 파는 것이 좋다. 구덩이의 측면과 바닥은 되메우는 흙과 부지의 토양이 뒤섞일 수 있도록 거칠게 만들어야 한다. 배수가 필요하고 과도한 수분을 배수할 수 있는 배출구가 없으면, 식재 구덩이의 바닥에 모래나 자갈을 놓아서는 안 된다.
- 근분의 윗부분에 있는 철사는 제거하거나 아래로 구부려 주어라. 맴돌거나 바닥에서 뭉쳐진 용기 내 뿌리는 절단하고, 필요하면 나근의 끝을 잘라주어라. 조망 각도, 오후 태양, 주변 활동, 바람 등을 고려하여 개별 수목의 방향을 정하라.
- 식재 구덩이에서 나온 흙은 되메우기에 적합할 것이다. 실험결과에 의하면, 유기물, 비료, 균근, 조류-부식물질을 되메우기 토양에 첨가하는 것이 거의 모든 경우에 도움이 되지 않은 것으로 나타났다. 필요하다면, 비료를 식재 후에 토양에 적용할 수 있을 것이다.
- 지지용 지주 설치는, 어린 수목이 스스로 설 수 있는 경우, 이들에게 수간에 상처를 입히고 생장 지체를 초래하기 쉽다. 어린 수목의 지상부가 움직이고 바람이 잔잔할 때 직립으로 돌아 올 수 있는 자유가 많을수록 지지 없이 더 빨리 바람이 많은 상황에서도 설 수 있다. 낮은 지주는 장비로 인한 손상으로부터 수목을 보호하고 어린 수목의 근분을 고정시켜 주기 위해 필요할 수도 있다.
- 수목보호관(투명한 플라스틱 관이나 싸개)은 어린 수목의 생존과 수고 생장을 증대시키고, 동물, 제초제, 손상으로부터 이들을 보호한다.
- 새로이 식재된 수목에게는 적절한 관수가 필요하다. 용기묘나 근분묘의 근분은 입자가 가는 토양에 식재되면 과거처럼 수분을 유지하지 못하므로, 더 자주 관수를 해주어야 한다. 관수를 할 수 없는 건조한 지역에서는, 수분 응축 트랩인 DriWater™을 고려할 수 있다.
- 어린 수목이 관목으로부터 30cm(12인치) 이내에서 자라는 잔디나 기타 뿌리를 조밀하게 뻗는 지피식물은 이들 수목과 수분 및 양분을 두고 경쟁하고 직접적인 타감효과를 발휘함으로써 이들의 생장을 심각하게 저해할 수 있다.
- 잡초 문제는 현명한 부지 준비, 수종 선택, 멀칭, 경운, 필요한 경우 제초제 사용 등을 통해 최소화할 수 있다.

추천문헌

APPLETON, B. L. 2002. Tree Planting Guidelines and Managing Soils. Tree Care Industry XIII (7) July, 2002:8–17. National Arborist Association, NH.

BRADSHAW, A., B. HUNT, and T. WALMSLEY. 1995. *Trees in the Urban Landscape: Principles and Practices*. London: E & Spon.

CUTLER, D. F., and J. B. K. RICHARDSON. 1989. *Tree Roots and Buildings*, 2nd ed. Harlow, England: Longman Scientific and Technical.

GILMAN, E. F. 1997. *Trees for Urban and Suburban Landscapes*. Albany, NY: Delmar.

WATSON, G. W., and E. B. HIMELICK. 1997. *Principles and Practice of Planting Trees and Shrubs*. Savoy, IL: International Society of Arboriculture.

제9장 대형목 이식

목표

- 큰 나무와 야자수를 한 장소에서 다른 장소로 옮겨서 설치하는 방법을 살펴본다.

새로 조성된 녹지에 이식된 큰 교목과 관목은 과거 기존 부지에 존재했던 성숙한 수목만이 보여줄 수 있는 성숙한 아름다움을 재현한다. 이렇게 큰 수목을 옮기는 방법은 이들을 옮기는 사람의 수만큼이나 다양하다. 대형 교목은 근분(根盆, root ball)을 가진 상태로 이동하는 것이 보통이지만 나근(裸根, bare-root) 상태로 이식될 수도 있을 것이다. 뿌리는 완전히 노출될 수도, 마대로 씌워지기도, 끈/밧줄/철망 등으로 감싸지기도, 나무로 만든 상자에 넣어져 띠로 묶이거나 볼트로 고정되기도, 시멘트로 에워싸이거나 동결되기도 한다. 이러한 작업이 끝나면 그 수목은 줄기나 가지에 부착된 튼튼한 줄이나 수간에 장착된 빗장을 이용하여 들어 올릴 것이다. 이를 다루는 방법은 극도로 세심한 것(이동 전 3년간 단근을 실시하거나, 근분을 크게 만들거나, 조심스럽게 감싸고 끈을 두르거나, 대형 장비를 이용하여 적재하고 이동하거나, 사후 유지관리를 감독하는 등)으로부터 극히 무심한 것(전단 스킵로더[前端-, front-end skip loader]로 간단하게 떠서 옮기거나 며칠 동안 뿌리 지역을 흠뻑 젖게 만든 후 수목을 크레인으로 뽑아 올리는 등)에 이르기까지 다양하다. 식재 후 관리 역시 다양하다.

이식의 성공 여부는 수종과 해당 수목의 이식 전 상태, 생장한 부지와 최종 식재 부지의 특성, 이식 계절, 후속 관리, 이식하는 방법 등에 달렸다. 큰 수목의 경우, 성공은 보통 이식 전 생장률 회복보다는 생존 여부로 판단한다.

큰 수목과 작은 수목을 구분하는 명확한 선은 없다. 일반적으로, 농장에서 흔히 구할 수 없는 것을 대형목(大形木, large tree)이라고 간주한다. 여기에는 생산용으로 식재된 표준목 크기의 수목도 제외된다. 관행적으로 이 장에 기술된 대형목은 농장에서 유래한 것이 아닌 이미 녹지에 활착되어 있는 것을 의미한다.

9.1 수목 선정

수종

경험상 어떤 수종은 다른 수종보다 더 쉽게 이식할 수 있다. Himelick(1991)이 이식하기 매우 쉬운 것으로 열거한 수목 10개 속(屬, genus) 중에서 자주 언급되는 수목에는 오리나무속(*Alnus* sp.), 느릅나무속(*Ulmus* sp.), 팽나무속(*Celtis* sp.), 피나무속(*Tilia* sp.), 런던버즘나무(*Platanus* × *acerifolia*), 포플러속(*Populus* sp.), 버드나무속(*Salix* sp.), 주목속(Taxus sp.) 등이 있다. 또한 이식하기 쉬운 수종으로 주엽나무(*Gleditsia triacanthos*), 대왕참나무(*Quercus palustris*), 콩배나무(*Pyrus calleryana*) 등이 있다. Himelick의 목록에는 온난한 기후에서 자라는 나무들이 빠져 있는데, 이들 중 올리브나무(*Olea europaea*)와 대부분의 야자수는 이식이 용이하다. Himelick은 히코리속(*Carya* sp.)과 피칸(*C. illinoensis*), 호두나무속(*Juglans* sp.)과 버터호도(*J. cinera*), 사사프라스(*Sassafras albidum*), 니사나무(*Nyssa sylvatica*), 백참나무(*Quercus alba*) 등을 이식이 가장 어려운 수목으로 나열하였다.

미국 북동부와 중서부에 있는 24개 민간인 수목이식전문가들을 조사한 Rae(1969)는 동토 근분(凍土根盆, frozen root ball)으로 이식할 때 위험이 낮은(good risk) 수종을 다음과 같이 나열하였다: 사과나무속(*Malus* sp.), 느릅나무속, 주엽나무, 피나무속, 단풍나무속(*Acer* sp.), 미국적송(*Pinus resinosa*), 구주소나무(*P. sylvestris*), 스트로브잣나무(*P. strobus*). 한편 동토 근분으로 이식할 때 위험한(poor risk) 수목에는 자작나무속(*Betula* sp.), 층층나무속(*Cornus* sp.), 솔송나무속(*Tsuga* sp.), 목련속(*Magnolia* sp.), 참나무속

(*Quercus* sp.), 미국풍나무(*Liquidambar styracifula*), 백합나무(*Liriodendron tulipifera*) 등이 있다. 뿌리가 연한 수목이 일반적으로 통토 근분으로 이식한 후 생존율이 낮다.

크기와 품질

이식될 수 있는 수목의 크기는 개인의 의지와 재정적인 능력에 의해 제약을 받는다. 큰 표본목(specimen)의 이식을 전문적으로 취급하는 National Shade LP회사는 수고가 28m에 이르는 교목을 이식한 적이 있다. 다른 수목들은 근분의 무게가 300톤에 이르는 것도 있었다.

일반적으로, 수종이 같으면 작은 수목을 이식하는 것이 큰 수목을 이식하는 것보다 생존 성공률이 더 높다. Watson(1985)은 지상 30cm에서 측정한 수간의 직경이 10cm인 수목을 이식하면 5년 내에 자신의 당초 뿌리 크기를 회복한다고 추정하였다(Watson, 1985; Watson과 Himelick, 1997). 반면, 직경 25cm의 수목은 13년이 걸릴 것이다.

이러한 경향과는 달리, Struve 등(2000)은 루브라참나무(*Quercus rubra*)의 경우, 상대적으로 큰 직경(8.4cm)의 수목이 상대적으로 작은(3.6cm) 수목과 비슷하게 빨리 활착한다는 것을 발견하였다. 그러나 이들은 생존율에는 크게 차이가 나서, 작은 수목은 생존율이 100%인 반면 큰 수목은 42%에 그쳤다고 강조했다.

관수를 비롯한 관리를 제대로 해주지 않으면, 큰 이식목은 당초의 뿌리 크기를 회복할 때까지 심각한 스트레스를 받게 되고, 병이나 해충에 더 높은 감수성을 보일 것이다(Schoeneweiss, 1981). 이식 비용과 어려움도 수목의 크기와 함께 급격하게 증가한다.

이들 수목이 이식과정에서 생존하고 새로운 위치에서 자산이 되기 위해서는 이식 대상으로 선정된 수목은 건강하고, 병에 걸리지 않고, 지상과 지하에서 모두 좋은 구조를 가지고 있어야 한다.

9.2 부지 특성

잘 발달한 근계(根系, root system)를 가진 수목은 뿌리 구조와 발달이 불량한 수목보다 이식에 성공할 가능성이 더 높다. 그러므로 뿌리가 치밀하고 잔뿌리가 많이 발생하는 비옥하고 통기성이 좋은 토양에서 자란 수목은 모래 성분이 많고, 영양분이 부족하고, 건조한 토양이나, 심토(心土, subsoil)의 배수가 불량한 미사나 점토질 토양에서 자란 수목보다 이식 성공률이 더 높을 것이다. 후자의 환경에서는 굵지만 측근이 거의 없는 뿌리가 형성되거나 수간 근처에 작은 뿌리가 발생하는 정도일 것이다. 돌멩이나 다른 장애물이 없는 부지에서 자란 수목을 이식하는 것이 더 용이할 것이다. 가파른 경사지에 있는 수목을 옮겨서 이를 새로운 식재지에서 수직으로 재정립하는 것은 특히 어렵다.

구조물이나 포장된 지역, 송전선과 배관이 있는 부지는 굴착과 식재를 위해 대형 수목 이동장비를 사용하는데 제약을 줄 것이다. 가끔 헬리콥터를 이용하여 대형목을 식재지로 이동하기도 한다.

9.3 이식 적기

일 년 중 계절은 식물의 생장 단계(stage of plant growth)에 영향을 미칠 뿐만 아니라 전반적인 기후를 결정한다. 이러한 요소들은 다시 특정한 수종의 이식 용이성에 영향을 미친다. 대부분의 경우, 이식 시기는 수목 확보가능성과 사업 추진일정에 의해 결정된다. 이러한 관행은 수목의 생장 단계나 이식 전/중/후의 기후와 같은 중요한 계절적인 고려를 무시한 것이다.

기후가 온화한 온대기후에서 낙엽수(落葉樹, deciduous plants)는 잎이 단풍이 들거나 낙엽지기 전이면서 아직 땅이 얼기 전 가을, 또는 생장이 시작되기 전 봄에 가장 쉽게 이식할 수 있다. 겨울 식재는 동토 근분으로 이식하는데 잘 견딜 수 있는 수종에 바람직할 수 있다. 침엽수(針葉樹, conifer)와 활엽상록수(闊葉常綠樹, broad-leaved evergreens)는 봄에 생장을 시작하기 때문에 초가을이나 늦봄에 식재하는 것이 가장 일반적이다. 겨울이 온난한 지방에서는 장비 운행에 지장을 줄 정도로 너무 질척이지 않으면 겨울 내내 쉽게 이식할 수 있다.

늦여름과 가을은 토양이 온난하여 뿌리 생장을 고무시키고 짧은 일장과 시원한 기온은 증산(蒸散, transpiration)을 감소시키는 이점이 있다. 겨울 식재는 선선하거나 추운 기온으로 수목의 활동이 감소하고 동결된 토양을 이용하여 동토 근분을 옮기기에 상대적으로 쉬운 이점이 있다. 그러나 겨울 식재는 추위로 인한 건조나 손상이 발생할 수 있다.

지상부 생장이 시작되기 전 봄 식재는 가장 피해가 심한 겨울 추위를 피할 수 있고, 지상부 생장이 시작되기 전에 일부 뿌리의 생장이 가능하게 하고, 충분한 토양수분을 보장한다. 야자수를 제외한 대부분의 수목은 빠른 지상부 생장을 하고 있는 늦은 봄이나 여름 동안에는 식재하지 않는 것이 좋다. 그러나 같은 수목도 봄 생장이 완료되고 난 다음 여름에 이식하면 더 잘 생존한다. 야자수는 일반적으로 뿌리 생장의 최성기인 늦은 봄과 여름에 이식할 수 있다(Muirhead, 1961).

계절에 관계없이 이식된 수목은 동결과 건조로부터 보호되어야 한다. 따라서 극도로 춥거나, 덥거나, 건조하거나, 바람이 강한 날에 식재하는 것은 피하는 것이 좋다. Bernatzky (1978)는 유럽에서는 뿌리생장을 촉진한다고 여기는 미생물이 햇빛이나 건조에 의해 피해를 받거나 죽을 수도 있다는 생각에 이들을 보호하기 위해 대형목을 가끔 밤에 이식한다고 보고한다.

우리는 굴취와 식재작업을 일거에 수행한 수목이 더 잘 생존하고 생장한다는 것을 보아왔다. 땅에서 굴취된 수목은 다시 식재되기에 앞서 지상의 상자 안에 수용되어 있고, 일상적인 관리를 해주지만 상태는 크게 악화된 것처럼 보일 것이다. 이러한 사례는 캘리포니아 지역에서 볼 수 있는데, 이와 관계없이 굴취와 이동, 식재를 일거에 할 것을 강력하게 권고한다.

9.4 이식 방법

대형목을 이식하는 방법은 작은 수목을 이식할 때 사용되는 방법과 유사한데, 수목의 크기와 수종, 토양과 부지의 여건, 이동 전 리드 타임(lead time), 굴취와 식재 사이 걸리는 시간 및 거리, 가용한 장비, 인력, 예산 등에 따라 다를 수 있다. 말할 필요도 없이, 수목이 크고 민감할수록, 그리고 굴취와 식재 사이의 시간과 거리가 길수록 더욱 보호가 강조되는 방법을 채택해야 한다.

나근

나근(bare-root) 식재는 보통 수간의 직경이 50mm(2인치) 이하인 낙엽수로 제한된다. 그러나 이 방법은 여름이 그럴 필요는 없지만, 겨울 기후가 온난한 지역에서 많은 수종의 대형목에 성공적으로 시행되고 있다. 이러한 취급은 주로 사질토(sandy soil)에 자라고 이동거리가 짧은 수목으로 한정되어 왔다.

대형목을 나근으로 만드는 한 가지 방법은 수간이나 굵은 가지에 구멍을 뚫고 삽입한 경화강봉(硬化鋼棒, hardened steel rod)에 연결된 케이블로 수목을 들어 올리는 것이다. 구멍은 뿌리에 토양이 남아 있지 않을 때의 무게 중심 위에 위치하기 때문에 들어 올렸을 때 그 수목은 거의 수직으로 매달려 있을 것이다(그림 9-1). 먼저 장비나 손으로 정상적인 근분을 만드는 것처럼 근계(root system) 둘레에 도랑을 판다. 다음으로 구덩이 안쪽에서 출발하여 수간을 향하여 토양을 긁어낸다. 노출된 뿌리는 건조되는 것을 방지하기 위해 덮어주거나 물을 분무해 주어야 한다. 토양이 충분히 제거되었을 때 수목이 자유롭게 들어 올릴 수 있도록 크

그림 9-1 디즈니랜드(Disneyland)의 사질토에서 자라는 해안산호수(*Erythrina caffra*)가 크레인으로 들어 올려져 나근으로 세 번째 이동되고 있다. 수목의 무게 중심 위의 주 가지 세 개에 삽입된 굵은 금속 인양 핀에 케이블이 부착되어 있다. (사진: Morgan Evans, WED Enterprises, CA.)

레인에 의해 충분한 상방향 장력이 작용하고 있어야 한다. 뿌리에 남아 있는 사질토는 수목이 새로운 식재지로 즉시 이동되면 그대로 둘 수 있지만, 수목을 그늘진 곳에 저장해 놓아야 한다면, 흙을 씻어내는 것이 좋다. 수직으로 서 있고 어느 정도 솎음 전정을 하고 저장된 수목의 뿌리 주변은 완전히 썩은 유기물로 채워주는 것이 좋다. 지상부는 증산을 줄이기 위해 분무해 주는 것이 좋다. 식재 중에는 고루 펼쳐진 뿌리 주변에 식재지에 있는 사질토를 보충해 주고 수분을 공급해 주어야 한다. 그 다음 수목은 수직으로 당김줄을 이용하여 지탱해 주고, 지상부에 짙은 안개를 조성하기 위해 수직의 PVC 파이프를 설치하고, 토양은 멀칭을 해준다.

근분

마대(burlap)나 다른 자재로 싸인 토양 덩어리를 가진 수목을 옮기는 것은, 특히 상록수에 대해 수세기 동안 흔한 방법이었다. **근분의 크기는 일반적으로** 수목의 직경이 100mm(4인치)까지는 지상 150mm(6인치)에서 더 큰 수목은 지상 300mm(12인치)에서 측정한 **수간 직경의 10 내지 12배가 되어야 한다**(그림 9-2). 직경 50mm 미만의 수목에는 더 큰 비율이 적용되고, 더 큰 수목의 비율은 더 낮다. 대부분의 수목 뿌리는 지표 아래 750mm(30인치) 이내에 존재하기 때

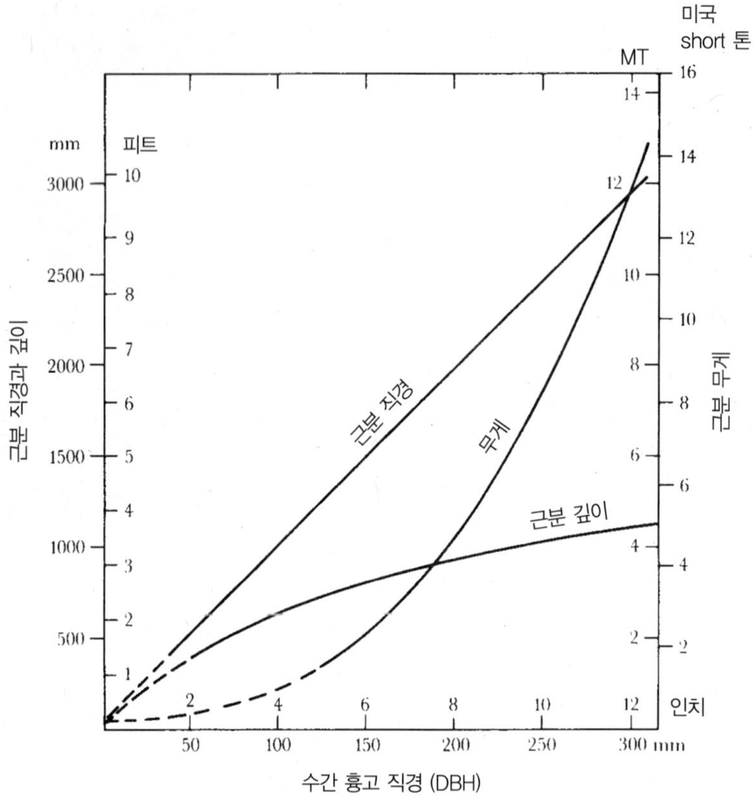

그림 9–2 표준 녹음수에 대해 권장되는 수간 직경에 따른 직경과 깊이별 근분의 추정 무게. 무게는 토양의 용적비중 1,500kg/m^{3}을 기준으로 계산되었다 (Thompson, 1940).

문에, 근분의 깊이는 근분의 수평 직경에 비례하여 키울 필요는 없다(그림 9-2). 적절한 깊이는 뿌리의 밀도에 의해 정하는 것이 가장 좋은데, 뿌리의 밀도가 현저하게 감소할 때까지 굴취하면 근분은 충분하며, 더 깊이 들어가면 근분의 크기와 무게가 불필요하게 증가하게 된다. 굴착 후에 근분을 가볍게 만들고자 한다면, 뿌리가 노출될 때까지 표토를 제거한 다음 마르지 않도록 여기를 보호해 주면 된다. 근분 크기에 대한 무게의 평균적인 관계는 그림 9-2에 나타나 있다. 근분은 특정한 상태, 즉 수목의 종류와 상태, 예상되는 기후에 따라 상황이 달라지면 제시된 것보다 더 클 수도, 더 작을 수도 있다.

시간적인 여유가 있으면 이식 전 단근(斷根, root pruning)을 권할 만하다. 이 처리는 미래의 근분 내에 잔뿌리 형성을 촉진하는 것으로 생각된다. Newman(1963)은 유럽에서의 세 가지 단근 작업을 소개했다. 가장 흔히 권장되는 하나는 이식할 수목의 최종 근분보다 약간 작은 근분을 남기고 수목 주위에 도랑을 파는 것이다. 뿌리분의 절반에 해당하는 호(弧, arc)를 첫 해에 파고, 나머지 절반은 2차년도에 판다. 이들 도랑은 사질토양과 유기물의 혼합물로 되메워진다. 느슨한 토양 속으로 자라나온 새롭고 가는 뿌리는 이식 작업을 용이하게 할 것이다. 다른 한 가지 방법은 최종 근분 크기로 도랑을 판 다음 근분 토양 내부에서 가는 뿌리가 자라는 것을 촉진시키기 위해 재(cinder)나 용재(鎔滓, slag)로 되메우는 것이다. 마지막으로, 근분이 건조해질 수 있는 위험을 내포하고 있지만, 근분 주위의 넓은 단근용 도랑을 메우지 않고 그대로 두는 것이다. 마지막 두 방법의 장점은 새로운 가는 뿌리가 손상되기 쉬운 근분의 가장자리가 아닌, 근분 안에 발생한다는 것이다. Newman(1963)이 지적한 바와 같이, 서로의 장단점을 비교할 수 있는 실험적인 자료는 없는 실정이다.

때로는 이식 중이나 후에 증산을 줄이기 위해 잎을 훑어주거나 수목의 잎에 증산억제제(蒸散抑制劑, antitranspirant)를 뿌리기도 한다. 증산억제제를 살포하는 수종이나 적용할 억제제의 농도는 조심스럽게 선택해야 한다. 증산억제제는 낙엽수보다 상록수에 더 유독할 것 같다. 조심스럽게 사용하면, 이는 생육기 동안뿐만 아니라 침엽수나 다른 상록수에게

그림 9-3 큰 근분은 마대로 덮고 밧줄로 묶은 다음 육각 철망(chicken wire)으로 중첩하여 덮는다. (사진: W. Rae, Jr., Frost, and Higgins, Burlington, MA; Himelick, 1991.)

겨울 동안 수분 순실을 줄여줄 수 있을 것이다(제13장 참조). 한 가지 절충안은 수분 손실에 가장 크게 노출된 바깥쪽 잎에 뿌리는 것이다.

굴착 작업의 방해를 최소화하기 위해 낮은 가지는 절단하거나 묶어주는 것이 좋다. 뿌리 분은 토양에 수분이 있을 때에만 굴착하는 것이 좋다. 최종 근분 크기의 75~125mm 바깥쪽으로 수간의 둘레에 도랑을 파고, 대형목의 경우 일반적으로 작업하기에 적합한 600mm(2피트) 폭으로 대부분의 측근을 절단하면서 수직으로 파내려간다. 이때 뿌리를 손상시키거나 근분이 파괴되지 않도록 주의하여야 한다. 근분은 최종적으로 바닥이 상단 직경보다 200~300mm(8~12인치) 정도 작게 삽으로 다듬어진다.

일부 수목관리자는 권장된 것보다 약간 큰 근분을 만든 다음 외곽으로부터 약 300mm(12인치)를 긁어내어 권장된 크기보다 약간 작은 근분을 만듦으로서, 근분의 크기와 무게는 줄어들지만 뿌리는 더 많이 보유하도록 한다. 노출된 뿌리는 마대를 두를 때 밀착될 것이며, 항상 습도를 유지해 주는 것이 좋다. 식재될 때에는 압착된 뿌리는 당초 위치대로 되메우는 토양 속으로 펼쳐주어야 한다.

근분이 마대나 다른 재료에 의해 싸여 있을 때, 포장 재료는 밧줄로 동여매어 움직이지 않도록 단단히 고정시켜야 한다(**그림 9-3**). 직경 750mm(30인치)까지의 근분은 마대와 끈으로 동여매거나(*American Nurseryman*, 1970) 끈만으로 동여매는(Himelick, 1991) 대신 25mm 메시, 20번(20-gauge) 철사로 된 망으로도 감쌌다. 철망만으로 감싼 근분의 주변은 더 빨리 건조해질 것이다(제9장 참조).

바깥을 둘러싸고 묶은 다음, 직경 1m까지의 근분은 한쪽의 아래를 파내고 이를 자유롭게 분리시키기 위해 절단한다. 근분을 기울이는데 수간을 사용하지 마라. 수목이 완전히 분리된 후에는 과도한 바닥 흙을 깎아내고 돌출한 뿌리를 잘라낸다. 대형 근분은 근분의 바닥 둘레에 철사가 둘러져 있고 양쪽 끝이 윈치(winch)로 당겨져 있으면, 자유롭게 절단할 수 있을 것이다. 철사는 토양과 뿌리를 절단하면 근분의 아래로 당길 수 있을 것이다.

직경 600mm(2피트)까지의 근분을 가진 수목은 삽이나 두꺼운 텐트나 마대, 특수 설계된 손수레를 이용하여 두 사람이 움직일 수 있을 것이다. 전단 스킵로더를 이용하여 직경 1m(3피트) 이상의 근분을 들어 올려서 짧은 거리를 움직일 수 있다. 직경 1m 이상의 근분을 어느 정도 거리를 운송해야 할 경우, 일반적으로 크레인을 이용하여 트럭이나 트레일러에 적재하거나, 수압 붐 호이스트(boom hoist)를 장착

그림 9-4 수목과 근분 인양. Newnam Frame과 Tree Mover가 키 9m의 피나무를 들어 올려 이동을 위해 트럭 윈치로 이를 기울이고 있다. 수목과 근분은 위쪽 수간에 설치한 철제 핀에 부착된 케이블에 의해 안정된다(왼쪽). (사진: C.J. Newman, 영국.) 오른쪽은, 단단하게 묶인 근분이 트럭에 탑재된 호이스트에 의해 체인 슬링(chain sling)으로 들어 올려진다. (사진: W. Rae, Jr., Frost and Higgins, Burlington, MA.)

한 트럭 또는 자가적재 트레일러(self-loading trailer)로 들어 올려 운송한다. 수목은 근분과 수간의 기부에 부착된 체인이나 케이블로 인양될 수 있다(**그림 9-4**). 일부 수목관리자는 근분과 가까운 거리의 수간에 강봉(鋼棒, steel rod)을 삽입하여 이를 주된 인양 포인트로 이용한다. 이러한 모든 작업에서 인양 체인이나 케이블이 접촉할 수 있는 곳의 수간(樹幹, trunk)은 두꺼운 패딩(padding)으로 보호되어야 한다.

근분 수목을 운반하는 방법은 수목의 크기, 이동할 거리, 가용한 장비에 따라 다르다. 직경 1m(3피트)에 이르는 근분의 몇 그루 수목은 한 대의 큰 트럭으로 수송될 수 있을 것이다. 호이스트가 장착된 특수 수목운반 트럭이나 자가적재 트레일러는 큰 수목을 한 번에 한 그루씩 어느 정도의 거리를 운송하는데 가장 적당하다. 큰 가지는 손상과 적재 폭을 줄이기 위해 결속하는 것이 좋다.

식재 구덩이를 파고 수목의 자리를 잡는 것은 제8장에 기술된 일반적인 방법을 준수하라.

일부 수목관리자들은 수목을 원래의 방향과 동일하게 앉혀야 한다고 고집한다. 이러한 생각의 주된 유용성은 오후의 태양에 노출되는 수간과 주 가지의 면이 동일하다는 것이다. 이식 전에 보호되던 수피가 태양에 완전히 노출되면 고사하거나 심각하게 손상될 수 있다. 그러나 방향을 바꾸는 것이 바람직하거나 필요할 수도 있다. 새로이 노출된 수피는 흰색의 외장 라텍스(latex) 페인트로 보호될 수 있고, 이 페인트는 풍화되면서 수피가 점진적으로 노출되도록 하여 점점 강해지는 열에 견딜 수 있게 해줄 것이다. 방향을 바꿈으로써 바람에 의해 손상을 받을 수 있는 가지는 선별적으로 솎아주어라.

경사진 지역에서는 수관에 대한 근분의 수평 방향이 고려되어야 한다. 원래의 경사가 유지될 수 있다면 최선이다.

동토 근분

다음 고찰은 Rae(1969)와 Himelick(1991)의 정보를 기반으로 하고 있다.

동토 근분을 제작할 때 근분 주변의 바깥 100~150mm(4~6인치)까지만 동결시켜야 한다. 너무 깊게 얼리면 심각한 뿌리 손상을 초래할 수 있고 너무 덜 얼리면 근분이 충분히 단단해지지 않는다. 토양이 깊이 300mm(1피트)까지 동결되는 지역에서는 수목을 동결된 근분으로 옮길 수 있다. 이는 이식 시기를 연장시키고 일이 없는 겨울철에 작업 기회를 제공한다. 동결 근분은 다른 근분보다 감쌀 필요가 적으며 취급 중에 손상을 입을 가능성도 낮다. 모래나 자갈로 된 근분은 동결시키면 응집력이 커지고 다루기가 쉬워진다. 지반이 얼어 있으면 장비를 보다 쉽게 운전할 수 있으며, 잔디와 얇은 노상(路床, roadbed)의 손상을 줄여준다. Frederick L. Olmsted는 1860년대에 대형목을 동결 근분 상태로 거룻배(barge)를 이용하여 뉴욕의 센트럴파크(Central Park)로 이송하는 것을 신뢰하였다(White, 1987).

심각한 문제는 동토 근분이 비용을 증가시킬 수 있고 경험이 없으면 실패할 가능성이 높다는 것이다. 작업이 겨울철에 이루어지기 때문에 다른 계절보다 더 기후에 의해 지장을 받을 가능성이 높다. 기후 변화나 이동의 지연은 근분에 유해할 정도의 동결이나 근분이 깨어질 수 있는 해동으로 이어질 수 있다. 겨울철 작업환경은 낮 시간이 짧고 고장이 자주 발생할 가능성이 높기 때문에 사람이나 장비에 가혹하다. 그리고 많은 수종이 동결 근분으로 이동하는데 견디지 못한다.

동결 근분으로 수목을 성공적으로 이식하기 위해서는 특정한 과정이 도움이 될 것이다. 이동할 수목과 식재지는 토양이 얼기 선에 멀칭을 할 수 있도록 미리 선정되어야 한다. 근분을 굴착할 때, 이동이 임박할 때까지는 땅을 파서는 안된다. 만약 수목이 부분적으로 굴착된 상태에서 작업이 중단되어야 한다면, 더 이상의 동결을 막을 수 있도록 굴착된 부분을 멀칭해 주어라. 식재 구덩이(planting hole)는 구덩이 안쪽이 얼지 않도록 근분을 식재하기 직전에 파는 것이 좋다. 되메우기 토양이 얼지 않았고 기온이 빙점 부근이나 이상일 경우, 근분 주위의 토양을 가라앉힐 정도로만 관수한 후 더 이상의 동결이 되지 않도록 이식 수목을 잘 멀칭해 주어라. 봄이 되면 이식 수목에 물을 흠뻑 주고, 필요하면 되메우기 토양을 추가해 주는 것이 좋다.

수목은 보통 낮 기온이 7°C(20°F) 이하일 때 굴착되고 운송된다. 운송 중에 수목과 근분은 건조나 추가적인 동결, 해빙염에의 노출 등을 방지할 수 있도록 두꺼운 천이나 플라스틱으로 완전히 감싸주는 것이 좋다. 이외 다른 사항들은 수목 이동과 식재에 관한 일반적인 관행을 적용하면 된다.

나근분(裸根盆, bare root ball)

미사질이나 점질토양에서 자라는 소수의 튼튼한 수종은 근분을 감싸지 않고 이동된다. 이들은 보통 굴취 후 즉시 다시 식재되는 관목이나 소교목이지만, 일부 교목(예: 올리브나무)은 여름철에 근분이나 지상부에 대한 보호조치 없이 수백 킬로미터(200~300마일) 거리까지 운반된다. 이러한 방법으로 취급된 수목은 비록 생존하더라도, 일반적으로 생장 재개와 건강한 외관을 되찾는데 시간이 많이 걸린다. 전단 스킵로더(frontend skip loader)를 사용하는 기술을 가진 작업자가 관목과 상당한 크기의 교목을 짧은 시간에 1킬로미터(0.6마일)까지 성공적으로 이동시켰다(**그림 9-5**).

그림 9-5 초겨울 식재지인 시에라네바다(캘리포니아)의 언덕으로부터 2km 떨어진 곳에서 굴취된 키 8m(28피트)의 청참나무(*Quercus douglasii*)가 식재될 구덩이 파기를 기다리고 있다(위 왼쪽); 크기가 작은 감싸지 않은 근분에 유의하라. 해당 수목을 언덕 식재지로부터 들어올려 운송한 스킵로더에 의해 구덩이에서 위치를 잡고 있다(아래). 같은 수목의 6년 후 모습이다(위 오른쪽). 약 40그루의 청참나무가 고사율 10% 미만으로 유사한 방법으로 이식되었다. (위 왼쪽과 아래 사진: California Department of Forestry.)

박스

사각형 형태의 근분을 박스(box)로 에워싸는 것으로 마대와 끈 또는 철사로 근분을 포장하는 것을 대체할 수 있을 것이다. 박스 처리(boxing)는 다시 식재하는데 수개월 이상이 걸릴 수 있는 노지에서 자란 교목을 대상으로 이용되기도 한다. 일부 농장은 교목을 상자 속에서 크게 키운다. 일부 교목 이식가들은 근분이 마대에 싸인 것보다 단단하고 숙련도가 낮은 작업자들도 박스 처리된 수목을 성공적으로 취급할 수 있기 때문에 박스에 있는 교목, 특히 큰 교목인 경우 이를 선호한다. 특정한 크기로 사전 절단된 박스 재료는 근분 주위에서 신속하게 조립할 수 있으며 재사용도 가능하다.

박스 처리를 위해서는 마대를 이용한 근분 제작과 같은 방법으로 뿌리를 굴착하지만, 측면은 기울어진 사각형 박스 안에 꼭 맞게 형태가 만들어지고 다듬어진다. 박스 측면은 두께 20mm(0.75인치) 합판 한두 장이나 두께 25~50mm(1~2인치) 널빤지(plank)를 댄 다음 외부 쇠조임(bracing)으로 단단히 조인다(**그림 9-6**). 측면 중 두 개는 다른 두 개보다 넓고 다른 두 측면을 잡고 있을 수 있도록 수직적인 가장자리를 따라 쐐기(cleat)가 부착되어 있다. 뿌리분에 대해 네 측면을 단단히 고정시킬 수 있도록 강철 막대를 쐐기 사이를 관통해서 삽입한다. 다음으로 뿌리분의 아래쪽을 절단하고 박스의 바닥을 형성하도록 판자를 끼워 넣는다. 두 개의 빔(beam)이 바닥 판자 아래에 직각으로 교차되도록 놓은 다음 두 개의 비슷한 빔을 박스의 위쪽을 가로질러 놓고 봉으로 아래 쪽 빔과 연결시킨다. 토양이 푸석푸석하고 수목이 그 쪽 면으로 운송될 예정인 경우, 토양을 제자리에 잡아둘 수 있도록 위쪽 빔의 아래에 합판을 끼워 넣으면 된다. 박스를 결속하는데 강철 봉 대신 강철 띠를 사용할 수도 있다. 적

그림 9-6 직경 63cm(25인치)의 캘리포니아참나무(*Quercus agrifolia*)가 박스 처리되어(왼쪽), 크레인에 의해 식재될 다른 장소로 이동되었다(오른쪽).

그림 9-7 Tree-Max™ 시스템은 절단 각도를 변경시킬 수 있도록 추축(樞軸, pivot)할 수 있는 커팅 체인(cutting chain)이 탑재된 BobCat™으로 구성되어 있다(왼쪽). 레드우드(*Sequoia sempervirens*)가 Tree-Max™를 이용하여 굴착되었다. 각진 측면에 유의하라(오른쪽). (사진: Larry Weltch, W. Sacremento, CA.)

재와 운송을 위해 박스를 크레인이나 호이스트(hoist)로 들어 올릴 때 특별히 제작된 밧줄이나 쇠사슬(sling)이 사용된다.

똑바로 세워서 운송해야 하는 큰 수목은 가지치기를 하고, 상자의 측면을 부착한 다음, 바닥 뿌리를 절단하여 해당 수목을 이동할 때까지 적어도 90일간은 그 자리에 그대로 둔다(John Mote, Sylmar, CA, 1990, 사적인 정보). 박스의 측면이 부착된 후에는 이 근분에 관수를 해주는 것이 좋다.

수목의 굴취와 운송을 위한 장비에 대한 최근의 혁신은 Tree-Max™ 시스템인데(**그림 9-7**), 이는 근분의 크기와 노동력에 관한 몇 가지 이점을 제공한다. Tree-Max™의 커팅암(cutting arm, 체인과 봉강)이 근분의 사방에 폭 10cm(4인치)의 깊은 도랑을 판다. 이렇게 되면 강판(鋼板, steel plate)들을 측면에 밀착시켜 묶을 수 있다. 그 다음 근분의 아래를 절단하고 강판에 부착된 케이블을 이용하여 들어 올릴 수 있다.

기계적인 수목 이식기

직경 200~250mm(8~10인치)까지의 수목을 굴취, 운송, 식재할 수 있는 크기가 다른 두 유형의 수목 이식 장비가 제작되고 있다. 가장 흔한 이식기는 Tree Spade라고 불리는 것으로, 트레일러나 트럭에 탑재될 수 있다. 우리가 알고 있는 한, 가장 큰 이식기는 직경이 3m(125인치)이고 수간 직경 40cm(15인치)까지의 수목을 옮길 수 있다.

이식기는 수목의 수간을 에워싼 다음 유압을 이용하여 끝이 네 개인 날(blade)을 토양 속으로 밀어 넣어서 날이 땅속에서 만나면 한 번에 근분 용기를 형성한다(**그림 9-8**). 뿌리가 두 날의 사이에 끼이는 경우를 제외하고는 날이 날카로우면 직경 100cm(4인치)까지의 뿌리는 깨끗하게 절단될 수 있다. 날 바깥으로 삐져나온 찢겨진 뿌리는 수목을 들어 올릴 때 절단하면 된다. 네 개의 날에 의해 둘러싸인 근분은 유압적인 힘에 의해 땅에서 인양된다. 해당 수목은 상부 장애물이 없으면 수직 상태로 운반될 수도 있고, 앞쪽으로 기울여 지상부를 결속한 다음 장거리 운송을 위해 포장할 수도 있고, 몇 그루를 동시에 운반해야 한다면 보관을 위해 포장을 할 수도 있다.

Tree spade의 변형으로 Tree-Porter가 있는데, 이는 유압적으로 망치질을 하여 개별 날을 토양 속으로 박아 넣음으로써 근분을 절단하고 용기를 형성하여 수목을 굴취한다(**그림 9-9**). 날들을 서로 고정시킨 다음, 식재지로 운반하기 위해 근분을 크레인이나 호이스트로 인양한다. 영국에서 제작된 이 장비는 땅속으로 박아 넣기 위해 날을 적정한 장소에

그림 9-8 Vermeer Tree-Spade가 뿌리 아래의 토양 속으로 날을 비스듬히 밀어 넣기 위해 위치하고 있다(왼쪽). 틀을 들어 올리지 않도록 날은 차례로 삽입된다. 주엽나무가 미리 파 놓은 구덩이로 내려지고 있다(오른쪽). 수목이 자리를 잡으면 날은 회수된다. (사진: Vermeer Manufacturing Co., Pella, IA.)

그림 9-9 Tree-Porter에 의해 운반되고 있는 다양한 단계의 수목들. 작업자가 근분을 둘러쌀 여러 날 중 하나를 수압으로 박아 넣고 있다. 오른쪽 앞쪽에 날들이 어떻게 결속되어 있는지를 보여주고 있다. 뒤쪽에 보이는 것처럼, 인양을 위해 결속된 날에 사슬이 부착되어 있다. (사진: C.J. Newman, 영국.)

위치시켜야 한다. 휘어진 날은 두 종류로 되어 있는데, 다양한 조합을 통해 0.8~2m(31~78인치) 범위 내에서 일곱 가지 직경의 근분을 굴취할 수 있다. 이 장비의 무게는 115kg (250lbs)으로 두 사람이나 소형 차량으로 가까운 거리를 이동할 수 있다. 트랙터나 가스동력 압축기가 수동력(水動力, hydraulic power)을 공급할 수 있다. 가용한 날의 수에 달려 있겠지만, 수송을 위해 인양되기에 앞서, 얼마든지 많은 수목이 굴착될 수 있다. 식재용 구덩이는 수작업이나 굴삭기(掘削機, backhoe), 기타 적절한 장비를 이용하여 준비되기 때문, 크기는 토양 조건에 따라 다양할 수 있다. 근분과 근분을 둘러싸고 있는 날은 하나의 단위로 식재되고, 되메우기 토양이 제자리에서 단단하게 자리잡은 후에 결속을 풀고 손이나 지렛대를 이용하여 하나씩 뽑아낸다.

랜싱(Lansing, MA)의 도시림관리국 구성원들은 수목이식기를 이용하면, 동일한 수종으로, 직경 40~50mm의 나근 수목(생존 기준)을 식재하는 비용의 2/3 정도면 직경 64mm 녹음수(생존 기준)를 도로를 따라 식재할 수 있음을 발견하였다(Cool, 1976). 나근 수목의 생존율은 72%인데 비해 이식기를 이용한 식재는 99%였다.

9.5 식재

대형목 식재는 나근이든 근분 방식이든, 단계와 고려사항은 소교목이나 관목을 식재하는 것과 동일하다. 이론적으로는, 식재지와 식재 구덩이를 둘러싸고 있는 토양이 부드럽고 습기가 있으며, 식재 구덩이는 되메우기 토양이 뿌리 주변에 쉽게 채워질 정도의 크기면 충분할 것이다.

일반적으로 식재 구덩이는 식재할 수목을 굴취하기 전에 같은 장비로 굴착된다. 기계적으로 굴착된 구덩이와 근분의 매끈한 면이 물의 이동과 뿌리 생장을 방해할 수 있지만, 일반적으로 생존율(生存率, survival rate)은 높고, 뒤이은 생장도 괜찮다(Cool, 1976; Whitcomb, 1987). 기계적으로 굴취한 직경 60mm(2 1/2인치) 수목의 생존율과 첫해 생장은 나근으로 식재된 비슷한 수목보다 더 좋았다(Cool, 1976; Vanstone과 Ronald, 1981).

답압, 또는 층화되거나 점토질 토양에 기계적으로 식재할 때, 수목의 주변 토양을 부드럽게 만든 면적이 넓을수록 어떻게 식재되었는가에 관계없이 생장이 일반적으로 향상되었다. Tree spade로 굴취한 직경 50~90mm(2~3.5인치) 크기의 수목 5종 중 4종이, Tree Spade로 굴착한 식재 구덩이에 심은 것보다, 수작업이나 굴착기로 판 구덩이에 식재했을 때 신초 생장률이 더 좋았고 더 매력적이었다(Preaus와 Whitcomb, 1980; Birdel 등, 1983). 되메우기 토양이 식재 구덩이 안에서 수목을 수직으로 잡고 있는 이식기의 날 주변에 채워진 다음, 날들이 제거될 것이다. 똑같은 비교는 어렵겠지만, B-in-B 수목과 Tree Spade 수목을 둘 다 손으로 판 구덩이에 식재하면, B-in-B 수목의 생장과 외관이 더 좋은 것으로 나타났다.

Tree Spade로 굴착한 식재 구덩이에 진흙 슬러리(mud slurry) 유무에 의한 영향을 비교한 결과, 슬러리가 있는 구덩이에 식재된 꽃사과의 생장은 유의하게 감소한 반면, 소나무에게는 영향이 거의 없었다는 것은 흥미로운 일이다(Birdel 등, 1983). 일부 토양에서는 슬러리가 근분과 구덩이의 측면 사이를 채워주지만, 슬러리 입자가 불투성이 높은 접촉면을 형성한다는 것은 가능한 일이다.

대부분의 수목은 이들을 직립으로 유지하고 근분에 손상을 초래할 수 있는 움직임을 피하기 위해 식재 구덩이에 고정한 다음 당김줄(guying)을 설치하는 것이 좋다. 당김줄은 좀 더 영구적인 지지 시설이 제공되기 전까지 일시적으로 활용될 수 있다(제17장 참조).

생분해성(biodegradable) 마대로 감싼 근분을 구덩이에 고정시킨 다음, 분이 부서지지 않는다면 동여맨 끈은 제거할 수 있다. 마대는 분의 바깥 표면이 들어나도록 걷어 내거나 잘라주는 것이 좋다. 분이 건조하거나 굴취 중에 표면이 매끄럽게 된 경우에는 단단한 표면을 조심스럽게 찢어주거나 날카로운 삽으로 난절(亂切, scarify)해 준다. 다음으로, 근분 주변과 아래에 토양이 단단하게 보충되어 이를 지지할 수 있도록 구덩이 바닥으로부터 1/3에서 1/2 정도를 되메우기 하라. 이때까지 하지 않았다면, 동여맨 끈을 느슨하게 해 주거나 대부분 또는 모든 끈을, 특히 오픈 링크(open link; 스터드[stud ; 지주]가 붙어 있지 않는 환상(環狀)의 체인 - 역자 주)인 경우 제거해 준다. 분의 위쪽 마대를 벗겨내고, 분이 단단한 경우 측면 마대를 아래로 내려주어라. 부분적으로 되메우기를 한 다음 위쪽 마대는 절단한 후 제거하라. 마대는 시간이 지나면 썩기 때문에 일부는 근분의 토양을 잡고 있도록 남겨둘 수도 있는데, 뿌리가 뻗는 것을 방해할 정도로 과도한 두께의 마대는 피하라. 만약 마대를 그대로 남겨 둔다면, 지표면 아래 5~6cm(2인치) 아래까지 되메우기를 계속한 다음 되메우기 토양의 상단 가까이에서 마대를 절단하라. 노출된 마대는 근분과 되메우기 토양 사이의 토양 경계면을 건조시키는 심지(wick) 역할을 하기 때문에, 되메우기가 끝난 뒤 노출되지 않도록 마대를 아래로 접어 내린다.

초기에 제거된 토양을 대체하도록 근분의 상단에 근분 토양과 같거나 약간 거친 토양을 보충해 주는 것이 좋다. 새로운 지표면은 주변 토양의 높이보다 약간 높게 될 수 있을 것이다. 이로 인한 근분 상단의 볼록한 부분은 정착으로 인한 침하를 보상할 것이다.

수간 보호

새로 식재된 수목의 수간이나 때로는 낮은 가지를 마대나 특수 종이로 감싸주는 것은 수분손실을 줄이고 일소(日燒, sunburn), 피소(皮燒, sun scald), 나무좀(bark borer)으로부터 수피를 보호하기 위한 것으로 생각되어 왔다. 그러나 Pellett(1981)는 전통적인 감싸기는 전광에 노출된 은단풍(*Acer saccharium*)의 수간 온도를 거의 완화시키지 못한다는 것을 발견하였다. 이러한 온도 완화 효과 미흡은 Houser(1937)의 관찰에서도 나타났는데, 수간을 감싼 미국느릅나무(*Ulmus americana*)와 세 종류의 단풍나무에 대해 싸개(wrap)를 벗겨내고 햇빛에 노출시켜도 손상을 받지 않았다. 그러나 흰색 라텍스를 칠하거나 Foylon I®로 감싼 수간은 햇빛에 노출했을 때 보호되지 않은 수간보다 각각 4.5°C(8°F)와 10°C(18°F) 낮았다. Foylon I®은 은색 금속 표면을 입힌 직물이다. 알루미늄 포일은 내구성은 떨어지지만 비슷한 역할을 한다. 수간을 도장(塗裝, painting)하는 것은 이들을 감싸는 것보다 쉽고 비용이 적게 든다. 도료(塗料, paint)는 풍화되고 수간이 팽창함에 따라 갈라지기 때문에, 수피가 햇빛에 점진적으로 노출되어 기온에 대한 내성이 커지게 된다. 문제는 흰 페인트나 Foylon I® 모두 시각적으로 매력적이지 않다는 것이다. Foylon I®로 완벽하게 보호하면 할수록 싸개가 제거되었을 때 햇빛에 노출된 수피는 민감해질 것이다.

수간보호 종이는 폭 100~200mm(4~8인치)의 롤로 판매되는데, Foylon I®은 넓은 시트(sheet)로 팔린다. 사용할 때에는 나선형으로 감쌀 때 재료의 폭이 약 절반 정도가 중첩되도록 한다. 지면으로부터 위쪽으로 감아 올라가는 것은 빗물이나 스프링클러 물이 스며들지 못하게 하기 때문에, 비가 많이 오는 지역에서는 곰팡이성 궤양(潰瘍, canker)에 감수성인 대왕참나무(*Quercus palustris*) 같은 수목에 바람직할 것이다(Pirone 등, 1988). 건조한 지역과 덜 감수성인 수종에 대해서는 위에서 아래로 감싸는 것이 수간에 더 많은 수분을 유지시켜줄 것이다. 싸개는 감싸는 재료의 방향과 반대되는 방향으로 수간과 가지 주위를 감는 끈이나 단단한 줄에 의해 제자리를 지키게 된다.

관수와 멀칭

되메우기 과정에 일부 물을 주겠지만, 식재가 완료된 후에 토양을 더욱 안정시키고, 토양과 뿌리 간의 접촉을 향상시키고, 적절한 초기 토양수분을 확보하기 위해 더 많은 물이 공급되어야 한다. 물이 주로 근분 위에 가둬지도록 수간 둘레인 근분의 가장자리에 둔덕(berm)을 만들어라. 웅덩이의 표면은 수간으로부터 경사지게 하는 것이 좋다. 배수가 잘되는 토양인 경우, 100mm(4인치)의 물로 두 차례 웅덩이를 채워 주고, 두 번째 물을 채우기 전에 웅덩이는 배수가 되도록 내버려 두라. 토양의 배수성이 좋지 않으면, 과도한 관수가 되지 않도록 더 세심한 주의가 필요하다.

웅덩이에 물이 빠지고 나면, 깊이 75~100mm(3~4인치)의 멀칭을 해주어라. 자세한 사항은 제7장을 참고하라.

미스팅(misting) 잎이 이미 나와 있거나 막 나오려는 대관목과 교목은 자신들의 뿌리를 통해 적절한 수분을 확보할 수 없을 수 있다. 이런 수목에 대해 물안개를 만들어 주는 것은 잎을 냉각시키고 수분을 공급하며 증산을 감소시키는 효과가 있을 것이다. 하나 이상의 스프링클러 머리를 PVC 배관에 연결하여 수목의 위쪽에 위치시키면 된다. 아래쪽 끝을 인접 수목에서 다른 수목으로 연결시킬 수도 있고, 표준 호스(standard hose)나 시간이 자동적으로 설정된 물 공급원에 직접 연결시킬 수도 있다. 매일 오후에 두 번씩 가볍게 관수하면 새로 이식된 수목에 대한 증산 부하(蒸散負荷, transpiration load)를 줄여줄 것이다. 염 함량이 높은 물이면, 스프링클러 관수는 여러 날 계속하지 않는 것이 좋다. 그렇지 않으면 잎이 염 때문에 회색으로 변할 것이다. 아래에 있는 토양이 과습하게 되지 않도록 잎을 씻어낼 정도로 관수를 하라.

전정

대부분의 수목은 식재 후 구조적인 전정(剪定, pruning)을 통해 편익을 누린다. 이동 중에 부러지거나 심각하게 손상된 가지는 제거하거나 튼튼한 측지가 있는 곳에서 축소절단해 주는 것이 좋다. 이식 전 전정은 굴착, 적재에 방해가 되는 가지와 묶을 수 없는 가지들에 한정해야 한다. 제거될 가지를 일시적으로 남겨둘 수 있다면, 이들은 이식 중에 다른 가지들을 보호할 것이다. 그러나 이동 중에 가지가 손상되지 않는 박스 처리된 수목은 박스 작업 전에 전정을 완료한다(John Mote, Sylmar, CA, 1990, 개인적인 정보).

뿌리 손실을 보상하기 위해 수관의 크기를 줄이는 것은 필요하지도 권장할 만하지도 않다.

9.6 야자수 이식

야자수는 하나 이상의 수간을 가진 교목이나 관목 같은 단자엽식물(單子葉植物, monocotyledon)로 수간은 하나의 정아만을 가지고 있고 가지는 뻗지 않는다. 유관속형성층(維管束形成層, vascular cambium), 목부(木部, xylem), 사부(篩部, phloem)는 수간 속의 다발(bundle) 안에 있다. 살아 있는 잎(frond) 아래의 수간은 직경이 거의 늘어나지 않는다. 팽창은 수간 세포 내에 물을 흡수함으로써 이 일어난다. 코르크형성층(cork cambium)은 잎의 기부 아래에 유사수피(pseudobark)를 형성하는데, 이는 수간 손상을 대체하거나 교정하지 못한다. 큰 야자수는 비슷한 크기의 쌍자엽식물(雙子葉植物, dicotyledon)보다 훨씬 쉽게 휘어진다.

모든 야자수의 뿌리는 부정성(不定性, adventitious)이고, 일생 동안 직경이 굵어지지 않는다. 1차 뿌리와 2차 뿌리가 대부분의 야자수 근계를 지배하지만, 드물게 3차와 4차 뿌리가 관찰된다. 새로운 뿌리가 수간의 기부에 위치한 발근개시 구역(發根開始地區, root initiation zone)으로부터 계속적으로 발생한다. 그러나 Broschat와 Meeros(2000)는 야자수의 단근에 대한 반응은 종에 따라 매우 다양하다고 지적하였다. 코코넛(*Cocos nucifera*)과 사발야자(*Sabal palmetto*)은 대조적이다. 전자는 절단된 뿌리의 50%가 생존하는데 반해, 후자는 전혀 생존하지 못한다. 다른 종에서 뿌리 재생은 절단할 때의 뿌리 길이에 따라 다르다.

많은 종에서 뿌리는 약 3년간 사는데, 일부는 길이가 수간으로부터 50m에 이르는 것이 발견되는 것으로 보아 더 오래 사는 것이 분명하다. 용기에서 자란 수목의 맴도는 뿌리는 문제가 되지 않는데, 이는 뿌리가 지속적으로 새로 생기기 때문이다.

어떤 종은 바닷물(salt water, 코코넛)이나 건조한 기후(대추야자) 등 극한 상황에서 견디지만, 적절한 수분과 배수가 잘되는 토양이, 특히 나무가 어릴 때, 결정적이다. 배수가 불량한 부지에서는 둔덕(berm)에 심거나 배수관을 설치하라. 일부 야자수는 6°C(42°F) 이하의 기온에서도 견딜 수 있다.

미국에서 조경 식재용 야자수는 주로 농장에서 재배하지만, 오래된 경관에서는 제거되고 있다. 대추야자(*Phoenix dactylifera*)는 상업적인 과수원에서 재배되고 있다. 플로리다에서는 자생 임분에서 몇 종을 구할 수 있지만, 대부분의 종은 농장의 용기 안에서 키운 것이다. 노지에서 자란 야자수는 특히 다시 식재하기 위해 보유하고 있는 경우, 박스 처리되거나, 근분 형태로 이동되고 저장된다. 사질토양인 경우 취급이 용이하도록 단단한 근분을 만들기 위해 굴취 전에 물

그림 9-10 야자수는 곧고 결점이 없는 수간을 가지고 있어야 한다. 위 사진의 카나리아야자(*Phoenix canariensis*)에서 보이는 것처럼, 수간직경이 일정하지 않는(모래시계형) 결점이 있는 야자수는 피하는 것이 좋다.

을 충분히 준다. 기계적인 수목 운반기는 중소 크기의 야자수를 가까운 거리에 이동시키는데 매우 적합하다.

이식 준비

절단된 야자수 뿌리는 수간에 이르기까지 죽어 들어간다는 잘못된 생각이 근분의 크기가 중요하지 않다는 믿음을 갖게 했다. 사발야자(*Sabal palmetto*)에서는 뿌리 고사가 일어날 것이다. 반면, 코코넛, 녹색/대왕야자(*Roystonea* 속), 워싱턴야자수(*Washingtonia* 속) 등은 새로운 뿌리 끝(root tip)을 재생시킨다. 여왕야자(*Arecastrum romanzoffianum*), 대왕야자, 세네갈 대추야자(*Phoenix reclinata*)도 뿌리가 수간으로부터 0.6m(2피트) 이상 절단되면 종종 새로운 뿌리 끝을 재생시킨다(Broschat와 Donselman, 1984; Broschat와 Donselman, 1990). Broschat와 Meerow(2000)는 키가 5m 미만인 외줄기 야자수는 근분이 수간으로부터 20cm(8인치) 바깥까지 확대되는 것이 좋다고 권고하였다. 근분의 크기는 키가 더 크거나 수간이 여러 개인 표본목은 크기에 따라 커져야 한다. 코코넛의 적절한 조성을 위한 최소 크기의 근분은 수간의 반경보다 적어도 0.6m(2피트) 더 큰 것이 좋다.

이식하기 6~8주 전에 단근을 하면 많은 야자수에서 새로운 뿌리 발생을 자극시킨다. 다음으로 새로운 뿌리가 포함되기에 충분한 크기의 근분을 만들면, 이식 쇼크를 감소시키고, 생존율을 높여 준다. 이식 전 단근은 대형, 고가, 희귀 야자수 표본목에 적절하다.

야자수는 이식되기에 앞서 건강하고 활력이 좋아야 한다. 수간의 직경이 모래시계(hourglass)처럼 굴곡이 많은 야자수나 정단(頂端, terminal) 아래의 직경이 가는 연필 촉(pencil point) 같은 야자수를 심는 것은 피하는 것이 좋다(**그림 9-10**). 직경이 가는 것은 전년도에 물이나 양료 공급 부족으로 인한 다양한 스트레스가 있었음을 보여주고 있으며, 미래의 생장과 안전을 제한할 수 있다.

수종별로 구체적인 연구 정보가 부족한 실정인데, 용기

그림 9-11 야자수는 보통 작은 근분과 소수의 잎이 남은 상태로 이식된다; 이 잎들은 생장점을 보호하기 위해 일반적으로 모아서 묶어 둔다.

안에서 자라거나 수목 이식기로 옮긴 야자수는 식재할 때 전정을 하지 않는 것이 좋다(Watson과 Himelick, 1997). 근분이 작은 야자수는 옮기기 전에 잎의 1/3 미만만 남기는 것이 좋다. Watson과 Himelick(1997)은 관수를 하는 경우에는 전정을 하지 않을 것을 제안한다. Broschat와 Donselman(1987)은 오래된 잎을 1/3~1/2 정도 제거할 것을 권고한다. 이러한 관행을 뒷받침하는 과학적인 증거는 없지만, 잎을 묶을 때 눈(bud)에 가해지는 과도한 압력을 방지하기 위해 보통 눈 바로 아래에 있는 잎의 고리(ring)를 제거해 준다. 이들 잎은 보통 눈 둘레로 모은 다음, 정아를 보호하고 증산을 줄이기 위해 생분해성 새끼로 묶어둔다(**그림 9-11**). 잎은 새로운 뿌리가 형성될 때까지 적어도 8개월 동안 묶여 있다. 그러나 왜성대추야자(*Phoenix roebelenii*)에 관한 연구는 이식하는 동안 잎을 묶어주는 것이 도움이 되지 않는다는 것을 보여주었다(Broschat, 1994).

플로리다에서는 사발야자를 이식할 때 잎을 전부 제거하는 것이 정단 주변에 잎을 남겨두는 것보다 생존과 초기 생장을 향상시킨다는 것을 보여주었다. Broschat(1991)는 이식할 때 잎을 전부 제거했을 때의 생존율이 95%로, 2/3를 제거했을 때의 생존율 64%보다 높았다고 보고하였다. 실제로 사발야자의 절단된 뿌리는 길이와 상관없이 살아남지 못했다. 이식하는 야자수에 남겨진 잎은 죽어서 제거되어야 했다.

Broschat(1994)는 수분 스트레스가 지속되고 있는 상황에서 이식되는 야자수는 잎은 전부 제거했을 때 생존율이 더 높다는 것을 발견하였다. 반면, 활착되는 과정에 관수를 해

주는 경우에는 일부 또는 대부분의 잎을 남겨두는 것이 더 좋았다. Broschat는 대부분의 야자수들이 이들의 독특한 뿌리시스템 때문에 잎을 제거했을 때 사발야자보다는 왜성대추야자처럼 반응할 것이라고 믿는다.

하와이에서는 코코넛과 대왕야자(royal palm)는 일반적으로 이식 전에 수간에 대해 45° 각도(대략 10시와 2시 방향)로 전정을 해준다. 잎의 끝은 약 20% 정도 잘라준다. 용기에서 자란 야자수와 노지 굴취 후 일정 기간 동안 박스에서 시간을 보낸 야자수는 잎을 제거할 필요가 없다.

세네갈 대추야자처럼 길고 가는 눈을 가진 야자수는 수간에 부착되어 눈 위까지 연장된 지주로 보호해 주는 것이 좋다. 운송을 위해서 외줄기(single-trunk) 야자수는 트럭이나 평상(平床, flatbed) 트레일러에 쌓을 수 있다. 야자수는 부드러운 눈을 부러뜨릴 수 있는 진동을 최소화하기 위해 단단하게 묶어주어야 하는데, 부러진 눈은 이식 후 6~8주가 지나면 죽는다. 크고 다간(多幹, multi-stem)인 야자수의 개별 줄기는 안정성을 최대한 확보하고 적재 폭을 줄이기 위해 지주목을 대고 묶어주는 것이 좋다. 야자수는 쌍자엽식물과 같은 장비를 사용하여 인양할 수 있다.

야자수를 들어 올리고 옮길 때에는 수간을 보호하기 위해 나일론 끈을 사용하는 것이 좋다. 수 킬로미터 이상을 운송할 경우에는 뿌리 수분을 유지하고, 수간에 그늘을 제공하고, 수분손실을 줄이기 위해 전체를 덮어주는 것이 좋다. 수평으로 저장되는 야자수는 그늘지게, 그리고 뿌리의 수분을 유지시켜주어야 한다. 어떤 사람들은 야자수의 수간이 직접적으로 햇빛에 노출되면 손상된다고 믿는다.

식재

야자수 식재는 다른 교목 식재와 비슷하다. 구덩이는 손이나 굴삭기로 팔 수 있다. Himelick(1991)은 구덩이가 뿌리 주위에 흙을 잘 채울 수 있을 정도의 충분한 넓이, 보통 근분 반경보다 450mm(18인치) 정도 넓게 준비할 것을 권고한다. 열대 해안을 따라 산호암(珊瑚岩, coral rock) 속으로 구덩이를 굴착하는 경우도 있다. 천공할 때 나온 바위를 빻아서 되메우기에 사용한다. 야자수는 가장 보기 좋은 면이 주된 조망지점을 향하도록 식재 구덩이에서 방향을 맞추는 것이 좋은데, 이는 휘어진 수간을 가진 야자수에 특히 중요하다.

다른 어떤 원인보다 배수불량과 과습이 야자수 고사의 가장 주된 원인이다. 야자수는 지주목 설치를 피하거나 키가 큰 야자수가 식재 후에 같은 키가 되도록 만들기 위해 원래 자랄 때보다 더 깊게 심기도 한다. 배수가 양호하지 않으면 깊게 심은 야자수는 보통 죽는다. Costonis(1995)는 심식(深植, deep planting)과 배수불량이 식재 후 사달야자의 두 가지 주된 실패 원인이라고 강조하였다. 야자수는 이들이 원래 자라던 수준에서 식재되거나 수간에서 확인 가능한 근원(根元, root initial)의 상단까지 흙을 덮어주는 것이 좋다. 더 깊게 심으면 망간(manganese)이나 철분 결핍이 발생할 수 있다(Broschat, 1995). 야자수를 너무 얕게 심으면 약하고 뿌리 내림이 불량하여 지표 높이에서 쉽게 부러질 수 있다.

그림 9-12 사발야자는 최근 마이애미(Miami, FL)에 식재되었다. 이 야자수는 철제 끈이 달린 직물 방석으로 고정된 목재 완충재에 못으로 고정된 3~4개의 지주목에 의해 지지되고 있다. 상단 5~7개의 잎은 정아(頂芽, terminal bud)를 보호하기 위해 함께 묶여 있다.

구덩이에서 나온 흙으로 되메우기를 하라. Broschat와 Donselman(1987)은 되메우기 토양을 개량하는 것을 반대한다. 하와이에서는 통기성을 제고하고 주지목 필요성을 줄이기 위해 사질토나 사양토로 되메우기 할 것을 권고한다. 식재 구덩이로부터 바깥을 향해 방사상 도랑을 파주면, 토양 접촉면(soil-interface) 문제 발생 가능성을 최소화할 것이다. 뿌리 주변의 되메우기 토양을 단단하게 한 다음 물을 흠뻑 주어라. 하와이 외곽에서 올바르게 식재된 야자수는 일반적으로 지주가 필요할 것이다. 수간 둘레에 두께 약 50mm(2인치)의 마대 밴드나 완충판이 있는 패딩(padding)을 설치하라. 이들 보호물은 철사나 나일론 끈으로 움직이지 않도록 동여매어라. 완충판은 당김줄을 고정하는 기반이 되는데, 플로리다에서는 목재 지주를 더 많이 사용한다(**그림 9-12**). 야자수에서 상처는 영구적이기 때문에 수간에 못이나 나사못을 박아서는 안 된다. 8개월 또는 새로운 뿌리가 형성될 때까지 야자수를 지지해 줄 것을 권고한다.

이식 후 관리

정상적인 여건과 배수 상태 하에서, 새로이 식재된 야자수는 첫 계절에는 스프링클러나 손으로 일주일에 1~2회, 이후에는 날씨에 따라 매월 한 번씩 관수해 주는 것이 좋다. 하와이에서는 야자수를 보통 적어도 6개월 동안 격일로 관수를 해준다(S. Nimz, 1997, 개인적인 정보). 기후가 첫 계절 동안 특히 덥고, 건조하고, 바람이 강하면, 야자수의 수간이 수분을 흡수할 수 있도록 잎과 수간에 분무를 해줄 수 있다. 수관에 있는 분무 관수 상단에 작업을 조절할 수 있는 타이머(timer)를 설치할 것을 권고한다. 그러나 Broschat(1994)는 잎에 대한 두상관수(頭上灌水, overhead irrigation)를 한 왜성대추야자에서 푸른곰팡이균에 의한 줄기썩음병(*Gliocladium* pink rot) 발생이 증가하였다고 한다.

이식 후에 폭넓은 미량원소(微量元素, micronutrient) 살포는 야자수에 흔한 미량원소 결핍을 방지하기 위해 권장된다. 100ℓ의 미량원소 살포액에 전착제(展着劑, spreader-sticker)와 250g의 요소(尿素, urea)를 첨가하면 살포효과를 높이고 질소도 공급하게 된다. 미량원소 결핍을 방지하는 것은 이로 인한 문제를 바로잡는 노력보다 더 쉽다.

야자수 주변에서 끈이 달린 예초기(刈草機, trimmer)나 큰 낫(machete)을 사용하지 마라. 뿌리가 나오는 구역에 있는 어린뿌리가 손상되거나 죽을 수 있다. 기존의 뿌리가 살아 있는 기간이 상대적으로 짧기 때문에, 새로운 뿌리를 잃으면 나무를 크게 약화시킬 수 있다.

9.7 성공에 대한 평가

야자수를 제외하고, 대형목의 이식은 보통 독립적인 표본목(specimen)을 옮기는 것이다. 주어진 장소로부터 여러 그루의 수목을 옮기는 것은 드물다. 따라서 보통 생존으로 이식 작업의 성공을 측정한다.

이식된 대형목의 생존과 생장 재개에 관한 몇몇 연구 중 하나는 이식 후 5년 된 캘리포니아참나무(*Quercus agrifolia*) 30그루의 상태에 대해 보고한 Downer와 Dagit(1996)의 연구이다. 이식 수목의 절반 이상이 죽었고, 또 다른 1/3은 쇠약한 상태에 있었다. 안정적인 여건에 있는 수목은 5그루에 불과하였다.

같은 수종에 대한 더 폭넓은 조사의 일부로서, Dagit와 Downer(2001)는 130그루의 해안참나무의 생존에 관해 보고하였다. 수목은 1993년에 처음으로 박스처리 되었으며, 수간 직경은 15~175cm(6~69인치), 수고는 4~15m(12~45피트)이었다.

42그루(32%)는 박스 처리 직후에 죽었다. 박스 처리 후 생존하고 옮긴 수목 중에서 이식된 수목은 이식하지 않은 대조구(對照區, control)에 비해 상태가 쇠퇴하였다. 강전정을 실시한 수목은 가볍게 전정한 수목에 비해 상태가 더 악화되었다. 박스 처리되고 식재 후 첫 생육기에 생존한 수목은 10년 후에 회복하기 시작했다.

Jim(1995)은 홍콩에서 직경 180cm(70인치) 이상인 두 그루의 반얀나무(*Ficus microcarpa*) 이식에 관해 보고하였다. 이들 수목은 옮기기 전에 강하게 전정(수관의 50%)되었다. 두 그루 모두 생존하였지만, Jim은 대대적인 전정에 대해 의문을 제기하였다. 그는 그 수목들은 자신들의 이식 전 수형의 미적인 질을 더 이상 가지고 있지 않다고 강조하였다.

복습

- 대형목 이식은 소형 수목을 옮기는 것과 같은 기술을 사용한다. 교목은 나근, 근분, 박스 상태와 기계적인 수목 이식기로 옮긴다.
- 목본식물과 야자수 모두 이식에 대한 반응은 수종별로 매우 다양하다.
- 대형목 이식의 성공은 다양하게 인식된다. 가장 흔히 성공은 이식 수목의 생존에 의해 측정된다.

추천문헌

BROSCHAT, T., and A. MEEROW. 2000. *Ornamental Palm Horticulture.* Gainesville: University of Florida Press.

WATSON, G., and E. HIMELICK. 1997. *Principles and Practice of Planting Trees and Shrubs.* Savoy, IL: International Society of Arboriculture.

제10장 특수관리 상황

목표

- 주변에 다양한 상황이 많이 존재하지만, 포장된 지역에 있는 수목, 수목의 뿌리와 포장(포장, pavement)의 충돌, 뿌리의 하수구(下水溝, sewer) 침입, 폐수의 재활용(再活用, recycle), 자투리(remnant) 임분, 수목 생장과 토양 침하(沈下, subsidence) 등을 포함한 특별한 상황에 있는 수목의 관리에 관하여 기술한다.

교목, 관목, 덩굴식물 등은 종종 현재 생장에 대한 제약이 있는 장소, 또는 생장 문제를 유발하는 장소에 식재된다. 이러한 상황에 대한 성공적인 관리는 부지 여건에 대한 정확한 분석, 문제를 최소화하기 위한 적절한 준비, 수목의 선정, 현명한 유지관리 관행 등에 달려 있다. 여기서는 몇 가지 도전적이지만 흔히 볼 수 있는 상황을 살펴보고, 해결방안을 제시하고 접근 방법을 기술한다.

10.1 포장된 지역 내의 수목

도심의 도로를 따라 교목들이 흔히 주차장 안, 광장 안, 파티오(patio) 안 등 포장된 지역에 식재된다(**그림 10-1**). 이 경우 세 가지 문제가 관심사이다: (1) 지상과 지하에 적절한 생장 공간 제공; (2) 지하에 비옥하고 통기성이 좋고 배수성이 좋은 토양과 관수가 가능한 좋은 생장 여건의 확보; (3) 수목생장에 의한 인접 포장에 대한 손상 회피 또는 처리. 이러한 것들이 도시지역에 있는 수목의 딜레마이다. 한편으로 수목관리자들은 성공적인 활착과 생장을 확보하기 위해 포장 지역 내의 열악한 토양 여건과 제한적인 공간을 극복하기 위해 최선을 다하고 있다(수목 구멍/tree pit라고 불리는 데는 이유가 있다). 다른 한편으로는 양호한 수목 생장이 보도와 연석을 들어 올리고 밀어냄으로써 기반시설에 문제를 일으킨다. Tree Care Industry라는 잡지의 한 기사에서 David Munson

그림 10-1 성공적이기 위해서는 포장된 지표에 식재되는 수목은 지상과 지하 모두에서 적절한 생장 공간과 적합한 생장 환경을 확보해야 한다.

(2001)은 도시수목이 경험하고 있는 이러한 상황을 "잘 먹고 잘 살다가 결국은 죽는다(live right, eat healthy, die anyway)"라고 불렀다.

포장된 지역에 살고 있는 수목의 도전에 관한 논의가 최근에는 큰 관심을 받고 있다. 적지적수(適地適樹, right tree, right place)에 대한 보다 높은 관심은 좁은 식재공간에 크기가 큰 교목을 식재하는 것을 배제하고, 도시토양 여건에 내성이 있는 수종을 선택하는 것 등으로 작용하고 있다. 도시지역에서 수목의 뿌리, 생장을 위한 필요조건, 이들의 발달유형 등에 관한 Tom Perry(1982)의 관찰은 어떤 문제가 발생하는가에 대한 정보의 기초가 되고 있다. 새로운 포장 설계와 처리 대안은 수목관리자가 알 수 있다. 석력토양(石礫土壤, skeletal/structural soil)의 개발은 지하 생장 공간의 확대를 가져왔다. 수목 뿌리와 포장에 대한 관리는 아직 연구와 실무 모두에게 도전으로 남아 있다.

수목 생장에 적합한 환경 조성

가용 공간(available space) 지하 생장공간(生長空間, growing space)의 크기와 수목의 크기 사이에는 명백하고 직접적인 관계가 있다. 즉, 공간이 클수록 수목은 더 크게 자란다. 지상 식수대(植樹臺, planter)를 관찰해 보면 지하공간에 대한 지침을 얻을 수 있다.

용기에서 보수력(保水力, water holding capacity)이 수목생장의 제약요소라는 가정 하에서, Lindsey와 Bassuk(1991)은 최적의 토양 용량을 결정하는 방법론을 개발하였다. 이 과정은 수관투영면적(樹冠投影面積, crown projection area)을 추정하는 것으로부터 시작하여, 증발산율(evapotranspiration rate)과 보수력을 통해 필요한 토양 용량을 추론한다. 예를 들면, 수관폭이 10m(33피트)인 교목은 35~40m^2(375~425ft^3)의 식재 구덩이를 필요로 할 것이다. DeGaetano(2000)는 이 접근 방법을 발전시켜 일일 기후 변화와 추정 관수 빈도로 연결시켰다. 수목의 수관 크기, 용기의 부피, 관수 빈도는 서로 다른 관리 방법에 따라 계산할 수 있는 상호 연관된 요소들이다.

Urban(1990)은 보스턴(Boston)에서 버지니아(Virginia)에 이르기까지 포장에 의해 둘러싸인 식수공(植樹孔, tree pit)에 식재된 11~27년생 13그루를 조사하였다. 그의 결론 중 하나는 "용량 3m^3(100ft^3) 미만의 식재지는 장기적인 생장을 유지할 수 없다"라는 것이다. 깊이 0.6m(2피트)부터는 대교목을 제외한 모든 수목에서 토심(土深, soil depth)을 키우는 것보다 지표면적을 늘리는 것이 더 유익하다.

Urban의 수목생장과 뿌리가 뻗는 부피에 대한 관찰은 그로 하여금 가용한 공간의 크기를 키우는 것을 목적으로 하는 대안적인 설계 해결안(design solution)의 범위를 연구하도록 했다. 그의 아이디어는 길고 선형(線形, linear)을 형성하도록 개별 식수공의 생장공간을 연결하는데 중점을 두었다. 또한 Urban(1992, 1996)은 토양, 공간, 수목의 크기 간 불가분의 상호 연결성을 강조하였다(**그림 10-2, 그림 10-3**).

보다 큰 지하 생장공간을 제공하기 위한 노력은 도시설

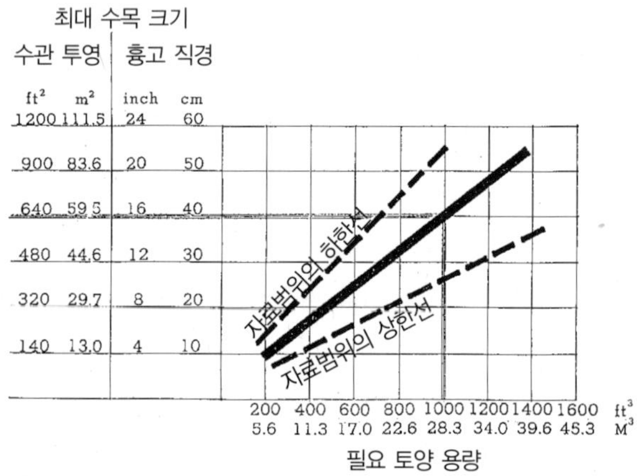

그림 10-2 수목의 최종적인 직경과 수관폭은 가용한 토양용량에 달려 있다. 대형 녹음교목도 토양용량에 제약을 받으면 작은 상태에 머물러 있을 것이다(Urban, 1992).

(a) (b)

그림 10-3 우딘빌(Woodinville, WA)의 이들 적단풍(*Acer rubrum*)의 생장은 식수대의 크기에 의해 제한되었다(a). 불과 2~3년 만에 수목의 뿌리가 가용한 생장공간을 채웠다(b). 이들 수목은 용기에서 땅으로 옮겨 심었다. (사진: Molly Beck, Woodinville, WA.)

계에서 상대하기 어려운 힘을 만났다. 이는 하중을 받는 토양을 다지고 이를 포장할 필요성이다. 보도와 도로 아래에 식재공간을 넓히더라도 여기에 있는 토양이 나중에 다져진다면 소용없는 일이다.

지상의 생장공간을 적절하게 확보하는 문제는 가용한 공간이 눈에 보이기 때문에 해결하기 훨씬 쉬울 것이다. 수직적, 측면적 생장공간은 직접 평가해야 할 것이다. 그렇다고 송전선 바로 아래에 대형목을 식재하는 지속적인 관행을 옹호하는 것은 아니다.

도시토양(都市土壤, urban soil) 공간과 용량 외에 적절한 생장환경을 제공하는 것에는 토양의 통기, 배수, 여름철 관수 등이 있다. 도시지역 토양에 대해 잘 정리된 설명과 평가는 Craul(1992)에 의해 제시되었다. Craul은 도시토양을 다음과 같이 묘사하였다: 수직적 공간적 변이성, 변경된 구조, 소수성(疎水性, hydrophobic) 지표층, 변경된 토양 반응, 통기와 배수의 제약, 제한적인 양분, 변화된 생태, 변경된 기온 여건, 다양한 오염물질.

수목관리자들은 보통 포장에 의해 답압(踏壓, compaction)된 토양, 공기와 물의 배제를 포장이 된 곳에서 자라는 수목의 당연한 문제로 여긴다. 도로 건설과 포장과 관련된 토양 답압의 필요성을 당연히 받아들이는 상황에서 토양이 답압되어서 배수가 불량하다는 것은 놀랄 일이 아니다. 바닥에 고인 물(standing water)이 있는 식재 구덩이와 되메우기를 위한 혼합토용의 다져진 토양으로 된 배합토 더미와 마주치는 것은 전 세계적으로 수목관리자에게는 하나의 "성장경험(成長經驗, growing experience)"으로 되어왔다. 그러나 토양이 일단 교란되고 나면 토질을 향상시킬 수 있는 치유 방법은 거의 없다.

예를 들면, 통기와 관수를 위해 가끔 구멍이 뚫린 PVC 배관을 식수대(planter) 개구부(開口部, opening)의 모퉁이에 설치한다. 그러나 유공관이 설치되었을 때 통기성이 향상되었다는 증거는 없다(제11장 참조).

수목관리자와 조경가의 일반적인 반응은 도시 녹지의 저질 토양을 양질의 배양토로 치환(置換, replacement)하는 것이었다. 그러나 이러한 접근은 한계가 있다. 첫째로, 개량하지 않은 토양으로 되메우기를 하라는 권고된 식재 관행에 정면으로 배치되는 것이다. 둘째로, 적절한 양의 양질의 토양을 확보하는 것이 쉽지 않다. 소량의 토양을 치환하면, 뿌리 발달을 가로막는 토성의 불연속이 발생한다. 시애틀(Seattle, WA)의 수목관리관인 Marvin Black(1984, 개인적인 정보)은 일단의 가로수에 대한 1.3m × 1.3m × 1.3m 크기의 식재 구덩이 개량을 얼마나 조심스럽게 했는가를 기술한 적이 있다. 이들 수목은 겨울 폭풍이 덮치기 전 5~6년간은 왕성하게 잘 자랐다. 그러나 폭풍으로 많은 수목이 찢어지고 토양 용량이 1.3m × 1.3m × 1.3m인 땅에서 뽑히는 피해를 입었다. Marvin은 현명하게도 이러한 경험을 살려서 되메우는 토양을 개량하는 관행을 더 이상 계속하지 않았다.

석력토양(石礫土壤, skeletal soil) 지난 10년 동안 코넬대학교 도시원예연구원(Unban Horticulture Institute)(Grabosky와 Bassuk, 1995, 1996; Brabosky 등, 1998)과 덴마크 산림경관연구원(Danish Forest and Landscape Research Institute) (Kristofferson, 1998, 1999)의 과학자들은 양호한 수목생장을 조장하고 포장의 기본 재료로 사용할 수 있는 물질을 개발하기 위해 공동으로 노력을 기울였다. 구조토양(構造土壤, structural soil) 또는 석력토양이라는 용어는 이들 혼합물을 의미한다.

코넬대학교에서는 하중을 견디면서도 뿌리가 뻗을 수 있는 이상적인 조건(고체 50%, 공기 25%, 수분 25%)을 제공하는 "토양"을 개발하는 것이 목표였다(Grabosky 등, 1998). 결과적인 배합토는 20~35mm(0.75~1.5인치) 크기의 쇄석(碎石, crushed rock)과 식양토(埴壤土, clay loam soil)를 쇄석 80%, 토양 20%의 비율로 혼합하는 것이다. 토양이 돌멩이에 접착되는 것을 도와주기 위해 수화겔이 첨가되었다. 예비적인 현장실험에서 뿌리의 양호한 수직적 분포와 함께 탁월한 수목생장을 나타냈다(즉, 뿌리가 표준 토양보다 석력토양에서 2배 더 깊이 자랐다.) **(그림 10-4)**. 코넬의 규격은 특허 등록이 되었고, 상표명은 CU-Structural Soil®로 정해졌다.

Grabosky 등(2002)은 석력토양에 식재한 수목의 3년간 생장을 녹지대(tree lawn)에 식재한 수목과 비교하는 두 번의 지중 식재 결과를 발표하였다. 습지백참나무(*Quercus bicolor*), 꽃사과(*Malus* sp.), 느티나무(*Zelkova serrata*)는 석력토양에 식재했을 때 신초의 신장이 유의하게 더 컸다. 버들 떡갈나무(*Q. phellos*), 흑단풍(*Acer campestre*), 개회나무(*Syringa reticulata*), 아콜레이드 벚나무(*Prunus* 'Accolade')의 신초 생장에는 토양효과가 없었다.

석력토양에 대한 개념은 전 세계적으로 여러 곳에서 적용되어 왔다. 예를 들면, 호주 시드니, 캐나다 밴쿠버(**상자 10-1** 참조), 캘리포니아 팔로알토, 워싱턴 DC 등 다양한 곳에서 식재된 것으로 알고 있다. Dave Dockter(Palo Alto, CA, 2002, 개인적인 정보)는 토양의 비율이 약간 더 높은 석력토양에 대한 규격을 개발했다. 비용은 톤당 약 US$41 정도 되었다.

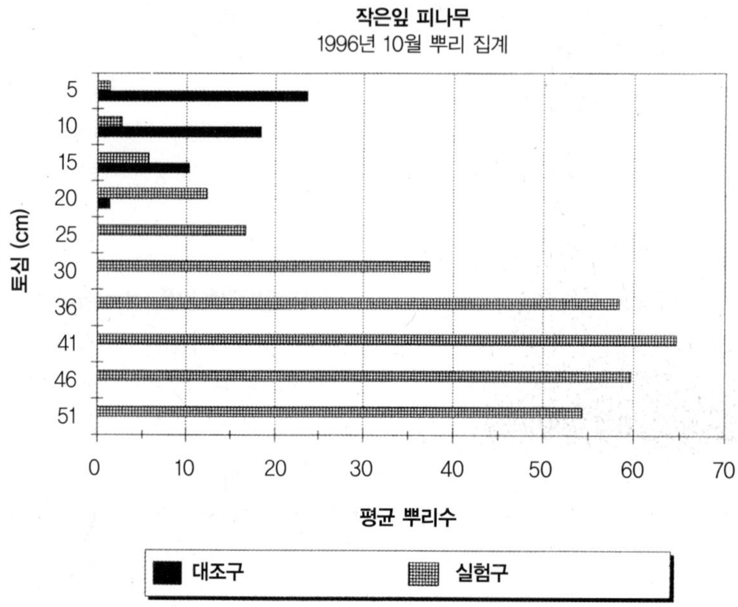

그림 10-4 작은잎 피나무(*Tilia cordata*)의 뿌리는 보통 토양(대조구, 진한 막대)에 식재한 수목보다 CU-Structural Soil®(실험구, 격자무늬 막대)에 식재된 것이 더 넓고 깊게 뻗어 있었다(Grabosky 등, 1998).

덴마크의 혼합토도 개념적으로는 비슷하다. 하중에 견디는 성분(32~150mm)을 토양에 혼합하였다. Krisofferson (1998, 1999)은 코넬대학교가 개발한 토양처럼 미리 혼합하는 방법과 하중지지(荷重支持, load-bearing) 성분을 먼저 설치한 다음 토양 성분을 추가하는 방법 등을 포함한 여러 가지 혼합 전략으로 실험을 실시했다. 38개 장소에 식재된 800그루 이상의 수목에 대한 예비 현장실험 결과는 분쇄된 화강암(花崗巖, granite), 화산암(火山巖, lava), 벽돌 등이 적당한 수목의 생장 재료로 사용되면 하중지지력이 있는 것으로 나타났다(Kristofferson, 1999).

Grabosky(플로리다대학교, Gainesville, 2002, 개인적인 정보)는 단순히 비용 효율성 때문에 지역적인 가용성이 석력토양에 대한 성분의 선정과 사용을 결정한다고 강조했다. 토양에 대한 기반암(基盤岩, base rock)의 비율은 해당 토양의 용도에 의해 결정된다. 용도는 이용이 많은 보행자용 상점가 공원에 식재된 잔디와 수목을 지지하는 것으로부터 서로 다른 부하가 걸리는 주차장과 도로에 이르기까지 다양하다. 각 용도는 지표 부하가 다르기 때문에 혼합 설계에서 서로 선택하는 대안에 따라 달라질 수 있다.

Grabosky는 설계에 반영될 재료를 선택하는데 도움을 줄 수 있는 다음 질문들을 제안하였다:

1. 무엇을 마모층(磨耗層, wearing surface)으로 사용하는가? 잔디나 개별 보도블록은 콘크리트의 일체성 슬래브(monolithic slab)와 아스팔트 콘크리트와는 견딜 수 있는 하중이 다를 것이다.
2. 설치 후 수용 가능한 침하 수준은 어느 정도인가? 도로상의 바퀴자국은 마모층에 영향을 미친다. 어떤 재료는 낮은 부하와 최소한의 답압에 잘 견디지만 더 높은 수준의 활동에 의해 부하를 받으면 파괴될 수 있다.
3. 뿌리 구역에 예상되는 통행 부하의 수준은 어느 정도인가? 마모층은 일반적으로 가장 비싸고 주어진 예상 부하 이하에서 버틸 수 있는 내용연수(耐用年數, service life)를 가지고 있다.

수목관리자와 조경가는 아직도 석력토양을 이용한 식재를 설계하고, 가설하고, 유지 관리하는 방법을 배우고 있다. CU-Structural Soil®은 광범위한 분야와 실험실 시험을 진행하고 있지만, 이 토양의 개량은 이루어지지 않고 있다. 관수와 시비에 대한 유지관리 요구와 관련된 경험이 일천하고, 이의 용도에 대한 제약도 있다. 한 가지 예로, 석력토양은 중장비가 통행하는 곳에서는 사용하지 않는 것이 좋다.

"Amsterdam soil"이 석력토양 개념을 앞서가고 있다(Couenberg, 1998). 이 방법에서는, 깊이 약 0.6m(2피트)로 용량 3.5m^3(120ft^3) 이상의 식재 구덩이를 굴착한다. 최종적인 식재공 개구(직경 1~1.2m, 또는 사각형)를 제외한 모든 지표를 포장한다. 식재 구덩이의 외곽은 "굵은 화산암 쇄석(slag; 직경 80~150mm)과 '배합토(tree soil)'를 2:1(부피:

상자 10-1

브리티시컬럼비아 밴쿠버(Vancouver)의 석력토양

Michael Mills(DMG Landscape Architects, Vancouver, Canada)는 1995년부터 2001년까지 35개 이상의 석력토양 가설공사에 참가하였다. 기본적인 토양 "처방(處方, recipe)"은 코넬대의 연구 원칙을 따랐지만, 재료의 성분은 차이가 있었다. 여러 단계의 체질(screening)과 채석산업에서 원추형분리기(cone separator)라고 불리는 장비를 이용하여 발파된 채석장의 화강암을 석력토양에 사용될 원료로 선정하였다. 이를 통해 걸러지고 크기가 고른 모가 많이 난 쇄석을 얻었다(오른쪽 사진 참조). 실험을 통해 75mm(3인치) 체로 걸러진 것을 최적의 크기로 결정하였다. 쇄석(큰 공극)의 균일성에 특별한 주의를 하면서 토양–쇄석 비율을 쇄석 4 대 토양 1.5까지 높였다. 북서부의 기후적인 여건 때문에, 수화겔은 습기를 머금지 않는 유기접착제(有機接着劑, organic binding agent)로 대체되었다. 토양도 해당 지역에서 요구되는 배수성을 향상시킬 수 있도록 점토와 미사(微砂, silt)의 대부분을 제거하여 변경시켰다. 재료는 다른 장소에서 혼합한 다음 트럭을 이용하여 식재지로 운반하였다.

석력토양은 실험과 경험을 통해 깊이 1.2m(3피트)까지 싱글리프트(single lift)로 가설할 수 있다는 것이 확인되었다. 다짐(compaction)이 탁월하였는데, 이는 다양한 시험 방법(왼쪽 사진 참조)에 의해 확인되었다. 그러나 일단 다진 후에는 굴착하는 것이 어렵다는 것을 발견하였다. 따라서 수목 식재는 모래가 채워진 단단한 상자를 이용하여 석력토양 내에 수목을 위한 공간을 확보함으로써 가능하게 되었다(오른쪽 사진 참조). 수목을 식재할 때에는 다져지지 않은 모래를 제거하기만 하면 된다.

Mills의 경험은 후속적인 관찰을 제시하였는데, 그때까지 수목은 문제없이 훌륭하게 생장하고 있었다(식재된 수목은 약 1,000그루).

몇 가지 수종(단풍나무/*Acer*, 주엽나무/*Gleditsia*, 아까시나무/*Robinia*, 남부너도밤나무/*Nothogagus*, 피나무/*Tilia*)은 이러한 재질에서 잘 자라고 있는 것으로 보인다(왼쪽 사진). 전통적인 설계기술을 이용하여 식재된 대조구의 수목보다 처음부터 모두 더 좋은 활력을 보였다. 보도에 대한 문제도 발견되지 않았다. 석력토양이 있는 곳으로부터 잉여 수분을 제거하기 위한 배수설비 설치가 권고되고 있다(석력토양은 기존 토양보다 더 많은 자연배수[free drain]가 되는 경향이 있기 때문에 과도한 지하수를 끌어들인다).

그림 10-5 워싱턴 DC에 있는 예술 공연을 위한 J. F. Kennedy Center에 식재한 브래드포드콩배나무(*Pyrus calleryana* 'Bradford'). 포장된 지역의 개구에 있는 4그루의 수목과 지표면이 더 많이 노출되어 있고 뿌리 뻗는 용량이 더 많은 직선의 식수대에 있는 수목 간의 생장 차이에 유의하라. (사진: James Patterson, National Park Service.)

부피, v/v) 비율로 혼합한 것으로 메운다"(Kopinga, 1985). 수목은 식수공의 중심에 식재된다. 쇄석-토양 혼합물은 공간을 메우는 토양을 가진 화산석의 표면이 단단하게 되도록 가볍게 다져준다. 다음으로 포장 작업을 한다. 이는 더 이상의 답압이 일어나지 않는 포장의 단단한 기초를 제공해 주고, 화산암의 공극(약 48~50% v/v) 때문에 수목의 뿌리에 적절한 산소가 공급된다(Kopinga, 1985; Terlouw, 1981 인용).

포장 개구 생장에 대한 제약은 포장 지역 내의 개구(開口, opening)의 크기와도 관련이 있는 것 같다. 비록 이것은 실험에 의해 확인된 것은 아니지만, 우리의 관찰에 의하면 포장 개구가 클수록 수목이 크다(**그림 10-5**).

보통 길이 1~1.5m(3~5피트)의 사각형인 포장지역 내의 개구는 신규 또는 기존 포장 지역 내의 수목 식재에 대한 표준적인 방법이었다. 도심의 보도에서 개구는 토양이 노출된 상태에 있거나, 모래 위에 벽돌이나 돌멩이로 덮여 있거나, 금속 깔판(metal grate)이나 성형된 콘크리트로 덮여 있을 것이다. 우리는 인접한 콘크리트 가장자리의 지지를 받고 있는 깔판이 돌멩이나 멀치보다 답압이 덜할 것이라고 생각한다. 그러나 이를 뒷받침할 연구나 구전적인 사례도 없다는 것을 알고 있다.

지표 배수 새로운 공사지에서 평평한 곳에 있는 식수공의 경우 각 식수공 주변의 포장은 지표수가 식수공이 아닌 하수구나 도로 배수구로 향하도록 경사를 조성해 주는 것이 좋다. 이러한 유도는 수목을 과습, 해빙을 위해 사용한 염, 알칼리성 증가, 포장용 석유나 기타 유독물질 등으로부터 보호한다.

10.2 뿌리-포장 간 충돌

수목의 뿌리와 포장 간의 충돌은 도시지역에서는 도처에 산재해 있다(**그림 10-6**). 미국의 시장들은 누구나 가로수에 대한 첫 번째 불만은 솟아오른 보도라고 말한다. 영국 맨체스터(Manchester)시내 가로수 2,232그루(전체의 13%)에 대한 조사에서 Wong 등(1988)은 30%가 보도 손상을 유발하고, 13%가 연석을 손상시킨다는 것을 발견하였다. 캘리포니아 산호세(San Jose)에서 보도 손상의 68%가 인접하고 있는 수목의 존재와 "밀접하게 관련"이 있었다(Sealana and Associates, 1994).

수목 뿌리로 인한 인공구조물(人工構造物, hardscape)의 연간 손상비용은 캘리포니아 만해도 7천만 달러가 넘는다(McPherson과 Peper, 2000). 이 비용에는 부서진 보도와 연석의 수선, 수목 제거와 대체, 넘어진데 대한 소송(trip-and-fall lawsuit)에 대한 배상, 완화와 예방, 점검, 관리 등이 포함되어 있다.

수목의 뿌리에 의해 유발된 연석과 포장에 대한 손상을 교정하는 것은 지자체 수목과 관련하여 비용이 가장 많이 들어가는 작업 중 하나이다(Wagar, 1956b). 캘리포니아에서 어떤 수목에 의한 보도 손상을 수선하는 비용은 평균 480달

그림 10-6 수목 뿌리의 생장은 보도, 연석, 기타 포장 지역을 밀어내거나 손상시킬 수 있다. 카프카스윙넛(*Pterocarya fraxinifolia*)이 한 생육기 동안 이 보도판을 들어올렸다.

러이다(McPherson과 Peper, 2000). 불행하게도, 한 나무가 상습범(常習犯, repeat offender)일 수 있다. 15개 북미 도시에 대한 조사에서 포장에 대한 수목관련 피해 비용은 총 수목관리 예산에서 차지하는 비중이 0.4~40%로 다양하였다(McPherson과 Peper, 1995). 뿌리에 의한 인공구조물의 손상과 가능한 해결방안에 대한 최근의 종합적인 내용은 Costello 등(2000)의 논문을 참고하기 바란다.

포장 손상과 관련된 요소 일부 수종은 다른 수종보다 더 크게 뿌리-포장 충돌을 일으키는 것 같다(**표 10-1**). 캘리포니아에서 일하면서, Hamilton(1976), Wagar와 Barker(1983)는 좁은 포장 개구(opening)에 식재된 큰 판근(buttress root)을 가진 수목이 손상을 유발할 가능성이 높다는 것을 발견하였다. Francis 등(1996)도 비슷한 방법으로 열대지방(푸에르토리코와 멕시코)에서 피해를 발생시킬 가능성이 높은 수종을 발견하였다.

이와는 달리, Coder(1998)는 "수목의 뿌리생장 조절을 제한하는 기반시설 내의 체계적인 설계와 재질적인 결함과 동시에 수목 생물적 정착(定着, colonization)과 생존의 물리적인 힘"을 무시한 채, "좋고 나쁜" 수목 목록을 만들어내는 수종 평가에 과도하게 이끌린다고 주장하였다.

포장 손상과 수종의 관계에 관한 관찰은 가끔 개별 수종의 식재 빈도에 대한 정보 부족에 의해 제한을 받는다. Lesser(2001)는 남부 캘리포니아에 식재된 32,000그루의 수목에 대한 인벤토리를 조사하여 식재된 총 수목의 수와 포장 손상을 유발한 수목의 수를 비교하였다. 조사한 40종의 중앙값(median value)은 7%(즉, 100그루 중 7그루가 포장을 파손하였다)이었으며, 그 범위는 0~24%였다. 후자의 경우, 은단풍은 거의 1/4이 포장 파손과 관련이 있었다.

Lesser는 수목의 크기도 계량하고자 시도했는데, 작은 수목이 포장을 파손하는 빈도가 낮은 것으로 나타났다. 대교목으로 자라는 수목(수고 18m 이상)의 경우, 12종 중에서 2종을 제외한 모든 수종이 평균 이하의 손상을 나타냈다. 예를 들면, 데이터세트(dataset)에 있는 상록물푸레(*Fraxinus uhdei*) 942그루 중에서 222그루(23.6%)가 녹지에 손상을 주었다. 이에 비해 1,884그루의 캘리포니아버즘나무(*Platanus racemosa*) 중에서 구조물 손상을 초래한 것은 39그루(2.1%)에 불과하였다. Lesser의 분석에 나타난 수목의 수량을 기준으로 볼 때, 뿌리-포장의 충돌에서 수종 요소를 무시하기는 어려울 것으로 보인다.

식수대의 크기(즉, 수목의 수간과 포장 간의 거리)도 포장 손상과 관련이 있었다. 구조물이 수간에 가까울수록 충돌이 존재할 가능성이 높다. 예를 들면, 폭이 3m 미만인 녹지대에서 자라는 수목은 더 넓은 녹지대에 식재된 것보다 더 많은 손상을 초래했다(Wong 등, 1988). 이러한 결과는 분명 대부분의 수종에서 근원(根元, basal flare)이 발달한다는 것과 관련이 있다.

다져지고 통기성이 불량한 토양과 과도한 수분은 얕은 근계(root system)와 연계되어 있다. Kopinga(1994)는 포장 아래의 높은 토양 수분함량이 얕은 뿌리 발달을 가져오는 주된 토양 요소라고 여긴다. 이러한 주장은 토양이 신시내티(Cincinnati) 포장 파손의 주된 요소라고 주장한 Sydnor 등(2000)에 의해 강화된다.

이와는 달리, 모데스토(Modesto, CA)의 사양토에서 작업을 한 Costello 등(2000)은 어떠한 토양 요소도 모데스토 물푸레(*Fraxinus velutina* 'Modesto')에 의해 유발된 손상과 직접적으로 관련되어 있다는 것을 발견할 수 없었다. 이들은 "한정된 토양 여건이 수목 뿌리에 의한 보도 손상의 필수조건이 아니다"라고 주장했다.

포장 공사(包裝工事, pavement construction)도 하나의 고려요소이다. Sydnor 등(2000)에 의하면, 포장설계가 주된 요소가 될 수도 있다. 신시내티에서 포장 파손은 수목이 없는 곳에서 발생한 것과 차이가 없다. 이들은 이들 파손이 포장이 노후화(20년 이상)되었을 때와 더 비슷하다는 것을 발견하였다. 신시내티의 보도 내용연수는 20~25년이기 때문에, "30년 된 보도의 손상을 수목의 존재 때문이라고 비난하는 것은 합리적이지 않다." Wong 등(1988)은 토양이나 모래 위에 놓인 300 × 600mm 석판(石板, slab)보다 아스팔트 보도에 대한 손상이 더 크다는 것을 발견했다.

포장설계와 수목의 뿌리에 의한 전위(轉位, displacement)나 파손 사이에 밀접한 관계가 있는 것은 분명해 보인다. 이 분야에 대해서도 추가적인 연구와 실무적인 경험이 필요하다.

표 10-1 수종과 포장 손상

포장손상과 관련이 있는 수종

Kopinga(1985) – 네덜란드

- 은단풍(*Acer saccharinum*)
- 은자작나무(*Betula pendula*)
- 비타민나무(*Hippophae rhamnoides*)
- 구주소나무(*Pinus sylvestris*)
- 포플러속(*Populus* sp.)
- 아까시나무(*Robinia pseudoacacia*)
- 버드나무속(*Salix alba*)

Stankovick(1990) – 일리노이

- 노르웨이단풍(*Acer platanoides*)
- 미국느릅나무(*Ulmus americana*)

Sealana와 Associates(1994) – 캘리포니아
(상위 10개 수종)

- 노르웨이단풍(*Acer platanoides*)
- 녹나무(*Cinnamomum camphora*)
- 모데스토물푸레(*Fraxinus velutina* 'Modesto')
- 은행나무(*Ginkgo biloba*)
- 미국풍나무(*Liquidambar styraciflua*)
- 중국피스타치오(*Pistacia chinensis*)
- 캘리포니아참나무(*Quercus agrifolia*)
- 호랑가시참나무(*Quercus ilex*)
- 참느릅나무(*Ulmus parvifolia*)
- 느티나무(*Zelkova serrata*)

Fraedrich(1995)

- 노르웨이단풍(*Acer platanoides*)
- 적단풍(*Acer rubrum*)
- 설탕단풍나무(*Acer saccharum*)
- 물푸레나무속(*Fraxinus* sp.)
- 미국풍나무(*Liquidambar styraciflua*)
- 백합나무(*Liriodendron tulipifera*)
- 대왕참나무(*Quercus palustris*)
- 포플러속(*Populus* sp.)
- 버드나무속(*Salix* sp.)
- 미국느릅나무(*Ulmus americana*)
- 비술나무(*Ulmus pumila*)

Warriner(2000) – 캘리포니아

- 고무나무속(*Ficus* sp.)

Dunn(2000) – 캘리포니아

- 미국풍나무(*Liquidambar styraciflua*)
- 백합나무(*Liriodendron tulipifera*)

Mann(2000) – 캘리포니아

- 녹나무(*Cinnamomum camphora*)
- 미국풍나무(*Liquidambar styraciflua*)
- 태산목(*Magnolia grandiflora*)

Lesser(2001) – 캘리포니아
(총 개체의 10% 이상이 보도를 손상시킨 수종)

- 은단풍(*Acer saccharinum*)
- 병나무(*Brachychiton populneus*)
- 캐럽(*Ceratonia siliqua*)
- 녹나무(*Cinnamomum camphora*)
- 니티타고무나무(*Ficus microphylla nitida*)
- 상록물푸레(*Fraxinus uhdei*)
- 글라브라물푸레(*Fraxinus velutina* 'Glabra')
- 우의목(*Grevillea robusta*)
- 미국풍나무(*Liquidambar styraciflua*)
- 태산목(*Magnolia grandiflora*)
- 호랑가시참나무(*Quercus ilex*)
- 참느릅나무(*Ulmus parvifolia*)
- 비술나무(*Ulmus pumila*)

Coate(2001, 미발표) – 캘리포니아
(보도를 파손시킬 수 있는 수종)

- 프리만단풍 품종(*Acer freemanii* 'Autumn Blaze')
- 유럽팽나무(*Celtis australis*)
- 팽나무(*Celtis sinensis*)
- 헤리티지느릅나무(*Ulmus* 'Heritage')
- 파이오니어느릅나무(*Ulmus* 'Pioneer')
- 느티나무(*Zelkova serrata*)

포장손상을 초래할 가능성이 낮은 수종

Coate(2001, 미발표) – 캘리포니아

- 호주아카시아(*Acacia salicina*)
- 유럽단풍 품종(*Acer campestre* 'Queen Elizabeth')
- 네군도단풍 품종(*Acer negundo* 'Sensation')
- 붉은칠엽수 품종(*Aesculus carnea* 'O'Neill's')
- 미국칠엽수(*Aesculus pavia*)
- 딸기나무(*Arbutus* x 'Marina')
- 유럽서어나무 품종(*Carpinus betulus* 'Fastigiata')
- 터키개암나무(*Corylus colurna*)
- 미국안개나무(*Cotinus obovatus*)
- 시더유칼리(*Eucalyptus gunnii*)
- 플라디드박유칼리(*Eucalyptus microtheca*)
- 사라토가월계수(*Laurus* 'Saratoga')
- 호주자작나무(*Melaleuca quinquenervia*)
- 미켈리아(*Michelia doltsopa*)
- 니사나무(*Nyssa sylvatica*)
- 파킨소니아(*Parkinsonia aculeata*)
- 런던버즘나무품종(*Platanus x acerifolia* 'Yarwood')
- 카나리섬소나무(*Pinus canariensis*)
- 벚나무 품종(*Prunus* x 'Snow Goose')
- 캘리포니아참나무(*Quercus agrifolia*)
- 계곡참나무(*Quercus lobata*)
- 슈마드참나무(*Quercus shumardii*)
- 코르크참나무(*Quercus suber*)
- 버지니아참나무(*Quercus virginiana*)
- 회화나무 품종(*Sophora japonica* 'Regent')
- 미국피나무 품종(*Tilia americana* 'Redmond')
- 트리스타니아 품종(*Tristania laurina* 'Elegans')

그림 10-7 산타모니카(Santa Monica, CA) 공공사업국의 검사관은 보도가 수목의 뿌리에 의해 파손되는 곳에 전통적인 포장 대신 조립식 고무블록을 설치하였다. 뿌리전정(root pruning)을 실시한 다음 고무 보도가 설치되었다(위). 새로운 뿌리가 고무판 아래에서 발달할 것이다(아래). 새로운 뿌리가 조립식 고무블록을 밀어 올리면, 한 장만 들어내고 해당 뿌리를 절단하면 된다. 포장을 부수지 않고 뿌리에 접근할 수 있는 것은 대단한 이점이다. 즉, 단근 작업에 대한 시간과 비용을 획기적으로 줄일 수 있다. (사진: Walter Warriner, City of Santa Monica.)

뿌리–포장 간 충돌 예방

경관을 계획하고 조성할 때에는 수목의 뿌리 뻗기 특성, 식재부지의 크기와 형태, 토양 조건, 포장 설계, 뿌리 유도 장치 등을 고려하는 것이 좋다. 앞서 언급한 요소들을 피하는 것이 설계를 위한 올바른 출발이다.

수종 선정 Coder(1998)가 언급한 우려에도 불구하고, 많은 수목관리자들은 수종 선정이 수목의 뿌리와 포장의 충돌에서 주된 고려사항이라고 여기고 있다. 캘리포니아 도시임업가(urban forester)에 대한 조사에서 80% 이상의 응답자가 수종 선정이 수목 뿌리에 의한 보도 손상을 줄이는데 매우 효과적이거나 부분적으로 효과가 있다고 생각하고 있었다(Bernhardt와 Swieki, 1993). 수종 선정이 효과가 없다고 답변한 사람은 없었다.

이러한 충돌을 제한하기 위해 수종을 어떻게 선정하는가? 수종 선정에서 "적지적수" 개념에 충실한 것은 적정한 생장 공간을 제공하기 때문에 중요하다. 이러한 일반적인 고려사항 외에, 수목관리자들이 해당 지역에 있는 동료들의 경험을 활용할 것을 제안한다. 북미 전반에 걸쳐 도시 내의 수목 뿌리에 의해 유발된 손상에 대한 다각적인 관찰을 기초로, 해당 지역에서 특히 성공적인(손상이 없는) 수종을 식재하는데 집중하고 비정상적으로 많은 문제가 발생할 가능성이 높은 수종을 피하는 것이 좋다.

포장 재료와 공사 수목의 뿌리가 손상을 유발하지만 포장 설계도 이러한 문제를 회피하는데 중요한 요소 중의 하나이다. 여기에는 두 가지 접근 방법이 있다. 첫째로, 밀어 올리는 힘에 대한 저항력을 키우기 위해 포장 부위를 강화하는 것이다. 포장 부위를 두껍게 하거나 철근을 추가하면 들뜨는 것을 줄일 수 있을 것이다. 두 번째 방법은 포장을 보다 유연하게 하여 급속한 전위가 일어나지 않고 점진적으로 움직이도록 하는 것이다. McPherson과 Peper(1995)는 새크라멘토(Sacramento, CA)에서 콘크리트에 거품을 발생시키는 첨가제를 혼합함으로써 포장의 탄력성을 높이는 실험을 실시했다고 언급하였다. Warriner(Santa Monica, CA, 2000, 개인적인 정보)는 고무재료를 이용한 보도를 실험하였다. 이들이 뿌리에 의한 전위에 견디지는 못했지만, 이들은 교체와 수선을 더 용이하게 하는데 도움이 되었다(**그림 10-7**).

그림 10-8 식재할 때 사진의 브래드포드 콩배나무(*Pyrus calleryana* 'Bradford') 주위에 방근(root barrier)을 설치하였다. 방근은 보도 아래로의 뿌리발달을 막았다. 설치된 지 몇 년 후(수간의 굵기 참조) 포장을 교체했을 때 토양의 위쪽 20cm(8인치)에 뿌리가 없었다.

공간 작은 식재공간에 대교목 식새를 피하는 것은 당연한 것처럼 보인다. Wong 등(1988)은 영국에서 교목은 식수대(植樹帶, planting strip)의 폭이 3m(10피트) 이상 되는 곳에 식재할 것을 권고한다. 포장된 지역 내에 식재된 교목은 이상적으로는 적어도 개구(開口, opening)가 2 × 2m(6.5 × 6.5피트)는 되어야 한다. 교목이 성숙했을 때 수간이 연석(緣石, curb)으로부터 적어도 1m 정도 거리를 유지할 수 있도록 식재하면 연석 문제는 줄일 수 있을 것이다. 이러한 공간 확보가 어렵고 이 지역에서 포장 충돌 문제가 발생한 적이 있으면, 소교목을 선정하는 것이 유일한 대안이다.

토양 보도와 도로가 설치되기 전에 토양이 다져짐에도 불구하고, 포장 아래의 환경은 뿌리 발달에 호의적이다! 뿌리가 보도 아래의 토양단면(土壤斷面, soil profile)으로 뻗어나갈 때, 이들의 유일한 침입구는 가끔 기온과 수분 차이에 의한 팽창(膨脹, expansion)과 수축(收縮, contraction)으로 인해 발생한 토양과 포장 사이에 생긴 틈(crack)인 경우가 있다. 아니면, 자갈 노반(路盤, subbase)층에 있는 공기로 차 있는 공간(air space)이 침입 지점이 될 수도 있다. 일단 뿌리가 자라기 시작하면, 문제가 발생하는 것은 특히 포장 위에 수분과 공기가 있는 경우 시간문제이다. 해결책은 토양 답압을 방지하여 뿌리가 토양 단면을 자유롭게 이용할 수 있도록 해주는 것이다. 현지 토양이 혼합된 석력토양으로 교체해 주는 것도 이러한 문제에 대한 적절한 접근 방법이다.

모데스토시에서 사용한 한 가지 방법은 식재 구덩이를 깊게 파서 기반층(hardpan)을 뚫는 것이었다(Gilstrap, 2000).

식재 깊이 1970년대 초 이후 산타마리아(Santa Maria, CA)시는 많은 가로수를 지표가 보도 아래 0.5m(20인치)인 구덩이에 식재하였다. Wagar(1985b)는 450mm 깊이의 구덩이에 식재된 열매가 없는 뽕나무(*Morus alba* 'String')와 느티나무(*Zelkova serrata*)가 지표면에 식재된 수목보다 수간으로부터 반경 0.6~0.9m(2~3피트) 내의 지표 200mm 깊이에 발달한 뿌리의 수와 크기가 작았다. Beaudoin(2000)은 런던버즘나무(*Platanus × acerifolia*)를 지표 아래 45cm(18인치)에 식재하는 것이 매우 효과적이라고 언급하였다(즉, 20년 후에 솟아오른 인접한 조립 블록이 없었다).

뿌리 관리 뿌리가 토양 속에서 아래로 향하도록 유도하는 몇 가지 장치가 있다(**그림 10-8**). 방근(防根, root barrier 또는 root control)이라고 알려진 이 장치는 물리적/화학적으로 뿌리 발달을 제한한다. Bernhardt와 Swiecki(1993)는 이러한 방근 장치를 이용한 지자체 수목 프로그램의 약 50%가 효과적 또는 부분적으로 효과적이었다고 보고한 사실이 있다고 하였다.

Barker와 Peper(1995), Peper와 Barker(1994)는 가용한 고형제품의 범위(플라스틱과 직물 모두)를 소개했다. 이들은 수직 리브(vertical rib)가 있는 제품이 뿌리를 아래로 유도하는데 효과적일 수 있으며 맴도는 뿌리 발생 가능성이 낮다고 언급하였다. 효과적인 제품이 되기 위한 기타 고려사항에는 설치 깊이(깊을수록 좋다), 연결 장치의 질, 지상 재료의 내구성 등이다.

Wagar(1985b)는 어린 열매 없는 뽕나무와 느티나무를 이용한 실험을 통해 식수대(planter)와 지표 아래(well)에 식재하는 것이 지표에 뿌리를 뻗는 것을 유의하게 줄여준다고 결론지었다. 그러나 억지로 뿌리가 아래로 향하도록 유도된 후에 이들 뿌리가 지표층으로 되돌아오는 정도는 개별 수목에 따라 차이가 있다.

Costello 등(1997)은 레이우드 물푸레(*Fraxinus oxycarpa* 'Raywood')와 양버들(*Populus nigra* 'Italica')을 지상에 40mm(1.5인치) 노출시키고 38cm(15인치) 깊이로 묻은 네 종류의 서로 다른 상업적으로 가용한 직경 0.6m(24인치)의 원통형 방근에서 3년간 키웠다. 대조구(방근이 없는) 수목도 같이 키웠다. 방근 중 하나(Biobarrier®)는 안쪽 표면에 비선택성 제초제인 트리플루랄린(trifluralin)이 칠해져 있었다. 뿌리는 방근 아래로 자란 다음 토양 표면으로 자라는 경향이 있다. 방근 바깥의 깊이 0.3m(1피트)에서는 방근에서 자란 수목의 뿌리 깊이가 더 컸지만, 0.9m와 1.5m 떨어진 곳에서는 뿌리 깊이가 수목이 방근 안에서 자랐는지 여부와 관계없이 기본적으로 차이가 없었다. 이들은 자신들의 관찰이 가시 없는 주엽나무(*Gleditsia triacanthos* f. *inermis*)의 뿌리가 0.45m(18인치) 벽돌 장벽이 있는 쪽에서는 아래로 다른 쪽에서는 위로 자란다는 Urban(1995)의 실험 결과와 유사하다고 하였다.

Gilman(2000)은 방근 사용에 관한 연구 결과를 정리하였다. 장기적인 효과와 토양 간에 상호작용이 있는 것처럼 보인다. 방근이 배수가 불량하거나 답압된 토양에 설치되면, 아래쪽으로 향한 뿌리는 방근의 바닥 끝 아래로 자란 다음 토양 표면을 향해 위로 방향을 바꾸는 경향이 있다. Gilman은 이러한 현상이 나타나는 것은 방근을 설치할 때 발생한 공기에 노출된 토양 때문이라고 추정하였다. 반면, 배수가 양호한 토양에 사용할 경우, **뿌리 통제장치는 가장 필요한 곳에서 효과가 가장 낮을 수 있다(즉, 통기성이 불량하고 답압된 토양은 얕은 뿌리 발달을 조장하기 때문이다).**

뿌리 통제장치를 사용하는데 있어서 몇 가지 기술적인 우려가 있다. 예를 들면, 지상에 장벽의 턱을 유지하는 것이 성공에 결정적이다(**그림 10-9**). 수직적인 리브가 부착된 연속적 또는 판으로 된 장벽 재료가 선호된다. 후자의 경우, 연결 커넥터(connector joint)가 설치하는 동안 그대로 유지되어야 한다.

방근 안에 식재된 수목의 생장과 발달 유형은 대부분 연구되지 않은 상태이다. 뿌리 통제장치에 식재된 수목은 그렇지 않은 수목과 비슷한 속도로 자라는 것으로 보인다(Wagar, 1985b; Costello 등, 1997; Peper와 Vori, 1999; Smiley 등, 2000). 방근을 사용하면 뿌리의 생체량(生體量, biomass) 감소를 가져오는가의 여부는 수종에 따라 차이가 있는 것으로 보인다(Peper와 Mori, 1999).

뿌리 통제장치 안에 있는 뿌리는 안정성이 더 높다.

그림 10-9 방근을 설치할 때에는, 뿌리가 방근의 상단 너머로 자라는 것을 방지하기 위해 지상에 턱(lip)이 유지되어야 한다. 사진의 멜라녹실론 아카시아(*Acacia melanoxylon*)는 방근의 경계로부터 '탈출'하였다.

Smiley 등(2000)은 방근을 설치한 경우와 설치하지 않은 경우의 붉은물푸레나무(*Fraxinus pennsylvanica*)의 안정성을 실험하였다. 방근 내에 식재된 수목을 뽑는데 더 많은 힘이 필요하였는데, 이는 방근이 뿌리를 더 깊게 뻗도록 유도하였기 때문이다.

기존의 뿌리-포장 충돌에 대한 치유 처리

수목관리자들이 수목의 뿌리로 인한 포장 손상을 관리하기 위해 여러 가지 기술을 사용하고 있다(**표 10-2**). 대부분의 경우, 이러한 해결 방법은 연구 결과가 아닌 현장 경험에서 개발된 것들이다. 각각의 문제에 대해 한 가지 최선의 해결 방법은 없다. 치유 처리는 관리 및 공사 필요성과 공중의 수용 간 타협이라고 할 수 있다.

교체 감축(reduce displacement) 포장이 금이 가거나 솟아오르면, 불연속부(不連續部, discontinuity)까지도 램핑(ramping), 패칭(patching), 연마(鍊磨, grinding) 등을 통해 처리할 수도 있다. 이렇게 하면 손상을 제거하기보다 긴 포장 부분까지 교체를 더 연장하는 결과를 가져온다. 이러한 유형의 처리는 기본적인 문제에 초점을 맞추는 것이 아니라 걸려 넘어지는(trip-and-fall) 사고 발생 가능성을 줄이는 것이다.

단근(斷根, root pruning) 이 방법은 단순히 문제를 일으키는 뿌리를 제거하는 것이다. 물론, 뿌리에 접근하기 위해서는 먼저 포장이 제거되어야 한다. 이것은 단근이라기보다 단순한 절단이다. 뿌리는 일반적으로 포장의 가장자리에서 절단되어 30~45cm(12~18인치) 깊이까지 제거된다. 문제 뿌리의 처리는 원시적인 방법(도끼로 제거)에서 다소 덜 한

표 10-2 뿌리-포장 충돌의 치유 처리 전략

처리	수명 (효과가 지속되는 기간)	상대적인 비용
방근(root barrier) 설치	가변적	보통
아스팔트로 램핑(ramping)	1~2년	낮음
보도를 곡선으로(curve)	3~6년	보통
머드 재킹(mud jacking)	2~10년	보통
뿌리전정	2~10년	보통
콩자갈로 멀칭을 하고 지면 아래에 새로운 수목 식재	30년	높음
보도 높이기	거의 영구	보통
도랑을 이용하여 뿌리 생장의 탈출구 조성	거의 영구	높음
경사를 변경시키고 보도를 높임	거의 영구	높음
보도를 높이고 배수를 변경	거의 영구	높음
보도 제거	영구	높음
수목을 제거하고 교체	영구	높음

출처: Beaudoin, 2000.

방법(체인톱을 이용한 단근)에 이르기까지 다양하다. 어떤 도시에서는 주기적으로 뿌리 절단기를 사용한다(**그림 10-10**).

John Britton(St. Helena, CA, 1990, 개인적인 정보)은 뿌리를 절단할 때 남은 뿌리가 포장과 평행하게 또는 다른 방향을 향해 자라도록 이들 뿌리가 발생하는 지점 또는 큰 뿌리에 이르기까지 솎아줄 것을 권고하였다.

손상된 보도를 수선하기 위해 이러한 강도의 처리가 가끔 필요하지만, 수목의 건강과 구조적인 안정성에 대한 장기적인 효과는 가변적이고 분명히 수종에 차이가 있다. Fraedrich(1995)는 미국 동부의 17개 수종에 대해 상대적인 내성 등급부여를 제안하였다. 그는 뿌리 절단이 수목의 건강과 안정성에 미치는 영향을 개괄하는 포괄적인 보고서가 없다는 것을 알고 있다.

수목관리자는 뿌리 절단장치가 수목의 기부나 기부 근처에 큰 상처를 유발한다는 사실을 무시할 수는 없지만, 일부 수종은 이러한 처리에 견딜 수 있는 것으로 보인다. 캘리포니아에 있는 도시들에 대한 조사에서 소나무류(*Pinus* sp.), 참나무류(*Quercus* sp.), 유칼리류(*Eucalyptus* sp.)가 단근을 하면 문제가 발생할 가능성이 가장 높은 수종으로 거론되었다(Bernhardt와 Swiecki, 1993). Warriner(2000)는 고무나무류(*Ficus* sp.)와 카나리섬소나무(*Pinus canariensis*)가 뿌리 절단에 견디는 반면 미국풍나무(*Liquidamgar styraciflua*)와 백합나무(*Liriodendron tulipifera*)는 그렇지 못하다는 것을 발견하였다.

Miller(1994)는 도랑을 파는 것(뿌리 절단과 반대로)은 처리 수종(팽나무, 미국풍나무, 설탕단풍나무, 주엽나무)이 병이나 해충에 쉽게 감염되도록 하지는 않았다고 보고하였다. 신초 신장은 팽나무에서만 감소하였다. 도랑파기는 수간으로부터 0.5~3.3m(1.5~10피트) 정도 거리를 두었다. 4년의 실험기간 동안 죽은 일곱 그루 중에서 여섯 그루가 도랑파기를 한 것이었다.

대부분의 절단된 뿌리에서(Hamilton, 1988) 매우 빠른 재생장이 나타나기 때문에 단근 작업에 만족하는 수목관리자는 거의 없다(Hamilton, 1976). 보도는 수선되고 수목의 뿌리가 절단된 후 2~3년 안에 다시 솟아올랐다.

포장 재설계 수목 뿌리에 의해 손상된 보도는 제거되고 교체되며, 가끔 단근과 연계되기도 한다. 단순히 동일한 재료나 배열을 이용하기보다 발생 가능한 변이를 광범위하게 고려하는 것이 좋다. 여기에 포함되는 가장 흔한 방법은 다음과 같다: 연속적인 콘크리트보다 개별적인 포장판 이용, 수목의 뿌리로부터 포장을 멀리 이동시켜 더 많은 거리를 확보, 뿌리에 대한 램핑, 포장 강도를 높이기 위해 포장 슬래브(slab)의 강화.

산타모니카시에서 최근에 개발한 것은 콘크리트 포장을 고무판으로 교체하는 것이다(그림 10-7). 노후 타이어를 이용하여 제작된 조립식 블록(paver)은 전통적인 보도를 제거

그림 10-10 Vermeer 뿌리절단기가 굵은 지표 뿌리를 신속하게 절단하고 있다. (사진: Vermeer Manufacturing Company, Pella, IA.)

하고 단근을 한 다음 설치된다. 이들 포장판이 수목의 뿌리에 의해 움직이더라도 한 장씩 들어 올려서 단근이 완료된 다음 원래 위치에 설치할 수 있다. 이러한 방법은 수선비용을 절감시켜준다.

방근 방근도 치유적인 뿌리 절단과 포장 교체 프로그램의 또 다른 관점으로 고려할 수 있다. Wager와 Barker(1983)는 나일론 직물, 구리 차벽(遮壁, screen), Biobarrier®가 잡종포플러(*Populus trichocarpa* × *deltoides*), 검은사시나무(*Populus trichocarpa*), 종이자작(*Betula papyrifera*) 등의 재생장을 막는 효과에 대해 보고하였다. 이들 재료는 수간으로부터 약 1m(3 1/2피트)거리에 설치되었다. 모든 재료가 대조구에 비해 뿌리의 수를 감소시켰지만 완전히 제거하지는 못했다.

앞서 언급한 바와 같이 방벽을 설치하면 보도의 손상을 좀 더 줄일 수 있다. 방근의 상단은 뿌리가 방근의 상단 위로 자라나오는 것을 막을 수 있도록 지표면 위로 솟아올라 있어야 한다(그림 10-9 참조).

수목 제거 가장 흔히 "반복적인 상습범"은 제거된다. 이전에 한 번 이상 뿌리 절단을 했지만 다시 자라서 포장을 손상시키는 수목은 제거될 수도 있다. 많은 수종이 어느 정도의 뿌리 절단에는 내성이 있지만, 누적적인 영향은 반복적인 상처 발생과 부후 형성으로 발전되는 것을 피할 수 없다.

미국 내 일부에서는 수선비용이 인접한 부동산 소유자에게 부과된다. 이 비용이 과도한 부담(undue burden)이 되면 지자체는 해당 수목을 제거할 수도 있다.

뿌리와 포장 – 그 미래는?

뿌리 피해에 대한 장기적인 해결방안은 뿌리를 깊게 내리는 습성, 수평으로 자라기 전에 상당한 거리에 대해 수직으로 자라는 능력을 가진 수종을 식재하는 것으로 보인다. 이러한 미래가 어렴풋이 보이기는 하지만(Burger, 2000), 수목관리자는 중단기 동안은 수종 선정, 다져진 토양의 충분한 예방적인 준비, 방근이나 전향장치(轉向裝置, deflector), 대안적인 포장 설계 등을 결합하는 다분야 협력적(interdisciplinary)인 접근에 집중해야 할 것이다.

이러한 전통적인 기술에 더하여, 수목관리자는 다른 분야(예: 토목), 선출직 공무원, 공중 등에 대해 이것은 "수목 제거"를 초월하는 해법을 구해야 하는 복잡한 문제라는 것을 교육시키는 일도 할 수 있다. Warriner(2000)와 Mann(2000)의 견해는 이러한 교육의 가치를 반영하고 있다(레드우드시티[Redwood City, CA]에 관한 **상자 10-2** 참조).

상자 10-2

레드우드시티(Redwood City)의 수목보전과 보도수선 프로그램

캘리포니아의 레드우드시티(Redwood City, CA)는 샌프란시스코만 지역에 있는 인구 80,000명의 한 지자체이다. 이 시는 과거 10년 이상 보도수선 프로그램을 활발하게 수행해 왔으며, 이러한 문제 관리에 있어서는 경험이 풍부한 편이다.

레드우드시티의 현재 보도 수선 순서는 수목관리와 공공사업 담당자들 간의 수년간의 경험에 근거를 두고 있다. 어떤 작업을 수행하기에 앞서 담당자가 적절한 처리, 예를 들면 단근, 제거, 재포장 등을 평가한다. 수목에 대한 당시의 상태, 안정성, 구조 등을 점검한 후, 보도 수선이 제안된다. 수목이 기울어지거나, 쇠퇴하거나, 구조적으로 건전하지 못하거나, 다른 중대한 결함(부후나 뿌리썩음병/*Armillaria mellea*)이 있으면, 해당 수목을 제거하거나 수선작업을 건너뛴다.

단근을 실시한 뒤에도 수목이 안정적일 수 있다고 판단되면, 보도 수선작업은 진행될 것이다. 이 시의 주된 관심은 수목의 안정성을 확보하는 것이다(즉, 수목이 넘어질 정도로 뿌리를 절단하고 보도를 수선하지 않는다). 두 번째 관심은 뿌리제거가 수목의 건강을 해쳐서는 안 된다는 것이다. 레드우드시티는 뿌리 절단 후 안정성을 확인하기 위해 일부(모든 수목이 아닌) 수목에 대해 진동실험(shake test)을 반드시 실시한다. 진동실험은 해당 수목의 수관 내 높은 곳에 튼튼한 줄을 매고 차량을 이용하여 줄을 팽팽하게 당기는 방식으로 수행한다. 수목 작업자가 줄을 튀기고 입회자가 뿌리분이나 수목의 기부에서 어떠한 움직임이 있는지 주시한다.

정기적인 보도 수선의 목적은 보도와 수목 사이에 최소 1m(3피트)의 거리를 확보할 수 있도록 공간을 늘이는데 있다. 활착이 되고 나면, 처음 보도는 토양이나 수목의 뿌리를 굴착하지 않고 제거된다. 새로운 보도는 모양을 바꾸고 최소 거리 1m(3피트)를 유지하도록(왼쪽 사진 참조) 수목 주위가 구부러지도록 설치한다. 뿌리는 수간으로부터 최소 85cm(2.75피트) 떨어진 지점에서 20~30cm(8~12인치) 깊이로 절단해 준다(이렇게 하면 새로운 포장공사를 위한 좁은 공간이 확보된다). 뿌리를 절단한 후에는 수직적인 방근(防根, root barrier)을 설치한다. 절단된 뿌리는 최종 지표면 아래 20cm(8인치) 깊이까지 굴착된다. 다져진 10cm 두께의 자갈층 위에 새로운 10cm(4인치) 두께의 보도가 설치된다.

어떤 경우에는 해당 부지가 물리적으로 수목과 보도 사이에 최소 거리 1m를 확보할 정도로 보도를 필요한 거리만큼 이동시킬 수 없는 경우가 있거나, 부지 여건이 연석과 배수구를 같이 수선하거나 진입로 입구를 수선하는 경우, 수목의 두세 방향에서 뿌리를 절단해야 하는 경우가 있다. 이 경우, 수목을 제거하거나 해당 부지에 대한 일부 수선작업을 연기할 수도 있을 것이다.

레드우드시티는 식재할 때 수목의 뿌리에 대해 적절한 공간을 제공함으로써 미래의 충돌을 방지하기 위해 노력한다. 식수대가 좁은 곳에서는 수목보호판(樹木保護板, tree grate)이 사용될 수도 있다(오른쪽 사진).

최근에는 공중과 선출직 공무원들이 이 프로그램에 대한 일련의 목적을 수립하였다. 첫째로, 시는 가능하면 많은 거목을 유지한다. 다시 말하면, 제거는 최후의 선택이다. 둘째로, "장난감 수목(toy tree)은 안 된다." 이 지자체는 중/대교목(large-and medium scale tree)을 원한다. 이들은 자신들의 도로가 배롱나무나 보라색 잎을 가진 자두와 같은 소교목으로 채워지는 것을 원하지 않는다. 셋째로, 직원들은 새로운 아이디어를 실험하도록 격려된다. 넷째로, 지자체가 참여하기를 원한다. 이들은 "우리들의 수목"에 영향을 미치는 활동이 일어날 때 알려주기를 원한다. 마지막으로, 시는 수목을 보전하기 위해 전체 도로의 공도용지(公道用地, right-of-way)를 사용하도록 장려된다.

이 프로그램은 행동에 대한 다양한 지침에 의해 체계가 갖추어지고, 직원들과 선출직 공무원, 공중에 의해 동의된 것이다. 예를 들면, 시는 하나의 거리에서 수

(계속)

목의 20% 이상을 제거하거나, 두 그루를 연속적으로 제거하지 않겠다고 서약하였다. 시는 수목의 뿌리시스템을 손상시킬 수 있는 작업을 피하기 위해 노력한다. 또한 시는 외곽이나 보도 안쪽에 수목을 식재할 예정이다.

도로/공원 감독관인 Gordon Mann은 아직도 수목 사이를 이동할 때 롤러블레이드(roller blade)를 타는 것으로 기억되고 있다. Gordon은 레드우드시티의 프로그램은 재정적, 계획적인 지자체의 광범위한 지원 혜택을 받고 있다는 것을 알고 있다. 이 프로그램이 공공사업국이 관장하고 있다는 것에 대해 불만은 없다. 이러한 상황에 이르는 것은 밤 사이에 일어난 것이 아닌 시의 기술자와 의사결정자와의 의사소통과 정보 공유, 그리고 배우겠다는 자발성의 결과이다.

10.3 배수구 내 수목뿌리

뿌리가 하수구 관로를 파손하고 막는 것은 선진국에서는 해마다 계속되는 문제이다. Randrup 등(2001)은 하수구 파손의 50% 이상이 수목과 관련이 있고, 이로 인해 매년 수백만 달러가 낭비되고 있다고 주장한다. 많은 사람들은 자신들이 어린 교목이나 관목을 심을 때 뿌리 문제가 발생할 가능성이 있다고 생각하는 경우는 드물다. 대부분의 사람들은 하수구가 막힌 후에야 이 문제를 인식하게 된다. Randrup 등(2001)은 미국과 유럽에서 수목 뿌리가 하수구로 침입하는 정도와 비용에 대한 전반적인 문제를 훌륭하게 보여준다.

하수관로로의 뿌리 침입은 하수관로 자체의 파손이 선행되어야 한다는 것은 잘 알려진 사실이다. 흔히 발생하는 파손은 배관의 노후화, 부실 공사, 연결부위의 분리 등이다. 반면, Matteck과 Bethge(2000)는 가는 뿌리가 밀봉된 연결부위를 어떻게 침투하는가를 기술하고 있다.

일단 뿌리가 배관 안으로 들어가면, 높은 습도와 가용한 수분으로 빠른 증식이 일어난다. 뿌리의 크기가 커짐에 따라 최초의 침입 지점도 동시에 커지게 된다. 뿌리가 하수관에 들어가면, 통기, 수분, 양분 등이 유리하기 때문에 뿌리는 하수관을 막을 때까지 자라는 것은 피할 수 없다(**그림 10-11**).

그림 10-11 배수관의 이 구역은 뿌리가 이를 막아서 교체되었다(위). 새크라멘토(Sacramento, CA)의 Austin Carroll(모자 쓴 사람)은 직경 100mm(4인치)의 Orangeburg(아스팔트를 입힌 직물) 하수관(뿌리의 위치를 보여주기 위해 철사로 감아둠)을 압착한 두 개의 열매 없는 뽕나무 뿌리를 만지고 있다. 하수 수집관로 안쪽을 찍은 사진(오른쪽)은 지선을 막은 후에 본선으로 불룩하게 나온 수목 뿌리의 덩어리를 보여주고 있다. (사진: Airrigation Engineering Co., Pleasanton, CA.)

배수구 설계와 공사

하수구에서 뿌리를 통제하는 가장 효과적인 방법은 뿌리가 하수 시스템으로 들어오는 것을 예방(즉, 설계와 공사 중에)하는 것이다. 플라스틱, 유리섬유, 콘크리트 배관 등이 점토 배관보다 침입을 저지하는데 더 효과적이다(Rolf와 Stål, 1994). 새로이 설치하는 곳의 하수관로가 방수가 되고 탄력이 있는 이중관으로 된 연결부위(telescopic joint)로 되어 있으면 뿌리 문제를 최소화할 수 있을 것이다(Morling, 1963).

일부 건설업자는 하수관 연결부위를 구리 그물망(wire screen)으로 감싸는데, 이는 구리가 잔뿌리에 유독하기 때문이다. 하수관을 뿌리 저항적인 토목섬유(土木纖維, geotextile)로 감싸는 것은 뿌리에 의한 연결부위와 배관의 균열을 방지하지는 못하지만, 침입하는 뿌리가 균열 안으로 들어가는 것을 방지할 수는 있을 것이다. 하수구 균열에 의한 수분 증가는 균열에 인접한 뿌리의 과도한 생장을 유발하여 하수관의 추가적인 파손을 초래할 수 있다.

Typar Biobarrier©(Reemay, Inc., Old Hickory, Tennessee)는 하수 배관과 정화조의 보호재료로서 효과적이다. 이 방근(root barrier)장치는 토목섬유 직물에 만효성 비선택성 제초제(트리플루랄린/trifluralin)를 발라놓은 것이다. 최대의 보호를 위해, 뿌리가 접촉할 가능성이 있는 배관은 모두 감싸놓는 것이 좋다. 이렇게 하면, 뿌리의 침입으로부터 연결부위와 균열을 보호할 수 있고, 인근의 확장하는 뿌리가 균열을 발생시키거나 배관을 붕괴시킬 가능성을 줄일 수 있을 것이다. 좀 더 경제적인 방법은 상기 자재(Typar Biobarrier©)로 배관의 연결부위만 감싸주는 것이다.

수목식재 작업 – 수종 선택과 배치

가장 중요한 수단 중 하나는 하수관이나 정화조 근처에 공격성 뿌리를 발생시키는 것으로 알려진 속성수(速成樹, fast-growing species) 식재를 피하는 것이다. 피해야 하는 수종에는 버드나무류(*Salix*), 포플러류(*Populus*), 자작나무류(*Betula*), 느릅나무류(*Ulmus*) 등이 있다(Randrup, 2000).

호주에는 Adelaide Watersorks Act 1960의 규정에 도로 내의 하수 주관으로부터 2m(6.6피트) 이내에 식재할 수 없는 100개 교목과 관목, 3.5m 이내에 식재할 수 없는 95개 수종, 어떤 배수지역에서든 도로에 식재가 불가능한 30개 수종의 목록을 제시하고 있다. 그러나 이러한 수목은 정수장(淨水場, water treatment facility)으로부터 흘러나오는 물을 증산하는 용도로는 가치가 있을 수 있다. 수목 뿌리의 구조와 생장 속도는 도로를 따라 수목 식재대 안이나 근처의 지역권 구역 안에 공동구(共同溝, utility-pipe conduit)가 밀집해 있는 곳에서는 특별한 문제가 발생할 수 있다.

수목이 배수관로로부터 얼마나 거리를 유지해야 하는가에 대해서는 표준이 없다. 일부 지자체는 배수관로로부터 2~3m(5~10피트) 안에는 가로수 식재를 금한다.

배수구 내 뿌리 방제를 위한 기계적인 처리

배수관로 장애물제거에 관한 표준적인 조치는 뿌리를 물리적으로 절단하여 제거하는 기계적인 라우터(router; 유연한 절선에 부착된 동력 회전 날)를 사용하는 것이다. 배수관로의 균열은 같은 관로를 일반적으로 1년에 한번 이상 절단해주지 않으면 수선되지 않는다. 왜냐하면 뿌리는 침입한 곳까지만 절단되기 때문이다. 다른 조치가 취해지지 않으면, 해당 하수관은 1~3년 안에 다시 막히게 될 것이다.

배수구 내 뿌리 방제를 위한 화학적인 처리

미국에서는 상당히 평평한 지형에 있는 하수관로 안의 뿌리를 죽이고 뿌리의 재생장을 지연시키기 위해 두 가지 제초제(除草劑, herbicides)를 혼합하여 사용해 왔다. Vaporooter Plus©로 팔리고 있는 1,000ppm의 메탐(metham, Vapam©)과 100ppm의 다이클로베닐(dichlobenil, Casoron©) 용액이 배수관로의 침투성(root soak) 제초제로 사용되고 있다. 침투성 제초방식은 하수관의 75~125m(250~400피트) 구간을 공기마개(air plug)로 차단하고 한 시간 동안 이 용액으로 채워둔다. 하수관로의 위쪽 끝에서 시작한 다음 같은 용액을 몇 차례 사용할 수 있다. 문제가 있는 관로에서는 기계적인 라우팅을 매년 실시하면서 화학적인 침투처리를 2년 또는 때로는 그 이상 계속한다. 메탐은 처리한 지역 바로 위의 뿌리를 죽이며, 수목의 다른 뿌리나 지상부에 대한 피해는 문제가 되지 않는다. 다이클로베닐도 재생장을 억제한다.

침투방식의 대안은 공기-수성 거품(air-aqueous foam)을 사용하는 것이다. 이 방법은 뿌리 침투방식보다 적어도 20배 이상 효과적인 것으로 나타났다(Leonard 등, 1974). 하수 배관에 살포했을 때 도포된 상태가 오래 지속되도록 접착제가 첨가되어 있다. 거품은 침투방식에 비해 농약을 덜 사용하고, 평평하지 않은 지형에서 적용하기 용이하지만, 거품을 만들기 위한 특수한 장비가 필요하다. 두 점검구(點檢口, access hole) 사이의 하수관 안에 호스(hose)를 위치시킨다. 호스를 하수관 속으로 끌어넣으면서 제초제 거품을 호스를 통해 주입하여 하수관 표면에 살포한다. 이러한 방법으로 거품을 살포할 경우, 인접 건물로의 역류를 유발할 가능성을 극히 낮다. 거품 처리는 3~5년 동안 효과가 있다

(Monck, 1980). 수질오염방지연맹(Water Pollution Control Federation, 1980)은 적절한 처리를 통해 재생장과 새로운 뿌리의 생장을 2~7년 동안 억제할 수 있다고 발표했다.

황산구리(黃酸-, copper sulfate)는 용액이 뿌리와 충분한 시간 동안 접촉하면 하수관 내의 뿌리 재생장을 억제한다. 황산구리는 유독하고 하수처리를 방해할 수 있기 때문에 조심해서 사용해야 한다(Water Pollution Control Federation, 1980). 그러나 환경보호청(Environmental Protection Agency, 1977)은 하수처리장에서 보고되는 부작용 없이 황산구리가 3년 동안 뿌리의 생장을 억제할 수 있다고 언급한다.

배수관로에 대한 치유 처리

일단 관로에서 뿌리가 제거되면, 배관의 원상을 회복하고 재생장을 방지하기 위한 몇 가지 처리가 가용하다(Rolf와 Stål, 1994). 액상밀폐제(液狀密閉劑, liquid sealant)를 시스템에 추가할 수도 있다. 배관은 수지 라이너(resin liner)로 안을 재피복할 수 있다. 기존 배관을 통해 새로운 배관을 투입할 수도 있다.

10.4 폐목재의 재활용

수목관리자는 일반적으로 수목의 유용한 일생의 마지막이라고 생각하고 수목을 절단하고 있다. 수간은 트럭에 적재되고(또는 다른 용도를 위해 실려 가도록 도로에 남겨두거나), 가지는 잘게 잘려지고, 그루터기는 톱밥으로 연마된다. 목재 칩은 멀칭 재료로, 그리고 목재는 화목(火木, firewood)으로 팔려나가지만, 과거에 수목이었던 잔해(殘骸, residue)의 더미는 이제 폐기물이다. 그리고 폐기물은 미국에서는 매립지에 버림으로써 처분해야 하는 대상이다.

최근 몇 년 동안, 이러한 폐기물을 자원으로 여기는 발전적인 움직임이 나타나면서 수목의 성분을 재사용 또는 재활용하는 방법을 찾고 있다. 이러한 관점에 대한 하나의 자극제는 목재 폐기물의 처리와 관련된 비용을 지속적으로 인상하는 것이다. 버리는 비용에 추가하여 운반하고 취급하는 비용도 있다. 수목관리자는 제거된 목재를 그냥 버리는 것보다 칩이나 통나무로 가공하여 돈을 벌수도 있을 것이다.

동시에 녹색 폐기물과 수목 잔해를 포함한 고형폐기물류(固形廢棄物流, solid waste stream)의 부피를 줄이고자 하는 교차하는 사회적인 목적이 있다. 미국에서는 제한적인 쓰레기 매립공간의 가치가 너무 커서 부피가 많고 분해 가능한 목재 폐기물로 채울 수가 없다. 예를 들면, 1989년 캘리포니아는 도시들이 2000년까지 50% 쓰레기 감축(모든 고형폐기물) 목표를 준수하도록 강제했다. Whitter 등(1995)은 3개 주가 수목과 조경 잔해를 쓰레기 매립장에 버리는 것을 금지시켰다고 보고했다. 녹색과 목재 폐기물을 매립장에 버리는 것을 제한하거나 금하는 지자체와 폐기물 관리기관(waste management agency)도 많다. 예를 들면, Fazio (1994)는 세인트클라우드(St. Cloud, MN) 시를 인용하였는데, 이 시는 1978년 이후 쓰레기 매립장에 접근하지 못하고 있었다.

발생되는 물질

상업적, 지자체의 송전선 수목관리자에 의해 매년 발생되는 목재의 양은 엄청나다. NEOS Corporation(1994)은 매년 미국에서 생산되는 도시수목 잔해는 150백만 입방미터(200백만 입방야드)를 약간 상회할 것이라고 추정하였다. 이 중에서 23백만 입방미터(30백만 입방야드)는 길이가 긴 목재이다. 캘리포니아 주에서 생산되는 약 45백만 톤의 고형폐기물 중에서 4%가 목재폐기물이었다(Plumb 등, 1999). 또한 이들은 33백만 입방미터(110백만 보드피트)의 길이가 긴 목재 잔해가 매년 캘리포니아에 있는 수목관리 회사에 의해 제거된다고 추정하였다.

30개 미국 도시에 대한 연구에서 Wiltsee(1998)는 네 가지 유형의 도시 목재 폐기물을 나열하였다: (1) 매립지나 소각로에 처리되는 목재; (2) 재활용을 위해 가공되는 목재; (3) 버리거나, 태우거나, 멀치나 화목 등으로 재활용하는 등 개인적으로(지자체의 폐기물 처리에서 제외) 취급되는 목재; (4) 가공되어 제품(멀치, 생물연료[生物燃料, biofuel], 펄프용 칩)으로 판매되는 목재. 또한 Wiltsee는 이들 네 범주에 대한 가격을 언급하였는데, 그 범위는 낮게는 −$85/톤(매립이나 소각로 등의 최저)에서 높게는 +$12/톤(제품으로 가공) 정도 되었다.

폐목재의 재활용

Wiltsee(1998)가 조사한 30개 미국 도시 가운데 멀칭 재료(즉, 칩이나 분쇄된)와 매립/소각 등으로 처분된 경우가 발생한 총 폐기물의 70% 이상에 달했다. 기타 용도에는 연료, 통나무, 펄프 칩, 화목, 동물 깔짚(animal bedding), 특수 제품 등이 있었다. Bernhardt와 Swiecki(1993)는 캘리포니아 도시들의 도시 임업 관행을 조사하였다. 응답자의 78%가 목재 잔해의 일정 부분을 재활용하였지만 아직도 목재 폐기물의 약 50%를 소각이나 매립으로 처리하였다. 이들의 수목관리 회사에 대한 조사에서 Whitter 등(1995)은 발생한 폐기물의 53%는 다른 사람에게 주거나 현장에 남겨두는 방식으로 처리했다고 보고했다.

Geoff Kempter(Asplundh Tree Expert Co., Willow Grove PA, 2002, 개인적인 정보)는 수목 폐기물의 재활용과 재사용에 대한 국가적인 해결방안은 없고, "지역 시장이 해법을 만들어낸다"라고 했다. 이들 시장의 본질은 지속적으로 변하는 것이다.

따라서 녹색폐기물(잘게 부순 낙엽, 열매 등)의 재활용은 전형적으로 공급원 가까이에서 수행되며, 최종 용도에서 지역적으로 현저한 차이가 있다. Asplundh Tree Expert Co.가 다국적 기업이지만, 자신들의 목재 폐기물 처리방안은 지역 수준에서 개발된다. 이들 방안에는 버리거나, 골프장, 농장, 폐기물 관리 기관(하수 퇴비화의 증량제[增量劑, bulking agent]용으로)에 칩을 공급하거나, 부지 매립용으로 광산에 공급하는 것 등이 있다.

소규모 상업 수목관리자와 지자체의 경우, 상황이 비슷한 인접 지역과의 연계를 통해 비매립 처리방안을 개발할 수도 있다. 칩과 화목 크기의 조각들은 고객이나 이웃을 위해 남겨둔다. 목재 폐기물 제품에 대한 수요는 지역적이다. 예를 들면, 월너트크릭(Walnut Creek, CA)에 있는 Traverso Tree Service는 지역의 말을 돌보는 업체(horse boarding operation)에게 목재 칩을 공급한다. 스프링필드(Springfield, IL)는 낙엽을 분쇄하여 멀칭 재료로 제공하고, 통나무는 쌓아두고 주민들에게 화목으로 제공한다. 수목관리 분야에서는 전통적이지만, 이러한 처분이 재사용에 대해 더 폭넓은 질문을 던지는 것은 아니다.

칩과 멀치로의 재사용에 미래가 있다는 것은 의심의 여지가 없는 것 같다. 유럽의 수목관리자들은 목재 칩에 대한 잠재적인 시장의 하나로 가정 난방용 소형 목재 난로를 개발하고 있다. 목재 폐기물을 연료로 사용하는 기술은 향상되고 있어서, 수목 잔해에 대한 수요를 증대시킬 수 있을 것이다.

퇴비화

퇴비(堆肥, compost)는 호기성 미생물(好氣性微生物, aerobic microorganisms)의 활동을 통한 통제된 유기물 분해의 산물이다. 퇴비의 원재료는 낙엽, 분쇄된 목재, 바이오고형물(biosolid, 하수 슬러지), 분뇨, 왕겨(rice hull), 옥수수 대를 포함한 다양한 농업 폐기물 들이다. 시간이 흐르면, 호기성 미생물은 토양 개량제나 멀치로 사용이 적합한 숙성 퇴비(熟成堆肥, mature compost)로 바꾸어 준다.

호기성 미생물은 먹이와 산소, 수분이 필요하다. 그러므로 이러한 요소는 퇴비화 과정에 도움이 되도록 적절한 수준으로 유지되어야 한다. 일반적으로 퇴비는 적어도 5%의 산소, 40~60%의 수분, 평균 30:1의 탄질비(炭窒比, carbon: nitrogen ratio; C:N)를 가지고 있는 것이 좋다(Dickerson, 1999). 원재료의 탄질비는 700:1인 목재로부터 19:1인 잔디깎기 잔해에 이르기까지 매우 폭이 넓다(**표 10-3**). 탄소가 충분하지 못하면 대기 중으로 질소를 빼앗기게 되고, 질소가 부족하면 분해가 천천히 일어난다. 적절한 탄질비를 만들기 위해 원재료를 혼합할 수도 있다. 목재 원료가 대부분인 경우에는 0.5~1.5kg/m^3(1~3lb/yd^3)의 질소를 첨가해 주는 것이 좋고, 더 빠른 분해를 원한다면 더 많은 량을 첨가하면 된다. 목재는 수피보다 빨리 분해되고, 침엽수는 활엽수보다, 가는 입자는 거친 입자보다, 수분이 많은 재료는 목질보다, 싱싱한 조직은 건조한 것보다 더 빨리 분해된다. 산소는 퇴비 더미를 한 달에 한두 번 뒤집어 줌으로써 보충된다. 이렇게 섞어주지 않으면, 분해가 3~4배 더 오래 걸릴 수도 있다. 빠른 퇴비화 방법은 매일 또는 이틀에 한 번씩 뒤집어 준다. 비가 많이 오지 않는 곳에서는 퇴비 더미의 수분을 유지시키기 위해 관수를 해주는 것이 좋다.

표 10-3 일반적인 퇴비화 재료의 탄질비(C:N Ratio)

목재	700:1
톱밥	500:1
밀짚	80:1
낙엽	60:1
옥수수 대	60:1
열매 폐기물	35:1
부후된 분뇨	20:1
잔디깎기 잔해	19:1
음식 폐기물	15:1
알팔파 건초	12:1

출처: McLaurin과 Wade, 2000.

이런 미생물의 활동은 열, 수증기, 이산화탄소(carbon dioxide)를 발생시킨다. 온도가 높은 단계에서 대부분의 잡초 종자(雜草種子, weed seed)와 병원체가 죽는다. 식물 독소(毒素, toxin)와 농약은 해독(解毒, detoxify)된다. 날씨가 춥고, 산소와 질소가 부족한 상황에서는 해독과 퇴비화가 느려질 것이다.

퇴비를 취급하는 방법은 원재료의 양, 공간이나 설비, 장비, 노동력의 가용성에 따라 다르다(그림 7-16). 소규모 녹지 작업을 위한 퇴비를 저장하기 위해서는 소형 저장소(bin) 정도로 충분하겠지만, 대량의 퇴비를 저장하기 위해서는 큰 가리(stack)나 긴 야적더미(windsow)가 필요할 수도 있다.

퇴비 저장소는 보통 폭이 1~2m(3~6피트), 깊이 1m(3피트)이며, 길이는 다양하다. 저장소의 측면은 철사, 목재, 속이 빈 벽돌, 시멘트 블록 등으로 막을 수 있는데, 만약 퇴비를 자주 뒤집어 주고자 한다면 측면이 단단한 것이 좋다. 대량의 퇴비는 장비를 이용하여 취급하고, 약 5m의 폭과 2.5m 높이의 가리나 긴 더미로 만들어 두는 것이 좋은데, 길이는 원재료의 양과 공간에 의해 결정된다.

퇴비화 저장소를 이용하는 경우, 보통 두께 150~300mm(6~12인치)의 유기물 층과 약 25mm(1인치) 두께의 표토를 번갈아 가면서 저장소를 채워가는 것이 좋다. 각각의 유기물 층에는 적절한 양의 질소를 첨가해 주어라. 그러나 퇴비화에 대한 권고는 매우 다양하다: 어떤 사람들은 유기물과 질소만 사용하는가 하면, 다른 사람들은 토양과 분뇨, 더 많은 색다른 비료의 조합, 석회(石灰, lime) 등을 교대로 쌓는다. 퇴비 애호가들은 저마다 선호하는 비법(秘法, recipe)이 있는 것 같다.

정원에서 나오는 폐기물은 원재료가 약 25:1의 탄질비와 분해에 충분한 수분을 가지고 있으면, 2~3일마다 뒤집어줌으로써 상대적으로 빠른 시일 내에 퇴비로 전환시킬 수 있다(Raabe, 1974). 바람직한 탄질비를 확보하는 것은 어려운 일이 아니다. 싱싱한 식물 재료(녹색 잎, 잔디깎기 잔해, 잡초)의 탄질비는 약 12:1 정도이고, 건조한 식물 재료(건조된 잎과 밀짚)는 그 비율이 50:1에서 100:1이며, 목본식물 재료는 작고 부드러운 재료는 낮은 반면 톱밥은 200:1 정도로 높다. 싱싱한 재료와 건조된 것을 같은 비율로 혼합하면 대략 바람직한 비율이 되며, 질소를 첨가할 필요가 없다(Raabe, 1974).

퇴비 재료는 열을 보존하기 위해서는 틈이 없는 벽으로 된 저장소에 두는 것이 좋다. 퇴비 뒤집기는 퇴비를 한 저장소에서 다른 저장소로 옮기면서 쉽게 그리고 완벽하게 수행한다. 중앙의 온도가 더 높기 때문에, 저장소의 측면에 있던 퇴비는 온도를 평준화시키기 위해 다른 장소로 옮길 때 중앙 가까이에 놓는 것이 좋다. 빈번한 뒤집기가 퇴비에 공기가 통하게 하여 분해를 도와주고 퇴비가 너무 뜨거워져서 대부분의 분해 미생물이 죽는 것을 방지해 준다. 처음에는 퇴비 더미가 매우 따뜻해질 때까지(5~6일간) 뒤집지 않는 것이 좋다. 더미가 천천히 더워지면, 두 번째 저장소로 옮기면서 원재료에 질소비료를 뿌려줄 수 있다. 더미에서 암모니아 냄새가 나면, 과도한 질소를 흡수하도록 다음 뒤집기를 할 때 톱밥(탄소)을 첨가해 주는 것이 좋다.

노출되어 있는 퇴비 더미는 중앙이 가장자리보다 더 천천히 안정화되도록 가운데보다 가장자리를 더 많이 채워주는 것이 좋다. 이렇게 하면 비나 적용된 물이 흘러가지 않고 퇴비를 적실 것이다. 긴 퇴비 더미는 약 300mm(12인치) 두께의 층으로 쌓으며, 각 층 사이에는 질소 비료를 뿌려준다. 긴 더미의 상단은 수분을 보유할 수 있도록 매우 평평한 것이 좋다.

목질의 재료로 된 퇴비를 빈번하게 뒤집고 섞어주면(2~3주에 한 번씩) 분해가 촉진되고 퇴비의 온도를 50~80°C(120~160°F) 사이까지 올린다. 퇴비 섞기(mixing)는 쇠스랑(pitchfork)으로 하는 느리고 따분한 작업이지만, 스킵로더(skiploader)를 이용하면 많은 양의 퇴비를 신속하게 뒤집기 할 수 있다. 날씨가 따뜻한 경우, 뒤집기를 자주 해주면 활엽수 수피 성분이 높은 퇴비는 10~12주 안에 침엽수 수피가 많은 퇴비는 6주 이내에 멀칭용으로 사용할 수 있을 정도가 된다.

많은 도시는 목재 칩과 하수 슬러지를 태우거나 매립하여 처리하는 대신 퇴비화하고 있다. 가로로 쌓고 강제적인 통기를 해주는 시스템은 단순하고, 작업하기 쉬우며, 다른 상황에서도 적용될 수 있다(Leighton 등 1978). 습기가 많은 하수 슬러지는 목재 칩과 부피 기준으로 칩 3에 슬러지 1의 비율로 섞은 다음, 이 더미에 대한 열을 차단을 위해 약 300mm(1피트) 두께의 퇴비화된 슬러지로 덮어 준다. 송풍기로 처음 10~14일 동안 퇴비 더미를 통해 공기를 끌어내서, 냄새 흡수를 위해 퇴비화된 슬러지의 작은 더미로 배출한다. 이 기간 이후 송풍기는 방향을 바꾸어 또 다른 10일 동안 퇴비 더미로 불어 준다. 이렇게 조성된 퇴비는 안정적이고, 특히 냄새가 없으며, 기본적으로 병원체가 전혀 없다.

Leighton 등(1978)은 퇴비화 비용은 다른 슬러지 처분 방법과 경쟁이 가능하다. 퇴비화는 실용적이고 만족스러운 슬러지 처분과 지자체가 중금속 농도가 낮은 퇴비를 생산 방법인 것으로 보인다.

퇴비 숙성도 퇴비 숙성도(熟成度, maturity)는 퇴비화의 완전성 정도이다. 안정된 제품이 무기양료가 결합되는 것을 방지하고, 토양 내 산소 가용량을 유지하고, 독성 물질이 없으면, 숙성된 퇴비가 충분히 분해된 것이다. 숙성도는 몇 가지 화학적, 생물적 성질에 의해 설명될 수 있다(**상자 10-3** 참조).

퇴비의 원료가 완전히 분해되지 않았더라도, 수목의 주위에 사용하는 것은 안전할 것이다. 퇴비가 토양 개량제로 사용될 때에는 바람직한 정도의 분해가 이루어질 때까지 기다리는 것이 좋다.

수목 수간 재활용

미국에서 수목의 수간과 굵은 가지의 전통적인 재활용은 화목용이다. 수간과 가지 조각의 더미는 연석 옆에 남겨져 있거나 주택소유자나 이웃에게 제공되는 것이 보통이다. 이것

상자 10-3

캘리포니아 퇴비품질심의회 숙성도 지표

캘리포니아 퇴비품질심의회(California Compost Quality Council, CCQC)의 숙성도 지표는 퇴비화의 완성 정도를 평가하는데 사용될 수 있다. 수행해야 하는 시험은 탄질비(carbon:nitrogen/C:N Ratio)와 적어도 Group A에서 한 가지 실험, Group B에서 한 가지 실험이다.

탄질비(C:N Ratio)

퇴비는 Group A와 Group B의 시험을 하기 위한 조건을 충족시키기 위해서는 탄질비가 25:1 이하가 되어야 한다.

Group A 시험은 유기물 분해 정도를 간접적으로 측정한다. 값이 낮으면 더 많이 숙성된 것을 의미한다.

- 이산화탄소 배출 또는 호흡(呼吸, respiration)
- 산소 요구량
- 듀어(Dewar)의 자기가열(自己加熱, self-heating) 시험

Group B 시험은 화학적 특성을 측정하는데, 이 중 일부는 수목에게 유독하다.

- 암모늄(ammonium):질산염(窒酸鹽, nitrate) 비율
- 암모늄 농도
- 휘발성 유기산(volatile organic acid) 농도
- 수목 시험

퇴비화된 제품에 대한 주요 숙성 지표의 등급 값

	등급		
방법	매우 숙성	숙성	미숙성
이산화탄소 배출 또는 호흡 (C/unit VS/일)	< 2	2~8	> 8
암모니아:질산염 비율	< 0.5	0.5~8	> 3
총 암모니아(ppm, 건조 기준)	< 100	100~500	> 500
종자 발아(대조구의 %)	> 90	80~90	< 80
시험 수목(대조구의 %)	> 90	80~90	< 80

숙성도 등급의 해석

매우 숙성	숙성	미숙성
잘 숙성된 퇴비	숙성된 퇴비	미숙한 퇴비
더 이상 분해 없음	토양 질소에 대한 최소 영향	토양 질소에 대한 심각한 영향
악취 없음	악취 발생 가능성이 없음	악취 발생 가능
잠재적인 독성 없음	제한적인 독성	높은 잠재 독성
		숙성도 등급의 해석

이 이타적(利他的, altruistic)으로 보일수록 노동(적재와 하역), 장비(이송), 처분 등의 관점에서의 절약은 굉장하다. 세인트클라우드 시는 수목관리 작업에서 발생한 화목을 공공건물을 난방하는데 사용하고 있다. 상업적인 수목관리회사는 화목 작업의 경제성이 불확실하다.

도시수목을 통나무(sawlog)로 전환하는 것은 아직 초기단계이다(West Coast Arborists에 관한 **상자 10-4** 참조). Cesa 등(1994)은 교목의 수간을 통나무로 재활용(목재를 사용할 수 있도록 하는 것)하는 전반적인 접근에 관해 기술하였다. 이들은 통나무와 같은 재료를 화목으로 가공하는 것보다 2~4배 더 큰 수익을 가져온다고 말하였다. 이들의 초점은 지자체가 통나무를 인수할 수 있는 지역 제재소(製材所, sawmill)를 확보하는데 있었다. 통나무의 가치와 용도를 결정하는 가장 중요한 요소는 수종, 크기(즉, 가장 바람직한 통

상자 10-4

가로수 재사용: The West Coast Arborist의 경험

상업적인 수목관리회사인 West Coast Arborists(WCA)는 캘리포니아에 있는 90개 이상의 지자체에 가로수 관리 서비스를 제공하고 있다. 주된 서비스는 가로수에 대한 전정과 제거이다.

West Coast는 자신들의 작업에 의해 발생되는 목재 잔해를 관리하는 것과 관련하여 모든 전통적인 어려움을 경험하였다. 항상 혁신가로서, 이 회사는 목재 폐기물을 재사용하고 재활용하는 길을 찾았다. 버리는 비용이 증가 일로에 있었을 뿐만 아니라 이들을 운반하는 노무비 부담도 함께 늘어났다. 많은 상업적인 수목관리회사가 알고 있는 바와 같이, 폐기물을 가공하면 돈을 벌지만, 이를 처분하고자 하면 벌지 못한다.

WCA는 매일 300톤 이상의 녹색 폐기물을 가공한다. 이들은 칩을 만들어 재활용하여, 멀치로 지자체에 헐값(nominal fee)에 제공한다. 멀치를 "청정 그린(clean green)"으로 판촉활동을 하면서, WCA는 재활용 주제를 활용하는 것에 초점을 둔 마케팅 전략을 사용한다.

WCA는 지금까지 목재를 화목 생산자에게 공급하였지만, 공급이 수요를 초과하여 이 회사는 다른 판로를 탐색하게 되었다. 초기의 노력은 목재를 연료로 사용할 수 있는 발전설비인 열병합 발전소(熱倂合發電所, cogeneration plant)를 대상으로 하였다. 이들의 매력 중 하나는 발전소가 목재를 돈을 주고 산다는 것 이었다! 원칙적으로 이는 좋은 아이디어였지만, WCA는 곧바로 발전소로부터 받는 차 한 대당 $600은 관련된 운반비와 같다는 것을 알게 되었다.

WCA는 통나무를 화목으로 판매하는 것에 대한 대안을 찾기 시작했다. 시범 프로그램(pilot program)의 일환으로, 캘리포니아 임업/소방국(California Department of Forestry and Fire Protection)은 WCA에게 이동식 제재기(왼쪽 위 사진)를 제공하였다. 이 기계는 통나무를 제재목으로 킬 수 있었다.

WCA는 현재 특수한 목공업자(木工業者, woodworker)에게 판매하고, 제재된 목재를 자신들의 고객인 지자체에게 목재를 원가로 공급하고 있다. 통나무는 지방출신 기업인 East-West Urban Forest Products를 통해 판매한다. East-West도 WCA의 제재목을 이용하여 벤치와 테이블을 제작한다(왼쪽 아래 사진).

WCA 부사장인 Andy Trotter는 자신들의 폐기물을 재사용하는 길을 개발하는데 관심이 있는 지자체와 상업적 수목관리자들에게 다음과 같이 조언한다. 첫째로, 목재 폐기물과 잔해는 그 수목이 식재될 때부터 제품이라고 생각해야 한다. 둘째로, 칩의 경우, 좋은 제품을 생산하기 위해서는 잘 유지관리된 양질의 칩 기계가 필요하다. Andy는 직경 15~25cm(6~10인치)의 줄기와 가지를 처리할 수 있는 유압 칩 기계의 사용을 선호한다. WCA의 현재 칩 사용자로는 감귤(citrus) 재배자와 쓰레기 매립지(칩을 피복용으로 사용)가 있다. 셋째로, 제재용 통나무의 경우, 깨끗하고 길이 2.5~3m(8~10피트)의 통나무를 생산한다는 목표를 가지고 수목관리 작업에 임해야 한다. 넷째로, 판로 개척에는 시간과 노력이 필요하다. Andy는 수목관리자가 중등, 기술, 예술 학교에 있는 목공반과 함께 시장을 개발할 것을 제안한다.

나무는 직경 40cm[16인치] 이상, 길이 2.5m[8피트] 이상이다), 이물질(異物質, foreign material) 부재 등이다.

Thompson 등(1994)은 물푸레나무(*Fraxinus*), 느릅나무(*Ulmus*), 버즘나무(*Platanus*), 유칼리나무(*Eucalyptus*) 등의 통나무를 제재목(製材木, lumber), 마루바닥(flooring), 가구 등에 사용하고 있는 제재소에 판매하는 지자체로 새크라멘토를 거론하였다.

미래

수목관리자는 앞으로 지금보다 더 많은 목재 잔해를 발생시킬 것이다. 동시에 이들을 내다 버리는 방법으로 처리할 수 있는 기회는 더욱 제한될 것이다. 메시지는 분명하다. 우리는 수목과 수목의 조각을 줄이고, 재사용하고, 재활용하는 새롭고 창의적인 방법을 개발해야 한다(제15장 참조). 어떤 사람은 이러한 도전을 이익을 창출할 수 있는 기회로 여길 것이고, 다른 사람은 이를 하나의 사회적인 상품(societal good)으로 생각할 것이다.

10.5 내화성 경관 관리

지구상에서 가장 습하고 추운 곳을 제외하고, 화재(火災, fire)는 자연 경관에서 가장 중요한 생태적인 힘 중의 하나이다(Barbour 등, 1997). 미국 대륙에서 자연적인 생태계 작용의 일부인 화재가 없는 곳은 거의 없다. 화재는 미국의 서부지역에 한정된 것이 아니다. 오대호(五大湖, Great Lakes) 주변 주도 엄청난 화재를 경험한 적이 있다. 남동부의 소나무림은 화재에 적응되어 있다. Abrams(1992)와 Miller(1994)는 화재가 미국 동부에 있는 활엽수림의 구성과 구조에 작용한 역할을 기술하였다.

불은 선사시대(先史時代, prehistoric time) 이래 구세계(舊世界, Old World; 유럽, 아시아, 아프리카)와 신세계(新世界, New World; 특히 과거에 남북 아메리카) 모두에서 식생을 관리하기 위해 사용되어 왔다. 미주 원주민과 전 세계 토착민들은 불을 식량(예: 도토리와 야생동물) 생산에 도움이 되는 도구로서 사용했다. 시간이 흐르면서, 많은 지역의 자생림(自生林, native forest)이 빈번한 화재에 적응하게 되었다. 화재는 산림관리의 중요한 수단이 되어 왔는데, 특히 원하지 않는 식생 제거, 임분(林分, stand)의 질 제고, 마초(馬草, forage) 증대를 위해 사용된 낮은 강도의 화재인 조절된 산불(prescribed burning)이 대표적이다.

지난 세기에 걸쳐, 인명과 재산 손실의 가능성을 줄이기 위해 화재 억제(火災抑制, fire suppression)를 적극적으로 채택하였다. 이러한 접근은 생태적인 힘으로서의 화재의 자연적인 역할을 부정하였다. 화재 억제는 조림한 임분과 높은 가연물 하중(fuel load)으로 이어졌다. 최근에는 생태학자와 임업가들은 하나의 수단으로서 화재를 다시 도입하게 되었다. 더욱 중요한 것은 화재관리의 필요성에 관한 공중의 인식은 1991년 오크랜드 힐스(Oakland Hills, CA) 화재와 1988년의 옐로스톤 국립공원(Yellowstone National Park) 화재와 같은 사건을 계기로 갑자기 높아졌다.

또한 화재가 자연 경관의 일부인 나무가 우거진 지역의 인근 또는 내부에서의 도시화는 인명과 주택 손실의 극적인 증가로 이어져 왔다(Tokle과 Marker, 1987). 산림-도시 경계(woodland/wildland-urban interface; WUI)로 불리는 이러한 지역은 사람과 재산이 자연적인 산림과 만나는 곳이다. 화재 억제가 관행으로 되어 있는 곳에서는 화재로 인한 잠재적인 피해가 엄청나다.

1985년 미국의 산불은 44명의 시민과 소방관을 죽이고 1,400채의 주택과 건축물을 포함한 1.2백만 ha(3백만에이커)를 태운 것으로 보고되었다. 이러한 산불로 인한 피해는 재산과 자연자원 피해 5억 달러와 화재 진압비용 4억 달러로 추정되었다(Tokle과 Marker, 1987). 산불의 의의와 더 폭넓은 관리 방법에 관한 정보는 미국방화협회(National Fire Protection Association, 1991) 자료를 참고하기 바란다.

수목관리자는 주택 단위나 소구역 수준의 화재관리를 다룰 가능성이 높다. 가장 흔한 세 가지 경우는 (1) 연료(燃料, fire fuel) 관리, (2) 화재 피해를 받은 수목의 평가, (3) 지자체의 교육과 인식 프로그램(awareness program)에 참가 등이다.

화재거동(fire of behavior)의 기본 요소

산불 발생의 세 가지 기본요소는 연료(燃料, fuel), 낮은 습도(low humidity), 점화(點火, ignition)이다. 앞의 두 요소는 미국 남동부에서는 거의 매년 발생하지만, 철이 아닌 가뭄이 대부분의 지역을 한 번쯤은 곤경에 처하게 한다. 가볍고 빨리 타는 연로는 점화될 가능성이 높으며, 무겁고 밀도가 높은 연료는 일반적으로 점화가 잘 안 되고 천천히 타지만 강도는 더 강하다. 바람과 경사(傾斜, slope)는 화재의 강도와 확산되는 속도에 영향을 준다.

방화관리자(防火管理者, fire manager)는 화재를 두 가지 유형으로 설명한다. 지표화(地表火, surface fire)는 지면을 따라 빠르게 이동하는 불로 가벼운 연료를 태운다. 이는 수목의 수관을 태우지는 않는다. 피해는 수피와 잎이 그을리거나 실생묘나 어린 나무가 죽는 정도로 나타난다. 성목은 보통 죽지 않는다. 수관화(樹冠火, crown fire)는 수목 수관의 상층을 통해서 이동한다. 수관화의 강도는 지표화보다 훨씬 크다. 일반적으로 성목도 죽는다. 수관화의 전선(前線, front; 화염의 맨 앞쪽)은 지표화보다 3~8배 빨리 이동한다.

화재 연료 관리

화재가 발생하기 쉬운 지자체가 얻은 주된 교훈은 집(또는 주택 단지) 주위에 방어적인 공간을 확보하는 것이다. 기본적으로, 방어적인 공간은 화재에 공급되는 연료를 단절시키고 불이 집으로 들어오는 것을 방지하는 간격을 창출한다. 수차례 반복해서 이어지는 화재에서 방어적인 공간의 가치가 증명되고 있다(**그림 10-13**). 예를 들면, Davis(1990)는 1981년 아틀라스 피크(Atlas Peak) 화재에서 방어적인 공간을 가진 주택은 5~111채만 손상을 받거나 파손되었다고 했다. 적절한 공간을 확보하지 못한 주택 중에서는 111채 중 86채가 파괴되거나 피해를 입었다.

캘리포니아의 주 법령은 주택의 10m(30피트) 이내에 있는 가연성 식생(可燃性 植生, flammable vegetation)은 제거하도록 되어 있다. 여기서 가연성 물질은 죽은 물체와 연속적인 식재이다. 지방 조례는 가끔 제거 거리를 더 크게 요구하기도 한다.

수목관리자는 방어적 공간의 조성과 유지관리에 참여하도록 요구받을 수 있을 것이다. 일반적으로, 방어적인 공간

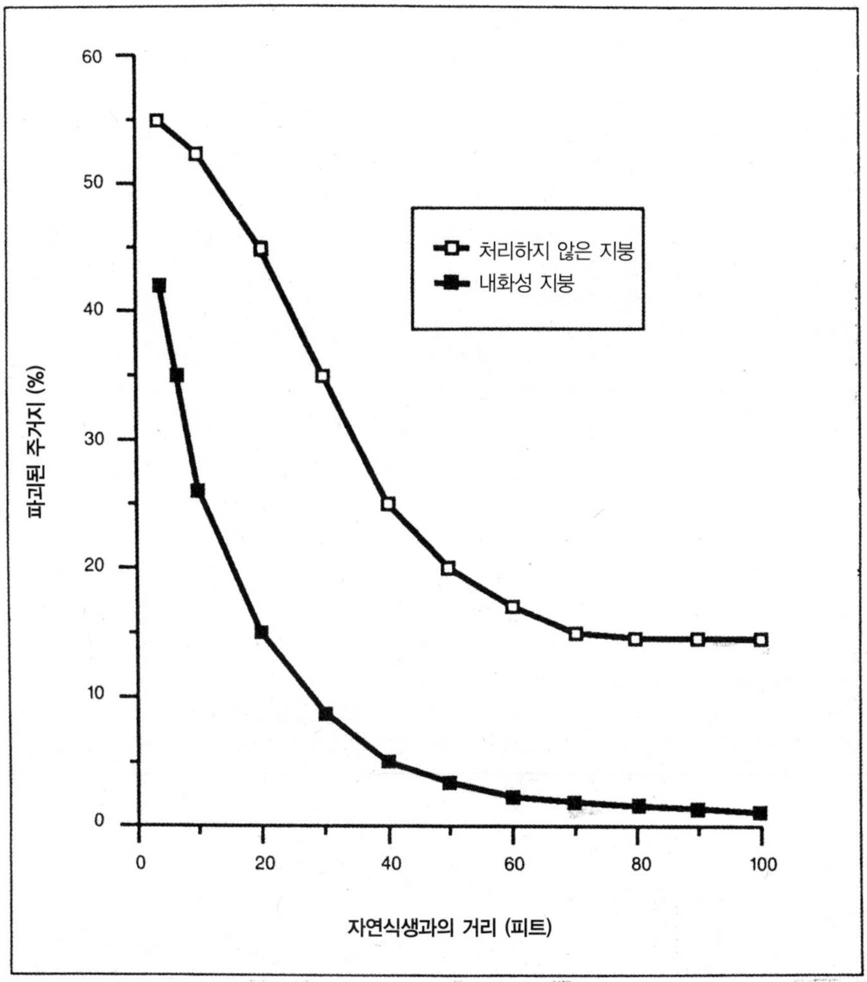

그림 10-12 산림식생이 주택이나 다른 구조물에 가까울수록 그 주거지는 화재에 파손될 가능성이 높다. 건물과 식생을 격리시킬 때 내화성 지붕 처리를 동시에 하면 화재에도 살아남을 가능성이 높아진다(Davis, 1990).

그림 10-13 매우 평평한 지대에 건축을 하고, 조경과 과수원 지역을 오솔길로 에워싸고, 대교목을 화재발생 가능 지역에서 멀리 식재하는 방법으로 이 주거지 주변에 방어적 공간이 조성되었다. 전신주(아래 오른쪽)도 맨땅으로 된 고리에 의해 보호되고 있는 것에 유의하라. (사진: 캘리포니아 임업소방국.)

조성의 첫 단계는 주된 건물 주변의 모든 방향으로 최소 10m(30피트) 폭의 안전지대를 조성하는 것이다(그림 10-13). 이 지대 내의 식생을 관리하는 방법은 여러 가지가 있다(**표 10-4**). 주택이 산림의 내부에 위치한 경우, 방어적인 공간의 크기가 유지되도록 유지관리 처리를 계속해야 한다. 공간에 제한이 있어서 강력한 방어적인 공간을 조성할 수 없을 경우에는, 고객에게 차선의 가장 중요한 안전장치는 내화성 지붕이라고 조언해 주어라(**그림 10-12**).

지자체 수목관리자는 그린벨트, 식림용지(植林用地, woodlot), 기타 주변 산림의 자투리를 관리할 때에도 화재를 고려할 것이다. 이때 적용되는 원칙도 비슷하다(즉, 방어적인 공간을 조성하고 연료를 감축하는 것). 또 하나의 추가적인 고려사항은 식생의 천이상태(遷移狀態, successional status)이다. 불이 나지 않는 경우에는 화재와 비슷한 효과를 얻을 수 있는 예초나 제거와 같은 처리가 필요할 것이다. Miller(1994)가 언급한 바와 같이, 목표에 대한 명확한 관점

표 10-4 방어적인 공간을 조성하고 유지관리하기 위한 수목관리적인 처리

구조물 10m(30피트) 이내

- 화재에 적응된 수목을 선정하라.
- 때로는 내화성 식물(耐火性植物, pyrophyte)이라고 불리지만, 잎이나 수피를 떨어뜨리는 양이 많고, 휘발성 기름을 함유한 잎을 가진, 화재 위험이 높은 수종은 제거하라.
- 낮게 자라고, 연소성이 낮고, 연료 발생량이 적은 수목(여름철에 적절한 강우와 관수를 해주는 경우)을 식재하라. 아니면, 연료의 연속성에 간격을 두기 위해 나지, 돌, 기타 불연성 재료를 사용하라.
- 구조물로부터 2m(6피트) 이내의 관목과 교목을 제거하라.
- 빌딩 처마위를 향해 뻗어 있거나 굴뚝으로부터 5m(15피트) 이내에 있는 가지는 전정하라.
- 지표화가 수목의 상단에 이를 가능성을 줄이기 위해 관목과 교목 사이에 적어도 3m(10피트)의 확실한 거리를 유지하라.
- 죽은 가지, 낙엽, 기타 수목과 지표로부터 발생하는 쓰레기를 제거하라.
- 열 차단용으로 건물로부터 적어도 6m(20피트) 이내에 넓고 수분함량이 높은 생울타리를 조성하라.
- 건조하고 화재가 발생하는 계절에 식물에 관수를 잘할 수 있도록 고압의 스프링클러 시스템을 설치(또는 설치를 권고)하라.
- 화목은 건물로부터 멀리 쌓아라.
- 방어적인 공간의 유지관리는 10m 지역의 가장자리에서 멈추지 마라. 숲 속에 위치한 집은 방어적인 공간이 인접 숲속까지 연장될 수 있다.

10m(30피트) 바깥(공간이 허용되면)

- 제거구역(除去區域, clear zone)을 건물의 아래쪽 경사까지 연장하라(불은 경사면의 아래쪽보다 위쪽으로 더 빨리 이동한다). 이 지역에는 관목, 지피, 잔디를 이용하라.
- 관목과 교목을 선택적으로 제거하여 연료의 연속성을 단절하라.
- 지표화의 이동을 지연시킬 수 있도록 산림의 바깥 가장자리 주변의 폭 2m의 소방도로를 청소하라.
- 지표화가 수관으로 올라가는 연료 사다리(fuel ladder)를 없애기 위해 가장자리 수목의 수관을 올리고 중간 수관의 수목을 제거하라.

이 없으면 어떤 처리도 하지 않는 것이 좋다.

화재 피해목 평가

화재(통제된 산불도 포함)가 지나가고 나면, 수목관리자는 피해 강도의 평가와 수목을 건강한 상태로 회복시켜 달라는 요청을 받을 것이다. 화재로 인해 일반적으로 발생하는 이러한 피해 유형에 대해 준비되어 있는 수목관리자는 거의 없다: 검게 변하고 그을린 수피와 가지; 탈수되고, 타고, 그을린 잎; 완전히 없어진 녹색 잎; 점토 같은 층으로 단단해진 토양 표면.

Reinhardt와 Ryan(2000)은 수목에 대한 화재의 영향과 태평양 북서지역 침엽수의 피해를 평가하는데 대한 개관과 세부사항을 훌륭하게 제시하고 있다. 이들은 화재로 인한 피해의 범위는 눈(bud)의 죽음으로부터 뿌리 손상까지라고 언급하였다. 화재에 내성이 강한 수종은 대개 눈이 더 크고 수피가 더 두껍다. 일반적으로, "형성층 피해와 수관 그을림이 수목의 죽음에 공동으로 기여한다." 이것은 모든 수종에 적용되며, 지역이나 수종에 따른 예외는 없다.

미국에서 개별 수종에 관한 최상의 정보 제공원은 Fire Effect Information System의 웹 사이트(www.fs.fed.us/database/feis)이다. 지역적인 지침으로는 Wagener(1963)가 발행한 캘리포니아 산림 수종에 관한 자료, Weatherspoon (1988)이 발행한 오리건(Oregon)의 침엽수에 관한 자료, Southern Pine Beetle Working Group(1998)이 발행한 플로리다의 소나무류에 관한 자료 등이 있으며, 이들이 평가 기준을 확인하는데 도움이 될 것이다.

개별 수목에 대한 피해의 정도를 평가하는데 고려할 사항은, 화재의 강도와 지속기간; 형성층 고사의 범위; 수관 그을음의 높이와 범위; 균열, 수액유출, 악취가 나는 수피의 존재; 수종의 맹아 재발생 잠재력 등이다.

피해 수목에 대한 일차적인 점검은 형성층이 살아 있는지를 확인하고, 눈이 죽었는지를 점검하는데 초점을 맞추어야 한다. 조각칼이나 목공용 둥근 정(gouge)으로 제거될 수피를 자른다(**그림 10-14**). 죽은 조직과 건강한 조직 간의 선은 매우 가늘 수 있다.

수관에 대한 피해는 잘못 판단할 수 있다. 잎이 불의 열기에 의해 건조되는 것은 드문 것이 아니다. 많은 수종은 쉽게 맹아가 다시 나올 것이다. 눈은 생명력(生命力, viability)을 확인하기 위해 절개할 수도 있다. 눈이 녹색이면 살아 있고, 갈색이면 죽은 것이다. 잎과 잔가지가 죽으면, 잠아(潛芽, dormant bud)로부터 맹아지(萌芽枝 epicormic shoot)가 나타날 수 있다. 잎이 재나 다른 가는 물질로 덮여 있으면, 물로 헹궈주는 것이 도움이 된다.

건강한 조직이 존재한다고 판단되면, 최선의 관리 방법은 수목이 회복할 시간을 갖도록 제거 의사결정을 연기하는 것이다. 일단 문제가 있는 것으로 확인되면, 맹아지 발생과 해

(a)

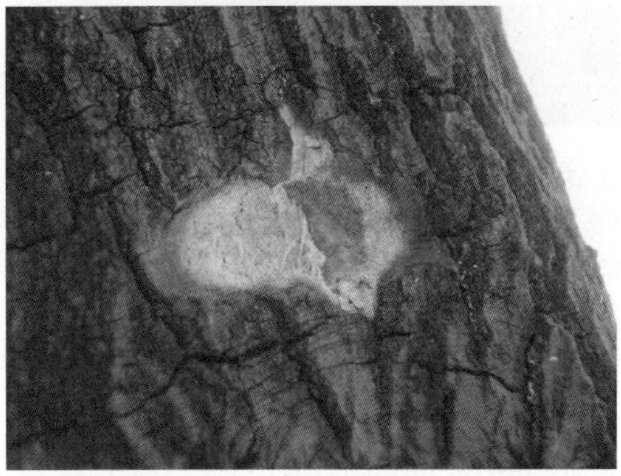

(b)

그림 10-14 불이 지나간 뒤에 수피가 검게 변해도 형성층은 이 소나무 내부처럼 살아 있을 수 있다(a). 형성층 조직은 이 참나무처럼 수목의 한 쪽이 죽어도 다른 쪽은 살아 있을 수 있다(b). (사진: Joe McNeil, Pleasant Hill, CA.)

충(주로 나무좀/bark beetle)의 공격을 확인하기 위해 1~3 생육기 동안 해당 수목을 모니터하는 것이 좋다. 수목은 죽은 가지를 제거하고 구조를 발달시키기 위해 전정을 해주는 것이 좋다.

기타 수목의 회복을 도와주기 위한 처리에는 불투수층을 파괴하기 위한 토양 경운과 시비가 있다. 화재가 목본과 초본식물의 종자 발아를 자극하기 때문에, 추가적인 잡초방제가 필요할 수도 있다.

지역사회 교육과 인지

화재는 부지 경계, 시 경계, 기타 유사한 경계를 고려하지 않는다. 따라서 방어적 공간에 대한 교육, 인지, 강화 등이 가끔 지자체 수준에서 수행된다. 산림-도시 경계에서는 화제를 예방하기 위해 다양한 관할구역과 기관이 같이 일할 필요가 있다.

예를 들면, 네바다대학교 사회지원프로그램(Cooperative Extension)과 North Lake Tahoe 소방국은 공동으로 지역사회 인지 프로그램을 개발하였다(Christopherson, 1994). 이 프로그램은 두 가지 목적을 가지고 있다: (1) 방어적인 공간의 개념과 실무를 개인 주택 소유자에게 보급하고, (2) 지방정부가 공공용지의 연료 수준을 낮추도록 격려하는 것이다. 오클랜드 힐즈(Oakland Hills) 화재 직후에 전 도시임정관 Tony Acosta(City of Oakland, CA, 1992, 개인적인 정보)는 이 지역에서 필요한 가장 중요한 것은 문제가 있다는 것, 즉 지역사회가 화재가 발생하기 쉬운 지역에 있다는 것을 인식하는 것이었다고 말했다.

화재가 잠재적인 위협인 지역에서 일하는 수목관리자는, 자신들 역할의 일부로서, 고객이 방어적 공간 프로그램을 실행하도록 격려해야 한다. 교육과 인식이 높아질수록 연료는 줄어들 가능성이 높다. 예를 들면, 주택가 프로젝트에 입찰할 때 상업적 수목관리자는 교목의 수관 높이기, 인접하는 관목의 솎기, 돌출된 가지 전정 등을 서비스에 포함시킬 수 있을 것이다. 지붕과 물받이에 있는 잔해를 청소하는 것은 선택적인 서비스가 될 것이다.

10.6 자투리 산림 관리

수목관리자가 산림의 임분(stand)을 관리하도록 요청을 받는 경우는 드물다. 이것은 임업 전문가의 정당한 영역이다. 그러나 수목관리자는 그린벨트, 오픈스페이스, 공원, 생태통로(corridor), 기타 수목의 집단을 관리하는 데는 초청될 수 있을 것이다. Miller(1997)는 도시 "숲"의 재생과 관리에 관한 프로그램을 "도시 육림(urban silviculture)"이라고 부른다. 그는 도시림 관리는 개별 수목과 마찬가지로 수목 집단도 돌보는 것이라고 했다. Agee(1995), Springgate와 Hoesterey(1995)는 이 주제의 개관과 미국의 태평양 북서

그림 10-15 자투리 산림은 시애틀(Seattle, WA)의 이 경사지처럼 건축에 부적합한 토지에서 발견된다. 수목의 수관은 초기 천이수종인 적오리나무(*Alnus rubra*)와 큰잎 단풍나무(*Acer macrophyllum*)가 우점하고 있다.

산림(Pacific Northwest forests)으로부터의 사례를 보여주었다.

Dunster와 Dunster(1996)는 자투리 조각(patch)을 "교란되지 않은 상태로 남아 있지만 교란된 토지에 의해 둘러싸인 넓은 경관 안에 있는 토지의 조각"이라고 정의했다. 이들은 그린벨트를 "자연적 또는 준 자연적인 오픈스페이스를 조성할 목적으로, 또는 개발될 부지를 강제로 따로 떼어놓은 계획 지정"이라고 정의하고, "그린벨트는 일반적으로 광역 도시권을 관통하거나 주변에 있는 선형(線形, linear)의 공원도로(parkway), 넓은 지역, 또는 토지 벨트이다." Helms(1998)는 그린벨트를 "개발이 되지 않았거나 거의 되지 않은 비어 있는 공원 같은 좁고 긴 땅으로, 일반적으로 도시지역을 둘러싸거나 부분적으로 둘러싸고 있다"라고 정의한다. 유럽에서 그린벨트는 크기가 더 크고, 종종 도시를 둘러싸고 있다.

도시와 지역사회 안이나 주변에 있는 작은 산림 조각을 나타내는 하나의 단어는 없다. 여기서는 이러한 부류를 나타내기 위해 **자투리 산림(forest remnant)**이라는 용어를 사용하는데, 이들은 보통 면적이 수십 ha나 수십 에이커이다. 이러한 것들은 범람원(氾濫原, flood plain), 급경사, 습지(濕地, wetland) 등과 같이 개발에 부적합한 부지에서 발견될 것이다(**그림 10-15**). 이와는 달리, 자투리가 개발에 적합하지만 오픈스페이스로 존속시키고 있는 곳에 위치하기도 한다. 우리의 관점에서 자투리 산림을 규정하는 주된 요소는 부지의 크기, 미개발 상태, 자생 식생의 우점 등이다. 더 많은 자투리가 산책, 달리기, 자전거 타기, 승마 등과 같은 휴양활동을 위해 활용된다.

자투리 산림의 기능

Miller(1997)는 다음 기능을 강조하는 독일의 다용도 산림관리 접근을 소개했다: (1) 휴양(休養, recreation), (2) 환경보호, (3) 산림 산물(forest products). 만약 휴양의 정의에 시각적인 쾌적함이 포함된다면, 자투리 산림의 기능은 주로 휴양과 환경보호에 있다. 미국에서의 경험에 의하면, 자투리 산림은 어업 자원 외에 목재 생산이나 야생동물 보호 능력을 위해 관리되는 경우는 드물다.

휴양의 가장 흔한 형태는 자연적인 지역, 비 개발(즉, 오솔길과 피크닉 지역 등 수동적인 사용)과 연관되어 있는 것들이다. 우리의 정신적인 웰빙에 대한 자투리 산림의 가치는 제5장에 기술되어 있다. 또한 그린벨트, 녹색길(green way), 오픈스페이스는 개발에 대한 완충지대 역할을 하면서, 자칫 부족할 수 있는 자연적인 감각을 제공해 준다.

자투리 산림의 환경적인 기능은 분명해 보인다. 대부분의 경우, 자투리 산림은 급경사지, 범람원, 불안정한 토양과 같이 환경적으로 민감한 지역에 위치하고 있기 때문에, 또는 서식지와 습지를 보호하기 때문에 유지된다. 이들은 중규모의 기후를 완화시키고, 유거수(run-off)로부터 수질오염(水質汚染, water pollution)을 줄이고, 야생동물에게 서식지를 제공하는 역할도 한다. 또한 자투리는 특히 자투리가 수변 시스템(riparian system)인 경우, 생물적 다양성의 원천이 된다.

예를 들면, Springgate와 Hoesterey(1995)는 벨뷰(Bellevue, WA)의 자연자원관리 프로그램의 여섯 가지 목표를 확인하였다: (1) 시민 안전, (2) 산림 증진, (3) 야생동물 서식지 보호와 향상, (4) 휴양, (5) 완충 토지 이용, (6) 수질 보호. 이들은 휴양적이고 환경적인 기능으로서, 산림제품은 언급되어 있지 않다는 것에 유의하라.

주변의 지역사회에 대한 자투리 산림의 경제적 가치에 생산품과 휴양, 환경보호 등의 범주를 쉽게 대입할 수는 없다. 그러나 재산적인 가치는 도시 산림이나 그린벨트에 인접해 있으면 더 높을 수 있다.

지도 원리

자투리 산림의 관리자는 관리활동에 지도원리(指導原理, guiding principles)로 고려될 수 있는 몇 가지 중대한 도전에 직면하게 된다(Clark와 Matheny, 1991). 이러한 도전은 관심을 가진 외부인의 기대와 제한조건(limiting condition)을 반영한다.

자투리 산림은 자연적이지 않다. 비록 이들이 자생 식생(自生

植生, indigenous vegetation)으로 구성되어 있지만, 자연림에 존재하는 변화의 추진력(推進力, driving force)이 이 자투리에는 없는 것이 일반적이다. 따라서 자투리 산림은 이러한 사라진 힘을 대체할 외부 간섭(干涉, intervention)이 필요하다.

관리목표는 빈번하게 충돌한다. 공중의 경우, 수목의 수관을 보전하는 것을 목표로 정하는 것은 쉬운 일이다. 그러나 실제로 선정된 식생을 제거하고 통제하는 것은 완전히 다른 것이다. 죽은 나무는 위치에 따라 자산(야생동물 서식처)이 되기도 하고 부채(안전상 위해)가 될 수 있다.

관리는 적극적인 간섭을 요구한다. 천이를 유도하기 위해서 바람, 불, 홍수를 체인톱, 염소(goat), 제초제 등으로 대체해야 한다.

복합관리목표(multiple management goal)는 사용자와 관심집단 사이의 갈등으로 이어질 수 있다. 외래식생은 통제되어야 하는가? 농약을 사용해야 하는가? 조망을 가로막는 키 큰 교목을 심어야 하는가? 개별 관리 상황은 해결되어야 몇 가지 충돌하는 이해와 만날 수밖에 없다.

자투리 산림을 관리하는 데는 재원이 필요하다. 자투리는 가끔 크기가 수 에이커이고 적극적인 간섭이 필요하고, 이를 관리하는 비용은 상당할 수 있다. 제휴(提携, partnership)나 자원봉사 참여를 통한 모금 운동을 추진하면 성공적일 것이다.

관리 목표

자투리 산림의 개별 기능 범위 중에서 강조되는 하나의 관리 주제는 수관피복(樹冠被覆, crown cover)의 장기적인 안정성이다. 수관을 가진 교목이 없으면 숲이 될 수 없을 것이다. 따라서 개별 자투리 산림에 대한 구체적인 관리목표는 다르겠지만, 궁극적인 목표인 공간과 시간을 통한 수목 피복의 연속성 확보에는 차이가 없을 것이다. 이는 관리활동이 장기적인 시각을 가져야 한다는 것을 의미한다.

오랜 기간 수목피복을 유지하기 위한 비결은 천이과정을 조장하는 것이다. Miller(1994, 1997)와 Agee(1995)는 다 같이 변화(교란의 형태로)가 불가피한 생태계의 역동적인 본질을 강조하였다. Bob Miller(1994)는 이것을 이렇게 표현하였다: "오대호 주(五大湖州, Great Lake States; 오대호를 접하고 있는 미국의 8개 주와 캐나다의 온타리오 주 - 역자 주)에서 교란(攪亂, disturbance)이 없었다면 대초원(prairies)도 없고, 참나무 사바나도 없고, 소나무 서식 모래땅/파인 배런(pine barren; 소나무가 드문드문 자라는 모래땅 - 역자 주)도 없고, 포플러-자작나무림도 없고, 방크스소나무(jack pine)림이나 미국적송(red pine)림도 없으며, 참나무-히코리림과 스트로브잣나무림으로 덮인 지역은 크게 줄어들었을 것이다."

자투리 산림에 대한 자연림 임분에서의 변화의 역동성은 도시입지(urban location)에 의해 강화되었다. 관리자는 현존하는 변화와 교란의 추진력과 함께 붕괴되거나 제거된 이들 추진력을 확인할 수 있다.

자투리의 구조와 구성이 관리의 역사(즉, 벌채), 홍수와 산불과 같은 자연적인 교란 요소의 부재, 외래종의 침입 등으로 인해 인근의 천연림과 다른 것은 당연하다. 자투리는 천연림보다 "가장자리(edge)"의 비율이 더 많은 것이 특징이며, 바람이나 태풍이 불면 피해를 받을 가능성이 더 크다. 이러한 특성 때문에, 자투리 산림에 대한 미래의 구성과 구조를 예측하는 것은 어려울 수 있다.

임분 관리와 갱신 현재 상태에 대한 인벤토리(inventory) 없이는 갱신(更新, regeneration) 계획을 수립할 수 없다. 인벤토리 항목은 수종 구성, 밀도, 크기 분포 등이다. Miller(1997)는 자투리에 적절한 다양한 표본추출과 지도제작 기법을 기술하였다. 자투리 구성과 구조의 윤곽은 갱신을 통해 수관을 유지하는 방법을 결정하는데 도움이 될 것이다. 이 과정에서 결정요소(defining factor)는 교란요소의 존재이다. 예를 들면, 산불이 자연적인 산림에서는 중요한 교란 요소지만, 작은 자투리에서는 발생할 가능성이 거의 없다.

붕괴된 산림 구성과 구조와 더불어 자연 교란의 변화 때문에 원하는 최종 결과를 자연에 의존하여 산출할 수 없다. 원하는 종으로의 자연적인 갱신은 한계가 있고 제약을 받을 것이다. 미래에 이러한 수종이 존재하도록 하는 확실한 방법은 식재일 것이다. 원하지 않는 종, 교목, 관목, 지피는 문제가 될 가능성이 높기 때문에 적극적인 방제 프로그램이 필요할 것이다. 점검하지 않고 방치하면, 가중나무(tree-of-heaven), 미국딸기(Himalayan blackberry), 칡(kudzu) 등과 같은 다양한 종이 자투리를 우점(優點, dominate)할 것이다.

한 예로, 많은 벌채 적지(伐採跡地, cut-over area)의 일부가 초기 천이종이 우점하는 자투리가 되었다(그림 10-15). 초기 천이종이 죽으면서 후기 천이 종이 수관 전반에 나타날지 여부는 이들 종이 하층에 존재하느냐에 달렸다. 만약 이들이 전혀 존재하지 않는다면 식재가 필요할 것이다. 아니면, 초기 천이 종의 수관이 바람직하다면, 후기 천이적 유형은 제거하고 자연적 또는 식재를 통해 초기 수종으로의 갱신이 추진되어야 한다.

침입수목 제거 자투리 산림이 개발된 도시에 가까이 있다는 것은 이들이 외래종(外來種, exotic species)에 의해 침범

그림 10-16 자투리 산림은 자생 식생을 몰아낼 수 있는 외래 잡초 종에 의해 침략당할 가능성이 있다. 샌프란시스코에 있는 이 임분의 하층은 자생 관목과 지피 종이 사라지고 거의 완전히 아이비와 산딸기로 구성되어 있다.

될 가능성이 특히 높다는 것을 의미한다(**그림 10-16**). 침입수목(侵入樹木, invasive plant)은 자연적인 지역에 쉽게 정착하여 자생 식생을 대체하는 비자생 수종들이다. 방제하지 않고 그대로 두면 결국에는 자생종을 멸종시킬 것이다. 따라서 많은 자투리 산림과 식생지의 자연적인 특성은 인접한 경관으로부터 자투리로 들어오는 침략적인 외래수종에 의해 위협을 받을 것이다.

아이비(*Hedra helix*), 유칼리류(*Eucalyptus* sp.), 호주자작나무(*Melaleuca quinquenervia*), 노르웨이단풍(*Acer platanoides*), 가중나무(*Ailanthus altissima*), 히말라야블랙베리(*Rubus procerus*)와 같은 수종은 자생종을 보존하기 위해 적극적인 억제가 필요하다. 송전선 공도용지 관리할 때와 마찬가지로(제19장 참조), 기계적인 절단과 선택성 제초제를 활용하는 수목건강관리(Plant Health Care)가 아마 최선의 방제가 될 것이다.

화재 연료 관리 화재 발생 위험이 있는 곳에서는 연료 부하와 사다리는 전정, 낙엽 제거, 임분의 간벌, 수관 높이기 등으로 관리되어야 한다. 도시 임정관은 개별 녹지로부터 유역에 이르기까지 다양한 규모에서 적극적으로 간여한다. 개별 필지에 방어적인 공간을 유지할 수 없는 인구가 조밀한 지역사회에서는 이 지역 주위에 방화대(防火帶, fire break)를 조성하기 위해 식생을 제거할 수도 있다.

안전 이러한 군집(群集, assemblage)은 인간 가까이에 존재하고 가끔 새로이 노출된 가장자리에서도 발생하기 때문에 수목은 구조적으로 튼튼하여 파손될 가능성이 낮아야 한다. 어떤 지역에는 범죄로부터의 안전을 우려하여 하층을 제거할 수도 있다.

그러나 죽거나 구조적으로 튼튼하지 못한 수목이 사람이나 재산을 위협하지 않는 곳에서는 이들을 그대로 두어 다양한 야생동물의 서식처로서의 편익을 제공한다.

공중의 인식 Miller(1997)와 Agee(1995)는 공중이 수목과 녹지가 경관의 영구적인 특징으로 생각한다고 말했다. 간벌이나 다른 형태의 식생 조절이 의심 없이 수용될 가능성은 낮다. "산림을 지키기 위해 이를 파괴하는 것"을 서서 지켜볼 시민이나 선출직 공무원은 없다.

따라서 참여와 교육을 위한 노력은 모든 관리 노력의 필수적인 부분으로 고려되어야 한다. 사실, 이웃이나 다른 사람들과 일하는 것은 종종 첫 단계인데, 이는 어떤 수목을 제거하거나 식재하기 오래전에 일어난다.

조망 자투리 산림에 대한 빈번한 부정적인 불만은 조망(眺望, view)과 관계가 있다. 비탈에 있는 교목은 인접한 부지 소유자의 조망을 가로막기 때문에 이 문제는 자투리 산림 관리의 논쟁에 포함된다. 조망에 대한 갈등은 물과 산, 기타 지역적인 지형에 대한 전망이 매력적이고 수요가 있는 산지 지형(hilly terrain)에서는 매우 심각하다. 조망을 창출하고 유지하기 위해 산림을 제거하는 경제적인 유인(誘因, incentive)은 상당하여, 가끔 주택 소유자/구매자와 수목 애호가가 싸우게 하여, 지역사회에서의 감정적인 싸움으로 이어진다.

조망관리는 조망의 창출과 유지관리로서 이는 지역사회의 가치이며, 지역사회들은 다르게 반응해 왔다. 미국에서는 수목의 높이를 제한하고 거슬리는 식생을 제거하는 권한을 부여하는 경우도 있고, 공공이나 개인 재산에 대한 조망 청소를 금지하는 경우도 있다.

자투리 산림관리 요약

자투리 산림관리는 육림과 화재연료 관리에 관한 지식과 경험이 부족한 전통적인 방법으로 훈련받은 수목관리자에게는 기가 질리는 도전일 수 있다. 수목관리에서의 우리의 경험은 바람직하지 않은 식생의 관리, 전정, 수목 위해의 평가, 식재 등에서 자산이 된다. 자투리 산림의 장기적인 관리(즉, 수목 피복의 유지관리)에는 임업 전문가가 가지고 있는 산림관리에 특화된 기술이 필요하다. 따라서 이들과 같이 작업하면 폭넓은 관리 프로그램이 개발되고 수행될 수 있을 것이다.

그러나 도시지역에서 자투리 산림을 관리하는 것은 방정식(方程式, equation)의 한쪽일 뿐이다. 꼭 같이 중요한 구성요소가 교육이다. 이는 자투리 산림 근처에 살고, 이용하고, 아니면 여기에 관심이 있는 사람들의 후원과 참여를 격려하고 양성하는 것이다.

10.7 뿌리와 건물

어떤 유형의 점토질 토양은 건조해지면 수축하고 다시 젖게 되면 팽창한다. 이러한 반복적인 수축과 팽창은 포장, 기초, 벽 등의 균열(龜裂, crack)과 침하(沈下, subsidence)를 초래한다(Morling, 1963; Cutler와 Richardson, 1989). 토양 수축은 가뭄(drought)이 계속될 때 특히 심각하다. 1975~1976년에 걸친 가뭄 후에 영국의 보험회사는 점토질 토양의 수축으로 인한 건물 피해를 보상하기 위해 약 70백만 파운드를 지급했다. 1972년, 미국에서 팽창적인 토양 이동으로 인한 연평균 손실이 23억 달러 정도인 것으로 추정되었다(Jones와 Holtz, 1973). 토양 침하가 건물을 불안하게 하는 경우는 드물지만, 외관과 가치, 시장성에는 심각한 영향을 미칠 수 있다(Pryke, 1979). 이러한 건물 움직임 때문에 흔히 출입문, 창문, 서랍 등을 막대기로 받쳐두기도 한다.

구조물 손상에서의 수목 역할

Holtz(1983)는 팽창성 토양(膨脹性土壤, expansive soil)에서 발생하는 피해의 20%가 식생에 의한 건조효과에 기인할 수 있다고 추정한다. 수목은 토양수분을 제거함으로써 피해의 원인을 제공한다. 수목이 수분을 증산함에 따라 토양은 건조해지고 수축한다. 수목은 뿌리 지역 내에서 수인치의 지표면 침하를 유발할 수 있다(**그림 10-17**).

약 11,000그루의 교목과 1,300그루의 관목에 대한 뿌리 조사에서 Cutler와 Richardson(1989)은 영국에서 흔한 교목의 뿌리와 이들의 뿌리에 의한 건물과 배수구에 대한 피해에 관한 흥미롭고 유용한 정보를 수집하였다. 건물 침하를 유발하는 것으로 가장 빈번하게 보고되는 두 속(屬, genera)은 참나무(주로 영국참나무/*Quercus robur*와 세실참나무/*Q. petraea*)와 포플러이다. 참나무는 가로수와 정원수 개체수의 2.1% 정도로 추정되지만 피해를 유발하는 수목의 11.5%를 차지하고 있었다. 이러한 경우의 10%는 참나무가 피해 건물로부터 18m(60피트) 이상 떨어져 있었다. 포플러는 수목 개체수의 3%였고, 피해의 8.7%를 차지하고 있었다. 포플러로 인한 문제의 10%는, 수목이 피해 건물로부터 20m(65피트) 이상 떨어져 있었다. 자작나무와 꽃이 피는 과수는 가장 적은 피해를 유발하였다. 피해의 10%만 수목이 피해 건물로부터 8m(25피트) 이상의 거리에 있었다. 팽창성 토양에 위치한 인접 구조물의 피해와 관련되어 있는 수종의 조사결과는 **표 10-5**에 정리되어 있다.

그림 10-17 주차장 근처의 무가유칼리(*Eucalyptus sideroxylon*)의 수분 흡수는 팽창성 점토질 토양 위의 포장 파손을 초래했다. 이 수목의 뿌리 지역 내 토양 높이가 5~10cm(2~4인치) 내려갔다. 이 피해는 수년간의 가뭄 뒤에 발생했다. 이 수목은 관수를 거의 받지 못했다.

Morling(1963)은 빨리 자라는 대교목은 점토질 토양에서 자신이 성숙했을 때의 수고 1.5배에 상당하는 수평반경에서 문제를 유발한다고 추정하였다. 그러나 Cutler와 Richardson(1989)은 수고와 뿌리에 의해 문제가 발생하는 거리 사이에는 상관관계가 낮다는 것을 발견하였다. 수목의 뿌리가 문제를 유발하는 최대 거리가 수목의 수고와 일치하는 경우는 드물었다. 뿌리 신장이 빠른 어린 나무는 보통 성숙한 수목보다 더 많은 피해를 유발한다. 수축과 팽창은 대부분의 뿌리가 있는 지표 가까이에서 가장 크고, 지표 아래 약 1.5~2m(5~6피트) 깊이까지는 뿌리가 감소하면서 토양의 움직임도 크지 않다. 가뭄이 드는 해에는 대교목 주위의 수축이 지하 3m(10피트)까지 확대된다(Morling, 1963; Pryke, 1979).

교목을 제외한 식생은 토양을 건조시키는 역할을 한다. Holtz(1983)는 중간내지 높은 강우량 지역에서는 활엽낙엽 대교목이 주된 관심이지만, 건조 또는 반건조(半乾燥, semiarid) 지역에서는 관목이나 잔디도 문제가 될 수 있다. 텍사스에서 고속도로를 따라 밀집한 잔디식생은 토양을 건조시켜 포장 내에 수직의 균열 유발시켰다(Felt, 1953). 잔디와 관목은 물론 교목의 수량, 크기, 위치, 수형(樹形, type of tree)을 포함한 총 식생이 고려되어야 한다.

교목이 구조물 근처에서 자라고 있는 팽창성 토양에서의 구조물에 대한 피해는 세계적으로 다양한 곳에서 보고되었다. 보고된 국가는 영국(Driscoll, 1983; McCombie, 1993), 호주(Richards 등, 1983), 남아프리카(Williams와 Pidgeon, 1983; Jennings, 1953), 중국(Lin과 Kaiming, 1985), 캐나다(Bozozuk, 1962) 등이다. 미국 육지의 20% 이상이 팽창 잠재력이 높은 토양인데, 분포 범위는 멕시코 만(Gulf of Mexico)에서 캐나다 국경까지, 네브래스카(Nebraska)에서 태평양까지에 이른다(Chen, 1975).

기후가 팽창성 토양의 움직임 정도에 크게 영향을 미친다. 강우량이 많은 기간 다음에 긴 가뭄이 이어지는 곳에서는 강우량이 연중 고루 분포하는 지역보다 토양이 더 크게 팽창하고 수축한다. 그러므로 일반적으로 팽창성 토양은 중서부

표 10-5 호르몬처럼 작용하는 식물생장물질

학명	일반명	국가/지역	인용 문헌
Acer platanoides	노르웨이단풍	영국	Cutler와 Richardson, 1989
Acer negundo	네군도단풍	영국	Cutler와 Richardson, 1989
Acer pseudoplatanus	버즘단풍나무	영국	Cutler와 Richardson, 1989
Aesculus hippocastanum	미국칠엽수	영국	Cutler와 Richardson, 1989
Aesculus carnea	붉은 칠엽수	영국	Cutler와 Richardson, 1989
Catalpa sp.	개오동나무속	시카고	Perpich 등, 1965
Eucalyptus sideroxylon	무가유칼리	캘리포니아	저자의 경험
Eucalyptus camadulensis	레드리버검	호주	Richards 등, 1983
Eucalyptus marginata	자라(jarrah)	중국	Lin과 Kaiming, 1985
Betula pubescens	유럽자작나무	영국	Cutler와 Richardson, 1989
Crataegus sp.	산사나무속	영국	Cutler와 Richardson, 1989
Eucalyptus globulus	유칼리나무	남아프리카	Pidgeon과 Tromp, 1983
Fraxinus excelsior, F. ornus	물푸레나무류	영국	Cutler와 Richardson, 1989
Malus sp.	사과나무속	영국	Cutler와 Richardson, 1989
Melaleuca styphelioides[a]	말레루카	호주	Misra와 Sands, 1993
Morus alba 'Fruitless'	열매없는 뽕나무	텍사스	Tucker와 Poor, 1978
Platanus x hispanica	런던버즘나무	영국	Cutler와 Richardson, 1989
Populus sp.	미루나무	텍사스	Tucker와 Poor, 1978
Populus sp.	포플러	미시간	Hammer와 Thompson, 1966
Populus nigra 'Italica'	양버들	영국	Skempton, 1954; Cutler와 Richardson, 1989
Prunus persica	복숭아나무	남아프리카	Williams와 Pidgeon, 1983
Prunus sp.	살구나무	영국	Williams와 Pidgeon, 1983
Prunus sp.	체리, 서양자두	남아프리카	Cutler와 Richardson, 1989
Pyrus sp.	배나무	영국	Cutler와 Richardson, 1989
Quercus robur	영국참나무	영국	Cutler와 Richardson, 1989
Quercus patraea	더매스트 참나무	영국	Cutler와 Richardson, 1989
Robinia sp.	아까시나무	영국	Cutler와 Richardson, 1989
Salix sp.	버드나무속	텍사스	Tucker와 Poor, 1978; Cutler와 Richardson, 1989
Schinus molle	페루후추나무	캘리포니아	Day, 1991
Sorbus aucuparia	마가목	영국	Cutler와 Richardson, 1989
Tilia sp.	피나무속	영국	Cutler와 Richardson, 1989
Ulmus sp.	느릅나무속	시카고	Perpich 등, 1965
Ulmus sp.	느릅나무속	텍사스	Tucker와 Poor, 1978
Ulmus americana	미국느릅나무	미시간	Hammer와 Thompson, 1966
Ulmus pumila	비술나무	미시간	Hammer와 Thompson, 1966
Ulmus procera[a]	프로세라 느릅나무	호주	Misra와 Sands, 1993; Cutler와 Richardson, 1989
Ulmus glabra	스코틀랜드 느릅	영국	Cutler와 Richardson, 1989
Ulmus carpinifolia 'Sarniensis'	연한잎 느릅나무	영국	Cutler와 Richardson, 1989

[a]피해 유발 가능성은 활착된 수목이 토양으로부터 수분을 흡수할 수 있는 능력에 대한 시험으로 추정하였다.

그림 10-18 팽창성 토양은 건조해지면 지표에 깊은 균열을 형성한다.

나 동부보다 건조 또는 반건조 서부에서 더 큰 문제를 유발한다. 그러나 습도가 높은 지역에서는 식생이 피해에 크게 기여할 수 있는데, 이는 뿌리가 토양으로부터 수분제거를 크게 증가시키기 때문이다(Holtz, 1983). 수목의 뿌리, 수문학(水文學, hydrology), 토양의 상호작용 등으로 인해 구조물에 중대한 피해가 발생하기 위해서는 몇 가지 조건이 필요하다:

1. 토양이 건조해지면 수축하는 유형이어야 한다. 팽창성이 가장 높은 토양(수축성 토양 또는 수축/팽창 토양이고도 함)은 질석(蛭石, vermiculite)이나 몬모릴로나이트 점토(montmorillonite clay)를 함유하고 있다. 반면 고령토(高嶺土, kaolinite clay)는 팽창성이 매우 낮다. 토양의 지표 균열은 그 토양이 쉽게 수축하고 팽창한다는 것을 나타낸다(**그림 10-18**). Chen(1975)은 수목은 수축되지만 다시 수화(水化, hydrate)될 때 팽창하지 않거나 적게 팽창되는 토양에서 가장 큰 피해를 유발한다고 주장하였다. 문제가 있는 토양은 지표 아래 팽창하지 않는 토양으로 덮여 있을 것이다.
2. 교목은 상대적으로 많은 양의 물을 사용하기에 충분한 크기이다. 자유롭게 증산하고 큰 용량의 습한 토양을 차지하고 있는 광범위한 뿌리시스템을 가진 교목은 상당한 문제를 유발하기 쉽다. 또한 교목은 팽창성 토양을 침투할 수 있는데, 이는 지표 아래 어느 정도 깊이에서 높은 밀도로 존재하여 통기성이 불량할 수도 있다. 피해를 입은 구조물 아래에 있는 뿌리는 2~5m (6~15피트)깊이에서 관찰되었다(Perpich 등, 1965).
3. 구조물은 안정성을 위해 심토에 기반을 두어야 한다. 기초(基礎, foundation)가 얕은 건물, 슬라브, 아스팔트 포장, 연석 등이 가장 많은 피해를 받는다. Kelsey(1987)는 그가 조사한 피해사례 177건 중 78%가 기초의 깊이가 3피트 미만이었다. 이 중 81%는 지표 슬라브 기초 위에 건설되었다. 반면 기주(基柱, pier)나 빔(beam) 기초 위에 지은 구조물에는 피해가 발생하지 않았다.

구조물 손상에 대한 수목 기여 진단

포장과 건물 가까이에 식재된 수목은 뿌리 지역 내의 토양 수축을 악화시켜 포장과 건물의 파손을 유발시킬 수 있다는 것은 명백하다. 그러나 수목은 관련된 요소들 중 하나일 뿐이다. 수목이 없는 경우에도 Chen(1975)은 구조물의 피해를 종종 팽창성 토양의 움직임 탓으로 부당하게 돌리고 있다고 말했다. 한 그루 이상의 교목이 토양의 탈수(脫水, dehydrating)와 수축 유발에 관여한다고 추정하는데, 이는 부지의 특성과 수목이 근접해 있는 점에 근거를 두고 있다.

결론에 도달하기 전에 해당 부지 조건에 대한 제세한 평가가 이루어져야 한다. 동정하는 방법에 관한 고찰은 Matheny와 Clark(1998)을 참고하라.

토양 팽창

토양 침하에 의해 유발된 건물 균열의 대부분은 이듬해 우기(雨期, rainy season)나 관수 기간 동안 거의 아문다. 그러나 충분한 강우나 관수에도 불구하고, 건물 아래에 있는 대부분의 점토질 토양은 천천히 재습윤(再濕潤, rewet)되고 장기간에 걸쳐 계속 팽창할 것이다.

건물이 건축된 이후에 건조한 점토질 토양의 팽창은 더욱 심각한 문제를 유발할 수도 있다. 새로운 부지가 개발될 때 자생 식생이 제거될 수 있다. 토양이 건조하고 수축되어 있을 때 공사를 시작한 경우, 다시 젖게 되면 토양은 팽창할 것이다. 이로 인한 토양 융기(heave)는 구조적인 피해를 가져올 수 있다. Morling(1963)은 두 그루의 느릅나무가 제거된 지 6년 내에 점토질 토양의 표면이 높이가 100mm(4인치) 높아졌으며 7차년도에도 여전히 10mm가 올라갔다고 보고하였다. 뿌리 지역 내의 토양수분은 느릅나무들이 절단될 때 위조점(萎凋點, wilting point)에 가까운 수준이었음에 틀림없다.

문제 상황 교정 및 회피

일단 수목이 구조적인 피해를 유발하고 있는 것으로 확인되면, 다음과 같은 몇 가지 처리 대안이 있다:

적정한 토양수분에 이를 때까지 관수하라. 상대적으로 안정적인 토양수분을 유지하는 주기적인 관수는 토양의 움직임을 최소화함으로서 구조적인 피해발생 가능성을 줄일 것이다. 일단 토양이 건조해지면, 토양의 팽창 잠재력에 따라서는 관수가 효과적인 교정처리 방법 중 하나가 될 수 있다. 시카고에 있는 성 헤드윅 교회(St. Hedwig's Church)의 45m(150피트) 탑이 토양 건조 때문에 본관으로부터 분리되었다(Holtz, 1983). 그 탑은 기초 주변 토양에 관수를 함으로써 원래의 위치로 회복되었다. Perpich 등(1965)은 수목과 기초 사이에 직경 8~15 cm(3~6인치)의 구멍을 뚫어서 투수성을 제고시킬 수 있는 여과 구멍을 조성할 것을 권고하였다. 이 구멍은 건조된 지역 전반으로 확대되어야 한다(이들의 연구 결과, 2~4m[7~12피트]). 구멍은 깨끗하고 잎자가 고른 모래로 채워졌다. 물은 이들 구멍을 연결시키기 위해 굴착된 수조 도랑(reservoir trench)이나 각 홀에 배출구가 있는 관수배관을 통해 적용되었다. 관수는 토양수분을 과도하게 하거나 기초 가까이에 물웅덩이를 만들면 문제를 악화시킬 수도 있다(Day, 1992a).

물웅덩이가 생기지 않도록 적절한 지표배수를 확보하라. 고인 물은 탈수만큼 피해를 주는 토양 융기를 유발할 수 있다.

녹지를 멀칭하라. 멀칭은 지표로부터의 증발을 줄여주어 균일한 토양수분을 보전하는데 도움이 된다(Day, 1992b).

식생에 의한 추가적인 효과를 포함한 예상되는 움직임에 견딜 수 있도록 구조물을 설계하라. 요구조건은 기술자에 의해 결정되어야 한다. 기초의 깊이는 건조되는 지역 아래까지 연장되어야 하며, 이는 특정한 부지와 기후 요소에 따라 차이가 있다. Biddle(1983)은 기반의 깊이는 적어도 1.5m(5피트)가 되도록 할 것을 제안하였다. Kelsey (1987)는 구조물이 기주나 빔 기초로 지지되는 경우 피해가 거의 없었다고 보고하였다.

영향을 받은 지역에 있는 구조물의 아래를 보강하라. 이것은 비용이 많이 드는 처리이다. 보강은 건조 지역 아래까지 연장되어야 한다. 이 처리는 기술자에 의해 설계되어야 한다.

수목은 얕은 기초로부터 멀리 심어라. 권고되는 거리는 다양하다. Perpich 등(1965)은 성목(成木, mature tree)의 수고와 동등한 거리(Ward, 1953을 근거로)를 권장한 반면, Hammer와 Thompson(1996)은 성목 수고의 절반을 제안하였다. Holtz와 Hart(1978)는 물을 많이 사용하는 대교목은 최소 7m(20피트)의 거리를, 소교목은 4m(15피트)를 권고한다. Chen(1975)은 교목과 관목에 대해 3m(10피트) 거리를 제안한다. 영국표준원(British Standard Institute)은 일반적인 영국 교목 수종에 대한 구체적인 거리를 제시하고 있다.

기초 주위에 방근을 설치하라. 방벽은 기초 아래로 침투하여 물을 흡수할 수 있는 세근(細根, fine root)을 배제할 수 있도록 충분히 깊어야 한다. 포장을 보호하기 위한 방근은 이 장의 앞에서 기술하였다.

토양 건조를 유발할 가능성이 낮은 수종을 선정하라. 지금까지 가용한 정보에 의하면, 상대적으로 증산량이 적고, 뿌리시스템이 얕은 수목의 근처에서 토양 문제가 적게 발생하는 것으로 나타났다. 이러한 특징을 가진 수목을 확인하는 것이 어려울 수도 있다. 우리가 아는 한, 이러한 특징을 확인하기 위해 실험한 수종은 없다.

미시간에서 기초 파손을 평가한 Hammer와 Thompson (1966)은 직경이 30cm(12인치) 미만인 교목 근처 또는 적단풍(*Acer rubrum*)과 같이 천근성 수목(淺根性樹木, shallow rooted tree) 가까이에서는 사소한 문제가 발견되었다. 큰 느릅나무류, 포플러류, 버드나무류 교목이 건물로부터 13m(40피트) 이내에 있는 곳에서 심각한 문제가 발생했다.

근본적으로 물 사용량이 적은(내건성) 수목을 선택하라. 여기에 속하는 수목은 호랑가시참나무(*Quercus ilex*), 올리브(*Olea europaea*), 대부분의 침엽수 등이다. "물을 많이 소비는 수종(water spender)"은 피하라(Harris와 Coppock, 1977). 이들은 내건성으로 보일 수도 있지만, 실재로는 증산을 자유롭게 하고 습한 토양으로 뻗은 광범위한 뿌리시스템에 의존한다. 유칼리나무와 흑호두나무(*Jugans* sp.)가 여기에 속한다.

Lin과 Kaiming(1985)은 다음 수종(학명은 저자가 추가함)을 권고하였다:

상록수:	소나무류(*Pinus* sp.)
	사이프러스(*Cupressus* sp.)
낙엽수:	멀구슬나무(*Melia azedarach*)
	메타세쿼이어(*Metasequoia glytostroboides*)
	은행나무(*Ginkgo biloba*)
	배롱나무(*Lagerstroemia indica*)
	회화나무(*Sophora japonica*)

10.8 기타 특수관리 상황

자연배수가 없는 식수대

자연배수가 없는 식수대(planter)는 옥상 정원, 건물 내 로비, 지하 차고 위, 상점가 내부, 호텔 로비 등에는 흔히 볼 수 있다(**그림 10-19**). 대부분의 이러한 상황은 성공적인 수목생장을 위한 수분과 양분, 통기, 배수, 고정 등을 제공하는 근원

그림 10-19 조경식물들은 위의 하트포드(Hartford, CT)의 Constitution Plaza에서 보는 것처럼 잘 설계된 식수대를 이용하여 여러 상황에서 성공적으로 키울 수 있다.

토양(parent soil)과 접촉하지 못하고 수목 용기를 필요로 한다. 이러한 식수의 무게는 배합토(配合土, soil mix)의 무게, 물, 성숙한 수목, 기타 경관 특징, 그 지역을 점유하고 있는 사람들과 마찬가지로, 이들이 구조물 위에 위치할 때 중요한 고려사항이다. 개별적으로 스스로 서 있든 구조물 안에 설치되든, 성공적인 식수대는 용기의 크기, 방수, 관수, 배수, 배합토에 의해 통제되어야 한다(Davis 등, 1974). 이러한 요소들은 구조물이나 프로젝트에 대한 최초 계획수립 시에 고려되어야 한다.

용기는 배수자재와 수목의 고정 및 배수를 제공하는 적절한 배합토를 담을 수 있을 정도로 깊어야 한다. 용기의 최저 깊이는 잔디와 잔디 대체물은 15~30cm(6~12인치), 큰 지피나 대부분의 중간 크기 관목은 0.5~1.0m(1.5~3피트), 대관목과 교목은 1~1.5m(3~5피트) 정도 되는 것이 좋다(Davis 등, 1974). Bernatzky(1978)는 관목과 소교목에 대한 최소 토양 깊이를 45cm(18인치) 정도로 권고했다.

식수대는 큰 용기처럼 작용하기 때문에, 이들의 토양-수분 관계도 용기와 비슷하다. 배합토는 물이 용기의 바닥으로 빠르게 배수되도록 해야 하고, 배수관과 배출구는 물을 용기로부터 빨리 모아서 건물 안이나 도로 배수시스템으로 이동하기에 충분히 커야 한다. 용기는 바닥이 경사져서 가장 낮은 지점에 배출구가 있어야 한다.

배수관이 침니(沈泥)로 막히는 것(silting up)을 방지하기 위해 배관을 12mm($^1/_2$인치) 유리섬유 여과패드로 감싸주거나, 배수 배관 바로 위에 긴 토목섬유 직물을 둘러주어라. 그리고 패드는 매스틱(mastic)으로 제자리에 고정시켜 주어라. 배수관이 설치된 후에는 굵은 모래나 현지 배합토에 사용된 모래로 용기 바닥 전체를 25mm(1인치) 깊이로 덮어 주어라. 물은 이 얇은 모래층 내에서 매우 빠르게 옆으로 이동할 것이며, 모래층은 유리섬유 여과 패드가 손상되는 것도 보호해줄 것이다.

Davis 등(1974)은 캘리포니아대학교 매뉴얼 23(University of California Manual 23; Baker, 1957)이 권장한 용기 배합토를 시험한 결과 매우 만족스럽다는 것을 발견했다. 이 배합토는 균일한 굵은 모래(0.5~1mm)와 유기물을 부피 기준으로 50:50~75:25의 비율로 섞은 것이다. 흔히 양분과 수분의 보유능력을 높이기 위해 소량의 미사(silt)나 양토(loam soil)를 배합토에 첨가하지만, 이러한 재료가 5% 이상 되면 배수와 통기를 방해할 것이다.

거친 모래와 유기물의 혼합은 좋은 토질 배합을 가져온다. 이러한 배합토가 물로 포화되면, 모래와 유기물 혼합비가 50:50인 경우 건조한 경우와 비교하여 무게가 3~4배로 늘어난다. 연구자들은 배합토의 포화된 무게는 약 1.2kg/ℓ(70파운드/ft^3)으로 비슷하였으나, 용적비중(bulk density)은 사소한 배합비율 변화에도 크게 차이가 날 수 있다는 것을 발견하였다. 그러므로 배합토의 습윤 중량(濕潤重量, wet weight)은 배합토의 표본추출만으로도 확실하게 추정할 수 있다. 중 또는 대형의 식수대 조경에서 배합토를 확정하기 전에 적합성을 세부적으로 규정하고 실험을 거치는 것이 좋다.

야외 식수대는 보통 시선이 집중되는 곳으로, 여기에 식재된 수목에 대한 환경은 여전히 극히 가혹할 것이다. 바람, 직접 또는 반사된 햇빛, 연장되거나 다양한 빛의 강도, 낮은 습도, 높은 낮 기온, 겨울철 낮은 뿌리 기온 등 이들 모든 것이 야외 식수대 조경의 일반적인 환경이며, 이들은 모두 수목의 삶을 위태롭게 할 것이다. 일반적으로 건조한 기후에서 자라는 목본식물은 이러한 여건에 잘 적응할 것이다(Bernatzky, 1978). 대부분의 경우, 교목과 관목은 어느 정도 크기의 성목에 도달하면 천천히 자란다. 바람이 부는 곳에 있는 대형목은 당김줄이나 고정 지주로 지지해 주어야 한다. 상록수는 연중 푸른 잎 때문에 활용되지만 대부분이 대기오염 물질에 피해를 입을 수 있다.

주기적으로 침수되는 지역

화재처럼 홍수도 강이나 기타 수변 통로 주변에 있는 자연적인 산림에서는 흔한 교란요소 중 하나이다. 또한 다양한 휴

표 10-6 **수목의 침수 내성(flood tolerance)에 영향을 주는 요소**

요소	설명
토양	
통기성	토양 산소 결핍은 수목 피해와 관련된 가장 중요한 환경요소가 될 것이다.
pH	산성 토양은 알칼리 토양으로 될 수 있고, 역으로의 변화도 가능하다.
유기물	분해로 인해 발생하는 물질은 수목 생장에 유해하다; 이러한 물질이 침수된 토양에 축적될 수 있다.
퇴적	토양의 퇴적은 침수 전 토양과의 산소교환을 제한할 수 있다.
침식	토양 침식은 뿌리를 노출시켜 스트레스와 쓰러질 가능성을 높이게 된다.
교목	
수고	수목의 피해는 침수된 수관 비율이 높을수록 증가한다.
수관급	우세목(優勢木, dominant tree)이 다른 수관급 수목보다 생존율이 높다.
수령	우세목이 어린 실생묘나 과성숙목보다 내성이 강하다.
활력	활력이 강한 수목이 건강하지 못한 수목보다 침수에 더 잘 견딘다.
뿌리	장기간의 침수는 뿌리를 죽이고 부후미생물이 번성하게 만든다.
수종	수종에 따라 타고난 내성에 차이가 매우 크다.
침수	
계절	수목은 휴면기에 침수되는 것이 생육기에 침수되는 것보다 더 잘 살아남는다.
기간	침수 기간이 길수록 피해가 커진다.
수위(water level)	수목의 반응은 수위에 의해 영향을 받는다.
기온과 산소	따뜻하고 정체된 물이 차고 흐르는 물보다 더 해롭다.
기계적인 상처	잔해, 물결, 흐름 등은 모두 수목 손상을 유발할 수 있다.
화학물질	홍수로 인한 물은 유해한 화학물질을 포함하고 있을 수 있다.

출처: Bratkovich 등, 1993.

양부지는 침수되기 쉽다. Bratkovich 등(1993)이 언급한 바와 같이, 침수에 대한 수목의 반응을 결정하는 요소는 매우 광범위하다(**표 10-6**).

주어진 여건 하에서, 개별 수종의 침수에 대한 내성은 차이가 크다. 많은 수종이 연간 3개월 이상 물이 이들 주변 토양을 덮고 있어도 생존할 수 있다(Whitlow와 Harris, 1979). 이들 중 몇몇 수종은 느려진 생장과 수간 발근(樹幹發根, trunk rooting)만으로 상당히 오랫동안 물에 잠겨 있을 수 있다(예: 일부 버드나무류). 수목은 세립질의 얕은 토양보다 배수가 잘되는 충적토양(沖積土壤, alluvial soil)에서 더 잘 생존한다. Whitlow와 Harris(1979)는 침수 전 한 생육기(生育期, growing season) 동안 활착한 수목이 침수 2개월 전에 식재된 수목보다 침수에 대한 내성이 크지 않았다고 보고하였다. 수목은 보통 휴면기 중에 침수에 가장 잘 견딜 수 있을 것이라고 생각하지만, 침수가 발생하는 시기는 늦봄과 여름이다. 캘리포니아에서, 홍수기에서 건조기로 전환하는 한여름 2~3개월 동안 살아남아야 한다.

Bratkovich 등(1993)은 홍수 후의 수목관리 방법을 종합적으로 제시하였다. 침수는 수목에게 심각한 환경적 스트레스이다. 활력이 좋은 수목은 빨리 회복하지만, 그렇지 않은 수목은 다양한 병해충, 특히 나무좀이나 궤양병(潰瘍病, canker), 뿌리썩음병(예: 아밀라니아/*Armilaria*, 피티움/*Phythium*, 파이토프토라/*Phytophthora*) 등 기회성, 이차적(opportunistic, secondary) 병해충에 걸리기 쉽게 될 수 있다. 수목관리자는 침수 후에 수목의 구조적 안정성에도 관심을 기울여야 한다.

매립지

쓰레기 매립지(refuse-landfill) 부지는 공원, 골프장, 식물원, 자생식물 녹지, 야생동물 관리지역, 조경된 사면 등으로 개발되어 왔다. 매립지는 버려진 모래와 자갈 채취장(sand and gravel pit), 만 매립(bay-fill) 부지, 협곡, 동굴, 쓰레기 더미 등에 위치한다. 매립지가 가득 차게 되면 전 지역을 두께 0.6m(2피트) 이상의 흙으로 덮거나 식재를 하는 것이 일반적인 관행이다.

쓰레기의 절반 이상을 차지하고 있고, 매립지가 가라앉게 만드는 유기물의 분해는 비슷한 양의 메탄(methane)과 이산화탄소(二酸化炭素, carbon dioxide)를 생산하고 열을 발생시킨다. 이러한 여건들은 각각 수목의 삶에 유해하여, 일부 매립지에 인접한 수목은 지하에서 나오는 가스에 의해 심각하게 피해를 입고 있다.

뉴저지(New Jersey)와 영국의 연구자들은 매립지 수목을 보호하기 위한 식재기술을 탐색하고 매립지 여건에 내성이 있는 수종을 선발했다(Leone 등, 1977; Harris, 1992; Department of the Environment, Transport, and the Regions, 2000). 그러나 유독한 화학물질의 용탈과 유독하고 가연성의 가스에 대한 우려는 더욱 엄격한 밀봉(密封, capping) 작업으로 이어졌다. 이러한 작업은 오래된 매립지에 존재하는 일부 문제를 최소화하고 있다. 쓰레기가 압착되고 토양이나 토목섬유로 덮여 있지만, 유기물의 분해는 매립지의 침하를 초래한다. 매립지의 깊이, 압착된 정도, 물의 침입에 따라 차이가 있지만, 0.15~0.45m(6~18인치)의 침하는 보통이다. 고르지 않은 지표는 활동에 방해가 될 뿐만 아니라 낮은 곳에 물이 고이고, 관수 배관이 파손될 수 있고, 토양이나 토목섬유 덮개가 갈라질 수 있다. 주 관수배관, 건물, 대형목 등은 매립지 주변의 단단한 지반에 설치하면 피해를 최소화할 수 있을 것이다.

분해 속도와 매립지에서 발생하는 가스의 양은 주로 유기물 함량과 수분의 양에 달렸다. 대부분의 깊은 매립지는 유기 폐기물 kg당 가스 3~6리터(0.05~0.1ft^3/lb)를 생산한다(Van Heuit, 1979). 상대적으로 건조한 매립지에 있는 고체 폐기물의 반감기(半減期, half-life)는 약 15년 정도로 추정되지만, 규모가 큰 매립지는 완전히 매립하는데 20년 이상이 걸리기도 하기 때문에 이러한 추정은 하기 어렵다.

가스수집정(-收集井, gas-collection well)은 매립지 가스 수준을 덮개 토양(cap soil)에서 자라는 수목을 보호할 수 있는 안전한 수준으로 유지시킬 수 있다. 메탄은 수집하여 에너지로 사용할 수 있다. Hackensack의 Meadowlands(뉴저지)는 10,000가구가 10~20년간 사용할 수 있는 규모인 하루 190백만 리터의 메탄을 생산할 수 있을 것으로 기대된다(Grant, 1990).

투수성이 더욱 낮은 매립지 덮개를 이용하면, 가스 내성 수종의 선정은 얕은 토양과 바람에 대한 내성만큼 중요하지 않다. 매립지 부지에 바람직하다고 생각되는 수종은 작게 자라고, 천근성이고, 바람에 견딜 수 있도록 개방되고 유연하며, 침수와 배수불량에 내성이 있는 수종이다. 작고, 균근이 형성된 뿌리(mycorrhizal root)를 가진 근분묘 또는 용기에서 자란 식재 수목이, 크고, 나근(bare-root)이고, 균근이 없는 수목보다 훨씬 빨리 적응한다. 매립지 가스에 내성이 있는 목본식물과 민감한 것의 목록은 Harris(1992)에 나열되어 있다.

매립지 관리자의 한 가지 우려는 수목의 뿌리가 첨단시설이 있는 점토질 덮개를 관통하는 것이다. 영국의 환경교통지방부(Department of the Environment, Transport, and the Regions, 2000)의 정보에 의하면, 이것은 교목을 위한 토심이 1.2m(4피트)이면 염려하지 않아도 된다고 한다. 식재 후 10년 된 교목을 굴착한 결과 덮개의 강도에 위협을 주지 않았다.

해안지역

해안 가까이에 식재된 수목은 염분을 함유한 안개나 때로는 소금기가 많은 물보라를 내륙 상당한 거리까지 운반하는 육지를 향한 주풍(主風, prevailing wind)을 견디어내야 하다. 해안가의 바람은 어떤 대륙풍(大陸風, continental wind)보다 강하지 않을 수도 있지만, 더 지속적이다. 연안에 수목을 조성하고 생존시키는 것은 바람이 노출된 수목을 건조시키고 변형시키고, 이들을 소금으로 뒤덮으며, 지속적으로 움직이는 모래 언덕(dune)을 형성하기 때문에 어려움이 많다. "바람에 의해 형상화된(wind-sculpted)" 수목의 외관은 이러한 여건에 대한 장기적인 반응의 결과이다(**그림 10-20**). 이러한 행태는 정상적이며, 키가 큰 교목은 피할 수 없다.

바람과 염분은 해안 가까이에 직접 노출되어 견딜 수 있는 종, 특히 교목 수종의 수를 현저하게 감소시켰다. 작은 수목은 지면에 가까이 붙어 있어 보호되기 때문에 큰 수목에 비해 더 빨리 해안지역에 적응한다. 최전선 방어벽이 바람을 위쪽으로 비껴가게 하면, 지역적인 해안 여건에 견디는 것으로 알려진 수목(Brenzel, 1997)이 식재용으로 선정될 수 있다. 끈기(tenacity)가 외관(外觀, appearance)보다 더 중요하다. 일단 바람의 굴절이 시작되면, 방풍(防風, wind-break)의 높이를 높이기 위해 덜 강인한 수목을 더 뒤에 도입할 수 있다. 근맹아(根萌芽, root sucker)에 의해 확산되는 수목은 일반적으로 해안 부지에서 잘 견딘다(Caborn, 1965).

모래는 안정화되어야 하며, 대부분의 수목을 위해 양분과 유기물을 이용하여 비옥하게 만들어야 한다. 크기가 작은 모래지역은 어느 정도 보호될 수 있지만, 넓은 지역은, 진행하는 경로에 있는 장애물을 빠르게 파묻을 수 있는, 바람에 의해 만들어진 움직이는 모래 언덕을 가지고 있다. 모래사초(*Ammophila*), 사철채송화(*Mesembryanthemum*), 해당화

그림 10-20 이들 사이프러스(*Cupressus macrocarpa*)의 수관은 강한 바닷바람과 바다 물보라의 작용으로 "조각"되었다. 이러한 효과는 해안 지역에서는 흔하다.

(*Rosa rugosa*), 금작화(*Cytisus*) 등은 양분이 거의 없는 모래에서 잘 자라서, 모래가 날리는 속도를 줄여주어 더욱 영구적인 모래언덕을 발달시키기 시작한다. 모래가 축적됨에 따라 이들 수목은 모래를 뚫고 위로 자랄 수 있기 때문에 지상부에 머물 수 있다. 바람으로부터 부분적으로 보호되는 보호 능력이 있는 모래언덕 뒤에 있는 모래에 첨가된 유기물은 다른 수목에 대한 환경을 개선시킬 것이다. 1980년대, 해안 방풍림을 조성하고 샌프란시스코 마구간에서 나온 분뇨로 모래를 비옥하게 하여 금문교공원(Golden Gate Park)을 만들어 냈다.

개개의 어린 교목이나 관목이 바람이 불어오는 방향 가까이에 설치된 딱딱한 방풍 구조물에 의해 보호되는 경우가 많다. 이렇게 보호된 수목은 방풍막의 위를 넘어 오는 가속화된 바람이나 방풍막이 제거되거나 효과가 없어진 다음 이들에게 미치는 바람에 대해서는 적응을 못한다. 개별 수목이나 수목의 집단에 대한 방풍은 새 가지(shoot)의 끝이 고사하거나 심하게 변형되는 것을 막을 수 있을 정도의 보호만 해주는 것이 좋다. 왜냐하면 수목은 언젠가 감속되지 않은 바람을 견뎌야 하기 때문이다. 방풍막은 바람의 방향이 주풍과의 변이가 크지 않으면, 수목으로부터 바람이 불어오는 방향으로 방풍막 높이의 2~3배 떨어진 곳에 설치한다. 방풍막의 끝이 바람이 불어오는 쪽을 향해 'V' 자형을 이루면, 더 많은 바람의 방향을 옆으로 바꿀 수 있고 위로 넘어오는 바람을 줄일 수 있다. 해풍(海風, onshore wind)에 맞서서 개별적인 또는 고립된 수목 집단을 조성하는 것은 수목이 튼튼하고 조성하는 사람의 결심이 완강하지 않으면, 좌절하고 쓸모없는 일이 될 것이다.

25km/h(15mph) 이상의 해풍은 상당한 바다 소금물보라를 수반할 수 있다(Boyce, 1954). 강한 해풍이 비를 동반하지 않으면, 그 바람은 수목에 특히 유독할 수 있다(제18장 염분 참조).

복습

- 대부분의 특수관리 상황에서 명쾌한 수목관리학적 해결책은 없다. 관리문제와 갈등을 해결하기 위해서는 다른 전문가들과의 협조와 타협이 필요하다.
- 구조적 배합토양(석력토양)은 과도하게 포장된 도시지역에서 수목생장을 위한 새로운 기회를 제공해 준다. 이러한 토양을 이용하는 것은 아직 적용을 위한 실험으로 생각해야 한다.
- 수목의 뿌리-포장, 뿌리-토양 침하 등의 충돌에 관한 문제는 해결책이 간단하지 않다. 이 분야에서 최근의 진전은 수목관리자의 시행착오(試行錯誤, trial and error)를 통해 이루어졌다. 단근이나 수목 제거에 더하여 건축가와 시의 토목 부문과의 협력은 하나의 가능한 해결방안이다.
- 목재 폐기물의 재활용은 지역적인 수준에서 고심해야 할 대규모의 도전이다. 수간을 제재목으로 사용할 수 있는 기회가 있음을 분명하게 보여주고 있다.

추천문헌

BIDDLE, P. 1998. Tree Root Damage to Buildings 2 vol. Wantage, England: Willowhead Publishing Co.

COSTELLO, L., E. G. MCPHERSON, D. BURGER, and L. DODGE. 2000. Strategies to reduce infrastructure damage by tree roots. Proc. Symposium for Researchers and Practitioners. Univ. California Davis. DAVIS CA. March 31–April 1, 2000. Published by the Western Chapter, International Society of Arboriculture, Cohasset, CA.

National Fire Protection Association. 1991. *Wildfire Strikes Home!* 2nd ed. Quincy MA: National Fire Protection Association.

WILTSEE, G. 1998. Urban wood waste resource assessment. National Renewable Energy Laboratory. 1617 Cole Blvd. Golden CO 80401-3393. *http://www.eren.doe.gov/biopower/bplib/library/ urbanwaste.pdf.*

제11장 기존 수목 보전

목표

- 이 장은 개발 프로젝트의 계획수립과 건설 중에 수목을 보전하는 과정을 기술한다.
- 건강하고 구조적으로 안정된 수목을 선정하며, 적절한 공간을 제공하고, 공사로 인한 잠재적인 충격을 평가하며, 충격을 최소화하도록 설계하고, 수목에 대한 공사 전 처리에 관해 기술한다.

기존의 자생적이든 식재된 것이든 녹지가 있는 토지를 개발할 때, 앞으로 몇 년 후에 그 부지에 자산이 될 수 있는 건강하고 구조적으로 튼튼한 수목을 보전시킴으로써 그 프로젝트를 더욱 매력적으로 만들 수 있을 것이다. 성공적인 수목 보전은 보전하도록 지정된 수목에게 충격을 거의 주지 않으면서 프로젝트의 목표를 달성했을 때 완성된다. 성공은 장기간에 걸쳐 측정되는데, 개발이 완료된 후 수목이 오랫동안 계속 잘 자라고 있어야 한다. 현명한 계획수립, 적정한 설계 조정, 단순한 예방책 등이 수목 보전의 성공 가능성을 크게 높일 수 있을 것이다. 해당 수목에게 유리한 생장환경을 창출하고 계속 유지하기 위해서는 다양한 조치들이 필요할 것이다. 일반적으로 교정할 수는 없지만 쉽게 예방할 수 있는 수목 손상이 너무 자주 발생한다. 수목 보전을 위한 고려사항과 기술이 이 장에 제시되어 있다. 여기에 소개된 본문과 사진은 대부분 *Trees and Development*(Matheny와 Clark, 1998)에서 인용한 것이다.

11.1 수목이 보전되어야 하는 이유

토지가 개발되는 동안 수목을 보전해야 하는 이유는 경제적, 환경적, 사회적 고려 등을 포함하여 매우 다양하다(**그림 11-1**). 가장 흔히 제시되는 보전의 이유는 다음과 같다:

그림 11-1 성목이 환경적, 사회적 기능을 제공하고, 부동산의 가치를 높이며, 더 큰 자원절약 프로그램의 구성요소이기 때문에 토지를 개발하는 동안 보전되었다.

- **수목은 중요한 환경적, 사회적 기능을 수행하기 때문에 보전된다.** 환경적인 문제, 수목이 에너지 절약에 기여하는 역할, 오염 저감, 유거수 조절 등에 대한 강조가 높은 가치를 가진다. 예를 들면, McPherson 등(1994)은 시카고 안과 외곽을 둘러싸고 있는 도시 숲이 매년 5,530MT의 대기 오염물질(汚染物質, pollutants)을 제거하고, 139,500MT의 탄소(炭素, carbon)를 고정하며, 난방과 냉방 에너지 사용을 5~10% 줄인다고 추정하였다. 또한 수목은 주민들의 정신적, 육체적 건강에 대해 편익을 제공한다(Petit 등, 1995; Coder, 1996).
- **수목은 부동산의 가치를 높인다.** 많은 사람들은 성숙한 수목과 숲으로 향상된 지역사회에서 살고 일하고 싶어 한다. 수목이 있는 필지에 대해 기꺼이 더 높은 값을 지불하는 사용자의 자발성에서 이러한 욕구를 읽을 수 있다. 부동산 중개업자, 감정사, 건축업자, 사용자에 대한 조사를 통해 이러한 관찰이 보고되었다. Petit 등(1995)은 80% 이상이 수목이 있는 집이 없는 집보다 20% 이상 높은 가격에 팔

리는 것으로 느낀다는 부동산 소개업자에 대한 조사를 인용하였다.

- **수목은 지역사회가 요구하기 때문에 보전된다.** 수목 보전 프로그램의 수립과 실행은 수목 보전 조례와 같은 법령을 통해 직접적으로, 또는 수목 보전을 프로젝트 승인과 연계하는 정책을 통한 간접적인 방법으로 규제될 수 있다. 이러한 요구는 지역적인 유산, 아름다움, 자연 자원을 존속시키는데 대한 관심을 반영하며, 시나 카운티, 주 수준에서 운영된다.
- **수목 보전은 더 큰 자원 보전 프로그램의 일부일 수 있다.** 많은 지역과 지방정부 기관은 토지개발 활동에 영향을 주고 규제하는 자원 보전 프로그램을 채택하였다. 예를 들면, 메릴랜드 산림보전법(Maryland Forest Conservation Act)은 주 차원에서 기존 산림 피복의 보전을 의무화하고 있다. 이 법은 3,600m^2(40,000ft^2) 이상의 개발부지에 대한 수목 보전과 재식재에 대한 지침을 규정하고 있나.

11.2 수목 보전 목표

수목 보전의 일차적인 목표는 수목의 장기적인 생존과 안정성(安定性, stability)이다. 이것은 먼저 보전을 위한 수목의 안정성을 확인하기 위해 수목을 면밀히 점검함으로써 달성될 수 있는데, 이는 수목이 공사 후에 상태가 개선되는 것을 기대할 수 없기 때문이다. 이러한 목표를 달성하기 위해 세 가지 주요 원칙을 인식하는 것이 좋다.

1. **수목 보전 프로그램은 수목의 생장과 발달 양식을 존중해야 한다.** 성공적인 수목 보전은 수목에 관한 의사결정이 과학적인 논문과 축적된 경험으로부터 확보한 정확한 정보에 기반을 두고 있어야 가능하다.
2. **보전은 수목에 대한 손상을 예방하는데 초점을 맞추어야 한다.** 수목관리적인 관행으로는 수목에 대한 공사 피해를 치유하거나 수목에 대한 환경의 악화를 되돌릴 수 없다. 수목관리자는 특정한 상처나 건설 활동에 의해 유발된 일반적인 스트레스를 "치유(治癒, cure)"할 수 있는 제한적인 능력밖에 없다. 수목은 건설로 인한 피해와 환경변화에 적응하거나, 그렇지 못하면 죽을 것이다.
3. **수목 보전을 위해서는 공간이 필요하다.** 수목은 지상과 지하에 큰 공간을 차지하고 있다. 수목 보전은 교란되지 않은 공간이 건강한 뿌리시스템과 수관을 유지할 수 있도록 계획해야 한다. 또한 수목이 생장함에 따라 시간이 경과함에 따라 나타나는 크기의 증가를 허용할 수 있는 충분한 공간이 있어야 한다.

수목 보전은 한 그루일 수도, 많은 수목일 수도 있다. 숲으로 된 지역에서는 수목은 자투리 산림처럼 집단으로 유지되는 것이 최선이다. 수목 보전의 목표와 방법은 자원 보전에 대한 것과 동일할 필요는 없다. 자원 보전은 식물과 동물 집단을 유지하는 것을 강조한다. 이것은 보통 야생지역과 연결된 주요 지역에서 큰 통로와 오픈스페이스를 유지함으로써 달성할 수 있다. 자원 보전의 범위는 지역적인 기준의 계획수립을 필요로 하며, 보통 개인 프로젝트로는 성공할 수 없으며, 많은 경우 하나의 지자체 관할구역(jurisdiction) 내에서 수행되어야 한다.

11.3 토지개발 과정 개관

개발은 토지를 준비하고 다양한 용도에 부응하는 구조물을 건설하는 과정이다. **수목 보전이 성공하기 위해서는 수목이 개발과정의 각 단계에 고려되어야 한다.**

1. **계획 수립.** 잠재적인 토지이용을 평가하고 가장 타당하고 적절한 용도를 선정한 다음, 전반적인 프로젝트 배치를 결정한다.
2. **설계.** 계획과 프로젝트를 설명하는 관련 서류를 작성한다.
3. **부지정지와 건설.** 부지를 확정하고 프로젝트를 건설한다.
4. **유지 관리.** 건설이 끝나면 그 프로젝트를 관리한다.

수목 보전은 공사 때까지 기다릴 수 없다. 도로 배치, 공익시설, 필지 배치, 최종 지표높이(finish grade), 구조물 위치, 공사 세부 내용 등을 포함한 해당 프로젝트에 관한 의사결정은 계획수립과 설계 단계에 이루어진다. 적절한 공간을 확보하기 위해서는 시작 단계에 수목이 고려되는 것이 매우 중요하다. 수목이 해당 프로젝트의 중요한 부분으로 인식되어야만 계획수립의 초기단계에 고려될 것이다.

특정 프로젝트의 범위와 성격은 규정, 지구지정 조례, 기타 법률적인 제약, 경제적인 타당성, 수목과 다른 자원의 본질 등에 의해 영향을 받는다. 이러한 요소들은 해당 토지가 어떻게 이용되고 영향을 받을 것인가를 유도할 뿐만 아니라 해당 토지가 어떻게 복원되어야 하는가를 나타낸다. 규정에는 보전 조례, 프로젝트 규모, 일반적 및 구체적 계획에 지시된 주택 밀도 요구, 프로젝트 검토와 승인에 대한 요구사항 등이 포함될 수 있다.

- 수목 보전 조례는 수목의 수, 수종 구성, 수관 피복정도, 흉고단면적(胸高斷面積, basal area), 관련된 수단 등을 기준으로 보전에 대한 요구사항을 기술한다.
- 지역사회는 요구사항을 명확하게 기술하고, 적용하기 쉽고, 잘 구성된 조례를 제정함으로써 자신들의 수목 보전 규정의 가치와 성공을 제고시킬 수 있다. 수목 보전 조례의 내용은 어떤 활동이 합법적이고, 어느 수목이 보전되어야 하고, 수목에 관한 어떤 정보가 요구되는가를 규정하고 있기 때문에 수목관리자는 절대적인 관심을 가져야 한다.

개발 중에 수목 보전의 양상을 포함한 수목조례에 관한 배경으로 다양한 기초자료가 제공된다(Hoefer 등, 1990; Bernhardt와 Swiecki, 1991; Duerksen과 Richman, 1993; Dunster, 1994; O'Callaghan과 Lawson, 1995; Matheny와 Clark, 1998; City of Palo Alto, 2001). 조례는 지역사회 내의 지역적인 자원과 가치를 반영할 수 있도록 맞춤식이어야 한다.

11.4 수목 보전 과정

성공적인 수목 보전으로 이어지는 일련의 사건은 개발 과정과 밀접하게 연결되어 있다. 엄격한 수목관리적인 관점에서 이 보전과정은 다음과 같은 단계로 구성된다:

1. **수목 임분의 개념도를 그려라.** 이것은 수종 구성, 수목 밀도(stocking density), 직경 분포(diameter distribution), 영급(齡級, age class), 임분 수준에서의 상태 등을 기술한 수목에 대한 전반적인 개관이다. 임분 개념도(stand delineation)는 보전을 위해 가장 적합하거나 부적합한 지역을 확인하기 위한 프로젝트 계획수립의 개념적인 단계에 유용하다.
2. **개발지역 내의 수목을 조사하라.** 이 수준의 자원평가에서는 수목이 존재하는 지정된 지역 또는 모든 수목에 대한 자세한 정보를 수집한다.
3. **보전에 적합한 수목을 확인하라.** 보전되는 수목은 건강하고 구조적으로 튼튼해야 한다. 개별 수목에 대한 충격에 대한 수종의 내성, 수목의 상태, 잠재적인 수명 등이 평가된다.
4. **수목에 대한 잠재적인 충격을 평가하라.** 수목에 대해 발생 가능한 충격을 평가하기 위해 모든 개발과 공사 계획을 재검토하라.
5. **개발계획의 변경을 제안하라.** 충격이 너무 심각한 지역을 확인하고 수목에 대한 충격을 줄일 수 있도록 변경을 제안하라. 팽창성 점토질 토양에 대해서는 토양 이동으로 인한 수목의 영향을 고려하라(제10장 뿌리와 건물 참조).
6. **수목을 제거하고 정지하기에 앞서 필요한 수목작업을 확인하라.** 건설 활동을 위한 공간을 제공하고 수목의 활력을 높이기 위해 전정, 관수, 시비, 멀칭, 병해충 관리 등과 같은 수목관리적 처리가 필요할 수 있을 것이다.
7. **수목 보전에 관한 시방서를 작성하라.** 시방서(示方書, specification)는 무슨 일을 해야 하고, 이를 어떻게 수행해야 하는가를 지시한다. 시방서에는 보호 울타리에 대한 요구도 포함되어야 한다.
8. **공사 중 수목을 모니터하라.** 수목관리자는 수목에 발생하는 피해와 건강 변화를 평가하고 처리하는 것, 수목관리에 관한 질문에 답하는 것, 설계 변경에 대한 대응 등에 대해 도움을 주어야 한다.
9. **건설 공사 후의 유지관리계획을 작성하라.** 공사에 의해 영향을 받은 수목은 적절한 처리가 적용될 수 있도록 건강과 구조적인 안정성에 대한 주기적인 모니터링이 필요하다.

수목 조사 실시

기존 수목의 정확한 조사는 위치, 수종, 크기, 상태, 경관적인 가치 등을 확인하기 위해 필요하다. 이러한 정보는 초기 계획수립과 구조물의 위치 결정과 설계에 관한 설계 과정, 경사 변경, 도로와 주차장 위치, 공익설비 경로, 주요 경관 특징 등의 일부가 되어야 한다. 수목 조사에서 수집될 정보는 다음과 같은 항목이 포함될 것이다:

- 수종
- 크기(수간 직경, 수고, 수관폭)
- 건강
- 수형과 구조
- 병해충
- 수관급(그림 2-14)
- 살아 있는 수관비율(그림 2-15)
- 수관 완전성(손상된 비율)

이 조사의 결과는 수목 밀도, 직경급 분포, 갱신 잠재력(更新潛在力, regeneration potential), 수명(longevity) 등과 같은 좀 더 일반적인 임분 척도로 표시할 수 있도록 요약되어야 한다. 그러나 초점은 일반적으로 개별 수목에 맞춘다.

그림 11-2 건강하지 못하거나 구조적으로 불안정한 수목은 그 자리에 보전하기 부적당하다.

그림 11-3 혼자서 또는 다른 수목과 충분한 거리를 두고 발달한 수목은 단일 수목으로 보전하기에 최적의 후보이다.

보전 적합성

수목은 새로운 경관에서의 바람직함과 이를 구하기 위해 필요한 노력 등을 기준으로 평가되어야 한다. 이때 고려되는 사항은 (1) 수목의 건강, 구조적인 완전성, 예상되는 수명; (2) 부지 변화에 대한 수종의 내성과 새로운 용도에 대한 적합성; (3) 앞으로 요구되는 유지관리 수준 등이다(Matheny, 1989).

건강하고 활력이 좋은 수목은 활력이 떨어지는 수목보다 뿌리 손상, 기존 구조의 파손, 토양 경사와 수분의 변화, 토양 답압 등의 충격에 더 잘 견딜 수 있을 것이다. 광범위하게 부후된 목재, 약한 가지 부착, 부러질 수 있는 균열이나 구조적인 결함을 가진 수목은 인명이나 재산상 피해가 발생할 수 있는 장소에서는 보전되어서는 안 된다(**그림 11-2**와 제16장).

일반적으로 성숙목과 과성숙목(overmature tree)은 어린 개체나 준성숙목(semimature tree)보다 공사 충격을 견디거나 변화된 환경에 적응하는 능력이 부족하다. 22년 동안 건설공사 부지에 있던 수목 1,000그루의 생존을 평가한 Gilbert(1996)는 수령 40년까지의 수목은 공사 충격에 매우 잘 견딘 반면, 70년 이상 된 수목은 적응력이 떨어진다는 것을 발견하였다. 또 다른 고려사항은 어린 수목은 나이든 수목보다 환경적인 편익을 더 오래 제공할 수 있는 잠재력을 가지고 있다는 것이다. 그러나 어린 수목은 오래된 수목만큼 감성적이고 심미적인 호소력을 가지고 있지 않기 때문에 수목 보전 조례에서 제외되는 경우가 있다. 크기가 작은 교목(예: 직경 100~150mm)의 경우, 공사기간 내내 그 자리에 보전하기보다 제거한 다음 교체하거나, 가식장(假植場, holding area)에 옮긴 다음 공사가 끝난 후 다시 식재하는 것이 더 편할 것이다(제9장 이식 기술에 관한 내용 참조).

어떤 수종은 다른 수종보다 환경변화에 더 잘 적응한다. 예를 들면, 런던버즘나무(*Plantanus × acerifolia*)는 일반적으로 부지 변화와 공사 충격에 잘 견디는 반면, 유럽너도밤나무(*Fagus sylvatica*)는 그렇지 못하다. Matheny와 Clark(1998)은 256종의 공사 충격에 대한 내성 정도를 발표하였다. 그러나 수종별 적응성은 장소에 따라 변이가 클 수 있다. 태산목(*Magnolia grandiflora*)은 자신의 자생범위 이내(미국 남동부)와 호주의 브리즈번(Brisbane)처럼 비슷하게 따뜻하고 습한 기후에서는 부지 변화에 꽤 내성이 있지만, 중부 캘리포니아처럼 건조하고 더운 기후에서는 충격에 민감하다.

수종에 관한 또 다른 고려사항은 해당 수종이 침입종(侵入種, invasive species)이 될 가능성이다. 어떤 비자생종은 놀라울 정도로 번식하는 경우도 있다. 자생종이 경쟁에서 밀려나거나 원하지 않는 치수의 방제가 어려울 경우, 침입종의 보전은 바람직하지 않을 것이다. 이러한 사례로는 캘리포니아에서의 유칼리나무(*Eucalyptus globulus*)와 가중나무(*Ailanthus altissima*), 미국 남동부에서의 호주자작나무(*Melaleuca quinquenervia*)와 오구나무(*Sapium sebiferum*), 호주에서의 라디아타소나무(*Pinus radiata*)와 란타나(*Lantana montevidensis*) 등이 있다. 일부지역에서는 이러한 이유 때문에 특정 비자생종의 식재를 금지한다.

단일 표본목 보전 개별 수목으로서 보전에 최적인 후보는 혼자서 또는 일생의 대부분을 이웃하는 수목으로부터 충분한 거리를 두고 자라온 수목이다(**그림 11-3**). 가까이에 인접한 수목이 없이 자란 수목은 수간의 초살이 좋고 살아 있는 수관비율이 높아 노출된 환경에서 안정적인 경향이 있다.

어떤 경우에는, 임분 내에서 수관 우세목(優勢木, dominant tree)이 되어 있는 수목도 단일 수목으로 보전될 수 있다. 대부분의 경우, 임분 내 특히 준우세목(準優勢木, codominant trees)이나 중간목(中間木, intermediate tree), 피압목(被壓木suppressed tree) 등은 주변을 제거한 다음 제

그림 11-4 임분에서 자란 수목은 불량한 수간 초살과, 높고 불규칙한 수관 때문에 벌채 후에 불안정하여 보전하기에 적합한 경우가 드물다.

그림 11-5 임분에서 자란 수목은 구조적 안정성과 수목의 건강을 유지하기에 충분한 크기의 집단으로 보전하는 것이 좋다.

대로 역할을 하지 못할 것이다. 이들은 키가 크고, 수간의 초살이 불량하고, 살아 있는 수관비율이 낮고, 수관의 형태가 불규칙하고, 주변 수목이 제거되면 넘어지거나 쇠퇴하기 쉽다(**그림 11-4**). 예를 들면, Peepre(연도 미상)는 교란이 발생한 뒤에 바람에 넘어지는 문제 때문에 동령 임분(同齡林分, even-aged stand)에서 성숙한 미송(Douglas fir) 개체를 남겨두는 것을 권고하지 않았다. 그는 살아 있는 수관비율이 높은 어린 나무를 선정할 것을 제안하였다.

수목 집단의 보전 숲이나 산림에서 자란 수목은 기존의 형태를 어느 정도 유지하기에 충분한 크기의 집단으로 보전하는 것이 가장 좋다(**그림 11-5**). 단위의 규모는 다음 사항에 따라 차이가 있다:

- 수종 구성과 충격에 대한 민감성
- 수목의 크기와 나이
- 뿌리와 수관의 입체적 형태(conformation)
- 새로운 가장자리가 형성되었을 때 수목의 구조적 안정성
- 발달에 대한 제약

수령과 크기가 다양한 침엽수와 활엽수로 구성된 혼효림분(混淆林分, mixed forest stand)의 경우, Peepre(연도 미상)는 폭이 최소 20~30m(75~100피트) 정도 되는 구역(區域, block)으로 보전할 것을 권고하였다. 완충대(緩衝帶, buffer strip)와 차폐의 경우, 그는 폭이 4.5~6m(15~20피트)인 긴 띠를 제안하였다.

조지아(Georgia)의 자생 소나무-활엽수 혼효림에서 자란 수목의 생존을 평가한 Anderson과 Barrows-Broaddus(1989)는 구조물 사이의 좁은 공간에 한두 그루의 수목을 보전하지 않도록 충고하였다. 이보다는 이들은 공사 지역으로부터 적어도 4.5~6m(15~20피트)의 보호지역이 확보된 수목집단을 확보할 것을 제안하였다. 4.5m(15피트) 지역 이내에 있는 직경 25cm(10인치) 이상의 대형목은 적절한 보호조치를 해줄 수 없으면 제거하는 것이 좋다. 개별 개체는 바람직하지 못하더라도 집단 내에 있는 수목은 단일 수목보다 더 효과적인 경관적 특징이 있고 유지관리가 용이할 것이다. 풀턴 카운티(Fulton County, Georgia)는 작은 숲과 수목 집단의 보전을 장려하였는데, 이로 인해 수목의 건강과 안전, 생존이 증진되었다.

주어진 산림 피복 유형 내부의 천이적 역동성(逆動性, dynamics)에 대한 지식은 해당 산림의 미래를 평가하는데 도움이 될 것이다. 수관급과 전반적인 수종 내성에 관한 정보도 유용하다. 예를 들면, 미국 남동부의 침엽수림에서 보전의 적합성은 살아 있는 수관비율(live crown ratio, LCR)에 근거할 수 있다. LCR이 35% 미만인 교목은 공사 후에 거의 적응하지 못했다(Coder, 1995). 이러한 지침은 임분이나 일부 인분의 보전 적합성을 평가할 때에도 활용할 수 있었다. Coder는 나아가 다양한 크기(소형, 중형, 대형)의 수목을 보전할 것을 충고한다. Dunster(1995)는 낮은 LCR을 가진 키가 크고 초살이 불량한 수목은 주변 수목이 제거되었을 때 불안정하기 때문에 브리티시컬럼비아(British Columbia)의 2차 생장(second-growth) 침엽수림의 보전에 어려움이 있다고 말했다. 그는 새로운 수목을 식재하기 위한 부지를 주의 깊게 보호하면서 대형목을 제거할 것을 제안한다.

수목보호구역 설정

수목보호구역(tree protection zone)은 부지정지나 건설 활동이 발생하지 않는 수목이나 수목 집단의 주변 지역이다.

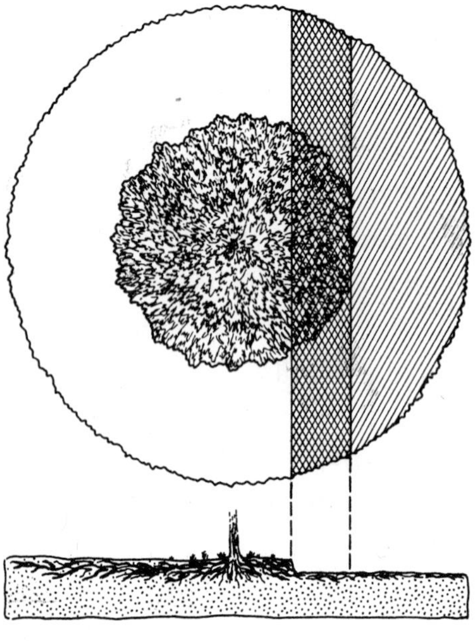

그림 11-6 위 수목의 계획 스케치는 낙수선의 윤곽을 보여주며, 바깥쪽 원은 대부분의 뿌리가 소재한 범위를 가리킨다. 한쪽 낙수선까지 지표를 낮추면 뿌리의 약 20%를 절단하게 되고, 한쪽 방향으로 낙수선과 수간의 가운데까지 낮추면 얕은 뿌리의 약 35%가 제거될 것이다.

수목보호구역은 수목의 건강과 안정성을 유지하기에 충분한 뿌리와 수관 면적을 보유할 수 있을 정도로 넓어야 한다. 해당 수목에 대한 수목보호구역의 크기와 형태는 몇 가지 요소에 의해 결정된다.

- 충격에 대한 수종의 민감성
- 해당 수목의 건강과 나이
- 뿌리와 수관의 입체적 형태(conformation)
- 개발에 대한 제약

수목의 생장 공간 속으로 개발이 얼마나 잠식할 수 있는가하는 것은 대답하기 어렵다. 일반적으로 건강한 수목은 대략 뿌리의 1/3 정도를 제거해도 견딜 수 있다고 생각한다(Helliwell, 1985). Helliwell 등(1987)은 건강하고 활력이 좋은 수목은 자기 뿌리의 50%까지 제거해도 견딜 수 있다는데 동의한다. Helliwell은 제거되는 뿌리가 한쪽에서만 절단되면 안정성에 문제가 발생할 수도 있다고 경고한다(제10장 뿌리와 포장 참조, 그림 10-7). 대부분의 뿌리가 상부 0.6~1m(2~3피트) 이내에 존재하기 때문에, 얕은 굴착에도 많은 뿌리가 절단될 수 있다(제2장 뿌리 발달 참조). 그렇다면, 직근(直根, tap/sinker root)이 절단되지 않는 한 더 깊게 굴착해도 0.6m 굴착한 것과 비슷한 영향을 받을 것이다.

제거되는 뿌리의 비율을 추정하기 위해서는 뿌리시스템의 범위를 알아야 한다. 뿌리가 수목 주위에 고루 분포되어 있고, 흡수근(吸收根, absorbing root)이 수관 직경의 2배까지 뻗어 있다면, 한쪽 방향으로 낙수선(落水線, dripline)에 이르기까지 지표를 낮추면 뿌리의 약 20%를 절단하게 될 것이다(**그림 11-6**). 낙수선과 수간 사이의 절반을 굴착하면 뿌리의 약 35%를 제거하게 된다. 그러나 뿌리를 뻗는 유형이 매우 다양하고, 가끔은 표준적인 모형과도 차이가 있을 수 있다. 이질적인 토양 단면(soil profile), 지형, 기존의 지하 개량제, 연석, 깔판, 기초, 기타 토양 내 장애물 등이 뿌리 분포에 영향을 주어 뿌리 패턴을 추측하는 것을 어렵게 만든다. 뿌리 패턴이 일정하지 않으면, 전체 뿌리의 30~50%가 영향을 받는 지점이 어딘지를 알기가 어렵다. 뿌리 분포를 조사하는 방법은 이 장의 뒷부분에서 고찰된다.

흔히 사용되는 수목보호구역에 대한 한계는 낙수선이다(Bernatzky, 1978; Tatter, 1989). 이 방법은 대부분의 참나무처럼 넓은 수관을 가진 수목에서 가장 성공적이다. 그림 11-6에서 보여준 바와 같이 균일한 뿌리 구조를 기준으로 하더라도, 이러한 제약에도 불구하고 해당 수목의 뿌리가 50% 이상이 제거될 수도 있다. 낙수선 내의 지역이 보호되면 대부분의 활력이 좋은 넓은 수관의 수목은 잘 살아간다. 사실 대부분의 수종에서 해당 수목에 대해 큰 피해 없이 낙수선 안쪽으로 어느 정도 거리를 잠식할 수 있다.

수목보호구역에 대한 지표로 낙수선을 사용하는데 문제가 있다. 수간이 수관의 한쪽으로 명백하게 치우쳐 있는 기울어진 수목은 수관 밖으로, 그리고 기울어진 반대방향으로 지지하는 뿌리를 많이 가지고 있다. 또한 양버들(*Populus nigra* 'Italica')이나 롯지폴소나무(*Pinus contorta* var. *murrayana*)와 같은 수관이 좁은 수목은 적절하게 보호되지 않을 것이다. 임분 내 좁은 공간에서 자라서 수관이 좁아진 수목도 마찬가지다. 이런 유형의 수목을 보호하는 한 가지 방법으로, Miller 등(1993)은 수고의 40%를 "결정적인 뿌리 반경"으로 인식할 것을 권고하였다.

수종, 수령, 크기에 따라 뿌리의 분포와 수목의 반응이 다르기 때문에 낙수선이나 수고 측정만을 기준으로 한 일반적인 수목보호 지침은 신뢰하기 어렵다. 보다 적절한 지침은 수간 직경이다. 영국표준원(the British Standards Institute, 1991)은 수목의 나이와 활력을 나타내는 수간 직경의 범위를 기준으로 수목보호 지침을 개발했다. 우리는 충격에 대한 수종의 내성을 나타내기 위해 이 개념을 채택했다(**표 11-1**). 최적의 수목보호구역을 계산하는 방법은 **상자 11-1**에 기술되어 있다.

표 11-1 교목에 대한 최적 수목보호구역에 관한 지침

수종 내성	수령	수간직경 단위당 수간으로부터의 거리 (m/cm)	(피트/인치)
양호	어림(예상 수명의 20% 미만)	0.06	0.5
	성숙(예상 수명의 20~80%)	0.09	0.75
	과성숙(예상 수명의 80% 초과)	0.12	1.0
중간	어림	0.09	0.75
	성숙	0.12	1.0
	과성숙	0.15	1.25
불량	어림	0.12	1.0
	성숙	0.15	1.25
	과성숙	0.18	1.5

출처: Modified from the British Standards Institute (1991). Guidelines are for trees of average to excellent vigor.

상자 11-1

수목보호구역 결정

최적의 수목보호구역을 계산하기 위해서(표 11-1 참조):

1. 해당 수목의 수종 내성을 평가하라: 양호, 중간, 불량
2. 수령(tree age)을 확인하라: 어림, 성숙, 과성숙
3. 표 11-1에서 수간 직경단위당 보호되어야 하는 수간으로부터의 거리를 찾아라.
4. 이 거리와 수간직경을 곱하여 수목보호구역에 대한 최적 반지름을 계산하라.

예:

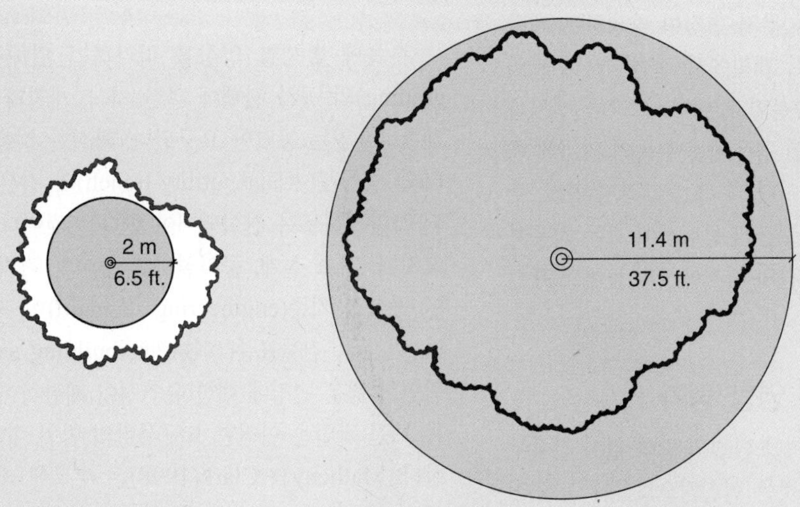

(왼쪽) 수령 15년, 건강하고, 직경 33cm(13인치)의 레이우드물푸레(*Fraxinus* 'Raywood') (내성 양호, 어린 수령):

0.06m x 33cm = 1.98m 반경 수목보호구역
0.5피트 x 13인치 = 6.5피트 반경 수목보호구역

(오른쪽) 건강한 수령 60년, 직경 76cm(30인치)의 북캘리포니아 흑호두나무(*Juglans hindsii*) (내성 불량, 성숙한 수령):

0.15m x 76cm = 11.4m 반경 수목보호구역
1.25피트 x 30인치 = 37.5피트 반경 수목보호구역

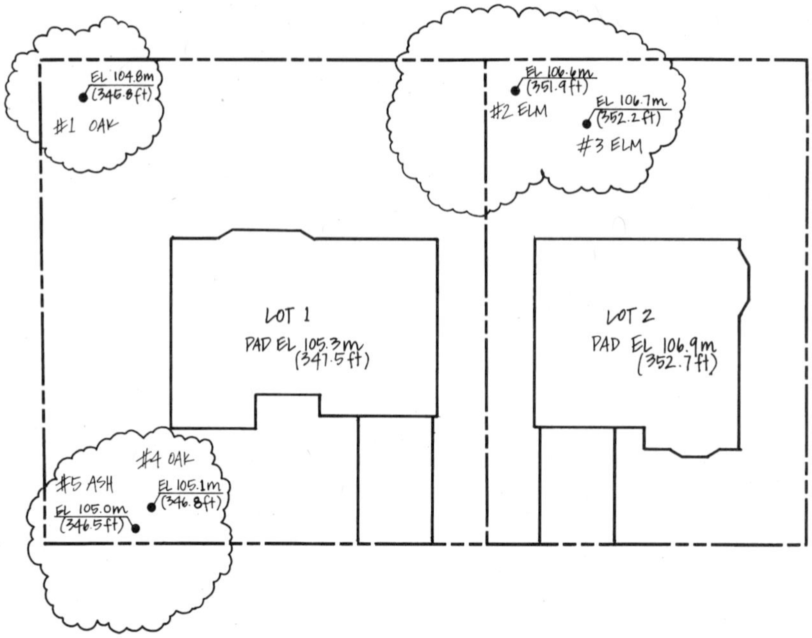

그림 11-7 적절하게 보호되기 위해서는 건설 활동 인근의 수목은 수간의 중심선과 수목의 낙수선을 표시하고 수간의 기부고도를 나타냄으로써 모든 계획에 정확하게 위치시켜야 한다.

수목을 계획에 표시하기

수목이 적절하다고 판단되어 보호되어야 한다면 이를 모든 계획에 표시하여야 한다. 이들의 위치는 해당 부지의 다른 사물들과 마찬가지로 설계와 개발에서 중요하다. 필요한 수목 위치정보의 양은 수목의 개발에 대한 상대적인 위치에 달렸다. 부지 내에 있지만 건설과 부지 변경이 발생하는 개발 지역 바깥에 있는 수목인 경우, 계획에서 전반적인 수관의 형태를 나타내는 것 정도로 충분할 것이다. 그러나 정지나 건설 지역에 가까이 있는 수목인 경우에는 수목의 위치에 대한 정확한 정보가 필수적일 것이다. 수목 수간의 수평적, 수직적 위치가 제공되어야 한다. 수간의 중심선이 모든 적용가능 계획에 표시되어야 하고, 수간의 기저에서의 높이도 표시되어야 한다(**그림 11-7**).

수목에 대한 건설공사의 영향 평가

수목에 대한 어느 정도의 손상이나 환경의 변화 없이 건설부지에 있는 수목을 보전한다는 것은 현실적으로 불가능하다. 그러나 무리하지 않은 목표는 수목이 견딜 수 있을 정도로 영향을 최소로 유지하는 것이다. 충격이 너무 심각하면, 계획을 수정하거나 수목을 제거해야 한다. (어리거나 준성숙목은 가식장에 옮겼다가 공사가 완료된 다음 그 자리에 다시 심을 수 있다. 제9장 참조) 수목에 대한 영향을 평가하는 데는 두 가지 요소가 있다.

1. 부지개발계획과 시방서에서 수목 주위에 일어나는 활동이 무엇인지 확인한다.
2. 개별 수목에 대한 직접적인 손상과, 장기적인 건강과 구조적인 안정성에 영향을 미치는 부지 전반적 변화의 효과를 평가한다(**표 11-2**).

수목에 발생할 영향을 평가하기 위해서는 정지(整地, grading)와 공사 관행에 관한 지식, 계획과 지도를 읽고 이해할 수 있는 능력이 요구된다. 확실한 것은 건물, 도로, 파티오, 공동구(共同溝, utility trench)와 같은 구조물이 안정되고 안전하도록 건설되어야 한다는 것이다. 그러므로 토양다지기, 기초 설계, 공익설비의 깊이와 격리에 관한 구체적인 공학적 기준(engineering standard)이 적용되어야 한다. 많은 경우, 건물표준(建物標準, building standard)과 지역적인 법령은 변경에 대한 유연성이 제한적이다. 성공적인 수목 보전 작업은 이러한 요구사항의 범위 내에서 수행되어야 한다. Matheny와 Clark(1998)은 수목에 대한 영향을 평가하는데 도움이 되는 규정과 표준 공사절차를 시각적으로 설명했다.

수목에 대한 공사의 영향에는 어느 정도의 뿌리 손상, 토양 답압, 전정을 통한 엽면적(葉面積, leaf area) 감소, 뿌리 뻗을 공간 상실, 토양 수분과 미생물상 변화 등이다. 이러한 영향은 한꺼번에 나타나기보다는 수목이 반응하고 적응해야

표 11-2 수목 영향 평가 점검목록

수목 특성

- □ 충격에 대한 수종의 내성
- □ 수령과 수명
- □ 수목의 건강과 활력
- □ 뿌리 깊이와 범위
- □ 수관의 공간적 유형
- □ 구조적 안정성

부지 개발

뿌리지역 내에서 발생하는 교란

- □ 수간과 굴착 간의 거리 및 굴착 깊이(예: 지표높이 변화, 지하 공익설비, 포장 단면, 기초 등)
- □ 다짐에 노출되는 뿌리 지역
- □ 포장에 덮인 뿌리 지역
- □ 전정 요구도(예: 통과 높이, 위로 통과하는 송전선)
- □ 관개되는 녹지(수목과의 양립성, 시스템을 위한 도랑 굴착)
- □ 인접식생 제거(뿌리 피해, 미기후 변화, 노출)

수목에 영향을 미칠 수 있는 부지 전반에 대한 교란

- □ 유거수(流去水, runoff)의 유도(수목으로부터 또는 수목으로)
- □ 지하 배수(地下排水, subdrain)나 배수 습지(drainage swale) 설치(지하수위를 낮춤)
- □ 침식을 증가시키는 배수 패턴 변경
- □ 침니 막힘(siltation)을 높이는 배수패턴 변경과 식생 제거
- □ 지하수 흐름을 막는 담장과 기초
- □ 흐름을 막는 도로 성토(road fill), 물의 흐름과 퇴적을 변경시키는 골막이(check dam)
- □ 토양 수분 저수지(soil water reservoir) 재충전 능력의 변경

하는 일련의 변화로 나타난다. 첫째로, 뿌리가 손상되고 부지 정리(clearing)로 부지의 미기후가 바뀐다. 다음으로 정지와 울타리 설치 중에 더 많은 변화가 발생한다. 구조물에 인접한 공사는 또 다른 일련의 피해를 유발한다. 마지막으로 최종 정지와 경관 조성은 추가적인 뿌리 지역 안으로의 잠식과 수목의 미세토양환경을 변경시킨다. 수목은 이러한 충격에 더딘 생장과 변색된 잎 색깔, 줄기 마름과 고사 등 다양한 방식으로 반응할 것이다(**상자 11-2** 참조).

수목 쇠퇴가 공사 지역에서 발생하는 충격과 관련이 있지만, 어떤 충격이 가장 손상을 많이 주는지, 또는 구체적으로 수목이 어떻게 피해를 받는지를 확인하는 연구는 거의 없다. 예를 들면, 수목 주변의 지표를 높이는 것(매립 토양 추가; 성토)은 해로운 것으로 폭넓게 기술되어 있다(Pirone, 1978b; Yingling 등, 1979; Tattar, 1989; Coder, 1996). 그러나 다져진 얕은 성토(20cm/8인치)와 다지지 않은 15~30cm(6~12인치)의 성토는 수목의 생장과 건강에 유의한 영향이 없다는 몇몇 보고가 있다(Stone과 Vasey, 1968;

상자 11-2

공사 피해로 인한 수목 스트레스의 전형적인 증상

짧은 연간 신초 신장
작고 황화된 잎
얇은 잎
엽소(葉燒, leaf scorch)
시듦
조기 변색과 낙엽
도장지
과도한 결실
잔가지 마름
가지 마름
수간과 낮은 가지에 난 장비에 의한 불규칙한 상처
나무좀이나 기타 스트레스에 의한 병해충 공격
상처 부위에서의 부후(장기)
고사

표 11-3 **수종의 교란에 대한 내성, 수목의 상태, 충격의 강도 등을 고려한 수목 보전과 제거 의사결정의 비교**

런던버즘나무			
	수목 상태		
충격의 강도	불량	중간	양호
낮음	제거	보전	보전
중간	제거	보전	보전
높음	제거	재설계/보전?	재설계/보전?

유럽너도밤나무			
	수목 상태		
충격의 강도	불량	중간	양호
낮음	제거	보전?	보전
중간	제거	제거	재설계/보전?
높음	제거	제거	제거

Smith 등, 1995; Day 등, 2001). 미국풍나무(*Liquidambar styraciflua*)와 백참나무(*Quercus alba*)에 대한 20cm의 다져진 성토 효과를 실험한 Day 등(2001)은 "건설공사 후의 수목 쇠퇴는 성토 이외의 원인 때문일 가능성이 높다"라고 말했다. 이들 원인 중 일부는 성토 토양을 기존 토양과 혼합하기 위한 뿌리 제거, 다져진 지반, 포화된 토양 상태 유지 등일 수 있다.

해결해야 할 과제는 충격이 너무 커서 수목이 단기적으로 뿐만 아니라 장기적으로 생존할 수 없는 수준을 확인하는 것이다. 이러한 결정적인 수준을 계산할 수 있는 계량적인 방법은 없다. 더구나 결론을 지지하거나 반박할 연구 결과도 거의 없다. 해당 수목이 어떻게 반응할 것인가에 대한 예측 능력은 개별 수목의 나이와 상태에 대한 고려와 함께 경험과 수종에 대한 지식에 의존할 수밖에 없다. 수목이 종종 더 좁은 보호구역에서도 생존하지만, 최적의 수목보호구역 결정 방법이 지침이 될 수 있다.

공사 후에 수목이 잘 살아갈 수 있는 잠재력은, 누적된 충격의 강도와 이를 이길 수 있는 개별 수목의 능력, 해당 수목의 종, 수령, 상태 등을 포함한 몇 가지 요소에 의해 결정된다. **표 11-3**에 있는 행렬(行列, matrix)이 수목 보전 의사결정을 하는 한 방법이 될 수 있다. 상대적으로 교란에 내성이 있는 수종인 런던버즘나무(*Platanus* × *acerifolia*)와 교란에 민감한 수종인 유럽너도밤나무(*Fagus sylvatica*)에 대한 보전결정이 대조를 이룬다.

수목뿌리의 위치확인 뿌리 교란을 추정하는 가장 믿을 수 있는 방법은 예정된 해체나 건설과 연계된 뿌리가 어디에 있는가를 찾아내는 것이다. 도움이 제한적이기는 하지만 판근(板根, buttress root)과 근원(root crown)의 방향이 일부 실마리를 제공한다. 습하고 바위가 없는 토양에서는 금속봉을 이용한 탐침이 뿌리의 위치를 확인하는데 도움이 될 것이다.

보다 정확한 방법은 앞으로 굴착할 지역에서 조심스럽게 토양을 제거하여 뿌리의 위치를 확인하는 것이다. 직경 25mm(1인치)가 넘는 뿌리가 거의 발견되지 않으면, 그 수목은 아마 충격에 견딜 수 있을 것이다. 그러나 몇 개의 굵은 뿌리와 마주치면, 생존 가능성을 평가하기 위해 그 수종의 민감성과 그 수목의 상태를 고려하라.

뿌리를 노출시키기 위해 삽, 굴착 장비, 또는 고압의 물이나 공기가 사용될 수 있다. 제한된 조사가 필요한 경우, 손공구(hand tool)가 적절하다. 넓은 지역에서는 운전자가 그 작업에 숙달되어 있으면 작은 굴착기도 활용될 수 있다. 저항이 느껴지면, 버킷(bucket)을 느슨하게 한 후 손, 고압 물이나 공기를 이용하여 뿌리를 노출시킨다.

수력 굴착(水力掘鑿, hydraulic excavation)은 소방호스(노즐에서의 압력 4~6kg/cm^2)처럼 고압의 물을 이용하여 토양 슬러리(slurry)를 형성한 다음, 배출시키거나 퍼낸다(Gross, 1995) (**그림 11-8**). 공기압 굴착(pneumatic excavation)은 토양 공간을 채우는 공기 초음속 제트(supersonic jet of air, 2,350km/hr, 마하 2)를 이용한다. 이 공기는 팽창하여 뿌리와 배관과 같은 공극이 없는 물질로부터 토양을 불어낸다

그림 11-8 수력굴착 기술은 소방 노즐을 통해 전달된 고압의 물을 이용하여 흙을 뿌리로부터 씻어내는 것이다. 슬러리는 진공으로 빨아들여 폐기물 탱크에 모은다.

(Rob Gross, Calistoga, CA, 1998, 개인적인 정보). 직경 1mm 이상 되는 뿌리는 그대로 남아 있을 것이다. 어떤 방법이든 올바르게 사용하면 뿌리를 신속하고 안전하게 노출시킬 것이다. 토양이 포화상태일 경우, 수력 굴착이 가장 효율적이고 신속하며, 포장용수량에 가까운 경우, 공기압 굴착이 더 효과적이다. 수력이 공기압보다 성가신 방법이다. 공기 밀도가 낮아지는 고온에서는 공기압 방식의 효과가 감소한다. 각각의 방법은 상황과 굴착의 목적에 따라 장단점이 다르다.

11.5 수목에 대한 충격을 최소화하기 위한 설계

대부분의 경우 수목에 대한 공사 충격을 완전히 피할 수 없기 때문에, 목표는 견딜 수 있는 수준으로 손상을 최소화하는 것이다. 부지의 구체적인 여건과 요구사항에 따라 이를 달성할 수 있는 방법은 여러 가지가 있다(**표 11-4**). 구조물을 설계하고 변경하는 사람은 구조적인 완전성에 대한 책임이 있기 때문에, 최초 설계가 나오거나 변경될 때마다 기술자나 건축가의 자문을 구하는 것이 현명하다.

부지 정지 방법

대부분의 건물과 조경공사에서는 굴착, 성토(盛土, filling), 절토(切土, cutting), 다짐, 정지 등의 활동이 일어난다. 이러한 활동은 구조물이나 조경 식물의 아래뿐만 아니라 이들과 인접한 토양도 교란시킨다(제4장 토양 답압 참조).

영어의 grade(표고, 標高)와 grading(정지, 整地)은 건설에서 흔히 사용되는 용어로서 두 가지 의미를 가지고 있다. grade는 측정하는 지점에 대한 해수면(sea level)으로부터의 지표의 높이를 나타낼 수 있다. 예를 들면, 그 수목의 grade(표고)는 79.8m(247.4피트)이다. 또한 grade는 토지의 지표 지형을 변형시키는 것을 의미하는 동사가 될 수도 있다. 자연/기존 표고(natural/existing grade)는 정지를 하기 전에 존재하는 높이이다. 최종 표고(finished grade)는 정지 후에 창출되는 높이이다. 절토는 표고를 낮추는 것이고, 성토는 표고를 높이는 것이다. 기존 표고와 새로운 표고가 만나는 곳에 전이(轉移, transition)가 발생한다. 표고의 전이를 처리하는 방법에 따라 뿌리 교란에 중대한 영향을 미칠 수 있다.

보통 정지는 토양을 한 곳에서 다른 곳으로 이동시키기 위해 제작된 대형 장비로 수행된다. 토양이 이동됨에 따라 답압이 발생한다. 그리고 서로 다른 깊이에서 나온 흙이 섞일 수 있다.

성토: 토양 표고 높이기 성토는 통기, 수분 이동, 기온, 뿌리 생장 등에 대한 문제를 유발한다. 성토층을 만들기 위해서는 기존 지표를 안정된 지반까지 잘라낸 다음 다져진 층으로 대체된다. 그러므로 성토는 뿌리를 제거할 뿐만 아니라 새로운 뿌리가 발달하는데 불리한 다져진 여건을 조성한다. 만약 성토가 하중을 받는 것이 아니라면(포장, 구조물, 통행 등이 없는), 표준에 따라 설계한 굴착과 다짐은 불필요할 것이며, 기존 지반과 그 위에 놓은 성토를 어느 정도 다지면

표 11-4 주요 공사 충격과 이로 인한 피해를 최소화하는 방법

수목에 대한 충격	건설 활동	피해를 최소화하기 위한 방법 또는 처리
뿌리 손실	일괄정지(mass grading)하는 동안 부지의 표토 박토(剝土, stripping)	수목주변 표토에 대한 박토를 제한하라. 남겨질 수목 근처에 있는 제거될 목본식생은 지반고(地盤高, ground level)에서 잘라주고, 장비를 이용하여 뽑아내거나 남겨질 수목에게 뿌리 손상을 초래하지 않도록 한다.
	지표높이 낮추기, 파헤치기, 성토와 구조물을 위한 지반 준비	수목으로부터 가능하면 먼 거리까지 자연적인 지표면을 유지한 다음 불연속적인 기초에 옹벽(擁壁, retaining wall)을 설치하라(그림 11-12). 최종 지면까지 손으로 파고 노출된 뿌리는 장비에 의한 뿌리 뒤틀림과 파손을 피할 수 있도록 톱으로 절단하라. 파낸 흙은 수목의 낙수선 바깥에 위치한 장비에 의해 제거될 수 있다.
	포장을 위한 노상(路床, subgrade) 준비	최소의 굴착을 요하는 표장 재료(예: 철근 콘크리트, reinforced concrete)를 사용하라. 수목 근처에 무거운 하중을 피할 수 있도록 통행 패턴을 설계하라(고부하 포장은 더 두꺼운 기층재료[base material]와 노상 다짐을 요구한다). 낙수선 내 포장 아래에서의 최소 노상 다지기를 명시하라. 기층재료 아래에 토목섬유를 포설하라.
	기초, 담장을 위한 굴착	불연속적인 기초(그림 11-12)를 가진 담장과 구조물, 피어기초(pier foundation) (그림 11-13), 기둥이나 빔 기초를 설계하라. 손으로 굴착하라. 슬라브나 지하 기초를 피하라.
	공익설비나 배수를 위한 도랑 굴착	공익설비 공동구의 위치를 설치회사와 상의하라. 공동구를 통합하라. 직경이 25mm 이상인 뿌리가 있는 지역은 손으로 굴착하라. 직경 50mm 이상의 뿌리가 있으면, 이를 절단하기보다는 터널을 파라(그림 11-16과 11-17). 필요하다면, 장비는 낙수선 내에 두꺼운 이중으로 겹쳐놓은 합판 위에서 작업한다.
수목의 지상부 상처	장비에 의한 손상	낮은 가지를 에워쌀 수 있도록 수목 주위에 울타리를 설치하고 수간을 보호하라. 모든 피해는 수목관리자가 적절하게 처리할 수 있도록 즉시 보고하라.
	건물, 통행, 건설 장비를 위해 수직적인 공간을 확보하기 위한 전정	공사에 앞서 필요한 높이만큼 전정하라. 길 위로 건설장비와 구급차(救急車, emergency vehicles)가 요구하는 최대높이를 고려하라. 모든 전정은 건설인력이 아닌 수목관리자에 의해 수행되어야 한다.
부적합한 토양 수분	하천 흐름의 방향 변경, 유거수의 방향 변경, 지하수위 낮추기, 지반 낮추기	어떤 경우에는 정상적인 하천 흐름 설정과 최대 유량 조건을 위한 빗물 배수구로의 우회로 설치를 통해 유량을 낮추는 시스템을 설계하는 것이 가능할 것이다. 일반적으로, 홍수 조절과 설계 시방서는 홍수가 발생할 가능성이 있는 곳에서는 탄력적이지 못하다. 비슷한 양의 보조적인 관개를 설치하고, 일반적으로 발생하는 계절적인 불균형을 고려하라.

(계속)

표 11-4 주요 공사 충격과 이로 인한 피해를 최소화하는 방법 (계속)

수목에 대한 충격	건설 활동	피해를 최소화하기 위한 방법 또는 처리
뿌리 생장에 불리한 여건; 줄어든 뿌리시스템으로 인한 고질적인 스트레스	다져진 토양	통행과 자재보관으로부터 수목보호구역을 보호하도록 수목 주위에 울타리를 설치하라. 설계된 성토 지역에는 성토가 구조물을 지지하지 않는 경우, 최소 다짐(보통 85%)을 명시하라. 야적장(storage yard)과 통행로는 수목으로부터 상당한 거리를 두어라. 두꺼운 멀치나 두꺼운 합판을 이중, 중첩하여 통행 답압으로부터 표토를 보호하라.
	유출, 폐기물 처리(예: 페인트, 기름, 연료)	공사 시방서에 처리절차를 명확하게 기술한다. 수목 주변에 폐기물을 버리거나 처분하는 것을 금지한다는 통지문을 울타리에 게시하라. 사고로 인한 유출은 즉시 제거하도록 요구하라.
	포장 아래에 적용한 토양 제초제	라벨 요구사항에 따라 기존 식생 주변에 사용해도 안전한 제초제를 사용하라.
	토양 표면 위의 불투수성 포장	투수성 포장재료(예: 모래에 고정된 조립식 블록)를 활용하라.
과도한 토양수분	지하 흐름의 막힘, 높여진 지하수위	배수경로를 가로지르는 매립에는 물이 암거배수구 높이에 도달하기 전에 정체되지 않도록 최저수위(最低水位, low flow)의 바닥에 암거배수구가 설치되어 있어야 한다.
	수목에서 외곽으로의 지표배수 부족	지표높이를 변경하는 경우 물이 수목으로부터 멀리 흐르도록, 즉 수간의 기저가 주변 토양보다 높도록 해야 한다.
	다져진 토양(소공극은 많지만 대공극은 거의 없음)	뿌리 피해가 거의 없는 경우 방사상 도랑에 있는 흙을 제거하고 교체하라(제7장 표토 답압 경감 참조). 지표를 멀칭하라.
	빈번한 관수가 요구되는 천근성 수목의 관수	높은 수분과 통기 불량에 민감한 교목 아래에는 식재를 피하거나, 관수가 필요 없거나 거의 하지 않는 식물을 이용하라.
	임분의 간벌, 하층식생의 제거	노출되면 취약한 종은 단체나 집단으로 보전하라. 자연적인 하층식생을 유지관리하라.
	주위의 단단한 표면으로부터의 반사열(反射熱, reflected heat)	수목 주변에는 단단한 표면의 사용을 최소화하라. 물 사용이 증가할 것으로 예상되는 곳에서는 토양 수분 모니터링이 필요하다.
	전정	남겨진 수목을 불안정하게 하거나 햇빛에 얇은 수피를 노출시키는 과도한 솎음은 피하라.

출처: Matheny, 1989.

될 것이다.

이러한 충격 때문에 성토를 수목보호구역 바깥으로 제한하는 것이 중요하다. 성토가 수목 가까이에서 일어나는 경우, 성토가 왜 필요한지 성토를 배제하거나 수목으로부터 멀리 이동시킬 수는 없는지 등에 대해 고려하라. 성토가 단순히 과잉 토양을 처리하는 방안의 하나라면, 건강한 수목을 유지하는 가치와 토양을 반출하는 비용을 비교해 보거나 수목으로부터 떨어진 다른 지역에서 그 토양을 쌓아둘 곳을 찾아라. 부하가 걸리지 않은 성토인 경우, 수목 아래의 기존 토양과 토성이 동일하거나 좀 더 거칠고 입단화가 잘 된 토양을 얇게 성토하는 것은 가능할 것이다. 배수처리가 잘 된 150mm(6인치) 이하의 성토는 거의 모든 수종에 피해가 없을 것이다(USDA, 1975). 이러한 처리는 뿌리가 지제부 부후(地際部腐朽, collar rot)에 내성이 있거나 저항성이 있는 활력이 좋은 어린 나무에만 해당된다.

성목이 성토층 깊이 뿌리를 뻗고 오랜 기간 생존한다는 보고가 있지만(Harris, 1992), 수목의 수간 위에 성토를 하는 것은 잘못된 조언이다. 이는 가스 교환(gas exchange)이 방해될 뿐만 아니라 많은 수목의 수간이 젖어 있으면 발생할 수 있는 지제부 부후에 감염될 가능성이 크다. 새로운 뿌리시스템은 성토층에서 발달하고, 오래된 시스템은 죽는다(Duling, 1969). 새로운 뿌리시스템이 수목을 푸르고 건강하게 유지시켜주는데 도움이 되겠지만, 오래된 뿌리시스템이 죽음에 따라 수목의 안정성은 위태로워질 것이다(**그림 11-9**).

대부분의 수목관리 논문은 수목의 기부 주위에 있는 기존 지표 유지의 중요성을 강조하고 있다. 지표를 높이는 경우, 흔히 하는 처리는 수목 주위에 마른 우물을 만들기 위해

그림 11-9 자생 참나무가 30년 전 주택 건설 중에 성토된 토양에 묻혔다. 이 나무는 갑자기 잎이 떨어지기 시작하기 전까지는 녹색으로 살면서 건강하게 보였다(왼쪽). 성토된 흙이 제거되자, 뽕나무버섯균에 의해 광범위하게 부후된 수간과 뿌리가 최종 지면 아래 46cm(18인치)에서 발견되었다(오른쪽). 이 나무는 성토된 토양에 뿌리를 발달시켜 지난 30년간 녹색 수관을 유지했지만, 결국 원뿌리가 악화되어 제거될 수밖에 없었다. 이러한 문제는 아마 수간이 성토되지 않았으면 피할 수 있었을 것이다.

수간으로부터 2~3피트 거리에 옹벽을 쌓아주는 것이다. 수레바퀴(wagon-wheel) 모양의 배관으로 연결된 통기시스템(通氣-, aeration system)을 성토층 아래인 기존 지표 위에 설치하고, 이를 성토층을 통과하여 새로운 지표높이까지 연장된 수직 배관과 연결시켜준다. **이러한 통기시스템은 설치하는데 비용이 많이 들고, 이것이 수목에 긍정적인 효과가 있다는 과학적인 증거는 아직 없다.** Smith 등(1995)과 Tusler 등(1998)은 모두 통기시스템이 지하 20~30cm(4~12인치)의 토양 통기를 일관되게 향상시키지 않는다는 것을 발견하였다. 더구나 통기된 성토의 결과가 공학적인 관점에서는 불안정하여 어떤 구조물에 대해서든 부적합한 기초가 된다. 그러나 기존 시공 시방서(땅을 판 다음 성토하는 방법)에 따라 성토가 된 경우에는, 기존의 뿌리가 파괴될 뿐만 아니라 이러한 통기 시스템이 새로운 뿌리가 조성되는데 도움이 될 가능성은 낮다. 수목, 프로젝트 경제성, 부지 설계 등을 위한 보다 나운 해결방안은 다음 사항을 고려하는 것이다:

- 주변의 표고를 수간 기저 높이와 최대한 가까이 일치되도록 조정하라.
- 지표 높이를 높여야 한다면, 성토 위에 위치할 구조물의 위치와 과도한 건축요구 여부를 확인하라. 수목보호구역 안에서 성토가 이루어진다면, 그 위치에 옹벽 설치를 고려하라.
- 수목이 물이 모여드는 낮은 지역에 위치하게 된다면, 수목으로부터 가능하면 멀리까지 배수시설을 설치하라. 필요하다면, 배수구로의 흐름을 만들기 위해 손으로 표고를 조성하라.
- 적절한 수목보호구역을 확보할 수 없는 경우, 수목을 이식하는 것, 필요한 지표 변경 작업, 그 자리에 알맞은 수목 식재 등을 고려하라.

절토: 토양 높이를 낮추고 굴착하는 것 수목의 수관 아래로부터 토양을 제거하는 것은 뿌리를 심각하게 손상시킬 수 있고, 수목의 안정성까지도 해칠 수 있다. 수목 아래 지표 모두를 낮추는 경우는 드물다. 만약 수목 주위의 전체 지역을 150mm(6인치) 이상 낮추면, 그 수목은 생존할 수 없을 것이다. 적절한 수목보호구역을 확보할 수 없는 경우, 얼마나 많은 원 토양을 그대로 남겨두어야 하는가, 해당 수목의 수종과 나이, 독특한 뿌리 확산 유형, 해당 부지의 토양과 수분 여건 등에 따라 차이가 있다. 교란되지 않은 토양을 많이 남겨둘수록 좋다는 것은 당연하다. 그러나 최대한의 굴착을 위해서는 세심한 뿌리 조사가 필요할 것이다(앞에 기술한 수목 뿌리 위치확인 참조).

토양 절토와 굴착이 수목보호구역 안에서 일어나야 한다면, 다음에 기술하는 바와 같이(공사 전 처리, 단근) 정지 장비에 의한 절단이 이루어지기 전에 뿌리를 전정하라.

지표높이 전이 최종 표고는 기존 표고와 연결시키기 위해 보통 2:1 또는 3:1의 경사를 이루는 것이 일반적이다(**그림 11-10**). 표고가 바뀌는 곳 가까이에 있는 수목을 구제할 필요가 있다면, 이를 보호하기 위한 몇 단계의 조치가 필요하다. 경사를 만드는 대신, 표고를 변경하기 위한 수평거리를 줄일 수 있도록 옹벽을 설치하라(**그림 11-11**). 옹벽은 콘크리트, 벽돌, 목재, 돌과 몰타르 등으로 조성할 수 있다. 옹벽은

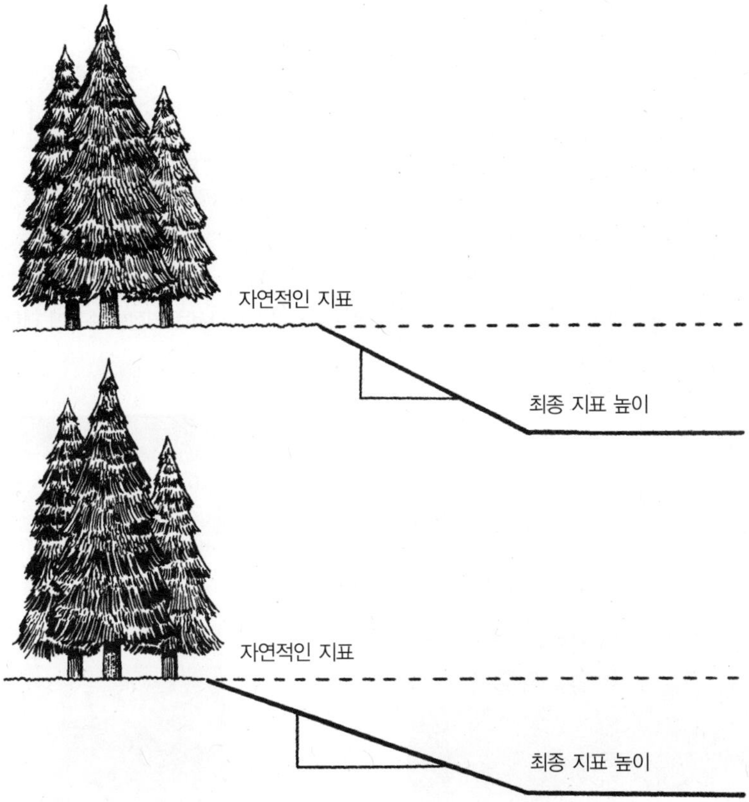

그림 11-10 경사는 자연적인 지표높이로부터 최종 지표높이로의 전이(轉移, transition)를 의미한다. 경사는 2:1(위), 3:1(아래)처럼 경사의 길이에 대한 높이의 비율로 표시된다. 경사를 3:1로 만들기 위해서는 더 긴 수평거리가 필요하여 수목에 더 가까이까지 절토해야 한다는 것에 유의하라.

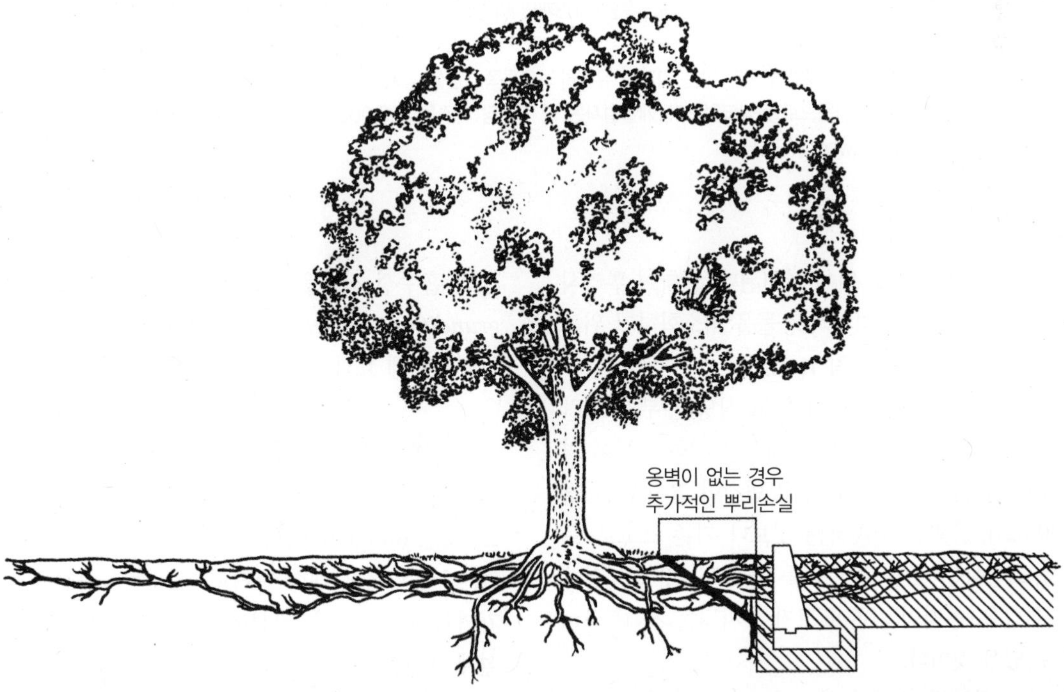

그림 11-11 지표높이의 전이를 처리하는 방법은 뿌리 교란에 상당한 영향을 미친다. 옹벽은 절토나 성토에 의한 지표높이 변경을 위한 수평거리를 단축하는데 활용될 수 있으며, 이를 통해 뿌리 충격을 줄일 수 있다.

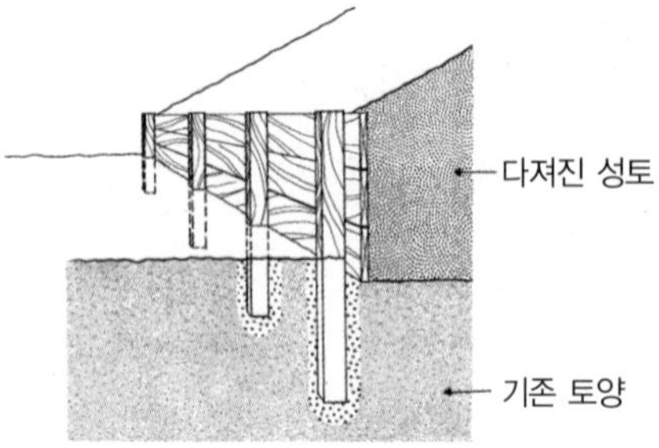

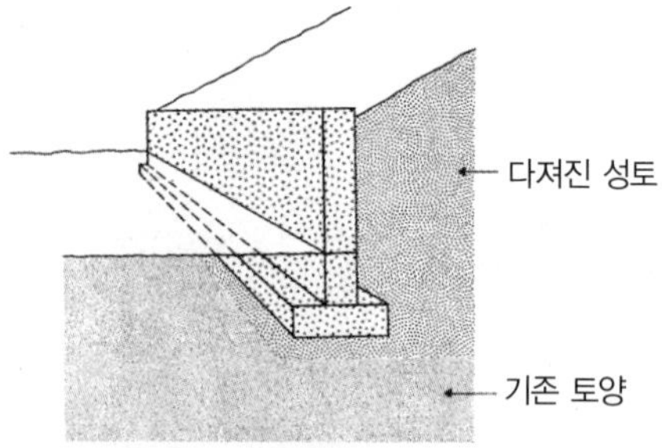

그림 11-12 기둥과 케이슨 벽(caisson wall)과 같은 불연속 기초는 기둥의 굵기나 간격에 따라서는 인접한 수목에 대한 뿌리 손상을 줄일 수도 있다(a). 연속적인 기초는 벽의 길이를 따라 도랑을 파야 한다(b).

그림 11-13 메릴랜드에서 18가구를 가진 3층 콘도미니엄(오른쪽)이 168개의 파일로 된 기초 위에 세워졌다(왼쪽). 파일공법으로 건물로부터 1.5m(5피트) 이내의 수목이 보전되었다. 이 공법은 건물 아래에 빗물을 취급할 수 있는 자갈 저류시스템 설치도 가능하여, 빗물을 모으기 위한 연못을 조성하기 위해 수목을 제거할 필요도 없었다. 기초 파일을 차폐하기 위한 낮은 격자에 유의하라(오른쪽). 건설 중에 건물의 바깥에 비계(飛階, scaffolding)가 필요 없도록 벽은 조립되었다. 개별 가구의 전망은 각주 사용으로 향상되었으며, 개발업자는 한 가구당 가격을 $30,000 더 올렸지만 첫해에 처음 예상했던 것보다 더 많은 집을 팔았다. (사진: Steve Clark, Brentwood, TN.)

토양을 굴착하여 축조된 기초 위에 설치된다. 굴착이 뿌리시스템 안에서 일어날 경우, 뿌리와의 충돌을 최소화하기 위해 불연속적인 기초를 활용하라(**그림 11-12**).

옹벽은 설치하는데 비용이 많이 들고 상당한 부지 교란을 가져올 수 있기 때문에, 이 방법의 사용을 권하기 전에 명확한 편익을 확인하는 것이 좋다. 표고 변경이 크지 않을 경우(300~600mm), 옹벽을 설치하는 것보다 기존 표고로 토양의 경사를 조성하는 것이 덜 피해를 줄 때도 있다. 그러나 그 차이가 클 경우, 옹벽이 기존 표고가 유지되는 거리를 1m 이상 늘릴 수 있을 것이다.

옹벽 설치가 완료될 때까지 절단되고 노출된 뿌리가 건조되는 것을 막는 것은 바람직하다. 수분이 유지되어야 하는 절토의 상단으로부터 노출된 뿌리에 걸쳐 두꺼운 마대나 다공의 흡수성 직물을 걸쳐두면 수목, 특히 태산목(*Magnolia grandiflora*)과 같이 두껍고 부드러운 뿌리를 가진 수종을 보호하는데 효과적일 것이다.

기단과 기초 설계

필요한 토양 굴착과 다짐의 양은 기단(礎段, footing)과 기초(基礎, foundation)의 유형에 따라 크게 차이가 나기 때문에, 인접 수목에 대한 충격의 강도에도 영향을 미친다. 수목 가까이에 구조물을 건설해야 한다면, 고려할 수 있는 기단 설계 대안은 다음과 같다:

- 수목의 주변에서 뿌리 위를 다리로 연결시키는 맞춤 기단 (전문가 설계)

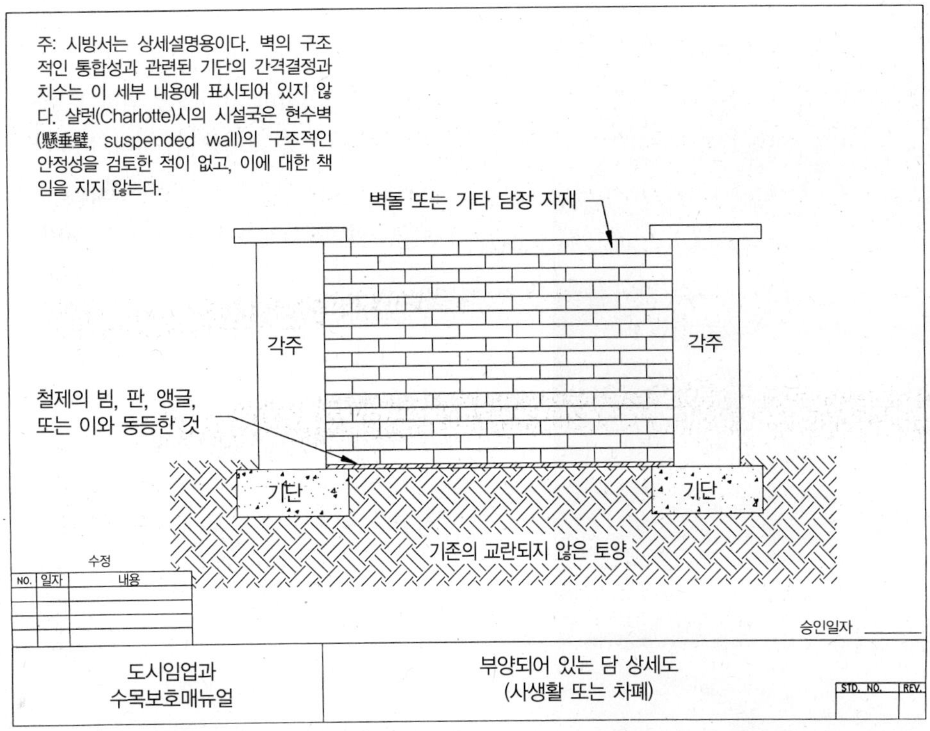

그림 11-14 인접한 수목의 뿌리 위에 걸치도록 각주 사이에 떠 있는 벽돌 담장의 상세 설계. (출처: City of Charlotte, NC, Division of Land Development, Urban Forestry Section.)

- 건물이 기단으로부터 바깥쪽으로 연장되도록 하는 외팔보(cantilever)
- 불연속 각주(角柱, pier)를 이용한 지상 기초(地上基礎, raised foundation) **(그림 11-13)**

때로는 지표 위에 설치된 지중보(grade beam)를 가진 각주 기초의 피해가 가장 적다. 토양 위의 시멘트 슬라브나 다져진 토양의 지표 아래에 설치된 주변 기초와 비교해 보면, 각주를 이용한 건설이 토양의 단면과 각주 사이의 뿌리를 그대로 유지한다. 각주의 직경, 깊이, 간격과 더불어 각주를 뚫는데 필요한 장비의 무게가 뿌리 손상 잠재력을 결정한다. 각주가 크고 간격이 좁으면, 다른 기초 유형보다 수목에 대한 편익이 크지 않을 수도 있다. 이 공법으로부터의 편익을 극대화하기 위해서는 각주 사이의 토양이 다져지지 않도록 관리해야 하다. 빔이 지표 위에 설치되도록 기술되어 있지 않으면, 기초를 설치하기 위해 많은 뿌리를 절단해야 하는 도랑을 파야 한다.

담이나 울타리의 기단은 뿌리와 앞으로의 확장을 위한 공간을 확보하기 위해 단절되거나 변형될 수도 있다**(그림 11-14)**. 커다란 판근을 가진 기존 수목 근처의 보도나 포장 지역에도 비슷한 공법을 사용할 수 있다.

구조물 설계

수목 근처의 구조물을 설계할 때에는 수목에 대한 충격을 최소화하기 위해 몇 가지 요소를 고려하는 것이 좋다. 이는 우선 전정에 대한 요구를 최소화하기 위해 현재와 향후 생장으로 수목의 수관이 구조물과 충돌할 가능성을 고려하는 것이다. 이를 포함하여 고려할 요소들은 다음과 같다:

- 수간의 직경, 수관의 높이와 폭에 대한 수목의 향후 생장을 고려하라.
- 난로는 수관 가까이에 굴뚝이 위치하지 않도록, 또는 낙엽이 축적되는 장소에 위치하지 않도록 설치하라. 지하고에 대한 규정은 지역별로 다를 것이다.
- 바람직한 조망을 위한 창문 위치를 고려하라. 가까운 조망은 성목에 의해 향상되겠지만, 먼 조망은 수목이 조망과 충돌하게 되어 과도한 전정으로 이어질 것이다.
- 구조물이 낙수선 안에 위치하는 경우, 과도한 전정을 피할 수 있도록 구조물의 높이를 제한하는 것을 고려하라.
- 태양 전지판(solar panel)과 자연형 태양난방(passive solar heating)의 위치는 수목과 관련하여 고려하라.
- 통신장비(예: 위성방송 수신안테나/satellite dish)를 위해 가시선(可視線, line of sight)을 고려하라.

그림 11-15 빗물 배수시스템 설치를 위한 위의 굴착처럼 깊은 도랑은 측면의 안정을 위해 바닥보다 위의 폭이 훨씬 넓다.

송전선과 서비스

지하에 매설되어 있는 시설물은 다양하다: 상/하수, 빗물 배관; 전기선, 가스 및 스팀 배관; 유선 텔레비전용 와이어; 전화와 정보통신을 위한 광통신 케이블. 각각의 선은 깊이, 다른 시설과의 간격, 배관이나 도관의 직경, 도랑 안의 깔개(bedding materials), 되메우기 덮개의 다짐 등에 대한 요구가 다르다. 이들 각각은 지표로부터의 접근 지점과 연결 지점이 필요하다.

지하 공익설비 설치에 대한 통상적인 과정은 선, 배관 도관, 깔개, 되메우기 등을 조화시킬 수 있는 충분한 깊이와 넓이로 도랑(trench)을 파는 것이다. 도랑은 도랑을 파는 장비나 굴삭기로 판다. 깊은 도랑은 측면이 무너지지 않도록 도랑의 위쪽이 바닥보다 더 넓어야 한다. 되메우기는 일반적으로 상대 다짐도(relative compaction) 90~95% 사이의 현지 토양을 이용하지만, 때로는 시멘트 혼합물을 섞기도 한다.

설비의 유형과 설치에 관한 시방서가 인접 수목에 대한 충격 정도를 평가하는데 관건이 된다. 예를 들면, 빗물 배수 주배관로를 매설하기 위한 도랑은 바닥의 폭이 2~3m(6~9피트), 위쪽의 폭이 3~5m(9~15피트), 깊이가 3~5m(9~15피트) 정도될 것이다(**그림 11-15**). 이와는 달리, 도로로부터 가정으로 들어가는 전기선은 깊이 1m(3피트), 폭 20cm(8인치) 미만의 도랑이 필요할 것이다.

지하 공익설비 서비스를 위한 도랑 설치는 수목에 심각한 뿌리 손상을 초래할 수 있다. Morell(1984)은 파크리지(Park Ridge, IL)에서 상수도 본관을 위한 도랑 설치 12년 후에 도랑이 굴착된 성목 가로수 262그루 중 92그루가 죽었고, 27그루가 유의하게 지상부 가지마름 현상이 나타났다고 보고했다. 반면, Miller(1994)는 수간 직경 23~47cm(9~18인치)의 미국팽나무(*Celtis occidentalis*), 미국풍나무(*Liquidambar stryaciflua*), 설탕단풍나무(*Acer saccharum*)의 수간으로부터 0.5~3.3m(1.5~10피트) 거리에 도랑을 굴착한 지 4년 후에 98그루 중 7그루만 죽어가고 있다고 보고하였다. 4개 수종 중 3개 수종에서 15% 미만에 대해 생장 감소가 발생했지만, 수목 생장의 감소는 도랑에 가까울수록 더 크게 나타났다.

추천되는 수목으로부터 도랑까지의 최소 거리는 일반적으로 수간 직경 cm당 0.6m(0.5피트/인치)이다(Kimmel, 1978; Morell, 1984; National Joint Utilities Group, 1995). 이러한 지침은 공사 내성이 좋은 어린 나무에 대한 적정한 수목보호구역과 일치한다(표 11-1). 성목과 공사 내성이 중간 또는 약한 수종은 더 먼 거리가 바람직할 것이다(**상자 11-3** 참조).

효과적인 과정은 굴착장비를 이용하여 해당 수목의 보호구역의 한계선 바깥으로부터 수목 방향으로 도랑을 파는 것이다. 도랑은 25~38mm 굵기의 뿌리를 만날 때까지 손이나 압축공기 또는 수압 굴착기를 이용하여 계속 굴착한다. 터널을 뚫는 것은 이 지점에서 시작하여 뿌리시스템의 중심을 지나 수간의 반대편에 있는 도랑에 이를 때까지 계속한다(**그림 11-16**). 터널의 깊이는 흡수근(absorbing root)의 주된 구역 아래에 있는 것이 좋으며, 이는 도랑을 굴착할 때 결정될 수 있고, 대부분의 수목은 깊이가 0.6m(2피트) 이상 될 것이다.

도랑을 굴착하지 않는 기술은 특수한 터널 굴착장비를 이용하여 터널 안에 배관이나 도관을 설치하는 것이다(**그림 11-17**). 일부 터널 굴착장비는 커다란 진입, 진출 구멍을 굴착해야 한다. 다른 장비는 지표로부터 일정한 각도로 배관을 땅속으로 밀어 넣는다. 이 장비는 배관이 지하로 향하는 방법에 따라 차이가 있다. 주어진 부지에 적절한 굴착 방법을 확인하기 위해서는 부지 상태에 대한 평가가 필요하다. 설치될 배관의 크기 또한 도랑을 굴착하지 않는 기술의 선정에 영향을 준다. 유도 천공, 마이크로터널링(microtunnelling), 충격식 몰링(impact moling)을 포함한 다양한 방법이 직경 100mm(4인치) 미만의 공익설비에 활용될 수 있다(Thomson과 Rumsey, 1997).

상자 11-3

공익설비를 설치할 때 수목의 뿌리 보호하기

영국 내 공익사업의 연합체인 National Joint Utilities Group은 공익설비를 설치할 때 수목의 뿌리를 보호하기 위한 지침을 개발했다(1995).

1. 각 수목 주위에 수간 둘레의 4배(약 0.6m/수간직경 cm)에 해당하는 보호구역을 설정하라.

   이 보호구역 내에서는

2. 기계로 굴착하지 마라. 가능하면 도랑을 만들지 않는 기술을 사용하라. 그렇지 않으면 손으로만 파라.
3. 손으로 팔 때, 가능하면 많은 뿌리를 보전할 수 있도록 뿌리 주변에서는 주의 깊게 작업하라.
4. 지방 의회의 수목 담당관(지자체 수목관리관)이 사전에 동의하지 않으면, 직경 25mm(1인치) 이상의 뿌리는 절단하지 마라.
5. 제거해야 하는 뿌리는 예리한 도구(예: 전정가위 또는 손 톱)를 이용하여 절단하라. 깨끗하게 절단하고 가능하면 상처가 작게 남도록 하라.
6. 도랑은 불활성 과립 물질과 혼합 표토로 되메우기 하라. 보전된 뿌리 주변은 되메우기를 조심스럽게 다짐하라. 고속도로가 아닌 곳은 굴착된 토양만으로 되메우기 하라.
7. 단단한 보조기층을 제외하고, 무거운 기계 장비를 반복적으로 움직이거나 사용하지 마라.
8. 화학제품과 연료를 포함한 폐자재나 건설 자재를 야적하지 마라.
9. 서리가 노출된 뿌리를 손상시킬 수 있다. 밤 사이에 도랑을 개방된 상태로 두는 경우, 뿌리를 마른 마대로 감싸주어라.

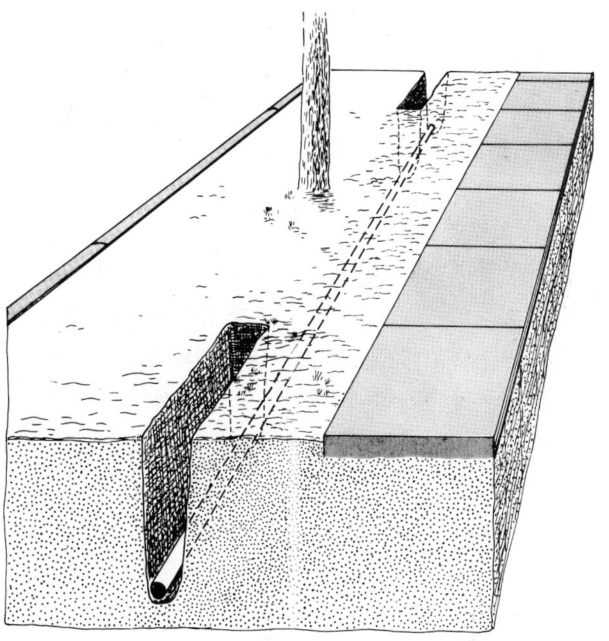

그림 11-16 공익시설 배관과 케이블을 위한 도랑 굴착은 수목보호구역의 경계나 수목의 주 뿌리를 만나는 지점에서 중단하고, 터널 굴착을 시작할 수 있다.

그림 11-17 수목 뿌리 아래로 시굴 또는 터널 방법을 활용할 수 있다. 이는 뿌리에 대한 대부분의 충격을 제거할 수 있다. (사진: Spencer Rosenberg, Arbor Guard, inc.)

도랑 굴착은 보통 다른 방법보다 비용이 싸기 때문에 가장 흔한 공익설비 설치 방법이다. 그러나 터널 굴착 방법도 수목 교체, 조경, 포장 등의 도랑 굴착 피해를 고려하면 더 경제적일 수 있다. Morell(1984)은 상수관 주관을 설치할 도랑을 굴착한 다음 발생하는 상실된 수목의 가치, 죽은 나무 제거, 재식재 등에 소요되는 비용이 터널 굴착으로 인해 발생할 추가비용의 4배에 이른다고 추정하였다.

시굴(試掘, boring)에 대한 대안은 굵은 뿌리는 그대로 둔 채 개방된 도랑을 계속 굴착하는 것이다. 뿌리 주면의 흙은 손이나 압축공기 또는 수압 굴착기로 제거될 수 있다(그림 11-8 참조). 다음에는 배관이나 도관을 뿌리 아래로 집어넣는다. Helliwell(1985)은 직경 3cm(1.5인치) 이상인 뿌리는 절단하기보다 가교설치를 권장하였다. 뿌리를 제거해야 한다면, 톱을 이용하여 뿌리에 대해 직각방향으로 절단하는 것이 좋다(이 장의 후반에 있는 건설 전 처리, 단근 참조).

전기, 전화, 케이블 선이 지상의 전신주에 위치해 있는 곳에서는 전신주 위치 선정 때 수목 수관과의 충돌 잠재력을 고려하는 것이 좋다. 전신주와 송전선 설치 장비를 위한 통과높이도 고려하는 것이 좋다.

포장 부설

대부분의 수목관리자들은 포장이 뿌리 지역의 물과 공기의 이동을 제한하기 때문에 수목에 해롭다고 생각한다. 이상하게도, 어떤 수목은 수간의 50mm(2인치) 안까지 포장을 부설(敷設, installation)해도 잘 자라는 것처럼 보이는 반면, 다른 수목은 수목보호구역의 일부만 포장해도 바로 죽는다. 어떤 수목이 안전하게 견딜 수 있는 포장의 규모는 포장 공사 중에 발생한 뿌리 손상의 범위, 수종과 해당 수목의 현재 건강 상태, 지금까지 생장해온 환경, 토양 공극과 배수, 해당 수목이 포장 아래에서 뿌리생장을 재개할 수 있는 잠재력 등에 달렸다. 주택지의 진입로와 주차장 지역을 단순히 지표를 고르고 매우는 정도로 포장을 부설할 수 있다면, 수간 가까이까지 포장이 가능할 것이다. 그러나 노반(路盤, subbase) 조성, 연석, 보도, 어쩌면 지하 공익시설까지 설치하기 위해 0.6~1m(2~3피트)의 굴착이 필요한 간선도로에 대한 포장은 수목으로부터 더 멀리 부설되어야 한다.

포장은 받아야 할 통행하중을 지지할 수 있도록 건설되어야 한다. 포장은 표층(表層, surface layer; 아스팔트, 콘크리트, 벽돌), 기층(基層, base material; 혼합 자갈, 모래), 보조기층(補助基層, subbase; 선택 성토, 항상 필요한 것은 아님), 노상(路床, subgrade; 다져진 기존 토양)으로 구성된 층으로 건설된다(**그림 11-18**). 이러한 층들의 집합체를 포장단면(包裝斷面, pavement section)이라고 부른다. 각 층의 두께는 포장재료, 가해지는 부하량, 이러한 부하를 견딜 수 있는 기존 토양의 능력 등에 의해 결정된다.

많은 수목보호지침은 수목 아래에서는 불투수성보다 투수성 포장재 사용을 권고한다. 불투수성 포장을 하는 경우, 어떤 유형이든 배기 또는 통기 시스템의 설치가 권고되기도 한다. 간단한 설계는 포장이 되어 있는 경우, 포장 지역 전반에 걸쳐 직경 20~50mm(1~2인치)의 구멍을 일정한 간격으로 잘라내는 것이다. 또 다른 방법은 자갈 기층을 부설한 그 위에 다음 곧게 선 PVC 배관을 놓고 그 주위에 포장 재료를 붓는다. 콘크리트가 굳고 나면 배관을 최종 지표 높이에서 절단하고 자갈로 채운 다음 격자로 된 마개로 막는다. 선형 또는 격자형의 통기 띠를 만들 수도 있다. 이는 콘크리트 단면 사이의 좁은 틈을 자갈로 채우는 것이다. 이 방법은 보행자가 밟고 다니는 것이 문제이다. 포장에서 많은 신축이음(expansion joint)을 설치하는 것도 같은 방법이다.

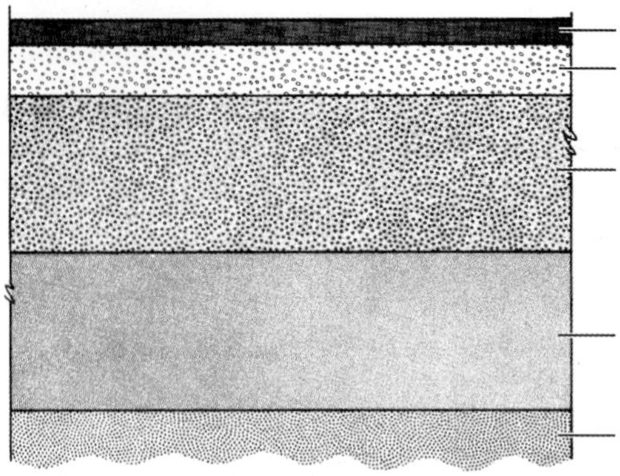

그림 11-18 전형적인 포장단면은 표층(벽돌, 콘크리트, 아스팔트), 기층(모래, 자갈, 혼합 자갈), 보조기층(선택 성토), 노상(벗겨지고 다져진 기존 토양)으로 이루어진다. 각 층의 두께는 토양의 성질과 포장이 받는 하중에 따라 다르다. 토양단면은 기존 지표에서 최종 지표까지 얼마나 많이 굴착되어야 하는가를 결정한다(Penifoy와 Ledbetter, 1985).

어떠한 "통기" 처리도 수목의 생장 조건을 향상시켰다는 과학적인 증거는 없다. 실제로 대부분의 포장은 어느 정도 공극이 있으며, 특히 시간이 지나면 더욱 그러하다. 아스팔트와 콘크리트 모두 물과 공기의 침투가 가능한 작은 틈을 많이 만든다. 콘크리트 포장은 틈이 만들어지는 신축이음을 두도록 설계된다. 포장 아래의 토양은 공기에 노출된 것보다 항상 습도가 높아서, 식재된 대부분 수목의 뿌리는 포장 아래에서 자라는데 문제가 없으며, 이로 인해 뿌리에 의한 들뜸(heaving)과 포장에 대한 균열 문제를 일으킨다.

수목 보호에 문제가 되는 가장 주된 요소는 해당 지역에 대한 포장 부설을 준비하면서 발생하는 뿌리 제거와 토양 다짐이다. 포장이 수목보호구역 내부를 잠식해야 한다면, 포장단면을 만들기 위해 필요한 굴착의 크기와 보조기반에 대해 필요한 다짐의 정도를 고려하라. 포장 설계를 통해 이러한 요소를 최소화하는 것만큼 수목에 대한 충격은 감소될 수 있다. 이를 달성하기 위한 몇 가지 방안이 있다:

1. 가장 얇은 단면을 요구하는 포장 유형을 사용하라. 콘크리트가 아스팔트나 조립식 블록보다 일반적으로 더 얇은 단면을 요구한다.
2. 두꺼운 포장단면을 요구하는 고하중의 통로는 수목으로부터 멀리 위치시켜라.
3. "비굴착(no-dig)" 설계를 이용하여 포장단면이 자연 지표 위에 부설될 수 있도록 최종 지표높이를 조정하라. 포장은 주변 지표보다 더 높게 될 것이다. 포장단면을 유지하기 위해서는 약간의 가장자리 처리가 필요할 수도 있다. 표고 차이가 염려된다면, 표토가 포장의

표고와 일치되도록 멀칭을 할 수 있다.

4. 포장이 다져진 보조기층에 의존하지 않도록 포장재료의 강도를 높여라. 이는 보통 표층에 추가적인 강화 재료를 첨가함으로써 해결된다.
5. 보조기층에 대한 다짐 요구를 줄이기 위해 연약한 토양으로의 이동을 방지하기 위해 포장단면의 바닥에 토목섬유 직물을 깔아라.

고도로 강화된 콘크리트는 매우 얇은 포장단면과 가장 낮은 보조기층 다짐을 요구하지만 비용이 많이 든다. 모래 위의 벽돌과 조립식 블록(paver)이 일반적으로 콘크리트나 아스팔트보다 투수성이 좋기 때문에 수목 아래에는 최선의 포장이라고 생각하고 있다(그러나 이러한 주장을 뒷받침할 연구 결과는 없다). 지상 부설을 위한 비굴착 설계를 이용하지 않으면, 블록은 콘크리트 포장보다 더 많은 굴착이 필요할 것이다. 이를 위해서는 보통 다져진 기층 준비가 필요하다. 블록은 콘크리트보다 뿌리나 토양 이동에 의한 움직임이 잘 발생하지만, 좁은 면적만 제거하고 교체하면 되기 때문에 수선이 쉽다. 추운 지방에서 표면은 들뜸을 유발하는 서리, 습한 상태와 건조한 상태가 반복됨에 따라 팽창하고 수축하는 점토질 토양 때문에 시간이 지나면 울퉁불퉁하게 된다.

연석을 부설하기 위해서는 굴착이 필요하다. 파상 연석(波狀緣石, rolled curb)은 굴착량이 가장 적다. 연석을 부설하는데 상당한 뿌리 손상이 예상될 경우, 연석을 그 자리에 고정시킬 수 있는 철제봉이 있는 포장 위에 설치할 수도 있을 것이다. 홈통(gutter)은 설치하지 않는다.

건설 시방서

선정된 수목을 보호하는 계획을 수립할 때에는 건설업자가 자신의 책임이 무엇이고 수목에 피해를 주면 무슨 처벌을 받는지에 대한 내용을 건설 시방서에 포함하여야 한다. (시방서 표본은 Matheny와 Clark[1998]에 게재되어 있다.) 공사 계약은 공사가 시작되기 전에 수목경관평가자심의회(Council of Tree and Landscape Appraisers, CTLA)의 수목평가지침(CTLA, 2000)에 따라 가치가 평가된 기존 수목의 피해에 대한 보상을 포함할 수도 있다. 피해가 발생하면, 가치에 대한 손실이 산정되고 책임 있는 공사업자에게 부과된다.

11.6 공사 전 조치

공사 시작 전에 도움이 되는 활동으로는 (1) 수목의 활력을 높이고 이를 통해 공사 충격에 대한 내성을 향상시키고, (2) 공사 활동을 위해 통과 높이를 확보하며, (3) 공사 중에 부주의한 피해로부터 수목을 보호하고, (4) 원하지 않은 식생을 제거하는 것 등이 있다.

건강을 증진시키기 위한 수목관리적 조치

활력이 좋고 건강한 수목이 부지 변화로부터의 회복과 이에 대한 적응을 가장 잘 한다. 어떤 경우에는 관수, 시비, 병해충 관리 등이 수목의 건강을 증진시키는데 도움이 된다. 새로운 뿌리와 줄기, 적응적 생장(adaptive growth) 등을 빨리 생산하고, 상처를 구획화(區劃化, compartmentalization)하기 위해 수목 내에 저장된 탄수화물(炭水化物, carbohydrate)과 생장조절물질의 효과를 극대화하는데 그 목적이 있다. 처리의 필요성은 수목의 상태, 관리 이력, 처리에 대한 반응 잠재력에 따라 차이가 있다.

성목은 반응하는데 시간이 걸리기 때문에 적절한 처리는 가능하면 빨리 적용되어야 한다. 예를 들면, 저자는 과거에 거의 돌보지 않았던 터키참나무(*Quercus cerris*) 성목에 대해 공사 시작 1년 전에 관수, 시비, 전정을 실시하였다. 그 나무는 공사 후에 전보다 수관이 더 풍성해지고 연간 신초생장과 색상이 더 좋아졌다.

관수 수분 스트레스 상태에 있는 수목에게 보충적인 관수를 해주는 것은 가장 중요한 유일한 조치일 것이다. 관수는 수목보호구역 내의 토양이 뿌리시스템 깊이까지 젖도록 하고 수분이 고갈되면 이를 대체하도록 설계되어야 한다. 가볍고 자주 주는 관수는 피하는 것이 좋다.

프로젝트 초기에는 부지에 물을 공급할 수 있는 준비가 안 되어 있을 것이다. 이러한 상황에서 관수할 수 있는 한 가지 방법은 수목보호구역 가장자리에서 수목 둘레에 15cm(6인치) 높이의 둔덕(berm)을 조성하고 물차(water truck)를 이용하여 이 웅덩이를 채우는 것이다. 또 다른 방법은 플라스틱 물매턱을 이용하여 물을 가두는 것이다. 아니면, 물을 뿌리가 있는 곳에 얕게 적용하도록 조심해야 하지만, 트럭에 탑재된 물탱크로부터 압력시스템을 이용하여 물을 토양 속으로 주입하는 것이다. 대부분의 경우, 관수는 토양의 상위 0.6~1m(2~3피트)를 적셔야 한다.

시비 보완적인 시비(施肥, fertilization)의 필요성은 해당 수목의 관리 이력에 의해 결정된다. 일반적으로, 해당 수목이 천천히 자라고, 창백하거나 낙엽이 제거된다면, 시비가 권고된다. 대부분의 경우, 질소가 유일한 영양소이다. 비료는 공사에 앞서 그 생육기(生育期, growing season)에 적용하면 도움이 되지만, 공사 중 또는 공사 후 적어도 1년 동안의 수목에 대한 시비는 하더라도 자제해야 한다(제12장 참조).

병해충 관리 수목의 건강에 심각한 영향을 미치는 병해충(pest)은 공사 전과 중 모든 기간에 걸쳐 방제되어야 한다. 예를 들면, 해당 수목을 낙엽지게 하고 저장된 탄수화물을 소비하여 새로운 잎의 생산을 자극하는 병이나 해충은 방제하는 것이 좋다. 병해충 밀도에 대한 문턱값(threshold)은 저장된 탄수화물에 미치는 영향을 고려하는 것이 좋다. 병해충 관리 전략의 고찰은 제19장을 참고하라.

전정과 예방적 유지관리 건설부지에 있는 수목은 종종 최소한의 사전 관리만 받아왔다. 구조적인 손상으로 이어질 수 있는 구조적인 결함을 줄이기 위한 예방적인 작업은 수행하는 것이 좋다. 처리의 고찰을 위해 제14장 전정과 제17장 예방적인 유지관리와 치료를 참조하라.

멀칭 수목보호구역 내에 5~10cm(2~4인치) 두께의 거친 유기물 멀치를 깔아주는 것은 유리한 뿌리 환경을 유지하는 데 도움이 된다(추가적인 고찰은 제7장 참조). 전정 작업으로부터 확보한 목재 칩이 적절하며, 전정 잔해를 실어내야 하는 필요성을 줄여준다.

건설 활동을 위한 통행 공간 제공

수관 전정 수목의 수관이 수목보호구역 바깥으로 뻗어 있으면, 낮은 가지나 향후 구조물과 충돌하는 가지는 전정할 필요가 있다. 보통 구조물로부터 적어도 1.6m(5피트)의 공간은 공사를 위해 필요하다. 수직적인 통행 공간의 높이는 다양하지만, 보통 보도 위로는 2.4m(8피트), 도로 위로는 4.3m(14피트)가 필요하다. 요구되는 거리는 공사 인력과 협의하는 것이 좋다. 올바른 전정 기술에 관해서는 제14장 전정을 참고하라. 전정 잔해는 칩으로 만들어서 현장에서 멀칭 재료로 사용될 수 있다.

단근 대부분의 정지와 굴착장비는 쉽게 많은 양의 토양을 제거할 수 있도록 설계되어 있다. 뿌리가 그 길에 있으면, 뿌리는 뽑히고 부러지고, 때로는 상당거리의 뿌리를 박살낸다. 뿌리구역 내에서 굴착이 일어날 예정인 경우, 굴착장비가 토양을 제거하기 전에 수목보호구역 바깥의 뿌리를 잘라주는 것이 도움이 될 것이다(**그림 11-19**).

뿌리는 특수한 단근 장비로 절단할 수 있지만, 이들은 20~30cm(8~12인치) 깊이까지만 절단할 수 있는 경우가 많다. 더 깊이 들어가기 위해서는 바위 톱(rock saw)이나 구굴기(溝掘機, trencher)를 사용할 수도 있지만, 이들은 깔끔한 절단이 안 된다(**그림 11-20**). 너덜거리는 뿌리의 끝 주위에 있는 흙을 제거하고 이를 톱으로 깨끗하게 절단해 준다.

그림 11-19 정지장비에 의한 뿌리 손상을 피하기 위해, 공사가 시작되기 전에 수목보호구역의 경계선에서 뿌리를 절단하라.

그림 11-20 구굴기(trencher)나 바위 톱(rock saw)에 의해 절단된 뿌리는 너덜너덜하다. 찢어진 부분을 제거할 때에는 뿌리 끝 주위의 흙을 제거하고 톱으로 직각으로 절단하라.

단근을 하는 가장 좋은 방법은 굴착의 가장자리(보통 수목보호구역 한계선)를 표시한 다음 이 선을 따라 굴착하는 것이다(그림 11-19). 굴착은 손이나 고압의 공기 도는 물을 이용한다(그림 11-8). 뿌리를 만나면, 톱으로 이를 직각으로 잘라라. 이러한 방법으로, 뿌리는 수목 쪽 절토 토양 내 뿌리-토양 접촉면의 교란 없이 절단되어야 한다. 수목보호구역 바깥에 자리 잡은 정지와 공사 장비는 더 이상 수목을 손상시키지 않고 운전할 수 있다.

뿌리가 거의 없을 것으로 예상되면, 토양은 굴삭기를 이용하여 수간 방향으로 제거될 수 있다. 운전자가 뿌리로부터의 저항을 느끼면, 버킷의 긴장을 늦추어야 한다. 뿌리는 삽에 의해 노출되고 절단되기도 한다. 많은 경우, 수간으로부터 2~3m(6~10피트) 이내에 이를 때까지 굵은 수평근(水平根, horizontal root)이나 수직근(垂直根, sinker root/taproot)을 만나지 못할 수도 있다. 수목의 안정과 앞으로의 삶을 위

그림 11-21 이 부지에 대한 어떠한 활동을 수행하기에 앞서 수목보호구역을 에워싸는 튼튼한 임시 울타리를 설치하는 것이 불필요한 수목 손상을 피하기 위한 가장 중요한 조치이다. 울타리는 부지에서의 모든 활동이 끝날 때까지 그대로 두어야 한다.

그림 11-22 일시적인 토공운반로는 토양 표면을 15cm 두께의 거친 목재 칩으로 덮어서 답압으로부터 토양을 보호하라. 필요하면 보충해 주어라. (사진: Spencer Rosenfeld, Arbor Guard, Inc.)

해서 수직근은 이들이 수간으로부터 너무 먼 거리에 있지 않으면 절단하지 마라. 수평근은 일반적으로 직경이 수간을 향해 현저하게 굵어지기 시작하는 지점 가까이에서 안전하게 절단할 수 있을 것이다.

손상으로부터 수목보호

수목보호 울타리 설치 궁극적인 목적은 손상을 치료하기보다 보호하는 것이다. 수목을 보호하기 위해 가장 중요한 요소는 보전해야 하는 개별 수목이나 수목 집단에 대한 수목보호구역을 에워싸기 위한 튼튼한 임시 울타리를 설치하는 것이다(**그림 11-21**). 이 울타리 지역 내에서는 어떠한 공사 활동, 자재의 야적, 쓰레기 버리기, 주차도 허용되지 않는다.

울타리용 자재는 다양하다: 예를 들면, 목재, 체인 링크(chain link), 철망(鐵網, wire mesh). 중요한 특징은 이들이 눈에 띄고, 공사기간 동안 내내 서 있을 수 있을 만큼 튼튼하고, 제거하기 어렵다(공사침범을 억제)는 것이다. 통로(通路, passageway)는 모니터링과 유지관리 활동을 위해 수목에 접근할 수 있도록 울타리에 남겨두는 것이 좋다.

토양/뿌리 보호 장비가 뿌리지역을 통과해서 움직여야 하는 경우에는 지표면에 멀치를 까는 것이 부하의 무게를 분산하고 토양 답압을 최소화하는데 도움이 될 것이다(**그림 11-22**). Lichter와 Lindsey(1995)는 전단로더(front-end loader)로 여덟 번 통과하는 경우를 기준으로 답압을 최소화하기 위한 몇 가지 지표 처리의 효과를 시험하였다. 이들은 토양 표면에 15cm(6인치)의 목재 칩이나 10cm(4인치)의 분쇄한 자갈을 깔아준 것이 보호되지 않은 토양에 비해 유의하게 토양 답압이 감소하였다는 것을 발견하였다. 이와 유사한 처리가 공사 통행, 자재 야적, 장비 주차 등으로 이용될 울타리로 보호되는 지역 바깥에 있는, 향후 식재가 예정된 지역에 활용될 수 있을 것이다. 멀치 또는 자갈이 공사 후에 제거되어야 한다면, 토목섬유 직물 위에 까는 것이 좋다.

원하지 않은 식생 제거

보전할 수목은 피해를 받거나 제거되지 않도록 분명하게 표시하여야 한다. 보전되지 않을 교목과 관목은 보전될 수목을 공사로부터 보호하는데 일시적으로 유용하지 않으면, 공사 시작 전에 제거하는 것이 좋다.

남겨질 수목은 제거 과정에서 피해가 발생하지 않도록 주의를 기울여야 한다. 가끔 식생 정리가 끝나기 전에는 보호 울타리를 설치할 수 없는 경우도 있다. 장비의 움직임을 모니터링하는 시간도 중요하다. 제거될 수목은 지표 가까이에서 제거하고, 이들 그루터기는 보전될 수목의 뿌리가 손상되지 않도록 뽑아버리기보다는 갈아내는 것이 좋다. 베어 넘긴 수목은 끌지 말고 들어서 수목보호구역 밖으로 이동시키는 것이 좋다.

11.7 공사 중 수목보호

공사 중 그리고 공사 후의 활동은 성공적인 수목 보전에 결정적이다. 가장 중요한 것은 수목보호 조치와 수목 보전계획에 기술된 설계가 수행되는 것을 보장하는 것이다.

수목과 향후 식재지역은 이들의 여건을 점검하기 위해 적어도 한 달에 한 번씩 조사하는 것이 좋다. 수목의 손상과 수목의 외관에서의 비정상적인 변화에 유의하라.

공사단계 중에 요구되는 일차적인 조치는 관수, 병해충 관리, 상처 세정(洗淨, cleaning) 등이다.

관수 빈도와 깊이는 수목의 요구를 기준으로 하는 것이 좋다. 이전에 자연강우(自然降雨, natural rainfall) 여건에서 생존한 수목은 심각한 뿌리 제거가 발생한 경우, 보완적인 관수가 필요할 것이다. 관수 빈도와 적용 방법을 결정하는데 필요한 정보는 제13장 수분관리를 참고하라.

수목의 장기적인 건강에 심각한 영향을 미칠 수 있는 **병해충**은 방제되어야 한다. 공사에 의해 충격을 받은 수목은 나무좀, 궤양병과 같은 특정 해충이나 병에 걸리기 쉽다. 어떤 경우에는, 공사장에 있는 수목은 이미 생리적인 스트레스 상태에 있기 때문에 방제를 위한 문턱값을 낮게 적용해야 한다. 예를 들면, 수목에 대한 더 이상의 탄수화물 유출을 피하기 위해 잎을 제거하거나 손상시키는 것을 최소화하는 것이 좋다. 더 자세한 정보는 제19장 수목건강관리를 참고하라.

수피에 대한 **상처**와 부러진 가지는 되도록 빨리 처리해야 한다. 부러진 가지는 적절한 측지(側枝, lateral branch)에서 절단해 주거나 해당 가지의 기부에서 제거하라. 수피상처의 처리에 관한 기술은 제17장 예방적인 유지관리와 치료를 참고하라.

복습

- 수목은 중요한 환경적, 사회적 기능을 수행하고 재산의 가치를 높여주기 때문에 보전된다.
- 수목 보전의 일차적인 목적은 수목의 장기적인 생존과 안정성이다. 이는 다음 세 가지 원리를 통해 달성된다.
  1. 보전 프로그램은 수목 생장과 발달 유형을 존중해야 한다.
  2. 보전은 수목에 대한 손상을 방지하는데 중점을 두어야 한다.
  3. 수목 보전을 위해서는 공간이 필요하다.
- 성공하기 위해서는 수목 보전이 프로젝트 설계의 구성요소가 되어야 한다. 공사가 시작될 때까지 기다릴 수 없다.
- 수목은 보전에 적합한 개체를 결정하기 위해 평가되어야 한다. 고려해야 할 요소들은 다음과 같다:
  1. 새로운 용도를 위한 수종의 적합성
  2. 수목의 건강, 구조적인 완전성, 예상되는 수명
  3. 부지 변경에 대한 수종 내성
  4. 향후의 유지관리 요구 수준
- 산림에서 자란 수목은 단위 집단의 원래 모습을 어느 정도 유지할 수 있도록 충분한 크기의 집단으로 보전되는 것이 좋다.
- 정지나 건설 활동이 일어나서는 안 되는 수목보호구역은 수목의 크기, 수종, 충격에 대한 민감성, 상태 등을 기준으로 예측할 수 있다.
- 수목에게 발생할 수 있는 공사 충격을 평가하기 위해서는 수목에 직접 또는 간접적으로 영향을 미치는 공사 계획과 관련 자료에 대한 이해와 함께 해당 수목의 뿌리 분포와 수관 형태를 고려할 필요가 있다.
- 공사 부지에 있는 수목을 보호하기 위한 가장 중요한 요소는 수목보호구역을 에워싸는 튼튼한 임시 울타리 설치이다.
- 공사 전과 공사 중의 유지관리 활동에는 전정, 관수, 시비, 병해충 관리 등이 있다.

추천문헌

BRITISH STANDARDS INSTITUTE. 1991. *Guide to Trees in Relation to Construction*. BS 5837:11991. London: British Standards Institute.

CITY of PALO ALTO. 2001. *Tree Technical Manual*. Dept. of Planning and Community Environment. Palo Alto, CA.

HELLIWELL, D. R. 1985. *Trees on Development Sites*. Romsey, England: Arboricultural Association.

MATHENY, N., and J. R. CLARK. 1998. *Trees and Development: A Technical Guide to Preserving Trees during Land Development*. Champaign, IL: International Society of Arboriculture.

PETIT, J., D. BASSERT, and C. KOLLIN. 1995. *Building Greener Neighborhoods–Trees as Part of the Plan*. Washington, DC: National Association of Home Builders Press.

WATSON, G.W., and D. NEELY, eds. 1995. *Trees and Building Sites*. Savoy, IL: International Society of Arboriculture.

제12장 양분 관리

목표

- 목본식물 생장에 필수적인 17개 원소가 발견되었다. 이들 원소들 중 어느 하나가 없어도 식물은 자신의 생활사(生活史, life cycle)를 완성하지 못할 것이다.
- 토양의 물리적, 화학적 성질을 살펴본다.
- 식물이 일반적으로 토양으로부터 얻는 14개 필수 영양소(必須營養素, essential nutrient) 중 12개에 대한 결핍 증상과 권장 처리 방법을 제시한다.
- 수목관리자에게 중요한 두 가지 영양 개념(營養槪念, nutrition concept)이 고찰된다: 하나는 널리 알려지지 않은 것이고, 다른 하나는 일부 사람들에 의해 잘못 해석되어 왔다.
- 영양 적용 방법과 시기를 설명한다.
- 어린 나무, 뿌리가 손상된 수목, 야자수에 대한 시비가 고찰된다.
- 비료 오염문제 예방을 다룬다.

시비(施肥, fertilization)는 식물의 발달, 생장, 지속적인 건강을 증진시킬 수 있는 몇 가지 재배적 관행(栽培的慣行, cultural practice) 중 하나이다. 양분관리(養分管理, nutrient management)는 식물의 활력, 잎의 크기와 색깔, 특정 해충과 병에 대한 감수성, 환경적인 스트레스에 대한 내성 등에 영향을 미칠 수 있다.

오래된 수목이 토양 양분을 고갈시키고, 새로이 개발되는 도시와 도심 지역에 대한 생기 회복을 위해 새로이 식재된 수목에 대한 특별한 관리가 필요하고, 과도한 양분이 지표와 지하수를 오염시킬 수 있는 위험이 증가함에 따라, 현명한 양분관리를 위한 더 많은 주의가 기울여져야 한다.

1998년 미국국가표준원(American National Standards Institute)은 ANSI A300(Part 2) - “Tree, Shrub, and Other Woody Plant Maintenance-Standard Practices (Fertilization) (교목, 관목, 기타 목본식물 유지관리-표준관행[시비])”를 발간하였다. 이 표준은 정부와 민간 기관, 주택 소유자와 관리자, 유지관리 시방서를 작성하는 공익사업 등의 당사자에게 지침을 제시한다. 목본식물의 영양 프로그램을 계획하고, 개발하며, 관리할 때 고려해야 하는 정보를 제공하기 위해 시비의 다양한 관점이 제시되어 있다. 수목과 토양, 양분과 물 사이의 상호관계를 이해하는 것이 필수적이다.

12.1 토양, 양분, 수목 간의 관계

토양의 물리적 성질

토양의 물리적 성질(物理的性質, physical property)은 토양이 보유하는 양분(nutrient)의 양과 식물에 대한 양분의 가용성에도 어느 정도까지는 영향을 미친다.

토양 입자의 크기분포를 나타내는 토성(土性, soil texture)은 토양에 의해 흡수된 양분의 양에 직접적으로 영향을 미친다. 토성이 미세할수록 토양이 흡수할 수 있는 양분과 물은 더 많다. 동일한 양의 물이나 양분을 공급하기 위해 사질 토양(沙質土壤, sandy soil)에 대해서는 식토(埴土, clay soil)보다 적은 양을 자주 적용해 주어야 한다.

토심(土深, soil depth)은 수목이 이용하는 양분과 수분을 보유할 수 있는 저수지의 크기를 결정한다. 수목이 뿌리를 더 깊이, 그리고 더 넓게 뻗으면, 수목은 더 많은 물과 양분을 흡수할 수 있다.

토양입자의 배열인 토양구조(土讓構造, soil structure)는 뿌리 발달과 수목에 의한 수분과 양분의 흡수에 영향을 미친다. 답압된 토양이나 빈 공간과 입상구조(粒狀構造, granular structure)가 부족한 토양은 물과 공기의 이동이 제한되고 생장을 물리적으로 방해함으로써 뿌리의 활동을 제약할 수 있다.

표 12-1 수목에 필수적인 영양소

공급원과 원소	원소기호	수목에 가용한 형태	
공기과 물			
탄소(carbon)	C		CO_2
산소(oxygen)	O		O_2, H_2O
수소(hydrogen)	H		H_2O
토양			
대량원소(macronutrients)			
질소(nitrogen)	N	질산염(nitrate)	NO_3^-
		암모늄(ammonium)	NH_4^+
		요소(urea)	$CO(NH_2)_2$
인(phosphorus)	P	인산염(phosphate)	$H_2PO_4^-$
칼륨(Potassium)	K	칼륨(potassium)	K^+
칼슘(Calcium)	Ca	칼슘(calcium)	Ca^{2+}
마그네슘(Magnesium)	Mg	마그네슘(magnesium)	Mg^{2+}
황(sulfur)	S	황산염(sulfate)	SO_4^{2-}
미량원소(micronutrients)			
붕소(boron)	B	붕산염(borate)	$H_2BO_3^-$
염소(Chlorine)	Cl	염화물(chloride)	Cl^-
구리(Copper)	Cu	구리(copper)	Cu^{2+}
철(iron)	Fe	철(iron)	Fe^{3+}
망간(manganese)	Mn	망간(manganese)	Mn^{2+}
몰리브덴(molybdenum)	Mo	몰리브덴산염(molybdate)	MoO_4^{2-}
니켈(nickel)	Ni	니켈(nickel)	Ni^{2+}
아연(zinc)	Zn	아연(zinc)	Zn^{2+}

토양의 화학적 성질

17개 원소가 목본식물 생장에 필수적이다.

- 이들 중 어느 하나만 없어도 식물은 자신의 생활사를 완성하지 못한다.
- 각 원소는 특정적(specific)이기 때문에 다른 원소가 이를 대신할 수 없다.
- 세 원소(탄소, 수소, 산소)는 주로 공기와 물에 의해 공급된다.
- 각각의 무기양료(無機養料, mineral element)는 수목이 정상적으로 기능하고 이들의 생활사를 완성할 수 있도록 수목에 대해 직접적인 영향(해충을 퇴치하는 것과 같은 간접적인 영향과는 달리)을 미친다.

표 12-1에서 보는 바와 같이, 탄소(炭素, carbon)와 산소(酸素, oxygen)는 수목이 공기 중에 있는 이산화탄소(二酸化炭素, carbon dioxide)로부터 얻는다. 산소는 호흡(呼吸, respiration)을 위해 공기나 토양으로부터 직접 얻고, 수소(水素, hydrogen)는 토양으로부터 흡수된 물로부터 얻는다. 나머지 14개 원소는 토양으로부터 기원하고, 식물 양분/영양소(植物養分/營養素, plant nutrient)라고 불린다. 적은 양을 필요로 하는 미량원소(微量元素, micronutrient)도 많은 량을 필요로 하는 대량원소(大量元素, macronutrient)와 마찬가지로 필수적이다.

양분유효도(養分有效度, nutrient availability)는 토양의 무기양료 구성, 이온치환능력(ion exchange capacity), 수분보유능력(水分保有能力, water-holding capacity) 등으로 측정된다. 토양이 수목의 양분 수요를 충족시키지 못할 경우, 토양은 부족한 특정 양분이 결핍(缺乏, deficient) 또는 불모(不毛, infertile)한 상태이다.

12.2 양분의 유기, 무기 공급원

화합물로 흡수되는 요소(尿素, urea)를 제외하고는 **공급원이 유기 또는 무기든 거의 모든 원소는 무기이온(無機-, inorganic ion) 행태로 흡수된다.** 유기 형태가 무기화(無機化, mineralization), 즉 무기이온으로 변환되기 전에는 이들은 일반적으로 식물에 의해 흡수되지 않는다.

식물 뿌리는 이온을 선택적으로 흡수한다. K^+, NO_3^-, NH_4^+와 같은 이온은 능동적으로 흡수되어 외부 용액에 있을 때보다 훨씬 높은 농도로 식물체 내에 축적될 것이다. $H_2PO_4^-$, SO_4^{2-}, Ca^{2+}, Mg^{2+}와 같은 다른 이온은 덜 쉽게 흡수된다. 선택적인 흡수란 양료 이온이 토양이나 토양 용액(土壤溶液, soil solution)에서 발생하는 것과 같은 비율로 흡수되지 않는다는 것을 의미한다. 특정 이온의 흡수율은 수종에 따라 차이가 있으며, 같은 종에서 품종(品種, cultivar) 간에도 차이가 있다.

식물은 무기 공급원에 의한 이온과 유기인 것을 구별하지 않는다. 그렇다고 특정 양분의 함량이 같은 비료들이 동일한 효과를 나타낸다는 것은 아니다. 다른 요소들, 즉 그 비료가 어떤 또 다른 필수영양소를 함유하고 있는지, 토양 pH에 어떤 영향을 미치는지, 토양 내 얼마나 오래 머무는지(방출율, relaese rate)도 중요하다. 자연적인 유기 공급원과 비교하여 무기질비료(無機質肥料, inorganic fertilizer)는 일반적으로,

- 높은 비율의 해당 양분을 함유하고 있다.
- 농도가 높고 크기가 작아서 취급하기 쉽다.
- 불쾌한 냄새가 없다.
- 유기물 분해 속도(이는 기온, 습도, 기질 등에 따라 차이가 나는 생물적인 활동에 영향을 받는다)에 의존하지 않고 토양 내에서 보다 균일하게 가용할 수 있다.
- 양료 단위당 비용이 낮다.

대중들의 믿음과 달리, 수목은 공급원이 어느 것이든 잘 자랄 것이다. 양분이 가장 큰 장애요인인 경우, 일반적으로 무기질 형태 또는 합성 유기질 형태가 유리하다. 자연적인 유기질 비료의 이점은 유기물질이 더 천천히 가용하게 되고, 머지않아 토양 구조를 향상시킬 것이고, 식물의 질소 요구를 충족시킬 것이며, 유기적인 폐기물을 줄이는데 도움이 된다는 것이다.

12.3 필수적인 식물 영양소

다음의 고찰은 개별적인 결핍이 발생할 가능성이 가장 높은 여건을 살펴보는 것이다. 전형적인 시각적인 증상을 기술하고 이에 대한 처리 방법이 제시된다; 이들은 식물체와 토양 내에서 개별 영양소의 상대적인 이동성(移動性, mobility)에 따라 구분되어 있다. 식물체 내에서의 영양소 이동성은 증상이 처음에 나타나는 위치와 잎에 적용된 영양소가 뒤에 발달한 잎으로의 전위(轉位, translocation) 여부를 결정하게 될 것이다. **영양소가 식물체 내에서 이동하면, 결핍증상(缺乏症狀, deficiency symptom)이 오래된 잎에서 먼저 나타날 가능성이 높고; 이동성이 낮은 영양소의 결핍증상은 좀 더 어린잎에서 먼저 나타나는 경향이 있다.**

대개 토양 내 영양소의 이동성은 이를 적용하는 방법과 용탈(溶脫, leaching)에 대한 취약성을 결정한다. 토양 내에서 쉽게 이동하는 영양소는 상대적으로 적은 양을 더 자주 지표에 적용할 수 있다. 이동성이 낮은 영양소는 토양 속에 혼합해줄 필요가 있고, 뿌리 뻗음의 깊이에 따라 많은 양을 지표면에 적용할 수 있을 것이다. 또 다른 대안은 이동성이 낮은 영양소를 잎에 살포함으로써 적용하는 것이다. 잔디와 같이 경쟁하는 식생의 존재 여부는 적용하는 방법을 결정할 때 추가로 고려해야 하는 사항이다. 영양소 이동성은 용탈에 의한 손실을 높이는데, 이는 토성, 산성/알칼리성(pH), 토양 수분, 양이온치환능력(cation exchange capacity) 등에 의해 크게 영향을 받는다. 영양소는 토양 입자가 클수록, 그리고 토양이 산성일수록 더 잘 이동할 가능성이 있다. 유기물이 양이온치환능력을 증대시킴으로써 영양소의 이동성을 낮추어줄 것이다. 영양소 이동성의 정도와 이의 영향은 절대적이 아닌 일종의 경향이라고 생각하는 것이 좋다.

뒤에서는 질소, 인, 칼륨을 먼저 살펴볼 예정인데, 이는 주요 영양소 중에서 토양 내에서 부족이, 특히 초본식물에서 흔하게 발견되기 때문이다. 이들 세 영양소는 완전비료(完全肥料, complete fertilizer)의 주된 성분이 되었다. 소위 완전비료의 용도와 낮은 수준에 대한, 특히 토양 질소와 인, 목본식물(木本植物, woody plant)의 적응능력을 고찰한다. 나머지 대량원소를 먼저, 미량원소를 나중에 알파벳순으로 살펴본다.

질소는 유독한 농도로 존재할 수 있기 때문에 식물이 만

족스럽게 자라고 있으면 줄여주어야 한다. 독성(毒性, toxicity)도 필요한 경우 영양소별로 개별적으로 고찰한다.

대량 원소

질소　질소(N) 비료에 대한 식물의 반응은 거의 전 세계적이다. "질소는 전 세계 대부분 지역에서 주된 부족한 영양소로서, 특히 아한대(亞寒帶, boreal zone; 북반구의 북쪽 지역)에서 심하고, 온대지역(溫帶地域, temperate region)에서는 보통 정도이나, 인(P)이 생장제한영양소(growth limiting element)가 되는 열대지방에서는 그렇지 않다"(Tom Ericson, Swedish University of Agricultural Sciences, Uppsala, 1996, 개인적인 정보). 질소는 다음과 같은 과정을 통해 식물에게 유효하게 된다:

- 유기물의 무기화(mineralization)
- 비료 추가
- 비교적 높은 비율로 정기적으로 시비하는 잔디밭에서 생장하는 경우, 잔디 비료
- 하수 유출수, 비료, 동물 폐기물을 함유하고 있는 물
- 박테리아와 방사선균류(actinomycete)에 의한 대기 중 질소의 고정

토양 내 질소는 다음과 같은 과정에 의해 감소될 수 있다:

- 잔디, 잡초, 기타 식물에 의한 흡수
- 유기물 분해과정 중의 미생물
- 토양 유기체에 의한 탈질작용(脫窒作用, denitrification)
- 용탈, 특히 질산염 질소
- 표토의 침식
- 휘산(輝散, volatilization)

비료의 직접 적용을 제외한 이러한 과정은 환경(기온, 습도, 토양 통기성, 토양 pH, 토양 식물/soil flora 과 토양 동물/soil fauna)의 영향을 받는다. **가변성이 높은 토양 질소의 속성 때문에, 질소에 대한 토양과 잎 분석은 녹지에 있는 목본식물에 대해 특히 유용하지 않을 수 있다.**

질소비료는 화학적인 형태가 다를 수 있다. 질산염(NO_3^-)과 암모늄(NH_4^+)이 가장 흔한 무기적 형태이다. **음전하를 띠고 있는 질산염이온은 토양 콜로이드(soil colloid)에 의해 흡수되지 않으며,** 토양수분과 함께 이동하고 식물의 뿌리와 다른 유기체에 의해 흡수될 수 있다. 과도한 물이 적용되면, 질산염의 일부는 뿌리시스템 아래로 용탈될 수 있다.

양전하를 띠고 있는 암모늄이온은 토양입자에 흡수되어 토양수분과 함께 쉽게 이동하지 않는다. 많은 수목은, 특히 낮은 가지나 멀치에 의해 토양이 그늘져 있을 경우, 뿌리를 얕게 뻗어서 암모늄이온을 직접 흡수할 수 있다. 그러나 암모늄이온은 흔히 토양 내에서 아래로 이동하기 전에 토양 미생물에 의해 질산염으로 변형된다. 토양 기온과 미생물 활성도(microbial activity)에 따라 차이가 있지만, 따뜻한 계절에는 대부분의 암모늄이온이 2~3주 안에 질산염으로 변환된다. 그러므로 수목은 암모늄 질소에 대해 보다 천천히, 그러나 더 오랫동안 반응할 것이다.

요소를 제외하고, 유기질소(有機窒素, organic nitrogen)는 일반적으로 수목이 사용하기에 유효하지 않다. 요소는 유기태지만 수용성(水溶性, water soluble)이어서 토양 내에서 물과 함께 이동하며, 먼저 암모늄태질소(ammonium nitrogen)로 바뀐 다음 질산염으로 변환된다. 실제로는 요소는 토양 속으로 관수되어 뿌리에 요소, 암모늄이온, 또는 질산염이온으로 가용하게 할 수 있나. 대부분의 질소가 암모늄 형태로 존재해 있을 때 2차 관수가 일어나면, 토양 수분과 쉽게 이동하지 않을 것이다. 질소의 다른 유기 형태는 자연적이든 인공적이든, 이들이 이동하고 뿌리에 의해 흡수될 수 있게 되기 전에 물에 녹기 쉬운 형태로 분해되거나 변형되어야 한다. 분해나 변형 속도는 항상 물질의 형태, 기온, 토양 습도, 토양 미생물에 달려 있다.

양분을 오랜 기간 동안 방출하는 몇 가지 질소 제품이 있다. 이러한 완효성(緩效性, slow-release) 비료에는 다음과 같은 것들이 있다.

- 합성 유기물인 니트로포름(nitroform)과 IBDU(isobutylidene-diurea)와 같이 서서히 변환되는 유기 형태
- 마그암모포스(magnesium ammonium phosphate) 같은 용해성이 낮은 무기 물질
- 토양으로 방출되는 속도를 조절하는 플라스틱이나 황(sulfur)으로 피복되거나 플라스틱 백으로 감싼 무기 물질 (예: 오스모코트/osmocote: 17-6-10)

IBDU는 온도가 높고 입자가 작으면 많은 양의 질소를 방출할 수도 있다. 니트로포름은 미생물이 이용할 수 있는 분자구조(分子構造, molecular structure)로 요소를 방출한다. 이는 토양 온도와 습도가 뿌리 생장에 적합하면 일정한 방출 속도를 유지한다.

완효성 비료는 일반적으로 무기태 질소 공급원보다 비싸지만, 비료 적용에 비용이 많이 들고, 적용이 어렵거나 빈번하게 해야 하는 경우에는 이를 이용하는 것이 타당성이 있을 것이다. 이 비료는 많은 양을 낮은 빈도로 적용할 수 있기 때

결핍증상: 질소(질소는 수목 내에서 이동성이다.)

활엽수: 잎이 획일적으로 황록색이 되고, 이러한 색은 오래된 잎에서 더욱 뚜렷하고; 잎이 작고 얇으며; 진한 가을 색을 띠고, 일찍 떨어지고; 복엽(腹葉, compound leaf)의 소엽(leaflet) 수가 적다. 신초는 짧고 가늘며, 적색이나 적갈색일 수 있다. 꽃은 많이 피지만 늦어질 수 있다. 열매가 적게 달리고; 열매가 작고, 착색이 많이 되고, 일찍 성숙된다(Harris 등 1977).

침엽수: 침엽이 노랗게 변하고, 작고, 밀집되어 있다. 어린 실생묘는 가지가 없거나 거의 없는 일차엽 단계(primary needle stage)에 머물러 있을 수 있다. 나이든 수목은 달고 있는 잎이 적다. 아래 수관은 노란색인 반면 위쪽 수관은 녹색이 유지된다(Powers, 1979).

야자수: 전반적으로 담녹색(淡綠色, light green); 활력이 떨어짐.

처리: 질소 결핍(토양 내 질소의 이동성은 화학적 형태에 따라 다르다.)

적용	화학적 형태	적용량(kg/100m²)[a]	적용 방법	유효 기간
토양	다양함(N)	1~3(kg/100ℓ)[b]	표토 또는 토양 주입	1~2년
살포	요소	1	잎[c]	1년

[a]1kg/100m²은 1,000kg/ha(2lb/1,000ft²)이다. 강우나 관수가 과중하면, 두 번으로 나누어 적용할 수 있다.
[b]1kg/100ℓ 는 약 8 lb/100갤런이다.
[c]젖어서 흘러내릴 정도

문에, 집중적이지는 않지만 용탈에 의한 손실이 덜 발생하면서 더 지속적인 질소 공급원이 될 수 있다. 이는 Ingestad와 Lund(1979)가 말한 바와 같이, 어린 나무가 점점 많은 양을 흡수하기에 충분한 질소를 더 잘 공급해 줄 것이다. 완효성 비료는 연간 생육기나 그 이상 동안 매우 균일한 수준으로 유효할 것이다. 늦여름이나 가을에 정확한 양으로 적용되면, 질소가 이듬해 봄에 생장이 시작될 때 유효하게 될 것이다. 어떤 질소 비료는 토양 반응에 영향을 미칠 것이다. 예를 들면, 암모늄이온은 토양을 산성화시키는 경향이 있다(표 7-8). 또한 앞서 언급한 바와 같이, 이들이 토양으로부터 용탈되는 정도는 형태에 따라 차이가 크다.

경쟁하는 식생이 없는 경우에는 지표 적용이 가장 쉬운 방법이고, 보통 질소를 토양 내에 적용하는 것과 같은 효과가 있다(Neely 등, 1970; Smith와 Reisch, 1975). 그러나 요소나 암모늄을 함유하고 있는 비료를 사질의 알칼리토양 지표에 적용하면, 처음 2~3주 안에 암모니아 휘산이 발생하기 때문에 일부 질소를 잃을 수도 있다. 실험실 시험에서는 약 5%의 손실을 예상하였지만, 건조와 가습이 반복되는 사질의 알칼리 토양에서는 손실이 50% 정도로 높을 수 있다. 휘산 손실은 질산염이나 산성 토양에서는 문제가 안 된다. 적절한 비와 관수가 요소를 녹이고 토양 속으로 용탈시킨다면, 요소로부터의 암모니아 손실은 상당히 줄일 수 있다. 암모늄 비료에 대한 수분 공급은 암모늄이온이 토양 입자에 흡수되는 것을 촉진시켜 휘산을 줄여준다. 멀치도 흡수를 위한 표면을 제공하고 표토에 균일하고 꽤 높은 습도를 유지함으로써 암모니아 손실을 줄여주는데, 이는 휘산되는 암모니아의 일부를 흡수할 수도 있다. 암모늄 함유 비료나 요소를 토양 속에 혼합하면, 비록 절감효과가 노력에 미치지 못하지만, 질소의 휘산 손실을 실질적으로 줄일 수 있다.

교목과 잔디 사이의 질소 경쟁에 관한 우려가 표명되어 왔다(Khosla, 1997). 잔디밭에서 자라는 교목에 질소비료를 시비하면, 교목에는 거의 또는 전혀 효과가 없는 것처럼 보일 때도 있다. 전광(full sun)에서 건강한 잔디의 뿌리 길이는 주어진 토양 부피에서 교목이나 관목보다 20~400배 더 길었다(Barnett, 1986). 48시간 안에 잔디는 전형적인 잔디 비료 내 수용성 질소의 대부분을 흡수하는 것으로 나타났다(Bowman 등, 1987). 교목은 적정 수준의 잔디비료나 잔디밭 안의 교목에 대한 시비에 거의 반응을 하지 않는다는 것은 놀라운 일이 아니다. 교목의 생장과 잎의 색깔은 토양 내 질소 수준의 적정성에 대한 좋은 지표가 될 것이다.

인 대부분의 한대와 온대지역 산림토양에서 인(燐, phosphorus; P)은 교목과 대관목(large shrub)에게 적절한 양이 공급된다. 인 비료 연구는 조경용 교목이나 관목보다 과수나 산림수목에 대해 더 광범위하게 집중해 왔다. 대부분의 교목과 대관목은 토양 인이 상대적으로 낮은 수준으로 유효해도 잘 자랄 수 있다. 균근을 이용해서 목본식물은 일년생 작물보다 더 큰 토양 부피를 활용할 수 있어서 더 낮은 토양 인을 요구할 수도 있을 것이다(Pritchett, 1979; Craul, 1992).

수목에 대한 인의 가용량은 대부분의 토양에서 낮다. 일부 식토, 식양토(clay loam), 산화철(酸化鐵, iron oxide)이 많은 붉은 토양, 유기물이 많은 토양 등은 높은 인 고정능력(phosphorus-fixing capacity)을 가지고 있다. 열대와 매우

결핍증상: 인(인은 수목 내에서 이동성이다.)

활엽수: 잎은 녹색에서 진한 녹색; 덩굴, 잎자루(petiole), 잎의 뒷면이, 특히 어릴 때, 붉은색에서 자주빛으로 변할 수 있고; 잎이 성기고, 정상보다 약간 작고, 뒤틀리고; 일찍 떨어진다. 신초는 결핍이 심각하지 않으면 길이는 정상이나 굵기가 작다. 꽃은 거의 없다. 열매도 성기고 작다(Harris 등, 1977).

침엽수: 침엽은 어린 실생묘에서 자주색으로 변하는데, 낮은 곳에 있는 침엽의 끝에서 시작하여 안쪽과 위쪽으로 진행된다. 2차 잎이 거의 또는 전혀 나타나지 않는다. 낮은 곳에서 침엽고사가 시작되어 위쪽으로 진행되어 수목 전체로 퍼진다. 눈이 일찍 형성되고 실생묘는 보통 보다 더 오랫동안 휴면상태에 있다. 더 나이든 수목은 탁한 청색(dull blue)이나 회록색(grey green)을 띤다. 뿌리는 균근이 형성된 징후가 없이 성기다(Powers, 1979).

처리: 인 결핍(인은 대부분의 토양에서 상대적으로 비이동성이다.)

적용	화학적 형태	적용량(kg/100m²)[a]	적용 방법	유효 기간
토양	다양함(N)	1~2; 사양토	혼합 또는 토양 주입	3~5년
		2~4; 식양토	혼합[b]	3~5년

[a]1kg/100m²은 1,000kg/ha(2lb/1,000ft²)이다.
[b]뿌리가 표토 가까이에 있으면 표토에 적용하라.

오래된 토양(호주나 뉴질랜드에 있는 것과 같이), 일부 해안 모래(미국 남동부), 이탄지(泥炭地, peat land)는 인의 수준이 극히 낮다. 인은 pH 5와 7 사이에서 수목에게 가용량이 최대가 되고, pH가 이 범위로부터 멀어질수록 가용량이 적어지게 된다. pH가 7보다 높으면, 인은 칼슘과 결합하여 식물에 점점 불용화된다. pH가 5보다 낮으면, 알루미늄과 철 화합물을 형성하여 토양용액으로부터 침전된다. 인 결핍은 가끔 강한 산성을 띠는 노천광산(露天鑛山, surface-mine) 토양에서 발생한다.

Pritchett(1979)는 미국 남동부의 해안 평원에 있는 어린 슬래시소나무(slash pine)가 토양의 배수가 불량한 경우 인 비료에 더 잘 반응한다고 보고하였다. 반대로, 배수가 잘 되는 토양에서는, 인 비료 추가에 거의 또는 전혀 반응하지 않았다. 인이 심각하게 부족한 토양에 질소를 적용하면 인 결핍이 해결되기 전까지는 수목의 생장을 실질적으로 억제할 수도 있다(Maftoun과 Pritchett, 1970).

인은 토양 내에서는 쉽게 이동하지 않는다. 이는 지표 가까이에 집중되는 경향이 있고, 거기에 있는 부식질(腐植質, humus)층에 고정되기도 한다. 인 함량이 낮은 토양을 땅고르기하면 어리거나 천근성(淺根性, swallow-rooted) 수목에서 인 결핍을 악화시킬 수 있다.

인이 부족한 토양에 새로이 식재된 교목과 관목은 인 비료에 반응할 수도 있지만, 이들의 반응은 수목의 크기가 커질수록 감소하는 것이 일반적이다. 큰 수목의 뿌리는 더 많은 토양을 개척할 수 있고 균근을 형성하게 되어 인 흡수를 늘리게 된다. 이는 두 가지 상이한 결과를 설명할 수 있을 것이다; 하나는 Wyman(1936)과 Chadwick(1941)의 보고로서 새로이 식재된 교목이 인 비료에 반응하는 것을 확인한 것이고, 다른 하나는 Neely 등(1970), Smith와 Reisch(1975), Dickey(1977)의 보고로서 주로 더 성숙한 수목으로 실험하였다. 사실, Pridham(1938)은 처음 Wyman에 의해 시비된 교목을 관찰한 결과, 7년 후에 인 시비를 하지 않은 수목이 시비를 한 수목과 크기가 같다는 것을 발견하였다. 인이 부족한 것으로 알려진 산림 토양에서 어린 교목 임분에 대해서만 인 시비를 해왔다(Pritchett, 1979).

그러나 결핍이 의심되면, 어린 목본의 조경식물에게는 인을 적용하는 것이 현명하다. 관계있는 기관에 먼저 성숙한 목본식물이 과거에 특정한 토양에 대한 인 비료에 반응했는가를 문의하는 것이 좋다. **자연산림 천이에서 개척수종(開拓樹種, pioneer species)은 일반적으로 뒤이어 나타나는 수종보다 양분 요구량이 낮다**(Powers, 1981a). 잎에 대한 인 함량 시험을 하거나 비료실험을 수행하는 것도 필요할 수 있다. 침엽수와 활엽수의 당년 잎 인 함량이 0.1% 미만이면, 인을 적용하는 것이 좋다. **수목의 양호한 생장을 위해 추가적인 인 공급이 필요한 경우, 3~5년마다 한 번 정도 적용하면 된다.** 인이 부족하지 않은 경우, 추가적인 적용은 토양 염도를 증가시키고; 미량원소, 특히 구리와 아연을 결합시킬 수 있고(Bingham, 1966); 인이 적용된 토양이 침식되면 지표수를 오염시킬 수 있다.

배수가 잘되는 산성 토양을 제외하고, 인은 잘 이동하지 않는다. 필요한 경우, 인 비료는 뿌리 사이나 뿌리에 가까이 위치시키는 것이 좋다. 어린 나무에 대해서는 10ℓ의 되메우기 토양에 5g의 인을 혼합하거나, 10g의 인을 식재 구덩이(직경 500mm)의 바닥에 환상으로 적용하라. 비료의 독성을

결핍증상: 칼륨(칼륨은 수목 내에서 이동성이 매우 높다.)

활엽수: 잎의 가장자리와 엽맥 사이가 황백화(黃白化, chlorosis)되고, 더 진행되면 주맥 사이에서 잎 전체로 안쪽으로 이동하면서 마르고(오래된 잎이 먼저 영향을 받는다); 주름이 잡히고 위로 말린다. 생육기 후반에 신초 끝이 말라죽고; 측아에서 나온 신초는 짧고 조밀한 지그재그 생장으로 나타난다. 꽃눈은 거의 없다. 열매는 작고 색깔이 나쁘다(Harris 등, 1977).

침엽수: 가장 오래된 잎이 짙은 청록색(blue-green)이 된 다음 황색과 적갈색으로 변하며, 결국 침엽의 끝에 황백화 현상이 발생한다. 침엽 보유가 감소하고; 침엽의 생장이 위축되기도 하고; 실생묘에는 짧고, 두껍고, 많은 눈이 생기고; 서리 손상이 자주 발생한다(Powers, 1979).

야자수: 처음에는 반투명 노란색 또는 주황색 반점이 오래된 잎에서 나타나고, 결핍이 더 악화되면서 어린잎에도 나타나고; 가장자리가 황백화되고; 증상이 진행됨에 따라 전체 잎이 외관상 시들거나 곱슬곱슬해지고; 대왕야자(*Roystonea*), 여왕야자(*Arecastrum romanzoffianum*), 코코넛(*Cocos nucifera*), 빈랑(*Areca catechu*), 스핀들야자(*Hyophorbe verschaffeltii*)에서 가장 심각하다(Broschat와 Meerow, 1990).

처리: 칼륨 결핍(칼륨은 토양에서 어느 정도 비이동성이다.)

적용	화학적 형태	적용량(kg/100m^2)[a]	적용 방법	유효 기간
토양	다양함(K)	2~8; 사양토	혼합 또는 토양 주입[b]	5~10년
		8~15; 식양토	혼합[b]	5~10년

[a]1kg/100m^{2}은 1,000kg/ha(2lb/1,000ft^2)이다.
[b]뿌리가 표토 가까이에 있으면 표토에 적용하라.

최소화하기 위해 근분을 앉히기 전에 비료 성분이 없는 되메우기 토양으로 인 비료를 덮을 수 있도록 구덩이를 100mm(4인치) 더 깊게 파는 것이 좋다.

캘리포니아 북부 산림에서 Powers(1981b)는 인 고정(phosphorus-fixing) 토양에 식재된 어린 흰전나무(*Abies concolor*)와 슈가파인(*Pinus lambertiana*)의 잎에 인산(燐酸, phosphoric acid)을 살포한 결과 좋은 반응을 얻었다.

칼륨 **대부분의 토양은 목본식물에 충분한 양의 칼륨(potassium)을 함유하고 있어서,** 이를 상대적으로 많은 양을 흡수하여 빨리 자라는 신초에 이를 집중시킨다. 낙엽 멀치를 지표에 남겨두면, 칼륨이 유기물로부터 쉽게 용탈되기 때문에 칼륨이 매우 효과적으로 표토에 공급된다.

칼륨 결핍은 산성이고, 모래성분이 많고, 유기물이 적고, 총 양이온치환능력이 낮은 토양에서 주로 발생한다(Leaf, 1968). 결핍은 충적토(沖積土, alluvial soil)와 비사(飛砂, blown sand)에 의한 토양에서 발달할 가능성이 높은 반면, 건강한 토지, 토탄(土炭, peat), 흑니토(黑泥土, muck soil)에서는 덜 발생한다. 플로리다 북서부 사질토에서 광나무(*Ligustrum japonicum*), 미국산딸나무(*Cornus florida*), 적단풍(*Acer rubrum*)에서는 결핍증상을 확인하였으나, 다른 수목에서는 발견하지 못했다. 칼륨 결핍현상은 많은 농경지와 산림토양에서 확인되어 왔다. 일반적으로 표토가 아래에 있는 토양보다 칼륨 함량이 높기 때문에 칼륨이 낮은 곳의 경우, 절토한 곳은 결핍이 발생하고 성토한 곳은 적절한 칼륨을 갖게 될 수 있다. 마찬가지로, 표토에 뿌리를 뻗도록 조장하는 재배관행이 칼륨결핍 발생가능성을 낮출 수 있을 것이다(제9장 참조).

어떤 지역에서 칼륨결핍이 의심되면, 농업기술지도기관이나 저명한 수목관리자의 자문을 구하라. 칼륨은 수목의 체내에서 이동성이고 비가 오거나 스프링클러 관수를 하는 동안 잎으로부터 쉽게 용탈되기 때문에 **잎 분석은 믿을 수 없다.** 오히려 **시각적인 증상이 좋은 지침이 될 수도 있다.**

필요한 칼륨의 양은 토양의 유형에 따라 다르다. 중성 또는 알칼리성이고 얕은 뿌리가 거의 없는 세립질토양에서는 칼륨을 대량으로 적용하라; 반면, 사질 토양에서는 덜 필요할 것이다. 칼륨은 양전하(positively charged)를 띠고 있기 때문에, 점토입자에 강하게 흡착되는 경향이 있다. **뿌리가 얕게 뻗어 있고, 사질 토양이며, 잔디가 없으면, 표토에 적용할 수 있다. 나지에서는 액체를 땅속에 주입하거나 토양에 구멍을 뚫어 고체를 적용할 수 있다.**

결핍한 활엽수에 대해서는 수간으로부터 낙수선까지 또는 약간 바깥까지에 이르는 지역에 100m^{2}당 2.5kg(5lb/1,00ft^2)의 칼륨을 적용하라. 침엽수에 대해서는 이의 절반(1.2kg/100m^2)을 적용하라.

칼륨비료의 공급원은 다양하다. 염도(건조한 여건 또는 겨울철 해빙염 때문에)가 문제가 되지 않은 지역에서는 염화칼륨(potassium chloride, KCl)이 일반적으로 사용된다. 그

결핍증상: 칼슘(칼슘은 수목 내에서 이동성이 극히 낮다.)

활엽수: 잎은 황백화 또는 괴사되고; 어린잎은 작고, 끝이 뒤로 말리면서 뒤틀린다. 새순은 끝이 말라죽으면서 위축된다. 사과나무 열매에 고두병(苦痘病, bitter pit)이 발생한다. 보통 뿌리가 가장 먼저 영향을 받는데, 뿌리 끝이 말라죽으면서 생장이 심각하게 감소된다(Chapman, 1977).

침엽수: 일차침엽은 일반적으로 정상이나, 이차침엽이 위축되거나 죽을 수 있다. 정단이 위축되고 침엽의 끝이 구부러질 수 있다. 증상은 위쪽 수관에 있는 가장 어린잎에서 가장 심하게 나타난다(Powers, 1979).

처리: 칼슘 결핍(칼슘은 토양에서 상대적으로 비이동성이다.)

적용	화학적 형태	적용량(kg/100m²)[a]	적용방법	유효 기간
토양				
pH < 6.0[b]				
pH > 7.0	$CaSO_4$[c]	40~75; 사양토		
		75~150; 식양토	혼합	5~10년

[a]1kg/100m²은 1,000kg/ha(2lb/1,000ft²)이다.
[b]pH가 약 6.0이 되도록 석회를 적용하라(표 7-6 참조).
[c]황을 20%까지 사용할 수 있다; 황은 더 천천히 작용할 것이다(황의 적용에 관한 고찰 참조).

러나 염화물(鹽化物, chloride)이 유독할 수 있다는 것에 유의해야 한다. 특히 염도가 문제가 되는 곳에서는 황산칼륨(potassium sulfate, K_2SO_4)이 만족스러운 칼륨 공급원이다. 질산칼륨(potassium nitrate, KNO_3)은 질소를 함유하고 있기 때문에 다른 칼륨 비료보다 더 비싼 것이 보통이다. K_2O를 5kg/100m² 이상의 양으로 한번 적용하면 5~10년 동안 지속될 수 있다.

나무 재(wood ash)도 칼륨의 공급원이다. '가리(加里, potash)'라는 용어가 "pot ashes"에서 유래한 것인데, 이는 나무 재를 걸러서 그 용액을 증발시켜 건조하여 얻었다. 걸러지지 않은 활엽수 재는 8~30%의 칼륨을 함유하고 있는데, 주로 탄산염(炭酸鹽, carbonate) 형태로 있다(Branson, 1980). 침엽수 재는 가리 함량이 낮고, 수간 목재에서 나온 재의 가리 함량이 잔가지에서 나온 것보다 낮다. 비가 재로부터 칼륨을 약 90%까지 걸러낼 수 있다. 활엽수 재는 15~25%의 칼슘도 가지고 있으나 인은 2% 미만이다. 탄산칼륨(potassium carbonate)과 탄산칼슘(calcium carbonate)은 강한 알칼리성이어서 산성 토양에 대해서는 pH 조정과 칼륨에 모두 도움이 되지만, 알칼리 토양에 대해서는 pH를 심각한 수준까지 높일 수 있다(제4장 참조).

칼륨은 수목에게 많은 편익을 제공하는 것으로 알려져 있다. Bernatzky(1978)는 칼륨이 도시지역에서 자라는 수목의 뿌리생장과 내건성을 향상시킨다고 하였다. 그러나 침엽수에 대한 분리 실험에서 뿌리가 칼륨 시비에 반응하지 않았다(Coutts와 Philipson, 1980). 칼륨은 줄기의 강도를 강화하고, 수목의 성숙을 촉진하며, 병과 추위에 대한 수목의 내성을 증진시키는 것으로 알려져 있다(Murphy와 Meyer, 1969). **그러나 우리는 칼륨이 다른 영양소보다 이러한 반응에 더 많은 영향을 미친다는 것을 입증하는 실험 결과를 확인할 수 없었다.** 또 다시 Epstein(1972), Halfacre와 Barden(1979), Kramer와 Kozlowski(1979), Kozlowski와 Pallardy(1997a)는 식물 영양소의 역할에 관한 자신들의 총설(總說, review)에서 칼륨에 대한 이러한 반응을 부인한다.

칼륨에 기인한 것으로 추정되었던 이러한 반응(내건성과 뿌리 생장 증진 제외)은 질소 부족 증상들이다. 초기의 권고는 개별 영양소의 비율이 아닌 총 중량에 의해 양을 평가했다. 따라서 칼륨의 양을 높임으로 인한 이러한 반응은 사실 질소의 증가에 기인한 것일 수도 있다. 과도한 칼륨량은 불행하게도, 특히 산성 토양과 사질 토양에서는, 마그네슘 흡수를 감소시킨다.

칼슘(calcium) **대부분의 토양은 수목 생장에 충분한 칼슘을 함유하고 있다.** 칼슘 함량이 낮은 일부 토양은, 칼슘이 아닌 다른 영양소의 결핍이나 화합물의 과잉이 칼슘 단독 부족보다 수목의 건강에 더욱 심각하게 되는, 산성 토양이 된다. 그러나 영양생장(營養生長, vegetative growth)이 정상적인 경우에도 낮은 칼슘은 원생종 사과(*Malus sylvestris*)와 같은 과수의 열매 변형이 발생할 수 있다. pH 7 정도의 토양에서는 칼슘이 총 양이온치환능력의 60~85%에 달한다(Chapman, 1966a). 연간 강우량이 750mm(30인치) 이상인 배수가 잘되는 토양에서는, 수소와 알루미늄 이온이 칼슘과 다른 염(鹽, base)을 대체할 수 있다. 산성이 더 높아지면(pH가 낮아지면) 망간, 알루미늄, 구리, 기타 원소가 유독한 농도에 이를 수 있다. 그러나 나트륨(sodium)의 증가는 칼슘을 치환하고; 토양 pH를 높이고; 남아 있는 인, 망간, 칼슘, 어떤 경우에는 아연, 붕소, 철의 용해성을 감소시킨다(Chapman, 1966a). 나트륨 함량이 높으면 토양구조를 악화시켜 수분이동, 투수성, 통기성을 저하시킨다. 낮은 칼슘 수준은 흔히 산성 토양, 연간 강우량이 75mm(30인치) 이상인 사질 토양, 강산성의 이탄 토양(泥炭土壤, peat soil)에서 발생한다. 알칼리 또는 나트륨 토양(sodic soil)은 매우 알칼리성이기 때문에 존재하는 칼슘이 극도로 불용성이 된다.

사문석(蛇紋石, serpentine rock)에서 유래한 토양은 칼슘이 결핍되어 있다. 일반적으로 생산성이 낮은 불모의 사문토양(Whittaker, 1954)은 남아메리카를 제외한 전 대륙에 고립된 지역에서 보고되어 왔다. 이러한 토양에서 수목은 일반적으로 엉성하고 왜소하며, 서식지가 사문토로 제한된 여러 종으로 구성되어 있다. 사문토 불모의 원인으로 몰리브덴 결핍과 중금속 독성을 보고하고 있지만, 근본 원인은 낮은 칼슘이다. 미국에서 산재한 사문암의 노두(露頭, outcropping)가 매사추세츠 주 서쪽에서 조지아 주에 이르기까지 애팔래치아산맥(Appalachian Mountain)을 따라 나타난다. 태평양 연안에 위치한 주에서는 산과 계곡에서 더 광범위한 사문암 지역이 있다.

산성 토양에 방해석질 석회(方解石質石灰, calcitic lime)나 고토 석회(苦土石灰, dolomitic lime)를 첨가하면 칼슘과 pH를 높일 수 있다. 알칼리 토양에는, pH를 낮추고 유효 칼슘을 높이기 위해 석고(石膏, gypsum)나 자연황(elemental sulfur)을 첨가하라. 필요한 석고의 양은 토양과 토양의 나트륨과 망간 함량, 원하는 pH 변화 등에 따라 다르다. 간단한 토양 시험만으로 이 양을 결정할 수 있다(Chapman, 1966a). 새로운 녹지에서는 석고와 황이 표토 아래 100~150mm(4~6인치)에서 작용하도록 하는 것이 좋다. 많은 양이 필요한 경우, 더 깊이 섞어주어라. 기존 수목에게는 뿌리 손상 없이 이러한 유형의 혼합을 하기는 어려울 것이다.

사문 토양은 토양 pH에 따라 거의 비슷한 양의 석고나 석회가 필요하다. 칼슘의 이동이 느릴 수 있고, 칼슘이 극도로 결핍한 토양에서의 뿌리 생장은 거의 없기 때문에, 이들 물질을 토양 내에 혼합해 주는 것이 중요하다(Martin 등, 1953). 이러한 과감한 조치는 후속적인 관리로 이러한 새로운 상태를 유지해 준다면 한 번만으로 충분할 것이다.

마그네슘(magnesium) 마그네슘은 대부분의 토양에서 충분하지만, 산성의 사질 토양에서는 쉽게 용탈된다. 석회질(石灰質, calcareous) 토양에서는 상대적으로 불용한 형태로 결합되어 있다(Dickey, 1977). 망간과 칼륨은 같은 토양에서

결핍증상: 마그네슘(마그네슘은 수목 내에서 이동성이다.)

활엽수: 잎은 얇고 부서지기 쉬우며 일찍 떨어진다. 오래된 잎이 엽맥 사이와 가장자리에서 밝은 황백색이 나타나며, 생육기 후기에 엽맥 사이에 괴사가 발생한다. 신초생장은 결핍이 심각해질 때까지 감소되지 않는다. 결핍이 심각하면 과실 생산이 감소한다; 사과는 미성숙한 상태로 떨어진다(Harris 등, 1977; Boynton과 Oberly, 1966).

침엽수: 침엽의 끝이 주황-황색으로 그리고 가끔 붉게 된다. 실생묘에서 일차엽이 청록색으로 남아 있고; 더 오래된 수목은 오래된 잎과 낮은 수관에서 증상이 먼저 나타난다. 영향을 받은 잎에서는 녹색으로의 전위가 뚜렷할 것이다(Powers, 1979).

야자수: 주맥(主脈, midrib)이 어두운 녹색이고; 잎의 가장자리가 노랑-녹색이다. 가장 오래된 잎에서 먼저 진행되어 수관을 통해 위로 올라간다. 심해지면, 잎의 끝이 괴사한다(Broschat와 Meerow, 1990).

처리: 마그네슘 결핍(마그네슘은 산성 토양에서는 이동성이고, pH 6.5 이상에서는 상당히 비이동성이다.)

적용	화학적 형태	적용량(kg/100m^2)[a]	적용 방법	유효 기간
토양	$MgSO_4$-$7H_2O$[b]	12~25; 사양토	지표 또는 토양 주입[b]	5~7년
		25~50; 식양토 (kg/100ℓ)	지표 또는 토양 주입[b]	5~7년
살포	$MgSO_4$-$7H_2O$[c]	2.5	잎[d]	1년

[a]1kg/100m^{2}은 1,000kg/ha(2lb/1,000ft^2)이다.
[b]황산마그네슘(Epsom salt)은 중성에서 알칼리성 토양에 고토석회는 산성 토양에 적용하라.
[c]Dickey(1977)는 플로리다의 감귤 재배자는 황산마그네슘과 질산칼슘을 각각 1.25kg/100ℓ 사용한다고 보고하였다.
[d]엽면살포는 일반적으로 권고되는 것은 아니지만, 수목이 해당 영양소에 반응하는가를 확인할 수 있다.

결핍증상: 황(황은 수목 내에서 이동성이다.)

활엽수: 잎은 어린 수목과 나이든 수목 모두에서 창백한 황록색이고; 어떤 수목에서는 크기가 작고 질소결핍과 연계되어 다른 증상을 나타낸다. 신초는 위축된다(Eaton, 1966; Harris 등, 1977).

침엽수: 증상은 질소결핍과 관련된 것과 비슷하고; 침엽의 끝이, 특히 오래된 잎이 황색, 적색으로 변하고 반점이 생기기도 하고; 더 진행되면 괴사하고; 잎의 양이 감소한다(Powers, 1979).

처리: 황 결핍(황은 토양에서 다소 비이동성이다.)

적용	화학적 형태	적용량(kg/100m²)[a]	적용 방법	유효 기간
토양	$CaSO_4$–$2H_2O$[b]			
황 분말 (물에 섞어서)			토양 주입	
황 펠릿			지표 적용	
		5~8; 사양토	토양 혼합	5~7년
		8~12; 식양토	토양 혼합	5~7년

[a]1kg/100m²은 1,000kg/ha(2lb/1,000ft²)이다.

[b]황을 함유하고 있는 물질이 다른 결핍을 치유하거나 병해충을 방제하기 위해 사용되는 경우, 화학적인 처리는 불필요하다. 황은 먼지나 분말형태로는 건강에 위해하고 폭발성도 있다. 펠릿이 권고할 만하다.

결핍될 수 있으며, 이들은 길항적(拮抗的, antagonistic; 서로 다른 영양소의 효과를 떨어뜨림)일 수 있다.

목본식물에서의 마그네슘 결핍은 통제하기 어려운 경우가 있다. 고토석회(탄산마그네슘과 칼슘)를 이용하여 석회처리를 함으로써 산성 토양의 pH를 5.5에서 6.5 사이로 올리고, 유기물을 보충하면 마그네슘의 가용성과 토양 내 보존이 증가할 것이다(Dickey, 1977). 이러한 처리는 식재 전에 수행되어야 한다. 산성화시키는 물질을 적용하여 석회질 토양의 pH를 낮추어도 마그네슘의 가용성을 높일 것이다. 황산마그네슘(magnesium sulfate)을 5~10kg/100m²(10~20 lb/1,000ft²)의 비율로 적용할 수 있다. 황산마그네슘의 절반까지를 고토석회로 대체하면 산성 토양에 대한 반응을 향상시킬 수 있을 것이다. 비료는 수관 아래에 고루 뿌려주는 것이 좋으며; 황산마그네슘은 물과 함께 산성 토양 속으로 이동할 것이다. 잔디밭에서는 토양 속으로 주입하는 것이 좋다. 마그네슘이 결핍된 사질 토양에서는 Dickey는 증상이 사라질 때까지 위와 같은 농도로 매년 반복해서 적용한 다음 매년 2kg/100m²의 비율로 계속해서 적용할 것을 권고한다. 캘리포니아에서 마그네슘이 부족한 토양에 대해 Proebsting (1958)은 황산마그네슘을 중성 또는 알칼리 토양에 고토석회를 산성 토양에 각각 추천한다. Bernatzky (1978)는 독일에서 1kg $MgSO_4$/100m²을 정기적으로 토양에 첨가할 것을 권장한 Ruge를 인용하였다.

황산마그네슘 단독 또는 황산마그네슘과 질산칼슘(calcium nitrate)을 동시에 엽면살포(葉面撒布, foliage spray)하는 것은 마그네슘에 대한 수목의 반응을 확인하기 위해 사용된다(Dickey, 1977).

황 대부분의 토양에서 관개수, 빗물, 분해되는 유기물, 비료, 일부 살균제가 정상적인 수목 생장에 필요한 황(黃, sulfur)을 충분히 공급한다. 과거에 재배되는 식물은 토양 내 분뇨와 기타 유기물의 분해로부터 황을 공급받았다. 이후, 비료가 황산암모늄(ammonium sulfate), 황산칼륨(potassium sulfate), 과린산석회(過燐酸石灰, superphosphate)와 같은 무기물을 함유하기 시작했다. 1950년대 이후, 비료가 1차 영양소(primary nutrients)는 높은 농도로 함유하는 반면, 황은 거의 또는 전혀 없는 방향으로 바뀌었다. 이러한 경향은 석탄과 석유를 연소시키면서 발생하는 대기 중의 아황산가스(sulfur dioxide, 산성비) 증가가 없었더라면 황 결핍으로 이어질 뻔했다. Maugh(1979)는 테네시강유역개발공사(Tennessee Valley Authority, TVA)의 Noggle이 수목이 축적한 황의 40%가 공기로부터 아황산가스로 직접 흡수되었음을 발견하였다고 보고하였다. 비에 의해 공기로부터 씻기고 미립자로 가라앉은 화합물이 더 많은 황을 공급한다. Dickey(1977)는 강우량 1cm당 ha당 0.45kg의 황을 침전시키는 것으로 추정하였다. 아황산가스가 식물과 어류에 피해를 줄 수 있는 심각한 대기오염 물질이지만, 낮은 농도에서는 식물의 생장에 중요한 황 공급원의 하나가 될 수 있다.

결핍증상: 붕소(붕소는 수목 내에서 이동성이 극히 낮다.)

활엽수: 잎은 가끔 적색, 청동색으로 변하고, 타고, 어린잎이 먼저 영향을 받는다. 잎은 작고, 두껍고, 무르며, 어떤 수종은 뒤틀린다. 신초는 모여 나고, 변색되고, 새로운 생장이 말라죽으며, 이로 인해 지그재그, 짧고, 무성하고, 두껍고, 딱딱해진다. 꽃은 수량이 적다. 결실은 작고 변형되어 있고, 금이 가고, 괴사가 발생하고, 반점이 생기고, 표면이 코르크처럼 된다. 과실은 성숙되기 전에 떨어진다(Bradford, 1966; Harris 등, 1977).

침엽수: 신초의 끝이 휘어지고, 주지(主枝, leader)의 분열조직(分裂組織, meristematic tissue)이 갈라질 수 있다. 확대된 눈의 단면에서 괴사성 반점이 보이고 정아와 일부 측아의 고사를 유발한다. 수목은 교목이라기보다 관목처럼 된다(Powers, 1979).

처리: 붕소 결핍(붕소는 토양에서 쉽게 이동한다.)

적용	화학적 형태	적용량(kg/100m^2)[a]	적용 방법	유효 기간
토양	붕사(borax)	0.2~0.5; 사양토	지표 적용	5~7년
	($Na_2B_4O_7$–$10H_2O$)	0.5~1.0; 식양토	지표 적용	5~7년
		(kg/100ℓ)[b]		
살포	붕산(boric acid)[c]	0.125~0.250	잎	1년

[a]1kg/100m^{2}은 1,000kg/ha(2 lb/1,000ft^2)이다.
[b]1kg/100ℓ 는 약 8 lb/100갤런이다.
[c]붕산은 붕사보다 찬물에 더 잘 녹는다. 1 1/2kg의 붕사는 붕소함량에서 1kg의 붕산과 동일하다.

독성 증상: 붕소(그림 18-13)

활엽수: 잎은 가장자리를 따라 그리고 끝이 노랗고, 나중에 갈색이나 검은색으로 바뀐다; 검은 괴사성 반점이 엽맥 사이와, 주맥과 잎자루 뒤에 나타날 것이다. 증상은 점점 신초의 끝에서 기부로 악화된다. 신초는 측아의 아래가 솟아오르고 균열이 가면서 말라 죽고; 신초는 검을 분비하고 절간 길이가 짧다(Bradford, 1966; Harris 등, 1977).

침엽수: 신초의 줄기마름이 대부분의 소나무에서 관찰된다(파틀라소나무/*Pinus patula*는 예외). 일부 소나무의 주지는 휘어져 죽는다. 일부 소나무 수종에서 검 유출이 흔히 일어난다(Stone, 1968).

황이 위에 언급한 한 가지 이상의 경로로 식물 환경에 공급되지 않는 지역에서는, 결핍증상이 나타날 수도 있다.

황은 황산염(sulfate)을 함유한 비료의 일부나 다른 황 화합물로 보충될 수 있다. 천연 황(elemental sulfur)은 토양의 산성을 높이기 위해 적용되어 왔다(표 7-7) (Proebsting, 1958). 미생물이 천연 황을 산화시키는 데는 몇 주가 걸릴 것이다. 황은 석고에서 쉽게 얻을 수 있다. 황 분말은 작업자에게 위해하고 폭발할 수도 있으며, 이제는 황 펠릿(pellet)을 사용할 수 있다.

미량 원소

붕소 수목이 극히 적은 양의 붕소(硼素, boron)를 필요로 함에도 불구하고, 이 영양소는 세계적으로 많은 지역에서 부족하다. 광범위하게 발생하는 것은 아니지만, 붕소 과잉은 붕소 결핍보다 더 심각할 수 있는데, 결핍은 쉽게 바로잡을 수 있다. 붕소 과잉은 토양 내 농도를 교정하기 위해 노력하는 것보다 수종 선정을 통해 관리하는 것이 최선이다.

붕소는 식물체 내에서 결핍과 과잉의 범위가 좁기 때문에, 꽤 별난 영양소이다. 예를 들면, 복숭아나무(*Prunus persica*)는 잎에서의 농도가 20ppm 미만이면 결핍, 20~80ppm 사이면 정상, 90ppm을 초과하면 과잉상태가 된다(Bradford, 1966). 분석된 대부분의 수목(특히 과수)은 잎의 수준이 20ppm 미만이면 결핍상태였지만, 유독한 수준은 80ppm에서 500ppm까지 수종에 따라 차이가 많았다. 목본식물은 대부분의 일년생, 특히 농작물보다 붕소 과잉에 민감하였다.

토양의 붕소함량은 지질학적인 기원(geological origin)과 풍화(風化, weathering)의 정도에 의해 결정된다. 붕소 결핍은 거친 사질 토양, 산성 토양, 화산재 암석(acid igneous rock)에서 유래한 토양, 하천퇴적으로 생긴 토양, 알칼리 토양, 특히 유리 석회(遊離石灰, free lime)를 함유한 토양에서 가장 흔히 발생한다(Bradford, 1966). 1968년 현재, Stone은 재배된 산림의 모든 붕소 결핍은 사질 토양이나 고도로 풍화된 토양에서 발생하였다. 자연림 임분에서는 붕소 결핍이 발견되지 않았다. 미국에서 알려진 붕소 결핍 지역은 미국의 동쪽 1/3과 태평양 연안 주의 일부에 위치하고 있다. 붕소 결핍 토양은 붕소 과잉 토양으로부터 10km(6마

표 12-2 목본식물 중 붕소에 대한 내성 정도

일반명	학명
내성 수종[a]	
카리사(natal plum)	*Carissa grandiflora* 'Tuttlei'
인도다정큼나무	*Raphiolepis indica* 'Enchantress'
하와이무궁화	*Hibiscus rosa-sinensis*
협죽도	*Nerium oleander*
일본회양목	*Buxus microphylla* var. *Japonica*
병솔나무	*Callistemon citrinus*
텍사스세이지	*Leucophyllum frutescens* 'Compactum'
주병야자	*Cordyline indivisa*
준내성 수종	
마젠타체리	*Syzgium paniculatum*
나한송	*Podocarpus macrophyllus* var. *Maki*
측백나무	*Platycladus orientalis*
로즈마리	*Rosmarinus officinalis*
큰꽃댕강나무	*Abelia* x *grandiflora*
민감성 수종[b]	
란타나	*Lantana camara*
향나무	*Juniperus chinensis* 'Armstrongii'
호랑가시나무	*Ilex cornuta* 'Burfordii'
돈나무	*Pittosporum tobira*
사철나무	*Euonymus japonica* 'Grandifolia'
훼이죠아	*Feijoa sellowiana*
광나무	*Ligustrum japonicum*
라우루스티누스	*Viburnum tinus* 'Robustum'
풍겐스보리수	*Elaeagnus pungens* 'Fruitlandii'
산유자나무	*Xylosma congestum*
홍가시나무	*Photinia* x *fraseri*
오리건포도	*Mahonia aguifolium*

[a]수종은 내성이 강한 순으로 배열되어 있다. 내성 수종은 붕소 7.5mg/ℓ의 관개수에 거의 영향을 받지 않았다.
[b]민감성 수종은 붕소 7.5mg/ℓ 의 관개수에 심각하게 피해를 입거나 죽었으며, 2.5mg/ℓ의 관개수에 어느 정도 피해를 입었다.
출처: Francois와 Clark, 1979.

일) 이내에서 발견되었다.

붕소 결핍은 특정 재배적 관행에 의해 악화시킬 수 있다. 붕소가 매우 낮고 칼슘이 높은 관개수는 붕소에 대한 요구를 증대시킬 것이다. 결핍이나 과잉 증상은 가뭄에 의해 강화될 수 있다. 붕소가 낮은 토양에 석회를 첨가하면 붕소의 흡수와 활용을 저해할 것이다.

붕소 결핍의 교정은 상대적으로 쉽다. 여름과 가을에 토양에 적용하면 보통 이듬해 봄에 생장반응을 일으킨다. 생육기 초기에 잎에 붕사(硼砂, borax)를 살포하면 많은 수종이 반응할 것이다. 토양 적용이 몇 년간 지속되듯이, 붕사 살포도 매년 적용되어야 한다. 녹지에서는 살포가 토양 적용보다 훨씬 어려운 것이 일반적이다. 붕사는 용해성이 좋아 비나 관수와 함께 토양 속으로 이동한다. 붕소는 수목의 수간에 주입할 수 있지만, 토양 적용이 훨씬 쉽다. 붕소는 결핍에서 과잉으로 쉽게 전환되기 때문에 너무 많이 또는 너무 자주 적용되지 않도록 조심하여야 한다.

붕소 과잉은 수목에게 치명적이 될 수 있고, 해양 퇴적물(海洋堆積物, marine sediment)이나 지질학적으로 어린 퇴적지의 토양, 붕소 광물이 높은 모암에서 유래한 토양, 건조한 기후에서 발달된 토양 등에서 발생할 가능성이 높다(Bradford, 1966). 빌딩패드와 패드의 가장자리를 다지는데 흔히 첨가되는 비산재(飛散-, fly ash; 석탄 연소 잔해)는 높은 수준의 붕소와 가용성 염을 함유할 수 있다(제4장 참조). 의심스러운 토양은 분석해 보는 것이 좋다. 건물에 가까운 양지쪽에는 붕소에 내성이 있는 수목을 식재하는 것이 현명하다. 특정한 재배적 관행이 붕소의 독성을 증대시킬 수 있

다: 붕소 함량이 0.75ppm 이상의 물로 관수, 이미 붕소가 높은 중성 또는 알칼리 토양을 산성화시키는 것, 대량의 붕소 비료를 적용하는 것, 붕소 함량이 높은 토양에 대량의 칼륨을 적용하는 것.

높은 수준의 붕소는 0.5ppm 미만의 붕소를 함유한 물로 토양을 용탈시킴으로써 낮출 수 있을 것이다. 이 토양은 배수를 잘 시켜야 한다(제18장 참조). 어떤 수목은 다른 수목보다 높은 수준의 붕소에 저항성이 더 높다(**표 12-2**). 질소비료, 특히 질산칼슘의 충분한 적용은 적절한 석회적용처럼, 때로는 도움이 된다(Bradford, 1966). 증산 속도가 높으면 수목에 더 많은 붕소가 축적된다. 토양 내 붕소 수준이 동일한 경우, 덥고 건조한 지역에 있는 수목이 독성 증상일 보일 수 있는 반면, 시원하고 습한 지역에 있는 수목은 정상 상태를 유지할 것이다. **가능하다면, 민감한 수목은 그늘지거나 부분적으로 그늘진 지역에 위치시켜라.**

염소 염소(鹽素, chlorine)가 필수원소로 되어 있지만 목본식물의 현장 여건 하에서 이 원소의 결핍이 보고된 적은 없다. 염소는 물에 매우 잘 녹으며, 토양과 자연수에 폭넓게 분포되어 있다(Eaton, 1966). 염소는 결핍되기보다는 관수되는 건조지역, 해안 가까이, 겨울철에 해빙염을 뿌리는 도로 근처 등에서 유독하게 될 가능성이 높다. 증상은 잎이 작아지고, 가장자리와 끝이 타는 것이다. 이러한 잎은 노랗게 변하여 일찍 떨어진다. **토양 내 염소와 다른 염의 수준을 낮추는 가장 효과적인 방법은 용탈이다.** 과도한 염소, 나트륨, 붕소, 총 염(鹽, salt)의 효과는 제4장에 고찰되어 있다.

구리 붕소나 아연 결핍만큼 흔하지는 않지만, 구리(copper) 결핍도 대부분의 대륙에 꽤 널리 퍼져 있다. 사질이나 유기물이 있고, 알칼리, 석회질 등의 토양에서는 발생할 가능성이 낮다(Reuther와 Labanauskas, 1966). 미국에서는 오래된 가축축사와 북미 원주민(Native American)의 묘지에서 구리와 아연 결핍이 흔히 나타난다. 이 두 원소는 특정 유기물과 토양 답압이 동시에 발생하면 강하게 결합된다. 구리 결핍은 알칼리 관개수와 질소나 인의 축적으로 경감시킬 수 있다. 결핍 증상이 나타나기 쉬운 목본식물에는 원생종 사과(*Malus sylvestris*), 살구(*Prunus armeniaca*), 동백나무, 감귤나무, 자스민, 올리브(*Olea europaea*), 복숭아나무(*Prunus persica*), 돈나무(*Pittosporum tobira*), 자두나무(*Prunus* 몇 종), 광나무(*Ligustrum japonicum*), 장미(*Rosa*), 목유동(木油桐, *Aleurites montana*) 등이 있다(Dichey, 1977; Reuther와 Labanauskas, 1966).

구리가 결핍된 대부분의 토양은 구리 비료에 쉽게 반응한다. 시비의 양과 빈도는 토성, pH, 유기물 함량 등에 따라 다르다. 결핍 증상이 재발하지 않으면 추가적인 구리 시비를 하지 않는 것이 좋다. **구리는 높은 농도에서 유독해질 수 있**

결핍증상: 구리(구리는 수목 내에서 이동성이 낮은 편이다.)

활엽수: 잎이 작고, 괴사 반점이 발달하고, 끝 부분이 갈색이 된다. 신초는 끝 부근의 잎이 모여 나고, 말라 죽으며, 잔가지가 많이 나오고, 외관이 위축된다. 과일의 표면에 검이 나타난다(Reuther와 Labanauskas, 1966).

침엽수: 어린 소나무류 침엽의 끝이 탄다. 미송(*Pseudotsuga menziesii*)의 신초는 약하고, 처지며, 줄기가 구부러진다; 신초 끝에 있는 침엽은 변색되고 겨울에 떨어진다(Stone, 1968).

처리: 구리 결핍(구리의 이동성은 산성 토양에서보다 알칼리 토양에서 더 크다.)

적용	화학적 형태	적용량(kg/100m²)[a]	적용 방법	유효 기간
토양	$CuSO_4$–$5H_2O$	0.5~1.5b; 사양토	혼합	5~7년
		1.5~5.0; 식양토 (kg/100ℓ)[c]	혼합	5~7년
살포	$CuSO_4$–$5H_2O$	0.4~0.8[d]	잎[e]	1년

[a]1kg/100m²은 1,000kg/ha(2lb/1,000ft²)이다.
[b]사질토에서 구리의 독성 가능성을 낮추기 위해 Reuther와 Labanauskas(1996)는 총 0.5~1.5kg/100m²에 달할 때까지 매년 0.125~0.250/100m²의 황산구리를 수년간 적용할 것을 권한다.
[c]1kg/100ℓ는 약 8lb/100갤런이다.
[d]물에 녹인 0.5kg의 석회를 이 양에 추가하는 것이 좋다.
[e]이 방법은 장기적인 해결방안은 아니지만, 수목의 구리에 대한 반응을 확인할 수 있다.

기 때문에 권장되는 양을 초과해서는 안 된다. 5%의 황산구리(copper sulfate) 용액은 잡초를 화학적으로 방제하기 위한 최초의 살포액 중 하나였다(Reuther와 Labanauskas, 1966). 입자가 가는 토양에서 구리는 뿌리지역으로 천천히 움직이기 때문에, 황산구리는 구멍을 뚫거나 토양 속으로 주입해 주거나(Proebsting, 1958) 잎에 뿌려주어야 할 것이다.

많은 과수와 채소는 동살균제(銅殺菌劑, copper fungicide)가 살포되기 때문에 구리가 결핍된 토양에서도 결핍증상을 보이지 않고 자란다. 토양에 뿌리는 것이 잎에 살포하는 것보다 더 쉽고 더 오래 간다. **구리가 수피, 형성층, 어린 변재(邊材, sapwood)에 매우 유독하기 때문에 수간 주입은 권장되지 않는다.** Proebsting(1958)은 과수원에서 키우는 알팔파(alfalfa)는 가벼운 구리 결핍을 교정하는데 도움이 되고, 심각하게 결핍된 경우에는 수목 생장에 크게 도움이 되었다고 보고하였다. 잔디나 다른 지피식생이 구리의 가용성을 향상시키는지에 대해서는 알려진 것이 없다.

구리 독성은 구리 광상(銅鑛床, copper-ore deposit)에서 유래한 토양과 작물에 수년간 구리 비료를 많이 시비했거나 동살균제를 뿌린 토양에서 종종 나타난다(Reuther와 Labanauskas, 1966). 구리 과잉은 철 결핍과 관련된 증상과 비슷한 증상이 잎에 유발한다(Stone, 1968). 과도한 구리를 공급받는 수경재배(水耕栽培, solution culture)에서는 뿌리가 위축되고 지상부 생장이 크게 감소한다. 구리는 pH 5.0 이하의 사질 토양에서 가장 유독할 수 있다.

전체 토양단면이 과도한 구리를 함유하고 있으면 독성을 낮추기 위해 할 수 있는 일은 거의 없다. 이 경우, 토양을 교체하거나, 뿌리가 주변의 유독한 토양으로 뻗지 않도록 식재주머니(planting pocket)와 방벽이 필요할 것이다. 표토의 과도한 구리는 과도한 구리 시비와 살포에 기인할 수 있다. 산성 토양에 대해 석회를 공급하고 철 킬레이트(鐵-, iron chelate)를 적용하면 구리 독성을 저감시키고 표토에 대한 새로운 뿌리 뻗음을 조장하는데 도움이 될 것이다(Reuther와 Labanauskas, 1966). 토양이 알칼리성이면, 많은 양의 잘 숙성된 유기물이 구리 독성을 낮추는데 역할을 할 수도 있다. 그러나 오염된 토양은 교체하는 것이 만족스러운 수목 생장을 보장하는 유일한 길이 될 것이다.

철 **철(iron) 결핍은 가장 흔한 미량원소 결핍현상이다.** 발생 빈도는 많은 지역에서 질소 결핍 다음으로 많다. 증상이 알칼리 토양과 석회가 많은 토양에서 가장 빈번하게 발생하기 때문에, 이 결핍을 때로는 석회에 기인한 황백화현상(chlorosis)이라고 부른다. 또한 철 결핍은 특별히 민감한 수목의 경우 산성 토양에서도 발생한다. 배수가 불량한 토양이나 염분이 높은 토양에서 자라는 수목은, 특히 춥고 습한 봄 동안 어린 수목에 고질적으로 발생한다. 결핍증상은 매우 국지적이어서, 한 가지가 피해를 받는 동안 다른 가지는 정상적으로 보인다. 블록, 벽돌, 특히 치장벽토(stucco)로 된 새로운 건물 주위의 토양은 벽에서 흘러나온 모르타르, 기초로부터의 파편, 내부 장식용 회반죽, 인조 벽판 등으로 인해 가끔 오염된다.

철 결핍은 보통 철이 부족하기 때문이 아니라, 토양 pH가 7.0 이상으로 상승하면서 점점 불용화되기 때문에 발생한다. 산성 토양에서는, 중금속 영양소(구리, 아연, 망간 등) 과잉이 철 결핍을 유발할 수도 있다. 동살균제의 대량 사용은 산성의 사질 토양에서 철 결핍을 초래하였다(Dickey, 1977).

철 결핍은 경관용 야자수에서는 상대적으로 드물지만, 통기성이 불량한 토양에서 자라거나 너무 깊게 식재된 야자수에서 발생할 수가 있다(Broschat와 Meerow, 1990).

100년 이상에 걸쳐, 사람들은 다양한 철 화합물, 토양 개량, 적용 방법 등을 이용하여 철 황백화현상을 고치기 위해 노력해 왔다. 이러한 노력은 종종 실망스러웠다. 철 화합물을 토양이나 특히 수목에 적용하는 것은 일반적으로 단기적(1~3년)인 해결방안일 뿐이다. **철 결핍을 교정하기 위한 더 장기적인 방안에는 토양의 산성화, 배수 개선, 높은 염분농도 저감, 알칼리와 칼슘성분이 높은 토양에 견디는 수목 이용 등이 있다.**

오클라호마(Oklahoma)에서 Whitcomb(1986)은 표 7-7에 제시된 양의 약 절반인 30~50kg/100m^2 정도로 지표에 적용된 과립 황에 관수를 함으로써 알칼리성(pH 7.9~8.2) 식토에서 자라는 대왕참나무(*Quercus palustris*)의 황백화현상을 줄이거나 제거하였다. 토양의 산성도가 지표 깊이 40mm에서만 크게 증가(pH 5.6~5.9로)하였지만, 철과 망간의 유효량은 36개월 동안 증가하였으며, 어떤 경우에는 이들 영양소가 10년 동안 유용하였다.

일리노이(Illinois)에서는 Messenger(1984)가 과립 황 또는 황산을 알칼리 토양에 지표 또는 지중에 적용한 결과 대왕참나무, 백참나무(*Quercus alba*), 적단풍(*Acer rubrum*)에서 비슷한 결과를 얻었다고 보고하였다. 유황가루는 폭발성과 부식성이 있다. 유황가루와 황산은 사용하기 위험하다.

작은 식재지는 산성화시키거나 강 산성 토양을 반입할 수 있다. Dickey(1977)에 의하면, 유기물과 유기 멀치가 철 결핍 가능성을 낮출 수 있다. Dickey는 유효 철이 낮은 되메우기 토양을 충분한 량의 유기물과 섞어줄 것을 권고하는데, 이는 아마 유기물의 산성화 효과 때문일 수 있다.

결핍증상: 철(철은 수목 내에서 비이동성이다.)

활엽수: 어린잎은 가는 녹색의 엽맥과 대조적으로 노랗다; 오래된 기부의 잎은 어두운 녹색으로 남아 있다. 노출된 잎은 표백되어 마침내 끝이나 가장자리가 탄 것처럼 보인다. 잎은 작고; 증상은 춥고 습한 봄에 심각할 것이다. 신초 길이는 보통 정상이지만 직경이 가늘 것이다; 결핍이 심각해지면 잔가지가 고사하고 낙엽이 발생할 것이다. 과일은 색상이 좋지 않고, 감귤 같은 일부 종은 과일을 심하게 떨어뜨릴 것이다(Wallihan, 1966; Harris 등, 1977).

침엽수: 새로운 생장은 위축되고 창백할 것이다; 오래된 잎과 아래 수관은 녹색을 유지할 것이다. 실생묘에서는 떡잎이 녹색을 유지한다(Powers, 1979).

야자수: 통기성이 불량한 토양에서 자라는 수목의 새로운 잎은 한결같이 황백화된다(Broschat와 Meerow, 1990).

처리: 철 결핍(토양 내 철의 이동성은 pH가 상승함에 따라 감소한다.)

적용	화학적 형태	적용량(kg/100m²)[a]	적용방법	유효 기간
토양	킬레이트[b]	0.2~0.5; 사양토	지표	1~3년
		0.5~1.0; 식양토	지표	1~3년
	$FeSO_4$-H_2O[c]	12; 사양토	혼합	3~5년
		18; 식양토 (kg/100ℓ)[d]	혼합	3~5년
살포	킬레이트	0.12~0.2	새 잎	1년
	철 glucoheptonate	용법 준수	새 잎	1년
	$FeSO_4$-H_2O	0.5	새 잎	1년
수간주입	구연산 철 암모늄(ferric ammonium citrate) 또는 킬레이트	몇 가지 제품 용법 준수	이른 봄~늦가을	1~5년

[a]1kg/100m²은 1,000kg/ha(2lb/1,000ft²)이다.
[b]다양한 철 킬레이트가 가용하다: 산성 토양에는 FeEDTA(sequestrene NAFEIV 또는 Versene Iron Chelate™); 중성/알칼리/대부분의 석회토양에는 FeHEEDTA(Perma Green Iron 125™ 또는 Versenol Iron Chelate™), FeDTPA(Chel 330™), 또는 FeEDTAOH(Versenol™); 복잡한 토양에는 FeEDDHA(Chel 138™) (William, 1966; Dickey, 1977). 이들 킬레이트와 철 glucoheptonate에 대한 효과적인 처리를 위해서는 제조사의 지시를 따라야 한다.
[c]생육기에는 1/2만 적용하라. 토양에 액제를 혼합할 때에는 1kg의 황산 제1철(ferrous sulfate)을 10ℓ의 물에 녹인 다음, 수목의 낙수선 부위를 750mm 간격으로 250~300mm 깊이의 구덩이에 주입하라. 휴면기에는 각 구덩이에 5ℓ(생육기의 절반)를 주입하라. 직립하는 교목의 경우, 구덩이의 간격을 600mm로 하라. 관목 지역에서는 750mm 간격으로 35ml를 적용하라.
[d]1kg/100ℓ는 약 8lb/100갤런이다.

철 화합물은 지표에 적용, 토양에 주입, 잎과 수피에 살포, 수간과 가지에 주입 등으로 적용할 수 있다. 하나의 단순한 염에 첨가된 철은 알칼리 토양에서 즉시 불용성이 되어, 수목에 거의 또는 전혀 유효하지 못한다. 지표에 적용되거나 토양 속에 주입된 많은 양의 황산철은 결과가 안정적이지 못하다. 황산철이나 황산철 용액을 구덩이나 도랑에 집중시키면, 제한된 지역에서 가용성을 유지할 것이다(Locke와 Eck, 1965). Dickey(1977)는 유황 가루와 황산철을 3:1의 비율로 섞은 다음 일 년에 1~2회 5kg/100m²를 지표에 적용하거나, 가능하면 지표 아래 150~200m 토양 속에 주입할 것을 제안한다. Dickey는 이러한 방법이 알칼리 토양이나 과도하게 석회질인 넓지 않은 해안 석회질 토양이었던 제한된 지역에 특히 성공적이었다는 것을 발견하였다.

1950년대, 킬레이트(chelate)가 알칼리 토양에서도 철과 다른 미량원소의 용해성을 유지시킨다는 것을 발견하였다. 킬레이트는 두 개 이상의 원자가 같은 금속원자에 결합된 유기화합물이다. "킬레이트된(chelated)" 금속원자는 pH가 이 원자를 수목에 불용하게 만들 정도로 높지 않으면, 무기 토양성분과의 반응으로부터 보호된다. 킬레이트 분자는 식물의 뿌리에 의해 합성되어 토양 속으로 방출되거나 토양 부식질에 존재할 것이다(Brady와 Weil, 1999). 몇 가지 합성이온 킬레이트가 철 결핍을 치료하는데 유용하게 되었다(철 결핍 처리에 대한 주석 참조). 다양한 킬레이트 간의 차이는 주로 높은 pH 수준에서 용액 상태로 남아 있을 수 있는 이들의 상대적인 안정성이다(Wallihan, 1966).

글루콘산염(gluconate; 최근에 가용하게 된 것으로 glucoheptonate 포함)과 같은 일부 킬레이트는 아미노폴리카복실레이트(aminopolycarboxylate) 화합물(예: EDDHA)

보다 특정 미량원소를 더 경제적으로 공급할 수 있다(Brady와 Weil, 1999). 적은 비용으로 더 효과적일 뿐만 아니라 취급하기에 더 안전하다는 점에 유의하라(E.T. Smilley, 2002, 개인적인 정보).

철 킬레이트는 지표면에 적용하고 관수를 하거나, 더욱 빠른 반응을 위해 녹인 다음 토양관주(土壤灌注, soil drench)로 적용할 수 있다. 대형목에서 더 농축된 철 공급을 위해 Wallihan(1966)은 수관 아래 10~50지점(spot)에 용액을 적용한 다음 뿌리 지역으로 용탈되도록 관수해줄 것을 제안한다. Neely(1976)는 킬레이트 용액을 300~375mm 깊이의 토양 속으로 주입할 것을 권고한다. 그는 킬레이트를 봄에 주입함으로써 가장 좋은 결과를 얻었고, 이러한 처리는 2년 이상 효과가 남아 있다는 것을 발견하였다.

황산철 또는 킬레이트 용액은 잎에 뿌릴 수도 있다. 반응은 수종별로 차이가 있고, 감귤나무와 치자나무(*Gardenia augusta*)에서는 반응이 없었다(Dickey, 1977). 철 살포는 특히 조경 수목에서 불리한 점이 있는데 그 이유는,

- 철 용액의 살포는 적용하기 어려울 수 있고,
- 철 살포는 벽돌과 시멘트를 얼룩지게 하고,
- 이들은 잎에 바람직하지 못한 잔유물을 남기고,
- 철은 새로 나온 잎으로 이동하지 않고,
- 철 킬레이트는 일부 수목에 대해서 흔히 라벨의 지시사항을 무시했을 때 화상을 일으키기 때문이다.

철 살포는 증상이 즉시 교정되어야 하는 경우나 사용자가 황백화 증상이 철 처리로 바로잡을 수 있을지를 확인하고 싶을 때 수행한다(그림 12-5).

구연산철(枸櫞酸鐵, iron citrate) 또는 주석산철(朱錫酸鐵, iron tartrate) 같은 유기염(有機鹽, organic salt)을 수간 구멍에 주입해 놓으면, 3년까지 철 결핍을 교정하여 주었다(Bennett, 1931). 구연산철 암모늄(ferric ammonium citrate; Medicaps™으로 판매)이나 구연산철(ferric citrate)을 함유한 연질 캡슐(gelatin capsule)을 수간 안으로 뚫은 구멍에 설치할 수 있다. 이 캡슐의 수와 각 구멍의 철염(鐵鹽, iron salt)량은 수목의 크기에 따라 다르다. 황산철 용액 또는 킬레이트 중 하나도 수간에 뚫은 구멍으로 주입할 수 있다.

Smith(1976)는 오하이오의 대왕참나무(*Quercus palustris*) 황백화를 치료하는데 구연산 철 암모늄의 수간 착상(着床, implant)이 다양한 화합물의 엽면 살포나 토양 적용보다 더 효과적이라고 보고한다. 일리노이 주에서 Neely(1976)도 철 착상으로 대왕참나무를 성공적으로 치료하였다. Smith도 Neely도 철 용액을 주입하는 실험은 수행하지 않았다.

영양소 착상과 주입은 다른 방법이 실패했을 때에 한해 활용하는 것이 좋다. 이러한 적용은 수목을 손상시키고, 비용이 비싸고 시간이 걸리는 일이다. 그러나 이 방법은 산성화나 배수가 될 때까지 빠른 반응을 보장한다.

철 결핍으로 인한 황백화증상이 교정되면, 증상이 다시 나타날 때까지 철 적용은 중단할 수 있다. 토양 산성화가 처리의 한 방법인 경우, 산성 비료(acid forming fertilizer)를 이용하여 더욱 적정한 수준에 이를 때까지 지속할 수 있다(표 7-8 참조).

망간 망간(manganese)은 철보다 결핍이 덜 발생하지만, 비슷한 여건과 다양한 재배 수목에서 결핍이 흔히 발생한다. **산림 수목에서 망간 결핍에 관한 보고는 드물지만, 도시의 녹지 수목과 석회질 토양에 있는 방풍림대(防風林帶, shelter belt)와 과수원에서 매우 흔하다**(Stone, 1968). 망간의 용해성은 토양의 알칼리성이 증가함에 따라 감소하여, pH 6.5 이상에서는 수목이 쉽게 이용할 수 없다(Labanauskas, 1966). pH값 6.5 이상에서 망간은 제일망간(manganous)에서 물에 잘 녹지 않는 망간(manganic) 형태로 변환된다. 망간은 유기물 함량이 높고 배수가 불량한 토양에서 발생할 가능성이 높다. **석회질 토양은 알칼리 반응, 배수 불량, 낮은 철과 망간 가용성 등에 유의해야 한다.** 망간 결핍은 고유의 망간함량이 낮거나 용탈이 심한 사질, 산성, 광물질 토양(鑛物質土壤, mineral soil)에서도 발생할 수 있다. 석회 시용, 관수(대부분의 토양에서), 태우기(유기질토양에서)와 같은 재배적 관행은 망간 결핍의 가능성과 심각성을 높인다(Labanauskas, 1966). 망간 결핍은 토양이 양호한 배수와 침수가 교대로 발생하는 곳에서도 종종 발생한다. 결핍 증상은 수분이 충분할 때보다 건조한 조건 하에서 발생할 가능성이 높다.

Labanauskas는 사과나무, 체리나무, 감귤나무는 특히 망간 결핍에 민감하다고 강조하였다. Dickey(1977)는 플로리다에서 망간 결핍을 나타낸 조경수목 30종 이상을 나열하였다. 과수나무는 생장이나 결실의 감소가 나타나기 전에 망간 결핍 증상인 잎의 황백화현상이 현저하게 나타날 수 있다(Boynton과 Oberly, 1966). 결핍이 더욱 심각해지면 잎 전반에 대한 괴사반점과 가장자리 괴사, 잔가지 고사, 생장과 결실 감소 등을 유발한다.

잎의 가벼운 망간 결핍 증상은 이의 교정으로 생장이나 결실을 제고시킬 가능성이 없기 때문에 교정할 가치가 없을 수도 있다. 그러나 짙은 녹색 잎을 회복하기 위해서는 교정

결핍증상: 망간(망간은 수목 내에서 비이동성이다.)

활엽수: 잎이 노랗게 되면서 엽맥을 따라 넓은 띠가 형성된다. 나중에는 괴사성 반점이 엽맥 사이에 나타나며, 잎의 생기가 떨어진다. 신초 생장이 감소될 수 있다. 과일은 정상적인 것보다 작다(Labanauskas, 1966; Harris 등, 1977).

침엽수: 증상은 철 결핍과 관련된 증상과 구별하기 어렵다; 새로운 생장이 위축되고 황백화되며; 오래된 침엽과 낮은 수관은 녹색으로 남아 있다(Labanauskas, 1966; Powers, 1979).

야자수: 새잎이 황백화되고, 약하고, 크기가 작게 나고, 잎에 넓은 괴사성 탈색이 나타난다. 이후 잎은 완전히 시들고, 곱슬곱슬해지고, 타들어가며, 크기가 크게 줄어든다(Broschat와 Meerow, 1990).

왜소한 잎; "고수머리잎"; 괴사(Dickey, 1977).

처리: 망간 결핍(토양 내 망간의 이동성은 pH가 상승함에 따라 감소한다.)

적용	화학적 형태	적용량(kg/100m²)[a]	적용방법	유효 기간
토양	$MnSO_4$–$2H_2O$	2~10(kg/100ℓ)[b]	혼합	1~5년
살포[c]	$MnSO_4$–$2H_2O$	0.25~1.0[d]	잎[c]	1년
킬레이트 적용			용법에 따라	1년
*토양 pH > 6.5인 경우				
망간 glucoheptonate			용법에 따라	

[a]1kg/100m²은 1,000kg/ha(2lb/1,000ft²)이다.
[b]1kg/100ℓ는 약 8lb/100갤런이다.
[c]선호되는 방법은 잎에 살포 적용하는 것이다.
[d]0.6kg의 소석회(hydrated lime)나 소다회(soda ash)도 적용하라.

하는 작업을 수행해야 한다.

일반적으로 유황이나 황산을 이용하여 알칼리성과 석회질 토양을 산성화시키는 것은 결핍을 교정할 수는 있지만, 반응이 느리고 초기 비용이 많이 들어 매력적이지 못하다. Whitcomb(1986)이나 Messenger(1984)가 사용한 양은 반응을 촉진시킬 수 있었다. 토양 산성화는 철과 망간의 가용성을 향상시킬 것이다.

망간의 수간 주입, 엽면 살포, 토양 적용으로 수목, 특히 과수의 망간 결핍을 교정해왔는데, 성공의 범위는 다양하다. 일반적으로, 황산망간(manganese sulfate)의 엽면 적용은 토양 적용보다 더 성공적이었지만(Labanauskas, 1966), 토양 적용이 효과적인 경우에는 더 쉽고 오래 지속된다(Dickey, 1977). Dickey가 실험한 조경수목은 아마 최저 수준의 재배관리를 받았고 뿌리를 지표 근처에 가지고 있었을 것이다. 그럼에도 불구하고, Dickey는 석회질 사질 토양에서 생장하는 녹나무(*Cinnamomum camphora*), 구불구불한 자스민(*Ervatamia coronaria*)과 감귤나무에 황산망간을 토양 적용하여 성공을 거두지 못했다. **황산망간의 토양 적용은 지표에 뿌리를 뻗지 않는 재배된 과수원에 있는 수목보다 이들 수목에 더 효과적일 것이다.** 산성 또는 모래성분이 매우 높은 토양을 제외하고, 지표에 적용된 황산망간이 용탈되어 대형 목본식물의 깊은 뿌리에 이르는 것은 거의 없다. 황산망간은 구멍에 투입되거나 토양 속으로 주입될 수 있다.

그루콘산(gluconate) 킬레이트가 1950년대 도입된 킬레이트(앞에 언급된 철 킬레이트 참조)보다 더 효과적이다. 이들은 사용하기에도 안전하다.

엽면 살포는 과수원 작물의 망간 결핍증상을 교정하는데 거의 전 세계적으로 성공을 거두었지만, 조경수나 가로수에 적용할 때에는 한계가 있다. 이들은 보통 연간 또는 반년 기준으로 적용되어야 하고, 주택 정원에는 적용하기 어렵다. 적어도 미시간 주에 있는 단풍나무류에 대해 엽면 처리가 부분적으로만 효과적이었다(Kielbaso와 Ottman, 1976). 또한 수종별 반응도 현저하게 다를 수 있다. 레몬(*Citrus limon*) 잎은 황산망간 살포로 손상을 입은데 비해, 오렌지(*Citrus sinensis*)와 그레이프프루트(*Citrus × paradisi*) 잎은 그렇지 않았다(Parker와 Southwick, 1941). 잎과 토양에 대한 동시 적용은 단기적 및 장기적인 해결방안이 될 것이다. 일단 망간 결핍이 교정되면, 추가적인 적용은 증상이 다시 나타날 때에만 실시하는 것이 좋다. 황산망간이나 킬레이트의 수간주입이 성공적이긴 하지만, 이는 상처를 남긴다.

몰리브덴(molybdenum) 목본식물 중에서, 몰리브덴 결핍이 보고된 수목은 중국무궁화(*Hibiscus rosa-sinensis*)와 플로리다 감귤나무(Dickey, 1977), 호주의 장미류(Johnson,

결핍증상: 몰리브덴(몰리브덴은 수목 내에서 이동성이다.)

활엽수: 잎은 질소결핍 증상과 색상이 비슷하다; 잎은 가장자리가 타고 말리고 폭이 좁아진다. 결핍이 심각하면 신초의 마디 사이가 짧아진다. 결핍이 심하면 꽃이 거의 없고 크기도 작다(Johnson, 1966).

침엽수: 설명할 자료 없음.

처리: 몰리브덴 결핍(몰리브덴은 토양 내에서 이동성이다.)

적용	화학적 형태	적용량(kg/100m²)[a]	적용 방법	유효 기간
토양				
pH 5.5[b]				
pH 5.5	Na_2MoO_4–$2H_2O$ 또는 $(NH_4)_2MoO_4$–$2H_2O$	2~20[c] (g/100ℓ)[e]	다른 비료[d]와 함께 지표 적용	3~7년
살포	위의 둘 중 하나	10~100[c]	잎	1년 이상

[a]1kg/100m²은 1,000kg/ha(2lb/1,000ft²)이다.
[b]pH를 5.5 이상으로 높이기 위해 석회를 적용하라(표 7–6 참조). 이 방법이 효과가 없으면, 몰리브덴을 적용하라. 1g/100ℓ는 약 0.12oz/100갤런이다.
[c]표시된 양은 kg이 아닌 g이다; 과잉 몰리브덴은 마초(馬草, forage)에 유독할 수 있다. 10g/100m²은 약 1.2oz/100갤런이다.
[d]몰리브덴은 보통 인 비료에 첨가된다.
[e]1g/100ℓ는 약 0.12oz/100갤런이다.

1966), 뉴질랜드의 사과나무(*Malus syvestris*)뿐이다. 반면, 몰리브덴 결핍은 채소나 농작물에는 흔한 편이다.

몰리브덴 결핍은 다양한 모암에서 유래한 토양에서 발생되고 있으며, 이의 발생은 토양 형성과 용탈에 의해 더 영향을 받는다. 다른 대부분의 미량원소와 대조적으로, 몰리브덴은 낮은 pH 값에서 가용성이 낮다. 결핍은 용탈이 심하고, 배수가 잘되는 석회질과 사문암에서 유래한 토양, 고도로 포드졸화된 토양(podsolized soil), 광범위하게 이차광물(二次鑛物, secondary mineral)이 형성된 오래된 토양에서 발생할 수 있다(Johnson, 1966). 몰리브덴 결핍은 흔히 인과 황이 극히 낮은 토양에서 발생한다. 질소고정에서 몰리브덴의 생화학적 역할 때문에, 질소고정 수종인 아카시아류(*Acacia*), 오리나무류(*Alnus*), 아까시나무(*Robinia*) 등이 질소 결핍증상을 보이면, 몰리브덴이 결핍될 수도 있다(Johnson, 1966).

토양 내 몰리브덴 결핍은 세 가지 방법 중 하나로 처리될 수 있다: (1) 과린산석회(superphosphate)와 함께 소량의 몰리브덴산나트륨(sodium molybdate)을 토양에 적용; (2) 몰리브덴산나트륨을 엽면 살포; (3) 총 몰리브덴은 적정하지만 낮은 pH 때문에 불용성이라고 생각되는 경우, 산성 토양을 pH 5.5 이상이 되도록 석회처리(Johnson, 1966). Dickey (1977)는 문제가 발생한 수목에 8g의 몰리브덴산나트륨을 100ℓ의 물에 섞어서 흘러내릴 정도로 살포하고, 토양은 같은 용액으로 100m²당 총(수목과 토양을 합쳐서) 몰리브덴나트륨이 10~20g이 되도록 적셔줄 것을 제안한다. 이러한 처리는 적어도 1년은 유효할 것이며, 증상이 다시 나타나면 반복하는 것이 좋다.

수목의 몰리브덴 과잉과 독성은 조경수목에서 드물게 발생하지만, 반추동물(反芻動物, ruminant animal; 가축)은 과도한 몰리브덴을 함유하고 있는 토양에서 자라는 잎에 의해 심각한 영향을 받을 수 있다(Johnson, 1966). 비료를 줄 때나 토양을 석회 처리할 때에는 이러한 위험을 명심하고 있어야 한다.

니켈 니켈(nickel)은 요소(urea)를 암모니아와 이산화탄소로 분해하는 요소분해효소(urease)를 포함한 몇 가지 식물 효소의 기능을 위해 필수적인 미량원소(微量元素, trace element)인 것으로 나타났다(Marschner, 1995). 니켈은 특히 콩과식물(legumes)에서 질소고정 산물이 유독한 수준이 되는 것을 피하기 위해 요소와 우레이드 대사(ureide metabolism)를 위해 필요한 요소분해효소에 필수적이다. 니켈의 근본적인 역할은 정밀한 미량화학(微量化學, microchemical) 실험에서만 보여주었다(Epstein, 2000). 아직까지 토양에서 자라는 식물과 세균에서는 니켈 결핍의 명백한 증거가 없다. 일반적으로, 작물에서는 니켈 독성에 관한 우려가 훨씬 많다; 예를 들면, 가끔 니켈 함량이 높은 하수슬러지(sewage sludge)를 적용하는 경우(Marschner, 1995).

아연 아연(zinc) 결핍은 재배된 교목과 대관목(large

shrub)에서 발생하고, 이의 생장에 대한 영향은 매우 두드러질 수 있다. 아연 결핍 증상은 1931년 남아프리카에서 확인되기 오래 전부터 알려졌다(Stone, 1968). 장애에는 피칸(*Carya illinoensis*)과 호두나무류(*Juglans*)의 로제트(매우 짧은 마디형성), 복숭아나무(*Prunus persica*)와 서양배나무(*Pyrus communis*)의 작은 잎, 감귤나무의 프렌칭(frenching) 또는 반점(斑點, mottle), 목유동(*Aleurites montana*)의 갈변(褐變, bronzing) 등이 있다.

Dickey(1977)는 아연 결핍에 흔히 시달리는 여러 플로리다 지역의 조경수목을 나열하였는데, 여기에 속하는 수목은, 낙석(絡石, *Trachelospermum jasminoides*), 비파나무(*Eriobotrya japonica*), 광나무(*Ligustrum japonicum*), 수리남체리(*Eugenia uniflora*), 카람볼라(*Averrhoa carambolo*), 바베이도스체리(*Malpighia emarginata*), 우의목(羽衣木, *Grevillea robusta*) 등이다. 과수는 특히 아연 결핍에 걸리기 쉽다(Halfacre와 Barden, 1979). 아연 결핍은 미국 남부에 있는 자생 피칸(*Carya illinoensis*)에 흔히 나타난다(E.T. Smiley, Charlotte, NC, 2002, 개인적인 정보).

다른 여러 영양소와 마찬가지로, 아연은 토양의 아연 함량이 낮은 것보다 수목에 대한 불용성이 문제가 되는 경우가 많다. 아연 결핍은 인이 풍부한 토양과 석회처리된 산성 토양에서 악화될 수 있다. 다른 몇 가지 미량원소처럼, **아연 화합물도 알칼리성이 높아짐에 따라 용해성이 떨어진다.** 아연 결핍은 미국 서부지역과 같은 알칼리와 석회질 토양에서 발생할 가능성이 높다. 또한 아연 유효성은 실리콘/마그네슘 비율이 낮은 일부 유기질 토양과 점토질 토양에서 낮을 수 있다(Chapman, 1966b). 총 아연은 화강암(花崗巖, granite)과 편마암(片麻巖, gneiss)으로부터 유래한 토양과 심하게 용탈된 산성의 사질 토양에서 부족할 수 있다. 표토의 유효한 아연 수준은 그 아래에 있는 것의 두 배에 이르는 경우가 있다(Chapman, 1966b). 그러나 **표토를 제거하는 정지(grading)와 표토에 있는 뿌리를 감소시키는 빈번한 경운은 아연 결핍을 악화시킬 수 있다.** 질소비료가 아연 결핍을 증대시킨다고 말하고 있는데, 이는 질소 자체보다 pH의 증가와 양이온 효과에 의해 기인할 수도 있다(Chapman, 1966b). 질산암모늄과 황산암모늄은 알칼리성(pH)을 높일 수 있다.

수종, 토양, 기후에 따라서 아연 결핍은 토양이나 엽면 살포, 또는 수간 주입으로 교정될 수 있다(Chapman, 1966b). 토양 적용은 용이하고 효과가 오래 지속되기 때문에 항상 선호된다. 황산아연(zinc sulfate)의 표토 적용은 주로 총 아연이 낮고 6.0 이하의 pH를 가진 토양에서 성공적이다. 더 높은 pH 값에서 황산아연을 구멍이나 주입으로 토양 속에 적용하는 것이 보다 효과적이다. 아연 킬레이트는 수목이 황산아연에 반응하지 않는 다양한 토양에서 성공적이었지만, 토양 내 아연의 가변적인 고정과 이동, 그리고 유독성 위험은 일부 지역에서 토양 적용을 꺼리게 만들었다. 아연 글루코산 킬레이트는 이전의 아연 킬레이트만큼 효과적이지 못하지만(Bray와 Weil, 1999), 비용과 취급 편이성으로 여전히 킬레이트를 선택하게 하고 있다.

결핍증상: 아연(아연은 수목 내에서 이동성이다.)

활엽수: 잎은 전반적으로 황화되고, 괴사 반점으로 때로는 반점이 생긴다. 잎은 작고, 매우 좁고, 뾰족하다; 오래된 잎은 떨어진다. 가는 신초는 끝에 잎이 모여나 있고, 말라 죽을 수도 있다. 결실은 크기가 작고, 뾰족하고, 착색이 많이 된 과일이 드물게 달린다(Harris 등, 1977).

침엽수: 가지와 침엽은 극도로 위축되고; 잎은 황화된다. 수목은 당년 또는 작년 잎을 제외하고 모두 잃는다; 정단이 말라 죽는다(Powers, 1979).

처리: 아연 결핍(토양 내 아연의 이동성은 pH가 상승함에 따라 감소한다.)

적용	화학적 형태	적용량(kg/100m^2)[a]	적용 방법	유효 기간
토양	킬레이트	제조사 용법에 따라	표토	1~3년
살포	킬레이트	제조사 용법에 따라 (kg/100ℓ)[a]	초기 잎	1년
	ZnSO4-7H_2O	1.25~6.0; 휴면기 중	휴면 가지	1년
		0.5~0.75; 생육기 중	잎[b]	1년

[a]1kg/100는 약 8lb/100갤런이다.
[b]또한 0.4kg의 소석회도 적용하라.

알칼리 토양이나 토양 적용이 비효과적인 경우에는 아연 살포가 대부분의 수목에서 결핍 증상을 교정한다; 체리나무(*Prunus avium*)와 호두나무(*Juglans*)가 보고된 두 가지 예외이다(Proebsting, 1958). 많은 낙엽성 교목 수종에 대해, 매년 황산아연의 휴면기살포(休眠期撒布, dormant spray)가 어리고 활력이 좋은 수목을 제외한 모든 수목에서 결핍 증상을 바로잡을 수 있을 것이다. 황산아연과 석회, 산화아연(酸化亞鉛, zinc oxide), 아연 킬레이트 등의 엽면살포는 상록수나 결핍 증상이 생육기 동안에 나타나는 경우에 사용할 수 있다. 그러나 산화아연은 껍질이 얇은 과일을 손상시킬 수 있다.

수간에 주입된 아연 용액이나 수간에 뚫은 구멍에 투입된 마른 염(dry salt)도 성공적이었다. 구멍당 1g의 황산아연을 수간 둘레에 약 100mm 간격으로 뚫은 구멍에 투입한 결과 결핍 증상이 3년 이상 교정되었다. **수간 주입은 토양이나 살포 적용이 비효과적이거나 독성과 표류(漂流, drift) 문제를 유발할 경우에 한해 사용하는 것이 좋다.**

아연 결핍의 초기 증상은 철 결핍 증상과 비슷하거나, 두 영양소가 서로 경쟁하기 때문에, 사실은 철 결핍 증상일 수도 있다. **수목은 토양 내 아연의 유독 수준에 의해 심각하게 손상되고 죽을 수 있다.** 이러한 현상은 일부 산성 이탄토(peat soil), 광산 폐기물이나 삼출에 의해 오염된 토양, 아연 함량이 높은 바위나 물질로부터 유래한 토양에서 발생한다. 실생묘는 발육이 위축되고, 이들이 아연 철판튜브(galvanized iron tube)에서 자라는 경우, 죽을 수도 있다(Chapman, 1966b). 토양에 대한 석회처리와 인 비료를 적용하는 것이 아연 독성을 경감시킬 수 있을 것이다.

12.4 시비와 비료

완전 비료

수세기 전에 질소(N), 인(P), 칼륨(K)을 함유하고 있는 분뇨와 나무 재가 일년생 농작물과 채소의 생장과 생산을 향상시킨다는 것이 발견되었다. 이들이 과수나 정원수에도 적용되는 것은 당연한 것이었다. 수목의 생장과 과수 생산이 당연히 향상되었는데, 이는 아마 주로 분뇨에 함유된 질소 때문인 것으로 생각된다. N, P, K가 확인되고, 일년생 식물이 거의 언제나 반응하는 분뇨와 재혼합물에 이들이 포함되어 있으므로, 이들 세 원소를 함유하고 있는 비료(肥料, fertilizer)가 완전비료(完全肥料, complete fertilizer)로 알려지기 시작했다. 수목은 주로 비료에 함유된 질소성분 때문에 완전비료에 반응한다. 그럼에도 불구하고, 완전비료는 아직도 흔히 권장되고 수목에 적용된다.

일리노이(Neely 등, 1970), 오하이오(Smith와 Reisch, 1975), 플로리다(Dickey, 1977), 영국(Walmsley) 등에서의 비료실험에서 인과 칼륨 비료는 생장을 증대시키지 못했을 뿐만 아니라 조경수목의 외관도 향상시키지 못했다. 테네시에서 van de Werken(1981)은 인 결핍으로 알려진 토양에서의 인 비료에 대한 반응만을 얻었다. **목본식물이 인이나 칼륨 추가에 반응하는 것은 당연한 것이 아니라 예외이다**(van de Werken, 1984b).

칼륨이 부족한 경우에도, 완전비료는 필요한 양의 칼륨을 공급하기 위해 과도한 양의 질소와 인을 공급하게 될 수 있다. 칼륨이 부족한 경우, 칼륨과 인은 원래 부족한 토양일지라도, 칼륨과 인은 보통 3~5년에 한번 정도 공급하면 되기 때문에, 대부분의 경우 칼륨을 별도로 공급하는 것이 최선이다(Neely와 Himelick, 1987). 인과 칼륨이 부족한 산림토양(山林土壤, forest soil)에서 식재 중이나 직후에 부족한 영양소를 1회 적용하면 일반적으로 충분한 생장을 보일 것이다(Pritchett, 1979). 용해성이 높은 질소는, 더 빠른 생장을 원한다면, 적어도 2년에 한번 정도는 공급해 주어야 한다. 천근성 목본식물에 대해, 완전비료는 가장 효과적일 수 있지만, 2~3년에 한번 정도만 적용되어야 한다. 교목은 자신의 잎이 수용가능한 수준의 엽록소(葉綠素, chlorophyll)로 유지시킴으로써 상당히 낮은 수준의 질소와 인에 적응할 수 있다(다음 항 참조). 또한 느린 생장은 특정의 병이나 해충에 대한 수목의 저항성을 높여 줄 수도 있을 것이다(Herms, 2001).

완전비료가 흔히 몇 가지 다른 유형의 수목에 사용되기 때문에, 제품설명서에 어떻게 표시되어 있는가를 이해하는 것이 필요하다. 미국과 다른 많은 나라에서 성분분석을 비료 용기의 라벨(label)에 표시하도록 되어 있다. 이 분석은 항상 같은 순서로 표시된 세 영양소의 무게 기준 구성비를 보여준다: 질소(N), 인(P_2O_5 비율로 표시), 칼륨(K_2O). 세 영양소의 구성비는 라벨에 뚜렷하게 표시되는 경우도 있는데(10-6-4 또는 10-10-10처럼), 이들의 순서는 N-P-K라고 이해하고 있다. 세 영양소 모두를 원소 형태로 표준화하기 위한 시도가 있었지만, 아직도 오래된 산화물 명칭이 수목관리와 경관관리에서 널리 쓰이고 있다. **인과 칼륨 권장량과 라벨 분석이 원소 기준인지 산화물 형태로 표시되어 있는지를 확실히 알아야 한다.** 이들 간 환산은 다음과 같이 할 수 있다:

P 1 단위[a] = P_2O_5 2.3 단위
P_2O_5 1 단위 = P 0.4 단위
K 1 단위 = K_2O 1.2 단위

K_2O 1 단위 = K 0.8 단위

[a]어떤 무게의 단위도 사용 가능하다.

12.5 부족한 영양 수준에 대한 수목의 적응

다른 환경적인 요소와 마찬가지로, 대부분의 수목은 가용한 무기 영양소와 균형을 이루면서 생장한다. 대부분 교목의 잎은 비록 하나 이상의 영양소가 부족하여 제약을 받고 있어도, 항상 어느 정도 수준의 녹색을 유지하고 있다. 일련의 훌륭한 연구에서 Ingestad와 Lund(1979), Ericsson(1981), Ericsson과 Ingestad(1988) 등은 자작나무류(*Betula*)와 버드나무류(*Salix*)를 이용하여 실생묘가 낮은 수준의 질소, 인, 황에 반응하여 자신들의 뿌리와 신초 생장을 조절함으로써 건강한 모습을 유지한다는 것을 보여주었다. 질소가 가장 부족하기 쉬운 영양소로 판단되며, 수목이 여기에 가장 큰 반응을 보인다. 양분관리는 생육기의 시작과 종료에 막대한 영향을 미칠 수 있다. 이러한 지식은 특히 수목이 자라고 있는 곳이 자생지가 아닌 수종에 대해서는 중요할 수 있다(Cannell, 1989).

질소 함량이 낮을수록 전체 수목생장에 비해서 뿌리생장이 더 크고 질소와 다른 영양소의 상대적인 흡수가 더 많을 것이다(Ericsson, 1995). 질소의 가용량이 감소하면, 신초 생장만큼은 아니지만 뿌리의 생장이 느려지고, 뿌리는 거의 가지를 치지 않고 길게 자란다(Ingestad와 Lund, 1979).

그러나 부족한 영양소가 적정수준 이하일지라도, 수목의 무게가 증가하는 것에 비례하여 공급되면, 생장은 천천히 안정화되고, 잎의 색깔이 회복되고, 뿌리/줄기 비율(root-shoot ratio)은 이들 실생묘가 더 좋은 여건에서 자랐을 때보다 더 높은 비율로 안정화된다. 엽록소의 양과 광합성 속도는 질소(또는 인, 황) 공급이나 수목의 전반적인 생장의 감소에 비례하여 줄어들지는 않는다. 따라서 질소 가용량이 감소된 수목에서 일반적으로 더 높은 전분(澱粉, starch) 농축이 발견된다(McDonald 등, 1986). 이러한 실험은 영양소 공급을 조절하였고, 결핍증상을 유발할 수 있는 다른 요소에 의해 혼란을 가져오지 않았다.

이러한 발견은 어린 수목은 물론 성목의 관리에도 중요한 시사점을 제시한다. 빨리 자라는 어린 수목은 점점 더 많은 양의 영양소, 특히 질소를 필요로 한다. 대부분의 상황에서, 질소 가용량이 거의 없는(대부분 질소 결핍 상태) 성목도 일반적으로 좋은 잎의 색상, 낮거나 보통 정도의 생장, 주변과의 균형 등을 유지하고 있다. 질소 농도와 뿌리에 대한 탄수화물 배분 사이의 이러한 부(負)의 피드백(negative feedback; 한 요소가 감소하면 다른 요소가 증가하는 현상)이 강하여 수목 생존은 향상된다.

수목은 제한된 칼륨과 마그네슘, 망간에 대해서는 다르게 반응한다. 이들의 경우, 가용량 감소가 지상부는 물론 뿌리에 대한 바이오매스(biomass) 배분 감소로 이어지게 된다. 결과적으로 필수 영양소의 흡수 능력이 감소되어 수목 내 모든 영양소의 농도가 낮아지게 된다(Wikstrom과 Ericsson, 1995). 즉, 생장이 줄어들 뿐만 아니라 탄수화물 축적도 감소된다. 결핍이 심해지면, 엽맥 사이와 잎 가장자리의 황화와 괴사로 이어질 수 있다.

Ingestad와 Lund(1979)는 잎 색상의 결핍증상은 주로 수목이 내부 영양소(주로 질소, 인, 황) 수준이 감소하는 속도와 같은 빠르기로 자신을 조절하지 못하는 경우에 발생한다고 생각하였다.

12.6 질소, 인과 뿌리, 신초 생장

토양 비옥도의 향상은 흔히 뿌리/줄기 비율의 감소와 관계가 있다; 즉, 뿌리 생장은 줄기(지상부) 생장보다 상대적으로 적게(무게와 길이에서) 증가한다(Coutts와 Philipson, 1980). 질소가 첨가되었을 때 가장 가시적인 반응은 증가된 줄기 생장이다. 지상부 생장은 인이 수목에 적용되었을 때 거의 영향을 받지 않는다. 이러한 관찰은 질소는 지상부 생장(뿌리 생장을 희생하고)을 자극하고, 인은 뿌리 생장을 자극한다는 주장을 뒷받침한다(Bernatzky, 1978; Patch 등, 1984; National Arborist Association, 1987; Neely와 Himelick, 1987; Pirone 등, 1988; British Stanards Institute, 1989b; Tattar, 1989).

일반적인 믿음은 비슷한 수준의 뿌리 생장의 증가 없는 지상부 생장(무게)의 증가는 수목을 위태롭게 만든다는 것이었다. Pirone 등(1988), Shigo(1989), Tattar(1989) 등은 크게 자란 지상부를 뿌리가 적절하게 지원하지 못할 수도 있다는 생각에 손상된 수목에 대해서는 질소비료를 적용하지 말 것을 권고하였다.

우리는 질소와 인이 뿌리/줄기 생장에 미치는 영향에 관한 이러한 주장들을 지지할 확실한 증거를 찾는데 실패했다. **이러한 주장이 맞는다면, 뿌리와 지상부의 무게를 비교하는 것은 수목의 웰빙(well-being)을 확인하는 올바른 방법이 아니다.** 제2장에서 지적한 바와 같이, 수목의 낙수선 안에 있는 뿌리는 같은 수목의 잎의 표면적보다 2.5~4.5배의 표면적을 가지고 있는 것으로 추정된다(Perry, 1982). 또한 균근은 가는 뿌리의 효과적인 표면을 더욱 크게, 특히 인에 대해 증폭시킨다.

Coutts와 Philipson(1980)이 인용한 바와 같이, van der Meiden(1957)은 인산염 부근에 있는 포플러(*Populus*)의 주근(主根, primary root)이 번성하였다고 보고했다. 그러나 뿌리는 생장에 유리한 토양에서는 더 쉽게 가지를 친다고 알려져 있다. Watson(1994)은 주엽나무(*Gleditsia triacanthos*)와 대왕참나무(*Quercus palustris*) 아래에 질소로 채워진 구덩이 주변의 뿌리 밀도는 증대되었는데 반해 인과 칼륨으로 채워진 구덩이 부근에서는 효과가 없다는 것을 발견하였다.

질소는 적정한데 인이 결핍된 경우, 인의 첨가는 지상부와 뿌리 생장(무게) 모두를 자극한다(Ingestad와 Lund, 1979; Ericsson과 Ingestad, 1988). 그러나 인은 적절한데 질소가 결핍된 경우, 추가적인 질소 공급은 뿌리 생장보다 지상부 생장을 더 자극한다. Philipson과 Coutts(1977)도 유사한 반응을 발견하였는데, 질소가 결핍할 때 질소를 첨가하는 것이 인이 결핍할 때 인을 첨가하는 것보다 뿌리 생장을 더 많이 또는 비슷하게 자극하였다.

영국의 경우, 생장이 극도로 제약을 받는 고령토(高嶺土, china clay) 폐기물 부지에서, 자작나무와 버즘단풍나무(*Acer pseudoplatanus*)에 대한 첫해 질소시비가 신초 생장보다 뿌리 생장을 50% 더 많이 증대시킨 것으로 나타났다(Gilbertson 등, 1987). 일반적인 반응과 달리, 질소 적용을 늘릴수록 뿌리/줄기 비율이 증가하였다. 이는 질소는 신초 생장을 자극하는 반면 인은 뿌리 생장을 자극한다는 일반적인 믿음에 대한 증거가 거의 없음을 보여주는 것 같다. 또한 영국에서 Walmsley(1989)는 농장 내에서 이식한 576그루의 2년생 구주물푸레(*Fraxinus excelsior*)에 질소, 인, 칼륨의 배합이 다른 12가지 중 하나를 시비한 결과 통계적으로 유의한 차이를 발견하지 못했다. 이 실험에서 유의하지는 않았지만 일부 뚜렷한 경향은 있었는데, "질소가 포함된 모든 처리에서 신초, 뿌리, 그리고 총 무게가 증가하였고, 뿌리/줄기 비율의 증가로 이어졌으며, NP 처리에서는 예외적이었는데, 이 처리 결과는 신초와 뿌리 생장이 감소하였다."

캘리포니아의 관개되지 않는 성목의 아몬드 농장에서의 실험은 교훈적이다. 농장주는 촉진된 생장이 해당 과수가 성숙하기 전에 제한적인 지하수 공급을 고갈시킬 것을 우려하여 비료를 거의 주지 않았다. 그런데 질소비료가 생장과 수확을 크게 증대시킨데 반해, 인을 포함한 다른 영양소는 효과가 없었다(Proebsting, 1935). 뿌리 생장도 늘어난 잎과 수확에 대해 적절한 물을 공급하기에 충분할 정도로 늘어났을 것이다.

Epstein(1972), Halfacre와 Barden(1979), Kramer와 Kozlowski(1979), Mader와 Cook(1982), Craul(1992), Kozlowski와 Pallardy(1997a) 등은 자신들의 식물 양분에 관한 총설에서 인의 뿌리 자극 능력을 언급하지 않고 있다. 일리노이에서 주엽나무와 대왕참나무의 뿌리밀도는 토양에 적용한 질소에 의해 유의하게 증가되었지만, 인은 효과가 없었다(Watson, 1994).

토양에 부족한 영양소를 추가 공급하는 것이 뿌리(표면적이 아닌 무게)보다 줄기 생장을 더 많이 자극할 수 있다고 하더라도, 뿌리 시스템이 물리적으로 제약을 받아서 불안정해 지거나 과도한 줄기 생장으로 이어지지 않는다면 문제가 되지 않는다. 엽면적이 물을 공급하는 뿌리나 통도하는 목부의 능력을 초과하기 시작하면, 과도한 줄기 생장은 일반적으로 일시적인 오후의 수분 결핍이 확대되어 균형 상태를 유지하게 된다. 뿌리/줄기 비율이 유리한 상황에 있음에도 불구하고, 가뭄이 지속되고 있는 중에는 제때에 적응(엽면적 감축)하기 어려울 수 있고, 이로 인해 수목의 고사가 높을 수 있다(Linder 등 1987).

비료, 수분, 기타 환경적인 변이에 대해 수목은 이러한 뿌리/줄기 생장반응을 통해 진화해 왔는데, 이렇게 하는 것이 수목의 최대 관심사임에 틀림없으며, 그렇게 하지 않았으면 지금까지 생존할 수 없었을 것이다.

양분 요구와 독성문제 확인

목본식물에 대해 대부분의 토양은 질소를 제외하고는 적절한 양의 양분을 제공한다. 그런데 몇 가지 예외가 있다. 알칼리 토양에서는 필요한 양의 철과 망간이 가용하지 않을 수 있으며, 열대지방, 특히 매우 오래되고 산성의 사질 또는 화강풍화토(花崗風化土, granitic soil)인 경우, 추가적인 인 공급이 필요할 수도 있다. 산성의 사질토에서는 칼륨도 부족할 수 있다. 현재 또는 과거에 가두어 키우는 가축의 우리로 사용된 반건조지대(半乾燥地帶, semiarid zone)에서는 수목이 심각한 아연과 구리 결핍증상을 보일 수도 있다(제4장 참조). 어린 교목은 이러한 부지에서 첫 여름을 넘길 수 없을 수도 있다. 이러한 유형의 영양문제가 의심되면, 정확한 수준을 확인하기 위해 토양이나 잎의 영양분석을 실시하라.

유독한 성분이 있으면 수목의 생장과 외관에 심각한 영향을 미칠 수 있는데, 알루미늄과 붕소, 염소, 몰리브덴, 나트륨 등은 직접적으로 유독할 수 있다. 높은 염도와 나트륨(알칼리 토양)은 강우량이 적고, 수질이 나쁘고, 배수가 불량한 지역에서는 문제가 될 수 있다. 영양결핍과 유독한 여건은 모두 관찰, 토양 분석, 수목 분석, 영양 공급 등을 통해 동정할 수 있다.

토양분석(土壤分析, soil analysis) 토양은 쉽게 산성/알칼리성(pH)을 확인할 수 있으며, 필요하면 pH를 적정한 수준으로 조절하기 위해 필요한 석회나 황의 필요량을 계산할 수 있다(제4장 참조). 토양분석을 통해 인과 칼륨의 가용량을 정확하게 확인할 수 있으며, 인에 대한 분석은 산성의 사질 토양과 같이 극히 부족한 토양에서 가장 잘 작동한다(Pritchett, 1979). 유효질소(有效窒素, available nitrogen)는 토양과 식물체 내에서 이동성이 높기 때문에 이를 분석할 필요는 거의 없을 것이다. 토양 내 다른 영양소와 독성 화합물의 양은 새로운 지역이나 정지된 지역을 개발할 때 점검할 수 있으며, 이는 문제를 확인하는데 도움이 될 것이다(제4장 참조).

붕소와 염소, 나트륨, 총 염분의 독성 수준은 토양분석을 통해 검증할 수 있다(제4장 참조). Kopinga와 van den Burg(1995)는 네덜란드에서 흔히 자라는 10개 낙엽수종에 대한 염 피해(salt damage)를 예측하기 위한 염화나트륨(鹽化-, sodium chloride)의 임계수준을 발표하였다. 물도 이러한 영양소, 특히 붕소의 독성수준에 영향을 미치는데, 필요하면 점검해 보는 것이 좋다.

수목분석(樹木分析, plant analysis) 기후와 병해충이 문제가 되지 않는 경우, 신초생장의 길이(**그림 12-1**, 그림 2-3), 잎의 색깔과 색상 패턴, 크기, 낙엽 시기 등은 수목의 생장배지(生長培地, growing medium)인 토양의 질을 나타내는 지표들이다. 토양의 구조와 토성, 깊이 등이 문제가 되지 않으면, 수목의 생장과 외관이 수목과 토양의 영양 상태를 나타낼 수 있을 것이다. 질소결핍의 가시적인 증상은 조경수목에서 가장 흔히 볼 수 있다. 철과 망간 결핍은 알칼리 토양에서 자라는 목본식물에서 가끔 나타난다. 다른 필수원소의 결핍 증상은 그렇게 자주 나타나지 않는다.

질소를 시비한 수목은 보통 신초생장이 더 길고, 잎이 더 크며, 잎이 시비 전과 비슷한 녹색을 보이지만 가을에 더 늦게까지 잎을 달고 있을 것이다. 어떤 수목은 생장이 현저하게 감소했음에도 불구하고 다른 수목과 다름없는 녹색을 나타낼 수 있다(Ingestad와 Lund, 1979) (이 장의 앞에서 고찰한 수목의 특정 영양소의 낮은 수준에 대한 적응을 참고할 것). 따라서 잎의 색깔에서 증상이 나타나면, 영양소 특히 질소의 가용량이 감소하였음을 의미할 수 있다. 이러한 증상은 최적의 생장이 필요한 어린 수목에게 가장 큰 우려가 될 수 있다.

영향을 받은 잎의 나이와 이들의 수목에서의 위치는 어떤 영양소는 다른 영양소보다 수목 내에서 이동성이 높기 때문에, 추가적인 실마리를 제공할 수 있다. 개별 영양소의 결핍과 독성에 대한 증상은 개별 영양소별로 제시되었다. 수목

그림 12-1 위의 두 중국피스타치오 신초는 활력의 차이를 나타내고 있다. 잎이 당년지에 붙어 있고, 아린(bud scale)은 생장이 시작된 지점과 중단된 지점을 보여준다(그림 2-3). 연간 신초생장은 일 년에 몇 차례 생장을 하는 수종에서는 확인하기 어려울 수도 있다(Harris 등, 1977).

의 영양 상태를 시각적으로 확인하기 위해서는 상당한 경험이 필요하다. 물리적인 토양문제, 병, 부적절한 유지관리 행위 등이 영양 결핍과 비슷한 증상을 보일 수 있다. 원인을 정확하게 확인하기 위해서는 수목 조직(組織, tissue)이나 토양에 대한 분석이 필요할 수도 있다.

조직분석은 영양 결핍이나 과잉을 점검하기 위해 활용될 수 있다(Chapman, 1960). 잎은 가장 채집하기 쉽고, 수목의 현재 영양 상태와 웰빙에 관한 상태를 가장 잘 나타내기 때문에, 분석에 가장 흔하게 사용되고 있다. 건강한 가지나 수목, 영양결핍이 의심되는 가지나 수목 모두에서 동일한 상대적인 위치(당년 생장가지)로부터 최근에 성숙된 잎을 채취하라(**그림 12-2**). 잎의 영양분석은 흔히 대규모 농장과 과수원에서 시비작업을 결정하기 위해 활용된다.

Kopinga와 van den Burg(1995)는 네덜란드 48개 도시의 교목과 관목 수종에 대해 질소, 인, 칼륨, 마그네슘 등의 영양소에 대한 잎의 농도를 발표하였다. 영양소 농도 범위는 개별 수종에 대해 "너무 낮음, 낮음, 보통, 적정" 등으로 표시되었다.

Perry와 Hickman(2001)은 켈리포니아의 센트럴밸리(Central Valley)에 있는 세 도시에서 주택 앞뜰의 잔디나 지피에서 생장하고 있는 잘 활착된 것으로 보이는 27개 수종에 대해 20개의 건강하고 다 자란 어린잎에 대한 질소를 분석하였다. Perry와 Hickman(2001)은 자신들의 질소에 대한 분석 범위를 Kopinga 등(1995; 5개 수종 비교)과 Mills와 Jones(1996; 12개 수종 비교)의 범위와 비교하였다. 이 결과, 이들 수종 중 몇 수종만이 잎의 질소 농축범위

그림 12-2 영양분석을 위해서는 신초 끝 가까이에 있는 최근에 성숙된 잎을 채취하는 것이 좋다. 독성분석을 위해서는 증상을 보이는 잎과 함께 비교를 위해 정상적인 모습을 하고 있는 잎도 함께 채취하라(Harris 등, 1977).

가 비슷한 것으로 간주되었다. 특정 수종에 대한 영양수준의 변이는 같은 수종의 수목 내에서의 변이, 토양/수목의 다른 원소의 영향, 상이한 분석 방법 등에 의해 유발될 수 있다. 어떤 수종의 외관상 낮은 영양수준은 Ingestad와 Lund (1979)가 보고한 것처럼 이들이 낮은 질소나 인에 적응했기 때문일 수도 있다. 발표된 범위와 이를 위해 활용된 절차는 특정한 지역에 있는 수종에 대한 영양수준 정보를 개발하는 데 지침이 될 수 있을 것이다.

영양시험(nutritional trial) 해충, 병, 수분, 토양의 물리적 상태와 함께 영양수준 평가는 고객에게 조언을 하거나 조경수목의 관리에 관한 책임소재를 가릴 때 필요할 것이다(제19장 참조). 중요한 조경수목에 대한 영양수준은 이미 조사되어 있을 수 있다. 이는 처방시비(處方施肥, prescription fertilization)라고 불리었다(Smiley, 1999). 토양 샘플과 중요한 조경수종의 잎 샘플을 채집하고, 이들을 분석하고, 적절한 시비 프로그램을 개발하는 것은 기술과 시간, 돈이 드는 작업이다. 이는 시비 프로그램을 수립하거나 기존의 프로그램을 검정하는데 필요한 작업이 될 것이다. 일단 효과적인 시비 프로그램이 수립되고 나면, 시각적인 관찰만으로 시비의 필요성을 확인할 수 있을 것이다. 산학협동 프로그램, 능력 있는 자문 수목관리자, 전문적인 수목분석 인력도 도움이 될 것이다.

12.7 시비 방법

비료는 다음과 같이 다양한 방법으로 적용될 수 있다.

- 지면에 살포
- 토양 내 구멍을 파고 묻기
- 압력을 이용하여 용액으로 토양 내 주입
- 잎 표면에 분무
- 수목의 수간에 주입하거나 구멍에 설치

적절한 방법은 적용할 영양소, 가용한 장비, 대상 지역 내 다른 식생, 지표의 상태와 경사, 어떤 경우에는, 적용될 수종에 따라 다를 수 있다.

지면살포(surface application) 지면살포는 질소와 킬레이트된 미량원소의 적용에, 뿌리가 얕은 곳에서는 인(Perry, 1982; van de Werken, 1984b)과 칼륨(White, 1956)의 적용에도 가장 쉽고 가장 효과적인 방법이다. 테네시(Tennessee)의 인 결핍토양과 인이 충분한 토양 모두에 대해, van de Werken은 두 종류의 질소비료와 두 종류의 완전비료(N-P-K)를 지면과 450mm(18인치) 깊이에 적용한 실험 결과를 비교하였다. 8년간의 실험종료 시점에 6개 조경수목 품종 중 5개 품종의 수간이, 완효성(slow-release) 완전비료를 지면에 넓게 살포하는 것이 토양 내 구멍에 비료를 매설하는 것보다 56% 더 컸다. 완효성 비료를 지면과 지하에 적용하는 것을 제외하고는 비료나 적용방법 간의 차이는 일정하지 않았다. 적용 깊이 450mm(18인치)는 너무 깊어서 수목에 의해 해당 양분이 효과적으로 흡수될 수 없을 수도 있다.

오하이오에서 7개 수종에 대한 두 실험은 완전비료의 광범위한 지면살포가 일정하게 분포된 직경 50mm(2인치), 깊이 450mm의 구멍에 300cm까지 채운 방법이나 토양 내 100~300mm(4~12인치)에 용액을 주입한 방법과 효과가 같다는 것을 확인시켜주었다(Funk, 2000; Smith, 2000). 살포가 비료를 조경수목에 적용하는 다른 어떤 방법보다 쉽고 비용이 덜 소요된다는 것은 확실하다.

잔디 비료살포기(lawn fertilizer spreader)와 선풍파종기(旋風播種機, cyclone seeder)가 질소비료와, 수목의 뿌리가 얕은 곳에서는 인과 칼륨비료 살포에 사용될 수 있다. 잔디의 잎에는 수분이 없어야 한다. 비료를 살포한 다음에는, 비료가 잔디에서 씻겨 내려가서 토양 속으로 스며들도록 그 지역을 충분히 스프링클러로 관수하라. 다음 날의 2차 관수는 비료를 뿌리지역으로 더 깊이 이동시키고, 비료의 높은

그림 12-3 2인용 동력오거가 용해성이 낮은 영양소를 적용하기 위한 구멍을 뚫는데 활용되기도 한다. (사진: Michael Huntnick, Sta-Green Tree Service, Carmichael, CA.)

그림 12-4 비료용액을 주입하기 위해 토양 주입기가 이용된다. 수목의 흡수 뿌리는 대부분 토양의 지표 가까이 위쪽 150mm(6인치)에 있기 때문에, 대부분의 조경수목에 대한 지표면 아래 비료 주입은 생각하는 것만큼 중요하지 않다. (사진: Michael Huntnick, Sta-Green Tree Service, Carmichael, CA.)

농도로 인한 손상을 최소화하고, 요소와 암모늄 비료로부터의 질소 증발을 감소시켜줄 것이다.

토양혼합(土壤混合, soil incorporation) 인, 칼륨, 기타 용해성이 낮은 영양소는 잔디가 있거나, 보통 햇빛에 노출된 토양이나 경작토양처럼, 수목의 뿌리가 지표면 가까이에 있지 않은 곳에서는 토양 속에 혼합해줄 필요가 있다. 아니면, 이들은 토양 속에 주입하거나 구멍 속에 집어넣는 것이 효과적일 수 있다. 이러한 영양소를 뿌리지역에 위치시키면 더 쉽게 가용하도록 해 줄 것이다. 오하이오의 배수가 불량한 미사질과 식양토에서 Smith와 Reisch(1975)는 어린 꽃사과(*Malus*), 피나무(*Tilia*), 단풍나무(*Acer*)의 경우, 깊이 300mm의 구멍을 뚫은 다음 비료를 공급하지 않는 것과 100m²당 질소, 인, 칼륨을 각각 3kg(6lb)을 구멍이나 지표에 적용한 경우를 비교하면, 수목에 도움이 되는 정도에는 차이가 없다는 것을 발견하였다.

구멍은 막대기로 찔러 넣거나 박아 넣어 만들 수도 있고(이는 토양 답압을 초래할 수도 있음), 수동 오거나 전기 천공기, 동력 오거 등으로 뚫을 수 있을 것이다(**그림 12-3**). 개별 구멍 주위의 답압을 최소화하기 위해서, 구멍을 뚫을 때의 토양 수분함량은 포장용수량 이하가 되는 것이 좋다. 주근(主根, main root)에 대한 손상을 피하기 위해 수간으로부터 떨어져서 시작하여 낙수선 바깥으로 낙수선 반경의 1/4 지점까지 확장하면서 깊이 150mm(6인치)의 구덩이를 0.6~1m(2~3피트) 간격으로 뚫어라. 구멍의 밀도는 위와 같은 간격으로 하면 100~275개/100m² 정도의 범위가 될 것이다. 적용할 비료는 구덩이에 적절하게 배분하라.

비료는 적절한 장비를 이용하면 토양 속에 효과적으로 주입할 수 있다(**그림 12-4**). 고압의 수압식분무기(hydraulic sprayer)는 다른 유지관리 작업에도 활용할 수 있기 때문에 비료 주입을 위해 사용할 수 있는 가장 경제적인 장비가 될 것이다. 비료 용액은 부식성과 연마성이 있기 때문에 비료적용을 위해 사용된 다음에는 완전히 세척해 주어야 한다. 스테인리스강(-鋼, stainless steel)이나 플라스틱을 입힌 탱크가 유지관리를 줄일 수 있지만, 펌프와 도장은 적절하게 점검되고 관리되어야 한다.

비료는 용액 상태이기 때문에 건조한 비료를 위한 구멍보다 간격이 좀 더 넓힐 수 있을 것이다. 탐침은 토양 속으로 약 150mm(6인치) 정도 침투하고, 용액이 토양 속으로 들어갈 수 있도록 압력은 100~150kg/cm²(150~200lb/평방인치) 정도 되어야 한다. 한번에 0.5~4ℓ를 주입하라. 비료 용액의 농도와 적용량은 영양소의 종류와 필요한 적용량에 따라 다르다. 압축공기로 토양을 느슨하게 할 수 있는 장비도 토양 속으로 비료를 주입시킬 수 있다(제7장 참조). 150~200mm(6~8인치)보다 깊게 비료를 적용하는 것은 피하라.

엽면살포(葉面撒布, foliage spray) 엽면살포를 이용하면 철이나 아연과 같은 미량원소와 관련된 결핍증상을 신속하게 극복할 수 있다. 하나의 미량원소의 소규모 살포 적용은

그림 12–5 개별 영양소의 엽면살포를 통한 적용은 수목의 반응을 확인하는 빠른 방법 중 하나가 될 것이다(Harris 등, 1977).

수목의 반응을 신속하게 확인할 수 있어서, 장기적인 교정 프로그램에 대한 유용한 예비수단이 될 수 있다(**그림 12–5**). 포장지에 표시된 양의 계면활성제를 첨가하면 살포의 효과를 높일 수 있다.

원예작물의 경우, 영양소 적용이 다양한 농약살포 프로그램에 통합되어 있었지만, 조경수목의 경우에는 농약살포가 그처럼 주기적이지 않다. 대관목과 교목에 어떤 물질을 살포하는 것은 대부분의 녹지에서는 어려우며, 대상이 아닌 수목이나 다른 재산이나 사람에게 손상을 줄 수 있다. 비료살포는 잎에 보기 좋지 않은 막이나 반점을 남길 수 있다. 비료와 농약을 함께 적용하기 위해서는 서로 친화성이 있어야 한다.

수간 삽입과 주입(trunk implant and injection) 영양소의 수간 삽입과 주입은 다른 방법이 비효과적이고 너무 어렵다는 것이 입증되었을 때에만 적용하는 것이 좋다. 이를 위해 필요한 구멍을 뚫는 것과 비료를 설치하고 주입하는 것은 시간과 에너지가 소요되고, 수간을 흉하게 만들고, 삽입 부위 주변의 부후를 유발할 수 있다. 그러나 이 방법은 수목이 특정한 영양소를 얻을 수 있는 유일한 효과적인 방법일 수 있다.

비료 삽입과 주입은 주로 가용성이 토양 여건에 의해 감소한 미량원소에 제한적으로 활용된다. 버들떡갈나무(*Quercus phellos*) 성목은 원래 N, P, K가 결핍되면 토양에 적용되는 질소에 대해서만 반응한다고 알려져 있다(Smiley 등, 1991).

아교질 캡슐 속에 소량의 용해성 영양소를 함유한 임플란트(implant)가 수간이나 가지 속으로 뚫은 구멍에 삽입된다. 구멍은 직경 10~15mm(0.4~0.5인치)이고 깊이는 임플란트와 마개가 목부(木部, xylem) 속에 완전히 위치할 수 있을 정도가 되어야 한다. Shurtleff와 Jacobsen(1983)은 구멍을 접밀(接蜜, grafting wax)이나 퍼티(putty), 유리 화합물(glazing compound), 아스팔트 등으로 막을 것을 권고하였으나, 나무 못(wood dowel)이나 코르크로 막는 것은 권장하지 않았다. 마개는 형성층이 상처 위로 유상조직(癒傷組織, callus)이 형성될 수 있도록 충분한 깊이에 위치시켜라. Medicaps™와 같은 일부 상업적으로 구매할 수 있는 캡슐은 적절한 깊이로 삽입되었을 때 마개가 필요하지 않도록 구멍을 막는다. 임플란트 수는 제조회사의 지시사항을 준수하라. 몇 개의 임플란트가 수목에 삽입되어야 하는 경우, 상처가 최소화도록 수간의 아래쪽에서 출발하여 수간 주위를 따라 위로 올라가면서 나선형으로 설치한다.

수간 주입 구멍은 삽입용 임플란트를 위해 뚫는 것보다 일반적으로 작을 수 있다. Neely(1976)는 주입과 임플란트 설치가 지속적으로 철 결핍에 의한 황백화 현상을 가장 빨리 그리고 전반적으로 바로잡아 주지만, 일부 기관은 이 방법을 잘 권고하지 않는다는 것을 발견하였다. 반대 이유로는 주기적으로(매년 또는 2년에 한번) 뚫어야 하는 수많은 구멍, 구멍으로부터의 수액 유출, 염이 주입되는 곳의 형성층에 대한 독성, 민감한 수목에 대해 너무 많은 영양소를 부적당한 시기에 적용했을 때 잎에 대한 독성 등이 있다. Neely(1976)는 자신의 대왕참나무(*Quercus palustris*)에 대한 실험에서 처리시기, 철의 공급원, 설치된 임플란트의 수 등과 관계없이 처리된 수목에는 손상이 없다는 것을 발견하였다. Neely는 임플란트 설치 구멍은 1년 이내에 유합되었다고 보고하였다.

웨스트버지니아(West Virginia)에서의 적단풍(*Acer rubrum*)에 대한 실험에서 Shigo 등(1977)은 1년 전에 만들어진 주입용 상처(실제로는 영양소를 주입하지 않았음)의 상하에 변색된 목재나 형성층 고사(8mm, 0.3인치)의 크기가 무시해도 좋을 정도라는 것을 발견하였다. 철, 마그네슘, 망간, 아연 등의 Mauget™가 주입된 비슷한 크기의 구멍은 더 심각한 영향을 받았다. 마그네슘이 주입된 구멍의 상하에는 20mm(0.75인치)의 형성층 고사가 나타난 반면, 다른 영양소가 주입된 구멍의 주변에는 50~60mm(2~2.3인치)의 형성층이 고사되었다. 처리 후 모든 구멍의 주변에 형성된 새로운 목재는 건강하였다. 1년 후에 적단풍에 Bidrin™을 주입한 결과 상처 상하에 죽은 형성층이 350mm(14인치)까지 확대되었으며, 2년 후에 주입한 것은 고사 부위가 110mm(4.3인치) 정도까지만 확대되었다. 상처는 매우 빠른 속도로 아물었지만, 항상 부후의 가능성은 있으며, 특히 활력이 낮으면 그 가능성은 더 커진다. 이들은 임플란트나 다른 시비 방법은 실험하지 않았다.

12.8 시비 시기

필요한 경우, 대부분의 토양에서 일 년에 한 번의 질소비료 적용으로 충분하다. 일반적으로 한여름에서 초가을까지가 가장 효과적인 적용시기이다. 이렇게 하면 양분흡수와 비축에 가장 좋은 여건이 된다. 이 시기는 지상부 생장이 느려지거나 중단되고, 토양이 따뜻하고, 탄수화물 공급이 높고, 기후는 서늘하고, 수분은 일반적으로 충분하다. 겨울이 빨리 시작하거나 점토질 토양이 많은 지역에서는 가을이 따뜻하고 사질 토양이 많은 지역보다 적용을 더 빨리 해주는 것이 좋다.

다양한 수종에 대한 수많은 연구에서 생육 초기(처음 4~6주)의 신초생장은 토양으로부터의 대량의 흡수를 하기 전에 주로 휴면을 위해 저장된 양분의 수준에 의존한다(Kozlowski, 1971; Kozlowski와 Pallardy, 1997b; Weinbaum 등, 1992). 수목 내 휴면 영양 수준이 중간 이상인 경우, 당년 신초에 있는 양분의 70~90%는 저장된 비축분에서 유래한 것이다(Meyer와 Tukey, 1965; Weinbaum 등, 1978). 그러므로 생장 시작 전에서 1개월까지의 기간에 적용된 질소비료는 생육초기 수목생장에 효과적이지 못하며, 다음해까지도 영향을 주지 못할 수도 있다. **특정 수목의 휴면 영양상태는 앞선 여름과 가을의 토양 영양수준과 밀접하게 관련되어 있다**(Weinbaum 등, 1984).

미리 형성된 동아(冬芽, overwinter bud)의 원기에 의해 생장이 제한되는 낙엽성 참나무와 대부분의 침엽수는 늦여름과 가을에 시비를 해주어도, 이듬해에 잎의 크기와 색상은 좋아지지만, 신초의 생장은 다음 해까지 거의 또는 전혀 증가하지 않을 것이다.

사질의 배수가 잘되는 토양, 특히 비가 많이 오거나 염분 축적을 통제하기 위해 관수를 많이 해 주어야 하는 지역에서는 늦봄과 가을로 분리하여 적용하면 더 좋은 반응을 보일 수도 있다. 분리적용(分離適用, split application)과 완효성 비료는 어린 수목의 빠른 생장을 조장하는데 활용될 수 있다. 그러나 용탈이 문제가 되지 않으면, 총 시비량을 한 번에 적용하는 것과 여러 번 나누어 적용하는 것 사이에는 편익의 차이가 거의 없다(Whitcomb, 1987).

아열대성 수목을 가을에 시비하는 것은 겨울철 추위에 대한 감수성을 높일 수 있다. 그러나 내한성을 가진 온대지방 수목에 대한 가을 시비는 이러한 문제가 발생할 가능성이 낮다(Whitcomb, 1987). **그러나 너무 많은 휴면용 질소시비와 생육 초기 동안의 보통 수준의 질소시비는 생육후기 생장을 연장시켜 수목이 겨울 추위로 인한 피해에 노출될 수도 있다.**

Shigo(1989)는 다섯 생물계절학적 시기(phenological period, 신초생장, 목재 형성 등과 같은 주기적인 생물학적 현상)와 연계하여 질소의 수준을 조절하기 위한(특히 스트레스를 받고 있는 수목) 적용 시기를 제안하였다. 그러나 우리들의 현재 지식으로는 수종, 토양, 비료, 기후와 이들의 상호작용이 너무 복잡하여 특정의 생물계절학적 시기별로 질소 수준을 변화시키기 위해 적용하는 시기를 정하기는 어렵다.

어린 자두나무(*Prunus domestica*)는 신초가 빨리 자라고 있을 동안에는 휴면이나 눈이 부풀 때보다 6~8배의 질소를 흡수한다(Weinbaum 등, 1978). 그러나 사철나무류(*Euonymus*)는 생장이 시작되는 시점에 생장이 한창인 시기보다 10~15배의 질소를 흡수했다(Hershey와 Paul, 1983). 다른 수종들도 각각 다른 양분 흡수/생장 패턴을 보여준다. 또한 비료의 제형(劑型, formulation)과 다양한 토양의 성질이 양분의 이동과 가용성에 영향을 미친다. 봄에 질소의 수준이 상대적으로 높고 생육기 동안 감소할 가능성이 있다. **그러나 우리는 수목의 활동과 관련된 특정 생물계절학적 시기에서의 질소 수준을 높이거나 낮추기 위해 비료 적용시기를 조정하는 것에 대한 타당성을 검증하는 연구는 아직 없다는 것을 알고 있다.**

대부분의 수종이 이들 생물계절학적 시기에 적용된 질소를 수목 체내에 충분히 보유할 수 있도록 하기 위해서는 적용된 질소가 대부분의 휴면기 동안에도 수목 내에 존재해야 한다. **질소가 봄에 생장을 위해 가용하도록 하기 위해서는 늦여름이나 가을까지는 질소비료를 적용해야 한다.**

질소를 제외한 대량원소의 경우, 영양분이 부족하지 않으면, 적용 시기는 다년생 수목에게 중요하지 않다. 필요한 경우, 편리할 때 적용하라.

붕소와 물에 녹는 철, 망간, 아연의 킬레이트는 여름이나 가을에 토양에 적용하는 것이 좋다. 그러나 이들 원소의 엽면살포는 최초의 잎이 완전히 자란 이후인 봄에 시작하는 것이 좋다. 추가적인 살포는 결핍증상이 다시 나타나면(앞에 기술된 특정 원소에 관한 내용 참고) 생육기 중에 필요할 수도 있다. 주입은 처음 발생한 잎이 완전히 자란 다음에 실시하면 가장 효과적으로 관리할 수 있으며, 고속 주입은 가을/휴면기가 최적이다(E. Thomas Smiley, Bartlett Tree Research Lab, Charlotte, NC, 2002, 개인적인 정보). 임플란트는 생장이 시작되기 2~4주 전이나 결핍증상이 보이면 설치하는 것이 좋다.

12.9 어린 수목에 대한 시비

농장에서 자란 대부분의 수목은 높은 영양 수준을 기지고 있다. 그럼에도 불구하고, 새로 식재된 수목의 시비에 대한 권고는 매우 다양하다. 어떤 수목관리자는 비료를 되메우기 토양에 혼합하는 것을 권고하는가 하면, 다른 전문가는 첫 생육기 중에는 비료를 적용하지 말 것을 제안한다. 실험 결과는 차이가 많은데, 어떤 수목은 첫 생육기에 질소비료에 반응을 하는가 하면, 많은 수목은 두 번째 생육기까지 반응하지 않았으며(van de Werken, 1981), 일부 수목은 식재 후 4년까지 반응이 없는 경우도 있었다. 앞서 고찰한 바와 같이, 당년의 신초생장은 주로 생장이 시작되기 전에 수목에 있는 양분에 달려 있어서, 첫 생육기 동안에 반응이 없는 것은 예상된 것일 수도 있다. Weinbaum 등(1978)은 눈이 트기 2개월 전에 시비한 다음 20일 이내에 어린 자두나무(*Prunus domestica*)의 지상부에서 적은 양의 질소동위원소(isotopic nitrogen)를 발견하였다. 식재할 때 또는 직후에 질소가 적용된 경우, 광합성을 증진시키고, 잎이 수목에 오래 붙어 있도록 해 주고, 다음 해 봄 생장을 위해 저장되도록 흡수되어야 한다. **토양이 영양결핍 상태에 있으면 이식할 때의 시비는 도움이 된다. 그러나 토양이 결핍상태에 있지 않으면, 시비는 효과적이지 않을 것이다.**

열대지방, 호주, 뉴질랜드, 오래되고 용탈이 잘 되는 토양을 제외하고, 질소가 대부분의 상황에서 필요한 영양소이고 식재 후에 손쉽게 그리고 독성 발생 없이 지표에 적용할 수 있다. 완효성 비료는 2~18개월 동안 낮은 농도의 영양분을 공급할 수 있다. 이러한 비료는 주기적으로 시비를 하는 것이 불편하거나 비용이 많이 소요되는 수목이나 사질 토양에서 자라는 수목에 특히 유용하다. 완효성 비료는 식재할 때 되메우기 토양에 혼합할 수 있는데, 이때 제조회사의 사용법을 준수하라. 속효성(速效性, fast-release) 비료와 염류지수(鹽類指數, salt index)가 높은(50 이상) 비료는 피하는 것이 좋다(ANSI A300, Part 2, 1998).

질소 적용에 대한 권장량도 다양한데, 식재 구덩이나 되메우기 토양에 10~50g의 질소를, 또는 식재 구덩이 바닥에 10~75g의 질소를 적용할 것을 권장한다. 플로리다에서 Meskimen(1970)은 가는 모래 토양에 식재한 레드리버검(*Eucalyptus camaldulensis*)에 대해 8g/m^{2}의 질소를 매월 지표 적용하였다. 캘리포니아에서 Harris(1966)는 미사질 양토에 새로 식재된 태산목(*Magnolia grandiflora* 'Santa Marys')과 느티나무(*Zelkova serrata*)에 대해 질산암모늄(ammonium nitrate)을 12g N/m^{2}의 비율로 두 번 적용하였다. 이들 두 실험은 모두 유의한 생장반응을 나타냈으며, 수목에 대한 피해는 없었다.

식재 후에 각각의 수목 주위 1m^2 면적에 적용된 질소(25~100g)는 적정한 공급이 될 것이다. 수간에 가까이 적용하지 말라. 여름에 하는 이차적용은 다음 해 봄의 생장을 제고시킬 것이다.

12.10 뿌리가 손상된 성목에 대한 시비

몇몇 권고와는 달리, 새로 이식된 수목이나 뿌리가 손상되거나 단근된 수목에 적용된 적절한 양의 질소(0.5kg/100m^2)는 뿌리와 지상부 모두에게 도움이 될 수도 있다. 질소시비는, 특히 봄에 가용한 경우 뿌리 생장과 에너지 비축을 희생하면서 지상부 생장을 촉진시킬 뿐만 아니라 병에 걸릴 가능성을 높일 수도 있는 것으로 여기고 있다(Shigo, 1989). 이 장의 서두에 지적한 바와 같이, 연구된 대부분의 목본식물은 주로 뿌리가 생장하고 있을 때 양분을 흡수한다. 질소가 캘리포니아의 관수되지 않은 아몬드나무의 수분 스트레스를 극복하는 것을 보여주었는데, 이는 증가된 지상부 생장에 대해 수분 공급이 가능할 정도로 뿌리 생장이 있었음을 의미한다(질소와 인에 대한 고찰 참조). 미생물 활동이 약한 늦가을에 손상되지 않은 뿌리 위에만 비료를 적용하면, 병원체의 자극을 최소화할 수 있을 것이다. 질소에 대한 반응은 적용된 생육기 동안에는 발생하지 않을 것이지만, 이 양분은 이듬해 봄에 뿌리와 지상부 생장을 위해 가용하게 될 것이다.

12.11 야자수에 대한 시비

야자수는 부적당한 양분으로 인해 빨리 그리고 뚜렷하게 피해를 입을 수 있는데, 특히 플로리다와 알칼리나 사질 토양을 가진 다른 지역에서 심하다. 야자수에서의 일부 영양문제는 결핍이 외관상 비슷하고 잎 분석에 의해서만 동정을 할 수 있기 때문에 동정이 어렵다. 토양 내 높은 수준의 질소는 칼륨 결핍을 유발할 수 있고, 높은 수준의 칼륨은 마그네슘 결핍을 유발할 수 있다. 야자수가 통기성이 불량한 곳에서 자라거나 너무 깊게 심지 않으면, 플로리다의 야자수에서는 철 결핍증상이 잘 나타나지 않는다.

적절한 미량원소 첨가가 필요한 사질의 척박한 토양에는 질소:인:칼륨:마그네슘의 비율이 2:1:3:1인 비료가 가장 적합하다(Broschat와 Meerow, 2000). 마그네슘 결핍은 플로리다의 카나리대추야자(*Phoinix canariensis*)에 흔한 문제이고, 캘리포니아에서는 대추야자(*P. dactylifera*)에도 나타난다. 과도한 칼륨 비료 때문에 다른 종의 야자수에서도 가끔 나타난다.

플로리다에서의 망간 결핍은 야자수 비료인 $N:P_2O_5:K_2O:Mg$(2:1:3:1)에 2%의 망간을 혼합하여 사용하면 가장 잘 예방할 수 있다. 대부분의 열대 야자수가 자라는 지역에서는 적용하는 정확한 양은 토양 온도와 함께 해당 제품에 의해 결정된다. 적용할 비료의 양을 결정하는데 상이한 토양 온도에 대한 비료 방출 곡선이 사용된다. 적용량은 야자수의 수관면적을 기준으로 한다. Broschat와 Meerow(2000)는 야자수 30개 이상의 수종에 대한 전형적인 수관면적의 도표를 제공한다.

12.12 잠재적인 비료 공해

몇몇 비료 원료는 부주의하게 적용하거나 과도한 양을 적용하면 수체(水體, body of water)와 지하수의 오염을 초래할 잠재력을 가지고 있다(Craul, 1992). 질소와 인의 농도가 증가함에 따라 물속의 식물체, 특히 조류(藻類, algae)가 증가한다. 이들 영양소의 비중이 높은 호수는 여름에 조류가 번성하게 되어 물고기에 치명적인 산소 부족으로 이어질 수 있다. 이러한 환경에서의 수영과 뱃놀이는 상쾌하지 않을 것이다.

질소는 토양을 통과해서 용탈되어 수체로 들어갈 수 있다. 인 손실은 사질의 거친 토성의 토양으로부터 용탈될 수도 있지만, 대부분 표토의 침식에 의해 발생한다. 오염을 최소화하기 위한 다음의 수단들은 시비 프로그램의 효율도 높여줄 것이다(Gowans, 1970).

- 과도하게 관수하지 마라; 뿌리 지역 아래로 흘러내리는 많은 양의 물은 질산염(nitrate)과 다른 용해성 화합물을 용탈시킨다.
- 필요한 양의 질소비료만 적용하도록 주의를 기울여라; 비료가 뿌리에 가장 쉽게 이용될 수 있도록 적절한 시기에 적용하라.
- 경사진 곳에서는 비료의 지면 살포를 피하라.
- 특히 개울이나 호수 가까이에서는 침식을 최소한으로 억제하라.
- 용탈, 유거수(run-off), 침식이 발생하기 쉬운 곳에서 자라는 교목과 대관목에 대한 시비를 위해 인을 사용하는 것을 피하라; 수목이 만족스러운 생장을 위해 인이 필요한 경우, 해당 부지로부터 인의 이동을 최소화할 수 있도록 사용하는 양과 적용 방법을 조심스럽게 조절하라.
- 해당 지역에 적합하여 최소한의 비료만 필요한 수목을 사용하라.
- 완효성 질소공급원(WIN/water insoluble nitrogen 50% 이상)을 적용하라.

복습

- 토성, 구조, 토심 등이 토양이 보유할 수 있는 양분과 수분의 양과 어느 정도는 식물에 대한 이들의 유효성에 영향을 미친다.
- 활엽수, 침엽수, 야자수에 대한 대량원소(질소, 인, 칼륨, 칼슘, 마그네슘, 황)와 미량원소(붕소, 염소, 구리, 철, 망간, 몰리브덴, 아연)의 결핍증상과 권장되는 처리 방법이 나열되어 있다.
- 대부분의 교목은 낮은 수준의 질소, 인, 황에 대해 뿌리와 신초의 생장을 조절할 수 있기 때문에, 잎이 건강한 외관을 유지하거나 되찾으면서 생장이 다소 억제됨으로써 전정의 빈도를 줄여준다.
- 인은 적정한데 질소가 부족하면, 질소 추가가 뿌리 생장과 함께 신초의 생장도 자극한다.
- 토양분석은 새로운 지역이나 땅고르기를 한 지역이 개발될 때에는 문제를 확인하는데 유용하나, 목본의 조경수종의 지속적인 비료 필요량을 주기적으로 결정하기 위한 용도로서는 효용이 제한적이다.
- 양분 결핍의 가시적인 증상은 질소와 알칼리 토양에서의 철과 망간을 제외하고는 대부분의 조경수목에서는 보기 어렵다. 대부분의 토양은 목본식물에 대해 다른 영양소를 적정 수준 공급한다.
- 신초의 길이, 잎의 색상, 색깔 패턴, 크기, 낙엽 시기 등이 대부분의 다년생 수목에 대한 영양 상태를 나타낼 수 있다.
- 적용되는 영양소, 가용한 장비, 지역 내 다른 식물, 토양 표면, 처리될 수종 등에 따라 비료를 토양에 뿌리거나, 토양 내 구멍에 위치시키거나, 압력을 이용하여 토양 내 주입하거나, 잎 표면에 살포하거나, 수간에 구멍을 뚫어 주입 또는 삽입할 수 있다.
- 새로이 이식된 수목이나 뿌리가 손상되거나 단근된 수목에 대한 소량의 질소적용은 뿌리와 지상부 생장 모두에 도움이 될 수 있다.
- 야자수의 일부 영양결핍 문제는 동정이 어려워 잎에 대한 양분분석에 의해서만 확인할 수 있다.
- 오염을 방지하거나 최소화하기 위해 연못, 호수, 개울 근처에서 질소나 인 비료를 적용할 때에는 주의를 기울여야 한다.

추천문헌

BRADSHAW, A., B. HUNT, and T. WALMSEY. 1995. *Trees in the Urban Landscape: Principles and Practices*. London: E. & Spon.

CALIFORNIA FERTILIZER ASSOCIATION. 1990. *Western Fertilizer Handbook*, Horticulture ed. Danville, IL: Interstate.

CHAPMAN, H.D., ed. 1966. *Diagnostic Criteria for Plants and Soils*. Riverside, CA: Chapman.

CRAUL, P. J. 1992. *Urban Soil in Landscape Design*. New York: Wiley.

HAUSENBUILLER, R. L. 1985. *Soil Science: Principles and Practices*, 3rd ed. Dubuque, IA: W. C. Brown.

NEELY, D., E. B. HIMELICK, andW.R. CROWLEY, Jr. 1970. Fertilization of Established Trees: A Report of Field Studies. *Ill. Natural History Survey Bull.* 30(4):235–66.

PROCEEDINGS OF TREE FERTILIZATION WORKSHOP. 2000. International Society of Arboriculture, Champaign, IL.

SINGER, M.J., and D.N. MUNNS. 1987. *Soils: An Introduction*. New York: Macmillan.

TENNESSEE VALLEY AUTHORITY. 1968. *Forest Fertilization: Theory and Practice*. Symposium on Forest Fertilization. Muscle Shoals, AL: The Authority.

TISDALE, S. L., and W. L. NELSON. 1975. *Soil Fertility and Fertilizers*, 3rd ed. New York: Macmillan.

제13장 수분 관리

목표

- 수분이 토양 내에서 어떻게 머무르고 움직이는가를 기술한다.
- 수목의 수분 손실에 영향을 미치는 요소와 수목이 이 손실을 어떻게 통제하는가를 기술한다.
- 가뭄에 대한 수목의 반응과 더불어 단기간의 가뭄이 발생할 경우 수목관리 방법을 기술한다.
- 관수하는 시기와 양을 결정하는 방법과 관수관리 프로그램을 설계하는 방법에 관해 기술한다.
- 재활용수를 포함한 녹지 관수에서 물을 절약하는 방법을 기술한다.

조경수목은 아마 다른 요인보다 수분관련 문제로 더 많은 고통을 받을 것이다. 이들에게 도시 토양의 수분은 풍부하거나 부족하고, 침수되거나 건조하며, 공기가 충분하거나 질식되고, 수용가능 수분이거나 염수(鹽水, soline water)이다. 우리가 잘 알고 있듯이, 수목은 물 없이는 살아갈 수 없다. 물은 광합성에 의한 유기물 생산에서 주된 요소이다. 또한 물은 식물체 내의 영양소와 광합성 산물의 운반을 위한 용매(溶媒, solvent)이다. 증산(蒸散, transpiration)은 수목을 식혀준다. 뿌리는 토양 속으로 확산되고, 신초의 끝은 수분의 흡수와 수분에 의한 팽압(膨壓, turgor pressure)에 의해서 생장한다. 그러나 물이 수목에 필수적이지만, 과도한 물은 수목의 쇠퇴와 죽음의 원인이 되기도 한다.

수목에 대한 수분 공급원으로, 관수가 비보다 더 믿을 만하다. 관수는 이제 더 이상 여름이 건조한 지역으로 제한되지 않는다. 여름철 강우가 흔한 지역일지라도, 수목은 단기간의 건조한 기간에 의해 심각한 피해를 받을 수 있는데, 이때 추가적인 수분이 필요하게 된다. 그러나 관수는 원예가들이 고려해야 하는 몇 가지 문제점을 가지고 있다. 적절한 배수가 되지 않는 관수는 건조와 거의 비슷하게 심각한 통기성과 병, 염분 문제를 유발할 수 있다. 따라서 조경수를 건강하고 매력적으로 키우기 위해서는 토양과 수목, 물 삼자간의 관계를 이해하는 것이 필수적이다. 이 장은 수목이 물을 이용하는데 영향을 미치는 요소를 고찰한다: 토양 내 물의 보유와 이동, 관수 시기와 양, 재활용수의 사용, 배수, 증산억제(蒸散抑制, anti-transpiration). 녹지에서 토양수분 여건을 증진시키는 방법 중 일부는 제7장에 언급되어 있다.

13.1 토양수분

토양은 육상식물에게 물을 공급하는 저수지(貯水池, reservoir)이다. 토양입자 사이의 공극 공간(孔隙空間, pore space)은 공기와 물이 차지하고 있는데, 공극 공간은 토양 총 부피의 약 절반을 차지한다. 토성(土性, soil texture)과 구조(構造, structure)가 공극률을 결정하는데, 세립질 토양(細粒質土壤, fine-textured soil)은, 특히 입단화가 잘 되어 있을 경우, 사토계 토양(砂土系土壤, coarse-textured soil)보다 더 많은 공극 공간을 가지고 있다. 그러나 총 공극 공간보다 더 중요한 것이 개별 공극의 크기이다. 큰 공극은 물이 빠르게 움직여서 통기성을 좋게 하는 반면, 작은 공극은 공기를 밀어내고 물을 보유한다. 큰 공극과 작은 공극을 모두 가지고 있는 입단화가 잘 된 세립질 토양은 배수가 잘 될 뿐만 아니라 수분보유능력이 높다. 사질 토양은 입자와 공극이 커서 배수와 통기성이 좋지만, 수분보유 능력에 한계가 있다.

공극의 크기와 수가 토양이 보유하고 있을 수 있는 수분의 양을 결정한다. 이상적으로는 비가 오거나 관수를 한 다음 토양 내 공극의 30~50%가 배수될 정도이면 충분할 것이다. 이러한 공극을 비모세관공극(非毛細管孔隙, non-capillary pore), 또는 대공극(大孔隙, macropore)이라고 부르며, 이 공극으로부터 배수되는 물은 중력수(重力水, gravitational water)이다. 중력수가 배수되고 난 다음 토양 내에 남아 있는 물의 양을 **포장용수량**(圃場容水量, field

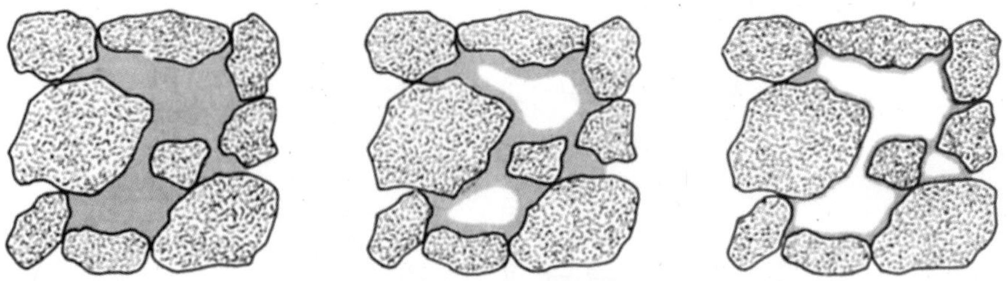

그림 13-1 토양수분 상태. 포화상태에서는 토양 내 공극이 물로 채워져 있다(왼쪽). 포장용수량에서는 물은 배수가 된 후에 작은 공극을 채우면서 토양 입자에 부착되어 있다(중간). 영구위조점에서는 얇은 수막이 토양 입자에 남아 있고, 뿌리는 위조를 막을 수 있을 정도로 빠르게 수분을 흡수할 수 없다(오른쪽).

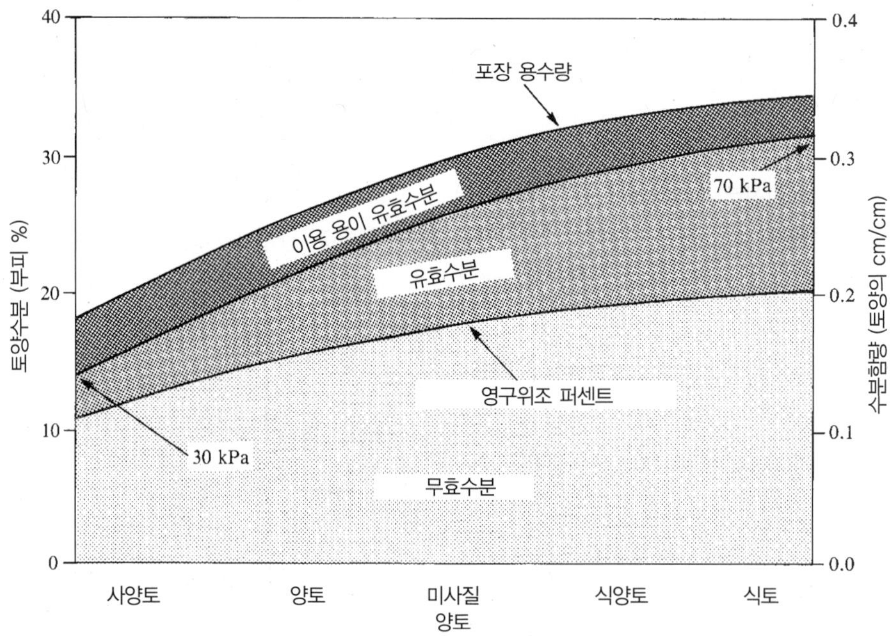

그림 13-2 토성의 차이에 따른 대표적인 토양수분의 특성을 보여주고 있다. 사양토(sandy loam)에서 식토로 토성이 변화함에 따라 영구위조퍼센트는 물론 포장용수량과 유효수분의 양이 증가하지만, 이용 용이 유효수분(readily available water)은 거의 비슷한 수준에 머물러 있다. 수분이 3~4일마다 공급되면, 토성은 식물에 대한 이용 용이 유효수분의 양에 영향을 미치지 못한다. 사양토는 30kPa에서, 수막(water film)이 너무 얇아서 물의 이동이 제약을 받기 때문에 많은 양의 수분이 쉽게 이용될 수 없게 된다. (도표: Grant 등, 1986; Goldhamer와 Snyder, 1989.)

capacity, FC)이라고 부른다. 토양 내에 남아 있는 수분은, 모세관현상(毛細管現象, capillarity)에 의해 소공극(小孔隙, micropore)이라고 불리는 작은 공극 내 또는 흡착(吸着, adsorption)에 의해 토양입자의 표면이나 개별 점토입자의 층 사이에서 중력이 당기는 힘에 반하여 머무른다. 이 모세관수(毛細管水, capillary water)의 약 절반을 식물의 뿌리가 이용할 수 있다. 식물이 물을 흡수함에 따라 토양입자에 부착되어 있는 물의 막(膜, film)은 물을 잡고 있는 장력이나 힘이 강해서 뿌리가 더 이상 수목이 시들지 않을 정도로 빠르게 물을 흡수할 수 없을 때까지 얇아진다. 토양에 수분이 추가로 공급되지 않아서 수목이 밤 사이에 시듦으로부터 회복되지 못하면(또는 상대습도[相對濕度, relative humidity] 100%), 그 토양은 **영구위조점**(永久萎凋點, **permanent wilting point, PWT**) 상태에 있다고 말한다(**그림 13-1**).

포장용수량과 영구위조점 사이의 물이 **유효수분**(有效水分, **available water**)이다. 영구위조점에서 토양에 남아 있는 물은 기본적으로 식물이 이용할 수 없는 것으로서 **흡착수**(吸着水, **hygroscopic water**)라고 부른다. 흡착수는 토양입자의 표면에 흡수되어 있고, 가장 작은 모세관 공극 안에 존재한다. 흡착수는 일부 수분이 점토입자와 화학적으로 결합되어 그대로 남아 있을 수 있지만, 토양을 건조기에서 건조시키거나 햇빛에 얇게 펴놓으면 제거할 수 있다. 또 다른 극단적인 상황으로, 토양 공극이 물로 완전히 채워져 있는 경우, 토양이 **포화되었다**(飽和-, **saturated**)라고 말한다.

포화상태, 포장용수량, 영구위조점, 유효수분 등 토양이 보유하고 있는 물의 양은 주로 토성에 달렸다(**그림 13-2**). 이

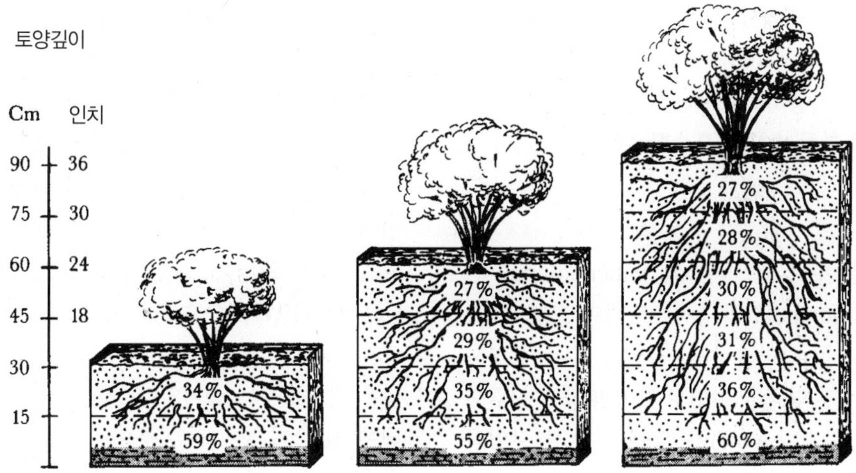

그림 13-3 식수대(planter) 내 토양의 수분함량은 깊이에 따라 다르다. 토성이 비슷한 토양에서는 바닥으로부터 일정 거리까지의 수분함량은 거의 같을 것이다.

러한 토양수의 양은 다양한 방법으로 나타낼 수 있다. 대부분의 경우, 이 양은 대표적인 토양 표본의 무게를 단 다음 무게가 일정할 때까지 한 시간 이상 건조기에서 건조시켜 확인한다. 이때 수분함량은 토양의 건중량(乾重量, dry weight) 대비 퍼센트로 표시된다. 수분의 양은 부피 대비 퍼센트 기준으로 나타낼 수도 있지만, 토양 표본의 부피가 물의 부피와 함께 측정되어야 하는데 이는 건조 전후의 토양 무게를 이용하여 계산하기 때문에 이러한 방법은 측정하기가 매우 어렵다. 수분함량도 토양단위 깊이당 물의 깊이로, 예를 들면 토양 미터당 물의 센티미터 또는 토양 피트당 물의 인치로 나타낼 수 있다. 물의 사용 또는 손실(증발산, evapotranspiration)은 일반적으로 일간, 주간, 연간 손실된 수분의 깊이로 나타낸다. 강우(降雨, rainfall)와 관수, 특히 스프링클러에 의한 관수도 물의 깊이로 나타낸다. 식물이 사용할 수 있는 물은 토양과 식물 뿌리의 깊이에 직접적으로 관련이 있다.

얕은 용기토양(container soil)에서 수분관계를 고려할 때 용기용량(container capacity)이라는 또 다른 용어가 사용된다. 다음 항에 고찰되어 있는 바와 같이, 물은 세립질 토양으로부터 사질토양이나 공기 중으로 쉽게 빠져나가지 않는다. 따라서 배수가 중단된 후에 용기토양에 남아 있는 수분은 토성과 토심에 따라 차이가 있겠지만, 포장용수량과 포화수분 사이의 어디쯤에 위치할 것이다(**그림 13-3**).

토양이 수분을 붙잡고 있는 힘을 토양수분 장력(土壤水分張力, soil moisture tension)이라고 부르고, 일반적으로 킬로파스칼(kPa)로 표시한다. 100kPa은 표준대기(標準大氣, standard atmosphere; 1,030g/cm^2, 또는 14.7lb/평방인치)와 동일하다. 다양한 수분 수준에서의 토양수분 장력 값이 **표 13-1**에 나타나 있다.

표 13-1 **다양한 수분 수준에서의 토양수분 장력 값**

	킬로파스칼(kPa)
포화상태	0
포장용수량	10~35[a]
감소된 유효수분	30~70[a]
영구위조점	1,520

[a]장력은 토성에 따라 다르다; 낮은 장력은 사질 토양에, 높은 장력은 세립질 토양에 적용하면 된다.

수분은 처음에는 포장용수량과 영구위조점 사이의 모든 장력에서 식물에 동등하게 가용하다고 생각했다(Veihmeyer와 Hendrickson, 1955). 그러나 실제로는 수분장력이 포장용수량에서 영구위조점인 1,520kPa로 증가하지만, 장력 500kPa에서 유효수분의 75~95%(각각 점토로부터 모래로)가 제거되었다(Singer와 Munns, 1987).

흥미롭게도, 사질 토양은 세립질 토양보다 50kPa 아래에서 쉽게 사용할 수 있는 수분이 더 많았다. 200kPa 아래에서도 양질사토(壤質砂土, loamy sand)는 식토만큼의 용이한 유효수분을 가지고 있다. 이는 물이 천천히 빠져나간다면 맞을지 모르지만, 정상적인 증산작용 하에서는 50kPa에서도 수분 스트레스를 막을 수 있을 정도로 물이 빠르게 흐르지 않는 일부 사질토에서는 수막이 너무 얇을 수 있다. **수분이 동등하게 가용하도록 만들기 위해서는 사질 토양은 일반적으로 세립질 토양보다 낮은 수분장력에서 관수되어야 한다.** 그러나 비가 자주오거나 관수를 자주하는 경우에는, 걱정할 필요가 없다. 식물은 수분장력이 증가하기 전까지는 주로 토양 상위 0.5m(20인치)로부터 수분을 흡수하며, 더 많은 양의 수분은 더 깊은 곳에서 흡수한다. 유효수분의 양은 토양층위(土壤層位, soil horizon)가 달라지면 차이가 있을 수 있으므로, 식물은 뿌리층(root zone)의 상당 부분이 영구위조점에 있더라도, 충분한 수분을 흡수할 수 있을 것이다.

수분의 이동

토양 내 수분의 이동은 주로 물기둥(水柱, water column; 선단/head 또는 포텐셜/potential)의 높이, 토성과 토양 구조, 토양의 최초 수분함량 등에 따라 차이가 있다. 수분이 비나 관수에 의해 공급되는 것과 같은 속도로 빨리 토양에 침투되지 않으면, 유거수(流去水, runoff)가 토양 침식, 불균일한 수분 분포를 초래하고, 경사지에서는 공급된 것보다 적은 물이 뿌리층에 축적될 것이다. 물은 나지(裸地, bare soil)보다 풀이나 멀치로 피복된 토양으로 더 빨리 흡수될 것이다(**표 13-2**). 나지의 표면은 비가 오거나 스프링클러로 관수할 때 이상화(泥狀化, puddling; 물방울에 의한 토양 입단의 분산)로 인한 껍질(crust)이 형성되고, 이 껍질이 물의 흡수를 더디게 만든다.

물은 지표 2~3cm(1인치)가 건조할 때 토양 속으로 더 빨리 침투한다. 물은 토양 속으로 깊이 이동하기 전에 표토를 포장용수량 또는 그 이상으로 젖게 한다. 그러나 그때까지 그 아래 토양은 기존의 토양수분과 같은 수준에 머물러 있을 것이다.

포장용수량 이상의 수분함량에서, 물은 중력에 의해 토양을 통과해서 이동한다. 포텐셜이 크고 공극이 클수록 물은 더 빨리 이동한다. 토양수분이 포장용수량 이하에서는, 물은 모세관현상에 의해서 수분함량이 높은 곳(장력이 낮고, 포텐셜이 높은 곳)으로부터 함량이 낮은 곳(장력이 높고, 포텐셜이 낮은 곳)으로 이동한다. 모세관 이동(毛細管移動, capillary movement)은 어느 방향으로든 일어날 수 있다. 물은 대공극을 가진 토양 안에서보다 소공극을 가진 토양 안에서 더 멀리 이동(속도는 느리더라도)할 수 있다. 지하수위(地下水位, water table)에 가까이 있지 않으면, 모세관 흐름은 극히 느리며, 피복된 거리 이내로 제한된다. 모세관 이동은 토양이 포장용수량 아래로 건조해지면 급속하게 감소한다.

토양이 영구위조점에 가까워짐에 따라 모세관이동이 완전히 멈추고, 물은 수증기(水蒸氣, vapor) 형태로만 이동한다. 토양 내에서의 수증기 이동은 매우 느리지만, 과거에 생각했던 것보다는 빠르다. 한편으로는 수증기가 토양 입자 사이에 붙어 있는 물의 표면에 응축되기도 하고, 다른 한편으로는 다른 토양의 표면에서 증발이 일어난다(Philip과 DeVries, 1957). 수증기 이동은 토양 내 기온 기울기에 의해 크게 증가된다. 다른 여건이 동일하다면, 수증기는 기온이 높은 곳으로부터 증기압(蒸氣壓, vapor pressure)이 낮은 상태에 있는 기온이 낮은 곳으로 이동한다. 지표 토양은 깊은 곳에 있는 토양보다 여름에는 더 덥고, 겨울에는 더 따뜻하다. 비슷한 순환과정이 하루에도 일어날 수 있는데, 수증기는 겨울과 밤 동안에는 지표면으로 이동하여, 특히 강한 복사냉각(輻射冷却, radiation cooling)이 발생하면 응축된다. 이러한 이동은 여름철과 낮 동안에는 아래쪽으로 일어날 것이다. 그러나 특별한 환경에는 뿌리층에 응축된 물의 양은 식물이 살아가기에 충분할 것이다. 잎이 무성하여 수관이 넓게 펼쳐질수록 밤에 지표면에서 일어날 수 있는 복사냉각이 낮아져서 상승하는 수증기가 감소할 것이다. 그러나 투명한 수지 시트(plastic sheet)를 이용하여 지표 3~4m^2 (30~40ft^2) 정도의 면적으로부터 수증기를 응축시켜 이를 식물의 기부로 집중시키면, 작은 식물의 수분 공급을 증대시킬 수 있을 것이다.

지하수위는 모세관현상에 의해 토양 공극의 크기에 따라 어느 정도 거리까지 위에 있는 토양에 수분을 공급할 것이다. 실험실에서의 실험에 의하면, 물의 상향이동은 가는 사양토에서 지하수위가 8~9m(27~30피트) 정도 깊이에서도 유의하였다(Gardner와 Fireman, 1958). 이동 속도는 지하수위가 지표에서 2m(6피트) 이내에 이를 때까지 매우 일정하였는데, 1m(3피트)에 8의 비율로 증가하였다. 지하수위가 연중 거의 동일한 수준에 머물러 있으면(지표로부터 약 9m 이내), 식물에게 지속적인 수분 공급원이 될 수 있다.

표 13-2 **답압되지 않은 세 종류 토양으로의 전형적인 수분침투 속도로, 각각의 지표면적은 148m^2(1,600평방피트)이다.**

토양	피복된 토양				피복 안 된 토양			
	mm/h	인치/h	ℓ/h	gal/h	mm/h	인치/h	ℓ/h	gal/h
사양토	13	0.50	2,000	530	8	0.33	1,350	355
미사질양토	8	0.33	1,350	355	6	0.25	1,000	265
식양토	6	0.25	1,000	265	5	0.20	850	210

출처: Harris, 1962.

수분 이동에 대한 제약 토양 내 수분 이동은 답압뿐만 아니라 토성이 상이한 층위에 의해서도 방해를 받는다. 거친 토성의 층위가 가는 토성의 토양 위에 있을 경우, 아래층 토양으로 물이 정상적인 속도로 침투할 때까지 물은 아래 층위의 위에 축적될 것이다. 배수가 완료되면 아래의 입자가 가는 토양은 포장용수량이 되겠지만, 위에 있는 거친 입자의 토양은, 아래의 가는 입자의 토양이 물을 잡고 있는 장력이 더 크기 때문에, 포장용수량보다 낮게 된다. 경계면에 경사가 있으면, 물은 경계면 위의 낮은 곳으로 흘러서 불균형한 관수가 되고 물이 고이는 낮은 지점이 생길 것이다.

더 심각한 상황은 거친 입자의 층위가 가는 입자의 토양 아래에 위치할 때 발생한다. 위 층위에서 물이 포화되어 물을 잡고 있는 응집력(凝集力, cohesive force)과 부착력(附着力, adhesive force)을 극복할 수 있을 정도의 포텐셜에 이르기 전까지는, 물은 가는 입자의 토양에서 거친 입자의 토양으로 흐르지 않을 것이다. 배수가 완료된 이후에도 경계면 바로 위의 토양은 포화상태가 지속될 것이다. 이것은 불가피하게 주수위(宙水位, perched water table)를 형성한다. 뿌리는 이러한 경계면을 침투하는데 어려움을 겪는다. 이러한 현상은 다음과 같은 수많은 녹지 환경이 조성되기 때문에 큰 스트레스가 될 수 있다: 측수(測水, lateral water)가 배수구로 이동할 수 있도록 배수관은 보통 자갈로 둘러싸여 있고; 식수대의 바닥은 보통 자갈로 덮여 있고; 용기의 근분은 녹지에 식재되었을 때 수분 감소가 나타날 수 있고; 배수를 향상시킬 것이라는 잘못된 생각으로 가끔 정원사가 식재 구덩이의 바닥에 자갈을 놓는다. 층위가 있는 토양과 이를 개량하고 관리하는 방법에 관한 자세한 정보는 제4장과 7장, 그리고 그림 8-6을 참고하라.

13.2 수목에 의한 수분 이용

수분관리에서의 결정적인 요소는 식물로부터의 증산(蒸散, transpiration)과 토양으로부터의 증발(蒸發, evaporation)에 의한 손실이다. 이러한 손실을 증발산(蒸發散, evapotranspiration) 또는 ET라고 부른다. ET는 다양한 환경적 요소, 식물의 수분손실을 억제하는 능력, 식물의 크기 또는 식재 밀도, 가용한 수분의 양, 지표 또는 지피의 유형 등에 의해 영향을 받는다. Clark와 Kjelgren(1990)이 언급한 바와 같이, "**수분손실은 대기 수요(atmospheric demand)에 의해 주도되고, 가용한 토양수분 저수량에 의해 제한되고, 식물의 해부학적 구조(anatomy)와 생리(physiology)에 의해 조절된다.**" 식물의 수분 이용은 계절적인 변화뿐만 아니라 하루 중에도 차이가 있다. **상자 13-1**을 참고하라.

대기 수요

ET에 영향을 미치는 환경적인 요소는 햇빛, 온도, 습도, 바람 등이다. 잎 주변에 가장 낮은 증기압(蒸氣壓, vapor pressure)과 잎 내부에 가장 높은 증기압을 유발하는 요소들이 결합하면 ET가 가장 높게 된다. 강한 일사(日射, solar radiation)는 특히 노출된 잎의 기온을 상승시킬 것임에 틀림없다. 높은 기온은 낮은 습도를 동반하는 경우가 많은데, 이는 증산을 높이게 된다. 증산은 일반적으로 바람이 부는 날에 높지만, 풍속(風速, wind velocity)에 정비례(正比例, direct proportion)하여 증가하지는 않는다. 강풍이 지나간 다음 일부 잎이 시들거나 활기가 없어 보이는 것은 아마 낮은 습도, 높은 온도, 강한 햇빛, 기계적인 상처 등이 동시에 작용했기 때문일 것이다. 이러한 요소들은 상이한 여건 하에서, 그리고 상이한 계절에 식물이 수분을 사용하는 양을 결정할 것이다. ET는 해안가에서부터 사막에 이르기까지 다양하지만(**그림 13-4**), 같은 녹지 내에서도 차이가 크다.

ET는 보통 단위시간당 수분손실을 밀리미터나 인치(강우량과 유사)로 표시된다. ET는 연중, 특히 낙엽수의 경우, 차이가 매우 크다. 여름철에는 낙엽성 교목(落葉性喬木, deciduous tree)은 비슷한 크기의 활엽 상록 교목(broad-leaved evergreen tree)보다 일일 수분 사용량이 40% 정도 더 많다.

부지 여건도 대기 수요에 영향을 미친다. 양지에 있는 식물은 음지에 있는 식물보다 더 많은 수분을 잃는다. 마찬가지로 덥고 습도가 낮은 곳의 식물은 서늘하고 습도가 높은 곳에 있는 식물보다 수분손실이 많다. 4개 수종의 수분손실을 측정해본 결과, 오후에 그늘이 지는 정원이나 교목의 수관 아래에 있는 수목들이 하루 종일 전광(full sun)에 노출되는 언덕에 있는 수목들보다 수분손실이 47%에서 73%까지 낮았다(Castello 등, 1996). 개방 공간에서의 계기증발량(計器蒸發量, pan evaporation)은 오전과 오후에 그늘이 지는 조성된 공원이나 도심협곡(都心峽谷, urban canyon)보다 포장된 부지가 50% 더 높았다(Kjelgren과 Clark, 1994).

수목의 수분 손실 억제

수분 사용은 대기 수요에 의해서만 주도되지 않는다. 실질적인 식물의 ET는 거의 항상 계기증발량보다 작다. 예를 들면, 포장된 주차장에 있는 2 × 2m(6 × 6피트) 크기의 식수대 안에 식재된 독립된 성목의 ET를 대체하기 위해 필요한 물의 추정량은 상상을 초월한다. 식수대의 수목은 매일 300mm(12인치)의 물을 공급받아야 할 것이며, 식수대의 크기가 작으면 더 많은 물이 필요할 것이다. 이렇게 포장된

상자 13-1

토양–수목–대기 시스템

연속된 물의 통로는 토양으로부터 뿌리, 줄리, 잎을 통해서 대기로 통해 있다. 물은 에너지 경도(~傾度, energy gradient)를 따라 이동한다. 수분포텐셜(water potential, Ψ)은 연속체(continuum)의 특정 지점에서 자유롭고 순수한 물(free, pure water)에 비해 일을 할 수 있는 물의 능력을 나타내는 단위이다. 이는 압력단위인 킬로파스칼(kilopascal, kPa)로 표시된다. 100kPa는 1바(bar), 즉 0.987 기압과 동일하다. 토양과 식물체 내 물의 에너지는 순수한 물의 에너지보다 낮아서, 수분포텐셜이 음수(陰數, negative number)로 표시된다. 물이 이러한 시스템을 통해 이동하기 위해서는 수분포텐셜의 기울기가 다음과 같이 나타나야 한다.

$$\Psi_{\text{토양}} > \Psi_{\text{뿌리}} > \Psi_{\text{줄기}} > \Psi_{\text{잎}} > \Psi_{\text{대기}}$$

증산은 식물체 내에 뿌리로부터 줄기와 잎을 통해 위쪽으로 물을 끌어당기는 기울기를 만든다. 그러나 수분흡수가 수분손실을 따라 가지 못하여, 일반적으로 결핍상태가 매일매일 발생한다. 적정한 토양수분이 가용하면 수목은 밤 사이에 결핍으로부터 회복된다. 토양의 수분포텐셜($\Psi_{\text{토양}}$)이 뿌리의 수분포텐셜($\Psi_{\text{뿌리}}$)보다 낮으면, 수목은 회복하지 못하여 영구위조가 발생한다. 수목이 수분결핍에 의해 피해를 받는 정도는 수종의 내건성에 달려 있다. 수목의 수분손실은 주로 대기여건에 의해 영향을 받지만, 다양한 형태적 특성과 수분 공급에 대한 반응에 의해 조절된다.

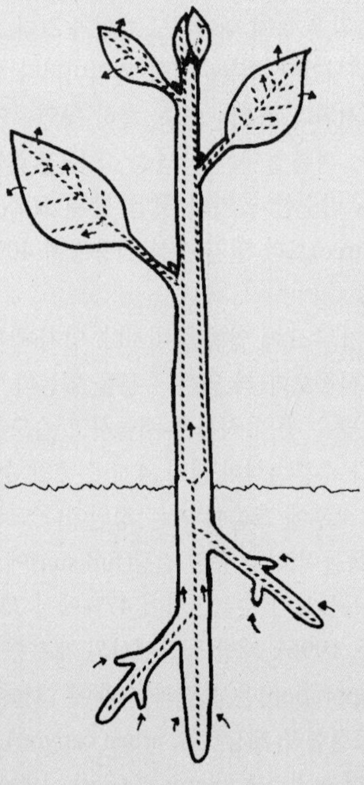

출처: Barbour 등, 1987; Hale과 Orcutt, 1987; Capon, 1990; Brady와 Weil, 1996.

수분포텐셜	수분포텐셜에 영향을 미치는 요소
공기 Ψ −20,000 kPa	온도 햇빛 습도 바람
잎 Ψ −500 kPa	엽면적 잎 노출 기공 조절 각피 두께 잎 색깔 잎 피복
줄기 Ψ −75 kPa	유관속 시스템 구조
뿌리 Ψ −70 kPa	뿌리 부피 뿌리 생장 속도 뿌리의 나이와 크기 유관속 구조 균근의 존재 여부
토양 Ψ −50 kPa	습기 온도 토성 토양 구조 염도

지역에 생존하는 수목은 토양이 건조해짐에 따라 수분손실을 억제할 수 있거나, 또 다른 수분 공급원을 찾아야 할 것이다. 수분손실에 영향을 미치는 몇 가지 요소는 다음과 같다:

엽면적(葉面積, leaf area). 넓은 엽면적을 가진 수목은 엽면적이 좁은 수목보다 일반적으로 더 많은 수분을 잃는다. 일부 수종은 잎을 떨어뜨림으로써 수분손실을 제한한다(버드나무류/*Salix*, 흑호두나무/*Juglans nigra*).

잎의 노출(leaf exposure). 햇빛에 직각이 되지 않도록 잎을 배열하는 것이 열 흡수를 줄이기 때문에, 수분손실도 줄인다. 터키참나무(*Quercus cerris*)와 같은 일부 수목은 잎을 수직으로 달고 있다(Kozlowski와 Pallardy,

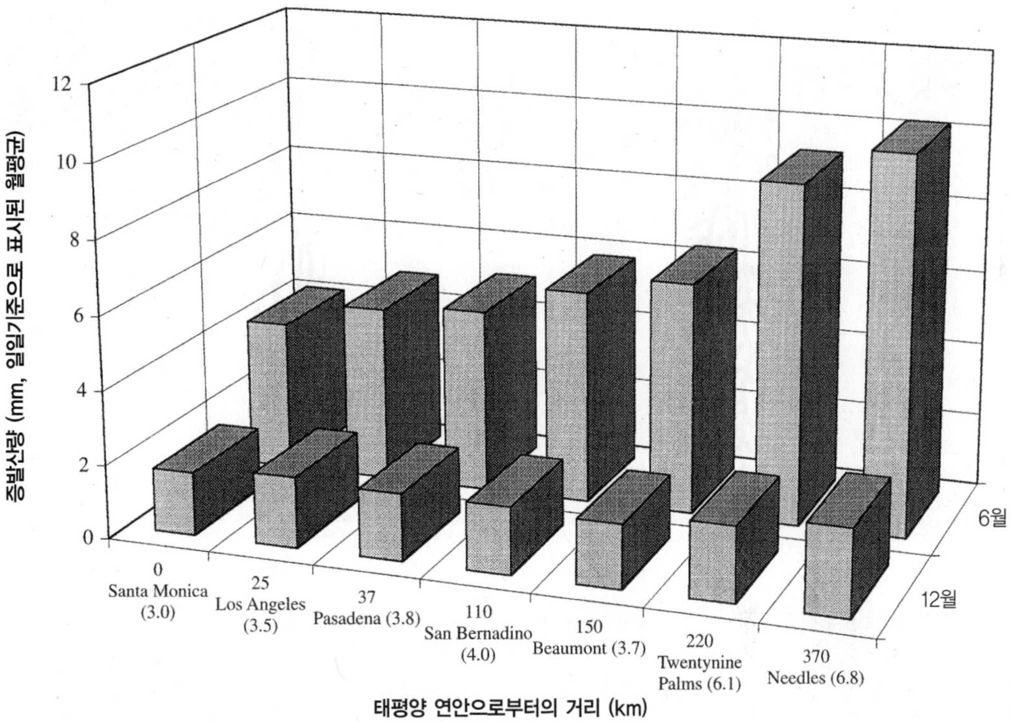

그림 13-4 6월부터 12월까지 태평양 연안(산타모니카, Santa Monica)으로부터 캘리포니아-애리조나 경계까지 증발산량(잔디밭 표면). "월평균 일일 증발산량(average monthly daily ET)"은 "각 월의 평균 ET를 일일 기준으로 표시"한 것이다. 괄호 안의 숫자는 연평균 일일 ET의 일당 밀리미터(mm/일)를 나타낸다. (출처: W.O. Pruitt, University of California, Davis.)

1997b). 수분 스트레스를 받는 나무의 잎은 시들거나 뒤틀린다.

기공(氣孔, stomata). 수증기가 잎으로부터 빠져나가는 개구(開口, opening)인 기공은 공변세포(孔邊細胞, guard cell)에 의해 조절된다(제2장 참조). 수분 스트레스가 발생하면 기공을 빨리 닫는 수목은 기공개도(氣孔開度, stomatal aperture)를 거의 조절하지 않는 수목보다 수분 손실이 적다.

잎 표면(leaf surface). 왁스로 덮인 두터운 각피(角皮, cuticle), 많은 털에 의한 피복, 빛을 반사하는 밝은 색 등은 잎으로부터의 수분손실을 줄인다. 얇은 각피를 가진 잎은 기공이 닫혀 있을 때에도 많은 양의 수분을 잃을 수 있다.

잎과 수관의 특성과 함께 수목에 대한 수분공급은 수분을 흡수하는 뿌리의 능력에 의해 영향을 받는다. 수분흡수(水分吸收, water absorption)는 다음 요인에 의해 영향을 받는다(Hale과 Orcutt, 1987):

- 주어진 토양 부피에서 존재하는 뿌리의 수
- 뿌리의 크기
- 뿌리의 길이 생장 속도
- 뿌리 내 유관속조직(維管束組織, vascular tissue)의 분화(分化, differentiation) 방식
- 잎에 의해 이용되거나 증발되기 위해 흡수되는 곳으로부터 물이 이동해야 하는 거리
- 뿌리의 나이
- 뿌리가 다년생인지 일년생인지 여부
- 새로운 뿌리가 발생하는 속도

효율적인 수분흡수는 습한 토양 내의 작고, 어리고, 일년생이고, 빨리 자라는 뿌리에 의해 촉진된다. 뿌리가 오래되고, 굵고, 수가 적을수록 뿌리의 수분흡수 능력은 떨어진다. 더구나, 토양이 건조할수록 뿌리가 수분을 흡수하기 더 어려워진다.

토양수분 저수지

토양수분 저수지(貯水池, reservoir)는 수목에게 수분을 공급하는 수목의 뿌리가 차지하고 있는 토양의 부피이다. 토양의 질감(質感, texture)과 뿌리시스템의 크기가 유효수분의 량을 결정한다: 점토질 토양(clay soil)은 사질 토양(sandy soil)보다, 부피가 깊고 넓으면 얕고 제한된 것보다, 더 많은

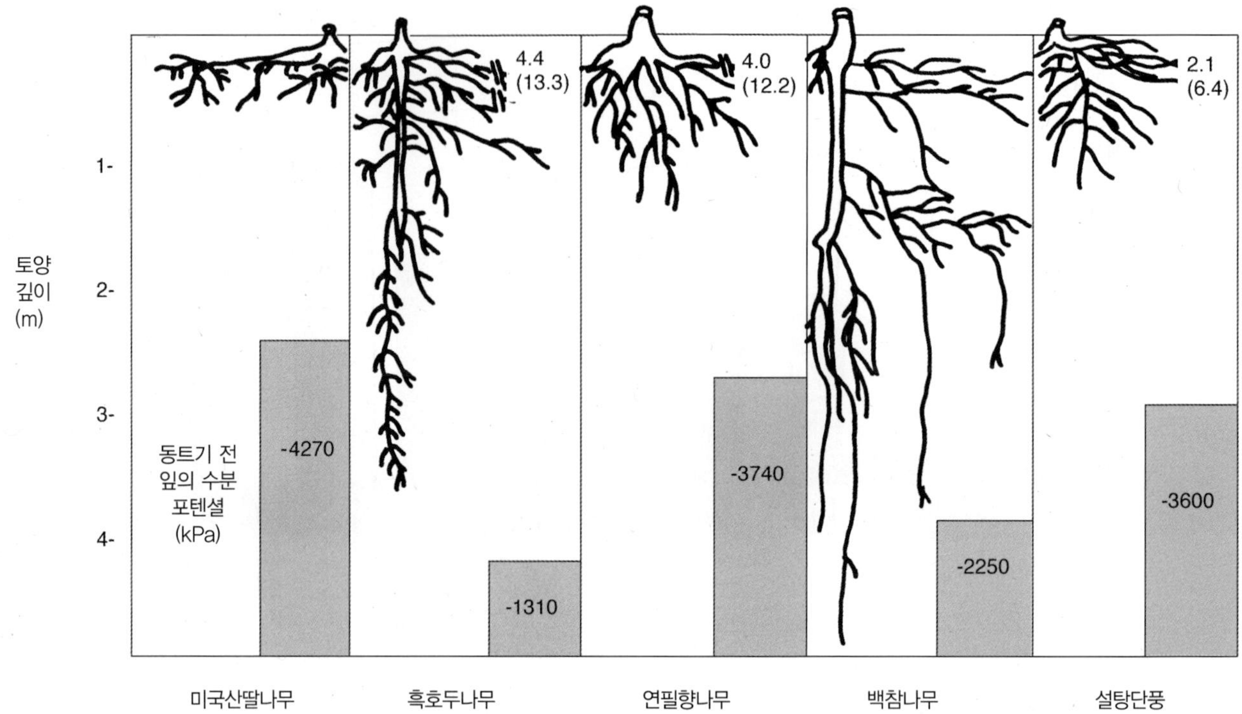

그림 13-5 뿌리시스템의 크기에 의해 추정된 수목의 토양수분저수지의 크기는 건기(乾期, drought) 동안 수목의 수분스트레스 정도에 영향을 미친다. 미국산딸나무(*Cornus florida*), 흑호두나무(*Juglans nigra*), 연필향나무(*Juniperus virginiana*), 백참나무(*Quercus alba*), 설탕단풍나무(*Acer saccharum*)의 뿌리시스템에 관한 이 그림은 뿌리시스템의 깊이와 뻗음을 보여주고 있다(뿌리 옆의 숫자는 수평적인 뻗음을 m[피트]로 표시한 것이다). 막대그래프는 동트기 전 잎의 최소 수분포텐셜을 kPa로 나타낸다. 깊고 넓은 뿌리시스템을 가진 수목(흑호도나무와 백참나무)은 작은 뿌리시스템을 가진 수목보다 수분스트레스를 덜 경험하게 된다. (출처: Hinckley 등, 1981.)

물을 보유한다. 뿌리시스템이 큰 수목은 뿌리시스템이 작은 것보다 수분 공급능력이 더 크다(**그림 13-5**).

요약하면, 수목의 수분손실은 주로 대기 여건에 의해 영향을 받지만, 다양한 조직적인 특성에 의해 조절되고, 수분공급과 일치한다. 수목의 수분손실에 대한 조절은 가용한 수분의 양에 따라 변한다. 수분이 풍부하면 수분손실을 제한하지 않을 것이다; 그러나 토양이 건조해져서 수분흡수가 감소하게 되면 수목은 손실을 제한한다. 수목의 ET는 일별로 그리고 계절별로 변하기 때문에, 계기증발량 측정치와 기준 ET는 대부분 목본식물의 수분손실을 과대 추정한다.

13.3 자연적인 수분공급에 대한 수목의 적응

수목은 해당 지역의 환경적인 조건 하에서 생존할 수 있도록 자신들의 자연적인 서식지에서 진화해왔다. 해당 수목이 진화해온 환경 조건을 아는 것이 수목의 자연 생육범위 밖에 식재되었을 때 그 수목의 수분 요구를 예측하는데 도움이 될 것이다. 식물은 주로 토양수분 가용량과 서식지에 존재하는 패턴을 기준으로 네 가지 넓은 범주로 구분해 볼 수 있다.

수생식물(水生植物, hydrophyte). 이러한 식물은 연중 대부분을 물속이나 포화된 토양에서 자란다. 흑고무나무(*Nyssa aquatica*), 낙우송(*Taxodium distichum*), 맹그로브(*Rhizophora*) 등이 여기에 속한다.

지하수성식물(地下水性植物, phreatophyte). 이러한 식물들은 영속적으로 지하수가 공급되는 서식지에서 자라며, 수변(水邊, riparian)에서 흔히 발견된다(Barbour 등, 1987). 지하수성 식물이 건기에 살아남기 위해서는 지하수위 위의 습한 토양에 뿌리를 뻗는 것이 필수적이다. 여기에 속하는 수목에는 프리몬트포플라(*Populus fremontii*), 버드나무류(*Salix*), 캘리포니아부채야자(*Washingtonia filifera*)가 있다. 이들은 광범위한 뿌리시스템을 확보함으로써 건기에 살아남는다. 임의(任意, facultative) 지하수성식물은 지하수가 가용하면 이용하지만 상당한 기간 동안 낮은 토양수분에서도 생존할 수 있다. 메스키트(*Prosopis glandulosa*)와 솔트브라쉬(*Atriplex polycarpa*)가 여기에 속한다.

중생식물(中生植物, mesophyte). 이러한 식물은 강우와 지하수가 공급하는 균형된 수분공급 여건 하에서 진화해 왔다. 예를 들면, 미국 활엽수림에서 자라는 대부분의 수목인, 설탕단풍나무(*Acer saccharum*), 백합나무(*Liriodendron tulipifera*), 백참나무(*Quercus alba*) 등이 여기에 속한다.

건생식물(乾生植物, xerophyte). 이러한 식물은 건조한 환경에 적응되어 있다. 이들은 다양한 생리적, 형태적 적응을 통해 건조한 시기에 살아남는다. 선인장을 비롯한 다즙식물(多汁植物, succulent), 크레오소트 관목(*Larrea tridentata*; 남가새과의 상록 관목 - 역자 주), 호호바(*Simmondsia chinensis*) 등이 여기에 속한다.

일부 건생수종은 증산율이 매우 높아 물을 효율적으로 이용하는 식물이 되지 못한다. Tipton(1994)이 언급한 바와 같이, "많은 건생식물은 물을 효율적으로 이용하도록 진화되지는 않았지만 건조한 여건에서 생존하도록 진화되었다." Levitt 등(1997)은 건생품종 메스키트(*Prosopis alba* 'Colorado')가 농장에서 자랄 때 충분한 물이 공급되면 버지니아참나무(*Quercus virginiana* 'Heritage')보다 엽면적 기준으로 두 배 정도의 물을 사용하였다고 보고하였다. 건생식물로 이루어진 녹지는 "녹지의 생육기(生育期, growing season) 전반에 걸쳐 주기적인 건조 상태"를 조성하여 수목을 유지관리 함으로써 물을 절약할 수 있다.

가뭄

가뭄(drought)은 오랜 기간 동안 강우가 부족한데 대한 기상학적 용어이다(Hale과 Orcutt, 1987). 가뭄이 식물에 수분부족을 초래하면, 수목 생장의 모든 면이 영향을 받아서 해부적, 형태적, 생리적, 생화학적 변화가 나타난다(Kozlowski와 Pallardy, 1997). 잎은 작고 두터워지고, 목재 도관은 작아지고, 증산과 광합성은 감소되고, 뿌리/줄기 비율은 증가하고, 생장조절제의 균형이 영향을 받는다.

수목은 여러 가지 방법으로 가뭄에 반응한다. 어떤 수목은 앞에 언급한 여러 가지 방법으로 수분손실을 제한한다. 일부 수목은 광범위한 뿌리시스템과 넓은 토양수분 저수지에 의존한다. 다른 수목은 수분스트레스를 견디지 못하고 죽을 수도 있다. 어떤 수종이 자신의 자생 범위 바깥으로 이동하게 되면, 이들이 건조에 반응하는 방법에 어느 정도 유전적인 한계가 있을 수 있다.

수목이 가뭄을 견디는 기작(機作, mechanism)에는 크게 두 가지가 있다: 가뭄 회피(回避, avoidance)와 가뭄 내성(耐性, tolerance) (Kozlowski와 Pallardy, 1997b). 가뭄을 회피하는 식물은 건조한 기간이 긴 환경에서 진화했다. 이

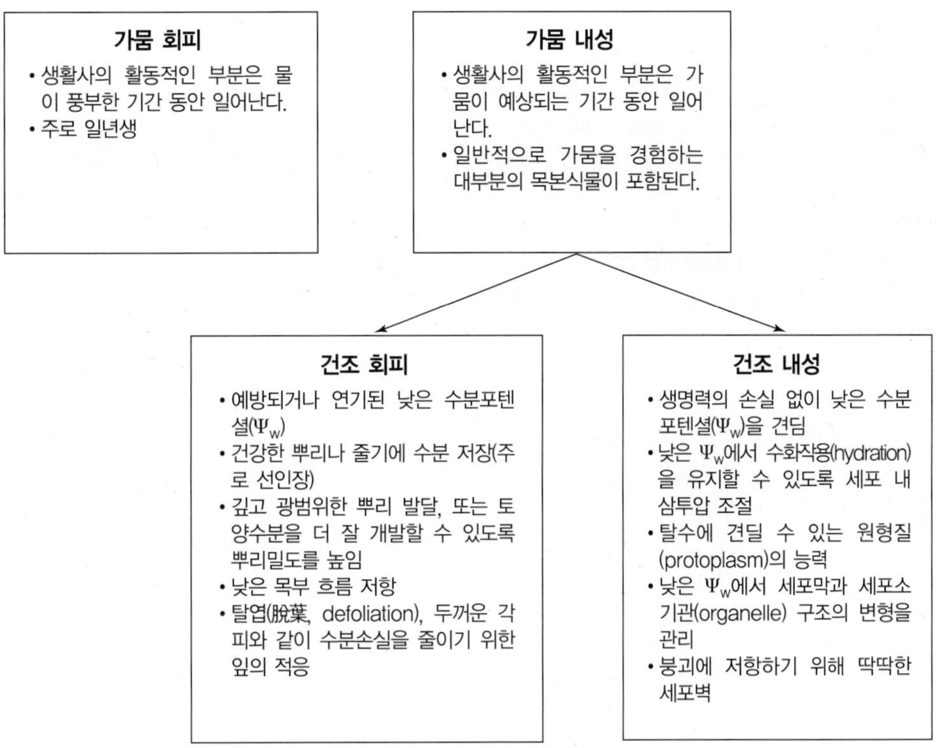

그림 13-6 가뭄에 적응하는 체계의 일반적인 도식(Kozlowski와 Pallardy, 1997).

상자 13-2

조경수목이 가뭄에 반응하는 방법

때로는 특정 종이 가뭄이 계속되는 기간에 특히 가뭄이 해당 부지에 돌발적인 경우, 어떻게 반응하는가를 확인하는 것은 어려운 일이다. 해당 식물은 보충적인 관수가 일시적으로 필요한가, 아니면 계속적으로 해주어야 하는가? 식물이 건조한 여건에 어떻게 반응할 것인가를 예측하기 위해서는 해당 식물이 생장할 부지 여건과 함께 그 식물의 생활사와 형태적 특성을 평가해야 한다. 이때 고려해야 할 요소들 중 일부는 다음과 같다.

자생지의 환경을 어떠한가?

식물은 자신들의 자생지 환경 내의 주어진 종합적인 조건에 적응되어 있다. 그 식물이 진화해온 환경적인 조건을 아는 것이 그 식물이 가뭄에 견딜 수 있는 능력을 예측하는데 도움이 될 것이다. 주기적으로 가뭄을 경험하는 곳에서 자란 식물은 생존에 필요한 생리적, 형태적 적응력을 가지고 있을 가능성이 높다. 예를 들면, 장기간 비가 오지 않는 기간을 경험한 사막지역이나 지중해성 기후에서 자란 식물들은 일반적으로 내건성이 있다. 연중 항상 비가 고루 내리는 중생(中生, mesic) 지역이나 지하수가 항상 가용한 곳에서 자란 식물들은 가뭄이 들면 생존하기 어려울 것이다. 식물들이 자신들의 자생지 범위 밖으로 나오면, 이들이 가뭄에 대처하는 방법에 관해 유전적인 한계가 있을 수 있다.

토양수분 저수지는 제한되어 있는가?

어떤 식물은 커다란 토양수분 저수지를 아우르는 광범위한 뿌리시스템을 보유함으로써 가뭄에 견딘다. 이들은 장애물, 열악한 토양 여건, 얕은 토심, 뿌리 절단 등에 의해 뿌리시스템이 제약을 받으면 가뭄을 극복할 수 없을 것이다. 이러한 제약은 뿌리를 뻗을 수 있는 범위가 기반시설이나 건물에 의해 제약을 받는 도심이나 교외 환경에서 자주 마주치게 된다.

해당 식물이 사는 그 장소가 수분에 대한 대기 수요가 높은 곳인가?

단단한 지표에서 반사된 열이 있는 노출되고 바람이 강한 지역은 보호된 지역보다 대기 수요가 더 높다. 식물의 이용에 의한 수분손실이 더 크고, 식물의 수분스트레스 가능성이 훨씬 높다.

해당 식물의 형태적 특징이 무엇인가?

내건성 식물의 잎이 가지고 있는 특징의 일부는 크기가 작고; 두텁고, 질감이 거칠고; 털이 많고, 다즙이고, 왁스로 덮여 있고; 색이 밝은 것이다. 이러한 특징을 가진 식물은 가뭄이 드는 동안 견딜 수 있을 것이다.

해당 식물이 가뭄에 익숙해져 있는가?

식물은 건조한 여건에 점진적으로 노출되었을 때 가뭄에 대한 내성이 높아진다. 농장에서 기를 때 관수 빈도를 줄여가는 과정을 내성강화(耐性强化, hardening)라고 부른다. 이것은 녹지에 식재되었을 때 식물의 생존 가능성을 높이는데 도움이 된다. 마찬가지로, 좀 더 건조한 여건에 점진적으로 노출된 녹지 내 식물은 갑작스럽고 전격적인 수분 공급 변화를 경험한 식물보다, 가뭄에 대한 내성이 더 높을 것이다.

가뭄이 어느 계절에 발생하고 얼마나 지속되는가?

가뭄이 발생하는 시기가 식물의 반응에 중요할 수 있다. 낙엽성 수목의 경우, 건조에 의한 피해가 가장 큰 시기는 봄에 눈이 트는 기간과 늦여름에 눈이 형성되는 기간이다. 비가 오지 않는 기간이 지속되면 식물이 계속 약해지면서 피해를 입는 영향이 계속 증가할 수 있다. 예를 들면, 플로리다에 있는 테다소나무(*Pinus elliottii*)의 경우, 2년간의 가뭄에 살아남았지만, 3년차에는 많은 수목이 죽었다.

해당 식물이 스트레스 관련 병에 잘 걸리는가?

스트레스를 받고 있는 식물에 유인되는 병해충은 가뭄이 들면 식물의 죽음을 가속화시킬 수 있다. 예를 들면, 짧은 기간 동안의 가뭄에 견디는 자이언트세쿼이아(*Sequoiadendron giganteum*)는 가뭄이 지속되면 보트리오스패리아(*Botryosphaeria*; 줄기마름병을 일으키는 곰팡이의 일종 – 역자 주)에 의해 피해를 입거나 심하면 죽기도 한다. 이러한 손상과 죽음을 피하기 위해 스트레스에 의한 병에 걸리기 쉬운 종에 대해서는 관수를 고려하는 것이 좋다.

범주에 속하는 대부분의 식물은 연중 물이 가용한 기간 동안 자신들의 생활사(生活史, life cycle)를 완성하는 짧게 사는 일년생 식물이다. 가뭄이 흔한 기후에 사는 다년생 식물은 가뭄에 대한 내성을 발달시켜왔다. Kozlowski와 Pallardy는 가뭄 내성에 대한 체제를 네 가지의 하위 범주로 구분하였는데, 이는 탈습 회피(desiccation avoidance), 탈습 내성(desiccation tolerance), 탈수 회피(dehydration avoidance), 탈수 내성(dehydration tolerance)이다(**그림 13-6**). 종별로 하나 이상의 적응 유형을 보일 것이다.

가뭄은 평소 여름철에 비가 오는 지역에서도 가끔 발생한다. 가뭄이 발생하면, 일부 식물은 문제가 현실화되기 전에 이미 스트레스를 받는다. 이들 식물은 죽지는 않더라도 심각하게 약화되어 2, 3년 뒤에 2차적인 병해충 감염이나 스트레스에 시달릴 수도 있다(Holmes, 1986).

여름철에 비가 오는 지역의 많은 토양은 얕거나 배수가 좋지 않아서 뿌리를 깊이 뻗는 식물이 드물다. 그러나 깊고 배수가 잘되는 토양에서는 표토의 수분이 일반적으로 적절하더라도, 식물은 뿌리를 깊이 내린다. 토양 습도가 낮은 곳에서 이들 식물은 다른 대부분의 식물이 사용할 수 없는 깊이로부터 수분을 개발할 수 있다. 녹지에 있는 식물이 뿌리를 얼마나 깊이 뻗는가를 아는 것이 현명하다.

여름이 건조한 지역에서는 겨울과 봄의 강우 부족 및 여름철 관수를 위한 물의 부족이 가뭄을 초래한다. 상황의 심각성을 정확하게 평가하고 대부분의 식물이 영향을 받기 몇 주 전에 추가적인 수분을 공급함으로써 대처할 수 있을 것이다. 그렇지 않으면, 식물은 토양수분의 비축이 낮은 상태로 건조한 겨울로 들어가게 되고, 이렇게 되면 상황이 심각하게 될 것이다(**상자 13-2** 참조).

13.4 관수를 통한 추가적인 수분 공급

강우가 녹지 수목이 필요로 하는 수분을 적절하게 공급하지 못하는 지역에서는 관수가 일반적인 관행이다. 이 항에서는 관수하는 시기 결정 방법, 물을 적용하는 방법, 공급하는 물의 양을 결정하는 방법 등을 고찰한다. 또한 재활용수의 사용을 포함한 도시 녹지의 물 절약 방법에 대해서도 기술한다.

관수 시기와 양 결정

기후, 일장(日長, length of day), 앞선 관수나 강우의 적정성, 뿌리의 깊이와 퍼짐, 지상부의 크기 등의 차이가 수목의 수분요구량에 영향을 미친다. 관수 시기와 양을 알면, 수목의 생장과 수분 이용의 균형을 유지하는 것이 가능할 것이다.

수목을 관찰하라 대부분의 수목은 가용한 수분이 크게 부족하면 눈에 띄게 시든다. 이렇게 되면 윤이 나던 잎이 활기가 없어지고, 밝은 녹색 잎이 색이 바래거나 회록색으로 바뀌게 된다. 또한 잎이 일찍 떨어지고, 때로는 어린잎이 죽는다. 토양 내 수분의 양과 수분 이용량을 평가하기 어려운 최초 관수가 필요한 계절이 가까워지면, 수목을 주의 깊게 관찰하여야 한다. 일부 수목은 수종 특성이나 위치로 인해 다른 수목보다 먼저 시들기 때문에 지표(指標, indicator)로서 활용할 수 있다.

토양을 만져보라 경험에 의해 토양을 만져봄으로써 수분함량을 추정할 수 있다(Harris와 Coppock, 1977). 이때 토양 표본은 해당 부지를 대표할 수 있어야 한다. 토양 탐침(探針, probe)이나 삽을 이용하여 대표적인 표본을 수집하라. 수분의 적정성을 판단하기 위해 소량의 토양 표본을 둥글게 뭉치거나 꽉 쥐어보라. 토양이 공처럼 뭉쳐지지 않으면, 너무 건조하여 수목에 적절한 수분을 공급할 수 없다. 만들어진 공이 문질러도 부서지지 않으면, 토양의 수분이 너무 높다. 토양이 문지르면 부서질 정도로 둥글게 뭉쳐질 수 있으면, 수분이 적정한 수준이라고 볼 수 있다. 그러나 사질 토양은 젖어 있을 때에도 부서질 것이다.

토양수분 감지장치(感知裝置, sensor)를 사용하라 전문 농업이나 경관관리 분야 모두, 관수 필요성을 결정하기 위해 토양수분 감지장치를 널리 사용하고 있다. 수분장력계(水分張力計, tensiometer), 전기저항 감지기(electrical resistance sensor), 용량 감지기(capacitance sensor) 등을 이용하여 상이한 방법으로 토양수분을 측정한다.

수분 가용량은 토양이 수분을 잡고 있는 장력(張力, tension)에 달려 있는데, 이 장력의 측정단위는 킬로파스칼(kPa)이다. 영구위조점이 1,500kPa이고, 많은 수목이 더 낮은 장력에서도 견딜 수 있지만, 대부분의 수목은 수분스트레스를 최소화하기 위해서 뿌리층(root zone)의 토양이 장력 70kPa를 초과하지 않도록 관수해 주는 것이 좋다. 관찰과 몇 가지 실험을 통해 토양수분 장력에 따라 관수 일정을 수립할 수 있다.

토양장력계는 토양이 수분을 잡고 있는 장력을 확인하는 방법으로 토양수분을 측정한다. 이는 물로 채워진 폐쇄된 관이다. 바닥은 구멍이 뚫린 세라믹 팁(ceramic tip)으로 봉해져있고, 다른 쪽 끝에는 진공상태를 측정하기 위한 계기나 장치가 부착되어 있다. 측정하고자 하는 지점에 세라믹 팁이 위치하도록 이 관을 토양 속에 묻는다. 토양이 건조하면, 세라믹 팁의 공극을 통해 물이 빠져나가고, 이로 인해 장력계의 내부에 부분적인 진공상태가 발생한다. 토양이 건조하면 장력계로부터 물을 끌어내는 이러한 토양의 힘(토양의 흡입/soil suction)이 증가하고, 계기 표시를 끌어올린다. 토양에 관수를 실시하면, 토양 흡입이 감소하고 물이 장력계 안으로 들어오기 때문에, 장력계 표시가 낮아지게 된다. 실제로, 대부분의 장력계 작동 범위는 0에서 85kPa이다.

전기저항 감지기는 작은 석고 블록(gypsum block), 파이버글래스 샌드와 세라믹 혼합물(fiberglass sand-ceramic mixture), 또는 나일론 등에 끼운 두 전극을 토양에 묻고 이들 사이의 전기저항치를 측정함으로써 간접적으로 토양수분을 평가한다. 전기저항치는 미터 단위로 측정한 다음 토양수분 장력 값으로 변환된다. 이 블록 수치와 토양수분함량을 연결시키기 위해서는 검량선(檢量線, calibration curve)이 필요하다.

석고블록은 2, 3년에 걸쳐 서서히 분해되기 때문에 일시적인 토양수분 모니터링이 필요할 때 사용하는 것이 가장 좋다. 입자 매트릭스 감지기(granular matrix sensor, GMS; 예: Watermark®)는 더 오랫동안 사용할 수 있기 때문에 장기 토양수분 모니터링을 위해 적합하다. Watermark®의 최대 표시는 180kPa이며, 장력계나 석고 블록보다 더 넓은 범위의 토양수분 함량에 작동한다(Hanson 등, 2000). 전기저항 블록은 장력계보다 중간 내지 중점질(medium- to heavy-textured)의 토양과 최소한의 관수가 이루어지고 있거나 물 절약 계획이 실행되고 있는 곳을 측정할 때 유용하다.

용량 감지기는 토양 내 수분을 측정하기 위해 저항력(resistive capacity; 임피던스/impedance - 교류전기의 흐름에 대한 저항)을 사용한다. 용량계는 토양에 연결하는 두 개의 전극을 가지고 있다. 이들 전극은 토양에 밀어 넣거나 토양에 이미 설치된 접근 튜브에 삽입할 수 있는 쇠막대의 상단에 부착되어 있다. Hanson과 Peters(1997)는 습한 토양과 건조한 토양 간의 토양수분 차이는 탐지하였지만 중간 정도의 토양수분의 변화를 탐지하는 것은 어려움이 있었다.

장력계와 전지저항 블록은 정해진 수분 장력에서 수분을 공급할 수 있도록 조절장치(controller)에 부착시킬 수도 있다. 용량 감지기는 자력이나 전기적인 표시를 나타내지는 않지만, 설정을 상대적으로 관찰된 습도 수준에서 원하는 수준으로 조정할 수 있다. 조절장치에 시간기록계(time clock)를 부착하여 습도가 충분하면, 다음 주기가 될 때까지 관수가 미루어질 수 있도록 할 수도 있다.

Qualls 등(2001)은 볼더(Boulder, CO)의 도시 녹지에서 관수 조절장치에 연결된 Watermark® 습도계의 유효성을 시험하였다. 이 계기는 증발산위(蒸發散位, potential evapotranspiration; ET_0)의 평균 73%로 관수를 제한함으로써 6개월 동안 23개 실험 부지에 대해 8.7백만 리터(2.3백만 갤런)의 물을 절감하였다.

증발산량을 예측하라 증발산량은 여러 농작물과 잔디에 대한 관수 일정계획을 수립하고 관수할 양을 산정하는데 대한 활용도가 점차 증가하고 있다. ET는 일반적으로, 적절한 수분을 가진 대면적의 높이 10~18cm 한지형 잔디(cool-season grass)의 증발산과 동등한 것으로 간주되는, 증발산위(기준 증발산, ET_0)를 말한다. ET_0는 일반적으로 증발산에 영향을 미치는 몇 가지 기후 지표를 사용하여 계산한다. ET 자료는 대부분의 관수를 통해 경작을 하는 농촌지역의 기상대나 농업기술 지도기관에서 얻을 수 있다. 여름철에 흔히 관수가 필요한 도시지역에서는 물이 더 비싸지고 절약이 더욱 불가피해지면 ET 정보가 제공될 수도 있을 것이다.

수종별 실제 ET는 특히 낙엽성 교목의 경우, 수종의 특성과 잎의 수량에 따라 ET_0과 다를 수 있다. 작물계수(作物係數, crop coefficient; K_c)라고 불리는 이들 관계는 소수의 조림용 임목(林木, tree crop)에 대해 측정되었다. 잔디를 제외하고는, 조경식물에 대한 작물계수는 가용한 자료가 없다. 실제로, 문제는 꽤 복잡하다. 대부분의 녹지에서 ET는 수종과 크기뿐만 아니라 햇빛에 대한 노출, 반사(反射, reflection), 바람 등의 정도와, 부지 내 상이한 미기후의 범위와 크기에 의해서도 영향을 받는다.

대부분 녹지의 경우, 경험에 의한 ET 추정치가 가장 유용할 수도 있다. 어림잡아서, 녹지의 교목, 관목, 지피나 잔디의 ET는 생육기 중간 또는 후반기 동안, ET_0의 110~140% 정도 될 것이다. 이러한 접근은 나중에 이 장의 수분관리 프로그램 수립에 관한 항에서 다룰 것이다.

잎의 온도를 측정하라 토양수분이 감소함에 따라 증산이 감소하고 잎이 더워지게 된다. 햇빛에 노출된 잎의 한낮 온도를 공기 중의 수분함량과 비교하거나((Idso 등, 1981) 그늘진 잎의 온도와 비교하는 것(Sachs 등, 1975)은 토양수분과 관련되어 있다. 휴대용 적외선 온도계를 사용하여 잎의 복사에너지(radiant energy)를 감지한 다음 온도와 연계시킨다. 특정 장소에 있는 수목의 수분 상태가 이들이 방출하는 복사에너지에 의해 정확하게 측정될 수 있다는 것에 대해서는 의견을 달리하는 사람들이 많다. 많은 요소가 복사에너지 방출, 잎의 온도, 수분 상태 등의 측정과 관계에 영향을 미친다. 보다 정밀한 장비와 실험절차가 나올 때까지, 적외선 온도계는 대부분의 녹지에서 제한적으로 활용될 수밖에 없을 것이다.

관수

관수 방법, 관수시스템 설계, 부지의 지형(地形, topography), 바람에 대한 노출, 관수 작업자의 기술 등이 주어진 부지에 대한 관수의 균일성과 비용을 결정한다. 물을 적용하는 방법은 물의 분포에 지대한 영향을 미치며, 지형과 적용 속도는 수분 투과와 유거량에 큰 영향을 미친다.

물은 침수(flood), 이랑, 스프링클러, 적은 양을 높은 빈도(소위 점적관수, 미니 스프링클러, 흡착제/soaker)로 관수하는 시스템 등으로 적용될 수 있다. 관수되고 있는 대부분의 녹지는 스프링클러나 기포 발생기(bubbler), 점적, 또는 미니 스프링클러 시스템의 의해 물이 적용된다. 소량 시스템은 보통 포장된 지역의 지상 식수대나 수반(水盤, basin)에 이용된다. 침수, 이랑, 흡착 관수에 관한 추가 정보는 관련 자료를 참고하기 바란다(Reuther 등, 1981).

고압 스프링클러 시스템은 잔디밭이나 교목, 잔디, 기타 조경식물이 혼식된 곳에 주로 사용된다. 스프링클러의 머리는 잔디밭이나 낮게 자라는 식물용으로 작동할 때 튀어나오도록 하거나, 더 큰 식물의 지상부에 물을 공급하기 위해 지상에 항상 나와 있도록 설치할 수 있다. 점적장치(點滴裝置, drip emitter)와 미니스프링클러는 지표면에 관수하고, 보통 통행량이 많지 않은 수목에 활용된다.

스프링클러 관수 올바르게 설계되고, 유지관리되고, 운전되는 스프링클러 시스템은 경사진 지형에서도 물의 분포가 매우 균일하도록 공급할 수 있다. 관수 속도는 투수를 위해 평평하지 않은 지역에서는 느리게 하거나 가끔 중단할 필요가 있다. 그렇지 않으면, 물의 공급이 높은 지역은 과소하게, 낮은 지역은 과도하게 된다. 많은 식물은 습도를 높게 유지시켜주고 먼지와 해충을 씻어 내리는 두상관수(頭上灌水, overhead irrigation)가 적절하다. 스프링클러 관수는 멀치를 적시지만 이들을 씻어 내리거나 떠내려가게 하지는 않는다. 스프링클러는 기온을 최대 6~9°C(10~15°F) 정도까지 낮출 수 있다(Hamilton, 1978).

스프링클러 관수의 균일성은 스프링클러 시스템의 설계, 수압(水壓, water pressure), 바람 여건에 달려 있다. 토양 내 물의 침투는 관수와 침투 속도, 지형, 지피에 달려 있다. 대부분의 스프링클러는 토양이 물을 흡수할 수 있는 속도보다 더 빨리 관수한다. 멀치, 잔디, 지피는 경사진 지표에서의 물의 이동을 더디게 함으로써 더 많은 물이 침투될 것이다. 관수 속도가 느린 스프링클러 머리를 설치할 수는 있겠지만, 이는 살포 패턴(distribution pattern)에 부정적인 영향을 줄 수 있다.

스프링클러는 일반적으로 수압이 더 높고, 바람이 거의 없고, 관수가 다른 활동을 방해하지 않고, 잎이 하루 종일 건조될 수 있는 이른 아침에 작동하는 것이 가장 좋다. 이중 마지막 항목은 수분과 관련된 병에 걸리기 쉬운 식물에게는 중요할 수 있다. 수관이 완전히 발달(full-canopy)한 수목에 대해 스프링클러 관수를 실시할 때에는, 비교적 잔잔한 여건하에서는, 하루 중 관수 시점이 증발과 증산에 의한 총 수분 손실에 거의 영향을 주지 않을 것이다. 덥고 건조한 오후일지라도, 잎을 적심으로써, 스프링클러 관수를 하는 동안의 증발과 젖은 잎으로부터의 증발이 증산을 거의 같은 양으로 감소시키기 때문에, 큰 수목에 스프링클러 관수를 하는 동안의 ET 증가는 3% 미만일 것이다(Heermann과 Kohl, 1980).

스프링클러 관수는 나지의 지표를 굳게 하여 수분 침투를 감수시킬 수 있다. 바람이 불균형한 관수를 초래할 수 있고, 물이 꽃을 손상시키거나 이들을 쓰러뜨리거나 키 큰 식물이 구부러지게 할 수도 있다. 염도가 높은 물을 이용한 빈번하고 가벼운 스프링클러 관수는 잎 표면에 보기 흉하고 유독할 수도 있는 염의 축적을 초래할 수 있으므로, 이러한 문제를 줄이는 올바른 방법은 오랫동안 낮은 빈도로 관수하는 것이다. 스프링클러 관수는 민감한 식물에 흰가루병(mildew)이나 녹병(rust)의 감염을 촉진시킨다고 믿는 사람들이 있으나, 이를 뒷받침하는 관찰 결과는 없다. 흰가루병과 녹병은 특히 건조한 지역이나 잎이 빨리 마르도록 이른 아침에 관수하는 경우에는 걸리지 않는다. 줄기역병과 기타 뿌리와 근원(根元, root collar) 썩음병에 걸리기 쉬운 수목은 스프링클러가 이들 수목의 줄기를 적시면 위험해질 수 있다.

점적, 미니스프링클러 관수 점적관수기, 미니스프링클러, 버블러(bubbler)는 포장된 부지에 있는 식수대와 수반에 물을 공급하기 위해 사용된다. 점적관수와 미니스프링클러 관수의 목적은 물을 천천히 적용하고, 낙수선(落水線, dripline) 안쪽 토양의 50~75% 또는 수목의 높이와 동일한 직경 중 큰 수치의 면적을 가습하는데 있다. 물은 보통 2~3일마다 적용된다. 수목이 어리거나 서로 멀리 떨어져 있으면, 뿌리가 없는 토양을 적시지 않도록 물을 적용하여야 한다. 가습된 토양의 양은 토양의 성질, 관수 운전 시간, 사용되는 배출기나 스프링클러의 수에 따라 차이가 있다.

점적관수기는 미니스프링클러보다 더 천천히 그리고 더 좁은 면적에 물을 적용한다. 점적관수는 작고, 천천히 자라며, 넓은 간격으로 식재된 수목에 더 적절하다. 점적관수 시스템은 스프링클러보다 낮은 압력으로 작동되기 때문에 직경이 더 가는 관을 사용할 수 있다. 그러나 압력이 낮아 스프

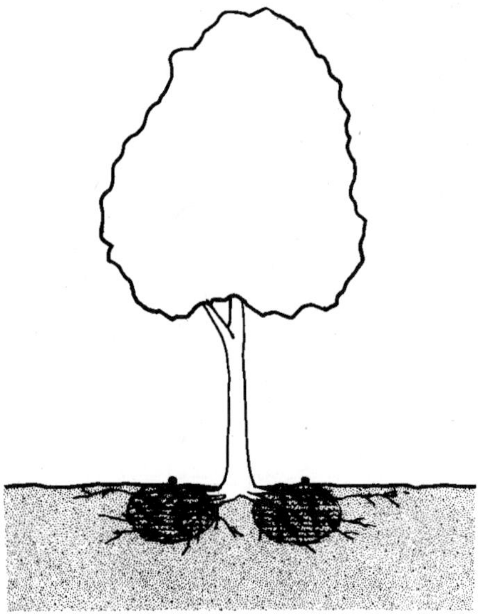

그림 13-7 점적관수에 의해 자란 수목은 대부분의 뿌리가 가습된 지역으로 한정되는 경향이 있다. 상대적으로 작은 뿌리시스템 때문에, 이들은 관수가 중단되면 건조피해를 받기 쉽다.

링클러보다 더 좋은 여과(濾過, filtration) 또는 더 비싼 배출기와 더 자주 세척을 해줄 필요가 있다(Fereres, 1981).

미니스프링클러의 유속을 더 높이면 점적관수로 인한 문제의 일부를 극복할 수 있다: 수목을 관수하는 시간을 단축시킬 수 있고, 미니스프링클러로 더 넓은 지역을 가습할 수 있어서, 스프링클러의 수를 줄일 수 있고; 더 큰 오리피스(Orifice; 유체를 분출시키는 구멍 - 역자 주)와 더 높은 압력은 막힘을 최소화한다. 그러나 직경이 더 굵은 관이 필요하고, 가습된 지역이 넓어서 관수 후의 활동이 더 오랫동안 제약을 받는다.

점적관수와 미니스프링클러의 설치, 운전, 유지관리는 제작자의 지시에 따라야 한다. 점적관수기는 정확한 흐름을 위해 매주 시각적으로 점검하여야 한다. 제작자도 이 시스템을 청소하는 방법과 박테리아와 조류(藻類, algae)를 방제하는 방법을 제시하여야 한다.

소량관수 시스템은 소량의 물을 자주 관수함으로써 활착된 뿌리시스템의 일부만 가습한다. 활착되고 점적관수를 받으면서 자라는 수목은 토양 속의 가습되는 패턴에 상응하는 뿌리시스템을 발달시키는 경향이 있다(**그림 13-7**). 비축해둔 물이 거의 없기 때문에, 배출기나 여과장치가 막혀서 이러한 관수시스템이 고장 나면, 수목은 바로 스트레스를 받게 된다. 주기적이고 올바른 유지관리가 필수적이다.

소량의 토양만을 가습하는 것은 뿌리 발달을 제한하여 대교목(large tree)의 불안정을 초래할 것이라는 우려가 제기되어 왔다. 이는 심각한 문제가 될 것 같지는 않다. 만약 일 년 중 한때 뿌리시스템 토양의 전체가 가습된다면, 점적관수기에 의해 가습되지 않는 토양 내 뿌리는 지지를 위해 만족스러운 뿌리시스템을 발달시키고 유지할 수 있도록 자라고 역할을 수행할 것이다.

버블러 버블러(bubbler)는 보통에서 빠른 속도로 물을 적용하기 때문에 짧은 시간 안에 지표면을 침수시킨다(**그림 13-8**). 지표면이 평평하지 않으면 물이 토양 속으로 이동하

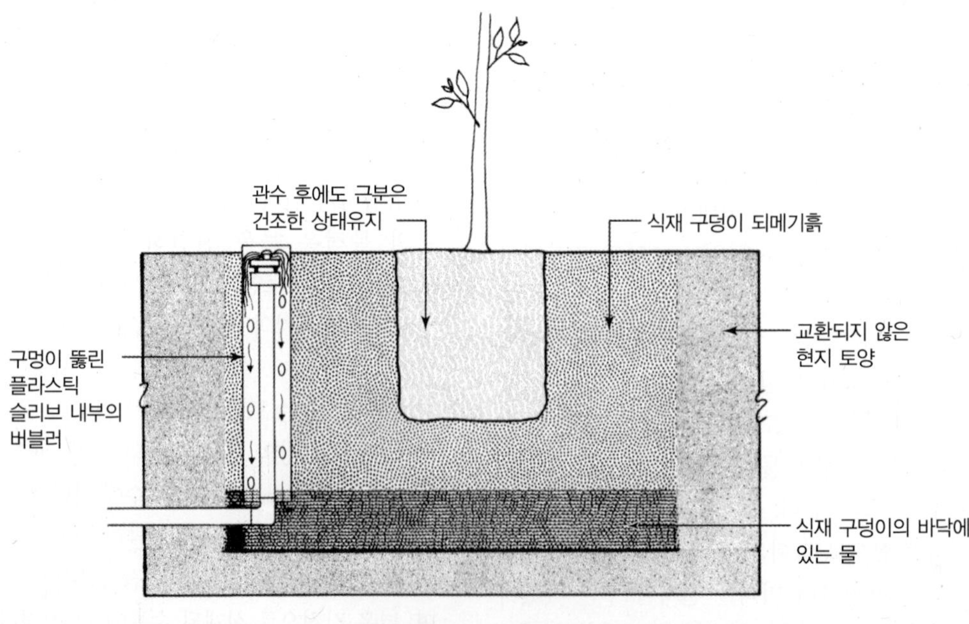

그림 13-8 불행하게도 이것이 버블러 관수에 대한 전형적인 상세 개념도이다. 버블러를 자갈로 채운 플라스틱 배관과 같은 폐쇄된 슬리브(sleeve; 축 등의 외주[外周]에 끼워 사용하는 길쭉한 통 모양의 부품 – 역자 주) 안에 위치하도록 하면, 물이 근분을 적시지 않고 슬리브를 따라 식재 구덩이의 바닥으로 내려가기 때문에 안 된다. 이 개념도의 또 다른 문제는 식재 구덩이의 깊이이다. 제8장의 올바른 식재 구덩이 준비에 관한 고찰을 참고하라.

표 13-3 흔히 발생하는 관수 문제점과 해결방안

문제점	해결 방안	
	스프링클러 시스템	점적, 미니스프링클러 시스템
1. 지표 유거(流去, run-off)	다음과 같은 방법으로 적용 감축 a. 노후 노즐 교체 b. 노즐 크기 줄이기 c. 압력 줄이기 설정 시간 단축 시스템 누수 수선 다음과 같은 방법으로 흡수량 증대 a. 지피나 잔디 식재 b. 지표 멀칭 c. 토양개량제 적용	시스템 누수 수선
2. 낮은 지점의 웅덩이	상기 (1) 참조	상기 (1) 참조
3. 고르지 못한 분포	적정 압력 운전을 위해 스프링클러 점검 누수 수선 펌프와 시스템에 대한 운전압력 점검 바람이 강할 때 운전 중단 다음 항목 변경 a. 스프링클러 배치 간격 b. 스프링클러 머리 c. 노즐 크기	올바른 운전 점검 점적관수기나 스프링클러가 막혔는지 여부 점검 점적관수기나 스프링클러 배치 간격이나 위치 변경
4. 침식	상기 (1)과 (3) 참조	상기 (1) 참조
5. 염도가 높은 물 공급	관수 빈도를 높여 토양수분 함량을 높게 유지 용탈을 위해 적절한 물 적용 내부식성이 더 높은 재료를 사용한 시스템으로 교체 엽소를 줄이기 위해 밤에 관수	관수 빈도를 높여 토양수분 함량을 높게 유지 용탈을 위해 적절한 물 적용
6. 수목에 염분 축적	엽소를 줄이기 위해 밤에 관수	적용할 수 없음
7. 지표에 염분 축적	다른 관수방법을 이용하여 용탈을 위한 적절한 수분 적용	
8. 높은 지하수위	수분관리 개선 지하배수 개선	수분관리 개선 지하배수 개선
9. 고르지 못한 수목 생장	상기 (2), (3), (7), (8) 참조	상기 (2), (3), (7), (8) 참조
10. 분배 시스템 손실	배관 누수 수선	배관 누수 수선

출처: Interagency Agricultural Information Task Force. n.d. *Drought Tips: Common Irrigation Probleme: Some Solutions.*

는 시간 동안 물을 가두어 두기 위한 물매턱이 필요하다. 버블러는 상(床, bed) 내의 교목이나 관목, 포장지역이나 관수되지 않는 지역으로 둘러싸인 독립수나 수목을 관수하는데 가장 효과적이다.

일반적인 기술은 자갈을 채운 직경 10cm(4인치) 플라스틱 배관 안에 버블러를 위치하도록 하는 것이다. 이러한 설계는 물이 배관 속에서 아래로 이동하여 근분 속으로 수평이동을 할 수 없기 때문에 교목의 활착에는 문제가 된다. 식재구덩이는 가습이 되어 포화상태가 될 수 있지만, 근분은 건조한 상태로 유지되어 그 수목이 죽게 된다. 효과적으로 작동하기 위해서는 물이 근분의 상단에 있는 토양을 가습한 다음 아래로 이동하도록 설계되어야 한다.

기타 흔히 발생하는 관수 문제들 기타 흔히 발생하는 관수 문제에 대한 해결방안은 **표 13-3**에 요약되어 있다.

그림 13-9 버블러나 다른 침수식 관수방법으로 관수를 하는 동안에 물을 가둘 수 있도록 어린 나무의 부위에 물매턱을 설치하라. 식재 구덩이 가장자리에 물매턱을 설치한 다음, 수목이 자람에 따라 웅덩이를 키울 수 있도록 이를 바깥으로 물려라(그림 8-22 참조).

어린 수목에 대한 수분관리

주어진 조경목적을 빨리 달성해야 하는 어린 나무에게는 수목의 건강과 활기찬 생장이 중요하다. 아껴서 절약할 수 있는 물의 양은 생장 위축으로 인해 유발될 결과에 비하면 그 가치가 낮다. Reuther 등(1981)에 의해 정리된 어린 과수에 대한 실험에서, 빈번한 관수(3~7일 대비 12~16일)와 낮은 수분 장력(40kPa 대비 80kPa)이 새 가지와 뿌리 생장을 현저하게 증가시킨 것으로 나타났다.

생육기 동안, 잔디가 없는 지역의 교목이 낙수선 안쪽에 ET_0의 두 배에 상당하는 비와 관수를 받아들였다. 어린 나무는 점적관수, 버블러, 미니스프링클러 시스템에 의해 가장 효율적으로 관수될 수 있다. 여름철 관수가 필요한 지역에서는 물웅덩이가 종종 사용된다(**그림 13-9**). 이식 후 첫 생육기 동안, 나근묘와 식재 구덩이 토양이 근분 토양과 비슷한 경우, 근분묘, 용기묘에 대한 웅덩이의 물매턱은 식재 구덩이 바로 바깥쪽에 설치하는 것이 좋다(그림 8-22). 근분 토양이 되메우기 토양보다 거칠면, 근분의 가장자리에 물매턱을 설치하고 되메우기 토양 바깥에 이차적인 물매턱을 설치하는 것이 좋을 것이다. 뿌리가 되메우기 토양 속으로 자랄 때까지 두 물매턱 사이보다 근분에 더 자주 관수를 해주어야 한다. 적은 물을 관수하면 되메우기 토양은 과습상태가 유지될 가능성이 낮다. 물매턱은 물을 수목 주위로 집중시켜서 비가 적게 오는 지역에서는 좋지만, 우기가 시작되기 전 또는 여름철 비가 많이 오면 물매턱을 흩뜨려야 한다. 여름철 비가 충분하거나 점적관수, 미니스프링클러, 스프링클러 시스템으로 관수가 되면 어린 나무 주위의 물매턱은 불필요하다. 수목이 생장함에 따라 웅덩이의 면적을 키우기 위해 물매턱을 바깥으로 이동시키고 더 많은 양의 물을 적용하라.

잔디밭 안에 있는 수목은 잔디를 수간으로부터 적어도 0.3m(1피트) 정도 떨어뜨려라. 비 또는 잔디 관수가 유일한 물 공급원인 경우, 수목이 충분한 수분을 공급받을 수 있도록 확실히 하라.

13.5 수분관리 프로그램 수립

물의 적용 균일성과 증발산과 관련된 양의 통제는 효율적이고 효과적인 수분관리의 핵심이다. 관수시스템을 충분히 활용하기 위해서는 다음 사항을 고려할 것을 권고한다:

- 하나의 조정기(controller station)에 의해 관수되는 수목은 비슷한 수분요구도를 가지고 있는 것이 좋다(hydrozoning; 비슷한 수분요구도가 같은 수종끼리 모아 놓는 것 - 역자 주).
- 관수시스템은 물을 균일하고 효율적으로 적용할 수 있도록 잘 설계되고 유지관리되어야 한다.
- 증발산을 대체하는데 필요한 물의 량을 계산할 수 있도록 현재의 ET_0값을 구할 수 있어야 한다.
- 토양수분 저수지를 예측할 수 있도록 뿌리를 뻗는 개략적인 깊이와 토양의 수분보유력을 알 수 있어야 한다.
- 증발산을 대체하기 위해 적용해야 하는 물의 양이나 요구되는 물의 양을 계산하기 위해 관수시스템의 적용효율(適用效率, application efficiency, AE)을 적용하는 것이 좋다.

기준 증발산량(ET_0) 조정

하나의 조정기나 밸브에 의해 관수되는 녹지에 식재된 수목에 대한 ET 추정량(ET_L)을 산출하기 위해 필요한 시간에 대한 일반화된 또는 현재(실시간) ET_0은 다음 요소에 의해 조정된다(곱한다):

K_c (작물[종]계수, crop/species coefficient): 수목의 유형에 대한 계수

K_h (관수지역[미기후]계수, hydrozone/microclimate coefficient): 수목에 대한 계수

표 13-4 선정된 식생유형에 대한 녹지 계수(K_L)를 계산하기 위해 사용되는 종(K_c), 수분요구/미기후(K_h), 식재밀도(K_d)에 대한 추정 계수

식생 유형	종 요소 (K_c)[a]			수분요구 요소 (K_h)[b]			밀도 요소 (K_d)[c]		
	고	평균	저	고	평균	저	고	평균	저
교목[d]	0.9	0.6	0.2	1.4	1.0	0.5	1.2	1.0	0.5
관목	0.7	0.5	0.2	1.3	1.0	0.5	1.1	1.0	0.5
지피	0.7	0.5	0.2	1.2	1.0	0.5	1.1	1.0	0.5
혼재[e] (교목, 관목, 지피)	1.0	0.6	0.2	1.4	1.0	0.5	1.3	1.1	0.6
잔디	0.8	0.7	0.6	1.2	1.0	0.8	1.4	1.0	0.6

출처: Costello 등, 1991.

[a]K_c 중 교목에 대한 추정치는 조림 임목의 연구를 기준으로, 지피에 대한 추정치는 예비 연구에 근거를 두고 있다. K_c의 '고' 값은 수분사용량이 큰 종(벚나무, 자작나무, 오리나무 등과 한지형 잔디를 포함)에 대한 추정치이다. '저' 값은 수분절약형 종(올리브, 서양협죽도, 향나무 등과 난지형 잔디를 포함)에 대한 추정치이다.

[b]K_h는 미기후를 고려한다. 높은 값은 햇빛과 바람에 완전히 노출되어 있고, 열을 흡수하고 반사하는 표면에 의해 둘러싸인 부지에 대한 것이다. 낮은 값은 하루의 대부분이 그늘져 있고, 바람으로부터 보호되어 있고, 반사와 복사가 낮은 표면을 가진 부지에 대한 것이다. 평균 값은 전광 하에 있는 부지에 대한 것이다.

[c]K_d 추정치는 수목에 의해 그늘지거나 피복되어 60% 이상의 지면이 나지가 아닌 상태를 기준인 1.0으로 한다. 높은 값은 잎이 조밀하거나 교목이 섞여서 식재되어 있거나 잎이 층(예: 교목과 관목)을 이루고 있는 곳에 대한 것이다. 낮은 값은 녹지 내에 60% 미만의 면적이 노출된 나지가 아닌(멀치나 포장) 경우이다. 나지가 노출되는 경우, 특히 교목과 관목에 대해서 지표면의 증발 때문에 10~20%를 추가로 고려하는 것이 좋다.

[d]나열된 교목, 관목, 지피 범주는 녹지가 이들 세 가지 식생 중의 하나에 의해 전부 또는 주로 구성되어 있는 경우이다.

[e]혼재된 식생은 하나의 유형이 우세하지 않고, 두 가지 이상의 식생으로 구성된 경우이다.

K_d (밀도계수, density coefficient): 식재 밀도에 따른 계수 (표 13-4)

식재밀도는 매우 다양할 수 있고, 지면을 피복하고 있는 양과 수직적인 수목의 잎 분포에 따라 다르다.

누적된 ET_L이 미리 정해놓은 수준에 이르면, 수목에 관수를 해주면 되고, 계획된 일정이 있는 경우, 증발산된 수분을 대체하기 위해 필요한 관수량은 누적된 ET_L이 된다.

잔디나 상록수목에 대한 K_c는 연중 변화가 크지 않다. 그러나 낙엽성 수목의 K_c는 눈이 틀 때 0 가까이에서 시작하여 수관이 완전히 채워지면 정점으로 증가한다. 늦여름에는 낙엽수의 K_c가 잎을 통한 물의 이동이 느려짐에 따라 감소한다. 수목과 잔디 각각의 K_c는 개별 K_c를 합한 것보다 작다(그림 13-10).

적용효율(AE) 확인 증발산된 양으로 토양을 다시 가습하기 위해서는 반드시 증발산된 것보다 더 많은 양의 물이 필요할 것이다. 증발산 또는 비나 관수에 의해 적용된 토양 내 물의 양은 지표면 위 수분과 같은 양에 상당하는 깊이(mm 또는 인치)로 쉽게 나타낼 수 있다. 이러한 척도는 관련된 면적을 몰라도 유용하다.

물을 균일하게 적용하는 관수시스템은 거의 없다. 잘 설계된 스프링클러나 점적관수 시스템이 제대로 유지관리되고 올바르게 운전되면 적용효율(適用效率, application efficiency)이 75~90% 정도가 될 것이다(Goldhamer와 Snyder, 1989). 강우와 스프링클러 적용의 깊이는 쉽게 측정할 수 있다. 스프링클러 시스템의 적용 속도와 분포 패턴을 확인하기 위해서는 몇 개의 캔을 같은 열에 있는 두 인접 스프링클러 사이에, 그리고 인접 열에 있는 두 스프링클러 사이에 대각선으로 일정한 간격으로 배치하라(Walker와 Kah, 1989)(그림 13-11). 평소에 가동하는 압력으로 일정한 시간 동안 스프링클러를 가동한 다음, 각각의 캔에 있는 물의 깊이를 측정하고 비교하라. 오늘날 사용하고 있는 많은 시스템은 어떤 지역에 적용된 물이 다른 지역의 두 배 이상이 되지만, 관수 시기는 일반적으로 관수량이 가장 작은 지역을 기준으로 한다. **많은 부적절한 스프링클러 시스템은, 수분 분포와 식물 생장, 수분 절약을 향상시키기 위해 재설계하거나, 머리를 조절하고 교체할 수 있다.** 수목을 이동식 스프링클러로 관수한다면, 스프링클러 설치 거리를 스프링클러가 담당하는 지역의 반경과 동일하게 함으로써 분포 패턴의 변이를 최소화시킬 수 있다.

스프링클러가 아닌 관수 방법에 의해 적용된 물의 양은, 일부 관수시스템은 적용된 물의 양을 기록하는 계기가 부착되어 있지만, 부피(리터나 갤런)로 측정되어야 한다. 적용 속도가 관수 속도와 비슷한 경우, 알려진 용량의 용기를 채우는데 걸리는 시간을 측정함으로써 물 적용 속도를 추정할 수

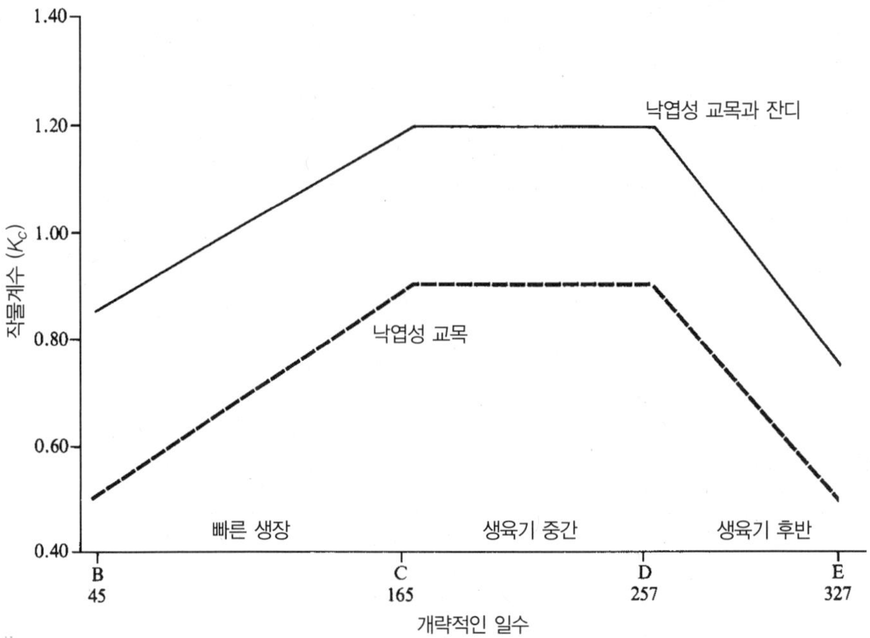

그림 13-10 캘리포니아 중부 지역에서 잔디가 있는 낙엽성 교목과 잔디가 없는 낙엽성 교목의 두 가설적인 식생에 대한 작물계수(K_c)와 생장과 발달 기간 사이의 관계. B: 교목에 잎이 나오기 시작한다. C: 교목이 완전히 잎으로 덮인다. D: 잎이 노쇠하면서 증산이 감소하기 시작한다. E: 잎이 떨어진다. B는 북반구에서 1월 1일로부터 45일째이고, 남반구에서는 7월 1일이다. 적절한 K_c는 관수할 시기를 계산할 때 위 도표로부터 선정될 수 있다(Goldhamer와 Snyder, 1989).

그림 13-11 캐치 캔 시험(catch can test)으로 스프링클러 적용 속도와 분포 균일성을 확인할 수 있다.

있다. 점적관수 시스템의 경우, 눈금이 매겨진 용기에서 몇 개의 배출기의 개별적인 흐름을 1분간 모아보라. 배출 속도는 압력과 측정 지점까지의 분배 배관의 길이와 직경의 변화에 따라 차이가 날 것이다. 적용된 물의 양은 시간과 배출 속도에 의해 확인될 수 있다. 필요한 물의 양은 부족한 물의 깊이를 관수가 필요한 지역에 곱하여 산출할 수 있다. **자신이 적용하는 물의 양이 얼마나 되고 얼마나 균일한지 아는 사람은 드물기 때문에, 효율적인 수분관리를 위해서는 다양한 정보 제공이 중요하다.**

관수 요구량 계산 주어진 녹지에 대해 K_c, K_h, K_d는 연중 같은 기간 동안 동일할 것이다. 이들 계수는 특정 녹지에 대한 K_L을 산출하기 위해 모두 곱하면 된다. 토양을 포장용수량까지 가습하기 위해 적용해야 하는 물의 양을 산출하기 위해서는 누적된 ET_0 값과 K_L을 해당 시스템의 AE(적용효율)로 나누어주어라.

낙엽수는 봄에 잎이 다시 나오면서 K_c가 증가하고(그림 13-11), 계절에 따라 주어진 녹지의 K_h가 변화하지만, 이들 값은 연중 2~3번 정도 바꾸어 주면 된다. AE는 해당 시스템을 조정하거나 이에 누수가 생기는 등 다른 문제가 발생하지 않으면 거의 비슷한 상태가 유지된다. 이러한 요소들은 정확하게 평가하기 어렵기 때문에, 프로그램을 설정할 때에는 토양과 수목 상태에 대한 현장 확인이 선행되어야 한다. 확인 절차에 대해서는 나중에 해당 프로그램이 얼마나 잘 작동하는가, 그리고 어떤 조정이 필요한가에 관한 내용으로 기술될 것이다. 특정한 녹지에 언제, 얼마나 관수를 해야 할 것인가를 계산하는 것은 연중 상이한 기간에 대한 K_L이 나열된 표를 작성함으로써 단순화시킬 수 있을 것이다. 이를 이용하여 누적된 ET_0을 K_L에 곱해주기만 된다. 이러한 작업은 휴대용 계산기나, 특정 녹지에 대한 코드, 일자, 누적 ET_0을 입력하여 컴퓨터로 할 수 있다.

관수 일정계획이 2~3일 주기인 경우, 토성(soil texture)은 염려할 필요가 없다. 잔디는 일반적으로 일주일에 2회 스프링클러에 의해 다른 수목은 일주일에 소량으로 3회 관수된다. 이렇게 빈번한 주기로 관수하면, 수목은 더운 기후에도 스트레스(장력 50kPa 이하)를 받지 않을 것이다. 흥미롭게도, 50kPa 이하에서는 거친 입자의 토양이 가는 입자의 토양보다 가용한 수분이 더 많다. 양질사토(壤質砂土, loamy sand)는 200kPa 이하에서도 점토와 비슷한 수준의 쉽게 이용할 수 있는 수분을 가지고 있을 것이다. 이는 물이 천천히 배출되는 경우에는 맞을지 모르지만, 정상적인 ET 하에서는 일부 모래에 얇은 수막이 있어서 50kPa에서도 수분 스트레스가 발생하지 않을 정도로 물이 빨리 흐르지 않는다. 수분이 균일하게 가용하도록 하기 위해서는 사질토양은 일반적으로 세립질 토양보다 낮은 수분장력에서 관수된다. 이러한 장력이 정확히 얼마가 되어야 하는가는 개별 토양별로 사정되어야 한다. 그러나 관수를 자주할 경우에는 걱정할 필요가 없다.

관리 프로그램 시작을 위한 종합적인 고려

결국 해야 하는 일은 마지막 관수를 한 다음 일정 기간 후에 ET_L과 동등한 양을 대체하기 위한 관수를 하는 것이다.

1. 현재의 ET_0 자료를 확보하거나, 상황이 정상적이라면, 같은 기간에 대한 과거의 평균 ET_L값을 사용하라.
2. 표 13-4로부터, 식생의 유형에 대한 K_c, K_h, K_d 값을 확보하라.
3. 시험이나 추정을 통해 수분 적용효율을 확인하라(Walker와 Kah, 1989); 올바르게 설계되고 조정된 스프링클러와 점적 시스템의 AE의 범위는 0.75~0.9 사이이다(Goldhamer와 Snyder, 1989).
4. 1단계와 2단계에서 확보한 네 가지 값을 모두 곱한 다음 AE로 나누어서 토양에 포장용수량이나 원하는 수준으로 수분을 회복하기 위해 적용해야 하는 물의 양을 구하라.
5. 정기적인 관수 일정에 따라 위에서 산출된 양의 물을 적용하라.
6. 다음 관수 시기가 다가오면, 위조의 징후, 특히 스트레스를 받기 쉬운 수목에 대해 주의 깊게 관찰하라.

보기

노르웨이단풍, 꽃댕강나무(*Abelia × grandiflora*), 홍자단(*Cotoneaster horizontalis*)이 혼식된 식생이 평균적인 밀도로 성숙되어 있다. 이 식생은 하루 종일 전광과 오후에 부는 바람에 노출되어 있다.

1. 현재의 ET_0값을 구하라.

   평균 ET_0 35mm(1.4인치)/주

2. 표 13-4에서 K_c, K_h, K_d값을 구하라.

   $K_c = 0.6$
   $K_h = 1.4$
   $K_d = 1.1$

3. 수분 적용효율을 결정하라.

   AE = 75%(0.75)

4. 1단계와 2단계의 값들을 곱하여 AE로 나누어라.

   $K_L = K_c \times K_h \times K_d$
   $K_L = 0.6 \times 1.4 \times 1.1$
   $K_L = 0.924$

   적용해야 하는 물의 양 = $ET_0 \times K_L/AE$

   평균 $ET_0 \times K_L/AE$ = 35mm × 0.924/0.75 = 43mm/주[a]

   1.4인치 × 0.924/0.75 = 1.72인치/주[a]

관수 프로그램을 점검하기 위한 수분 감지기 1차년도나 2차년도에는 해당 프로그램이 원하는 양의 물을 제공하고 있는가를 확인하기 위해 계수의 변화를 매번 점검하는 것이 좋다. 이런 일을 가장 효과적으로 하는 것은 서로 다른 유형의 관수지역(灌水地域, hydrozone) 내에 2~3개의 대표적인 위치(적어도 하나는 가장 민감한 수목이나 가장 건조한 지역)에 수분 감지기를 설치하여 활용하는 것이다. 각각의 선정된 위치에서, 한 감지기는 지표 아래 0.5m(18인치) 깊이에, 두 번째는 1m(3피트) 깊이에, 잔디가 있으면, 세 번째 것을 0.15m(6인치)에 설치하라. 감지기는 반드시 토양과 잘 접촉되도록 해야 한다.

관수 전 수분 장력 깊은 곳의 감지기 수치가 원하는 장력보다 낮은 수준(충분한 수분보다 더 많은 상태)을 유지하는 한, 위쪽의 감지기 수치는 경고음을 발하지 않는 상태에서 원하는 장력보다 약간 높은 상태를 유지할 수 있다. 하나 이상의 감지기 수치가 원하는 장력보다 크게 높으면, 충분하지 못한 물이 적용되었거나, 관수 주기의 간격이 너무 길다는 것을 의미한다. 그러나 장력이 원하는 수준보다 너무 낮으

---

[a]이는 mm로 표시된 깊이에 100을 곱하여 ℓ/100m^3/주로 환산할 수 있다(또는 인치로 된 깊이에 625를 곱하여 gal/1000ft^2/주로).

면, 너무 많은 물이 적용되고 있다.

감지기 수치를 ET_0값과 함께 기록함으로써 각각의 측정치는 문제가 발생하기 전에 수분 수준의 추세를 보여줄 수 있을 것이며, 다음 해를 위해 조정된 일정계획을 수립할 수 있도록 해줄 것이다.

관수 후의 수분 장력 위쪽 감지기 수치는 장력이 20kPa 이하를 나타냄으로써 공급된 물이 그기까지 침투했음을 보여줄 것이다. 아래 감지기의 수치가 다음 날까지 20kPa 이하로 내려가지 않으면, 다음 관수 때 더 많은 물을 적용하거나 다음 관수를 계획된 일정보다 더 빨리 시행해야 할 필요가 있을 것이다.

각각의 관수 전후의 누적 ET_0과 수분 침투 깊이를, 적용된 물의 양과 함께 비교함으로써 더 정확한 K_L값을 얻을 수 있을 것이다. 물이 토양을 침투한 깊이는 한쪽 끝은 뾰족하고 다른 한쪽은 손잡이처럼 구부러진 길이 1m(40인치) 직경 3~4mm(1/8~5/32인치)의 스프링 강(spring steel) 막대를 사용하여 쉽게 확인할 수 있다.

물 사용 조절 수목이 왕성하게 자라고 있으면, 물을 절약하고 비용을 절감하고, 수목의 생장환경을 개성하기 위해 물의 사용을 줄이고 싶어질 것이다. 이때 유의할 것은 적용하는 물의 양은 이전에 적용하던 양의 15~20%를 줄이되, 관수는 당초 일정대로 실시하라. 관수 전 수치가 자신이 원하는 수준, 즉 60kPa 대신 100kPa 정도로 안정되는가를 확인하기 위해 감지기를 점검하라. 영구위조점(PWP)이 1,500kPa임을 명심하라. 그리고 위조에 가장 민감한 수목을 관찰하는 것을 잊지 마라. 이러한 관찰을 통해 물의 양과 관수 일정을 정밀 조정할 수 있을 것이다.

1차년도 말까지, 1회 관수에 적용될 물의 양을 확정해야 한다. 향후의 누적 ET_0 수치를 정확하게 조절하기 위해 K_L을 미세조율(fine-tune)하여야 한다. 이렇게 하고 나면, 조정된 누적 ET_0값은 일정을 벗어날 경우, 언제 관수를 하고 어느 정도의 양을 적용할 것인가를 결정하는데 활용될 수 있을 것이다.

추가 의견

비(rain) 누적 ET_0값은 비를 반영하여 적용하는 양을 줄이거나 다음 관수까지의 시간을 늘리는 방법으로 조정되어야 한다. 5mm(0.2인치) 미만의 비는 먼지를 가라앉힐 정도에 불과할 것이다. 반면 짧은 시간 안에 20mm(0.75인치) 이상의 비는 유거수를 유발시킬 것이다. 비의 영향은 합리적으로 추정되어야 하고 이는 다음 관수에서 적용될 물의 양에서 차감되어야 할 것이다.

감지기 보정 수분 감지기는 자동화된 통제시스템으로 집중되어 토양 내 수분이 적절한 경우 통제시스템은 예정된 관수의 작동을 24시간 지연시키게 된다. 이러한 설정은 수목의 건강을 증진시키고 물의 사용을 크게 줄여 준다(Morgan, 1965).

스프링클러 조절 특정 관수지역 내의 일부 면적은 전체 관수지역보다 더 적은 또는 더 많은 양의 물을 필요로 할 수 있다. 개별적인 스프링클러나 배출기는 이러한 문제를 해결하기 위해 조절되고, 변경되고 설치될 수 있다. 잦은 관수에 가장 민감한 수목이나 이로 인한 문제가 발생할 수 있는 수목들은 제거하는 것이 좋을 것이다.

이상의 일들은 가치 있는 일이다 ET에 근거한 효율적이고 실행 가능한 관수 프로그램을 구축하는 것은 따분하고 복잡하게 보일 수도 있다. 또한 시간과 기술이 필요하지만, 수목의 균형적인 생육환경 조성과 물 절약으로 인한 편익을 고려하면 노력할 만한 가치가 있다.

13.6 경관 수분 보존

물에 대한 수요가 증가하고 비용이 늘어남에 따라 물을 적게 사용하는 조경에 관심이 쏠리고 있다. 미시시피주 동쪽에 위치한 여름에 비가 오는 미국 3개 도시(워싱턴 DC, 디트로이트, 애틀랜타)에서 온난한 계절 동안 사용하는 물의 약 10%가 조경용 관수에 사용되고 있다. 건조한 미국 서부지역에서는 조경용 관수로 사용되는 물의 양이 3~4배 더 커서, 연간 지방자치단체가 사용한 물의 1/3에서 1/2에 이를 수도 있다(Kjelgren 등 2000).

조경용 물 절약 프로그램은 지자체의 물 수요가 공급을 초과하는 속에서는 전 세계적으로 많은 도시에서 강제되고 있다. 물 사용 제한은 가뭄이 드는 결정적인 기간 동안 짧은 기간 절약에 한정될 수도 있다. 격일제 급수나 일정한 기간 동안 잔디 관수 금지 등이 여기에 속한다. 물 절약이 장기적인 목표인 경우, 식재되는 녹지의 유형과 설치되는 관수 시스템에 대한 제약이 가해질 것이다.

Kjelgren 등(2000)은 장기적인 물 절약을 위한 세 가지 기본적인 방안을 제시하였다:

1. 정밀한 조경 관수. 설계, 운영, 유지관리 문제 등의 교정을 통한 관수시스템의 균일성과 효율성을 제고하는 것

그림 13-12 산호세(SanJose, CA)에서 활착된 라디아타소나무(*Pinus radiata*)의 생장은 생육기 동안의 관수 빈도에 의해 영향을 받았다. 모든 소나무는 겨울에 수고 약 1.2m(4피트)에서 절단되었다. 생육기 말의 수고는 관수 빈도를 반영한다: 무 관수(왼쪽), 격월 관수(중간), 격주 관수(오른쪽). (사진: Roy Sachs, University of California.)

은 어떤 경관에서든 물을 절약하기 위해 적용될 수 있으며, 특히 잔디에 효과적이다.

2. **대안적인 물 공급원.** 재생 또는 재활용수의 사용은 상수도를 다른 용도로 사용할 수 있도록 절약해 줄 것이다(이 장의 후반에 기술된 재활용수를 이용한 관수 참조).
3. **물을 적게 쓰는 조경.** 잔디나 빈번한 관수가 필요한 식물재료를 최소한의 관수로 수용 가능한 경관을 연출하는 종으로 대체하면 물을 절감할 수 있을 것이다. 1981년 이후, 이러한 조경을 내건조경(耐乾造景, xeriacape)이라고 부르고 있다. 이는 현명한 식물 선정, 계획 수립과 설계, 유지관리 등으로 가능하다. 여기에 적합한 수종들은 다른 수종보다 증산을 덜 하도록 적응된 수종, 수분스트레스 초기에 좋은 모습을 유지하는 종, 광범위한 뿌리시스템을 가지고 있어서 건조기에 살아남을 수 있는 종 등이다. 많은 물이 필요한 식생을 시선이 집중되는 한정된 지역에만 조성하고 나머지는 추가적인 관수가 불필요하도록 경관을 설계할 수도 있다.

조경에 흔히 사용되는 수종들은 가끔 정상적으로 관수되는 물보다 훨씬 적은 수분 하에서도 생존할 수 있다. 산호세(San Jose)와 산타아나(Santa Ana) 부근의 토심이 깊은 캘리포니아에서는 한여름에 한 번의 관수로도 성숙한 관목 8개종과 지피식물 6개종이 본래의 모습을 적절하게 유지하였다(Sachs 등, 1975). 코토네아스터(*Cotoneaster pannosa*; 장미과 관목 - 역자 주)와 코프로스마(*Coprosma repens*; 뉴질랜드 원산의 꼭두서니과 관목 - 역자 주)는 건강과 외관을 유지하는데 두 번의 관수가 필요하다. 아이비(*Hedera helix*), 두 종의 채송화(ice-plant), 산유자나무(*Xylosma congestum*) 등은 관수를 하지 않아도 적정하거나 훌륭한 모습을 유지하였다. 지표 2m(6피트) 내의 토양이 수 주일 동안 영구위조점에 있고 잎의 온도가 주위보다 6~15℃ (40~59℃) 더 높아도 심각한 손상을 입은 종은 거의 없었다. 관수 빈도가 줄어들어 생장은 감소하였지만, 외관은 대부분의 종에서 크게 문제가 없었다(**그림 13-12**).

최소 25년간 가정 정원에서 관수되어 온 남부 캘리포니아의 교목 39종은 관수 없이도 8년간 영향이 거의 없었다(Hodel, 1986). 이들 수목은 건설되지 않은 고속도로 예정부지에서 자라고 있었으며, 모든 건축물이 철거되었다. 이 지역은 여름에는 따뜻하고 비가 거의 오지 않으며, 겨울에는 상대적으로 서늘하고 습하다. 과거 10년간 평균 강우량은 450mm(18인치)이었다. 몇 년은 매우 습했지만, 겨울 중 세 번은 기록적으로 건조했다.

일반적으로, 이들 수목은 같은 수령의 관수된 수목인 경우에 예상되는 것보다 다소 키가 작고 수관이 좁았다. 그러나 피해가 있었더라도 유의하지 않았으며, 이들은 미학적으로 크게 문제가 되지 않았다. 39종은 상록활엽수 21종, 낙엽수 6종, 침엽수 8종, 야자수 4종으로 구성되어 있었다.

대부분 관수되고 있는 녹지에 적용되는 물의 양은 수목과 주인에 도움이 되는 수준으로 줄일 수 있다는 것은 분명하다. Pittenger 등(2001)은 왜성 코요테부시(*Baccharis pilularis* 'Twin Peaks')의 모습이 ET_0의 20%에서 관수했을 때에는 괜찮았으나, ET_0의 30%에서 관수했을 때에는 실질적인 감소가 발생했다고 보고했다. 결국 연구와 실험이 토양수분의 저장량을 평가하는 손쉬운 방법과 수목이 각각의 생육단계에서 수분스트레스에 어떻게 반응하는가를 알려줄 것이다. 이렇게 되면 해당 수목에 대해 신초생장을 확인할 수 있을 정도의 스트레스를 받기 전에 적절한 봄 생장을 하기에 충분한 물을 공급할 수 있을 것이다. 남은 여름 동안의 부족한 관수는 수목을 적절한 스트레스 상태로 유지시켜줄 것이다. 이를 통해 수목의 외관이나 생장에 부정적인 영향을 거의 주지 않으면서 많은 목본식물에 대한 수분 공급을 ET_0의 30%이하로 줄일 수 있을 것이다. 최소 관수 상태에서 고려해야 할 몇 가지 요소가 있다.

- 적정한 토양수분(그리고 과도하거나 너무 빈번한 관수 포함) 체제에서 최소관수로의 전환은 충분한 뿌리시스템과 수분 보유를 하고 있지 않기 때문에 수목이 심각하게 피해를 받지 않도록 조심해야 한다.
- 어떤 수목은 광범위한 뿌리시스템을 가지고 있어서 불규칙한 관수에 견딘다. 가뭄이 드는 해에는 지하수위가 낮아서 수목에 대한 수분 공급이 줄어들 것이다. 이 경우 수목이 살아 있도록 하기 위해서는 평소보다 더 많은 물을 적용할 필요가 있을 것이다.
- 최소관수체제는 수목의 왕성한 생장을 촉진하기 위해서가 아닌 현상유지를 위해 설계된 것이다. 새로 식재된 수목은 제한된 뿌리시스템 때문에 자주 관수를 해주어야 한다. 활착이 된 이후에도, 이들 수목은 일반적으로 최적의 크기에 도달할 때까지 자주 관수해줄 필요가 있다.
- 염분이 높은 상태에서는 염분 독성을 피하기 위해 더 자주 관수해 주어야 한다.
- 수목별로 수분 요구량이 서로 다르기 때문에 관수 일정도 달라야 한다. 여러 수목이 혼식된 곳의 경우, 관수 일정은 열이나 건조에 내성이 가장 약한 수종의 요구량에 따라 결정될 것이다. 대안으로, 필요에 따라 각 그룹별로 관수할 수 있도록 비슷한 수분 요구량을 가진 수목을 같은 장소에 모아 둘 수 있을 것이다.
- 최소관수 체제는 소위 "내건성" 수종으로 제한하는 것은 아니다; 대부분의 수목은 자신들이 녹지에서 받고 있는 수분보다 낮은 상태에서도 생존할 수 있다. 최소관수체제는 녹지 식재, 특히 고속도로, 지역 공원, 오픈스페이스 등과 같은 지역의 설계와 유지관리에서 심각하게 고려해 볼만하다.

건조기의 경관 관리

가뭄이 발생하고 있는 동안 관수를 어떻게 하느냐에 따라 귀중한 수목의 생사를 결정지을 수 있다. 성공 가능성을 최대화하기 위해서는:

- 가장 중요한 수목을 확인하라; 가뭄에 민감한 수종, 잔디, 다른 이유로 쇠약해진 수목은 포기하거나 제거, 또는 고사시킬 수 있다. 이들을 모두 구제할 수는 없을 것이다.
- 잡초를 제거하고 수목 주위에 멀칭을 하라.
- 우선순위가 높은 수목에 대해서는 유효한 뿌리내림 부피와 토양 내 유효수분의 양을 추정하라. 이를 통해 건조의 영향을 보다 현실적으로 평가할 수 있을 것이다.
- 막을 형성하는 증산억제제(蒸散抑制劑, anti-transpirant)가 일부 수목의 증산을 감소시킨다(이 장의 뒤편에 있는 증산억제제 관련 항 참조).
- 녹지에 사용할 물을 확보할 수 있으면, 최초의 위조가 관찰될 때까지 기다렸다가 적용하라. 식생의 범위에 따라 스트레스를 보이기 시작하는 수목에 대해서만 관수하라. 수목의 낙수선 이내 면적의 절반에 대해 약 50mm(2인치)의 물을 적용하라(약 500ℓ/m^2 또는 1.25갤런/ft^2).
- 생활하수(生活下水, household waste water)도 사용될 수 있다. 이러한 물을 사용하면, 토양의 투수성(透水性, permeability)을 감소시키고 염에 민감한 식물에 화상을 유발한다. 이러한 문제는 물에 석고를 첨가하면 최소화시킬 수 있다. 가장 쉬운 방법은 폐수가 누적되어 있는 양동이에 100ml(0.5컵)의 석고를 섞어 주는 것이다. 양동이가 가득차면, 석고와 물을 저어서 석고가 가라앉도록 둔 다음, 액체를 관수하라. 염분 문제를 줄이기에 충분한 양의 석고가 녹아들어가고, 또한 다른 양동이의 폐수에 사용하기에 충분한 석고가 남을 것이다. 필요량은 물 10ℓ당 15ml 미만이면 된다(Branson, 1977). 장기적으로 계속 사용하면 염도가 증가할 것이다.

Wulkowicz(1989)는 가뭄이 지속되는 동안 물을 보관하면서 관수도 할 수 있는 장치에 대한 특허를 얻었다. 신축성이 있는 튜브를 관수할 수목 주위에 설치한 다음, 튜브의 한쪽 끝을 소화전(消火栓, fire hydrant)이나 다른 물 공급 시스템에 부착한다. 물로 채워진 튜브는 대상지역을 봉쇄하는 벽을 형성하면서 수목에 물도 공급한다. 관수가 끝나면, 튜브는 비게 되므로 말아서 다른 장소로 이동하여 사용할 수 있다.

목본식물에 의한 수분 사용을 줄이기 위해 가끔 전정이 제안되기도 한다. 효과를 높이기 위해서는 적어도 잎의 절반을 제거해야 하는데, 이렇게 되면 수간과 가지가 피소에 노출될 가능성이 있다. 지금까지의 정보에 의하면 전정은 최후의 수단이다.

재활용수를 이용한 관수

경관용 관수를 위해 2차 또는 3차 처리된 하수처리장 방류수(sewage effluent)를 사용하는 사례가 증가하고 있다. 이때 주된 우려는 염분과 중금속 존재 여부이다. 관수를 시작하기에 앞서 수질(水質, water quality)의 범위를 점검하라(제4장 수질 참조). 또한 유입되는 하수가 매우 다양하기 때문에 수질을 주기적으로 모니터하라. 하수처리 설비 관리자와의 긴밀한 협조는 수목에 악영향을 미칠 수 있는 방류수 조성의 변화를 확인하는데 필수적이다. 재활용수를 이용한 관수가 녹지수목에 미치는 영향은 다음 몇 가지에 따라 차이가 있다:

- 재활용수의 화학적 특성
- 재활용수에 함유된 염과 기타 화합물에 대한 해당 수목의 감수성
- 토성과 배수 특성
- 토양의 당초 화학적 성질과 재활용수와의 상호작용
- 관수 방법(스프링클러, 점적)
- 관수 관리

수목과 토양에 대한 잠재적인 문제는 관리와 설계를 포함한 다양한 방법으로 최소화시킬 수 있다. 모든 관리 기법들에 대해서는 수목의 반응과 함께 토양의 화학적 성질과 수분 특성에 대한 모니터링이 필요하다.

다음은 기존 경관에 대한 권고사항이다:

- 뿌리지역에 대한 염분 축적을 최소화하라. 이는 수목이 다른 문제에 쉽게 감염될 수 있는 엽소와 염분 스트레스가 발생하지 않도록 하기 위해 중요하다. 축적된 염분을 뿌리 아래로 씻어 내리기 위해서는 대량의 관수로 용탈시켜야 한다(제7장 참조). 비가 많이 오고 배수가 잘되는 토양인 경우, 강우가 토양 염분을 수용 가능한 수준으로 유지하는데 적절할 것이다. 중점토(重粘土, heavy soil)인 경우, 생육기 동안 염분 수준을 낮추기 위해서는 양질의 물로 용탈시킬 필요가 있다. 배수가 불량한 지역에서는 용탈이 되지 않기 때문에 재활용수의 사용은 피하는 것이 좋다.
- 토양 내 나트륨(sodium) 농도를 낮추어라. 나트륨 농도가 너무 높아지면, 배수가 나빠진다. 토양 구조는 석고 형태의 칼슘 혼합물을 토양에 혼합하여 용탈시킴으로써 회복시킬 수 있다. 주기적인 가벼운 석고 적용은 나트륨 문제를 피하는데 도움이 될 것이다(제7장 참조).
- 비료 적용을 줄여라. 재활용수는 일반적으로 상당한 양의 질소, 인, 칼륨을 함유하고 있기 때문에, 비료의 적용을 줄일 수 있고, 어떤 경우에는 하지 않아도 된다.
- 관수 빈도를 높여라. 토양 용액을 희석시키고, 수분 스트레스를 피하고, 독성을 최소화하기 위해 재활용수를 이용한 관수는 더 빈번하게 하는 것이 좋다.
- 토양 pH를 완화하라. 대부분의 수목은 폭넓은 토양 pH에서 견딘다. 그러나 토양 pH가 상승함에 따라 산성을 선호하는 수목은 철분(鐵分, iron) 결핍현상이 나타날 수 있다. 황화증상이 나타나면, 황(黃, sulfur)을 적용함으로써 토양 pH를 낮추거나, 증상을 완화시키기 위해 철분을 시비할 수 있다(제7장 참조).
- 관수 장비에 여과장치(filter)를 부착하라. 3차 처리된 물(tertiary treated water)은 여과되어 관수장비가 막히는 문제가 발생하지 않는다. 그러나 물을 웅덩이에 모아두면, 장비에 문제를 일으킬 수 있는 조류(藻類, algae)가 발생할 수 있다. 이러한 물은 관수시스템에 들어가기 전에 여과될 필요가 있다. 점적 관수시스템은 80메시 필터를 설치하거나, 역류를 통해 청소를 할 수 있도록 설계하여야 한다.
- 수목의 건강을 모니터하라. 염분에 의한 추가적인 스트레스 요소는 병해충 관리 프로그램에 고려하는 것이 좋다. 수목의 건강은 발생할 수 있는 스트레스 연관 문제(제19장 참조)를 확인할 수 있도록 면밀히 모니터해야 한다. 예를 들면, 소나무류에 대한 나무좀(bark beetle), 오리나무류에 대한 천공성 해충(borers), 몬트레이삼나무(*Cupressus macrocarpa*)에 대한 삼나무 부란병(*Seridium cardinale*) 등이 있다.
- 예비 관수시스템을 유지하라. 가능하면 이중 관수시스템을 유지하는 것이 도움이 될 것이다. 이러한 시스템은 강우가 부족한 경우 용탈에 민감한 수목에 대해 양질의 물을 관수할 수 있도록 해줄 것이다. 이는 또한 재활용수의 공급이 중단될 경우 예비설비 역할을 할 것이다.
- 토양의 화학적 변화를 모니터하라. 토양조건은 용탈이나 기타 토양 처리의 필요성을 확인하기 위해 표본추출 프로그램에 의거 모니터 되어야 한다(제4장 참조).

다음은 새로운 경관에 대한 권고사항이다:

- 염분에 민감한 수종의 사용을 피하라. 염분에 민감한 종을 피할 수 없다면, 이들을 모아서 함께 식재한 다음 상수도(上水道, portable water)를 이용하는 별도의 시스템으로 관수하는 것이 좋다.
- 식재 전에 배수 문제를 확인하고 해결하라. 양호한 배수는 재활용수를 사용하는데 필수적이다. 배수를 향상시키는

방법에는 최종 경사 조절, 기반층(hardpan) 제거, 토양 구조 개선 등이 있다.

• 식재 전에 토양의 성질을 평가하라. 재활용수로 관수하는 것이 적합한지를 평가하기 위해 식재 전에 토양의 화학적, 물리적 성질을 점검하는 것이 좋다.
• 적절한 여과장치를 갖춘 관수시스템을 설계하라. 여과장치는 불순물, 특히 조류를 제거하기 위해 설치하는 것이 좋다.

13.7 증산억제제

증산억제제(蒸散抑制劑, anti-transpirant)는 증산을 감축시킬 수 있는 화합물이다. 이러한 물질은 특히 이식할 때와 이식 후에 수목의 수분손실을 줄이기 위해 수목관리자나 농장 운영자에 의해 오랫동안 사용되어 오고 있다. 또한 증산억제제는 가뭄이 진행되고 있는 동안 수목의 수분 요구를 줄이기 위해, 건조한 지방에서는 관수의 빈도를 줄이기 위해, 겨울철 바람에 의해 침엽수의 잎이 타지 않도록 보호하기 위해 사용되어 왔다. 수목은 자신들의 기공을 통해 수분을 잃기 때문에 증산억제제는 주로 잎에 살포한다.

수목이 시들면 생장이 위축된다. 증산억제제는 수분 손실을 감소시킴으로써 시듦을 예방하거나 지연시키는데 도움을 줄 수 있다. 측정 결과에 의하면, 낮 시간 동안 증산이 수분 흡수를 초과하는 경우, 수간은 위축되고 가지는 위로 일어서는 것으로 나타났다. 5년생 아몬드나무에 막(膜, film)을 형성하는 증산억제제를 뿌린 결과 낮 시간 동안 수간 위축을 50% 이상 줄일 수 있는 것으로 나타나 잎으로부터의 수분손실이 줄어들면 전체 수목의 수분 균형(水分均衡, water balance)이 개선될 수 있다는 것을 알 수 있다(Davenport 등, 1969). 잎에 뿌리는 증산억제제는 다음 세 가지 방법 중 하나에 의해 증산을 감축시킨다:

1. 복사에너지의 흡수를 줄이는 반사물질을 사용함으로써, 잎의 온도를 낮추고 증산을 줄인다.
2. 잎 표면에서 건조되어 수증기의 탈출을 방해하는 얇고 투명한 막을 형성하는 왁스, 라텍스(latex), 플라스틱 등의 유상액(乳狀液, emulsion)을 적용한다.
3. 기공 주변의 공변세포에 영향을 주어 기공이 완전히 열리는 것을 막는 특정의 화합물을 적용함으로써 잎으로부터의 수증기 손실을 감축시킨다.

효과를 높이기 위해서는 반사물질이 노출된 잎을 밝은 색의 막으로 덮어주어야 하지만, 이러한 색깔을 띤 수목은 수목을 살려야 하는 경우를 제외하고는 대부분의 경관에서 수용하기 어려울 것이다. 또 다른 결점은 형성된 막이 잎으로의 빛의 투과를 제한하여 광합성을 감소시킨다는 것이다. 투명한 막을 형성하도록 뿌리는 유상액은 수분손실을 줄여줄 뿐만 아니라 광합성에 필요한 이산화탄소의 흡수도 감소시킨다. 기공이 완전히 열리는 것을 방해하는 화합물은 작게 열린 기공은 이산화탄소의 출입보다 수증기의 이동을 더 많이 제약하기 때문에, 유망하게 보인다(Kramer와 Kozlowski, 1979). 이러한 효과를 가져 오는 세 가지 화합물은 초산페닐수은(phenylmercuric acetate), 앱시스산(abscisic acid), 실리콘(silicone)이다. 초산페닐수은이 다른 것보다 더 폭넓게 시험되었지만, 약해(藥害, phytotoxicity)와 환경에 대한 수은 오염 위험 때문에, 사용에 제약이 있을 것이다.

반사형 증산억제제는 잎의 온도를 낮추는 역할을 하지만, 막을 형성하거나 기공을 폐쇄하는 유형은 증산을 줄여서 증발냉각(蒸發冷却, evaporative cooling)을 감소시킴으로써 잎의 온도를 높이는 경향이 있다. 그러나 정상적인 여건 하에서는, 증산억제제로 인한 잎의 온도 상승은, 증발냉각보다 열방출(熱放出, thermal emission)이 더 중요한 열방산(熱放散, heat dissipation) 수단이기 때문에, 일반적으로 심각하지 않다.

증산억제제의 효과는 수종, 수목의 생장 단계, 대기 조건에 따라 차이가 있는 것으로 보인다(Gale과 Hagan, 1966). 증산억제제가 효과적이더라도, 효과의 지속성은 재료의 효율과 지속성, 적용의 정밀성, 환경적인 여건, 살포 후 발생한 새잎의 양에 따라 차이가 있다. 증산을 억제하는 효과는 막에 금이 가고 새로운 성장이 나타나면서 감소한다. 반복적인 적용은 심각한 광합성 감소로 생장을 위축시킬 수 있다. 그럼에도 불구하고, 막을 형성하는 물질이 가장 흔하게 사용되는 증산억제제이며, 결정적일 때 2, 3일에서 2주 정도 증산을 줄이는 것이 적절하다. 증산억제제는 특히 생육기 중에 잎이 달린 수목을 이식할 때 도움을 주어왔다. 이들 억제제가 초기에 수분손실을 40%까지 줄여주기도 하지만, 막을 형성하는 물질은 수분손실을 장기간 감축을 위해 적용하는 것은 제한하고 있다. Turner와 DeRoo(1974)의 시험에서 증산억제제는 기온이 빙점(氷點, freezing point) 이하일 때에는 침엽수의 동계건조(冬季乾燥, winterburn) 피해를 줄이지 못했지만, 기온은 따뜻한데 토양은 아직 차거나 얼어 있는 봄에는 도움이 되는 것으로 보였다.

증산억제제는 일정에 따라 관수하는 것이 여의치 않을 때 관수 사이의 간격을 늘리기 위해 가끔 작은 나무나 용기묘에 사용할 수 있다. 크리스마스트리를 비롯한 절엽(切葉,

cut foliage)은 절단 전에 증산억제제를 뿌려주면 싱싱한 상태가 더 오래 지속될 것이다. 증산억제제는 겨울 동안 해빙염이 뿌려지는 고속도로를 따라 식재된 침엽수에 대한 염분 피해를 줄일 수도 있다(Gouin, 1979).

일반적으로, 증산억제제의 사용은 보다 더 효과적인 물질이 발견되기 전까지로 한정되어야 할 것이며, 편익은 좀 더 구체적으로 증명되어야 할 것이다.

복습

- 토양은 수목에 물을 공급하는 저수지이다. 물은 토양 입자 사이의 공극에 잡혀 있다. 큰 공극은 물의 이동이 빠르고 통기성이 더 좋은 반면, 작은 공극은 물을 잡고 있다. 크고 작은 공극을 모두 가지고 있는 잘 입단화(粒團化, aggregated)된 세립질 토양(細粒質土壤, fine texture soils)은 배수도 잘 되고 수분보유력(moisture-holding capacity)도 높다.
- 포장용수량과 영구위조점 사이에 있는 물이 식물이 흡수할 수 있는 물이다. 포화 상태, 포장용수량, 영구위조점, 식물에 대한 유효수분 등에서의 물의 양은 주로 토성(soil texture)에 달렸다.
- 물의 함량이 포장용수량을 초과한 상태이면, 물은 중력에 의해 토양을 통해 이동한다. 물의 함량이 포장용수량보다 작으면, 물은 모세관현상에 의해 수분함량이 높은 곳으로부터 수분함량이 낮은 곳으로 이동한다. 영구위조점 부근에서는 물은 주로 수증기로 이동한다.
- 토양 답압과 토성이 다른 층이 존재하면 물의 이동이 방해를 받을 수 있다. 세립질 토양이 포화 상태에 이르지 않으면, 물은 세립질 토양으로부터 사토계토양(砂土系土壤, coarse-textured soils)으로 이동하지 않을 것이다.
- 물은 증발산(evapotranspiration, ET) 과정을 통해 식물로부터 이탈된다. ET는 환경적인 요소의 다양성, 수분 손실을 저지하는 수목의 능력, 수목의 크기나 식생의 밀도, 토양 저수지 내의 가용한 물의 양, 토양 표면이나 피복의 유형 등에 의해 영향을 받는다.
  - ET에 영향을 미치는 환경적인 요소는 햇빛, 온도, 습도, 바람 등이다.
  - 수분 손실에 영향을 미치는 수목 요소는 엽면적, 잎의 노출, 기공, 잎의 표면 등이다. 작은 잎, 털로 덮인 두꺼운 잎의 각피(角皮, cuticle), 양호한 기공 조절 능력 등을 가진 수목은 크고 얇은 각피를 가진 얇은 잎과 약한 기공 조절능력을 가진 수목보다 수분을 덜 잃는다.
- 수목에 대한 물의 공급은 물을 흡수할 수 있는 뿌리의 능력에 의해 영향을 받는다. 효율적인 수분 흡수는 습한 토양에서 작고, 어리고, 일년생의, 빨리 자라는 뿌리가 많으면 유리하다. 뿌리가 점유하고 있는 토양의 양은 토양수분 저수지(reservoir)로서, 근계(根系, root system)가 클수록 저수지도 크다. 큰 저수지를 가진 수목은 가뭄이 드는 동안 작은 저수지를 가진 수목보다 더 오래 생존할 수 있을 것이다(수분 사용률이 동일하고 토성이 동일한 경우).
- 증산은 물을 뿌리를 거쳐 줄기와 잎을 통해 위로 끌어당기는 수분포텐셜의 기울기를 만든다. 물의 흡수는 수분손실과 보조를 맞출 수 없기 때문에, 보통 매일매일 결핍이 발생한다. 적정한 토양수분이 존재하면, 수목은 밤 사이에 회복된다. 토양이 건조해지면 수목은 회복을 하지 못하고 영구위조가 발생한다. 수목이 수분 결핍에 의해 피해를 입는 정도는 해당 수종의 내건성에 달렸다.
- 수목은 그 지방 특유의 환경적인 여건 하에서 생존할 수 있도록 자신들의 자생지(自生地, native habitat)에서 진화되어 왔다. 수목이 진화해온 환경적인 여건을 이해하는 것이 해당 수목의 수분요구를 예측하는데 도움이 될 것이다. 어떤 수종이 자생지 밖으로 이동하면, 이들이 가뭄에 대응하는 방법에는 유전적인 한계가 있을 수 있다.
- 가뭄은 오랜 기간 강우가 부족한 것을 의미하는 기상학적인 용어이다. 건조에 견디는 목본식물은 생존에 대한 두 가지 주된 기작이 있다: 탈습 회피(脫濕回避, desiccation avoidance)를 통해 낮은 수분포텐셜을 예방 또는 지연시키거나, 탈습 내성(脫濕耐性, desiccation tolerance)을 통해 생활력을 잃지 않고 낮은 수분포텐셜을 견디는 것이다.
- 강우가 조경수목이 필요로 하는 물을 적절하게 공급하지 못하는 지역에서는 관수는 흔한 관행이다. 관수의 필요성은 수목이 시들거나 탈색되는 것을 관찰하거나, 토양을 만져보거나, 토양습도 감지기를 사용하거나, 증발산 속도를 추정하거나, 잎의 온도를 측정함으로써 평가할 수 있다.
- 관수하는 물을 적용하는 방법에는 스프링클러, 수조(basin), 이랑(furrow), 점적(drip), 기포 발생기(bubbler) 등이 있다. 주어진 위치에 대한 적절한 방법은 식재 설계와 유형, 지형, 바람에 대한 노출, 적용되는 물의 질, 예산 사정 등에 따라 다르다.
- 관수시스템을 충분히 활용하기 위해서는 다음 사항들이 권장된다:
  - 단일 조정기에 의해 관수되는 수목들은 비슷한 수분요구도(하나의 관수지역)를 가지고 있는 것이 좋다.
  - 물을 균일하게 그리고 효율적으로 적용하기 위해서는 관수시스템을 정밀하게 설계하고 잘 유지관리하여야

한다.

- 증발산된 것을 대체하는데 필요한 물의 양을 계산하기 위해서는 실시간 증발산 측정치가 가용해야 한다. ET_0은 보통 기상대에서 얻을 수 있다.
- 개략적인 뿌리 깊이와 토양의 수분보유력은 토양의 물 저수지의 크기를 추정하기 위해 필요하다.
- 관수시스템의 적용효율(application efficiency, AE)은 증발산된 것을 대체하기 위해 적용하는 물의 양이나 원하는 양을 확인하는데 이용된다.

- 하나의 조정기나 밸브에 의해 관수되는 녹지수목에 대한 ET(ET_L)의 추정치를 알기 위해서는 해당 기간에 대한 일반적인 또는 현재의 ET_0을 다음 요소들을 반영하여(곱하여) 조정한다:

K_c (작물[종]계수, crop/species coefficient): 수목의 유형에 대한 계수
K_h (관수지역[미기후]계수, hydrozone/microclimate coefficient): 수목에 대한 계수
K_d (밀도계수, density coefficient): 식재 밀도에 따른 계수

- 녹지에 대한 물 절약 프로그램은 전 세계적으로 지자체의 물 수요가 공급을 초과하는 많은 도시에서는 의무적이다. 장기적인 주요 물 절약 방법에는 다음과 같은 것이 있다:

1. 정밀한 녹지 관수 - 설계, 운영, 유지관리 문제를 바로 잡음으로써 관수시스템의 균일성과 효율성을 제고시키는 것은 물을 절약하기 위해 어떤 녹지에서도 적용할 수 있으며, 특히 잔디 관리에서 더 효율적이다.
2. 대체 수원(水源, water source) – 재활용수의 사용은 상수도를 다른 용도에 사용할 수 있도록 절약할 수 있다.
3. 물 절약 조경 – 잔디나 기타 빈번한 관수가 필요한 식재 식생을 최소한의 관수로도 괜찮은 모습을 보이는 종으로 교체하면 물을 절약할 수 있다.

- 2차 및 3차 처리된 하수 유출수를 녹지 관수로 활용하는 것이 계속 늘어나고 있다. 재활용수를 이용한 관수가 녹지 수목에 미치는 영향은 다음을 포함한 몇 가지 요소에 달렸다.

- 재활용수의 화학적 성질
- 재활용수에 함유된 염이나 기타 화합물에 대한 식재 수목의 민감성
- 토성과 배수 특성
- 토양의 본래 성질과 재활용수에 대한 상호작용
- 관수 방법(예: 스프링클러, 점적관수)
- 관수 관리

수목과 토양에 대한 잠재적인 문제는 관리와 설계를 포함한 다양한 방법으로 최소화시킬 수 있다. 모든 관리 기술은 수목의 반응과 함께 토양의 화학적 성질과 수분 특성에 대한 모니터링을 필요로 한다.

추천문헌

UNIVERSITY OF CALIFORNIA COOPERATIVE EXTENSION. 2000. *A Guide to Estimating Irrigation Water Needs of Landscape Plantings in California*. Sacramento, CA: Department of Water Resources, Bulletins and Reports, P.O. Box 942836.

제14장 전정

목표

- 활엽수, 침엽수, 관목, 야자수, 덩굴식물의 정지(整枝, training)와 전정(剪定, pruning)을 설명하고 예시한다.
- 전정을 하는 이유와 전정에 대한 수목의 반응을 고찰한다.
- 전정 절단(pruning cut)의 유형, 용어, 위치와 수목의 반응을 기술한다.
- 강한 수목구조의 특성과 개발 방법을 제시한다.
- 성목에 대한 안전하고 효과적인 작업을 위한 전정 전 준비사항을 제시한다.
- 건강하고, 튼튼하며, 매력적인 성목을 유지하기 위한 전정에 대해 고찰한다.
- 인위적인 교목과 관목 수형을 창출하고 유지하는 방법에 대해 기술한다.
- 서로 차이가 나는 전정 용어, 관행, 수목에 대한 이들의 영향 등을 조화시키기 위해 노력한다.

전정은 수목의 일부, 주로 신초와 가지를 제거하는 것이지만, 때로는 눈(bud), 뿌리, 꽃이나 열매까지도 제거한다. 전정을 통해 우리는 경관에서 수목의 성과와 기능을 향상시킬 수 있도록 이들의 생장을 조절할 수 있다. 전정은 교목의 구조적인 강도, 과수의 생산 능력, 목재용 수목의 수간 품질, 꽃과 열매의 품질과 크기, 수목의 다양한 심미적인 매력 등을 제고시킬 수 있다. **가장 중요한 것은 어린 교목에 대한 정지의 일부로서의 전정은 경관에서 이들의 기능을 수행하는데 더욱 안전하고 교정을 위한 전정이 덜 필요한 구조적으로 강한 성목을 확보하는데 가장 좋은 방법이다.**

14.1 전정의 일반원칙

전정의 목적

수목은 다양한 형태와 크기로 자란다. 어떤 수목은 중앙 주지(主枝, leader)를 가지고, 키가 크고 곧은 수간(樹幹, trunk)으로 자란다(원추형[圓錐形, excurrent] 생장형) (그림 2-10 참조). 다른 수목은 여러 개의 원가지(main branch)를 가진 펼쳐진 수관으로 자란다(구형[球形, decurrent/ deliquescent/diffuse] 생장형) (그림 2-11 참조). 이 극단적인 두 가지 유형 사이에 중간형이 나타난다. 조경적인 활용과 유지관리 작업을 통해 서로 다른 수목의 자연적인 특성을 개발할 수 있다. 전정은 수목의 외관을 향상키고 수목의 건강과 웰빙을 보호할 수 있다. 그 정도에 따라 전정은 뿌리로부터 수관에 이르기까지 수목 전반에 영향을 미칠 수 있다. 수목관리자는 전정 기술과 전정에 대한 수목의 반응에 익숙해야 한다. 이들은 생장과 과거 전정에 대한 반응을 관찰함으로써 수목의 생장 습성을 확인할 수 있어야 하며, 이를 통해 낯선 수목도 올바르게 전정할 수 있어야 한다. 이러한 언급은 일반적인 전정 기술과 수목의 반응에 대한 것이며, 특정한 수종을 전정하는데 대한 조언으로는 부족하다.

전정을 해야 하는 이유

어린 수목 정지 활력이 좋고 기계적으로 튼튼한 수목을 생산하기 위해서는 골격지(骨格枝, scaffold branch)의 배열, 부착, 크기 등을 조절해야 한다. 전정은 수목의 생장 습성을 이용하고, 수목의 자연적인 성향을 강화하며, 이들을 크게 변경하는 것을 삼가는 방향으로 수행되어야 한다. 형상수(topiary), 격자시렁(espalier), 분재(盆栽, bonsai), 가지엮기(pleach), 두목작업(pollarding) 등의 전정 기법을 통해 비정상적인 수형을 창출할 수 있지만 이를 효과적으로 수행하기 위해서는 전정에 대한 수목의 반응을 잘 알고 있어야 한다.

건강과 외관의 유지관리 전정을 통해 죽은 가지, 병든 가지, 손상된 가지, 부러진 가지, 교차하는 가지, 방해하는 가지, 복잡한 가지 등을 제거할 수 있다. 조밀한 지상부는 햇빛과 공기가 통과할 수 있도록 솎아줄 수 있다. 햇빛은 수목의 내부에 있는 잎과 수목의 아래에 있는 다른 식생을 위해 필요하다. 공기 순환은 특정한 병에 대한 감염을 감소시켜 주고 살포된 농약이 보다 효과적으로 침투할 수 있게 한다. 올바른 전정은 수간과 가지의 초살도를 높여 바람의 저항을 줄여준다. 바람은 수목의 기형을 유도하고 뿌리째 뽑아버릴 수도 있지만, 제대로 부착되어 있지 않으면, 노출된 가지는 부러질 수 있다.

수목의 크기 조절 전정은 그늘과 풍도(風倒, windthrow)의 위험, 구조물이나 송전선에 대한 방해를 줄여주고; 병해충 방제를 위한 살포를 용이하게 하고; 조망과 통행의 장애를 예방할 수 있게 한다. 성숙했을 때에 적절한 크기가 될 수목을 선정하면 해당 수목이 성숙되었을 때 전정의 필요성이 최소화된다. 녹지에 있는 수목에 대해 그 크기를 조절하기 위해 3~5년마다 전정을 해주어야 한다면 특정한 위치나 용도에 맞지 않는 수목이다. 질소비료를 주지 않고 교목 아래에 잔디가 자라면 성장이 느리고 수목이 원하는 크기에 도달하는 과정에 전정의 빈도가 줄어든다.

개화, 결실, 활력에 영향 전정은 영양생장(營養生長, vegetative growth)과 꽃눈(flowering bud) 형성 간의 균형에 영향을 미친다. 일년생 가지에서 꽃이 피는 어린 수목을 강하게 전정하면, 꽃눈 착상이 연기될 것이다. 성목에서는 전정이 활력을 유지하고, 과도한 결실(꽃과 열매가 작고 가지가 찢어지게 됨)을 최소화하며, 해당 수목 전반에 대해 매년 개화와 결실을 조장하는데 도움이 된다. 당년지에서 꽃이 피는 수목을 전정하면 신초를 자극하고, 특히 정아(頂芽, terminal bud)에서만 꽃이 피는 수목의 경우(예: 장미와 배롱나무/*Lagerstroema indica*) 수량은 적지만 더 큰 꽃을 만들게 된다.

뿌리 손실에 대한 보상 이것이 새로이 식재되는 수목의 지상부를 축소 전정하는 빌미를 제공한다. 농장의 노지와 녹지 식재 사이에 상당한 뿌리 손실이 발생한다. 직경 100mm(4인치)의 교목을 기계적으로 이식하면 해당 수목의 흡수뿌리 중 95%를 상실할 수 있다(Watson과 Himelick, 1982). 그러나 물이 부족하지 않으면, 지상부의 많은 부분을 제거하는 것이 반드시 수목의 생존과 생장 능력을 향상시키지 않는다(Whitcomb, 1987). 도리어 이러한 전정이 뿌리 생장의 개시를 지연시킬 수 있다(다음 항 참조).

침체된 수목에 대한 자극 수목이 빈약하지만 활력이 극히 부족한 것 외에 다른 증상이 나타나지 않으면, 이 수목은 전년도보다 더 강하게 전정해볼 필요가 있다.

침엽수의 가치 제고 농장 출하수목(nursery stock)과 크리스마스트리는 이들의 형태, 잎의 밀도, 외관 등을 조절하기 위해 깎아 다듬을 수 있다.

전정 반응

전정은 잎과 잎으로 발달할 눈을 제거한다. 어린 수목과 꽃눈이 거의 없는 좀 더 성숙한 수목을 전정하면 두 가지 상반된 효과가 나타난다.

남겨진 개별 가지가 활력이 좋아지는 것은 전정에 대한 보편적인 반응이다(그림 14-1). 잎과 잎으로 발달할 눈을 제거하는 것은 뿌리시스템으로 하여금 남은 가지, 잎, 눈에 전

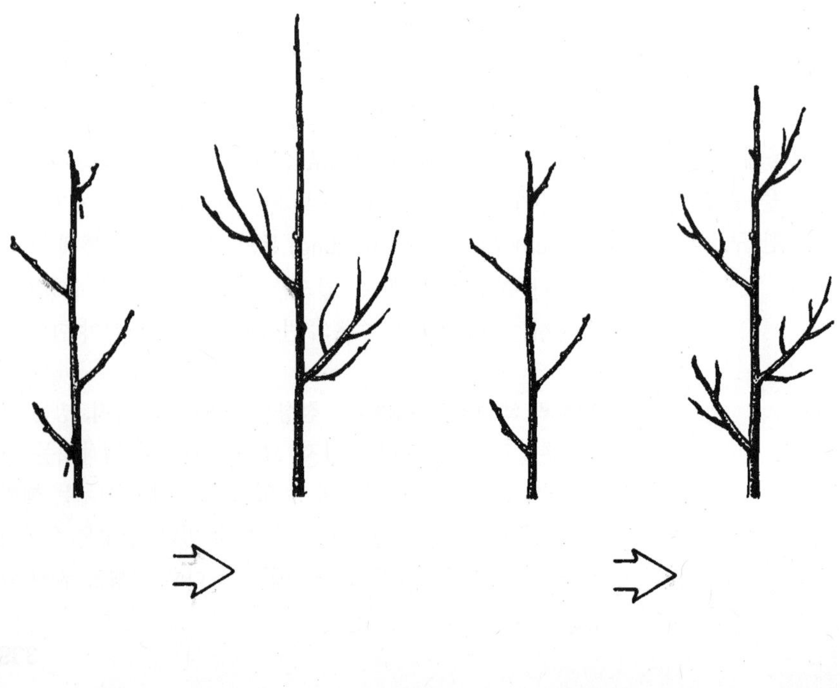

그림 14-1 전정의 효과. 각 화살표의 왼쪽에 있는 수목은 가지 네 개 중 두 측지를 제거하기 전에는 꼭 같은 수목이었다. 전정을 실시한 수목의 두 측지와 정단(頂端, terminal)은 전정하지 않은 수목의 대응되는 측지보다 더 많이 자랐지만, 다음 휴면기까지 전정되지 않은 수목(맨 오른쪽)의 총 생장은 더 클 것이다.

보다 더 많은 수분과 양분을 공급할 수 있게 해준다. 개별 가지는 더 빨리 그리고 더 늦은 생육기까지 자라게 되고, 잎은 더 크고 더 푸르게(더 많은 엽록소) 된다.

어린 수목과 꽃눈이 거의 없는 수목을 심하게 전정하면 전체 수목의 생장이 억제된다. 길이가 더 긴 개별 신초에 더 많고 더 큰 잎이 달려도, 신초의 수가 적어서 총 엽면적과 눈의 수는 적게 된다. 이들 신초는 적은 엽면적에 의해 생산되는 에너지를 사용하면서 생육기 후반까지 자란다. 신초생장이 중단된 후에는 전정된 수목은 다음 생육기를 위해 저장해야 하는 에너지를 생산할 시간이 부족하게 되어 총 생장이 더 작아지는 결과로 이어진다. 이러한 결과는 과도하게 전정한 수목과 덜 전정한 수목의 수간이나 가지의 상대적인 크기를 관찰하거나 측정하면 확인할 수 있다.

올바르게 휴면 전정된 꽃눈이 거의 없는 수목은 일반적으로 생육기 끝에 다음과 같은 특징을 보여준다.

- 지상부와 뿌리시스템이 균형 상태에 있다.
- 수목을 전정하지 않았을 때보다 지상부와 뿌리가 더 작을 것이다.
- 수목은 광합성을 위한 엽면적이 작고 잎의 활동 기간이 짧기 때문에 저장된 에너지가 더 낮을 것이다.
- 올바르게 전정되었다면, 구조는 더 튼튼하고 더 매력적일 것이다.

활력회복과 크기 축소의 정도는 전정의 강도에 따라 다르다. 억제할 필요가 있는 가지는 그 가지의 총 생장을 줄이기 위해 더 강하게 전정되어야 한다. 이렇게 하면 남은 신초의 활력은 더 강해지겠지만 해당 수목의 총 엽면적은 줄어들 것이다. 반면 육성이 필요한 가지는 가볍게 또는 전혀 전정을 하지 않는 것이 좋다. 육성해야 할 가지에 그늘을 지우거나 이와 경쟁하는 가지는 더 강하게 전정해야 한다. 죽고, 약하고, 심하게 그늘진 가지를 제거하는 것은 건강하고, 노출이 잘 된 가지를 제거하는 것에 비해 영향이 거의 없거나 전혀 없다.

전정을 하면 항상 크기가 줄어드는 것이 아니다. 1년생 가지에서 꽃과 열매를 맺는 복숭아나무(*Prunus persica*)와 피라칸타(*Pyracantha*) 같은 성숙된 수목은 휴면기 중에 전정을 해주면 생육기 끝에 더 큰 엽면적을 가지게 된다. 휴면기 전정으로 잎눈과 꽃눈이 모두 제거되어 봄에 새로운 꽃눈이 형성되지 않아 꽃이 피지 않지만, 남아 있는 잎눈으로부터 나온 개별 신초가 전정을 하지 않았을 때보다 더 많은 잎을 형성하게 되기 때문이다. 따라서 신초와 잎이 꽃과 열매에 비해 더 많이 형성될 것이다. 발달할 엽면적이 열매의 크기를 키우지 않으면서 수목의 총 생장을 증대시킬 수 있을 정도의 강도로 전정하는 것도 가능하다. 정체된 수목을 전정하면 더욱 활력 있게, 그리고 전체 크기가 더 크게 자라도록 자극할 수도 있다.

지상부 전정(top pruning) 어린 수목의 가지를 제거하면 뿌리에 대한 에너지 공급뿐만 아니라 발달하는 잎과 눈에서 형성되는 옥신(auxin)의 흐름을 감소시킨다. 뿌리 생장이 시작되도록 자극하는데 필요한 첫 옥신을 공급하는 신초의 끝을 제거하면 낙엽수의 봄 뿌리 생장이 늦어질 수 있다. Richardson(1958)은 설탕단풍나무(*Acer saccharum*)에서 봄 뿌리 생장의 시작이 적어도 하나의 생리적으로 활발한 눈의 존재와 밀접한 관계가 있음을 발견하였다. 설탕단풍나무 묘목의 뿌리는 정아(terminal bud)가 팽창을 시작하기 직전에 생장하기 시작했다. 그러나 뿌리 생장은 정아가 제거된 후 3일간 중단되었으며, 맨 꼭대기 측아 두 개가 팽창되기 시작한 이후 5일 동안도 생장이 재개되지 않았다. 이러한 반응은 나근묘를 식재할 때 줄어든 뿌리와 지상부의 균형을 맞추기 위해 전정을 하는 것이 생존과 생장을 전혀 향상시키지 않는다는 Whitcomb(1987)의 발견을 설명할 수 있을 것이다. 전정을 하지 않은 수목에서 팽창하는 눈과 새로운 잎은 더 넓은 엽면적으로 인해 증가한 증산량을 보상하고도 남을 정도로 충분한 뿌리 생장을 자극할 수도 있다. 식재할 때 수목 전정에 대한 가장 바람직한 원칙은 손상된 가지를 제거하는 것과 수목의 구조 발달에 착수하는 것이다. 수분이 충분하다면, 뿌리 생장을 자극할 수 있도록 가능하면 많은 정아와 잎을 남겨두는 것이 바람직할 것이다.

전정이 개화와 결실에 미치는 영향 대부분의 어린 수목, 특히 일년생 가지에서 꽃이 피는 수목(**그림 14-2a**)은 전정이 개화를 지연시킬 것이다. 전정은 개별 신초의 생장을 조장하여 다음 생육기를 위한 눈이 잎눈과 꽃눈으로 분화하는 초여름 동안 에너지와 호르몬 가용량이 부족하게 될 것이다. 전정을 최소한으로 유지하고 질소비료를 적용하지 않으면 수목은 화기가 강해져 어린 나이에 꽃이 필 것이다. 그러나 활력이 약한 수목은 질소와 기타 화합물의 부족으로 꽃을 거의 피우지 못할 수도 있다. 당년지에서 측면으로 꽃을 피우는 수목은 활력이 좋은 신초를 따라 더 많은 꽃눈을 형성할 것이다. 신초의 끝에서 꽃을 피우는 수목은 더 큰 꽃이나 꽃송이를 보여줄 것이다(**그림 14-2b**). 개화를 늘리는 방법은 결실도 증대시킨다. 원하지 않는 결실을 줄이기 위해 매년 전정을 해야 한다면, 그 수목은 잘못 선정되었거나 위치가 잘못된 것이다.

그림 14-2 (a) 봄에 꽃이 피는 수목은 전년도에 형성된 눈에서 꽃이 핀다(맨 왼쪽). 꽃은 보통 신초 생장이 펼쳐지기 전에 핀다(가운데 왼쪽). 신초는 열매가 맺고 꽃이 진 다음 자란다(가운데 오른쪽). 신초에 형성된 휴면아는 다음 해 봄에 꽃을 피우기 위해 월동한다(맨 오른쪽). (b) 여름에 꽃이 피는 수목은 당년의 신초에 있는 눈에서 꽃이 핀다. 월동한 가지는 휴면을 한 엽아(葉芽, vegetative bud)와 전년 여름에 핀 꽃의 잔재를 가지고 있다(맨 왼쪽). 신초는 봄에 측아로부터 자라고(가운데 왼쪽), 꽃이나 꽃송이가 당년지나 가지의 끝에 형성된다(가운데 오른쪽). 이어지는 겨울에 꽃대가 직전 생육기의 신초에 남아 있을 수 있다(맨 오른쪽).

단근(斷根, root pruning) 예상할 수 있는 바와 같이, 단근은 기본적으로 지상부 전정과 반대되는 효과가 있다. 단근은 제거된 뿌리에 항상 비례하지는 않지만, 지상부에 대한 양분과 수분의 공급을 감소시킨다. 이에 따라 개별 신초의 생장 활력이 떨어지고 총 생장이 감소하게 된다. 일년생 가지에서 꽃이 피는 어리고 활력이 좋은 수목은 단근을 하면 항상 더 어린 나이에 개화와 결실을 조장할 것이다. 이식이 예정된 활착된 교목은 미래의 뿌리분 내에 더 많은 실뿌리를 얻기 위해 가끔 뿌리를 강전정한다(제9장 참조). 이러한 처리를 통해 이식의 성공률을 높일 수 있다고 생각한다. 지표면의 뿌리가 보도와 도로, 포장, 기초에 위협이 될 경우, 보통 이들의 위협을 받고 있는 인공 구조물 근처까지 기계적으로 절단하고, 이들의 생장을 중단시키거나 다른 방향으로 유도한다. 위협이 되는 뿌리를 노출시켜보면, 보다 바람직한 방향으로 자라는 측근(側根, lateral root)에서 축소절단해 줄 수 있을 것이다(제11장 뿌리 위치확인 참조). 단근은 지상부가 강하게 전정되고 활력이 높은 관목의 활력을 낮추기 위해 활용될 수 있다. 단근은 어렵고 지저분한 작업이고, 결과가 항상 명백하지 않기 때문에, 실제로 수행되는 것보다 더 많은 논의가 있다.

전정 시기 적절한 전정 시기는 수종, 수목의 상태, 원하는 결과에 따라 다르다. 가벼운 전정은 일반적으로 언제든지 할 수 있다. 원하지 않는 생장은 작을 때 대부분 쉽게 제거할 수 있으며, 초기에 제거하면 억제하는 효과가 크지 않을 것이다. 대부분의 수종에서 부러지고, 죽고, 약하고, 심하게 그늘진 가지는 수목의 활력에 거의 영향을 미치지 않고 언제든지 제거할 수 있다.

대부분의 낙엽수는 낙엽이 진 다음부터 겨울의 끝까지 휴면기 중에 전정을 하면 비슷한 생장 결과를 가져올 것이다. 어린 수목의 생장은 생육기 중에 가장 효과적으로 유도할 수 있다. 원하는 위치에 있는 가지는 경쟁하는 측지나 신초를 짧게 잘라주거나 제거함으로써 지원할 수 있다. 그렇지 않으면, 초봄이나 늦봄에 낙엽수를 전정하는 것을 피하라. 상록수는 늦겨울에 전정을 하면 수세 위축이 최소화될 것이며, 또한 이 시기는 침엽수에 대한 나무좀 공격이 가장 적을 때이다(나무좀이 문제라면, 소나무 전정상처를 메우고 플라스틱 방수천으로 감싸주어라) (Barrie Coate, Los Gatos, Ca, 1997, 개인적인 정보). 몇몇 상록활엽수종은 생육기 후반에 날씨가 더워진 다음 가장 빠르게 자란다. 이러한 수종을 가장 빨리 생장하는 시기 직전에 전정하면, 잎이 가장 오랫동안 생산성을 유지하며, 전정 상처는 새로운 생장에 의해 더 빨리 아물게 될 것이다.

생육기가 끝난 직후에 전정을 하게 되면, 수목의 발달이 느려지고 수목의 크기가 유지될 것이다. 이러한 전정은 신초 생장을 조장하기 위한 것처럼 강하거나 일찍하지 않는 것이 좋다. 최대한 억제가 필요하다면, 대부분의 수목은 초여름에서 한여름에 이르는 동안 전정하는 것이 좋다. 이렇게 하면 가장 오랜 기간 동안 엽면적을 낮게 유지할 수 있다. 전정 절단은 잘 보이지 않도록 하는 것이 좋다(그림 14-12 참조).

교정을 위한 전정은 생육기 중에 하는 것이 더 쉽다. 잎이나 열매의 무게 때문에 너무 낮게 달려 있는 가지는 솎아줄 수 있다. 죽고 약한 가지는 쉽게 제거 대상으로 지정할 수 있을 것이다. 새의 생활에 대해 관심이 있다면, 늦가을과 초겨울까지 수목에 집을 짓는 새를 방해하지 마라.

개화를 최대화하는 것이 목적인 경우, 전정시기는 수목의 생장 습성에 따라 다르다(그림 14-2). 배롱나무(*Lagerstroemia indica*), 자카란다, 장미와 같이 당년 생장지에서 여름이나 가을에 꽃이 피는 수목은 생장이 시작되기 전인 겨울에 전정하는 것이 좋다. 중간 내지 강한 전정은 수량은 작지만 크기가 더 큰 꽃이나 꽃송이가 발생한다. 일년생 가지에 있는 눈에서 봄에 꽃이 피는 수목, 특히 꽃이 피는 과수는 꽃이 피는 시기 말쯤 전정하는 것이 좋다. 열매가 필요 없는 수종은 꽃을 감상한 다음 신초 생장과 경쟁관계에 있는 결실이 되기 전에 꽃을 제거하면 된다. 봄 개화기 말에 전정하면 생장에 지장을 주는 효과가 거의 없다. 개화는 꽃눈과 직접 붙어 있는 신초의 에너지를 활용하고 다른 비축 에너지를 사용하지 않는다. 이는 봄에 가지를 절단하여 실내로 가져오면 그 가지에서 꽃이 피고 신초 생장이 시작되는 것을 보면 알 수 있다. 수액유출이 문제가 되지 않으면, 생장이 시작되기 몇 주 전후에 전정 상처가 생기면 유상조직(callus)과 새살 형성이 가장 빠를 수 있다. Neely(1970)는 물푸레나무, 주엽나무(*Gleditsia triacanthos*), 대왕참나무(*Quercus palustris*)의 상처는 봄, 여름, 겨울에 절단된 경우 다음 생육기에 비슷한 속도로 아무는데 비해, 가을에 절단된 상처는 약 20% 정도 느리다는 것을 발견하였다. 그러나 여름에 생긴 상처는 유합을 위한 시간이 짧기 때문에 봄에 생긴 상처보다 생육기 동안 덜 유합된다. 이러한 유합의 차이는 다음 생육기로 연결되지 않는다.

Shigo(1989)는 형성층이 활동적이고 특히 수피가 찢어지기 쉽게 느슨한 생육 초기인 봄에 전정하지 않도록 권고한다. 올바르게 전정된 상처는 부후될 위험이 크지 않지만, 대부분의 부후 곰팡이가 포자를 비산시키는 가을은 전정의 적기가 아니라고 말한다. 이는 Neely(1970)의 발견과 마찬가지로, 특별한 이유가 없으면 가을에 전정을 하지 않는 것이 좋다.

그러나 수액 유출은 늦겨울이나 초봄 대신 가을이나 초겨울에 전정을 하면 최소화할 수 있다. 성숙한 수목, 특히 자작나무, 느릅나무, 단풍나무 등과 같은 낙엽수는 수액유출이 심할 수 있다(Brown, 1972). 이러한 수종에서 절단이 크지 않으면(75mm 미만) 유출이 최소화된다. 수액유출이 수목에게 해로운 것은 아니지만, 심하고 지속되면 전정 절단 아래에서 수피 손상을 유발하고 상처의 아랫부분에서 유상조직이 형성되는 것을 지연시킬 수 있다. Brown(1972)은 수액유출을 중단시킬 수 있는 작은 상처를 단단히 동여매는 절차를 기술하고 있다.

봄에 생장이 시작되기 전에 상당한 전정을 실시하면 동해를 입을 가능성이 높아진다. 장미나 아열대성 수목 중 일부는 가을이나 초겨울에 전정을 하면 새로운 생장을 자극하여 기후가 추워지기만 해도 피해를 입을 수 있다. 겨울 기온이 −18°C(0°F) 이하로 내려가면, 전정 절단 주위 조직은 전정에 의해 생장에 대한 자극이 없더라도 내한성이 떨어질 것이다. 이러한 현상은 일부 침엽수에서 현저하다(Brown, 1972). 동해의 우려가 있으면, 봄에 생장이 시작되기 직전까지 전정을 연기하는 것이 최선이다.

특정 병의 발생이나 회피는 전정 시기에 의해 영향을 받을 수 있다. 심각한 유관속병(維管束病, vascular disease)이나 잎에 발생하는 병과 전정된 수목에 몰리는 천공성 해충에 취약한 수종은 전정하기 전에 병의 감염과 진전에 대한 시기적인 영향을 점검하라(제19장 근절 전정 참조).

초가을에 수목을 개방하여 더 많은 햇빛이 창문, 태양열 집열기(solar collector), 안뜰에 도달하도록 하는 전정을 하면, 태양열 난방능력을 높일 수 있을 것이다(제5장 참조). 그럼에도 불구하고, 일부 낙엽수의 벌거벗은 가지는 들어오는 일사의 70%까지 차단할 수 있다.

전정 기술

국제수목관리학회(International Society of Arboriculture, ISA)는 전정에 관한 미국 표준인 *The American National Standard for Tree Care Operations-Standard Practices* (*Pruning*) (ANSI A300 (Part 1), 2001 *Pruning*)를 설명하고, 수행에 도움을 주기 위해 *Best Management Practices-Tree Pruning* (Gilman과 Lilly, 2002)을 발간하였다. Best Management Practices 발행 의도는 수목관리자, 수목작업자 및 이들의 감독자, 그리고 자신들의 서비스가 ANSI A300 표준에 따라 효과적으로 수행되기를 원하는 사람들에게 필요한 지침을 제공하는 것이다.

전정절단의 유형 전정절단(剪定切斷, pruning cut)의 세 유형은 절단이 어떻게 그리고 어디에서 일어나느냐에 따라 차이가 있다. *Best Management Practices: Tree Pruning*(2002)에 기술된 세 가지 전정절단 중 흔하게 사용하는 용어 두 가지가 *Tree Pruning Guidelines* (International Society of Arboriculture, 1995)와 *Arboriculture: Integrated Management of Landscape Trees, Shrubs, and Vines* 제3판(Harris, Clark, and Matheny, 1999)에 있는 것들과 다르다. 아래에서 왼편에 있는 용어들이 *Best Management Practices*에서 사용되고 있고, 오른편에 있는 것들은 다른 두 책에서 사용되고 있다.

전정절단의 유형[a]

두절(頭切, Heading cut)	**Heading cut**
제거절단(Branch removal cut)	**Thinning cut**
(솎음절단, Thinning cut)	(To thin)
축소절단(Reduction cut)	**Thin to a lateral**
(Cutting to a lateral)	(Thin to a lateral cut)
(Lateral cut)	(Drop-crotch cut)
(Drop-crotch cut)	

[a]굵은 글씨가 각각의 전정절차에서 선호되는 용어들이다. 괄호 속의 용어들은 사용되고 있거나 사용된 적이 있는 같은 뜻의 용어들이다.

세 가지 각각의 전정절단은 ISA(1995); Harris 등(2002); Gilman과 Lilly(2002) 등에 정의되며, 설명되고, 그림으로 예시되어 있다. ANSI A300(2001) 표준은 두절(heading; 5.3.6)을 하나의 전정절단으로 정의하고 설명하고 있지만, 그림으로 예시하지는 않고 있다. 반면 ANSI 표준은 솎음절단/제거절단(除去切斷, thinning cut, branch removal cut) (그림 5.3.2와 5.3.7)과 측지에서의 솎음절단/축소절단(縮小切斷, thin to a lateral cut, reduction cut, lateral cut, thin to a lateral) (그림 5.3.3)은 그림으로 예시하고는 있지만 이들을 정의하거나 설명하지는 않는다.

그림 14-3 두절은 가지터기에서(아래 가지), 작은 측지에서(수간), 눈에서(작은 측지의 정단) 절단하는 것이다.

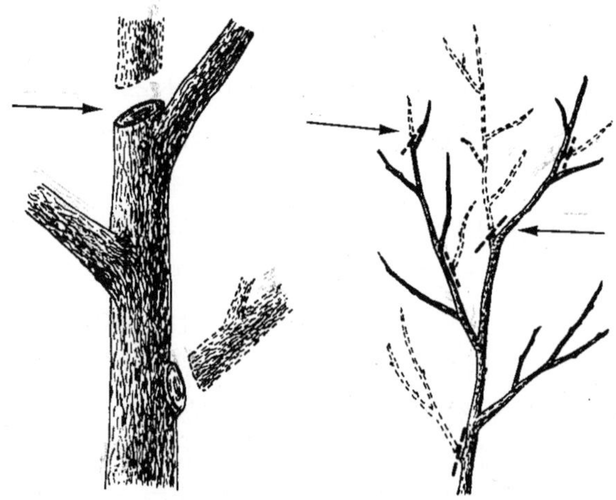

그림 14-4 솎음(제거)절단은 가지의 발생지점(화살표가 없는 점선)에서 이를 제거하는 것이다. 측지에서의 솎음(축소)절단은 주지나 가지의 정단역할을 이어받기에 충분할 정도의 굵기인 측지에서 절단하는 것이다(화살표가 있는 점선). 이들 두 절단에 대한 수목의 영양적(vegetative)인 반응은 비슷하다.

두절(heading 또는 heading back cut)은 당년지나 일년생 가지를 눈(bud)에서 제거하거나, 가지터기를 남기면서 가지나 주지를 절단하거나, 정단역할(頂端役割, terminal role)을 이어받기에 충분하지 않은 측지에서 절단하는 것이다(**그림 14-3**).

솎음절단/제거절단(thinning cut, removal cut)은 측지가 발생한 지점에서 이를 제거하는 것이다(**그림 14-4**). 측지에서의 솎음절단/축소절단(thin to a lateral cut, reduction cut)은 정단역할을 이어받기에 충분한 굵기의 가지에서 가지나 주지를 절단함으로써 이들의 길이를 축소하는 것이다(그림 14-4).

주지나 가지를 측지에서 절단함으로써 대교목의 수고나 수관폭 또는 가지를 축소하는 것을 분기 낮추기(drop-crotching)라고 불렀었다. 어떤 지역에서는 굵은 측지에서 축소절단하는 것을 heading이라고 말하기도 했다. 그러나 가지터기를 남기지 않고, 수목이 다른 솎음절단과 같은 반응을 보이기 때문에 측지에서의 솎음이나 축소절단이라는 용어가 더 적절해 보인다.

가지나 수간이 절단되는 곳의 측지가 정단역할(頂端役割, apical role)을 이어받기 위해서는 적어도 절단되는 가지나 수간 직경의 1/3은 되는 것이 좋다(여기서는 ANSI A300[2001]의 4.20항과 5.5.4항에서 사용되고 있는 정아우세/*apical dominance*라는 용어보다 정단역할이라는 용어가 더 적절하다; ANSI 4.2항과 용어집[Glossary]에 있는 apical dominance에 대한 정의 참조). 수간이나 측지가 올바르게 절단되는 곳의 가지는 아래에 위치한 측지를 억제하지는 않지만 이들 측지보다 더 빨리 자랄 수 있는 충분한 잎(에너지)을 가지고 있어야 한다(다음의 전정절단에 대한 반응 참조).

축소절단을 하는 위치를 결정할 때, 잎의 상대적인 양을 기준으로 하는 것보다 줄기와 가지의 상대적인 굵기(절단이 이루어지는 부근의 직경)를 기준으로 하는 것이 더 쉬운 방법이다. 경험이 많은 전정작업자가 새로이 식재된 수목의 잎을 30% 정도 제거하고자 할 경우, 해당 수목의 가지시스템을 20~50% 축소하게 된다(Evans와 Klett, 1985). 이러한 작업은 성목에서는 더 어렵다. Fraedrich와 Smiley(1996)는 모지(母枝, parent limb) 직경의 1/3 미만인 측지에서 축소절단을 하면, 모지가 죽어 들어가거나 맹아가 무성하게 발생된다고 경고한다. 한편 남겨진 측지가 지침인 1/3보다 훨씬 굵으면, 해당 측지가 수직으로 자라거나 무게를 줄이기 위한 솎기를 해주지 않으면 강풍 피해 위험이 있다.

전정절단에 대한 반응 건강한 수목의 특정한 전정절단에 대한 반응은 일정하다. 전정절단은 최초의 가지와 수목의 외관에 영향을 미칠 뿐만 아니라, 향후의 생장이 나타날 위치를 결정하고 수목의 활력에 영향을 미친다. 수목의 반응을 기준으로 정리해 보면, 전정절단 후에는 두 가지 완전히 다른 반응 중 하나가 나타난다.

어린 가지나 주지의 두절은 일반적으로 절단부위 바로 아래에 있는 하나 이상의 눈에서 활력이 강하고 직립하는 생장이 나타난다. 더 아래에 있는 눈은 수목이 더 강하게 전정되지 않으면 움직이지 않을 것이다(그림 14-5). 터기(stub)를 남기면 수간이나 굵은 가지의 측아로부터 도장지(徒長枝, epicormic shoot)가 자라나온다. 두절된 굵은 터기에서 자라는 활력이 좋은 새 가지는 전정 후에 형성된 새로운 얇은 목질층에만 부착되어 있다(그림 14-6). 따라서 부착력이 약해서 쉽게 떨어져 나올 수 있다. 두절이 심하면, 이러한 가지의 수가 많고 조밀하여 아래에 위치한 잎과 하층 식생에 심각한 그늘을 만든다.

제거절단과 축소절단을 통해 활력을 회복하는 것은 수목 전반에 걸쳐 광범위하게 확산되기 때문에, 개별 신초의 활력

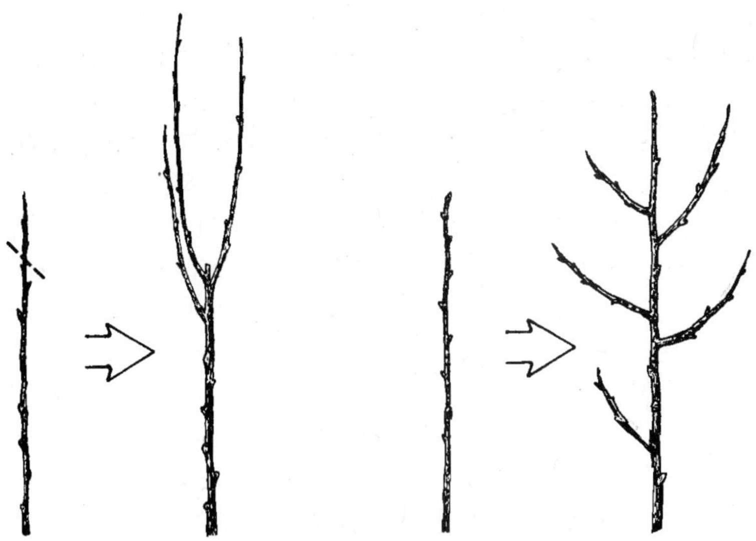

그림 14-5 일년생 신초를 두절하면(왼쪽 끝 부분) 절단부위 바로 아래에 있는 2~4개의 눈이 직립하는 강한 신초를 발생시키도록 조장할 것이다. 비슷하지만 전정하지 않은 어린 나무는 줄기를 따라 고루 분포되지만 활력은 약한 가지가 발생한다(중간 오른쪽). 오른쪽 사진의 앞에 있는 런던버즘나무는 사진을 촬영하기 직전에 두절되었다; 뒤에 있는 왼쪽 수목은 지난 겨울에 두절되었는데, 전정절단 아래에서 자극받은 왕성한 직립의 신초가 발생하였음에 유의하라.

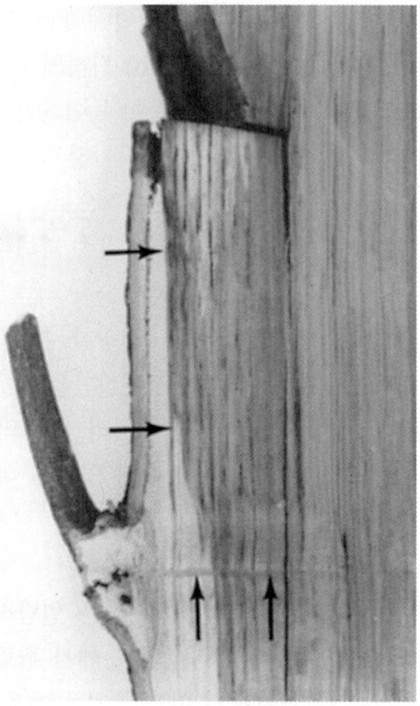

그림 14-6 루브라참나무(*Quercus rubra*)의 잠아(아래쪽 화살표가 가리키는 아흔[芽痕, bud trace]에 유의; 이 눈은 이 가지가 신초로 자라는 첫해에 형성되었다)가 전년에 그 위에 발생한 상처에 의해 자극되었다(왼쪽). 형성된 도장지는 당년의 목부에 의해서만 부착되어 있다. 상처발생 후에 형성된 방벽지대(위 화살표)는 이 가지의 부착을 더욱 약화시키고 있다. 두절 후에 생장이 강요된 활력이 높은 맹아지도 비슷하게 부착되어 있다(오른쪽). 이 레드우드(*Sequoia sempervirens*)에서 두절된 다음 자란 측지의 약한 결합(두 화살표 사이)에 유의하라(오른쪽). 벌써 10년이 지났지만 가지는 약하게 부착되어 있다. (왼쪽 사진: Alex Shigo와 Kenneth Dudzik, U.S. Forest Service.)

은 같은 강도의 두절에서 발생하는 신초보다 낮다. 그러나 이들 두 제거/축소절단에 대한 반응은 비슷하다. 강도가 강하지 않으면, 활력회복은 절단부위 주변에 집중되지 않고 남겨진 측지와 수목 전반으로 확산된다. 제거절단이 실시된 수목은 더 많은 공간이 생기면서도 자신의 자연수형을 유지한다. 더 많은 햇빛이 수목 안으로 침투하여 수관 안쪽에서도 잎이 자랄 수 있게 되어 가지의 초살이 높아지게 된다.

전정절단 위치 전정절단의 유형은 후속적인 생장에 영향을 미칠 뿐만 아니라, 가지 부착과 관련된 절단 위치는 상처의 크기를 결정하고, 유상조직(癒傷組織, callus) 분비와 새살(woundwood) 형성, 부후에 대한 노출, 윤할(輪割, ring shake; 연륜을 따라 둥글게 목부가 분리되는 것) 발생 가능성 등에 영향을 미친다(Shigo 등, 1979). 근접한 절단은 절단 기부로부터의 도장지 수를 줄여주고, 가지를 측지에서 축소했을 때에는 측지 부착 강도를 약화시킬 수 있다.

1979년 이전에는 몇몇 저자가 최종 절단을 수간이나 모지와 평행하게 또는 가능하면 가까이에서 할 것을 권고했다. 이러한 평절(平切, flush cut)은 상처를 불필요하게 크게 만들고 수간조직을 부후 가능성에 노출시킨다. Shigo와 그의 동료들(1979)은 흑호두나무(*Juglans nigra*)에 대한 평절이 복수의 윤할을 유발한다는 것을 발견하였다. 평절은 수간 형성층을 제거하고 제거된 가지 부근에 있는 수간조직 내의 광합성 산물과 물의 통도조직인 사부(篩部, phloem)와 목부(木部, xylem)를 절단한다. 상처 상하의 수간조직이 노출되어 탈수가 발생하면, 습도를 유지하고 냉각시키기 위한 수분의 상향 이동이 감소하게 된다. 이렇게 되면 수간조직의 궤양과 괴사가 발생할 가능성이 높아진다. **가능하다면 평절은 하지 않는 것이 좋다.**

1983년 이후 자연표적전정(自然標的剪定, natural target pruing, NTP)이 대부분의 교육받은 수목관리자들의 목적(目的, goal)이 되었다. NTP 절단은 (1) 가지 분기에 있는 지피융기선(枝皮隆起線, branch bark ridge)과 (2) 가지의 기부에 있는 가지 깃 등에 근접하면서도 바깥쪽에서 절단하는 것이다(그림 14-7) (Shigo, 1989). 이러한 절단은 가지 깃 내에 있는 자연적인 보호구역을 유지시켜 전정절단으로 부후가 시작되면, 수종과 수목의 건강에 따라 차이가 있겠지만 부후균 감염이 수간 내의 가지 조직에 한정되어 더 이상 확산되지 않게 될 가능성이 높다.

Neely(1988c, 1991)는 1983년 Shigo가 설명한 자연표적전정(NTP)에 의문을 제기하고, Neely가 명명한 전통적인 전정(conventional pruning, CP), 즉 NTP와 같은 방법으로

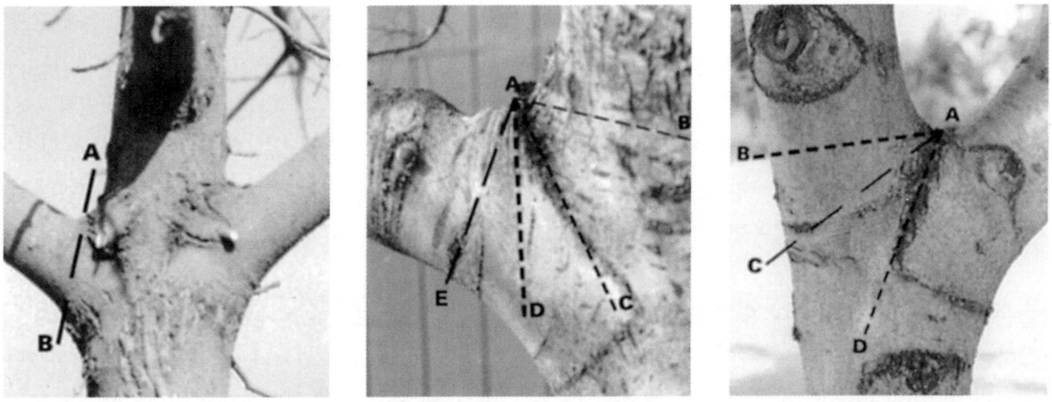

그림 14-7 지피융기선(A)과 가지 깃(B)의 위치를 확인할 수 있으면, 지피융기선과 가지 깃의 바로 바깥을 최종 절단(A~B)하여 가지를 제거하라(왼쪽). 가지 깃이 보이지 않거나 가지 깃의 위치를 확인하고 싶으면(중간), 두 가지 추정 방법이 올바른 최종 전정절단의 위치를 확인하는데 도움이 될 것이다: (1) 절단될 가지에 평행하는 임의의 선(A~B)과 지피융기선(A~C) 사이의 각도가 지피융기선(A~C)과 전정절단하는 선(A~E) 사이의 각도가 같다고 보는 것과, (2) 지피융기선(A~C)과 지피융기선으로부터 아래로 임의의 수직선(A~D) 사이의 각도가 임의의 선 A~D와 전정절단선(A~E) 사이의 각도와 같다고 생각하는 것. (선 A~D는 제거될 가지의 위쪽 줄기부분과 평행일 경우가 종종 있다.) 사실 두 방법이 가리키는 전정절단(A~E)과 가지 깃이 위치할 가능성이 높은 선은 동일하다(D 아래의 거친 수피선은 가지 깃이 아님에 유의하라).

전정절단(왼쪽과 오른쪽 사진)은 지피융기선과 가지 깃 바깥쪽에서 실시되었다(Shigo, 1986a). 왼쪽의 가지터기가 필요 이상으로 길거나 체인톱을 이용한 최종 절단이 절단 각도 때문에 위쪽으로 이루어져야 한다면, 이 전정절단은 가지 깃을 통과하여 지피융기선 바로 바깥에서 이루어질 것이다(Neely, 1988c).

최종 축소절단(오른쪽)은 제거될 가지나 주지에 대한 임의의 수직선(A~B)과 지피융기선(A~D)에 의해 형성되는 각도를 이등분하는 선(A~C)에서 이루지는 것이 좋다. A~D 선에 더 가까이 절단하는 것은 남겨지는 가지의 부착을 약하게 하여 쉽게 찢어질 수 있을 것이다.

아래로 절단하되 가지 깃 바깥이 아닌 이를 통과해서 절단하는 방법과 비교하였다. NTP 절단은 체인톱을 사용할 경우 수간을 손상시키지 않기 위해 항상 위로 절단해야 한다고 생각했다(Neely, 1991). Neely는 CP 절단이 NTP 절단보다 수목에 대한 손상 가능성이 낮으면서 더 쉽고 더 안전하다고 주장하였다. CP 절단의 상처는 처음에 NTP 상처보다 30~50% 더 크지만, Neely(1988c)는 "깃을 통과하는 CP 절단이 미학적으로 더 좋고 유상조직 생장이 더 빠를 것이다. 반면 깃의 바깥을 절단하는 NTP 절단은 가지가 제거되는 곳의 줄기나 수간의 변색과 부후를 줄일 수 있을 것이다"라고 결론지었다.

1997년 성숙한 활엽수에 대한 전정절단, 유상조직 분비, 부후에 관한 설문에 대한 답변에서 저자는 미국 본토를 대표할 수 있는 경험이 풍부한 40명의 수목관리자들로부터 다음과 같은 응답을 받았다.

- 60%가 가지 깃 바깥을 절단하는 것보다 깃을 통과하여 절단하는 것이 특히 빨리 자라거나 부후에 감수성인 수종과 상처의 직경이 200mm(8인치) 이상인 경우, 절단으로부터 더 많은 부후가 발생한다는 것을 관찰하였거나 알고 있었다. 수목관리자의 40%는 두 절단 유형 간 부후의 차이를 인식하지 못했다.
- "평균이상(above-average)"의 수목관리자가 좁은 각도로 부착된 가지를 제거할 때, 응답한 수목관리자의 58%는 NTP 절단을 했다고 생각한 반면, 42%는 항상 CP 절단을 하게 된다고 생각했다.
- 평절을 무시한 상태에서 19%의 수목관리자는 수종과 상처의 크기에 따라서는 측지 제거 후에 "심각한" 부후 가능성이 있다고 생각했다. 31%는 부후가 "어느 정도 심각"하다고 생각했고, 같은 비율의 수목관리자는 "조금 위험"하다고 생각한 반면, 19%는 "없다"라고 대답했다.
- 54%의 수목관리자는 죽은 가지 주위의 새살 깃은 절대로 침해하지 말 것을 권고하였고, 29%는 깃 안쪽으로 절단하는 것이 때로는 적절하다고 생각하였으며, 17%는 깃을 절단해도 문제가 되지 않는다고 생각하였다. 사실, 사람들은 일반적으로 유상조직의 분비를 촉진시키기 위해 죽은 가지 깃의 안쪽을 절단한다.

일부 추가적인 의견이 재미있다.

- 많은 사람들은 부후는 속성수종(예: 자작나무류/*Betula*, 오리나무류/*Alnus*, 버드나무류/*Salix*, 단풍나무류/*Acer*, 물푸레나무류/*Fraxinus*, 사시나무류/*Populus*, 비술나무/*Ulmus pumila* 등)과 활력이 낮은 교목, 큰 전정 상처 등

에서 더 문제가 된다고 생각하였다.

- 가지 깃이 절단되면, 유상조직은 상처의 아랫부분을 유합하지 못할 수 있고, 때로는 윤할로 이어지며, 어떤 사막에 사는 교목은 수액이 흘러나오고 절단된 깃 아래의 수피가 죽는다.
- 상처의 부후 가능성은 유상조직의 유합 속도와 관련이 없다.
- 몇몇 사람들은 전정과 관련하여 부후가 과도하게 강조되었다고 생각하는가 하면, 전염성 유관속병과 특정 천공성 해충(穿孔性害蟲, boring insect)이 일부 지역에서는 더 심각하다고 생각하였다.

다음과 같은 일부 개인적인 지적이 주목할 가치가 있다.

- 축소절단이 가지를 약화시키고, 수간에서의 유사한 절단보다 더 잘 부후될 수 있다.
- 전정절단의 부후는 절단부위보다 더 높을 가능성은 낮다.
- 큰 가지를 제거하는 대신, 가지의 끝을 가볍게 만들거나 그 가지를 줄당김해 주는 것이 더 좋을 수도 있다.
- 상방향 절단은 더 많은 시간과 더 높은 기술을 필요로 하지만, 유능한 수목관리자에게는 덜 위험할 수 있다.
- 전정의 질이 향상되었지만, 여전히 많은 수목들이 과도하게 전정되고 있다.
- "살아 있는 조직을 침투하는 데는 합리화가 필요하다."

NTP가 목적인 것처럼 보이지만, 어느 가지를 절단할 것인가에 대한 관심만큼 가지의 크기와 수종도 고려해야 한다. 만족스러운 전정절단의 흔적은 부후 없는 유상조직에 의한 균일한 유합이다.

캘리포니아 수목파손보고서 프로그램(California Tree Failure Report Program)에 보고된 315건의 활엽수 가지 파손을 요약한 결과 권고된 유형의 전정절단을 지지하고 있는 것으로 나타났다(Alison Berry, University of California, Davis, 1998, 개인적인 정보). 가지 파손의 높은 비율(약 40%)이 측지가 평절이나 어느 정도의 두절에 의해 제거된 곳에서의 가지 부후와 관련이 있었으며, 측지 제거가 없었거나 측지가 제거절단에 의해 제거된 경우에는 이와 관련된 부후가 20%에 불과하였다. 반면, 평절된 침엽수 가지 파손의 5% 미만이 부후와 관련이 있었다.

앞서 언급된 것들은 주로 큰 전정절단과 관련된 것이지만, Shigo와 동료 작업자들(1979)은 어린 수목에서도 지피융기선이 다치게 해서는 안 된다고 지적한다. 활력 있는 어린 수간은 근접 절단이 돌출하는 눈을 감소시킴으로써 생장 자극을 받을 수 있는 맹아의 수를 줄일 수 있으므로, 이에 대한 하나의 예외가 될 수 있다. Shigo(1989)는 이러한 상처가 작고 빨리 아문다 하더라도 이에 동의하지 않았다. 겨울이 추운 지방에서 자라는 어떤 수종은 작은 평절에도 윤할이 발생하기 쉽고, 이는 상렬로 이어질 수 있다(제3장 참조).

전정절단

전정가위는 크기와 형태가 다양하지만, 기본적으로 두 가지 유형이다. 하나는 휘거나 굽은 모루(anvil)를 가까이 지나가면서 절단하는 휜 날을 가지고 있다(**그림 14-8**). 다른 하나는 평평한 모루에 맞닿아서 절단하는 직선의 날을 가지고 있다. 곡선의 가위는 더 많이 근접해서 절단할 수 있고, 특히 가위가 무딜 경우, 줄기 조직을 덜 손상시킨다.

전정가위로 절단하기에 너무 큰 가지를 절단할 때에는 손톱(**그림 14-9**)이나 동력톱을 사용한다. 굵은 가지를 자를 때에는 체인톱(chain saw)을 사용한다. 이는 전정에 소요되는 노력을 크게 완화시켜주지만, 체인톱의 날이 지피융기선의 위치와 무관하게 가지 분기를 절단하기도 한다. 이로 인해 생긴 커다란 평절은 수간조직을 부후 가능성에 노출시킨다(그림 14-7에서 A-D 절단). 일부 수목관리자는 직경이 75mm(3인치) 미만인 가지를 제거할 때에는 정교한 작업을

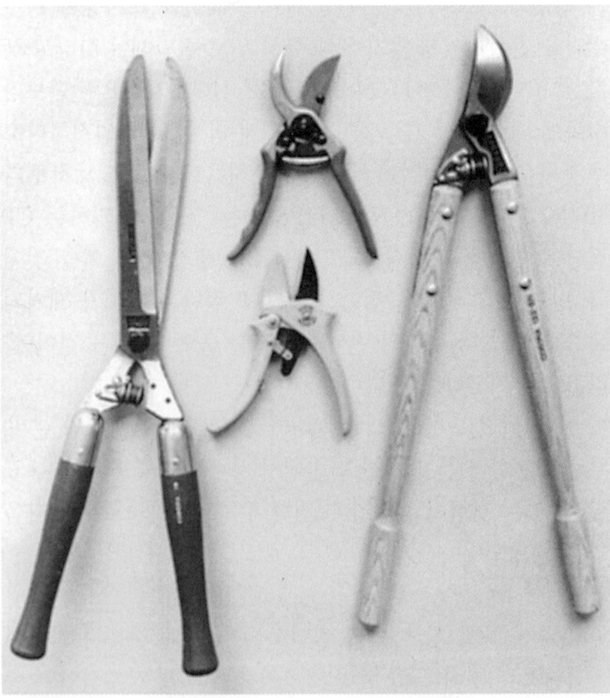

그림 14-8 한 손 전정가위는 날과 모루가 휜 것(중간 위)과 직선(중간 아래)인 것이 있다. 직선모루형은 절단 양쪽면의 수피를 손상시키지만, 휘어진 것은 모루쪽만 손상시킨다. 손잡이가 긴 가위도 길이가 다양하고 두 유형이 모두 있지만 모루와 날이 휜 형태가 흔하다(오른쪽). 생울타리 가위는 비슷한 모양에 두 개의 날을 가지고 있다(왼쪽).

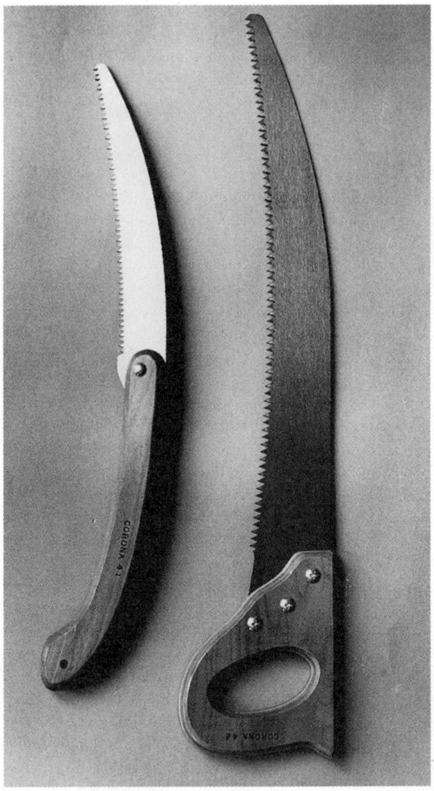

그림 14-9 접는 손톱(왼쪽)은 사용하지 않을 때에는 접어서 호주머니에 넣을 수 있기 때문에 어린 나무에 대한 작업을 할 때 편리하다. 큰 날을 가진 더 큰 톱(오른쪽)은 큰 가지를 많이 잘라야 할 때 편리하다.

위해 손톱 사용을 선호한다.

기타 동력 전정도구, 특히 장대에 달린 것은 수목관리자의 작업 유연성을 높여준다. 이를 이용하면 대부분의 전정절단의 위치가 정확할 수는 없지만, 절단이 대부분 작은 가지를 대상으로 하기 때문에 이로 인해 큰 문제가 발생하지는 않는다. 이들 도구는 인양 장비와 같이 사용할 수 있도록 설계되어 있으며, 압축공기, 유압, 전기, 휘발유 엔진 등을 동력으로 이용한다. 현재 가용한 꺾쇠(clamp)가 달린 활대에 장착된 동력톱은 직경 170mm(6.75인치)의 가지를 절단한 다음 절단된 것을 붙잡고 이를 수목에서 제거할 수 있다. 이 장비는 특히 송전선로 정리와 가지를 제거한 다음 안전하게 내릴 수 없는 특수한 사정에 적합하다.

작은 가지 작은 가지를 제거할 때, 날이 지피융기선의 바깥쪽 면을 절단하도록 제거될 가지의 가지 깃 바로 바깥에 위치시키면 올바르고 매끈한 절단을 할 수 있다(**그림 14-10**). 휜 날을 이용하여 옆에서 절단하는 것은 밑에서 절단하는 것과 비슷하다. 두절은 절단될 가지에 직각이 아닌 대각선으로 절단한다(그림 14-10). 이러한 절단은 날이 나무결(grain)에 대해 직각이 아닌 보다 순응해서 절단하기 때문에 힘이 덜 들어간다. 휜 날이 제거될 부분의 반대방향에 위치하기 때문에 남겨질 조직에 대한 상처도 최소화될 것이다.

축소절단을 할 때, 짧은 가지터기를 남기면서 아래쪽이 아닌 조금 위쪽을 절단하면, 새로운 정단이 분리될 위험을 줄일 수 있다(**그림 14-11**). 마찬가지로 휜 날이 제거될 부분의 반대쪽에 위치하도록 하라. 또한 가위를 깊숙이 넣고 가위의 지레받침을 절단될 가지에 가까이 위치시키면 쉽게 자를 수 있을 것이다. 가위가 자르기에 너무 큰 가지를 절단하거나 절단하는 동안 가위를 비틀면 혹사하게 되고 가위에 회복할 수 없는 손상을 주게 된다.

외관이 중요한 경우에는 전정절단을 가장 많이 보이는

그림 14-10 휜 전정가위의 날을 제거될 가지의 지피융기선 바로 바깥에 위치시켜 근접하여 절단하라(왼쪽). 날이 아래로 향하는 것보다 위로 향하거나(왼쪽) 대각선으로 향하면(중간) 힘이 덜 들것이다. 마찬가지로, 대각선으로 두절을 하면 힘이 덜 든다(오른쪽); 날카로운 날이 모루보다 가지의 기부에 가까이 위치하는 대각선 절단을 하면 가지가 덜 뭉개질 것이다. 대각선 절단의 상단은 남겨질 맨 위쪽 눈에서 5mm(0,25인치) 위에 있는 것이 좋다.

그림 14-11 축소절단을 할 때에는, 날카로운 날이 모루보다 남겨질 가지에 더 가깝게 위치하도록 가위를 잡아라(왼쪽). 날이 남겨질 측지의 방향과 평행하게 절단하도록 가위를 잡아라. 측지의 지피융기선이 잘려나가지 않도록 짧은 터기를 남겨라(중간). 날이 분기 안에 위치하고 절단이 아래로 되면, 지피융기선이 침범되고 남겨질 측지가 분리될 수도 있다(오른쪽).

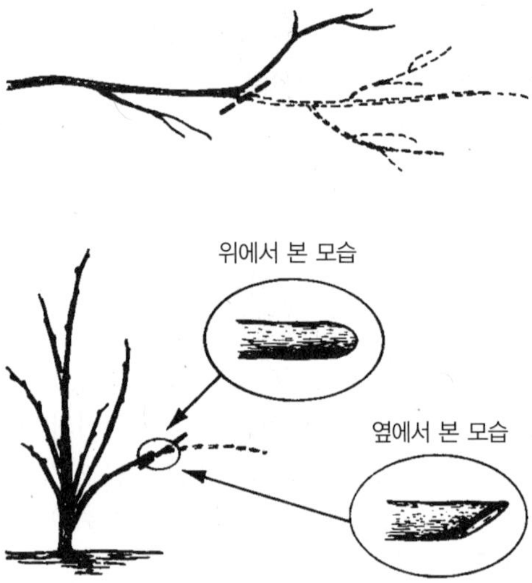

그림 14-12 낮게 자라는 관목에서 제거할 가지의 위쪽에서 자라는 수평의 측지에서 축소절단을 하거나(위) 절단면이 지면을 향하여 보는 사람의 시각에서 보이지 않도록 위를 향한 눈에서 축소절단하면 전정절단을 숨길 수 있을 것이다(아래).

그림 14-13 굵은 가지는 3단계 절단으로 제거하라. 첫 절단은 가지 부착지점으로부터 300mm되는 곳에서 가지의 아래에서 실시하라(왼쪽). 두 번째 절단은 일차 절단의 25mm 이내에서 가지의 위쪽에서 실시하라. 마지막 절단은 깃과 지피융기선의 바로 바깥쪽에서 실시하라(오른쪽).

방향에서 먼 방향으로 절단 각도를 바꾸어 관목이나 교목의 아래 가지에 의해 가려질 수 있도록 할 수 있다(**그림 14-12**). 가지의 끝이 위로 향한 측지에서 축소절단을 하면 수목이 더 자연스럽게 보일 것이며, 전정절단이 수평이거나 지면에 평행한 경우, 이러한 절단은 시야에서 감춰질 수 있다. 생장이 시작되기 직전에 전정을 하면, 절단은 새로운 생장에 의해 가장 빨리 감추어질 것이다.

굵은 가지 직경이 25mm(1인치)를 초과하는 가지는 보통 톱으로 절단한다. 직경이 50mm(2인치)를 훨씬 초과하는 가지는 가지가 분리되고 수피가 찢어지는 것을 방지하기 위해 3단계로 절단하는 것이 좋다(**그림 14-13**). 분기(分岐, crotch)로부터 약 30cm(12인치) 위에서 가지의 아래쪽에 첫 절단을 하되, 가지 전체의 약 1/4 정도를 절단하라. 두 번째 절단은 첫 절단의 25mm 이내에서 가지가 떨어져 나갈 때까지 가지의 위쪽을 절단하라. 위쪽의 절단을 첫 절단 바깥쪽에서 하면 분리되면서 찢어질 가능성은 낮다(Fred Roth, Pomona, CA, 1990, 개인적인 정보). 그러나 체인톱을 이용할 때에는 위쪽 절단을 분기에 가깝게 하는 것이 더 안전할 것이다(Capel, 1987).

세 번째 절단은 앞에서 설명한 대로 분기에서 실시하는데, 지피융기선 바깥에서 가지 깃 바로 위로 절단하는 것이 최선이다. 과거의 전정절단을 보면 대부분의 획일적인 유합이 일반적으로 가지 깃 안쪽이 절단된 곳에 위치하고 있음을 볼 수 있다.

3차 절단을 해야 하는 가지터기가 무거우면, 두 차례 절단으로 제거해야 한다: 처음은 아래쪽에서, 그리고 두 번째는 위에서 절단. 절단이 완료될 때까지 무거운 가지터기는 밧줄로 잡아두는 것이 좋으며, 이 밧줄은 나중에 이 가지터기를 안전하게 내리는데 활용할 수 있다(Bridgeman,

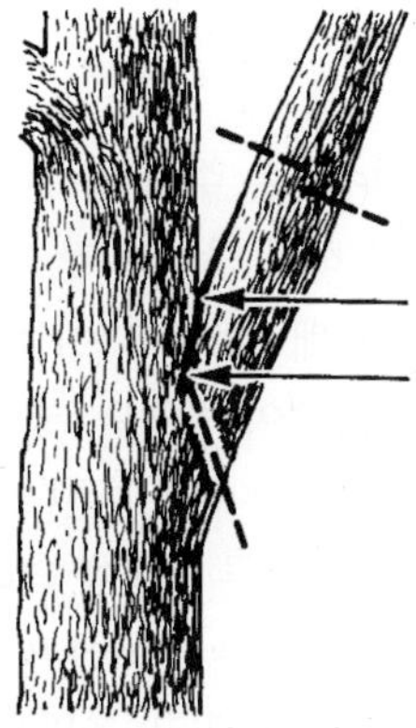

그림 14-14 좁은 각도로 부착된 굵은 가지를 제거할 때에는 3차 절단은 가지와 수간이 실제로 결합된 지점을 향하여 아래에서 위쪽으로 각도를 정하라. 두 화살표 사이에서 줄기와 가지가 붙어 있지만 둘은 서로 결합되어 있지 않기 때문에 수간이 가지를 감싸고 있지 않다.

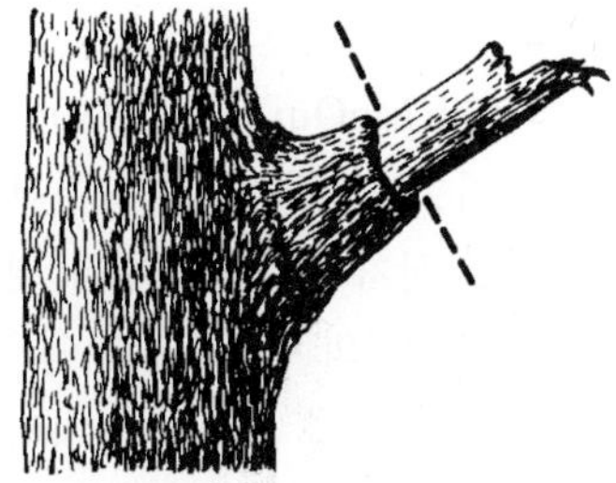

그림 14-15 살아 있는 목재의 깃을 가진 죽은 가지터기는 그 깃의 바로 바깥에서 잘라주어야 한다. 일부 수목관리자는 깃의 끝을 절단하면 유합이 더 빨리 될 것이라고 생각한다.

1976). Beranek(1996)은 체인톱으로 가지를 제거할 때 다섯 가지 기본적인 절단 방법을 기술한다.

좁은 V자형 분기를 가진 가지는 3단계 작업과 비슷하게 제거하되(**그림 14-14**), 두 가지의 실제 연결부위는 보이는 합류점보다 훨씬 더 낮을 수 있다는 것을 명심하라. 절단은 수평에서 40~50° 각도로 부착지점을 향해 비스듬하게 위쪽으로 하는 것이 좋다.

일부 전정에 관한 교과서나 자료는 큰 전정 상처를 날카로운 칼이나 조각칼로 다듬을 것을 권한다. 다듬는다는 것은 상처가 매끈하고 평평하도록 주변의 두꺼운 수피를 깎는 것이다. 이렇게 하면 상처 유합이 더 빨리 될 것이라고 생각한다. 그러나 상처는 깨끗하게 보일지 모르지만 그럴만한 가치가 있는 것 같지는 않다. 형성층이 나무 망치나 조각칼에 의해 손상될 수도 있고, 수피가 너무 많이 제거되면 더 많이 건조될 수도 있다. 상처 주위의 수피를 깎아내야 한다면, 두꺼운 수피만 벗겨주고 상처 가장자리에서는 수피 두께의 1/2 이상 깎아내지 마라. 수피는 상처 주위로 갈수록 얇게 깎아주어라(Keith Davey, Belmont, CA, 1981, 개인적인 정보).

수간의 목부가 아래쪽에 있는 가지를 완전히 감싸고 있지 않아서 가지 깃이 불완전할 수도 있는데, 이러한 가지의 아래쪽 수간은 움푹 들어가 있거나 가라앉아 있다. 이러한 상태에서 가지를 제거하면, 꺼진 부위의 조직이 부적절한 수액유출 때문에 대개 죽는다. 가지 제거로 인한 이러한 결과에 대해 Thompson(1961), Bernatzky(1978), Pirone (1978a) 등은 가지치기 상처 주변의 윤곽을 따라 수피를 제거하라고 권고하였다. 그러나 Davey(1967), Brown(1972), Bridgeman(1976), Shigo(1989) 등은 이러한 관행을 권장하지 않았다. 가지치기 상처 아래의 형성층이 죽어도 해당 수목이 충분히 건강하다면, 결국에는 형성층 생장이 노출된 표면을 감쌀 것이다. 노출된 목재가 감싸지는 것과 관계없이 죽은 수피는 살아 있는 조직에 이르기까지 제거될 수 있는데, 이때 살아 있는 조직이 절단되어서는 안 된다.

죽은 가지터기 깃이 형성되어 있는 죽은 가지터기를 제거하는 방법에 관한 견해는 상충되어 왔다. Barlett(1958)는 새살의 깃 안쪽에서 절단하면 상처가 더 빨리 아물 것이라고 하였다. Shigo와 동료들(1979)은 11년 전에 죽은 가지터기가 절단된 36년생 7그루의 흑호두나무 수간을 절개하였다. 평절(가지 깃도 남기지 않은)된 17개 가지터기 중에서 14개가 윤할(목재의 접선 및 종축방향 분리)과 관련이 있었다. 가지 깃이 수목에서 제거되지 않은 4개의 가지터기에서는 윤할이 나타나지 않았다. 또한 평절된 부위의 목재 변색이 더 심했으며, 이는 부후될 가능성이 더 높을 것이다. 이들은 나무의 생애 후반에 전정을 하는 경우, 죽어가거나 죽은 가지 주위에 형성되는 가지 깃을 보전하도록 주의를 기울일 것을 권고하였다(**그림 14-15**). 가지터기에 있는 가지 깃 조직이 절단되면, 그 상처는 더 빨리 아물 수도 있지만 부후에는 더 취약할 수 있다.

전정 상처 보호

아스팔트 유상액(乳狀液, emulsion)이나 기타 물질들이 전정절단 상처를 부후로부터 보호해줄 수 있다는 것은 회의적이다(Harris 등, 1969; Neely, 1970; Shigo와 Wilson, 1977). 이러한 도포의 목적은 목재부후 미생물로부터 절단 표면을 보호하고, 건조로 인한 표면 갈라짐(surface checking)을 줄이기 위한 것이다. 그러나 햇빛에 노출되면, 대부분의 도포제는 갈라질 것이다. 그러면 비나 스프링클러, 이슬 등으로부터의 수분이 틈 속으로 들어갈 수 있고, 목재와 상처도포제 사이에 있는 주머니에 축적될 것이다. 이러한 환경은 피복되지 않은 상처보다 목재부후 미생물에게는 더 유리한 여건이 될 것이다.

라놀린 연고(lanolin paste)를 전정이나 수피 상처에 바르면 형성층이 말라 들어가는 것과 건조를 줄일 수 있고 상처 유합을 촉진하였다(McQuilkin, 1950). 이는 벨츠빌(Beltsville, MD) 근처 2차 생장 임지에 있는 10개 수종 646 그루의 성목에 발생한 상처에 대해 실험한 몇 가지 물질을 이용한 11차례에 걸친 일련의 연구로부터 얻은 주요 결론이었다. 라놀린은 상처의 건조를 지연시켜 처리를 하지 않은 경우보다 형성층의 고사가 적었으며, 특히 수피 상처 주위에서 효과가 좋았다. 이는 형성층이 빨리 생장하도록 촉진함으로써, 라놀린이 처리되지 않은 상처보다 연간 평균 유합률이 14% 더 높았다. 라놀린 효과는 전정 상처보다 수피 상처에서 더 높았다.

미시간에서 3개 수종에 대한 2년간의 실험에서 Kielbaso와 Hart(1998)는 Fongisil™, Lac-Balsam™, Ortho Pruning Sealer™, 무처리 등으로 처리된 전정 상처와 수피 상처의 유합률을 비교하였다. 가지 전정 상처는 수간의 수피 상처만큼 빨리 유상조직이 형성되지 않았다. 3개 제품 중 하나로 처리된 전정 상처는 미국물푸레(*Fraxinus americana*)에서 대조구보다 적어도 50% 정도 더 빨리 유합되었다. 적단풍에서는 처리 간에 차이는 없었다. 전정 상처의 유합 속도는 Ortho Pruning Sealer™ 처리구에서 다른 두 가지 처리구와 대조구보다 19% 정도 빨랐다.

부후는 대부분의 수종에서 축소/제거 절단에서 문제가 안 되는 것으로 판단되기 때문에 밀폐물질로 상처를 처리하는 것은 의미가 없을 것이다. 전정상처나 수피 상처가 외관만을 위해 도색되는 것이라면, 얇은 칠을 적용하기 전에 상처를 건조시킬 수 있다면, 페인트를 접착시키는 것이 최선이다. 첫해에 상처를 몇 차례 조사하고, 도포된 표면에 금이 가면 다시 처리하라.

전정 상처에 적용하는 일부 아스팔트 유상액과 연무도료(aerosol paint)에 생장억제제인 NAA(naphthalene acetic acid)를 첨가해왔다. 이는 도장지의 수를 약 50%까지 감소시켰으며, 이들의 활력도 약화시켰다(Ashbaugh, 1968). NAA가 효과적이기 위해서는 이를 전정상처 주변의 수피에 적용해야 한다. 이것을 절단된 목부의 표면에만 적용하면 효과가 없다(제15장 참조).

갓 생긴 전정 상처는 산란(oveiposit)할 준비가 된 암컷 나무좀을 유인하고, 궤양을 일으키는 곰팡이의 포자가 비산할 때 이에 감염되기 쉽다. 전정절단에 적용된 아스팔트 페인트는 나무좀의 공격을 줄여줄 것이며, 살균제가 포함된 페인트나 분무액은 특정한 궤양성 곰팡이로부터 전정 상처를 보호할 수 있을 것이다. 제17장에서는 상처와 공동(空洞, cavity)에 대한 처리와 함께 이러한 처리에 대해 고찰할 것이다.

14.2 교목 전정

대부분의 성숙한 독립수목은 수백 년 동안 그랬듯이 전정을 거의하지 않거나 전혀 하지 않아도 잘 자란다. 그러나 이들이 자신들의 자연적인 배치로부터 이동되거나 수풀, 임지, 산림 등과 같은 자연 환경이 바뀌면, 생장, 크기, 수형에 대한 수많은 새로운 요구조건이 부여된다. 많은 교목들은 더 이상 숲이나 산림에 있는 다른 교목에 의해 보호되지 않으며 환경에 노출된다. 낮은 가지는 활동에 방해가 될 것이다. 수목은 송전선 쪽으로 자랄 수 있고, 조망을 차단하며, 햇빛을 가로막고, 건물에 너무 가까이 자라고, 강한 바람에 의해 변형되거나 파손되고, 너무 크게 자라고, 보기 싫게 자랄 수 있다. 농장에서 자란 생장 유형은 바람직하지 않을 수도 있고 구조가 약할 수도 있다. 이러한 것들이 전정을 해야 하는 이유의 일부가 된다.

많은 수종은 자연적으로 바람직한 가지 간격과 독특한 구조로 수관을 발달시킨다. 처음에는 생존하는 것보다 더 많은 가지가 자라고, 경쟁과 그늘은 일부 가지가 다른 것보다 더 빨리 발달하도록 한다. 작고 약한 가지들은 죽어서 많은 가지가 자연적인 전정 과정에 의해 떨어진다. 최소한의 전정으로 잘 자라는 수목은 가끔 위치가 좋지 않거나 경쟁이 심한 가지, 약한 가지 부착, 손상되거나 죽은 가지 등과 같은 명백한 구조적인 문제만 교정해 주면 된다.

구조적인 견고성

어떤 특징은 수목의 수간과 원가지(main branch)의 구조적인 견고성에 도움이 되고, 수목의 나이나 최종적인 크기와 형태에 관계없이 거의 모든 수목에 중요하다.

가지 간격 활엽수의 가지가 수직적으로나 수간의 둘레에 적절한 간격을 유지하고 있으면, 이들은 거의 같은 높이에 여래 개의 가지가 나타나는 것보다 강하게 부착되어 있다고 판단할 수 있을 것이다(**그림 14-16**). 수직적인 가지 간격은 작게 자라는 교목보다 크게 자라는 교목에서 더 중요하다. 농장이나 식재지에서 주지(leader)가 두절되면, 보통 두절된 곳 바로 아래에 가지가 밀집하여 발생한다. 정아 집단(頂芽集團, terminal-bud cluster)이 있는 일부 수종은 일반적으로 전년도 생장의 기부나 끝 근처에 몇 개의 가지가 형성된다(그림 14-19).

가지 부착 강하게 부착되기 위해서는 가지는 자신이 나온 수간이나 모지보다 직경이 작아야 한다. 상대적인 가지의 굵기는, 부착 각도가 좁지 않고 매몰된 수피(included bark)가

그림 14-16 이 모데스토 물푸레(*Fraxinus velutina* var. *glabra* 'Modesto')는 농장에서 또는 식재할 때 두절되었다. 두절된 지점 아래에서 자란 많은 가지가 솎아지지 않았다. 대부분의 이들 가지는 좁은 각도로 부착되어 있고 수피가 매몰되어 있으며, 이 나무가 계속 자라고 넓게 뻗을수록 찢어질 위험에 놓여 있다.

없으면, 부착 각도에 못지않게 중요하다(제2장 참조). 정단과 경쟁하는 가지의 생장은 튼튼한 부착을 보장하고 주지와의 경쟁을 완화하기 위해 억제해 주는 것이 좋다. 영구지들 간에 선택을 해야 한다면, 부착 각도가 넓고 수직 생장이 덜한 가지를 선택하는 것이 좋다. 이들의 덜 활발한 생장과 작은 굵기가 강한 부착을 보장할 것이다.

매몰된 수피가 있는 부착 매몰된 수피는 좁은 각도의 가지 부착과 쌍간(雙幹, double leaders/ codominant stem) 사이에서 종종 발생한다. 매몰된 수피를 가진 가지 부착은 원천적으로 약하다(그림 2-33, 14-16, 16-6 참조). 수간이 가지나 다른 줄기 주위로 자랄 수 없다. 매몰된 수피를 가진 굵은 가지나 수간은 일반적으로 매우 직립하고, 위쪽이 넓게 퍼지기 전에 굵게 자랄 수 있고, 약한 부착 지점에 대한 스트레스가 증대된다. 이렇게 되면 찢어지는 것은 시간문제다. 매몰된 수피를 가진 가지는 어릴 때 제거하는 것이 좋다. 수목이 나이가 들수록, 가지 부착지점에서의 스트레스를 줄이기 위해 가지의 무게와 확산을 줄이기 위한 전정과 쇠조임이나 줄당김까지도 필요할 수 있다(제17장 참조).

매몰된 수피를 가진 부착은 영구지가 필요한 높이에서 발생하는 경우도 있다. 어린 수목에서 약하게 부착된 가지가 골격지가 위치해야 할 높이에 있으면 제거하라. 그러면 2차 가지가 수피 매몰 없이 자라고, 굵기도 수간보다 가늘 것이다(**그림 14-17**). 원하는 위치에서 좁은 각도로 부착된 가지를 가진 어린 수목에 대한 또 다른 대안은 직경 생장이 억제되도록 해당 가지의 엽면적을 절반까지 제거하는 것이다. 이렇게 하면 일반적으로 수간(또는 굵은 가지)이 수피가 매몰될 가능성이 낮은 가는 가지의 기부 주위로 생장할 것이다(Brian Kempf, Visalia, CA, 2002, 개인적인 정보).

어떤 수종은 수간에 홈을 형성할 정도로 부착 각도가 매우 좁은 가지를 가지고 있다. 이들 수종 중 양버들(*Populus*

그림 14-17 어린 수목에서 부착 각도가 좁거나 수피가 매몰된 신초는 이들의 길이가 150~200mm(6~8인치) 정도일 때 잘라버리는 것이 좋다. 두 번째 눈은 이전의 직립하는 신초보다 활력이 떨어진 신초를 형성하고, 매몰된 수피가 없이 더 넓은 각도로 자랄 것이다. 이 사진에서 짧은 가지터기는 제거된 신초의 위치를 보여준다(왼쪽). 오른쪽 사진은 녹지에 식재된 첫 해에 첫 측지가 제거된 다음 뒤에 발생한 측지를 수직적인 간격을 위해 솎아준 7년생 모데스토 물푸레(*Fraxinus velutina* var. *glabra* 'Modesto')이다(그림 14-16과 비교해 보라).

nigra 'Italia')과 같은 특정 수종은 직립으로 가지를 뻗는 습성 때문에 선택되어 왔다. 이러한 가지는 수간에 비해 상대적으로 가늘게 유지되어 이를 제거해야 할 구조적인 이유가 거의 없다.

초살된 수간 초살이 잘 된 수간(tapered trunk)을 가진 교목은 강한 바람과 반달족(vandals)에 의한 피해에 견딜 수 있다(Leiser와 Kemper, 1973). 초살된 수간은 수고에 따라 직경이 감소한다. 초살된 수간은 수간에 걸쳐 "표면 휨응력(surface-bending stress)이 일정하게 배분"되면 바람에 더 쉽게 휘어질 것이다(Mattheck과 Kubler, 1995). 이 응력이 균일하지 않으면 수간은 이렇게 되도록 자랄 것이다. 초살이 잘된 수간과 가지를 가진 수목의 지상부는 초살이 낮은 수목보다 바람에 더 잘 휜다. 이는 수간과 가지가 부러질 위험과 수목이 뿌리째 뽑히는 위험을 줄여줄 것이다. 생육기에 주기적인 바람에 노출되면, 주지의 끝은 바람과 거의 평행할 정도로 휘어져 끝에 있는 미성숙한 목질부에 작용하는 거의 모든 응력을 덜어준다. 바람이 지속적이지 않으면, 대부분 수종의 정단은 바람이 잔잔할 때 수직으로 되돌아올 것이다. 어린 수목의 수간에 붙어 있는 임시가지(temporary branch)는 수간의 초살을 증대시키고, 유연성을 제고시키며, 햇빛이나 반달족으로부터 수간을 보호할 것이다.

컴퓨터 모델과 실험적인 수목 시험을 이용하여, Leiser와 Kemper(1973)는 수목의 아래쪽 2/3에서 발생한 가지에 적어도 잎의 1/2을 가진 수목에서 수간과 가지를 따라 응력이 더 고르게 배분된다는 것을 발견하였다.

2001 ANSI A300 표준(5.6.2.1항)은 "제거할 때에는 작은 가지가 각각의 굵은 가지와 수관에 걸쳐 고루 분포하도록 하는 것이 좋다"라고 기술되어 있다. 그림 2-15의 왼쪽 수목과 그림 6-9의 오른쪽 수목은 1995년과 2001년의 A300 표준을 충족하지만, 강풍이 불면 자신의 수간을 따라 응력을 고루 배분하기에는 부족하여 피해를 입을 가능성이 높다. "수관 전체를 통해 개별 골격지에 가지를 고루 배분하는 것"보다 더 중요한 것은 적절한 "살아 있는 수관비율(live crown ratio)"을 갖는 것이다. 최적관리실무(*Best Management Practice*)는 살아 있는 수관비율이 수고의 66%(2/3) 이상이 되는 것이 좋다고 권고한다(Gilman과 Lilly, 2002). 이러한 비율은 Leiser와 Kemper(1973)의 발견에 매우 근접한다.

장초 전정과 단초 전정

교목은 서로 다른 수형이나 형태로 정지(整枝, training)될 수 있다. 그러나 대부분의 수형은 전정에 의해 주로 두 가지 기본적으로 상이한 방법 중 하나로 창출되고 유지관리된다. 이 방법들은 재배적 기원, 사용되는 기술, 수목의 생리에 미치는 영향 등에 의해 구분된다. **단초 전정**(短稍剪定, short pruning)은 14세기에 지중해에서 기원한 것으로서 인위적으로 기하학적 수형(幾何學的樹形, geometric form; 건축적인 전정)을 만들고 유지관리하는 것이다. 여기에 속하는 것으로는 **차폐 전정**(遮蔽剪定, rideau/screening pruning), **두목작업**(pollard), **격자시렁**(espalier), **가지엮기**(pleach), **형상수**(形象樹, topiary) 등이 있으며, 이 장의 후반에 기술한다. **장초 전정**(長稍剪定, long pruning)은 수세기 동안 시행되어 왔지만 최근(18세기)에 중부 유럽(central Europe)에서 이름이 붙여졌다. 이는 인공적인 여건 하에서 자연적인 형태로 수목을 유지관리하는 것이다(Raimbault, 1998).

서로 상이한 전정 유형은 탄수화물 비축, 광합성 활동, 생장의 배분 등에 영향을 미친다. 유럽에서 주로 활용되는 런던버즘나무(*Platanus* × *acerfolia*), 유럽피나무(*Tilia platyphyllos*), 마로니에(*Aesculus hippocastanum*) 등에 대한 연구에서 Bory 등(1996)은 장초 전정(자유 수형 또는 자연 수형)된 수목은 근원(根元, root collar)과 수간의 아랫부분이 전분(澱粉, starch) 형태 화합물의 주된 저장구역이라고 보고했다. 수간의 전분량은 위로 올라갈수록 감소한다. 이와 마찬가지로, 가지의 전분함량은 기부에 가장 많고 끝으로 갈수록 감소한다. 이러한 전분 기울기는 연중 지속된다.

이와는 달리 단초 전정은 계절별로 뿌리와 수간의 전분함량에 큰 차이가 있어서 구획화(區劃化, compartmentalization) 과정에도 심각한 혼란이 발생한다(Bory 등, 1996). 가지 부착과 기부는 더 이상 중요한 저장지역이 아니다. 전분이 가장 풍부한 지역은 매년 반복적인 전정으로 인해 형성된 수목의 수관에 있는 작은 새살 유상조직(woundwood callus)이다.

두목작업으로 전정된 수목의 주된 전분 저장지역은 머리(head, 신초가 매년 전정되는 가지 끝에 있는 혹으로, 고양이 머리[tetes de chat/cat heads]라고도 부른다)이다. 주근에서는 전분 화합물의 계절적인 이동이 일어나지만, 수간과 골격지, 부착부위에는 소량만 저장되어 있었다. 그러나 연구대상 3개 수종의 경우, 지상부에 있는 전체 탄수화물 저장량의 30~60%가 두목의 머리에 있었다.

이러한 발견은 장초 전정된 수목의 경우, 축소 또는 제거 절단으로 생긴 상처에는 보호와 유상조직 분비를 위한 에너지가 잘 공급되는데 비해, 두절된 상처는 취약하다는 증거가 될 수 있다. 마찬가지로, 단초 또는 두목작업으로 유도된 수목에서 당년지나 일년생 가지는 안전하게 두절할 수 있지만, 이러한 수목에서 굵은 가지를 제거하는 것은 이 부분에 대한 평균 이하의 탄수화물 수준 때문에 더 많은 위험을 유발할 수 있다. 두목작업을 4년 이상의 주기로 행하거나 완전히 중단한 버즘나무에서는 혹에 있던 전분 비축이 새 뿌리로 천천히 이동하였다. 혹에 탄수화물이 감소하게 되면 유상조직 분비가 감소하여, 병원균에 취약하게 될 것이다. 이러한 결과에 비추어 볼 때, 특별한 이유 없이 장초 전정에서 단초 전정으로, 마찬가지로 단초 전정에서 장초 전정으로 변경하는 것은 현명하지 못하다는 것을 의미한다. 또한 장초 전정된 수목의 전정을 중단하는 것보다 단초 전정을 그만두는 것이 성목에 더 심각한 탄수화물 저장 문제를 유발할 수 있다.

하계 전정 Bory 등(1996)은 성숙한 유럽피나무, 런던버즘나무, 야생 벚나무(*Prunus*) 수종에 대한 실험에서 초여름에 당년지 50%를 두절하면 '절단된 신초의 기부에 있는 이미 노화된 잎을 부활시킨다'는 것을 발견하였다. 즉, 잎의 탄수화물 저장이 감소하고, 엽록소가 증가하며, 남아 있는 기부의 잎에서 광합성이 촉진되었다. 이렇게 전정된 수목의 수관과 수간에 탄수화물이 35~45% 증가한 것으로 관찰되었다.

이는 여름에 전정된 교목과 관목이 이러한 전정에도 불구하고 크게 약화되지 않는 이유를 설명한다. 사실, 이는 어린 수목에서 임시가지의 당년지, 잠재적인 영구지(永久枝, permanent branch)와 경쟁하는 가지 등에 대한 여름전정이 수간 직경과 초살, 뿌리 생장을 제고시킬 것이라는 관행을 지지하고 있다.

장초 전정: 자연적

장초 전정은 아마 크고 성숙한 교목이 공원 안, 도로와 보도 주변, 공공건물 주위, 주거지와 정원 등에 자라기 전에는 크게 신경 쓰지 않았을 것이다. 대부분의 교목은 통행을 위한 아랫가지 제거보다 더 많은 손질이 필요하다.

Raimbault(1996)와 프랑스 Paysage에 있는 National Engineers School의 동료들은 구형의 활엽수가 이들 교목의 생애 중 각각 다른 단계에서 실시한 장초 전정에 대해 어떤 생장 반응을 보이고, 이로 인해 결과적인 구조가 어떻게 발달하는가를 분석하였다. 불행히도, 적어도 미국에서는 대부분의 새로 식재된 교목은 이미 이들의 성숙된 구조에 관한 고려가 거의 없이 농장에서 전정되었다.

어린 수목 정지(구조를 위한 예비 전정)

어린 나무, 특히 구형의 수관형을 가진 수목의 정지는 이들의 미래 구조, 외관, 유지관리 비용 등에 관한 재배적 업무에 지대한 영향을 미친다. 작은 전정가위를 가지고 투입한 몇 분의 시간은 큰 비용이 아니지만 엄청난 편익을 가져다준다.

"바람직한 품질과 결함은 모두 수목의 크기가 커지면서 증폭된다; 양질의 수목을 구매하고 정지하는데 투자된 추가적인 짧은 시간과 작은 돈은 절감된 유지관리와 수선비용, 녹지의 효율성, 더 길어진 유용한 수명 등을 통해 두고두고 되돌아온다"(Scott Mayer, Seattle, WA, 1997, 개인적인 정보).

일반적으로 미국풍나무(*Liquidambar styraciflua*), 대왕참나무(*Quercus palustris*), 백합나무(*Liriodendron tulipifera*), 그리고 대부분의 침엽수와 같이 당년지에 측지를 뻗는 어린 원추형 교목은 정지가 거의 필요 없다(그림 2-10 참조).

일부 어린 구형 교목은 당년지에 측지가 거의 없을 수도 있다. 뽕나무류(*Morus* sp.)와 느릅나무류(*Ulmus* sp.) 같은 수종은 정아통제/우세가 약하다. 전년에 형성된 일부 측아가 주지보다 더 크게 자랄 수 있다. 이러한 수목이 농장에서

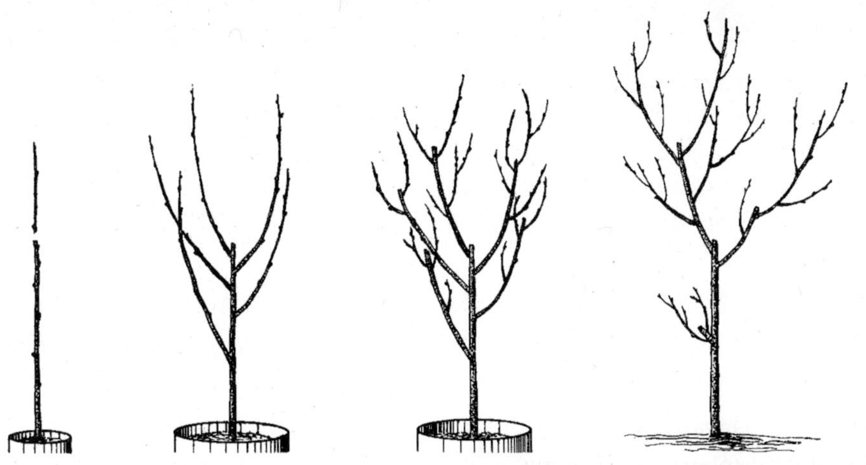

그림 14-18 용기에서 키운 수목(맨 왼쪽)은 가지 분기를 조장하고 판매할 때 매력적인 균형을 발달시키기 위해(가운데 두 그림) 가끔 두절된다. 측지는 보통 또 다른 가지 세트를 확보하기 위해 두 번째로 두절된다(중간 오른쪽). 소교목인 경우에는 대부분의 가지가 너무 낮고, 대교목인 경우에는 가지들이 너무 가까울 것이다. 수목이 일단 녹지에 식재되면, 맨 윗가지를 주지로 선정한 다음, 또 다른 높은 가지를 가장 낮은 영구 골격지가 되도록 전정하라. 그리고 수간의 아래쪽에 있는 측지는 제거하거나 강하게 축소절단 하라(맨 오른쪽).

그림 14-19 루브라참나무(*Quercus rubra*) 농장묘목의 정아 주위 측아 덩어리(위 왼쪽); 눈을 제거하지 않았다. 생장이 시작되기 전에 다른 농장 묘목의 주지에서 눈 덩어리와 정아 아래의 두세 개의 눈이 제거되었다(아래 왼쪽). 첫 생육기 말에 눈이 제거되지 않은 묘목이 노지에서 자란 수목(위 오른쪽). 눈을 솎은 후에 노지에서 자란 수목의 가을 모습(아래 오른쪽). 이듬해 봄에 눈을 그대로 둔 수목(위 오른쪽)보다 눈 덩어리를 솎은 수목에(아래 오른쪽) 더 많은 측아가 자라고 정단 아래의 수간을 따라 수직적으로 분포하였다. 아래의 두 사진을 찍은 사진기는 각각의 수목과의 거리가 다르다. 그러나 두 처리를 한 수목의 굵기와 수고는 눈 덩어리를 솎은 수목이 조금 작았으나 유의하지는 않았으며, 거의 같았다(Oleksak 등, 1997).

두절이 되면 비슷한 현상이 발생할 수 있다(**그림 14-18**). 구형 생장형 수종은 중앙 수간과 강한 가지 구조를 발달시키기 위해 일반적으로 어릴 때 상당한 전정이 필요하다.

중국피스타치오(*Pistacia chinensis*) 같은 일부 수종은 정아 아래의 잔가지 덩어리를 제외하면 당년지에 측지가 거의 없는 주지를 가지고 있다. 그대로 두면, 주지는 위축되고 잔가지들은 생장이 재개될 때 크게 자라지 않을 것이다. 잔가지 중 하나와 정아를 제외하고는 모두 제거하라.

이와 비슷하게, 루브라참나무(*Quercus rubra*), 붉은물푸레나무(*Fraxinus pennsylvanica*) 등은 정아를 둘러싸고 있는 눈(bud)의 덩어리를 가지고 있어서, 같은 높이에 몇 개의 측지가 나타나게 되고, 아래에 있는 수간의 측지 생장을 억제한다. Oleksak 등(1997)은 정단 주위의 측아 덩어리와 이들 덩어리 바로 아래에 있는 한두 개의 눈을 제거해주면, 왕성한 주지와 주지 아래에 간격이 잘 확보된 몇 개의 측지를 보유할 수 있을 것이라고 보고하였다(**그림 14-19**). Barrie

그림 14-20 생장을 시작하기 전에 잠재적인 가장 낮은 골격지의 높이보다 300~400mm 위의 눈으로부터 25~40mm 높은 곳에서 두절된 왕성한 루브라참나무(위 왼쪽); 테이프로 감을 때가 된 왕성한 신초(위 오른쪽). 두절된 원래의 주지에 마스킹 테이프로 감긴 새로운 주지(아래). 두 측지는 생장이 자극되어 골격지가 될 수 있을 것이다. (사진: Brian Kempf, Visalia, CA.)

Coate(Los Gatos, CA, 1997, 개인적인 정보)는 몇 가지 참나무 수종에 대해 이러한 방법에 변화를 주었다: 눈 덩어리와 정단 아래의 눈 중 2~3개를 남겨둔 다음 나중에 신초를 제거하였다. "결과는 Oleksak 등(1997)이 보고한 것과 비슷하였지만, 수간에 붙어 있는 측지와 정아는 수간에 그늘을 만들어주고 수간을 살찌게 하는 좋은 임시가지가 되었는데, 문제는 원하는 높이에서 잠재적인 골격지가 나타나지 않았다. 수간을 따라 붙어 있는 측지 때문에, 주지는 더욱 바람직한 적절한 생장을 보여주었다"(Barrie Coate, 1997, 개인적인 정보). 골격지가 필요한 수고 범위 내에서 골격지의 수를 줄이기 위한 골격지의 예비적인 선정은 남겨질 골격지의 생장을 향상시킬 수도 있었다.

정단에 눈 덩어리를 가지고 있거나 있지 않은 길고 활력이 강한 유묘(whip, 측지가 없는 주지)를 전정하는 또 다른 방법은 가장 낮은 잠재적인 골격지 높이에서 300~600mm(12~24인치) 위에 있는 눈으로부터 25~50mm(1~2인치) 위에서 그 주지를 두절하는 것이다(**그림 14-20**). 왕성한 주지를 두절하면 측지를 선정할 수 있는 곳으로부터 신초가 잘 발생되도록 자극을 줄 것이다: 주풍(主風, prevailing wind)이 문제가 된다면, 주풍 방향으로 향한 신초를 선정하라. 이 가장 위에 있는 신초의 길이가 300~450mm(12~18인치)이고 아직 유연한 경우, 이를 수직으로 구부려서 주지의 터기와 평행하게 만들어라. 새로운 주지와 두절된 주지의 주위를 마스킹 테이프(masking tape)로 1.5~2.5바퀴 감아서 수직으로 고정시켜라. 새로 나오는 아래 신초는 잠재적인 골격지를 선정하는데 도움을 줄 것이다(Brian Kempf, 2002, 개인적인 정보). 새로운 주지에서 측지가 필요하면 이를 적심(摘芯, pinching)하라(그림 14-25 참조).

어릴 때 이전 생육기의 정아 아래에 집중된 조밀한 몇 개의 측지가 문제가 되는 수종인 경우, 위에 기술한 방법 중 한 가지를 이용하여 전정하는 것이 좋을 것이다.

식재 시 전정

과거에는 뿌리 손실에 대한 보상이 폭넓게 권고되었지만, 식재할 때의 전정에 의문을 품고 있었다. ANSI A300 (Part 1, 2001)은 5.7.1.3항에서 "식재 시: 전정은 청소(cleaning)에 한정하는 것이 좋다"라고 언급한다; 그리고 5.6.1항에서 청소는 "죽은, 병든, 부러진 가지 등을 제거하기 위한 선별적인 전정"이라고 지적한다. 그러나 올바르게만 한다면, 식재할 때의 수목 전정은 생존을 보장할 뿐만 아니라 경쟁하는 가지를 제거하거나 축소함으로써 미래의 골격지로의 생장을 유도할 수 있다.

오클라호마(Oklahoma)에서 나근의 낙엽수 식재 시 실험에서 Whitcomb(1987)은 관수된 조경수목 7종과 과수 4종의 지상부를 45%까지 제거하였다. 전정의 강도는 수목의 생존에 유해한 영향을 미치지 않았다. 첫 생육기 말에 각 수종의 수목당 잎의 수와 무게는 전정 강도와 관계없이 비슷하였다.

콜로라도(Colorado)에서 2년생 나근의 꽃사과(*Malus sargentii*)와 자엽자두(*Prunus cerasifera*)를 식재할 때 제거와 두절한 경우와 전정을 하지 않은 경우를 비교하였다(Evans와 Klett, 1984; 1985). 꽃사과의 전정 강도는 축소와 두절을 통해 개별 수목의 가지 길이와 눈의 수를 50% 제거하는 것이었다. 자엽자두의 제거전정 강도는 대조구(0)와 21~78% 범위였다. 전정은 꽃사과에서 첫해만 총 잎의 중량이 감소하였지만, 모든 수종에서 뿌리의 무게나 잎:신초 비율은 감소하지 않았다.

그러나 수분공급에 제약이 있으면, 식재 시의 전정은 더 많은 이점이 있을 것이다. 영국에서 3종의 나근 낙엽수종은 식재 후에 많이 전정된 수목이 더 많이 생장하였다(아마 이들은 관수를 하지 않았을 것이다) (Gilbertson 등, 1987). 식재 시에 적어도 50%를 전정한 루이지애나(Louisiana)의 왕성한 물참나무(*Quercus nigra*) 묘목(Adams, 1984)과 캘리포니아 시에라네바다(Sierra Nevada)에서의 왕성한 더글러스참나무(*Q. douglasii*) 묘목(McCreary와 Tecklin, 1993)은 전정하지 않은 묘목보다 첫해의 지상부 총 생장이 각각 90%와 400% 더 높았다. 전정하지 않은 묘목 대비 전정한 묘목의 2차년도 생장은 루이지애나에서는 약간 좋았고, 캘리포니아에서는 12배 더 컸다. 이들 수목은 관수되지 않았다.

생장이 막 시작된 일년생 외줄기 묘목(whip)의 정아를 제거하면 일반적으로 뿌리 생장의 시작이 또 다른 눈이 생장을 시작할 때까지 지연된다고 알려져 있다(Richardson, 1958). 그럼에도 불구하고, 새로이 식재되는 수목에 대한 전정은 외줄기 묘목의 두절을 포함하여 짧은 기간 동안 뿌리 발달을 지연시켜 향후의 생장량에는 다양한 실험에서 보여주는 바와 같이 거의 영향을 미치지 않는다.

가용할 수분이 충분하다면, 나근, 용기, 근분 수목의 전정은 손상된 가지와 주지나 잠재적인 골격지와 경쟁하는 가지를 축소하거나 제거하는 정도로 제한하는 것이 좋을 것이다. 수목을 전정하는 것만큼 총 생장이 늘어나는 것은 아니지만, 필요한 곳에서는 생장이 나타난다. 대교목으로 생장하는 구형의 수목에서는 강한 구조가 매우 중요하다.

식재지에서의 정지

식재지에서의 첫 3~5년은 대부분의 구형 수목의 정지에서 가장 중요한 시기이다. 전정은 수목의 생장을 유도하고 구조적인 약점을 교정하기에 충분할 정도의 범위에 한정하는 것이 좋다. 가볍게 전정되거나 전정을 전혀 하지 않은 수목은 항상 최고의 총 생장을 보일 것이다.

Costello(1998)는 어린 조경수목을 정지하는 다섯 가지 기본적인 단계를 기술하고 예시하였다. 전정을 할 때마다 각각의 단계가 차례로 고려되어야 한다:

1. 부러진, 손상된, 병든, 죽어가는, 죽은 가지를 제거하라.
2. 주지(leader)를 선정하거나 유지관리하고, 경쟁하는

그림 14-21 임시가지, 특히 오후 햇빛에 노출된 쪽의 가지는 수간에 그늘을 만들고 에너지를 공급한다(왼쪽); 보호되지 않은 수피, 특히 활력이 낮은 어린 수목의 수피는 햇볕에 의해 탈 수 있다(오른쪽).

가지를 제거하거나 축소하라.

3. 강하게 부착된 가장 낮은 영구 골격지를 선정하고 육성하라. 이보다 낮은 가지와 경쟁하는 가지는 제거하거나 축소하라.
4. 수간에 수직적으로 그리고 방사상으로 간격이 잘 유지된 골격지를 선정하라.
5. 수간에서 가장 낮은 골격지 아래와 주된 골격지 사이에 있을 수 있는 임시가지를 선정하라. 이들은 작게 유지하라.

가끔, 수목이 너무 왕성하여 바람직하지 않은 가지의 생장을 억제하기 위해 필요한 전정이 골격지를 과도하게 자극하는 경우도 있다. 과도하게 활력이 좋은 어린 가지는 원하는 각도 아래로 휘어질 수 있고, 바람이 많은 지역에서는 부러지기 쉽다. 이러한 경우, 미래의 골격지일지라도 당년 생장은 두절하여 가지가 보다 바람직한 생장 각도로 돌아오도록 해주는 것이 좋다. 미래의 생장이 바람직한 방향으로 향하고 있는 눈에서 두절하라. 전정의 강도는 적정한 수준으로 출발하여 점점 높여가라. 두절된 미래의 골격지에서 1~2개의 신초만 유지하는 것이 좋다; 두 개의 신초를 유지하는 경우, 낮은 것은 작거나 작게 유지시키는 것이 좋다. 필요하다면, 시비를 연기하고 극단적인 경우에는 관수를 줄여 생장을 지연시켜라.

임시 가지 식재지에서 처음 3~5년 동안 어린 수목에 임시로 유지되는 가지는 영구 골격지가 되기에는 너무 낮고, 잠재적인 골격지 사이의 가지는 결국에는 제거되어야 한다. 임시 가지(temporary branch)는 수간을 튼튼하게 만들고 보호한다(**그림 14-21**). 어린 수목이 가장 낮은 골격지를 선정할 정도로 충분한 수고에 달하지 않았으면, 모든 측지는 임시가지로 취급하라. 식재지에서 매년 휴면 전정 때마다 약하거나 중간 정도의 활력을 가진 가지를 선정하여 임시가지로 유지하라. 덜 왕성한 가지를 선정할 수 있으면, 낮게 자라는 왕성한 가지는 제거하라. 짧고 수평으로 자라는 측지는 전정하지 않은 채 남겨둘 수 있다. 수간에 그늘을 만들 수 있는 활력이 약한 측지가 충분하지 않을 경우에는 활력이 좀 더 좋은 가지를 선정할 수 있지만, 이 가지는 축소 전정되어야 한다.

프랑스에서의 연구(Bory 등, 1996)는 당년의 임시가지를 두절하면, 두절된 가지의 기부에 붙어 있는 잎은 그 가지의 나머지 부분, 이들이 부착되어 있는 가지와 수간, 아마도 뿌리에게까지 더 많은 탄수화물을 제공하도록 자극을 받을 것이다. 신초의 길이가 250~350mm(10~14인치)에 도달하기 전에 50%를 축소하라. 이렇게 하면, 일정한 범위 내에서 유지되고 주지와의 경쟁도 줄어들 것이다. 어린 수목은 생육기 동안 적어도 2~4회 점검하라. 이전에 두절된 측지로부터 나온 신초는 적심을 하거나 축소하라. 이는 시간이 거의 소요되지 않으며, 발생할 수도 있는 다른 문제를 관찰하고 바로잡을 수 있는 기회를 제공한다.

비록 수간에 대한 임시 가지의 부착 각도와 간격이 중요하지 않지만, 이들은 150~300mm(6~12인치) 정도는 떨어지는 것이 좋다. 너무 간격이 가까우면 불필요하게 전반적인 수고 생장을 억제할 수 있다. 오후의 햇빛에 노출되는 서쪽의 수간에 대한 임시가지는 일소(日燒, sunburn)의 가능성을 줄여준다.

어린 수목이 억센 수간을 발달시키고 위쪽 생장이 수간에 그늘을 만듦에 따라 임시가지는 그 수가 줄어들고, 결국에는 제거될 것이다. 식재 후 2~3년이 지나서, 소교목(배롱나무/*Lagerstroemia indica*나 단풍나무/*Acer palmatum* 같은)의 수간 직경이 50~75mm(2~3인치)가 되고, 대교목(느릅나무/*Ulmus* 나 버즘나무/*Platanus* 같은)의 수간 직경이 75~100mm(3~4인치)에 달하면, 임시가지의 수를 2~3년에 걸쳐 줄일 수 있을 것이다. 전이를 용이하게 하고 전정 상처를 작게 유지하기 위해 가장 굵은 임시가지를 제일 먼저 제거하라.

불행히도 농장에서 출하되는 대부분의 어린 수목은 낮은 수간에 측지를 가지고 있지 않는다. 따라서 이러한 부위에서 자라기 시작하는 신초가 있으면, 잘 키워야 한다. 수간이 허약하고 임시가지의 영양공급과 보호가 도움이 되는 경우에는 수간에 가는 흠집을 내어(notching) 임시가지의 생장을 자극할 수 있을 것이다. 눈의 생장에 도움이 되도록 생장이 시작되기 한 달 전에 각각의 눈 바로 위에 수간 둘레의 15~25%에 걸쳐 날카로운 칼로 1~2mm(0.06인치) 넓이로 수피를 잘라낸다. 이 흠집은 정아로부터 나오는 눈의 생장을 억제하는 물질(옥신)의 흐름을 감소시켜 줄기에서 잎을 더 많이 발달시킨다(정아 우세).

신초 생장을 자극하는 덜 정교한 방법으로, 신초가 필요한 지점이 제일 높게 되도록 수간을 구부리는 방법이 있다. 이렇게 되면 주지의 정단 부분이 지면과 거의 평행이 된다. 이러한 조치는 눈이 자랄 것으로 예상되기 약 2주일 전에 실시하여 눈이 틀 때까지 약 3~6주 동안 지속되어야 한다. 수간은 그늘을 만들어 주거나 흰 라텍스 페인트를 이용하여 일소로부터 보호해 주어야 한다. 눈이 트고 나면 수목은 직립으로 되돌려 놓을 수 있다. 용기에서 자란 수목은 식재 전에 수간의 상부를 따라 신초의 생장을 조장하기 위해 옆으로 누일 수 있는데, 이때도 햇빛으로부터 수목을 보호해야 한다. 수간을 수직으로부터 기울이면 눈의 활동을 억제하는 위쪽에서 분비되는 물질을 감소시켜 눈을(주로 수간의 위쪽 면에 있는 눈) 자유롭게 해준다.

박피를 하거나 휘는 것은 수목의 반응에 대한 기본적인 지식을 활용하여 재배 기술을 향상시키는데 활용되는 것으로, 여기서는 크게 권장하지 않는다. 임시가지는 여러 가지로 잘못 배운 사람들에 의해 제거되기도 한다. 이를 해결하기 위해서는 더 많은 교육이 필요하다.

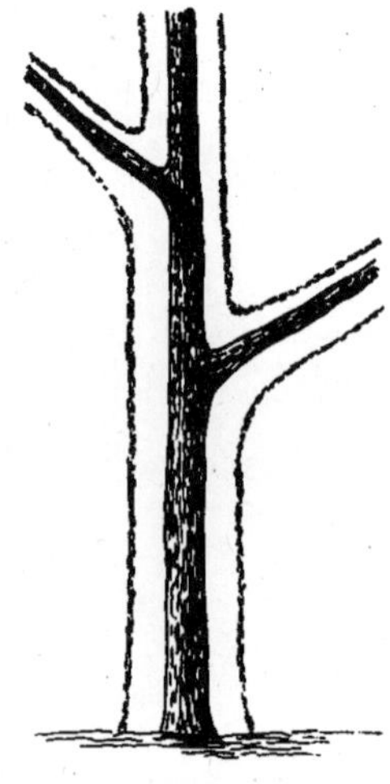

그림 14-22 수목이 자람에 따라 가지는 수간에서 자신의 위치를 지키면서 직경을 키우기 때문에 지면에 더 가까워진다.

가장 낮은 영구지의 높이 가장 낮은 가지의 높이는 일반적으로 녹지에서 수목의 기능에 의해 결정된다. 가장 낮은 영구지의 높이는 해당 수목이 어떻게 활용되느냐에 따라 지상으로부터 몇 센티미터에서 4m(12피트) 이상까지 다양하다. 도로와 정원에서는 일정한 통과높이가 필요로 하지만, 통행에 방해가 되지 않거나 교목 아래 지피로 활용될 때에는 가지는 더 낮을 수 있다. 수간에 부착된 가지의 위치는 기본적으로 수목의 일생을 통해 변함이 없다. 하지만 사실은 가지의 직경이 굵어짐에 따라 가지와 지면과의 거리는 가까워진다(**그림 14-22**).

수직적인 가지 간격 많은 구형 생장 수종에서 가지 간격은 미래의 정아 우세, 구조적인 강도, 수목의 외관에 중요하다. 비슷하거나 같은 위치의 수간에서 발생하는 둘 이상의 왕성한 가지는 위에 있는 주지와 가지를 질식시킬 수 있다. 이러한 현상은 특히 꽃이 피는 과수, 뽕나무(*Morus*), 콩배나무(*Pyrus calleryana*) 등과 같이 측지가 이전 생육기 동안에 형성된 눈에서 자라는 속성수(速成樹, fast-growing tree)에서 두드러진다. 성목에서 간격이 좁은 골격지는 넓은 간격을 가진 골격지보다 더 쉽게 찢어진다(그림 14-16). 간격이 좁은 골격지는 일반적으로 측지가 거의 없어서 초살이 거의 없고 길고 가는 구조적인 강도가 약한 가지를 발달시킨다(**그림 14-23**). 이러한 가지들은 눈이나 얼음에 의한 파손에 특히 취약하며, 한 가지를 잃게 되면 다른 가지들은 부러질 가능성이 더 높아진다.

영구지 간의 수직적인 간격은 굵은 가지를 발달시키면서 크게 자라는 교목은 소교목보다 넓어야 한다. 성숙하면 수고가 12m(40피트) 이상이 되는 낙엽성 녹음수는 흔히 권장되

그림 14-23 수간에 좁은 간격으로 수직으로 배치된 세 개의 골격지는 이 수목의 원 주지보다 웃자라서 이를 질식시키고 있다. 이 수목이 어릴 때 5~6차례 전정을 해주었더라면 이를 예방할 수 있었을 것이다(그림 14-24 참조).

(a) (b)

그림 14-24 (a) 가끔 어린 왕성한 가지(도장지)가 다른 가지들보다 더 직립으로 자라서 주지와 경쟁하게 될 것이다. 직립하는 가지가 자라는 곳에 기존 가지가 있으면 일찍 제거하는 것이 좋다(점선). (b) 크게 자라는 교목에서 영구 골격지는 수직적으로, 그리고 방사상으로 적절한 간격을 확보하여야 한다. 올바른 수직적, 방사상 분포는 가지가 발달할 적절한 공간을 제공한다. 이는 튼튼한 구조와 아름다운 외관을 위해 중요하다.

는 주된 골격지 사이의 간격이 수직적으로 적어도 45cm(18인치)에서 가능하면 60cm(24인치) 이상이다. 매력적이고 안전한 많은 성목은 가지가 1~4m(3~12피트) 떨어져 있다. 소교목에서는 수직적인 가지 간격이 15~20cm(6~8인치)로 좁을 수도 있다(ANSI A300, 1995).

원추형 수목은, 가지가 일반적으로 활력이 그렇게 강하지 않고, 수평으로 뻗으며, 주지와 거의 경쟁하지 않기 때문에 수직적인 간격이 덜 중요하다. 돌발적인 가지가 너무 왕성하고 주지와 경쟁하는 경우를 제외하고는 전정할 필요도 거의 없다(그림 14-24a).

방사상 가지 배치 지나치게 조밀하지 않으면서 수간 주위의 둘레를 채울 수 있도록 5~7개의 골격지를 선정하라(그림 14-24b). 이는 수간의 둘레(circumference)를 1~2바퀴 돌면 가능할 것이다. 회전하면서 올라가는 나선형이 더 대칭적이고 보기에도 좋겠지만, 가지들은 수간에서 나선형으로 발생하지 않아도 똑같이 잘 자랄 것이다. 대교목에서는 가지간 간격이 4m(12피트) 미만인 경우, 한 가지 바로 위에 다른 가지를 배치하는 것을 피하라. 그렇지 않으면, 둘 다 제대로 자라지 못할 것이다(그림 14-24b): 왜냐하면 아래 가지는 윗가지에 의해 그늘이 지고 위로 향하는 가지를 발달시키지 못하며, 윗가지는 아래 가지와 물과 양분을 두고 경쟁하기 때문에 둘 다 활력이 떨어지기 때문이다.

골격지 선정 잠재적인 골격지의 수직적 및 특히 방사상 분포를 점검하라. **만약 수목의 한쪽 면에 선택할 가지가 부족하면, 골격지를 그 쪽 면에서 먼저 선정한 다음 이에 대응하여 다른 면에서 선정하는 것이 좋을 것이다.** 이렇게 하면, 방사상 대칭적으로 선정하는데 도움이 될 것이다. 수목의 생장속도에 따라 차이가 있겠지만, 골격지 선정을 완료하는데 2~3년이 걸릴 것이다.

생육기 중의 전정 생장이 왕성하면, 종종 권고되는 바와 같이 식재 후 2~4년까지 기다리지 말고, 수목이 활동적일 때 휴면기와 마찬가지로 생장을 조절하라. 생장점을 잘라내는 것(두절)이나 신초를 완전히 제거하는 것(제거절단)은 주지 방향으로의 생장과 남아 있는 신초의 생장을 조절한다. 생육기 중의 전정은 임시적인 신초와 가지에 한정하는 것이 일반적이다. 어린 수목에 대해서는 주지나 골격지에 대한 대규모 전정은 거의 필요하지 않을 것이다. 주지나 선정된 골격지와 관련하여 너무 낮거나 너무 근접한, 또는 너무 왕성한 신초는 두절하거나 제거해 주는 것이 좋다. 이러한 작업은 나무가 어릴 때에는 시간이 오래 걸리지 않고, 이를 통해 수목의 건강과 웰빙도 점검할 수 있다.

많은 수종에서 당년에 자라는 주지에는 측지가 거의 또는 전혀 형성되지 않을 수 있다. 일부 수목은 2차년도에도, 전 생육기의 정단 주변을 제외하고는 측지가 거의 또는 전혀 발달하지 않을 수 있다. 주지의 생장이 왕성한 경우, 원하는 측지 높이보다 주지가 약간 더 높게 자랐을 때 생장점을 적심함으로써 생육기 동안 가지를 얻을 수 있는 가능성이 있다(그림 14-25). 원하는 높이의 약 50mm(2인치) 위를 제거하면, 적심 부위 아래의 눈이 자라기 시작할 것이다. 어떤 신초

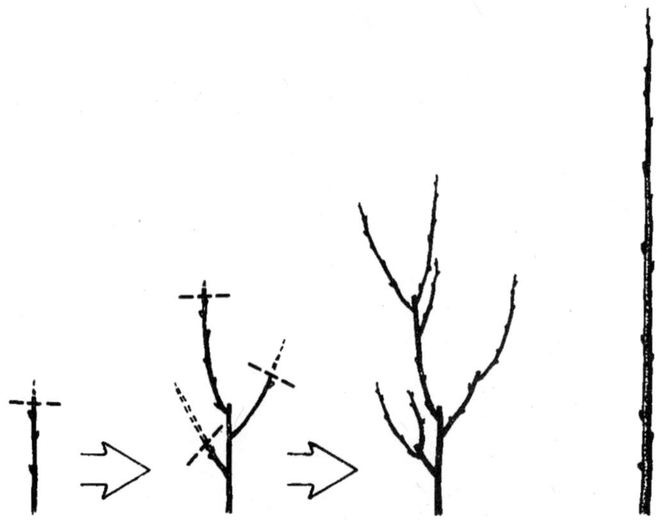

그림 14-25 정아우세(apical dominance)가 강한 왕성한 어린 수목은 첫해에 측지 없이 2m(6~7피트)까지 자랄 수 있다(맨 왼쪽). 그러나 생육기 중에 주지의 끝이 원하는 첫 골격지 높이보다 25~50mm(1~2인치)에 달했을 때 적심을 해주면, 보통 2개 이상의 신초가 자라도록 조장될 수 있다. 가장 왕성하고 직립하는 신초를 주지로 선정하라; 주지 아래에 자라는 두 번째 신초를 측지로 선정하고, 필요하면 두절해 주어라; 다른 신초들은 더 강하게 두절하라(가운데 왼쪽). 왕성하게 자라는 주지가 선정될 수 있는 한 이러한 과정을 반복하라(가운데 오른쪽).

는 다른 신초보다 더 왕성하고 곧추서 자랄 것이다. 이것이 주지가 될 수 있는데, 이를 위해서는 도움이 필요할 것이다. 주지 아래 두 번째로 자라는 신초를 측지로 선정하고 그 끝을 잘라준다. 왕성한 수목에서는 새로운 주지가 또 다른 측지가 필요한 높이에 도달하면, 이를 다시 적심할 수 있다. 이렇게 왕성한 수목에 대해서는 한 생육기에 적절한 간격을 가진 측지를 세 개까지 유도할 수 있을 것이다. 이러한 적심을 하지 않으면, 해당 주지는 다음 해에 가장 낮은 측지가 필요한 높이에서 하나의 측지를 얻기 위해 휴면기 중에 강하게 두절이 되어야 할 수도 있다.

어떤 수종은 측지가 거의 없이 왕성한 줄기를 발달시키기도 한다. 이 경우, 원하는 곳에서 측지를 얻기 위해서는 두절된 지점 아래에서 측지가 형성되는 것을 조장하기 위해 생장이 시작되기 전에 1년생 줄기를 두절하는 것이 좋다.

어린 수목에는 가장 낮은 골격지 높이 위에 궁극적으로 필요한 가지보다 몇 개 더 많은 가지를 남겨두는 것이 좋다. 이들 중 일부는 더 잘 자라서 다른 가지들을 압도할 것이다. 주지가 두절된 적이 없으면, 우세한 가지는 일반적으로 적절한 간격을 유지할 것이다. 어린 수목에 대한 강한 전정은 잠재적으로 우세한 가지를 제거하고 약한 가지를 남겨둘 수도 있다. 따라서 원하지 않는 것이 확실하거나, 주지 또는 보다 바람직한 다른 가지와 경쟁하는 가지는 제거하거나 축소하는 것이 최선이다. 이러한 가지의 생장은 균형을 유지하기 위해 전정을 통해 억제될 수 있다. 다음과 같이 경쟁하는 가지는 제거하거나 축소하라:

- 같은 마디나 보다 바람직한 가지로부터 100~150mm(4~6인치) 이내에서 자라는 가지
- 주지나 다른 잠재적인 골격지보다 웃자랄 수 있는 가지
- 부착 각도가 좁은 가지, 특히 분기에 매몰된 수피를 가진 가지(그림 14-16, 14-17 참조)

골격지 육성은 생육기 중에 측지를 솎아주거나 가장 왕성한 측지의 끝을 잘라주어 새로운 주지와 나머지 수목의 균형을 유지함으로써 가능하다. 생장은 가장 효과적인 곳으로 유도될 수 있다. 키가 크고 직립의 수간을 확보하기 위해서는 측지가 주지보다 웃자라는 것을 방지함으로써 주지를 보호해 주어야 한다. 통제되지 않은 측지는 구형 수종에서는 주지를 능가할 수 있고, 이러한 현상은 가끔 원추형 수종에서도 나타날 수 있다.

낮은 가지 낮고 서로 가까이 붙어 있는 굵은 측지를 가진 농장 수목은 식재지에서는 문제가 될 수 있다. 이러한 가지 발달은 활동이 거의 없는 지역에 있는 소교목에게는 만족스러울 수 있으나, 대교목이나 활동적인 지역에서는 좋지 않다. 식재할 때, 가장 직립하고 왕성한 가지를 주지로 선정할 수 있을 것이다. 두 번째 가지는 해당 지역에 적합한 지상 높이에 있을 경우 첫 번째 골격지로 선정할 수 있다. 어떤 경우에는 주지만 선정될 수도 있다. 일부 가지는 제거될 필요가 있고, 다른 남겨지는 가지는 임시가지로 취급될 수 있다.

바로잡는 전정을 빨리할수록 장기적으로는 발육을 덜 방해하게 될 것이다. 그러나 어떤 경우에는 강한 전정이 필요하여 작업이 적어도 2년 정도 걸릴 수도 있다. 이러한 경우는 어린 농장수목보다 나이가 든 농장수목에서 자주 발생한다.

직립 가지와 수평 가지 일반적으로 직립하는 가지(upright branch)는 각도가 낮은 가지보다 더 왕성하며, 위치가 바람

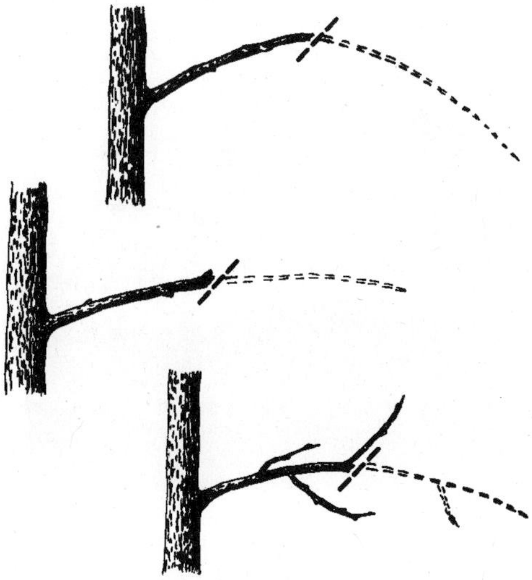

그림 14-26 수평적인 가지가 좀 더 직립으로 자라도록 유도하기 위해서는, 직립하는 측지에서 축소하거나(아래), 위로 향하는 눈에서 절단하거나(가운데), 휘어지는 호의 상단 근처에서 축소절단하라(위).

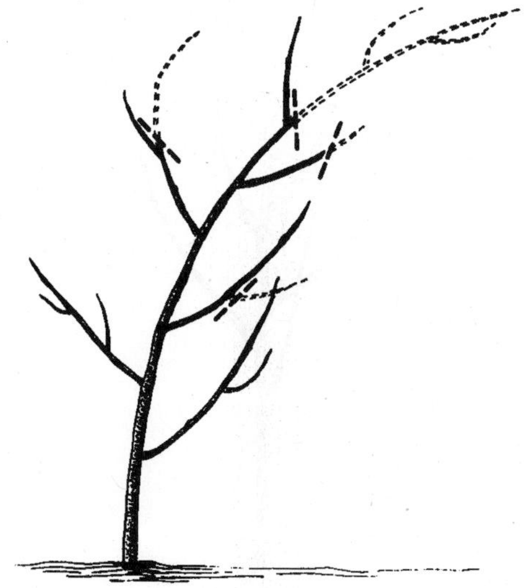

그림 14-27 바람에 의해 변형된 수목은 바람이 불어오는 쪽에 있는 가지를 바람 방향으로 향한 측지나 눈에서 축소하거나, 주지를 좀 더 직립한 측지에서 축소하거나, 바람이 불어가는 쪽의 일부 가지를 축소하여 좀 더 대칭적으로 만들 수 있다.

직하면 영구지로 선택될 수 있다. 그러나 이 가지는 주지와 경쟁할 수 있기 때문에 일반적으로 보다 수평으로 자라는 가지(horizontal branch)를 선정하거나, 향후 생장이 원하는 방향으로 향한 눈 위에서 두절된 직립하는 가지를 선정한다. 왕성하기 때문에 두절된 잠재적인 골력지는 계속 관찰하고 새로운 생장의 숫자와 방향을 조절하여야 한다.

직립하는 가지와 달리, 수평으로 자라는 가지는 보통 활력이 낮다. 수평 가지는 주지와 경쟁하는 경우가 드물고 수간을 보호하고 영양분을 제공하는 임시 가지로 바람직하다. 이들은 길게 자라지 않으면, 작은 가지는 전정하지 않고 그대로 둘 수 있다. 그러나 수평적 또는 처지는 가지는 수목이 성숙해짐에 따라 문제가 될 수도 있다. 이들이 과도하게 왕성하게 생장하면서 처지게 되면, 휘어진 위쪽 부위에 숨어 있던 눈이 자라기도 한다. 이렇게 새로 나온 가지는 항상 더욱 곧추서서 자란다. 선정된 가지에서 축소전정하여 이들 중에서 자리를 잘 잡은 신초를 선정하라(**그림 14-26**). 선정된 신초와 경쟁하거나 방해하는 다른 신초는 제거절단하라. 수평적 또는 처지는 가지가 원하는 자리에 직립하는 측지가 없으면, 휘어진 부위의 위쪽 조금 되에서 위쪽으로 자라는 눈에서 또는 측지가 형성되기를 바라는 지점에서 그 가지를 두절하라. 처진버드나무(*Salis babylonica*)와 칠레메이텐(*Maytenus boaria*)과 같은 수목은 가지가 처지는 특성 때문에 선택되고, 이러한 특성은 개발될 필요가 있다.

바람이 강한 상황 주풍(主風, prevailing wind)은 수목을 변형시켜서 대부분의 생장이 바람이 불어가는 쪽에 있다. (바람이 센 곳에서의 식재는 제8장에 고찰되어 있다.) 바람의 조건과 수목의 유형에 따라 주지는 바람에 의해 휘어질 수도, 그렇지 않을 수도 있다. 침엽수, 풍나무(*Liquidangar*), 버즘나무(*Platanus*) 등과 같은 많은 수목은 어느 정도의 주풍에 의한 변형에는 견디지만, 바람이 불어오는 쪽에는 가지가 적을 것이다(그림 2-30 참조).

바람이 센 곳에서는 바람의 저항(wind resistance)을 줄이기 위해 작은 가지, 특히 가지의 끝 부위 근처에 있는 가지를 제거함으로써 수목의 지상부를 솎아주어야 한다. 측지는 바람이 불어가는 방향에서 더 많이 발달한다. 어떤 경우에는 이러한 상태가 그림 같고 바람직할 수도 있다. 그렇지 않은 경우, 수목이 보다 대칭적이 되도록 바람이 불어가는 쪽의 가지를 측지에서 축소절단해 주어라(**그림 14-27**). 주풍 방향으로 자라는 가지를 선정하라. 좀 더 직립하는 가지를 선정하고, 이 가지가 주풍을 향하여 직각으로 자라면 반대 방향에 있는 가지도 같이 선정하라. 바람 방향을 향한 단일 가지는 바람으로 인해 수간과 자신이 뒤틀릴 가능성이 높다. 이러한 가지는 반대 방향에서 부는 강한 바람에 견디는 힘이 약할 것이다(Mattheck과 Breloer, 1994). 바람이 불어오는 쪽에 있는 휘어진 가지는 바람으로 휘어지기 시작하는 지점 근처에서 두절해 주는 것이 좋다. 주풍 쪽으로 향하는 측지나 눈에서 축소하라. 새로 나온 가지의 끝이 바람으로 휘기 시작하면 이러한 작업을 매번 반복하라. 특정 장소와 수종은 방풍설비에 의한 보호가 필요할 수도 있다.

주지 유지관리 때로는 왕성한 가지가 주지보다 웃자라서

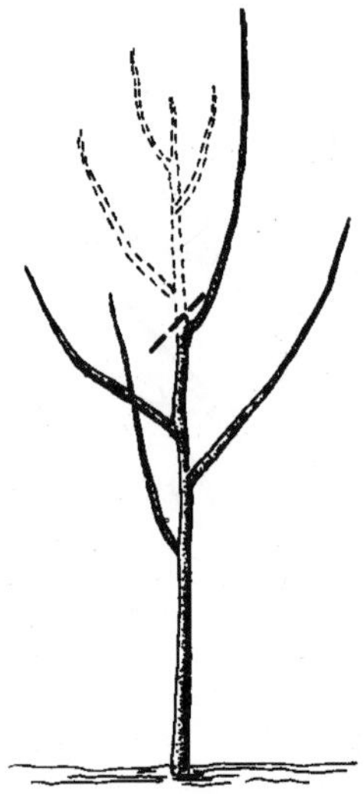

그림 14-28 하나 이상의 측지가 주지보다 웃자라면, 가장 왕성하고 직립하는 측지에서 기존 주지를 제거하라. 이 측지가 새로운 주지가 될 것이다.

그림 14-30 수목은 경관에서 하나의 조각이 될 수 있다: 이 50년 된 캘리포니아버즘나무(*Platanus racemosa*)의 주지는 식재 후 3년 동안 지주로 지지되었다. 줄기가 많은 수목도 조각 작품이 될 수 있으나, 수간(낮은 가지와)에 튼튼하게 부착되어 있어야 한다.

원래의 주지보다 더 좋은 주지가 될 수도 있다. 이러한 경우, 가장 높게 우세하게 자라는 측지와 연결되어 있는 곳에서 주지를 절단하라(**그림 14-28**). 원 주지에 있는 작은 가지가 골격지로 발달할 수 있을 것이라는 기대를 가지고, 주지로 선정된 가지와의 연결부위 위에 있는 원 주지의 일부를 가지와 함께 남겨두지 마라. 대부분의 새로운 생장에너지가 새로운 주지와 아래에 있는 가지로 향하기 때문에 이 가지가 바람직한 골격지가 되는 경우는 드물다. 수목이 어릴 경우에는 기존 주지를 계속 보호하기 위해 이러한 측지는 두절될 수 있다(**그림 14-29**).

기타 수형 앞선 고찰은 적절한 간격의 골격지를 가진 초살도가 높은 단일 수간의 발달에 중점을 두고 있는데, 그렇다고 다른 수형이 권장되지 않는다는 것을 뜻하는 것은 아니다. 의도는 구조적으로 튼튼한 수목을 개발하는데 초점을 두고 있으며, 따라서 구조가 바람하다면 어디에나 적용이 가능하다. 이러한 지침에 의해 전정된 수목은 역할을 제대로, 그리고 오래 수행할 것이다. 수목은 자연적으로나 원예적인 기술을 통해 경관에서 훌륭한 조각이 될 수 있다(**그림 14-30**).

정지는 전정 이상이다 전정이 어린 수목을 정지하는 주된 방법이지만, 다른 기술도 활용된다. 지주설치(staking)는 딱딱한 수간과 균형 잡힌 지상부를 발달시키는 대부분의 수목에게는 한계가 있지만, 곧은 수간이나 더욱 직립하는 생장

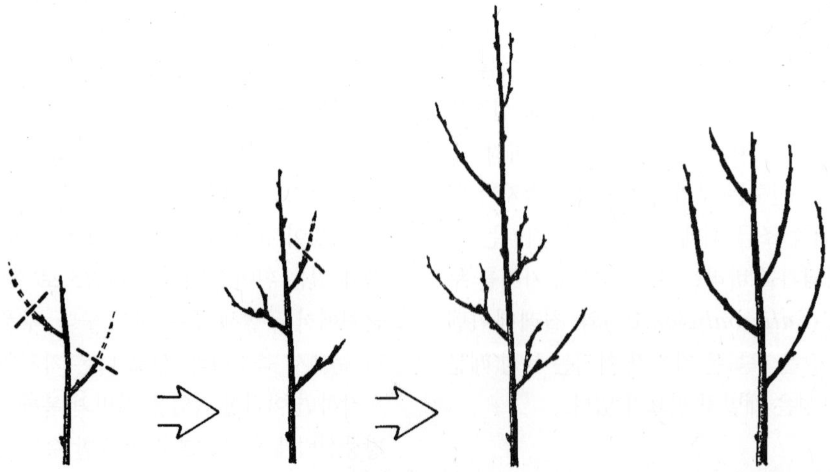

그림 14-29 주지와 경쟁하는 측지를 축소함으로써 주지가 유지될 수 있다(맨 왼쪽); 이들 측지가 임시 가지인 경우 꽤 강하게 전정하라(가운데 왼쪽). 이 수목은 전정하지 않은 경우(맨 오른쪽)에 비해 보다 좋은 위치에 잠재적인 영구지를 가지고 더 크게 자랄 것이다(가운데 오른쪽).

그림 14-31 너무 직립하는 측지(왼쪽 화살표)는 그 가지와 수간 사이에 전정할 때 나온 굵기가 비슷한 가지를 잘라서 만든 버팀목을 삽입하면 기울어지게 할 수 있다. 해당 가지는 수간보다 가늘고 강하게 부착되어 있어야 한다. 이것은 꽃이 피는 과수이기 때문에 가까이 붙어 있는 골격지는 문제가 되지 않는다.

습성을 조장하기 위해서는 사용될 수도 있다(제8장 참조). 가지들은 특수한 형을 창출하기 위해 벽을 피복하거나, 수벽을 만들기 위해 지주에 묶을 수 있는데, 격자시렁이 이러한 처리의 대표적인 사례이다(그림 14-40, 14-41, 14-42 참조).

어린 꽃이 피는 과수, 특히 배와 사과나무의 왕성한 가지는 어린 나이에 개화와 결실을 촉진시키기 위해 가지의 끝이 수평이나 수평 아래에 있도록 휘거나 묶어두기도 한다. 이러한 작업은 그렇지 않으면 매우 좁게 될 수목의 수관을 넓히는 효과가 있다. 직립하는 가지는 수간과 직립하는 가지 사이에 전정한 가지로 쐐기를 만들어 끼워 두면 넓게 벌릴 수 있다(**그림 14-31**). 먼저 가지 부착이 튼튼하고 해당 가지가 수간이나 다른 가지보다 가는 것을 확인하라. 이 버팀목(spreader)은 2~3년 동안 그대로 둘 수 있으며, 이는 다시 직립으로 자랄 수 있는 전정 방법인 바깥으로 향한 눈에서의 절단보다 더 효과적일 것이다. 버팀목은 좀 더 직립으로 조절할 할 수 있다(제17장 참조).

성목 전정

구형 수목의 골격지와 주된 구조는 수목의 유형과 생장 여건에 따라 2~4차년도에 선정될 수 있다. 골격지가 잘 배치되어 있으면, 그 수목은 몇 년 동안 거의 전정을 안 해도 될 것이다. 수간을 따라 붙어 있는 임시가지는 이때까지 제거되거나 그 수를 줄여주는 것이 좋다. 수목을 지지하기 위한 지주는 필요 없지만 잔디깎기, 자동차, 기타 피해로부터 수간을 보호하기 위한 짧은 지주는 활용할 수 있다.

어린 성목은 주 골격지가 잘 자라고 있는지, 다른 가지나 수간과 균형을 유지하고 있는지를 확인하기 위해 매년 점검해야 한다. 낮고, 부러지고, 방해되고, 병든 가지는 제거하라. 무성한 잎을 가진 수목과 이 수목 아래에서 자라는 식생은 햇빛이 통과할 수 있도록 솎아주면 언제나 도움이 될 것이다. **간격이 잘 유지된 내부의 측지는 유지하라.** 수종과 생장 여건에 따라서는 수목이 생장함에 따라 점검 빈도를 줄일 수 있다.

전정전 절차 안전하고 효과적으로 전정하기 위해 작업을 시작하기 전에 다음 지침을 준수하라:

- 모든 장비와 도구는 사용하기 하루 전에 최상의 운전 조건으로 활용될 수 있도록 점검한다.
- 공공 수목관리자(Hudson, 1981)와 민간 기업(McCarthy, 1991)은 작업 시작 전 10~30분 사이의 스트레칭(stretching)과 맨손체조(calisthenics)가 작업 실적을 제고하고 보험료를 절감한다는 것을 발견하였다.
- 개별 수목 식재지는 전기 및 해충 위해(electrical and insect hazards) 가능성과 취해야 할 적절한 행동을 점검하는 것이 좋다.
- 개별 수목은 특히 근원부위(root collar area, 제16장)에 대해 구조적인 건전성을 점검하여야 한다.

수목의 유지관리와 제거에 관련된 소유자로부터 지상 작업자에 이르기까지의 개인별 책임은 *Arborist Equipment* (Blair, 1995) 내의 "Safety vs. Accident Prevention"항에 요약되어 있다. 수목작업에 사용되는 도구와 장비에 관련된 구매자, 사용자, 고용주의 책임을 다음과 같이 기술한다:

- 수행할 작업에 알맞은 장비를 선정하라.
- 1970년 산업안전보건법(Occupational Safety and Health Act, OSHA)의 적용을 받는 모든 고용주는 해당 장비가 고용주나 종업원이 소유하고 있든 또는 그 작업을 위해 임차했든 자신들의 종업원에 의해 사용되는 모든 도구와 장비의 점검과 유지관리에 대한 책임을 진다.
- OSHA는 사람을 도와주는 모든 장비는 매일 사용 전에 유능한 사람에 의해 점검되도록 규정한다. 과도하게 낡거나 손상된 증상이 있는 장비는 모두 서비스에 사용되지 않도록 하거나 수선 또는 파괴되어야 한다.
- 낙하시험을 하였거나 낙하나 충격시험을 할 장비와 이들의 부품들은 모두 더 이상 사용하지 않도록 작업장에서 제거하거나 파괴되어야 한다.
- 장비는 설계되고 제조된 목적을 위해서만, 그리고 적절하게 훈련된 사람에 의해서만 사용되어야 한다.
- 점검 인력이 장비를 점검할 때, 다음의 중요한 사실을 고려하라:

  점검자는 위험한 사항들을 인식할 수 있어야 한다. 점검 대상에는 노후된, 상처가 난, 금이 간, 변형된 하드웨어; 해진 봉합부위; 꽉 조인 리벳(rivet); 당연히 안전벨트와 손잡이도 포함된다.

  해당 장비의 수선이나 대체가 필요한 비정상적인 노후나 위험한 징후의 모든 전조. 꽤 좋은(pretty good) 상태로는 부족하다.

  장비나 도구의 사용 기간, 사용되는 조건, 취급 상태, 유효 수명을 결정하는데 도움이 되는 보호 정도 때문에 이들에 대한 유효수명을 정확하게 예측할 수는 없다.

전정 지침 영국표준원(British Standards Institution, BSI, 1966, 1989b)은 다양한 전정 작업에 대한 표준을 제시한다. 국제수목관리학회(International Society of Arboriculture; ISA)는 전국수목관리자협회(National Arborist Association; NAA)의 전정표준(Pruning Standards) (NAA, 1987), 1966 BSI 표준, 어린 수목의 정지와 송전선 전정에 관한 정보, ISA 서부지부(Western Chapter)의 전정표준(Pruning Standards; Perry, 1988) 등을 종합하여 1944년 수목전정지침(Tree Pruning Standards; Britton, 1995)을 발간하였다. 미국국가표준원(American National Standards Institute; ANSI)은 ANSI A300-2001, *Tree, Shrub and Other Woody Plant Maintenance-Standard Practices*를 발간하였다. 성숙한 교목에 대한 올바른 관리에 필요한 다양한 전정 과업은 *Best Management Practices* (Gilman과 Lilly, 2002)를 상당히 엄밀히 준수한다. 전정 시방서(示方書, specification)가 부록 II에 수록되어 있다.

수관 청소 수관 청소(樹冠淸掃, crown cleaning)는 수목의 수관으로부터 죽은, 죽어가는, 병든, 부러진, 약하게 부착된 가지, 도장지 등을 제거하는 것이다. 일부 도장지를 제외하고, 이들 가지는 제거하는 것이 좋은 가지 부류들이다. 도장지는 하나 이상의 가지가 부러져 생긴 공간을 채울 때 필요할 수 있다(이 장 후반의 수관회복 참조). 도장지나 흡지(吸枝, sucker)는 특히 강하게 전정된 경우, 일부 수목에는 성가신 문제가 될 수 있다. 제거할 이들 가지는 재발생을 최소화하기 위해 가능하면 이들의 기부 가까이에서 절단하는 것이 좋다. 이들 절단 표면에 생장억제제(生長抑制劑, growth retardant)를 처리하는 것도 새로운 맹아지 발생을 최소화한다(제15장 참조). 덩굴식물, 전선, 밧줄, 못, 기타 외부 물질도 제거하는 것이 좋다.

수목에 대한 추가적인 주의가 필요한지 여부를 확인하기 위해 결함을 점검할 수 있다. 전정은 수목 내 해충의 발생과 감염을 줄이고 병의 확산을 중단 또는 지연시키는데 매우 효과적이다(Brown, 1972; Svihra, 1994) (제19장 근절 전정 참조).

수관 솎기 수관 솎기(crown thinning)는 햇빛 침투와 공기 이동을 향상시키고 가지 끝 무게를 줄이기 위해 가지를 선별적으로 제거하는 것이다. 활발하고 생산적인 내부 잎을 위해 보통 이상의 광도(光度, light intensity)가 필요하다. 가지가 수간을 따라 서로 조밀하게 발생하면, 이들은 측지가 거의 없고 초살도가 매우 낮은 길고 가는 가지가 된다. 교차하는 가지와 활력이 낮은 가지는 제거될 필요가 있다. 이러한 가지의 일부를 제거하는 것은 남은 가지에게 더 넓은 공간을 제공하고, 새로운 측지를 발생시키는데 도움을 주며, 초살도를 높여준다. 남은 가지에 대해서는 내부 가지를 제거하기에 앞서 가지 끝에 있는 측지를 솎아주어라(**그림 14-32**). 수관 솎기를 통해 바람 저항, 가지의 지레팔(lever arm), 가지 끝 주변의 무게 등을 줄일 수 있는데, 이는 약한 가지 구조, 불안정한 뿌리를 가진 수목, 여름 낙지(summer branch drop; 건강한 가지가 잔잔한 여름 날씨에 갑자기 부러지는 현상 –

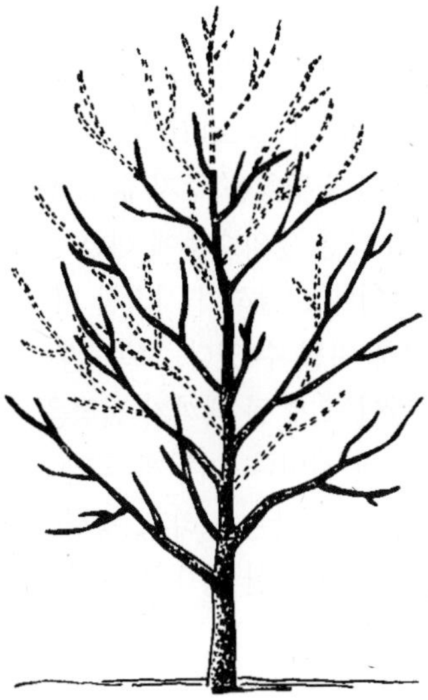

그림 14-32 교목의 높이와 폭은 자연적인 수형을 유지하면서 축소할 수 있다. 솎아진 가지는 점선으로 표시되어 있다.

역자 주)가 발생하기 쉬운 수목 등에 특히 중요하다(제16, 17장 참조).

수간과 가지가 보일 수 있도록 개방해 주는 적절한 솎기에 의해 수목의 구조적인 특징이 강조될 수 있다. 섬엄나무(*Pittosporum*), 층층나무(*Cornus*), 올리브(*Olea europaea*), 은행나무(*Ginkgo*) 등은 특히 이러한 처리에 적합하다.

수관 솎기에서 가장 먼저 제거해야 하는 가지는 가지 청소에서 보통 제거되는 것들이다. 이러한 작업이 끝나면, 수관을 개방하기 위해 어떠한 솎기가 필요한지를 확인하기 쉬워질 것이다. 중 또는 대교목(수고 12~18m)에 대해서는 직경 50mm(2인치) 미만의 가지를 제거하는 것은 항상 필요하다. 수목이 작을수록 제거하는 가지도 가는 것이 좋다. 이러한 솎기는 위쪽과 외관 주변에서 행하라. 대교목에서는 직경이 150mm(6인치) 정도 되는 가지를 제거할 필요가 있을 것이다. 그러나 이렇게 큰 가지 절단은 해당 수목이 방치되었거나, 잘 못 전정되었거나, 경관에서의 용도가 바뀐 경우가 아니면 필요하지 않을 것이다. 측지에서의 굵은 가지 절단은 가지를 약하게 만들고 더욱 부후되기 쉽다.

Tree Pruning Guidelines(Britton, 1995), *Best Management Practices*(Gilman과 Lilly, 2002), ANSI A300 Standard(Part 1), 2001(5.6.2.2항)은 한 생육기 내에 성목으로부터 25% 미만의 잎만 제거하도록 주의를 주고 있다. 잘 전정된 수목은 보통 사람에게 해당 수목이 전정되지 않은 것처럼 보일 것이다.

전정은 맨 위에서 시작하여 수목을 따라 내려오면서 작업하라. 전정 잔해는 작업이 아래로 진행되면서 청소될 것이다. 떨어지는 가지가 아래에 있는 가지를 손상시킬 가능성이 있으면, 전정 대상 가지 선정을 조정할 수 있을 것이다.

그림 14-33 위에 적절한 가지가 있으면, 덜 처지는 측지에서 축소 전정하는 대신 낮게 펼쳐진 가지(화살표)를 완전히 제거하라.

수관 높이기 수관 높이기(crown raising)는 통행공간을 확보하기 위해 수목의 아래 가지를 제거하는 것이다. 낮은 가지는 보행자와 차량 통행을 막고, 시야를 방해하고, 건물에 너무 가까이 자라거나 햇빛과 통풍을 감소시킨다. 대부분의 교목은 크기가 커짐에 따라 늘어난 길이와 무게 때문에 가지가 아래로 휜다. 낮은 가지도 수관의 내부보다 아래쪽의 광도가 높기 때문에 아래로 자라는 경향이 있다. 그러나 낮은 가지는 타당한 이유가 있을 때 제거해야 하는데, 그 이유는 지면 가까이에 가지가 있는 것이 수목에게도 유리하기 때문이다. **낮은 가지가 노후에는 수목에게 최고의 보험이다**(Claus Mattheck, Forschungszentrum Karlsruhe Technik und Umwelt Institut fur Materialforschung II, Karlsruhe, Germany, 1997, 개인적인 정보).

일부 수목관리자는 가지가 잎 때문에 가장 무겁고 문제의 범위를 보여주는 늦여름에 통행공간을 확보하기 위한 전정을 한다. 나중에 굵은 가지를 제거할 필요가 발생하지 않도록 어린 수목을 정지할 때 가장 낮은 영구지의 높이를 결정하라.

수관을 높일 때, 좀 더 직립하는 굵은 가지에서 축소하거나 그 가지 전체를 제거하라. 흔히 낮은 가지가 위로 향하는 가는 가지에서 축소된다(**그림 14-33**). 이런 가지는 일반적으로 두터운 그늘 아래에 있고, 매력적이지 않으며, 추가적인 전정이 필요하다. 위에 굵은 가지가 있으면, 이러한 낮은 가지는 장기적인 통행공간을 제공하고 외관을 향상시키기 위해 제거될 수 있다.

낮은 가지를 제거하면, 새로운 가장 낮은 가지 바로 아래의 낮은 수간에 스트레스가 증가할 수 있다(Leiser와 Kemper, 1973). 특히 어린 성목의 수관을 높일 때에는 낮은 가지를 한 생육기 이상에 걸쳐 제거하는 것이 좋을 것이다(Brown, 1972). 적어도 잎의 절반은 수목의 하위 2/3에서 발생한 가지에 있는 것이 바람직하다는 것을 명심하라(Leiser와 Kemper, 1973). 외관과 스트레스 배분에서 균형 잡힌 상태로 수목을 유지하기 위해 어떤 수목관리자는 수관을 높이기 위해 제거하는 가지의 반대편 가지도 제거한다. 이는 주로 미적인 선호 때문이다. 대부분의 수목은 짧은 기간에 유발되지 않으면 상당한 비대칭에 대해 위해하지 않게 견딜 수 있다.

수관 축소 많은 수목이 바람직하거나 안전한 수준보다 더 크게 자란다. 이들은 지상 송전선을 향해 자라고, 시야를 가리고, 건물이나 다른 수목 쪽으로 자라고, 햇빛이 필요한 태양집열판이나 다른 지역에 그늘을 지우고, 크기나 상태 때문에 위해하게 된다. 크기는 전정으로 조절할 수 있지만, 이는 끝없는 작업이 될 것이다. 질소비료나 관수를 감축하거나 중단하여 수목의 외관에 영향을 주지 않고 생장을 늦출 수 있을 것이다(제12장 낮은 영양수준에 대한 수목의 적응 참조). 크기는 원하는 크기에 도달하기 시작할 때 수목을 전정하면 가장 효과적으로 유지될 수 있다. 교목, 관목, 덩굴식물이 원하는 크기보다 훨씬 크게 될 때까지 전정을 늦추면, 크기 조절은 더욱 어려워질 것이다. 이렇게 되면, 상처는 부후하기 쉽고, 감추기 어렵고, 유합은 느리고, 갱생을 위한 생장이 조장될 것이다. 수목이 건강한 상태를 유지하고 있다면, 성목이 견딜 수 있는 전정 강도는 수종에 따라 차이가 크다(**표 14-1**).

수관 축소의 수단으로서, 제거절단과 축소절단이 자연 수형을 유지하면서 수목의 높이와 폭을 줄일 수 있을 것이다(그림 14-32). 제거되는 부분의 직경 대비 적어도 1/3이 되는 낮거나 안쪽 가지에서 가지를 축소절단하라(Britton, 1995). 모지 대비 축소절단 되는 가지의 직경이 크면, 부러

표 14-1 영국에서 강한 전정에 대한 수목의 상대적인 내성[a]

강 전정: 어린 수목, 성숙 수목	강 전전: 어린 수목 약 전정: 성숙 수목	오직 약 전정: 어린 수목, 성숙 수목
오리나무류(*Alnus*[b])	너도밤나무류(*Fagus*)	사과나무류(*Malus*)
물푸레나무류(*Fraxinus*[b])	자작나무류(*Betula*)	배나무류(*Pyrus*)
네군도단풍(*Acer negundo*)	주엽나무(*Gleditsia triacanathos*)	벚나무류(*Prunus*)
느릅나무류(*Ulmus*[b])	회화나무(*Sophora japonica*)	
산사나무류(*Crataegus*)	금사슬나무류(*Laburnum*)	
호랑가시나무류(*Ilex*[b])	라일락류(*Syringa*)	
마로니에(*Aesculus hippocastanum*[b])	호두나무류(*Juglans*)	
피나무류(*Tilia*[b])		
마가목류(*Sorbus*[b])		
참나무류(*Quercus*[b])		
버즘나무류(*Platanus*[b])		
포플러류(*Populus*[b])		
단풍나무류(Acer[b])		
가중나무류(*Ailanthus*)		
주목류(*Taxus*[b])		
버드나무류(*Salix*[b])		

출처: Cutler와 Richardson, 1989, *Tree Roots and Buildings*, 2차 개정판에 게재되어 있는 Derek Patch의 관찰 정보.
[a]수종의 이름이 제시되면, 관찰은 주로 해당 수종임.
[b]수관 축소 포함. 강전정이 가끔 도장지를 자극한다(Fred Roth, California State University, Pomona, CA, 1989, 개인정보).

그림 14-34 영국 큐(Kew)에 있는 왕립 식물원(Royal Botanic Garden)의 런던버즘나무. 이 수목의 키를 낮추고자 한다면, 이 수목의 자연적인 낮은 수관(점선)을 따라 전정할 수 있다.

질 가능성이 높아진다(Fraedrich와 Smiley, 1996). 절단되는 가지가 남겨지는 가지 직경의 2/3 보다 크면, 측지의 생장각도가 어느 정도 직립(수평에서 60° 이상)하는 것이 좋다고 제언한다. 축소절단은 가지가 두절된 경우보다 덜 눈에 거슬리고, 해당 수목은 도장지가 발생할 가능성이 낮다. 축소절단이나 제거절단에 의해 크기가 줄어든 수목이 두절된 수목보다 일정한 수고와 밀도로 회복하는데 더 긴 시간이 걸리는 것으로 관찰되었다. **물리적으로 수목의 크기와 밀도가 줄어든 다음 수목관리자가 들을 수 있는 최고의 칭찬은 관찰자가 그 수목이 전정되었다는 것을 인식하지 못하겠다고 하는 것이다.** 축소절단과 제거절단은 두절보다 더 높은 기술과 더 많은 시간이 소요되지만 대부분의 경우, 노력할 만한 가치가 있다: 이는 수목의 특징적인 수형을 유지하고, 부후와 맹아 발생 문제를 최소화하고, 수관 내부의 잎을 유지하는데 필요한 빛을 더 많이 들어오게 하고, 해당 수목의 다음 전정 때까지의 기간을 늘려 준다.

강한 전정이 필요한 경우일지라도, 제거절단과 축소절단은 언제나 두절보다 더 만족스럽게 과업을 수행할 수 있도록 할 것이다. 축소절단은 때로는 분기 낮추기(drop-crotching)로 불리기도 한다. 느릅나무(*Ulmus*), 팽나무(*Celtis*), 유칼리나무 등과 같은 키가 크고 구형으로 자라는 수목은 가끔 전정을 통해 수목의 수관을 자연스럽게 낮출 수 있는 형태로 가지를 뻗는다(**그림 14-34**) (Keith Davey, Belmont, CA, 1980, 개인적인 정보). 이러한 2차적이고 낮은 수관은 해당 수목의 수고 2/3에서 3/4 사이에서 정리된다. 낮은 수관을 형성하는 가지에 대한 대규모 축소절단을 제외하면, 낮은 수관으로 축소된 수목은 전정이 안 된 것처럼 보일 것이다. 자연적인 낮은 수관이 분명하게 나타나지 않음에도 불구하고 수목의 키를 낮추어야 하는 경우에는 같은 결과를 달성하기 위해 적절한 낮은 가지를 확보하여야 한다. 큰 절단 상처에 대한 NAA 처리는 맹아지 발생을 최소한으로 유지시켜줄 것이다(제15장 참조).

대부분의 원추형 수목은 전정되지 않은 자연 수형을 유지하면서 폭을 줄일 수 있지만, 끝을 둥글게 만들지 않고는 키를 줄이기 어렵다. Bridgeman(1976)은 성숙한 너도밤나무(*Fagus*)와 자작나무(*Betula*)는 수관 축소에 대한 반응이 좋지 않고 절단부위로부터 죽어 내려올 가능성이 있다고 경고한다(표 14-1).

밀집된 수목은 그늘과 마찰로 인해 형태가 일그러지고 가지가 약하게 된다. 많은 경우, 작을수록 변형이 많이 되고, 바람직하지 못한 곳에 위치한 수목은 제거하는 것이 좋다. 이렇게 하면 남은 수목은 항상 새로운 공간으로 자라서 건강과 외관이 좋아질 것이다. 수목은 종종 이들이 성숙한 크기에 도달했을 때 바람직한 간격보다 더 조밀하게 식재된다. 이들 수목이 빽빽해지기 시작함에 따라 수형이 좋지 못한 것은 제거될 때까지 매년 강하게 축소되어야 할 것이다(**그림 14-35**). 이는 임시 수목이 가치를 유지하는 상태에서 더 오래 남을 수목이 적절한 생장을 할 수 있도록 해준다. 수목의 제거 결정이 어렵고 많은 사람들이 이에 반대할 수 있지만, 이를 지연시키는 것은 항상 경관을 손상시키는 결과를 가져온다.

활력이 떨어지고 부러진 가지가 매달린 노쇠한 수목은 가끔 이들의 말단, 특히 상단에 있는 약하게 자라고 죽어가는 가지를 제거함으로써 건강하고 매력적인 상태를 몇 년 더 유지할 수 있다. 낙엽수에서 대부분의 잎이 떨어진 다음 약하고 부러진 가지를 제거하라. 이렇게 하면, 탄수화물과 양분이 잎과 약한 가지로부터 살아 있는 저장 지역으로 이동하게 될 것이다(Weinbaum 등, 1992). 현명한 시비, 관수, 병해충 방제도 필요할 것이다.

불행하게도, 의도는 좋지만 잘못 알고 있는 사람에 의해 수목의 크기를 줄이기 위한 두절(頭切, heading/stubbing/dehorning)이 종종 행해진다. 이러한 전정을 하면, 위치에 대한 고려 없이 주된 가지(main branch)가 가지터기(stub)를 남기고 절단된다. 절단부위 아래로부터 맹아가 조밀하고, 왕성하고, 직립으로 발생한다. 새로운 가지는 조밀한 머리를 형성하고, 진한 그늘을 만들며, 종전의 가지에 약하게 부착되어 있다(그림 14-6 참조). 이들은 자신이 자라기 시작한 후에 형성된 목부의 표층(表層, surface layer)에 의해서만 매달려 있다. 이 층은 합판 시트의 바깥층과 비슷한 두께이지만 그것만큼 단단하게 부착되어 있지는 않다. 신초는 항상 오래된 목재에 부착되어 있는 강도보다 더 빨리 발달한다. 이러한 맹아로부터 발생한 가지는 특히 두절된 가지가 클 경우 약하게 부착되며, 자신들의 일생 동안 내내 위해할 것이다. 그러나 왕성한 가는 가지(50mm 미만)에 대한 두절 근처에서 발생한 맹아지는 절단면을 덮고 상처주변을 결합하여 새로운 목재로 된 완전한 원통을 형성할 것이다. 따라서 약점이 거의 남아 있지 않게 되고 두절된 흔적이 사라질 것이다(Brown, 1972). 그러나 Shigo(1989)는 이러한 상처는 여전히 약한 지점으로 남아 있을 것이라고 언급하였다.

그림 14-35 가운데 수목은 주변 수목에게 더 많은 공간을 제공하기 위해 매년 축소 전정되었고, 곧 경관에 대한 피해 없이 제거될 수 있을 것이다.

크게 두절된 보호되지 않은 상처의 표면은 특히 일부 수종의 성목에서 부후되기 쉽다. 새로이 노출된 가지는 일소가 발생하고 이 또한 부후에 취약할 것이다. 가지가 이미 부후되기 시작했다면, 이를 다시 절단하는 것은 부후 과정을 가속화시키는 것이다. 굵은 가지터기 절단은 유합되기 어렵다. 어떤 수목관리자는 큰 두절을 해야 한다면, 맹아지가 가장 바람직한 방향이나 오후 햇빛 방향으로 발생하도록 작은 가지 위쪽의 가장자리에서 경사지게(수평으로부터 약 30°) 절단할 것을 권고한다. 연구에 의해 입증되지는 않았지만, 관찰 결과 경사진 표면은 더 건조한 상태를 유지하고, 부후 가능성이 낮으며, 더 빨리 유합될 것으로 보인다.

수관 회복, 수관 재생, 수관 교정 전정 이러한 용어들은 태풍 피해를 받고, 의도적으로 파괴되고, 잘못 전정된 수목 등을 보다 자연적인 형태로 고쳐 만드는 작업과 관계가 있다. 수관 회복(樹冠回復, crown restoration)은 건강과 구조적인 강도를 증진시켜야 한다(Bridgeman, 1976). 주된 골격지와 수간이 손상되지 않았거나 건전한 목재에서 축소절단될 수 있다면, 그 수목은 구할 가치가 있을 것이다. 두절된 골격지에서 발생한 맹아지는 각각의 골격지에서 2~3개로 솎아 주어야 한다.

활력이 약한 맹아지를 선정하면 생장을 다소 느려지게 하고, 다음 생육기에 맹아지를 따라 더 많은 2차 측지가 발생할 것이다. 가지를 솎아주면 지상부를 개방시켜 수목 전체의 바람 저항은 감소시켜줄지 모르지만, 남은 개개의 굵은 가지는 바람 저항에 더 많이 노출될 수도 있다. 그러므로 남은 가지도 낮은 측지에서 축소절단해 줄 필요가 있다. 가지의 수와 크기의 축소는 주된 골격지에 대한 가지의 부착을 향상시키는데, 특히 상대적인 크기와 관련하여 도움이 된다.

이러한 강도 높은 전정은 이로 인한 부작용, 특히 왕성한 맹아지 발생을 최소화하기 위해 2~4년에 걸쳐 시행하는 것이 가장 좋다. 생육기 중의 전정은 과도하게 길게 자라는 가지를 줄이고, 골격지에 대한 가지 부착을 강화하고, 총 생장을 낮추는 것이 좋다. 가을 서리와 겨울 추위가 우려되는 지역에서는 생장을 연장하고 겨울 준비를 지연시키도록 전정해서는 안 된다. 시비, 관수, 기타 작업은 건강한 수목에 대한 과도한 생장이 최소화되도록 조정되어야 한다. 전정된 수목에 대해서는 적어도 매년 구조적인 발달, 골격지에서의 부후 여부, 전반적인 건강 등을 확인하는 것이 좋다. 보행자와 재산에 대한 안전은 가장 중요한 것이다.

뿌리 손실과 피해를 입은 수목의 전정 이식되거나 심각한 뿌리 손실이나 피해를 입은 대교목에 대해 전정을 한다면 얼마나 해야 하는가에 대해서는 의견이 다양하다. 다음의 고찰은 수목이 좋은 여건에 있고 적절한 수분을 공급받을 수 있다고 가정한다.

일반적인 관행은 뿌리가 손상된 수목의 지상부를 강하게 전정하는 것이었다. 대교목을 이식하는데 특화된 한 회사는 해당 수목의 뿌리를 박스로 둘러싸기(boxing) 전에 엽면적의 약 30%를 솎아준다(John Mote, Sylmar, CA, 1990, 개인적인 정보). 전정을 하는 이유는 뿌리 손실에 대한 보상에 도움이 되고, 남겨두고 싶은 가지에 유리하며, 후속적인 낙엽과 가지 고사를 최소화하기 위해 엽면적을 줄이는 것이다(Watson과 Himelick, 1997). 어떤 한여름에 이식되는 활엽수는 엽면적의 50~75%까지도 제거된 적이 있다.

성목이 심각한 뿌리 손실에 시달리고 있을 때 전정을 거의 또는 전혀 하지 않는 것이 좋다는 견해를 가지고 있는 사람들도 있다. 이 의견은 상이한 전정 강도가 새로이 식재된 어린 수목에 미치는 영향에 관한 연구 결과에 근거하고 있다. 가능한 한 많은 잎을 남겨두면 뿌리 생장과 구획화에 필요한 탄수화물을 최대한 공급할 수 있다고 생각한다. 또한 뿌리 피해가 발생할 당시에는 쇠약해질 가지를 확인하는 것이 어렵기 때문에 수목이 어느 가지를 제거할 것인가를 지정할 때까지 기다리는 것이 최선이라고 생각한다.

성목이 주어진 뿌리 손실의 강도에 대해 어떻게 반응하느냐 하는 것은 해당 수목의 건강과 에너지 비축에 달렸다. 수목은 자신의 지상부와 뿌리에 커다란 여유를 가지고 있다. 잎, 당년 생장, 흡수근(absorbing root)을 잃더라도, 수목에 거의 영향을 주지 않고 견뎌나갈 수 있는 다른 여러 방법들이 있다. Synclair 등(1987)은 수목이 뿌리의 50%를 잃고도 생존할 수 있다고 하였다. 현장 관찰과 부분적인 굴착을 통해 Watson과 Himelick(1982)은 수간 직경 100mm(4인치) 농장 교목을 1.12m(44인치) 수목 이식기(tree spade)로 굴취하였을 때, 이동되는 토양은 뿌리가 점유하고 있는 토양부피의 2%에 불과하였다고 추정하였다.

수목이 올바르게, 그리고 적절하게 전정되면, 자신의 수관 내의 잎은 종전보다 더 많은 햇빛과 약간 더 많은 이산화탄소에 노출된다. 이로 인해 남아 있는 잎의 광합성이 증가하여 제거된 잎에 의해 공급되었을 탄수화물 손실의 일부를 상쇄한다. 상당한 잎이 제거되기 전에는 전정에 의해 증산이 거의 영향을 받지 않듯이, 광합성 또한 전정 강도가 강하지 않으면 거의 영향을 받지 않을 것이다. 주어진 수목에 대해 증산과 광합성의 양은 서로 밀접하게 연계되어 있다(Farquhar, 1979).

대부분이 그러하듯이, 뿌리가 손상된 수목에 대해서도 중용(中庸, moderation)이 현명한 것으로 보인다. 수목의 에너지 비축에 거의 영향을 주지 않는 약하고 조밀한 가지의 솎기는 수관 내부의 잎을 노출시켜 이들을 더욱 생산적으로 만든다. 수목의 구조와 아름다움에 중요한 골격지의 웰빙도 더욱 확실해질 것이다. 전정된 수목이 더 안정적일 것이다. 또 다른 이점은 해당 수목의 주인은 수목관리자의 노력을 수목에 최선이라고 생각할 것이라는 것이다.

전정 관행과 강도가 어떠하든, 적어도 첫 생육기에 걸쳐 올바른 관수가 가장 중요하다. 초기의 잎에 대한 분무가 현명할 것이다. 물은 염분함량이 낮아야 하며, 그렇지 않으면 잎은 바로 염분으로 뒤덮일 것이다.

조망 전정(vista pruning) 조망을 향상시키는 것은 미리 결정된 위치로부터 어떤 목표물이나 경관에 대한 특정한 시야를 확보하기 위해 수목의 수관 속의 가지나 특정한 부위를 선택적으로 솎아내는 것이다(ANSI, 2001). 주택, 휴가별장(休暇別莊, vacation home), 식당, 도로변 부지 등이 종종 즐겁고 재미있는 조망을 발굴하기 위해 선정되고 개발된다. 이러한 조망을 창출하고, 개선하고, 유지관리하기 위해서는 기술이 필요하다. 성목은 거의 언제나 관련이 되지만, 미래의 경관 확장과 증진을 위해서는 새로운 수목 식재도 고려할 필요가 있다.

많은 도시가 이전의 조망을 회복하기 위해 다른 사람의 재산을 침범하는 수목을 전정하도록 허용하는 조례를 가지고 있다. 일부 수목관리자는 이러한 조망지역에서는, 오래된 수목은 죽어가고 어린 수목은 계속 낮게 축소됨으로써, 키가 큰 교목이 거의 없거나 아예 자취를 감출 것이라고 예측한다. 지침과 조례는 이러한 현상이 나타나는 것을 지연시키는데 도움이 될 것이다.

올바르게 전정되고 이상적으로 위치한 수목은 전략적으로 선정된 가지와 잎을 통해 조망경관(scenic view)의 틀을 형성하고 이를 향상시킬 수 있다. 조성된 수목의 전정에는 이미 고찰한 몇 가지 전정 범주, 특히 수관 솎기의 수정을 필요로 한다. 굵은 가지는 수관을 개방하기 위해 제거될 필요

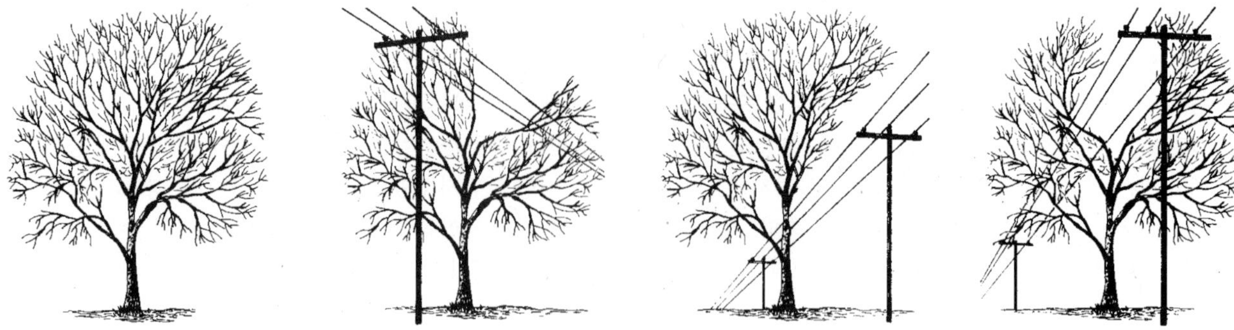

그림 14-36 송전선 아래의 성목에 대한 방향지시적 전정은 비용 효율적이고 전기 서비스의 신뢰도를 제고시켜주는 것으로 나타났다(R. A. Johnstone, Delmarva Power & Light Co., Salisbury, MD). 축소절단으로 전선으로부터 먼 곳으로 생장을 유도한다. 전정 전 성목(맨 왼쪽). 통과 측면정리(through-side trim) 또는 아래 가지를 남겨둔 측면정리(가운데 왼쪽). 아래 가지 정리형 전정(가운데 오른쪽). 수목이 전선 바로 아래에 있을 때의 통과 또는 V자 정리(맨 오른쪽).

가 있을 것이며, 다음으로 시야를 침범하는 남은 가지를 따라 부착되어 있는 가지의 일부를 선택적으로 제거한다. 조망점(眺望點, viewing point)에 있는 사람이 이 작업을 가장 잘 지휘할 수 있을 것이다. 경관에 관한 수목 소유자의 우호적인 관계와 관심이 이 작업을 더욱 즐겁고 효과적으로 만들 것이다. **모든 참가자가 무엇을 하고자 하는가를 명확하게 이해하는 것이 필수적이다. 이를 서면으로 작성하여 가지고 있는 것이 현명할 것이다.**

해당 부지가 처음으로 개발되는 경우, 일부 수목이 제거될 필요가 있을 것이다. 어린 수목은 당분간 시야의 일부를 가리면서 시야 속으로 자란 다음 경치의 위에 가지들이 펼쳐지도록 할 수 있다. 이런 상태에서 시야를 확 트인 구멍처럼 만들지 않으면서 일부 가지를 선별적인 제거할 수 있을 것이다. 성긴 잎을 가진 가지 사이로 경치를 보면 매우 흥미로울 것이다.

송전선 전정 송전선 전정(送電線剪定, utility pruning)의 목적은 설비의 안전과 전기 공급의 신뢰성을 확보하는 것이다. 미국과 캐나다는 전기선과 공도용지(公道用地, rights-of way)가 교목과 관목으로 인한 문제로부터 자유로운 상태가 유지되도록 하기 위해 2001년 약 25억~30억 달러를 지출하였다(Stephen Ciesleqicz, CN Utility Consulting, Inc., Petaluma, CA, 2002, 개인적인 정보). 많은 전기회사가 소위 일괄 절단(rounding over; 미리 결정된 크기와 형태로 두절하는 것)에서 방향지시적(方向指示的, directional) 또는 축소전정으로 전환했다.

방향지시적 또는 축소전정은 낮고 바깥쪽으로 자라는 측지에서 주지나 골격지를 절단하는 것이다(Blair, 1940, Holewinski 등, 1983; Johnstone, 1988). 송전선 바로 아래에서 자라는 교목에 대해서는 주지를 제거하거나 낮은 측지에서 축소해 준다(**그림 14-36**). 상단의 측지는 전정 이후의 가지가 전선으로부터 멀리 자라도록 추가로 전정해 준다.

송전선 바로 아래에서 자라지 않는 교목에 대해서도 같은 방법을 적용할 수 있다. 이 교목의 주지는 전선을 위협하지 않는 측지에서 축소절단하는 전정을 할 수 있다(그림 14-36). 전선 위에서 자라는 가지는 전선의 위로 또는 멀리 유도하고, 아래에 있는 가지는 아래로 또는 뒤로 유도한다. 두 경우 모두 이어지는 생장은 억제되거나 전선으로부터 먼 곳으로 유도되는 것이 좋다.

수천 그루의 성목이 있는 미국 중동부해안에 대한 Delmarva Power의 5년간 연구에 의하면, 방향지시적 전정이 좋은 것으로 나타났다(Johnstone, 1988). 처음에는 방향지시적 전정이 시간이 더 걸릴 것으로 생각했으나, 수목관리자가 숙달됨에 따라 그 차이는 크지 않았다. Delamrva Power의 실질적인 편익은 **1986년의 수목관련 정전이 1980년보다 56% 감소함으로써 전기 서비스 신뢰도가 향상되었다는 것이다.**

모든 절단이 축소절단이라 하더라도, 남은 가지에서 과도하게 직립하는 측지의 발생을 자극하지 않도록 처음 전정의 강도는 적절한 수준이 되어야 한다. 후속 전정(後續剪定, follow-up pruning)은 보통 정도의 전정이 필요하도록 시점을 잡아야 한다. 그러나 해당 수목이 도로변에 있으면, 낮은 가지의 왕성한 생장은 송전선을 위한 것은 아니지만, 자주 그리고 강하게 전정할 필요가 있을 것이다. 주민과 지방 정부기관은 자신들이 낮은 가지를 전정할 책임이 있다면 좋아하지는 않을 것이다. 방향지시적 전정으로 전환할 때, 첫 주기가 매우 중요하고 더 많은 시간이 소요된다. 이를 통한 효과는 다음 전정 주기에 실현된다: 기본적인 구조가 확립되고, 문제 수목과 가지가 제거되고, 맹아지는 덜 왕성하고, 전정 주기 사이의 간격이 늘어나고, 많은 수목이 매 전정주기마다 전정될 필요가 없어진다. 같은 순회구역을 유지관리하는데 3년 전에는 20명의 인력이 필요했으나 1987년에는 15명만 필요하였다. 인플레이션을 고려하면, 생산성은 인력 감소로 15% 증가하였다(Johnstone, 1988).

방향지시적 전정으로 전환할 때, 송전선 근처의 특정 대교목은 작게 자라는 수종으로 교체되는 것이 좋다. 남겨지는 수목은 절단이 가능한 측지에서 축소하여 형태를 잡아야 한다. 송전선 가까이 있는 교목은 시각적인 관점과 전기 설비적 관점 모두에서 수용 가능한 형태로 발달하도록 나이가 어릴 때부터 전정을 시작하여야 한다.

시골 녹지와 일부 자연적인 수목 임분에서 일부 전기회사는 장기적인 비용절감 때문에 도시지역과 비슷한 전정 지침을 준수한다(Keith Jones, Central Illinois Public Service, 1990, 개인적인 정보). 더 외딴 시골, 산림지역, 야생지역에 있는 송전선에 대해서는 화학적, 생물적, 헬리콥터에 매달린 공중 전정기술 등이 이용될 수 있다. 방향지시적 전정과 함께 식물생장조절제(植物生長調節劑, plant growth regulator)의 사용은 송전선 수목정리의 효율과 효과를 더욱 제고시킨다(제15장 참조). 수목으로 덮인 산림지역에서의 성실한 식생관리는 수목 파손에 기인한 재앙적인 화재 가능성을 줄이기 위해 매우 중요하다.

전기가 흐르는 선 근처에서의 전정 전기가 흐르는 선은 위해할 수 있다. 전압이 걸린 전선과 지면 사이에 회로를 형성하는 접촉 여부에 따라 **모든 전선은 치명적일 수 있다.** 태풍이나 사고로 언제 송전선이 다른 선에 전기를 통하게 할지 예측할 수 없기 때문에, ANSI는 "지상과 지하의 모든 전기선과 통신선은 치명적일 수 있는 전압의 전기가 흐를 수 있다고 생각하고, 직접적이든 간접적이든 접촉하지 않는 것이 좋다"라고 권고한다(Haupt, 1980에서 인용). 여기에는 화재경보, 케이블 텔레비전 및 전화 가입자 연결선(house drop), 전송선로(傳送線路, transmission line)와 배전선로(配電線路, distribution line) 등이 포함된다.

ANSI(1994)는 전기선과 작업하는 수목관리자 사이의 최소 거리를 설정하였다(AMSI Z133). 특별한 송전선 정리 훈련을 받은 수목관리자는 훈련을 받지 않은 사람보다 더 가까이에서 작업할 수 있다. 이때에도, 송전선 정리 작업자는 15kV(15,000V)까지가 흐르는 1차 송전선(primary conductor)으로부터는 적어도 0.6m(2피트), 552~765kV가 흐르는 송전선으로부터는 적어도 4.5m(15피트) 거리를 유지해야 한다. 일반적인 수목작업을 수행하는 수목관리자는 50kV가 흐르는 송전선으로부터 적어도 3m(10피트) 거리를 유지해야 한다. 표준은 주기적으로 변경되기 때문에 현재 표준을 따라야 한다는 것을 명심하라.

작업을 시작하기 전에 수목작업자와 책임자는 전기선이 수목을 통과하고 있는지, 아니면 수목관리자가 닿을 수 있는 거리에 있는지 여부를 점검하여야 한다. 어떤 작업이 전기선으로부터 3m(10피트) 이내에서 이루어지면 전기회사에 통보하여야 한다. 이러한 전기선으로부터 3m(10피트) 이내에서의 작업은 전기회사 관계자가 안전한 상태라고 선언한 이후에 시작하는 것이 좋다. 전기회사는 전선을 옮기거나, 일시적으로 송전을 중단하거나, 전선 근처에서 작업을 수행하기 위해 송전선 정리 수목전정직원을 파견할 수도 있다. 태풍이 불고 있거나 지나간 후에 손상된 전선으로부터 1km(0.6마일) 이내의 전화선, 철망 울타리, 금속 난간(guard rail)은 치명적으로 감전되어 있을 수 있다. 작업자들은 위험 가능성에 대비하여 주의하여야 한다.

수목 작업자는 나무에 올라가든, 인양 작업대를 사용하든, 전기가 흐르고 있는 송전선 근처에서 안전하게 작업하기 위해서는 훈련을 받아야 한다. 송전선 근처의 가지를 낮추기 위한 절단은 사전 계획수립과 특별한 주의를 요한다. 대교목 내에서 작업하고 있는 동안에는 수목 내에 있는 작업자를 도와주고 비상시에 대처하기 위해 훈련된 사람이 항상 지상에 있어야 한다.

도시수목에 대한 송전선 전정은 다음 사항을 고려하면서, ANSI A300 표준(Part 1, 2001)을 준수해야 한다.

- 가능한 경우, 수목이 송전선에 접근하기 전에 가지 전개 습성을 고려하여 생장을 송전선으로부터 멀리 유도할 수 있도록 전정절단 위치를 결정하라(그림 14-36); 드물게 특히 미리 정해진 정리 한계 가까이에서는 두절을 하기도 한다.
- 작업을 수행할 때, 수관 내 대부분의 축소절단을 중간 굵기의 가지에서 하라. 수관 바깥에 있는 가는 가지에 대한 전정은 최소한으로 유지하는 것이 좋다. 이를 위해서는 보다 빨리, 그리고 송전선으로부터 더 멀리 자라는 정아가 유지되도록 수목을 전정하여야 한다.
- 가능하면, 구형 생장 수목에 대해서는 수간이나 굵은 가지에서 제거절단을 하거나, 제거되는 부분의 직경 대비 적어도 1/3이 되는 측지에서 축소절단하라.
- 어떤 가지로부터 제거해야 할 잎이 50% 이상이면 전체가지를 제거하라.
- 교목이 송전선 바로 아래에 있을 때, 심각한 수고 축소전정(두절 포함)이 가끔 유일한 대안일 수 있다; 송전선 아래에서 왕성하게 높이 자라는 교목은 가능하면 제거하는 것이 좋다. 일부 전기회사는 교목을 제거하고 적절한 수목으

로 대체할 것을 제안한다.

- 전정절단은 지피융기선과 가지 깃에 가까우면서도 이들의 바깥쪽에서 실시하라. 가지를 제거할 때에는 수피가 벗겨지거나 찢어지지 않도록 주의하라.
- 교목으로부터 5~6개의 굵은 가지와 죽은 가지를 제거하라.
- 생명을 위협하는 비상사태, 수목을 제거하거나 가지가 멀리 떨어져 있는 경우가 아니면, 수목등반 박차(climbing spur)나 금속, 작살(gaff), 갈고리(hook) 등을 사용하지 마라.
- 전기회사는 송전선 가까이에서 공존할 수 있는 수목을 식재하는 것에 관해 일반 공중을 교육하는 프로그램을 지원하는 것이 좋다.

14.3 단초 전정

단초 전정은 수목의 구조적인 골격이 발달한 이후에 교목이나 관목의 인위적인 수형을 유지관리하기 위해 사용되는 기술의 하나이다. 흔히 볼 수 있는 단초 전정에는 차폐(遮蔽, screen) 또는 생울타리(hedge), 두목작업(頭木作業, pollard), 격자시렁(espalier), 형상수(形象樹, topiary), 가지엮기(pleach) 등이 있다. 일단 조성이 되고 나면, 구조는 주로 일년생 가지를 두절(전통적으로 눈 세 개 또는 길이의 1/3에서 절단)하는 방법에 의해 유지되고, 기타 불필요한 가지는 제거된다. 단초 전정은 특히 교목과 관목의 형태를 만들기 위해 채택된다. 두절에 의해 가지가 발생할 위치가 결정된다. 단초 전정에 반응을 잘 하는 수목을 이용하면, 노동 집약적(勞動集約的, labor intensive) 이기는 하지만 어떤 형태의 인공적인 수형도 대부분 가능하다(Raimbault, 1996).

차폐 전정

수목의 구조가 발달한 다음, 의도하는 수형을 유지하기 위해 차폐 전정(遮蔽剪定, screening pruning)을 활용한다(**그림 14-37**). 여기에는 두 유형의 작업이 관여한다. 생육기 중에 최대 4회에 걸쳐 당년지(當年枝, current shoot)를 전체 길이의 1/4~1/2 정도에서 절단한다. 각각의 절단 직후에 가지가 발생한다. 이러한 절단으로 수목의 중심과 수목의 외곽 가장자리 사이의 거리가 늘어난다. 4~5년마다 청소와 수목의 크기를 축소하기 위한 휴면기 전정(dormant pruning)을 통해 가지의 수를 줄임으로써 가지 뻗음을 단순화하고, 가지의 길이를 줄임으로써 원래의 크기와 형태로 복귀하게 된다. 유럽에서 차폐전정에 이용되는 교목은, 비술나무(*Ulmus pumila*), 마로니에(*Aesculus hippocastanum*), 버즘나무(*Platanus*), 피나무(*Tilia*), 가끔 유럽서어나무(*Carpinus betulus*)와 너도밤나무(*Fagus*) 등이다(Raimbault, 1996).

두목작업

두목 전정된 교목은 전정된 지 1년이 지나면 각각의 가지 끝에 왕성하고 직립하고 측지가 없는 수많은 맹아지가 붙어 있는 혹(knob; 유상조직과 이전에 두절된 신초의 덩어리 또는 머리)이 형성된 구조를 가지고 있다(**그림 14-38**). 솟아오른 가지의 끝은 같은 이름을 가진 전정절단 용어와 혼돈을 피하기 위해 머리(head; 두절을 heading이라고 함 – 역자 주) 대신 혹(knob)이라고 부른다. 두목작업의 *pollarding*이라는 말은 노르만 프랑스어(Norman French)의 '목을 치다' 라는 뜻을 가진 *poil*에서 유래했다.

두목작업은 수세기 동안 다양한 목적으로 전 세계에 걸쳐 시행되었다: 동물의 먹이, 난방과 요리를 위한 연료, 울타리 설치, 틀 조성, 바구니 만들기 등. 대부분 이러한 용도를

그림 14-37 보스크 서양배나무(*Pyrus communis* 'Bosc')의 차폐 전정; 이들은 크기를 조절하고 개별 가지가 자라는 기부에서의 활력을 유지하기 위해 생육기 동안 몇 차례 절단이 필요하다.

그림 14-38 두목작업된 런던버즘나무. 큰 혹이 신초가 매년 제거된 가지의 끝에 커다란 혹(삽입된 사진)이 발달한다.

위한 두목작업은 가지가 특정한 용도에 적합한 크기가 되었을 때(어떤 경우 5~7년마다) 절단하였다. 이러한 용도에 적합한 수종은 흔히 도시의 가로와 시골의 도로를 따라 그리고 집 주위에 식재되었다. 두목작업은 조경용으로 적합한 낙엽수를 매년 또는 격년으로 전정하라는 권고와 함께 지속되었다. 유럽의 시골에서는, 영국참나무(*Quercus robur*), 구주물푸레(*Fraxinus excelsior*), 비술나무(*Ulmus pumila*)가 두목작업에 활용된데 비해, 도시지역에서는 버즘나무와 마로니에, 피나무가 흔히 이용된다. Gilman(2000)은 두목작업에 잘 적응하는 수종이 포함된 10개 속(屬, genera)을 나열하였다.

두목작업은 어떤 경관에서는 특별한 장점이 있다. 두목작업에 잘 적응하는 수종은 일반적으로 도시환경에 잘 적응한다. 특정 경관에 비해 너무 크게 자라는 수종은 그 지역에 알맞도록 두목전정이 될 수 있다. 두목작업은 여름에 짙은 그늘을 만들 수 있고, 겨울에는 거의 전광(full sun)을 확보할 수 있다. 교목은 이러한 방법으로 작게 유지될 수 있고, 아담한 모습을 하고 있어 정형적인 경관을 보완한다. 매년 하는 두목작업은 일년생 가지에서 열매가 열리는 수종의 결실을 제거한다. 서양버즘나무(*Platanus occidentalis*)에 대한 탄저병(*Apiognomonia platini*)은 병의 감염원이 다음 해 봄으로 적게 이월되기 때문에 두목작업으로 인해 때로는 피해가 줄어들 수 있다. 그러나 조밀한 신초에 의한 두터운 그늘은 종종 내부 잎의 조기 낙엽을 유발한다.

올바르게 두목된 수목은 건강하고 활력이 좋게 유지되고 오래 산다. 혹(knob)은 유상조직처럼 생긴 목재 안에 둘러싸인 월동하는 측아의 덩어리가 된다. 활력이 좋은 혹은 매우 효과적으로 구획화된다(**그림 14-39**). 너도밤나무(*Fagus*)와 영국참나무는 1697년 왕에 의해 이러한 작업이 금지될 때까지 오래 동안 영국 남부에 있는 뉴포레스트(New Forest) 국립공원에서 매년 실시되었다. 두목작업이 1697년 중단되었지만, 그 산림에서 가장 크고 오래된 참나무는 두목작업된 것이며, 쓰러진 수목의 나이테를 세어본 결과 나이가 약 340살인 것으로 나타났다(Deputy Surveyor, 1988).

일단 조성이 된 다음에는 유지관리 전정이 단순하고, 두목작업은 장초 전정보다 더 많은 시간이 필요하다. 매년 전정되는 성숙한 두목전정된 런던버즘나무(*Platanus* × *acerifolia*)를 유지관리하기 위해서는, 4~5년 전정 주기를 가진 수간의 굵기가 비슷한 성숙한 자연 수형의 런던버즘나무를 전정하는데 필요한 노동력보다 2~3.5배 많이 들어간다(Kenneth Schmitz, University of California, Berkeley, 1997, 개인적인 정보). 매년 제거되는 신초는 칩으로 만들기에는 너무 가늘어서 처분이 더 문제가 된다.

두목작업은 가장 낮은 영구지가 선정된 직후 또는 이로부터 2~3년 동안 이어지는 휴면기에 시작하는 것이 좋다. 오래된 교목을 두목작업하는 것은 더 어렵고 일반적으로 부후

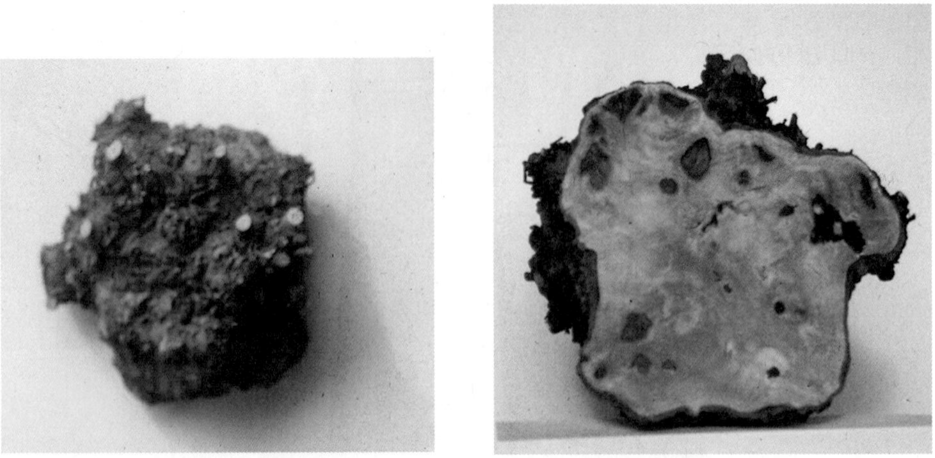

그림 14-39 두목작업된 런던버즘나무의 수평적인 가지에 있는 혹의 상단 근처에서 맹아지가 자란다(왼쪽). 왼쪽의 혹을 절개한 것(오른쪽)에서 볼 수 있는 바와 같이 두절은 잘 구획화되어 왔다.

되기 쉬운 덜 매력적인 수목이 된다. 우선, 기본적인 가지 구조와 형태가 발달될 필요가 있다. 두목작업된 교목은 중앙 주지의 주변과 위, 아래에 측지가 분포한 원추형으로 유도될 수 있고, 위쪽 수간 주변에 방사상으로 또는 수간을 따라 발생하는 가지를 가진 구형에 가깝게 유도될 수도 있다(그림 14-38). 이들 측지는 외줄기일 수도 있고 여러 번 가지를 칠 수도 있다. 향후의 정리는 이들 가지의 아래쪽에서 하는 것이 적절하다는 것을 명심하라. 혹을 발달시키는 것과 관련이 없는 맹아지는 매년 제거하라.

구형을 만들기 위해서는 주된 측지가 수간의 상단으로 결정된 높이에서 1m 정도 이내에 수직적으로 배치된다. 두목의 혹을 만들고자 하는 곳의 직립하는 눈(bud)에서 각각의 측지(이상적으로는 절단할 때 1~2년생)를 두절하라. 다음 3~4년의 매 휴면기에 전년도의 맹아지 중 가장 바람직하고 직립하는 2~3개를 제외한 모든 맹아지를 제거하는데, 바람직한 맹아지는 눈 1~2개를 남기고 절단한다. 왕성한 신초는 일부 근접 절단된 가지의 기부에서 나온 것과 함께, 이들 직립하는 맹아지 터기에 남겨진 눈에서 자랄 것이다. 수목을 이러한 방법으로 2~3년간 전정하면, 각 가지의 끝에 유상조직과 절단된 가지터기에 의한 혹이 형성될 것이다.

그 다음은 매 휴면기에 전년의 맹아지를 각각의 혹에 근접하여 절단하라. 전처럼 일부를 짧은 가지터기를 남기고 절단할 필요는 없다. 전정주기가 2년이 넘으면, 두목된 혹의 탄수화물 저장이 감소하고, 이에 따라 맹아 발생과 혹의 활력이 감소할 것이다.

BSI(1989b)가 언급한 것과 같이 **두목작업은 단간(topping, lopping, stubbing)과 동의어가 아니다.** 앞서 언급한 바와 같이 두목작업은 두목의 혹 안에 높은 탄수화물 저장을 유발한다(Bory 등, 1996). Shigo(1989)는 두목작업된 수목은 "오랫동안 건강하고, 아름답고, 안전하게 유지될 것이다"라고 말했다.

격자시렁 격자시렁(espalier)은 격자(trellis)나 벽을 배경으로 자라도록 유도된 교목, 관목, 덩굴식물이다(**그림 14-40**). 미국에서는 espalier를 정지(training)하는 방법을 묘사하는 명사나 동사로 사용한다. 과수(果樹, fruit tree)는 수세기 동안 유럽 정원에서는 적도(赤道, equator)를 향한 벽이나 돌담(stone wall)을 따라 격자시렁으로 유도되었다. 벽과 돌담의 열용량(熱容量, heat capacity)은 일반적으로 이들을 배경으로 자라는 식물의 개화와 과일 성숙을 촉진한다. 이들 벽은 또한 서리와 겨울 추위로부터 식물을 보호한다. 때로는 벽면관목(wall shrub)이라고 불렸던 격자시렁으로 유도된 식물은 작은 정원에서 중요한 요소의 하나인 요구 공간이 작다는 것이다.

뚜렷한 경관 표현을 하는 두목작업과 달리 격자시렁은 경관에서 좀 더 은은한 역할을 한다. 이들은 자신을 만든 사람을 나타내게 된다. 격자시렁을 개발하고 유지관리하기 위해서는 식물의 생장 습성을 이해하고 자세히 관찰하며, 생육기 동안 주기적이고 빈번한 전정이 필요하다.

격자시렁을 위한 수종과 형태는 원하는 경관 효과를 기준으로 선정하는 것이 좋다. 사과나무(*Malus sylvestris*), 배나무류(*Pyrus* sp.), 피라칸타(*Pyracantha*) 등과 같이 단지(短枝, spur)에서 꽃이 피는 수종은 특히 가지를 수평으로 유인할 수 있으면, 정형적인 격자시렁으로 매우 적합하다. 배나무처럼 왕성한 일년생 가지에서 꽃이 피는 수종이나 감귤처럼 당년지에서 꽃이 피는 수종은 비정형적이거나 직립형에 더 적합하다. Brenzel(1995, 1997)은 25개, Wyman's *Gardening Encyclopedia*(Wyman, 1971)는 40개 속과 종

그림 14-40 종려 잎 무늬(palmette) 격자시렁으로 정지된 영국 Wisley Gardens에 있는 배나무(*Pyrus communis*) (왼쪽). (사진: H.T. Hartmann 등. Plant Science: Growth, Development, and Utilization of Cultivated Plants, 2nd ed., 1988.) 코넬대학교(Cornell University, NY)에 있는 촛대장식(candelabra) 또는 이중 U자형 배나무 격자시렁(오른쪽). (사진: Clarence Lewis, East Lansing, MI.)

을 격자시렁으로 고려할 수 있는 수종으로 나열하였다.

격자시렁은 일반적으로 팽팽하게 당겨진 줄이나 목재 지지대에 유인된다. 수평적 및 수직적 지지대는 보통 400~500mm(16~20인치)의 간격을 유지한다. 벽으로부터 100~150mm(4~6인치) 떨어진 격자는 태양으로 하여금, 특히 겨울에 낙엽성 격자시렁 뒤 벽에 재미있는 그늘을 창출하도록 해준다. 고온으로 인해 유발되는 과일 손상은 더 많은 잎이 벽에 그늘을 만들도록 조장하면 줄일 수 있고, 아니면 격자시렁으로 유도된 과수를 개방된 곳에서 키울 수 있다. 병해충 방제를 위해 농약을 살포해야 하는 수종은 농약이 표면을 변색시키거나 얼룩지게 하기 때문에 도색 여부를 불문하고 벽 앞에서 격자시렁으로 키우지 않는 것이 좋다.

팔메트 정지 팔메트(palmette; 종려 잎과 같은 부채꼴 문양 - 역자 주)와 코든(cordon; 하나 또는 한 쌍의 가지가 지면에 수평 또는 수직인 받침대를 따라 유인된 식물 - 역자 주)은 적어도 미국에서는 구별이 모호해진 격자시렁의 형태들이다. 팔메트용 식물은 하나의 수직적인 수간과 수간을 따라 거의 같은 간격으로 발생하는 수평으로 자라는 여러 쌍의 측지를 가진다(그림 14-40). 코든용 식물은 하나의 수평적인 수간이나 반대 방향으로 유인된 두 개의 주 가지로 자라는 식물이다(Bailey, 1916).

팔메트 정지는 가장 흔한 격자시렁 형태이다(그림 14-40). 지금부터의 고찰은 Halliwell 등(1979)이 제시한 교목과 관목을 팔메트 격자시렁으로 유인하는 자세한 방법을 참고로 한 것이다. 활력이 적정한 유묘(whip)라고 불리는 측지가 없는 일년생 줄기인 직립하는 묘목으로 시작하라. 생장이 시작되기 전 초봄에 가지가 필요한 곳에 있는 눈 바로 위에서 수피에 흠집(1~2mm 두께, 줄기 둘레의 1/5 정도의 폭)을 만들어라. 흠집이 생긴 눈들은 자라도록 압력을 받을 것이다. 줄기로부터 자신이 결속될 수평의 지지대 바로 아래에서 가지가 나타날 것이다. 여러 가지가 가용한 경우, 줄기로부터 각 방향으로 하나의 가지를 선정하라. 두 높이에 각각 두 개의 측지를 배치할 수도 있다. 주지를 수직으로 지지할 수 있도록 가는 지주목을 이용하라. 모든 측지는 첫 생육기 동안 묶지 않은 상태에서 자라도록 두어라.

이듬해 봄 위치가 가장 좋은 측지를 수평의 지지대 쪽으로 아래로 당겨 묶어주되, 지지대로부터 너무 멀리 떨어지지 않도록 하라. 남은 가지는 2~3개 눈을 남기고 두절하라. 지난해처럼 주지에서 선정된 눈 위에 흠집을 낸 다음 발생하는 가지는 자유롭게 자라도록 두어라.

세 번째 봄 생육이 시작되기 전에 (1) 가장 낮은 측지를 이들의 수평의 지지대에 묶어주고, 상단부 신초는 자유롭게 자라서 다음 해에 묶을 수 있도록 두고, (2) 첫해에 선정된 가지들처럼 전년에 선정된 측지를 구부려서 묶어주고; (3) 잉여 가지는 눈을 2~3개 남기고 축소하고; (4) 주지는 수직적인 지지대에 묶어준다. 시렁의 지지목 상단에 이를 때까지 이러한 작업을 매년 계속하라. 주지는 맨 위 두 측지에서 두절된 상태로 유지하라.

측지를 수평으로 유지하면서, 일부 수직적인 신초를 허용할 수도 있는데, 이는 이들을 따라 잎이 달리게 하고 꽃과 결실을 위한 단지의 형성을 발달시키는데 목적이 있다. 신초만 형성하는 수직 가지들은 이들을 억제하기 위해 두절할 필요도 있다. 수직적인 가지의 빈번한 두절은 이 가지의 생장을 억제하는 것으로, 수직적인 가지 위에 있는 수평적인 가지가 활력을 유지하도록 해 준다. 경화된 목재에서 두절된 가지는 연한 상태에서 두절되었을 때만큼 빨리 자라지 못한다.

수목의 개화 습성에 따라 연간 강전정 시기를 결정하라(그림 14-2a와 b 참조). 수평으로 격자시렁된 수목이 당면한 어려움은 낮은 측지를 완전하고 건강한 상태로 유지하는 것이다. 이들 수목이 나이가 들어감에 따라 낮은 측지는 그늘지게 되고 위에 있는 가지만큼 왕성하지 못하다. 이들은 아래쪽과 내부의 잎이 그늘지는 조밀한 관목과 생울타리와 같은 문제를 가지고 있다(그림 14-53 참조).

위쪽의 수평 가지는 도장지를 유발하더라도 다소 강하게 전정하는 것이 좋다; 즉, 아래 가지에 더 많은 햇빛이 들도록 축소할 수 있다. 반면, 아래 가지는 가볍게 전정하고 열매는 더 많이 솎아주는 것이 좋다(Scott Mayer, Seattle, WA, 1997, 개인적인 정보).

코든 정지 코든 정지(cordon training)는 단지를 형성하거나 단지에서 전정되는 과수나 일부 포도(Vitis) 품종에 가장 적합하다. 코든은 키가 2m(6피트) 정도 되는 가지가 없는 수간(유묘, whip)을 지상 약 500mm(20인치)에서 구부려서 외줄의 격자에 고정시켜서 만든다. 수간은 생장을 늦추고 꽃눈의 형성을 촉진시키기 위해 휘어진 부위에서 비틀어주는 것이 좋다.

어떤 코든은 하나의 곧은 수간으로 정지되어 수직 또는 수직에서 30° 정도 기울어지게 정지된다. 대부분의 코든은 하나의 수직적인 줄기에서 반대 방향으로 수평으로 자라는 두 개의 측지로 갈라진다.

부채꼴 정지 부채 모양을 형성하기 위해서는 지상 200~300mm(8~12인치)에서 수간을 두절하라; 생육기 말에 약 10개의 신초를 선정하여 이들을 좁은 부채 모양으로 격자에 묶어라(Bailey, 1916). 전체 생장을 줄이고 가지 발생을 촉진시키기 위해 다음 생육기 전에 가장 긴 두 개의 가지를 약 절반으로 축소절단하라. 다른 가지들은 단단한 목질부에서 절단하여 축소하라. 묶지 않은 나머지 가지들은 넓은 부채 모양의 격자에 묶어라(**그림 14-41**). 왕성한 일년생 가지나 당년지에서 꽃이 피는 수종은 팔메트나 코든으로 정지되었을 때보다 부채꼴로 정지되었을 때가 생산성이 높다.

비정형 정지 많은 수목은 비정형(非定形, informal) 또는 보다 수직적인 격자시렁 정지에 더 잘 적응된다(**그림 14-42**). 비정형 격자시렁은 비정형 격자시렁의 신초가 원하는 유형으로 묶이는 것을 제외하면 부채꼴 격자시렁과 비슷하게 정지된다. 단지를 쉽게 형성하지 않는 수종의 가지는 수평으로부터 적어도 30°로 자라거나 정단 생장이 기울어지도록 하는 것이 좋다. 이렇게 하는 것이 가지의 활력과 꽃 생산을 유지하는데 도움이 된다.

모든 격자시렁은 원하는 곳으로 생장이 유도되고, 원하지 않는 생장이 수목의 다른 부분과 경쟁하거나 격자시렁의 아름다움을 훼손하기 전에 제거하기 위해 생육기 동안 지속

그림 14-41 영국 Wisley Garden에 있는 이 배나무는 부채꼴 격자시렁으로 정지되었다. (사진: H.T. Hartman 등, Plant Science: Growth, Development, and Utilization of Cultivated Plants, 2nd ed., 1988.)

그림 14-42 모톤 수목원(Morton Arboretum, Lisle, IL)에서 어린 은행나무(*Ginkgo biloba*)가 벽을 등지고 비정형의 격자시렁으로 정지되었다. (사진: Clarence Lewis, East Lansing, MI.)

적인 주의를 필요로 한다.

형상수

형상수(topiary)는 다양한 정형적인 형상, 기하학적 또는 의태적(擬態的, mimetic) 형상으로 식물을 정지하고 깎아 다듬는 기술이다. 형상수는 로마인에 의해 실행된 것으로 오늘날에는 널리 퍼져 있다(그림 14-43). 측아로부터 작은 잎이 자라는 상록수가 형상수에 가장 적합하다. 더 복잡한 모양을 창출하기 위해서는 기술과 인내가 필요하다. 새로운 직경 생장으로 원하는 장소에 고정될 때까지 생장하는 가지를 원하는 위치에 묶어두기 위해 철사가 필요할 수도 있다. 교목이 단순한 기하학적 형태로 조각될 수도 있다. 매력적인 모습을 유기시키기 위해 생육기 동안 수목을 가끔 깎아주어야 한다.

잎이 작은 상록의 덩굴식물은 때로는 형상수와 같은 형태를 창출하기 위해 철망으로 된 틀에 유인되기도 한다. 이는 정원 조각물을 개발하는 더 빠른 방법으로, 이들 식물이 진정한 형상수 형태가 아니라는 것을 아는 사람은 거의 없을 것이다.

다음의 두 정지 형태는 단초 전정이 아니지만, 이들을 여기서 고찰하는 것이 가장 합리적이라고 판단된다.

가지엮기

가지엮기(pleaching)는 가지를 짜거나 얽어 엮는 것이다. 적합한 수종의 교목을 한 줄 이상 식재하여 키운 다음 3~5m (10~15피트) 높이에서 두절한다. 수평적이고 왕성한 가지를 수평의 철사나 지지대에 묶는다. 결국에는 인접한 교목의 가지가 섞이면서 이들이 서로 엮이게 된다(그림 14-44). 직립하는 가지와 수간을 따라 나오는 가지들은 제거된다. 가기엮기에 적합한 수종은 부러지지 않고 엮일 수 있는 유연한 가지를 가지고 있다. 너도밤나무(*Fagus*), 서어나무(*Carpinus*), 캘리포니아버즘나무(*Platanus racemosa*), 사과나무(*Malus sylvestris*), 복숭아나무(*Prunus persica*), 배나무(*Pyrus communis*) 등이 성공적으로 가지엮기로 정지되고 있다(Free, 1961).

그림 14-43 영국 Stratford-upon-Avon 근교의 주택 정원에 있는 영국호랑가시(*Ilex aquifolium*) 형상수(의태적) (왼쪽). 오키농장(Oki Nursery, Sacramento, CA)에 있는 광나무(*Ligustrum japonicum*) 형상수(기하학적) (오른쪽).

그림 14-44 영국 왕립식물원(Royal Botanic Garden, Kew)의 가지엮기로 정지된 이 금사슬나무(*Laburnum anagyroides*)는 파이프와 케이블로 된 격자에 유인되어 있다(왼쪽). 가지들이 서로 엮여서 결국은 격자 없이도 산책로를 지지할 수 있게 되었다. 휘티어(Whittier, CA)의 공원에 있는 세 그루의 런던 버즘나무가 가지엮기로 정지되어 퍼골라(pergola)를 형성하고 있다(오른쪽).

그림 14-45 N. William Stice(Davis, CA)에 의해 분재로 자란 단풍나무(*Acer palmatum*) (왼쪽)와 은행나무(오른쪽).

가까이 식재된 두 줄의 교목은 포장된 보도나 산책로(allée)를 만들기 위해 튼튼한 목재나 금속 틀 위에서 아치를 형성하거나 가지엮기로 유인되게 된다. 직립하는 가지는 활 모양으로 휘어 틀에 묶는데, 결국에는 다른 줄에 있는 교목에서 나오는 가지와 묶이거나 엮이게 된다. 이들 가지를 접목(接木, graft)하면, 이 아치는 지지대 없이 서 있을 수 있다. 직립하는 가지는 산책로의 안쪽에 있는 잎이 적절한 햇빛을 받을 수 있도록 축소된다.

분재

고대 중국(분경/盆景, penjing)과 일본(분재/盆栽, bonsai)의 이러한 예술은 축소된 경관과 성목의 모형(miniature replica)을 만들어 냈다(**그림 14-45**). 근본적인 과정은 지상부의 세부적인 전정인데, 가끔 수간과 가지를 구부리기 위해 철사를 사용하고, 얕은 용기에 작지만 건강한 뿌리시스템을 유지 관리하고, 제한된 미세 경관에 바위, 이끼, 지의류(地衣類, lichen) 같은 미묘한 것들을 배치한다. 분재용으로 선정된 수종은 키가 600mm(24인치) 미만의 수목에 어울리는 작은 잎, 꽃, 열매를 가지고 있는 것이 좋다. 잦은 가지 전정은 수목을 작게 유지할 뿐만 아니라 수간과 가지의 초살도를 높여 주고 가지 생장을 더욱 구불구불하게 만들어서 고목처럼 보이게 한다. 뿌리는 2~4년마다 축소 절단되어 새로운 토양으로 용기에 다시 심겨진다. 수목은 적절한 활력이 유지되지만 가지는 크기와 수형을 조절하기 위해 축소절단된다. 분재 수목은 극한적인 더위나 추위로부터 보호되어야 하며, 이들의 제한적인 뿌리시스템 때문에 자주 관수해 주어야 한다. 분재 기술에 관해서는 좋은 책이 많이 있다(Wyman, 1971).

그림 14-46 소나무류(*Pinus*)와 같은 일부 침엽수는 가지가 윤생체에서 발생한다(왼쪽). 삼나무(*Cedrus*) 같은 침엽수는 수간을 따라 무작위로 가지를 발생시킨다(오른쪽) (표 14-2 참조).

그림 14-47 소나무 신초의 생장은 축소하고자 하는 것만큼 신초를 적심하면 쉽게 줄일 수 있다.

14.4 침엽수

많은 침엽수는 원추형 생장 습성을, 특히 어릴 때 가지고 있어서 이들의 정지와 전정 요구는 많은 면에서 원추형 활엽수와 유사하다. 대부분의 침엽수는 강한 중앙 주지를 가지고 있기 때문에 비정형적인 효과가 필요하지 않는 한 정지가 거의 필요 없거나 전혀 필요 없다. 침엽수는 주로 가지의 밀도, 어린 수목의 형태, 나이든 수목의 크기 등을 조절할 때 전정이 실시된다. **쌍간(double-leader)은 하나로 감축되어야 하고, 죽은, 병든, 조밀한, 구조적으로 튼튼하지 못한 가지는 제거하는 것이 좋다.** 가지의 직경은 수간보다 가늘다는 것에 유의하라. Smith(1962)는 몇몇 연구자들이 다양한 침엽수에서 살아 있는 수관의 25~30%를 제거해도 수고생장이나 직경생장의 심각한 쇠퇴는 발생하지 않는다는 것을 발견했다고 보고했다.

침엽수는 유일한 것은 아니지만, 전정하는 동안 명심해야 할 몇 가지 특성과 생장 유형을 가지고 있다(**표 14-2**). 침엽수의 주된 주지는 수간의 같은 높이 또는 부근에서 발생하는 여러 가지에 의해 억제되는 경우는 거의 없다. 그러므로 수간을 따라 윤생체(輪生體, whorl)나 밀집한 곳에서 나온 가지는 남겨둘 수 있다. 그러나 바람의 압력을 낮추고, 시계(視界, visibility)를 제고하고, 외관을 증진시키기 위해 가지솎기가 필요할 수도 있다.

침엽수의 측지는 수간으로부터 무작위 또는 윤생체로 방사상으로 발생한다(**그림 14-46**). 윤생체에서 가지를 발생시키는 수종의 경우, 신초 신장(伸張, elongation)은 일반적으로 정아에 형성된 원기(元氣, initial)의 수에 의해 결정된다. 무작위로 가지를 형성하는 수종들은 여건이 좋으면 계속해서 생장한다. 대체적으로, 측지의 분포나 생장 지점이 침엽수를 전정할 수 있는 강도를 제한한다(**표 14-2**). **오래된 목질부에서 잎이 있는 부위 아래에 측아를 가진 침엽수는 거의 없다. 따라서 잎이 없는 오래된 목질부까지 가지가 축소두절되면 그 가지는 보통 죽는다.** 전정된 가지가 살아 있는 상태에서 생장하기 위해서는 잎을 가지고 있어야 한다. 자연수형의 외관을 유지하면서 살아 있는 측지까지 축소하면 더 강한 전정을 할 수 있다. 침엽수가 오래된 목질부로부터 새로운 가지를 형성할 수 있다면, 전정은 훨씬 단순하고 태풍이나 화재에 의해 손상된 교목은 더 잘 회복시킬 수 있을 것이다.

윤생지 발생 수종

윤생지 발생(whorl-branching) 수종은 제거될 부분이 발생된 가지나 눈에서 선별적으로 축소절단 하는 것이 좋다. 왕성한 교목에서는 가지 윤생체가 때로는 원하는 곳보다 수간에 더 멀리 떨어져 있다. 당년지를 눈에서 두절함으로써 조밀한 형태를 창출할 수 있다. 이 작업은 눈이 촛대처럼 생긴 신초(candle)로 신장되는 소나무는 이들이 최대로 신장되기 전에 하면 쉽게 된다(**그림 14-47**). 신초가 최대 길이에 접근함에 따라 침엽이 신장되기 시작하는데, 이때가 이들을 적심할 적기이다(USDA, 1969). 생장은 적심의 강도에 따라 억제될 것이다. 가능하면 신초를 부러뜨리거나 손으로 따내어

표 14-2 침엽수에 대한 전정 지침

		주어진 반응에 대한 전정 방법[a]			
속(genus)과 가지 발생 유형	잠아 또는 휴면하는 생장점의 분포	생장 유형	크기 축소, 생장 유도하기	밀도 높이기	비고
윤생지 발생					
소나무(*Pinus*)	거의 없음. 예외는 비고 참조	대부분의 종에서 미리 형성된 원기로부터 생장. 일부는 한번 이상의 생장	적심, 또는 측지에서 절단에 의해서만	봄에 신초가 신장될 때 신초 적심	카나리아소나무와 소수의 소나무가 잠아를 가지고 있어서, 필요하면 좀 더 강하게 전정할 수도 있음.
가문비나무(*Picea*) 전나무(*Abies*) 미송(*Pseudotsuga menziesii*)	조금	미리 형성된 원기로부터 생장	적심, 또는 측지나 휴면아에서 절단	봄에 측지가 신장될 때 측지 적심. 주지는 적심되면 여러 주지를 형성할 수도, 안 할 수도 있음	이들은 보통 전정이 불필요함. 몇 년에 걸쳐 통행을 위해 아래 가지를 제거하라.
무작위 가지 발생					
삼나무(*Cedrus*) 낙엽송(*Larix*)	짧고 단지 같은 가지에 약간의 잠아	긴 가지가 미리 형성된 원기로부터 새로운 생장을 하지만, 여건이 좋으면 생장 지속	긴 가지에 있는 측지에서 절단. 짧은 가지가 길게 자라기 시작할 것임.	신장하는 신초 적심	이들은 보통 전정이 불필요함. 몇 년에 걸쳐 통행을 위해 아래 가지를 제거하라.
나한송(*Podocarpus*)	없거나 거의 없음	좋은 여건에서는 어느 정도 생장 지속	측지나 보이는 잎에서 축소	신장하는 신초 적심	주지를 제거하면 다간의 수관을 생성할 수도 있음.

낙우송(*Taxodium distichum*) 메타세콰이어(*Metasequoia glyptostroboides*) 삼나무(*Cryptomeria japonica*) 자이언트세쿼이어(*Sequoiadendron giganteum*)	새로운 생장이 가능한 약간의 생장점 보유 가능	좋은 여건에서는 어느 정도 생장 지속	측지나 보이는 잎 뭉치에서 축소	신장하는 신초 적심	이들 수종은 다년생 가지와 일년생(탈락) 가지를 모두 가지고 있음. 다년생 가지를 전정하라.
측백나무(*Thuja*) 편백(*Chamaecyparis*) 캘리포니아향나무(*Calocedrus decurrens*) 사이프러스(*Cypressus*) 향나무(*Juniperus*)	주액아(true bud)는 없음. 잎이 있는 곳에 수많은 휴면 생장점	여건이 좋으면 어느 정도 생장 지속	측지나 보이는 잎이 있는 부위 안에서 축소	가지 끝 절단	잎이 없는 가지 안쪽으로 전정하지 마라. 삼나무는 전정 후 매우 느리게 새로운 가지를 만든다.
주목(*Taxus*)	잎이 있는 곳에 수많은 생장점. 오래된 목질부에 약간의 생장점	여건이 좋으면 어느 정도 생장 지속	측지에서 축소, 가지 끝 절단	가지 끝 절단	침엽을 가진 가지도 송곳잎(awl-shaped leaf) 또는 비늘잎(scalelike leaf)을 가진 가지와 마찬가지로 전정에 반응하지 않을 것이다.
레드우드(*Sequoia sempervirens*)	수많은 잠아	여건이 좋으면 어느 정도 생장 지속	측지에서 축소, 가지 끝 절단	가지 끝 절단	여러 개의 주지를 제거하라.

[a]최대의 축소효과를 위해서는, 제시된 어떤 방법이든 이 중 하나로 늦여름에 전정하라.

출처: Leiser, Harris, Matheny, 1981, 출판되지 않음.

라. 전정가위로 침엽을 절단하면 끝이 갈색으로 변하게 된다. 전정가위를 사용해야 한다면, 신초가 단단해진 다음에 이를 축소하라.

소나무는 억제하고자 하는 가지의 신초 대부분을 제거하거나, 장려하고자 하는 가지의 신초 대부분을 남겨두는 방법으로 원하는 형태를 만들 수 있다. 윤생지를 발생시키는 침엽수는 옆으로 자라는 가지에서 축소 절단함으로써 크기를 줄여라. 가문비나무류(*Picea*), 젓나무(*Abies*), 기타 눈이 신초로 신장되는 윤생지를 발생시키는 침엽수는 봄에 신장되는 신초를 적심하면 조밀하고 작은 크기를 유지시킬 수 있다. 젓나무처럼 짧은 절간을 가진 교목은 전정을 거의 또는 전혀 할 필요가 없다. 사실, Scarlett와 Wagener(1973)는 젓나무의 가장 꼭대기에 있는 윤생체는 맹아지 발생이 약하기 때문에 적심하지 않는 것이 좋다고 경고하였다.

정단(頂端, terminal)을 적심하면 꼭대기 가지 윤생체와 다음에 형성된 윤생체 간의 거리가 짧아진다. 그러나 기존 윤생체 사이의 과도한 거리는 줄일 수 없다. 넓은 간격의 윤생체 사이의 벌거벗은 수간은 왕성한 소나무에서는 보기에 좋지 않을 수 있다. 윤생체 간의 긴 간격을 줄이기 위한 두절은 항상 맹아지가 발생하지 않는 가지터기가 된다. 일부 수목관리자와 크리스마스트리 재배자들은 윤생체 사이에서 환상박피(環狀剝皮, girdling)를 하거나 침엽을 제거하는 방법으로 윤생체 사이에서 가지 발생을 유인한다. 수간을 환상박피하기 위해서는 가지 발생을 원하는 높이에서 수피를 3mm 정도의 좁은 폭으로 제거하라. 박피한 곳 아래에서 1~6개의 가지가 발생하여 빈 곳을 채우는데 도움이 될 것이다. 아니면, 가지가 필요한 높이에서 25~50mm(1~2인치) 위에 침엽을 제거하면 된다. 이렇게 하면 노출된 부위 바로 아래의 침엽의 띠(band)에서 신초 생장이 자극될 수 있다(Francis 등, 1974). 이런 방법에 의해 발생한 가지는 상대적으로 생장이 늦게 시작되어 오래된 가지만큼 크게 자라지는 않을 것이다. 수목이 어리고 환상박피나 침엽이 제거된 곳이 정단에 가까울수록 이러한 작업의 성공 가능성은 높을 것이다.

무작위 가지발생 수종

무작위 가지발생(random-branching) 수종은 일반적으로 가위로 자르거나 손으로 집어서 크기, 가지 뻗기, 수형 등을 조절할 수 있다. 어린 가지와 마찬가지로 오래된 가지에서도 잠아가 있으면, 잠아 가까이에서 전정절단이 일어나고, 이렇게 하면 잠아가 활동적이 되어 새로운 생장점으로 발달하게 될 것이다.

무작위 가지발생이 심한 침엽수의 폭을 조절하기 위해서는 늦은 봄에 측지의 새로운 생장의 절반되는 지점에서 축소절단하라. 각 측지가 끝에서 자라는 신초 중에서 짧은 것을 기준으로 절단되면 그 가지는 강하게 축소되면서도 자연적인 모습을 유지할 수 있을 것이다. 작은 가지는 절단면을 감추면서 축소된 측지의 끝 지점 같이 보이게 된다. 침엽수 가지의 길이가 250~300mm(10~12인치)에 이르면, 새로운 생장은 20~30mm(1인치) 정도로 축소절단될 수 있다. 측면의 가는 신초는 발달하여 수목을 더욱 조밀하게 만들 것이다. 수목은 새로운 생장의 축소절단을 통해 그 정도 크기에서 유지될 수 있을 것이다. Williamson(1972)은 키가 크게 자라는 히말라야시다(*Cedrus deodara*)도 매년 주지를 제거하고 절단된 주지 옆의 가지를 테이프로 감아서 새로운 정단을 형성하도록 수직적으로 세워주면 2m(6피트) 정도로 낮게 키울 수 있다고 한다.

전정 강도

전정 강도(剪定强度, pruning severity)는 대개 오래된 목질부에서의 잠아 존재 여부에 의해 결정된다. 전정 강도는 생육기 중의 생장 기간을 기준으로 하기도 한다. 여건이 좋으면, 눈에 미리 형성된 원기를 가진 일부 수종(일부 소나무를 포함)은 생육기 중에 한 번 이상의 생장 분출(growth flush)을 보일 수 있다. 어리고 신장 중인 신초는 이러한 생장 중에 언제든지 전정할 수 있다. 그러나 가시적인 잠아가 없을 경우에는 오래된 목질부 내부로의 전정은 항상 새로운 생장이 발생하지 않는 가지터기를 만들 뿐이다.

다른 극단적인 경우는 사전에 형성된 원기가 완전히 성장한 이후에도 신초가 계속 신장되는 눈이나 휴면 중인 생장점을 가진 수종이다. 이러한 수종들은 생육기 중에 거의 계속적으로 자라거나 연속적으로 생장이 분출된다. 전정이 강하게 그리고 오래된 목질부로 확대되더라도 이들의 폭넓고 풍부한 잠아는 새로운 생장을 만들어낸다. 가지발생은 일반적으로 나선형 또는 무작위이고, 수형은 적어도 수목이 성숙했을 때에는 원추형 또는 구형 중 하나일 것이다. 이러한 집단에 속하는 수목은 강하게 전정될 수도 있지만, 솎아주면 더 매력적인 결과를 가져올 것이다.

모든 자연물이 그러하듯이, 중간형이 존재한다. 대부분의 침엽수는 유리한 생장 환경 하에서 또는 전정이나 주변 수목의 제거로 인한 주어진 자극 하에서 일련의 분출을 통해 생장을 지속한다. 이들 침엽수는 일반적으로 줄기를 따라 무작위로 위치한 잠아를 가지고 있고, 오래된 목질부에 오랜 기간 동안 활동적인 측지나 짧은 가지를 유지하고 있을 것이다. 이러한 침엽수에 전정이 필요한 경우, 적절한 수준으로 하는 것이 좋다. 이러한 수종들은 나이가 들면서 구형의 생장 습성을 유지하거나 이러한 습성으로 발전할 수도 있다.

침엽수들이 구형 구조로 발달하기 시작하면, 잠재적인 가지 굵기와 부착에 대해 관심을 갖는 것이 좋다. 일부 침엽수에서 굵기가 주된 줄기와 거의 비슷한 큰 가지는 바람이나 눈 폭풍에 부러질 가능성이 매우 높다.

원주형 침엽수

가지가 지면으로부터 위쪽으로 발생하는 측백(*Platycladus orientalis*), 사이프러스(*Cupressus*), 편백(*Chamaecyparis*), 주목(*Taxus*) 등과 같은 직립하는 많은 침엽수가 정형적인 경관을 조성하기 위해 이용된다. 많은 수목이 절단으로 "부자연스럽고 굉장히 추하게" 되지만(Chandler와 Cornell, 1952), 대부분은 자연적이고 특징적인 모습을 가질 수 있도록 전정될 수 있다. 지면 가까이에서 시작한 원주형(圓柱形, columnar) 침엽수의 가지는 위에 있는 가지의 외곽으로 자라 올라가서 내부의 잎이 그늘지고 떨어질 수도 있다. 원주로부터 멀리 휘어지는 바깥쪽 가지는 보기에 좋지 않다. 이러한 침엽수의 대부분은 직립하는 가지를 휘어지는 지점에서 축소절단하면, 짧은 가지를 갖도록 유도되거나 재유도된다. 이러한 펼쳐지는 가지는 적절한 그늘을 제공하기도 하고 수간이 간헐적으로 보이도록 공간을 확보해 주기도 한다. 약하고 죽은 가지의 대부분은 정원호스로 물을 뿌려서 청소할 수 있을 것이다.

외곽의 가지는 원주형 수형의 바깥으로 휘지 않도록 수목의 주변을 철사로 몇 단계 높이에 걸쳐 단단히 묶어두기도 한다. 외곽 가지의 일부를 가위로 잘라버려도, 내부 줄기 사이에는 죽은 가지나 잎이 많이 쌓인다. 이러한 수목들이 성숙해지고 활력을 잃으면 벌거벗고 가는 많은 가지는 매우 보기 흉하게 된다.

주목과 나한송류(*Podocarpus*)는 가지를 펼쳐지는 가지까지 축소하면 너무 빈약하거나 성기게 된다. 이러한 경우, 가지를 이들 가지 위에서 다양한 길이로 두절하는 것이 좋다. 이때 주목의 가지는 300mm(1피트) 이상 남겨둘 수 있고, 나한송의 가지는 6~10개의 잎과 많은 눈을 가진 가지터기로 절단하면, 이들 중 몇 개가 자라서 가지의 수를 늘려줄 것이다(Chandler와 Cornell, 1952). 과도하게 자란 주목은 새로운 가지를 강요하기 위해 주 가지에서 축소절단될 수 있다(Brown, 1972).

농장에서 자란 수목

농장에서 자란 어린 침엽수는 정상적인 원추형 또는 특히 치밀한 가지를 가지는 수종까지도 비대칭적이거나 구형으로 생장할 수 있다. 이러한 모양을 원하지 않으면 이러한 수목을 식재용으로 선정하지 마라. 이러한 생장은 보통 농장의 전정이나 강한 방사상 대칭 형태를 취하는 수종의 측지(눈 또는 삽목)를 이용하여 영양번식(營養繁殖, vegetative propagation)한 결과이다. 농장에서 강한 전정이나 가위질에 의해 정지된 치밀한 침엽수는 어릴 때에는 균형이 잘 잡힌 것처럼 보일지 모르지만, 현장에 직재된 다음 유사한 전정을 계속해 주지 않으면 새로운 가지가 더 넓게 퍼져 관목 위에서 자라는 것 교목처럼 보일 것이다.

작은 수목의 비대칭을 바로잡기 위해서는 생장 습성이 구형에서 원추형으로 바뀌도록 새로운 주지를 연출할 가장 직립하고 왕성한 가지를 선정하라. 이 가지는 아래에는 강한 2~3년생 목재를, 끝에는 눈(bud)의 덩어리를 가지고 있어야 한다. 선정된 가지가 가장 길지 않으면, 경쟁하는 가지를 제거하거나 새로운 주지보다 크기가 작도록 축소하라. 비대칭 침엽수를 식재해야 한다면, 선정된 주지가 수직이 되도록 식재 구덩이 안에서 근분을 부분적으로 기울이거나 회전시켜라. 선정된 주지를 수직으로 지지대를 댈 수도 있다. 방사상 대칭이 될 때까지 후속전정과 지주 설치를 지속하라.

과도하고 너무 근접하게 위치한 측지는 차후의 정상적인 생장과 어울리도록 선별적으로 솎아줌으로써 교정할 수 있다. 밀집한 측지는 경관 내 수목 생장이 윤생체나 가지 사이의 새로운 간격이 적정하게 나타날 때까지 가볍게 솎아주어라. 그때 이후에도 솎음은 2~3년간 더 연장하라. 수목은 선정된 가지가 붐비지 않고 발달할 수 있도록 이러한 솎기를 수목의 생애 내에서 일찍 시작하면 가장 매력적이 될 것이다. 교정 전정이 늦어지면, 내부 잎의 대부분이 그늘져서 죽을 수도 있다.

경관 내 어린 수목

침엽수는 낮은 가지의 끝이 거의 지면에 닿을 정도가 되었을 때 가장 매력적이다. 그러나 수관 아래통행을 위한 정리가 필요한 경우 활엽수보다 더 천천히 낮은 측지를 점진적으로, 어린 수목에서는 한 번에 약 250~350mm(10~14인치)씩 위로, 제거하라. 제거하기로 예정되어 있는 측지를 축소하는 것은 나중의 전정 상처가 그렇게 하지 않은 경우보다 작도록 이들 측지를 상대적으로 작게 유지하기 위해서이다.

일반적으로 원추형으로 자라는 습성을 가진 침엽수가 가끔 여러 개의 주지를 형성한다. 하지만 이들 하나를 제외하고는 모두 제거하여야 한다. 그러나 많은 소나무류(*Pinus*), 일부 사이프러스류(*Cupressus*), 삼나무류(*Cedrus*), 향나무류(*Juniperus*), 편백류(*Chamaecyparis*), 측백(*Platycladus orientalis*)과 같은 일부 침엽수는 구형의 수관을 형성한다. 이들 침엽수에 대해서는 가지가 너무 낮거나 가지 부착이 약하지 않으면, 이들의 독특한 수형으로 발달하도록 다간(多

幹, multiple stem)을 허용하라. 그러나 이들 여러 줄기는 구조적인 강도를 높이고 흥미로운 형태를 나타낼 수 있도록 이들 각각의 가지가 부착되어 있는 수간보다 직경이 작도록 차이가 나게 전정하여야 한다.

침엽수는 가끔 자신들의 주지(leader)를 잃는다. 이러한 일이 생기면, 맨 위 가지 중 하나로부터 또는 상단 가까이에 있는 잠아로부터 새로운 주지가 발달될 것이다. 많은 침엽수에서 상단이 죽거나 잘려나가거나, 부러지면, 맨 위 윤생체에 있는 가지에 이상재(異常材, reaction wood)가 형성되어 위쪽으로 휘게 된다. 보통 한 가지가 우세하여 주지가 되고 다른 가지들은 자신들의 원래 배열로 되돌아간다. 또 다른 형태로 잠아가 자라서 새로운 주지로 자랄 수도 있다. 주지가 없어졌을 때, 맨 위 윤생체 위에 길이 50~70mm(2~3인치)의 가지터기가 남겨지면, 잠아가 자랄 가능성이 높다(Scarlett와 Wagener, 1973). 잠아에서 나온 주지가 측지에서 발달한 주지보다 더 선호되는데, 이는 전자가 더 활력이 좋고 더 대칭적이기 때문이다. 발달하는 주지와의 경쟁을 줄일 수 있도록 맨 위 윤생체에 있는 측지들은 축소해 주어라. 자연적으로 발달하는 주지가 없으면, 가장 높이 있는 가지 중 하나를 새로운 주지가 되도록 유도하기 위해 직립으로 묶어준다. 주지가 선정되지 않거나 조장되지 않으면, 위쪽의 가지로부터 무질서하게 주지처럼 생긴 수많은 신초가 발달하여 매우 보기 싫은 상단을 형성할 것이다(Fred Roth, Pomona, CA, 1989, 개인적인 정보).

14.5 야자수

야자수는 주로 오래되고, 위해할 가능성이 있고, 보기 흉한 잎(frond)과 열매 덩어리를 제거하기 위해 전정된다. 가장 흔히 식재되는 수종 중에서 몇몇은 자주 전정을 해야 하기 때문에 유지관리하는데 비용이 가장 많이 들어가는 수목 중에 속한다. **외줄기(single-trunked) 야자수는 생장점(生長點, growing point)을 하나만 가지고 있기 때문에 정단 생장은 절대로 제거해서는 안 된다.** 하나 이상의 줄기를 형성하는 군생하는 종은 때로는 전체 줄기를 모두 제거하기도 한다.

어떤 야자수종은 공공녹지에서 이들을 매력적으로 유지하고 죽은 잎을 제거하기 위해서는 자주 전정을 해주어야 한다(**그림 14-48**). 야자수는 수종과 생장 여건에 따라 차이가 있지만, 보통 일정한 수의 살아 있는 잎을 유지한다. 정단에서 새로운 잎이 발달하면 낮은 곳의 오래된 잎은 약해져서 죽는다. 어떤 야자수는 죽은 잎을 떨어뜨리지만, 다른 종들은 썩어 없어지거나, 바람에 날려가거나, 제거될 때까지 죽은 잎을 달고 있다. 때로는 잎이 지면을 향해 수간을 덮기도 한다(Lebin, 1961). 일부 야자수는 엽신(葉身, leaf blade)이 찢어져서 엽병(葉柄, petiole)만 남아 오랫동안 수간에 붙어 있다. 죽은 잎이나 이들의 기부는 해충이나 설치류의 은신처가 되고 화재 위해가 될 수 있다. 떨어지는 열매와 잎도 위해할 수 있다. 낮게 자라는 야자수는 수간이나 잎에 위험할 수

그림 14-48 멕시코부채야자(*Washingtonia robusta*)의 경우, 집중적으로 유지관리되는 경관에서는 화경(flowering stalk)으로부터의 쓰레기를 최소화하기 위해 자주 전정된다. 녹색의 엽병(petiole)은 날카로운 만능 칼(carpet/utility knife)로 두 번 절단하여 제거함으로써 V자형의 끝이 남는다(오른쪽). 엽병의 기부는 일 년 또는 그 이후에 제거될 것이다.

그림 14-49 등반용 박차 사용으로 이 멕시코부채야자의 수간에 구멍이 뚫렸다(왼쪽). 이 구멍은 이 코코넛야자의 일생동안 남아 있을 것이다(오른쪽). 보기 흉한 것을 제외하면 부후가 문제가 되는 경우는 드물다. (사진: David Hensley, University of Hawaii.)

있는 가시를 가지고 있다. 이러한 야자수는 잠재적인 문제가 최소화되도록 유지관리될 필요가 있다.

병이나 화재 위험을 최소화하는 것을 제외하고는, 활착된 야자수는 이들의 웰빙만을 위해 전정할 필요는 없다. Broschat와 Meerow(2000)는 "건강한 잎을 제거하는 것은 야자수에 대한 학대"라고 말한다. 이러한 전정은 "야자수의 에너지 생산 효율을 저하시켜 수관 내의 직경이 가늘게 발달하게 하는 결과가 된다." 과도한 전정이 야자수를 동해(凍害, cold damage)에 더 민감하게 만든다는 일부 증거가 있다. 또한 과도한 전정은 칼륨이나 마그네슘 같은 대량원소가 오래된 잎에서 새로운 잎으로 이동하는 것을 감소시켜, 이들 원소의 결핍증상을 악화시킬 수도 있다. Broschat(1994)는 칼륨 결핍증상을 보이는 오래된 잎을 제거하면 쇠퇴 속도를 가속화시켜서 야자수의 조기 고사로 이어진다는 것을 발견하였다.

위해한 큰 과일, 특히 코코넛을 생산하거나 오래된 잎을 자주 떨어뜨리는 야자수는 3~6개월마다 전정을 해주는 것이 좋다. 열매가 달린 자루(fruiting stalk), 잎, 느슨한 엽병 등은 전정할 때마다 제거하는 것이 좋다. "잎을 제거하는 것과는 달리, 야자수의 열매 조직은 이들을 어떤 발달단계에서 제거하든, 꽃이 피기 전 화경(花梗, flower stalk)을 제거하더라도 해가 되지 않는다"(Broschat와 Meerow, 2000). 과경(果梗, fruit stalk)은 아래로 당겨서 살아 있는 수간조직을 손상시키지 않고 기부 가까이에서 절단해 주는 것이 좋다. 주기적으로 그리고 자주 전정하는 코코넛과 다른 야자수에 대해서는 일반적으로 전정할 때마다 가장 아래쪽에 있는 잎 한두 바퀴만 제거하게 된다. 얇고 섬유질이 많은 엽초(葉鞘, sheath)가 잎의 기부를 둘러싸고 있어서 엽초를 먼저 제거하지 않으면 잎을 제거하기 어렵게 만든다. 노출된 잎은 싱싱하기 때문에, 전정용 칼이나 마체티(machete; 날이 넓고 무거운 칼 - 역자 주)를 이용하면 쉽게 자를 수 있다. 잎의 그루터기 끝은 날카로운 칼로 두 번에 걸쳐 절단함으로써 하나 또는 두 개의 뾰족한 끝을 가진 모양으로 만들 수 있다(그림 14-48). 이전의 전정에 의해 남겨진 잎의 그루터기는 수간 가까이에서 잘라낸다.

경험이 많은 전정작업자는 일반적으로 10분 안에 성숙한 코코넛야자(*Cocus nucifera*)에 올라가서 전정할 수 있다. 불행히도 대부분의 작업자들이 야자수의 수간에 아물지 못하는 상처를 유발하는 박차(拍車, spur)를 사용한다(**그림 14-49**). "스파이크를 사용하는 것(spiking)은 앞으로의 문제에 대한 처방이다(플로리다에서). 남겨진 구멍은 절대 치유되지 않으며, 이러한 관행의 결과로 병이 전염된 사례가 보고되었다"(Broschat와 Meerow, 2000). 하와이(Hawaii)는 습도가 매우 높지만, 박차로 인한 상처에 부후가 거의 존재하지 않는다(Stephen Nimz, Honolulu, 1997, 개인적인 정보). 수간 절개결과 코코넛야자는 박차 상처를 격리한다는 것을 입증한다. 박차가 작을수록 만들어지는 구멍도 작다.

대왕야자(*Roystonea*)를 포함한 일부 야자수는 자신들의 오래된 잎을 쉽게 떨어뜨린다. 잎이 갈색으로 변하면, 수간으로부터 쉽게 떼어낼 수 있다. 이러한 작업은 키가 큰 야자수에서는 매우 정기적으로 수행하는 것이 좋다. 일반적으로 수종과 소요되는 노력의 크기에 따라 다른 야자수의 잎은 덜 자주 제거된다. 어떤 대추야자(*Phoenix dactylifera*)는 체인톱으로 2년마다 전정한다. 전정이 주의 깊게 수행된다면 절단된 잎의 기부는 문제가 발생하지 않을 수 있다. 잎을 절단할 때, 보이지 않는 상처를 남길 수 있는 살아 있는 잎 안쪽으로 절단이 되지 않도록 주의하여야 한다. 대부분의 잎은 수간 아래로 찢어진 섬유질이 떨어지는 것을 최소화하기 위해 체인톱으로 아래로부터 절단하는 것이 좋다. 야자수 섬유로 체인이 막히는 것을 최소화하도록 덮개를 크게 할 수도 있다. 그러나 무서운 곰팡이병인 푸사리움시듦병(*Fusarium oxysporum*)의 전염 가능성이 있기 때문에, 야자나무속(*Phoenix* sp.)에는 체인톱을 사용하지 마라. 대신 각 수목을 전정한 후에 날을 소독할 수 있는 왕복톱(reciprocal saw)을 사용하라(Ohr, 1989). 플로리다에서는 푸사리움시듦병을 방제하기 위해 비슷한 권고를 하고 있다(Simone, 1998).

다간으로 자라는 대부분의 야자수는 지표 바로 위에서 신초를 형성한다. 군생(cluster)하는 야자는 전정할 필요가 거의 없지만, 때로는 전체 줄기를 제거하기도 한다. 개별적인 줄기는 이들이 건물 가까이로 자라거나, 이 덩어리가 너무 넓은 공간을 차지하거나, 표본목이 필요한 경우 제거될 수도 있다. 일회 결실성(monocarpic)의 군생 야자수에서는 결실 후에는 줄기가 죽기 때문에 오래된 줄기는 최종 결실 후에 가능한 한 지면 가까이에서 제거하는 것이 좋다(Timothy Broschat, 1997, 개인적인 정보). 그러나 불로초속(*Ganoderma*)의 근주부후(根株腐朽, butt rot)가 성행하는 지역에서는 군생 야자수의 성숙한 줄기 제거가 죽은 그루터기로부터 이들 덤불에 근주부후병 감염으로 이어질 수도 있다(Broschat와 Elliott, 1997, 미발행 자료). 이 곰팡이는 수십억 개의 공중에 떠다니는 포자를 생산함으로써 절단된 야자수의 그루터기에 쉽게 침투하여 인접한 건강한 야자수를 감염시킬 수 있다. 그러므로 이러한 치명적인 병이 만연한 곳에서는 모든 야자수 그루터기와 인접한 뿌리를 제거하는 것이 좋다.

추위에 손상된 야자수는 일반적으로 낮은 잎이 피해를 가장 많이 받는다. Ledin(1961)은 손상된 잎은 정단에서 안쪽으로 2~3개를 제외하고는 모두 제거할 것을 권고한다. 모든 잎이 손상되었더라도, 이 수목의 생존 여부를 확인하기 위해 적어도 6개월 동안은 이를 제거하지 마라. 정아(頂芽, terminal bud)가 살아 있으면, 여기서 새로운 잎이 나올 것이다. 상단의 잎 기부가 딱딱해져 있으면, 새로운 생장이 이를 밀고 나와야 하기 때문에 위축될 수도 있다. 이를 방지하기 위해 새로운 생장이 보이기 시작하면 건조한 잎 기부를 느슨하게 해주어라(Ledin, 1961).

14.6 관목

관목(灌木, shrub)은 일반적으로 지면이나 지면 가까이에서 여러 개의 줄기가 발생하는 목본식물이다. 관목은 교목만큼 키가 크지 않다. 이들은 키, 폭, 활력, 가지 뻗는 유형, 개화와 결실 특성, 잎 유지 등에서 다양하다. 이들 특성은 전정을 할 때와 특정한 조경 부지에 어떤 수종을 심을 것인가를 선택할 때 고려되어야 한다. 불행하게도, 가끔 관목이 성숙했을 때의 키와 폭이 간과되어 나중에 크기를 조절하기 위해 더욱 강하게, 더욱 자주 전정을 해야 하는 경우가 발생한다. 강도 높은 전정은 그 수종을 선택하게 된 본래의 특징은 물론 꽃도 잃어버리는 결과로 이어질 수 있다. 공간에 제한이 있다면, 작고 더 아담한 품종을 선정하는 것이 좋을 것이다.

대부분의 활엽 관목은 그들의 기부와 가지를 따라 풍부한 영양생장을 위한 잠아를 보유하고 있다. 기부로부터의 새로운 가지는 약하고 죽어가는 가지를 대체하며, 사실, 이를 통해 관목을 어리게 유지시켜 준다. 그들의 기부로부터 새로운 가지를 거의 또는 전혀 형성하지 못하는 성숙한 관목은 지상부가 절단되거나 기부가 햇빛에 노출되면 일반적으로 새로운 가지를 발생시킬 것이다.

대부분의 낙엽성 관목과는 달리 일부 활엽의 상록 관목, 그리고 많은 상록 침엽수 수종이 오래된 목질부에서 축소되었을 때 맹아지를 발생시키지 못한다. 이들은 주로 전년도 가지에 있는 눈으로부터 가지가 나온다.

관목 전정 시 일반적인 고려사항

관목에 문제가 나타났을 때와 특히 전정을 시작할 때에는 거의 모든 관목에 대해 특정한 전정 절차를 따르는 것이 좋다. 전정의 강도는, 무엇을 원하는지, 그리고 지난 전정에 대한 반응은 어떠하였는지를 고려하여 조정되어야 한다.

죽고, 손상되고, 감염되고, 해충 피해를 입은 목재를 제거하라 관목의 유형에 관계없이 특정의 기본적인 전정 고려사항을 적용한다. 해당 수목이나 다른 수목에게도 위험할 수 있는 병에 감염되고 해충에 피해를 입은 목재는 제거하여 적절하게 처분되어야 한다. 이들 가지는 죽고, 손상되고, 부러진 가지와 함께 관목에게 주기적인 전정을 해줄 때 첫째로

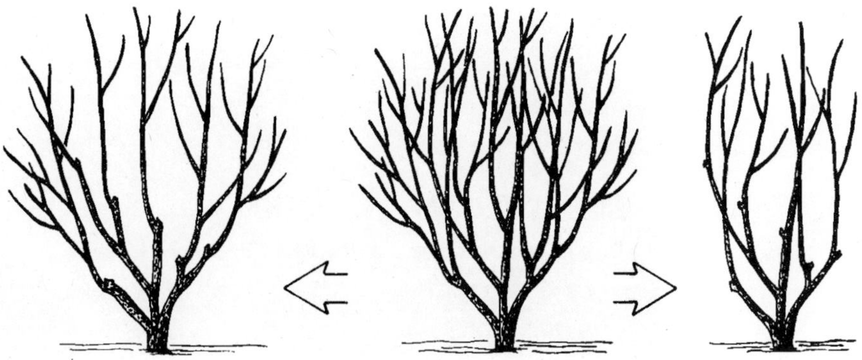

그림 14-50 관목은 넓게 자라는 것처럼(왼쪽) 또는 직립하는 것처럼(오른쪽) 전정될 수 있다. 짧은 가지터기는 절단이 일어난 곳을 가리킨다.

제거해야 하는 것들이다. 손상된 관목은 해당 수목이 과거의 경관적인 효과를 되찾고 적절한 구조를 유지하기 위한 즉각적인 전정과 기타 필요한 조치를 통해 도움을 받을 것이다.

흡지를 억제하라 흡지(吸枝, sucker)는 지표면 아래에서 또는 접목 접착부(接木接着部, graft union)에서 발생하는 원하지 않는 생장이다. 흡지는 빨리 제거할수록 전정 작업이 더 쉽고 더 효과적이다. 작은 다즙(多汁-, succulent)의 흡지는 이들이 다시 발생하지 않도록 손가락을 이용하여 쉽게 문지르거나 꺾어버릴 수 있다. 목질화된 흡지를 제거하기 위해서는 전정가위나 톱을 이용해야 할 수도 있다. 이들이 바람직하지 않다면, 모든 흡지는 부러뜨리거나 이들이 발생한 토양 표면이나 그 아래에서 절단해 주는 것이 좋다. 이렇게 하면 이들의 재발생을 최소화할 수 있을 것이다.

전환을 통제하라 가끔 여러 색의 잎을 가진 수목의 일부(가지에 붙어 있는 잎)가 정상적인 녹색의 채색으로 전환(轉換, reversion)된다. 무늬 수목/반입식물(斑入植物, variegated plant; 잎에 얼룩무늬나 반점 등이 들어 있는 식물 - 역자 주)은 공생체(共生體, chimera)라고 불리는 성질이 다른 유전인자로 구성된 잎을 가지고 있다. 일반적으로 전환은 원하지 않는 것이며, 전환된 가지는 제거하는 것이 좋다. 제거하지 않으면, 그 수목은 원하는 모습을 갖지 못할 것이며, 전환된 가지는 보통 엽록소 함량이 더 높은 잎을 가지고 있기 때문에 색이 다양한 잎이 달린 가지보다 웃자랄 수 있다.

관목 구조 개발하기 어린 관목의 기부에서 나오는 왕성한 가지는 균형 잡힌 가지 구조를 개발하기 위해 선발되어야 한다. 이는 성숙하면 대부분의 생장이 해당 관목의 외곽에서 발생하고 기부에서는 왕성한 가지가 거의 발생하지 않는 수종에서 특히 중요하다.

낙엽성 관목 전정

낙엽성 관목 수종은 성목의 크기, 가지 뻗는 유형, 잎의 크기와 형태, 꽃의 크기, 형태와 색상, 이들의 전정 요구도 등에서 차이가 크다. 낙엽성 관목은 이들이 크기나 모양을 조절하기 위한 전정도 하지만, 주로 전정되지 않은 것처럼 보이도록 하기 위해 제거 절단에 의해 전정된다(**그림 14-50**).

일년생 가지에서 꽃이 피는 관목 꽃은 측아(側芽, lateral bud)와 일년생 목질부에 형성되는 단지의 일부에 형성된다. 꽃은 봄에 가지에서, 그리고 초여름에 측지에서 핀다. 말발도리류(*Deutzia*), 고광나무류(*Philadelphus*), 병꽃나무류(*Weigela*) 등이 이러한 관목의 좋은 예이다.

관목의 키와 굵기는 조절될 수 있고, 자연적인 형태는 적절한 제거절단과 두절을 통해 유지관리될 수 있다. 봄에 꽃이 피는 관목은 다음해 개화를 위한 왕성한 성장을 촉진하기 위해서는 꽃이 핀 다음 바로 전정해 주어야 한다. 일부 오래된 줄기는 지면 가까이에서 제거하라. 약한 일년생 가지는 솎아 주어라. 꽃이 핀 나머지 가지는 꽃이 피지 않은 기부 근처에 있는 하나 또는 두 개의 측지를 남겨두고 축소해 주는 것이 좋다. 가장 왕성한 것을 남기고 새로운 가지는 솎아 주어라. 이렇게 하면 기존의 줄기에 있는 새로운 생장과 기부에서 나온 신초가 자극을 받을 것이다.

주로 단지에서 꽃이 피는 관목 이 그룹에 속하는 수종은 성숙함에 따라 관목의 기부에서 가지가 계속 발달하는 것처럼 가지에 꽃이 피는 단지가 형성된다. 이런 개화유형을 보이는 수목에는 단풍나무류(*Acer*)와 조록나무류(*Hamamelis*) 등이 있다. 단지의 크기와 수가 늘어남에 따라 이들 관목은 점진적으로 꽤 대칭적인 외곽을 형성하면서 크기가 커진다.

꽃을 펼치기에 바람직한 구조를 구축하기 위해서는 조기 정지가 중요하다. 이들 관목은 성숙해 감에 따라 주된 전정

그림 14-51 과도하게 자란 많은 관목에서 벌거벗은 가지를 노출시키지 않고는 이들의 크기를 줄일 수 있는 다른 방법이 없는 것으로 생각되는 경우, 지면 가까이에서 절단될 수 있다. 왼쪽의 에스칼로니아(*Escallonia*)는 2년 전에 지상 150mm(6인치) 이내에서 절단되었고, 오른쪽에 있는 것은 그 이후 1년이 지난 상태이다. 아담한 대칭적인 수형이 형성되었으며, 이 수목에서 어떤 특성을 만들어내기 위해서는 빈번한 전정이 필요할 것이다.

은 해당 수목의 전반적인 대칭을 벗어나서 자라거나 활력이 약한 가지와 단지를 제거함으로써 원하는 수형과 크기를 유지하는 것이다. 가지나 단지는 해당 관목 내에서 이들이 부착되어 있는 상대적으로 굵은 가지에서 절단하여 제거하라.

당년 생장지에서 꽃이 피는 관목 후크시아(*Fuchsia hybrida*)와 부들레아(*Buddleja davidii*)는 당년 생장지에서 꽃이 핀다. 이런 수목은 전년 생장지를 지면에서 절단하거나 활착된 관목 개별 가지의 기부에서 눈을 2~3개 남기고 절단할 수 있다. 활력이 떨어지는 오래된 가지는 해당 관목의 바람직한 활력과 개화를 유지하기 위해 제거할 필요도 있을 것이다.

주로 잎을 감상하기 위해 전정되는 관목 자색개암나무(*Corylus maxima* 'Purpurea'), 황금붉은딱총나무(*Sambucus racemosa* 'Plumosa Aurea'), 자색안개나무(*Cotinus coggygria* 'Folis Purpureis') 등과 같은 품종들은 가끔 이들의 잎을 감상하기 위해 키운다(Combs 등, 1994). 기본적인 관목의 구조와 높이를 해당 수목을 위해 선정된 경관 위치에 맞게 키워라. 봄마다 그 높이에서 가지를 전정하라. 약한 가지를 대체하기 위해 활력이 좋은 생장지(生長枝, basal shoot)를 선정하라.

상록 관목 전정

상록 관목(常綠灌木, evergreen shrub)에는 활엽수와 침엽수가 있다. 대부분의 수종은 봄에 한번 생장을 분출한다. 활엽수종은 해당 지역에 내한성이 있는지를 확인하라.

활엽 상록 관목 전정 대부분의 활엽 상록(闊葉常綠, broad-leafed evergreen) 관목은 상당히 아담한 대칭적인 수형을 형성한다. 그럼에도 불구하고, 최소한의 전정으로 매력적인 수목을 유지하기 위해서는 이들이 성목이 되었을 때의 크기에 알맞은 충분한 공간을 제공하는 것이 바람직하다. 공간이 부족하다면 더 작은 수목을 선정하는 것이 현명하다. 어린 수목의 주 가지는 나선형으로 부착되며, 5~6cm 정도로 축소하는 것이 좋다. 초기의 전정은 수목의 전반적인 대칭성을 벗어나서 자라는 가지를 축소하는 것이다. 제거되는 가지는 이 가지가 부착되어 있는 관목 내부에 있는 가지에서 절단되어야 한다. 이러한 솎기는 관목이 부드럽고 자연적인 수형을 갖도록 해 준다.

활엽의 관목은 가위로 깎지/전단(剪斷, shearing)하지 마라. 이렇게 전정된 관목의 생장에너지는 많은 신초가 자라도록 자극하여 더 자주 전정을 해야 하며, 수목은 매년 크기가 계속 증대된다. 가위로 깎은 중간에서 큰 잎을 가진 대부분의 관목은 특징을 상실하게 되고, 잘려진 잎은 매우 보기 흉하다.

강도 높은 전정은 특정 상황에서 과도하게 자란 관목에

대해서만 권장되는 것이지만, 일반적으로 수목을 위험하게 만들지는 않는다. 사실, 대부분의 활력이 좋은 관목은 지면 가까이에서(50~150mm, 2~6인치) 절단될 수 있다(Brown, 1972). 강하게 전정된 수목은, 뿌리를 전정하는 경우는 드물지만 이들의 뿌리까지 일부가 절단되면, 새로운 생장의 활력이 약해질 수 있다(**그림 14-51**). 생육기 중에 관목을 한두 차례 두절을 해주면 왕성한 신초발생으로 직경이 굵은 관목으로 발전할 것이다. 보다 바람직한 가지에 도움이 되고 관목이 더욱 자연스럽게 보이도록 하기 위해 새로운 생장지의 일부는 제거되어야 한다. 이러한 솎기를 하지 않으면, 그 관목은 서로 근접하여 자라는 나선형의 직립하는 많은 가지로 구성될 수 있다.

침엽 관목 전정 잎이 좁은 상록 관목은 기초 식재(基礎植栽, foundation planting)와 보도 변에 자주 이용된다. 성숙해 가면서 크기를 조절하고 원하는 형태를 유지하기 위해서는 매년 전정이 필요하다. 침엽 관목(針葉灌木, coniferous shrub)은 측지에서 축소하는 전정으로 아담하고 자연적인 모양을 유지할 수 있다. 오하이오에서의 실험에서 두 동일한 와디('Wardii') 주목(*Taxus baccata* × *media*)의 생장을 비교하였다: 하나는 전정을 하지 않았고, 다른 하나는 매년 솎기를 해 주었다(Roth와 Buscher, 1994). 다음은 32년 후의 결과이다:

	전정하지 않은 관목	**매년 솎기를 한 관목**
수관 폭	8.9m(27피트)	1.6m(5피트)
수고	2.3m(7피트)	0.8m(2.5피트)

전정하지 않은 주목은 10~15년 안에 자신의 녹지 공간 밖으로까지 자란 것으로 추정되었다.

새로운 생장이 빈 공간을 빨리 채우기 위해서는 초봄에 긴 줄기를 축소절단하라. 왕성한 2차 분출 가지는 적절하게 축소될 필요가 있을 것이다. 그러나 여름에 하는 강한 전정은 새로운 생장이 절단부위를 가리기에 충분한 시간을 확보하기 어렵다.

관목을 소교목으로

너무 크게 자라서 크기를 쉽게 줄일 수 없는 관목은 가끔 보기 좋은 소교목(小喬木, small tree)으로 정지할 수 있다(그

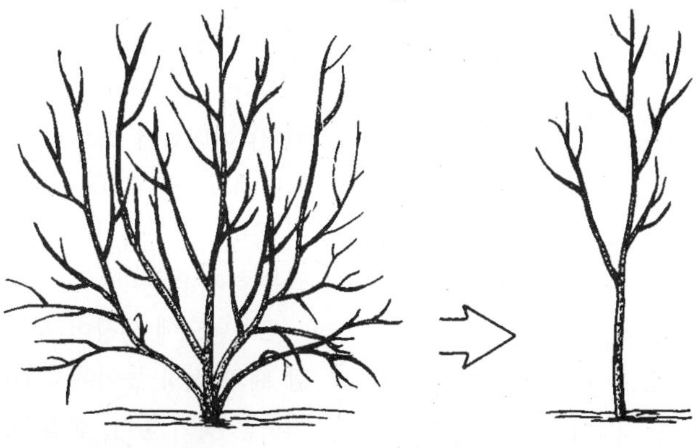

그림 14-52 가끔, 과도하게 자란 관목은 보기 좋은 소교목으로 정지될 수 있다(위). 병솔나무(*Callistemon*)에서 보는 것보다 더 적은 가지를 남기면, 일반적으로 더 보기 좋은 수목이 될 수 있을 것이다(아래 왼쪽). 그러나 외줄기의 피라칸타(*Pyracantha*)보다 더 나을 수도 있다(아래 오른쪽).

림 14-52). 주 가지의 일부와 함께 수목의 상단까지 도달하지 않은 아래에서 자라는 가지는 제거하는 것이 좋다. 이렇게 하면, 남은 가지들이 시각적으로 더욱 두드러져 보일 것이다. 새로운 가지 구조를 구축할 필요는 거의 없을 것이며, 기존의 가지를 솎아주기만 하면 될 것이다. 강한 전정과 아래 수간을 더 많은 햇빛에 노출시키면, 도장지를 자극할 수도 있다. 가지터기를 남기지 않고 절단하고, 필요하면 도장지 발생을 최소화하기 위해 상처에 NAA를 처리하라(제15장 참조). 같은 장소에서 몇 그루의 관목을 소교목으로 정지한다면, 남겨지는 수목에 대해 적절한 공간을 제공하기 위해 일부는 제거되어야 할 것이다.

생울타리

생울타리(hedge)는 조밀하게 식재된 관목이나 교목이 늘어선 열로서, 일반적으로 단일 수종으로 되어 있고, 전정을 거의 하지 않거나 전혀 하지 않아 비정형적으로 자라거나 정형적으로 정지되고 가위로 깎아준 것이다. 생울타리는 짧게 전정된 작은 수목 차폐물이라고 생각할 수 있다(그림 14-37 참조). 생울타리는 시각적이고 물리적인 차폐나 칸막이 같은 역할을 한다. 이러한 전정은 주택지의 작은 식재지보다 공공이나 대규모 개인 경관에서 더 흔히 볼 수 있다. 비정형적 생울타리는 자연적으로 자라도록 허용되기 때문에 상당한 공간이 필요하므로, Wyman(1971)은 생울타리는, 특히 침엽수의 경우 이들의 키와 비슷한 넓이로 자랄 수 있도록 공간을 확보해 주어야 한다고 말했다. 정형적인 생울타리는 이들의 형태, 크기, 매력이 유지되기 위해서는 매우 정기적으로 깎아주어야 한다.

수목, 특히 정형적 생울타리용은 작은 잎, 짧은 마디 사이, 조밀한 가지를 가지고 있어야 하며, 오래된 목질부에서 맹아를 발생시킬 수 있어야 한다. 일 년 내내 효과적인 차례를 위해서는 상록성이 선호된다. 추운 지방에서는 침엽수가 생존하기 충분한 내한성을 가진 유일한 상록성 수목일 수 있다. 넓은 잎을 가진 수목이 비정형적인 생울타리용으로 활용되는 경우가 있지만, 정형적인 효과를 위해 깎아버리면 잎이 큰 수목의 절단된 잎은 가끔 보기 흉하다. Grounds(1973), Wyman(1971), Dunmire(1988) 등은 특정한 용도와 지리적인 지역에 맞는 특정한 수종을 권고한다.

비정형적 생울타리 수목은 500~900mm(20~36인치) 떨어져서 위치하며, 모든 가지는 낮고 조밀한 가지발생을 조장하기 위해 적어도 절반 정도로 두절을 실시한다. 이 다음에는 적절하게 균일한 생장과 대칭성을 유지관리하고 수목을 경계 내로 한정시키기 위한 비정기적인 전정만 필요하다. 한 번에 많은 가지를 기계적으로 깎는 것보다 손 전정가위를 이

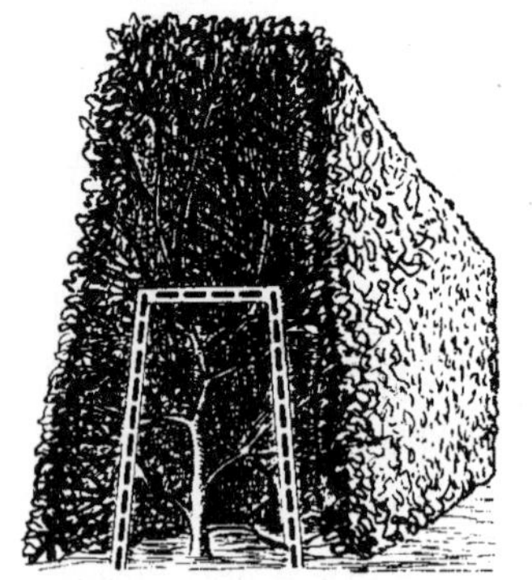

그림 14-53 낮은 곳의 잎을 유지관리하기 위해서는 특히 동서 방향으로 조성된 경우, 위쪽보다 아래쪽이 더 넓게 생울타리를 전단하라. 생울타리가 너무 높고 넓게 되면, 굵은 점선으로 표시된 크기까지 축소절단하라. 이후 두세 번 정도 깎아주면 생울타리가 잎으로 잘 덮일 것이다.

용한 개별 가지를 전정하는 것이 비정형적 외관을 유지할 것이다. 비정형적인 생울타리의 크기를 창출하고 유지관리하며, 조절하기 위해서는 제거절단을 통해 개별 가지를 제거할 필요가 있다.

정형적인 생울타리를 위해서는, 낮게 자라는 상록수를 450mm(18인치) 간격으로 식재하고, 반면 크게 자라는 낙엽성 수목은 적어도 900mm(36인치) 간격을 두고 식재하는 것이 좋다. 식재할 때의 관목과 교목의 크기에 따라 차이가 있겠지만, 작게 자라는 상록수는 지면에서 75~100mm(3~4인치) 이내까지 축소절단하고, 크게 자라는 낙엽성 수목은 지면에서 150~300mm(6~12인치) 이내로 축소절단하는 것이 좋다. 첫 생육기에는 수목이 잘 활착되도록 더 이상의 전정은 하지 않는다.

2차년도에 생장이 시작되기 전에, 활엽수의 가지는 식재할 때의 전정 높이에서 100~150mm(4~6인치)에서 두절을 해주는 것이 좋다. 침엽수는 가지 끝을 잘라주는 것이 좋다. 원하는 높이에 도달될 때까지, 새로운 가지는 이들이 150~300mm(6~12인치) 자랄 때마다 이들 길이의 1/2이나 2/3에서 두절을 실시하라. 새로운 가지에 대한 강한 전정은 수목이 조밀하고 낮은 가지로 된 구조로 퍼지고 발달되도록 조장한다. 조성하는 생울타리가 기저에서 꽤 잘 채워지면, 폭보다 더 높게 자라도록 허용해 주는 것이 좋다. 생울타리, 특히 침엽수 생울타리는 낮은 위치의 잎이 충분한 햇빛을 받을 수 있도록 하기 위해 위쪽보다 아래쪽이 더 넓도록 전정하는 것이 좋다(그림 14-53). 서리가 일찍 내리거나 겨울이 추운 지방에서는 한여름 이후에는 전정을 하지 않는 것이 좋다.

생울타리가 원하는 높이에 거의 이른 다음에는 생장량과 주기에 따라 깎을 시기를 정하라. 깎기를 그 해의 생장이 끝

난 다음에 실시하면 가장 오래 지속될 것이다. 그러나 생장이 너무 왕성해서 생울타리가 보기 싫게 되면 생육기 중에 깎기를 해야 한다. 경험을 활용하면, 깎기를 최소로 하면서도 보기 좋은 생울타리를 유지하는 것 사이에 일종의 타협점을 찾을 수 있을 것이다. 대부분의 작은 정형식 생울타리는 신초 실이가 50~100mm(2~4인치) 정도 되면 난잡하게 보이기 시작한다.

완성된 생울타리에서 신초는 이전의 깎기가 이루어진 곳으로부터 10mm(0.4인치) 이내에서 새로운 잎(눈) 1~3개만 남기고 깎아주어라. 이렇게 하면 생울타리를 새로운 잎으로 덮으면서 키와 폭이 늘어나는 것을 지연시킬 것이다. 깎기가 끝날 때마다 생울타리는 이전 깎기한 것보다 조금씩 커질 것이다. 결국에는 대부분의 생울타리가 자신의 부지에 비해 너무 커지게 되어 낮은 잎을 상실하기 시작한다. 가벼운 전정은 생울타리의 크기를 크게 줄이지 않고 대부분의 잎을 제거한다. 많은 침엽수와는 달리, 대부분의 활엽수로 된 생울타리는 강하게 축소 전정될 수 있다. 활엽수 생울타리는 원하는 성숙된 높이와 폭의 약 반까지 축소하는 것이 가장 좋다(그림 14-53). 전정된 수목은 잎이 거의 또는 전혀 없겠지만 바로 새로운 가지를 발달시킬 것이다. 1~2회 깎기가 끝나면 그 생울타리는 원래의 아름다움을 되찾을 것이다. 이러한 강전정은 생울타리의 벌거숭이 상태가 가장 짧도록 생장이 시작되기 전 봄에 하는 것이 좋다. 침엽수는 전정하는데 매우 조심해야 한다. 오래된 목질부에서 새로운 가지가 자라는지를 반드시 확인해야 한다(그림 14-2).

장미류(*Rosa*)

장미는 일반적으로, 이들을 경계 내에서 유지할 뿐만 아니라 영양생장과 개화의 균형을 유지하기 위해 다른 관목보다 더 강하게 전정된다. 이는 선정된 줄기의 수와 길이를 전정에 의해 다양하게 만든다. 전정의 강도를 어느 정도할 것인가를 정할 때에는 수목의 활력과 이전 생육기의 장미 꽃송이 크기를 평가하라. 더 강한 활력과 더 큰 꽃을 원한다면, 이전보다 수가 더 적고 더 짧은 줄기를 남겨라. 그러나 생장이 큰 꽃과 함께 왕성하였다면, 장미의 꽃을 형성하는 능력을 이용하기 위해 더 많은 목질부를 남길 수 있을 것이다. 장미를 전정하는 자세한 사항은 많은 장미와 전정 관련 전문서적, 특히 Brown(1972)과 Dunmire(1988)가 쓴 책에서 확인할 수 있다.

14.7 덩굴식물

반연식물(攀緣植物, climber) 또는 담장관목(wall shrub)이라고도 불리는 덩굴식물(vines)은 왕성하고, 가늘고, 유연한 줄기를 가지고 있어서 높이 올라가기 위해서는 지주가 필요하다. 덩굴식물은 가변성이 있고, 지피, 격자(trellis) 위의 차폐, 벽을 배경으로 한 잎과 꽃의 폭포(cascade), 수목에 대한 잎으로 된 피복, 기둥이나 교목을 기어오르는 식물 등으로 빠르게 자랄 수 있다. 이들은 왕성하게 자라는 식물이기 때문에, 대부분의 덩굴식물은 매력적이며, 건강하고, 일정한 범위 내 머물도록 하기 위해서는 매년 전정을 해주어야 한다. 경관에서 효과적이기 위해서는 대부분의 기어오르는 덩굴식물은 장미에게 기울이는 관심과 같은 수준의 관심이 필요하다. 덩굴식물은 작은 경관도 크게 향상시킬 수 있지만, 기능과 공간을 고려하여 수종을 선정해야 한다.

덩굴식물이 모두 기어오를 수 있는 것은 아니다. 대부분이 지지대를 잡을 어떤 수단을 가지고 있지만, 일부는 도움이 필요하다. 덩굴식물은 네 가지 기본적인 방법으로 기어오른다(**그림 14-54**); 기근(氣根, aerial root), 부착기(附着器, holdfast), 또는 흡판(吸板, sucker disc) 이용(아이비류[*Hedera*], 미국담쟁이덩굴[*Parthenocissus quinquefolia*]); 덩굴손(tendril) 이용(으아리류[*Clematis*]와 포도[*Vitis*]); 덩굴줄기(twining stem) 이용(낙석[絡石, *Trachelospermum jasminoides*], 등나무류[*Wisteria*]); 인공적인 지지 수단 이용(부겐빌리아[*Bougainvillea*]와 장미). 줄기와 잎에 붙어 있는 가시나 갈고리 같은 돌기는 식물들이 다른 지주에 자신을 부착시키는데 도움이 된다. 기근이나 부착기를 가진 덩굴식물은 어떤 표면도 대부분 기어 올라갈 수 있다. 반면 다른 덩굴식물들은 지지를 위해 격자, 울타리, 철선 등이 필요하다.

덩굴식물 생장을 관리하는 것은 주로 지주로 줄기의 방향을 유도, 오래된 줄기의 제거, 이들을 지정된 공간으로 제한하는 것 등이다. 특히 식물이 어릴 때, 보기 좋은 형태를 형성하도록 지주에 줄기를 배열하라. 줄기가 쉽게 가지를 발생시키지 못하면, 가지가 필요한 곳에 끝을 잘라내어라. 잘려진 줄기는 특히 기부에서 발생한 줄기인 경우, 격자를 더 조밀하게 덮을 것이다. 많은 덩굴식물은 빠르게 자신의 공간 밖으로 자라서, 정기적으로 전정해 주지 않으면 보기 흉하게 얽히게 된다. 대체용으로 필요하지 않은 새로운 가지는 덩굴식물이 너무 조밀하거나 무거워지는 것을 방지하기 위해 축소 또는 제거 절단해 주는 것이 좋다. 왕성하게 꽃이 필 수 있는 가지를 생산하지 못하는 오래된 가지 시스템은 주 가지에서 축소하거나 아예 기부에서 제거해 주는 것이 좋다. 자신들에게 지정된 공간을 넘어서 자라거나 원하지 않는 곳으로 기어오르는 왕성한 가지는 축소해 주거나 덩굴식물의 지지대로 되돌아오도록 유인되어야 한다.

덩굴식물의 생장과 개화 습성은 이들의 경관적인 기능을

그림 14-54 덩굴식물은 여러 가지 방법으로 자신을 지주에 부착시킨다: 아이비(*Hedera helix*)는 기근에 의해(위 왼쪽); 담쟁이덩굴(*Parthenocissus tricuspidata*)은 부착기에 의해(위 오른쪽); 포도(*Vitis vinifera*)는 격자에 의해(아래 왼쪽); 등나무는 덩굴줄기에 의해(아래 오른쪽).

수행할 수 있도록 수목을 정지하고 전정하는데 대한 실마리를 제공해 준다. 담쟁이덩굴과 같이 벽이나 지주목에 고착하는 왕성한 담쟁이덩굴은 적어도 일 년에 한 번씩은 벽에 가깝게 바싹 잘라줄 수 있다. 생장이 시작되기 전과 생육기 중에 필요하다면 다시 한 번 전정하라. 이렇게 하면 잎을 벽 가까이에 붙은 상태를 유지할 수 있으며, 담쟁이덩굴은 성숙한 가지가 형성되는 것을 예방한다. 등나무 같은 일부 덩굴식물들은 왕성한 가지가 자라는 곳에 무거운 구조를 형성한다. 가지의 기부 근처에 있는 눈이 신초 생장에 이어 봄 동안에 꽃이 핀다. 어린 덩굴식물의 첫 가지는 영구 골격이 되도록 정지되는 것이 좋다. 골격으로부터 나온 늦게 나온 가지는 생육기 중에 2~3개의 잎이 있는 곳에서 따내거나 축소하는 것이 좋다. 이어서 나타나는 가지는 차례로 두절되어야 한다 **(그림 14-55)**. 봄 생장이 시작되기 전에, 각각의 두절된 줄기 시스템은 가장 아래에 위치한 눈 한두 개를 남기고 축소하라. 짧은 가지가 이들 기부의 단지에 있는 눈에서 자랄 것이

그림 14-55 꽃이 핀 30년생 등나무(위). 생육기 중에 눈을 2~4개 남기고 두절된 등나무의 가지 시스템(아래 오른쪽). 단지(短枝, spur) 시스템은 봄 생장 전에 두 번째 단지에서 축소될 수 있다. 꽃이 피는 짧은 신초는 기부의 단지 눈에서 나온다(아래 왼쪽).

며, 짧은 가지의 끝에 꽃이 형성될 것이다.

인동류(*Lonicera*)나 덩굴장미(rambler rose)처럼 왕성한 일년생 줄기에서 꽃이 피는 덩굴식물은 봄에 꽃이 핀 후에 새로이 낮게 자라는 신초에서 줄기를 잘라 주거나 축소하는 것이 좋다. 절단된 줄기는 특히 줄기가 서로 엉켜 있는 경우, 새순이 손상되지 않도록 조심스럽게 제거하여야 한다. 처지는 개나리(*Forsythia*) 같은 다른 덩굴식물은 주 가지가 발달하고, 여기서 처지는 가지가 5~6년 동안 잘 자란다. 꽃은 이들 일년생 가지에 달린다. 주 가지는 긴 신초가 달려 있을 수 있는 높이가 확보되도록 정지되어야 한다. 매년 전정할 것을 권고하지만, 다른 덩굴식물만큼 강전정을 할 필요는 없고, 매년 꽃이 핀 다음 오래된 가지의 약 1/3을 제거하는 정도로 전정하면 된다. 이처럼 남은 가지에서 처지는 신초의 1/3 정도를 솎아주어라. 왕성한 당년지에서 꽃이 피는 참으아리류(*Clematis*) 같은 덩굴식물은 봄에 생장이 시작되기 전에 매년 강하게, 때로는 지면에 가깝게 전정하는 것이 좋다. 이러한 연간 전정은 수목의 활력을 유지시켜 주고 범위를 벗어나지 않도록 조절시켜 준다.

담쟁이덩굴과 백화등(白花藤, star jasmine) 같은 수많은 덩굴식물들도 지피식물로 키운다. 이들은 빠르게 확산되고, 담쟁이덩굴과 같은 일부 덩굴식물은 가지가 습한 토양과 접촉하는 곳에서 뿌리를 내린다. 이들 덩굴식물은 경계 밖으로 자라지 않도록 하기 위해 일 년에 2~3차례 다듬어 주어야 한다. 2~3년 내에 줄기는 너무 높아서 축소해 주어야 할 정도로 커진다. 담쟁이덩굴의 줄기가 너무 굵지 않으면, 거의 대부분의 줄기를 이들이 뿌리를 내리고 있는 곳까지 제거하는데, 이때 회전식 잔디깎기 기계나 생울타리 가위를 사용할 수 있다. 이러한 작업은 새로운 생장이 벌거벗은 표면을 빠르게 피복할 수 있도록 봄 생장이 시작되기 직전에 실시하라.

덩굴식물은 건물 가까이에 심을 때에는 조심해야 한다. 덩굴식물의 기근과 부착기는 조적벽(組積壁, masonry wall)을 손상시킬 수 있다. 가는 뿌리는 벽, 뿌리, 담장, 기타 구조물에 있는 틈 안으로 자라서 직경이 굵어짐에 따라 심각한 피해를 유발할 수 있다. 이들은 또한 선홈통(down spout)과 빗물 하수구를 막히게 할 수 있다. 정기적으로 전정해 주지 않으면, 어떤 덩굴식물은 너무 무거워져서 이들을 지지하고 있는 지지대를 붕괴시킬 수도 있다. 덩굴식물은 관목과 소교목을 뒤덮을 수 있고, 때로는 햇빛을 차단하여 이들을 죽이기도 한다. 덩굴식물은 경관에서 소중한 특징이 될 수 있지만 사려 깊은 주의를 요한다.

복습

- 목본식물은 어린 수목을 정지하기 위해; 건강과 외관을 유지관리 하기 위해; 크기를 조절하기 위해; 개화, 결실, 활력에 영향을 미치기 위해; 뿌리 손실을 보상하기 위해; 특별한 수형을 창출하기 위해 전정된다.
- 꽃이 피지 않는 어린 수목을 전정하는 것은 남은 가지에 활력을 주지만 수목의 총 생장을 감소시킨다.
- 꽃이 피는 수목을 전정하는 것은 남은 가지에 활력을 주지만, 개화와 결실을 감축시킴으로써 수목의 총 생산은 증가할 수 있다.
- 전정 시기는 수종, 수목의 여건, 원하는 결과에 따라 다르다.
- 기본적으로 세 가지 전정 절단이 있다:

  측지를 부착된 지점에서 절단하는 제거절단(removing cut).

  굵은 가지나 주지를 정단의 역할을 이어받을 수 있을 정도로 굵은 측지에서 줄이는 축소절단(reducing cut).

  두절(heading cut)로, 당년지나 일년생 가지를 눈(bud)에서, 또는 오래된 가지나 주지를 가지터기를 남기고, 또는 정단 역할을 이어 받기에 충분하지 않는 측지 등에서 절단하는 것이다.

- 제거절단과 축소절단에 대한 반응은 비슷하며, 너무 강도가 강하지 않으면 수목 전반에 널리 분포하여, 더욱 훤해보이고 자연스럽게 보이게 한다.
- 두절에 대한 반응은 전정절단 바로 아래로부터 왕성하고 직립의 가지가 발생하며, 전정 강도에 따라 차이가 있겠지만, 조밀하고 약하게 부착되어 있다.
- 올바른 전정절단은 가지 분기의 지피융기선(branch bark ridge)과 가지 부착 기부의 가지 깃(branch collar)에 가까우면서 바깥쪽에서 이루어져야 한다.
- 죽은 가지의 터기는 살아 있는 깃에서 절단하되 이를 침범하지 않도록 절단하는 것이 좋다.
- 나무좀의 공격을 줄이기 위한 아스팔트와 궤양병 곰팡이를 방제하기 위한 살균제 도포는 큰 전정절단에 효과가 있을지 모르지만, 그렇지 않으면, 전정 절단으로 인한 상처를 보호하기 위한 노력은 그 효과가 의심스럽다.
- 교목의 구조적인 강도는 가지가 부착된 줄기보다 가늘고, 부착된 각도가 넓고 골격지 사이가 적절하게 수직적 및 방사상으로 간격을 유지하고, 초살이 잘된 수간과 가지 등에 의해 결정된다.
- 장초 전정된 교목에서 근원과 수간이 전분 형태 산물의 주된 저장 지역이다. 이와는 달리, 단초 전정된 교목에서 전분이 가장 풍부한 부위는 매년 전정되는 가지 끝 유상조직과 주근(main root)이다.
- 초여름에 당년에 발생한 가지의 50%를 두절하면, 기지 기부에 있는 잎의 광합성을 자극하여 수목을 약하게 만들지는 않지만, 이렇게 전정된 수목은 탄수화물을 수관과 수간에 현저하게 증가시키는 방향으로 반응한다.
- 어린 구형 교목의 정지는 조경수목에 대한 미래의 구조, 외관, 유지관리 비용에 영향을 미치는 재배적인 작업 중에서 가장 큰 편익을 제공할 것이다.
- 어린 교목은 정지되었을 때 총 생장이 크게 증가하지는 않지만, 원하는 곳에 생장이 발달할 수 있다.
- 어린 교목의 수간을 따라 부착된 임시 가지는 수간을 강화하고, 초살을 증대시키며, 이를 보호한다.
- 첫 영구 골격지의 높이는 경관에서 수목의 기능에 따라 다를 수 있다.
- 안전과 효율을 위해 성목에 대한 사전 전정절차를 준수하라.
- 수관에 대한 청소, 솎기, 높이기, 축소, 회복 전정은 안전하고 아름다운 성목의 기능을 확보하기 위해 필요할 수 있다.
- 생울타리, 두목작업, 격자시렁, 형상수, 가지엮기, 분재 등은 교목과 관목의 인위적인 수형을 창출하고 유지관리하는 정지 기술을 사용한다.
- 침엽수는 주로 어린 수목의 형태를 만들고, 가지의 밀도와

오래된 교목의 크기를 조절하기 위해 전정된다.

- 가장 흔한 야자수종은 오래된 보기 흉한 잎과 열매 덩어리를 제거하기 위해 빈번하게 전정하며, 올바르게 유지관리하기 위해서는 일반적으로 비용이 많이 소요된다.
- 관목은 크기, 폭, 활력, 개화 특성, 각각의 경관적인 용도와 전정 기술에 대한 영향에 따라 차이가 크다.
- 덩굴식물은 생장 방향유도, 오래된 가지의 제거, 주어진 공간에 한정시키기 위해 전정이 필요하다.

추천문헌

AMERICAN NATIONAL STANDARDS INSTITUTE. ANSI Z133.1. 1994. *American National Standard for Tree Care Operations: Pruning, Trimming, Repairing, Maintaining, and Removing Trees, and Cutting Brush: Safety Requirements.* New York: The Institute.

_______. ANSI A300 (Part 1). 2001. *American National Standard for Tree Care Operations: Tree, Shrub and Other Woody Plant Maintenance—Standard Practices (Pruning)*. New York: The Institute.

BRENZEL, K. N. 1997. *Sunset National Garden Book.* Menlo Park, CA: Sunset Books, Inc.

BRIDGEMAN, P. H. 1976. *Tree Surgery*. London: David & Charles.

BRITTON, J. C., ed. 1995. *Tree Pruning Guidelines.* Savoy, IL: International Society of Arboriculture.

BROOKLYN BOTANIC GARDEN. 1981. *Handbook on Pruning. Plants and Gardens* 37(2).

BROSCHAT, T. K., and A.W. MEEROW. 2000. *Ornamental Palm Horticulture*. Gainesville: University Press of Florida.

BROWN, G. E. 1972. *The Pruning of Trees, Shrubs, and Conifers*. London: Faber and Faber.

CAPEL, J. A., and D.H. THORMAN. 1994. *A Guide to Tree Pruning*, 2nd ed. Ampfield, Hampshire, England: Arboricultural Association.

COOMBS, D., P. BLACKBURNE-MAZE, M. CRACKNELL, and R. BENTLEY. 1992. *The Complete Book of Pruning*. London: Ward Lock.

COSTELLO, L. R. 1999. *Training Young Trees for Structure and Form* (videocassette). Champaign, IL: International Society of Arboriculture.

GILMAN, E. F. 2002. *An Illustrated Guide to Pruning*. Albany, NY: Delmar.

________, and S. J. Lilly. 2002. *Best Management Practices: Tree Pruning*. Champaign, IL: International Society of Arboriculture.

HALLIWELL, B., J. TURPIN, and J.WRIGHT. 1979. *The Complete Handbook of Pruning*, 2nd ed. London: Ward Lock.

MCCLEMENTS, J. K. 1988. *Sunset Pruning Handbook.* Menlo Park, CA: Lane.

ROTH, S. A., and F. K. BUSCHER. 1994. *All about Pruning*. San Ramon, CA: Ortho Books.

SHIGO, A. L. 1989. *Tree Pruning: A Worldwide Photo Guide*. Durham, NH: Shigo and Trees, Associates.

STEBBINS, R. L., and M. MACCASKEY. 1983. *Pruning: How-to Guide for Gardeners.* Tucson, AZ: HP Books.

WYMAN, D. 1971. *Wyman's Gardening Encyclopedia.* New York: Macmillan.

제15장 수목 생장 조절

목표

- 수목 생장의 자극에 대한 제약을 살펴본다.
- 수목생장조절제(樹木生長調節劑, tree growth regulator, TGR)로 알려진 화합물의 종류와 이들의 송전선 수목관리에 대한 적용이 소개된다.
- 원하지 않는 열매나 맹아지 생장의 화학적 조절 가능성을 고찰한다.
- 원하지 않는 식생에 대한 제초제 처리의 활용이 고찰된다.

다양한 화학적 및 기타 처리가 신초와 뿌리의 생장을 줄이거나 열매의 결실을 방지하기 위해 활용된다. 수목의 생장을 "조절(調節, control)"하고자 하는 수목관리자는 생장 조절 화합물의 효과와 기타 물리적인 제약, 이들의 사용에 대한 한계, 이들을 안전하고 유익하게 사용할 수 있는 여건 등을 이해하는 것이 좋다. 하수구에서의 뿌리 생장 통제와 방근(防根, root barrier)을 이용한 뿌리 생장의 물리적인 조절은 제10장에서 고찰되었다.

15.1 생장 촉진

수분과 양분이 부족할 때에는 부족한 요소를 추가 공급하면 일반적으로 수목의 생장이 증가한다. 관수는 어린 수목의 정상적이고 왕성한 생장과 토양 수분이 부족할 때 수목을 유지관리하기 위해 필요할 수 있다(제13장 참조). 시비는 식용(食用, food), 섬유(纖維, fiber), 온실(溫室, greenhouse) 작물에 대한 과학적인 접근이며, 특히 어린 조경 수목의 생장을 촉진시키는데 중요하다(제12장 참조).

그러나 신초의 생장이나 잎과 줄기의 건중량을 증대시키는 물질에는 영양분 외에 다른 화합물도 있다. 지베렐린(gibberellin)은 유전적으로 왜소하거나 원좌(圓座, rosette)인 많은 식물에서 줄기 신장을 촉진할 수 있다. 지베렐린은 상업적으로 일부 작물(예를 들면, 멜론[*Cucurbita pepo*] 결실과 포도[*Vitis vinifera*] 비대를 촉진하기 위해)에 이용되고 있지만, 조경에서는 그 용도를 찾지 못하고 있다. 유사하게, 세포분열과 생장을 촉진할 수 있는 다른 생장조절물질의 현실적인 적용을 알지 못하고 있다. **요약하면, 수목 생장을 최적화하는데 있어서 양호한 성장 여건을 대체할 화합물은 없다는 것이다.**

15.2 화학적 수고 조절

화합물(化合物, chemical)은 많은 초본식물(草本植物, herbaceous plant)과 목본식물(木本植物, woody plant)의 신초생장을 조절할 수 있고, 흔히 생장억제제(生長抑制劑, growth inhibitor)와 생장조절제(PGR)로 알려져 있다. 수목관리자들은 이러한 종류의 화합물을 수목생장조절제(樹木生長調節制, tree growth regulator, TGR)라고 부른다. 이러한 화합물들은 수십 년간 온실 산물의 일부가 되어 왔다. 포인세티아(*Euphorbia pulcherrima*)와 진달래류(*Rhododendron* sp.) 같은 작물은 키를 조절하기 위해 흔히 생장억제제(growth retarding chemical)를 처리하고 있다.

조경 분야에서의 활용은 매우 제한적이다. 잔디의 생장은 도로변 공도용지와 정교한 잔디 조성지에서 적용할 수 있는 여러 가지 화합물에 의해 억제될 수 있다. 조경 유지관리 회사들은 아이비(*Hedera helix*)와 같은 지피식물을 관리하는데 억제제를 사용한다.

생장 조절 기작

신초 신장의 조절은 세포분열(細胞分裂, cell division)과 세포신장(細胞伸長, cell elongation)의 조작을 통해서 유발될 수 있다. 초점은 신초의 생장을 축소하는데 있었다. 신초에서 새포분열에 활동적인 두 가지 조직이 있다: 정단과 아정단분열조직(頂端/亞頂端分裂組織, apical/subapical meristems). 두 조직에 모두 효과가 있는 화합물이 개발되어 왔다(Sachs와 Hackett, 1972).

정아억제제(頂芽抑制劑, terminal-bud inhibitor)는 정단분열조직의 활동을 억제하는 역할을 하거나 정아우세(頂芽優勢, apical dominance)를 약화시킴으로써 측아(lateral bud)의 생장을 허용하고 이는 다시 정아의 생장을 감소시킨다. 정아억제제는 수목의 키를 조절하고, 열매의 발달을 방해하고, 맹아지 발생을 억제하는데 사용되어 왔다. 이러한 유형의 효과를 가진 화합물을 보통 1종(一種, Type 1) 생장억제제라고 부른다. 정아억제제 중에는 나프탈렌아세트산(naphthaleneacetic acid; Tre-Hold®), 클로르플루레놀(chlorflurenols; Maintain®), 디케구락(dikegulac; Atrinal®), 말레산하이드라지드(maleic hydrazide; Regulox®, Royal Slo-Gro®) 등이 있다. 이러한 화합물에 대한 관심은 여러 가지 요인 때문에 수년 동안 쇠퇴되고 있는데, 이중 불규칙한 생장조절도 중요한 요인이다. 지금은 민간 수목관리자들에 의한 이들 화합물의 사용은 제한적이다.

아정단억제제(亞頂端抑制劑, subtropical inhibitor)는 정단분열조직의 기능에 영향을 주지 않으면서 절간(節間, internode) 신장을 감축시킨다. 이러한 유형의 효과를 가진 화합물을 2종(二種, Type 2) 생장억제제라고 부른다. 아정단억제제 중에는 다미노지드(daminozide; Alar®), 플루르프리미돌(flurprimidol; Cutless®), 파클로부트라졸(paclobutrazol; Clipper®, Bonsai®, Profile®), 유니코나졸(uniconazole; Prunit®, Sumagic®) 등이 있다. 이들은 지베렐린(GA)의 생합성(生合成, biosynthesis)을 방해함으로써 그 기능을 발휘한다. GA 합성억제제는 아정단분열조직에서 작용하기 때문에, 가장 분명한 효과는 절간 신장, 즉 잎과 잎 사이의 거리가 줄어드는 것이다(**그림 15-1**). 잎의 크기도 일반적으로 작아지는데, 이는 절간 신장이 줄어드는 정도로 심하지는 않다. 이로 인해 더 짙은 녹색의 아담한 수목으로 자라고, 때로는 개화와 결실이 향상되기도 한다. 예상할 수 있는 바와 같이, 생장 축소와 이어지는 맹아발생의 크기는 수종과 화합물의 농도, 적용 방법, 시기 등에 따라 차이가 크다. **이러한 수목생장억제제는 정아억제제보다 부작용이 적으면서 더욱 안정된 생장억제를 가져온다.**

1980년대 초반까지, 목본식물의 생장을 억제하는데 사용하는 생장억제 화합물의 대부분은 정아억제제였다. 녹지에서는 이들을 쉽게 사용할 수 없었다. 왜냐하면 이들의 효과가 수종과 위치에 따라 변이를 보였기 때문이다. 적용 최적시간대(最適時間帶, timing window)가 좁아서, 특히 많은 수목을 처리해야 하는 경우에는 어려움이 있다. 또한 이들은 가끔 목재조직과 잎조직 모두에 유독할 수 있다. 무엇보다도, 대부분의 화합물은 수목관리를 위한 정기 프로그램에 사용하기에는 너무 비쌌다.

최근에는 플로르프리미돌, 파클로부트라졸, 유니코나졸 등과 같은 아정아억제제가 주로 절간 신장을 줄임으로써 수목의 생장을 효과적으로 조절하는 것으로 나타났다(Szeto, 1989; Kimbell, 1990). 이러한 화합물은 지속적인 연구의

(a)

(b)

그림 15-1 파클로부트라졸(paclobutrazol) 같은 TGR은 지베렐린 생합성을 억제한다. 이러한 화합물에 대한 한 가지 반응은 "적층(積層, stacking)"으로 알려진 효과인 잎 사이의 거리(절간 길이)를 축소시키는 것이다. 루브라참나무(a)와 버지니아참나무(b) 모두 비슷한 반응을 보였다. 왼쪽 가지는 파클로부트라졸을 처리한 것이고, 오른쪽은 무처리이다. 짧아진 절간과 잎의 적층에 유의하라. (사진; Bill Massey, Massey Consultants LLC, Raleigh, NC[왼쪽]; Mike Robinson, Jacksonville Electric Authority, Jacksonville, FL[오른쪽].)

그림 15-2 수목관리 분야에서 TGR 용도에 대한 현재의 관심은 송전선 아래에 있는 교목의 맹아 발생을 관리하는 것이다. TGR을 처리하면, 전정 시간과 전정으로 인한 맹아 발생을 줄이고, 한 부분을 완전히 제거하는 "핫 스파팅(hot-spotting)"의 필요성도 예방하고, 전정 간의 간격도 늘릴 수 있을 것이다.

주 대상이며 수목의 생산 현장으로 집중될 것이다.

현재는 TGR의 제조회사들이 발전 산업에 초점을 맞추고 있다(**그림 15-2**). 따라서 수목관리 분야에서의 TGR 적용은 대개 송전선 아래의 식생 조절에 제한되어 왔다. 지자체나 민간의 수목관리 현장에서의 이용은 최소한 한 제품이 활발하게 선전되고 있지만 개발 단계에 있다.

두 종류의 화합물, 파클로부트라졸(Profile 2SC®)과 플루르프리미돌(Cutless®을 수목 내 삽입)이 현장실험 단계에서 가능성을 보여주었다. 이 둘은 식생관리 프로그램에서 사용되고 있다(**상자 15-1, 15-2** 참조). 다른 화합물과 적용 방법을 활용한 연구가 있었지만, 여기서는 이들 두 화합물에 초점을 맞출 예정이다.

화학적 작용(chemistry) 아정단억제제는 세포신장을 맡고 있는 생장조절물질인 지베렐린의 합성을 방해함으로써 신초의 생장을 축소한다(제2장 참조). 따라서 이러한 유형의 작용을 하는 TGR은 항지베렐린(anti-gibberellin, anti-GA)이라고 알려져 있다. GA 합성억제제는 물에 대한 용해성이 높지 않다. 이것 때문에 적용에 다소 문제가 있지만, 이들의 효과가 장기간 유지되고, 독성이 낮으며, 토양 내 이동성이 낮은 점 등이 장점이다. 수목에 의해 흡수되면, TGR의 낮은 용해성은 증산 흐름 내에서 지속적이고 낮은 농도로 공급될 수 있게 해준다. 미국 동부지역에서 2,000그루 이상의 교목에 대한 현장 실험에서 파크로부트로졸은 적어도 4년 동안 활동적인 상태로 남아 있었다(Environmental Consultants, 1990). 제조회사는 스트레스를 받고 있거나 쇠약한 수목에 대한 TGR 처리는 권고하지 않는다.

TGR은 토양과 유기물에 흡착(吸着, adsorption)된다. 이로 인해 지하수로 용탈될 가능성이 크게 줄어든다. 예를 들면, 상업적으로 수용가능한 생장 감축을 가져오는 TGR량의 두 배를 처리한 토양으로 채워진 4ℓ(1갤런) 용기에서 자란 협죽도(夾竹桃, *Nerium oleander*)로부터의 침출액(浸出液, leachate)에서 플루르프리미돌이 전혀 검출되지 않았다(Sachs 등, 1990).

적용 방법 TGR은 최근 세 가지 방법으로 적용된다: 토양주입(paclobutrazol), 근원 침적(根元沈滴, paclobutrazol), 수간 삽입(flurprimidol) (**그림 15-3**). **표 15-1**을 참조하라.

토양주입(soil injection)은 단순하고 비료 적용과 비슷한 유형의 이점이 있다. 이를 위해서는 화합물을 주입할 수 있는 특수한 장비가 필요하다. 일반적으로, 주입기를 조작하는 사람은 다른 적용 방법으로 작업하는 사람들보다 적용 방법에 관해 더 많은 지식과 능력을 보유하고 있어야 한다. 수간의 기부에 가능하면 가까이에서 주입기의 탐침 끝을 토양 속으로 약 15cm 정도 삽입한다. 균일한 적용을 보장하기 위해 수간 주위 여러 지역에 주입한다. 주입은 보통 약 150psi 정도의 고압으로 이루어진다. 전자 유량계(流量計, flow meter)가 각각의 주입지역에서 주입된 양을 측정하고 수목 전체에 대한 총 주입량도 계속 유지한다. 토양에 주입된 PGR은 수목 내에서 획일적이고 지속적인 반응을 나타낸다(Curry와 Williams, 1984). 토양에 주입하면, 수목의 수간에 대한 주입 구멍이나 PGR 용재의 독성에 의한 손상이 전혀 없다.

근원 침적(basal drench)을 할 때, 작업자는 수간의 근원 둘레에 약 깊이 5cm(2인치) 폭 5cm(2인치)의 얕은 도랑을 판다. 그 다음 작업자가 처방된 양의 조제(調製, ready-to-use)된 TGR 용액을 수목 주변에 균일하게 부어준다. TGR이 땅속으로 흡수된 다음, 도랑을 다시 메우고 밟아 준다. 특별한 장비는 필요 없다. 간편성과 낮은 장비 비용 때문에 이 방법이 매력적인 적용 방법이 될 수 있다.

수간 삽입(trunk implant)은 플로르프리미돌(Cutless® 삽입) 적용을 위해 사용된다. 이 방법을 위해서는 지표면에 가까운 수간에 직경 1cm(0.375인치), 깊이 2.5cm(1인치)의

상자 15-1

아비스타 전력회사 식생관리 프로그램에서의 TGR

아비스타전력회사(Avista Corporation)는 미국의 태평양 북서부(Pacific Northwest)의 "인랜드 엠파이어(Inland Empire)"인 주로 워싱턴(Washington) 주와 아이다호(Idaho) 주에 서비스를 제공한다. 시스템 임정관인 Sharon Vore는 1990년대 중반 자신의 관리프로그램에 TGR을 도입하기로 결정하였다. 그녀는 8,000그루 이상의 처리된 수목에 대한 경험을 가지고 있다.

아비스타의 TGR 프로그램은 토양에 주입되는 파클로부트라졸(Profile 2SC®)을 사용하며, 겨냥하는 목표는 단순하다: 다음 전정 주기에 전정하는 양을 피하거나 양을 줄이는 것이다. 목표로 하는 수종은 은단풍과 노르웨이단풍, 비술나무(*Ulmus pumila*)이다.

TGR 처리된 수목은 "어떤 지역에서는 전정 시간이 50~75%까지 줄어들었다"(Sharon Vore, Avista Corp., 2002, 개인적인 정보). 교목은 전반적으로 전정을 하기 전 1~2개월 전에 처리되었다. 생장 감소는 처리 후 4년간 뚜렷하게 남아 있었다. 처리는 일부 수종, 특히 버즘나무류(*Platanus* sp)와 포플러류(*Populus* sp.)에서 유의한 효과가 없었다.

Vore의 실험 결과는 긍정적이었지만, 그녀의 처음 운영 경험은 엇갈렸다. TGR을 작업용으로 사용하기 위해서는 수목 수종의 오동정(誤同定, misidentification)을 피하고 수간 직경의 정확한 측정을 위해 작업자에 대한 더 많은 교육이 필요하였다. 이 두 가지 기본적인 오류는 부정확한 적용량과 수목 반응에 대한 변이를 가져올 수 있다. 관련 화합물을 적용하는데 이용되는 토양 주입장비에 숙달되기 위해서는 추가적인 훈련이 필요하였다. 적용량은 수목의 위치와 수종에 따라 변경이 필요하였다.

(a)

(b)

노르웨이단풍(*Acer platanoides*)이 1996년에 파클로부트라졸로 처리되었다. 1998년 모습을 지상에서 촬영하였다(a). 1999년 모습이 공중작업대로부터 촬영되었다(b). (사진: Sharon Vore, Avista Utilities, Spokane, WA.)

아비스타에서, 대상 수종은 은단풍(*Acer saccharinum*)이다. 이 수목은 1996년에 처리되고 전정되었다(동시는 아니지만). 사진은 1988년에 촬영했다. 2000년에도 여전히 적절한 통과공간을 유지하고 있었다. (사진: Sharon Vore, Avista Utilities, Spokane, WA.)

작업자 교육이 아비스타 성공의 결정적인 요소 중 하나이다. Dick Wells가 회사 직원에게 직접 시범을 보이고 있다.

(계속)

상자 15-1 [계속]

아비스타 전력회사 식생관리 프로그램에서의 TGR

아비스타의 주된 목표는 전정 비용의 감축으로 단순하였지만, Vore는 개별 수목 기준으로 처리의 효과를 평가할 수 있는 평가척도(rating scale)를 개발하였다. 그녀의 시스템은 0에서 5까지 점수를 부여한다. 0점은 과소 조절(underregulation), 즉 송전선 위로 광범위한 맹아지가 발생하는 것을 의미한다. 이 척도의 반대편 끝인 5점은 과도한 생장 조절, 즉 성긴 수관과 건강하지 못한 모습을 하고 있다는 것을 뜻한다. 또한 Vore는 과잉 또는 과소 조절 상황에 작업자의 잘못이 포함되어 있는지 여부를 평가하기 위해 노력하였다.

그녀는 또한 "이웃에 알리기(Notifying your neighbors)" 프로그램(Profile 2SC®의 제조업체인 DowAgroSciences가 개발)을 활용하여 TGR의 공중관계 측면도 점검하였다.

TGR을 아비스타의 식생관리 프로그램에 더욱 깊이 통합시키기 위한 다음 단계는 수목을 재처리하는 것이다. Vore는 재처리될 수 있는 수목과 재전정될 수 있는 수목에 대한 의사결정 기준을 개발하였다. 주된 요소는 수종, 초기 TGR 처리의 효과, 현재의 모습 등이다.

상자 15-2

잭슨빌 전기공사(JEA) 식생관리 프로그램에서의 TGR

Jacksonville Electric Authority(JEA)는 미국 남동부에 있는 잭슨빌(Jacksonville, FL) 지역에 서비스를 하고 있다. 시스템 임정관인 Mike Robinson, Joe Dunbar, Brad Norton 등은 1994년 TGR을 시험하기 시작했다. 처음 결과는 처리된 수목의 생장이 처리되지 않은 대조구의 생장대비 약 2/3 정도인 것으로 나타났다. 이 결과는 이들로 하여금 파클로부트라졸(Profile 2SC®)을 이용한 전반적인 적용 프로그램을 수행하도록 유도했다.

생장에서의 유의한 감소에도 불구하고, JEA는 자신들의 3년 전정주기를 유지할 예정이다. 이렇게 하는 것이 시스템의 신뢰성을 높일 것이다. TGR 처리된 수목은 전정 시간과 바이오매스를 유의하게 감소시킬 것이며, 이는 마일당 비용으로 나타날 것이다.

잭슨빌 전기공사에서 파크라부트라졸은 세로티나벗나무(*Prunus serotina*)를 포함한 몇 가지 수종에 사용되었다. 처리된 수목은 왼쪽에 있고, 처리되지 않은 수목은 오른쪽에 있다. (사진: Mike Robinson, Jacksonville Electric Authority, Jacksonville, FL.)

JEA는 토양주입 방법을 사용한다. 이들은 로렐참나무(*Quercus laurifolia*), 버지니아참나무(*Q. virginiana*), 미국풍나무(*Liquidanbar styraciflua*) 등과 같은 활엽수종을 대상으로 한다. JEA는 파크로부크라졸을 소나무류(*Pinus* sp.)와 과수에는 사용하지 않는다.

적용하는 작업자와 전정 작업자는 공인된 작업자가 되기 위해 훈련을 받는다. 이들은 주택소유자에게도 통보된다. JEA는 DowAgroScience의 소책자(brochure)인 "우리 이웃에 대한 메시지(A message for our neighbors)"를 활용한다.

JEA 프로그램에 대한 공중의 수용은 운 좋게도 쉽게 얻었다. 이들의 초기 지주(landowner) 접촉 중 하나는 지역의 폭로 기자(investigative reporter)였다. 지역 TV 뉴스에서의 결과적인 이야기는 공중관계에 큰 도움을 주었다.

작은 구멍을 여러 개 뚫는다. 조직이 타는 것을 방지하기 위해 권장되는 천공 속도는 400rpm이다. 임플란트(implant)를 삽입하기에 앞서 구멍 속으로 물을 뿜어준다. 뚫은 구멍 속에 임플란트를 위치시킨 다음 다시 한 번 물을 뿌려 준다. 임플란트는 물과 접촉하여 습한 분말로 용해된다. 이 방법은 넓게 흩어져 있는 소수의 교목을 처리해야 하는 송전선 부근에서 인기가 있다.

기타 적용 방법 정아억제제는 상처 도포(傷處塗布, wound dressing), 엽면살포, 수피 띠 도색(bark banding) 등을 통해 수목 속으로 들어가는 것으로 나타났다(Chaney, 1986). 상처 도포는 대교목에서 TGR의 분포를 적절하게 분포시키지 못한다(이 장의 뒤에 나오는 수간 맹아지의 화학적 조절 참조). 엽면살포는 대형의 조경수목에 대해 실행 가능한 대안이 아니다. 왜냐하면 엽면살포에 대한 공중의 반대가 심할 수 있고; 비산하는 분무액과 떨어지는 잎에 의해 토양이 오염될 수 있고; 한 번에 유효한 성분을 적용하기 어렵기 때문에 반복적인 적용이 필요할 수 있기 때문이다.

수피 띠 도색은 녹색의 수피를 가지고 있는 어린 수목의 수간이나 가지에 살포하거나 도색하는 것이다(Kimball,

(a)

(b)

(c)

(d)

그림 15-3 TGR을 적용하는 세 가지 방법은 토양 기부침적(a), 토양주입(b), 임플란트 등이다. 구멍에 삽입하기 위해서는 먼저 수간에 구멍을 뚫어야 한다(c). 그 다음 임플란트를 끼워 넣고(d) 물을 뿌려준다. (사진: Bill Massey, Massey Consultants LLC, Raleigh, NC.)

1990). 두꺼운 수피를 가진 오래된 교목에 대한 적용은 신초 신장을 감소시키는데 효과적이기는 하지만, 일부 수종에서는 광범위한 수피 손상으로 이어졌다. TGR에 대한 보고는 없지만, 일부 활엽수(闊葉樹, hardwood)의 수피 수베린층(bark-suberin layer) 때문에 활엽수보다 침엽수에 더 성공적일 수 있다(Backhaus 등, 1980). 적용이 간편하여 매력적인 것처럼 보이지만, 수피 띠 도색은 너무 큰 손상을 유발하여 실용성 있는 대안이 아니다.

수간 주입 1980년대, TGR가 고압 상태에서 주입되어 수피와 형성층 손상이 발생하였다. 상업용 수목 관리에는, TGR에 저압과 적은 양 처리를 활용하는 몇 가지 시스템이 적용될 수 있다. 그 중 하나가 잎으로부터 증산 흡입에 의존하는 투입(投入, infusion)이다. 투입은 느리고 잎이 있을 때에만 가능하다. 모제시스템(Mauget system)은 지면 가까이의 수간 속으로 주입하는 담배 파이프를 닮았다. 웨즐시스템(Wedgle system)은 수피 바로 아래에 적은 양의 TGR을 주입하기 위한 피하 주사바늘(hypodermic needle)을 사용한다.

TGR에 대한 수목의 생장반응 파클로부트라졸과 플루르프리미돌은 신초의 신장을 제한함으로써 수목의 생장을 감소시키는데 매우 효과적이다(그림 15-1). 파클로부트라졸의 토양적용은 펜실베이니아(Pennsylvania)의 은단풍(*Acer saccharinum*)과 적단풍(*A. rubrum*), 하와이(Hawaii)의 여왕야자(*Syagrus romanzoffiana*)와 마닐라야자(*Adonidia merrillii*)의 생장을 감축(처리한 지 11개월 후에 평가)하는

표 15-1 송전선 수목관리에서 사용되는 수목생장조절제 비교

구분	수목생장조절제(Tree Growth Regulator) 파클로부트라졸(Paclobutrazol) (Profile 2SC®)		플루르프리미돌(Flurprimidol) (Cutless® 임플란트)
적용 방법	토양 주입; 토양 속에 TGR 용액 주입(시비와 비슷함)	기부침적; 수간의 기부에 있는 토양 표면에 TGR 용액을 붓는다. (적용 전에 잔디와 멀치를 제거해야 한다.)	수간삽입; TGR을 함유한 캡슐을 수간의 기부에서 수피 아래로 삽입한다.
소요 장비	주입기, 물 공급원, 펌프	물 공급원, 혼합/측정 용기	휴대용 천공기, 송곳, 물 공급원
적용 용이성	빠름; 전문 적용 작업자 필요; 폐쇄된 시스템	중간 정도 빠름; 일인 작업; 주입보다 느림.	간단하지만 느림; 일인 작업; 혼합 불필요; 바로 사용 가능
가장 적절한 용도 (송전선 위치)	도시; 긴 교목의 열	도시 또는 시골; 흩어진 단일 교목	도시 또는 시골; 토양에 대한 접근이 제한된 부지
	경사지	기술과 효과 데모	물 공급원에 가까운 교목
적용 시기	동결되거나 포화된 토양에서는 효과적이지 않음.	동결되거나 포화된 토양에서는 효과적이지 않음.	증산/생장이 활발할 때 가장 효과적; 휴면기 중에는 효과적이지 않음.
전정을 고려한 적기	전정하기 2~3개월 전에 처리	전정하기 2~3개월 전에 처리	전정할 때 처리(또는 전정 직전에)
기타 고려사항	작업자를 격리하라; 주인에게 2차 통보가 필요할 수도 있다.	버킷(bucket)에 부착 하거나, 수목작업자가 수작업; 전정과 처리에 대한 한번의 통보로 가능	침엽수에 대한 설명은 없음.
	침엽수에서 잘 작용함.	가장 균일한 수목생장 조절을 나타냄.	처리 후에 관수를 해주면 가장 효과적임.

출처: Bill Massey, Massey Consulttants LLC, Raleigh, NC, 2001, 개인정보.

데 효과적이었다(Hensley와 Yogi, 1996).

Ehlen(2000)은 오클라호마(Oklahoma)에 있는 팽나무와 느릅나무에 대해 파클로부트라졸을 처리한 수목과 처리하지 않은 수목의 전정 후 신초생장을 측정하였다. 처리한 수목은 처리 후 3년 동안 신초생장이 각각 55%(팽나무), 60%(느릅나무) 감소하였다. 느릅나무의 경우, 처리하지 않은 수목의 총 신초생장은 3.8m(151인치)인데 비해, 파클로부트라졸을 처리한 수목은 1.5m(60인치)이었다.

처리로 인한 신초 신장 감소의 누적효과는 Burch 등(1996)의 연구에서 가장 잘 보여주고 있다. 파클로부트라졸을 처리한(근원침적 방법) 적단풍 준성숙목이 생산한 바이오매스의 양은 처리하지 않은 수목의 43%였으며, 은단풍은 34%였다. 전반적인 바이오매스 감소는 전정 비용과 전정 주기의 길이와 밀접하게 관련이 있다.

몇몇 수종의 수간에 대한 플루르프리미돌 정제 삽입도 토양 침적이나 액체 주입 방법과 유사한 결과를 얻었다(Redding 등, 1994). 반면, 라차프르(*Cassia fistula*; 사배나 주엽나무의 일종인 노랑꽃이 피는 중교목으로 태국의 국화임 - 역자 주)의 경우, 2년 동안의 관찰에서 어떠한 생장 감소도 나타나지 않았다(Hensley와 Yogi, 1996).

Sterrett 등(1989)은 메릴랜드(Maryland)의 11년생 4개 수종에 대한 플루르프리미돌의 근원 침적이 약간의 광합성 감소와 증산의 변화 없이 2년 동안 신초생장을 감소시켰다는 것을 발견하였다. 앨라배마(Alabama)에서 플루르프리미돌의 심토 주입이 새로 식재된 적단풍(Acer rubrum) 나근묘의 신초생장을 2년간 현저하게 감소시켰다(Gilliam 등, 1988).

Redding 등(1993)은 플루르프리미돌 처리된 수목의 신초생장 반응을 기술하였다. 수간 삽입 방법을 활용하는 경우, 신초생장은 수종에 따라 19%에서 82%까지 감소하였다. 은단풍과 노르웨이단풍과 같은 속성수(faster-growing species)가 천천히 자라는 참나무(버들참나무/*Quercus phellos*와 물참나무/*Q. nigra*)보다 생장 조절 효과가 더 컸다.

TGR의 다른 효과 신초신장 축소 외에 다른 생장반응도 나타난다. 절간 길이가 줄어들기 때문에, 잎이 끝에서 서로 붙어 겹쳐 쌓여 있는 것처럼 보인다. 잎의 색깔은 더 진한 녹색으로 보이는 경우가 많다. 형성층 발달도 감소된다. 스트레스(가뭄, 추위, 더위, 대기 오염물질)에 대한 수목의 내성이 전반적으로 증가한다는 것이 보고되었다. Smiley (Bartlett Tree Expert Co., Charlotte, NC, 1995, 개인적인 정보)는 파클로부트라졸을 처리한 포티니아류(*Photinia* sp.)에서 둥근무늬병(*Diplocarpon mespili*)에 의한 잎의 반점이 훨씬 적었다고 주장하였다. Watson(1996)은 일리노이에서 파클로부트라졸을 처리한 이후에 쇠퇴하던 백참나무(*Quercus alba*)와 대왕참나무(*Q. palustris*)가 회복하였음을 발견하였다. 처리된 수목은 비처리 수목 대비 뿌리 밀도와 세근(細根, fine root)의 발달이 더 높았고, 잎의 고사가 더 적었다.

파클로부트라졸과 플루르프리미돌이 절간 신장을 억제하는 것 외에 수목의 생장에 효과가 있다는 것을 알고 있다면 이러한 현상은 놀라운 일이 아닐 것이다. 첫째로, 이들의 작용 형태는 지베렐린의 생합성을 감소시키는 것이다. 지베렐린은 신초생장 외 다른 대사작용(代謝作用, metabolic action)을 가지고 있어서, 식물 세포 내에 이들의 농도를 낮추면 다른 시스템에 영향을 줄 것이다. 또한 지베렐린 생합성 경로(生合成經路, biosynthetic pathway)는 다른 식물생장 물질에 의해 공유된다. 지베렐린 합성이 차단됨에 따라 이들 다른 물질의 생산이 증대될 수도 있다.

둘째로, 이들 두 화합물은 살균적 특성(殺菌的特性, fungicidal property)을 가진 회합물과 같은 족(族, family)에 속한다. 그러므로 이들이 곰팡이의 침입을 억제하는 것은 놀랄 일이 아니다.

송전선 식생관리에의 적용 전력회사는 지속적인 정리가 필요하기 때문에 합성 GA억제화합물 이용에 매우 큰 관심을 가지고 있다. TGR에 의한 생장 감소는 전정 주기 사이의 기간을 늘려주고, 개별 수목에 대한 전정 주기 외 처리인 핫스파팅(hot-spotting)의 필요성이 줄어들고, 전정에 필요한 시간을 단축시켜 생산성을 높여주며, 처리해야 하는 전정 바이오매스의 양이 감소하는 효과가 있다. 이러한 유형의 생산환경(production environment)에 있어서의 TGR 효과를 평가할 때에는 다른 생장 조절 방법 대비 생장 감소와 비용을 고려하여야 한다.

파클로부트라졸은 식생관리 프로그램에 접목된 주된 화합물이다(표 15-1). 기부 침적과 토양 주입 방법을 모두 활용할 수 있고, 토양이 동결되어 있거나 물로 포화되어 있지 않으면 언제든지 적용할 수 있다.

처리에는 두 가지 선택대안이 있다. 하나는 수목에 대한 전정과 처리를 동시에 또는 거의 동시에 하는 것이다. 처리할 때 전정함으로써, 잎이 줄어들어 증산(蒸散, transpiration) 수요가 감소하고, 수관으로 이동하는 유효성분(有效成分, active ingredient)이 감소한다. 이로 인해 이 화합물이 수관 전반에 퍼질 때까지 재생장(再生長, regrowth)이 겉으로 보기에는 정상적일 것이다. 이 방법은 미관이 주된 관심인 경우에 선호된다.

두 번째 처리 선택대안은 전정에 앞서 2~3개월 전에 대상 수목을 미리 처리하는 것이다. 이렇게 하면 TGR이 전정으로 인한 재생장이 시작되기 전에 수목 전반으로 이동해 있기 때문에, 이 방법은 성장 억제효과가 극대화된다. Sharon Vore(Avista Corp., Spokane, WA, 2001, 개인적인 정보)는 이 화합물이 물에 의한 용해성이 낮기 때문에 전정 전 처리가 수관 전반에 더 잘 퍼지게 할 것이라고 믿는다. 휴면기(dormant season)에 수목을 처리한 경우, 전정은 초기 TGR 효과가 극대화되도록 잎이 나온 후 최소 1개월이 지난 다음에 실시하는 것이 좋다.

TGR을 적용하는 일반적인 대상에는 주기 파괴목(cycle-buster; 일정 외 다듬기가 필요한 빨리 자라는 수목); 우선전선(priority circuit; 병원, 공항, 기타 전기를 끊을 수 없는 시설에 공급하는 전선); 제한된 통과 공간을 가진 교목; 교체될 수 없는 작고 빨리 자라는 독립수; 접근이 어려운 교목 등이다.

TGR 적용량은 수종, 수관의 크기, 수간 직경, 토양 유형, 지리적인 위치 등에 따라 다르다. TGR을 가지고 작업하는 송전선 수목관리자는 제조회사의 용량 카드를 자신들 시스템의 출발점으로 사용한다. 예를 들면, DowAgroSciences는 송전선용의 용량 카드를 만든다.

Potomac Edison Company(Watson, 1987)는 2,000그루 이상의 수목에 대한 TGR(주로 파클로부트라졸을 수간에 주입)의 효과를 추적하였다(Environmental Consultants, 1990). 추적된 5개 수종(아까시나무/*Robinia pseudoacacia*, 미국팽나무/*Celtis occidentalis*, 노르웨이단풍/*Acer platanoides*, 은단풍/*Acer saccharinum*) 중에서 처리된 수목의 4년 평균생장이 대조구 수목 평균의 40% 정도이었다. 파클로부트라졸을 이용한 처리는 송전 서비스의 안전과 신뢰성을 훼손하지 않고 전정 사이의 기간을 2~4배 늘렸다.

TGR을 사용하여 얻는 비용절감은 유지관리되는 평균 수목-송전선 사이 간격, 지리적인 지역(geographic area), 처리된 수종 등에 따라 차이가 있다. Mann 등(1995)은 Indiana Michigan Power 시스템의 은단풍에 대한 수간 주입으로 절감한 비용은 정상적인 전정의 약 10%라고 산정하였다. 처리된 수목은 단선(單線, single line)과 삼상선(三相線, three phase line) 모두의 작업장에서 총 시간이 적게 소요되었다.

Redding 등(1994)은 몇몇 북동부와 중동부 주에서 수목에 대한 플루르프리미돌의 효과를 평가하였다. 이들은 생장, 전정과 분쇄작업 시간을 유의하게 감축시킨다는 것을 발견했지만, 화합물, 적용 방법, 농도, 적용 계절 등으로 인한 처리 간 차이는 그렇게 크지 않았다. 전정된 바이오매스는 68~80% 정도로 감소하였다.

Burch 등(1996)은, 처리되지 않은 대조구 수목들은 연구기간 10년 동안 3회 전정된데 비해, TGR 처리된 수목은 단 한 번 전정되었다. 적용된 지 10년 후에 처리된 수목은 전정작업 중에 제거되는 바이오매스가 적었다. 이들은 처리된 수목의 전정 및 분쇄 시간이 처리되지 않은 수목의 1/3 정도만 필요하다고 추정하였다.

전력회사로서는, 생장 감축으로 인한 편익은 전정 주기를 늘리는 것 이상이다. TGR 처리된 수목은 바이오매스를 덜 생산한다. 다음 전정 주기 동안의 전정 시간을 줄여줄 뿐만 아니라, 생산되는 칩의 양도 감소된다.

TGR이 생장, 바이오매스, 전정 시간을 줄여주는 것으로 나타났지만, 그렇다고 전통적인 전정 프로그램을 대체할 수는 없을 것이다. 아직 TGR 사용에 대해서는 여러 가지 한계가 존재한다. 첫째로, TGR 적용 비용은 여전히 1회의 전통적인 전정 비용보다 높다(TGR이 몇 년 동안 유효하지만, 비용은 1년 안에 지출된다). 둘째로, TGR을 사용하기 위해서는 숙련된 인력이 필요하다. 셋째로, 도시의 도로변을 따라 TGR을 사용하기 위해서는 시 공무원과 공중 모두에 대한 유력한 교육 프로그램이 필요하다. 넷째로, 일부 수종에 대한 효과는 수용 가능성을 낮추기에 충분하다. 이러한 한계를 극복하는 것이 발전회사는 물론 민간과 지자체 수목관리자에 의한 TGR의 폭넓은 사용에 대한 주요 해결과제가 될 것이다.

송전선 수목관리자는 다양한 방법으로 자신들의 프로그램에 TGR을 접목하여 왔다(상자 15-1과 15-2 참조). Carolina Power & Light(SC), Central Maine Power, Lakeland Electric(FL)은 주기 파괴목(즉, 송전선 바로 아래에서 빠르게 자라는 교목)에 집중하고 있다. TGR을 처리하면 발전회사의 전정 주기를 프로그램에 일치시켜주거나 전정 주기를 1년 이상 늘려준다. 부수적인 편익(side benefit)인 더 짙은 녹색 잎 때문에, 전반적인 수목의 외관은 향상된다. 다른 적용 대상은 우선 전선(유명한 송전선 수목관리자가 관찰한 것처럼, "시애틀-타코마 공항에서 착륙등(landing light)이 꺼지면, 끝장이다", 오지나 접근하기 어려운(예: 뒤뜰) 수목, 빨리 자라는 수종 등이다.

TGR이 많은 발전회사 프로그램에서 유용한 것으로 나타났지만, 캘리포니아와 네바다(Nevada)의 광범위한 연구 프로젝트는 일관된 생장 감축을 발견하는데 실패했다 (Arron 등, 1997). 4개 화합물(파크로부크라졸, 유니코나졸/uniconazole, 플루르프리미돌, 디쿠젤락/dikugelac)이 37개 부지에서 12개 수종에 대해 평가되었는데, 일관된 결과를 확보하는데 실패했다. 기후, 처리량, 대상 수종 등의 다양성이 이러한 결과를 초래했을 수도 있을 것이다.

종합 평가 이전 개정판에서 언급한 바와 같이, 합성 GA억제제는 송전선 아래와 기타 조경 환경에 있는 교목을 효과적이고 경제적으로 관리하는데 크게 도움이 될 수 있는 가능성을 보여주고 있다. TGR이 송전선 식생관리 프로그램에 접목되었지만, 수목관리와 조경산업의 다른 분야로 광범위하게 적용되는 것은 아직 진전이 이루어지지 못하고 있다. 이는 제조회사의 관심이 송전선 분야에 집중되어 있는 것도 그 이유 중 일부이다.

정단과 준정단 억제제 모두 플로리다에서 잔디의 생장조절용으로 권고되고 있다(Unruh와 Brecke, 1999). 미국에서는 일부 조경 건설업체가 자신들의 잔디관리 프로그램에 PGR을 적극적으로 도입해 왔다. 현재 이들 PGR은 주거지 수준보다는 대규모 생산농장에서 가장 유용한 것으로 보인다. 예를 들면, PGR을 사용한 결과, 남부 캘리포니아의 77ha(186에이커) 부지에서 예지물량(刈枝物量, clipping yield)과 처리비용을 60%까지 감축시켰다(Wisniewski, 2000).

발전산업에서의 TGR 미래는 분명해 보인다. 파클로부트라졸을 이용한 처리는 이제 많은 전력회사의 관리 프로그램에 정착되어 있다. 여기에는 두 가지 편익이 있는 것 같다. 첫째로, 주기 파괴목을 조절할 수 있는 능력은 핫 스팟 처리 문제를 해결해 준다. 둘째로, 감소된 수목 생장은 전정 시간과 분쇄되는 고형의 목재 폐기물 모두를 줄이는 결과를 가져온다.

발전산업 외부에서의 TGR 미래는 걸음마 단계에 있다. Bill Massey(Massey Consultants LLC, Raleigh, NC, 2001, 개인적인 정보)는 상업적인 분야에서 TGR의 일차적인 가능성은 Watson(1996)이 처음 언급한 건강관리 편익에서 찾을 수 있을 것이라고 믿는다. Fletcher와 Hofstra (1988)는 트리아졸계(triazole class; 파클로부트라졸이 여기에 속함) 화합물이 식물생장조절제와 살균제의 기능을 모두 발휘한다고 언급한다. 환경운동가들의 관점에서 볼 때,

이들 화합물이 "인식하지 못하는 환경적인 영향을 미치는 광범위한 농약일 수 있다"고 언급하였다.

15.3 수간 맹아의 화학적 억제

교목의 수간에서 나오는 맹아(萌芽, sprout)와 뿌리에서 나오는 흡지(sucker)는 성가신 것이다. 수목관리자가 교목을 전정하고 난 다음 몇 주 후에 돌아와 보면 한 무리의 새로운 가지 집단이 발생해 있다. 수간 맹아 발생에 대한 유일한 장기적 해결방안은 맹아가 거의 또는 전혀 발생하지 않는 수종을 식재하는 것이다. 삽목(插木, cutting)에서 쉽게 뿌리를 내리는 수종도 많은 맹아를 발생시키는 것으로 나타났다(Patch 등, 1984). 일반적인 가로수 중에서, 최악의 문제아는 작은잎피나무(*Tilia cordata*), 올리브(*Olea europaea*), 배롱나무(*Lagerstroemia indica*)의 기저 맹아발생(*basal sprouting*)과, 꽃사과(*Malus* sp.)와 자두(*Prunus* sp.)의 도장지(water sprout)일 것이다.

문제 수종에서는 전정이 이러한 문제를 제거하는데 실패하거나 이를 더 악화시킬 수도 있다. 영국참나무(*Quercus robur*)에서 발생하는 도장지를 전정하면 이듬해에 맹아지의 수가 40～55%까지 증가하였다(Patch 등, 1984). 일부 교목은 몇 년 또는 자신의 일생을 통해서 계속해서 맹아지를 다시 발생시키지만, 대부분의 교목은 수목이 성숙해 가면서 맹아를 주기적으로 제거해 주면, 이러한 문제는 극복될 것이다.

오랫동안 효과적인 화학적 처리를 찾기 위한 노력이 계속되어 왔다. 이러한 목적을 위해 가장 흔히 사용되는 화합물은 나프탈렌 아세트산(naphthalene acetic acid; NAA)(Fuller 등, 1965)과 클로르플루레놀(chlorflurenol; Maintain A®) (Domir, 1978)로서 둘 다 아스팔트 페인트에 혼합되어 처리된다. NAA의 에틸에스테르(ethyl ester) 1% 용액이 전정 절단 부근에서 자라는 맹아의 수를 약 50% 감소시켰다. 실제 발생하는 맹아는 보통 이들의 정상적인 크기 대비 약 50% 정도로 자란다(Fuller 등, 1965). 1% NAA 용액을 북캘리포니아흑호두나무(*Juglans hindsii*)와 배롱나무의 수간에 뿌린 결과, 처리 후 4～5개월 동안 새로운 맹아 발생 수가 급격하게 감소하였다(Harris 등, 1971). 이 용액은 실험 대상 거의 모든 수종에 대해 성공적인 결과를 나타내었다: 수량과 함께 길이도 줄어들었고; 살포할 때 존재하던 맹아가 죽었고; NAA를 고농도로 적용하였지만, 거의 전위(轉位, translocation)되지 않은 것으로 보인다(**그림 15-4**).

Keever 등(1999)은 NAA가 1% 미만 용액에서 브래드포드 콩배나무(*Pyrus calleryana* 'Bradford')에 효과적이라는 것을 발견하였다. 이들은 조제된 TreHold® 제제(製劑, formulation)를 라벨의 권장 농도 이하로 적용하였다. 0.5% NAA로 처리된 교목은 처리되지 않은 대조구보다 키가 더 크고 직경이 더 굵었다.

일반적으로 수목에는 눈에 거슬리는 가지를 전정한 다음 바로 처리하였다. Monterey Chemical Co.는 10cm(4인치) 미만의 신초는 전정할 필요 없이 NAA을 직접 처리할 수 있다고 한다(Monterey Chemical Co., Fresno, CA, 2000, 개인적인 정보). 일반적으로, 건강한 수목만 처리해야 하며 건강하지 않거나 스트레스를 받는 수목은 피하는 것이 좋다. 방제 기간은 3개월까지이다.

맹아 억제처리가 널리 보급되지 않는 이유는 분명하지 않다. 전정에서 Shigo 이전 시대에는 NAA가 억제를 위해 상처도포제와 결합될 수 있었다. 오늘날 등반작업자들에게는 맹아 억제용의 작은 분무 캔이나 병을 소지하는 것이 너

그림 15-4 이들 레드우드(*Sequoia sempervirens*)의 기부는 근원 맹아를 노출시키기 위해 약 150mm(6인치)를 굴착되었다. 위 두 사진에서 연필의 왼쪽에 있는 맹아는 근접 절단되었고, 오른쪽 맹아는 원래의 지표 수준 가까이에서 두절되었다. 왼쪽 수목은 처리되지 않았고, 오른쪽 수목의 기부는 봄 중간에 NAA가 살포되었다. 이들 사진은 8주 후에 촬영되었다. 근접 절단된 기부에서는 두절된 기부에서 발생하는 맹아의 20%만 발생하였고, NAA 처리는 양쪽 부위 모두에서 맹아지 발생을 5%로 감소시켰다(Harris 등, 1971).

무 많은 소지품에 또 하나를 더하는 것일 수 있다.

15.4 목본식물 죽이기

농업이나 임업을 위해 원하지 않는 관목이나 교목이 있는 토지를 청소하는 기술은 녹지나 전기 송전용 공도용지에 있는 목본식물을 죽이기 위해 활용될 수 있다. 교목을 제거한 후에 남겨진 그루터기(stump)나 굵은 뿌리로부터의 맹아 발생은 중대한 문제이다. 비용 효율성과 함께 이러한 문제를 해결하기 위해 기계적인 처리와 병행하여 제초제(除草劑, herbicide)를 사용하는 것은 송전선 공도용지를 따라 원하지 않은 식생을 제거하기 위한 관리의 필수적인 부분이 되었다(제19장 참조).

예를 들면, 갓 절단된 유칼리나무의 그루터기를 제초제로 처리하는 것이 연료감축 프로그램에서 표준적인 처리 방법이 되었다. 그루터기를 처리하지 않고 그대로 두면, 이 그루터기에서 맹아가 발생하고, 조밀하고 다간(多幹, multitrunk)의 교목으로 빠르게 스스로를 복구시킨다.

제초제는 여러 가지 형태로 분류된다. **접촉형**(接觸形, contact) 제초제는 식물의 조직 중에서 이들이 접촉하는 부분만 죽이는데 비해, **이행형 제초제**(移行形除草劑, translocated/systematic herbicide)는 대상 식물체 내에서 이동한다. 접촉형 살포는 주로 일년생 잡초에 사용되는데, 일단 이들의 지상부가 죽으면 맹아가 거의 다시 발생하지 않는다. 접촉형 제초제는 일반적으로 이들과 접촉하는 것은 모두 죽인다. 이들은 잎에 의해 흡수된 다음 뿌리로 이행되는 화합물과 연계되어 활용된다.

선택형(選擇形, selective) 제초제는 특정한 식물 그룹에 대해서만 효과가 있는 것이다. 예를 들면, 2,4-D(2,4-dichlorophenoxyacetic acid)는 광엽(廣葉, broad-leaved) 잡초(雜草, weed)에 대해 선택적이다. **비선택형**(非選擇形, non-selective) 제초제는 이들과 접촉하는 모든 식물을 죽이거나 손상시킬 것이다.

훈증제(薰蒸劑, fumigant)는 식재에 앞서 다 자라거나 어린 잡초가 있는 한정된 식재 지역을 청소하기 위해 사용된다. 이러한 식재 전 처리는, 특히 처리된 식수대(植樹臺, planter)가 다른 잡초 종자 공급원으로부터 격리되어 있으면, 앞으로의 잡초방제 처리 필요성을 크게 낮출 것이다. 훈증은 이미 조성된 경관에서 사용되는 경우는 드물다.

다른 화합물은 잡초가 싹이 틀 때 어린 잡초를 죽이기 위해 조경수목 주변의 흙에 적용할 수 있다. 오리잘린(oryzalin; Surflan™)과 트리플루랄린(trifluralin; Treflan™) 등과 같은 **발아전**(發芽前, preemergent) 제초제는 지피와 관목 식재지에서 잡초를 낮게 유지하는데 유효하다. 이러한 화합물을 적용하기 전에 해당 토양에는 잡초가 없어야 한다.

경엽처리제(莖葉處理劑, postemergent herbicide)는 땅으로부터 자라나온 잡초에 적용된다(**표 15-2**). 글리포세이트(Glyphosate; RoundUp™)가 하나의 예이다. 선택형 경엽처리제는 원하는 수목은 손상시키지 않으면서 목표 잡초를 죽이기 위해 녹지에 있는 잡초에 적용할 수 있다. 예를 들면, 세톡시딤(sethoxydim; Poast™)이나 플루아지포프(fluazifop; Fusilade™)는 광엽식물 내에 있는 잔디를 죽일 수 있고, 2,4-D는 잔디밭에 있는 광엽식물을 죽인다.

경엽처리제는 다양한 수목관리 분야에 흔히 사용된다. 이들 사용에 대한 주의사항은 모든 제초제 사용에 적용된다. 활성 화합물(active chemical)은 바람직한 수목의 잎이나 어린 녹색의 수간과 접촉하지 않도록 하는 것이 좋다. 잡초를 죽이는 것과 조경 식물을 심각하게 손상시키거나 죽이는 것 사이의 차이는 크지 않다.

모든 제초제 사용에 대한 주의사항은 제19장에 기술되어 있다. 다른 화합물과 마찬가지로 제초제도 조심스럽게 다루어야 한다. 정확한 농도, 시기, 적용하는 양을 위해 조심성 있는 주의를 기울여야 한다. 제초제가 교목이나 관목 주위의 물웅덩이 바닥으로 씻겨 내려와 더욱 농축될 수도 있기 때문에, 원하는 식물에 살포하거나 제초제를 너무 많이 적용하는

표 15-2 경엽처리제 제품

비선택형		선택형	
접촉형	이행형	벼과 잡초 방제용	광엽 식물 방제용
Diquat(Reward™)	Glufosinate(Finale™)	Clethodim(Envoy™)	2,4-D
Pelargonic acid(Scythe™)	Glyphosate(RoundUp™)	Fluazifop(Fusilade™)	Dicamba(Banvel™)
		Sethoxydim(Poast™)	MCPP(Mecoprop)
			Triclopyr(Garlon™)

그림 15-5 갓 절단된 그루터기에 제초제를 처리하면, 처리되지 않은 대상이 아닌 인접 수목이 가끔 피해 증상을 보인다. 앞쪽에 있는 푸른유칼리나무(*Eucalyptus globulus*)의 그루터기에 제초제를 처리하였다. 뒤쪽에 있는 대상이 아닌 수목에 처리 증상이 나타난다. 이러한 현상이 파급효과(flashback)라고 알려져 있고, 고농도의 수성 제초제가 사용되고, 뿌리 접목이 그 제초제를 처리되지 않은 수목으로 전위되는 것을 가능하게 할 때 나타나는 결과이다.

것을 피하라. 잔디에 제초제를 사용할 때에는 교목과 관목으로 비산할 가능성에 대비하라. 낮은 압력으로 큰 물방울로 살포하여 적용하면 비산을 최소화하겠지만, 특히 바람이 강한 여건 하에서는 수목에 손상을 초래할 수도 있다. 사용법을 읽고 이를 준수하라!

목본식물에 대해 효과적인 제초제도 많이 있다. 다양한 형태의 2,4-D와 황산암모늄(Ammate®)은 과거에 사용되었다. 최근에는 글리포세이트(glyphosate; Accord®, RoundUp®)와 트리클로피르(triclopyr; Garlon®)가, 특히 송전선 공도용지를 따라 중요한 수단이 되었다. 화합물은 엽면 살포, 갓 절단된 그루터기나 상처의 표면에 처리, 캡슐화된 형태로 삽입 등의 형태로 적용된다.

원하지 않는 식생의 맹아 발생을 방지하기 위한 제초제 사용에 관한 염려 중 하나는 대상이 아닌 식물을 손상시킬 가능성이다. 글리포세이트는 비선택형 제초제이다(즉, 이 약제와 접촉하는 식물은 모두 죽이거나 손상시킬 수 있다). 대상이 아닌 식물을 피하는 가장 좋은 방법은 대상 식물에 정교하게 적용하는 것이다. 적용 기술은 가능하면 적은 양을 정교하게 전달하는데 초점을 맞추고 있다. 최근에는 수목관리자들이 처리된 그루터기에 인접한 처리되지 않은 수목이 파급효과(波及效果, backflash)라고 알려진 현상에 의해 손상된 것을 발견하였다(**그림 15-5**). 이는 희석되지 않았거나 높은 농도, 수성의 제초제일 경우 문제가 될 가능성이 높다. 예를 들면, RoundUp Pro®의 라벨에는 "바람직한 목본의 관목이나 교목의 뿌리가 절단된 그루터기의 뿌리에 접목되어 있을 수 있을 때에는 절단된 그루터기에 적용하지 마라"라고 주의를 주고 있다. 파급효과 유발에 대한 우려는 같은

그림 15-6 미국풍나무(*Liquidambar styraciflua*)는 주기적으로 많은 열매를 맺어서 유지관리와 안전문제를 유발한다. 꽃이 만개해 있을 때, 에테폰과 같은 화합물을 처리하면 열매를 크게 줄이거나 제거할 수 있다.

수종 사이의 뿌리 접목이나 뿌리에서 나온 삼출물(滲出物, exudate)을 통한 전달에 무게를 두고 있다.

그루터기 맹아 발생의 비화학적 억제 미국 중서부와 동부에서는, 그루터기 맹아 발생을 방지하기 위해 베어 넘기기 전에 1~2년 동안 환상박피(環狀剝皮, girdling)를 해 둔다. 어떤 수목관리자는 수피를 최소 폭 75mm(3인치)의 환상으로 제거하며, 다른 사람들은 낮은 수간에서 수피를 벗겨낸다. 한 생육기 다음에는 해당 그루터기에서 환상박피를 하지 않은 것보다 맹아가 덜 발생할 것이다. 이러한 절차는 시간이 걸려서, 일단 녹지에서 수목을 제거하기로 의사결정이 되고 나면 일반적으로 수용하기 어려운 방법이다. 그루터기 절단기로 그루터기와 근원을 환상박피하면 뿌리로부터 쉽게 흡지가 발생하는 수종을 제외하고는 남은 뿌리로부터의 맹아 발생이 감소할 것이다(예: 양버들/Populus nigra 'Italica').

15.5 개화, 결실, 겨우살이의 화학적 조절

특정 수종의 개화와 결실을 억제하는 것은 알레르기, 안전상 위험, 떨어지는 꽃과 열매에 의해 유발되는 보기 흉함과 악취 등을 최소화하기 위해 많은 사람들이 시행하고 있다. 예를 들면 미국풍나무(*Liquidambar styraciflua*), 올리브, 꽃사과, 회화나무(*Sophora japonica*) 등과 같이 지저분한 열매가 나타남으로써 바람직한 많은 수목이 부적당하다고 생각된다(**그림 15-6**).

수년 동안 NAA가 올리브와 상업적인 과수에 결실을 방지하거나 감소시키기 위한 가장 보편적인 살포제였다. NAA가 버지니아참나무(*Quercus virginiana*)의 도토리 생산을 감소시키는데 효과적이었지만, 다른 한편으로는 상록의 잎

을 손상시키고 어린 가지를 죽였다(Elam과 Baker, 1996). NAA는 꽃이 오래가는 서늘한 지역에서는 두 번 이상 적용되어야 한다. 꽃이 피어 있는 기간이 짧으면 꽃이 만개했을 때 1회 살포로 대부분의 올리브 결실을 무효화시킬 수 있다(Opitz, 1970).

조성된 경관에서는 Florel®이 NAA 대용으로 널리 사용되어 왔다. 활성 성분인 에테폰(ethephon)이 생장조절제인 에틸렌(ethylene)을 방출한다. 적용 효율은 적용 시점에 거의 전적으로 달려있다. **처리는 꽃이 만개해 있을 동안에 이루어져야 한다.**

에테폰은 버지니아참나무(*Quercus virginiana*) (Elam과 Baker, 1996), 미국풍나무(*Liquidambar styraciflua*) (Perry와 Lagarbo, 1994; Banko와 Stefani, 1995), 아리스토크래트 콩배나무(*Pyrus calleryana* 'Aristocrat') (Perry와 Lagarbo, 1994) 등에 효과적이었다. 몇 가지 화합물이 폭넓은 수종에 대해 개화와 결실을 억제하는 것을 보여주었다.

에테폰은 잎이 많은 겨우살이류(*Phoradendron*과 *Viscum* sp.)의 부분적인 탈리(脫離, abscission)와 왜성겨우살이(*Arceuthobium* sp.)의 탈리를 유발할 것이다(Adams 등, 1993). 그러나 겨우살이를 죽이지는 못하고, 단지 이들의 생장을 억제한다. 시간이 지나면, 겨우살이는 다시 맹아를 발생시키므로 추가적인 방제가 필요할 것이다.

이러한 처리의 효용은 이들로 인한 피해의 확산을 줄이는데 있다. 캘리포니아에서 잎이 많은 겨우살이는 생육 4년차에 꽃잎 피운다. 개화하기 전에 처리를 하면 열매 생산을 방지할 수 있고, 이를 통해 새에 의한 확산을 줄인다.

모든 생장조절제와 마찬가지로, 이러한 화합물은 약하게 자라고 있거나 스트레스를 받고 있는 수목에게는 적용하지 않는 것이 좋다. 그리고 이러한 화합물이 자신이 사는 지역에서 자라는 수종에 사용할 수 있도록 등록되어 있는지 여부를 당국에 확인하라. 지역적인 여건 하에서 자라는 특정한 품종의 반응을 확인하기 위해 시험 적용을 해보는 것이 현명할 것이다.

복습

- 화학적 처리를 통해 교목의 생장을 효과적으로 자극할 수는 없다.
- 주로 파클로부트라졸(paclobutrazol)과 플루르프리미돌(flurprimidol)을 비롯한 몇 가지 화합물이 교목의 생장을 감축시킬 것이다. 지베렐린(gibberellin)의 생합성을 방해함으로써 마디 사이가 짧아져 신초의 신장이 감소하게 된다.
- 파클로부트라졸과 플루르프리미돌은 송전선 수목관리자들이 전정 주기를 늘리고, 수목에 의해 생산되는 바이오매스(biomass)의 양을 감소시키고, 전정하는 시간과 제거되는 바이오매스를 분쇄하는 시간을 줄이기 위해 활용하고 있다.
- 수목에 달리는 원하지 않는 열매는 꽃이 만개했을 때 에테폰을 적용함으로써 효과적으로 제거할 수 있다.
- 원하지 않는 흡지(sucker)나 도장지(water sprout) 발생은 전정할 때 또는 원하지 않는 신초가 작을 때 나프탈렌아세트산(naphthaleneacetic acid, NAA)을 적용하여 방제할 수 있다.

제16장 수목 위해 관리

목표

- 수목의 위해평가(危害評價, hazard assessment/evaluation)를 구성하는 세 가지 요소(수목의 구조, 환경, 피해 대상)를 기술한다.
- 수목 파손 가능성을 평가할 때 확인해야 할 요소와 수목의 특성을 고찰한다.
- 수목 파손을 유발하는 주요 전염성과 비전염성 요인을 기술한다.
- 수목 위해관리 프로그램과 시스템에 관해 고찰한다.

수목은 인간과 환경에 많은 편익을 제공하지만, 이들은 위험도 내포하고 있다. 큰 수목이 넘어지면, 재산에 피해를 줄 수 있고, 사람을 다치게 하거나 죽게 할 수도 있다. 그러나 수목은 위해한 그룹과 위해하지 않은 그룹으로 분명하게 구분하는 것이 불가능하다. 거의 모든 수목이 어느 정도 파손될 가능성을 가지고 있는데, 특히 재앙적인 폭풍에 노출되었을 때에는 더욱 그러하다. 완전한 수목 안전은 대부분의 교목을 제거하기 전에는 확보할 수 없을 것이다. 수목관리 책임자는 수목 위해 가능성을 평가할 수 있을 뿐만 아니라 수목의 소유자에게 파손의 상대적인 위험을 알려주어야 한다. 수목관리자와 소유자는 다 함께 상황을 평가하고 어떠한 처리 옵션으로 수목의 위해를 수용 가능한 위험 수준으로 적절하게 줄일 것인가를 결정할 수 있다.

수목이 구조적으로 튼튼하지 못하고 해당 수목이 파손되었을 때 손상되거나 피해를 입을 수 있는 대상이 있으면, 그 수목은 위해하다고 생각된다(**그림 16-1**). 피해를 입힐 대상이 없는 지역에 있는 튼튼하지 못한 수목은 위해한 것으로 생각하지 않으며, 또한 대상이 있는 지역에 있는 튼튼한 수목도 위해하지 않다.

수목 파손으로 이어질 수 있는 결함으로는 약한 가지 부착, 수간과 가지의 부후(腐朽, decay), 과도한 무게와 함께 낮은 초살도, 뿌리 상실 또는 뿌리 부후 등이 있다. 강한 바람, 눈, 얼음 등은 수목에 과도한 부하를 주어 결함이 없는 상태에서도 손상을 유발할 수 있다. 구조물, 차량, 사람 등이 피해 대상이 될 가능성이 있다. 재산상의 피해 잠재력은 수목의 전부나 일부가 재산에 타격을 줄 수 있는 가능성에 따라 다르다. 사람에 대한 상해는 사람이 있는 특정한 지역을 수목이 타격할 가능성에 달렸다.

16.1 위해 평가 요소*

수목의 위해 평가는 수목이나 수목의 일부가 파손되고, 이를 통해 사람에 상처를 입히고 재산에 피해를 줄 수 있는 잠재력을 평가하는 체계적인 절차이다. 위해의 정도는 수목의 크기, 결함의 유형과 위치, 수종, 피해 대상의 종류 등에 따라 다르다. 수목 위해 평가는 세 가지 요소로 구성되어 있다:

1. 파손 가능성이 있는 수목
2. 이러한 파손을 부추길 수 있는 환경
3. 손상되거나 피해를 입을 수 있는 사람이나 물체(즉, 피해 대상)

이들 요소의 각각과 이들 요소 간의 상호작용을 고려해야 한다. 대부분의 경우, 수목의 파손은 무작위로 발생하는 것이 아니라 인식 가능한 원인이 있다. 가장 가능성이 높은 파손 사고는 구조적인 결함이 비정상적이거나 가혹한 기후와 결합되었을 때 나타난다(Costello와 Berry, 1988). 이들 구조적인 결함은 포화된 토양, 강한 바람, 눈과 얼음의 부하, 기타 극한적인 기후 등과 결합되면 심각해질 수 있다.

수목 전체에 대한 결함 점검은 전반적인 활력과 건강을 평가하는 것으로부터 시작하여, 다음으로 뿌리, 근원(根元,

*Matheny와 Clark(1994)에서 인용.

그림 16-1 수직으로부터 약 25° 기울어진 수고 23m(75피트)의 유럽느릅나무(*Ulmus carpinifolia*) (왼쪽). 이 70년 된 수목은 흉고직경(diameter breast height, DBH)이 0.8m(33인치)이다. 이 수목의 수관 대부분은 수간 기부에서 한쪽으로 기울어져 있다. 수간의 기부에는 직경 0.75m(28인치)의 공동 안으로 5개의 구멍이 뚫려 있다(수간의 기부에 구멍으로부터 머리를 내밀고 있는 길이 0.75m[28인치]의 탐침[probe] 손잡이에 유의하라[위 오른쪽]). 굵은 뿌리 2~3개가 죽었고 하나는 부러져 있다(오른쪽 아래). 버스 정류장이 가로등 옆에 위치해 있고, 두 보도는 이 대학 캠퍼스에서 빈번하게 이용되고 있다(왼쪽). 왕성한 새로운 생장의 무게가 수목 파손의 가능성을 높이고 있다. 수간의 강도 손실이 거의 50% 이상으로 추정됨에도 불구하고 이 수목이 강풍에 견딘다는 것은 놀라운 일이다. 이 수목은 위해하다.

표 16-1 **파손 가능성을 높이는 전형적인 수목 결함과 요소**

위치	파손으로 이어지는 흔한 결함	상태를 악화시킬 수 있는 요인
가지	과도한 말단 무게	낮은 초살도, 약한 부착
	부후	무게, 바람과 얼음, 눈에 대한 노출
	취약한 부착	무게, 바람과 얼음, 눈에 대한 노출
수간	낮은 초살도, 낮은 살아 있는 수관비율	최근의 간벌, 또는 임분의 새로운 가장자리
	부후	무거운 수관, 바람과 눈/얼음에 대한 노출
	매몰된 수피를 가진 동일 세력 수간	무거운 수관, 바람과 눈/얼음에 대한 노출
	기울어짐	제한된 뿌리시스템, 판근의 절단, 부후
뿌리	토양 약화	얕고 젖은 토양
	부후와 병	무거운 수관, 바람에 대한 노출
	뿌리 제거	기울어짐, 바람에 대한 노출, 무거운 수관
	옥죄는 뿌리	비대칭적인 수관

root collar), 수간, 골격지, 가지 등의 점검에 집중한다. 파손 가능성에 영향을 줄 수 있는 입지요소(立地要素, site factor)도 고려되어야 한다. 조사는 지표조사(地表調査, ground survey)로 시작되지만, 때로는 등반자에 의한 공중조사(空中調査, aerial inspection), 내부 부후에 대한 시험, 근원부를 확인하기 위한 토양 굴착 등이 필요할 수도 있다.

몇 가지 가능성이 있는 파손 유형이 나타날 수 있고, 이들 각각은 평가되어야 한다(**표 16-1**). 가지와 수간의 파손은 기

상자 16-1

수목 파손과 흔히 관련이 있는 특성

1. 강한 바람, 비, 눈, 또는 진눈개비를 동반한 **흔치 않은 태풍발생.** 결함이 없는 수목도 이러한 여건 하에서는 파손될 수 있다.

2. **약한 가지 부착.** 굵기가 비슷한 줄기가 붙어 있거나 매몰된 수피를 가진 부착은 가지가 줄기보다 가늘고 매몰된 수피가 없는 부착보다 파손될 가능성이 높다.

3. **부후.** 부후로 인한 구조적인 강도 상실은 파손으로 이어질 수 있다.

4. **무거운 끝 무게, 낮은 초살도.** 바람에 의한 파손 가능성이 증가한다. 이러한 문제는 오랫동안 아래에 있는 가지를 제거하는 전정에 의해 유발될 수 있다.

(계속)

계적인 스트레스나 이러한 스트레스에 결함이 더해져서 목재의 강도를 초과할 때 발생한다. 뿌리는 병, 부후, 상처 때문에 뿌리의 강도가 감소되었을 때 약해진다. 토양 문제는 부지 여건이 뿌리를 제한하거나 토양 강도가 뿌리를 고정하기에 부족한 경우에 발생한다. 가지, 수간, 뿌리의 붕괴는 명확한 구조적 결함을 보여주며, 토양 문제보다 평가하기가 더

상자 16-1 (계속)

수목 파손과 흔히 관련이 있는 특성

5. **최근의 노출.** 임분(stand)에서 자라는 수목은 살아 있는 수관이 높고 수간의 초살이 거의 없다. 주변의 수목이 제거되어 바람에 노출되면 파손되기 쉽다.

6. **기울어짐.** 기울어진 수목은, 특히 토양이 젖어 있을 때 직립하고 있는 수목보다 넘어지기 쉽다.

7. **죽은 가지.** 대부분의 수종에서 죽은 목재는 빠르게 부후하여 파손되기 쉽다.

8. **수관 쇠퇴.** 쇠퇴하는 수목은 가끔 병에 걸리거나 넘어지기 쉬운 약화된 뿌리 시스템을 가지고 있다.

쉽다(**상자 16-1** 참조).

수목의 파손 가능성 점검에 관한 대부분의 지침은 파손이 발생한 후에 수목과 부지 특성을 관찰한 결과를 기준으로 개발되었다(Costello와 Berry, 1991; Matheny와 Clark, 1994; Lonsdale, 1999). 반면, 수목 파손을 예측할 수 있는 분석은 거의 이루어지지 않았다. Hickman 등(1995)은 공원에서 자라는 자생 참나무(계곡참나무/*Quercus lobata*와 작은연안참나무/*Q. wizlizenii*) 695그루를 평가하였다. 7년간에 걸쳐 이들 수목 중 60그루(8.6%)가 파손되었다. 수목 평가등급에 대한 통계적 분석에 의하면, 상대적인 잎 면적과 색상에 의해 등급이 매겨진 쇠퇴(衰退, decline) 정도가, 수간의 직경과 구부러짐을 함께 고려하면, 전체 수목 파손과의 상관관계가 가장 높은 것으로 나타났다. 반면, Dunster (1996)는 외부에 나타난 특성을 관찰하는 것만으로는 미송

(*Tsuga heterophylla*)의 풍도(風倒, windthrow)를 예측하기에 충분하지 않다고 보고한다. 이러한 상반된 보고는 수종별 파손 형태의 차이를 인식하는 것이 중요하다는 것과 어떤 경우에는 수종 특유의 점검절차가 필요하다는 것을 강조하고 있다.

점검 기간

부지특성(敷地特性, site characteristic)과 수목 발달은 시간에 따라 변화하기 때문에, 위해 평가는 정기적으로 수행되어야 한다. 이상적으로는 1~2년 정도의 평가 주기 또는 조사 간격이 좋을 것이다. 미국 산림청(U.S. Forest Service)은 매년 점검을 요구하고 있지만, 일 년에 2회, 한 번은 여름에 잎을 조사하고 다른 한 번은 휴면기에 실시하도록 권고한다(Robbins, 1986). 캘리포니아 주립공원에 있는 수목은 2년마다 점검하도록 되어 있다(Bakken, 1986). Wallis 등(1980)은 상록수가 겨울 태풍에 노출된 경우에는 이듬해 봄에 점검할 것을 권고한다.

도시 지역에 있는 성목은 더 자주 점검할 필요가 있을 것이다. 점검 시점 사이에 수목 파손이 발생하면 점검 주기 간격의 적정성을 재검토할 필요가 있다. 일부 수종은 다른 수종보다 더 자주 점검할 필요가 있을 것이다. 추가적인 점검은 해당 지역에 큰 비, 눈이나 얼음, 또는 강풍이 지나간 다음에 하는 것이 좋다. 낙엽수는 죽은 지상부와 가지를 쉽게 확인할 수 있는 시기인 잎이 나오는 동안에 점검하라. 매년 자실체(子實體, fruiting body; conk, bracket, mushroom)를 형성하는 부후 미생물이 의심스러우면, 점검 시기는 자실체 생산 시기와 일치시키는 것이 좋다(**그림 16-2**).

그림 16-2 미국 서해안에서는 점검시기를 겨울에 나타나는 위의 유황균(硫黃菌, *Laetiporus sulphureus*) 자실체와 같은 일반적인 부후 곰팡이의 자실체 생산 시기와 일치시켜라.

16.2 수목 파손에 영향을 주는 요소

수목의 전체 또는 일부가 파손될 가능성은 결함의 유형, 크기, 위치; 수목의 종, 크기, 나이; 부지 특성; 바람의 패턴 등에 의해 결정된다. 부지와의 친밀도, 해당 부지에 있는 수종, 과거의 문제 등은 어떤 종류의 결함을 탐색해야 하는가를 암시할 것이다. 어떤 수종은 다른 수종보다 특정한 병이나 결함이 더 많이 발생한다. 유지관리되는 도시 수목은 산림에서 자라는 수목보다 특정한 장애에 피해를 받을 가능성이 더 높다(**표 16-2**).

표 16-2 **도시 지역과 산림 지역의 휴양지에 있는 활엽수와 침엽수의 수목 파손 위치 비교**

	활엽수		침엽수	
	도시 지역[a]	산림 지역[b]	도시 지역[a]	산림 지역[b]
수목 파손				
수량	2,042	153	1,245	1,153
비율(%)	58	12	42	88
파손 위치(%)				
가지	33	10	28	5
수간	31	35	29	38
뿌리	32	60	34	82
합계	100	100	100	100

[a]1997~2001년, 이 기간 동안 주로 북부 캘리포니아에서 보고된 공공 및 개인 도시수목의 파손. 자료 보고: Katherine Jones, University of California Cooperative Extension; Alison Berry, University of California Davis, California Tree Failure Report Program.
[b]1965~1980년, 이 기간 동안 보고된 미국 산림청 로키산 산림휴양지에서의 파손(Johnson, 1981). 수목 파손의 3.4%가 사고로 이어졌다.

상자 16-2

수목 파손 개요

수목 파손 개요는 교목 수종들이 반복적으로 파손되는 유형에 관한 정보를 정리해 놓은 것이다. 이 정보는 평가자들이 수목을 점검할 때 주된 특징에 집중하도록 하는데 도움을 줄 것이다. 수목 파손 개요는 다음 사항을 고려한다:

1. 파손의 유형(뿌리, 수간, 가지)과 각각의 상대적인 빈도
2. 각각의 조직과 관련된 전형적인 생장 패턴(예: 초살도가 낮고 굵은 가지, 약한 가지 부착 등)
3. 구조적인 결함(예: 부후)
4. 파손과 관련된 환경적인 여건(예: 바람, 얼음 폭풍, 침수된 토양 등)
5. 파손과 관련된 관리적인 요소(예: 단간, 빈번한 관수 등)

수목 파손 개요 사례

	라디아타소나무[a] (*Pinus radiata*)	캘리포니아참나무[b] (*Quercus agrifolia*)	미송[c] (*Tsuga heterophylla*)
가장 빈번한 파손	가지(60%)	뿌리 또는 아래 수간 (54%)	뿌리와 수간
전형적인 생장 패턴 또는 결함	부착 지점으로부터 먼 곳에서 부러지는 무거운 측지는 일반적으로 부후와 관련이 없다(75%); 다간(multiple trunk) 또는 쌍간(10%)	파손의 83%가 부후와 관련이 있다.	뿌리 시스템이 전형적으로 천근성이다. 외부 관찰을 통해서는 발견하기 어려운 부후. 겨우살이가 많이 있으면 구조적으로 약하다는 것을 의미한다. 높은 수관과 성긴 가지 밀도(조밀한 임분의 전형)
파손에 대한 환경적 영향	바람 95%가 식재된 수목이다.	73%: 비와 관련 49%: 시속 8km 이하의 바람과 관련. 80%가 자생수목이다.	바람 모든 수목이 자생이다.
파손에 대한 관리적 영향	넓은 간격으로 노출된 지역에 식재; 높은 시비량	자생수목 주변에 대한 부지 정지작업; 포화된 토양	부후균이 침입할 수 있는 상처를 만듦. 뿌리 시스템에 타격을 주는 부지 개발. 산림수목을 새로운 가장자리에 노출시킴.

[a]Edberg 등, 1994. 라디아타소나무의 파손을 기록한 182개 보고서가 수록된 California Tree Failure Report Program의 자료를 근거로 작성.
[b]Edberg와 Berry, 1990. 캘리포니아참나무의 파손을 기록한 1,222개 보고서가 수록된 California Tree Failure Report Program의 자료를 근거로 작성.
[c]Dunster, 1996. 역사적인 경험과 500그루의 수목을 점검함 결과를 근거로 작성. (사진: Julian Dunster, Dunster & Associates Environmental Consultants, Canada.)

수종

대부분의 수종이 어떻게 파손되는가에 대해서 되풀이되는 주제(theme)가 있다. 이러한 수종별 파손에 관한 요약(profile)에는 다음과 같은 정보가 포함된다:

- 파손의 유형(뿌리, 수간, 가지)과 각각의 상대적인 빈도
- 각 부위와 관련된 전형적인 생장 패턴(예: 초살도가 낮은 가지)
- 타고난 구조적인 결함(예: 약한 가지 부착)
- 파손과 관련된 환경적인 여건
- 파손과 관련된 관리 요소(예: 단간, 관수)

개별 수종의 생장과 파손 패턴에 관한 지식이 효과적인 위해 분석을 위해 매우 중요하다. 어떤 수종에서는 뿌리나 수간 파손보다는 가지 파손이 더 자주 발생한다. 부후나 약한 가지 부착과 같은 구체적인 구조적 결함은 어떤 수종에서는 흔할 수도 있다. 바람과 부지 교란과 같은 환경적인 여건이 중대한 기여 요소가 될 수도 또는 안 될 수도 있다. Matheny와 Clark(1994), Lonsdale(1999)은 수목관리자들의 관찰을 기준으로 여러 수종에 대한 파손 개요를 작성하였다. Edberg 등(1994)은 라디아타소나무(*Pinus radiata*)의 파손 패턴을; Dunster(1996)는 미송(*Tsuga heterophylla*)에 대해; Edberg와 Berry(1999)는 캘리포니아참나무(*Quercus agrifolia*)에 대해 보고하였다(**상자 16-2** 참조).

대부분의 활엽수(hardwood)와 침엽수(softwood)의 파손 패턴은 다르다. 대부분의 침엽수에서 수목 파손을 일으키는 가장 큰 원인은 뿌리와 근원(root collar)의 부후이다. 반면, 대부분의 활엽수는 가지 파손이 흔하다. 활엽수는 침엽수보다 더 많은 기계적인 스트레스를 받을 수 있는 굵고 넓게 퍼지는 가지를 가지고 있다. 대부분의 활엽수는 **굴광성(屈光性, phototropic)**이어서 수관이 개방된 공간을 향해 자라며, 수형이 좌우 대칭적이 된다. 대부분의 활엽수는 상대적으로 이들이 견뎌야 하는 스트레스의 일부를 강한 기계적인 강도로 감당해 낸다(Wagener, 1963). 활엽수 수간의 심재부후(心材腐朽, heart rot)는 흔히 주 가지로 확산되지만, 침엽수에서는 이러한 확산이 흔치 않다(Wagener, 1963). 활엽수는 침엽수보다 얼음이나 눈에 수관이 더 잘 손상되는 경향이 있다. 활엽수의 구조적인 강도에는 수간에 대한 상대적인 가지의 무게, 초살, 받치는 힘, 굵기 등이 중요한 요인이다.

크기와 수령

크고 오래된 교목은 같은 수종의 작거나 어린 수목보다 파손될 가능성이 더 높다. 노쇠한 교목은 불리한 환경에 대한 적응력이 약하고 부후되거나 다른 병에 걸리기 쉽다. 빨리 자라는 교목은 일반적으로 목재가 약하여 어릴 때에도 부러지기 쉽다. 왕성한 교목, 특히 가지 부착이 약한 교목은 자신의 무거운 가지 때문에 다소 활력이 떨어지는 같은 수종의 수목보다 가지가 부러질 가능성이 더 높다. 어떤 경우든, 뿌리 부후(root rot)는 나이에 관계없이 문제가 될 수 있다.

부지

부지 요소는 위해 상황이 진전되는데 중대한 영향을 미친다(**그림 16-3**). 대부분의 파손은 태풍이 불 때 발생한다. 많은 비, 눈, 얼음을 동반하는 강한 바람은 특히 큰 파괴력을 가질 수 있다. 1987년 10월 영국에 닥친 태풍은 24개 런던 자치도시(borough)에 있는 55,000그루의 가로수를 쓰러뜨렸고, 이들 중 11개 자치도시에 있는 35,000그루의 수목을 파손시켰다(Department of Environment, 1988). 1989년 허리케인 휴고(Hurricane Hugo)는 미국 남동부에 있는 교목 집단을 황폐화시켰다. 강도가 떨어지는 태풍도, 특히 결함을 가진 교목에 대해서는, 상당한 피해를 줄 수 있다.

주풍(主風, prevailing wind)과 반대 방향에서 부는 바람은 중요한 요소들이다. 결함이 있는 교목은 바람이 구조물의 반대 방향으로 불 때 파손되기 쉽다. 강한 주풍에도 견디던 교목이 가끔은 반대 방향으로부터 불어오는 풍속이 더 느린 바람을 맞아서 부러질 수 있다.

중점토(重粘土, heavy soil), 얕은 토심, 배수가 불량한

표 16-3 캘리포니아에서 파손된 수목 중에서 부지요소와 환경요소에 의한 영향으로 보고된 비율

여건	활엽수	침엽수
강우	40%	40%
8km/h(5마일/h) 이상의 바람	81	75
포화된 토양	25	23

출처: Edberg와 Berry, 1990.

그림 16-3 이 수목의 뿌리시스템은 좁은 식재 공간에 한정되어 있었다. 따라서 강한 바람에 넘어졌다.

토양에서 자라는 교목은, 특히 토양이 포화상태에 있을 때, 바람에 쓰러지기 쉬운 얕은 뿌리를 가지고 있다. 허리케인 프랜(Fran)이 지나간 후 노스캐롤라이나(North Carolina)에서 바람에 쓰러진 교목을 조사한 결과, 바람에 쓰러진 교목의 대부분은 토양 붕괴(土壤崩壞, soil failure) 때문이었다(Smiley, 1997, 개인적인 정보). 전체 쓰러진 교목의 2/3 이상이 포화된 토양과 관련이 있었다. 쓰러진 교목은 전형적인 대교목이었으며, 배수가 불량한 저지대 지역에 위치하고 있었다. 또 다른 기여요인(寄與要因, contributing factor)은 수간과 뿌리 위를 복토(覆土, fill soil)한 것이었다: 쓰러진 교목의 33%에 복토된 토양이 있었고, 서 있는 교목 중에서 복토된 것은 8%에 불과하였다. 캘리포니아에서, 캘리포니아참나무(*Quercus agrifolia*) 뿌리 손상의 73%는 토양을 포화시키는 비와 관련이 있었다(Edberg와 Berry, 1999).

얼음과 눈도 가지 부러짐과 수목 파손을 유발할 수 있다. 얼음 축적은 가지의 무게를 30배까지 증대시킬 수 있다(Hauer 등, 1994). 어배너(Urbana, IL)의 얼음 폭풍(ice storm)은 적어도 이 도시 간선도로(幹線道路, parkway)의 교목 26%를 손상시켰으며, 이 중 17%는 즉시 제거되거나 수리가 필요하였다(Hauer 등, 1993).

도시녹지는 산림 지역과 크게 다르다. 산림에 있는 수목들은 바람으로부터 서로서로 보호한다. 교목으로 구성된 임분이 도로, 스키 코스(ski trail), 주택지 등을 위해 개방되면, 벌채된 지역에 인접한 교목은 바람에 넘어질 가능성이 높아진다. 좁은 식수대(植樹帶, planting strip), 용기, 볼트(vault; 반원형 식재대) 등에 의해 뿌리가 제한된 도시의 교목들은 강한 바람이 불면 뿌리가 제한되지 않은 교목보다 바람에 잘 쓰러질 것이다(그림 16-3).

요약하면, 파손 가능성을 평가하는데 지역적이고 국지적인 기후, 토양, 지형 등에 관한 지식이 매우 중요하다. 고려해야 할 부지요소에는 다음과 같은 것이 있다:

- 전반적인 기후와 계절적인 강우 패턴
- 부지 관리 역사
- 토양과 배수 여건
- 해당 지역에 있는 다른 교목의 파손 역사
- 부지 변경(뿌리 손상, 지표 변화, 최근의 노출)
- 수목 발달에 대한 장애(포장, 송전선, 구조물)

유지관리 작업

유지관리 이력은 수목의 결함 진전에 중요하다. 주된 고려사항은 농장에서 자란 수목의 뿌리와 수간의 형성과 전정, 관수 등이다(**상자 16-3** 참조).

수목이 농장에서 어떻게 자라서 녹지에 식재되었는가는, 옥죄는 뿌리(girdling root)의 정도에 커다란 영향을 미칠 수 있다. 맴도는 뿌리에 의한 영향은 수목이 태풍에 넘어지거나 불량한 생장을 보이기 시작하기 전까지 오랜 기간 분명하게 나타나지 않을 수 있다(제6장 참조).

많은 교목, 특히 용기에서 자란 것은 농장에서 지표 위 1~2m(3~6피트)에서 단간(topping)된다. 이렇게 되면, 절단된 지점 아래에서 여러 개의 신초가 서로 밀집하여 자란다. 이들 신초는 약하게 부착되어 있어서, 제대로 정지해 주지 않으면 많은 가지가 찢어질 것이다(제14장 참조).

전정이 비록 위해를 감축시킬 수 있는 중요한 관리 기술이지만, 또한 잘못 수행하면 수목에 결함을 유발할 수도 있다. 단간은 일시적으로 가지의 파손 가능성을 줄여주지만, 절단된 부위에서 자라는 맹아는 약하게 부착되어 있고 상처는 부후로 이어지기 때문에 장기적으로는 파손을 초래한다. 과도한 제거절단도 부후가 발생할 수 있는 다수의 **상처**(傷處, **wound**)를 만들기 때문에 피해를 준다. 과도한 전정으로 안쪽의 가지를 제거하게 되면, 가지의 초살과 무게 분포에 악영향을 미친다. 평절은 수간의 목재에서 부후가 진행되도록 하는 여지를 준다(제14장 참조).

상자 16-3

구조적인 결함이 발달하는 것을 방지하는 예방 방법

적지 적수(適地適樹, right tree, right place)

- 송전선 아래에는 소교목을 식재하라.
- 기후와 부지 여건에 적합한 수종을 식재하라(제3, 4, 6장 참조).
- 선천적으로 강한 구조를 가진 수종과 품종을 식재하라.
- 교목은 생장에 적합한 공간이 확보되는 장소에 식재하라(제5장 참조).

질이 좋은 식재 수목을 선정하라

- 좋은 구조를 가진 수목을 식재하라(제6장 참조).
- 뿌리시스템에 맴돌거나 꺾인 뿌리를 가지지 않은 수목을 식재하라(제6장 참조).

올바르게 식재하고 적절한 초기 관리를 하라.

- 뿌리 발달을 향상시킬 수 있도록 식재에 앞서 불리한 토양 여건을 개량하라(제7장 참조).
- 식재에 앞서 맴도는 뿌리를 절단하라(제8장 참조).
- 튼튼한 구조를 발달시킬 수 있도록 수목이 어릴 때부터 전정하라(제14장 참조).
- 상처를 입지 않도록 지주를 설치하고 이를 가능하면 빨리 제거하라(제8장 참조).
- 잔디깍기 기계나 끈으로 된 예초기로 인한 피해가 발생하지 않도록 수목의 기부 주변에 잔디를 제거하라.

올바른 유지관리 방법을 사용하라.

- 뿌리, 수간, 골격지에 상처가 발생하지 않도록 하라.
- 올바르게 전정하라; 단간, 과도한 제거, 평절, 큰 상처를 피하라(제14장 참조).
- 과도한 관수와 뿌리 썩음병에 민감한 수종의 수간이 젖는 것을 피하라(제13장 참조)
- 초살도가 낮고 수관이 높은 수목이 노출될 수 있는 새로운 가장자리를 만드는 것을 피하라(제11장 참조)
- 과도한 뿌리 제거를, 특히 급격히 좁아지는 지역에서는 피하라(제11장 참조).

건기(乾期, period of drought)에 적응된 수목에게 통상의 건기 동안에 관수를 자주 해주면 뿌리와 수간에 병과 부후가 진전될 가능성이 높아질 수 있을 것이다. 주변에 잔디나 기타 자주 관수를 해주어야 하는 식물을 식재하면, 가뭄에 적응된 수목에서 뿌리 손상이 흔하게 발생한다.

결함

파손 가능성은 주로 결함의 유형, 크기, 위치 등에 의해 결정된다. 느슨해지거나 절단된 뿌리, 수간의 심각한 부후 등은 최근에 죽은 침엽수의 지상부나 가지의 작은 궤양에 비해 더 크고 더욱 즉각적인 위해 가능성이 있다. 파손이 발생하면, 전자의 경우 수목 전체가 넘어질 수 있지만, 후자는 수목의 일부만 파손될 것이다.

16.3 결함 평가

시각적 수목 평가

Mattheck과 Breloer(1994)는 결함을 찾아내기 위해 수목의 생장 반응과 수형을 이용하는 시각적 수목평가(visual tree assessment, VTA)라고 불리는 결함분석 절차를 개발하였다. VTA는 부분적으로 수목이 기계적인 스트레스를 균등하게 배분시키면서 자라는 것을 확인하기 위한 자신들의 관찰과 측정에 기반을 두고 있다(제2장 수목의 기계적인 설계에 관한 고찰 참조). 이들은 "일반적으로 말하면, 제자리를 벗어나서 부착된 것처럼 보이는 물체는 모두 결함의 징후로 취급하는 것이 좋다"라고 말한다. 예를 들면, 부풀어 올라 있는 것은 부후나 공동(cavity)이 있음을 나타낼 수 있다(**그림 16-4**). 그리고 길게 패인 자국은 내부에 균열이 있음을 위미한다(**그림 16-5**). 수피에서의 국지적인 횡방향 균열(橫方向龜裂, transverse cracking)은 이 지점이 축방향 장력(axial tension) 상태에 있음을 의미하고, 세로의 균열이나 뒤틀림은 축압력(軸壓力, axial compression) 상태에 있음을 의미한다(**그림 16-6**). 일단 결함이 확인되면, 결함의 범위, 강도, 중요성 등을 확인하기 위한 검사가 필요할 것이다. 수목의 결함을 관찰하고 해석할 수 있는 수목관리자의 능력은 *The Body Language of Trees*(추천문헌 참조)에 Mattheck과 Breloer가 기술한 수목의 특성에 대해 배우면 크게 향상될 것이다.

그림 16-4 이 소나무의 아래 수간이 밋밋하게 부풀어 올라 있는 것은 내부가 부후되어 있음을 의미한다.

그림 16-5 내부의 균열 때문에 가늘고 긴 자국이 생겼다.

그림 16-6 이 수피의 뒤틀림은 이 부위에 압축력(compression force)이 작용함을 나타낸다.

그림 16-7 직립하는 침엽수일지라도, 대교목의 쌍간(동일세력 줄기)은 외줄기 수간보다 파손 가능성이 더 높다. 돌풍(gusty wind)은 가끔 이들 줄기 중 하나를 분리해 낼 수 있는 회전력(torque force)을 유발한다. 매몰된 수피는 쌍간의 부착을 더욱 약화시킨다.

수목 구조

수관의 일반적인 형태 두 가지는 원추형(excurrent)과 구형(decurrent)이다(제2장 참조). 원추형 수목은 강한 중앙 줄기나 주지가 있고, 여기에서 수간보다 직경이나 길이가 더 작은 가지가 형성된다. 원추형 수목이 정상적인 중앙 주지 패턴에서 벗어나면, 변형의 유형과 형태에 주의를 기울여야 한다. 중앙 주지에 결함이 발생하면, 결함부위 또는 그 위쪽에 있는 부분이 파손될 가능성이 더 높아진다. 중앙 주지가 손상을 입으면 그 수목은 하나 이상의 주지를 발생시킬 것이다. 이는 가지가 약하게 부착된 다수의 주지로 나타난다. 이러한 부착부위에서 부후가 진전되면 파손 가능성이 높아질 것이다. 무거운 눈과 얼음 부하가 가해지면 새로 발생한 가지는 찢어질 것이다(Wagener, 1963). 매몰된 수피를 가진 동일세력 줄기는 줄기 사이에 연결 조직을 형성하지 않아서 찢어지기 쉽다.

구형 수목은 중앙 줄기가 없고 굵기와 길이가 비슷한 골격지(骨格枝, scaffold branch) 시스템으로 구성되어 있다. 골격지의 상대적인 크기와 배열이 구조적인 안정성에 중요하다. 굵기가 같은 두 개 이상의 주지(동일 세력)나 수간과 굵기가 거의 비슷한 가지는 하나의 주지나 주된 수간의 절반(직경의 75%)인 크기의 가지를 가진 경우보다 파손될 가능성이 더 높다(그림 16-7). 수간과 가지와 굵기가 거의 비슷하면 수간은 가지 주위를 감싸면서 자라지 못한다. 거의 같은 높이의 수간에서 발생하는 여러 개의 상대적으로 굵은 가지는 찢어질 가능성이 매우 높다. 또한 이러한 가지의 무게와 받치는 힘은 이들이 부착되어 있는 힘에 비해 크다. 수목이 나이가 들어감에 따라 가지는 일반적으로 계속 뻗어나가게 되고, 이로 인해 가지가 부착된 지점에 대한 스트레스는 증가하게 된다.

식재된 수목에서의 이러한 구조적 문제의 대부분은 억지로 가지를 유인하기 위해 대부분의 구형 수목이 단간되는 농장에서 시작된다. 이렇게 하면, 구매할 때에는 균형이 잘 잡힌 수목처럼 보일지 모르지만, 대부분의 가지는 너무 낮고, 서로 너무 붙어 있고, 크기가 거의 비슷하며, 주지를 가진 경우가 드물다. 이러한 문제들은 전문적인 정원사들마저도, 현장에서 바로잡기가 어렵다. 억지로 조밀한 가지를 유인하기 위해 단간하는 농장에서의 관행은 중단되어야 한다.

가지의 부착각도는 가지 부착부위에 매몰된 수피가 없거나 가지의 크기가 수간과 비슷하지 않으면 문제가 되지 않는다(그림 14-15 참조). 매몰된 수피를 가진 대부분의 가지는 어릴 때에는 거의 직립으로 자라도 이들의 부착에 대한 스트레스가 거의 없다. 그러나 수목이 성숙해 감에 따라 가지가 옆으로 퍼지게 되면서 분기에서 찢어질 가능성이 크게 증가하게 된다.

때로는 태풍이 부는 동안에, 가지가 찢어지지 않고 가지 부착부위의 위쪽 부근에 균열이 발생하는 경우가 있다. 이 경우 균열 가장자리에 새살(woundwood)이 형성되어, 새로운 목부(xylem)가 균열된 지점의 가지와 수간을 재결합시킬 수도 있다. 균열부위에서 부정근(不定根, adventitious root)이 형성될 수도 있다. 분리된 부착의 징후는 균열, 부착 부위 아래에 패인 수간 수피, 부착부위의 한쪽이 솟아 있는 현상 등으로 확인할 수 있다. 이러한 현상들 중 하나가 나타나면, 그 가지와 부착부위는 위해를 평가하기 위해 조심스럽게 점검해 보는 것이 좋다. 필요하면 위험을 제거하거나 줄이는 조치를 취해야 한다.

강풍(强風, gale-force wind)에 견뎌온 수목도 가끔 반대 방향에서 부는 보통 수준의 바람에 넘어질 수 있다. 수간이나 가지의 강도는 결(grain)에 직각으로 작용하는 힘에 대한 균열 저항성(resistant to cracking) 또는 결에 평행하게 작용하는 부하에 대한 압쇄(壓碎, crushing) 저항성에 따라 차이가 있다. 바람은 바람이 불어가는 쪽(leeward) 수간의 목재에는 압축력(壓軸力, compressive force)을, 바람이 불어오는 쪽(windward)의 목재에는 당김 장력(tension pull)을 미친다. 바람이 강하면, 바람이 불어가는 쪽에 있는 수간의 목부는 압축력에 의해 수간이 꺾이지 않은 상태에서 손상을 받을 수 있다. 그러나 압축력에 의해 손상된 목부는 당김 장력에 견딜 수 없기 때문에, 이러한 피해를 입은 수간은 어느 정도 시간이 지난 다음 반대 방향에서 불어오는 전보다 덜 강한 바람에도 쓰러질 수 있다(Wagener, 1963).

밀집된 주 가지(그림 14-16 참조)들과 아래쪽 측지가 대부분 제거된 굵은 가지들은 가지의 무게와 스트레스를 가지의 아래부위를 따라 균등하게 배분하는데 필요한 것보다 낮은 초살도를 확보하고 있을 것이다. 이들 가지는 태풍이 불거나 가지가 더 길게 그리고 더 무겁게 자람에 따라 이들이 부착되어 있는 곳에서 가까운 지점이 부러질 가능성이 높다. 이러한 파손 가능성은, 해당 가지에서 위로 자라는 측지가 제거되었거나, 이러한 약한 부위가 구부러지는 등 약점이 있는 경우, 더 높아진다.

이러한 구조적인 결함의 대부분은 이들 수목을 어릴 때 올바르게 정지함으로써 예방할 수 있다(제14장 참조). 현명한 전정과 일부 줄당김과 쇠조임이 대부분의 성목에서 이러한 위해를 최소화할 수 있을 것이다(제17장 참조). 그러나 때로는 약한 가지나 수목 전체를 제거하는 것이 최선일 수도 있다.

노출 증대

구조물이나 인접한 수목에 의해 보호되던 수목은 이들이 노출되면, 특히 바람에 쓰러지기 쉽다. 도로나 주택, 오픈스페이스를 조성하기 위해 최근에 벌채된 산림의 가장자리에 위치한 수목은 바람에 쉽게 쓰러진다. 이러한 수목들은 굵고, 넓게 퍼져 있고, 깊은 뿌리시스템이 부족하고, 자신들이 가지고 있는 잎의 대부분이 꼭대기에 있다. 이들 중에서 매력적인 조경 수목은 드물며, 이들의 안정성을 향상시키기 위한 전정은 외관이나 파손 가능성에 거의 영향을 주지 못한다.

노출된 수목이 처음에는 넘어지지 않더라도, 벌채된 가장자리에 있는 활엽수의 수관은 종종 개방지 쪽으로 자란다. 이렇게 한 쪽으로 편향된 생장은 수목의 파손을 초래할 수 있다. 과거에 보호되던 수목이 노출로 인해 어떤 문제가 발생할 것인가에 대해 주의 깊은 고려가 필요하다.

기울어진 수목

기울어진 수목은 넘어질 수도 그렇지 않을 수도 있다. 일생의 대부분을 기울어진 상태에서 자란 수목은 기울기를 보상할 수 있는 수간 목부와 뿌리시스템을 발달시킨다. 처음에는 직립으로 자라다가 최근에 바람, 뿌리 손상, 넘어지는 수목에 부딪힘 등으로 인해 기울어진 수목은 고정시킬 수 있는 적절한 뿌리가 없을 것이다. 바람, 눈이나 얼음 폭풍, 계속적인 생장의 무게 등은 뿌리나 수간의 파손을 초래할 수 있다. 계속 기울어진 상태에 있는 수목도 잎이 무거워지면 부러질 수 있다(그림 16-1 참조). 기울어진 수목은 부후나 뿌리 안정성을 주의 깊게 점검하라.

상열과 낙뢰 상처

번개(lightning)는 외부의 손상 흔적이 거의 없이 한 그루 이상의 수목을 죽일 수 있고, 수목을 조각낼 수도 있다. 수피가 겉으로는 정상적인 것처럼 보일지 모르지만 죽어 있다. 그러나 추위나 낙뢰에 의한 수간의 균열과 상처는 그 자체로는 거의 문제가 되지 않지만, 부후 미생물의 침입경로가 될 수 있다. 이러한 수목이 피해를 입힐 수 있는 대상물 근처에 있으면 주기적으로 점검하는 것이 좋다.

죽은 나무와 가지

수종과 기후는 죽은 나무가 얼마나 오랫동안 안전하게 서 있을 수 있는가를 확인하는데 도움을 준다. 뿌리가 부후되지 않을 상태에서 최근에 죽은 침엽수는 3년까지는 구조적으로 건전한 상태를 유기할 것이다(Mills와 Russell, 1981). 수지(樹脂, resin)를 함유하고 있는 수종은 이를 가지고 있지 않은 수종보다 잘 넘어지지 않는다. 죽은 활엽수는 침엽수보다 더 빨리 가지를 떨어뜨리기 시작하며, 가지가 굵을 경우 더욱 위험하다.

살아 있는 수목에 달려 있는 죽은 가지는 부후가 시작되기 전에는 잘 떨어지지 않는다. 죽은 가지는 말라 있고 잎이 없기 때문에 살아 있는 가지보다 더 가볍다.

그러나 지상조사(地上調査, ground survey)로는 죽은 가지가 떨어질 만큼 부후되었는지 여부를 확인하기 어렵다. 그러므로 피해를 입을 대상물이 있는 지역에서는 죽은 수목, 죽은 가지, 부러진 가지 등은 발견 즉시 제거하는 것이 좋다. 죽은 수목이나 가지가 위해하지 않을 수도 있지만, 보기 좋지 않고 유지관리를 잘 하지 않는다는 인상을 줄 수 있다. 죽은 수목이나 가지가 떨어지면 태만했다는 의심을 받을 수 있다. 떨어지면 사람을 다치게 할 수 있는 직경 50mm(2인치) 이상의 부러진 가지는 제거하는 것이 좋다.

피해 목적물이 없는 지역에서는, 남아 있는 살아 있는 수목에 대한 병해충 감염원이 되지 않는 죽은 수목과 가지는 야생동물을 위해 남겨둘 수도 있다. 방문객들에게는 잠재적인 위험 지역과 죽은 수목을 그대로 남겨둔 이유를 알려주는 것이 좋다.

뿌리 결함

뿌리의 기계적인 기능은 수목을 고정시키는 것이다. 뿌리 발달을 제한하고 뿌리를 손상시키거나 죽이는 여건은 수목의 안정성을 저해할 수 있다.

뿌리 손실 성목의 수간 가까이에 있는 굵은 뿌리를 절단하는 토양 굴착은 가끔 위해를 유발한다. 굵은 뿌리는 절단하지 않는 것이 최선이지만 수목이 뿌리째 넘어질 가능성은 상황에 따라 차이가 있다. 고려해야 하는 요소는 잠재적인 피해 목적물; 수목의 키; 잎의 밀도; 속도와 방향을 포함한 바람에 대한 노출; 토심, 토성, 토양 수분; 굵은 뿌리의 깊이와 확산 범위 등이다. 적절한 깊이로 넓게 뻗어 있는 굵은 뿌리는 좁은 면적에 깊이 뻗은 뿌리보다 훨씬 높은 안정성을 제공한다.

불안정하거나 제한된 뿌리 발달 점진적인 노출과 뿌리 손실로 문제가 발생하면 불안정하게 되고 뿌리 발달이 제한된다. 어떤 경우에는 뿌리가 바람과 무게에 대응하여 수목을 적절하게 고정시킬 수 없는 경우도 있다. 얕은 토심에서 자라는 교목이나 뿌리로부터 상당한 양의 토양이 침식된 교목은 특히 호우(豪雨, heavy rain)나 과도한 관수 중 또는 후에 바람에 의해 쓰러지기 쉽다. 지중관로(地中管路, underground service), 포장, 구조물 등에 의해 토양 공간이 제약을 받는 도시지역에서는 교목이 체계적인 뿌리시스템을 발달시키는 것이 어려울 수도 있다. 이러한 상황에 처한 교목은 토심이 깊고, 배수도 잘 되며, 제약이 없는 토양에서 자라는 교목보다 넘어질 가능성이 더 높을 가능성이 있다.

옥죄는 뿌리 현장에 식재되기 전부터 수목의 수간 주위를 맴돌기 시작하는 뿌리는 식재 후 15~20년쯤에 형성되는 맴도는 부정근보다 수목의 안정성을 위태롭게 할 가능성이 더 높다. 농장에서 자란 맴도는 뿌리를 가진 교목 중에서 그 영향이 심각한 수목은, 이들이 매우 크게 자라기 전에 넘어지기 때문에, 생각하는 것보다 위험한 수목이 많지 않다. Watson 등(1990)은 노르웨이단풍의 경우 녹지에 식재한 다음 4~6년 후에 맴도는 뿌리가 없는지 점검할 것을 권고한다. 맴도는 뿌리가 없는 식재 수목을 요구하고 수목에서 발달될 수 있는 뚜렷한 맴도는 뿌리를 제거함으로써 이러한 문제를 최소화할 수 있을 것이다.

손상된 뿌리 건설이나 기타 공사는 뿌리를 절단하고 새로운 뿌리 형성에 불리한 토양 환경을 창출함으로써 수목에 심각한 영향을 미친다. 보도 수선과 같은 유지관리 활동은 수목의 안정성을 저해하는 구조적인 뿌리나 판근(板根, buttress)을 절단할 수도 있다.

병든 뿌리 뿌리와 근원의 병이나 썩음은 다양한 곰팡이에 의해 유발되며, 몇몇 가지의 가장 심각한 수목 결함을 유발한다. 뿌리 쇠퇴와 부후는 증상이 나타나기 전에 이미 진행된 경우가 많다. 뿌리 병에 의한 지상부 증상은 다른 토양과

그림 16-8 위 계곡참나무 성목의 근원에서 수피와 형성층이 죽은 후에 살아 있는 수간 조직으로부터 부정근이 자라도록 자극되었다. 이 부정근은 죽은 주된 구조 뿌리가 쇠약해지고 있는 동안, 수관이 꽤 건강하게 보일 수 있을 정도의 충분할 물과 양분을 공급하는 경우도 있다. (사진: John Britton, John Britton Tree Service, St. Helena, CA.)

그림 16-9 계곡참나무 성목의 근원을 노출시키기 위해 토양을 제거하였다. John Britton이 구조 뿌리의 건강상태를 점검한다. 근원 점검이 수목의 건강과 안전을 동정하는데 중요하다는 것이 입증되었다. (사진: John Britton, John Britton Tree Service, St. Helena, CA.)

뿌리 문제에 의해 유발된 증상과 유사하다: 생장 감소, 얇은 잎, 창백한 잎, 가을에 강하게 단풍이 들어서 일찍 떨어지는 잎과 열매, 과도하게 열리는 열매나 솔방울 등.

어떤 수목은 꽤 건강하게 보이는데도 불구하고 쓰러진다. Britton(1990)은 계곡참나무와 캘리포니아흑참나무(*Quercus lobata*와 *Q. kellogii*) 성목은 지상부 증상이 거의 또는 전혀 없음에도 불구하고 쓰러질 수 있다고 보고한다. 어떤 수목은 병으로 인한 광범위한 뿌리 손실을 보상하기 위해 부정근을 만든다(**그림 16-8**). 새로운 뿌리는 전형적으로 성목에 대해 기계적인 지지를 제공할 정도로 충분히 굵지는 않지만 이들 수목에 적절한 수분과 양분을 공급한다. 결국에는 해당 수목을 더 이상 지지할 수 없을 정도로 주근(主根, main root)이 약화된다. 이러한 현상은 일반적으로 수간의 기부가 복토된 흙으로 덮이거나 비, 관수, 두꺼운 멀칭, 조밀한 지피 식재 등으로 습한 상태가 유지될 때 발생한다.

교목을 등반하기 전이나 유지관리된 녹지와 빈번하게 이용되는 지역에서 위해 조사를 할 때 성목의 근원을 검사하는 수목관리자의 수가 점점 증가하고 있다(**그림 16-9**). 첫 단계는 수목의 기부 주위 토양을 판근이 노출될 수 있을 정도로 깊이 파는 것이다. 이렇게 하면 앞에 언급한 바와 같이 노출된 뿌리에서 부후 여부를 조사할 수 있을 것이다(Matheny와 Clark, 1994).

뿌리썩음병을 일으키는 대부분의 곰팡이는 뿌리가 뒤섞이는 곳에서 한 수목에서 다른 수목으로 확산된다(Wallis 등, 1980). 따라서 산림지역에서는 병든 수목이 집단으로 발생하여 수관이 비어 있는 곳이 생기게 된다. 비어 있는 공간에는 쓰러져 있는 수목들이 있고, 가장자리 주변에는 서 있는 죽은 수목과 죽어가는 수목이 존재한다. 뿌리썩음병이 발생한 중심의 가장자리를 따라 서 있는 수목들은 쓰러질 가능성이 매우 높다.

궤양

수많은 곰팡이가 수목의 수간과 가지에 침입하여 수피, 형성층, 목질부를 부분적으로 죽이는데, 이를 **궤양**(潰瘍, canker)이라고 부른다. 대부분의 궤양은 이 곰팡이가 주변의 건강한 조직을 감염시킴으로써 확대된다. 궤양부위의 형성층이 죽어 있기 때문에, 새로운 목부와 사부(篩部, phloem)가 전혀 형성되지 않는다. 궤양 주변에 건강한 목재와 수피가 자라면 궤양에 걸린 부위는 우묵하게 함몰된다. 궤양이 수간 둘레 전체로 퍼지면 수목은 쇠약하게 된다. 궤양에 걸린 수간이나 가지의 직경이 가늘면, 살아 있는 목재가 감소하여, 유연성을 상실할 것이다. 궤양이 크게 발달한 수간이나 가지는 궤양에 감염된 부위에서 부러지기도 한다.

부후 곰팡이(decay fungi)에 의해 궤양에 감염되면, 이들 수목은 감염되지 않은 수목에 비해 더 빨리 파손될 가능성이 높다. 궤양부위에 부후균이 감염된 것을 탐지하는 것은 쉽다; 그러나 일부 부후 곰팡이는 체내에 존재하여 밖에서 볼 수 없다(Tattar, 1989).

그림 16-10 뿌리 부후. 부후에 의한 이 수목의 뿌리 약화는 결국 이 수목의 붕괴로 이어졌다.

부후

부후(腐朽, decay)는 복잡한 유기물(有機物, organic matter)을 보다 단순한 형태로 변형하여 영양소를 방출하는 필수적인 과정이다(제2장 수목의 부후 과정에 관한 고찰 참조). 이 과정은 양료순환(養料循環, nutrient recycling)의 핵심이다. 그러나 부후는 구조적인 강도를 약화시키기 때문에 살아 있는 수목에서도 관심의 대상이 된다. 부후가 진행되는 수목은 붕괴될 수도 있다(**그림 16-10**). Edberg와 Berry (1999)는 보고된 캘리포니아참나무(*Quercus agrifolia*) 수간 파손의 83%가 부후와 관련이 있다고 보고하였다. 이러한 부후와 수목 붕괴 간의 관련성 때문에, 부후의 탐지와 판단이 수목의 구조 분석에 중요하다.

부후의 초기 단계에서는, 목재가 곰팡이와 곤충에 의해 소비되거나 상처에서 떨어져나가 공동(空洞, cavity)이 만들어진다. 공동은 일반적으로 목재 부후의 진행 패턴에 따라 진행되며, 공동은 길고 좁은 모양을 하고 있다. 공동은 대부분 외부에 개방되어 있다: 어떤 개구(開口, opening)는 유합되기도 하고, 다른 것들은 가지 분기에 의해 가려지기도 하지만, 이들 개구와 연결된 공동은 여전히 커지고 있을 것이다. 대부분의 공동은 수피를 통해 개구를 위와 아래로 더욱 확대해 가는데, 수분과 부스러기, 곤충은 낮은 곳으로 모인다. 구획화(conpartmentalization) 때문에, 수목에 추가적인 상처가 발생하지 않으면, 공동은 손상될 때의 수목 직경보다 더 크게 되는 경우는 드물다(Shortle, 1979). 수목은 부후가 과거의 내부 목부를 약화시키는 것과 같거나 이보다 더 빠른 속도로 새로운 목부를 형성한다.

공동 개구 주변의 조직은, 특히 수직적인 가장자리를 따라, 유상조직(癒傷組織, callus)을 분비하여 새살(woundwood)을 형성한다. 새살은 단단한 상처 위에 평탄하고 얇은 층을 넓혀가거나 표면을 채우지만, 공동이 있으면 안쪽으로 말려들면서 매우 두껍게 된다(**그림 16-11**). 공동이 큰 경우, 유상조직의 덩어리가 수간에 대해 필요한 기계적인 강도를 제공할 수도 있다(Armstrong, 1925; Bernatzky, 1978; Pirone, 1978a).

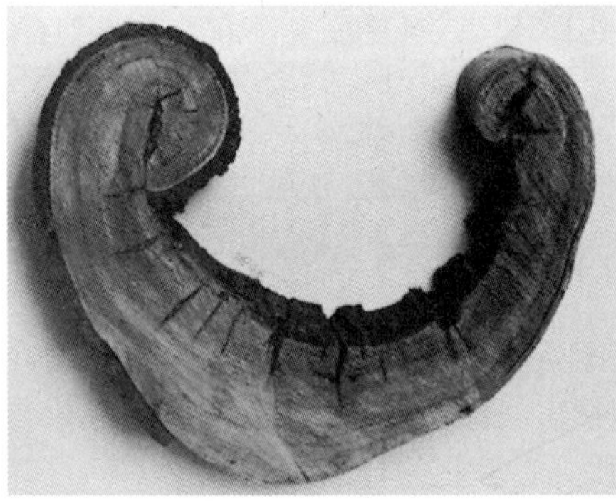

그림 16-11 이 유칼리나무 단면의 공동 가장자리에서 새살이 그대로 안쪽으로 말려들어간다.

16.4 부후가 파손 가능성에 미치는 영향 평가

부후의 존재는 두 가지 방법을 이용하여 진단할 수 있다: (1) 수간과 수관의 특정한 지표(指標, indicator)를 평가하거나, (2) 목재를 직접 점검하는 것. 부후는 덜 아문 상처나 새살, 공동, 수간이나 가지의 솟아 오른 조직, 상열(霜裂, frost crack)이나 기타 수간 균열, 부러지거나 죽은 가지, 새집 구멍, 벌집, 수피나 상처에서의 수액 유출 등에 의해 나타난다(**상자 16-4** 참조). 곰팡이의 종류에 따라 다르게 나타나지만, 수목의 수간에 발생하는 자실체(子實體, conk/fruiting

상자 16-4

부후의 시각적인 지표

1. 수관 내 **죽고 부러진 가지**

2. **상처와 공동.** 크고 오래된 상처는 부후되기 쉽다.

3. **곰팡이 자실체**(버섯류)는 곰팡이가 생식을 위해 필요한 적절한 먹이원(food source)을 확보하기에 충분한 목재를 감염시켰다는 것을 의미한다.

4. **수피나 상처를 통한 수액유출.** 어떤 부후 미생물은 어두운 색의 액체를 만들어낸다.

(계속)

상자 16-4 (계속)

부후의 시각적인 지표

5. **벌집, 나무좀, 왕개미(carpenter ant), 흰개미.** 이들 곤충은 부후된 목재나 공동에서 먹고 산다.

6. **굵어진 줄기.** 수목이 부후에 의해 약해진 부위에 강도를 더하기 위해 추가적인 목재를 생산하면 굵어진 부위가 나타난다.

7. 상처의 반대 방향에서 자란 새살이 만나는 곳에 **접합선**이 발생한다. 종종 새살의 뒤에 부후가 진행된다.

8. **새집 구멍.** 일부 새는 집을 짓기 위해 벽이 얇은 공동에 구멍을 뚫는다.

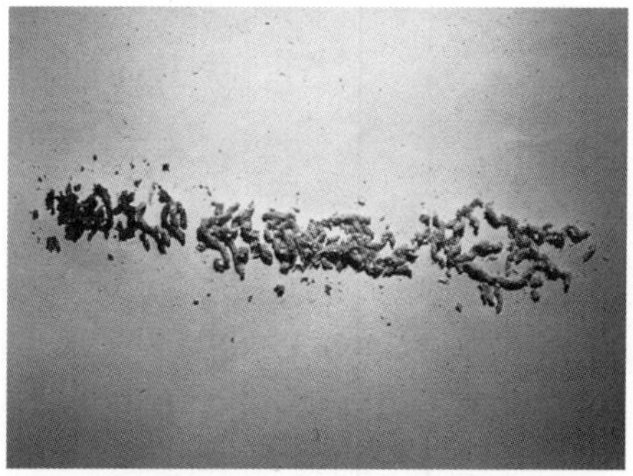

그림 16-12 천공. 부후를 탐지하는 한 가지 방법이 굵기가 가는 비트를 이용한 천공을 하는 것이다(왼쪽). 목재의 상태는 천공기에 대한 저항과 목재 파편의 외관을 기준으로 평가된다(오른쪽). 왼쪽의 푸석한 파편이 부후된 것이고, 오른쪽은 건강하고 정상적인 것이다.

body)의 수, 위치, 크기를 보면 일반적으로 수간의 부후 정도를 짐작할 수 있다(Wallis 등, 1980). 불행하게도, 도시 식생에 흔한 대부분의 종에 대해 자실체의 존재와 부후 정도와의 관계에 관한 정보가 거의 존재하지 않는다. 미국 자연자원부(Department of Natural Resources)와 산림청은 자생 목재생산 수종에 대한 유용한 자료를 보유하고 있을 것이다.

광범위하게 부후된 수목이 건강하게 보일 수도 있는데, 이들은 수피가 손상되지 않고 지상부 생장이 꽤 왕성하다. 사실, 수목은 어떤 외부 증상도 보이지 않으면서 내부에 부후를 간직하고 있을 수 있다. 더욱이, 많은 경우에 외부의 지표가 내부 부후의 정도를 평가하는데 충분하지 않다. 이러한 이유 때문에, 수목관리자들은 내부 부후의 정도를 탐지하고 측정하는 방법에 관심을 보여주고 있다.

직접적인 부후 탐지 방법

부후를 탐지하는데 다양한 방법이 사용되고 있다(**표 16-4**). 부후를 탐지하는 방법에 관한 추가적인 정보는 Dolwin 등(1999)과 Lonsdale(1999)에서 확인할 수 있다. Dolwin 등은 현재 사용가능한 부후 탐지 장비에 의해 확보된 정보는 해석이 쉽지 않고, 각각의 방법이 한계가 있다고 경고한다. 또한 이들 장치는 실험하고 있는 바로 그 지점의 내부에 대한 정보만 제공한다.

나무망치(mallet)로 수피를 때릴 때 빈 통이나 북 같은 소리가 나면 표면 가까이에 공동이 있다는 것을 의미한다. 수피가 느슨한 부위도 탐지할 수 있다.

생장추(生長錐, increment borer)는 가는 목재 샘플을 뽑아내는데, 이를 통해 부후 패턴을 볼 수 있다(Magelin, 1979). 이 방법을 활용하는 경우의 문제는 샘플을 추출할 때 상대적으로 큰 상처를 남기고 목재가 단단한 수목은 샘플 채취가 어렵다는 것이다.

천공(穿孔, drilling)은 수목관리자들 사이에 가장 흔하게 이용되는 방법인데, 건전한 목재, 부후가 진행된 곳, 공동 등을 구분할 수 있다(**그림 16-12**). 길이 22.9cm(9인치)인 3.2mm(0.125인치) 브래드 포인트 강철 비트(brad-point steel bit)와 12 또는 18-V 배터리로 작동되는 천공기(穿孔機, drill)가 사용된다. 비트를 수목의 2~5cm(1~2인치) 깊이로 밀어 넣은 후 뽑아낸다. 추출된 목재의 색상, 질감, 냄새와 함께 비트를 목재에 밀어 넣을 때의 침투 저항력을 기준으로 목재의 상태를 평가한다. 비트는 목재 파편을 완전히 제거한 다음 같은 구멍에 다시 삽입한다. 샘플을 추출하고자 하는 깊이에 이를 때까지 이러한 과정을 반복한다.

경험이 많은 작업자는 부후 진행의 정도를 정확하게 평가할 수 있다. Costello와 Quarles(1999)는 휴대용 천공기를 이용한 부후 측정이, 실험실 측정과 작업자에 따라 차이가 있지만, 유칼리나무(*Eucalyptus globulus*)는 56~93%, 유라시아느릅나무(*Ulmus glabra*)는 72~85%가 실제 부후 상태와 일치하였다고 보고하였다. 이들은 "작업자의 숙련도에 따라 평가의 신뢰도에 큰 차이가 있었다"라고 강조하였다.

마이크로 드릴(microdrill, 예: Resistograph, Decay Micro-Probe)도 천공기술과 비슷하게 작동한다(**그림 16-13**). 이 방법이 천공법보다 나은 점은 침투나 회전에 대한 저항을 그래프용지(graph paper)에 기록함으로써 목재 특성의 변화를 탐지할 때 작업자의 경험에 덜 의존한다는 것이다. Costello와 Quarles(1999)는 Resistograph를 이용하여 측정한 건전 목재 깊이가 실험실에서 측정한 목재 밀도와, 유칼립투스는 85.5%, 유라시아느릅나무는 100% 일치한다는 것을 발견하였다.

자료가 기록된 그래프는 내부의 구조를 평가하기 위해 해석되어야 한다. Mattheck 등(1997)과 Dunster(2000)는 다양한 내부 결함을 가진 몇 가지 수종에 대한 해석 지침을 제공한다. 그러나 많은 수종에 대한 기준 자료(baseline

표 16-4 서 있는 수목에서 부후를 탐지하는 방법

방법	작동 원리	한계	생체 내 침입성
나무망치를 이용한 타진	나무망치로 수목을 두드린 다음 빈 공간이나 수피가 느슨한 곳에서의 음질의 변화를 경청한다.	내부 공간을 구별할 수 있는 신뢰도가 낮다. 일반적으로 탐지는 진행된 부후에 한정된다.	비침입성
생장추(increment borer)	생장추는 목재 속으로 돌려 넣어 속(core)을 추출해 낸다. 속을 통해 이완된 섬유, 대선(帶線, zone line), 색상 차이, 습한 구역(wet zone) 등과 같은 부후의 특징을 시각적으로 확인할 수 있다. 또한 속은 무균상태로 채집된 경우 부후 곰팡이를 배양할 수도 있다.	속을 배양할 수 없으면, 주로 중간 및 진행된 부후를 탐지하는데 한정된다. 일부 수종은 속을 채취하는 것이 어려울 수도 있다.	부후된 목재와 건강한 목재 사이의 방벽을 관통하는 경우, 이로 인해 발생한 상처는 부후를 확산시킬 가능성이 있다. 또한 새로운 미생물의 침입도 가능해진다.
천공	3.2mm 비트를 장착한 건전지로 작동되는 천공기를 사용하여, 조금씩 구멍을 파고 들어간다. 추가로 뚫을 때마다 침투 저항의 차이와 채취된 목재 파편의 색상, 냄새, 질감 등을 기록한다.	평가는 정성적이며, 대개 작업자의 경험과 전문성에 의존한다[b]. 주로 진행되었거나 중간 단계의 부후에 한정된다.	부후된 목재와 건강한 목재 사이의 방벽을 관통하는 경우, 부후를 확산시킬 가능성이 있다.
천공 저항 장치(예: Resistograph®, Decay Micro-Probe)	1~3mm의 침을 목재에 돌려 박는다. 침이 목재를 통과하면서 회전되고 진행됨에 따라 받는 침투 저항성이 그래프에 기록된다.	부후를 평가하기 위해서는 창출된 그래프를 해석할 필요가 있다. Microprobe는 작업자가 침투에 대한 저항이 변화하면 이를 조정하여 일정한 압력을 적용할 것을 요구한다. 주로 진행되었거나 중간 단계의 부후에 한정된다.	천공법과 비슷하다.
음향측정장치(Metriguard Stress Wave Timer, Arborsonic Decay Detector, Sound Impulse Hammer)	이 장비는 음파가 수간의 한쪽으로부터 다른 쪽에 있는 수파기(受波機, transducer)에 도달하는데 소요되는 시간을 측정한다. 결함이 있으면, 소리의 전달이 결함이 없는 목재보다 더 오래 걸릴 것이다.	결함의 존재 여부는 탐지될 수 있으나, 결함의 유형(부후, 궤양, 공동)이나 강도 손실의 정도는 구별할 수 없다[g]. 결함이 없는 수목에 대해 측정된 방사상 음향속도와 비교해 보아야 한다. *Ustulina*같은 일부 부후 곰팡이는 탐지할 수 없다[a].	Sound Impulse Hammer는 수피를 지나 변재(邊材, sapwood) 속으로 두 개의 나사못을 박아야 한다. Arborsonic은 측정할 때마다 직경 5cm 크기로 수피를 두 군데 제거해야 한다.

Shigometer	곰팡이가 목재를 부후시킴에 따라 방출되는 이온에 의한 목재의 전기저항 변화를 측정한다. 맥동 전류가 통하는 연선 탐침을 천공된 구멍 속으로 삽입한다.	Shigometer는 매우 광범위하게 실험되었으나 일부는 유용하게, 다른 것은 그렇지 않게 나타났다. 유칼리나무[c,j], 붉은너도밤나무(*Nothofagus fusca*)[k]의 부후를 예측하는 데는 정확하지 않았으나, 은단풍(*Acer saccharinum*)[d], 레지노사소나무(*Piuns resinosa*)[i], 흑호두나무(*Juglans nigra*)[h]에서는 정확도가 높았다. 개별 수종에 대한 전기저항 변화를 해석하기 위해서는 상당한 경험이 필요하다. 일부 수종의 경우 초기 단계의 부후를 탐지할 수 있다.	검사를 위해 2.4mm(0.09인치)의 구멍을 뚫어야 하는데, 침입성은 앞서 언급한 천공법과 비슷하다.
X-ray, γ-ray	전자기 방사파(electromagnetic radiation wave)가 수목을 관통하여 내부 상태의 영상을 창출한다. 우리가 알기로는, 살아 있는 수목에 대한 x-선 적용은 야자수[e]의 눈(bud) 균열을 탐지하기 위한 것이 유일하다. γ-선은 독일에서 가로수와 공원수에 대해 실험한 적이 있다[l].	이를 위해서는 큰 장치가 필요하고, 비용이 많이 들며, 방사선으로부터 작업자를 보호하기 위해서는 안전 훈련이 필요하다. 부후의 현장 점검을 위한 실용적인 방법이 되기 위해서는 시간이 필요하다.	수목에게는 완전히 비침입성이지만, 작업자가 방사선에 노출될 위험이 있다.
배양	목재 조각을 수목으로부터 무균상태로 채취하여 실험실에서 영양배지에 배양한다. 목재 샘플에서 자라나온 곰팡이를 동정한다.	배양은 결과를 확인하는데 4~6주가 걸린다. 곰팡이 동정은 실험실 장비와 훈련된 미생물학자가 필요하다. 능동적인 곰팡이와 살아 있지만 수동적인 곰팡이를 구분할 수 없다. 장시간이 필요하기 때문에 대부분의 경우 부후 탐지에 실용적이지 않다. 부후의 초기 단계를 탐지한다.	수목에서 샘플을 채취하는 것이 침임 과정이며, 생장추를 이용한 속을 채취하는 것과 비슷하다.
현미경	부후 곰팡이의 표징을 확인하기 위해 광학현미경을 이용하여 매우 얇은 목재 조직을 조사한다.	초기 단계의 부후를 탐지하기 위해 사용할 수 있지만, 현장에서 활용하기에는 실용적이지 않다. 다방면에 걸친 훈련이 필요하다.	생장추를 이용한 속을 채취하는 것과 비슷하게, 수목에서 샘플을 채취하는 것이 침입 과정이다.

(계속)

표 16-4 서 있는 수목에서 부후를 탐지하는 방법 (계속)

방법	작동 원리	한계	생체 내 침입성
굴절계 (fractometer)	생장추의 속에 대한 방사휨파괴강도(radial bending fracture strength)와 파괴각도(fracture angle)를 측정하는 기계적인 장비이다. 큰 파괴각도와 낮은 파괴강도는 백색부후(white rot)를, 작은 파괴각도와 낮은 강도는 갈색부후(brown rot)를 각각 나타낸다.	초기 부후를 탐지하는데 유용하다[a]. 결함이 없는 수목에 대한 측정범위를 먼저 확립해야 한다. 강도와 파괴각도를 비교하기 위해 한 그루에서 여러 번의 측정을 하는 것이 가장 좋다[f].	생장추의 속을 채취할 필요가 있다.

출처: Zable과 Morrell, 1994(아래 표시된 출처 제외).

[a]Bethge, Mattheck, Hunger, 1996.

[b]Costello와 Qrarles, 1999.

[c]Costello와 Peterson, 1998.

[d]Gallagher와 Sydnor, 1983.

[e]Johnson, 개인적인 정보.

[f]Matheny와 Clark, 1998.

[g]Matteck과 Breloer, 1994.

[h]McGinnes와 Shigo, 1975.

[i]Shigo와 Berry, 1975.

[j]Wilkes, 1983.

[k]Wilson, 1983.

[l]Habermehl과 Ridder, 1995.

그림 16-13 마이크로드릴은 목재 속으로 들어갈 때 저항을 기록하는 부후 탐지장치이다. Resistograph(Instrument Mechanic Labor, Inc.)와 Decay Micro-Probe(Sibert Instruments)의 두 가지 장비가 있다. 둘 다 자료를 그래프용지에 기록하거나 휴대용 컴퓨터로 전송할 수 있다. (사진: Dermot Cox, Eastleigh, UK.)

data)는 아직 확립되어 있지 않다. 또한 기록된 자료를 해석하는 것이 때로는 어렵다. Moore(1999)는 Resistograph의 기록을 해석하기 어려운 경우, 같은 추적 구멍을 따라 Vitalometer(프랑스판 Shigometer)로 이용하여 측정한 전기 저항치가 해석에 도움을 줄 수 있다고 제안하였다.

전기저항을 이용한 기술(예: Shigometer, Vitalometer)은 우선 목재 속으로 직경이 가는 구멍을 뚫은 다음 목재조직의 전류에 대한 저항을 측정하기 위해 맥동직류(脈動直流, pulsed direct current)를 사용하는 연선(撚線, twisted wire)으로 된 탐침을 삽입한다. 부후된 목재는 건전한 목재보다 전기저항치가 더 낮다. 측정은 구멍 전체 깊이에 걸쳐 일정한 간격으로 실시된다.

Shigometer는 상이한 성공적인 사례를 보이면서 부후 탐지에 사용되어 왔다. Costello와 Peterson(1989)은 벌채할 예정인 유칼리나무 성목을 대상으로 한 세 가지 부후 탐지 방법, 즉 천공만 하는 경우, Shigometer를 활용하는 경우, 픽 테스트(pick test; 날카로운 도구를 이용하여 채집된 목재 파편을 이용하는 부후에 대한 표준 시험) 등을 비교하였다. 천공법과 Shigometer를 이용하는 방법 등 두 방법이 픽 테스트에 의해 발견한 것보다 더 많은 부후를 예측하였다. 두 방법은 후자의 방법으로 발견한 유칼립투스 9그루에 있는 176개소와 만나유칼리(*Eucalyptus viminalis*) 5그루에 있는 100개소 중에서 각각 55%와 65%만 정확하게 예측하였다. 이들 유칼리나무의 경우, Shigometer는 천공한 다음 파편을 조사하는 것보다 정확도가 떨어졌다.

Wilkes(1983)는 몇 종의 유칼리나무에서 탐지된 것 중에서 부후의 70~80% 정도를 정확하게 예측하였지만, 신뢰성 있는 탐지를 위해서는 20~30%의 오류는 너무 크다고 결론지었다. Wilson(1983)도 붉은너도밤나무(*Nothofagus fusca*)를 이용한 실험에서도 비슷한 결과를 얻었다. 그러나 Gallagher와 Sydnor(1983)는, 5~6가지 수종에 대해 Shigo와 같이 작업한 동료들(Costello와 Peterson, 1989)이 얻은 결과와 마찬가지로, 은단풍(*Acer saccharinum*)의 변색된 목재와 부후된 목재를 탐지하는데 Shigometer가 유용하다는 것을 발견하였다.

음향측정장치(acoustic measurement device)는 음파(音波, sound wave)가 목재를 통과하는데 걸리는 시간을 측정한다. Metriguard Stress-Wave Timer와 Sound Impulse Hammer는 망치 가격에서 발생한 소리가 수간에 박아 넣은 탐침에 전달되는 것을 이용한다. Arborsonic은 수피조각을 제거한 다음 반대쪽에 설치된 발신기(發信機, transmitter)에서 방출되는 초음파(超音波, ultrasonic)를 이용한다. 부후된 목재는 건전한 목재보다 음파를 더 천천히 통과시킨다. 음파가 해당 직경의 표본을 통과하는데 걸리는 시간을 부후되지 않은 것으로 알려진 같은 유형의 목재에서 걸리는 시간과 비교함으로써, 부후의 존재 여부를 확인할 수 있다. 다른 기술과 마찬가지로, 결과를 해석하는 것이 어렵고 혼동하기 쉽다(Ouis, 2001). 어떤 유형의 부후는 잘 탐지되지 않는다(Mattheck와 Bethge, 1993; Schwarze 등, 1997). Dolwin 등(1999)은 "현재 사용되고 있는 음파장비는 부후나 결함의 정도에 대한 정확한 정보를 제공할 수 없다"라고 결론지었다.

X-선, 열화상 이미지(thermal imaging), 핵자기공명(核磁氣共鳴, nuclear magnetic resonance) 등을 이용하는 몇 가지 정밀한 기술이 연구 중에 있다(Dolwin 등 1999). 컴퓨터화된 단층촬영(斷層撮影, tomography)은 내부 결함을 얇은 조각의 수간으로 그리기 위해 γ-선에 대한 흡수 계수(吸收係數, absorption coefficient) 변이를 사용한다

(Habermhl과 Ridder, 1999). 이러한 기술들은 값비싼 장비를 필요로 하고, 작업을 완료하는데 시간이 오래 걸리고, 현재로는 대부분의 수목관리자들이 사용할 수 없는 상태이다.

표본 추출 위치 선정

표본 추출 지점의 수와 위치를 결정하기 위해서는, 외부적인 표징(表徵, sign)을 기준으로 부후 기둥(column)의 크기와 구조를 추정하여야 한다. 그 다음, 기둥의 폭과 길이를 확인하기 위한 표본을 추출하라. 너무 많은 시굴도 피해야 하지만, 너무 적게 해도 안 된다. 수간에서 하나의 높이에서 시굴한 것은 샘플 추출한 곳의 정보만 제공한다. 즉, 이를 통해 수목의 다른 부분의 문제를 확인할 수는 없다.

수목에 과도하게 상처를 주지 않으면서 필요한 정보를 확보하기 위해서는 표본 추출 지점을 주의 깊게 선정하여야 한다. Sharon(1989)은 가능하면 부후 확산을 피하기 위해 노출된 상처 표면에서 비록 존재하는 건전한 목재의 양을 추정하기는 어렵지만, 표본을 추출할 것을 권고한다.

천공과 시굴이 목재 내부에 구멍을 만들어서 부후된 수목과 건전한 수목 사이의 방어벽을 관통할 수 있다는 우려가 있다. 발생하는 구멍의 직경은 이미 언급한 바와 같이 Decay Micro-Probe는 1.5mm(0.06인치), 천공 비트는 3mm(0.13인치), 생장추는 12.5mm(0.5인치) 등이다. 탐침과 천공 구멍은 생장추 구멍보다 크기가 작아서 목재가 상처를 덜 받지만, 각각의 방법은 수목이 외부로부터의 감염에 노출될 가능성이 높고, 이미 부후가 존재할 경우 부후가 더 깊이 확산될 수 있다. 감염 가능성에 관한 한 구멍 크기의 차이는 크게 문제가 되지 않는다. 상처 유합 속도도 감염이 발생할 가능성에 미치는 영향은 미미하다(Shigo, 1986a). Arborsonic은 한 번 측정에 수목의 양쪽에 직경 40mm(1.6인치)의 수피 조각을 제거해야 한다.

Dujesiefken 등(1999)은 4개 수종에 대해 다르게 처리된 시굴 구멍의 상처에 대한 반응을 상처발생 10년 후에 조사하였다. 상처 반응은 수종별로 차이가 많았는데, 유럽피나무(*Tilia platyphyllos*)와 작은잎피나무(*T. cordata*)는 상처를 잘 구획화하였다. 반면, 은자작나무(*Betula pendula*)는 뚫은 구멍의 상하로 길이 2m(6.6피트)까지 변색된 것으로 나타났다. 상처를 LacBalsam®이나 폴리우레탄으로 처리하는 것은 상처 유합에 거의 또는 전혀 영향을 주지 않았으며, 크레오소트가 주입된 나무 못(wood dowel)으로 봉합한 구멍은 광범위한 변색과 길이 125mm(5인치)에 이르는 형성층 고사가 발생하였다.

대부분의 부후 탐지 방법이 어느 정도의 수목 손상을 유발하지만, 특히 수목이 큰 피해를 줄 수 있는 지역에 있어서 수목의 체내 여건에 관한 추가적인 정보가 수목의 붕괴 가능성을 평가하는데 긴요할 경우 이 정도는 합리화될 수 있을 것이다.

부후로 인한 강도 손실 평가

부후는 수목의 안정성에서 결정적인 요소이기 때문에, 위해 평가에서도 중요하다. 수간에서 내부 부후가 진행됨에 따라 줄기는 견실한 장대가 아닌 속이 빈 관이나 원통이 되어 간다. 속이 빈 원통도 어느 정도까지는 속이 찬 원통과 비슷한 수직, 수평, 뒤틀림 응력(vertical, lateral, twisting stress)에 견딜 수 있겠지만, 수간에 비어 있는 공간이 늘어날수록 강도 손실(强度損失, strength loss)이 커져서 강도가 약해질 것이다.

수목관리자들은 부후 진전으로 인한 목재 강도의 변화와 수목의 붕괴 가능성과의 관계에 관해 높은 관심을 표시해 왔다. 부후로 인한 수간 강도 손실을 계량화하는데 도움을 주는 몇 가지 방법이 고안되었다(추가적인 정보는 Matheny와 Clark, 1994; Lonsdale, 1999; Kane 등, 2001 참조). 계산을 위해 동원되는 방법은 배관 강도에 대한 공학적인 공식이며, 이를 위해 측정된 수간 직경과 부후된 목재와 공동의 직경을 사용한다(Wagener, 1963; Smiley와 Fraedrich, 1992; Coder, 1989). Mattheck 등(1992)은 속이 빈 원통에서의 휨 응력(bending stress)에 관한 이론에 기초를 둔 다른 계산 방법을 사용하였다. 다른 결함이 복합적으로 작용하지 않는다면, 수목은 수피 내부의 총 목재 직경의 약 70% 손실에 상당하는, 강도의 약 1/3을 잃어도 수목의 실질적인 안전에는 영향을 미치지 않는다는데 일반적으로 대부분 동의한다 **(표 16-5)**. 이러한 계산이 수목관리자가 수행하기에 상대적으로 쉽지만, 수치를 해석하는 데는 다음과 같은 어려움이 있다.

1. 우리는 수목의 수관 공동 범위가 배관에서 발견되는 특성과 달리 어떤 모양을 하고 있고 어떻게 편향되어 있는지 모른다. 수목의 수관은 원통형이라기보다는 타원형이나 불규칙할 수도 있다. 부후 기둥은 벽의 두께가 다르기 때문에 가끔 편심(偏心, eccentric)되어 있을 수 있다. 목재는 배관을 구성하는 물질처럼 균질한 물질이 아니다. 목재는 강도에서 압축(壓縮, compression)보다는 응력(應力, tension)이 더 크고, 내부의 결함과 이상재(異常材, reaction wood), 나선목리(螺旋木理, spiral grain)를 가지고 있다. 더구나 목재의 강도는 수종에 따라 차이가 있고, 같은 수종에서도 수목에 따라 다르다. 수목은 가해지는 스트레

표 16-5 목재 부후와 관련된 "강도 손실"을 평가하는 일반적인 방법

출처	공식	실행역	평가
Coder, 1989	$(d^4/D^4) \times 100$	20~44%; 주의 > 50%; 위해	원통의 휨 응력에 대한 공학적인 공식에 근거하고 있다. 한계치는 경험에 근거하고 있다.
Wagener, 1963	$(d^3/D^3) \times 100$	33%	수간의 불연속성을 고려하기 위한 조정된 공식. 심각한 결점이 없는 침엽수에만 적용된다.
Smiley와 Fraedrich, 1992	$(d^3 + r[D^3 - d^3] / D^3 \times 100$	33%	공동의 개구를 고려하기 위한 Wagener의 변형. 넘어진 수목 54그루, 서 있는 수목 31그루를 조사했다. 33%의 강도 손실을 실행역으로 이용하면, 넘어진 수목의 50%와 서 있는 수목의 13%를 제거했을 것이다.
Mattheck, Gerhardt, and Breloer, 1992	t/R	< 0.30	원통의 좀쇠 파손을 기준으로 한다. 넘어진 수목과 서 있는 수목의 t/R을 측정하였다. t/R 0.3을 실행역으로 사용하면, 넘어진 수목의 95%, 서 있는 수목의 35%를 제거했을 것이다. 이 자료에 의하면, 직경이 > 50cm (20인치)인 수목에 대해서는 실행역에 대한 결론을 내지 못한다.

주: 약어: d = 부후된 목재의 직경, D = 수간의 직경, r = 공동 개구의 크기/수간 둘레, t = 건전한 목재의 넓이, R = 수간의 반지름.

스가 크면 목재의 강도를 증진시키는 능력을 가지고 있다.

2. 건전한 목재와 부후된 목재를 구분하는데 있어서의 측정 오차가 현재 가용한 대부분의 장비가 중간 정도 또는 진전된 부후는 확인할 수 있지만 초기 단계의 부후는 구분해 내지 못하기 때문에, 클 수가 있다. 선정된 표본 추출 지점에 나타나 있는 부후는 해당 수목 전반에 걸친 체내의 여건을 정확하게 반영하지 못할 수도 있다.
3. 이들 공식은 강도 손실(Kane 등, 2001)이 아닌 관성 모멘트(慣性-, moment of inertia)를 계산해 주며, 붕괴를 판단하는데 중요한 목재 강도의 변수(變數, variable), 수관의 형태와 높이, 작용하는 힘 등을 계량화하지 못한다.
4. 이들 공식은 뿌리, 근원, 가지 및 가지의 부착 지점에 있는 부후에 의한 붕괴 가능성을 평가하는데 사용할 수 없다. Wagener(1963)는 배관 강도용 공식은 침엽수에만 적용하고 활엽수에는 적용하지 말 것을 경고하였다.
5. 실행역(實行閾, action threshold)은 비정상적인 태풍이 지나간 후에 넘어지거나 그대로 서 있는 수목의 소규모 집단에 대한 관찰과 수집된 측정치를 기준으로 한다. 수목의 종과 크기의 범위, 적용된 힘, 공식의 적용, 붕괴 한계 등 종합적인 방법으로 실험한 자료는 아직 없다.

요약하면, 위해 평가에 "강도 손실" 공식을 적용하는 것은 결정적이고 가장 중요한 일부라기보다는 분석에서의 추가적인 도구로 보는 것이 좋다. 이들 공식은 스트레스에 견디는 수목의 능력을 정확하게 반영하지 못하며, 이러한 한계치의 광범위한 적용을 지지할 수 있는 자료가 거의 없다. 강도 손실이 심각하지만 수간에 부하가 거의 작용하지 않고 보호되고 있는 위치에 있는 수목은, 강도 손실은 거의 없지만 가지가 넓게 뻗어 있고 바람에 노출된 수목보다 파손될 가능성이 낮을 수 있다.

16.5 풍도 가능성 평가

뿌리째 뽑히는 것(uprooting)은 수평력(水平力, lateral force)이 뿌리와 토양이 서로 잡고 있는 강도를 초과하지만 줄기를 부러뜨리지는 않을 정도로 수목에 작용할 때 발생한다. 수간의 강도가 크면, 토양의 뿌리에 대한 점착이 취약점(weak link)이 되어 뿌리째 뽑히게 된다(**그림 16-14**). 반대로, 뿌리의 강도와 고정이 수간의 강도를 능가하면 수간이 꺾이거나 파손되는 현상이 발생한다.

수목은 생물학적으로 풍하중(風荷重, wind load)에 적응하도록 설계되어 있다. 이들은 빈번하게 부딪치는 기계적인 스트레스에 반응하여 강도를 확보하기 위한 목재를 발달시킨다. 바람이 수목을 넘어뜨릴 정도로 충분히 강하지 않으면, 수목은 풍견(風堅, wind firmness)을 발달시킬 것이다. 풍견은 주풍(主風, prevailing wind)에 반응하는 방향성이 있다.

(a)

(b)

그림 16-14 뿌리와 토양이 잡고 있는 힘을 초과하는 수평력이 수목에 작용하면 뿌리가 뽑힌다(a). 뿌리의 강도가 수간의 강도보다 더 강하면 수간이 부러진다(b).

극단적으로 높은 풍속을 동반한 비정상적인 강도의 태풍이 불면 재앙적인 풍도(風倒, windthrow)가 발생한다. 이러한 태풍은 드물게 불기 때문에 수목은 자신들의 구조를 이들에 적응시킬 수 없다. 피해의 정도는 토양이나 관리 방법보다 바람과 지형에 의해 더 크게 영향을 받는다. 극단적으로 높은 풍속 하에서는 향후의 피해가 어디에서 발생할 것인가를 예측하는 것은 불가능하다. 일반적으로, 이러한 강도에 달하는 태풍의 효과를 감축시키기는 어렵다. 다음과 같은 다양한 부지 및 수목 요소가 안정성에 영향을 미친다:

고도(高度, elevation). 평균 풍속, 돌풍(突風, gale) 빈도, 강우는 고도(高度, elevation)와 함께 증가한다.

지형(地形, topography). 바람에 대한 노출에서 고도가 높아지는 효과는 주변의 지형(예: 산봉우리 대비 계곡)의 영향에 의해 변경된다.

토양 특성. 토양은 토양 강도(전단과 인장 강도)와 깊이를 통해 안정성에 직접적으로 영향을 미친다. 높은 수분 함량, 접촉면(상이한 토성)의 존재, 높은 유기물 등은 토양 강도를 감소시킨다. 뿌리 발달에 영향을 주는 간접적인 요소에는 토양 통기(土壤通氣, soil aeration), 강도(답압 정도), 유효 수분, 양분 등이 있다.

수관(樹冠, crown). 수관이 무거울수록 더 큰 무게가 풍도에 작용한다. 수관의 밀도와 유연성은 수관을 통과하거나 맴도는 바람의 힘의 크기에 영향을 미친다.

임분 높이(stand height). 수목은 일반적으로 수고가 높아질수록(지렛대[lever arm]의 길이가 길어짐) 풍도에 대한 감수성이 증가한다. 그러나 평균적인 임분 높이 위에 수관이 있는 우세목(優勢木, dominant tree)은 더 큰 풍견을 보여준다.

기울어짐(lean). 수목이 바람에 의해 기울어지면, 수관과 수간에 대한 중력이 회전 모멘트(回傳-, turning moment)에 추가된다.

수고:직경 비율(초살도). 초살이 잘된 수목은 기계적인 스트레스에 더 잘 견딜 수 있다. 초살도(梢殺度, degree of taper)는 수고:직경 비율(height:diameter ratio)로 표현되는데, 초살도가 클수록 이 비율은 낮다. 호주에서 라디아타소나무를 연구한 Cremer 등(1977)은 수고:직경 비율이 60미만인 수목은 바람에 의해 쉽게 뽑히지 않았으나 100보다 큰 수목은 불안정하다는 것을 발견하였다. Mattheck은 수고:직경 비율이 50:1을 초과하는 수목은 넘어질 가능성이 높다고 하였다(Mattheck 등, 2002).

판근(板根, buttress). 판근은 풍하중(wind load)이 가해지면 기계적인 부하(mechanical stress)를 균등하게 배분하기 위해 형성된다. 판근은 휘어지는 것과 부하가 수목의 기부에 집중되는 것을 덜어준다. 큰 판근을 가진 수목은 뿌리시스템의 경첩점(-點, hinge point)이 해당 수목의 기부에서 멀리 떨어져 있기 때문에 이를 전복시키기 위해서는 더 큰 지레 작용(leverage)이 필요하다.

뿌리. 수목 안정성은 응력을 토양에 전가할 수 있는 큰 표면적을 가진 가늘고 섬유질의 뿌리와 함께 압축력과 회전력에 저항하는 수간에 인접한 직경이 굵고 완강한 뿌리로 구성된 잘 발달된 뿌리 시스템에 의해 향상될 수 있다.

뿌리의 모양도 중요하다. 수간 주위의 뿌리는 압축력에 견디기 위해 T자 모양이 된다. 수간에서 멀어질수록 구조적 뿌리의 형태는 I자형 빔(beam)으로 바뀐다. 뿌리판의 가장자리 근처에서는 타원형 모양의 뿌리가 있다.

뿌리 파손의 가능성을 평가하기 위해서는 수목, 부지, 환경 등의 요소를 고려해야 한다. 다음 조건들은 풍도 가능성을 증대시키는 특징들이다:

- 해당 지역에서의 풍도 역사
- 뿌리 손상이나 부후 흔적
- 바람이 불어오는 방향의 수간 부근 토양의 균열 또는 솟음
- 기울어짐, 특히 다음 중 하나 이상의 증상 동반 시:
  무거운 수관
  기울어진 반대 방향 토양의 솟음
  토양의 균열
- 장기간의 강우 뒤에 바람, 특히 다음 중 하나 이상의 증상 동반 시:
  경사지
  얕거나 층화된 토양
  휘어진 수관
- 토양 여건이나 장애물에 의해 제한된 뿌리 발달

풍도 유발 가능성이 높은 부지와 수목 특성을 위와 같이 기술할 수는 있지만, 특정한 수목이 바람이 쓰러질 것인가를 예측하는 것은 어려운 일이다.

16.6 여름 낙지 가능성 평가

외관상으로는 튼튼한 직경 1m(3피트)에 이르는 가지와 직경 1.3m(4피트)에 이르는 수간이 덥고 고요한 여름 오후 동안 또는 이러한 날씨가 있은 이후에 부러지거나 넘어지는 경우가 발생하였다(Harris, 1972, 1983). 떨어지는 가지는 치명적이어서 많은 사람과 건물에 대해 심각한 손상과 피해를 유발하였다. 여름 낙지(-落枝, summer branch drop)라고 알려진 이러한 현상은 호주, 영국, 남아프리카 공화국, 캘리포니아에서 보고되었다. 1983년 이후, 우리는 캐나다의 브리티시컬럼비아와 미국의 뉴욕에서 텍사스에 이르는 지역에서 이러한 사고에 관한 보고를 받았다. 영국에서는 이러한 낙지가 점점 증가하는 토양 건조 기간이 지난 다음 호우(豪雨, heavy rain)에 이은 고요한 날씨와 관련이 있다(Rushforth, 1979). Kellogg(1882)가 처음으로 캘리포니아에서의 여름 낙지를 보고하였다.

떨어지는 가지는 일반적으로 수직적이기보다는 수평에 가깝고, 수목의 수관까지 또는 수관 바깥까지 뻗어 있다. 파손은 대부분 가지가 부착된 곳으로부터 어느 정도 떨어진 가지 상에서 발생한다. 파손된 부위의 목질부는 튼튼하게 보일 수도 있고, 가지의 중심이 부러지기 쉽거나(약하고 괴상[塊狀, blocky] 구조) 부후되어 있을 수도 있다. 대부분의 파손된 가지는 과거에 강력한 태풍을 견디고 난 다음, 이어지는 고요한 여름날이나 이 기간 동안에 떨어지는 것뿐이다. 이러한 가지들은 어떤 특정한 결함을 보이는 경우가 드물기 때문에, 이러한 파손을 예측하는 것은 매우 어렵다.

여름 낙지는 영국과 미국에서 다양한 수종에서 발생한 것으로 보고되고 있다(**표 16-6**). 활력이 좋은 어리고 성숙한 감수성 수종은 과성숙(過成熟, overmature)하고 노쇠한 수목보다 낙지가 발생할 가능성이 낮다(Rushforth, 1979). 한 가지를 잃은 수목은 또 다른 가지를 잃을 가능성이, 같은 수종의 비슷한 인접한 수목이 첫 번째 가지를 잃을 가능성보다 더 높다.

캘리포니아에서 여름이 건조하면, 관수를 한 녹지와 하지 않은 녹지 모두에서 자생 수목과 식재된 수목으로부터 낙지가 발생한다(Harris, 1983). 로즈빌(Roseville, CA)의 J. William Roach(1988, 개인적인 정보)는 시에라네바다(Sierra Nevada) 산맥의 구릉에서 자라는 수간 직경이 250~600mm(10~24인치)인 자생 계곡참나무(*Quercus lobata*) 80그루를 관찰하였다. 8년 동안, 바람에 의해 1그루가 넘어지고 2그루에서 가지가 부러졌다. 그러나 고요한 상태의 여름 동안 9그루의 수목이 직경 500mm(20인치) 크기에 이르는 가지들을 잃었다.

분명하게 설명할 수는 없지만, 이러한 현상은 수분 상태와 관련이 있는 것으로 보인다. 더운 오후에 가지가 부러지는 것은, 가지가 자신이 받는 것보다 더 많은 물을 증산하여 더 가벼워지기 때문에, 다소 예상하기 어렵다. 여름철 오후 동안에 가지는 위로 올라가고 수간과 가지는 수축된다(Kozlowski와 Winget, 1964). 가뭄이 계속되면 나선형으로 배열된 목부를 가진 침엽수의 수간이, 등나무의 열매 꼬투리처럼, 갈라지게 된다(Rushforth, 1979). 대부분의 파손이 상대적으로 건조할 때 일어나기 때문에 이러한 관찰이 의미가 있는 것처럼 보이지만, 참나무와 유칼리나무에서는 일부 파손의 양쪽으로부터 액체가 "흘러나오는" 것이 관찰되었다. 이 액체는 가지의 중심에 있는 습재(濕材, wetwood)에서 나왔을 가능성이 높다.

Shigo(1989)는 상처나 평절 절단(平切切斷, flush pruning cut)에 의해 발생한 굵은 가지의 내부 균열이 바깥으로 확산되어 수피가 갈라질 수도 있다고 제언한다. 이 균

표 16-6 여름 낙지를 경험한 것으로 보고된 수종

영국[a]	미국
물푸레나무류(*Fraxinus*)	물푸레나무류(*Fraxinus*)
너도밤나무류(*Fagus*)	개잎갈나무류(*Cedrus*)
마로니에류(*Aesculus*)	느릅나무류(*Ulmus*)
참나무류(*Quercus*)	유칼리나무류(*Eucalyptus*)
포플러류(*Populus*)	자이언트세쿼이어(*Sequoiadendron giganteum*)
유럽밤나무(*Castanea sativa*)	반얀나무(*Ficus microcarpa*)
버드나무류(*Salix*)	회화나무(*Sophora japonica*)
	남아프리카산호나무(*Erythrina caffra*)
	참나무류(*Quercus*)
	올리브나무(*Olea europaea*)
	소나무류(*Pinus*)
	버즘나무류(*Platanus*)
	포플러류(*Populus*)
	우의목(*Grevillea robusta*)
	은단풍(*Acer saccharinum*)
	미국풍나무(*Liquidambar styraciflua*)
	가중나무(*Ailanthus altissima*)

[a]Rushforth, 1979.

열이 바깥으로 확산됨에 따라 "가지는 두 개의 캔틸레버 보(cantilever beam; 한 쪽은 고정되고 다른 쪽은 자유로운 보, 즉, 하나는 갈라진 가지의 위, 다른 하나는 갈라진 가지의 아랫부분)와 비슷하게 된다. 2차 균열을 따라 습재가 목재의 수분을 유지하고 있으면 휘어질 것이다. 그러나 균열부위가 건조해지기 시작하면 가지는 부러질 수도 있다"(Shigo, 1989). 증산이 수분흡수를 크게 초과하면 비슷한 여건이 조성될 수 있지만, 이는 바깥쪽의 통도 목부로 제한된다. 이러한 견해는 습재의 가지 파손 위험을 납득시키지 못한다.

또 다른 가능성은 식물이 생산하는 에틸렌(ethylene; 스트레스를 받으면 분비량이 증가)이 세포벽(細胞壁; cell wall)의 접착을 용해시켜 가지의 파손된 지점을 약화시킬 수 있다는 것이다. 목재가 실제로 덥고 고요한 환경 하에서 약해진다면, 이 과정은 가역적(可逆的, reversible)이어야 하며, 그렇지 않으면 굵은 가지를 많이 가진 성목은 거의 없을 것이다.

여름 낙지는 매우 심각하여, 큐(Kew)에 있는 왕립식물원(Royal Botanic Garden)은 출입구마다 방문객들의 주의를 환기시키기 위해 "오래된 교목, 특히 너도밤나무와 느릅나무는 사전 경고 없이 굵은 가지를 떨어뜨릴 수 있다"라는 커다란 표지판을 걸어놓고 있다. 많은 호주 공원에도 비슷한 경고판이 있다.

감수성 수종의 성목에 대한 여름 낙지 위해를 최소화하기 위해서는 다음과 같은 조치가 필요하다:

- 길고 수평의 가지는 제거하거나 축소 및 무게를 줄인다.
- 가지의 초살도를 높이도록 수목을 전정한다.
- 수목의 건강과 적절한 활력을 유지시킨다.
- 활력이 떨어진 가지와 부후나 공동이 있는 가지를 제거함으로써, 구조적인 결함을 점검하고 교정한다.
- 활력이 낮은 과성숙목은 제거하거나 이들 나무 아래에서의 활동을 제한한다.

16.7 피해대상 평가

피해 대상의 안전은 수목 위해 관리 프로그램(樹木危害管理-, tree-hazard management program)의 주된 관심사이다. 두 부류의 피해 대상이 고려된다: 하나는 주차장, 건물, 휴양 등

대상의 용도와; 다른 하나는 그 장소의 이용 빈도인 점유기간이다. 수목 파손이 대상물을 가격할 기회는 해당 부지의 점유가 증가할수록 높아진다. 가장 높은 등급을 가진 대상물은 하루 24시간, 일 년 365일 지속적으로 이용되는 지역에 있는 것들이다. 사람이 이용하고 있는 대상물은 구조물만 있는 것보다 훨씬 높은 등급이 매겨질 것이다. 가끔 또는 간헐적으로만 이용되는 대상물은 자주 이용되는 것보다 낮은 등급이 매겨질 것이다.

대상물의 점유도는 이동성인지 고정적인지, 그리고 장기적인지 단기적인지에 따라 구분할 수 있을 것이다. 고정적이고 장기적인 대상물은 이동성이고 단기적인 것보다 더 높은 등급이 부여될 것이다. 조사하는 시점에 대상물이 존재하지 않더라고, 하루 또는 계절의 다른 시간에 부지의 이용과 점유가 발생할 수 있다는 것을 고려하여야 한다. 피크닉용 탁자(picnic table)와 같은 이동성 대상물은 이를 이동시키면 위해 요인을 제거할 수 있다.

수목 위해 관리

수목 위해 관리 프로그램은 수목 파손으로 인해 유발되는 사고를 줄이기 위해 설계된다. 이들 프로그램 중에는 주로 산림이 우거진 휴양지역에 있는 자생 수목에 초점을 맞추는 프로그램이 있는가 하면(Paine, 1971; Wallis 등, 1980; Johnson, 1981; Mills와 Russel, 1981), 다른 것은 도시지역에 있는 식재된 수목을 대상으로 한다. 효과적인 수목 위해 관리 프로그램은 다음 사항이 구비되어야 한다:

- 적절한 관리기관(administrative body)에 의해 승인된 서면 관리 프로그램을 작성하고 유지한다.
- 예산과 관리 철학에 기반을 둔 위해 관리 수준(수용 가능한 위험)을 설정한다.
- 체계적인 점검 절차를 갖춘다.
- 점검과 유지관리 인력을 훈련시킨다.
- 점검과 관리 권고사항을 기록한다.
- 시의 적절하게 위해한 상황을 경감시킨다.
- 점검과 관리 조처에 관한 기록을 유지한다.
- 해당 프로그램을 재점검하고 개선을 위한 건의를 한다.

개별 수목에 대해 권고된 교정 수단, 해당 수목이 점검된 일자, 수행된 교정적인 수단 등을 역사적인 기록으로 기재하는 것이 좋다. 기록은 지면이나 전산으로 유지될 수 있을 것이다. 개별 수목의 위치를 나타내는 지도도 도움이 될 것이다. 이들 기록은 (1) 점검과 점검 사이의 수목 상태 변화를 확인하고; (2) 어떤 수종이 왜 파손되는지에 관해 기록하기 때문에, 파손 발생을 예측하고 앞으로의 식재에 피해야 하는 수종을 결정하는데 도움이 되며, (3) 피해와 상해에 관한 소송이 발생하는 경우, 점검 빈도와 철저함의 증거로서, (4) 위해 수목의 점검과 처치에 관한 비용을 기록한 것으로서, 유용할 것이다.

위해 등급부여 시스템

대부분의 위해 관리 프로그램에는 수목의 위해 정도에 대한 등급을 매기는 시스템이 포함되어 있다. 위해평가 절차의 목적은 파손이 발생하기 전에 적절한 조치가 취해질 수 있도록 특정 수목과 관련된 위협과 위험을 평가하는데 있다. 그러나 다수의 수목을 관리하는 사람으로서는, 모든 잠재적인 위해를 낮게 유지하는 것은 달성할 수 없는 목적이 될 수도 있다. 위해 등급부여 시스템(hazard rating system)은 집단 내의 개별 수목에 의해 야기되는 상대적인 위험의 정도에 대해 등급을 부여함으로써 가장 우선적으로 취급되어야 하는 가장 위해한 수목을 확인하는데 도움이 될 것이다. 위해 등급부여는 한 그루 또는 몇 그루를 조사할 때에는 불필요하며, 모든 수목에 대해 감축 조처를 취하면 된다. 이 시스템은 대규모 수목 집단을 위한 도구이다.

수많은 위해 등급부여 시스템이 개발되었다. 미국 전역의 연방 및 일부 주 휴양지역으로부터의 수목 파손 정보에 영향을 받아서, Paine(1971)은 (1) 수목 파손의 확률, (2) 피해 대상물이 손상될 확률, (3) 대상물에 대해 예상되는 피해, (4) 대상물의 화폐적인 가치 등을 기반으로 한 수목-위해 등급부여 시스템(tree-hazard rating system)을 개발하였다. 퍼센트로 표시되는 앞의 3개 항목과 대상물의 가치를 모두 곱한다. 이 결과 화폐로 표시된(미국은 달러) 값이 정해놓은 위해 통제수준을 초과하면 교정적인 조치가 취해진다. 캘리포니아의 공원휴양국(Department of Parks and Recreation)(Bakken, 1986)과 샌프란시스코의 휴양공원국(Recreation and Park Department)의 수목-위해 관리 프로그램은 Paine 시스템에 근거하고 있다.

브리티시컬럼비아(Wallis 등, 1980)와 워싱턴(Washington)주(Mills와 Russel, 1981)에서 개발된 등급부여 시스템은 (1) 파손 확률(1에서 3 또는 4 등급)과 (2) 대상물에 대해 예상되는 피해(1에서 3)에 대한 수적인 등급을 기초로 하고 있다. 해당 수목에 대한 두 등급의 합계가 강구될 구제책을 결정한다.

콜로라도(Colorado)에서 Johnson(1981)에 의해 개발된 시스템은 (1) 수종, (2) 파손 확률, (3) 대상물에 대해 예상되는 피해 등에 대한 수적인 등급(1에서 3)을 기준으로 한다. 세 가지 등급을 모두 곱한 값이 강구될 구제책을 결정한다.

상자 16-5

수목 파손 가능성을 저감하기 위한 처리

위해 저감이란 수목이 파손될 가능성을 줄임으로써 피해 대상물이 있는 곳에서의 위해를 줄이는 처리를 말한다.

고려할 수 있는 첫 번째 행동은 대상물이 이동 가능한가 하는 것이다. 대상물을 제거하는 것은 위해를 제거하는 것이다. 예를 들면, 위해한 수목 아래로부터 피크닉용 탁자나 벤치를 제거하거나 수목 아래에 접근이 제한되도록 수목 주변에 울타리를 치는 것 등이다.

파손으로 이어지는 흔한 수목 결함과 가능한 저감 처리는 다음과 같다. 제14장 전정 기술에 관한 고찰과 제17장 줄당김, 쇠조임, 지지대 설치에 관한 설명을 참고하라.

결함의 유형	고려할 수 있는 조치
수간이나 뿌리 부후	부후가 보통 이하인 경우에는 약한 부위에 가해지는 스트레스가 감소되도록 수관의 무게와 길이를 축소하는 전정을 하라. 부후가 심하면, 대부분의 경우 해당 수목을 제거하는 것이 합리적인 조치이다. 쇠조임은 전형적으로 이러한 결함으로 인해 발생하는 파손을 줄이지 못한다. 수목이 심하게 기울어져 있으면 지지대 설치가 유일한 대안일 수 있다.
가지 부후	보통 이하의 부후에 대해서는 가지의 무게와 길이를 줄이는 전정을 하라. 부후가 심하면, 가지를 부착된 지점에서 제거하라. 부후된 목재 내의 쇠조임은 권장할 대안이 아니다.
초살도가 낮고 끝이 무거운 수평 가지	일차적인 대안은 가지의 무게와 길이를 줄이는 전정을 하는 것이다. 전정으로 가지에 부과된 스트레스를 줄이는 것이 부적절하면, 가치가 높은 수목에 대해서는 지지대 설치나 쇠조임이 고려될 수 있을 것이다.
수고:직경 비율이 높고, 살아 있는 수관이 높으며, 최근에 노출된 초살도가 낮은 수목	해당 수목을 제거하는 것 외에는 저감할 수 있는 다른 조치가 없다. 시간이 흘러가면, 활력이 좋은 수목은 초살이 발달하고 가장자리 여건에 어울리게 되고, 이에 따라 파손 가능성도 낮아질 것이다.
기울어진 수목	지상부가 수직(자가 교정)으로 자라는 경우에는 조치할 필요가 없다. 보통 정도로 기운 경우, 무게와 수관폭을 줄이도록 전정하라. 기울어진 반대 방향의 토양이 솟아올라 있거나 균열이 발생한 최근에 기울어진 수목은, 제거가 권장된다. 고가의 수목인 경우, 무게와 수관폭을 줄이기 위한 전정과 함께 지지대 설치가 고려될 수 있다.
매몰된 수피로 인한 약한 가지 부착	약하게 부착된 가지의 무게를 줄이도록 전정하라; 줄기 중 하나를 억제하거나, 이들 중 하나를 제거하라. 줄당김/쇠조임 시스템 설치를 고려하라.
맹아지가 약하게 부착되어 있는 과거에 단간된 수목	맹아지의 무게와 길이를 줄이도록 전정하라. 가능하면, 가장 잘 부착된 신초를 보존하면서 맹아를 솎아주어라.
수간 근처에서 절단된 뿌리	수관의 무게와 범위를 줄일 수 있도록 전정하라(수관 축소). 심각한 뿌리 손실이 발생하고 수목이 강한 바람에 노출되는 경우, 제거하는 것을 고려하라.
죽었거나 매달려 있는 가지	수관을 청소하는 전정을 하라.

Matheny와 Clark(1994)은 도시지역에 있는 수목과 관련된 위해를 평가하기 위해 특별히 시스템을 개발하였다. 먼저, 결함의 존재 여부와 존재하는 결함의 강도를 확인하기 위해 대상 수목을 충분히 조사한다. 다음으로, 조사 기간(1~2년이 권고됨) 내에 파손되어 대상물을 가격할 가능성이 가장 높은 부위를 확정한다. 마지막으로, 파손 가능성이 가장 높은 것은 세 가지 요소를 기준으로 등급을 부여한다: (1) 파손 확률, (2) 해당 부위의 크기, (3) 대상물의 이용과 점유 정도. 각 요소의 가능성 점수는 4점이며, 따라서 가장 낮은 가능성 등급은 3점이고, 가장 높은 등급은 12점이다.

여기에 언급된 각각의 시스템에서, 죽은 나무에 대해서는 등급이 부여되지 않는다. 이들은 대상물을 가격할 가능성이 있으면 제거되어야 한다. 인명이나 재산에 위해를 가할 수 있는 살아 있는 수목만이 심사되었다. 많은 사람이 이용되는 일부 부지에서는 모든 수목이 심사된다. 위해 등급이 부여된 수목의 위치는 지도에 기술되거나 표시되어야 한다. 조사된 각각의 수목은 눈에 거슬리지 않는 곳에 인식표(認識票, identification tag)를 부착시키는 것이 좋다.

위해 등급부여는 수목 개체수 대비 부지 사용자에 대한 잠재적인 위험의 강도와 범위를 규정한다. 위해등급이 클수록 해당 수목과 관련된 위험이 크다. 위해 등급부여는 작업부하의 우선순위를 부여하는 방법이 된다. 높은 위해등급을 받은 수목은 낮은 등급의 수목에 앞서 처리되는 것이 좋다. 그러나 **위해 등급부여가 제거와 보존, 또는 처리와 비처리 사이의 수적인 선을 엄격하게 그을 수는 없다.** 이것은 소유자와 관리자에 의해서 이루어지는 관리적인 의사결정이어야 한다.

16.8 위해 저감

저감(低減, abatement) 방안의 개발은 부지, 수목, 피해 대상물의 특성을 고려하여 파손 가능성을 평가하는 것처럼 시스템적이어야 한다. 피크닉용 탁자처럼 대상물이 이동성이면, 해당 대상물을 해당 수목이 쓰러지는 구역(fall zone) 바깥으로 이동시킬 수 있을 것이다. 보도나 주차장과 같이 이동성 대상물을 가진 피해 대상은 통로를 재배치하거나 주차장을 폐쇄함으로써 사용을 제한하는 것이 가능할 것이다. 필요하면 울타리를 쳐서 사용을 배제할 수도 있을 것이다.

수목에 적용되는 처리의 목적은 수목이 파손될 가능성을 줄이는데 있다. 이를 위한 처리에는 전정, 줄당김(cabling), 쇠조임(bracing), 지지대 설치(propping), 부지 여건의 변경, 수목의 제거 등이 있다(**상자 16-5**).

저감 처리가 적용된 다음에는 수목이 파손될 가능성이 달라졌기 때문에 후속 평가가 이루어져야 한다. 처리가 인접 수목에 미치는 영향도 마찬가지로 평가되어야 한다. 예를 들면, 보호하고 있던 수목이 제거된 경우, 바람에 대한 노출이 변경된 효과를 고려하라.

죽었거나 부후된 나무의 보존은 이들이 야생동물의 서식처를 제공하기 때문에 바람직할 수 있다. 야생동물을 위해 적절한 수목을 선정할 때에는 현존하는 위해 잠재성과 함께 수목의 안전성과 야생동물에 대한 해당 수목의 가치를 동시에 고려해야 한다. 위해한 수목이나 수목의 일부를 보존하는 것은, 이들이 야생동물에 대해 매우 큰 가치가 있다 하더라도, 피해나 손상의 위험이 수용할 수 없는 경우에는 공중이 이용하는 지역에서는 바람직하지 못하다.

복습

- 수목이 구조적으로 튼튼하지 못하고, 해당 수목이 넘어지면 손상되거나 피해를 받을 대상물이 있으면 위해하다고 생각된다.
- 수목 위해 평가에는 세 가지 요소가 고려된다:
  1. 파손 가능성이 있는 수목
  2. 이러한 파손을 조장할 수 있는 환경
  3. 손상되거나 피해를 입을 사람이나 사물(피해 대상)
- 결함을 확인하기 위한 수목조사에는 전반적인 활력과 건강에 대한 평가와, 뿌리, 근원, 수간, 골격지, 가지의 검사 등이 있다.
- 수목은 시간이 경과하면 변하기 때문에 주기적으로 조사해야 한다.
- 개별 수종의 생장과 파손 패턴에 관한 지식은 효과적인 위해 분석을 위해 긴요하다.
- 기후, 토양과 배수 특성과 같은 부지 요소와 관리 역사, 부지 변경 등이 수목 위해의 진전에 중대한 영향을 미친다.
- 농장에서 자란 수목의 뿌리와 수간 형성, 전정, 관수를 포함한 수목의 관리 역사는 수목의 결함 진전에 중요하다.
- 수목 파손 가능성은 대개 결함의 유형, 크기, 위치 등에 따라 다르다.
- 시각적인 수목평가(visual tree assessment, VTA)는 결함을 탐지하기 위해 수목의 생장 반응과 수형을 이용하는 결함분석절차이다.
- 흔히 수목 파손과 관련되는 요인에는 다음과 같은 것들이 있다:
  1. 강한 바람을 동반한 예외적인 태풍, 비, 눈, 진눈깨비; 결함이 없는 수목도 이러한 여건 하에서는 파손될 수 있다.
  2. 약한 가지 부착
  3. 부후
  4. 수간이나 가지의 끝에 무게가 집중되어 있고 초살도가 낮음
  5. 살아 있는 수관이 높고 키가 큰 최근에 노출된 임분에서 자란 수목
  6. 기울어짐
  7. 죽은 가지
  8. 병들거나 위축된 뿌리시스템으로 인한 수관 쇠퇴
- 부후는 목재의 구조적인 완전성을 훼손시킨다. 부후는 다음과 같은 방법으로 탐지한다:
  1. 상처, 균열, 공동, 새 둥지 구멍, 벌집, 수피를 통한 수액유출, 밋밋하게 부풂, 부후균의 자실체(버섯류) 존재 등의 부후 지표 찾기
  2. 특수한 장비를 이용하여 목재를 직접 검사; 표본 추출 위치를 조심스럽게 선정한 다음 획득한 정보를 해석한다.
- 부후로 인한 파손 가능성을 평가하기 위해 몇 가지 "강도손실(强度損失, strength loss)" 공식이 제시되었다. 이를 사용할 경우, 수목의 안정성을 평가하기 위한 절대적인 도구가 아닌 추가적인 도구가 되어야 한다. 수목 제거를 위

한 기준으로서 광범위하게 적용되는 것을 뒷받침할 만한 자료가 없다.

- 어떤 지역에서 풍도 가능성을 높여주는 조건에는 뿌리 손상이나 부후 흔적; 바람이 불어오는 쪽 수간 근처의 토양 균열과 솟아오름; 기울어지고, 장기간 비가 온 다음의 바람; 제한적인 뿌리 발달 등이 있다.
- 여름 낙지는 덥고 고요한 여름 오후 동안 또는 이러한 기후 뒤에 겉으로는 튼튼한 굵은 가지가 부러지는 현상이다. 원인은 분명하지 않으며, 이러한 파손은 예측하기가 어렵다.
- 수목 위해 관리 프로그램은 수목 파손에 의해 유발되는 사고를 줄이도록 설계된다. 대부분 파손 가능성과 피해 대상물이 피해를 입을 가능성에 대한 수량적인 가치를 부여하는 등급부여 시스템을 도입한다.
- 수목 위해 등급부여는 수목의 개체수 대비 부지 이용자에 대한 잠재적인 위험의 강도와 범위를 규정한다. 이는 가장 위해한 수목이 먼저 조치되도록 작업 부하의 우선순위를 정하는데 도움이 된다.
- 수목 위해를 저감시키는 방법에는 피해 대상의 제거, 전정, 줄당김, 쇠조임, 지지대 설치, 해당 수목의 제거 등이 있다.

추천문헌

Diseases of Trees and Shrubs (Sinclair, Lyon, and Johnson, 1987) is an excellent diagnostic reference with extensive descriptions and color photographs of decay- and canker-causing microorganisms.

ALBERS, J., and E. HAYES. n.d. *How to Detect, Assess and Correct Hazard Trees in Recreational Areas.* Minnesota Department of Natural Resoures.

HARVEY, R. D., and P. F. HESSBURG, Sr. 1992. *Long-Range Planning for Developed Sites in the Pacific Northwest: The Context of Hazard Tree Management.* USDA Forest Service, Pacific Northwest Region.

JOHNSON, D. W. 1981. *Tree Hazards: Recognition and Reduction in Recreation Sites.* U.S. Forest Service Tech. For. Pest Mgmt. Rpt. R 2-1 (Lakewood, CO).

LONSDALE, D. 1999. *Principles of Tree Hazard Assessment and Management.* Research for Amenity Trees No. 7, Department of the Environment, Transport and the Regions. London, England: HMSO.

MATHENY, N. P., and J. R. CLARK. 1994. *Photographic Guide to the Evaluation of Hazard Trees in Urban Areas*, 2nd ed. Urbana, IL: International Society of Arboriculture.

MATTHECK, C. K., and H. BRELOER. 1994. *The Body Language of Trees, A Handbook for Failure Analysis.* London: HMSO Publication.

MILLS, L. J., and K. RUSSELL. 1981. *Detection and Correction of Hazard Trees in Washington's Recreation Areas*. Dept. Natl. Res. Rpt. No. 42.

WALLIS, G. W., D. J. MORRISON, and D. W. ROSS. 1980. *Tree Hazards in Recreation Sites in British Columbia.* B.C. Min. Lds., Parks and Housing, and Canadian Forest Service Jt. Rpt. No. 13.

제17장 예방적인 유지관리와 치료

목표

- 케이블(cable), 조임쇠(brace), 쇠막대(rod), 지지대(prop), 당김줄(guy)을 포함한 수목 지지시스템(tree support systems)을 설치하는 관행을 소개하고 살펴본다.
- 지지시스템이 적절한 상황과 부적절한 상황을 고찰한다.
- 번개(lightning)로부터 수목을 보호하기 위한 시스템 설치도 다룬다.
- 수피에 대한 상처와 부후 공동의 치료에 대해 고찰한다.

수목관리는 수목이 생장함에 따라 그 구조를 증진시키는데 초점을 두고 있지만, 가끔 문제가 발생한다. 수목은 상처를 받고, 잘못 관리되고, 약한 구조와 비대칭적 수형으로 발달할 수 있다. 전정과 기계적인 상처는 공동으로 진전될 수 있다. 또한 수목은 나이가 들어감에 따라 노화(老化, senescence)의 자연적인 과정의 일부인 건강과 구조적인 안정성의 쇠퇴가 발생한다. 수목 구조와 관련된 문제는 일반적으로 수목의 크기가 커지는 것만으로도 심각하게 된다. 대부분의 문제는 올바른 수종 선정, 식재, 관리 등을 통해 회피하고, 최소화하고, 지연시킬 수 있지만, 시간을 두고 진전되는 구조적인 약점은 제거되지 않을 것이다. 수목관리자들은 수목에 보조적인 지지시스템을 설치함으로써 이러한 변화를 비껴가고자 노력한다.

17.1 수목 지지시스템

수목은 잘못된 수목 선정, 부적절한 전정, 그루터기로부터의 맹아발생, 균일하지 않은 생장 여건 등에 의해 약하거나 잘못된 구조로 발달할 수 있다. 잘못된 전정 관행은 쌍간 또는 다간의 줄기나 약하게 부착되고 잘못 배치된 골격지로 이어질 수 있다. 인접한 수목으로부터의 그늘과 경쟁으로 인한 수관 변형으로 수형이 비대칭으로 발달할 수 있다. 가지는 시간이 경과함에 따라 점점 더 수평이 되고, 가지 끝에 무게가 증가할 것이다. 올바른 전정을 통해 위해한 가지를 축소하고, 가볍게 하고, 솎아주며, 수관 전반을 통해 무게를 재분배할 수 있지만, 특정한 가지의 파손 가능성을 저감시키기에는 불충분할 수 있다. 이러한 경우, 기계적인 스트레스를 재분배하기 위해 수목 지지시스템을 설치할 수 있을 것이다. 이들 기술은 대개 두 가지 결함에 적용된다: 쌍간이나 다간과, 무거운 측지.

수목이 구조적으로 특정한 결함을 보유하고 있는 경우보다 더욱 심각한 것은 오래되고 숭배의 대상이 되는 표본목(specimen)이다. 파손의 기록이 있는 크게 부후된 이들 수목은 가장 열심히 그리고 특별한 보살핌을 필요로 하는 정서적, 역사적, 시각적 매력을 가지고 있다. 사람들은 Wye oak(수관 내에 지지용 케이블이 1.6km[1마일] 이상 설치되어 있는 것으로 알려짐; Wye Mills[Maryland]에 있는 미국에서 가장 큰 백참나무[*Quercus alba*] - 역자 주), Balmville 미루나무(*Populus deltoides;* Balmville[New York]에 있는 미국 동부에서 자라는 미루나무 중에서 가장 오래된 나무 - 역자 주), Diablo 참나무(캘리포니아 Mount Diablo에 있는 가장 큰 계곡참나무[*Quercus lobata*] - 역자 주)와 같은 표본목을 숭배한다. 지지시스템을 설치하는 것이 이러한 수목을 돌보는데 있어서 가끔 최후의 수단이 된다. 이들의 크기를 고려하여, 경험이 많은 구조 기술자로부터의 자문은 물리적인 지지시스템을 설치할 때 필요한 절차가 될 것이다.

일반적인 지지시스템에는 다섯 가지 유형이 있다. 줄당김(cabling)은 가지나 수간에 철선이나 합성섬유를 부설하는 것이다(American National Standard Institute[ANSI], 2000). 이는 보통 움직임을 제한하고 추가적인 지지를 제공하기 위해 실시한다. 쇠조임(bracing)은 가지나 수간을 관통해서 나사막대(threaded rod)나 래그 나사(lag screw)를 삽입하는 것이다. 이렇게 함으로써 쇠조임은 약하거나 갈라지는 부착부위를 고착시키고, 찢어진 수간이나 가지를 접합시키고, 마찰하는 가지를 묶어주거나 떨어뜨려 놓는다(Thompson, 1959). 특허를 받은 Cobra와 Osnabrück 시스템과 같은 현가장치(懸架裝置, sling system)는 줄당김과 비슷하지만, 철선이 아닌 합성섬유를 이용하여 수간이나 가지 주위를 감아서 고정시킨다. 당김줄(guying)은 수간을 지면에 연결시켜서 움직이지 않도록 고정시켜주는 역할을 한다. 지지대는 가지나 수간이 넘어지지 않도록 고정시키기 위해 가지나 수간 아래에 설치하는 딱딱한 물질이다.

미국국가표준원(ANSI) A300(Part 3, 2000)과 국제수목관리학회(International Society of Arboriculture; ISA)의 수목 지지시스템: 줄당김, 쇠조임, 당김줄(*Tree Support Systems: Cabling, Bracing and Guying; Smiley*와 *Lilly, 2001*)은 가장 최근의 자료들이다. 전국수목관리자협회(National Arborist Association, NAA)가 A300 표준에 관한 사무국이다(제1장 연락처 정보 참조). NAA는 A300 표준에 관한 웹사이트(website)를 운영하고 있다: (http://www.natlarb.com). Blair(1995)는 줄당김과 쇠조임할 때 사용하는 장비와 하드웨어에 관한 전반적인 사항을 매우 잘 정리하였다.

지지시스템 사용 시 주의할 점

수목의 구조를 지지하기 위한 줄당김, 쇠조임, 기타 시스템을 활용하는 것은 수목관리자의 오래된 작업 수단 중의 하나이다. 그러나 이러한 기술은 모든 구조적인 결함에 대한 해결방안이 아니며, 엄격하고 정확하게 적용되어야 한다. 시공하는 지지시스템의 효과는 설치 유형, 하드웨어에 대한 장력, 가지와 잎의 크기와 무게, 수목의 구조, 지지시스템과 가지/수간 연결부위 사이의 거리 등에 의해 결정된다. Smiley와 Lilly(2001)는 지지시스템의 사용이 전정과 제거의 대안으로 고려되어야 한다고 제안한다.

우리가 알기로는, 수목의 구조를 강화하기 위해 지지시스템을 사용하는 것에 관한 증언은 하나의 일화에 불과하다. 이러한 시스템이 수목의 안정성을 향상시켰다는 경험적이거나 과학적인 증거는 거의 없다. Smiley(2001)는 쇠조임의 지지가 있는 동일 세력줄기와 없는 것에 작용하는 각각의 힘을 시험하였다. 그는 연결부위 위에 설치된 쇠막대에 의해 지지되는 부착은 이를 찢는데 훨씬 더 큰 힘이 필요하다는 것을 발견하였다. 그는 또한 쇠막대가 설치되면 찢어지는 위치에 변화가 있다고 말한다. 쇠막대가 없으면 부착된 지점에서 찢어졌지만, 쇠막대가 설치되어 있으면 설치 지점 위에서 부러졌다.

Smiley의 실험과 유사한 더 많은 자료가 확보될 때까지,

(a)

(b)

그림 17-1 광범위한 부후나 활력이 약한 수목은 줄당김과 쇠조임 시스템을 설치하기에 부적당하다. 이 갤리포니아버즘나무(*Platanus racemosa*)의 수간은 수간의 기부(a)와 위쪽 줄기(b) 모두에 광범위한 부후가 존재하고 있다.

수목에 대한 지지시스템의 성공적인 적용은 주로 수목관리자들의 경험과 특정한 상황에 의존한다. 지지시스템이 효과적이기 위해서는, 다음과 같은 점을 고려할 것을 제안한다:

- **줄당김을 하기 전에 구조의 결함을 교정하고, 긴 가지의 끝에 있는 무게를 줄이며, 수관의 균형을 맞추기 위해 해당 수목을 전정하라.**
- **줄당김과 쇠조임 시스템은 해당 수목의 구조에 달려 있다.** 수간과 가지에 광범위하게 부후된 수목은 이러한 시스템을 설치할 대상이 아니다(**그림 17-1**). 줄당김과 쇠조임 시스템은 수관의 움직임을 감소시키므로, 이러한 시스템은 수관과 뿌리시스템의 기부에 스트레스의 양을 증가시킨

그림 17-2 줄당김-쇠조임 시스템은 위의 돌소나무(*Pinus pinea*)의 굵은 가지처럼 굉장한 무게의 굵은 가지와 동일세력 줄기를 적절하게 지지할 수 없다.

다. 부후, 뿌리 썩음, 기타 기부나 뿌리 내부에 구조적인 결함이 있는 수목은 이러한 시스템을 활용할 수 있는 대상이 아니다. ANSI A300(2000) 표준에는 다음과 같은 권고사항(section 37.3)이 포함되어 있다: "건전한 조직이 수간이나 가지 직경의 30% 미만인 부후된 부위에는 고정장치(anchor)나 조임막대(brace)를 설치하지 않는 것이 좋다."

- **줄당김과 쇠조임 시스템이 지지할 수 있는 크기와 무게에는 한계가 있다.** 세력이 동일한 줄기나 무거운 골격지를 가진 부피가 큰 수목은 너무 커서 이들을 설치하여 편익을 얻을 수 없을 수도 있다(**그림 17-2**).
- **지지시스템은 매년 점검과 유지관리가 필요하다.** 하드웨어 자체와 설치된 지점 모두에 대해 주기적으로 점검을 실시해야 한다.
- **수목이 자람에 따라 수관 전반에 걸친 무게의 배분이 변하고, 지지의 필요성도 따라서 변하게 된다.** 그러므로 줄당김과 쇠조임 시스템은 정해진 수명(壽命, life span)이 있다. Blair(1995)는 철선을 이용한 줄당김 시스템은 "효과적인 서비스 기간이 7~10년이며 이후에는 유지관리가 필요하다"라고 말한다. 이러한 사실은 수목의 소유자에게 전달되어야 한다.
- **지지시스템의 설치는 새로운 상처를 유발한다.** 전정과 마찬가지로, 볼트(bolt)와 기타 하드웨어를 위한 구멍을 뚫으면 수목에 상처가 발생한다. 진행 중인 유지관리 프로그램의 일부로서 부착 지점에 대한 부후와 강도 점검이 포함되어야 한다. 활력이 약하거나 기존의 부후가 있는 수목은 지지시스템의 설치대상이 되지 않을 것이다. 구획화 반응이 부족한 수종(예: 미루나무와 사시나무류)은 시스템 설치 대상으로 적절하지 않을 것이다.
- **볼트를 설치하기 위해서는 케이블 설치가 필요하다.** 케이블은 볼트를 동반하지 않고 설치하는 것이 적절할 수 있지만, 볼트시스템은 항상 케이블에 의해 지지되어야 한다.
- **지지시스템에 가해지는 부하는 일반적으로 알려져 있지 않다.** 따라서 수목관리자가 효과가 확실한 지지시스템을 설계하고 설치할 수 있는지 여부는 명확하지 않다.

이러한 우려에 더하여, 수목관리자는 줄당김과 쇠조임이 된 수목도 파손될 수 있다는 것을 인실하고 있어야 한다. 비록 지지시스템 사용이 오랜 기간 수목관리 분야에서 널리 유행하고 있지만, 더 이상 합리적인 관행으로서 보편적으로 수용되지 않고 있다. 종합하면, 이들 두 요소는 지지시스템 설치에 대한 책임과 이를 통한 잠재적인 책임에 관해 중요한 우려를 제기한다. Don Blair(1995)는 수목관리자가 이러한 기술을 건전하지 않고 약화된 수목에 사용할 때 조심해야 한다고 말한 Victor Merullo의 수목관리학과 법률(*Arboriculture and the Law*)을 인용했다. Lawrence 등(1993)은 "쇠조임(철선과 조임막대)이 전체적인 수목의 안전을 확보한다고 보장할 수 없다"라고 주장하였다(**그림 17-3**). Torrey Young(Oakland, CA, 1997, 개인적인 정보)도 "수목에 철선, 볼트, 기타 하드웨어를 설치하면 위해 가능성을 줄여줄 뿐이고 구조적인 약점을 영구적으로 치유할 수 없으며, 파손되지 않는다고 보장할 수 없다"라고 말했다.

요약하면, 지지시스템 설치는 일부 용도가 있지만 모든 수목에 대해 적절한 것은 아니다. 언급된 한계와 지속적인 유지관리 필요성을 고려하여, 수목관리자는 개별 수목별로 이러한 시스템 설치로 인한 비용과 편익을 평가해야 한다.

줄당김

줄당김(cabling) 시스템은 목재 속으로 삽입된 고정장치(anchor)와 이에 고착된 철선으로 구성되어 있다. 네 가지 유형의 보편적인 시스템이 있고, 시스템의 선택은 수목의 구조(예: 쌍간 대 다간)와 지지가 필요한 가지에 따라 다르다.

그림 17-3 철선-조임 막대 시스템의 설치는 파손을 방지한다고 보장하지 못한다. 이 청참나무(*Quercus douglasii*)의 가지는 몇 년 전에 철선을 설치했음에도 불구하고 부러졌다. (사진: Larry Costello, University of California Cooperative Extension.)

단선(單線, single cable; 직접연결법/direct system)을 사용하면, 약하거나 찢어진 부착부위에서 발생한 크기가 거의 비슷한 두 가지가 서로 직접 지지될 수 있으며, 굵은 가지나 수간은 약하거나 무거운 수평의 가지를 지지할 수 있다(**그림 17-4**). 삼각형으로 배치된 세 개의 가지에 부착된 세 줄의 철선은 약한 부착에 직접적인 지지(direct support)와, 가지 부착에 상당한 긴장이 걸리는 가지 뒤틀림을 최소화시키는 측면 지지(側面支持, lateral support)를 제공한다. 철선의 상자(box)형 시스템 또는 환상(rotary) 시스템은 여러 개의 가지를 가진 수목의 주된 골격지를 연결하고, 연결되지 않는 가지의 움직임은 허용한다. 상자형 연결시스템은 내부의 철선이 일련의 삼각형을 형성하도록 설치되면 더욱 단단하게 될 수 있다. 축과 바퀴살(hub and spoke) 시스템에서는 몇 개의 철선을 고정하기 위해 중앙에 용접된 고리를 사용한다. ANSI A300(2000) 표준에는 "축과 바퀴살 쇠조임은 다른 설치 기법으로 설치가 불가능한 경우에만 사용하는 것이 좋다"라고 기술되어 있다. Torrey Young(Treescapes Inc., 1997, 개인적인 정보)은 강한 중앙 주지가 없는 수목에 축과 바퀴살 시스템을 적용한다. 이는 모든 방향으로의 유연성을 제공한다. 그는 이 시스템이 금속 피로(金屬疲勞, metal fatigue) 가능성이 높기 때문에 정상적인 하드웨어보다 더 굵은 것을 사용하는 것이 좋다고 주의를 환기시킨다.

시스템 강도 다른 여건이 동일하다면, 고정장치, 연결장치, 철선으로 구성된 시스템의 강도는 이들의 가장 약한 연결에 의해 제약된다. ANSI A300 Standard(2000)는 특정한 줄기와 가지 직경에 대한 하드웨어 지침을 제시하고 있다. 이 표준은 이 지침이 최소한의 크기라고 강조한다. 이는 또한 더 가는 직경의 줄기에 래그 후크(lag hook)와 보통등급의 철선을 사용하는 것을 제한한다.

Haritos와 James(1996)는 태풍이 불 때 철선에 가해지

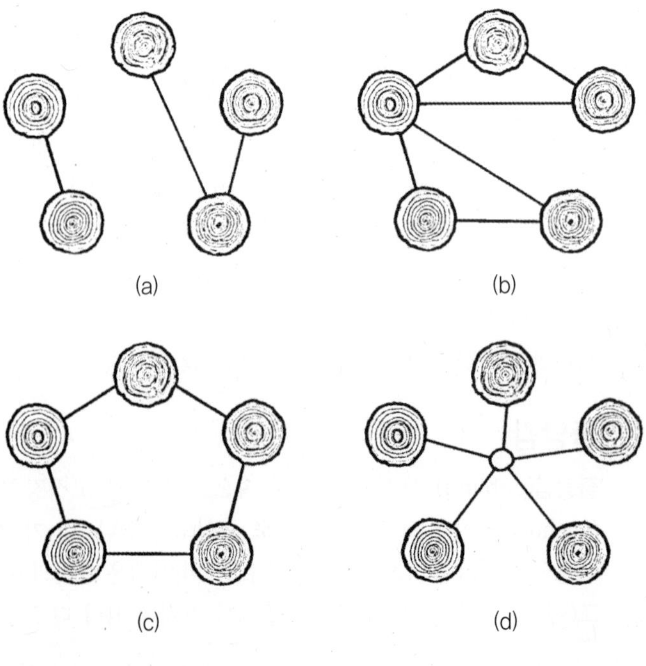

그림 17-4 ANSI A300 표준은 줄당김 시스템의 네 가지 유형을 제시한다.
(a) 직접법. 직접적인 줄당김은 수목의 두 부분, 즉 두 가지, 두 줄기, 수간과 가지 사이에 한 가닥의 철선을 연결한다(세 가지 직접 연결된 철선을 보여주고 있음).
(b) 삼각법. 삼각 줄당김은 수목의 세 부분을 서로 결합하여 연결한다. 이 방법은 최대의 지지가 요구될 때 선호된다(두 종류의 삼각법을 보여주고 있음).
(c) 상자법. 상자 줄당김은 폐쇄적으로 네 개 이상의 수목 부분을 연결하는 것이다. 이 방법은 최소한의 직접적인 지지가 필요할 때에만 사용하는 것이 좋다.
(d) 축과 바퀴살 법. 축과 바퀴살 줄당김은 중앙연결장치(축, hub)와 세 개 이상의 주지를 향해 방사 방향으로 뻗는 철선의 바퀴살(spoke)로 구성되어 있다. 이 방법은 다른 설치 방법이 불가능한 경우에 한해 사용하는 것이 좋다. (ANSI A300, Part 3 2000.)

는 부하를 조사하였다. 일정한 바람이 불 때 나타나는 힘보다 돌풍은 세 배나 더 큰 힘이 작용할 수 있다. 이들은 철선에 가해지는 힘을 측정하기 위해 줄당김 시스템에 변형률계(變形率計, strain gauge)를 설치했다. 이들은 단순 시스템(동일세력 줄기를 가진 수목; 가지에 부수적인 연결)을 가진 수목과 축과 바퀴살 시스템을 가진 수목을 조사하였다. 2개월 동안, 가장 높은 부하는 슈가검(*Eucalyptus cladocalyx*)에서 동일세력 줄기가 줄당김이 된 부위에서 나타났다. 피크 부하(peak load)는 정상적인 태풍이 부는 동안 나타난 것의 2배였다. 이들은 철선의 강도가 이 부하보다 훨씬 높았지만(일반적으로 10kN 이상), 연결장치의 강도는 변이가 매우 컸으며, 기록된 피크 부하 이하에서도 부러질 수 있을 것이다.

수목 내 설치 위치 철선은 적절한 지지와 탄력성을 결합시킬 수 있도록 위치되어야 한다. 올바른 위치 선정을 위해 고려하는 두 가지 요소가 있다: 취약한 부착으로부터의 거리, 설치 각도(angle of installation). ANSI A300(2000) 표준은 "고정장치는 지지될 굵은 가지나 수간 길이의 2/3 지점 또는 이 지점 가까이에 설치하는 것이 좋다"라고 기술한다(**그림 17-5**). 설치 각도는 "설치되는 두 조직 사이의 각도를 이등분하는 임의의 선에 평행"하는 것이 좋다. 고정장치, 연결장치, 철선 등도 직선을 유지해야 한다. 이러한 요구 조건이 설치 작업을 더욱 복잡하게 하고 시간이 걸리게 하겠지만, 직선 연결이 시스템에 대한 측면 부하(side loading)를 감축시킨다.

한 줄기에 두 줄 이상의 철선이 설치되면, 이들 간의 수직적인 거리는 설치 지점의 줄기 직경보다 더 커야 한다(Smiley와 Lilly, 2001). 예를 들면, 직경 51cm(20인치)의 수간이 두 줄의 철선을 지지할 예정인 경우, 고정장치는 적어도 서로 51cm는 떨어져야 한다.

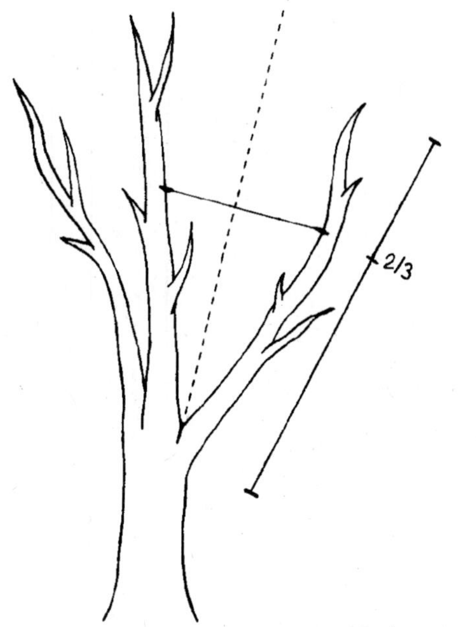

그림 17-5 가지나 줄기를 지지할 때에는, 철선 고정장치는 지지될 가지 길이의 2/3 지점 부근에 설치하는 것이 좋다(가지부착 지점으로부터 측정). (ANSI A300, Part 3, 2000.)

고정장치 철선은 일반적으로 아이 볼트(eye bolt), 아몬-아이(amon-eye)와 함께 나사 막대, 래그 후크, 래그 나사(lag screw)가 장착된 수목에 연결된다. 이들의 이름이 암시하는 바와 같이, 볼트는 수관을 관통해서 뚫은 구멍 속으로 삽입되고; 래그는 수간 속으로 돌려 박는다. 이들 각각은 장점과 단점이 있다. Smiley와 Lilly(2001)는 주로 상대적으로 높은 강도와 부후된 목재와의 적합성 때문에 아이 볼트와 아몬아이와 짝을 이룬 나사막대를 이용한 고정이 가장 선호되는 방법이라고 말했다.

래그 나사와 나사 막대는 값이 싸고, 설치하기 쉽고, 더 작은 상처를 만들고, 수간 전반에 걸쳐 부후 가능성이 낮다. Thompson(1959)은 래그 나사(**그림 17-6**)가 건전한 활엽수

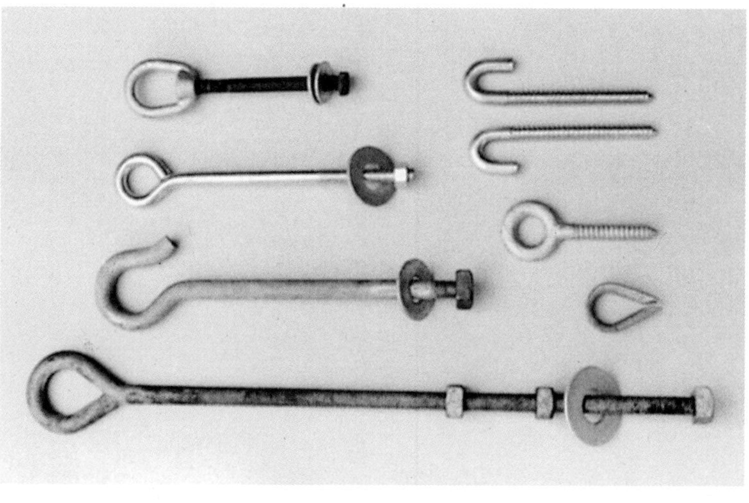

그림 17-6 줄당김용 하드웨어(아래로부터 시계 방향으로): 단조된 아이 볼트, 후크 볼트(hook bolt), 휘어진 아이 볼트, 아몬 너트가 끼워진 볼트(왼쪽 끝), 시계 방향의 나사 래그 후크, 시계반대 방향의 나사 래그 후크, 단조된 래그 아이, 골무(thimble). 볼트는 와셔와 너트를 같이 사용한다.

표 17-1 줄당김용 자재의 최소 크기

가지 굵기 (직경)		래그 후크 (직경)		아이 볼트 (직경)		아몬 나사/루프 철사 (나사막대의 직경)		보통 철선 (아연 도금된 직경, 1 X 7[a])		EHS 철선 (직경, 1 X 7)		항공 케이블 (아연 도금된 직경, 1 X 7)	
cm	인치	cm	인치	cm	인치	cm	인치	cm	인치	cm	인치	cm	인치
5	2	64	1/4	64	1/4	64	1/4	32	1/8	48	3/16	32	1/8
13	5	96	3/8	64	1/4	64	1/4	64	1/4	48	3/16	32	1/8
25	10	160	5/8	96	3/8	80	5/16	96	3/8	64	1/4	64	1/4
38	15	n/a	n/a	96	3/8	96	3/8	112	7/16	64	1/4	64	1/4
46	18	n/a	n/a	96	3/8	96	3/8	128	1/2	64	1/4	64	1/4
51	20	n/a	n/a	128	1/2	112	7/16	128	1/2	80	5/16	64	1/4
61	24	n/a	n/a	128	1/2	128	1/2	n/a	n/a	80	5/16	96	3/8
71	28	n/a	n/a	160	5/8	160	5/8	n/a	n/a	112	7/16	128	1/2
76	30	n/a	n/a	n/a	n/a	222	7/8	n/a	n/a	112	7/16	128	1/2

[a] 1 X 7은 7가닥의 철선으로 구성된 케이블을 가리킨다.

출처: ANSI A300 (Part 3, 2000). Adapted with permission of the National Arborist Association. Manchester, NH.

가지의 줄당김을 위한 볼트로 좋지만, 침엽수나 부후된 활엽수에 대해서는 볼트가 더 안전하다는 것을 발견했다. 시계 방향이나 시계 역방향의 래그를 사용하면, 철선의 장력이 조절될 수 있다.

철선은 낙하단조(drop-forged) 아이 볼트나 링 너트(ring nut, amon nut)의 인장 강도(引張强度, tensile strength)를 가지고 있지 않다. 예를 들면, 12.7mm(0.5인치)의 아이 볼트와 아몬 아이는 래그 후크의 $3^{1}/_{2}$~4배의 강도를 가지고 있다(Smiley와 Lilly, 2001). 볼트와 아몬 아이는 비싸고 설치하는데 시간이 더 많이 소요된다. Bernatzky(1978)는 아이 볼트와 아몬 아이가 느슨해진 철선을 더욱 잘 잡아둘 것이라고 하였다. 와셔(washer)는 일반적으로 볼트에 끼워 사용된다(**표 17-1**).

볼트가 끼워진 쇠막대와 래그 나사의 안정성은 설치 지점에서의 부후 진전과 새로운 목재 형성에 달렸다. 설치는 새로운 상처를 유발하기 때문에, 기존의 부후에 대한 방벽이 파괴되고 하드웨어 주변 지역을 부후에 노출된 상태로 방치하게 된다. 어느 정도는 하드웨어 설치를 위해 새로운 상처를 발생시키는 것은 피할 수 없다. 일반적으로 래그 나사는 나삿니가 있는 볼트보다 더 작고 덜 침투성인 상처를 만든다.

일단 하드웨어가 설치되고 나면, 고정장치 주위에 생긴 새로운 상처는 안정성에 도움을 준다. 나사와 수간 사이에 와셔를 끼우면 새살의 발달을 제고하고 쇠막대가 수목에서 빠지는 위험을 감소시킴으로써 고정장치를 강화시킨다. 고정장치를 수간에 대해 수평보다 각도를 주어 위치시키면 와셔가 목재 속으로 약간 파묻힐 수도 있다.

철선 재료 보통 등급, 고강도(extra-high strength, EHS), 항공용 철선 등이 고정장치에 연결되고 지지를 제공하는데 사용되는 일반적인 재료이다. 보통 등급이나 고강도 철선은 일곱 가닥의 강선(鋼線, wire strand)으로 구성되어 있으며, 항공 케이블은 19가닥으로 되어 있다. 이들은 가격과 상대적인 강도에서 차이가 있다. 예를 들면, 12.7mm(0.5인치) EHS와 항공 케이블의 사용 하중(使用荷重, working load) 한계는 보통 등급 철선 한계의 3.5배이다.

연결장치(connector) 각각의 철선 재료는 시스템 고정장치와의 사이에 특정한 연결장치가 있다. 철선이 고정장치 주위에서 고리를 이루므로 철선이 꺾이는 것을 방지하기 위해 어느 경우든 골무(thimble)가 사용된다. 골무의 등급과 강도는 시스템 내 다른 장치의 재질과 일치되어야 한다. Haritos와 James(1996)가 언급한 바와 같이, 해당 시스템 연결부위의 강도는 여기에 가해지는 피크 부하보다 작다.

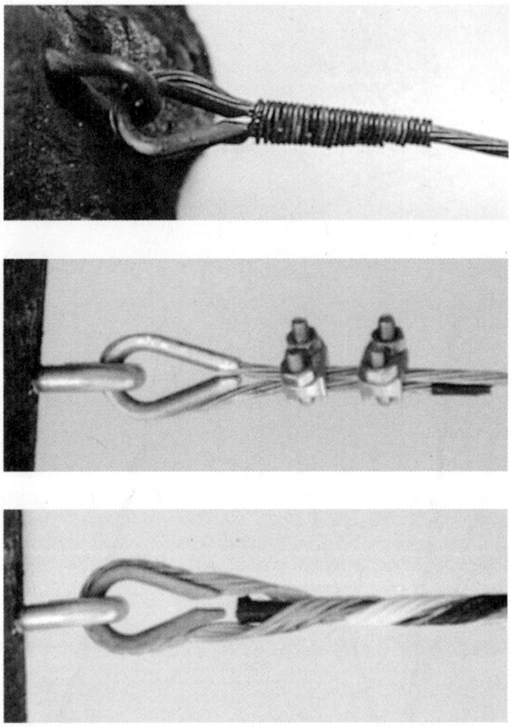

그림 17-7 철선은 가닥을 풀어 서로 꼬아 준 다음 최대한의 철선 강도를 위해 인입 철선(incoming cable)을 단단하게 조이는 금속판이 붙은 두 개의 조임틀로 조여주거나, 끝이 인입 철선 주위를 감싸는 꼬인 철선 고리(Tree-Grip®)에 의해 고정된다(위에서 아래로). 골무는 각 철선이 아이 볼트나 J자형 걸쇠(hook)에 의해 낡지 않게 보호한다.

고정장치를 통해 일단 고리가 형성되면, 철선의 느슨한 끝은 구부려서 단단하게 고정된다(**그림 17-7**). 보통 등급 철선은 가닥을 풀어 꼬아서 고정시키는데 비해, EHS는 조립식의 막다른 맞물림 장치(dead-end grip)를 이용하여 마무리한다(**그림 17-8**). 항공 케이블은 주름진 벌집틀(swage block)에 의해 고정된다.

철선 장력(cable tension) 줄당김 시스템은 줄기간 움직임을 줄일 목적으로 설치한다. 그러나 올바른 철선 장력에 대한 지침은 구체적이지 않다. ANSI A300 표준(2000)은 "강철 철선은 설치한 다음 팽팽하게 해주는 것이 좋다(Section 39.3.1)"라고 규정하고 있다. 이 표준은 팽팽하게 한다는 것을 "시각적인 느슨함이 없을 때까지 조여 주는 것"이라고 정의하고 있다. Thompson(1959)은 느슨한 철선이 돌풍이 불 때 급작스럽고 무거운 부하를 받을 수 있지만, 반대로 위쪽 잎이 서로 너무 몰려 있어도 수목이 변형될 수도 있다고 충고한다. 철선은 가지의 긴장이 최저 상태(낙엽수의 경우 겨울철 동안)에는 팽팽하지 않고 다소 느슨한 것이 좋다. Blair(1995)는 "철선은 팽팽하게 설치되어야 한다. 당신

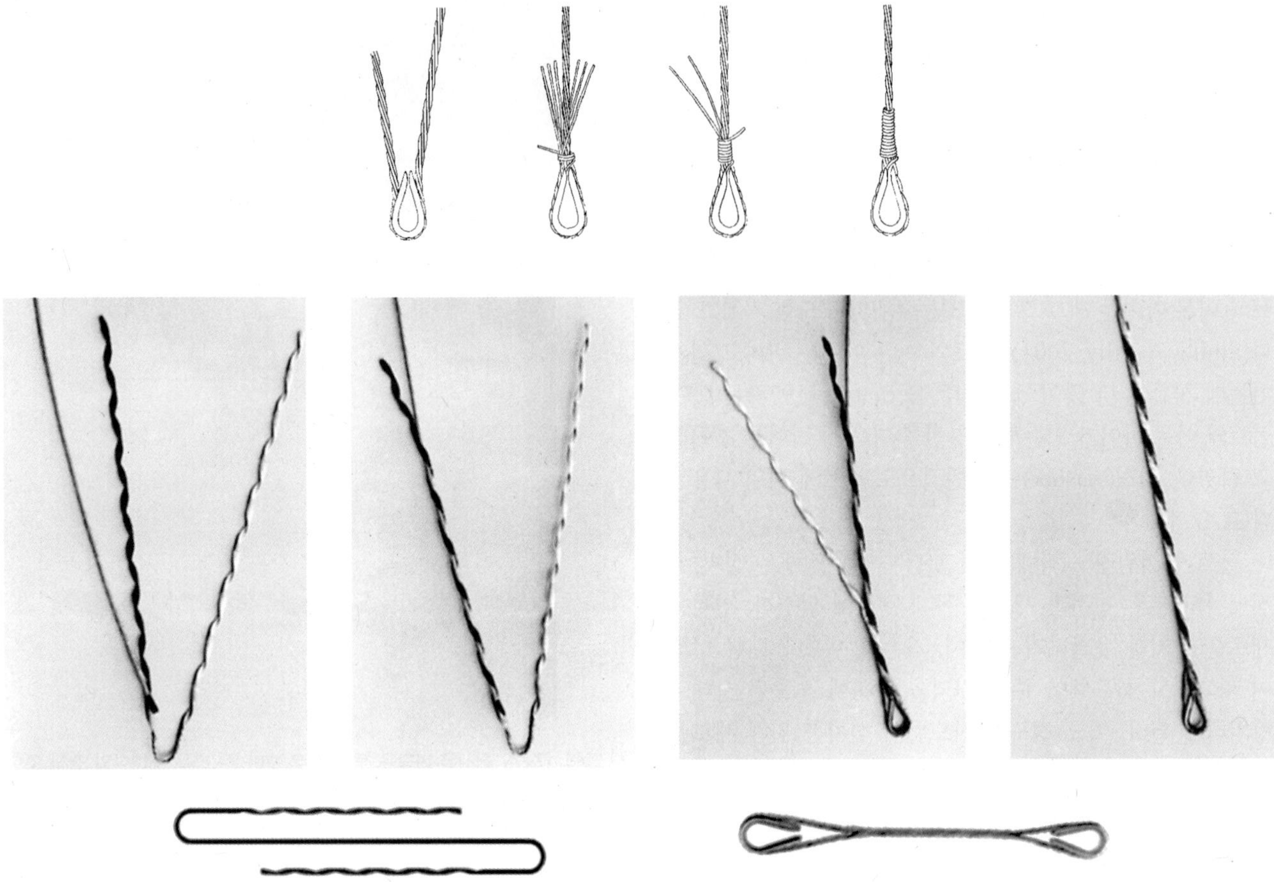

그림 17-8 환상의 철선 끝에 대해 강하고 보기 좋은 결합을 만들기 위한 일곱 가닥 철선을 만드는 단계(위) (Thompson, 1959). 중간 그림(왼쪽으로부터): 테이프가 감긴 철선의 끝을 Tree-Grip® 데드 엔드(dead end)의 짧은 줄(시각적으로 구분하기 위해 검게 칠함)에 대해 색칠된 끝이 약간 교차하게 놓은 다음, 데드 엔드의 짧은 쪽을 철선 둘레로 감아 준다. 다음으로 골무를 삽입한 다음 데드 엔드의 긴 쪽(흰색으로 칠함)을 철선 둘레로 감아 준다. 아래 사진: 일반적인 Tree-Grip®을 사용하기에는 너무 가까이 위치한 가지 사이에 설치하기 위한 Tree-Crotch-Grip®(왼쪽); 설치된 후의 Tree-Crotch-Grip®모습(오른쪽); 원하는 강도를 확보하기 위해 걸쇠(hook)나 아이 볼트, 시계 방향 또는 시계 반대 방향으로 나삿니가 난 래그 후크를 사용할 필요가 있다.

이 할 수 있는 좋지 않은 방법은 철선을 너무 낮은 강도로 설치하는 것이다"라고 말했다.

압축 스프링(compression spring)을 삽입하면 수관의 움직임을 완충시킴으로써 수목에 대한 스트레스를 줄일 수 있다. Haritos와 James(1996)는 시스템 전반에 걸친 유연성을 향상시키기 위해 압축 스프링을 사용할 것을 권고한다. 압축 스프링은 가지가 더 많이 움직이는 것을 허용하고, 수간의 기부에 대한 스트레스를 줄여주고, 강한 가지 생장을 조장한다고 생각되어 왔다. 삼각형이나 상자형 줄당김 시스템에서 한 철선 내에 삽입된 압축 스프링이 모든 줄당김이 된 가지에 대해 유연성을 제공해 줄 것이다(Mayne, 1975). 압축 스프링은 시스템의 나머지 부분과 같은 안전 요구조건을 충족하여야 한다.

줄당김 시스템과 번개로부터의 보호 철선이 목재 안에 고정되기 때문에, 이러한 시스템이 설치된 수목은 낙뢰 사태가 발생하면 피해를 입을 위험이 높아지게 된다. 줄당김과 낙뢰 시스템(뒤의 관련항 참조)이 모두 설치되어 있으면, 이들은 손상 위험을 줄이기 위해 서로 연결하여 주는 것이 좋다(Smiley와 Lilly, 2001).

줄당김 시스템의 유지관리와 제거 지지시스템은 유지관리가 필요하다. 구성부품(構成部品, component part)은 낡음과 팽팽한 정도, 고정장치의 안정성에 대해 주기적으로 점검되어야 한다.

또한 시간이 경과함에 따라 수목 내의 줄당김 시스템의 기하학적 배치가 변한다. 수목의 크기가 커짐에 따라, 줄당김 시스템의 위치는 수관 내에서 더 낮게 되고, 이것이 지지하는 줄기는 무게와 폭이 증가할 것이다. 어떤 경우에는 2차 시스템이 필요할 수도 있을 것이다. 주기적인 유지관리와 점

그림 17-9 소교목은 가끔 지속적인 수고 생장으로 인한 무게 증가, 바람, 비, 눈 등으로 인해 가느다란 가지가 바깥으로 휘어져서 형태가 흐트러지는 경우가 있다. 수목의 수관폭을 줄이고 낮은 가지를 더욱 치밀하게 발생시키기 위해 교정을 위한 전정을 한 지 6개월이 지난 60년 된 아일랜드주목(*Taxus baccata*); 신초가 줄기를 따라 자라기 시작했다(위 왼쪽). 이 주목의 가지는 개별 가지로부터 중앙 고리로 연결된 굵기가 가는 철선(아래 오른쪽)에 의해 더 직립으로 당겨졌다(위 오른쪽). 철선은 가지에 뚫은 중앙 고리와 평행하고 철선 직경의 두 배보다 약간 큰 구멍에 매어진다. 철선의 한쪽 끝은 그 구멍을 관통하여 뀐 다음 구부려서 두 줄로 만들고(중간 왼쪽), 이를 구멍 속으로 조심스럽게 당긴다(중간 오른쪽). (철선은 사진 속에서 잘 보이도록 흰색으로 처리했다.) 가지의 위치는 중앙 고리에서 철선에 대한 장력에 의해 조정된다(아래 오른쪽).

검만이 필요성 여부를 확인할 수 있을 것이다. ANSI A300 표준은 기존 시스템을 제거해야 하는 경우에는 새로운 시스템을 먼저 제거하는 것이 좋다고 권고한다. Smiley와 Lilly(2001)는 철선에 대한 어떠한 장력도 철선을 절단하기 전에 제거되어야 한다고 권고한다.

소교목 쇠조임 가끔 소교목(小喬木, small tree)이 필요 이상으로 뻗어 있거나 뻗어나가기 시작하는 길고 가는 가지를 가지고 있다. 가지를 중앙 고리(center ring)에 줄로 연결시켜주는 것은 정지(training) 기술이거나 영구적인 지지가 될 수 있다(**그림 17-9**). 철선의 높이는 대교목에서의 높이와 비슷하다. 즉, 가지의 부착 지점으로부터 끝까지 거리의 약 2/3 지점에 해당하는 높이에 설치한다. 가지는 철선 부착 지점 위에서 아래로 처지거나 휘어지지 않는 것이 좋다. 지지시스템 높이에 있는 가지는 직경이 20~60mm(0.75~2.5인치) 정도 되는 것이 좋다. 아연 도금된 견고한 직경 1.5~2.5mm (16~12번선) 철선이면 강도가 충분하고; 와셔가 중앙 고리로 활용될 수도 있을 것이다. 가지를 지지하는데 큰 힘이 들지 않을 것이다.

철선 직경의 2배 또는 2배가 약간 넘는 가지에서 구멍을 뚫어라. 구멍은 중앙 고리 위치를 향하여, 그리고 가지가 원하는 위치에 있을 경우, 철선이 평형하게 되는 높이로 정렬

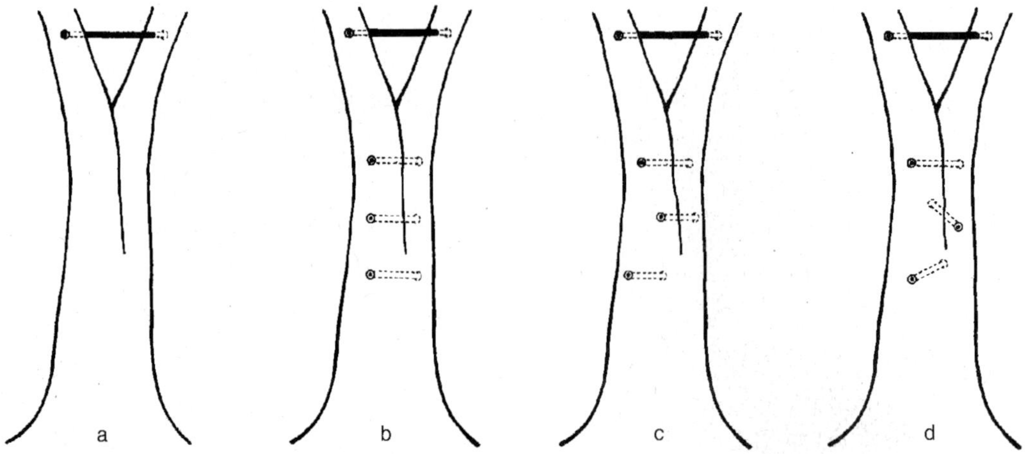

그림 17-10 ANSI A300 표준은 나사봉의 수와 배치의 차이에 따라 네 가지 쇠조임 시스템(a, 단일형; b, 평행형; c, 교호형; d, 교차형)으로 구분한다. 모든 시스템에서 부착부위 위쪽에 나사봉이 설치되어 있음에 유의하라. (ANSI A300, Part 3, 2000.)

시키는 것이 좋다. 해당 수목의 중심으로부터, 수간에 있는 구멍을 통하여 길이 약 50~75mm(2~3인치) 정도의 철선을 꿴 다음, 끝을 뒤로 휘어서 철선의 끝을 15~25mm(0.5~1인치) 정도 구멍 속으로 집어넣는다. 철선의 긴 쪽 끝을 철선의 고리가 가지 안에서 바짝 죄어질 때까지 당겨라. 다음으로 긴 철선의 끝을 중앙 고리에 연결시켜라. 지지가 필요한 개별 가지에 대해 같은 작업을 반복하라. 모든 철선이 설치되면, 개별 가지를 원하는 위치로 당겨서 각각의 철선을 고리에 고정시켜라.

가지가 자라면서 철선의 고리는 파묻힐 것이다. 목부 생장은 새로운 장소에 있는 가지들을 강화시킬 것이다. 철선은 몇 년간 또는 영원히 그대로 남겨둘 수 있다.

쇠조임

쇠조임(bracing)은 "둘 이상의 주지가 서로에 대해 더 멀리 벌어지거나 옆으로 움직임으로 인해 발생하는 위험을 줄이기 위해" 이용된다(Smiley와 Lilly, 2001). 이는 수간의 공동이나 이미 찢어진 부착부위를 지지하기 위해 사용되기도 한다. 데드 엔드 나사봉(brace)은 래그 나사와 비슷하다(즉, 이들은 수목 속으로 돌려 박아서 나사못[wood screw]의 나삿니에 의해 고정된다). 관통 조임쇠(through-brace)는 기계로 나삿니를 깎아 만든 굵기가 다양한 강철 막대로, 수관을 관통하여 삽입한 다음 너트와 둥글거나 타원형의 와셔로 고정된다.

쇠조임 유형 철선을 이용하는 것과 같이, 네 가지 유형의 쇠조임 시스템이 있는데(**그림 17-10**), 이들은 나사봉의 수와 배열에 따라 구분된다. 단일형(單一形, single type)은 수목 내에 하나의 나사봉이 설치된다. 평행형(平行形, parallel type)에서는 여러 개의 나사봉이 위로 겹쳐서 설치된다. 교호형(交互形, alternating type)에서는, 나사봉이 길이는 다르지만 겹치는 것이 특징이다. 교차형(交叉形, crossing) 배열에서는 나사봉이 서로 경사지게 설치된다. 어떤 경우든, 쇠조임이 된 수목에는 줄당김 시스템이 설치되어야 한다. ANSI A300 표준(2000)에서 언급한 바와 같이, 적어도 하나는 약한 부착부위 위에 위치해야 한다. 또한 ANSI A300 표준은 다양한 수간/가지 직경과 부착 강도에 대한 최소한의 하드웨어 강도를 제시하고 있다.

나사봉 위치선정 단일 나사봉의 경우, Smiley와 Lilly (2001)는 나사봉이 부착된 부위에서 가장 큰 줄기 직경의 1~2배 사이에 해당하는 거리만큼 부착부위 위에 설치되어야 한다고 주장한다(그림 17-10). 만약 직경이 60cm(24인치)와 36cm(14d인치)인 동일세력 줄기를 쇠조임한다면, 나사봉은 두 줄기 부착위치로부터 60cm(24인치)와 122cm (48인치) 사이에 설치될 것이다. 직경이 20cm(8인치)에서 50cm(20인치) 사이의 수목은 찢어지거나 매몰된 수피의 바닥보다 낮지 않은 곳에 가장 낮은 나사봉이 설치되는 평행형을 사용할 것을 Smiley와 Lilly(2001)는 권장한다(**그림 17-11**). 이들은 또한 50cm(20인치)에서 100cm(40인치) 사이의 수목은 교호형을 권장한다. 마지막으로, 수간의 직경이 100cm(40인치) 이상 되는 수목은 평행형을 사용하는 것이 좋다. 나사봉 간의 수직적인 간격은 적어도 30cm(12인치)는 되어야 한다.

그림 17-11 상렬의 균열은 날씨가 따뜻하여 아물 수 있을 때 볼트로 죄어라. 위의 런던버즘나무(*Platanus* × *acerifolia*)에 설치된 와셔와 너트는 아스팔트로 도색되었다. (사진: E. B. Himelick, Illinois Natural History Survey.)

나사봉 고정 비록 관통한 나사봉이 와셔와 너트에 의해 조여지지만, 이들은 시간이 지나면서 헐거워질 수 있다. 이러한 문제를 방지하는 세 가지 방법이 있다: (1) 너트 위의 나사봉 표면을 평평하게 하고, (2) 철사 자물쇠(lock wire)를 사용하거나 (3) 잠금 액체(locking fluid)를 사용한다. 모든 경우, 와셔가 형성층(形成層, cambium)과 접촉하는 것이 좋다. 수피가 두꺼운 수목에서는 와셔와 너트가 파묻히게 될 것이다.

ANSI A300 표준(2000)은 데드 엔드 나사봉의 끝이 형성층에서 끝나는 것을 허용한다. 관통 쇠조임(貫通-, through-brace)의 경우, 와셔와 너트를 사용한다. Smiley (1998)는 와셔와 너트를 파묻히게 하면 수피 밖에 와셔를 위치시키는 것보다 더 많은 수액 유출과 형성층 마름, 목재 변색(끌로 파보면)이 발생한다고 주장하면서, 이러한 작업을 권장하지 않았다. 파묻는 방법이 **유상조직**(癒傷組織, **callus/wound wood**)을 형성되도록 하지만, Smiley는 이러한 조직들이 볼트의 강도를 강화시키지 않는다고 결론 짓는다.

현가장치

줄당김의 대안 중 하나가 현가장치(懸架裝置, sling system)에 의한 지지이다. 북미에서는 상대적으로 생소하지만, Cobra와 Osnabrück과 같은 시스템은 유럽에서 종종 사용되어 왔다. 이 방법은 상처를 입히지 않고 약한 부착을 지지하는 대안으로 독일에서 개발되었다.

현가장치는 전통적인 줄당김과 두 가지 면에서 다르다. 첫째, 철선 대신 섬유가 사용된다. 시스템을 구성하고 있는 섬유는 햇빛에 노출로 인한 퇴화를 줄이기 위한 처리를 한다. 둘째, 지지하는 밧줄은 목재 속으로 돌려 박거나 구멍을 뚫는 것이 아니라 수간 주위를 감쌈으로써 고정된다. 이것은 철선 고정장치를 설치하기 위해 목재 속으로 구멍을 뚫을 필요가 없기 때문에 덜 침입성이다.

현가장치는 설치할 때 수목에 상처를 주지 않고, 움직임에 대해 더 유연한 시스템을 제공하며, 비용이 낮고, 설치가 용이한 점 등 몇 가지 장점이 있다. 또한 이들은 침입적이지 않기 때문에 수피나 목재에 상처를 유발하지 않을 것처럼 보인다. Stobbe 등(2000)은 Osnabrück 줄을 설치한 지 6년 된 유럽너도밤나무(*Fagus sylvatica*)의 수간을 조사하였다. 수간을 두르고 있는 줄을 제거했을 때, 수피와 목재 조직은 건강하고 상처를 받지 않았다.

현가장치의 위치 선정은 전통적인 줄당김과 비슷하다. 원형이 유지되고 있는 동일세력 줄기의 경우, 수관의 위쪽 2/3 지점에 간단한 시스템이 설치된다. Cobra 시스템에 대해 Ball과 Konda(2000)는 "Cobra는 지지될 줄기 직경의 20~25배에 상당하는 거리만큼 부착부위 위에 설치하는 것이 좋다"고 말한다. 예를 들면, 동일세력 줄기의 직경이 38cm(15인치)이면, 부착부위로부터 750~950cm(300~375인치)에 줄을 설치하는 것이 좋다. 이들은 크기가 다른 동일세력 줄기에 대해서는 언급하지 않고 있지만, 더 굵은 줄기의 직경을 기준으로 줄의 높이가 정해져야 하는 것으로 추정한다.

압축 스프링이 줄기 사이의 섬유 연결장치 내에 포함되기도 한다. 이들은 바람에 의한 갑작스런 움직임에 의해 가해지는 "충격부하(衝擊負荷, shock loading)"를 줄여주는 역할을 한다. 부착부위가 찢어진 경우, 압축 스프링은 사용하지 않는다(찢어진 부위가 확대될 수 있는 움직임을 줄이기 위해). 여러 가닥의 줄은 수관이 더욱 복잡한 수목에 도입된다. 부착부위에 균열이 있거나 공동이 존재하면, 나사봉을 설치할 수도 있다.

유럽에서는 현가장치가 오래 전부터 설치되고 있었지만, 북미에서는 상대적으로 새로운 방법이다. 따라서 북미에서는 이러한 시스템에 경험을 가진 수목관리자가 거의 없다. Smiley와 Lilly(2001)는 섬유 재질의 강도가 철선의 강도 요구를 충족시켜야 한다고 말한다.

당김줄

ANSI A300 표준(2000)은 당김줄(guying)을 "보완적인 지지를 제공하기 위해 수목과 외부 고정장치 사이에 강철 케이블이나 합성섬유 케이블을 설치하는 것"이라고 정의한다. 외부 고정장치는 지면으로부터 또 다른 수목이나 구조물에 이르기까지 다양할 수 있다. 다른 지지시스템과 같이, 당김줄은 보완적인 지지를 제공하지만 붕괴를 방지한다는 보장은 할 수 없다.

이러한 유형의 처리가 필요한 상황은 세 가지가 있다. 크고(직경 7.5cm[3인치] 초과), 새로이 이식된 교목은 지지가 필요하다. 이러한 수목의 넓고, 평평한 근분(root ball)은 지지대만으로 적절히 지지할 수 없다. 두 번째 용도는 기울어지거나 부분적으로 뿌리가 뽑힌 수목을 다시 일으켜 세울 때 지지가 필요한 경우이다. 마지막으로, 지하 당김줄은 보행자 상점가와 도심의 도로를 따라 새로운 수목이 식재되었을 때 특히 유용하다.

지면 고정장치 직경 200mm(8인치)까지의 교목은 철제나 목재 지지대로 고정될 수 있다. Newman(1963)은 길이 1.2~1.5m(4~5피트)인 두께 5mm(0.19인치), 폭 40mm(1.5인치)의 상업적인 앵글로 만들어진 금속지지대에 의해 양호한 고정이 확보될 수 있다고 제안한다. 더 큰 교목의 경우, 당김줄 케이블은 지하에 설치된 자재인 데드맨(deadman)에 고정되어야 한다. 과거에 원래 데드맨은 중간이 케이블에 묶인 목재 빔(beam)이었다. 위를 덮고 있는 토양이 고정하는 힘으로 작용했다. 최근에는 Duckbill®과 Reddy Stake 같이 상업적으로 가용한 철제 고정장치가 목재를 대체하고 있다. 후자의 시스템에서 고정장치는 땅속으로 돌려 박는다. Bartlett Tree Expert Co.의 녹음수에 대한 실험실 실험에 의하면, 지면 고정장치를 지면에 대해 90° 각도로 땅속으로 박으면 가장 안정적인 것으로 나타났다(T. Smiley, Barlett Tree Expert Co., Charlotte, NC, 2002, 개인적인 정보).

당김줄 시스템에서 지면 고정장치(ground anchor)는 일반적으로 가장 약한 연결로서, 대부분의 시스템 붕괴는 고정장치가 땅으로부터 뽑혀져 나옴으로써 유발된다. 따라서 지면 고정장치의 선정이 가장 중요한 의사결정이다. 붕괴될 가능성은 지면 고정을 위해 제작된 제품에 의해 감소될 수 있을 것이다. 대교목에 대해서는 기술자의 자문을 받을 것을 권고한다.

수목 연결장치 가장 흔하게, 호스 완충재(hose buffer, 철선이 꿰어진 고무호스의 조각)가 수간의 가지 부착부위 주위를 고리처럼 감는다. 수간을 감는 것은 일시적인 것으로 생각하는 것이 좋으며, 2~3년 내에는 제거해야 한다. 적절한 가지가 없거나 좀 더 장기적인 해결 방안이 필요한 경우, 철선은 줄당김과 비슷한 방법으로 수목에 영구히 부착될 수 있다. 래그 후크와 통과 볼트 모두 활용할 수 있다. ANSI A300 표준(2000)은 호스 완충재와 다른 싸개(wrap)에 대한 언급이 없다. 이 표준에는(section 41.4.2), "영구적인 당김줄은 데드 엔드 하드웨어나 통과형 하드웨어로 수목에 부착되는 것이 좋다"라고 되어 있다.

철선 지면 고정장치와 수목 사이를 연결하는 것은 철선(鐵線, cable)이다. 철선의 강도는 다른 시스템의 강도와 조화를 이루어야 한다. 당김줄이 얼마나 단단해야 하는가에 대해서는 일치된 의견이 없다. 그러나 Jacobs(1939), Fayle(1976), Leiser 등(1972)이 발견한 것에 의하면, 근분이 같이 움직이지 않으면, 다소의 수간 움직임은 수간 근처의 뿌리 크기를 키우고, 수간의 초살을 높이며, 주변 토양으로의 뿌리 생장을 촉진시킬 수 있는 가능성을 제시한다. 철선에 추가된 압축 스프링은 어느 정도의 움직임을 허용하여 고정하는 지점에 대한 긴장을 감소시킬 것이다. 긴장을 조절할 수 있도록 죔쇠(turnbuckle)를 설치할 수도 있다.

당김줄의 기하학 다른 모든 지지시스템과 마찬가지로, 시스템 강도의 대부분은 수목의 높이를 고려한 고정장치와 수목 연결장치의 위치 선정에 의해 결정된다. 대체적으로 지상 고정장치는 수목에 대해 45° 각도를 이루는 것이 좋다(**그림 17-12**). ANSI A300 표준(2000)은 수목 연결장치가 수관의 상위 절반 내에 위치하도록 권고한다. 지상 고정장치의 위치는 적어도 수간으로부터 수목 연결장치 높이의 2/3 정도는 되어야 한다. 예를 들면, 수고 15m(45피트)인 수목의 경우, 수목에 대한 연결은 상위 7.5m에 위치하고, 지상 고정장치는 수간으로부터 적어도 5m(15피트) 거리에 위치해야 한다.

안전 보행자나 관리 인력들이 지면으로부터 수목에 이르는 가는 철선의 존재를 인식을 못할 수도 있다. 이로 인한 사고 가능성을 줄이기 위해서는 깃발을 매달아 두거나 표지를 부착하여야 한다. 가능하다면, 당김줄 고정장치와 수목 사이 지역을 멀칭하거나 보행자의 통행을 제한할 수 있다.

수목 대 수목 시스템 어떤 경우에는 당김줄이 지상이 아닌 다른 수목에 고정될 수도 있다. 지지를 제공하는 수목에 대해서는 구조상 결점 유무를 자세히 점검하여야 한다. 수목 대 수목 시스템(tree-to-tree system)의 기하학은 지상 고정장치의 그것과 비슷하다. 두 수목은 지지되는 수목의 위쪽

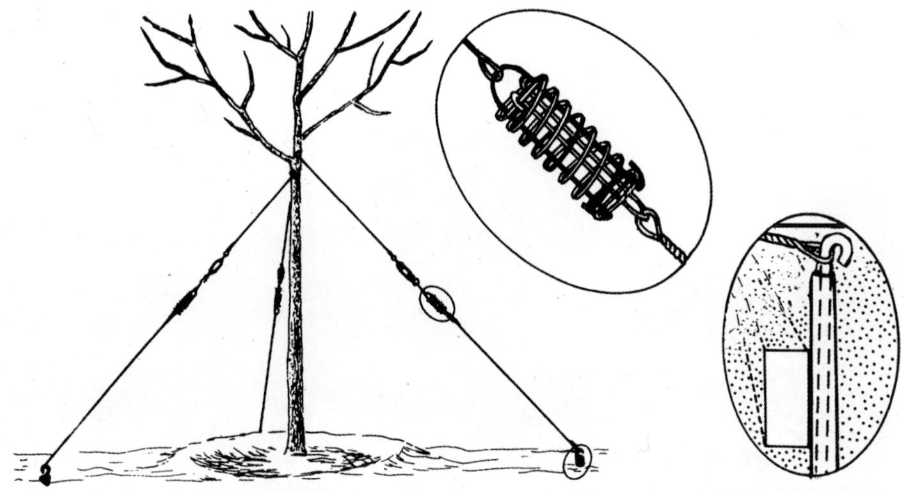

그림 17-12 대교목은 뿌리가 주변의 토양 속으로 자라 들어갈 때까지 고정해 둘 수도 있다. 당김 철선의 압축 스프링(위쪽 원 내)은 비싸지만 수간에 유연성을 제공하고 고정 말뚝에 대한 긴장을 감소시킨다. 잔디밭에서는 당김 철선을 분리 가능한 핀(pin)에 연결시킬 수 있는데, 이 핀은 토양 표면과 같은 높이로 영구히 고정된 도금된 배관 속에 삽입된다(Harris 등, 1976). 이러한 핀에 대한 대안으로 지주를 땅속으로 나사처럼 돌려 박는 Reddy Stake System 있다(그림 8-19, 아래 왼쪽 참조).

1/2 수관과 지지를 제공하는 수목의 아래쪽 1/2 수관을 연결하는 것이 좋다. Smiley와 Lilly(2001)는 당김줄의 최저 높이는 보행지역에서는 2m(7피트), 차량 통행이 예상되는 곳에서는 4.5m(14피트)를 확보할 것을 제안한다.

지하시스템 Newman(1963)은 지상에 시설물이 없이 근분(root ball)을 고정시키는 방법을 제시하였다. 철선은 근분의 상단을 통과하여 45° 각도로 아래로 꺾여서 식재 구덩이 바닥에 설치된 고정장치에 연결된다. 고정장치로 철제 Duckbill®을 사용할 수도 있다. 두 장의 판자를 근분 아래에 가로질러서 철선에 직각이 되도록 놓음으로써 근분에 대한 압력이 배분되도록 한다. 되메움 토양은 철선을 단단하게 조임으로 인해 근분이 파손되는 것을 방지하기 위해 잘 다져주어야 한다. 고정하는 철선은 나중에 양쪽에서 당겨서 단단하게 조일 수 있다. 이 방법의 응용으로, 식재 구덩이의 바닥을 따라 근분 주위에 박아 넣은 서너 개의 지주를 이용하여 근분을 단단하게 동여맬 수도 있다.

풍도된 교목 가끔 강풍이 불거나 홍수가 날 때, 교목이 젖은 토양으로부터 부분적으로 뿌리가 뽑히는 경우가 발생한다. 중 또는 소교목은 이들이 넘어진 뒤 즉시 바로 세워지고 이전에 뿌리시스템이 잘 형성되어 있으면 종종 회복될 수도 있다. 바람이 불어오는 방향의 뿌리 대부분이 파손된 경우에는 아직 수목에 연결되어 있는 뿌리 부분에 대한 공간을 만들어주기 위해 이 방향의 토양을 파내어라. 이때 토양이 진흙처럼 확인한 다음, 지레 작용이 잘 작용할 수 있는 각도로 튼튼한 철선을 건강한 가지나 위쪽 수간에 연결한 후, 노출된 뿌리를 질척한 토양 속으로 복귀시키는 작업을 하며, 이때 수목을 직립으로 당겨주기 위해 권양기(捲楊機, winch)나 도르래 장치(block and tackle)를 사용한다. 수목이 크게 기울어지지 않았으면, 당김줄(또는 지지대)을 이용하여 세울 수도 있다. 이러한 경우 아마 2~3년 동안 지지가 필요할 것이다.

지지대 설치

지지대 설치(propping)는 전정과 줄당김, 다른 지지 방법을 적용하는데 실패하였거나 이를 이용할 수 없는 경우에 사용되는 수목 지지시스템 중에서 가장 최후의 수단이다. 예를 들면, 줄당김은 수관이 비대칭적이거나 수간에 광범위한 부후가 존재하는 수목에 대해서는 부적절할 수 있다. 당김줄은 일부 기울어진 수목에게 적절한 지지를 제공하지 못할 수 있다. 이러한 경우, 지주가 이용될 수 있다(**그림 17-13**). 명칭이 말해주듯이, 지지대는 지지하는 기둥이다. 수목은 지상에 기초를 둔 지지대가 받치거나 잡고 있는 부위에 실제로 의지한다.

금속 지지대에는 일반적으로 파이프; 앵글 철재(angle iron); I자, U자, 상자형 빔(beam) 등이 있다. 목재 지지대로는 벌채된 수목에서 선발된 갈라진 분기를 가진 매우 곧은 가지가 흔히 사용된다. 금속 지지대가 일반적으로 목재로 만들어진 지지대보다 더 영구적이면서 눈에 덜 띈다. 지지대의 끝이 접촉부위에서 수피를 손상시키거나 벗겨낼 수 있다. 가지를 수평으로 관통하여 삽입된 볼트와 끝이 U자형인 지지

그림 17-13 세 개의 외줄기 파이프와 두 개의 두 줄 파이프 지지대로 지지되고 있는 영국 Kew 소재 왕립식물원(Royal Botanic Garden)에 있는 회화나무(*Sophora japonica*). 지지대 중 일부는 자신들이 지지하고 있는 굵은 가지나 수간을 좀 더 확고하게 보호하기 위해 V자형 분기를 가지고 있다.

대에 의해 지지되면 수피에 대한 압력 없이 부하를 부담할 수 있을 것이다(Bernatzky, 1978).

또 다른 해결 방법은 지지될 수간이나 가지 속에 끼워 넣은 외줄기 금속 지지대를 사용하는 것이다(**그림 17-14**) (Kenneth Meyer, San Mateo, CA, 1990, 개인적인 정보). 아연 도금된 금속 파이프(직경 40~100mm[1.5~4인치])의 위쪽 끝에 나사로 조여 캡(cap)을 고정시킨다. 가지의 바깥으로 향한 약 2/3 지점에 이 파이프의 캡이 들어갈 수 있도록 깊이 40~50mm(1.5~2인치)의 구멍을 가지의 아래에 뚫어라; 이 구멍은 지지대의 기부에서 최종적으로 고정되는 각도와 일치하는 것이 좋다. 이 배관을 잡고 있을 수 있도록 가지 아래의 토양 속에, 가운데 강화된 구멍(깊이가 약 50mm[2인치])이 위치한 미리 성형된 콘크리트 지지 기반을, 단단히 고정시키는 것이 좋다. 설치된 배관은 지지대가 바람에 의해 움직이지 않도록 가지를 50~100mm(1~2인치) 정도 들어 올릴 수 있을 정도로 길어야 한다. 지지대를 설치할 수 있도록 가지를 유압 잭(油壓-, hydraulic jack)으로 들어 올려라. 지지하는 구멍 안에 위치한 지지대 주변의 아스팔트는 어느 정도의 움직임을 허용하겠지만 물이 들어가는 것은 막아줄 것이다.

지지대는 최대한의 지지를 제공하면서 최소한으로 노출되도록 위치시켜라. 부하가 무거우면, 콘크리트, 바위, 기타 내구성이 있는 물질인 견고한 기반 위에 위치시켜라. 지지대는 낮은 가지를 지지하기 위해서는 거의 수직으로, 기울어진 수목을 지지하기 위해서는 약간 각도 있게 설치하는 것이 좋다.

그림 17-14 안정된 수목에 부착되어 있는 굵고 낮은 수평의 가지를 위한 외줄기 배관 지지대. 캡을 씌운 배관이 가지의 아래쪽으로 뚫은 구멍 속으로 끼워진다. 배관의 아래쪽 끝은 콘크리트 지지 기반 속의 강화된 구멍 속에 끼워져 있다. (출처: Kenneth Mayer, Mayne Tree Expert Company, San Mateo, CA.)

피뢰(避雷, lightning protection)

번개(lightning)는 한 구름에서 다른 구름으로, 또는 지상에서 구름으로의 매우 강력한 전기적인 방전(放電, discharge)이다. 뇌우(雷雨, thunderstorm)는 가장 심각한 벼락(lightning strike)을 의미한다. 빗방울과 얼음 결정이 적란운/소나기구름(積亂雲, thunderhead) 내부의 진동에 의해

그림 17-15 위 단풍나무의 수간과 가지는 번개로 인해 찢어졌다(왼쪽). 번개는 이 참나무의 수간 상단으로부터 지면에 이르기까지 수피를 홈처럼 벗겨내었다(오른쪽). (사진: Independent Protection Co., Goshen, IN.)

부서지고 심하게 동요된다; 이에 따라 적란운의 위쪽 부위는 순 양전하(陽電荷, positive charge)를, 구름의 아래쪽은 순 음전하(陰電荷, negative charge)를 띠는 방식으로 전하(電荷, electrical charge)가 발달한다. 적란운의 아래쪽에서의 전하는 이 구름과 지구 사이의 공기 저항을 능가할 때까지 증가한다. 전형적인 번개 방전은 전류가 1,000~300,000암페어(ampere), 전압이 10~100백만 볼트에 이르고, 1.6km(1마일) 이상 흐른다(Frydenlund, 1977).

뇌우는 연간 천둥(thunder) 소리가 들리는 일수로 측정된다. 북미에서 연간 일수는 적게는 태평양 연안과 북부 캐나다의 5 뇌우일(雷雨日, thunderstorm day)에서 플로리다 남-중부의 100뇌우일 이상에 이르기까지 그 폭이 넓다. 뉴잉글랜드(New England)와 중서부 지역, 캐스케이드(Cascade), 로키(Rocky), 시에라네바다(Sierra Nevada) 산맥은 그 범위가 20~40뇌우일 정도이지만, 폭풍(暴風, storm)은 비정상적으로 길고 격심하다.

미국에서는 매년 90명의 사람이 번개에 의해 죽고; 죽음의 40% 이상이 휴양지에서, 20%가 집에서, 20%가 농장에서 발생한다(Frydenlund, 1977). 번개에 의해 죽는 사람의 약 1/3은 보호되지 않는 수목 아래 또는 부근에서 발생한다.

번개는 직접적인 타격 또는 커다란 측면섬광(側面閃光, side flash)에 의해 수목에 피해를 초래하는데, 측면섬광은 번개 부하가 땅에 완전히 닿기 전에 타격하는 물체(기둥, 수목, 또는 기타 구조물)로부터 벗어나면서 발생한다. 보폭전압(步幅電壓, step voltage; 한쪽 다리는 높게 다른 쪽 다리는 낮게 땅속을 흐르는 번개 전류)은 희생자에게 손상을 줄 수 있지만, 일반적으로 치명적이지는 않다.

수목이나 구조물에 대한 번개 피해의 본질과 범위는 매우 다양하다(**그림 17-15**). 가지와 수간이 완전히 산산조각 날 수도 있다(Brown, 1972). 수목의 수관을 죽이거나 큰 가지를 부러뜨릴 수도 있다. 수간이 갈라질 수도 있다. 참나무와 같은 활엽수에서는 골격지와 수간 전체에 걸쳐 수피 또는 수피와 목재에 연속적인 홈을 남길 수도 있다(Brown, 1972). 다른 경우에는 외부에 가시적인 흔적 없이 목부(木部, xylem)가 타거나 손상을 입기도 하고, 뿌리시스템의 일부 또는 전부가 죽기도 한다(Pirone 등, 1988). 이러한 다양성은 번개 강도, 피해 수종, 수간 내외의 수분량, 가지와 수간 조직의 특성 등과 관련이 있는 것으로 보인다.

번개는 고립된 교목, 집단에서 가장 키가 큰 교목, 늘어선 줄의 끝이나 수풀의 가장자리에 있는 키 큰 교목, 습한 토양이나 수체(body of water)에 인접하여 자라는 교목, 건물에 가장 가까이 위치한 교목 등을 타격할 가능성이 가장 높다(Cripe, 1978). Pirone 등(1988)은 심근성 교목이나 부후가 진행 중인 교목이 천근성이나 건강한 교목보다 번개를 맞을 가능성이 더 높다고 언급한다. 번개를 맞은 수목의 아래나 근처에 있는 식물도 가끔 피해를 입거나 죽음을 당하기도 한다.

이미 제시되어 있는 최선의 관리 관행에 의하면, 여러 수종의 번개에 대한 감수성을 관찰하여 기술해 놓았다. 번개에 대한 감수성이 가장 높은 수종은 단풍나무류(*Acer*), 물푸레나무류(*Fraxinus*), 백합나무(*Liriodendron tuliphera*), 야자수(*palms*), 포플러류(*Populus*), 참나무류(*Quercus*), 아까시나무류(*Robinia*), 솔송나무류(*Tsuga*), 느릅나무류(*Ulmus*) 등이다. 보통 이상의 감수성을 가진 수종에는 자작나무류(*Betula*), 개오동나무류(*Catalpa*), 소나무류(*Pinus*), 가문비나무류(*Picea*), 버즘나무류(*Platanus*) 등이 있다. 감수성이 낮은 수종에는 마로니에(*Aesculus hippocastanum*), 너도밤나무류(*Fagus*), 호랑가시나무류(*Ilex*) 등이 있다.

Pirone 등(1988)은 수종 간의 감수성 차이는 수목 내의 화학적인 성분에 기인하는 것으로 추정하였다. 전분이 많은

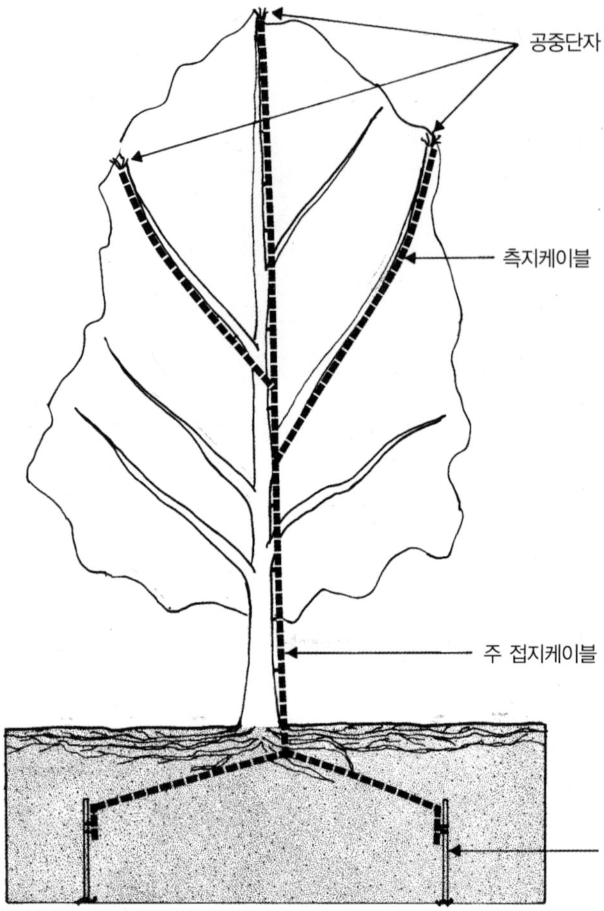

그림 17-16 수목은 가장 높은 곳에 무거운 구리 전선을 설치한 다음 이를 낙수선이나 그 바깥에 설치된 길이 3m(10피트)의 접지 막대에 연결하면 보호될 수 있다.

수목(물푸레나무류/*Fraxinus*, 단풍나무류/*Acer*, 참나무류/*Quercus*)은 기름이 많은 수종(너도밤나무류/*Fagus*, 자작나무류/*Betula*)보다 더 좋은 전도체가 될 것이다. 그러나 Bernatzky(1978)는 매끈한 수피를 가진 수목(너도밤나무)은 빗물을 가지로부터 수간으로 흐르도록 하여 전체가 젖게 되고, 이렇게 젖은 수피는 전도성이 증가하여 번개가 수목에 피해를 주지 않고 수간을 따라 아래로 유인되기 때문이라고 설명한다. 반면 깊게 갈라진 수피를 가진 수목은 수간의 표면이 잘 젖지 않기 때문에, 번개는 물이 포화되어 있고 전도성이 좋은 형성층 속으로 침투하게 되어 수간을 찢어 놓는다. 이러한 주장은 매끈한 수피를 가진 수목이 손상을 덜 받는 것은 설명할 수 있지만, 문제는 젖은 수피 표면은 수목이 번개를 맞을 가능성을 높여준다.

피뢰시스템 사람, 구조물, 수목 등은 번개 방전(-放電, lightning discharge)이 피해를 유발하지 않고 땅속으로 들어가거나 땅을 떠날 수 있는 수단이 주어진다면 번개로부터 보호될 수 있다. 측면 섬광의 위험 때문에, 건물로부터 3m 이내에 위치한 수간을 가진 수목이나 구조물 위로 뻗은 가지는 피뢰시스템(避雷-, lightning protection system)으로 무장하는 것이 좋다. 표본목, 역사적인 수목, 사람들에게 폭풍에 대한 피난처를 제공하는 수목 등에도 이런 장비를 설치하는 것이 좋다.

보스턴(Boston)에 있는 전국소방협회(National Protection Association) (NFPA, 1987)와 전국수목관리자협회(National Arborist Association) (NAA, 1987)는 번개로부터 수목을 보호하기 위한 표준을 발간하였다. 미국국가표준원(American National Standards Institute)은 A300 간행물의 Part 4로서 피뢰 표준을 입안하고 있다. ISA는 이와 자매 간행물인 수목 피뢰에 대한 모범 관리실무(*Best Management Practices for Tree Lightning Protection*)를 준비하고 있다.

이들 표준의 두드러진 특징은 전기 부하가 흘러갈 수 있는 대안적인 통로를 만들어주는 것이다. 수목의 가장 높은 부분에 설치된 공중 단자(空中端子, air terminal)에 외줄의 32가닥(17번) 구리 전선을 연결한 다음 수간을 따라 지하의 연결장치에 이르기까지 고정시킨다(**그림 17-16**). 알루미늄은 수분과 접촉하면 부식되고 자재를 부후시키기 때문에 피뢰시스템에는 사용하지 않는 것이 좋다(NAA, 1987). 제안된 피뢰에 관한 A300 표준에서 철선은 최소 14가닥,

17AWG(American Wire Gauge) 구리선이 되어야 한다고 규정하고 있다.

수목이 둥글게 단간되어 있으면, 주된 가지의 가장 높은 지점에 몇 개의 작은 공중 단자와 지선의 전선을 설치하는 것이 좋다. 수간의 직경이 0.9m(3피트) 이상이면, 두 가닥의 전선을 수간의 서로 반대편에 설치한 다음 서로 연결시켜주는 것이 좋다. 전선은 바람에 의한 흔들림이나 생장을 허용하면서 파손되지 않고 수목에 단단하게 부착되어 있어야 한다. 개별 전선은 수간의 지하 300mm(1피트)까지 연장시킨 다음, 수목의 낙수선(drip line) 또는 수간으로부터 7.5m(25피트) 중 더 긴 거리까지 뻗어나가야 한다. 개별 전선은 토양 속으로 최소 3m(10피트) 정도 박힌 직경 12.5mm(0.5인치) 길이 3m(10피트)의 동 피복(銅被覆, copper-weld) 접지 막대(接地-, ground rod)에 연결된다. 사질 토양에서는 세 줄의 전선이 수간으로부터 가까운 거리에 있는 인하도선(引下導線, down conductor)에 각각 연결되어야 하며 세 줄의 측면 전선은 인하도선으로부터 적어도 3m(10피트)는 연장되어야 한다. 연결을 확실히 하기 위해 분기된 특별한 지하 연결장치를 사용하는 것이 좋다. 개별 측면 전선은 길이 3m(10피트)의 접지 막대에 부착되어야 한다. 접지 막대를 3m(10피트) 깊이까지 박아 넣을 수 없는 바위가 많은 지역에서는 2개 이상의 접지 막대를 가능한 한 깊이 박아 넣어야 하며, 이들 막대는 적어도 서로 2m(6피트)는 떨어져야 한다. 접지 시스템이 송수관(送水管, water pipe)이나 건물 또는 다른 수목의 유사한 접지시스템과 7.5m(25피트) 이내에 위치하는 경우, 이들 시스템은 공동의 접지를 제공하고 접지력(接地力, grounding power)을 높이기 위해 연결시키는 것이 좋다(NAA, 1987).

교목이 집단을 이루고 있는 경우, 가장 큰 수목만 보호하면 되고, 보호된 수목이 주변의 작은 수목을 보호할 것이다. 키가 큰 교목이 줄지어 서 있는 경우, 길이 3m(10피트)의 접지 막대가 적어도 25m(80피트)마다 설치되어 있으면 인하도선으로 연결하면 된다.

피뢰시스템은 이들이 손상되지 않았는지, 공중 단자의 높이가 충분한지를 확실히 하기 위해 매년 휴면기에 점검되어야 한다. 공중 단자는 2~3년마다 높일 필요가 있을 것이다. 어떠한 전선도 90° 이하로 급격하게 휘어지거나 반경이 200mm(8인치) 이하가 되어서는 안 된다.

피뢰시스템으로 보호된 수목이 실제로는 번개를 맞을 가능성이 더 높지만, 올바르게 설치된 시스템은 번개 피해로부터 수목과 아래에 있는 사람을 보호해 줄 것이다.

수목이 줄당김 시스템과 피뢰시스템을 동시에 가지고 있을 경우, A300 표준과 모범 관리 실무는 이들 두 시스템을 서로 연결시킬 것을 권고한다.

번개 맞은 수목관리 번개를 맞은 대부분의 수목은 제거되어야 하며, 일부는 구제하기 위한 노력이 필요한 경우도 있다. 내부 피해의 정도를 당장 평가하기 어렵기 때문에 수목의 생존이 확실해질 때까지 할 수 있는 일은 안전을 위한 전정과 청소에 한정될 것이다. 형성층이 아직 젖어 있으면, 압정으로 제자리에 고정시키고, 건조되는 것을 막고 태양으로부터 이를 보호하기 위해 젖은 천이나 마대, 폴리에틸렌 필름(polyethylene film)으로 감싸주는 것이 좋다. 제12장에서 권고된 바와 같이, 질소질 비료를 수목 아래에 적용하는 것이 좋다. 계절이나 예상되는 강우에 따라 차이가 있겠지만, 비료를 물에 타서 뿌리 구역에 관수해줄 필요가 있을 것이다. 수목의 지상부에 대한 수분과 양분의 공급을 늘리기 위해서는 뿌리 생장을 자극할 필요가 있다. 절정의 생육기 이후에 수목이 보통 수준의 건강상태를 보인다면, 더욱 조심스러운 전정과 상처 치료가 적절할 것이다. 그러나 피해 수목은 몇 년을 두고 계속 쇠약해져서 결국에는 제거해야 할 수도 있다.

17.2 상처와 공동 관리

상처는 자연 낙지(自然落枝, self-pruning)에 의해 자연적으로, 눈이나 얼음으로 인한 파손으로, 우연히 또는 의도적인 활동 등에 의해 발생할 수 있다. 또한 상처는 정상적인 수목관리, 특히 전정(**그림 17-17**), 줄당김, 수간 주입, 수목 진단 등을 수행하는 과정에서 계획적으로 발생할 수도 있다. 맨살이 드러나거나 노출된 상처 표면의 목재는 부후되기 쉬워서 시간이 경과하면서 강도가 떨어지면서 공동을 형성한다. 수목은 가장자리에 새살(woundwood) 또는 유상조직(callus)이라고 불리는 새로운 조직을 형성함으로써 상처에 반응한다. 이러한 새로운 조직의 가장자리는 결국에는 서로 만나서 상처의 표면을 봉합하고 Shigo의 CODIT 모델에서 말하는 Wall 4를 형성한다(제2장 참조).

이러한 반응 방식은 동물의 상처에서 이루어지는 과정의 관점에서 보면 수목의 상처는 "치유(治癒, healing)"된다고 볼 수는 없다. 동물의 상처는 일반적으로 죽거나 손상된 조직을 대체하면서 안쪽에서 바깥쪽으로 치유되어, 표면의 흉터가 이전의 상처를 보여주는 유일한 표시가 될 것이다. 그러나 목본식물에서 상해(傷害, wounding)는 형성층을 벗겨내거나 파괴하여 최초의 상처가 남아 있다. 이러한 상처는 결국 외관상으로는 정상적인 것처럼 바깥을 유합하지만, 목재는 건전한 수간으로 보이는 내부에서 부후될 것이다. 따라

그림 17-17 부후 주머니(pocket)가 흑호두나무(*Juglans nigra*)의 가지 터기(긴 화살표)의 변색된 변재(邊材, sapwood)에서 시작되었다. 방벽지대(防壁地帶, barrier zone)는 부후를 이 방벽(짧은 화살표)의 내부로 한정할 것이다. (사진: Shigo 등, 1979, U.S. Forest Service.)

서 이는 상처 치유라기보다는 상처 유합(傷處癒合, wound closure)이라고 부르는 것이 적절할 것이다.

상해가 정상적인 수목관리 활동의 결과이고 부후 진전과 관련이 있다면, 상처의 범위와 이로 인한 영향을 모두 최소화 하는 것이 수목관리 실무의 중요한 목적이 되어야 할 것이다.

수목의 특징 수목의 건강과 수목의 구획화 반응은 둘 다 중요하다. 상처 유합 속도는 수목의 활력과 상관관계가 있다(Neely, 1979). 원기 왕성한 수목은 활력이 낮은 수목보다 더 빨리 유상조직(callus)을 형성한다. 생장을 촉진하는 행위는 상처 유합을 가속화시킬 뿐만 아니라 부후 가능성과 진행을 감소시킨다. 뽕나무류(*Morus* sp.)와 버드나무류(*Salix* sp.)와 같은 일부 수종은 다른 수종에 비해 부후가 더 빨리 확산된다. 같은 수종 내에서도 개별 수목에 따라 차이가 있을 수 있다: 즉, 포플러 무성 번색체(*Populus* 잡종)(Shigo 등, 1977)와 적단풍(*Acer rubrum*)과 은단풍(*A. saccharinum*) (Santamour, 1979a) 등은 부후 확산에 매우 다양한 저항성을 보였다.

상처의 특성 상처 유합은 상처의 위치, 피해 발생 계절, 노출된 조직 등에 따라 차이가 있다. 유상조직은 주로 상처의 측면에서 형성되고, 위에서는 거의 나오지 않으며, 아래로부터 형성되는 양은 가장 적다(Marshall, 1931; McQuilkin, 1950; Neely, 1970). Alex Shigo(Durham, MA, 1981, 개인적인 정보)가 목재의 결(grain)과 평행한 타원형 상처를 대상으로 실험한 결과, 아래와 위의 끝을 뾰족하게 만든 상처의 양쪽 끝 형성층 고사(따라서 유상조직 형성이 적음)가 양쪽 끝을 둥글게 만든 상처 대비 세 배에 달한다는 것을 발견하였다. 그러나 Neely(1970)는 사각형의 상처를 만든 결과 유상조직이 모퉁이에서 먼저 형성되고 측면을 따라서는 덜 형성되었다고 보고하였다. 또한 그는 **"상처의 모양은 유합 속도에 거의 영향을 미치지 않는다"**는 것을 발견하였다. 즉, 첫해가 지나면 같은 넓이의 타원형, 원형, 사각형의 수피 상처는 기본적으로 같은 속도로 유합되었다.

그러나 상처가 생육기 초기에 발생하고, 유관속 형성층이 목부에 부착된 상태를 유지하고 있고, 노출된 표면이 건조해지지 않게 보호되면, 일반적으로 새로운 수피가 같은 생육기 중에 그 상처를 덮을 것이다(Zimmermann과 Brown, 1971). 노출된 목부에 형성층이 거의 남아 있지 않더라도 증식하는 방사 유세포(放射柔細胞, ray parenchyma cell)가 목부 안에 충분히 남아 있어서 상처 표면 위로 새살을 형성할 것이다(Neely, 1988b). Fred Roth(California State Polytechnic University, Pomona, 1990, 개인적인 정보)는 이러한 유형의 상처 유합은 앞 문단에서 언급한 것과는 달리 "치유"라고 부르는 것이 정확하다고 지적한다.

전정 상처는 전정 절단이 가지 깃 바깥에서 이루어지든 깃을 통과해서 이루어지든(그렇다고 평절은 아님) 거의 비슷한 속도로 유합된다(Neely, 1988a) (제14장 참조). 대왕참나무(*Quercus palustris*), 설탕단풍나무(*Acer saccharum*), 버즘나무류(*Platanus* sp.)에서 깃이 관통된 전정 상처가 깃의 바깥을 절단한 상처보다 25~38% 더 빨리 유합되었는데, 이는 맞는 말이다.

유상조직과 새살의 생장은 목부의 생장이 가장 빠를 때 가장 빨리 일어난다. 굵고 활력이 좋은 뿌리 바로 위에 위치한 수간 상처는 쇠약한 뿌리 사이에 위치한 상처보다 더 빨리 유합된다. 활력이 좋은 수목에서는 기부에 가까운 상처가 더 빨리 유합되는 반면; 활력이 떨어지는 수목에서는 낮은 곳에 위치한 상처보다 수간의 높은 곳에 있는 상처가 더 빨리 유합될 것이다. Neely(1970)는 지상 0.6~1.8m(2~6피트) 사이의 수간 상처는 거의 같은 속도로 유합된다는 것을 발견하였다.

계절 수피는 봄에 쉽게 손상되거나 찢어지며 형성층이 활발하게 분열하고 있을 때에는 쉽게 벗겨질 것이다. 수피는 봄에 구멍을 뚫거나 전정을 실시하면 수간으로부터 쉽게 벗겨지거나 찢어질 수 있다(Felix와 Shigo, 1977). 그러나 찢어진 수피는 교체할 수도 있고, 노출된 상처는 형성층이 마르기 전에 덮어줄 수 있다.

Neely(1970)는 상처 발생 후 생육기 동안의 물푸레나무류(*Fraxinus* sp.), 주엽나무(*Gleditsia triacanthos*), 대왕참나무(*Quercus palustris*)를 조사하였다. 그 결과 봄, 여름, 겨울에 생긴 상처는 형성층 고사가 거의 없었으나 가을에 발생한 상처는 유합 속도가 약 20% 정도 느린 것으로 나타났다. 봄에 발생한 상처가 여름에 생긴 상처보다 첫 생육기 동안 3~6배 더 넓은 지역을 유합하였다. 후자는 유합을 위한 시간이 짧았기 때문이다. 수피는 특히 주엽나무에서, 여름과 가을에 생긴 상처 주변에서 고사하였다. 상처가 발생한 수간의 방향에 따른 유합의 차이는 없는 것으로 보아 대부분의 상처는 햇빛에 직접 노출되지 않는 것으로 판단된다. 많은 종류의 목재 침입 곰팡이가 포자를 발산하는 생육기 후반에 생긴 상처는 다른 시기에 생긴 상처에 비해 이들 부후균에 더 빨리 감염될 수 있다(Felix와 Shigo, 1977).

기타 요소 목재 부후 곰팡이(wood-decay fungi)에 길항적(拮抗的, antagonistic)인 미생물은 부후를 막거나 적어도 지연시킬 것이다. 적단풍(*Acer rubrum*)에서 트리코더마 하지아눔(*Trichoderma harzianum*)이라는 표면오염 곰팡이를 다량으로 접종한 결과 목재를 부후시키는 균심류(菌蕈類, Hymenomycetes) 곰팡이의 침입을 2년까지 지연시켰다(Shortle, 1979). 상처를 소독하는 것은 길항적인 유기체도 함께 영향을 받기 때문에 이로운 것만큼 해로울 수 있다. 상처가 습한 상태와 건조한 상태에 번갈아 노출되면 일반적으로 부후가 더 빨리 진행된다.

수간 주입 상처

수목에는 살충제(殺蟲劑, insecticide), 살균제(殺菌劑, fungicide), 비료, 생장 조절제(growth regulator) 등이 주입된다. 도시지역과 수종이 섞여서 식재된 곳에서는, 액제나 분제로 살포해야 하는 농약을 수간 주입(注入, injection)하면 독성으로 인한 위해를 최소화하고 일반적으로 효과를 제고시킬 수 있을 것이다. 주입하는 구멍은, 특히 직경이 크거나 깊이가 깊으면, 부후를 유발하고, 매년 처리가 필요한 경우 수목을 약화시킬 수 있다. 수간 주입의 상처로 인한 피해 가능성은 화학적인 처리로 인한 예상 편익과 서로 비교해 보아야 한다.

수간 주입 상처만으로는 활력이 좋은 수목에게 문제를 유발하지 않지만, 주입된 화학물질이 피해를 유발할 수 있다. Shigo 등(1977)은 웨스트버지니아(West Virginia)에서 적단풍(*Acer rubrum*), 백참나무(*Quercus alba*), 거친 수피 히코리(*Carya ovata*)의 수간 주입 구멍을 조사한 결과, 1년 된 직경 5mm(0.19인치) 깊이 18mm(0.75인치) 크기의 구멍과 관련된 목재의 변색과 형성층 고사는 거의 없다는 것을 발견하였다. 그러나 변색된 목재부위와 일부 형성층 고사는 Bidrin®과 Meta-Systox-R®을 주입한 부위에서 발생하였다. Fungiso®, Stemix®, 또는 미량원소를 단독으로 주입했을 때에는 손상이 덜 발생했다.

Shigo와 Campana(1977)는 미국 북동부에 있는 80그루의 미국느릅나무(*Ulmus americana*) 교목의 경우 느릅나무 시들음병(*Ceratocystis ulmi*)을 방제하기 위해 뚫은 주입 구멍에서는 예외 없이 변색된 목재를 발견하였다. 몇 년에 걸쳐 연속적으로 뚫은 수간 주입 구멍은 심각한 내부 손상을 유발하였다. 이들 수목의 절반 이상에서 주입구 주변에 부후가 나타났다. 어떤 경우에는 주입한 지 1년 안에 명백한 부후가 시작되었다. 이들의 연구는 다음과 같은 현상을 의미한다.

수간 주입 구멍이 생기고 나면, 목재의 변색이 확대되고, 미생물이 목재를 감염시키며, 부후가 정착될 수 있다.

이러한 구멍이 동일한 수목에 연속적으로 만들어지면, 개별 상처와 관련된 변색된 목재의 개별적인 구역이 합체되기 시작하여 죽고 변색된 커다란 목재를 형성하며, 이들이 일부 초기 부후 미생물을 함유할 수 있을 것이다.

감염, 부후, 손상된 조직의 결합 등의 속도와 범위는 같은 수종일지라도 수목 간에 차이가 매우 크다.

Shigo와 Campana(1977)는 더 나은 주입 방법이 개발되기 전까지는 구멍을 얕고, 가장자리가 깨끗하며, 직경이 가늘고, 수적으로 적게 뚫을 것을 권고한다. 수간 주입 구멍은 한 그루에 대해서 단속적으로(3~5년마다) 뚫는 것이 좋다. 첫 번째 주입은 뿌리에서 솟아오른 부위 사이의 함몰된 부위가 아닌 솟아오른 부위의 가장자리 또는 수간에서 가능하면 낮은 곳에서 실시하라. 뒤이은 구멍은 적어도 500mm(20인치) 위에, 그리고 이전 구멍으로부터 결에 대해 대각선 방향으로 뚫어라. Shigo와 Campana(1977)는 농약 주입이 느릅나무시들음병에 감염된 수목에 대한 합당한 처리일지 모르지만, 병을 예방하기 위해 수간 주입 방법을 이용하면 잃는 것이 더 많을 수도 있다고 결론지었다.

상처 난 수목 보호

부후 문제는 대개 효과적으로 구획화하고, 상처를 신속하게 유합하고, 부후에 저항성이 있는 것으로 알려진 수종의 영양번식체(clone)를 식재하면 예방할 수 있다. 상처는 불가피하지만, 이에 대한 수와 크기, 강도는 최소화시킬 수 있는 경우도 있다. Felix와 Shigo(1977)는 수목이 가장 취약한 봄철 생장 분출기와 낙엽이 지는 시기 이외의 시기에, 필요한 전정, 줄당김, 흠집내기, 수간 주입 등을 시행할 것을 권고한다. 식재할 때 안전한 장소를 선정하고 보호용 지주나 가드레일(guard rail)을 사용하면 수목이 자동차, 기계, 사람 등으로부터 피해를 입는 것을 예방하거나 감축시키는데 도움이 될 것이다. 수목에 대한 초기 정지(training)는 일소(日燒, sunburn)를 예방하고 나중에 전정 절단을 해야 하는 수량과 크기를 줄일 수 있다. 그리고 정지가 잘된 수목은 줄당김이나 쇠조임을 할 필요가 없을 것이다. 가능하다면, 약품을 수목에 적용할 때 수간 주입 외의 방법을 사용하라.

활력 유지관리 수목의 **활력(活力, vigor)을 높이는 것이 상처와 부후에 대한 최선의 조치이다.** 활력은 특히 침엽수에서 나무좀의 침입 가능성을 크게 감소시켜준다. 활력은 올바른 시비, 관수, 병해충 관리에 의해 유지관리되고 향상될 수 있다.

상처 청소와 정리 상처 내부나 주변으로부터 느슨하고 마른 수피를 제거하라. 이렇게 함으로써 상처의 크기와 범위, 심각성을 정확하게 평가할 수 있다. 이렇게 정리된 상처는 보기에도 좋을 뿐만 아니라 해충의 보호용 은신처(protective cover)가 없어질 것이다. 수목관리자들이 흔히 상처 주위와 전정 절단 주위의 살아 있는 수피를 다듬을 것을 권고하지만, 실험에 의하면 특히 상처를 더 넓게 만드는 경우, 이러한 작업의 필요성에 의문을 제기하고 있다. 상처를 다듬는 것은 상처 유합을 촉진하는데 거의 또는 전혀 도움이 되지 않는다(Neely, 1970). 상처 안쪽에 위치한 살아 있는 수피의 돌출부위는 유합을 촉진하기 때문에, 단단하게 부착되어 있으면 가능한 한 살아 있는 수피를 많이 남겨두어야 한다(**그림 17-18**).

그림 17-18 상처 내 돌출된 수피가 상처 가장자리만큼 빨리 유상조직을 형성하지는 않지만, 이들은 목재를 보호하고 위의 영국에 있는 성숙한 피나무(*Tilia* sp.) 수간에 난 넓이 200mm(8인치)의 상처를 빨리 유합시킨다.

상처 도포 부후를 방지하고, 유합을 촉진하며, 수목의 외관을 향상시키는 것이 이상적인 상처 도포제(傷處塗布劑, wound dressing)이다. 그러나 지금까지 미국에서 상업적으로 가용한 어떠한 상처도포제도 부후를 방지하는 효과를 보여주지 못했다. Shigo와 Wilson(1977)은 적단풍과 미국느릅나무의 상처를 격리시키기 위해 아스팔트, 폴리우레탄(polyurethane), 셸락(shellac) 등을 적용했지만, 변색되고 부후된 목재의 수직적인 범위나 부후 곰팡이의 존재에 영향을 미치지 못했다는 것을 발견하였다. 사실, 변색된 목재의 전기저항은 아스팔트로 도포한 상처가 가장 심각했고, 처리하지 않은 상처가 가장 덜 심각한 것으로 나타났다. Mercer(1979)가 실험실에서 시험한 40종 이상의 상처 도포용 페인트 중에서 실균제를 함유한 페인트는 하나를 제외하고는 모두 식물에 유해하였다. 유일한 예외가 Santar®였는데, 이는 수은을 함유하고 있어서 미국에서는 사용 등록이 안 되어 있고, 아마 영원히 등록이 불가능할 것이다. Neely(1970), Shigo와 Wilson(1977)은 미국에서 확보할 수 있는 여섯 종의 상처도포제를 시험한 후 이들 물질이 상처 유합 속도에 영향을 주지 못한다고 결론지었다. Mercer (1979)의 실험 결과 유럽에서 가용한 라텍스 유화제(-乳化劑, latex emulsion)인 Lac Balsam®이 유상조직 형성을 자극하는 것으로 나타난 유일한 물질이다.

갓 생긴 전정과 수피 상처에 아스팔트 페인트를 적용하는 것이, 직접적으로 피해를 유발하거나 특정 유관속 병과 궤양병을 옮기는 나무좀과 딱정벌레로부터 참나무(*Quercus* sp.), 피칸(*Carya illinoensis*), 과수, 기타 수목에 대한 상처를 보호하는데 효과적이었다(Wiener, 1982; Sinclair 등, 1987; Johnosn과 Lyon, 1988). 일부 수종에 대해서는 살균제 첨가가 권고되었다. 몇몇 경우에는 병의 방제를 위해 살균제를 직접 적용할 수도 있다(Riley와 Okie, 1983). 이러한 문제들 중에서 일부는 해충이 활동적이거나 곰팡이의 포자가 비산할 때 전정을 하지 않음으로써 최소화될 수 있다. 예를 들면, 참나무시들음병의 확산을 통제하기 위해서는 전정 시기의 조절과 신선한 상처의 밀폐가 필요하다(제19장 참조).

궤양 계통(canker-strain) 곰팡이에 오염된 상처도포제는 런던버즘나무(*Platanus* × *acerifolia*)를 감염시킬 수 있기 때문에, 이러한 곰팡이가 흔한 지역에서는 신선한 전정 상처를 도포하지 않는 것이 좋다(Pirone 등, 1988).

McDougall과 Blanchette(1996)는 북미사시나무(*Populus tremuloides*), 적단풍(*Acer rubrum*), 종이자작나무(*Betula papyrifera*)의 상처를 폴리에틸렌 수지 시트(sheet)로 감쌌다. 이러한 처리가 단풍나무와 사시나무에 대해서는 가장자리를 따라 형성층 고사를 줄이고 유상조직 생장을 촉진했으나, 자작나무에서는 그렇지 못했다. 이는 상처 주위를 둘러싸고 있는 에틸렌 수지가 유지되고 이로 인해 열이 차단되어 상처 가장자리의 건조가 감소되는 긍정적인 효과 때문인 것으로 판단된다. **이러한 상황을 제외하면, 상처도포제의 주된 기능은 미용이다.**

들뜨거나 찢어진 수피의 재고정 많은 수피 상처는 형성층의 활동이 활발하고 수피가 목재로부터 쉽게 분리되는 봄과 초여름에 발생한다. 들뜬 수피는 종종 손상된 부위에 상처를 주지 않고 재고정될 수 있지만, 이는 들뜬 직후에 재고정되어야 한다. 목재와 수피 모두에 대한 습한 형성층 지역이 마르지 않도록 해야 한다. 목부에 대해 형성층 막이 빈틈없이 맞도록 모든 갈라진 수피와 지저깨비를 조심스럽게 제거하라. 들뜬 수피 조각을 제자리로 눌러 붙인 다음 몇 개의 작은 래커(lacquer) 칠을 한 못이나 접착테이프(duct tape)로 묶어두어라. 젖은 천이나 종이 수건, 이끼 패드(pad)로 상처 난 부위를 덮어준 다음 이들 패드와 수간이나 가지 주위를 폴리에틸렌 필름으로 감싸주어라. 이 필름은 상처의 위와 아래를 테이프나 끈으로 움직이지 않도록 단단히 묶어주어라. 이때 꼭 맞게 하기 위해서는 거친 수피를 매끈하게 만들 필요도 있을 것이다. 상처는 햇빛으로부터 그늘을 만들어 주어라.

이러한 작업을 조심스럽게 그리고 손상이 발생한 직후에 실시했다면, 들뜬 수피의 대부분 또는 모두가 목재와 재결합될 것이다. 재결합은 형성층 생장이 빠른 시기에 이루어질 가능성이 크다. 1주일 또는 2주일 이내에, 수피 조각이 아직 살아 있고 목재와 재결합이 시작되었는지를 확인하기 위해 상처를 점검하라. 균열된 부위 주변에 유상조직이 형성되면 플라스틱 필름과 젖은 패드를 제거할 수 있지만, 상처에 대한 그늘은 계속 유지하라. 수피 조각이 수간과 재결합하지 못하거나 상처가 오래된 경우에는 상처 지역의 죽은 수피를 제거하고 공기에 노출된 채로 두어라.

그러나 찢어진 수피가 절단되어 활용할 수 없으면, 조심스럽게 제거하고 플라스틱 필름이 노출된 표면에 닿지 않도록 상처를 필름으로 덮어주어라. 상처 주위의 필름은 상처가 건조되지 않도록 접착테이프로 고정시켜라. 다음은 위에 기술한 재고정된 수피를 덮는 절차에 따라 조치하라.

수피 이식 환상의 상처는 수피 이식(樹皮移植, bark implant)이나 다리접(-接, bridge grafting)으로 연결시킬 수 있다. 다리접은 수간이 토끼나 다른 설치류에 의해 손상된 수목의 지상부와 뿌리를 재결합시키기 위해 과수 재배자에 의해 사용되어 왔지만(Hartmann 등, 1990), 이 기술이 조경에서 사용된 경우는 거의 없다. 그러나 수피 이식은 때때로 권양기(捲楊機, winch)의 케이블이나 반달족(vandals)에 의한 환상의 수피 상처를 연결시키는데 사용되어 왔다. 형성층이 아직 살아 있는 경우에는 수목의 다른 부위의 수피를 이용하여 갈라진 틈을 연결시킬 수 있다(**그림 17-19**).

환상의 상처에 있는 찢어진 수피와 지저깨비를 청소하는 것으로부터 시작하라. 환상의 상처 아래와 위쪽으로 추가로 20mm(0.75인치)의 수피를 제거하라. 수목의 다른 곳 수간이나 가지로부터 새롭게 확대된 환상 상처에 맞는 높이와 일치하는 폭 50mm(2인치)의 수피 조각을 잘라 내어라. 이 수피 조각을 새로이 노출된 목재에 붙이고 작은 래커 칠이 된 못으로 단단히 고정시켜라. 환상의 상처가 수피 조각으로 모

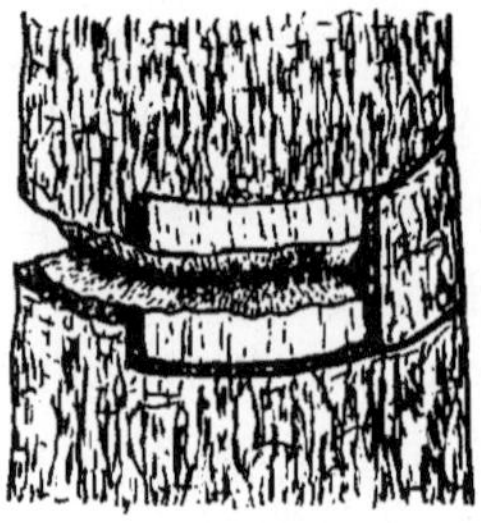

그림 17-19 환상의 상처는 수피 이식으로 치료될 수 있다. 수피와 목재 속으로의 환상의 상처가 왼쪽에 보인다. 수피가 쉽게 벗겨지는 시기(생육기 초기)에는, 환상 상처의 아래위에서 높이 20mm(0.75인치)의 수피 띠를 제거하라(가운데). 수목의 다른 곳 수간이나 가지로부터 확대된 환상 상처의 폭에 맞는 수피조각을 잘라낸 다음 그 자리에 고정시키고 환상 상처와 새로이 노출된 형성층을 덮어준다(오른쪽). 노출된 형성층, 새로운 수피 조각, 새로운 수피 조각이 채취된 상처 등이 마르지 않도록 하라.

두 덮일 때까지 이러한 작업을 반복하라. 수피 조각을 옮길 동안에는 환상의 상처와 조각을 습한 상태로 유지시키고, 수간이나 가지의 새로운 상처는 접착테이프로 덮어주어라. 이식된 수피 조각의 상하에 있는 손상되지 않은 수피 쪽으로 약 15mm(0.5인치) 이상 연장되도록 젖은 종이 타월이나 천으로 부착된 수피 위를 덮어주어라. 이러한 습한 덮개는 접착테이프를 이용하여 덮개 상하의 덮이지 않은 수피에 약 25mm(1인치) 정도 접착되도록 알맞게 묶어주어라. 상처 난 부위 전체가 그늘지게 하라.

1주일이나 2주일 이내에 이식된 수피는 그 자리에서 유상조직이 형성되어야 한다. 덧댄 수피 조각에 있는 형성층은 수간의 형성층과 결합하여 박피된 지역 전반에 새살을 형성할 것이다. 떼어낸 상처도 목부에 남아 있던 형성층 막으로부터 새살이 형성될 것이다. 덧댄 조각은 여름철 내내 태양으로부터 그늘져 있어야 한다.

수피 이식을 활용함으로써, 브리티시컬럼비아 주 빅토리아(Victoria) 시의 전 공원국장인 Herbert Warren은 체인톱에 의해 환상 박피된 두 그루의 직경 0.4m(15인치) 수목을 구했다.

17.3 공동

공동(空洞, cavity)의 치료 여부와 방법을 결정할 때, 수목의 중요성; 수목의 종류, 수령, 상태; 공동의 크기와 위치 등을 고려하라. 공동이 너무 크거나 굵은 가지에 가까이 위치하여 수목이 돌이킬 수 없는 위험에 처한 경우도 있을 수 있다. 그러나 공동이 심각하게 생긴 수목이 역사적 또는 경관적인 가치를 가지고 있는 경우, 상당한 조치도 합리화될 수 있다. 수명이 짧은 재질이 무른 수목은 오래 사는 활엽수나 침엽수와 비교해볼 때 일반적으로 가치가 낮다.

공동 안에서 부후되고 있는 목재에 가끔 흰개미(termite)와 개미(ant)가 만연할 수 있다. 미국에서 가장 파괴적인 종은 지중흰개미(*Reticulitermes* sp.)와 목수개미(*Camponotus* sp.)이다(Pirone, 1978a). 흰개미는 주로 부후하고 있는 목재를 먹으며, 건전한 목재를 먹는 경우는 드물다.

공동 치료

수목관리자들은 부후가 중단되고, 수목이 강화되며, 상처 유합을 위한 단단한 표면이 제공되도록, 공동을 청소하고, 소독하고, 쇠조임하고, 밀봉하고, 충전해 주어야 한다고 권고한다(Collins, 1920; Bernatzky, 1978; Pirone, 1978a). 이러한 작업은 수목 외과수술 기술의 일부로 발달되었다. 불행하게도, 이러한 처리의 가치는 완전히 입증되지 않고 있다. "공동 치료(空洞治療, cavity treatment)"를 지지할 수 있는 과학적, 실험적 증거가 없다(**그림 17-20**).

공동 치료가 실제로 해로울 수 있다는 증거는 없다. 공동으로부터 부후곰팡이에 감염된 목재를 제거하는 것은 비현실적이다. 그렇게 하는 과정에서 부후에 대한 구획화된 방벽을 침해하여 건전한 목재를 감염에 노출시킬 가능성도 있다(Shortle, 1979). 배수관을 설치하는 것은, 특히 건전한 목재가 노출되면, 물보다 더 해로운 상황을 초래할 것이다(Shigo와 Felix, 1980). 습한 상태와 건조한 상태가 번갈아 반복되는 것이 포화상태가 지속되는 것보다 일반적으로 목재 부후를 더 촉진시키며, 물보다 공기가 제한인자(制限因子, limiting factor)가 되는 경우가 더 많다(Welch, 1949). 오목한 곳(pocket)을 채우는 것은 공동 내 물을 최소화하는데 가장 만족스러운 방법일 수 있다.

공동의 외관이 중요하다면, 부후된 목재를 충분히 제거하여 정리하고 표면이 단단하게 만들되 건전한 목재 안으로 절단되지 않도록 조심하여야 한다. 공동의 개구부(開口部, opening) 아랫부분을 청소한 다음 건조시키고(필요하면 가스 발염기[blow torch] 사용), 공동에 물이 스며들지 않도록 공동을 아스팔트(공동이 작은 경우), 아스팔트/모래 혼합물 또는 우레탄 폼(urethane foam)으로 채워주어라. 이러한 물질로 충전하기 전에 공동 전체를 페인트로 칠하라. 이러한 과정은 Lawrence 등(1993)이 기술하고 있다.

수목의 구조와 건강의 관점에서 보면, 합리적인 행동 과정은 공동을 그냥 그대로 두는 것이다. 대부분의 수목관리자들은 콘크리트로든 아스팔트나 폼으로든 공동을 메우는 것이 수목의 건강과 수명을 향상시키는데 거의 또는 전혀 도움이 안 된다는데 동의한다. 쇠막대를 이용하여 개구부를 쇠조

그림 17-20 이 캘리포니아참나무(*Quercus agrifolia*)의 공동 충전이 지속적인 부후 진전을 막지는 못했다.

임하는 효과도 의문이다. 공동이 있는 수목에 대한 최선의 관리는 구획화된 방벽 내에서 부후가 진전되는 것보다 새로운 목재와 수피가 더 빨리 자랄 수 있도록 수목의 활력을 증진시킬 수 있는 가능한 모든 조치를 취하는 것이다. 공동이 발생한 수목은 지상부의 무게와 풍압을 줄이기 위해 솎음 전정을 해주는 것이 좋다.

커다란 공동을 가진 수목은 쇠조임 봉을 오르거나, 공동 내에서 불을 피우거나, 이를 손상시키는 사람들로부터 보호될 필요가 있을 것이다. 독자적으로 서 있을 수 있는 가림막으로 수간 전체를 보호하거나 스크린으로 공동을 덮어주되, 항상 수간이 확장되는 것을 방해하지 않도록 하라.

복습

- 수목 지지시스템은 수목 내의 취약한 부위에 추가적인 강도를 제공하기 위해 설치되는데, 가장 흔한 곳이 동일 세력 줄기가 부착된 부위와 무거운 측지(側枝, lateral branch)이다.
- 미국국가표준원(American National Standard Institute) A300 표준(Part 3)과 ISA의 수목 지지시스템: 줄당김, 쇠조임, 당김줄(*Tree Support System: Cabling, Bracing and Guying*)이 모든 설치 작업을 기술한 표준들이다.
- 상처와 공동은 그대로 두는 것이 최선의 처리이다. 잘라다듬기, 청소, 배수관 설치 등과 같은 처리는 새살 조직의 생장을 조장하지 않는다.

추천문헌

AMERICAN NATIONAL STANDARDS INSTITUTE. 2000. *American National Standard for Tree Care Operations–Tree, shrub and other woody plant maintenance–Standard practices* (Support systems a. Cabling, bracing and guying. A300 part 3). Manchester, NH: National Arborist Association.

BLAIR, D. 1995. *Arborist Equipment: A guide to the tools and equipment of tree maintenance and removal.* Savoy IL: International Society of Arboriculture.

SMILEY, E. T., and S. LILLY. 2001. *Tree Support Systems: Cabling, Bracing and Guying*. Champaign, IL: International Society of Arboriculture.

제18장 수목 문제의 진단

목표

- 이 장에서는 경관 내에서의 병징(病徵, symptom)과 이들의 패턴을 관찰하고, 병해충의 표징(標徵, sign)을 동정(同定, identifying)하고, 부지 여건을 평가하고, 필요하면 실험을 위한 적절한 표본을 수집하고, 최종적으로 이들 병징과 표징과 일치되는 원인자(原因子, casual agent)가 무엇인가를 확인하는 과정인 문제를 진단(診斷, diagnosis)하는 접근 방법이 기술된다. 수목의 병징과 가능성이 있는 원인을 포괄적으로 정리해 놓은 표가 이 장의 마지막에 게재되어 있다.
- 구체적인 병원체/기주(寄主, host) 관련성과 병의 방제에 관해서는 이 장에서 다루지 않는다. 이와 관련된 정보는 다른 자료(도움을 받을 수 있는 곳과 추천문헌 참조)를 참고하기 바란다. 수목의 건강을 최적화하고 병해충 문제를 최소화하기 위한 수목관리 프로그램인 수목건강관리(Plant Health Care)는 제19장에서 다룬다.

제대로 자라고 있는 것처럼 보이는 경우에도, 수목은 원하는 대로 역할을 하지 못할 수 있다: 이들은 매력적이지 못하게 되고, 천천히 자라거나 심각하게 병이 들어서 제거해야 하는 경우도 있다. 수목의 문제는 병의 원인을 동정하여 고치거나 최소화될 수 있도록 진단되어야 한다. 진단은 소송이나 보험, 조세 목적과 관련이 있을 경우 책임이 따른다.

이 장에서는 부지와 감염된 수목의 체계적인 평가를 이용하여 수목 문제를 진단하는 접근 방법에 대해 기술한다. 첫 단계는 해당 식물에 대한 정상적인 것과 비정상적인 것이 무엇인가를 아는 것이다. 다음으로, 조사를 용이하게 하기 위한 진단 도구와 표본 수집에 관해 고찰한다. 마지막으로, 비전염성 장애(noninfectious disorder), 해충, 전염성 병(infectious disease)의 사례와 이들의 병징에 관해 기술한다.

18.1 진단

수목이 실제와 다른 병으로 동정되어 치료를 받으면 치료를 위한 노력이 효과가 없거나 복잡한 문제를 유발시킬 수 있다. 수목 문제의 정확한 진단을 위해서는 다음 사항들이 필요하다:

- 수목의 외관이나 주변 환경에서 정상적인 것과의 사소한 차이에 대한 관찰
- 수목, 토양, 기후, 재배 기술, 해충, 병, 이들 간의 상호작용 등에 관한 지식
- 영향을 받은 수목, 해당 부지, 당시 기후, 관리 작업 등에 관한 최근의 이력에 대한 정확한 정보
- 몇 가지 단순한 도구 활용
- 어려운 문제에 대한 분석적인 접근

주의 깊은 관찰이 기본이며, 이는 실무와 관심을 통해 향상될 것이다. 정상적인 수목의 외관과 생장, 환경, 치료 효과 등은 경험이 쌓이면 익숙해질 것이다. *Disease of Trees and Shrubs*(Sinclair 등, 1987)와 *Insects That Feed on Tree and Shrubs* 제2판(Johnson과 Lyon, 1988)은 설명과 컬러 사진이 담긴 훌륭한 진단 참고서이다.

18.2 병징과 표징 평가

문제는 원인에 대한 실마리를 수집하기 위한 병징과 표징을 찾는 것으로부터 진단된다. 병징은 가해 매개체(damaging agent)에 반응하여 수목(기주, host)의 생장이나 외관이 변한 것이다. 가해 매개체는 생물일 수도 있고 무생물일 수도 있다. 표징은 해충의 몸체; 곰팡이 포자나 버섯; 천공성 해충의 배설물, 알, 번데기 껍질 등과 같은 가해 매개체의 흔적들이다.

그림 18-1 엽맥이 녹색인 상태에서 엽맥 사이가 노랗게 변하는 병징을 가진 잎을 엽맥간황백화 증상을 가진 잎이라고 부른다. 이러한 문제는 영양 결핍보다 활동적인 뿌리 부족이나 높은 pH로 인해 발생할 수 있지만, 철, 망간, 아연 등의 결핍이 원인인 경우도 흔하다. 일부 제초제도 엽맥간 황백화를 유발하기도 한다(그림 18-10도 참조). (사진: Larry Costello, University of California Cooperative Extension.)

병징은 특정한 문제의 증상이 될 수도 있고 그렇지 않을 수도 있다. 몇 가지 가해 매개체가 비슷한 병징을 유발할 수 있기 때문이다. 흔한 병징으로는 다음과 같은 것이 있다:

- **잎의 황백화현상.** 흔히 황백화(黃白化, chlorosis)현상이라고 표현되는 잎이 전반적으로 노랗게 변하는 현상은 다양한 요인에 의해 유발될 수 있고, 불량한 생장과 관련이 있는 경우가 많다. 엽맥간황백화(葉脈間黃白化 interveinal chlorosis)는 엽맥(葉脈, vein)은 녹색인 반면 엽맥의 사이 조직이 노랗게 변하는 것이다(**그림 18-1**). 황반(黃斑, mottling)은 얼룩 같은 모양을 하고, 반점(斑點, stippling)은 작은 황색 점이다. 황백화현상은 병이나 해충, 과도한 토양 수분, 추운 날씨, 공기나 토양 오염물질(汚染物質, pollutant), 높은 수준의 토양 내 특정 물질, 영양 결핍(nutrient deficiency) 등에 의해 유발될 수 있다(Pirone 등, 1988). 녹나무(*Cinnamomum camphora*), 미국풍나무(*Liquidambar styraciflua*), 대왕참나무(*Quercus palustris*) 등은 특히 철 결핍에 민감하여 엽맥간 황백화 현상이 발생한다.
- **잎 괴사.** 다양한 여건이 엽맥 사이, 잎의 끝이나 가장자리를 따라 괴사(壞死, necrosis)라고 알려진 흩어져 있는 죽은 반점을 유발할 수 있다(**그림 18-2**). 영향을 받은 부위는 담갈색(淡褐色, light brown)이나 암갈색(暗褐色, dark brown)으로 변하고 햇볕에 탄 것처럼 보인다. 심하면 잎 전체가 마른다. 영향을 받은 잎이 수목의 어디(신초의 끝, 오래된 잎, 개별 가지, 전체 수관)에 있는가와 함께 개별 잎(가장자리, 얼룩, 반점, 잎 전체)에 나타난 괴사의 패턴을 보면 문제의 원인에 대한 단서를 발견할 수 있다. 주된 원인은 가뭄, 광도(光度, light intensity)의 현저한 증가, 높은 기온, 동결된 토양, 가용한 수분의 양을 감소시키거나 증산을 높이는 건조한 바람 등이다. 칼륨(potassium) 결핍, 붕소와 염소, 나트륨의 과잉도 잎의 괴사로 이어질 수 있다.
- **시듦/위조.** 시듦/위조(萎凋, wilting)는 세포 내 팽압(膨壓, turgor pressure) 상실로 인해 조직이 무너지는 현상이다. 이는 잎에 대한 수분 공급이 부족하기 때문에 발생한다. 여러 가지 요인이 시듦을 유발하는데, 이들에는 건조한 토양, 다양한 이유로 인한 뿌리 상실, 높은 토양 염도(鹽度, salinity), 침수(浸水, flooding), 환상박피(環狀剝皮, girdling), 고온, 해충의 목부 섭식(攝食, feeding) 등이 있다.
- **낙엽.** 낙엽(落葉, defoliation)이라고 불리는 잎이 떨어지는 현상도 다양한 요인에 의해 발생한다: 몇 가지 예를 들면, 낮은 토양 습도, 뿌리 상실, 독성 물질, 불리한 토양 여건, 높거나 낮은 기온 등. 원인을 압축하기 위해서는 낙엽의 유형이 중요하다. 낙엽이 지는 기간(점진적 또는 급격한), 떨어지는 잎의 나이, 영향을 받은 수목의 부위(모든 잎, 낮은 곳의 잎, 위쪽의 잎), 잎이 떨어지기 전 어떤 잎의 증상(황백화, 괴사, 시듦) 등을 고려하라.
- **마름.** 끝에서부터 아래로 잔가지와 가지가 점진적으로 죽는 것을 마름(dieback)으로 묘사한다. 이 또한 곰팡이, 세균(bacteria), 낮은 기온, 가뭄, 불량한 배수와 통기, 화학적 독성, 천공성 해충이나 깍지벌레 등 그 원인이 다양하다. 잎이 마르기 전에 어떤 증상이 있는가를 확인하기 위해 노력하라.
- **도장지.** 하나 또는 그 이상의 주지(主枝, main branch)의 위쪽 표면을 따라 자라는 가는 가지와 작은 잎을 **도장지**(徒長枝, epicormic shoot)라고 부른다(**그림 18-3**). 이러한 증상은 이 수목이 일정 기간 동안 건강이 불량하여 크게 약화되어 있음을 나타낸다. 이러한 증상의 원인은 비전염성 매개체, 천천히 진행되는 병, 노화 등으로 추정된다. 신초는 일반적으로 왕성하지만 과도한 전정을 하면 이와 비슷한 증상이 나타날 수 있다.
- **쇠퇴.** 쇠퇴(衰退, decline)는 수목에서 여러 가지 증상으로 나타나는데, 마름, 약한 활력, 잎의 크기 축소, 도장지의 존재, 옅은 잎 색깔 등이 있다. 쇠퇴는 하나의 원인자에 의하기

그림 18-2 잎 마름을 유발하는 여건은 증상만으로는 쉽게 식별할 수 없다: 단풍나무(*Acer palmatum*; a)와 호랑가시나무(*Ilex cornuta* 'Burford'; d)의 건조 피해; 백합나무(*Liriodendron tulipifera*; b)와 하와이무궁화(*Hibiscus sinensis*; e)의 염분 피해; 태산목(*Magnolia grandiflora*; c)과 레드우드(*Sequoia sempervirens*; f)의 과도한 붕소 피해. (염분 피해 사진: Leland Francois, U.S. Salinity Laboratory, Riverside, CA.)

그림 18-3 아스팔트로 둘러싸여 수분과 산소가 부족하여 극심하게 약화된 청참나무(*Quercus douglasii*)가 굵은 가지와 수간에 약하고 가는 신초가 발생하였다. 약화된 생장과 수피에 대한 과도한 햇빛으로 인한 낮은 옥신 수준은 epicormic이라고 불리는 잠아(潛芽, latent bud)의 움직임을 허용한다.

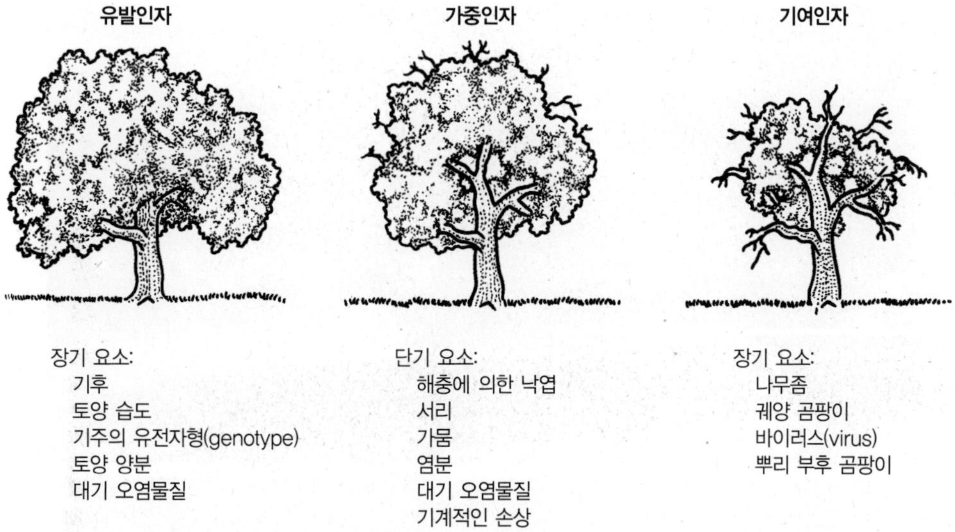

그림 18-4 쇠퇴 증상이 진전되는 데에는 하나의 요인보다는 여러 요소가 영향을 미친다(Manion, 1981).

보다 여러 요인의 복합적인 상호작용에 의해 발생된다(**그림 18-4**) (Manion, 1981).

병징의 원인에 관한 중요한 실마리는 이들이 부지 전반에 걸쳐 발생하는 패턴이다. 생물적 요인(生物的要因, living factors) (해충, 곰팡이, 세균, 설치류)은 균일하게 반복되는 피해 패턴을 보이지 않는다(Green 등, 1990). 오히려 병징은 한 종의 수목에 한정될 것이며, 피해도 시간에 따라 점진적으로 나타날 것이다. 무생물적 요인(無生物的要因, nonliving factors) (기후, 토양 문제, 농약)인 경우, 피해는 한 가지 이상의 수종에서 나타날 것이다. 넓은 지역의 수목이 영향을 받을 것이며, 피해는 특정 나이의 잎에서 나타날 것이다. 패턴을 평가할 때에는 다음 사항을 확인하라:

- 영향을 받은 수목의 부위: 잎, 뿌리, 줄기, 수피
- 수목부위에 대한 가해 패턴: 가장자리, 반점, 전체 잎, 어린 가지
- 수목에 대한 가해 패턴: 전체 수목, 가지 하나, 수목의 한쪽
- 영향을 받은 수목의 종: 한 종에 한정 또는 몇 가지 수종
- 병징이 전개되는 속도: 점전적, 갑자기
- 지형과의 관계: 비탈의 하단에서, 남향 비탈에서만 등
- 경관관리와의 관계: 관수 패턴, 전정 이력
- 부지 특성과의 관계: 도로를 따라, 화학제품 저장지역 근처

정상과 비정상의 구별

경험이 없는 사람들은, 이들을 놀라게 하는 "병징"이 사실은 단순한 해당 수목의 정상적인 특징이거나, 외관의 계절적인 변화, 또는 비기생체의 표징일 뿐인데, 자신들이 심각한 문제를 발견했다고 생각한다. 따라서 생장 단계와 계절적 시기의 변화에 따라 건강한 수목의 외관을 인지하고 있는 것은 특정한 장애의 병징을 인식하는 것만큼이나 중요하다.

잎의 색깔 잎의 색깔은 주어진 환경적 및 계절적인 여건 하에서 해당 수종의 정상적 색깔이 무엇인가를 기준으로 평가되어야 한다(**그림 18-5**). 나타날 수 있는 일부 변이는 다음과 같은 것이 있다:

- 살구나무(*Prunus armeniaca*)와 홍가시나무(*Photinia serrulata*) 같은 일부 수목의 초봄 새순은 색깔이 적갈색 또는 적색이며, 잎과 신초가 성숙해지면서 녹색으로 바뀌어간다. 다른 수목은 생육 초기, 특히 서늘하고 습한 봄에는 잎이 노란색이다.
- 일부 수목에서는 오래된 잎이 어린잎보다 더 빨리 녹색을 상실하며; 일부 상록수의 가장 오래된 잎은 이들이 떨어지기 직전에 자신들의 색깔을 잃을 것이다. 침엽을 2년 동안만 달고 있는 스트로브잣나무(*Pinus strobus*) 침엽의 절반은 이들이 갈색으로 변하여 떨어지기에 앞서 가을에 노랗게 변할 것이다(Tattar, 1989).
- 대부분의 수종은 가을에 엽록소(葉綠素, chlorophyll)가 사라짐에 따라 가을에 잎이 노랑, 주황, 빨강 등으로 변한다. 잎의 색깔이 변화하기 시작하는 시점과 강도는 여름철 생장 여건과 가을 기후가 다르기 때문에 같은 수종이나 품종도 해마다 다를 수 있다.

그림 18-5 위 골드스팟사철나무(*Euonymus japonica* 'Gold Spot')의 잎 대부분은 노란색과 녹색이 섞여 있지만, 일부 잎은 잎 전체가 녹색이고 다른 잎은 전체가 노란색을 띠고 있다. 이러한 변이가 이 수목에서는 정상적이다.

- 노란색 잎은 일반적으로 영양 결핍이나 다른 어떤 토양 문제, 또는 뿌리의 비정상적인 상태를 나타낸다고 여겨진다. 그러나 프리시아주엽나무(*Gleditsia pseudoacacia* 'Frisia'), 선버스트주엽나무(*G. triacanthos* f. *inermis* 'Sunburst'), 몇몇 향나무류(*Juniperus*) 등은 이들 잎의 일부가 정상적인 노란색을 띠고 있기 때문에 종종 조경용으로 선택된다. 수많은 관목, 교목, 덩굴식물이 원래 녹색이었던 부위가 노란색이나 흰색 등으로 특색 있게 얼룩진 모양을 하고 있어서 무성번식되고 있다. 골드스팟사철나무(*Euonymus japonica* 'Gold Spot')는 암록색(暗綠色, dark green)의 잎에 황금색의 반점과 테두리를 가지고 있고(그림 18-5); 삼색미국산딸나무(*Cornus florida* 'Welchii')는 봄과 여름에 흰색, 분홍색, 붉은색, 녹색의 반점이 있는 잎을 가지고 있다.

유엽과 성엽 담쟁이류(Hedera),아카시아류(Acacia), 유칼리나무류(Eucalytus) 등을 비롯한 많은 수종이 뚜렷한 유엽(幼葉, juvenile leaf) 단계와 성엽(成葉, mature leaf) 단계를 가지는데, 이것이 이들 잎의 특성을 반영하고 있다. 이러한 차이는 정상적이다. 필요한 경우, 때로는 어린잎 형태를 특정한 작업을 통해 유지시킬 수 있다.

낙엽 낙엽수의 잎이 떨어지는 연중 시기는 다양하다. 일부 상록수는 크게 낙엽이 지는 시기가 있다.

- 일부 낙엽수는 수분 스트레스의 일차적인 징후로 자신의 잎을 떨어뜨린다. 캘리포니아마로니에(*Aesculus californica*)는 가끔 수분 공급이 충분하지 못하면 초여름에 잎을 떨어뜨린다. 이들 수목은 기본적으로 뚜렷한 부작용 없이 봄까지 휴면(休眠, dormant)에 들어간다.
- 활엽 상록수(broad-leaved evergreen)는 가장 오래된 잎이 지는 계절이 연중 일정하지 않다. 개별 수목과 기후에 따라 차이가 있지만 태산목(*Magnolia grandiflora*)은 2~3주 만에 또는 수 주에 걸쳐 거의 전 계절 동안 자신의 오래된 입을 떨어뜨릴 것이다. 코르크참나무(*Quercus suber*)는 일반적으로 봄에 새로운 잎이 나오기 직전 또는 시작하면서 자신의 오래된 잎을 떨어뜨린다. 일부 상록수는 일 년 동안 소수의 잎만 떨어뜨린다. 수목이 스트레스를 받으면, 정상적인 경우보다 낙엽이 더 빨리 그리고 더 많이 발생하고, 잎의 색깔은 더 밝을 수 있다.
- 대부분의 낙엽수는 가을에 자신들의 잎을 떨어뜨린다. 낙엽은 이른 서리/조상(早霜, early frost)이나 수목이 스트레스를 받으면 빨라질 수 있다. 그러나 너도밤나무류(*Fagus*), 마로니에류(*Aesculus*), 일부 참나무류(*Quercus*) 등과 같은 일부 수목은 겨울 동안 죽은 잎을 많이 달고 있다(Tattar, 1989). 낙엽수와 활엽수 모두 일부 수목은 불마름병(*Erwinia amylovora*)과 같은 병에 의해 가지와 잎이 급작스럽게 죽기 때문에 겨울 동안 죽은 갈색 또는 검은색 잎을 달고 있다. 이러한 수목의 눈과 수피도 죽었는가를

그림 18-6 벗겨지는 붉은유칼리(*Eucalyptus camaldulensis*)의 수피(위 왼쪽), 은자작나무(*Betula pendula*) 수피 중 어둡고 거친 부위(위 오른쪽), 거칠고 갈라진 코르크참나무(*Quercus suber*)의 수피(아래 왼쪽) 등은 이들 성목에서는 정상적인 것이다. 어린 미국풍나무(*Liquidambar styraciflua*) 가지의 수피는 코르크로 된 융기(ridge)가 있을 수 있다(아래 오른쪽).

확인하기 위해 이들을 점검하라.

수피 특성 대부분의 어린 수목은 매우 매끈한 수피를 가지고 있지만, 수간과 가지가 커감에 따라 대부분의 수피는 결국 벗겨지거나 갈라진다. 종이자작나무(*Betula papyrifera*), 런던버즘나무(*Platanus × acerifolia*), 러시안올리브(*Elaeagnus angustifolia*)의 수피는 벗겨진다. 흑호두나무(*Juglans nigra*), 아까시나무(*Robinia pseudoacacia*), 뽕나무(*Morus alba*)의 수피는 수목이 자람에 따라 갈라지고 고랑이 진다. 수목의 크기가 커지면서 이들 수피가 갈라지거나 벗겨지는 것이 전적으로 정상이지만(**그림 18-6**), 경험이 없는 관찰자들은 이러한 현상을 처음 보면 걱정할 수도 있다.

꽃, 열매, 씨앗 정상적으로 꽃이 피는 수목도 몇 가지 이유때문에 열매를 맺지 못할 수 있다.

- 열매가 열리지 않으면 호랑가지나무처럼 이들의 열매 때문에 가치를 인정받고 있는 수목에서는 걱정이 될 수 있다. 이러한 열매 부재는 암꽃(female flower)을 수정시키기에 충분할 정도로 수 그루(male plant)가 가까이 있지 않을 때 발생할 수 있다. 완전화(完全花, perfect flower)나 수꽃(male flower)과 암꽃(female flower)이 같은 나무에서 피는 경우에도, 타가수분(他家受粉, cross-pollination)이 안 되면 결실이 불가능할 수도 있다. 이러한 형태의 불결실성(不結實性, unfruitfulness)은 일부 수목에서는 정상적이다.
- 어린 수목은 몇 년 동안 꽃이 피지 않을 수도 있다. 이러한 현상은 단지(spur)에서 꽃이 피는 수목에서 매우 흔하다.
- 교목과 관목은 격년 결과/해걸이(隔年結果, alternate bearing) 주기를 나타낼 수도 있어서, 결실이 많은 해 다음에는 개화와 결실이 크게 줄어들 수 있다. 피라칸타(*Pyracantha*), 꽃사과(*Malus*), 살구나무(*Prunus*

armeniaca) 등은 격년 결과 주기가 발생할 수 있다.

- 많은 수목은 정상적으로 씨앗이 없거나 활력이 없는 씨앗을 가진 열매를 맺는다. 대부분의 식용 무화과(*Ficus*), 일부 포도나무(*Vitis*), 오렌지(*Citrus sinensis*) 등은 씨앗이 없이 성숙된다. 완전하게 양호한 씨앗도 불투수성 종피(種皮, seed coat)를 가지고 있거나 화학적으로 변화되거나 용탈되어야 하는 억제제(抑制劑, inhibitor)를 함유하고 있기 때문에 발아가 안 될 수도 있다.

혹 해충, 선충, 병원체 등이 수목의 잎, 열매, 잔가지, 가지, 수간, 뿌리 등에 혹(gall)을 만들 수 있지만, 솟아오른 것의 일부는 정상적이고 수목에 이로운 경우도 있다.

- 레드우드(*Sequoia sempervirens*), 베어베리(*Arctostaphylos*), 유칼리나무 등과 같은 많은 수종은 자신들의 가지나 수간에 마디(burl)나 수간 결절(lignotuber)을 형성할 수도 있다(그림 6-11 참조). 이들 솟아오른 목질조직의 덩어리는 잠아의 저장소이다. 잘 발달된 전분 덩어리를 가진 수목은 자신의 지상부가 손상을 받으면 신속하게 맹아를 발생시킬 수 있다. 이와는 달리, 세균에 의한 뿌리혹(근두암종병원균인 *Agrobacterium tumefaciens*에 의해 형성된)이나 선충에 의해 유발된 마디로부터 맹아가 발생했다는 보고는 들어보지 못했다.
- 특정 균근균(菌根菌, mycorrhizae fungus)은 가는 뿌리를 모양이 울퉁불퉁해지고, 혹이 달리고, 뇌처럼 될 때까지 키운다. 균근은 뿌리 감염으로부터 수목을 보호하고, 특히 척박한 토양에서 수목이 영양분을 흡수하는데 도움을 준다(제7장 참조).
- 아까시나무(*Robinia pseudoacacia*)와 자귀나무(*Albizia julibrissin*)와 같은 콩과식물(legume)은 공기로부터 질소를 영양분 형태로 고정하는 세균(細菌, bacteria)을 함유하고 있는 뿌리혹(nodule)을 가지고 있다. 이러한 능력은 척박한 토양에서 특히 유익할 수 있다.

지의류, 이끼, 조류 특정 하등식물(下等植物, lower-order plant)이 피해를 주지 않고 목본식물의 수피에서 자란다. 녹색식물(綠色植物, green plant)인 조류(藻類, algae)와 이끼(moss)는 교목의 수피 위에 습하고 그늘진 곳에서 종종 발견된다. 스페인이끼(*Tillandsia usneoides*)는 겨울이 온난한 산림지역에서 가지에 걸려 있는 비기생성 식물이다.

지의류(地衣類, lichen)는 상호 이익을 위해 공생관계(共生關係, symbiotic relation) 하에서 자라는 조류와 곰팡이로 구성되어 있다. 이들은 토양, 바위, 수피, 기타 습한 표면에서 다양한 색깔로 자란다. 지의류는 미국 남부와 남서부에 걸쳐 목본식물에서는 흔하지만 북부 지방에서는 그 수가 적다(Pirone, 1978a). 지의류는 대기 오염에 민감하기 때문에 대도시나 산업단지로부터 바람이 불어오는 지역에서는 잘 발견되지 않는다. 지의류가 존재하다는 것은 공기가 깨끗하다는 것을 의미하거나(Tattar, 1989), 수피가 벗겨지는 수종의 생장이 불량하다는 것을 의미한다(Pirone 등, 1988). 수목의 수피에서 조류, 이끼, 지의류를 제거하는 유일한 이유는 이들이 보기에 좋지 않다는 것이다.

진단적인 접근

조경 수목의 문제를 진단하는 것은, 이들 수목의 특성과 요구사항이 농업용 작물에 대한 것보다 훨씬 다양하기 때문에, 복잡할 수 있다. 그럼에도 불구하고, 경관을 관리하는 사람들은 종종 수목의 내성 한계를 벗어나서 이들을 키우고자 시도한다. 그러나 특정한 지역에서는, 흔히 자라는 수목, 이들의 문제, 이들의 환경과 재배적인 관행에 대한 반응에 친밀해질 것을 권고한다. 그 지역에서 경험이 많은 재배자와의 대화 도움이 되지 않을 수도 있다.

모든 장애가 분석적인 접근을 필요로 하는 것은 아니다. 많은 경우 일상적인 교정 수단으로 쉽게 동정이 되어 치료될 수 있다. 가뭄이 오래 지속되는 동안에 시드는 수목은 관수가 필요할 가능성이 높다. 따뜻하고 습한 봄에 피라칸타(*Pyracantha*)의 신초가 말라죽는 것은 *Erwinia amylovora*에 의한 불마름병(fire blight)일 가능성이 높아서 감염된 신초는 즉시 제거하는 것이 좋다. 수목에 대한 점검 없이도, 가끔 수목의 종, 계절, 최근의 기후만을 기준으로 예비 진단이 가능한 경우도 있다. 다른 문제를 진단하거나 병이 특정한 수목에 어떻게 영향을 미칠 것인가를 예측하는 것은 더욱 어려울 것이다. 이 경우, 신속하고 정확한 동정을 위해서는 체계적인 접근이 필요하다.

대부분의 수목관리자들은 좀 더 어려운 문제를 진단하는데 유사한 접근 방법을 사용하고 있다(Neely, 1972; Pirone 등, 1988). 다음 항목들을 진단 점검표로 활용할 수 있을 것이다.

- 수종을 동정하고 병징을 기술하라:
  해당 수종에 대한 정상과 비정상적인 특징을 고려하라.
  해당 수종에 대한 수목관리 개관을 참고하라(제1장 참조)
- 상황에 따라서 다음에 관한 정보를 수집하라:
  해당 수목과 지역의 이력
  영향을 받은 수목과 인접 수목에 적용된 재배적인 작업
  무엇이든 비정상적인 기후 여건

해당 수목과 주변 환경; 소유자나 관리자는 특정 사실을 알려주지 않거나 잘못된 정보를 제공하기도 한다; 세심한 질문과 관찰이 잘못된 판단을 할 가능성을 줄일 수 있을 것이다.

- 다음 사항을 인식하고 고려하라:
  - 문제 토양의 범위
  - 문제 발생 이전의 기후 조건
  - 최근의 대기 질 수준
  - 흔하게 발생하는 해충과 병 문제
  - 기주 수종의 특성
- 부지와 부지 내 수목을 전반적으로 조사하라:
  - 얼마나 많은 수목이 감염되었는가? 한 그루 이상이면, 이들의 속과 종이 같은가?
  - 수목이 식재지 전반에 획일적으로 영향을 받았는가?
  - 해당 수목이 균일하게 영향을 받았는가, 아니면 한쪽만 또는 한 가지만 영향을 받았는가?
  - 영향을 받은 수목이 녹지에서 어떤 패턴을 형성하는가? 이들이 서로 무리를 지어 있는가, 아니면 흩어져 있는가? 지형이나 바람을 따라 모여 있는가?
  - 해당 부지가 수목 생장에 부적합한 것처럼 보이는가? 서리나 배수 문제가 발생할 수 있는 낮은 지역인가? 최근에 건설, 포장, 굴착 또는 토양 매립 공사가 있었는가?
  - 가스 배관, 송수관, 하수관과 하수처리장은 어디에 있는가? 이들의 특성에 관해 문의하라.
- 잎과 신초, 휴면 중인 가지를 점검하라:
  - 잎과 잔가지가 외관과 크기에서 정상적인가?
  - 지난 몇 년 동안 연간 생장이 정상적이었는가?
  - 일부 가지에 죽은 잎이 붙어 있는가, 다른 가지에 살아 있는 잎이 있는가 아니면 전혀 없는가? 죽은 잎이 붙어 있는 것은 잎의 건조를 급속하게 일으키는 여건이 있었음을 의미한다. 그러나 일부 낙엽수종 중 건강한 수목도 잎이 단풍이 들고 건조되었음에도 불구하고 겨울 동안 잎을 달고 있을 수 있다.
- 수간과 골격지를 점검하라:
  - 수피는 정상적으로 보이는가? 수간은 건전한가?
  - 비정상적으로 솟아오르거나 움푹 들어간 곳이나 환상박피의 흔적은 없는가?
  - 수간은 땅속으로 들어가면서 기부 주위에서 균일하게 넓어지는가? 그렇지 않으면, 옥죄는 뿌리(girdling root)가 문제가 될 수도 있고, 지면이 복토되었을 수도 있다.
  - 왕성한 흡지가 수간의 기부로부터 나타나 있는가? 웃자란 가지가 수목의 영향을 받은 부위 아래에서 나타나는가? 이러한 왕성한 생장의 아랫부위는 건강할 가능성이 높고, 문제의 원인은 아마 지상에 있을 것이다.
  - 굵은 가지를 따라 잠아에서 나온 신초가 나타나면서 지상부 생장이 전반적으로 약한가?
- 뿌리 안정성과 건강을 확인하라:
  - 수목이 너무 크지 않으면 수간을 앞뒤로 흔들어 보라. 수간이 단단하게 고정되어 있지 않으면, 뿌리시스템의 결함과 식재 구덩이가 잘못 준비되었을 가능성을 의심하라.
  - 필요한 경우, 주근(主根, main root)을 노출시켜 조사하라. 뿌리가 수간이나 다른 뿌리를 옥죄고 있는가? 뿌리가 튼튼한가? 수피가 단단하게 부착되어 있는가?
  - 수간 형성층의 일부를 토양층(土壤層, soil level) 아래로 노출시켜라. 목부와 형성층은 정상적으로 보이는가?
- 토양 시료추출관(soil tube)이나 삽을 이용하여 해당 수목 아래의 토양을 조사하라:
  - 토양이 침수되어 있는지, 습한지, 건조한지?
  - 수분이 깊이에 따라 균일한지?
  - 토양이 정상적인 색상과 냄새를 가지고 있는지, 아니면 짙은 회색이고 썩은 달걀 냄새와 같은지? 후자의 증상은 극도로 습한 토양, 천연가스 유출, 쓰레기 매립지 가스일 가능성이 있다.
- 주변의 수목, 특히 이들이 같은 수종인 경우, 자세하게 살펴보라:
  - 이들 수목 중에서 비슷한 병징이 있는가? 여건이 정상적인가?
  - 이들 수목이 같은 문제의 시작단계에 있는가?
  - 다른 종의 수목을 살펴보라. 비슷한 증상을 가진 수종이 있으면 비전염성 장애나 피해일 수 있다; 이러한 병징은 가끔 전염성 장애의 병징보다 덜 구체적일 수 있다.
- 전반적인 부지 조사 이후에 추가적인 정보가 필요한 경우:
  - 해당 수목의 소유자나 관리자로부터 추가적인 정보를 확보하라.
  - 실험실에서 진단 시험을 위해 토양이나 수목의 조직 샘플을 수집하라. 올바른 표본추출 절차를 알기 위해 실험실과 접촉하라.

일단 문제에 관한 단서가 수집되고 나면, 진단은 모든 사실과 관찰에 가장 적합한 원인을 찾아내는 것이다. 표본에 대한 실험실 분석이 필요할 것이다. 해당 지역에 흔히 발생하는 해충, 병, 기타 문제에 관해 기술한 것을 참고하는 것이 도움이 될 것이다(이 장의 끝에 있는 추천문헌 참조). **표 18-1**(이 장의 끝에 있는)에는 병징, 일반적인 원인, 진단에 도움이 되는 추가 정보 확보에 관한 목록이 제시되어 있다.

진단 도구

다양한 도구가 수목의 상태를 진단하는데 도움을 줄 것이다(표 18-2). 튼튼한 주머니 칼(pocket knife)이 아마 가장 유용하고 쉽게 구할 수 있는 도구 중 하나일 것이다. 튼튼하고 다용도인 접는 리놀리움 칼(linoleum knife)이 더 좋다. 어떤 것이든, 어린 목재와 수피를 조사하기 위해 신초와 가는 가지를 얇게 썰 수 있을 것이다; 수피는 굵은 가지와 수간의 상태를 점검하기 위해 상처의 범위를 확인하고 궤양과 부후된 부위, 해충의 구멍을 탐사하기 위해 절개할 수 있다. 다른 방법이 없으면, 튼튼한 칼을 이용하여 관근(冠根, root crown)을 보기 위해 수간 옆에 있는 토양을 제거하는데도 사용할 수 있다.

삽과 도랑을 파는 도구나 튼튼한 모종삽(trowel)은 수간의 기부와 뿌리를 노출시키고 뿌리와 토양의 토성, 답압, 수분, 색상, 냄새를 조사하는데 사용할 수 있다. 토양 시료추출관은 250mm(10인치) 아래의 토양을 표본 추출하는데 특히 유용하다. 오거(auger)를 대신 사용할 수도 있지만, 깊이에 따른 토양 변화는 분쇄된 오거 샘플보다 토양 코어(soil core)를 이용하여 평가하는 것이 더 쉽다.

잔가지와 가지 샘플을 수집하고 내부 검사를 위해 절개하는 데에는 전정가위를 사용하라. 접는 수목절단용 톱은 가위로 절단하기에 너무 굵은 가지를 제거하는데 편리할 것이다. 고지 가위(pole pruner)는 자세한 관찰을 위해 높은 곳에 있는 잔가지나 가지를 절단하는데 필요할 것이다. 조립식 장대를 가진 가위는 운반하고 보관하는데 용이할 것이다.

접는 10배율 확대경(10-power hand lens)은 응애(mite)를 탐지하거나 수목의 조직을 검사하는데 도움이 될 것이다. 접근이 불가능한 표본목은 쌍안경(雙眼鏡, binocular)으로 조사할 수 있다.

목재용 끌, 망치나 말레(mallet)를 이용하여 대교목의 두꺼운 수피를 절단할 수 있다. 얼음 깨는 송곳(ice pick)은 수피와 목재의 부후를 탐지하는데 사용하라. 이들 세 가지 도구 중 하나를 이용하여 수피가 건전한지 여부를 확인하기 위해 이를 두드려볼 수 있다.

사진기를 이용하여, 향후의 참고와 증거를 수집하기 위해 수목의 병징과 주변 환경을 기록하라. 비닐봉지와 유리병은 표본을 분리하고 건조되는 것을 방지할 것이다. 표본을 구분하기 위해 라벨, 줄이 달린 꼬리표, 고무 밴드 등을 사용하라.

표 18-2 수목을 진단하고 평가하기 위해 권장되는 도구와 자재

수목의 위치 확인 및 기술용		
사진기 장비[b]	거리/수고 계기	보고서 양식[b]
클립보드(clipboard)[b]	공학용 자(engineer's scale)[b]	줄자[b]
나침반[b]	휴대용 계산기	녹음기
표본 수집과 조사용		
살균제	라벨[a]	유리병[b]
해부 현미경	비닐 주머니[a]	
수목 문제 진단용		
쌍안경	생장추	저항/임피던스(impedance) 미터
끌/정[a]	말레(mallet)[a]	삽[a]
도랑 파는 도구[a]	고지 가위[a]	소형 톱[a]
확대경[a]	전정 가위[a]	튼튼한 칼[a]
얼음 깨는 송곳[a]	배터리 작동 천공기	
토양 문제 진단용		
가스 탐지기	토양 오거/단면 채취용 튜브[a]	
pH 미터[b]	토양 습도계	

출처: CTLA, 1992.
[a]기본적인 장비.
[b]매우 유용한 장비.

그림 18-7 생장추는 장기간에 걸친 수목생장을 측정하는데 유용하다. 위쪽 심(core)의 연륜폭은 이것이 아래쪽 심보다 더 생장이 왕성한 소나무에서 채취된 것임을 나타낸다(각 연륜의 시작 지점은 검게 표시되어 있다; 사선으로 표시된 것은 수간의 중심에 가까운 것을 의미한다).

줄자(measuring tape)는 신초 생장, 수간 직경, 기타 크기와 거리를 점검하는데 도움이 될 것이다. 광학 측정기(optic meter)는 장애물과 빈 공간을 관통하거나 주변에서도 수고와 거리를 매우 정확하게 측정할 수 있을 것이다. 나침반(羅針盤, compass)은 식재지의 배치도(配置圖, plot plan)를 작성할 때 방향과 위치를 결정하는데 유용할 것이다.

어떤 경우에는 생장추(incremental borer)가 교목이나 관목의 상태를 점검하거나 몇 년 동안의 생장 속도(연륜의 폭을 통해)를 확인하기 위해 이들의 목부를 표본 추출할 수 있는 만족스러운 유일한 방법일 수 있다**(그림 18-7)**. 생장추는 수피와 목재의 단면을 대표하는 작은 심(心, core)을 떼어낸다. 이러한 과정은 시간이 걸리고 수간에 상처를 주기 때문에 필요한 경우에 한해서 이러한 샘플을 채취하라. 샘플을 채취하는 수목의 유형은 일반적으로 활력이 낮고, 따라서 상처 유합이 느릴 것이다.

생리적인 스트레스 측정 지금까지 진단은 수목이 손상, 병징이나 표징을 보일 정도로 심각하게 영향을 받고 난 다음에 이루어졌다. 수목의 사전 상황에 대한 지식은 장애의 심각성과 장애의 진행을 판단하거나 감염에 대한 저항성이나 스트레스를 견딜 수 있는 수목의 능력을 예측하는데 도움이 될 것이다.

몇 가지 방법이 시험되었고 스트레스에 대한 생리적인 반응을 측정하기 위한 장비가 개발되었다. 이들 각각은 평가 대상 수목을 같은 수종의 "정상적인" 수목과 비교하는 것이 필요하다.

기온, 수분 상태, 감염, 상처 발생 등 물리적인 피해를 유발하는 스트레스의 영향을 평가하기 위해 전류(電流, electrical current)를 수목의 조직에 통과시켜 볼 수 있다(Blaze, 1990). 전기적인 방법에 의해 수목의 활력과 관련이 있는 두 가지 요소가 평가되었다: 이온(ion) 농도와 세포막의 상태. 이 기술을 활용하기 위한 두 가지 장치는 형성층 전기저항치(cambial electrical resistance, CER)를 측정하기 위해 두 개의 침으로 된 전극을 사용하는 Shigometer와, 수목 임피던스비율 미터(Plant Impedance Ratio Meter; PIRM)이다. 맥동 직류(脈動直流, pulsed direct current)나 단일주파수 교류(single-frequency alternating current)에 의해 얻어진 측정치를 해석하는 데는 상당한 주위와 경험이 필요하다. 이러한 유형의 장비를 이용한 연구 결과는 가변적이다. Clark 등(1992)은 미국풍나무(*Liquidambar styraciflua*)에서 CER을 생장 지표와 연결시킬 수 없었다. 그러나 Ball과 Simmons(1984)는 CER과 은자작나무(*Betula pendula*)에 대한 갈색자작나무좀(*Agrilus anxius*) 공격과의 사이에 높은 상관관계가 있다는 것을 발견하였다.

광합성(光合成, photosynthesis) 속도의 감소는 시각적인 병징이 발달하기 전에 나타나는 생리적인 스트레스에 대해 처음으로 발생하는 수목 반응 중의 하나이다. 휴대용 형광분석기(florescence spectrometer)를 이용한 엽록소 형광 반응(chlorophyll fluorescence)을 측정하면 고온과 저온, 염도, 가뭄, 오염 등과 같은 무생물적 요인(無生物的要因, abiotic agent)에 대한 수목의 반응을 평가할 수 있다(Percival과 Dixon, 1997; Percival과 Fraser, 2001).

수목은 에너지를 살아 있는 세포 안에 전분의 형태로 저장한다. 수목이 휴면 중일 때처럼 수목이 자신의 기능을 수행하는데 충분한 에너지를 생산하지 못하면, 비축된 전분이 에너지원 역할을 한다. 비축 전분 시험은 수목 조직 내 전분 비축 수준의 지표를 제공함으로써 활력과 전반적인 건강을 평가할 수 있게 된다(R. Carlson, 2001). 루골 염색(Lugol's Stain) 시험을 수행하기 위해서는 요오드(iodine)와 요오드화칼륨(potassium iodide)의 혼합물을 얇은 수목 조직의 단면 위에 놓는다. 그러면 세포 속의 전분이 검게 염색될 것이다. 전분의 수준은 일반적으로 계절에 따라 차이가 있으며, 생장 단계와 수목의 조직에 따라 차이가 있다. 하나의 실험을 하는 동안, 건강한 범위를 나타내는 몇 그루의 다른 수목과 비교해 보아야 한다.

표본 수집

현장에서 문제가 진단이 안 되거나 현장 관찰을 입증해야 할 경우, 영향을 받은 부위와 건강한 부위에 대한 표본(標本, sample)을 채취할 필요가 있다. **병에 걸린 조직으로부터 건강한 조직으로 전이(轉移, transition)되는 부위를 포함한 잎, 신초, 가지, 또는 뿌리 표본을 선택하라;** 해충이나 병에 걸린 경우에는 특히 어떠한 경우든, 병든 표본과 건강한 표본을 모두 수집하라.

잎 표본은 신선하게 유지하고 너무 건조하게 방치하거나 너무 습하게 만들지 말라: 그렇지 않으면, 이 표본들이 부후하여 원인과 병징을 가리는 2차 미생물을 육성할 수 있다. 잎은 서늘하게 유지하고 과도한 공기를 눌러서 빼낸 비닐 주머니 안에 밀봉해 두어라. 건조한 종이 타월은 과도한 수분을 흡수하고 하루나 이틀 정도 곰팡이의 생장을 감소시킬 수 있을 것이다. 그러나 표본이 진단 실험실로 보내져야 하거나 2~3일 이상 보관하고 있어야 하는 경우에는, 조직의 왜곡을 피하기 위해 표본을 종이 주머니에 넣어두는 것이 좋다. 가지, 수간, 뿌리의 표본은 수피와 목재를 모두 포함하는 것이 좋다.

토양 표본은 병든 수목과 건강한 수목, 또는 문제가 되는 토양과 양호한 토양을 대표하는 부지로부터 채취하라. 깊이가 다른 표본이 필요할 경우도 있다(제4장 참조).

모든 표본은 수목의 수종명, 해당 수목의 위치, 채집한 부위 등을 기재한 라벨을 부착하라. 표본 채집 일자와 채집자의 이름도 기재하라.

18.3 일반적인 수목 문제 동정

수목의 문제는 몇 가지 범주로 분류하거나 묶을 수 있다: 병징, 문제의 원인, 피해를 입은 수목의 종류, 피해발생 부위. 또 다른 분류는 병징이 단일 또는 비연속적 사건(급성/急性,

표 18-3 수목 손상과 병을 유발할 수 있는 스트레스 요소[a]

상해 유발		병 유발	
무생물적	생물적	무생물적	생물적
극단적인 토성	해충	무기질 결핍과 과잉	세균
바람	포유동물(mammals)	염분	곰팡이
눈	조류(birds)	대기 오염물질	마이코플라즈마
얼음		과다한 수분	바이러스
번개		농약	고등 식물
염분		복사	선충
대기 오염물질			
과다한 수분			
농약			
복사(輻射, radiation)			

출처: Smith, 1970.

[a]어떤 무생물적 요소는 스트레스 요소의 강도에 따라 상해 또는 병(비전염성 장애)을 유발할 수 있다.

acute)에 의한 것인지, 아니면 계속적인 지속적인 자극(고질/痼疾, chronic)에 의한 것인가를 기준으로 한다(표 18-3). 두 가지의 넓은 범주는 무생물적 장애(無生物的障碍, abiotic disorder)와 생물적 병(生物的病, biotic disease)이다.

- **무생물적 장애.** 비전염성(非傳染性, noninfectious) 또는 생리유전적(生理遺傳的, physiogenic) 장애라고도 불리는 무생물적 장애는 살아 있지 않은 매개체에 의해 유발된 비정상적인 수목의 반응(abnormal plant response)이다. 계속적인 자극을 유발하는 흔한 매개체는 종종 토양과 뿌리 문제와 관련이 있다. 답압(踏壓, compaction), 복토(覆土, fill soil), 영양 과잉, 토양과 공기 중 오염물질; 과도한 수분; 배수 불량; 수목에 지속적인 자극을 주는 천연가스(天然-, natural gas) 등이 그 사례들이다. 비전염성 매개체에 의한 손상의 사례에는 기계적인 피해, 농약의 오용(誤用, misapplication), 해빙염(解氷鹽, deicing salt), 고온 또는 저온, 화재 등이 있다.
- **생물적 병.** 전염성(傳染性, infectious) 병 또는 병원성(病原性, pathogenic) 병이라고 불리는 생물적 병은 살아 있는 유기체에 의해 유발된 수목의 비정상적인 반응이다. 지속적인 자극을 유발할 수 있는 생물적 매개체에는 곰팡이, 세균(細菌, bacteria), 기생식물(寄生植物, parasitic plant), 선충(線蟲, nematode) 등이며; 곤충(昆蟲, insect), 진드기(mite), 척추동물(脊椎動物, vertebrate; 생쥐, 들쥐, 뒤쥐, 토끼) 등도 상처를 유발할 수 있다.

18.4 무생물적 요인

무생물적 매개체에 의한 상해와 장애는 종종 생장 불량, 손상된 외관은 물론, 수목이 죽음에 이르기도 한다. 조경 수목은 불리한 토양, 기후, 재배 실무, 통행, 기타 다양한 위해에 노출되기 쉽다. 또한 특정한 활동, 과도한 농약 사용, 극단적인 기후 등으로 기계적, 화학적, 열 손상을 입기도 한다.

기계적 상해

기계적 상해(機械的傷害, mechanical injury)는 일반적으로 진단하기 쉬운 문제이다. 기계적 상해의 흔한 원인은 경관관리 장비, 지주목 피해, 차량, 반달리즘(vandalism), 기후 등이다.

장비, 차량, 반달리즘 수간의 수피는 특히 형성층이 활동적이고 수피가 "벗겨지는(slipping)" 봄과 초여름에, 종종 기계적인 피해에 가장 많이 노출되는 수목 부위이다. 이 시기에는 가벼운 타격만으로도 수피가 헐거워지거나 찢어져 떨어질 수 있다. 자동차, 잔디깎기 기계(lawn mower), 줄이 달린 예초기(string trimmer) 등은 연중 어떤 계절에도 수목의 수피를 벗겨버릴 수 있다(그림 18-8). 주차장 내, 도로의 연석과 진입로 가까이 등에 식재된 수목이 특히 취약하다. 주된 영향은 수피와 변재의 상실로 인한 물, 무기 양분, 설탕의 전위(轉位, translocation)가 감소되는 것이다. 장기적인 효과는 부후 발달 가능성이다. 수피 손상의 치료는 제17장에서 고찰되었다.

잔디밭에 있는 교목은 잔디깎기 기계에 의해 부분적으로 환상박피가 되기도 한다. 이러한 피해는 어린 나무를 심각하게 약화시킬 수 있다. 더 큰 문제는 잔디가 예초를 한 후에 직립으로 자라서 손상된 수피를 가리기 때문에, 작업자가 피해를 입혔다는 것을 모르는 상태에서 줄이 달린 예초기가 잔디밭에서 자라는 어린 나무를 환상박피한다는 것이다. 수간 둘레(circumference)의 50% 이상이 박피되었다면 제거를 고려하라. 예초기에 부착한 보호판이나 수간 주위의 보호관

그림 18-8 2년생 런던버즘나무(*Platanus* x *acerifolia*)의 수간이 잔디깎기 기계에 의한 계속적인 타격으로 75%가 박피되었다(왼쪽). 진입로 가까이에서 자라는 성목이 된 런던버즘나무의 수피가 차량에 의해 반복적으로 손상되고 있다(오른쪽).

등이 이러한 상해를 방지할 것이다. 가장 좋은 방법은 어린 수목의 수간 주위에 잔디가 없는 지역을 만드는 것이다. 이는 잔디깎기 기계나 줄이 달린 예초기에 의한 상해를 줄일 수 있을 뿐만 아니라, 수목의 생장 속도도 높여줄 것이다(제8장 참조).

수목은 사람에 의해 고의적으로 피해를 입을 수(vandalized) 있다: 수목의 지상부가 피해를 입거나 파괴될 수 있고; 수피가 절단되고, 두들겨 맞고, 수간으로부터 찢겨져 나간다. 수목의 수간은 톱이나 도끼에 의해 박피가 되기도 한다. 수피가 손상되기 쉬운 수목은 2~3개의 보호용 지주에 의해 보호되어야 한다(제8장 참조).

그릇된 지주목 설치나 당김줄은 수피와 목재 손상으로 이어질 수 있다. 어린 수목의 수간은 직경이 빨리 굵어지기 때문에 수목을 결속하고 있는 것을 정기적으로 점검하고 필요한 경우 조정해 주지 않으면, 이 결속이 수간을 옥죌 수 있다. 이는 수간을 따라 발생한 낮은 가지나 잎이 결속을 가리고 있으면 특히 문제가 된다. 가끔 결속이 지주목에서 벗어나기도 하지만, 수간을 계속 에워싸고 있어서 파묻히게 되어 지상부의 불량한 생장과 부러지기 쉬운 약한 목재의 링(ring)을 만든다. 수목에 대한 결속이 파손되거나, 너무 낮게 묶이거나, 느슨하게 되면, 수간의 수피는 지주나 수목 보호물과 마찰하면서 심각하게 손상될 수 있다(제8장 참조).

폭풍 피해 얼음, 눈, 바람 폭풍은 가지가 찢어지고 부러지는 피해를 유발할 수 있다(그림 3-8 참조). 눈은 부러지거나 찢어질 때까지 상록의 교목과 관목의 가지 위에 쌓일 수 있다. 빗자루나 유연한 갈퀴, 장대를 이용하여 조심스럽게 눈을 털어내면 피해를 최소화할 수 있다. 가지에 눈이 무겁게 쌓여 있는 경우, 아래에서 가지를 건드리면 수목에 긴장을 덜 주면서 눈을 제거할 수 있을 것이다. 눈에 의해 피해를 가장 많이 입는 수종으로는 향나무류(*Juniperus*), 주목류(*Taxus*), 솔송나무류(*Tsuga*) 등이 있다(Pirone 등, 1988). 눈이 많이 오는 지역에 이식하는 경우, 눈이 거의 오지 않는 지역에서 자란 중간 크기 이상의 침엽수는 그 지역에 자생하는 수목보다 가지가 부러질 가능성이 더 높을 수 있다. 눈이 많이 오는 지역에서 자라는 대부분의 침엽수는 이들이 어릴 때 자신들의 가지가 눈의 하중에 의해 더 많이 흔들리게 되기 때문에 상당한 눈의 하중으로부터 벗어나거나 견딘다.

우박(hail)은 잎을 찢거나 너덜너덜하게 만들고, 잔가지를 부러뜨리고, 수피를 상하게 할 수 있다. 수피 상처는 보통 가지의 위쪽 표면에 타원형 모양으로 생긴다. 서로 가까이 발생한 상처는 서로 연결되어 수피고사와 잔가지 마름으로 이어진다(Costello 등, 2002).

그림 18-9 기온이 서늘할 때 발생한 위 레드우드(*Sequoia sempervirens*)의 부드러운 신초는 갑작스런 뜨겁고 건조한 바람에 의해 말라버렸다.

바람(wind)은 수목의 파손을 유발할 뿐만 아니라(제16장 참조) 잎이나 꽃에 기계적인 피해를 줄 수 있다. 잎이 찢어지거나 날아갈 수도 있다. 바람이 모래를 동반하면, 수목의 표면이 벗겨지거나 모래에 파묻힐 수도 있다. 건조한 바람에 노출된 수목은 보호된 수목보다 수분을 30% 이상 더 많이 잃을 수도 있다(Costello 등, 2002). 서늘한 기후에 발생한 부드러운 새로운 생장은 뜨겁고 건조한 바람에 노출되면 특히 건조되기 쉽다(그림 18-9).

화학적 상해

경관 내부와 주변에 대해 다양한 목적으로 사용되는 농약은 불량한 생장, 상해, 때로는 죽음까지도 초래한다. 이들 농약은 직접적인 적용에 의해, 토양 내 유독한 수준을 통해, 또는 대기 오염물질로서 작용한다.

제초제 조경 수목에 대한 가장 명백하고 빈번하게 관찰되는 화학적 상해(化學的傷害, chemical wound)는 부주의하거나 무성의한 제초제(除草劑, herbicide) 적용에 의해 유발된다(**그림 18-10**). 잎과 신초의 뒤틀림, 변색(變色, discoloration), 고사 등은 분무액 비산(噴霧液飛散, spray drift), 분무 증발(噴霧蒸發, spray vaporization), 뿌리의 농약 흡수 등에 기인한다. 제초제는 원하지 않는 식물을 억제하거나 죽이도록 설계되어 있다. 그러나 제거 대상이 아닌 식물도 너무 높은 희석 농도; 너무 많은 적용; 부주의한 적

그림 18-10 제초제 피해 병징에는 잎과 신초의 뒤틀림(런던버즘나무에 대한 2,4-D)(위 왼쪽), 엽맥 간 황백화(시마진/simazine)(위 오른쪽), 물푸레나무(*Fraxinus*)에 대한 표백(bleaching)과 괴사(아래 왼쪽) 등이 있다.

용; 후속적인 토양과 물로, 그리고 뿌리 접합을 통해 이동함으로써 피해를 입을 수 있다. 도시 녹지에서는 비료와 농약을 혼합한 제품의 잘못된 적용으로 인해, 그리고 분무액의 비산으로 인해 피해가 발생할 수 있다. 시골지역에서는 인접한 농장이나 정원의 제초제 적용에 의해 피해가 유발될 수 있다.

2,4-D 화합물은 대부분의 다른 제초제보다 제거 대상이 아닌 식물을 더 많이 손상시킨다. 이는 세 가지 이유 때문이다: (1) 2,4-D는 침투성(浸透性, systemic)이기 때문에, 수목의 일부만 접촉되더라도 수목 전체에 영향을 미칠 수 있고; (2) 초기의 제제(製劑, formulation; 주로 에스테르/ester)가 휘발성이 매우 강해서; (3) 2,4-D가 잔디밭에서 광엽 잡초를 제거하기 위해 사용되기 때문에, 주변의 교목과 관목에 쉽게 영향을 미칠 수 있다. Pirone(1978a)은 인근의 잔디에 대해 가을에 2,4-D를 적용하면, 이듬해 봄에 대왕참나무(*Quercus palustris*)의 잎이 뒤틀린다고 주장했다. 영향을 받은 활엽수의 잎과 신초는, 제초제의 농도, 수목의 종, 기온, 제초제에 접촉할 당시의 생장 단계 등에 따라 차이가 있지만, **상편생장**(上偏生長, epinasty)이 나타날 수 있다. 이렇게 되면 잎의 가장자리가 뒤틀리거나 아래로 구부러지면서 컵 모양이 된다(그림 18-10). 엽병(葉柄, petiole)이 아래로 휘어지면서 수목이 시든 것처럼 보인다. 신초의 끝은 꼬인다. 갈라지고 유상조직이 나와 있는 부위는 커다란 신초를 형성할 수 있다. 심각하게 영향을 받은 수목의 잎은 밝은 녹색을 잃고 고사할 수도 있다. 그러나 수목은 예외적으로 과도한 제초제에 노출되지 않으면 회복할 것이다.

대부분의 발아 전 제초제(preemergent herbicide)는 조경 수목의 잎에 피해를 주지 않고 뿌릴 수 있지만, 독성 성분은 뿌리 지역에 축적될 수 있다. 이는 비가 많이 왔거나 관수를 많이 하는 경우, 또는 새로 식재된 수목을 위한 물웅덩이에 발아 전 제초제를 처리한 경우, 사질토양 등에서 특히 문제가 될 수 있다. 후속적인 급수나 강우는 둔덕(berm)의 표토(表土, surface soil)를 물웅덩이 안으로 침식시키고, 독성 물질이 근분(root ball) 안으로 용탈될 수 있다. 수목의 병징은 제초제의 종류, 제초제의 농도, 수목의 종에 따라 차이가 있지만, 대부분의 경우 영향을 받은 수목은 잎의 엽맥 또는 엽맥 사이, 그리고 가장자리에서 황백화현상이 발생하고, 시간이 지나면 괴사하고 떨어진다.

포장 지역 내와 주변; 건물 주변; 철도 공도용지(公道用地, right-of way), 도랑의 둑, 울타리, 도로 등을 따라 잡초를 방제하기 위해 사용된 토양 제초제(soil sterilant)는 인근에서 자라거나 처리된 토양에 나중에 식재되는 수목에게 심각한 영향을 미칠 수 있다. 유거수(流去水, runoff)와 침식은 제초제를 상당한 거리까지 이동시켜서 처리된 지역에서 멀리 떨어진 수목을 손상시킬 수 있다.

유독한 수준의 잔류 제초제를 가진 토양에 대한 식재 관련 사항은 제10장에 기술되어 있다. 개별적인 제초제의 병징에 대해서는 Derr과 Appleton(1988)을 참고하기 바란다.

염 수목에 영향을 미치는 염(鹽, salt)은 처음부터 토양에 존재할 수도 있고, 관개용수(灌漑用水, irrigation water)와 비료, 염수(鹽水, saltwater)의 지표 밑 침투, 해수 비말(海水飛沫, ocean spray), 얼었거나 먼지가 많이 나는 도로에 적용되는 염 등에 의해 추가될 수 있다. 염분 문제는 토양 내 염도가 증가하면서 서서히 진행되는 경우가 있기 때문에, 이를 비전염성 장애로 분류할 수 있다.

염에 노출된 민감한 수목은 항상 잎의 끝과 가장자리가 타들어가는 증상을 보인다(**그림 18-11**). 염이 뿌리로부터 흡수된 경우, 손상은 기공(氣孔, stomata)이나 엽맥의 끝에 가장 많이 농축되는 잎부위에 더 심각하게 나타나는 경향이 있다. 강도가 증가함에 따라 전체 잎이 영향을 받아서 떨어질 수 있고; 눈(bud)이 자라지 못하고 말라죽게 된다. 극단적인 경우, 수목 자체가 죽게 된다. 그러나 염 피해의 처음이면서 가장 흔한 증상은 눈치 채지 못하게 또는 염분이 아닌 다른 원인에 의한 것으로 생각되는 단순한 수목 생장의 부진이다. 부진한 생장은 항상 조기 단풍과 낙엽을 동반한다. 독일 함부르크(Hamburg)의 피나무(*Tilia*) 가로수는 1950년대 중반에 연륜(年輪, year ring)의 폭이 2mm(0.08인치)이었으며, 1956~1957년에는 도로에 710MT의 염이 적용되었다. 1978~1979년에는 40,000MT의 염을 적용한 결과 연륜의 폭이 0.2mm(0.01인치)로 감소하였다(Peterson과 Eckstein, 1988).

그림 18-11 염 독성의 증상은 잎의 가장자리와 끝의 괴사이다.

상해의 정도는 수종, 염의 농도와 종류, 염이 수목이 이르는 방법, 토양 수분과 강우, 기타 여러 요소 등에 따라 차이가 있다. 토양 염분은 수질이 나쁜 물(제7장 참조)과 비료(제12장 참조)로 관수를 해야 하는 강우량이 낮은 지역에서 특히 문제가 된다.

수목은 토양 내 축적되는 염에 의한 것보다 수목으로 던져지고, 튀기고, 흘러 들어가게 되는 해빙염(deicing salt)에 의해 더 심각하게 손상을 입는다(Lumis 등, 1973). 손상은 바람이 불어가는 도로 쪽과, 도로를 향한 쪽의 수목에서 더 심각할 것이다. 문제는 도로보다 높고 넓은 중앙분리대보다 염분이 함유된 물이 더 많이 넘쳐흐르고 튀기는 좁고 도로와 같은 높이의 중앙분리대에서 더 심각하다(Hootman 등, 1994). Lumis 등(1973)은 눈으로 덮여 있거나 보호를 받는 수목은 피해를 받지 않았다는 것을 발견하였다. 침엽수종의 피해는 늦겨울에 분명해지지만 낙엽수에서는 봄 생장이 시작되기 전까지 나타나지 않는다.

침엽수에서는 상해가 침엽의 끝 부분 괴사로 나타나서 상해가 확대됨에 따라 기부로 진행된다. 침엽에 각피의 왁스층이 더 두터운 침엽수는 염분 분무에 상해를 덜 입는다. Lumis 등(1973)은 마로니에류(*Aesculus*), 사시나무류(*Populus*)와 같이 수지가 많은 눈을 가진 낙엽수는 아까시나무(*Robinia pseudoacacia*)나 주엽나무(*Gleditsia triacanthos*)처럼 눈이 잔가지 속에 묻혀 있는 나무와 마찬가지로, 상해에 저항성이 있다는 것을 발견하였다. 같은 속(屬, genus) 내에서도 노출된 눈을 가진 수목이 비늘로 덮인 눈을 가진 수목보다 상해를 더 많이 입었다.

해안 가까이에 있는 녹지에서는 염분 비말(鹽分飛沫, salt spray)과 바람에 실려 오는 염분에 의해 물에 가장 가까운 수목이 가장 심각하게 영향을 받는다. 허리케인(hurricane)과 태풍(颱風, typhoon)은 염분을 내륙으로 상당한 거리까지 실어 보낼 수 있다. 염분 비말로부터의 상해는, 특히 낙엽수에게는 잎의 계절적 성숙 단계에 따라 차이가 크게 나타날 것이다. 낙엽수는 잎이 떨어지기 직전에는 바람에 실려 오는 염분에 의해 거의 영향을 받지 않을 것이다. 그러나 상록수는 이 기간 중에 더 심각한 피해를 입을 것이다.

염분 피해의 일반적인 병징이 생장 부진과 타는 잎이기 때문에, 여러 가지 다른 병이나 장애로 인한 문제와 혼동하기 쉽다. 부진한 생장과 엽소(葉燒, leaf scorch)의 원인을 확인하기 위해서는 주의 깊은 관찰과 잎 분석이 필요할 것이다. 이를 위해 염분에 관한 토양과 물의 평가에 대해 고찰한 제4장과 염분이 문제가 되는 부지를 관리하는 것을 다룬 제7장을 참고하라. 나트륨(sodium)과 염화물(鹽化物, chloride) 이온은 수목에게 유독할 뿐만 아니라, 고농도의 나트륨은 콜로이드 입자(colloidal particle)를 분산시켜 단단하고 배수가 불량한 미사질과 점토질 토양을 만든다.

붕소 독성 주로 강우량이 적은 일부 지역에서는 붕소(硼素, boron)의 고농도 축적이 심각한 수목 상해와 죽음까지 초래한다. 붕소 독성의 병징은 염분으로 인한 증상과 비슷하다(그림 18-2의 목련/*Magnolia* 참조). 그러나 때로는 염분의 전형적인 괴사는 가장자리가 갈색인데 비해 붕소 피해 증상은 괴사 지역에 작은 검은 반점을 형성한다. 이 두 증상을 구분하는 가장 좋은 방법은 토양과/또는 조직을 분석하는 것이다.

기타 화학물질 농약(農藥, pesticide)이 때로는 수목을 손상시킨다. 활력이 떨어지는 수목은 종종 비말 피해에 특히 취약함을 보인다. 석회유황합제(石灰硫黃合劑, lime sulfur)와 황(黃, sulfur) 분무와 분제는 기온과 습도가 높으면 상해를 유발할 가능성이 더 높아진다. 농약의 독성은 용제(溶劑, solvent), 증량제(增量劑, carrier), 활성 성분에 기인할 수 있다. 일부 살충제(殺蟲劑, insecticide)와 살균제(殺菌劑, fungicide)를 포함한 폭넓은 화학물질이, 특히 기온이 25°C (77°F)를 넘으면, 수목에 손상을 주거나 이를 죽일 수 있다. 유제(乳劑, emulsifiable liquid)는 증량제인 용제가 식물독성(植物毒性, phytotoxic)이 있기 때문에 가용성(可溶性, wettable)의 분말보다 피해를 더 많이 줄 수 있다(Fred Roth, California State Polytechnic University, Pomona, 1989, 개인적인 정보).

석탄재(石炭-, cinders of burnt coal)는 특히 이를 비나 스프링클러로 용탈시키지 않으면, 몇 가지 유독한 화학물질을 함유하고 있기 때문에 수목 가까이의 토양 피복용으로 사용하지 않는 것이 좋다. 비나 스프링클러 관수는 이 화학물질들을 뿌리 지역으로 용탈시킬 수 있다.

열상

열상(熱傷, thermal injury)은 수목이 낮거나 높은 기온, 불, 드문 경우지만 엔진으로부터의 증기나 열에 노출되었을 때 발생할 수 있다.

저온(低溫, low temperature)은 고온보다 더 자주 수목을 손상시킨다. 어떤 수목은 빙점(氷點, freezing point) 훨씬 아래의 기온에도 견디는가 하면, 다른 수목은 빙점 이상의 쌀쌀한(chilling) 기온에서도 피해를 입는다. 일 년 중 계절과 생장 단계는 추위에 견디는 수목의 능력에 크게 영향을 미친다.

저온은, 여린 신초에 대한 봄과 가을의 서리피해, 겨울 동안의 활엽수 가지 마름, 침엽수 잎의 동계건조(冬季乾燥, winter burn), 교목 수간의 피소(皮燒, sun scald)와 상렬(霜裂, frost splitting) 등을 포함한 폭넓은 병징을 발생시킬 수 있다(그림 3-2 참조). 자세한 내용은 제3장을 참고하라.

겨울철 기온이 7°C(45°F) 미만인 기간이 충분하지 못하면, 다가오는 봄에 일부 온대 수목의 생장과 개화가 지연될 것이다(제3장 겨울철 저온처리와 휴면을 참조하라).

고온(高溫, high temperature)은 일부 수목에 피해를 줄 것이다. 토양이 건조하고, 뿌리 시스템이 충분하지 못하거나 수간이 수분 이동을 제한하고 있는 경우, 증산 수요가 토양으로부터 잎으로의 물 흡수와 전위(轉位, translocation)를 능가할 것이다. 이러한 상황이 되면, 수목이 건조하게 되어, 잎은 시들고 말라서 쉽게 부서지거나 떨어질 것이다. 바람은 증산을 제고시킴으로써 이러한 피해의 강도를 높이는 데 기여할 것이다.

불(fire)도 자주 고온 피해를 유발한다. 불에 노출된 수목 부위는 오그라들고 검게 변하며, 형태와 모양이 일그러질 것이다. 수피는 검게 탈 것이다. 불 주위의 고온은 외부적인 피해 증상 없이 수피 아래의 형성층 조직을 죽일 수 있다(Standiford, 1991). 결국에는 피해를 입은 수피는 갈라져서 목재로부터 떨어져나갈 것이다.

수목은 일반적으로 불에 의한 잎과 잔가지의 피해는 회복할 수 있을 것이다. 주된 관심은 수피에 대한 피해의 정도이다. 이는 열의 강도와 지속 기간, 수피의 두께와 수분함량에 따라 차이가 클 것이다. 수피가 검게 타 있으면 손상의 정도를 점검해 보는 것이 좋다. 이는 칼이나 끌을 이용하여 수피의 작은 조각을 떼어보면 알 수 있다. 내부의 손상된 조직은 색깔이 크림(creamy)이나 핑크색이 아닌 황갈색(黃褐色, tan)이나 황색으로 보일 것이다(**그림 18-12**). 이런 수목은 수간 둘레(circumference)의 40% 이상이 죽거나 피해를 받았으면 제거하는 것이 좋다(Costello 등, 2002).

기타 열원(熱源, heat source)으로는 열을 발생시키는 장비와 시설물이 있다. 기존의 포장을 일거에 녹이고 새로운 표면을 적용하는 고온 시스템을 사용하는 재포장(再包裝, repavement) 도로에 인접한 식생(植生, vegetation)은 시들기도 하고, 전체가 죽기도 한다(**그림 18-13**). 수목의 피해는 도로 바로 위 또는 연석 가까이에 있는 잎에 한정되기도 한다.

번개

수목이나 구조물에 대한 번개 피해의 본질과 범위는 매우 다양할 수 있다. 이러한 차이는 번개의 강도, 피해를 입은 수종, 수피 외부와 내부의 수분 함량, 가지와 수간 조직의 특성 등

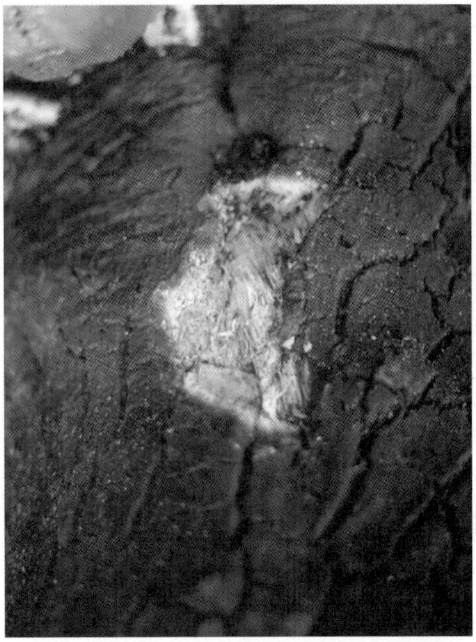

그림 18-12 수피에 대한 화재 피해는 수피의 일부를 제거한 후 내수피(inner bark)와 형성층을 확인함으로써 점검될 수 있다. 왼쪽의 캘리포니아참나무(*Quercus agrifolia*)는 외수피가 갈라지는 열해를 받았지만, 내수피는 건강하였다. 오른쪽 수목은 심하게 그을리고 수피와 형성층이 죽었다.

그림 18-13 강력한 열을 발생시키는 장비를 사용하여 도로를 재포장할 때 캘리포니아참나무(*Quercus agrifolia*)에 열해가 발생하였다.

과 관련이 있는 것으로 보인다. 조직이 축축하고 번개가 형성층 아래의 통로를 따라 흘러가면, 목재, 가지, 수간에 선명하고 긴 홈이 파일 것이다(Butin, 1995) (**그림 18-14**). 이러한 유형의 손상은 가끔 치명적이다. 그러나 조직이 건조하면, 번개는 수피의 표면을 거쳐서 뿌리로 흘러갈 것이다. 이러한 유형의 피해는 수간의 길이를 따라 수피만 좁게 벗겨지기 때문에 결국에는 새살(woundwood)에 의해 일반적으로 유합이 된다(Butin, 1995). 또 다른 경우에는 외부의 흔적 없이 목부가 화상을 입거나 손상되기도 하고, 뿌리 시스템의 일부 또는 전부가 죽기도 한다(Pirone 등, 1988). 파국적인 번개 피해가 아닌 경우, 일반적인 병징은 뿌리 병의 병징과 비슷한 점진적인 고사현상이다(Butin, 1995). 피뢰(lightning protection) 방법에 관한 설명은 제17장을 참조하라.

번개를 맞은 야자수는 종종 죽는다. 전형적인 병징은 수간의 갈라짐이나 검고 긴 줄이며, 이는 수액유출과 갑작스런 수관의 붕괴로 이어지는 경우도 있다(Broschat와 Meerow, 2000).

영양 결핍

영양 결핍(營養缺乏, nutrient deficiency)은 생장 부진, 잎의 황백화와 괴사, 신초 끝에서 잎이 모여 나는 현상(rosetting) 등으로 나타날 수 있다. 이때에는 결핍이 진전된 원인을 평가할 필요가 있다. 결핍은 가끔 토양 pH와 관련이 있을 수 있다. 영양 결핍처럼 보이는 것도 실제로는 뿌리 병이나 배수 불량, 찬 토양(cold soil)에 기인할 수 있다. 일반적인 영양 결핍 증상은 다음과 같다(제12장도 참조):

그림 18-14 위 단풍나무의 수간과 가지가 번개에 의해 산산이 쪼개졌다(왼쪽). 번개가 참나무의 상단으로부터 수간을 따라 아래로 땅에 이르기까지 홈처럼 수피를 벗겨내었다(오른쪽). (사진: Independent Protection Co., Goshen, IN.)

질소(窒素, nitrogen). 잎이 전반적으로 황록색이고, 오래된 잎에서 먼저 발생한다; 어린잎은 정상적인 색깔을 유지한다; 잎이 작고 얇다; 단풍이 빨리 든다; 낙엽수는 잎이 빨리 떨어진다.

철(鐵, iron). 어린잎에서 가는 녹색의 엽맥과 대조적으로 엽맥 사이가 노랗게 변한다; 노출된 잎은 희게 변하고 결국에는 끝이나 가장자리가 타들어간다; 알칼리 토양이나 석회질 토양(石灰質土壤, calcareous soil)에서 흔히 나타난다(제4장 참조).

망간(manganese). 잎이 엽맥을 따라 넓은 녹색 때를 형성하면서 엽맥 사이가 노랗게 변한다; 나중에는 엽맥 사이에 괴사성 반점이 나타나고, 잎에 생기가 없어진다. 알칼리 토양이나 석회질 토양에서 흔히 나타난다(제4장 참조).

아연(亞鉛, zinc). 잎이 전반적으로 노랗고, 때로는 괴사성 반점으로 얼룩덜룩하게 된다; 잎이 작고, 매우 좁아서 뾰족해진다; 오래된 잎이 떨어진다; 직경이 가는 신초는 끝에 총생(叢生, tuft)한 잎이 달리는데, 이는 고사할 것이다. 알칼리 토양이나 석회질 토양에서 흔히 나타난다(제4장 참조).

토양과 뿌리 관련 문제

대부분의 비전염성 장애는 수목의 뿌리나 토양과 관련이 있다. 이미 조성된 부지는 쇠퇴하기 시작하는 성숙한 교목과 관목으로 구성되어 있다. 토양 전염병(土壤傳染病, soil borne disease)이나 해충이 원인이거나 물리적인 변화가 토양의 통기성(通氣性, aeration)과 습도에 영향을 미쳤을 수도 있다. 경사도(傾斜度, grade)의 변화. 새로운 포장, 건설공사, 도랑 파기, 배수와 수분 공급의 변화, 토양 답압, 가스 누출 등이 모두 수목의 생활을 지지하는 토양의 능력에 영향을 줄 수 있다. 기타 토양이나 지하 문제에는 영양 결핍과 과잉, 유독한 화학물질, 옥죄는 뿌리, 설치류 피해 등이 있다.

토양의 불량한 물리적 구조는 항상 뿌리시스템을 제한하고 이들의 활동을 저해할 것이다. 이에 따라 수목은 수분, 공기, 양분을 충분히 공급받을 수 없으며, 전반적으로 쇠퇴하게 될 것이다. 이 경우 질소 결핍과 비슷한 증상을 보이게 되며 더운 날에는 일시적으로 시드는 현상이 나타날 수 있다. 작은 잎이 달린 짧은 잔가지가 가지의 위쪽 표면에서 자랄 것이다(그림 18-3 참조). 이러한 증상이 반드시 토양의 물리적 여건에 기인하는 것은 아니다. 뿌리가 병이나 선충에 감염되거나, 영양이 결핍되고, 수목이 나이가 들어감에 따라 쇠퇴하면 같은 증상이 나타날 수 있다.

토양이 불리하게 변경되면 통기성이 감소하게 되고, 이에 따라 산소가 감소하고 이산화탄소(二酸化炭素, carbon dioxide)와 다른 가스가 증가하게 되며, 이들 가스 중 일부는 유독하다. 통기(通氣, aeration) 불량은 뿌리의 물과 양분 흡수 능력을 약화시킨다. 특정 작업이 뿌리 지역의 수분을 증가시키기도 하고 감소시키기도 한다. 과도한 수분은 통기를 해치고 뿌리 부후 유기체가 감수성 수목을 감염시키는 것을 촉진할 수 있다. 반대로, 토양 수분이 부족하면 생장이 감소하고, 잎과 어린 신초가 시들며, 건조한 지역에서는 더 많은 염분 토양이 생성된다. 역설적으로 보이지만, 수목은 토양 내 과도한 수분 때문에 시들 수도 있다; 왜냐하면 과습으로 손상된 뿌리는 수목의 지상부에 적절한 수분을 공급할 수 없기 때문이다.

토양의 불량한 물리적 여건이 의심되면, 지표면(地表面, ground level)에서 교목이나 관목의 수간을 점검하라. 대부분의 목본식물 수간은 원래 지표면의 바로 위나 아래에서 넓어지며, 대부분의 수간 주위 토양은 주변 토양 표면보다 50~100mm(2~4인치) 정도 높을 것이다. 수간이 토양 속으로 들어가서 근원이 거의 또는 완전히 보이지 않으면, 식재지에 토양이 추가되었을 가능성이 높다. 복토된 토양이 얕고 원 토양보다 거친 경우, 답압되고, 깊고, 평탄하지 않거나 답압된 지표 위에 쌓인 것이 아닌 한 거의 문제를 유발시키지 않는다. 원 토양보다 가는 토성의 복토된 토양은 공기와 물의 이동을 저해할 뿐만 아니라 토양 경계면에 주수위(宙水位, perched water table)를 형성하여 뿌리 지역으로의 공기 이동을 더욱 방해한다. 수간 쪽이 높게 쌓은 복토는 많은 수종에서 근원(根元, root collar)에 발생하는 병을 유발한다.

가스로 인한 상해 수목은 토양 내 가스(gas)에 의해 손상되거나 죽을 수 있는데, 이러한 가스는 직접적으로 독성이 있거나 산소를 극단적으로 위험하게 낮은 수준까지 낮출 수 있다. 주로 석탄과 석유로부터 유래하는 제조된 가스와 매립지에서 유기물의 분해에 의해 생성되는 가스는 특정한 농도에서 수목에 직접적으로 유독하다. 천연가스는 수목의 뿌리에 직접적으로 유독하지는 않겠지만(Pirone 등, 1988), 광범위한 수종이 토양 내 산소를 밀어내는 가스 누출에 의해 죽거나 심각하게 손상을 받았다.

매립지에서 주로 목재와 종이와 같은 유기물이 분해되면 메탄(methane)과 이산화탄소가 발생되는데(Leone 등, 1977), 후자가 뿌리에 유독한 수준에 이를 수 있다. 천연가스(메탄을 포함한 포화된 탄화수소)의 누출은 대부분의 토양 공기를 대체함으로써 산소 수준을 낮춘다. 토양 내 세균(bacteria)은 메탄과 산소를 소비하기 때문에, 이산화탄소와 물을 만들어낸다(Hocks, 1972). 이로써 산소가 감소하고 이산화탄소의 수준이 증가하게 된다. 또한 Garner(1974)는 천연가스 누출로 야기된 혐기성 여건 하에서는 세균이 토양 내 황산염(黃酸鹽, sulfate)을 황화수소(黃化水素, hydrogen sulfide)로 변형시킨다는 것을 발견하였다. 이러한 여건 하에서 아산화질소(亞酸化窒素, nitrous oxide)도 형성된다. 두 물질은 모두 수목에 유독하다.

대부분의 가스 누출이나 매립지 가스는 천천히 축적되기 때문에, 증상도 몇 개월이나 몇 년에 걸쳐 진전되기 되고, 토양의 통기 불량, 토양 내 과도한 수분, 특정 토양 전염성 곰팡이 병과 비슷할 수도 있다. 따라서 진단이 어려울 수 있다. 증상이 나타나는 시기와 강도는 토양의 투수성(透水性, permeability), 수종, 가스가 생성되는 속도 등에 달렸다. 해당 지역 내 모든 수목이 영향을 받으면, 이것이 전염성 병과는 관계가 없다는 좋은 증거이다. 그러나 가스가 누출된 곳에서 상당한 거리에 있는 수목이 죽었음에도 불구하고 그 사이에 있는 수목은 영향을 받지 않은 것처럼 보이는 경우도 있었다(Davis, 1971). 이 경우에는, 답압된 토양이 가스 발생원 가까이에서 새어나오지 못하게 하여, 지표로 새어나가거나 토양 내부에서 확산될 때까지 불투수층 아래로 가스가 확산된다. 포장, 동결된 토양, 답압된 토양층 아래에서는, 가스가 50m(150피트) 이상 이동할 수 있다. 가스가 매립지 가장자리로부터 30m(90피트) 이내에 있는 수목까지 피해를 주고 있는 것이 발견되었다(Leone 등, 1977).

가스피해를 받은 수목은 생장이 부진하여 신초가 성기게 발생하고 잎이 작다. 잎과 신초가 시들고 갈색으로 변하며, 극도로 심각하게 피해를 입은 가지는 죽는다. 뿌리도 푸르고 물에 젖은 것처럼 변하고 죽을 수도 있다. 가스가 많은 토양의 색상은 대부분이 배수가 불량한 늪(swamp)의 진흙처럼 청회색 또는 검은색이 되고; 이러한 토양은 종종 황화수소(黃化水素, hydrogen sulfide)와 같이 썩은 계란 냄새가 난다. 토양대기(土壤大氣, soil atmosphere)는 훈련된 진단가나 가스 공급회사 직원에 의해 가스의 가연성에 대한 시험을 할 수 있다. 가스 분석용으로 선호되는 장비는 촉매연소원리(觸媒燃燒原理, catalytic combustion principle)를 이용한다(Leone 등, 1977). 대부분의 가스회사에서 사용하고 있는 장비는 메탄을 대상으로만 조정된 열전도성원리(熱傳導性原理, thermal conductivity principle)에 의해 작동된다. 매립지의 가스 혼합체는 주로 공기, 메탄, 이산화탄소를 함유하고 있다. 열전도성 원리로 작동되는 계기(計器, meter)는 매립지에서 나오는 가스에는 고농도의 이산화탄소도 존재하고 있기 때문에 매립지에서 나오는 메탄에 대한 정확한 측정결과를 제공하지 못할 수 있다. 촉매연소식 가스미터(觸媒燃燒式-, catalytic combustion gas meter)는 피츠버그(Pittsburgh, PA)에 있는 Mine Safety Appliance Company와 Bacharach Instrument Company 등 두 회사에서 생산하고 있다.

다른 가스 탐지 방법은, 문제가 되는 지역에서 산소와 이산화탄소를 측정하는 것이다(Leone 등, 1977). 토양의 불규칙한 침하(沈下, settling)와 지표면 균열은 해당 지표 아래에 유기물이 있다는 단서가 될 수 있다(**표 18-4**). 가스 상해

표 18-4 매립지 토양에서 가스 문제를 평가하기 위한 지침

지표	혐기성 토양	호기성(건강한) 토양
냄새	하수구 냄새	쾌적함
색깔	어두움	밝음
수분 함량	높음	낮음
파쇄성(破碎性, friability)	불량	양호
온도	높음	낮음
연소성 가스 수준	높음	매우 낮거나 없음
산소 수준	낮음	높음
이산화탄소 수준	높음	낮음

출처: Leone 등, 1977.

는 가스 배관이 노후화되어 부식되고, 제조된 가스가 점점 더 많이 사용되고, 잘못 설치된 매립지 방벽에서 누수가 시작됨에 따라, 점점 더 흔한 문제가 될 가능성이 높다.

뿌리 손실 교목이나 대관목 근처의 토양 표면이 절토되거나, 공익시설용 배관을 위한 도랑을 파거나, 태풍에 의해 파손되면 직접적으로 뿌리 손실(root loss)이 발생한다. 이러한 피해를 입은 수목은 가뭄을 더 많이 타기 쉽고, 질소 결핍증상(부진한 생장과 연한 녹색 잎)을 보이거나 강한 바람에 견디지 못할 것이다. 수간의 많은 부분이 말라 죽고, 뿌리 상처가 심각하면 수목 전체가 죽을 것이다. 지면이 너무 급격하게 낮추어지지 않으면, 수목은 초기의 충격 이후에 새로운 수분과 양분 체계에 적응할 것이다. 그러나 태풍에 의해 손상된 뿌리시스템은 새로운 뿌리가 자리잡을 때까지 세심한 관리가 필요할 것이다.

가뭄 수목의 전체 또는 부분은 다양한 원인으로 인해 수분이 부족하게 될 수 있다: 즉, 토양 수분(土壤水分, soil moisture)의 부족; 불량한 통기 또는 동결된 토양; 수분 흡수를 저해하는 손상되거나 병든 뿌리; 수분의 이동을 제한하는 손상되거나 병든 수간과 가지. 때로는, 서늘한 봄 날씨에 과도하게 넓은 엽면적(葉面積, leaf area)을 발달시킬 수 있는데, 이러한 상태에서 늦봄에 오랜 기간 고온과 바람이 동반되는 경우, 뿌리시스템은 잎이 시들이나 타는 것을 방지할 정도로 충분한 수분을 지상부로 공급할 수 없게 된다.

수목의 지상부에 수분이 부족할 경우 나타나는 첫 증상은 잎과 어린 신초의 끝이 시드는 것이다. 이러한 증상은 늦은 봄이나 초여름의 따뜻한 오후에 건강한 수목에서 흔히 나타날 것이다. 그러나 다음날 아침까지 잎과 어린 신초가 생기를 회복하지 못하면 해당 수목에 수분 부족이 심각한 영향을 미칠 수 있다. 시듦이 지속되거나 빈번하게 재발되면, 잎의 엽맥 사이 부분과 가장자리가 탈색되거나 갈색으로 변할 수 있으며, 잎 전체가 갈색으로 변하면서 낙엽질 수 있다. 특히 엽소(葉燒, leaf scorch)가 발생하기 쉬운 수종에는 산딸나무(dogwood), 대부분의 단풍나무류, 마로니에류, 물푸레나무류, 느릅나무류, 너도밤나무류 등이 있다(Pirone 등, 1988). 수분 부족은 일반적으로 하나 이상의 가지에 붙어 있는 모든 잎에 영향을 미친다. 먼저 그리고 가장 심각하게 영향을 받는 잎은 오후의 태양과 주풍(主風, prevailing wind)에 노출된 잎들이다. 오래된 잎과 작고, 두껍고, 단단한 잎, 대부분의 침엽수의 잎 등은 가시적으로 시들지 않지만, 잎 전체 또는 끝이나 가장자리가 갈색으로 변할 수 있다.

옥죄는 뿌리 교목과 관목은 옥죄는(girdling) 뿌리 때문에 수간과 주 가지가 쇠약해지기도 하고 죽을 수 있다. 어떤 뿌리가 수간이나 다른 뿌리를 맴돌고 있고, 이들이 둘 다 굵어지면, 각각은 특히 어릴 때, 접촉 지점에서 변형이 발생할 것이다. 각각은 서로의 직경 생장(直徑生長, caliper growth)을 지연시킬 것이며, 이에 대한 영향은 수간 조직이 뿌리 조직보다 더 크게 받을 것이다(Hudler와 Beale, 1981). 처음에는 지상부로부터 뿌리로의 에너지 이동이 제약을 받게 되어 뿌리 생장이 부진하게 되고, 다음으로 전체 수목이 쇠약해지며, 문제가 심각하게 되면, 수간이 옥죄는 부위에서 부러질 것이다.

쇠약해지고 비효율적인 뿌리시스템의 증상은 이미 기술하였다. 새로이 식재된 수목을 제외하고, 옥죄는 뿌리의 증상이 나타나는 데는 상당한 시간이 걸릴 것이다. 생장과 외관의 점진적인 쇠퇴는 옥죄는 강도가 더 강해야 나타난다.

그림 18-15 수간의 일부에서 수간의 퍼짐이 부족하거나 지표면에서 들어간 부위가 있으면 옥죄는 뿌리가 있음을 의미할 수 있다. 옥죄는 뿌리가 있으면, 이를 확인하기 위해 토양을 파보아라.

이러한 증상은 가을에 가장 분명한데, 낙엽수의 잎이 정상적인 수목보다 더 빨리 단풍이 들고 떨어진다.

옥죄는 뿌리(girdling root)는 가끔 토양 표면에서 볼 수 있다. 이를 볼 수 없으면, 옥죄는 뿌리가 보이거나 굵은 수평근(水平根, horizontal root)과 마주칠 때까지 수간 주위에 있는 흙을 조심스럽게 제거하라. 방해를 받지 않은 뿌리가 수간으로부터 방사상으로 뻗어 있으면, 옥죄는 뿌리로 인한 문제는 없다.

지면에서의 수간이 아래로 정상적으로 벌어지면 일반적으로 옥죄는 뿌리의 문제 발생 가능성을 배제한다. 수간이 땅속으로 수직으로 들어가거나, 부분적 또는 거의 대부분에 해당하는 수간 둘레 주위의 토양이 아래로 움푹하게 들어가 있으면, 옥죄는 뿌리가 하나 이상 있을 가능성이 있다(**그림 18-15**). 수간 전체가 수직으로 토양 속으로 들어가면, 문제는 복토에 기인할 가능성이 높다. 수간이 하나 이상의 옥죄는 뿌리에 의해 에워싸여 있으면, 옥죄는 부위 위쪽이 아래쪽보다 직경이 더 굵을 것이다. 가끔 발생하는 접목 접착부(接木接着部, graft union) 위쪽의 수간이 솟아오른 것과 혼동하지 않도록 조심하라. 접목부위가 솟아오른 것은 대목(臺木, rootstock)과 접수 사이의 부분적인 부적합성을 나타내지만 문제가 되는 경우는 드물다.

대기의 질

잎은 대기 오염(大氣汚染, air pollution) 피해 증상을 가장 잘 보여주는 수목의 주요 부위이다. 대기오염 피해를 받은 활엽수에서는 잎에서 엽맥 사이 조직의 괴사, 가장자리나 끝의 괴사, 윗면에 반점 발생, 아랫면의 은백화 등이 나타난다(**표 18-5**). 오염에 의해 영향을 받은 침엽수의 침엽은 괴사와 황백화 현상을 보일 것이다. 이러한 현상은 급성 독성(急性毒性, acute toxicity) 증상인데, 이는 일반적으로 고농도의 가스성 오염물질에 짧게 노출되었을 때 나타난다.

급성 독성의 증상은 수목의 종류와 생장 단계(生長段階, stage of growth), 오염물질의 유형과 농도, 노출된 기간, 잎의 함수량, 습도(濕度, humidity), 햇빛, 기온, 바람, 기타 요인 등에 따라 매우 다양하다(Scott, 1973) (**그림 18-16**). 상이한 잎 조직은 기공(氣孔, stomata)을 통해 잎으로 들어오는 가스성(gaseous) 오염물질에 다르게 반응한다(표 18-5).

낮은 수준(low level)의 오염물질에 장기간 노출되면 고질적 손상(痼疾的損傷, chronic injury)으로 나타나서, 다른

표 18-5 주요 대기 오염물질: 일반적인 발생원, 민감한 수목에게 유독한 농도, 수목의 병징

	아황산가스	불소화합물(fluoride)	오존(ozone)
발생원	점(點, 지역적)	점(點, 지역적)	
	공기	공기	공기
	석탄과 고유황 석유를 연료로 사용하거나, 공정 중에 화합물을 사용하는 발전소와 산업체	불소화합물을 함유하고 있는 촉매와 용제를 사용하는 산업체	석탄과 석유 연소, 자동차 배기가스가 일차적인 공급원이다.
독성 수준	0.7ppm에서 1시간 0.18ppm에서 8시간	1ppb에서 24시간	0.05ppm에서 4시간
증상			
활엽수	잎의 양면에서 엽맥 사이 부위가 백화 또는 갈색화	가장자리 또는 끝의 황화 또는 괴사	잎의 위쪽 표면에 반점 발생
침엽수	침엽 끝 괴사와 황백화된 띠	비특이적(nonspecific) 잎 끝의 괴사와 황화	잎 끝 괴사와 황화, 황화 띠와 반점

출처: Scott, 1973; USDA, 1973a; Sinclair 등, 1987.

그림 18-16 오른쪽 자작나무(*Betula*) 잎은 아황산가스에 대한 노출로 인해 괴사에 이어 엽맥 사이의 색깔이 없어지는 전형적인 증상을 보이고 있다(왼쪽). 오존은 폰데로사소나무(*Pinus ponderosa*) 침엽에 반점을 유발하였다(오른쪽). (사진: Edward Lee, USDA Beltsville Agriculture Research Center.)

형태의 생장 부진과 구분하기 매우 어려워질 것이다. 영향을 받은 수목은 활력과 열매 생산이 낮고, 잎은 담녹색(淡綠色, pale green)이 되고, 잎과 열매는 더 일찍 그리고 더 밝게 단풍이 들어서 더 빨리 떨어질 것이다. 또한 피해 수목은 일반적으로 다른 장애에 더 쉽게 손상을 입는다. 가스성 또는 분진성(粉塵性, particulate) 대기 오염물질(大氣汚染物質, air pollutant)에 의한 고질적인 손상은 오염물질 농도가 특정한 수목의 생리작용을 방해하거나 변경시키기에 충분할 때 발생한다.

공기 내 분진은 수목에 대해 고질적 또는 급성 독성 효과를 나타낸다. 분진은 이들이 건조한 상태에서는 급성 독성을 나타내는 경우는 드물지만, 이슬이나 미세한 안개와 결합할 경우 독성이 증가할 수 있다. 비는 피해가 발생하기 전에 잎의 표면으로부터 분진을 씻어낼 것이다. 분진은 발생원이 같더라도 동질적이지 않고 다른 화학물질과 섞여 있기 때문에, 일반화하기는 어렵다. 황산(黃酸, sulfuric acid) 안개는 아황산가스(亞黃酸-, sulfur dioxide)가 삼산화황(三酸化黃, sulfur trioxide)으로 산화할 때 공기 중에서 형성되는데, 이는 빠르게 수화(水化, hydrate)되어 연무질(煙霧質, aerosol)을 형성한다. 안개를 동반한 고농도의 대기오염이 지속된 후에는 잎의 위 표면에서 괴사성 반점을 발견할 수 있을 것이다(Middleton 등, 1958).

분진이 잎, 신초, 꽃 위에 침전되면 표면에 막이 형성되어 수목에 도달하는 햇빛의 양을 감소시킨다. 어떤 경우에는 기공이 먼지로 막히기도 한다(Lerman과 Darley, 1975). 이렇게 되면, 광합성(photosynthesis)이 크게 감소되어 생장 부진, 낙엽, 잔가지 고사, 또는 심하면 전체 수목의 죽음으로 이어질 수 있다.

18.5 생물적 요인

곰팡이, 세균, 바이러스, 마이코플라즈마(보다 정확하게는 유사 마이코플라즈마 병원체[mycoplasmalike organism, MLO]라고 불린다), 선충(nematode), 기생성 현화식물(顯花植物, flowering plant) 등은 눈에 거슬리는 외관; 부진한 생장; 잎, 가지, 열매의 괴사 조직; 비정상적인 생장; 심하면 전체 수목의 죽음까지 이르게 한다. 감염된 수목의 외부에 보이는 원인자(原因子, casual agent)의 일부를 표징(表徵, sign)이라고 부른다: 녹(綠, rust), 흰 가루(powdery mildew), 겨우살이(mistletoe) 등이 그 예이다. 다른 병원체는 기주(寄主, host) 식물에 대해 뚜렷한 병징(病徵, symptom)이나 비정상을 유발할 수 있다: 잎의 괴사 반점, 줄기 마름(shoot dieback), 가지에 대한 궤양(潰瘍, canker), 잎에서의 얼룩이나 모자이크 모양, 시듦 등(**그림 18-17**). 연구와 경험을 통해 수목에 흔히 발생하는 병의 뚜렷한 병징은 쉽게 동정될 수 있다. 전염성 병이 여러 수종이 섞여서 식재되어 있는 목본식물을 공격하는 경우, (1) 하나의 속 또는 종의 수목만 감염될 가능성이 높고; (2) 집단 내 한 그루만 감염될 것이며; (3) 병징은 같은 수목 조직에 같은 유형이고; (4) 병에 걸린 수목은 밤사이에 죽지는 않을 것이다(Neely, 1972).

하나의 수목 문제에 여러 가지 원인자가 관여될 수 있다. 이들 요인의 각각은 병징이 더 뚜렷하여 다른 요인에 의한 병징을 가릴 수도 있고, 어떤 것은 상호작용할 수도 있다. 비기생성 스트레스와 상해가, 특히 궤양병에 대해 수목의 병에 대한 감수성(感受性, susceptibility)을 증대시킬 수 있다 (Fred Roth, California State Polytechnic University,

그림 18-17 잎은 다양한 병징을 유발하는 많은 병에 걸리기 쉽다: 흰가루병(*Oidium euonymijaponici*)에 의해 유발된 사철나무(*Euonymus japonica*) 잎의 반점(위 왼쪽), 탄저병(*Gnomonia platani*)에 의해 유발된 버즘나무(*Platanus*) 잎의 얼룩(위 오른쪽), 복숭아잎오갈병(*Taphrina deformans*)에 의해 유발된 잎의 뒤틀림(아래 왼쪽). 그러나 진사진딧물류(*Periphyllus*)와 같은 해충도 붉은물푸레나무(*Fraxinus pennsylvanica*)의 잎들을 비슷하게 변형시킬 수 있다(아래 오른쪽). (버즘나무 사진: McCain, 1979a.)

Pomona, 1989, 개인적인 정보). 병에 걸린 수목은 환경적인 스트레스에 더 취약하다는 것은 말할 필요도 없다(Schoeneweiss, 1973). 가뭄이나 결빙 피해를 받은 교목과 관목은 일반적으로 스트레스를 받지 않은 비슷한 수목에서는 문제가 되지 않는 줄기 병에 종종 잘 걸린다. 다른 요인에 의해 약해진 수목은 해충, 환경적인 스트레스, 낮은 병원력(病原力, virulence)의 병원체(disease-producing organism) 등에 더 취약하다.

곰팡이, 세균, 마이코플라즈마, 바이러스 등은 수목에 침입하여 이를 감염시켜 부진한 생장과 외관, 수목 생장과정의 와해, 특정 수목 부위의 왜곡, 죽음까지도 유발시킨다. 일부 고등(녹색)식물도 목본식물의 기능과 외관에 나쁜 영향을 미칠 수 있다. 선충은 일부가 식물, 특히 뿌리를 침입하여 나쁜 영향을 미치기 때문에, 일부 식물 병리학자(植物病理學者, plant pathologist)들에 의해 병을 일으키는 인자로 여겨지고 있다. 선충은 동물이기 때문에 가끔 곤충학자(昆蟲學者, entomologist)나 선형동물학자(線形動物學者, nematologist)에 의해 연구된다.

일부 새로운 병원체가 해당 지역으로 도입될 수는 있지만, 조경수목에 영향을 주는 대부분의 병은 풍토적(endemic)이거나 그 지역에 일정 기간 존재하던 병원체와 관련이 있다(Schoeneweiss, 1978). 여러 가지 친숙한 사례로는 잎의 반점과 마름, 녹, 흰 가루, 유관속 시듦, 수간과 가지의 궤양 등이 있다. 건강한 수목도 다음과 같은 상황이 되면 병에 걸릴 수 있다:

- 병원체(disease organism)가 공격적인 경우
- 수목이 감수성 기주이거나 스트레스를 받은 경우
- 기후나 토양 여건이 병이 발달하기에 적합한 경우

대부분의 수목 병원체가 건강한 수목을 과감하게 공격하지만, 약하거나 활력이 낮은 수목 몇 그루에 대해서만 성공한다.

수목의 활력 저하는 일반적으로 다음과 같은 스트레스에 노출됨으로써 발생하게 된다: 가뭄, 불량한 토양 통기, 결빙이나 극한적인 기후의 변동, 낙엽, 영양 결핍, 화학적인 상해, 기계적인 피해, 이식 쇼크(Schoeneweiss, 1978). 이들 스트레스 중 하나 이상은 병원체가 존재하지 않음에도 불구하고,

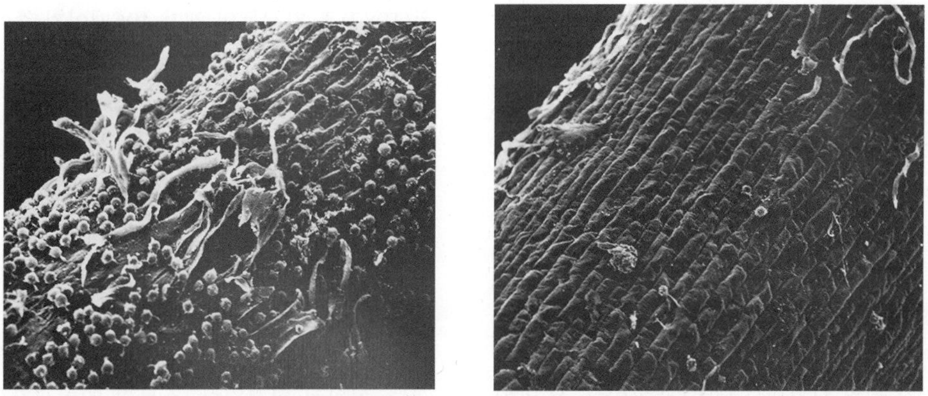

그림 18-18 염분 스트레스를 받은 국화(*Chrysanthemum*)의 뿌리 끝(왼쪽)이 파이토프트라뿌리썩음병(*Phytophthora cinnamomi*)의 난포자(卵胞子, oospore; 뿌리 표면에 있는 둥근 물체)에 감염된 반면, 같은 농도의 난포자를 가진 절반 농도의 호글랜드 용액(Hoagland's solution)에서 키우는 스트레스를 받지 않은 식물의 뿌리 끝(오른쪽)은 난포자에 감염되지 않는다. (사진: James MacDonald, 1982, Phytopathology 72:214–19.)

가시적인 손상을 유발할 수 있다. 스트레스도 더 큰 잠재효과(潛在效果, subtle effect)를 가질 수 있는데; 이는 수목을 약화시켜서 수목의 병원체(**그림 18-18**)와 천공성 해충(穿孔性害蟲, boring insect)의 공격에 대한 감수성을 증대시킨다. 심각하거나 장기간의 스트레스에 노출되면 언제든지 병에 걸릴 수 있는 가능성이 높아진다. 그러나 일반적으로 수목은 식재 직후에 스트레스 상태에 놓이거나 나이가 들어감에 따라 활력이 떨어지기 시작하면, 가장 쉽게 병에 감염된다.

스트레스 관련된 병과 연관이 있는 대부분의 유기체들은 죽은 수목의 조직에서 보통 **사물기생균**(死物寄生菌, **saprophyte**)으로 자란다. 따라서 병원체는 수목이 스트레스를 받기 전까지는 피해를 유발하지 않고 건강한 수목에 존재할 것이다. 공격적이지 않은 병원체는 건강한 수목의 표면을 직접 침투하지는 않을지 모르지만, 거의 모든 수목은 이들이 접근할 수 있는 작은 상처를 가지고 있다. 곰팡이 포자와 세균은 곤충, 바람, 전정 도구, 비오는 날에는 튀기는 빗방울 등에 의해 확산될 수 있다.

흔한 병(common disease)의 진단과 관리에 도움이 되는 간행물은 많이 있다. 연방정부와 주정부의 간행물과 상업적으로 출판된 책자들이 이들 병과 다른 많은 병에 대해 자세한 정보를 제공해 줄 것이다. 이들 간행물 중 일부는 이 장의 끝에 나열되어 있다. *Disease of Trees and Shrubs* (Sinclair 등, 1987)가 조경 교목과 관목의 병에 관한 훌륭한 설명과 천연색 사진을 수록하고 있다.

잎 관련 병

잎은 수목의 건강을 반영할 뿐만 아니라 곰팡이를 비롯한 다양한 원인에 의해 손상되거나 모양이 일그러진다. 그러나 낙엽수에 대한 대부분의 잎 관련 병은 심각하지 않다. 잎에 발생한 병 때문에 수목이 약해질 수는 있겠지만, 미성숙된 잎이 떨어지면서 비축된 양분을 고갈시키지 않으면, 그 효과는 일반적으로 잎이 떨어지면서 끝난다.

이와는 달리, 상록수의 잎에 발생한 병은 수목의 건강에 심각한 영향을 미치는 경우가 있고, 교목이나 관목을 죽이기도 한다. 상록수는 일반적으로 개개의 잎을 몇 년 동안 달고 있는 경우도 있기 때문에, 잎의 감염과 낙엽은 생리적 및 시각적으로 크게 영향을 미친다. 상록수는 몇 년 된 잎을 한꺼번에 잃기 때문에, 잎이 떨어진 후 회복이 더디게 된다. 잎이 심각하게 감염된 상록수는 해충, 환경적인 스트레스, 기타 병원체에도 더욱 취약해진다.

낙엽수의 잎에 발생하는 병은 병징에 따라 여섯 가지 범주로 나누어진다(Tattar, 1989).

1. **잎 반점(leaf spot)**. 잎의 죽은 부위로 건강한 조직과 잘 구별된다.
2. **잎 얼룩(leaf blotch)**. 잎의 죽은 부위로 건강한 조직 안으로 확산된다.
3. **탄저(炭疽, anthracnose)**. 잎 가장자리의 불규칙한 죽은 부위로 잎이 완전히 죽을 수도 있고; 신초와 작은 가지를 손상시키기도 한다.
4. **흰 가루(powdery mildew)**. 잎과 신초 표면의 백색이나 회백색의 곰팡이.
5. **잎 발진(發疹, blister)**. 부풀어 오르거나 솟아오른 잎의 반점이나 얼룩으로 위 표면에 물집 같은 부위가 발생한다.
6. **천공(穿孔, shot hole)**. 잎 반점의 안쪽 죽은 부위가 떨어져나가서 생긴 구멍.

상록수의 잎에 발생하는 병은 세 가지 범주로 나누어진다(Tattar, 1989).

1. 잎 반점(leaf spot). 활엽 상록수(闊葉常綠樹, broad-leaved evergreen)는 낙엽수와 비슷하게 감염된 반점이 나타날 수 있다.
2. 침엽 반점, 침엽 떨림(needle cast), 침엽 마름(blight). 침엽수의 침엽을 감염시키는 곰팡이는 심각성 단계가 높아지는 일련의 과정을 거치면서 진전된다. 침엽의 반점은 침엽을 따라 무작위로 나타날 수 있다. 이 반점은 커지고, 서로 연결되어 결국에는 잎 전체를 죽이게 되고, 죽은 잎은 떨어질 것이다; 이러한 마지막 단계를 침엽 떨림이라 부른다. 수목의 전체 또는 대부분이 심각하게 영향을 받으면, 이러한 병징을 침엽 마름이라고 부를 수 있다. 침엽 떨림과 침엽 마름은 서로 바꾸어 사용할 수도 있다.
3. 침엽 녹(rust). 솟아오른 흰색 또는 주황색 발진이 침엽에 형성될 수 있는데, 때로는 이로 인해 침엽이 떨어질 수도 있다.

궤양

궤양(潰瘍, canker)은 병원체가 수피를 침입함으로써 발생한 외상(外傷, lesion)으로, 일반적으로 사부(篩部, phloem), 형성층, 가장 바깥쪽 목부(木部, xylem)를 죽인다. 감염된 부위의 수피는 수축되고, 갈라져서 아래에 있는 목재를 노출시킨다(Pirone, 1978b). 궤양은 원인자에 따라 수간, 가지, 잔가지에 발생하며, 어떤 경우에는 뿌리에서도 발생할 수 있다. 감염은 잎과 열매의 상처, 가지 터기(branch stub), 일소(sunburn) 외상 등과 같은 상처를 통해 일어난다. Sinclair 등(1987)은 자신들의 책자 496페이지 중에서 103페이지를 궤양을 유발하는 병에 관해 기술하였으며, 이들 103페이지 중 92페이지가 곰팡이에 의해 유발된 병에 관한 것이다.

대부분의 수간과 가지 궤양은 네 가지 그룹 중 하나에 해당된다(Tattar, 1989) (**그림 18-19**).

1. 암종병(癌腫病, Nectria canker)과 같은 과녁 궤양(target canker)은 궤양 표면과 이의 가장자리에 걸쳐 많은 새살을 가진 거친 원형이다. 감염은 상대적으로 천천히 확산된다. 수목의 직경생장은 궤양의 확산과 거의 비슷하다.
2. 가지마름병/동고병(胴枯病, Cytospora canker; *Seiridium cardinale*)과 같은 확산 궤양(擴散潰瘍, diffuse canker)은 가장자리에 새살이 거의 없는 긴 타원형이다. 병원균의 확산은 과녁 궤양보다 더 빠르다. 궤양은 수목의 직경생장보다 더 빨리 커지서 몇 년 후에는 둘레 전체로 퍼질 수 있다.
3. 밤나무 줄기마름병(chestnut blight, *Cryphonectria parasitica*)과 같은 궤양성 마름(canker blight)은 새살이 거의 또는 전혀 없는 원형 또는 타원형으로, 매우 빠르게 확산될 수 있다. 가지와 수목 전체가 환상 박피가 되어 한 생육기 안에 죽을 수 있다.
4. 히스피두스 궤양/센털밤색갓버섯(*Polyporus hispidus*)과 같은 궤양 부후(潰瘍腐朽, canker rot)는 수피 궤양을 형성할 뿐만 아니라 곰팡이가 목부로 침입한다. 궤양이 작을 수도 있지만, 내부적인 부후는 수목을 구조적으로 불안정하게 만들 수 있다. 일부 뿌리 썩음(*Phytophthora*) 곰팡이류는 근원(collar)과 뿌리 부후를 초래하여 뿌리를 죽임으로써, 수목의 지상부에서는

그림 18-19 몇 가지 유형의 궤양이 있다. 과녁 궤양은 수목이 병원체에 의한 손상에 반응하여 매년 새살을 만들어 내는 것과 같은 속도로 매년 커진다(왼쪽). 이 경우 병원체의 생장이 상대적으로 느리다. 확산 궤양과 궤양성 마름은 수목의 새살 형성이 거의 없이 빠르게 확산된다. 이러한 궤양은 결국 수목 둘레로 확산된다(오른쪽).

문제가 있는 것을 눈치 챌 수 없는 상태임에도 불구하고 위해를 유발시킬 수 있다(제16장 참조).

병원체

곰팡이 곰팡이 형태의 기생체(寄生體, parasite)가 전염성 수목병의 가장 흔한 원인이다. 더 이상 식물이라고 여기지 않는 곰팡이는 이들 자체의 계(界, kingdom)인 균계(菌界, *Mycota*)에 속한다. 이들은 식물, 토양, 공기 중에 광범위하게 분포하고 있는 섬유형 비녹색 유기체(纖維形非綠色有機體, filamentous nongreen organisms)이다. 섬유상 가닥(strand, 균사[菌絲, hyphae])은 현미경을 통해서만 관찰이 가능하고; 버섯, 자실체(子實體, conk), 돌기/분생자(分生子, mold) 등은 육안으로 볼 수 있는 생식 단계(生殖段階, reproductive stage)이다. 이러한 구조는 수백만 개의 포자(胞子, spore)를 생성하는데, 이들은 바람, 비, 곤충에 의해 새로운 기주로 확산된다. 기온과 습도가 유리한 조건이 되면, 포자는 발아하여, 균사를 발생시키고, 이 균사는 감수성 식물(感受性植物, susceptible plant)을 감염시킬 수 있다. 따라서 이러한 순환이 계속된다.

곰팡이에 기인한 병은 광범위한 수목 증상을 나타낸다: 시듦, 잎 괴사, 황화, 낙엽, 마름, 고사 등. 그러나 경험이 풍부하면, 일부 흔한 병은 병징과 기주 수목의 감수성이 알려져 있어서 신속하게 동정이 될 수 있다. 예를 들면, 피스타치오(*Pistacia chinensis*)의 가지 하나가 영향을 받은 줄기의 목부 내에 갈색의 줄이 생기면서 갑자기 시들면 청고병(青枯病, Verticillium wilt; *Verticillium*)일 가능성이 높다(**그림 18-20**). 관수를 하는 녹지에서 참나무가 점진적으로 시들면서 수목 기부에 있는 수피 아래에서 흰색 반(斑, plaque)의 균사체(菌絲體, mycellium)가 나타나면, 뽕나무버섯(*Armillaria mellea*)에 감염되었음을 나타낸다(**그림 18-21**).

세균 세균(細菌, bacteria)은 현미경으로 관찰되는 유기체이고, 엽록소가 없으며, 일반적으로 단세포(單細胞, single cell)이며; 이들은 자신의 먹이를 살아 있거나 죽은 유기물에서 얻는다. 곰팡이와 같이 대부분의 세균은 유익하다. 이들은 유기물을 분해하기도 하고 복잡한 화학적인 화합물을 단순한 형태로 바꾸기도 한다. 또한 세균은 가스 상태의 질소를 가용한 양분으로 합성하고, 다양한 산업적인 공정에 활용될 수 있다. 그러나 어떤 종은 식물과 동물에 병을 일으킨다.

세균은 곰팡이보다 작고, 기공, 피목(皮目, lenticel), 엽맥의 열 개구(熱開口, thermal opening), 꽃 속의 밀선(蜜腺, gland) 등과 같은 자연개구(自然開口, natural opening)와

그림 18-20 청고병에 걸린 가지의 수피를 벗기거나 가지를 대각선으로 잘라보면 보통 어린 목부에서 검고 변색된 줄이 나타날 것이다. (사진: Robert Raabe, University of California, Berkeley.)

상처를 통해 건강한 식물에 침투할 수 있다. 일부 세균은 오염된 전정 및 접목 도구에 의해 확산된다. 해충이 특정 세균 병원체를 옮기기도 한다.

세균은 가끔 감염된 잎과 신초 조직의 시듦, 오갈(shriveling), 흑화(黑化, blackening) 등과(**그림 18-22**), 잎 반점, 잔가지의 움푹 들어간 궤양, 변재(邊材, sapwood)의 변색, 목질부의 혹 등을(**그림 18-23**) 유발한다. 감염된 조직으로부터 액상의 분비물(分泌物, ooze)이 흘러나올 수 있는데, 여기서 세균을 동정하기 위해서는 고배율로 확대해서 관찰해야 한다.

바이러스 바이러스(virus)는 크기가 초현미경적(超顯微鏡的, submicroscopic)이고 단백질 막(蛋白質膜, protein covering)을 가진 핵산 핵(核酸核, nucleic acid core)으로 구성되어 있다. 식물과 동물의 기생체로서 살아가기 때문에, 이들은 살아 있는 조직의 내부에서만 스스로 번식할 수 있다. 바이러스는 기주 세포를 자극하여 자신과 똑같은 더 많

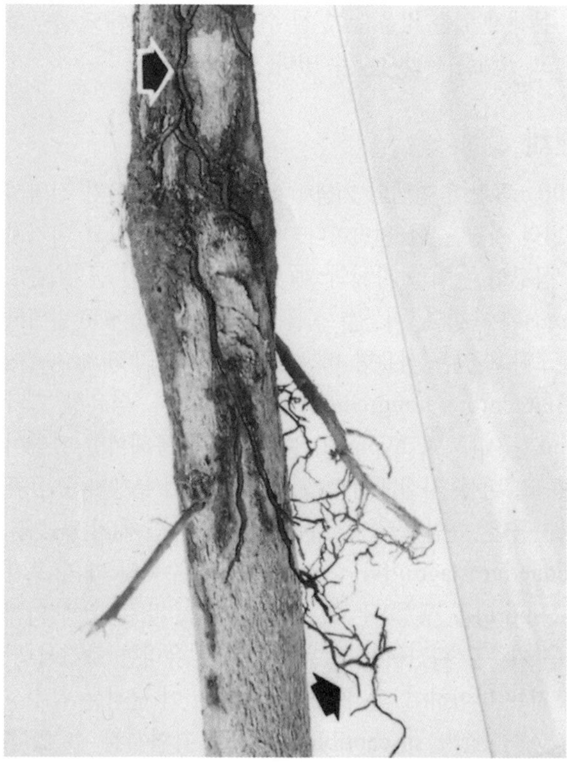

그림 18-21 뽕나무버섯(*Armillaria mellea*)은 수목의 일부만 약화시키거나 죽일 수도, 전반적인 약화를 유발할 수도, 수목을 빠르게 죽일 수도 있다. 곰팡이에 의한 병을 진단하는 표징은 주근과 수간 기부에 있는 수피와 목재 사이에 희거나 크림색의 부채꼴 균사체와(왼쪽), 뿌리를 따라 또는 토양 내에 실처럼 생긴 균사속(菌絲束, rhizomorph)이다(오른쪽). (사진: Robert Raabe, University of California, Berkeley.)

그림 18-22 장미과 수목 중에서 이과(梨果, pome) 계통에 속하는 수목의 꽃과 어린 신초가 화상병균(*Erwinia amylovora*)에 감염되면, 봄에 시들고, 위축되고, 검게 변한다(왼쪽). 감염은 오래된 가지로 조직적으로 옮아가서 죽은 수피와 목재(거친 수피 부위)로 된 궤양을 유발할 것이다(오른쪽).

은 바이러스를 창출한다. 바이러스와 바이러스의 증식(增殖, multiplication)은 식물 세포의 기능 일부를 방해한다. 바이러스는 일반적으로 흡즙성 해충(吸汁性害蟲, sucking insect)에 의해 감염된 수목에서 건강한 수목으로 확산되며, 드물게 전정 도구에 의해 전염되기도 한다. 눈접(-接, budding)과 접목을 할 때, 건강한 대목(臺木, root stock)에 감염된 접수(接穗, scion)를 붙이거나, 감염된 대목에 건강한 접수를 붙이면 바이러스가 전염된다. 씨앗을 통해 전염되는 바이러스는 거의 없다. 바이러스 병의 병징은 일반적으로 다음 범주 중 하나 이상에 해당된다(Tattar, 1989):

• 녹색이 정상인 조직에서 엽록소 형성이 결핍

그림 18-23 농장에서 굴취했을 때 어린 아몬드나무(*Prunus dulcis*)의 뿌리에 근두암종(根頭癌腫, crown gall)이 있었다(위 왼쪽); 감염된 수목은 생장이 부진하고 아마도 빨리 죽었을 것이다; 오른쪽 뿌리는 감염되지 않았다. (사진: Milton Schroth, University of California, Berkeley.) 수간에 발생한 혹이 어린 벚나무(*Prunus*)를 심각하게 약화시킨 반면(아래 왼쪽), 느릅나무의 주지(main limb)에 달린 큰 혹은 그 가지를 더 위태롭게 하지는 않았다(아래 오른쪽).

- 영양생장(vegetative growth)의 억제
- 수목의 전부 또는 일부에서의 생장 왜곡
- 괴사 부위 발생

바이러스가 수목의 발육을 방해하거나 심각하게 약화시켜도 치명적인 경우는 드물다(**그림 18-24**). 그러나 바이러스에 의해 약화된 수목은 다른 병이나 생리적인 스트레스에 더 민감할 수 있다.

유사 마이코플라즈마 병원체 1967년, 바이러스성이라고 생각했던 어떤 수목병이 유사 마이코플라즈마 병원체(mycoplasmalike organism, MLO)에 의해 유발되었다는 것이 발견되었다. 유기 화합물과 닮은 바이러스와 달리, MLO는 세균과 비슷하지만, 세포벽(細胞壁, cell wall)이 없

그림 18–24 반복적인 괴사성 둥근무늬병(necrotic ring spot) 바이러스에 걸리지 않은 왕벚나무(*Prunus* x *yedoensis*) (왼쪽)는 해당 바이러스에 걸린 같은 클론(clone) (오른쪽)보다 더 활력이 좋다. 이들 수목은 건강한 어린 대목에 눈접(budding)을 한 이후 3년간 자랐다; 표지 막대는 높이가 1,800mm(6 피트)이다. (사진: Andrew Leiser와 George Nyland, University of California, Davis.)

는 플라즈마 막(plasma membrane)만을 가지고 있다. 이들은 알려진 가장 작은 병원체 중의 하나이다. 새로운 분자생물학(分子生物學, molecular biology) 기술을 이용함으로써, 아직 이들이 공식적으로 분류되고 분류학적으로 명명되지 못했지만, 최근 몇 년 중에 이들의 DNA 염기순서(-塩基順序, DNA sequence)를 기준으로 병원체들을 구분하여 분류할 수 있게 되었다. MLO는 전자현미경(電子顯微鏡, electron microscope)을 통해서만 볼 수 있고, 현미경적, 면역학적, 재조합형(再組合形, recombinant) DNA 기반 기술을 통해 사부 조직 내에서 탐지할 수 있다(Sinclair 등, 1994).

MLO는 목본식물에 물푸레나무 위황병(萎黃病, ash yellows), 느릅나무 위황병, 야자수의 치명적인 황화 등과 같은 150개 이상의 병을 유발한다. 이 병원체는 수목 내의 사부를 통해 전신에 걸쳐 이동한다. 이들은 곤충, 주로 매미충(leaf hopper)에 의해 매개된다. MLO는 일반적으로 이들이 새로운 기주에 옮겨지기 전에 곤충의 체내에서 10~20일 정도 배양된다(Tattar, 1989). 일단 곤충이 이에 감염되면, 자신의 남은 일생 동안 MLO를 전파할 수 있다.

MLO가 증식(增殖, multiplication)되고 확산되면 유관속 시스템 내에서 필수 유기물질의 이동이 차단되고, 흔히 빗자루(witches'-broom) 또는 털뿌리(hairy root)로 알려진 신초와 뿌리의 관생(貫生, proliferation)을 유발시킬 수 있다. 뿌리가 먼저 영향을 받는데, 이는 지상부로부터의 에너지 공급 부족으로 급격히 약화되기 때문이다. 작은 뿌리에 있는 활동적인 사부가 죽은 다음 점진적으로 굵은 뿌리에 있는 사부가 죽는다. 다음으로 수목의 지상부가 점진적으로 쇠퇴하여 일반적으로 죽음에 이른다. 수목 쇠퇴는 다음 중 하나 또는 모든 증상을 동반할 수 있다: 잎의 황백화, 많은 신초(빗자루, witches'-broom)의 약한 생장, 가지 마름, 개화와 결실의 부진, 사부 괴사(篩部壞死, phloem necrosis), 뿌리의 관생 등. 수목이 죽지 않으면, 다른 스트레스에 의해 유발된 병징과 이 병의 병징을 구분하는 것이 어려울 수도 있다.

곤충과 응애 곤충은 잎, 줄기, 수간, 뿌리 등을 먹어치우거나 알을 낳음으로써 수목을 손상시킬 수 있다. 이들은 씹고, 흡즙하고, 굴을 파고, 구멍을 뚫거나 조직의 혹(gall)과 탈수

그림 18-25 곤충에 의해 발생된 흔한 병징과 표징: (a) 잎 반점(런던버즘나무/*Platanus* x *acerifolia*의 버즘나무깍지벌레/*Stomacoccus platani*); (b) 신초 고사(라디아타소나무/*Pinus radiata*의 큰솔알락명나방/*Rhyacionia pasadenana*); (c) 수간의 나무좀 구멍(은자작/*Betula pendula*의 청동색자작나무좀/*Agrilus anxius*); (d) 앙상한 잎(비술나무/*Ulmus pumila*의 느릅나무잎벌레/*Xanthogaleruca laureola*); (e) 신초의 뒤틀림(물푸레나무의 솜벌레/adelgid); (f) 잎 뒷면의 광택(서양금사매/*Hypericum calycinum*의 귤총채벌레/*Heliothrips haemorrhoidalis*); (g) 잎의 혹(주엽나무/*Gleditsia triacanthos*의 혹파리/*Dasineura gleditschiae*).

표 18-6 해충과 관련된 표징과 병징

병징 또는 표징	유력한 곤충이나 응애
갉아 먹힌 잎이나 기타 수목의 일부	애벌레, 딱정벌레, 잎벌, 굴파리
탈색, 황화, 반점이 나타난 잎	매미충, 진딧물, 사일리드(psyllid), 총채벌레, 응애
왜곡(뒤틀림, 융기)	총채벌레, 진딧물, 혹응애(blister mite), 충영 곤충, 사일리드
잔가지나 가지의 고사	하늘소, 깍지벌레
배설물, 그을음, 양털 모양, 거품 또는 기타 산물	진딧물, 밀깍지벌레, 가루이, 솜벌레, 총채벌레, 방패벌레, 거품벌레

출처: Koehler, 1979.

(脫水, dehydration)를 유발할 수 있다(**그림 18-25**와 **표 18-6**). 살아 있는 곤충이나 이들이 남긴 잔유물이 피해를 입은 수목부위에 존재할 수도 있다. 일부 곤충은 밤에 먹이 활동을 하기 때문에 해충 자체는 보이지 않지만, 달팽이(snail)와 민달팽이(slug)의 마른 진액(津液, slime) 자국과 같이 이들이 남긴 흔적에 의해 인식될 수도 있다.

곤충은 편리하게 저작형/메뚜기형 입틀(咀嚼型-, chewing mouthpart)을 가진 곤충과 흡수구/매미형입틀(吸收口, sucking mouthpart)을 가진 곤충으로 구분하는데, 이들은 먹이를 먹는 방법, 이들이 먹는 먹이의 유형, 이들이 유발하는 식물 피해의 유형에서 차이가 있다.

대부분의 유충(幼蟲, larvae)과 일부 성충(成蟲, adult)은 메뚜기형입틀을 가지고 있어서 특히 파괴적이다. 이들은 일반적으로 매미형입틀을 가진 곤충보다 크기가 크며, 수목 안에서 먹이 활동이나 굴을 뚫기 때문에 구멍을 만든다. (달팽이와 민달팽이는, 비록 곤충은 아니지만, 갈아내는 입틀을 가지고 있어서 녹지 수목의 잎 손실을 유발할 수 있다.) 메뚜기형잎틀을 가진 곤충의 유충과 성충은 다양한 수목의 조직을 먹는다. 애벌레, 거세미(cutworm), 박각시나방(hornworm), 민달팽이, 기타 유충은 잎 안에 구멍을 만들거나 가장자리를 따라 파먹는다. 잎굴파리(leaf miner)와 안락나방(leaf skeletonizer)은 유충이 주로 엽맥 사이를 먹고 표피(表皮, epidermis)만 남긴다. 굴파리는 잎의 양쪽 표면 사이를 먹고, 안락나방은 상표피(上表皮, upper epidermis)만 남기거나 전혀 남기지 않을 수도 있다. 뿌리를 먹어치우는 에벌레는 일반적으로 굼벵이(grub), 구더기(maggot), 바구미(weevil), 방아벌레(wireworm) 등이다. 딱정벌레와 메뚜기(grasshopper)는 지상부, 특히 잎을 먹는 다 자란 곤충이다. 일부 종의 애벌레는 땅속에 살면서 식물의 뿌리를 먹고 살다가 나중에 성충이 되면 지상부를 먹기 위해 밖으로 나온다. 천공충(穿孔蟲, borer)은 수목의 뿌리, 수간, 가지, 또는 신초의 내부를 먹는 일부 곤충의 애벌레 단계이다. 일부 성숙한 딱정벌레도 수목 안으로 파고들어갈 수 있다.

매미형 곤충은 자신의 잎을 수목의 조직 속으로 찔러 넣어서 수액을 빨아 먹는다. 다른 매미형 해충에는 응애(mite)와 선충(線蟲, nematode)이 있다. 이러한 유형의 곤충 중 일부는 식물과 동물의 병의 원인자(casual agent)를 매개한다. 이들은 스스로 수목에 심각한 피해를 주거나 약화시킬 수 있어서, 다른 해충이나 병의 공격에 더 잘 걸리도록 만든다.

메뚜기형입틀을 가진 곤충과 마찬가지로, 매미형 곤충도, 일반적으로 잎이나 전개되고 있는 신초를 선호하지만, 수목의 모든 부위를 공격한다. 이들은 새로운 생장을 저해하거나 변형시키고, 잎이 뒤틀리게 하며, 혹을 형성하고, 수목을 심각하게 약화시킬 수 있다. 또한 이들은 성엽(成葉, mature leaf)을 황화 또는 청동색으로 변화시키고, 심하게 감염되면 말라 죽는다.

곤충에 의해 초래될 수 있는 또 다른 피해유형은 혹(gall)이다. 혹은 수목의 조직 내에 알을 낳는 말벌(wasp)에 반응하여 기주 식물(寄主植物, host plant)에 의해 만들어진 솟아오른 비정상 조직이다. 이 혹은 안에서 자라는 애벌레를 보호하고 먹이를 제공한다. 혹은 심각한 피해를 주는 경우는 드물지만, 북아메리카 동부 지역에서 두 종의 혹벌(*Callirhytis*)에 의해 잔가지에 생기는 혹은 참나무에 심각한 손상을 초래하거나 죽인다. 혹 위의 가지는 말라 죽을 것이다.

응애는 곤충이 아닌 거미에 속하는 해충이다. 수목에 피해를 끼치는 응애 중에서 잎응애(spider mite)가 전 세계에 걸쳐 녹지 수목에 가장 많은 피해를 준다(Essig, 1958). 많은 종류의 잎응애는 목본식물을 공격한다. 한 쌍의 침과 같은 이빨/협각(鋏脚, chelicerae)을 가지고 있어서, 잎응애는 기주 식물의 표피세포에 구멍을 내에 수액을 빼낸다. 손상된 잎, 열매, 또는 신초의 표면은 반점이 나타나게 된다. 잎은 노란색 또는 갈색으로 변하여 떨어지고; 열매는 상처가 생기고, 약화된 수목은 죽을 수도 있다. 무덥고 건조한 기후와 먼

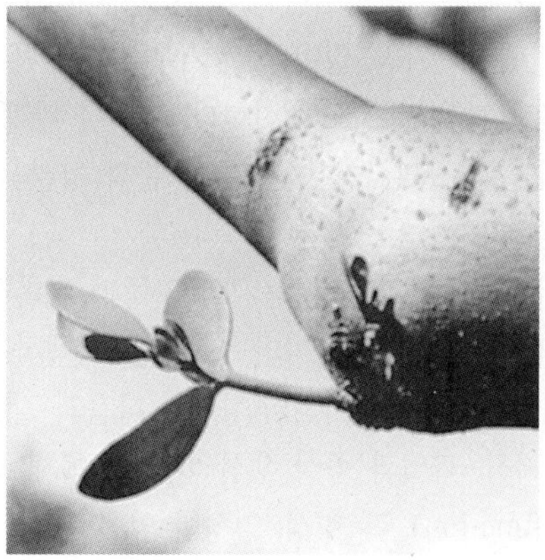

그림 18-26 위의 좁은붉은물푸레(*Fraxinus pennsylvanica* var. *lanceolata*)의 가지가 겨우살이(*Phoradendron flavescens* var. *macrophyllum*)에 감염되었다; 감염된 부위의 가지가 솟아오른 것과 겨우살이 위와 아래의 줄기 직경에 차이가 있음을 유의하라(오른쪽).

지가 많은 환경은 응애 증식에 유리하여 수목에 피해를 준다. 그러나 응애 중에 일부 종은 봄이나 가을에 날씨가 서늘할 때 가장 피해를 많이 주기도 한다.

겨우살이 겨우살이(mistletoe)는 교목과 관목의 줄기와 가지에서 자라는 다년생 상록 기생체이다(**그림 18-26**). 1,300여 종이나 품종의 겨우살이 대부분이 열대성이지만, 유럽(유럽겨우살이, *Viscum album*)과 미국(미국겨우살이, *Phoradendron flavescens*)에서 흔한 겨우살이와 기타 여러 종이 위도(緯度, latitude) 40°까지, 그리고 적도 가까이의 높은 고도(高度, elevation)에서 발견되고 있다(Gill과 Hawksworth, 1961). *Viscum album*은 지중해로부터 독일에 이르는 지역의 수목에 피해를 주지만, 그 이북의 유럽지역에서는 심각한 병이 아니다. *Phoradendron*은 미국에서는 몇 가지 종이 활엽수와 침엽수 모두를 감염시키지만, 캐나다에서는 발생하지 않는다. 겨울철 기온이 며칠간 −18°C (0°F) 이하로 떨어지면, 일리노이에서는 *P. flavescens*의 공기 중에 노출되어 있는 부분이 죽는 것이 관찰되었다. *Phoradendron*의 북방한계선은, 동쪽으로부터 서쪽으로, 뉴저지(New Jersey, 40°N), 캔자스(Kansas) 남부(37°N), 그리고 오리건(Oregon) 북부(40°N)로 여겨진다(Sinclair 등, 1987). *P. flavescens*는 서부지역에서 가장 심각한 병이며, 플로리다 피칸과 텍사스 감귤에도 문제가 된다(Gill과 Hawksworth, 1961).

경제적으로 중요성이 큰 것이 난쟁이겨우살이(주로 *Arceuthobium vaginatum*과 *A. campylopodum*)들인데, 이들은 다양한 침엽수종을 파괴한다. 일부 수목은 죽으며, 대부분은 발육이 저해되고, 심재부후균(心材腐朽菌, heart-rot fungi)이 자리잡게 된다. 난쟁이겨우살이는 상당한 힘으로 자신의 종자를 방출하여 9m(30피트)까지 던질 수 있으며, 강한 바람은 이들 종자를 400m(0.25마일)까지 운반하는 것으로 알려져 있다(Gill과 Hawksworth, 1961).

개활지나 개방된 임관을 가진 수풀, 장과(漿果, berry)를 생산하는 식물 가까이 등에서 자라는 교목은, 섭식과 홰에 앉는 새의 습관에 따라 차이가 있지만, 잎이 많은 겨우살이(leafy mistletoe)에 가장 빈번하게 감염된다. 겨우살이의 씨앗은 새와 작은 동물에 부착되어 더 멀리 분산되도록, 그리고 잠재적인 기주의 수피에 잘 달라붙을 수 있는 점질층(粘質層, mucilaginous layer)으로 덮여 있다. 잎이 많은 겨우살이의 씨앗이 수피에 부착되면, 씨앗은 발아한 후 유근(幼根, radicle)이 수피의 표면을 따라 자라며, 적당한 지점에 도달하면 일차적인 흡기(吸器, haustorium)가 기주의 조직 속으로 자랄 수 있는 부착기(附着器, holdfast)를 형성한다. 흡기는 뿌리와 같은 기능을 하여 수목의 목부(xylem)로부터 수분과 양분을 흡수한다. 흡기는 수피의 피층영역(皮層領域, cortical region)을 침범한 후 기주의 목부와 밀착된 결합을 형성하거나, 최초의 부착기로부터 나온 가닥(strand)이 두 번째 위치에서 새로운 개체를 형성하기 위해 수피를 따라 자랄 수도 있다. 저자가 관찰한 바에 의하면 감수성 교목 주변의 장과를 생산하는 교목과 관목이 감염 수목의 수를 증대시키는 것으로 나타났다.

잎의 크기는 가장 작은 난쟁이겨우살이의 잎에서부터 길이가 25mm(1인치) 이상인 것에 이르기까지 다양한데, 이는 대부분이 크리스마스 시즌과 관련이 있다. 전형적인 건생식물(乾生植物, xerophyte)과 마찬가지로, 잎은 두텁고 피질(皮質, leathery)이며, 파묻힌 기공을 가지고 있다. 어떤 겨우살이는 기주특이성이 있어서 한 가지 속에서만 자라는가 하면, 다른 겨우살이는 광범위한 속의 수목에서 자란다. 이들은 완전히 기생성이지만, 잎이 많은 겨우살이는 자신들의 에너지의 많은 부분을 스스로 생산한다. 그러나 난쟁이겨우살이는 그렇지 않다. 모든 겨우살이는 수분과 양분을 기주 식물로부터 얻는다.

겨우살이는 산림, 과수원, 녹지의 교목과 관목에 피해를 준다. 피해의 정도는 겨우살이의 종, 수명, 기생하는 강도에 따라 차이가 있다. 겨우살이의 영향에는 다음과 같은 것들이 있다: 활력 저하, 과일과 종사 생산의 부진, 목재 조직의 기능저하(mulfunction), 혹 형성, 엉성한 잎, 가지 끝 고사, 해충과 병의 공격에 대한 감수성, 조기 고사(premature death)(Gill과 Hawksworth, 1961).

선충 식물 기생 선충(nematode)은 길이가 0.5~5mm (0.02~0.2인치) 정도 되어 현미경으로 관찰이 가능한 벌레다. 대부분의 다른 선충과는 달리, 이들은 세포벽에 구멍을 낼 때 사용하는 문침(吻針, stylet; 피하 주사침/hypodermic needle을 닮았음)을 입 속에 가지고 있다. 이때 뚫어진 구멍을 통해 먹이를 섭취하고 침투한 조직 안으로 이동할 수 있게 된다. 성숙한 선충은 모양이 원통형 또는 배(pear) 같지만 대부분의 어린 선충은 가늘고 지렁이 같다. 이들은 토양 속에서 살고, 뿌리를 먹거나 대부분의 성충 생활을 뿌리 속에서 보낸다. 일단 선충이 뿌리로 들어가면, 이들은 쉽게 확산되고 방제가 어렵다. 일부 곤충에 선충이 기생한다.

선충은 대부분의 식물부위를 공격하지만, 목본식물은 뿌리를 자주 공격한다. 그러나 소나무재선충(*Bursaphelenchus lignicolus*)은 소나무의 잔가지, 굵은 가지, 수간 등의 유관속 시스템을 침입한다. 잎 선충(foliar nematode)이 목본식물에서 보고되었다. 선충은 가장 일반적으로 작은 뿌리의 끝에서 또는 끝의 속에서 먹이활동을 한다. 이들이 초래하는 손상 때문에 수분과 양분의 흡수와 이동이 감소된다. 그러므로 가장 흔한 병징은 다양한 여타의 토양이나 뿌리 문제와 비슷하다: 생장 부진, 잎 황화, 조기 낙엽 등등. 목본식물에서의 진단은 뿌리와 토양을 검사하지 않고는 어렵다.

뿌리혹 선충(-線虫, root-knot nematode)은 가장 피해를 많이 주는 선충 중의 하나로서, 가장 많은 수의 수종을 공격하며, *Meloidogyne incognita* 혼자서 1,700종 이상의 수종을 감염시킨다(Streets, 1984). 뿌리혹 선충은 뿌리로 침투하여 세포와 조직을 크게 만든다. 가는 뿌리가 감염되면 여러 개의 작거나 중간 크기의 돌출부나 혹을 만들 것이다(**그림 18-27**). 큰 혹은 둥근 모양을 취하지 않고 뿌리를 따라 발달하고 여러 개의 작은 혹이 연결되어 있는 점에서 근두암종(根頭癌腫, crown gall)과 다르다. *Meloidogyne incognita*는 겨울이 온화한 지역에 가장 흔한 반면, *M. hapla*는 미국 북부와 캐나다의 작물과 조경수목을 감염시킨다. 선충은 토양 온도(土壤溫度, soil temperature)가 18°C(65°F)이하에서는 현저하게 활동성이 떨어진다(Streets, 1984). 다공질의 사질토와 양토(壤土, loam soil)는 이들의 확산과 활동에 유리하다. 선충이 토양에 들어가면, 이들은 기본적으로 토양입자(土壤粒子, soil particle)를 둘러싸고 있는 수막(水膜, water film) 안에서 살아간다. 따라서 젖은 토양은 선충이 성행하는데 유리한 조건이다(Tattar, 1989).

뿌리썩이선충류(*Pratylenchus* sp.)도 광범위한 수목을 공격하는데, 작은 뿌리에 침투하여 어린뿌리의 피층조직(皮層組織, cortical tissue) 안에서 먹고 산다. 손상된 조직은 뿌리의 표면에서 볼 수 있는 어두운 색깔의 혹이 형성되면서 죽는다. 어린뿌리는 환상 박피가 되거나 심각하게 손상되어 지상부 성장 저해의 원인이 된다.

뿌리끝 선충류(*Trichodorus* sp.)는 뿌리 끝을 외부에서 공격하기 때문에 뿌리 끝이 두터워지거나 코르크질로 변하게 만든다. 2차 뿌리가 생장을 시작하면 이들도 공격을 받는다. 감염된 수목의 뿌리시스템은 잔뿌리를 포함하여 일반적으로 엉성하다. 줄어든 뿌리시스템은 약화된 지상부로 이어진다.

그림 18-27 뽕나무(*Morus alba*)의 가는 뿌리에 달린 뿌리혹선충(*Meloidogne* sp.)의 구슬 같은 혹. (사진: William Moller, University of California, Davis.)

그림 18-28 설치류는 수피를 먹어치움으로써 수목에 피해를 준다. 일렬로 늘어선 광나무(*Ligustrum japonicum*) 중 한 그루가 박피가 되어 결국 죽었다(왼쪽 수목). 오른쪽 사진에서 수간에 대한 박피 피해를 볼 수 있다. (사진: Jerry Brown, City of San Jose, CA.)

동물 설치류(齧齒類, rodent)를 비롯한 일부 동물은 수목의 수피를 갉아먹어서 이들을 환상박피가 되게 한다. 눈이 많이 오는 지방에서는 어린 수목의 뿌리와 큰 수목의 수간이 땅다람쥐(pocket gopher), 두더지(mole), 생쥐(mouse) 등에 의해 상처를 받을 수도 있다. 뒤쥐(gopher)도 자신들이 땅속의 굴에서 수목의 뿌리를 먹을 수 있다.

두더지는 뒤쥐보다 덜 위협적이지만, 이들은 자신들의 굴을 파면서 잔디와 운동장의 표면을 보기 싫게 만들고, 작은 묘목을 위로 들어올리고, 가는 뿌리를 먹어치우거나 부러뜨린다.

거친 유기물 멀치(mulch)가 생쥐로 하여금 수목의 수간으로 굴을 팔 수 있는 기회를 제공하는 경우, 이들은 특히 눈 때문에 자신들의 다른 먹이원(food source)에 접근하는 것이 제한당하면, 교목과 관목 주변의 수피를 박피할 것이다. 들쥐(vole)에 의한 피해는 잡초나 지피 식생이 수간까지 연장되어 있는 곳에서 특히 심각하다(**그림 18-28**).

다람쥐(squirrel), 호저(豪猪, porcupine), 비버(beaver), 소, 사슴(deer), 엘크(elk), 말, 기타 풀을 뜯는 동물도 교목과 관목의 수피를 심각하게 손상시킬 수 있다. 수목에 대해 개별적으로 또는 집단적으로 울타리를 설치하면, 큰 동물의 접근을 막을 수 있을 것이다. 수간 둘레에 단단한 원통을 설치하면 작은 동물과 큰 동물로부터 수목을 보호할 수 있을 것이다. 개(dog)는 어린 수목의 수피에 오줌을 누어서 피해를 줄 수 있다. 이는 아래쪽 수간 둘레에 플라스틱으로 만든 통을 설치하면 수목을 보호할 수 있다. 수목보호관(treeshelter)은 개나 기타 지상 동물로부터 수목의 수간을 보호할 뿐만 아니라 어린 수목에게는 다른 편익도 있다(제8장 참조). 개의 방뇨가 과도하면, 수목의 뿌리가 손상될 수 있다. 수액빨이딱따구리(sapsucker)와 딱따구리(woodpecker)는 이들이 곤충을 찾을 때 많은 교목의 수간을 손상시킨다. 딱따구리는 일반적으로 썩거나 죽은 목재에서만 활동하기 때문에 이들이 유발하는 유일한 피해는 시각적인 것이다. 수액빨이딱따구리는 살아 있는 수피에 피해를 줄 수 있으며, 소교목의 수간을 박피할 수도 있다.

18.6 도움을 받을 수 있는 기관

어려운 문제를 해결하는데 도움이 되거나 진단을 확인하기 위한 정보 제공처는 많이 있다. 대학교와 정부의 농업, 임업, 자연보호 기술원(extension service) 조직들이 건강하지 못한 조경수목의 진단과 치료에 관한 유용한 회보(回報, bulletin)를 발행한다. 대부분의 대외 지원활동은 전화로 구체적인 문제를 문의할 수 있다. 인터넷에서도 유용한 정보를 많이 얻을 수 있다. 건전한 수목만 판매되고 수송되도록 보장해야 하는 지역 농업 감독관들이 특히 해충과 병 문제에 관해 많은 지식을 가지고 있다. 소매 농장관리자들은 일반적으로 해당 지역에서 흔히 발생하는 문제들에 익숙하다. 일부 공원과 도시림 관리 부서에서도 도움을 받을 수 있다. 식물원(植物園, botanical garden)과 수목원(樹木園, arboritum) 직원들은, 특히 수목과 이들의 병해충 대부분을 동정하는데 크게 도움이 될 수 있다.

조경수목 판매회사의 판매 대리인(sales representative)은, 특히 자신들의 제품과 관련된 문제를 경감시키는 것에 관계가 있는 경우, 수목의 문제에 관한 조언을 해주기도 한다. 상업적인 수목관리자들은 진단과 함께 치료 서비스도 제공할 수 있다. 문제 진단과 수목 건강관리에 전문화된 수목관리 자문가도 도움이 될 수 있다. 그러나 자문을 하는 사람이 경관 문제를 진단할 수 있는 적격자인가를 확실히 해야 한다. 능력을 나타내는 좋은 지표는 국제수목관리학회(International Society of Arboriculture, 주로 미국과 캐나다), 전국수목관리자협회(National Arborist Association, 미국), 미국자문수목관리자회(American Society of Consulting Arborists, 미국), 수목관리협회(Arboricultural Association, 영국) 등과 같은 알려진 전문적인 조직의 회원 자격이다.

복습

- 문제는 원인에 관한 실마리를 수집하기 위해 표징(表徵, sign; 피해를 주는 작인[作因, agent]의 증거)과 병징(病徵, symptom; 작인에 반응한 수목의 변화)을 탐색함으로써 진단된다. 작인은 살아 있거나(생물적) 살아 있지 않은 것(무생물)일 수 있다.
- 문제를 성공적으로 진단하기 위해서는 관찰자가 해당 수목에 대한 정상적인 것과 비정상적인 것을 구분할 수 있는 능력을 가지고 있어야 한다.
- 병징은 특정 문제의 징후일 수도 있고 아닐 수도 있다. 피해를 주는 몇 가지 작인이 비슷한 병징을 나타낼 수 있다.
- 병징의 주요 범주는 잎 황화, 잎 괴사, 시듦, 낙엽, 마름, 도장지, 쇠퇴 등이다.
- 수목 내, 그리고 녹지 내 병징의 패턴, 병징 진전의 속도, 영향을 받은 수목의 지형과의 관계, 녹지 관리, 부지의 특징 등이 진단에 중요한 실마리를 제공해 줄 수 있다.
- 복잡한 문제와 부딪치면, 진단적인 접근이 도움이 될 수 있다. 이를 위해서는 해당 수목의 정확한 동정; 병징의 묘사; 해당 부지, 수목, 이에 대한 관리에 관한 이력; 토양, 물, 배수 특성에 대한 조사; 녹지 내에서의 병징이 나타나는 패턴에 대한 유의; 표징을 찾기 위해 모든 수목부위를 자세하게 점검하는 것 등이 필요하다. 어떤 때에는 실험실 시험을 위해 표본 수집이 필요할 수도 있다.
- 수목의 문제는 두 가지 넓은 범주로 나눌 수 있다:
  1. 무생물적 장애(障碍, disorder)는 기계적인 상해, 제초제, 염분, 붕소, 살충제, 극한적인 기후, 영양결핍과 과잉, 답압되고 포화된 토양, 가스, 뿌리 손실이나 옥죔, 가뭄과 불량한 대기의 질 등과 같은 살아 있지 않는 작인에 의해 기인된다.
  2. 생물적인 병은 기주와 밀접하게 관련이 있는 살아 있는 병원체에 의해 기인된다. 원인자에는 곰팡이, 세균, 바이러스, 마이코플라즈마, 기생 식물, 선충, 곤충, 응애, 척추동물 등이 있다.
- 비전염성과 전염성 작인 모두 단일 또는 비연속적인 사건이나 지속적인 자극의 결과인 상해를 유발할 수 있다.

추천문헌

AGRIOS, G. N. 1988. *Plant Pathology*, 3rd ed. San Diego, CA: Academic Press.

BUTIN, H. 1995. *Tree Diseases and Disorders*. New York: Oxford University Press.

COSTELLO, L., E. PERRY, N. MATHENY, P. ELAM, AND M. HENRY. 2002. *Abiotic Disorders in Landscape Plants: A Diagnostic Guide.* Oakland: University of California ANR Publications.

DERR, J. F., and B. L. APPLETON. 1988. *Herbicide Injury to Trees and Shrubs: A Pictorial Guide to Symptom Diagnosis*. Virginia Beach, VA: Blue Crab Press.

GREEN, J. L., O. MALOY, AND J. CAPIZZI. 1990. *Patterns: Signs to Direct the Diagnosis of Plant Damage.* Ornamentals NorthWest Newsletter 13(6):1–24.

HUFFAKER, C. B., ed. 1973. *Biological Control.* New York: Plenum.

JOHNSON, W. T., AND H. H. LYON. 1988. *Insects That Feed on Trees and Shrubs*, 2nd ed. Ithaca, NY: Comstock.

MANION, P. D. 1981. *Tree Disease Concepts*. Upper Saddle River, NJ: Prentice Hall.

PHILLIPS, D. H., AND D. A. BURDEKIN. 1982. *Diseases of Forest and Ornamental Trees*. London: Macmillan.

PIRONE, P. P. 1978. *Diseases and Pests of Ornamental Plants,* 5th ed. New York: Wiley.

SINCLAIR, W. A., H. H. LYON, AND W. T. JOHNSON. 1987. *Diseases of Trees and Shrubs*. Ithaca, NY: Comstock.

SMITH, M. D. 1989. *The Ortho Problem Solver*, 3rd ed. San Francisco: Ortho Books.

SMITH, W. H. 1970. *Tree Pathology: A Short Introduction*. San Diego, CA: Academic Press.

STREETS, R. B. 1984. *The Diagnosis of Plant Disease.* Tucson: University of Arizona Press.

TATTAR, T. A. 1989. *Diseases of Shade Trees*, 2nd ed. San Diego, CA: Academic Press.

표 18-1 일반적인 수목 증상과 가능성이 있는 원인

병징	가능성 있는 원인	병징의 패턴	진단 방법
잎			
시듦(wilting)	A. 수분 스트레스		
	1. 뿌리 상실		
	a. 전염성 병(예: 역병 [*Phytophthora*], 근부병 [*Phymatotrichum*])	하나 또는 소수의 감수성 종에만 영향을 미치는 전반적이고 점진적인 쇠퇴. 병징은 더운 날씨에 갑자기 나타날 수도 있다.	뿌리의 변색, 병반(病斑, lesion), 죽음을 점검하라. 표본은 병을 시험하는 실험실로 보내라. 474, 481~482, 486쪽.
	b. 기계적인 상처(예: 뿌리시스템을 관통하는 도랑파기)	영향을 받은 지역에 있는 모든 수목에 대해 갑작스럽게 병징 발생. 병징은 여름까지 연장될 수도 있다.	부지 변경의 이력을 확인하고, 상처를 점검하라. 267쪽.
	c. 토양 통기성 불량		
	i. 침수, 배수불량, 높은 수위, 과도한 관수	영향을 받은 전체 수목에 대해 병징이 점진적으로 진전. 일부 수종은 다른 수종에 비해 더 민감할 수 있다.	토양 탐침이나 삽을 이용하여 토양수분과 색깔을 확인하라. 푸른색이나 회색과 불쾌한 냄새는 혐기성 상태를 의미한다. 90~91, 481~482쪽.
	ii. 뿌리 위 복토, 답압된 토양	영향을 받은 전체 수목에 대해 병징이 점진적으로 진전. 일부 수종은 다른 수종에 비해 더 민감할 수 있다.	본래의 근원부까지의 깊이를 확인하기 위해 수목의 기부를 파보라. 423~424, 482쪽.
	d. 해충 피해(예: 바구미와 뿌리 먹는 딱정벌레)	같은 종 중에서 하나 이상의 영향을 받은 수목에 대해 전반적이고 갑작스런 병징 발생.	뿌리 지역에 대한 피해와 해충의 존재를 점검하라. 초기 증상은 성충의 먹이 활동에 의한 잎의 피해(절상/切傷, notching)이다. 494쪽.
	2. 뿌리에서 지상부로의 수분 이동 방해		
	a. 목부에 영향을 주는 병(예: 청고병, 느릅나무/ 참나무 시들음병)	병징은 보통 특정 가지나 수관의 일부분에 나타나고, 한 수목이나 한 종에만 영향을 미친다. 병징은 더운 날씨에 갑자기 나타날 수 있다.	해당 수종의 감수성을 확인하라. 가는 가지를 절단하여 목부 내의 변색을 확인하라. 표본을 실험실로 보내라. 489쪽.
	b. 목부를 먹는 해충(예: 나무좀, 천공성 해충)	수간에 피해가 없으면, 보통 하나의 가지나 수관 전반에 산발적으로 피해 발생. 한 수종 내 하나 이상의 수목에 피해.	해충의 탈출구와 죽은 수피를 찾아보라. 493~494쪽.
	c. 목부에 대한 기계적인 피해	수목 전체 또는 일부가 영향을 받는다. 한 수종에 한정되지 않는다. 병징은 피해의 정도와 증산 수요에 따라 점진적 또는 급하게 진전된다.	수목의 수피에 대한 피해를 점검하라. 지주목을 고정하는 철선에 의한 옥죔을 확인하라. 193, 453~454쪽.
	d. 소형 포유류에 의한 섭식(攝食, feeding)	보통 수목 전체가 영향을 받는다. 한 수종에 한정되지 않는다. 병징은 피해의 정도와 증산 수요에 따라 점진적 또는 급하게 진전된다.	특히 소형 동물이 낙엽 아래에 숨을 수 있는 곳에서는, 손상된 부위에 이빨 자국을 찾아보라. 497쪽.

(계속)

표 18-1 일반적인 수목 증상과 가능성이 있는 원인 (계속)

병징	가능성 있는 원인	병징의 패턴	진단 방법
잎 시듦(wilting)	3. 수목에 가용한 수분 부족	보통 식재지 전체 수목이 영향을 받으며, 가뭄에 민감한 수종이 심하다. 병징이 급하게 진전된다. 햇빛과 바람에 대한 노출이 가장 큰 수목이 가장 심각한 병징을 나타낸다.	토양 탐침을 사용하여 토양수분을 점검하라. 323~324쪽.
	a. 관수 부족	위 내용 참조.	수목의 요구와 비교하여 적용된 관수의 빈도와 물의 양을 점검하라. 328~332쪽.
	b. 토양 속으로 침투하지 못하는 물	위 내용 참조.	토양 탐침을 이용하여 수분을 점검하라. 관수 시스템을 가동하고 유거수와 물에 젖는 패턴을 관찰하라. 323~324, 330~331쪽.
	i. 경사를 따라 흐르는 물	위 내용 참조; 경사의 하단 토양이 젖을 것이다.	위 내용 참조.
	ii. 소수성(hydrophobic) 표면 또는 답압	위 내용 참조; 아래쪽에 진흙이 있을 수 있다.	위 내용 참조.
	c. 뿌리 지역에서의 불충분한 수분보유능력	위 내용 참조.	표토층을 통한 수분 침투력을 시험하라.
	i. 얕은 토양	위 내용 참조.	토양 단면을 조사하라. 90~94쪽.
	ii. 심한 사질토양	위 내용 참조.	토성을 확인하라. 90~94쪽.
	4. 예외적으로 높은 수분요구(예: 높은 기온, 바람, 건조한 공기)	위 내용 참조: 수목은 일반적으로 밤 사이에 회복된다.	기후 조건을 확인하라. 479쪽.
잎 괴사 가장자리	A. 수분 스트레스 시듦의 원인 참조	시듦 참조.	시듦 참조.
	B. 독성 1. 높은 토양 염분	전체 식생의 병징이 전반적이고 점진적으로 진전된다. 괴사는 오래된 잎에서 가장 심각하다. 저항성 수종은 피해를 보이지 않을 것이다. 해빙염 때문인 경우, 수목의 도로에 면한 부위에 피해가 더 심각할 것이다.	토양의 염분, 염소를 시험하라. 눈과 얼음을 방제하기 위한 염분 적용 이력을 확인하라. 81, 91~92, 478~479쪽.
	2. 높은 붕소 함량	전체 식생의 병징이 전반적이고 점진적으로 진전된다. 괴사는 오래된 잎에서 가장 심각하다. 저항성 수종은 피해를 보이지 않을 것이다. 잎 전체보다 가장자리를 따라 작은 괴사 반점이 나타날 것이다.	토양의 붕소를 시험하라. 91~92, 479쪽.
	3. 제초제(예: 디우론, 아트라진, 달라폰, 붕산염)	급작스럽고 전반적인 병징이 전체 수목에 영향을 미친다.	가능성이 있는 제초제를 확인하고 시험하라. 476~477쪽.
	C. 심각한 철(Fe) 결핍	전체 식생의 병징이 전반적이고 점진적으로 진전된다. 병징은 오래된 잎에서 가장 심각하다. 저항성 수종은 피해를 보이지 않을 것이다.	토양의 pH, 탄산염을 시험하라. 잎의 철분 함량을 시험하라. 79~82, 91~92, 305~306, 481쪽.
	D. 전염성 병(예: 세균성 엽소)	병징이 급하게 또는 점진적으로 진전될 수 있다. 수목 중에서 한 종에 한정된다.	진단하기 어렵다. 목부 장애 세균은 분리할 수 없지만, 전자현미경으로 탐지할 수 있다. 해당 병원체에 대한 수목의 감수성을 확인하라. 겨울이 온난한 지역에 한정된다. 491~492쪽.

얼룩(blotch)	A. 수분 스트레스		
	시듦의 원인 참조	시듦 참조	시듦 참조.
	B. 너무 강한 햇빛	영향을 받은 햇빛에 민감한 수목의 수관 바깥에서 병징이 갑자기 나타난다. 잎의 가장자리와 끝이 황화되는 것으로부터 시작될 수 있다.	노출, 반사된 열, 수목의 저항성을 확인하라. 낮은 토양수분이 동반되면 더 심각해진다. 노출을 증대시키는 전정, 인접한 수목 제거 등을 시행한 다음에 나타날 수 있다.
	C. 전염성 병(예: 탄저병)	병징이 급하게 또는 점진적으로 진전될 것이다. 수목 중에서 감수성 수종으로 제한될 것이다.	잎에서 병원체 표징을 조사하고, 표본을 실험실로 보내라. 연중 시기와 기후가 병에 유리한지 확인하라. 485~492쪽.
반점	A. 전염성 병(예: 세균성 잎 반점, 흑반세균병)	병징이 한 그루 또는 한 종에 갑자기 나타난다.	잎에서 병원체 표징을 조사하고, 표본을 실험실로 보내라. 486~492쪽.
	B. 해충 피해(예: 버즘나무 방패벌레)	병징이 한 그루 또는 한 종에 갑자기 나타난다.	잎에서 병원체 표징을 조사하고, 표본을 실험실로 보내라. 492~495쪽.
	C. 제초제(예: 그라목손, 벤타존, 다이페닐에테르, 옥사디아존, 다이쿼트, 플루아지포프, 사이클로헥세논)	노출된 시점에 존재한 바깥쪽 잎에 가장 큰 피해를 나타내는 병징을 보인다. 반점은 가장자리가 뚜렷하고, 크기, 색깔, 분포가 일정하다.	인근에 어떤 제초제가 적용되었는지 확인하라. 시험을 위해 표본을 실험실로 보내라. 476~477쪽.
엽맥 사이 괴사	A. 공기 오염	오염물질의 농도와 유형에 따라 병징이 급하게 또는 점진적으로 진전된다. 식생 전체에 영향을 미친다.	최근의 대기 질과 수종의 감수성을 확인하라. 484~485쪽.
	B. 제초제	전체 식생에 영향을 미치는 병징이 급하게 진전된다.	어떤 제초제가 적용되었는지 확인하라. 시험을 위해 표본을 실험실로 보내라. 476~477쪽.
	C. 심각한 망간(Mn) 결핍	오래된 잎과 새 잎에서 병징이 점진적으로 진전된다. 알칼리 토양에 민감한 수종에 병징이 가장 심각하다.	토양 표본을 채집하여 pH, 탄산칼슘을 시험하라. 망간 시험을 위해 잎 표본을 수집하여 실험실로 보내라. 79~82, 91~94, 303~305, 481쪽.
전체 잎	A. 수분 스트레스(시듦의 원인 참조)	시듦 참조.	시듦 참조.
	B. 전염성 병(예: 탄저병)	수목의 전체 또는 부분적으로 병징이 급하게 또는 점진적으로 진전된다. 경관에서 한 종에 한정된다.	잎에서 병원체 표징을 조사하고, 표본을 실험실로 보내라. 연중 시기와 기후가 병에 유리한지 확인하라. 485~492쪽.
	C. 제초제(예: 해초유, 다이쿼트, 파라쿼트, 옥시플루오르펜)	병징이 급하게 진전되어 모든 식생에 영향을 미친다.	어떤 제초제가 적용되었는지 확인하라. 시험을 위해 토양과 잎의 표본을 수집하라. 476~477쪽.
	D. 서리	병징이 급하게 진전되어 모든 식생에 영향을 미친다.	최근의 기온과 수목의 내한성을 확인하라. 54~59, 479쪽.
	E. 동해	늦겨울/초봄 바람이 분 다음 상록수에 흔하다. 바람에 노출된 수목의 부위가 가장 심각하다.	토양이 결빙되어 있는지 확인하라. 479쪽.

(계속)

표 18-1 일반적인 수목 증상과 가능성이 있는 원인 (계속)

병징	가능성 있는 원인	병징의 패턴	진단 방법
잎 황백화	주의: 잎 색깔의 변이는 가끔 수종이나 품종의 정상적인 특징일 수 있다.		467~468쪽.
	A. 질소 결핍	병징이 점진적으로 진전되며, 전체 수목에 영향을 미친다. 병징은 오래된 잎에서 먼저 심하게 나타난다.	비료를 마지막으로 적용한 시기를 확인하라. 잎의 질소 농도를 시험하라. 303~305쪽.
	B. 뿌리시스템 손상		
	1. 포화된 토양	병징이 전반적이고 점진적으로 진전되고, 수목 전체에 영향을 미친다.	토양 탐침과 삽을 이용하여 토양 수분과 색깔을 점검하라. 푸른색이나 회색과 불쾌한 냄새는 혐기성 상태를 의미한다. 90~94쪽.
	2. 뿌리 위 복토	병징이 점진적으로 진전되며, 전체 수목에 영향을 미친다.	원래 근원부까지의 깊이를 확인하기 위해 수목의 기부를 파보라. 422~ 423쪽.
	3. 기계적인 피해	수목의 일부 또는 전체가 영향을 받을 수 있다. 황화증상은 일반적으로 점진적이지만, 더운 날씨에서는 수목이 갑자기 시들 것이다.	부지 변경의 이력을 확인하라. 손상을 점검하라. 476쪽.
	4. 전염성 병(예: 역병, 선충)	전반적이고 점진적인 쇠퇴가 하나 또는 소수의 감수성 종에만 영향을 미친다. 더운 날씨에서는 병징이 갑자기 나타날 수 있다.	뿌리의 변색, 상처, 죽음을 점검하라. 토양수분과 배수 여건을 평가하라. 병을 시험하기 위해 표본을 실험실로 보내라. 485~492쪽.
	C. 적당 수준의 토양 염도	병징이 지역 내 염분에 민감한 수목에서 전반적이고 점진적인 진전된다.	토양 표본을 채취하여 염도를 분석하라. 81, 91~92, 478~479쪽.
	D. 박피된 수간 또는 뿌리		
	1. 수간에 파묻힌 지주목 결속	개별 수목에 대해 병징이 점진적으로 진전된다.	수간에 피해를 주는 지주목 결속을 조사하라. 193쪽.
	2. 피소된 수간	오후 햇빛에 노출된 수피 부위에서만 피해 발생. 얇은 수피를 가진 교목에서 가장 심각하다.	오후 햇빛에 노출된 수간 부위에서 죽거나 손상된 수피를 조사하라. 토양수분이 낮을 때 피해가 더 악화된다.
	3. 사부나 뿌리를 감염시키는 전염성 병(예: 유사 마이크로플라즈마 병원체)	병징은 수관의 일부 또는 전부에 나타날 수 있고 한 그루 또는 한 수종에만 영향을 미친다. 날씨가 더우면 병징이 갑자기 나타날 수 있다.	근원(root crown)과 수간의 수피 아래 조직의 변색, 병원체의 표징을 조사하라. 표본을 실험실로 보내라. 위황병을 유발하는 MLOs는 배양이 불가능하지만 전자현미경으로 동정이 가능하다. 487~489쪽.
	4. 기계적인 피해	보통 전체 수목이 영향을 받는다. 한 수종에 한정되지 않는다. 병징은 피해와 증산 요구 정도에 따라 점진적으로, 또는 급하게 진전된다.	근원, 수간과 주 가지의 상처를 점검하라. 475~476쪽.
	E. 가스 손상	모든 식생에 대한 전반적이고 점진적인 황화. 일부 수종은 다른 수종에 비해 더 민감하다. 병징은 생장을 저해하고 죽음으로 이어진다.	토양의 악취와 청회색 또는 흑색 색상을 점검하라. 토상 대기의 가스를 시험하라. 뿌리와 수간 조직을 절단하여 목재의 청색 또는 갈색 줄을 점검하라. 482~483쪽.

엽맥 사이	A. 미량원소 결핍		
	1. 철(Fe) 결핍	병징이 식생 전체에 대해 전반적이고 점진적으로 진전된다. 병징은 어린 생장에서 가장 심하다. 새로운 생장은 표백될 수 있고, 심한 경우 괴사 부위가 나타난다. 알칼리 토양에 저항성인 종은 피해 증상을 보이지 않을 것이다.	토양 표본을 채취하여 pH, 탄산칼슘을 시험하라. 잎 표본을 수집하여 실험실로 보내라. 토양이 차거나 젖어 있는 경우 병징은 일시적일 수 있다. 79~82, 91~94, 303~305, 481쪽.
	2. 망간(Mn) 결핍	병징이 식생 전체에 대해 전반적이고 점진적으로 진전된다. 엽맥 주위의 녹색조직의 띠가 철 결핍 때보다 더 넓다. 잎에는 괴사 반점이 나타날 수 있다. 알칼리 토양에 저항성인 종은 피해 증상을 보이지 않을 것이다.	토양 표본을 채취하여 pH, 탄산칼슘을 시험하라. 잎 표본을 수집하여 망간 농도를 시험하기 위해 실험실로 보내라. 79~82, 91~94, 303~305, 481쪽.
	B. 기생성 뿌리 병(예: 역병, 선충)	병든 뿌리가 무기양분을 흡수하지 못하기 때문에 병징이 미량원소 결핍처럼 보일 수 있다. 보통 하나 또는 두세 종의 감수성 수종에 한정된다.	뿌리의 변색되고 죽은 끝을 조사하라. 토양의 수분과 배수 특성을 평가하라. 표본을 실험실에 보내 실험하도록 하라. 474, 481~482, 486~487쪽.
	C. 제초제(예: 트리아진, 아트라진, 시마진)	잎의 끝, 가장자리, 엽맥을 따라 크게 황화되며, 오래된 잎에서 시작된다. 전체 식생이 영향을 받는다.	이 물질들은 토양 적용형이다. 토양 표본을 채취하여 시험을 위해 실험실로 보내라. 476~477쪽.
얼룩/모자이크	A. 아연 결핍	병징이 어린잎에서 먼저 발생한다. 잎은 마디사이가 짧고(로제트), 비정상적으로 작으면서 괴사 반점이 있을 것이다. 한 종 이상의 수종이 병징을 보일 것이다.	토양 표본을 채취하여 pH, 탄산칼슘을 시험하라. 잎 표본을 채집하여 아연(Zn)을 시험할 수 있도록 실험실로 보내라. 79~82, 91~94, 303~305, 481쪽.
	B. 바이러스(예: 느릅나무 모자이크병, 포플러 모자이크병)	한 그루 또는 한 종에서 병징이 점진적으로 진전된다.	표본을 채취하여 시험을 위해 실험실로 보내라. 일반적으로 병징과 기주 감수성을 기준으로 진단한다. 489~491쪽.
	C. 제초제(예: 유라실, 브로마실, 터바실)	해당 약물에 노출된 모든 식생에 병징이 갑자기 진전된다.	토양표본을 채취하여 시험을 위해 실험실로 보내라. 476~477쪽.
잎맥투명(葉脈透明, vein clearing)	A. 바이러스(예: 느릅나무 모자이크병, 엽맥황화병)	한 그루 또는 한 종에서 병징이 점진적으로 진전된다. 수목의 일부 또는 전부에 영향을 준다.	표본을 채취하여 시험을 위해 실험실로 보내라. 보통 병징과 기주 감수성을 기준으로 진단한다. 489~491쪽.
	B. 제초제(예: 치환된 요소, 디우론, 모누론, 네부론)	전체 식생에 병징이 갑자기 진전된다. 엽맥 사이 조직은 녹색으로 남아 있다. 수목의 일부 또는 전부가 영향을 받는다.	어떤 농약이 적용되었는지 확인하라. 표본을 수집하여 시험을 위해 실험실로 보내라. 476~477쪽.
반점(stippling)	A. 응애, 해충(예: 진딧물, 매미충, 장님노린재, 총채벌레)	개별 수목이나 감수성 수종에 병징이 천천히 진전된다. 보통 병징은 오래된 잎에서 더 악화된다.	수목에서 해충의 표징을 점검하라. 잎의 뒷면에서 윤이 나는 반점을 찾아보라. 492~495쪽.
	B. 대기 오염	병징이 오염물질의 수준과 유형에 따라 갑자기 또는 점진적으로 진전된다. 전체 식생에 영향을 미친다.	최근의 대기 질과 수종의 감수성을 확인하라. 484~485쪽.
은색화(silvering)	A. 응애, 해충(예: 총채벌레)	병징이 개별 수목이나 감수성 수종에 갑자기 발생한다. 병징은 보통 오래된 잎에서 피해가 더 크다.	수목에서 해충의 표징을 점검하라. 잎의 뒷면에서 윤이 나는 반점을 찾아보라. 492~495쪽.
	B. 대기 오염	병징이 오염물질의 수준과 유형에 따라 갑자기 또는 점진적으로 진전된다. 전체 식생에 영향을 미친다.	최근 대기의 질과 수종의 감수성을 확인하라. 484~485쪽.

(계속)

표 18-1 일반적인 수목 증상과 가능성이 있는 원인 (계속)

병징	가능성 있는 원인	병징의 패턴	진단 방법
표백(bleaching)	A. 제초제(예: 아미트롤, 노르플루라존, 클로마존)	새로운 잎, 특히 끝에서 병징이 급하게 진전. 농약에 노출된 모든 식생이 영향을 받는다.	어떤 농약이 적용되었는지 확인하라. 표본을 수집하여 시험을 위해 실험실로 보내라. 476~477쪽.
	B. 철 결핍	병징이 어린 생장에서 더 심각하다. 괴사 부위가 나타날 수 있다. 알칼리 토양에 저항성이 있는 수종에는 피해가 나타나지 않는다.	토양 표본을 채취하여 pH, 탄산칼슘을 시험하라. 잎 표본을 수집하여 실험실로 보내라. 토양이 차거나 젖어 있는 경우 병징은 일시적일 수 있다. 79~82, 91~94, 303~305, 481쪽.
	C. 기생성 뿌리병(예: 역병)	병든 뿌리가 무기양분을 흡수하지 못하기 때문에 병징이 미량원소 결핍처럼 보일 수 있다. 보통 하나 또는 두세 가지 감수성 수종에 한정된다.	뿌리의 변색되고 죽은 끝을 조사하라. 토양의 수분과 배수 특성을 평가하라. 표본을 실험실에 보내 실험하도록 하라. 474, 481~482, 486~487쪽.
너덜너덜해진 잎	A. 해충(예: 딱정벌레, 애벌레)	병징이 같은 종 내 한 그루 이상의 수목에서 급하게 진전된다.	수목에서 해충의 표징을 점검하라. 492~495쪽.
	B. 기상 피해(예: 바람, 우박)	가해 요인에 노출된 모든 수목에서 병징이 갑자기 발생.	최근의 기상 여건을 확인하라. 476쪽.
잎에 난 구멍	A. 해충(예: 딱정벌레, 애벌레)	병징이 같은 종 내 하나 이상의 수목에서 갑자기 발생.	수목에서 해충의 표징을 점검하라. 492~495쪽.
	B. 전염성 병(예: X-병[마이코플라즈마], 천공병[곰팡이])	병징이 한 수종 내 한 그루 이상에서 갑자기 진전. 괴사된 부위가 떨어져나가면 구멍이 생긴다.	표본을 채취하여 시험을 위해 실험실로 보내라. 연중 시기와 기후가 병 발생에 유리한지 확인하라. MLO는 실험실 시험에서는 확인할 수 없지만 전자현미경에 의해 동정될 수 있다. 470, 489~492쪽.
변형된 잎	A. 전염성 병(예: 복숭아 잎오갈병, 떡병)	병징이 같은 종 내 하나 이상의 수목에서 갑자기 발생.	표본을 채취하여 시험을 위해 실험실로 보내라. 연중 시기와 기후가 병 발생에 유리한지 확인하라. 470, 489~492쪽.
	B. 해충(예: 진딧물, 잎말이나방, 잎연결나방)	병징이 같은 종 내 하나 이상의 수목에서 갑자기 발생.	수목에서 해충의 표징을 점검하라. 492~495쪽.
	C. 제초제(예: 근사미, 설포닐유레아, 이미다졸리논)	새로운 생장이 변형되는 증상을 보이면서 진전되고, 끝이 황백화되고 고사된다. 처리된 지역 내 모든 식생이 영향을 받는다.	어떤 농약이 적용되었는지 확인하라. 근사미 피해는 가을에 적용하면 봄이 될 때까지 나타나지 않을 것이다. 토양에 적용된 농약이면, 토양 표본을 채취하여 시험을 위해 실험실로 보내라. 476~477쪽.
잎 표면의 생장	A. 해충(예: 혹응애, 혹벌)	병징이 같은 종 내 한 그루 이상의 수목에서 급하게 발생	수목에서 해충의 표징을 점검하라. 492~495쪽.
잎 속의 굴	A. 해충(예: 잎벌, 굴파리)	병징이 같은 종 내 한 그루 이상의 수목에서 급하게 발생	수목에서 해충의 표징을 점검하라. 492~495쪽.
갑작스런 낙엽	주의: 일부 활엽 상록수는 정상적으로 연중 다양한 시기에 오래된 잎을 많이 떨어진다.		468~469쪽.
	A. 심각한 수분 스트레스		
	시듦의 원인 참조	시듦 참조.	시듦 참조.
	B. 전염성 병(예: 점무늬병)	병징이 같은 종 내 한 그루 이상의 수목에서 급하게 발생.	표본을 채취하여 시험을 위해 실험실로 보내라. 연중 시기와 기후가 병 발생에 유리한지 확인하라. 470, 489~492쪽.
	C. 제초제(예: 브로마실)	처리된 지역의 전체 식생에서 병징이 갑자기 발생. 낙엽에 앞서 가장자리 괴사가 선행될 것이다. 오랜 잎이 먼저 영향을 받는다.	적용된 농약이 어떤 것인가를 확인하라. 토양 표본을 채취하여 시험을 위해 실험실로 보내라. 476~477쪽.

발엽(發葉, foliation) 지연	A. 부적당한 저온처리	온대지방 낙엽수의 잎이나 꽃은 필요한 저온처리가 되지 않으면 나오지 않는다.	겨울철 기온이 일정한 기간 동안 7℃(45℉) 아래에 있었는가를 확인하라. 61~62쪽.
	B. 해충(예: 진딧물)	일부 수목과 수종의 잎 전개가 부족하다.	신초의 끝에 과도한 해충 섭식이 있는지 여부를 확인하라. 492~495쪽.
	C. 전염성 병(예: 탄저병)	한 수종에서 잎의 전개가 부족하다. 수관의 가장자리에 있는 잎은 전개되지만, 낮고 안쪽 잎은 그렇지 못할 수 있다.	보통 정상적인 잎 전개 중에 비가 오는 것과 관계가 있다. 신초 끝에서의 표징과 병의 징후를 점검하라. 489~492쪽.
신초(shoot)			
시듦 또는 마름	A. 수분 스트레스		
	잎-시듦-수분 스트레스 참조	잎-시듦-수분 스트레스 참조.	잎-시듦-수분 스트레스 참조.
	B. 해충 피해		
	1. 목재 가해 해충(예: 나무좀, 심식충)	한 수종 내 한 그루 이상의 수목의 수관 전반에 여기저기 갑자기 처짐이 발생.	마르는 기부에서 잔가지를 절개하여 애벌레와 굴착 자국을 점검하라. 492~495쪽.
	2. 수액 흡즙 해충(예: 진딧물, 면충)	한 수종 내 한 그루 이상의 수목의 수관 전반에 여기저기 점진적인 처짐이 발생.	잔가지에서 해충의 표징을 점검하라. 492~495쪽.
	C. 전염성 병(예: 세균성 마름병, 청고병)	한 수종 내 한 그루 이상의 수목의 수관 전반에 여기저기 갑자기 처짐이 발생.	조직의 병원체, 가라앉거나 변색된 수피, 궤양, 수액 유출 등의 표징을 점검하라. 표본을 실험실로 보내라. 470, 489~492쪽.
	D. 서리	식재지에서 추위에 민감한 수종 모두에서 갑자기, 그리고 전반적인 병징이 발생.	최근의 기온을 확인하라. 54~59, 479쪽.
뒤틀림	A. 해충(예: 혹파리, 진딧물)	한 수종 내 수목 한 그루 이상의 수관 전반에 여기저기 피해가 발생.	해충의 표징을 찾기 위해 조직을 점검하라. 492~495쪽.
	B. 전염성 병	한 수종 내 수목 한 그루 이상의 수관 전반에 여기저기 피해가 발생.	병원체의 표징을 찾기 위해 조직을 점검하라. 시험을 위해 표본을 실험실로 보내라. 470, 489~492쪽.
	C. 바이러스	한 수종 내 수목 한 그루 이상의 수관 전반에 여기저기 피해가 발생.	시험을 위해 표본을 실험실로 보내라. 470, 489~490쪽.
	D. 제초제(예: 2,4-D, 디캄바, 싸이오카바메이트, 달라폰, 근사미)	병징이 식생 전반에 걸쳐 새로운 생장에 나타난다.	티이오카바메이트가 토양에 적용된다. 토양 표본을 채취하여 시험을 위해 실험실로 보내라. 2,4-D와 디캄바는 잔디에 적용하는 비료와 잡초 방제제 혼합물 내에 존재할 수 있다. 476~477쪽.
	E. 대화(帶化 fasciation)	병징은 보통 한 그루에서만, 그리고 하나 또는 소수의 가지에서만 나타난다.	세포 내 돌연변이에 인해 줄기가 비정상적으로 평평해지고 뒤틀린다.

(계속)

표 18-1 일반적인 수목 증상과 가능성이 있는 원인 (계속)

병징	가능성 있는 원인	병징의 패턴	진단 방법
빗자루(witches' broom)	A. 전염성 병 – 곰팡이(예: 흰가루병), 유사마이코플라즈마 병원체(예: 빗자루병)	한 수종 내 수목 한 그루 이상의 수관 전반에 걸쳐 여기저기 피해가 발생.	수목에서 병원체의 표징을 조사하라. 표본을 수집하여 시험을 위해 실험실로 보내라. MLO는 실험실 시험에서는 분리되지 않지만 전자현미경으로는 동정할 수 있다. 470, 489~492쪽.
	B. 해충(예: 응애)	한 수종 내 수목 한 그루 이상의 수관 전반에 걸쳐 여기저기 피해가 발생.	조직에서 해충의 표징을 점검하라. 492~495쪽.
	C. 겨우살이	한 수종 내 수목 한 그루 이상의 수관 전반에 걸쳐 여기저기 피해가 발생.	수관에서 기생성 식물의 잎을 점검하라. 495~495쪽.
	D. 세포 돌연변이	병징은 보통 한 그루에서만, 그리고 하나 또는 소수의 가지에서만 나타난다.	다른 요인을 제거하라.
	E. 제초제(예: 근사미)	새로운 생장은 어린잎이 변형되고 신장되지 않는 새로운 눈을 많이 만들면서 전개된다. 처리된 지역 내의 모든 식생에 영향을 미친다.	어떤 농약이 적용되었는지 확인하라. 근사미 피해는 가을에 적용되었으면 이듬해 봄까지 나타나지 않을 것이다. 476~477쪽.
가지, 수간			
파이고 변색된 수피	A. 전염성 병(예: 불마름병, 사이프러스 궤양병)	격리된 지역의 개별 수목 또는 감수성 수종 내의 여러 수목에서 발생. 병징은 보통 점진적으로 진전된다. 궤양 위쪽 부분은 시들거나 황화 또는 괴사현상을 보일 것이다.	수피를 절개하여 사부와 변재의 상태를 확인하라. 병원체의 표징을 찾아보라. 표본을 수집하여 시험을 위해 실험실로 보내라. 488~489쪽.
	B. 피소(sunburn)	오후 햇빛에 노출된 수간 부위에서 발생한다.	수피를 절개하여 사부와 변재의 상태를 확인하라.
새살 형성	A. 기계적인 상처	충격 또는 손상된 지점에 흩어져 존재. 점진적으로 진전된다.	수목의 피해를 점검하라. 492~495쪽.
	B. 궤양병(예: 가지 암종병, 흑반병)	개별 수목 또는 감수성 수종 내의 몇 그루에 흩어져서 존재. 새살 지역은 매년 커진다. 궤양 부위 위쪽은 시들거나 황화 또는 괴사 현상을 보일 것이다.	수피를 절개하여 사부와 변재의 상태를 확인하라. 병원체의 표징을 찾아보라. 표본을 수집하여 시험을 위해 실험실로 보내라. 488~489쪽.
	C. 수피의 피소	오후 햇빛에 노출된 수간 부위에서 발생한다.	수피를 절개하여 사부와 변재의 상태를 확인하라.
	D. 반복적인 해충 침입(예: 알락하늘소)	개별 수목 또는 감수성 수종 내의 몇 그루에 복수로 또는 흩어져서 존재. 침입공이나 탈출공에서 수액유출이 발생할 것이다.	목재 가루와 배설물, 하늘소의 탈출공을 찾아보라. 493쪽.
	E. 결빙 온도	반복적인 갈라짐이 발생한 다음, 균열의 가장자리를 따라 새살의 두둑이 만들어지고 목재 부후가 시작될 것이다. 직경 150~450mm(6~18인치) 수목이 이보다 작거나 큰 수목보다 영향을 받을 가능성이 더 높다.	겨울철 저온을 확인하고 수목에서 관련된 결함을 조사하라. 54~59, 479쪽.
혹(gall)	A. 전염성 병(예: 근두암종병, 소나무혹녹병)	개별 수목 또는 감수성 수종 내의 몇 그루에 흩어져서 존재. 혹 윗부분은 쇠퇴할 수 있다.	혹의 모습과 기주의 감수성을 기준으로 병원체를 동정하라. 489~491쪽.
	B. 해충(예: 참나무혹벌)	한 수종 내 한 그루 이상의 수목에 영향.	해충의 표징을 조사하라. 혹을 절개하여 해충을 찾아보라. 494쪽.
	C. 겨우살이	한 수종 내에서 한 그루 이상의 수목에서 수관에 걸쳐 피해가 산재한다.	겨우살이의 녹색 잎을 찾아보라. 495~496쪽.
	D. 눈(bud) 덩어리, 소용돌이 결(마디)	한 수종 내에서 한 그루 이상의 수목에 영향.	마디나 수간 결절(lignotuber)이 해당 수목에 흔한 것인지 확인하라. 470쪽.

수피 벗겨짐	주의: 어떤 수목은 성숙해 감에 따라 수피가 벗겨지고 갈라지는 것이 정상적인 특징이다.		469~470쪽.
	A. 해충(예: 나무좀, 하늘소)	감염 수준이 높아짐에 따라 병징이 점진적으로 진전된다. 오후 햇빛에 노출된 수피 부위와 가뭄 스트레스를 받은 수목에서 더 심각할 것이다. 보통 한 수종에만 영향을 미친다.	나무좀 탈출공, 배설물과 목재 가루, 구멍 주위의 수액 유출 등을 찾아보라. 수피 아래에 유충이 있는지 조사하라. 493쪽.
	B. 전염성 병(예: 잣나무털록병, 하이폭실론 궤양, 히스피두스 궤양)	한 수종 내 한 그루 이상의 수목에서 병징이 점진적으로 진전된다. 감염부위 위쪽 부위가 쇠퇴하여 죽을 수 있다.	피해 부위에서 곰팡이의 자실체를 찾아보라. 표본을 실험실로 보내라. 488~489쪽.
	C. 피소	오후 햇빛에 노출된 수간 부위에 자리잡는다.	수피를 절개하여 사부와 변재의 상태를 확인하라.
	D. 수간을 가격하는 스프링클러 물	피해 부위는 스프링클러 패턴에 상응한다. 두터운 코르크질 수피를 가진 교목과 야자수에서 가장 흔하다.	스프링클러 패턴을 확인하라.
	E. 낮은 활력	수목의 건강이 점진적이고 전반적으로 떨어진다.	수목 쇠퇴가 수피 탈락으로 이어질 수 있다.
	F. 번개 피해	홀로 서 있는 큰 교목, 바람이 불어오는 쪽 임분의 가장자리, 임분의 우세목에 가장 많이 발생한다. 피해 가지는 죽을 수 있다.	교목의 상단에서 아래쪽으로 목재의 결을 따라 거친 홈으로 된 띠나 제거된 수피를 찾아보라. 479~481쪽.
수액 유출, 수지 분비	주의: 수액 분비가 일부 수종에서는 정상적인 특징이다.		
	A. 세균성 습재(濕材, wetwood)	감수성 수종에서 병징이 점진적으로 진전된다. 가끔 수목의 상단에 있는 잎이 시들고, 가지가 말라죽을 수 있다.	액체가 공기에 노출되면, 효모의 생장으로 거품이 인다. 습재가 있는 수목에 구멍을 뚫으면, 수액이 강하게 분출될 수 있다. 보통 외관상 보기 싫은 것을 제외하면 중요하지 않다.
	B. 전염성 병(예: *Coryneium* 마름병, 발포성녹병)	감수성 수종에서 병징이 점진적으로 진전된다. 궤양 위쪽 부위는 쇠퇴하여 죽을 수 있다.	피해 부위에서 곰팡이의 자실체를 찾아보라. 표본을 실험실로 보내라. 470쪽.
	C. 해충(예: 세쿼이어 수지나방, 나무좀, 하늘소)	감수성 수종에서 병징이 점진적으로 진전된다. 감염 위쪽 부위는 섭식 피해 정도에 따라서는 쇠퇴하여 죽을 수 있다.	나무좀 탈출공, 배설물과 목재 가루를 찾아보라. 수피 아래에 애벌레를 조사하라. 493쪽.
	D. 수분 스트레스	시듦 참조.	시듦 참조; 핵과 수종에서 흔하다.
수피의 구멍	A. 해충(예: 나무좀, 하늘소)	감수성 수종에서 병징이 점진적으로 진전된다. 감염 위쪽 부위는 섭식 피해 정도에 따라서는 쇠퇴하여 죽을 수 있다.	나무좀 탈출공이 있는 수피 부분을 제거하여 애벌레와 이들의 갱도를 찾아보라.
	B. 수액빨이 딱따구리	수간이나 가지 주위에 수평의 띠를 이루면서 균일한 구멍을 판다. 손상이 심하면, 교목이 박피되고 위쪽 부위가 쇠퇴된다.	피해 패턴은 진단 가능하다.

(계속)

표 18-1 일반적인 수목 증상과 가능성이 있는 원인 (계속)

병징	가능성 있는 원인	병징의 패턴	진단 방법
솟아오름	A. 접목접착부	접목된 교목에서, 대목의 직경이 접목접착부에서 접수의 직경보다 더 굵다.	보통 문제라고 여기지 않는다.
	B. 옥죔		
	1. 방치된 지주목 결속	결속 위쪽 수간이 솟아오른다.	수간에 피해를 주는 지주목 결속을 조사하라. 193~194쪽.
	2. 옥죄는 뿌리	옥죄는 뿌리 위쪽 수간이 부풀어 오른다.	굴착하여 옥죄는 뿌리가 존재하는지 여부를 확인하기 위해 근원을 조사하라. 422~423쪽.
	C. 부후 곰팡이(예: 영지버섯류, 말굽버섯류)	오랜 기간을 두고 매우 천천히 진전된다.	수간 안으로 구멍을 뚫어 부후 존재 여부를 평가하라. 424~432쪽.
갈라짐, 균열	A. 제초제(예: 페녹시 화합물)	농약에 노출된 감수성 목본식물에서 나타난다. 보통 잎과 신초의 뒤틀림이 동반된다.	어떤 농약이 적용되었는지 확인하라. 2,4-D와 디캄바는 잔디에 적용하는 비료와 잡초방제제에 혼합될 수도 있다. 476~477쪽.
	B. 결빙 온도	상처와 가지 터기와 관련된 수직적인 균열이 보통 이다. 반복적인 갈라짐이 있은 다음, 균열의 가장자리를 따라 새살의 두둑이 만들어지고 목재 부후가 시작될 것이다. 직경 150~450mm(6~18인치) 수목이 이보다 작거나 큰 수목보다 영향을 받을 가능성이 더 높다.	겨울철 저온을 확인하고 수목에서 관련된 결함을 조사하라. 54~59, 479쪽.
	C. 생장 균열	생장이 왕성한 부위에, 특히 두꺼운 수피를 가진 수종에서 발생한다.	균열이 코르크질 수피 안에 있고, 내수피와 목재 안으로 침투하지 않는다. 왕성한 생장을 나타낸다.
	D. 기계적인 파손	과도한 무게가 실린 개별 가지나 수간에서, 특히 바람, 눈, 얼음, 비 등에 노출되었을 경우, 가장 흔히 발생한다.	68, 417~418쪽.
수목에 부착된 버섯류	A. 부후 곰팡이의 표징(예: 뽕나무버섯류, 불로초류, 상황버섯류)	보통 과거에 상처를 입은 오래된 수목에 나타난다.	곰팡이의 종을 동정하라. 425쪽.
뿌리			
쪼글쪼글해진 뿌리	A. 수분 스트레스	시듦 참조.	시듦 참조.
	B. 높은 토양 염도	전체 식생에 대한 병징이 전반적이고 점진적으로 진전. 오래된 잎과 잎 가장자리에서 괴사가 가장 심각하다. 저항성 수종은 피해를 보이지 않을 것이다.	토양 염도, 염소를 시험하라. 눈과 얼음 방제를 위한 염분 적용의 이력을 확인하라. 81, 91~92, 478~479쪽.
	C. 제초제(예: 디니트로아닐린, 아미드, 티오카바메이트)	병징이 처리된 전 지역에 전반적이고 점진적으로 진전. 수목은 보통 발육이 저해되고, 전반적 또는 엽맥 사이에 황화현상을 보일 것이다.	제초제 범주를 확인하고 실험실에서 시험하라. 476~477쪽.

변색	A. 전염성 병(예: 역병, 모잘록병)	영향을 받은 감수성 수종 몇 그루에 대해서만 전반적이고 점진적인 쇠퇴가 발생한다. 아니면, 병징은 더운 날씨에 갑자기 나타날 것이다.	뿌리의 변색, 침하, 죽음 등을 점검하라. 표본을 병을 시험하는 실험실에 보내라. 470, 489~492쪽.
	B. 토양 통기성 불량		
	1. 침수, 배수 불량, 높은 수위, 과도한 관수	병징이 영향을 받은 전체 식생에서 점진적으로 진전. 어떤 수종은 다른 수종에 비해 더 민감할 수 있다.	토양 탐침과 삽을 이용하여 토양의 수분과 색깔을 점검하라. 청색 또는 회색과 불쾌한 냄새는 혐기성 상태를 의미한다. 91~92, 481~482쪽.
	2. 뿌리 위 복토, 답압된 토양	병징이 영향을 받은 전체 식생에서 점진적으로 진전. 어떤 수종은 다른 수종에 비해 더 민감할 수 있다.	수목의 기부를 굴착하여 원래의 근원부까지의 깊이를 확인하라. 422~ 423쪽.
변형	A. 제초제(예: 트리플루라린, 오리잘린)	병징이 처리된 지역 전체에 걸쳐 전반적이고 점진적으로 진전. 수목은 보통 발육이 저해되고, 전반적 또는 엽맥 사이에 황백화 현상을 보일 것이다. 뿌리는 부어올라 곤봉모양이 된다.	어떤 농약이 적용되었는지 확인하라. 토양 표본을 채취하여 실험실에 보내라. 476~477쪽.
	B. 선충	병징이 감수성 수종 중 한 그루 이상에서 전반적이고 점진적인 진전. 수목은 보통 발육이 저해되고, 전반적 또는 엽맥 사이에 황백화 현상을 보일 것이다. *Pratylenchus*속은 뿌리에 어두운 침하를 유발하고, 뿌리끝선충은 뿌리의 끝을 두껍게 하여 코르크질로 만든다.	뿌리 표본을 채취하여 시험을 위해 실험실에 보내라. 496~497쪽.
	C. 균근	잔뿌리에 기생하고, 모양이 구슬 같거나 뇌처럼 생겼다.	유익한 것으로, 곰팡이와 식물 간의 공생관계. 24쪽.
	D. 해충(예: 뿌리 진딧물)	영향을 받은 감수성 수목 몇 그루에서만 전반적이고 점진적인 쇠퇴가 발생. 또는 더운 날씨에는 수목이 갑자기 시들 수 있다. 뿌리깃과 뿌리가 비정상적으로 부풀어 오른다.	뿌리에서 해충의 표징을 조사하라.
혹	A. 질소고정 박테리아	뿌리가 작은 혹 같은 덩어리로 싸여 있다.	유익한 것으로, 세균과 식물 간의 공생관계. 혹을 절개해 보라. 활동적인 혹은 색깔이 분홍색이다. 24쪽.
	B. 선충(예: 뿌리혹 선충)	감수성 수종 중 한 그루 이상에서 병징이 전반적이고 점진적인 진전. 수목은 보통 발육이 저해되고, 전반적 또는 엽맥 사이에 황백화 현상을 보일 것이다. 뿌리는 작은 것에서부터 중간 크기의 혹으로 싸여 있다.	뿌리혹을 절개하여 암컷을 찾아보라. 뿌리 표본은 시험을 위해 실험실로 보내라. 496~497쪽.
	C. 해충(예: 사과면충[沙果綿蟲, wooly apple aphid])	감수성 수종 중 한 그루 이상에서 병징이 전반적이고 점진적인 진전. 또는 날씨가 더우면 수목은 갑자기 시들 수 있다. 뿌리깃과 뿌리에서 코르크질 혹이 발달하고, 가끔 해충이 눈에 보이는 솜털 같은 흰 밀랍으로 덮여 있을 때도 있다.	영향을 받은 조직에서 해충의 표징을 조사하라.
조직의 약화	A. 목재 부후(예: 뿌리썩음병, 침엽수 뿌리썩음병/진흙버섯속)	감수성 수종 중 한 그루 이상에서 병징이 전반적이고 점진적인 진전. 또는 날씨가 더우면 수목은 갑자기 시들 수 있다. 교목은 쓰러질 수도 있다.	토양을 파서 목질의 뿌리를 조사하라. 422~423, 489~490쪽.

제19장 수목건강관리: 경관용 교목, 관목, 덩굴식물의 종합적인 관리

목표

- 수목건강관리와 병해충 종합관리(integrated pest management, IPM)의 원리를 조경관리 관점에서 소개하고 고찰한다.
- 수목건강관리적인 접근 방법을 활용하여 문제를 해결하기 위한 처리 대안에 대해 살펴본다.
- 수목건강관리의 세 가지 사례연구를 살펴본다: 참나무 시들음병(oak wilt), 송전선 공도용지(公道用地, rights-of-way)를 따라 나타나는 식생관리, 성목(成木, mature tree)관리.

교목관리와 경관관리의 목적은 건강하고 안전한 식생이다. 교목과 다른 식물들이 왕성하게 자라고 좋은 구조를 가지고 있으면, 이들은 매력적이고, 안전하며, 적절하게 기능을 발휘한다. 건강하고 구조적으로 튼튼한 교목은 환경적인 스트레스, 비전염성 장애, 병, 해충 등은 물론 잘못된 재배적인 관행에도 잘 견딜 것이다. 이러한 수목들은 최소의 비용으로 높은 수준의 환경적인 기능을 제공할 것이다.

이러한 목적을 달성하기 위해서는 수목관리자와 경관관리자들이 수목관리학의 지도원리(指導原理, guiding principles)를 준수해야 한다(제1장). 이들 원리는 수목, 부지, 유지관리 사이의 관계를 "수목관리는 수목건강관리(樹木健康管理, plant health care)에 기반을 둔다"라고 표현하고 있다. 특정한 수목관리 실무와 일부 병해충 발생 사이에는 명백한 관련성이 있다(Clark와 Matheny, 1994). 예를 들면, 과도한 전정(과도한 솎기)이 캘리포니아참나무(*Quercus agrifolia*)에 흰가루병(*Sphaerotheca lanestris*) 발생 가능성을 증대시킨다(Dreistadt 등, 1994). 이렇게 수목관리와 병해충관리 간의 관계가 명백하기 때문에, 수목관리자와 경관관리자는 자신들의 활동이 병해충 문제를 어떻게 진전시키는가에 대해 지속적으로 평가하여야 한다.

의학에서 인간의 건강과 삶에 대한 접근이 더욱 전체론적(全體論的, holistic)으로 되어 가는 것과 마찬가지로, 수목관리학에서 수목의 건강과 기능에 대한 관심도 종합적으로 접근해야 한다. 우리는 이미 건강과 병해충의 관계를 "종합적인 수목관리(Integrated Plant Management, IPM+)"라고 규정한 바 있다. 최근에 IPM+를 다듬은 보다 적합한 말이 수목건강관리(Plant Health Care, PHC) (International Society of Arboriculture, 1997)이며, ISA는 이 표제를 채택하였다. ISA(Lilly, 2001)는 PHC를 "경관 내 식물의 건강, 구조, 외관을 관리하기 위한 전반적이고 포괄적인 프로그램"이라고 정의하고 있다. Helms(1998)는 이를 "활력이 높은 경관과 식물 집단을 유지관리하기 위한 현명한 관찰과 평가, 환경적 그리고 경제적으로 건전한 처방의 권고"라고 정의하였다.

수목관리에 대한 수목건강관리적 접근은 수목 생애 전반에 걸쳐 수목의 생장환경과 관련된 전체 식물을 고려한다. 이는 식재되거나 보존된 수목으로 구성된 새로운, 또는 기존 경관에 대해 모두 적용된다(**표 19-1**). PHC는 부지와 수목의 선정; 부지 준비; 식재와 초기 관리; 양분, 수분, 통기 수준 관리; 전정; 수목 기능의 모니터링; 병해충 관리; 식물 문제의 예방 또는 완화; 수명(壽命, life span)에 관한 지식 등을 동시에 고려한다. PHC의 성과는 향상된 경관의 역할과 기능; 향상된 유지관리의 효율성과 효과성; 기존 수목의 보존; 경관에 대한 계획을 수립하고, 개발하고, 유지관리하는 단계에 있는 고객들에 대해 서비스를 제공하는 것 등이다.

이름이 무엇이든, 양질의 수목으로 출발하고, 이들을 환경적으로 건전한 방법으로 육성하고, 이들의 궁극적인 소멸을 인정하며, 이들을 교체하는 계획을 가진 수목과 경관 관리 접근 등은 수목의 소유자와 지역사회에 최대의 편익을 제공할 것이다. 이러한 접근방법을 수목관리에 적용하기 위해서는, 수목관리자들은, 효율적이고 효과적으로 올바른 유지관리가 수행될 수 있도록 하기 위해, 적절한 수목을 적절한 장소에 적절한 방법으로 조성하는데 필요한 더 많은 식견과

표 19-1 수목건강관리 프로그램의 잠재적인 구성요소

개발 중에 보존되어야 할 수목이 있는 새로운 경관	새로이 식재된 경관	기존 경관
기존 수목의 수종, 위치, 크기, 상태 등에 대한 인벤토리를 작성하고, 수목이 양호한 건강과 안전한 상태로 회복되는데 필요한 관리를 하라.	해당 부지의 생장 여건에 대한 분석을 실시하라.	활력, 구조, 안전, 외관, 병해충의 존재와 함께 유익한 유기체의 존재를 모니터하라.
보존을 위해 기존 수목의 질을 확인하라.	토양에 대해 토양의 질감, 구조, 답압 정도, 깊이의 균일성, 토양 병해충의 존재 여부를 확인하라.	원하는 수준의 수목 활력과 수용 가능한 수준의 병해충을 유지하기 위한 적절한 조치를 취하라.
최소의 교란으로 원하는 수량의 기존 수목을 보존할 수 있도록, 정지, 건물과 도로 배치, 공익시설 노선, 특별한 경관 특성 등을 위해 부지 계획을 검토하고 수정하라.	부지 적합성을 기준으로 수종 선정 계획을 재검토하라.	튼튼한 구조와 효과적인 녹지의 기능과 외관을 확보할 수 있도록 적기에 성목을 전정하고 어린 수목을 정지하라.
새로운 위치에 옮길 수 있는 수목은 이식하라.	농장 수목은 수종, 뿌리 뻗음과 수목 건강, 활력 등에 관한 수목 규격을 충족하는가를 확인하라.	설치된 지주목을 모니터하고, 지주 없이도 수목이 안전하게 서 있을 수 있으면 이를 즉시 제거하라.
건강과 구조를 증진시킬 수 있도록 보존하거나 이식할 수목에 대해 유지관리 조치를 취하라.	수목이 지주 없이 안전하게 서 있을 수 있으면 지주목을 즉시 제거하는 것을 포함하여, 식재와 지주목 설치 작업을 점검하라.	깊이 5~10cm(4~6인치)의 멀치를 유지하라.
기존의 수목과 향후의 식재지를 보존하기 위해 공사 절차를 구체적으로 제시하라.	식재 깊이, 맴돌거나 꺾인 뿌리, 옥죄는 밧줄이나 철사의 존재, 주근의 상태 등을 확인하기 위해 뿌리 깃을 점검하라.	관수 시스템의 적정한 운전을 확보하라.
모든 작업자가 구제될 수목의 중요성을 이해하고 기존의 수목이 건설 중에 양호한 건강을 유지해야 한다는 것을 확실하게 하기 위해 공사과정을 모니터하라.	관수시스템의 범위, 능력, 상태와 수질을 확인하라.	병해충 문제에 관해 녹지와 수목을 주기적으로 점검하라.
건설 공사 후 일정 기간 동안의 관리 프로그램을 준비하고 실행하라.	부동산 소유자에게 경관의 상태, 기존의 상태를 향상시키거나 유지하기 위해 필요한 조치, 지속적인 IPM 유지관리 프로그램 가능 수준, 다른 가능성에 관한 비용 등을 제시하고 설명하라.	모니터링 관찰, 수행한 작업, 결과의 평가, 향후 작업에 관한 권고 등에 대해 서면 또는 가능하다면 사진 기록을 제공하라; 모든 기록에는 날짜를 적고 보고자도 기재되어 있어야 한다.

다방면의 지식을 가져야 할 것이다.

19.1 종합적 병해충 관리

종합적 병해충관리(綜合的病害蟲管理, integrated pest management, IPM)는 PHC가 기반을 두고 있는 기초이다. IPM은 "생물적(生物的, biological), 경종적(耕種的, cultural), 화학적(化學的, chemical) 방제(防除, control)를 결합한 식물 병해충 방제 방법이다"(Lilly, 2001). 그러나 IPM은 단순히 범위가 넓은 방제 방법 이상이다. 이는 모니터링과 단계적인 반응, 생태적, 사회적, 경제적 수용성을 충족시키는 제반 사항을 고려한 관리적인 접근이다. Flint와 Gouveia(2001)는 IPM에 관한 개관을 잘 정리해 주고 있다. Davidson과 Raupp(1997)은 IPM을 경관의 해충과 응애(mite) 관리에 적용하는데 대해 훌륭한 수단을 제공한다.

배경 IPM이 개발되기 전에는 화학적 방제가 병해충 방제에서 주류를 이루었다. 1940년대까지, 수많은 염화탄화수소(鹽化炭化水素, chlorinated hydrocarbons), 유기인계(有機燐系, organophosphates), 카바마이트계(carbamates), 그리고 다양한 살균제(殺菌劑, fungicide), 제초제, 기타 농약 등이 개발되었다. 이들 농약의 초기 효과는 일부 전통적인 방제방법인 식물 위생(植物衛生, plant sanitation), 윤작(輪作, crop rotation), 천적(天敵, natural enemy)의 조장, 기타 경종적 전략 등의 축소와 단절로 이어졌다.

불행하게도, 화학적 방제에 대한 과도한 의존은 특정 상황에서 문제를 야기하였다. 일부 주요 해충은 이전에 효과가 있었던 살충제에 대해 저항성을 나타내었다. 1975년 현재, 캘리포니아에서 가장 심각한 농업 해충 가운데 75%가 주요 살충제 하나 이상에 대해 저항성을 나타내었다. 효과적인 농약의 사용은 가끔 곧 바로 저항성 해충을 유발하여 저항성

계통(抵抗性系統, resistant strain)이 발생하였다.

농약에 대한 의존으로 인해 다른 문제도 발생하였다. 광범위농약(廣範圍農藥, broad-spectrum pesticides)을 처리한 다음에는 병해충, 특히 해충의 군집이 가끔 급격하게 감소한 다음 이전보다 더 높은 수준으로 급증하였다. 이러한 재급증은 농약이 해충뿐만 아니라 이 해충의 천적도 같이 죽이기 때문에 나타난다. 천적이 완전히 죽지 않더라도, 대부분은 굶어죽거나 먹이를 찾아서 인근 지역으로 이동한다. 이렇게 되면, 살아남은 해충은 이들의 천적과는 달리, 자신들의 먹이는 영향을 받지 않았기 때문에 빠르게 번식하게 된다. 이전에는 문제가 되지 않았던 일부 유기체도 이들의 천적이 크게 감소하면 피해를 줄 수 있는 수준으로 증가하게 된다. 예를 들면, 잎응애(spider mite, 응애과/Tetranychidae)는 다른 해충을 방제하기 위해 특정 살충제를 뿌린 수목에 급속도로 증가하는 경우가 있다.

실제로, 수목 문제를 화학적 방법에 의존하면 다른 문제가 발생한다. 농약을 적용하는 것이, 특히 대교목(大喬木, large tree)인 경우 가끔 불완전하다. 농약이 모든 대상 병해충에 도달하는 것이 불가능하며, 또한 대부분의 경관에서 인근의 처리되지 않은 교목과 식물이 처리된 지역을 재감염시키는 해충의 저장소 역할을 한다.

매우 효과적인 살충제에 의해 유발된 해충의 저항성, 해충의 재급증, 이차적인 해충 발생 등에 당면하면, 재배자와 관리자는 더욱 완전한 방제를 위해 농약 적용을 늘린다. 농도와 빈도를 모두 높이는 것은 문제를 심화시킬 뿐만 아니라 더욱 분해가 느린 농약에 의한 환경오염을 가속화시킨다. DDT는 악명 높은 사례이다. 이 광범위하게 사용된 살충제의 장점 중 하나인 지속성(持續性, persistence)은 중대한 단점이었음이 드러났다. 잔류 DDT는 여기저기서 발견되고, 바람과 물에 의해 적용된 지역으로부터 멀리 떨어진 곳으로 이동될 수 있다. 또한 DDT와 관련된 염화탄화수소(鹽化炭化水素, chlorinated hydrocarbon)는 먹이 사슬(food chain)에 축적되어 위해한 수준으로 농축될 수 있다. 미국은 1972년 대부분의 용도에 대한 DDT 사용을 금지시켰으며, 알드린(aldrin), 디엘드린(dieldrin), 엔드린(endrin), 헵타클로르(heptachlor), 클로르데인(chlordane)의 사용을 금지시키거나 크게 제한하였다.

사용제한은 많은 농약의 판매와 적용에 영향을 미친다. 농약의 최근 규정은 지켜져야 한다. 미국에서는 **농약은 라벨에 나열된 수목이나 장소에서만, 나열된 병해충에 대해서만, 명시된 농도와 시기에만 사용되어야 한다.** 잔류농약(殘留農藥, pesticide residue)이 이들이 식용 작물에 유발하는 것과 같은 문제를 조경수목에서는 유발하지 않지만, 경관에서 위해한 농약의 사용은 사람, 애완동물, 비대상(非對相, nontarget) 수목이 인접해 있기 때문에 엄격하게 제한하고 있다.

경관조성에서의 IPM 요소 Flint와 van den Bosch(1981)는 IPM 접근방식의 필수적인 요소를 요약하였다. 이는 병해충이 기주 식물이나 이들의 주변 환경에 심각한 손상이나 영향을 초래하는 것으로 알려져 있다고 생각한다. 관리되고 있는 경관 식생에 적용되는 IPM은 다음과 같은 개념을 내포하고 있다:

- 개별 수목이나 경관 식생은, 그 식생이 계획되고 조성되었다고 하더라도, 생태계(生態系, ecosystem)를 작동시키는 하나의 구성요소이다. 따라서 병해충을 일으키는 종을 반드시 없애기보다는 자연적인 견제와 균형(check and balance)을 발달시키고, 회복시키고, 보존시키고, 향상시키도록 활동이 설계되어야 한다.
- 병해충 유기체의 단순한 존재가 반드시 병해충 문제를 유발하지는 않는다. 수용 가능한 개체수와 수준을 결정해야 한다.
- 행동에 들어가기에 앞서 모든 가능한 병해충 방제 방안을 고려해야 한다. 사용하는 기술은 가능한 한 서로 조화로워야 한다.

IPM 프로그램은 특정 운영원칙에 기반을 둔다(Flint와 van den Bosch, 1981).

- 대상 수목의 생리를 이해하라. 특히 이들 수목이 주변 생태계의 영향을 받는 경우에는 더욱 그러하다.
- 주된 병해충을 동정하고, 이들의 생리를 알며, 이들이 유발하는 피해의 유형을 인식하고, 방제 수단의 경제적, 미학적 결과를 검토하라.
- 생태계에서 병해충 종이나 잠재적인 병해충 종에 영향(유리하게 또는 불리하게)을 미치는 주된 환경적인 요소를 확인하라.
- 병해충이나 잠재적인 병해충 종에 대한 영구적인 억제나 제한을 촉진하는 개념, 방법, 재료를 개별적으로 그리고 종합적으로 고려하라.
- 여건의 변화나 변이에 맞추어 조정할 수 있도록 프로그램을 설계하라.
- 중요한 병해충 종의 생활사(生活史, life cycle)와 집단구조(集團構造, population structure)에서의 취약한 연결부위를 찾아내고, 방제 활동은 가능한 한 이들 취약한 부위

로 한정되도록 집중하라. 식물 생태계에 대한 광범위한 충격은 피하라.

가능한 경우에는 언제나, 해당 생태계의 특성을 결정하는 생물적인 동력(動力, dynamics)을 보전하고, 보완하며, 증진시키는 방법을 채택하라.

가능한 한 생태계를 다양화하라.

병해충, 천적(天敵, natural enemy), 수목의 건강을 주기적으로 모니터하라.

예상치 못한 전개를 고려하고, 조심스럽게 움직이며, 경관 생태계의 복잡성과 생태계 내에서 일어날 수 있는 변화를 인지하라.

19.2 종합적 병해충 관리와 수목관리학에의 적용

핵심 병해충 – 핵심 수목 – 핵심 스트레스

모든 병해충과 수목이 동등하지는 않다; 즉, 어떤 것은 다른 것에 비해 더 중요하다. PHC 프로그램은 특정 경관에서 중요한 수목과 이들에 대한 병해충을 확인함으로써 이 사실을 인정한다. Nielsen(1990)은 핵심 병해충(key pests)을 "핵심 수목(key plant)의 생명이나 미적인 가치를 위협하는 흔하고 도처에 산재해 있는 유기체"라고 정의한다. Smith 등(1995)은 핵심 병해충 개념을, 스트레스를 유발하는 생물적(예: 병해충), 환경적, 물리적, 그리고 이들 관련 요소를 포함하는 "핵심 스트레스(key stress)"로 확대한다. 강우량 부족과 관수시스템의 고장으로 인해 유발된 가뭄과 낮은 토양 수분도 수목에게는 핵심 스트레스가 될 수 있다.

Raupp 등(1985)은 "특정 속(genera)의 수목은 다른 수목보다 문제가 발생할 가능성이 높다"라고 언급하였다(표 19-2). 이들은 IPM 실행자들이 해당 지역에 있는 핵심 수목에 집중함으로써 자신들의 프로그램을 최적화할 수 있을 것이라고 제언하였다. Ball(1987)은 미국 중서부에 대한 핵심 수목을 고찰하였다. 그의 평가에 의하면, 분홍괴불나무(*Lonicea tatarica*)와 붉은물푸레(*Fraxinus pennsylvanica*)는 특별히 문제가 되는 반면, 서양측백나무(*Thuja occidentalis*), 향나무류(*Juniperus* sp.)와 흰가문비(*Picea glauca*)는 그렇지 않았다.

핵심 수목(key plants)의 개념은 병해충에 대한 감수성이나 저항성보다 더 넓게 적용된다. 핵심 수목은 환경적인 저항성과 수관의 구조도 고려할 수 있다. 예를 들면, Anella와 Whitlow(1999)는 적단풍(*Acer rubrum*)과 프리만단풍(*A.* × *freemanii*)의 품종(品種, cultivar) 내에서의 침수에 대한 변이를 기술하고, Schlesinger, Red Sunset, Bowhall 등의 품종은 습한 토양에 사용해도 좋은 반면, Karpick, Autumn Flame, Northwood 등은 적절하지 못하다고 언급한다. 유사하게, Kuser 등(2001)은 콩배나무(*Pyrus calleryana*) 5개 품종의 생장 유형을 평가하였는데, Aristocrat 품종은 가지 부착각도가 넓은데 비해, Chanticleer는 좁고 직립이라고 말했다.

Clark와 Matheny(1994)는 특정 지역에서의 핵심 수목을 확인하기 위한 세 가지 지침을 제시한다. 첫째로, 핵심 수목은 가장 낮은 분류학적 수준에서 동정되어야 한다. 능금류(*Malus* sp.)와 같은 속 내에서는 검은별무늬병(*Venturia inaequalis*), 사과나무흰가루병(*Podosphaera leucotricha*), 화상병(*Erwinia amylovora*)에 대한 감수성에 변이가 크기 때문에 해당 종이나 품종을 구체적으로 표시하는 것이 좋다. 둘째로, 핵심 수목은 지역 특이적(region-specific)이다. 이들은 런던버즘나무(*Platanus* × *acerifolia*)의 두 품종 'Columbia'와 'Liberty'를 사례로 인용하였다. 이들은 미국의 동부지역에서는 탄저병(*Apiognomonia veneta*)에 저항성을 보이지만 서부에서는 그렇지 못하다. 마지막으로, Clark와 Matheny는 영향을 미치는 병해충과 스트레스의 강도와 방제할 수 있는 능력도 고려되어야 한다고 제안한다.

어떤 문제는 방제하지 않고는 제어할 수 없다. 이에 관한 지식이 있으면, 경관 내 이러한 감수성 수목의 식재를 피할 수 있다. 디트로이트(Detroit, MI)에서 코코넛야자를 성공적으로 키울 수 있는 적절한 방법이 없다는 것을 아는 것과 마찬가지로, 우리는 다른 이유로 문제가 될 수 있는 수종을 선정하는 것은 피해야 할 것이다.

수목관리자와 경관관리자는 자신들 지역에서의 핵심 수목, 병해충, 스트레스에 관한 지식이 있어야 한다. 관찰을 구체화하는 실질적인 방법은 수목의 중요한 생물적, 무생물적인 관리 요구를 상술하는 수목관리 개요서(Tree Care Profile)를 작성하는 것이다(제1장 참조).

실행역

IPM의 한 가지 원칙은 어느 정도의 손상이나 병해충 개체수은 미학적으로나 경제적으로 수용가능하다는 것이다. 수용 가능한 병해충 개체수나 그렇지 못한 수준 사이의 선이 한계값/역(閾, threshold)이다. 생산적인 농업에서는 한계값이 일반적으로 경제적인 손실에 기반을 둔다. 경관에서는 한계값이 보통 두 가지 요소에 의해 정해진다. 첫째로, 병해충이 수목의 건강과 생명을 위협하는 경우, **실행역(實行閾, action threshold)**은 병해충 개체수의 강도에 기반을 둘 것이다. 그러나 불행하게도, 경관 식생에 관해 잘 정의된 한계

표 19-2 1982년 메릴랜드주 6개 지역의 문제 발생 가능성이 가장 높은 수종과 가장 낮은 수종. ("문제발생이 가장 많은" 것에 속하는 종이 핵심 수목으로 고려될 것이다.)

문제발생이 가장 많은 수종	문제 발생 백분율(%)	문제발생이 가장 적은 수종	문제 발생 백분율(%)
복숭아나무(*Prunus persica*)	100[a]	아까시나무(*Robinia pseudoacacia*)	0
능금류(*Malus* sp.)	78	니사나무(*Nyssa sylvatica*)	0
사과나무(*Malus domestica*)	67	백참나무(*Quercus alba*)	3
벚나무류(*Prunus* sp.)	31	백합나무(*Liriodendron tulipifera*)	4
미국산딸나무(*Cornus florida*)	28	히코리류(*Carya* sp.)	4

[a]복숭아나무는 평균 수목당 문제가 1.1이었음.
출처: Raupp와 Noland, 1984.

값은 상대적으로 거의 없다. 대부분의 경우, 수목과 병해충에 관한 경험에 의해 실행역에 도달했는지 여부를 결정한다.

경관에서 실행역을 결정하는 두 번째 요소는 수목의 외관이다. 어떤 병해충은 수목의 외관을 변화시키거나 사람들이 싫어하는 배설물을 배출하기만 한다. 메뚜기형 곤충에 의한 섭식과 잎 곰팡이에 의한 부분적인 낙엽은 외관을 변형시킨다. 어떤 경우에는, 수많은 진딧물, 깍지벌레, 매미충들이 감로(甘露, honeydew)를 배출하여 이것이 보도나 차에 떨어질 수 있다. 병해충 감염과 피해에 영향을 받는 지역을 이용하는 대부분의 사람들이 미적인 손상에 대해 가장 높은 수용 가능한 한계값을 제시할 것이다(Olkowski, 1973). 미적인 한계값은 수목, 기후, 인간의 가치와 인내력 등의 변이가 크기 때문에 결정하기가 어렵다. 피해와 병해충의 존재에 대한 수용가능 수준은 병해충 관리 프로그램과 이로 인한 수목과 인간의 건강에 대한 영향을 공중에게 잘 홍보할 경우 일반적으로 높아질 수 있다.

Sadof과 Raupp(1977)은 재배적인 시스템의 한계값에 대한 전통적인 지침을 경관 식생에 적용하는 방법을 고찰하였다. 이들은 대부분의 비전문가들이 미적인 피해에 대해 덜 관용적이라고 언급한다. 수목관리자들이 수목의 피해에 대한 내성에 대해 소비자들을 교육시키면, 예상되는 행동의 필요성이 감소하여 농약 사용의 감소로 이어질 수 있을 것이다. 이러한 생각은 Ball 등(1999)이 병해충 문제의 존재에 대한 수목관리자의 반응을 고찰하면서 강화되었다. 이들은 병해충과 스트레스 요소의 강도와 현존하는 피해를 바탕으로, 무반응(無反應, no action)에서 수목의 제거까지 다섯 단계의 반응을 고려하였다.

모니터링

모니터링(monitoring)은 교목과 관목에 대한 병해충 관리에서 중요한 요소 중 하나이다. 해충, 병, 재배적인 문제에 대한 수목의 정기적인 점검은 경관관리자들로 하여금 정확한 방제활동이 가능하도록 해준다(Raupp, 1985). 경관 내의 포식자(捕食者, predator), 포식기생자(捕食寄生者, parasitoid), 해충 등의 개체수 수준은 방제 수단의 필요성 여부를 판단할 수 있도록 할 것이다. 모니터를 하는 사람은 (1) 수목의 생명을 위협하는 것, (2) 수목이 이차적인 스트레스에 피해를 입을 가능성이 있는 것, (3) 수목의 외관에만 영향을 미치는 것, (4) 앞으로 심각한 문제가 될 수 있는 병해충과 스트레스 등을 구분할 수 있어야 한다. 또한 이로운 곤충을, 특히 미성숙 단계에서 해충과 구분할 수 있어야 하는 것은 기본적이다.

모니터링은 수목과 병해충의 생활사, 천적의 유무, 중요할 수 있는 환경적 또는 재배적 요소 등에 관한 정보가 필요하다. Smith 등(1995)과 Dreistadt 등(1994)은 모두 경관에 대한 시각적인 평가와 표본 채취 기술에 대해 기술한다. 채집통(採集桶, collection box)이나 끈끈이 표면(sticky surface) 등과 같은 함정으로 유인하는 장치는 일반적으로 미끼(bait)나 곤충의 성 유인물질(性誘引物質, sex attractants)인 페로몬(pheromones)과 같은 다른 유인물질과 결합하여 사용된다.

해충과 수목의 생장과 발달은 기온이 평균보다 높거나 낮음에 따라 "정상적"인 시기로부터 2~3주 정도는 차이가 날 수 있다. 해충은 가끔 그 지역의 특정 수목이 생장이나 개화가 시작되는 시기와 거의 같은 때에 문제가 될 수 있다. Orton(1989)은 미국 중서부에서 해충을 모니터하고 방제 수단을 가동할 시기 결정에 도움이 될 수 있는 일부 수목-해충 간의 관계를 기록하였다.

Potter와 Timmons(1993)는 특정 임계온도(臨界溫度, threshold temperature) 이상을 누적한 열량(도일/度日,

degree days[°D]라고 부른다)과 곤충 발달의 단계 차이가 서로 밀접한 관계가 있다는 것을 발견하였다. Dreistadt와 Dahlsten(1990)은 캘리포니아에서 누적 열량(11°C[52°F] 이상)과 느릅나무 잎벌레(*Xanthogaieruca luteoia*)에 의한 명백한 피해 사이에 강한 정(正, positive)의 상관관계를 발견하였다. 지역적인 해충에 대한 열량 누적자료를 농촌지도기관(extension advisory office)에서 구할 수 있는 지역에서는, 살포가 필요한 시기를 더 정확하게 예측하는 것이 가능할 것이다.

Herms(2000)는 수목의 생장과 병해충 발달의 "생물학적 달력(biological calendar)" 사이에 관계가 있다고 주장하였다. 그는 오하이오의 목본식물과 이와 관련된 해충에 대한 생물계절학적 및 도일 자료를 제공하였다.

Raupp(1990)는 병해충 개체수를 모니터링하는 것과 적절한 방제 절차의 정밀한 시점 결정의 가치를 증명하였다. **농약 살포와 기타 화학적 처리의 시기는 최소의 적용으로 최대의 효과를 얻을 수 있도록 결정되어야 한다.** Raupp(1985)는 메릴랜드와 캘리포니아의 몇 개 지역에서 모니터링을 통해 병해충의 수준이 피해를 주는 수목에만 처리함으로써 살포되는 수목의 수를 각각 83%와 93%까지 줄였다고 보고하였다.

19.3 방제 대안

수목건강의 유지관리와 스트레스 요소의 회피는 PHC 프로그램의 중심이 되는 원칙이다. 그러므로 이러한 두 목적을 겨냥한 처리는 항상 적용될 수 있다. 가장 경제적이고 효과적인 관리전술(管理戰術, management tactics)의 일부는 예방적인 것이며, 병해충이 관찰되기 전이라도 시행하는 것이 좋다. 다섯 가지 유형의 주요 방제 수단(법적, 유전적, 생물적, 경종적, 화학적)은 수목건강관리 프로그램에 기여한다. 다음 고찰의 대부분은 Introduction to Integrated Pest Management(Flint와 van den Bosch, 1981)를 참고한 것이다.

법률적 방제

개별 수목관리자는 일반적으로 정부 기관에 의해 수행되는 법적 방제의 착수와 실행에 대해 선택권이 거의 또는 전혀 없다. 이러한 방제는 주어진 지역에서의 병해충 군집에 막대한 영향을 미친다. 병해충은 검역(檢疫, quarantine)과 검열(檢閱, inspection)을 통해 특정지역으로부터 격리될 것이고; 작은 지역에서의 새로운 병해충 발생은 박멸될 것이고; 대규모 협력적인 노력(느릅나무시들음병[*Ceratocystis ulmi*]에 감염된 수목의 제거와 같은)은 적절하게 감독되고 수행될 것이다. 이러한 프로그램은 다수의 사람을 위해 최고의 이익을 성취하기 위해 지지될 뿐만 아니라, 식물 재료를 국가나 특정 주 경계 안으로 운반하거나 수송하는 것을 금지하는 검역은 적절한 기관에 의해 검열되거나 인증되지 않는 한 이를 따라야 한다.

유전적 방제

자연적으로 발생하는 유전적인 저항성 활용을 통한 병해충 방제는 두 가지 형태가 있다: (1) 기주 저항성(寄主抵抗性, host resistance) – 특정한 병해충에 저항성이 있는 수목을 선발하거나 개발하는 것; (2) 해충 자멸을 유도하는 방제(autocidal control) – 해충이 자기 파괴적으로 되어 생존할 수 없도록 해충 집단의 유전적인 구조를 변경시키는 것. 두 형태 모두 핵심 수목 개념(key plant concept)에 기반을 두고 있다.

기주 저항성을 발견하거나 개발하는 것은 해충, 병, 선충에 의해 유발되는 문제를 회피하는 가장 성공적이고 생태적으로 건전한 방법이다(표 19-1 참조). 미국의 대서양 연안 중동부 지역에서 자라는 30,000그루 이상을 분석한 결과 능금(*Malus*), 피라칸타(*Pyracantha*), 층층나무(*Cornus*), 벚나무(*Prunus*), 장미(*Rosa*) 등의 속에 속하는 수종은 문제가 생길 가능성이 가장 높은데 비해, 가막살나무(*Viburnum*), 주목(*Taxus*), 개나리(*Forsythia*) 등의 속에 속한 수목은 감수성이 가장 낮았다(Raupp 등, 1985). 수목 선정 노력을 할 때에는 언제나 난치성(難治性, intractable) 문제를 가진 수종이 아닌가를 확인해야 한다. 지역적인 다양한 출판물들은 수목의 종과 일반적인 병해충, 특히 선충과 병의 매개체에 대한 이들의 상대적인 감수성과 저항성을 제시하고 있다.

일반적으로, 다년생 식물에서 병해충 저항성을 가장 잘 활용하는 것은 식재 전에 수종을 올바르게 선정하는 것이다. 그러나 문제가 발생하기 쉬운 수종을 저항성 수종이나 품종으로 교체하는 것도 현명할 것이다. 성숙한 수목의 미적인 가치를 일시적으로 잃는 것은 미래의 유지관리 감소와 매력적인 수목의 장기적인 편익에 의해 충분히 보상될 수 있을 것이다.

감수성 수종 내에서도, 개별 품종은 해당 병해충에 저항적이거나 상대적으로 저항적일 수 있다. 이러한 수목은 그 저항성을 보존하기 위해 영양번식(營養繁殖, vegetative propagation)시킬 수 있다. 이들 수목은 이들의 저항성을 다른 수목에게 전달하거나 전달받고, 선발된 저항성 품종에서의 어떤 특성을 향상시키는 육종(育種, breeding) 프로그램에 활용될 수 있다.

기주 식물 저항성은 생리적인 요소(병해충을 억제하는 식물 내 독성 화합물과 같은), 기계적인 요소(병해충이 침투할 수 없을 정도로 조직이 두껍거나 거친 경우), 병해충 집단으로부터의 피해에도 불구하고 살아남을 수 있는 기주의 능력 등에 기인된다. 하나 이상의 유전자와 바람직하게도 하나 이상의 특성에 기인하는 경우, 기주 저항성은 일반적으로 가장 효과적이고 오래 지속된다. 병해충이 이러한 다유전자성(多遺傳子性, polygenic) 저항성을 극복할 수 있는 계통(系統, strain)을 발달시킬 가능성은 낮다. 기주 저항성과 다른 특성의 향상은 유전자 전이(遺傳子轉移, gene transfer)에 대한 이해가 진전되고 기술이 향상됨에 따라 앞으로 실용가능성이 높을 것으로 보인다.

생물적 방제

천적(天敵, natural enemy)에 의한 방제는 효과적이고, 장기간 지속되며, 경제적이고, 생태계 교란을 최소화할 수 있다. 천적에는 병해충을 먹고 살아가는(포식자, predator), 기생하는(기생포식자, parasitoide), 죽이는(병원체, pathogen), 대체하는(경쟁자, competitor) 유기체들이 있다. 이러한 자연적인 방제의 중요성은 다음과 같은 사태로 균형이 파괴되기 전까지는 모른다: 대재앙(홍수, 산불, 대규모 토지 개발); 일부 그릇되게 충고해준 재배 방법; 유독하거나 광범위 병해충 방제 프로그램. 이러한 상황이 되면, 위해한 수준까지 새로이 상승할 가능성이 있는 병해충이나 핵심 병해충은 더욱 큰 피해를 초래할 수 있다. 이러한 천적의 존재를 평가하는 것은 일반적으로 경관에서 할 수 있는 수목관리자의 능력을 초월한다. 그러나 우리는 이러한 천적이 존재하고 있고 우리들의 관리 프로그램에서 유용한 수단이 될 수 있다는 것을 알아야 한다.

생물적 방제는 네 가지 형태를 취한다(Raupp 등, 1993). 첫째로 천적의 **보전(conservation)**이다(즉, 유익한 유기체를 지원하는 방법으로 수목이나 경관을 관리하는 것). 예를 들면, 수액을 빨아먹는 진딧물(진딧물과, Aphididae), 깍지벌레(매미목, Homoptera), 기타 해충은 이들의 천적이 교란되는 경우를 제외하고는 종종 포식자나 기생포식자에 의해 방제된다. **천적은 좁은 범위의 접촉성 농약을 피해가 일정 수준 이상인 수목에 대해서만 사용함으로써 보전될 수 있다.**

생물적 방제의 두 번째 형태는 **증대(augmentation)**이다(즉, 천적이 수적으로 너무 적게 존재하여 효과적인 방제가 어려운 곳에 천적을 신중하게 도입하고 정착시키는 것). 셋째로, 천적을 기생선충(寄生線蟲, parasitic nematode)과 같은 **조제된 제품(formulated product)**을 이용하여 도입될 수 있다.

생물적 방제의 마지막 유형은 천적이 이전에는 존재하지 않던 곳에 이를 끌어들이는 도입(導入, importation)이다. 도입은 주된 천적이 없는 상태에서 들어온 외래 병해충을 방제할 때 주로 사용된다. 외래종은 이들이 자생지(自生地, native habitat)에서는 자연적으로 일정 범위 내에서 유지되고 있었기 때문에 상대적으로 잘 알려지지 않을 수 있다. 미국에서 외래종은 천적이 존재하지 않기 때문에 핵심 병해충으로서 높은 비중을 차지하고 있다. 미국에서 가장 심각한 28개 절지동물(節肢動物, anthropods; 곤충, 응애 등) 중 17종이 외국 원산이다(Glass, 1975).

생물적 방제는 최근에 몇 가지 성공 사례가 있다. Thurston(1998)은 느릅나무 잎벌레를 효과적으로 방제할 결합박테리아(*Bacillus thuringiensis*, BT)와 곤충병원성 선충(昆蟲病源性線蟲, entomopathogenic nematode)에 관해 기술하였다. Gill과 Raupp(1994)도 도롱이벌레(bagworm)로 유사한 효과를 확인하였다. 캘리포니아에서 포식자를 도입하여 느릅나무 가루이(whitefly) 발생을 방제하였다. 비슷한 사례로, 유칼리나무의 하늘소를 방제하기 위해 유칼리하늘소의 기생포식자가 도입되었다.

경종적 방제

다양한 유지관리 실무와 이의 조절을 통해 병해충의 생식(生殖, reproduction), 이동(移動, movement), 생존(生存, survival)에 불리한 환경을 조성할 수 있다. 기타 기계적 또는 물리적 작업은 실제로 수목이 병해충과 싸울 수 있는 기주 저항성을 높여줄 것이다. 일부 아주 오래된 재배적 관행으로 알려진 것을 포함한 이러한 방제는 일반적으로 이미 발생한 병해충 문제를 바로잡는 것보다 병해충이 강화되는 것을 방지하는데 더 효과적이다. 병해충의 방제나 저감이, 수목의 생장과 외관을 유지시키거나 향상시키기 위해 이용되는 관수(灌水, irrigation)와 시비(施肥, fertilization) 같은 또 다른 일차적인 목적을 위해 사용하는 작업의 부산물인 경우가 종종 있는데, 이러한 작업들은 수목이 공격적이지 않은 병원체(unaggressive pathogen)에 감염되지 않도록 저항력을 강화시켜 줄 것이다.

또 다른 경우, 병해충 증강은 재배적 작업의 시기나 특정한 방법을 변경하면 더욱 효과적으로 예방할 수 있다; 교목이나 관목의 내부에 햇빛 침투와 공기 이동이 잘 되도록 하기 위해 봄에 실시하는 선별적인 전정은 수목의 수관 내부에 습도를 낮추어줌으로써 일부 잎에 발생하는 병의 강도를 감소시킬 수 있다. 시기(時期, timing)도 종종 경종적 병해충 방제의 성공에 결정적이다. 가능성의 범위를 제시하기 위해 특정한 방안을 여기에 기술한다.

수목의 활력(plant vigor) 유지는 수목의 외관을 향상시킬 뿐만 아니라 천공성 해충에 의한 피해와 공격에 대한 저항성을 높여준다. 양분, 통기성, 수분 등에 대한 세심한 관리를 통해 수목의 활력을 적절하게 유지하는 것이 목적이다. 어떤 수종의 경우, 극단적인 활력은 병(*Erwinia amylovora* 에 의한 화상병)이나 응애, 진딧물, 깍지벌레 등을 포함한 특정 해충에 대한 감수성을 높여줄 수 있다. 최적의 활력은 수종, 환경, 잠재적인 병해충에 따라 다를 수 있다.

무병해충(無病害蟲, pest-free) 수목을 선정하는 것은 식재할 때 병해충이 식재지에 도입되지 않도록 하기 위해 필요하다. 이동되는 수목과 토양에는 병원체, 해충, 선충, 잡초 등의 병해충이 없어야 한다. 어떤 수종의 경우(예를 들면, 벚나무류), 바이러스 검정(virus-indexed) 묘목을 구할 수 있으며, 이들의 경관 내에서의 월등한 생장과 외관은 추가 비용을 정당화시킬 수 있다.

전정(剪定, pruning)은 병의 감염과 해충의 출몰 가능성을 줄여주거나 이들을 중단 또는 지연시켜준다. 전정 처리를 통해 Brown(1972)은 20여 개, Svihra(1994)는 13개의 병과 해충으로부터 수목을 보호하거나 이를 배제시킬 수 있다고 기술한다. 전정은 천공성 해충의 잠재적인 산란 장소인 약하거나 죽은 목재를 제거한다. 솎아주기(thinning)는 특정 잎에 대한 병(여러 가지 탄저병과 흰가루병과 같은)을 감소시킬 수 있다. 감염되거나 해충이 만연한 가지나 신초를 잘라내면 병해충을 제거하고 지속적인 증가를 최소화시킬 것이다.

수목 자체와 주변에 대한 **위생작업(sanitation)**을 통해 병해충의 번식(繁殖, breeding), 은신처(隱身處, refuge), 월동 등의 장소를 제거하거나 파괴할 수 있다. 일반적으로 감염되고, 죽고, 부러진 가지와 잎, 열매 등을 제거하는 위생작업은 다양한 해충, 병원체, 설치류, 선충 등에 대응하는데 효과적이다.

경운/갈이(耕耘, cultivation)는 그대로 두면 병해충의 서식처가 될 수 있는 식물의 잔재를 절단하거나 파묻음으로써 위생처리와 같은 효과가 있다. 병해충 방제를 위한 경운은 일반적으로, 경운에 의한 뿌리 손상이 크지 않고 기계화된 장비를 보다 쉽게 사용할 수 있는, 심근성 수종으로 구성된 광범위한 녹지에 가장 적합하다. 동시에 경운된 토양은 특정 병해충 문제를 악화시킬 수도 있다. 나지(裸地, bare soil)에서 빗방울이나 스프링클러의 물방울이 흙먼지와 곰팡이 병원체의 포자를 관목의 줄기나 잎으로 튀겨서, 병에 걸릴 가능성을 높여준다.

멀칭(mulching)은 흙먼지의 튀김과 낙하를 줄여서 포자가 수목의 표면에 축적되는 것을 막을 수 있다. 멀칭 재료(mulch)는 녹지 식생에서 잡초를 효과적으로 배제하거나 줄일 수 있다(제7장 참조). 그러나 멀치가 감염되거나 해충이 만연한 경우, 병의 접종원이나 해충의 증식원이 될 수 있다. 다행스럽게도, 멀치가 수목의 병해충 문제의 주된 기여요인임을 지적하는 보고는 아직 없다. 멀치는 병해충 활성화를 저지하거나 최소화하기 위해 뿌리기도 한다. 각 식재지는 경운이나 멀칭이 이미 존재하는 병해충을 증가시키는데 기여하는가 아니면 감소시키는가를 확인하기 위한 분석을 해야 한다.

원하지 않는 관목, 소교목, 잡초를 제거하기 위한 **통제된 연소(control burning)**는 종자에 의해 번식되는 종의 범위에 영향을 미치고 들불(wildfire)에 의한 위해를 줄일 수 있다. 허가를 받을 수 있으면, 전정 잔해, 낙엽, 또는 화상병(*Erwinia amylovora*), 느릅나무시들음병(*Ceratocystis ulmi*), 참나무뿌리썩음병(*Armillaria mellea*)에 감염된 수목 전체를 태울 수도 있다.

경관에서의 **수종 다양화(species diversification)**는 많은 지자체에서 느릅나무시들음병이나 사부 괴사병(유사 마이코플라즈마 병원체)이 발병했을 때 도시숲의 황폐화를 예방할 수 있다. 느릅나무는 많은 도시에서 녹지 수목의 75% 이상을 차지하고 있었다. 심각한 질병이 발생했을 경우, 단일 수종 식생은 특히 피해를 받기 쉽고, 감수성이 높은 수종의 밀도가 높으면 해충과 병원체의 확산에 도움을 준다. 일부 도시나 기관은 주어진 개체수에서 식재될 수 있는 특정 종의 수목을 제한함으로써 다양성을 확보한다. 유전적인 다양성(genetic diversification)을 위해 선택된 품종도, 우수한 특성을 가지고 있음에도 불구하고, 미래의 예측할 수 없는 문제에 대해 감수성일 수 있음은 물론이다. **광범위한 도시 지역에 존재하는 수종이나 식생의 적응과 생존을 위해서는 유전적 다양성이 대단히 중요하며, 이는 규모가 작은 식생에서는 중요도가 떨어질 수 있다.**

수종 다양성은 병해충의 천적에 대한 먹이원과 피난처에 대한 대안을 제공할 수 있다. Leius(1967)는 농약을 살포하지 않은 캐나다의 사과(*Malus domestica*)와 배(*Pyrus communis*) 농장이, 꿀을 생산하는 꽃으로 피복된 경우, 미국텐트나방(*Malacosoma americana*)의 알과 코드린나방(*Cydia pomonella*)의 유충에 더 많이 감염된다는 것을 발견하였다. 이러한 유형의 상호작용은 녹지가 잘 짜인 보호장치를 구비하고 계획될 수 있도록 하기 위해서는 더 많은 연구가 필요하다.

식재와 기타 수목 관리 관행, 특히 전정은 병해충이 성행하는 시기를 피하기 위해 조정될 수 있다. 이러한 기술은 일부 노지와 채소 경작에서는 성공적으로 활용된 적이 있으나,

다년생의 목본식물에는 사례가 없다. 그러나 봄의 늦서리와 결빙되거나 침수된 토양에서 감수성 식물을 보호하기 위해서는 시기가 중요할 수 있다.

특정 병해충 종의 모든 개체를 죽이거나 영구히 제거하는 **박멸(撲滅, eradication)**은 한 그루의 수목, 제한된 녹지, 제한된 지역에 초점을 맞춘다. 특정 지역에서 병해충을 박멸할 때에는 일반적으로 효과적인 수행을 위해 정부 기관의 조치를 필요로 한다. 대상 지역의 넓이, 해당되는 수목의 수, 대상 병해충, 예상되는 재감염 속도에 따라 박멸을 위해 집중적인 살포나 훈증(燻蒸, fumigation), 모든 감수성 수목의 제거, 불임(不姙, sterile)의 수컷 곤충 방사, 이들 방법의 결합 등의 방법을 활용한다.

해당 수목이나 식재지 수준에서 병해충을 제거하기 위해서는 몇 가지 조치를 취할 수 있다. 감염된 수목부위를 잘라내어 태움으로써 병원체가 확산되지 못하게 할 수 있다; 이는 모든 병원체가 제거되었을 경우에만 박멸에 해당한다. 토양은 농약을 사용하거나 열 또는 수증기를 이용하여 소독할 수 있다.

덫(trap)은 개체 밀도의 수준을 모니터하기 위한 용도뿐만 아니라 방제 수단으로 활용될 수 있다. 끈적거리고 노란색의 표면은 가끔 가루이류(*Trialeurodes* sp.)를 유인하여 포획하기 위해 좁은 지역에서 사용된다. 기계적인 덫도 설치류를 방제하기 위해 사용할 수 있다.

앞으로, 교목에 대한 재배적인 처리가 병에 대한 전신획득저항성(全身獲得抵抗性, systemic acquired resistance, SAR)을 유발시키기 위해 사용될 수 있을 것이다(Percival, 2001). SAR은 일련의 기작(機作, mechanisms)에 의해 식물체 내에 유발되는 방어반응(防禦反應, defense response)이다.

화학적 방제

농약의 적용은 선진국에서 가장 일반적으로 사용되는 병해충 방제 방법이다. 일부 병해충에는 아직도 독성이 높으면서 약효가 장기간 지속되는 농약을 사용할 필요성이 있을 수 있지만, 새로운 물질과 접근 방법은 화학적 방제의 초점이 예방을 포함한 여러 번의 살포로부터 목표가 정해진 한 번의 적용으로 빠르게 변화하고 있다.

경관에서 농약 사용에 대한 관심이 전반적인 살포는 점점 줄어들고 있는 반면, 국소 처리(局所處理, spot treatment)와 표적 적용(標的適用, targeted application)은 계속 늘어나고 있다는 것은 분명한 것 같다. 처리의 효과와 비대상 유기체에 대한 독성에 관한 논쟁은 더욱더 복잡해지고 있다. Raupp 등(2001)은 메릴랜드 주에서 경관에 대해 매년 잎에 대한 피복살포(被覆撒布, cover spray) 처리의 효과를 조사하였다. 이러한 처리를 한 경관이 그렇지 않은 경관보다 깍지벌레(scale insect)의 종다양성이 더 높고 기생하는 수목이 더 많았다. 이들은 수많은 비슷한 사례를 인용하고 있다.

새로운 농약은 일반적으로 인체독성(人體毒性, human toxicity)이 낮다. 원예용 기름(horticultural oil)과 비누(soap)는 이들이 적용된 소수의 종에 대해서만 식물독성(植物毒性, phytotoxic)을 나타낸다(Davisdon 등, 1990; Nielsen, 1990). 농약의 동물에 대한 **독성**은 LD(lethal dose, 치사량/致死量)로 표시된다. 특정 농약의 LD_{50}은 규정된 실험조건 하에서 실험동물의 50%를 죽이는데 필요한 양을 나타낸다. 독성시험(毒性試驗, toxicity test)은 다양한 실험동물을 대상으로 수행되는데, 가장 흔한 것이 쥐(rat)이다. LD_{50}은 동물 몸무게 킬로그램(kg)당 농약 밀리그램(mg)의 비율로 표시된다. 이러한 숫자는 인간에 대한 치사량으로 정확하게 추론할 수는 없지만, 농약의 위해에 대한 비교 척도(比較尺度, relative measure)를 제공해준다(**표 19-3**). LD_{50} 수치가 낮을수록 농약의 독성은 높다. LD_{50}이 500 이상인 농약은 매우 안전한 것으로 생각되며, 이러한 제제(製劑, formulation)의 경구 치사량(經口致死量, lethal oral dose)의 범위는 30ml에서 480ml(1온스에서 1파인트) 또는 450mg(1파운드)이다(Stimmann, 1977). 사람은 우발적으로 30ml의 농약을 섭취할 가능성은 매우 낮다.

LD_{50} 수치는 일반적으로 농약 섭취(구강)를 나타낸다. 피부 독성(皮膚毒性, dermal toxicity; 피부를 통한 흡수)과 흡입 독성(吸入毒性, inhalation toxicity)에 대해 유사한 수치를 확인할 수 있다. 농약의 안전한 취급과 적용을 위해서는 이들 후자의 두 독성이 섭취 독성보다 더 중요하다. LD_{50} 수치는 노출된 지 24시간 이내에 나타나는 증상인 급성 독성(急性毒性, acute toxicity)을 의미한다. 만성 독성(慢性毒性, chronic toxicity)은 노출된 지 24시간 이후에 나타나는 증상, 또는 더욱 일반적으로는 급성 독성 이하의 농도에 반복적으로 노출된 후에 나타나는 증상을 말한다. 만성적인 증상에는 호흡기 질환(呼吸器疾患, respiratory ailment), 신경장애(神經障碍, nervous disorder), 암(癌, cancer), 최기형성(催奇形性, teratogenicity; 태아의 기형)으로 나타날 수 있고, 진행되는데 수년이 걸릴 수도 있다.

특정 식물독성(植物毒性, phytotoxic) 농약(수목을 손상시키는 농약)은 감수성 수목에 직접 또는 이들의 근처에서 사용하면 안 되기 때문에, 라벨을 주의 깊게 읽고 의심스러우면 해당 수목에 시험해 보아야 한다. 휘발성이 강한 제초제는 적용 부지로부터 수 킬로미터 떨어진 감수성 수종에 심각한 피해를 유발한 경우가 있다. 수용성 제초제(水溶性除草

표 19-3 함량에 관한 일부 일반적인 농약과 기타 화합물의 동물 독성

화합물	급성 독성 경구 LD_{50}[a] (mg/kg)	피부 LD_{50} (mg/kg)	만성 독성 영향이 없는 수준: (mg/kg/일)	토양 잔류성
BT균(*B. thuringiensis*)	> 8,500	—	—	잔류하지 않음
클로르데인(Chlordane)	250~590	690~840	1.0	반감기 6개월
DDT	113~118	2,510	0.05	잔류
다이아지논(Diazinon)	300~400	600~2,000+	0.1[b]	반감기 4~6주
원예용 기름[c]	> 4,300	—	—	습하면 증발
살충성 비누[d]	> 16,900	> 2,000	—	잔류하지 않음
린덴(Lindane)	60~230	180~1,000	1.25	잔류
말라티온(Malathion)	1,000~1,375	4,444	0.2	2주
니코틴(Nicotine)[e]	50~60	140	—	—
파라티온(Parathion)	3~13	7~21	0.05[b]	잔류하지 않음
세빈(Sevin)	500~850	4,000+	—	—
시마진(Simazine)	1,025~5,000+	8,160	50.0	잔류
2,4-D	300	1,500	—	1~4주
아스피린(Aspirin)	300			
카페인(Caffeine)	78			

[a]LD_{50}은 규정된 실험조건 하에서 실험동물의 50%를 죽이기 위해 필요로 하는 처방량(mg/kg). LD_{50}이 낮을수록 해당 화합물은 더 유독하다. 인용된 가장 낮은 농도가 나열되어 있다. > 500mg은 안전하다고 볼 수 있다.
[b]이보다 많은 양은 콜린에스테라아제(cholinesterase)를 감소시킬 것이다.
[c]Worthing과 Walker(1983).
[d]Safer® Insecticide Concentrate Technical Bulletin, 1989. Newton, MA.
[e]미국암학회(2002)는 매년 430,700명의 미국인이 흡연으로 죽는다고 예측하였다(출처: Cancer Prevention Study II, for period 1990–1994).
출처: Litewka와 Stimmann, 1979; Meister, 1982.

劑, water-soluble herbicide)는 연결된 뿌리를 통해 이동하여 비대상 수목에 피해를 줄 수 있다(제15장 참조).

제초제 용기에 붙어 있는 라벨은 사용, 취급, 독성 등에 관한 소중한 정보를 제공한다. 연방 환경농약 관리법(Federal Environmental Pesticide Control Act)은 모든 등록된 라벨은 구체적인 정보를 표시하도록 요구한다. 예를 들면, 라벨에는 해당 농약이 범용성으로 분류되었는지 사용이 제한적인 것으로 분류되었는지를 표시하여야 한다. 범용성 농약(汎用性農藥, general-use pesticide)은 용법에 따라 사용되면 사람과 환경에 위해가 거의 없기 때문에, 이러한 농약은 모든 사람이 사용할 수 있다. 사용이 제한된 농약(restricted-use pesticide)은 라벨의 사용 방법을 따르더라도 환경, 적용자, 또는 다른 사람들에게 위해할 수 있는 농약이다. 사용이 제한된 농약은 공인된 기술자에 의해서만 사용되어야 한다.

인간에게 위해한 독성은 농약 포장의 라벨에 표시되어 있어야 한다. 각각의 농약 제제는 인간의 건강에 위해한 수준을 나타내는 독성 범주(毒性範疇, toxicity category)에 지정된다. 범주는 이를 섭취하고, 흡입하며, 피부에 엎질러지고, 눈에 튀겼을 때의 농약의 영향에 의해 결정된다(**표 19-4**). 가장 유독한 물질은 독성 범주 I에 속하게 되고, 독성이 가장 약한 것은 범주 IV에 속한다. 사용법(使用法, direction for use)은 농약을 혼합하고 적용하는 방법, 이를 적용하는 장소와 시기, 적용하는 적정량, 적용할 수 있는 빈도 등을 제시한다. 이 라벨은 또한 해당 농약의 사용 대상으로 등록된 병해충이 무엇인가를 구체적으로 표시해야 한다. **농약을 등록되어 있지 않은 식물이나 병해충에 사용하는 것은 불법이다.** 구매하거나 적용하기 전에 농약 포장의 라벨에 있는 모든 정보를 읽어라.

표 19-4 연방 환경농약 관리법에 규정된 농약의 급성 독성 등급

등급	라벨에 표시해야 하는 독성 등급	경구 LD_{50}[a] (mg/kg)	피부 LD_{50}[a] (mg/kg)	가능성 있는 경구 치사량 (아래 수치 미만)	
I. 매우 유독	위험–독약 (해적선 깃발 표시)	0~50	0~200	5ml	1 티스푼(tsp)
II. 중간 독성	경고	50~500	200~2,000	30ml	1 온스(oz)
II. 약독성	주의	500~5,000	2,000~20,000	480ml (0.45kg)	1 파인트(pt) 1 파운드(lb)
IV. 비교적 유독	주의	> 5,000	> 20,000	> 480ml (> 0.45kg)	> 1 파인트(pt) > 1 파운드(lb)

[a] LD_{50}은 규정된 조건 하에서 실험동물의 50%를 죽이기 위해 필요로 하는 처방량(농약/몸체 무게의 양).
출처: Stimmann, 1977.

선택성이 높은 농약이 가장 바람직하다. 2,4-D는 잔디에 피해를 주지 않고 여러 가지 광엽 잡초(廣葉雜草, broad-leaved weed)를 제거해 주지만, 처리된 잔디 인근에 낮은 잎을 가지고 있는 교목이나 관목이 있으면 심각한 피해를 줄 수 있다. 발아전 제초제(發芽前除草劑, preemergence herbicide; Surflan®과 Treflan® 같은)는 대부분의 발아하는 실생묘를 방제하지만 뿌리 지역으로 농약이 거의 또는 전혀 침출되지 않기 때문에 이미 조성된 식물에게는 피해를 주지 않는다. 가능하다면, 효과의 범위가 좁은 살충제를 선택하라; 이렇게 하면 해충의 천적, 기타 유익한 곤충, 비대상 종에 대해 가능한 한 적은 피해를 유발할 것이다. Raupp 등(1997)은 잔류기간이 긴 화합물을 이용한 처리가 메릴랜드의 경관에 나타나는 유익한 곤충의 수를 감소시켰다고 언급하였다.

적용의 시기와 방법이 농약의 효과를 극대화시키고 부작용(副作用, adverse reaction)을 최소화시킬 수 있다. 병을 방제하기 위해 사용하는 화합물은 일반적으로 병원체가 수목을 침범하거나 증가하기 시작하기 전에 보호제(保護劑, protectant)로 적용하면 가장 효과적이다. 접촉성(接觸性, contact)과 이행성제초제(移行性除草劑, systemic herbicide)는 잡초가 어릴 때 가장 효과적이고 가장 쉽게 적용할 수 있다. 물론, 발아전 제초제는 종자가 발아하기 전에 적용하는 것이 좋다. 살충제 적용 시기는 해충의 생활사 중 가장 취약한 시기에 맞추어라. 많은 살충제는 생활사의 초기 활동 단계 중에만 효과적이다. 예를 들면, BT균(*Bacillus thuringiensis*)은 감수성 해충 종의 어린 애벌레가 최근에 뿌려진 잎을 먹을 때에만 효과가 있다. 농약 적용의 올바른 시기 결정을 위해서는 다음 세대의 가장 취약한 단계가 언제 나타날 것인가와 해충의 수가 방제 수단을 정당화할 수 있는지를 확인하기 위한 모집단 표본 추출이 필요하다.

요약하면, **효과적인 화학적 병해충 방제를 위해서는 적절한 약제(right material)를 정확한 농도(correct concentration)로 적절한 장소(right place)에 적절한 시기(right time)에 적용하라.**

미국의 연방과 주 법률은 **상업적인 농약살포기술자(農藥散布技術者, pesticide applicator)와 자문가에 대해 인증**을 요구하고 있다. 면허를 받은 농업 병해충 방제 기술자만이 사용이 제한된 농약을 유료로 적용할 수 있고, 농약 사용에 관한 추천을 하기 위해서는 농업 병해충 방제 자문가로서 면허를 받아야 한다. 농업적인 용도에는 공원, 골프장(golf course), 철로변 경관, 묘지, 학교 정원, 개인적인 경관, 기타 이와 비슷한 지역에서의 사용이 포함된다. 주의 기관(State agency)이 등록과 농약의 안전한 사용, 병해충 방제 기술자와 자문가의 인증 등을 관리한다. 자격증을 받기 위해서는, 개인은 농약 라벨의 이해, 안전, 용도, 적용(application), 취급, 병해충, 환경적인 영향, 장비, 법률과 규정 등에 관한 자신의 지식을 증명해 보여야 한다. 특정한 법규에 의해 농약을 적용하기 위한 허가서에 대한 요구사항, 농약을 취급하고 적용하는 방법, 유지해야 하는 기록 등에 관한 사항이 규정된다.

19.4 수목건강관리 실무

참나무시들음병의 종합관리

참나무시들음병(*Ceratocystis fagacearum*)은 수많은 종의 참나무(*Quercus* sp.)를 감염시키는 유관속 시들음병((維管束-, vascular-wilt disease)이다. 1941년 처음 발견된 이후,

텍사스 주에서 미네소타 주에 이르는 22개 주에서 발견되어 미국의 중부 지역 전반에 걸쳐 흔한 병이 되었다. 도시와 시골의 산림에서 중대한 문제인 참나무시들음병은 학제적 접근(學際的接近, multidisciplinary approach)에 의해 관리되고 있다. Ash(2001)에 나열된 이 병에 관한 몇 편의 논문의 참고하기 바란다.

감수성 수종 참나무시들음병은 참나무속(-屬, *genus Quercus*)에 속하는 수목을 공격한다. 그러나 수종별 반응에는 차이가 있다(**그림 19-1**). 적참나무와 흑참나무 집단(red, black oak; *Erythrobalanus* 아속)의 감수성이 매우 높다. 텍사스에 있는 수목들은 일단 감염되면 회복하지 못한다(Appel, 2001a). 감수성이 높은 수종은 텍사스적참나무(*Q. buckleii*), 스칼렛참나무(*Q. coccinea*), 북부대왕참나무(*Q. ellipsoidalis*), 블랙잭참나무(*Q. marilandica*), 대왕참나무(*Q. palustris*), 루브라참나무(*Q. rubra*) 등이다.

이와는 달리, 백참나무 집단(white oak, *Lepidobalanus* 아속)에서는 어느 정도 저항성이 있고 회복이 되는 수종이 있다. 감염되는 수종은 미국참나무(*Q. alba*), 고원참나무(*Q. fusiformis*), 미국떡갈나무(*Q. macrocarpa*), 기둥참나무(*Q. stellata*), 버지니아참나무(*Q. virginiana*) 등이다.

텍사스에서 버지니아참나무와 고원참나무는 가장 심각하게 감염되는 수종들로서(Appel, 2001b), 이들은 준낙엽성이다. 백참나무 집단의 목부(木部, xylem)는 흑참나무 집단과 비슷하다(Appel, 2001a).

병환(病環, disease cycle) 병원체(*Ceratosystis fagacearum*)는 변재(邊材, sapwood; 기능을 수행하는 목부)에 균총(菌叢, colony)을 형성하여 물이 쉽게 통하지 못하게 막는다. 이 병원체는 번식 과정의 일환으로 광범위한 균개(菌蓋, fungal mat)라고 부르는 매트를 감염된 수목의 수피 아래에 형성한다(**그림 19-2**). 이 매트가 성숙해짐에 따라 수피가 변재로부터 밀려나가서 가끔 갈라진 틈이 생기기도 한다. 이 매트로 유인된 곤충은 포자를 묻혀서 다른 나무로 곰팡이를 전파하게 된다.

Juzwik(University of Minnesota, St. Paul, MN, 2002,

그림 19-1 참나무시들음병에 대한 참나무류의 감수성과 병의 진전에는 상당한 변이가 있다. 적참나무 집단의 수종들은(왼쪽) 감수성이 매우 높고 병의 진행도 빠르다. 수목 전체가 영향을 받고 있음에 유의하라. 반대로, 백참나무 집단의 수종들은(오른쪽) 덜 민감하고 병의 진행도 느리다. (사진: Jennifer Juzwik, USDA Forest Service, North Central Research Station, St. Paul, MN.)

그림 19-2 참나무시들음병균은 수피 아래에 청록색 매트를 형성한다. 매트가 성숙함에 따라 수피가 갈라질 수 있다. 곤충이 이 지역을 먹어 들어가면, 포자가 이들의 몸에 부착된다. 이들이 새로운 나무로 섭식을 위해 이동하면, 병균도 같이 운반된다. (사진: Jennifer Juzwik, USDA Forest Service, North Central Research Station, St. Paul, MN.)

개인적인 정보)은 곰팡이의 생태와 병환이 지역적으로 변이가 매우 크다고 말한다. 예를 들면, 미국의 북동부에서는 곰팡이 매트가 봄과 가을에 발달한다. 반면 텍사스에서는 늦여름에 감염된 적참나무는 이듬해 봄에 매트가 만들어진다(Appel, 2001a). 매트는 이 주의 더운 여름 동안 퇴화된다. Juzwik도 균개가 적참나무와 흑참나무류에서는 형성되지만 백참나무 계통에는 생기지 않는다고 언급한다.

참나무시들음병은 두 가지 방법으로 전파된다. 참나무나무좀(oak bark beetle)과 수액나무좀(sap beetle, 또는 nitidulid)이 균개를 먹고 지상에 포자를 퍼뜨린다. 수액나무좀은 균개를 먹고 이때 포자를 자신의 몸에 붙이게 된다. 이 나무좀이 다른 감염되지 않은 수목을 방문하게 되면 곰팡이가 전파된다. 참나무나무좀은 감염된 수목에서 자신들의 알을 남겨두고 자신들의 몸에 포자를 붙이게 된다. 이렇게 하여 이들 나무좀도 감염된 수목에서 먹이활동을 한 다음 다른 나무로 병을 전파한다.

이 병은 살아 있는 뿌리의 연결부위를 통해서 지하로 전파되기도 한다. 이러한 유형의 확산은 수목과 수목의 접촉을 필요로 하기 때문에, 뚜렷한 병의 중심을 형성할 수도 있다. Cook(2001)은 참나무시들음병에 감염된 참나무의 약 90%가(미네소타에서) 뿌리접(root graft) 전파로 인해 감염되었다고 보고하였다. 뿌리 연결의 정도는 지역과 수종에 따라 차이가 크다. 예를 들면, 점토질이 많은 토양(heavier soil)의 활엽혼교림(闊葉混交林, mixed hardwood forest)에 있는 참나무 사이에는 뿌리 연결이 거의 없다. 반면, 텍사스주에 있는 버지니아참나무 군락에서는 공통의 뿌리시스템(common root system)을 공유할 가능성이 높다.

지하 확산은 수목 대 수목의 연결을 기반으로 하고, 느리게 진행되며 어느 정도 예측가능하다. 지상에서의 곤충에 의한 확산은 성충이 바람에 실려 가기 때문에 기존의 중심에서 바람이 불어가는 쪽으로 발생할 가능성이 더 높다.

다른 유관속 병과 마찬가지로, 곰팡이는 목부 내에서 증식하여 도관을 막는다. 이는 수분 스트레스의 증상과 매우 유사하다: 시들고, 탈색된 잎. 증상은 수관을 따라 아래로 진행된다. 적참나무류는 전체 수목이 몇 주일 안에 영향을 받으며, 백참나무류는 증상의 발현이 더 천천히 나타난다.

관리 전략 참나무시들음병은 관리하는데 중대한 장애물이 많다. 감수성 수종의 수가 매우 많고, 병이 지상(곤충)과 지하(뿌리 연결) 두 경로로 전파된다. 가능한 매개충도 단일 종에 한정된 것이 아니라 폭넓은 집단을 이루고 있다. 그리고 시들음병의 전형적인 경우와 마찬가지로, 일단 수목이 감염되면, 치료할 수 있는 방안이 제한적이다.

참나무시들음병을 관리할 때 가용할 수 있는 기술은 기존의 병 중심(病中心, disease center)이 확산되는 것과 새로운 중심을 형성하는 것을 방지하는 것을 목적으로 하는 것으로 수목건강관리의 스펙트럼에 걸쳐 다양하다(**표 19-5**).

이러한 목적을 달성하기 위해, 관리 프로그램의 첫 단계는 감염된 지역과 병의 존재를 확인하기 위해 주변 지역에 대한 **모니터**를 하는 것이다. 병 중심의 위치에 대한 지도를 작성하기 위해 지상 관찰, 공중 관찰, 항공사진, 항공 주사장치(airborne scanner) 등이 활용될 수 있다. 새로운 발병을 탐지하기 위해 감염되지 않은 지역으로 조사를 확대할 수 있다. 이전 병해충 중심에 대한 항공조사는 인근 지역에서의 새로운 발병을 찾아낼 수도 있다. 이는 지상 조사와 병에 대한 표본채취를 통해 확인된다. 이 병을 추적하기 위해 미네소타와 텍사스에서는 지리정보시스템(地理情報—, geographic information system)을 활용한다고 Juzwik은 언급하였다.

탐지와 모니터링을 위해서는 현장에서 수목을 세 가지 등급으로 구분할 수 있는 능력이 있어야 한다: (1) 건강하고 감염되지 않은 수목; (2) 감염되어 증상이 나타난 수목; (3) 감염되었지만 시각적인 증상이 없는 수목. 수종별 감수성의 차이가 매우 크기 때문에, 모니터를 하는 사람도 현장에서 참나무 간의 차이를 구분할 수 있어야 한다. 미네소타에서의

표 19-5 참나무시들음병에 대한 수목건강관리 프로그램

법률적	병이 발생하지 않은 지역(카운티, 주)으로 감염된 목재의 이송을 금하라.
	병을 점검/모니터 하거나 치료하는 사람들은 자격을 요구하라.
	죽고 감염된 수목의 신속한 제거를 강제하라.
	예방이나 방제 처리를 수행하기 위한 재정적인 지원을 제공하라.
생물적	저항성 수종을 이용하여 다시 식재하라.
경종적	감염된 수목을 제거하고 처분하라.
	뿌리 연결에 의한 확산을 제한하기 위해 감염된 지역에서의 뿌리시스템을 격리하라. 도랑 굴착기나 진동 경운을 활용하라. 처리에 대한 지역적인 지침을 준수하라.
	감수성 수종에 상처가 나지 않도록 하라. 미네소타에서는 감수성 수종에 대해 4월, 5월 6월에 전정을 하지 않는다. 박차(spur)를 신고 수목을 등반하지 마라.
	나무좀이 침입하는 것을 줄이기 위해 전정 상처에 도포제를 적용하라.
화학적	근원에 대한 수간 주입을 통해 프로피코나졸(propiconazole)을 처리(예방적으로)하라.

출처: Ash, 2001.

모니터링 작업자는 인증을 받기 위해 시험을 통과해야 한다(Cook, 2001).

미네소타에서 감염된 루브라참나무(*Q. rubra*)와 대왕참나무(*Q. palustris*)는 이들의 포자 매트(spore mat) 발생 가능성을 확인하기 위해 겨울 동안 재점검을 하게 된다(Cook, 2001). 형성층을 노출시키기 위해 외수피(外樹皮, outer bark)의 단면을 제거한 다음, 형성층 표면의 색깔과 냄새를 평가한다. 포자를 발생시킬 가능성이 있는 수목은 제거하기 위해 표시를 해둔다.

일반 공중에 대한 교육도 탐지에 중요한 역할을 한다. 미네소타 주와 텍사스 주는 이 병의 문제에 관한 정보와 개별 주택 소유자가 이 프로그램에 참여하는 방법에 관한 정보를 적극적으로 제공하여 왔다.

일단 증상이 나타나는 수목이 확인되면, 적절한 표본 채취와 원인 균의 분리(分離, isolation)에 의해 진단된다. 감염된 수목이 탐지되고 감염된 것으로 확인되면, 수목의 감수성을 줄이고 회피할 수 있는 다양한 **재배적** 처리를 적용할 수 있다. 유인성(誘引性, attractiveness)과 감수성(感受性, susceptibility)을 증대시키는 기계적인 상처와 같은 재배적인 여건이 발생하지 않도록 하는 것이 중요하다. 미네소타에서 감수성 수종은 4월, 5월, 6월(균개의 생장이 빠른 시기)에 전정을 하지 않는다. 텍사스에서 2월부터 6월까지는 전정을 피하는 것이 좋다. 전정을 한 직후에, 수목 페인트(tree paint)나 수성의 셸락(water-based shellac)으로 상처를 도포할 수도 있다. 이러한 처리는 날아서 이동하는 곤충의 공격을 감소시키는데 효과적이다.

상처를 예방하는 것은 전정 외에 다른 형태를 띨 수 있다. 잔디밭에 있는 수목에게는 상처를 피하기 위해 멀치로 잔디가 자라지 않는 원을 조성하면 도움이 된다. 개발 중인 부지에서는 완충대(緩衝帶, buffer strip)가 필요할 것이다(즉, 일렬로 늘어선 수목은 부지 정지작업 중에는 보전되지만 건설공사 중에는 제거된다).

도랑 조성이나 다른 기계적인 처리를 이용하여 수목 간의 뿌리 연결을 단절시킬 수 있을 것이다. 도랑의 깊이와 감염된 수목으로부터의 거리는 무작위로 결정하는 것이 아니라 지역적인 고려에 근거해야 한다. 텍사스에서 버지니아참나무의 경우, 도랑의 표준 거리는 증상이 나타난 수목으로부터 30m(100피트) 떨어져야 한다(Appel, 2000). 미네소타에서는 도랑 파기와 진동 경운(振動耕耘, vibratory plow) 두 가지 방법이 활용된다(**그림 19-3**). 도랑 파기는 전형적으로 1.5m(4.5피트) 깊이까지 실시한다(Cook, 2001).

Cook(2001)은 두 개의 도랑을 팔 것을 권고한다. 일차적인 도랑은 병 중심으로부터 떨어진 증상이 나타나지 않는 첫 번째 수목과 이 수목 바로 옆의 수목 사이에 위치한다. 2차적인 도랑은 증상이 나타나지 않는 수목(*asymptomatic*이라고 부름) 사이에 위치한다. 이 병은 뿌리 연결을 통해 빠르게 이동할 수 있기 때문에, 증상이 없는 수목도 감염되어 있을 수 있다. 이런 이유 때문에 두 번째 도랑이 활용된다. Cook은 미네소타대학교의 발표되지 않는 자료를 바탕으로, 일차 도랑으로 93%의 성공률을 얻었다고 주장한다. 텍사스에서는 도랑을 조성함으로써 이러한 처리를 한 지역의 76%에서 병의 발생을 예방했다고 보고한다(Billings 등, 2001).

그림 19–3 참나무시들음병의 지하 확산을 예방하기 위한 한 가지 관리 전략은 병 중심과 증상이 없는 수목 사이의 뿌리 연결을 단절시키는 것이다. 진동 경운이 이 처리를 위해 사용된다. (사진: Jennifer Juzwik, USDA Forest Service, North Central Research Station, St. Paul, MN.)

감염된 수목을 제거하는 것도 처리 방법 중 하나이다. 감염된 적참나무 집단(텍사스에서는 버지니아참나무)의 수목을 모두 제거해야 하는가? 개별 수목을 잃는 것은 감염원을 제거하는 이득에 의해 상쇄될 수 있기 때문에 이는 어떻게 보면 공공 정책 결정의 성격이다. 절단된 목재를 땔감(firewood)으로 보관하고 싶은 주택 소유자는 여름 동안 검은 플라스틱으로 나무 더미를 덮어 놓아야 할 것이다.

병의 중심 내에 있는 참나무 수목은 예방과 동시에 치료를 위한 처리(therapeutic treatment)로서 **살균제**인 프로피코나졸(propiconazole; Alamo)을 처리할 수 있는데, 이 약제는 일반적으로 예방을 위한 적용에 더 성공적이라고 생각된다. 이 살균제는 수간의 기부에 있는 근원(根元, root flare)으로 주입함으로써 목부에 도달하게 된다.

미네소타에서 이러한 처리가 병의 중심 내의 백참나무와 미국떡갈나무의 손실을 감소시키는데 성공적이었다. Juzwik(University of Minnesota, St. Paul, MN, 2002, 개인적인 정보)은 다음과 같이 보고하였다: "버지니아참나무와 백참나무, 미국떡갈나무에 대한 치료용 처리에서 차이는 있었지만 꽤 양호한 수준의 효과를 보였다. 적참나무에 대한 치료용 처리는 입증되지 않았다(그러나 권장되고 있다). 감염된 수목과 뿌리가 접목될 거리 안에 있는 건강한 미국떡갈나무, 버지니아참나무, 백참나무에 대한 예방적인 처리는 효과가 있는 것으로 입증되었다. 감염된 수목과 뿌리 접목이 될 수 있는 거리 안에 있는 적참나무와 흑참나무에 대한 예방적 처리는 아직 효과가 있다는 것이 입증되지 않았다."

텍사스에서는 프로피코나졸을 버지니아참나무에 대해 예방용으로 사용될 수 있다. 치료용 처리는 감염의 가장 초기 단계에 주입하면 효과가 매우 높다. 이는 2년간 수관 손실을 감소시켰다(Appel, 2001b). Billings 등(2001)은 텍사스에서의 화학적 처리 효과가 봄철이 가장 좋다고 주장하는데, 이는 효과가 적용 시점과 관련이 있다는 것을 의미한다.

수액나무좀에 대한 피복 살포(被覆撒布, cover spray)는 효과적인 방제 처리로 고려되지 않는다.

전망 현재로서는 미래의 참나무시들음병 관리가 두 가지 목적에 집중된다. 첫째로, 병의 범위가 확산되는 것을 예방하는 것이다. 미국의 서부와 유럽의 산림에는 여러 종의 적참나무 집단을 포함하고 있다. 더욱 놀라운 사실은 유럽의 백참나무도 감수성이라는 결론을 얻었다는 것이다(MacDonald 등, 2001). 참나무시들음병이 이 지역에 정착되면, 결과는 재앙적인 수준이 될 수 있다.

둘째로, 지금의 병 범위 내에서, 새로운 병 중심을 창출하는 육상 확산(陸上擴散, overland spread)을 예방하고 기존의 중심에서 뿌리 접목에 의해 확산되는 것을 중지시키는 처리를 하는데 관리의 초점을 두고 있다.

그러나 분명한 것은 참나무시들음병을 관리하는 것이 화학적 방제로 해결할 수 있는 단순한 문제가 아니지만, 또한 방제 방법이 없는 그런 병도 아니라는 것이다. 오히려 관리는 생물적, 경종적, 화학적 전술을 포함하는 기술의 복합적인 세트이다.

송전선공도용지 식생의 종합관리

송전선 아래와 주변에서 자라는 교목을 방제하고, 억제하고, 그렇지 않으면 제거하기 위해 매년 수십억 달러를 지출한다. 지난 10년 동안, 이러한 관리의 난제에 대처하기 위한 접근 방법은 좀 더 종합적인 방향으로 서서히 진화되어 왔다. 여기서는 송전선공도용지(送電線公道用地, transmission rights-of-way, ROW)를 따라 자연적으로 발생하는 식생의 관리에 초점을 맞춘다.

송전선은 연속적이기 때문에, 이들은 산으로부터 해안평원(海岸平原, coastal plain)으로, 산림에서 습지로 등 생각할 수 있는 가장 폭넓은 식생 범위를 통과한다. 존재하는 여

표 19-6 참나무시들음병에 대한 수목건강관리 프로그램

법률적	고객, 지자체 지도자, 감독 기관 등에 대해 종합적 식생관리(integrated vegetation management)와 이의 수단 중 하나로서의 제초제 가치에 관해 교육하라.
	제초제 사용을 허용하라.
생물적	목표 수종을 확인하라: 높게 자라는 수종은 제거, 낮게 자라는 수종은 보존
경종적	바람직한 수종만 식재하라.
	바람직하지 못한 수종은 바람직한 수종을 손상시키지 않고 기계적으로 제거하라.
화학적	이행형 제초제를 이용하여 제거 대상 수종에 선택적으로 처리하라.

건에 따라 어떤 관리적인 접근방법도 적응하고 조절할 수 있도록 충분한 유연성을 가져야 한다. 식생 유형이 바뀌더라도, 목표는 동일하게 유지되어야 한다: 즉, 송전선과 식생 사이에 여유 공간(clearance)을 유지하는 것이다. 이차적인 목적은 송전선과 관련 구조물에 대한 접근로를 유지하는 것이다.

관리 전략 우리의 관점에서 볼 때, ROW와 관련된 관리전략에 변화가 진행되고 있다. 수년 전의 전략이 식생을 무차별하게 방제하거나 제거하는 것이었다면, 진화되고 있는 접근은 식생 군락(植生群落, vegetation community)의 천이(遷移, succession)를 유도하는 것이다. 이러한 새로운 접근은 생육하지만 충분히 자기유지(自己維持, self-sustaining)가 가능한 낮게 자라는 식물 군락을 육성하는 것이다. **종합적 식생관리(綜合的植生管理, integrated vegetation management, IVM)**라고 알려진 이러한 전략은 개별 수목이 아닌 식물 군락에 초점을 두는 수목건강관리적인 접근을 요구한다. 본네빌전력청(Bonneville Power Administration, BPA) (2001)은 이를 "ROW 관리에서 높게 자라는(tall-growing) 식생을 배제하고 낮게 자라는(low-growing) 식물 군락으로 ROW를 전환시키는 것이 IVM의 궁극적인 목적이다"라고 기술하였다.

다르게 표현하면 "높게 자라는"을 "바람직하지 못한(undesirable)"으로 대체할 수 있을 것이다. 송전선 속으로 자랄 가능성이 있는 교목 수종이 주된 관심사인 경우, 침입종(侵入種, invasive species)과 외래수종(exotic plant species)을 제거하는 목표가 더욱 중요하게 되어 간과할 수 없을 것이다.

우리는 몇 가지 요소를 기초로 이러한 변화를 확인할 수 있다. 첫째로, 전통적인 방제 전략의 전반적인 효과와 비용효율성에 의문을 제기해 왔고, 어느 정도는 불확실하다. 예를 들면, 예초(刈草, mowing)가 주된 유지관리 수단인 경우, 그루터기 맹아의 빠른 재생장 때문에 상대적으로 짧은 주기로 재처리가 필요할 것이다. 더구나, 식물 군집도 크게 바뀌지 않을 것이다. 둘째로, 비선택적이고 광범위한 제초제 적용은 비록 식물 군락을 바꾸는 데는 효과적일지 모르지만, 많은 지역에서 환경적으로 또는 사회적으로 더 이상 수용되지 않고 있다.

전반적인 관리지역이 알려져 있다고 가정하면, IVM 프로그램에서의 첫 단계는 송전선 아래에서 자라는 목본식물의 바람직한 특성을 확인하는 것이다(**표 19-6**). 이러한 질적인 요소는 성목의 낮은 수고(즉, 10m[30피트] 미만)와 유성 또는 무성으로 번식하는 능력이 좋은 것 등이다. 이러한 질적인 관점에서 보면, 우리는 목표 수종을 확인할 수 있을 것이다(예: 제거되어야 할 수종과 보존해야 할 수종). 예를 들면, 미국 동부와 남부 활엽수림에는 상층수관과 하층수종(下層樹種, understory species)이 섞여서 존재한다. 유도된 천이는 키 큰 교목을 제거하고 억제하는 동안 낮게 자라는 수종은 육성될 것이다. 다른 지역에서는 유도된 천이가 한 피복 유형에서 다른 유형으로의 변환에 관여하게 될 것이다.

바람직하지 못한 수종을 제거하기 위해 두 가지 방법이 흔히 사용된다: 절단(기계나 손으로)과 농약(제초제). 기계적인 처리는 체인톱으로 바람직하지 못한 식생을 잘라내는 것이다. 잘라내는 것이 가장 좋은 접근 방법 같이 보이지만, 이들 장비는 토양과 물을 오염시킬 수 있는 석유제품(휘발유, 유압유[油壓油, hydraulic fluid], 바 체인[bar-chain]유)을 사용한다(Nickerson, 1992). 절단에 사용된 트랙터(tractor)는 토양에 바퀴자국을 남겨서 침식을 유발하고 강의 퇴적으로 이어진다. 잘라내는 절단기는 둥우리를 짓고 사는 동물들에게 치명적일 수 있다.

화학적 처리에는 글리포세이트(glyposate; Accord®, Roundup®), 이마자피르(imazapyr; Arsenal®), 트리클로피르(triclopyr; Garlon®) 등과 같은 이행형 제초제(移行型除草劑, translocated herbicide)가 사용된다. 약제는 수목이 활발하게 생장하고 있을 때 잎, 새로 생긴 상처, 절단된 그루터기에 살포된다. 또한 이들은 수간에 주입될 수도 있고, 침투성 기름(penetrating oil)에 혼합하여 수간의 기부에 적용할 수도 있다. 이렇게 적용된 제초제는 흡수되어 수목 전반에 고루 퍼지게 된다. 글리포세이트는 토양 잔효성(土壤殘效性, residual soil activity)이 없어서 습지 식생에도 사용할 수 있다. 트리클로피르와 이마자피르는 어느 정도 토양 내 잔효성이 있다.

수목관리자들은 농약 사용이 목표로 하는 식생을 방제하고, 시각적인 호소력이 크고, 토양에 대한 손상을 덜 유발하고, 비용 효율성이 더 좋기 때문에 화학적 방제를 효과적인 관리 수단이라고 생각한다. 또한 제초제를 이용한 작업이 기계적인 장비를 이용한 작업보다 더 안전하다고 생각된다. 그러나 화학적 방제는 공중과 지자체의 지도자들에게 항상 수용 가능한 방안이 아니다. 실제로는, 천이와 안정적인 식물 군락을 육성하는 데는 한 가지 방법만 사용하는 것보다 이 두 전략을 결합하는 것이 더 효과적이다. 제거 대상 식생은 전반적인 수고를 낮추기 위해 먼저 절단한 다음, 바람직하지 못한 식생을 선택적으로 제거하기 위해 농약으로 처리한다.

William Bramble, Richard Byrnes와 그의 동료들은 펜실베이니아의 송전선로(送電線路, transmission corridor)에 대한 50년간의 연구 결과 IVM의 옹호자가 되었다. 이들의 작업 목표는 ROW 내부에 다양한 식물 군락을 발달시킬 수 있는 잠재력을 평가하는 것이었다. 송전선로는 두 구역으로 나누어진다: (1) 전선 아래(송전선 구역)에 낮은 관목(광엽초본), 잔디 피목 유형; (2) 가장자리(경계 지구로도 알려짐)에 키 큰 관목 피복.

30년의 연구 결과를 요약해 보면(Bramble과 Byrnes, 1983), 안정적인 "전 극상"(前極相, proclimax) 식물 군락이 조성될 수 있다는 것을 보여주었다. 바꾸어 말하면, 온대지방인 대서양 중부 지방에서는 유도된 천이가 가능하다는 것이다.

이들은 새로운 군락의 자연은 적용된 처리에 의해 영향을 받을 수 있다고 강조한다(Bramble 등, 1991). 또한 새로운 군락의 안정성과 이 군락의 바람직하지 못한 수종의 침입에 대한 저항성은 피복 유형에 따라 차이가 많을 것이다(Bramble 등, 1990). 이는 바람직한 수종의 밀도와 이들의 전반적인 구성 때문이다. 예를 들면, 잔디 군락은 일반적으로 몇 종의 교목-관목 결합보다 바람직하지 못한 식생(예: 높게 자라는 교목)의 침입에 더 저항적이었다.

이들은 또한 송전선 아래에 발달한 비산림 식생피복(非山林植生被覆, non-forested vegetation cover)이 다양한 소형 포유류(哺乳類, mammals) (Bramble 등, 1992), 조류(鳥類, Birds) (Bramble 등, 1994), 나비류(butterflies) (Bramble 등, 1997; Bramble 등, 1999), 파충류(爬蟲類, reptiles)와 양서류(兩棲類, amphibians) (Yahner 등, 2001) 등에 대한 서식처를 제공할 수 있다고 주장하였다. 피복 유형의 다양성이 클수록 동물들의 다양성도 커진다. 이들은 제초제 처리가 서식지 가치에 부정적인 영향을 주지 않는다는 것을 증명하였다.

전망 송전선로 관리에서 다양한 수단과 기술을 종합한 수목건강관리적 접근의 편익은 명백하고 오해의 소지가 없는 것 같다. 이러한 접근이 천이의 유도와 양질의 야생동물 서식처를 창출하는데 효율적이라는 것이 다양한 연구를 통해 입증되고 있다. 발전회사도 IVM을 이용하여 비용을 절감하고 있다는 것을 알고 있다(Johnstone, 1990). 본네빌전력청(2001)은 자신들의 ROW 관리에 관해 폭넓은 실험을 한 결과, IVM이 "방제가 필요한 식생, 비용 효율성(cost-effectiveness)과 환경적인 여건 등을 기준으로 방제 방법의 정렬(整列, array), 방법의 선정 또는 방법의 결합" 등을 활용하는 선호되는 대안이라고 결론지었다.

종합적 식생관리(IVM)를 폭넓게 적용하는 데는 두 가지 장애물이 있는 것 같다. 첫째는, 비록 선별적이기는 하지만 제초제의 사용은 논쟁거리로 남아 있다. 둘째로, 토지소유자와 토지관리자 측의 변화에 대한 저항이다. ROW 관리자가 IVM에 의해 제안되는 수목건강관리적 접근의 가치와 편익에 대해 지속적으로 교육하는 것이 이러한 장애물을 극복하는 비결이 될 것이다(Sulak와 Kielbaso, 2000).

성목관리

성목(成木, mature tree)은 어린 나무와 다른 방식으로 발달한다(Clark와 Matheny, 1991). 이들은 생장률이 낮고 부지의 교란에 대한 저항력도 약하다. 성목은 크기가 커지고 나이가 들어감에 따라 자신에게 수많은 상처와 "구획(區劃, compartment)"이 누적된다. 성목은 나무좀과 같은 해충에게 피해를 입을 가능성이 더 높다.

그러나 성목은 종종 지역사회에서 가장 가치 있는 것일 수 있고, 강력한 정서적 애착(情緒的愛着, emotional attachment)을 불러일으킨다. 수목관리자는 관리 프로그램을 제시할 것을 요청 받는다. 이러한 일을 수행할 때, 우리는 수명(壽命, life span), 죽음의 과정, 수명을 늘릴 수 있는 우리의 능력 등과 관련된 몇 가지 주된 아이디어를 명심하고 있어야 한다. Read(2000)의 *Veteran Trees*는 영국의 성목관리에 관해 잘 정리한 것으로 참고하기 바란다.

첫째, 대부분의 수목관리자들이 당면할 가능성이 높은 수종 간에는 수명의 차이가 매우 크다(Loehle, 1988). 사실 교목의 수명은 수십 년에서 수천 년에 이른다; 북아메리카에서는

표 19-7 성목관리를 위한 수목건강관리 프로그램

법률적	전정과 같은 유지관리 작업에 대한 어떤 제한이 있는지를 확인하기 위해 지자체의 조례와 규정을 찾아보라.
	수목에 관한 생리, 수명, 현재의 건강과 구조에 관해 지자체의 지도자와 일반 공중을 교육시켜라.
생물적	수종의 생활사(life cycle)와 죽음의 나선에 관한 요소를 완전히 이해하고 개발하라.
경종적	수관을 청소하고, 죽거나 죽어가는, 병든, 그냥두면 구조적으로 튼튼하지 못한 가지를 제거하기 위한 전정을 실시하라. 시기는 해당 수종에 적절해야 한다.
	감염되기 쉬운 해충과 병을 적절하게 모니터하라.
	적절한 배수를 유지하라.
	수관 아래를 멀칭하라. 멀치는 유익할 뿐만 아니라 수목과 차량 사이에 공간을 확보하여 토양 답압을 감소시킨다.
	수종에 알맞은 관수를 하라.
	필요하면 지지시스템을 설치하라.
화학적	모니터링에 의해 필요한 경우 선택적으로 해충과 병을 치료하라.

출처: Clark와 Matheny (1991).

50년인 카스카라(*Rhamnus purshiana*; 갈매나무과의 소교목 – 역자 주)로부터 3,500년인 옐로우시더(*Chamaecyparis nootkatensis*)까지(Loehle, 1988). 집단으로는 북아메리카의 포플러와 사시나무류(*Populus* sp.)는 전형적인 수명이 100년 미만인데 비해, 참나무류(*Quercus* sp.)는 보통 수백 년 동안 생존한다. 북미 대륙의 서쪽에 있는 침엽수의 경우, 수명이 1,000년 이상이다. Clark와 Matheny(1991)는 수목이 이들의 자연적인 생육환경을 벗어나면 수명이 짧아진다고 말한다.

둘째, 수목의 죽음은 종종 인식할 수 있는 과정에 따라 진행되기 때문에, 예측이 가능하다(제2장 참조). 관리 프로그램을 개발할 때, 수목관리자는 수목이 빠질 수 있는 죽음의 나선(death spiral)에 관련되는 요소를 잘 알고 있어야 한다. 미국의 동부 해안지역에서 자라는 루브라참나무(*Quercus rubra*)의 경우, 하이폭실론 궤양병(*Hypoxylon* canker)이 수목을 죽일 수 있지만, 두줄무늬참나무하늘소의 공격과 가뭄이 이 수목을 병원균에 취약하게 만든다. 수목관리자는 이 궤양병을 효과적으로 치료하지는 못하지만 이에 앞서 해충과 환경적인 스트레스는 관리할 수 있을 것이다.

셋째, 많은 수종의 경우, 다른 사유와 같이, 죽음은 구조적인 파손으로부터 일어날 가능성이 있다. 최근에 지난 2~3년 동안 크게 공론화된 역사적인 수목 "구조(救助, rescue)"에 관한 두 사건인 Balmville(NY)의 미루나무(*Populus* sp.)와 Danville(CA)의 계곡참나무(*Quercus lobata*)의 경우, 수목의 건강을 향상시키는 것보다 수목의 구조를 안정화시키는 것이 더 중요하였다.

관리 전략 성목의 관리에는 두 가지 목표가 있다: (1) 건강을 유지하고, (2) 구조를 안정화시키는 것. 두 가지 목표 모두 대상 수종과 해당 수종의 죽음의 나선(spiral)에 관한 완벽한 지식을 통해서 달성할 수 있다. 수목의 건강과 구조적 안정성이 확보되면, 수목관리자는 모니터링, 경종적 및 화학적 처리를 포함한 다양한 수목건강관리 기술을 활용할 수 있다(표 19-7).

수목의 건강을 유지하기 위해서는 수종별 요구를 기반으로 특정한 처리를 해야 하지만, 추가적인 관수, 시비, 경쟁적인 식생 제거, 멀칭, 병해충 관리(화학적, 생물적 방제) 등이 동반될 수도 있다. 이러한 처리의 목표는 생장을 제고시키는 것이 아니라 활력을 유지하는 것이라는 것을 명심하라.

수목의 구조를 안정화시키기 위해서 수목관리자는 전정이나 지지시스템(예: 줄당김과 지주목 설치)과 같은 재배적인 기술을 활용할 가능성이 높다. 전통적인 지지시스템으로 불안정성을 바로잡을 수 없으면, 특별한 구조로 설계해 보아야 한다.

안정적인 구조를 구축할 때, 미국과 캐나다의 수목관리자들은 유럽의 수목관리자들보다 굵은 가지를 제거하는 경우가 적다. 영국의 두목작업과 같이 전통적으로 굵은 가지 제거 처리를 통해 관리되어온 수목은 이러한 유형의 처리에 좀 더 잘 순응할 것이다. Read(2000)는 성목의 전정에 대한 22개 분류군의 반응을 목록으로 작성하였다.

쇠퇴하는 수목 수목이 죽음의 소용돌이로 점점 깊이 빠져들어 가면, 이로부터 탈출할 수 있는 기회는 비례해서 줄어든다. 가지가 말라들어 가면 대머리가 되고 수관은 성기게 된다. 광범위한 부후는 가지 파손과 수간 붕괴로 이어질 것이다. 영국의 수목관리자들은 이러한 수관 감소가 자연적인 것이라고 말해왔다. 이들의 경험에 의하면, 참나무와 다른 수종의 쇠퇴는 시간이 지나고 나면 진행이 느려져서, 크기는 작아지지만 수관의 안정성이 향상되어 상당히 오랫동안 존속하는 개체도 있다. 영국의 수목관리전문가인 Ted Green은 2000년 ISA연차총회에서 "참나무는 300년간 자라고, 300년간 휴식한 다음 300년간 죽어간다"라고 말했다.

우리는 "안정을 위해 크기를 희생시키는" 이러한 패턴이 세계의 다른 지역에 있는 다른 수종에도 흔한 것인지는 확실하지 않다. 이것이 사실이라면, 수목관리자가 쇠퇴하는 상태에 있는 수목에 대해서는 더 많이 참고 기다릴 것을 제안한다. 자람직한 수목이 존재하는 경우, 죽은 가지를 전정하는 것은 당연한 일일 것이다. 지속적인 쇠퇴가 나타나더라도, 이런 작업으로 가지가 부러질 가능성은 줄어들 것이다.

일리노이(Illinois)에서 TGR(수목생장조절물질)인 파클로부트라졸(paclobutrazol) (제15장 참조)을 쇠퇴하는 백참나무(*Quercus alba*)에 처리한 결과 외관을 향상시켰다(Watson, 1996). 처리하지 않은 대조구보다 새로운 생장이 더 푸르고 왕성하였다. 그리고 이를 처리한 수목의 세근(細根, fine root) 발달이 유의하게 증가하였다. Watson은 이를 수관의 상태가 향상되었다는 기준으로 제시하였다. Cambistat®라는 상표로 팔리고 있는 파클로부트라졸 제제는 이러한 적용을 대상으로 마케팅하고 있다.

요약 성목의 관리는 수목건강관리 원칙을 따른다. 수목의 생리와 수목이 빠질 수 있는 죽음의 나선에 관한 지식이 병해충의 생활사에 대한 지식과 마찬가지로 중요하다. 수목이 죽음의 근인(近因, proximate cause)에 노출되도록 하는 생물적, 무생물적 요소를 관리하고, 회피하고, 최소화하는 것이 목표이다. 이러한 목표를 충족시키기 위해 경종적, 생물적, 화학적 처리를 적용한다.

복습

• 수목건강관리(plant health care)는 종합적 병해충 관리의 진화를 의미하며, 병해충 방제보다는 식물의 발달에 초점을 두고 있다.
• 수목건강관리 프로그램은 조경 수목의 건강과 구조적인 안정성을 확보하기 위해 수목 선정으로부터 병해충 관리에 이르기까지 다양한 수단과 기술을 활용한다.
• 모든 해충, 병, 재배적 문제들이 수목건강관리적 접근에 상응하는 것은 아니지만, PHC가 적용될 수 있는 사례에는 병(참나무시들음병), 다양한 수목 집단에 대한 관리(송전선로), 성목의 관리 등이 있다.

추천문헌

CLARK, J., and N. MATHENY. 1994. The special needs of trees. In *Integrated Pest Management for Turf and Ornamentals*. A. Leslie, ed. CRC Press, Inc. Boca Raton, FL. pp. 17–28.

FLINT, M. L., and P. GOUVEIA. 2001. IPM in Practice: Principles and methods of integrated pest management. University of California. Agriculture and Natural Resources Publication 3418. Oakland, CA.

FLINT, M. L., and R. VAN DEN BOSCH. 1981. *Introduction to Integrated Pest Management*. New York: Plenum Press.

GREEN, J.L., O. MALOY, and J. CAPIZZI. 1990. *Patterns: Signs to Direct the Diagnosis of Plant Damage*. Ornamentals NorthWest Newsletter 13(6):1–24.

JOHNSON, W. T., and H. H. LYON. 1988. *Insects That Feed on Trees and Shrubs*, 2nd ed. Ithaca, NY: Comstock.

SINCLAIR, W. A., H. H. LYON, and W. T. JOHNSON. 1987. *Diseases of Trees and Shrubs*. Ithaca, NY: Comstock.

SMITH, J., A. ENDRESS, G. SMITH, J. LLOYD, R. NEELY, R. STUTMAN, J. BALL, K. CODER, and T. WADLEY. 1995. *A Guide to the Plant Health Care Management System*, 2nd ed. Savoy, IL: International Society of Arboriculture.

부록 I

경관용 농장수목의 검수 시방서*

*이 시방서는 캘리포니아 운수국(California Department of Transportation, Sacramento, CA)이 1981년 1월 발간한 표준시방서(Standard Specification)와, 2001년 캘리포니아 전문원예가 위원회(California Committee of Professional Horticulture)가 작성하고 도시수목재단(Urban Tree Foundation, Visalia, CA)이 발간한 시방서로부터 부분적으로 발췌한 것이다.

목적: 구조적으로 튼튼한 뿌리, 수간, 수관을 가진 매력적인 수목으로 손쉽게 정지할 수 있는 왕성하고 건강한 수목을 확보하는 것.

이행(履行, compliance): 모든 교목은 주문되거나 계획에 표시된 유형이나 이름과 일치해야 하며, 종(種, species)과 품종(品種, cultivar) 또는 변종(變種, variety)별로 개별 또는 집단으로 꼬리표를 달아야 한다. 수목은 농장 출하수목에 대한 미국표준(American Standard for Nursery Stock[ANSI Z60.1 1997])(American Association of Nursery, Washington, DC)의 가장 최근 개정판과 일치해야 한다.

모든 교목은 수목의 병과 해충 감염에 대한 검사를 요구하는 연방과 주(또는 적절한 관할지역)의 법을 준수해야 한다. 법에 의해 요구되는 검사증명서(檢査證明書, inspection certificate)가 수목이 출하될 때마다 수반되어야 한다. 법에 의해 요구되는 바와 같이, 수목이 식재될 카운티(county) (관할구역) 외부로부터 납품된 수목은 식재하기 전에 카운티의 농무관(農務官, agricultural commissioner) 또는 적절한 당국으로부터 반입허가를 받아야 한다.

규격(規格, specification): 다음 규격은 판매가 성립되기 전에 구매자와 판매자가 서면으로 합의한 바에 따라 수종, 경관 부지, 수목의 의도하는 기능에 의해 변경될 수 있다.

I. 수목의 건강(tree health)

종/품종의 전형처럼, 다음에 표시된 바와 같이 수목은 건강하고 활력이 좋아야 한다:

- 수관 잎의 밀도
- 신초 생장의 길이(수관 전반에 걸쳐)
- 잎의 크기, 색깔, 모습
- 뿌리의 균일한 분포(나근/bare root 또는 용기 배양토 내에서)
- 뿌리의 외관
- 말라 죽은 잔가지나 가지의 부재
- 해충과 병으로부터의 상대적인 자유로움
- 모든 수목의 수고, 수관폭, 직경, 뿌리 크기는 출하수목의 유형에 대해 그리고 서로 비례적으로 적정해야 한다.

주: 위의 일부 항목은 다음 항에서 더 자세하게 다룰 것이다. 이들 지표 중 일부는 휴면기 중에 낙엽수의 건강을 확인하는데 활용될 수 없다.

II. 수관(crown)

A. 원추형(圓錐形, excurrent): 강한 중앙 주지(主枝, leader)가 수목의 상단까지 뻗어 있는 수형(樹形, tree form)으로서, 좌우 대칭의 수관을 형성하는 가지가 방사상으로, 수직적으로 분포하며, 주지와 경쟁하는 직립의 가지가 없는 것이 이상적이다. 대부분의 침엽수(針葉樹, conifers)와 일부 활엽수가 여기에 속한다.

B. 구형(球形, decurrent): 중앙 주지가 없이 동일 세력(codominant)의 골격지(骨格枝, scaffold branch) 시스템으로 만들어진 수형(성숙하면 머리가 둥근 수관이 된다).

1. 잠재적인 골격지는 수간 둘레에 방사상으로, 그리고 수간을 따라 수직적으로 간격을 유지해야 하며, 일반적으로 해당 수종의 전형인 대칭적 수관을 형성한다. 가지 간의 수직적 최소 간격은 구체적으로 제시될 것이다.
2. 가지 직경은 수간 직경(가지 위 25mm[1인치]에서 측정)의 2/3보다 크지 않아야 한다. 골격지의 부착은 매몰된 수피(included bark; 가지와 수간 또는 다른 가지 사이의 좁은 각도로 부착된 곳에 끼어 있는 수피)가 있어서는 안 된다.

   주: 이 항은 주로 단일 수간 수목으로, 전형적으로 도로나 경관 식재용으로 사용된다. 이 시방서는 토피아리(topiary), 격자시렁(espalier), 다간(多幹, multistem), 군식(群植, clump), 기타 독특한 수형을 위해 특별히 정지(整枝, training)된 수목에는 적용되지 않는다.

3. 임시 가지(temporary branch): 달리 규정되어 있지 않으면, 낮은 수간을 따라 또는 잠재적인 골격지 사이에, 특히 수간 직경이 40mm(1.5인치) 미만인 교목인 경우, 작은 가지가 존재해야 한다. 임시 가지는 수간 주변에 방사상으로, 수간을 따라 수직적으로 분포되어 있어야 한다. 이들은 직경이 10mm(0.4인치) 미만이고 수간 직경의 1/2보다 크지 않아야 한다. 임시 가지의 두절(頭切, heading)은 이들의 생장을 제한하기 위해 항상 필요하다.

III. 수간(樹幹, trunk)

A. 수간 직경과 초살(梢殺, taper)은 해당 수목이 농장에서 지주의 지지 없이도 용기 안에서 직립으로 유지되거나, 나근(bare-root) 수목의 수간이 수직으로 묶여 있는 경우 농장 토양높이 바로 위에서 곧게 유지될 수 있을 정도로 충분해야 한다.

B. 지상 150mm(6인치)에서의 수간 직경은 다음의 세 가지 용기 크기에 제시된 직경 범위 이내이어야 한다:

용기 크기	지표 150mm(6인치) 높이에서의 수간 직경*	
	미터식	영국식
4ℓ(1gal; #5)	12~20mm	0.5~0.75인치
20ℓ(5gal; #15)	20~40mm	0.75~1.5인치
60cm(24인치) 상자	40~65mm	1.5~2.5인치

*용기의 크기와 수간 직경의 범위는 지역에 따라 차이가 날 수 있다.

C. 수간과 가지는 상처(올바르게 행한 전정절단에 의한 것 제외), 일소(sun-burned)된 부위, 버섯(곰팡이 자실체), 목질부 균열, 수액이 누출된 부위, 천공성 해충의 흔적, 혹, 궤양, 기타 외상 등이 없어야 한다.

IV. 뿌리(용기, 상자, 마대에 싸인 근분 수목) - 성목인 경우 수종과 크기에 관계없이

A. 검사와 인도 당시에 근분은 전체적으로 습기를 유지하고 있어야 하고, 수관은 시듦, 뒤틀림, 죽은 잎, 가지 마름 등과 같은 수분 스트레스의 흔적이 보이지 않아야 한다. 뿌리는 변색, 고사, 불쾌한 냄새 등과 같은 과도한 토양 수분 상태에 의해 피해를 받은 흔적이 없어야 한다.

B. 수간, 근원(root collar, root crown), 굵은 뿌리에는 맴돌거나 꼬인 뿌리가 없어야 한다. 맴돌거나 꼬인 뿌리를 검사하기 위해 근원 주위의 토양을 제거할 필요가 있을 것이다.

C. 수목은 배합토(配合土, soil mix) 안에 뿌리를 잘 내리고 있어야 한다. 수간을 조심스럽게 들어 올리면, 수간과 뿌리 시스템이 하나인 것처럼 움직여야 한다. 용기가 제거된 경우, 근분은 그대로 남아 있어야 한다.

D. 뿌리의 최상단 또는 근원은 용기 토양 표면으로부터 상하 25mm(1인치) 이내에 있어야 한다.

E. 근분의 외곽에는 맴돌거나 바닥이 평평한 굵은 뿌리가 없어야 한다. 수용 가능한 맴도는 외곽 뿌리의 직경은 수종과 근분의 크기에 따라 다르다. 최대 수용 가능 크기(자세히 규정한다면)는 근분의 크기와 수종에 따라 명기하여야 한다.

V. 뿌리는 다음과 같은 방법으로 점검할 수 있다:

- 근분 토양이 부서지기 쉬운 경우, 가장 위쪽 뿌리의 위치를 확인하고 이들이 수간을 휘감는지를 확인하기 위해 손가락으로 두세 그루 옆 수목의 수간 토양을 탐지하라.
- 손으로 뿌리를 찾을 수 없거나 더 자세한 조사가 필요한 경우, 용기나 근분을 기울여서 작은 물 분사펌프를 이용하여 수간의 50mm(2인치) 이내와 수간에 연결된 맨 위 뿌리 아래 50mm(2인치) 깊이까지의 뿌리를 노출시켜라. 수간과 주근(主根, main root)에는 맴돌거나 꼬인 뿌리가 없어야 한다. 수간 주위에서 씻겨져 나간 토양은 비슷한 배양토로 대체하라(총 근분 부피의 10% 미만이어야 한다).

VI. 나근묘(bare-root stock): III항의 B와 V항을 제외한 위의 요구를 충족하여야 한다. 뿌리 뻗음은 ANSI Z 60.1 Section 1.2, 1.2.1, 1.2.2의 가장 최근 개정판을 충족시켜야 한다.

VII. 검사 대상인 표본 수목에 결함이 있는 것이 확인되면, 구매자는 개별 수목이나 결함이 있는 표본이 나온 묶음 전체를 거절할 권리가 있다. 이러한 검사에 의해 식재에 부적당한 것으로 판단되는 수목은 모두 표본으로 간주되어 대금을 지급할 필요가 없다.

VIII. 구매자와 판매자는 선적일자(船積日字, shipping date)에 합의해야 하며, 선적일자는 선적 전 일수를 확인하고 합의해야 한다.

부록 II

전정 시방서

이 시방서는 다음 간행물로부터 발췌되고 일반적으로 확인되는 것이다: 미국국가표준원(American National Standards Institute)의 *American National Standard for Tree Care Operations–Tree, Shrub and Other Woody Plant Maintenance–Standard Practices(Pruning)* (2001) and *Best Management Practices–Tree Pruning* (Gilman과 Lilly, 2002).

목적: 이 시방서의 목적은 (1) 소유자나 기관(계약 관리자), (2) 계약자(契約者, contractor), (3) 수목관리자와 현장 직원 등 관계자 사이의 의사소통을 원활하게 함으로써 수목의 건강과 구조를 발달시키고 보전하는데 있다. 이는 일부 수종과 개별 수목의 독특한 성질을 인식하는 작업 지침 역할을 하고, 부지, 해당 수목의 기능, 나이와 상태, 전정의 목표 등에 따라 변경할 수 있을 것이다.

전정을 수행하는 수목관리자의 일반적인 자격

모든 전정작업은 다음에 기술되어 있는 바와 같이, 자격을 갖춘 수목관리자에 의해 수행되어야 한다:

면허가 있는가? 어떤 나라 또는 주는 수목관리 서비스를 제공하는 회사가 면허를 받을 것을 요구한다. 미국의 뉴저지(New Jersey) 같은 주는 자격이 있는 수목 전문가에게 면허를 준다.

해당 업계 조직의 회원자격을 가지고 있는가? 업계 조직에는 국제수목관리학회(International Society of Arboriculture, ISA)와 이의 지부, 전국수목관리자협회(National Arborist Association, NAA), 그리고 다른 나라들의 유사한 조직, 미국자문수목관리자협회(American Society of Consulting Arborists)와 기타 전문적인 수목관리 조직 등이 있다.

공인자격증이 있는가? 공인된 수목관리자는 국제적인 수목관리 조직이 실시하는 수목관리 전반을 망라하는 포괄적인 시험을 통과해야 하며, 계속적인 교육과 훈련을 통해 자신들의 지식과 기술을 지속적으로 새롭게 해야 한다.

적절한 보험에 가입되어 있는가? 법적 책임과 작업자의 배상보험에 대한 입증이 필요하다. 보험범위(coverage)의 제한에 관해서도 질문하라.

신용조회처를 제시하는가? 신용조회처를 요구하고 이들과 자유롭게 접촉하라.

계획된 작업을 점검하라. 유능한 수목관리자는 인정된 관행에 따라 작업을 수행할 것이다. 수목을 단간(topping, 굵은 가지의 중간을 절단하는 것)하거나, 박차를 신고 등반하거나, 과도한 양의 잎을, 특히 수관의 내부에서 제거할 것을 권고하는 것 등은 수용하지 마라.

서면 계약서를 제공하는가? 평판이 좋은 수목관리자는 고객으로 하여금 합리적인 작업량에 대해 준비된 계약서에 서명하게 할 것이다.

어린 나무 정지를 위한 시방서

어린 나무는 크기에 비례하여 적절한 간격을 확보한 측지(側枝, lateral branch)를 가진 튼튼하고 초살이 잘된 수간을 발달시키기 위해 정지(整枝, training)될 수 있다. 다음 표준은 궁극적으로 구형으로 크게 자라는 수종에 주로 적용된다.

수목은 강한 주지의 발달을 증진시키고 골격지의 기본적인 수관 구조를 확보하기 위해 전정된다. 다음은 제안이다:

1. 하나의 곧은 수간을 유지하고 주지나 골격지와 경쟁할 수 있는 왕성한 가지는 제거하거나 축소 절단하라.
2. 잠재적인 골격지는 양호하고, 적절하며, 수직적이고 방사적인 간격을 확보하라. 일반적인 지침으로, 크게 자라는 교목은 4차년도까지 5~9개의 주 가지(main branch)로 솎아 주는 것이 좋다. 가지는 주된 줄기(main stem) 직경의 2/3 미만이 되는 것이 좋으며 적어도 수직적으로 300mm(12인치) 간격을 유지해야 한다.
3. 임시 가지(바람직한 가장 낮은 골격지[영구적인 가지] 높이 아래와 골격지 사이의 가는 가지)는 2~4년 동안, 또는 직경이 15mm(0.5인치)가 될 때까지 수간을 따라 유지하라. 임시 가지는 길이가 300mm(12인치) 미만으로 유지하는 것이 좋다.
4. 수관 전반을 통해 잎을 적절하게 배분하라. 잎의 절반은 수목의 하부 2/3에서 발생하는 가지(영구지와 임시 가지)에 존재하는 것이 좋다.

활착된 교목(수고 10mm[30피트] 이상)에 대한 시방서

다음 시방서는 구조나 병해충에 대한 저항성과 관련된 수종 특이적 요구조건에 따라 변경될 수 있다(제14, 18, 19장 참조). 모든 항목이 모든 작업에 적용될 수 있는 것은 아니다.

1. 수목은 건강과 구조를 증진시키기 위해 수종, 현재의 상태, 원하는 결과에 따라 전정을 실시한다. 일반적인 목표는 수관 전반에 걸친 가지와 잎의 균일한 분포를 제공하는 것이다. 이러한 목표를 달성하기 위한 기본적인 단계는 다음과 같다:
   a. 가지의 직경이 40mm(1.5인치)를 넘지 않는 범위 내에서 고객과 수목관리자가 합의한 최소 굵기로, 병들고, 교차하고, 약하고, 죽은 가지의 수관을 청소하라.
   b. 가지 주위에 형성된 가지 깃(branch collar) 바깥의 절단 부위인 가지터기(stub)를 제거하라.
   c. 골격지의 끝 주변에 있는 가는 직경의 측지를 선택적으로 제거하는 방법으로 무겁고 수평적인 가지 끝의 무게를 줄여라.
   d. 도로, 굴뚝(chimney), 지붕, 보도(步道, sidewalk) 등의 위에는 적절한 수직적 수평적 여유 공간을 제공하라.

   주: 개별 수목에 대한 자세한 시방서는 어떤 가지를 어떻게 전정해야 하는가를 기술할 것이다. 특정한 여건에 따라 수관축소(樹冠縮小, crown reduction)와 수관 높이기(crown raising)에 대한 요구 사항도 고려하라. 임분 내의 전정 요구는 화재 안전에 대한 지역적인 요구를 고려하는 것이 좋다. 전정에 대한 연중 시기는 병해충 감염이 상처에 의해 영향을 받으면 제한될 수 있다.

2. 모든 전정은 자격을 가진 수목관리자에 의해 수행되어야 한다(위의 주 참조).

   주: 일반적인 관행은 공인된 수목관리자나 수목 작업자를 구체적으로 제시하는 것이다. 또한 일부 국가, 도나 주의 수목관리자들은 수목 작업을 수행할 수 있는 면허를 갖고 있고, 노동자재해보상보험(worker's compensation insurance)과 일반배상책임보험(General Liability Insurance)에 가입할 것을 요구한다.

3. 모든 전정은 *American National Standard for Tree Care Operation (Z133.1) - Pruning, Trimming, Repairing, Maintaining, and Remove Trees, and Cutting Brush - Safety Requirements* (American National Standards Institute, 1994)의 최신 개정판에 따라야 하며, 미국국립표준원(American National Standards Institute)의 *American National Standard for Tree Care Operations - Tree, Shrub and Other Woody Plant Maintenance - Standard Practices (Pruning)* (2001)과 *Best Management Practices - Tree Pruning* (Gilman과 Lilly, 2002)을 준수해야 한다.
4. 전정 작업이 수목에 주는 피해를 최소화하기 위해 다음 단계를 지켜야 한다:
   a. 내부의 가지는 수피가 벗겨지지 않도록 한다.
   b. 죽거나 위해한 굵은 가지를 제외하고, 직경 100mm(4인치)를 넘는 가지의 절단은 피하는 것이 좋다.
   c. 전정 절단(pruning cut)은 지피융기선(枝皮隆起線, branch bark ridge)과 가지 깃 바깥에서 하되 심재(心材, heartwood)를 노출시키거나 가지터기를 남겨서는 안 된다. 평절(平切, flush cut)은 허용되지 않는다.
   d. 기본적인 구조가 확립되고 나면, 수목으로부터 살아 있는 잎이나 잠재적인 잎의 25% 이상을 제거해서는 안 된다.
   e. 등반 또는 전정 작업 중에 수피가 손상되지 않도록 하기 위해 적절한 도구와 기술을 활용해야 한다. 이는 제거에 앞서 굵은 가지를 축소시키거나 특별한 등반 장구를 사용할 때에도 요구될 수 있다.
   f. 가지의 길이를 줄여야 하는 경우에는, 절단은 정단(頂端, terminal)의 역할을 이어받기에 충분한 굵기의 측지에서만 실시되어야 한다. 일반적인 기준으로, 제거될 가지와 남겨질 가지 사이의 연결 지점에서 남겨질 측지의 직경이 적어도 제거될 측지의 1/3은 되어야 한다.
   g. 수목을 제거하거나 비상사태가 아니면, 등반용 박차(拍車, spur)나 갈고리(gaff)의 사용은 허용되지 않는다.
5. 수목관리자는 나무에 오르기 전에 약하고, 위로 들어 올려지고, 부정(不定)의 또는 부러진 뿌리의 징후; 토양의 균열이나 솟아오른 곳; 부후, 공동(空洞, cavity), 기타 수간의 결함 등에 대한 근원 점검을 실시해야 한다. 수목 안에 있을 동안에는, 수목관리자는 처리를 요하는 결함을 확인하기 위해 공중 점검(aerial inspection)을 실시해야 한다. 추가적인 작업이 필요한 경우, 계약 관리자나 소유자에게 보고해야 한다.
6. 필요한 경우, 부산물을 칩으로 만들어서 수간이 멀치에 덮이지 않으면서 수목 아래의 낙수선(落水線, dripline) 이내에 깊이 100mm(4인치) 미만으로 뿌려준다.

   주: 민감한 수목에 타감물질을 가진 수종의 신선한 칩을 사용하는 것을 조심하라. 부숙(腐熟)되지 않거나(uncomposted) 용탈되지 않은 유칼리나무의 톱밥(sawdust)과 잎, 레드우드와 삼나무의 톱밥, 미송(美松, Douglas fir), 낙엽송, 가문비나무의 수피 등에 대한 독성이 보고되었다(제7장 참조). 제초제에 의해 죽은 목재는 칩으로 만들지 마라.

부록 III

도량형 환산

한쪽 열의 단위를 다른 쪽 열의 단위로 환산하기 위해서는 화살표가 가리키는 방향으로 가운데 열에 있는 숫자를 곱하거나 나누어라.

나누기 →
← 곱하기

길이(length)[a]

밀리미터, mm	25.4	*인치, in*
밀리미터, mm	328	*피트, ft*
센티미터, cm	32.8	*피트, ft*
미터, m	0.328	*피트, ft*
미터, m	0.91	*야드, yd*
킬로미터, km	1.6	*마일, mi*
피트, ft	5,260	*마일, mi*
마이크론, μ	1,000	밀리미터, mm
밀리마이크론, mμ	1,000,000	밀리미터, mm
옹스트롬, Å	10	밀리마이크론, mμ

면적(area)

제곱밀리미터, mm^2	645	*제곱인치, in.*^{2}
제곱센티미터, cm^2	6.45	*제곱인치, in.*^{2}
제곱센티미터, cm^2	929	*제곱피트, ft*^{2}
제곱미터, m^2	0.09	*제곱피트, ft*^{2}
제곱미터, m^2	0.8	*제곱야드, yd*^{2}
제곱킬로미터, km^2	2.6	*제곱마일, mi*^{2}
헥타르, ha	0.4	*에이커, A*
제곱미터, m^2	10,000	헥타르, ha
제곱피트, ft^2	43,560	*에이커, A*
에이커, A	640	*제곱마일, mi*^{2}

부피(volume)

밀리리터, ml	5	*티스푼, tsp*
밀리리터, ml	15	*테이블스푼, tbs*
밀리리터, ml	30	*온스, oz*(액체)
리터, *l*	0.24	*컵*
리터, *l*	0.47	*파인트, pt*
리터, *l*	0.95	*쿼트, qt*
리터, *l*	3.8	*갤런, gal*(미국)
세제곱미터, m^3	0.03	*세제곱피트, ft*^{3}
세제곱미터, m^3	0.76	*세제곱야드, yd*^{3}
리터, *l*	10,000	세제곱미터, m^3
갤런, gal(미국)	7.48	*세제곱피트, ft*^{3}
갤런, gal(미국)	1.2	*갤런, gal*(영국)

[a]영국식 단위(English unit)는 이탤릭체로 표시되어 있다. 미터식 단위(Metric unit)는 표준체로 표시되어 있다.

환산 예: 500mm ÷ 25.4 = 19.7인치(in.)
5gal × 3.8 = 19리터(*l*)

무게(weight)

그램, g	28	*온스, oz*(avdp)
킬로그램, kg	0.454	*파운드, lb*
톤(미터)	0.9	톤(미국 short)
킬로그램, kg	1,000	톤(미터)
파운드, lb	2,000	톤(미국 short)

압력(pressure)

kg/cm^2	0.07	*lbs/in.*^{2}*, psi*
kg/cm^2	1.033	*기압, atm*
바, bar	1.013	*기압, atm*
바, bar	0.069	*lbs/in.*^{2}*, psi*

비율 또는 산출고

$kg/100m^2$	0.491	*lbs/1,000ft*^{2}
kg/ha	1.12	*lbs/A*
톤(미터)/ha	2.24	톤(미국)/A
$kg/100m^2$	1,000	kg/ha
lbs/1,000ft^2	43.56	*lbs/A*

속도(speed)

미터/초, m/sec	0.305	*피트/초, ft/sec*
미터/초, m/sec	0.447	*마일/시간, mph*
킬로미터/시간, km/h	1.61	*마일/시간, mph*
마일/시간, mph	0.68	*피트/초, ft/sec*

온도 환산[a]

섭씨(Celsius)를 화씨로 →
화씨(Fahrenheit)를 섭씨로 ←

°C	°F[b]	°C	°F	°C	°F
−32	−26	−6	21	20	68
−30	−22	−4	25	22	72
−28	−18	−2	28	24	75
−26	−15	0	32	26	79
−24	−11	2	36	28	82
−22	−8	4	39	30	86
−20	−4	6	43	32	90
−18	0	8	46	34	93
−16	3	10	50	36	97
−14	7	12	54	38	100
−12	10	14	57	40	104
−10	14	16	61	42	108
−8	18	18	64	100	212

[a]환산 예: 20°C ÷ 0.556 + 32 = 36 + 32 = 68°F
(68°F − 32°) × 0.556 = 36 × 0.556 = 20°C
[b]화씨온도는 정수(整數, whloe number)로 반올림하였다.

부록 IV

상이한 기후대별 대표적인 내한성 식물

지표식물 예 다음은 지역 내 가장 추운 곳에서 성공적으로 적응하는 내한성 식물의 목록이다. 이러한 식물은 각 지역의 재배 가능성에 대한 유용한 지표가 될 것이다

zone	학명	일반명	zone	학명	일반명
1	**-50°F 미만**	**–45.6°C 미만**	**6**	**–10~0°F**	**–23.3~–17.8°C**
	Betula glandulosa	난장이자작나무		*Acer palmatum*	단풍나무
	Empetrum nigrum	시로미		*Buxus sempervirens*	황금회양목
	Populus tremuloides	북미사시나무		*Euonymus fortunei*	줄사철나무
	Potentilla pensylvanica	펜실베이니아양지꽃		*Hedera helix*	아이비
	Rhododendron lapponicum	황산차		*Ilex opaca*	미국호랑가시나무
	Salix reticulata	난장이버드나무		*Ligustrum ovalifolium*	왕쥐똥나무
2	**–50~–40°F**	**–45.6~–40°C**	**7**	**0~10°F**	**–17.8~–12.3°C**
	Betula papyrifera	종이자작나무		*Acer macrophyllum*	큰잎단풍
	Cornus canadensis	풀산딸나무		*Rhododendron kurume hybrid*	방울철쭉 잡종
	Elaeagnus commutata	북미보리수		*Cedrus atlantica*	아틀라스시다
	Larix laricina	미국잎갈나무		*Cotoneaster microphylla*	작은잎개야광나무
	Potentilla fructicosa	물싸리		*Ilex aquifolium*	영국호랑가시
	Viburnum trilobum	미국가막살나무		*Taxus baccata*	영국주목
3	**–40~–30°F**	**–40~–34.5°C**	**8**	**10~20°F**	**–12.3~–6.6°C**
	Berberis thunbergii	일본매자나무		*Arbutus unedo*	딸기나무
	Elaeagnus angustifolia	사막보리수나무		*Choisya ternata*	멕시코오렌지
	Juniperus communis	주니퍼베리		*Olearia haastii*	뉴질랜드데이지부쉬
	Lonicera tatarica	분홍괴불나무		*Pittosporum tobira*	돈나무
	Malus baccata	야광나무		*Prunus laurocerasus*	월계벚나무
	Thuja occidentalis	서양측백		*Viburnum tinus*	지중해가막살나무
4	**–30~–20°F**	**–34.5~–28.9°C**	**9**	**20~30°F**	**–6.6~–1.1°C**
	Acer saccharum	설탕단풍나무		*Asparagus setaceus*	아스파라가스
	Hydrangea paniculata	목수국		*Eucalyptus globules*	타스마니아유칼리
	Juniperus chinensis	향나무		*Syzgium paniculatum*	호주떨기벚나무
	Ligustrum amurense	중국쥐똥나무		*Fuchsia hybrids*	수령초잡종
	Parthenocissus quinquefolia	미국담쟁이덩굴		*Grevillea robusta*	우의목
	Spiraea x vanhouttei	반호테조팝나무		*Schinus molle*	캘리포니아후추나무
5	**–20~–10°F**	**–28.9~23.3°C**	**10**	**30~40°F**	**–1.1~4.4°C**
	Cornus florida	미국산딸나무		*Bougainvillea spectabilis*	부겐빌레아
	Deutzia gracillas	가는말발도리		*Cassia fistula*	라차프륵
	Juniperus communis	주니퍼베리		*Olearia hasstii*	뉴질랜드데이지부쉬
	Ligustrum vulgare	서구쥐똥나무		*Eucalyptus citriodora*	레몬유칼리
	Parthenocissus tricuspidata	담쟁이덩굴		*Ficus elastica*	고무나무
	Rosa multiflora	찔레꽃		*Ensete ventricosum*	에티오피아바나나
	Taxus cuspidata	주목		*Roystonea regia*	쿠바대왕야자

용어 해설

NAA(naphthalene acetic acid, NAA) 원하지 않는 꽃이나 과실을 제거하기 위해 식물에 처리하는 합성 옥신.

가도관(假導管, tracheid) 위로 가면서 가늘어지고 끝이 막혀 있고 두꺼운 리그닌화된 세포벽을 가진 관과 같은 수분 통도세포(Horticultural Research Institute, 1971). 도관과 비교.

가식(假植, heel in) 식재에 유리한 여건이 될 때까지 땅이나 기타 물질 안에 식물을 저장하는 방법(Horticultural Research Institute, 1971).

가지 부착(branch attachment) 수간이나 다른 가지에 대한 측지의 구조적인 결합.

가지 정단분열조직(shoot apical meristem) 빠르게 분열하고 확장하는 작은 세포의 반구형 덩어리. 꽃눈, 잎눈, 액아 원기와 줄기의 통도조직이 여기에서 시작된다.

가지깃(branch collar) 가지와 수간이 만나는 기부에 솟아오른 것, 또는 가지와 수간 두 조직이 겹쳐서 더 커진 가지. 가지 부착 주위에 형성된 목재로서, 종종 부착부위의 아래쪽을 지칭한다. 또한 가지어깨(branch shoulder)로 알려져 있다(Matheny와 Clark, 1994).

가지마름(dieback) 잔가지나 가는 가지의 점진적인 고사로, 일반적으로 끝에서 기부로 진행된다.

가지보호지대(branch protection zone; barrier zone) 가지의 기부에 전분이 풍부한 얇은 지대로서, 화학성분이 집적되어 있어 변색과 부후의 확산을 저지한다(Gillman과 Lilly, 2002).

가지엮기(pleach) 가지를 엮어서 은폐된 산책로를 형성하는 전정 기술.

가지터기(stub) 전정 후 남은 길이가 짧은 가지. 가지터기를 남기는 것은 잘못된 전정이다.

각피(角皮, cuticle) 잎, 과실, 가지와 같은 식물 기관의 두터운 왁스질의 표면층(Horticultural Research Institute, 1971).

갖춘꽃(complete flower) 꽃받침(sepal), 꽃잎(petal), 수술(stamen), 심피(carpel)의 4 기관을 모두 가진 꽃.

겨울저온처리(winter chilling) 보통 7°C(45°F) 이하의 저온 기간으로, 대부분의 온대 다년생식물의 휴면을 극복하기 위해 필요하다.

격자시령(espalier) 식물을 벽이나 자립물(自立物, freestanding)을 배경으로 편평하게 자라도록 정지하는 방법.

경계면(境界面, interface, soil) 토양의 두 다른 토성이나 변형된 부분과 변형되지 않는 부분 사이 지역.

경반층(耕盤層, plowpan) 오랫동안 같은 깊이로 경운하여 생긴 답압된 토양층.

경사(傾斜, slope) 수평으로부터 지표의 각도 또는 차이로서, 수치 비율, 백분율, 도수 등으로 표시한다(Brady와 Weil, 1996).

경사굴성(傾斜屈性, plagiotropic) 수직으로부터 벗어나서 생장하는 것; 뿌리 끝이 제거되었을 때 뿌리가 아래쪽으로 자라는 경향.

고사지 돌출(stag-headed) 살아 있는 수관 밖으로 죽은 가지가 돌출되어 있는 것으로, 쇠퇴의 징조나 전단계를 의미한다(Matheny와 Clark, 1994).

고질적(痼疾的, chronic) 오랜 시간에 걸쳐 일어나는 것.

골격지(骨格枝, scaffold) 원추형 수목에서 수관의 주된 구조를 형성하는 굵은 가지.

곰팡이(fungus) 광합성 색소가 부족한 단순한 식물. 개별 세포는 막으로 둘러싸인 핵을 가지고 있고, 이들은 균사라고 불리는 길고 가는 실로 서로 연결되어 있으며, 자라서 육안으로 보이는 물체가 되기도 한다(Brady와 Weil, 1996).

공극(空隙, voids) 토양 내 빈 공간.

공동(空洞, cavity) 아물지 않은 상처로, 부후와 이로 인해 속이 비어 있다.

공생(共生, symbiotic) 상호 이익을 위해 서로 다른 유기체가 같이 살아가는 관계.

과냉액체(過冷液體, supercooled liquid) 얼음을 형성하지 않고 빙점 이하로 온도가 내려간 액체.

과수원예(果樹園藝, pomology) 다년생 결과 식물을 재배하는 것.

관목(灌木, shrub) 교목보다 수고가 낮은 목본식물로서, 종종 지면 가까이에서 발생하는 많은 수직 또는 수직에 가까운 가지에 의해 수형이 형성된다.

광주기(光週期, photoperiod) 식물의 정상적인 생장과 성숙을 위해 요구되는 암기(暗期, dark period; 또는 낮의 조명 기간)의 임계 또는 최적 길이(Robbins 등, 1960).

광합성(光合成, photosynthesis) 엽록소와 빛이 있는 상태에서 이산화탄소와 물이 단순한 탄수화물과 산소로 변환하는 것.

광합성유효방사(光合成有效放射, photosynthetic active rediation, PAR) 광스펙트럼의 일부로, 약 400과 700nm이며, 엽록소에 의해 흡수되어 광합성에 필요한 에너지를 제공한다.

괴사(壞死, necrosis, nocrotic) 죽음.

교목(喬木, tree) 하나의 우세한 수간을 가지고 보통 수고가 5m 이상인 다년생 목본식물.

교질/콜로이드(膠質, colloid) 입자가 매우 작은 유기 및 무기물질로서, 이에 따라 질량 단위당 표면적이 크다(Brady와 Weil, 1996).

구과식물(毬果植物, conifer) 구과(毬果)의 열매를 맺는 식물.

구형(球形, decurrent, deliquescent) 동일세력 골격지 체계로 구성되는 수관을 가리킨다; 중앙 주지가 없다. 원추형과 대비(Matheny와 Clark, 1994).

구획화(區劃化, compartmentalization) 병과 부후미생물의 확산

을 제한하는 역할을 하는 화학적, 물리적 경계를 창출하는 생리적인 과정(Matheny와 Clark, 1994).

굴광성(屈光性, phototropic) 광원이나 자극을 향해 생장하는 것.

궤양(潰瘍, canker) 줄기나 가지의 제한적인 괴사 조직 부위로, 곰팡이나 세균에 의해 유발되고, 주변에 유상조직이 발달하는 것이 특징이다. 지속 기간이 다년 또는 당년일 수 있다(Matheny와 Clark, 1994).

균근(菌根, mycorrhizae) 수목의 뿌리와 곰팡이의 공생적인 관계.

균사(菌絲, hyphe) 곰팡이 실의 한 가닥(ISA, 1997).

그늘 재배(shade-grown) 주변광 이하의 광환경에서 재배된 농장 출하수목의 유형.

근관(根冠, root cap) 뿌리의 정단분열조직을 감싸고 보호하는 골무 모양의 세포 덩어리(Robbins 등, 1960).

근분(根盆, root ball) 컨테이너나 근분 농장 출하수목의 뿌리부분을 말함.

근원(根元, basal flare, root collar/crown) 수간과 뿌리가 합류하는 지점에서 발생하는 직경의 급격한 증가.

근원점검(根元點檢, root collar inspection) 뿌리와 줄기의 교차점에 대한 점검으로, 안정성과 병, 부후, 기타 결함을 확인하는데 목적이 있다.

기공(氣孔, stomata) 수증기와 이산화탄소를 포함한 가스교환이 일어나는 잎에 있는 작은 구멍.

기반층/하드팬(基盤層, hardpan) 토양에서 물, 공기, 뿌리가 거의 침투할 수 없는 퇴적지대.

기부도장지(基部徒長枝, watersprout) 오래된 목재에 있는 지상 또는 접목접착부 위의 잠아나 부정아로부터 발생하는 활력이 강하고 직립하는 가지.

기생체(寄生體, parasite) 다른 종의 표면이나 내부에 사는 유기체로서, 이로부터 영양분과 유기물을 얻는다. 부생체와 비교.

기온역전(氣溫逆轉, temperature inversion) 고도가 올라가면서 온도도 올라가는 현상.

기울어짐(lean) 수간의 기부 근처에서 시작하여 수간이 수직에서 이탈하는 것.

기주(寄主, host) 기생체가 영양분을 얻는 살아 있는 유기체.

길항작용(拮抗作用, antagonism) 배합된 농약이나 다른 약품의 효과가 각각을 별도로 처리했을 때 예상되는 것 보다 낮은 상태(International Society of Arboriculture, 1997).

깃(collar) 줄기에 부착된 부위에서 측지를 둘러싸고 있는 수간조직의 고리.

꽃송이(inflorescence) 꽃의 덩어리.

나근(裸根, bare root) 뿌리 주변의 토양 없이 판매되는 농장 묘목의 형태.

나노미터(nanometer) 빛의 파장 단위로, 10^{-9}m.

나비근분(butterfly root ball) 수목이 배수가 불량하거나 점토질이 많은 지역에 적응하는 것을 도와주기 위해 근분의 아래 부위를 잘라내고 넓히는 기술.

나사막대(threaded rod) 수목의 고정을 지지하는데 사용되는 나삿니가 있는 금속 봉(Lilly, 1994).

나자식물(裸子植物, gymnosperm) 씨앗이 자방으로 둘러싸이지 않은 꽃이 피는 식물(Helms, 1998).

나트륨 토양(sodic soil) 대부분 작물의 생장을 저해할 정도로 나트륨을 많이 함유한 토양.

나트륨흡착률(sodium adsorption ratio, SAR) 토양 내 나트륨의 농축 정도로서, 칼슘과 마그네슘의 농도와 관련이 있다.

낙수선(落水線, dripline) 수관의 폭으로, 잎의 측면 연장에 의해 측정된다(Matheny와 Clark, 1994).

낙엽(落葉, defoliation) 잎을 떨어뜨리는 것.

낙엽수(落葉樹, deciduous) 일 년 중 한번은 잎을 모두 떨어뜨리는 다년생 식물.

날개(buttress) 가지, 줄기, 뿌리 등의 지지하는 것으로, 보통 과도하게 생장되어 있다(Matheny와 Clark, 1994).

내건조경(耐乾造景, xeriscape) 추가적인 관수 필요성을 최소화하는데 초점을 둔 경관의 설계, 건설, 유지관리 형태.

내생균근(內生菌根, endomycorrhizae) 주로 피층 내부의 개별적인 뿌리세포에 침투하고, 뿌리 주변에 균투를 형성하지 않는 곰팡이 균사. 외생균근과 비교.

내성강화(耐性强化, harden, hardening) 여러 순화 유형 중 하나로서, 온도를 낮추거나(저온에 대한 저항성 제고) 농장 환경으로부터 식재지 환경으로 변환시키는 것과 관련된 것.

내한성(耐寒性, hardiness, hardy) 낮은 기온에서 살아남을 수 있는 식물의 능력.

노화(老化, senescence) 나이가 들고 죽어가는 과정.

농약(農藥, pesticide) 식물, 동물, 해충, 곰팡이와 같은 원하지 않는 병원체를 죽이기 위해 사용되는 화학물질.

눈(bud) 전개되지 않은 가지나 꽃.

다년생(多年生, perennial) 두 생육기 이상 살아 있는 식물.

단간(斷幹, topping) 큰 가지를 절단하여 수고를 낮추는 전정기술. 일반적으로 그릇된 전정으로 여긴다(Matheny와 Clark, 1994).

단자엽식물(單子葉植物, monocotyledonous plant) 씨가 하나의 자엽을 가진 식물(Horticultural Research Institute, 1971). 쌍자엽식물과 비교.

단지(短枝, spurs) 일부 특정 과수에서 가끔 꽃눈을 가진 짧은 측면의 잔가지(Horticultural Research Institute, 1971).

답압(踏壓, compaction) 기계적인 수단에 의해 토양 입자가 붕괴되는 것으로, 이로 인해 대공극이 감소한다.

당김줄(guy) 이식 후에 수목의 지지를 위해 사용하는 장치. 수간이나 측지에서 지하에 위치한 고정물(anchor)에 연결된다.

대공극(大孔隙, macropore) 물과 공기의 이동, 뿌리 생장이 일어나는 토양 입자 간의 큰 공간(> 0.06mm).

대기후(大氣候, macroclimate) 상당히 동일한 환경적인 여건에 의해 한정되는 상대적으로 넓은 지역에 걸친 기후; 대개 위도, 고도, 큰 수체(body of water), 산맥, 연중 계절 등에 의해 바뀌는 기단(air mass)에 의해 경계가 정해진다. 미기후, 중기후와 비교.

대량원소(大量元素, macronutrient) 식물이 생장하는데 많은 양(보통 식물체 내에 50mg/kg)이 필요한 원소. C, H, O, N, P, K, Ca, Mg가 여기에 속한다(Brady와 Weil, 1996).

대류(對流, convection) 기체와 액체에서 유체(current)에 의한 열의 이동.

대생(對生, opposite) 둘 이상의 눈이 같은 마디에서 마주 보거나 주변에 분포하는 배열.

덩굴식물(vine) 줄기가 유연하여 지지가 필요한 식물.

덮개(canopy) 잎과 작은 가지로 구성된 수관의 일부.

도관(導管, vessel) 끝이 열려 있는 관처럼 생긴 수분통도 세포; 끝과 끝을 연결하여 쌓으면 연속적인 통도 경로가 된다. 가도관과 비교.

도시임업(都市林業, urban forestry) 도시지역에 자연적으로 발생하거나 식재된 수목의 관리.

도시토양(都市土壤, urban soil) 혼합, 성토, 오염에 의해 창출된 비 농업적 인위적인 지표층을 가진 정지와 건설 활동에 의해 어느 정도 변경된 토양.

도장지(徒長枝, epicormic shoot) 줄기나 가지, 수목의 기부에서 나오는 흡지(sucker)에서 발생하는 잠아나 부정아로부터 나오는 가지.

동계건조(冬季乾燥, winter burn) 토양이 얼어 있고 뿌리가 수분을 흡수할 수 없거나 수간이 수분을 통과시키지 못할 때 수분 손실로 인한 구과식물의 잎 괴사.

동일세력(同一勢力, codominant) 크기와 상대적인 중요성이 동일한 것으로서, 줄기나 수관의 가지와 관련이 있다; 수관급(crown class)과 관련해서는 수관이 임관의 상층의 일부를 형성하지만 인접한 수목과 혼잡한 수목을 말한다.

된서리(black frost) 낮은 습도 때문에 가시적인 얼음이 없이 발생하는 복사냉각(radiation cooling)에 의한 결빙 온도.

두목전정(頭木剪定, pollard) 어린 나무나 가지를 처음 단간(heading)한 다음 유상조직을 손상시키지 않고 매년 다시 단간하는 전정기술(Matheny와 Clark, 1994).

두절(頭切, heading cut) 당년지나 1년생 가지를 어떤 눈에서 절단하는 것, 또는 가지터기가 남도록 가지를 자르거나, 주지의 역할을 이어받기에 불충분한 굵기의 가지에서 축소절단을 하는 것.

래그후크(lag hook) 수목에 케이블을 연결시키기 위해 사용하는 J 자형 볼트.

럭스(lux) 10촉광에 상당하는 조도의 단위.

마대로 싼 근분(根盆, balled-in-burlap; B in B, B and B) 뿌리 주변의 토양을 같이 굴취한 다음 보호 물질로 감싼 농장 대목(stock)의 형태.

마이크론(micron) 빛 파장의 단위로 10^{-6}m.

만곡(彎曲, bow) 줄기나 가지가 지상이나 출발점으로부터 점진적으로 휘어지는 것.

매몰된 수피(include/embedded bark) 가지 연결부위에서 수피가 바깥으로 향하지 않고 안쪽으로 향하는 생장 유형; 지피융기선과 비교(Matheny와 Clark, 1994).

맴도는 뿌리(circling root) 뿌리가 수간으로부터 멀리 뻗지 않고, 수간의 주위를 돌면서 자라는 것.

멀치(mulch) 볏짚, 톱밥, 낙엽, 수지 필름, 푸석푸석한 흙 등과 같은 재료로, 낙수, 토양 고결, 결빙, 증발로부터 토양과 식물의 뿌리를 보호하기 위해 토양 표면에 뿌린다(Brady와 Weil, 1996).

목부(木部, xylem) 형성층의 활동에 의해 생성된 조직으로 가도관, 목재섬유, 유세포로 구성되어 있으며, 수분과 양분의 저장과 수송, 기계적인 지지를 제공하는 역할을 한다.

무기물(無機物, inorganic) 탄소화합물(탄산염 제외)을 제외한 자연 상태의 모든 물질(Horticultural Research Institute, 1971).

무생물적(無生物的, abiotic) 살아 있지 않은.

무증상(無症狀, asymptomatic) 문제를 진단할 때, 병이나 해충의 감염 징후나 증거가 부족한 것. 해충이나 병이 식물에 존재하지만 이들의 활동이 아직 식물에 반응이 나타나지 않은 경우. 병징(symptom) 참조.

무휴면 생장(syllepsis) 측지의 신장에 휴면기를 요하지 않는 것.

미국국립표준원(American National Standards Institute, ANSI) 다른 산업과 마찬가지로 수목관리 실무(Z133.1), 양묘(Z60.1), 가지치기(A300) 등에 대한 표준을 발행한다.

미기후(微氣候, microclimate) 개별 식물 주변 또는 내부의 환경(기후) 조건; 햇빛, 바람, 노출, 반사와 재반사된 열, 향에 영향을 받은 인접 지역에 의해 바뀐다. 중기후, 대기후와 비교.

미량원소(微量元素, micronutrient) 식물의 생장에 극히 적은 양(식물 체내 < 50mg/kg)만 필요로 하는 원소. B, Cl, Cu, Fe, Mn, Ni 등이 여기에 속한다. 대량원소와 비교(Brady와 Weil, 1996).

미리 제작된 수목 그립(preformed tree grip) 래그후크나 아이볼트에 EHS(Environmental Health Services) 케이블을 설치하는데 사용하는 장치.

미리 형성된 눈 원기(preformed bud initials) 정아에 형성된 눈과 마디의 원기(原氣). 가지 전개가 고정 생장인 경우, 미리 형성된 원기가 앞으로 형성될 마디의 수를 결정한다.

미생물(微生物, microorganism) 크기가 극히 작은 식물이나 동물.

미소동물(微少動物, microfauna) 너무 작아서 현미경 없이는 확실하게 구분할 수 없는 개체로 구성된 동물 군집의 일부. 원생동물과 선충이 여기에 속한다(Brady와 Weil, 1996).

미소식물(微少植物, microflora) 너무 작아서 현미경 없이는 확실하게 구분할 수 없는 개체로 구성된 식물 군집의 일부. 방선균류, 조류, 세균, 곰팡이 등이 여기에 속한다(Brady와 Weil, 1996).

반입성토(搬入盛土, import fill) 건설을 위해 지반을 높이거나 안정된 기반을 조성하기 위해 사용된 외부로부터 가져온 토양.

방벽지대(防壁地帶, barrier zone) 수목이 상처를 받은 후에 살아 있는 형성층에 의해 목재 내에 형성되는 보호 경계선.

방사조직(放射組織, ray) 목재를 통과해서 방사방향으로 뻗은 목부(xylem)조직.

방선균류(放線菌類, actinomycetes) 세균과 곰팡이 중간인 토양 미생물 집단의 하나(Brady와 Weil, 1996)로 균사체(mycelium)와 균사(hyphae) 덩어리를 형성한다. 일부 종은 뿌리와 공생관계를 형성하고 질소를 고정할 수 있다.

배(胚, embryo) 발아하여 식물로 생장하고 발달하는 씨앗의 일부(Horticultural Research Institute, 1971).

배수(排水, drainage) 토양단면을 통한 자유수의 이동.

백열등(白熱燈, incandescent) 전류가 진공 상태에서 전도성의 필라멘트를 통해 흐르면서 빛이 발생하는 형태의 등. 발생하는 광선은 적색과 적외선 파장에 집중된다. 형광등과 비교.

버팀목(spreader) 수목 정지에서, 가지 각도를 넓히기 위해 사용되는 도구.

변재(邊材, sapwood) 물, 영양분, 탄수화물의 통도와 저장 기능을 하는 수간이나 줄기 내의 2차 목부의 바깥쪽 가장 어린 층.

변재부후(邊材腐朽, sap rot) 곰팡이가 물, 영양분, 탄수화물의 수송과 저장 기능을 하는 목부를 공격하는 부후 유형.

병징(病徵, symptom) 문제 진단에서 피해 요인에 반응하여, 신장 위축이나 변색 등, 식물의 생장이나 외관이 변하는 것.

복사(輻射, radiation) 광원과 목적물 사이의 대기에 영향을 미치지 않으면서 열이나 빛 등의 에너지를 전달하는 것.

복사서리(radiation frost) 지표가 열을 상실하면서 지표 가까이의 기온이 0°C(32°F) 이하로 떨어지는 상태; 맑고 바람이 없는 상태와 관련이 있다. 이류결빙과 비교.

부생체(腐生體, saprophyte) 죽은 유기물에 사는 유기체. 기생체와 비교.

부식층(腐植層, humus) 유기물이 분해되는 짙은 색의 층위.

부정근(不定根, adventitious roots) 새로이 만들어진 분열조직에서 생성된 뿌리. 미리 형성된 것이 아니다(Matheny와 Clark, 1994).

부정아(不定芽, adventitious bud) 가지, 수간, 뿌리 등에 새로이 만들어진 분열조직으로부터 생성되는 눈. 잎의 겨드랑이에서 미리 형성된 것이 아니다(Matheny와 Clark, 1994).

부착기(附着器, holdfast) 덩굴식물을 지지하는 수단으로서의 역할을 하는 기근(aerial root).

부후(腐朽, decay) 곰팡이와 세균에 의해 셀룰로즈와 리그닌이 분해되어 목재 조직이 퇴화되는 과정(Matheny와 Clark, 1994).

분경(盆景, penjing; Chinese) 경관의 축소된 모사(분재 참조).

분기(分岐, crotch) 두 가지(또는 가지와 주지)가 만나는 지점(또는 각도) (Matheny와 Clark, 1994).

분열조직(分裂組織, meristem) 활발한 분열이 가능한 세포인 배조직(胚組織, embryonic tissue)이나 미분화 조직.

분열조직(分裂組織, meristematic tissue) 미분화 조직으로, 활발한 세포분열과 특정한 조직으로 분화할 수 있다(Robbins 등, 1950).

분재(盆栽, bonsai) 소형의 수목을 키우는 예술(Horticultural Research Institute, 1971). Penjing 참조.

불변인장가설(constant strain hypothesis) 직경은 수목 전체에 걸쳐 기계적인 스트레스가 고루 배분되도록 생장한다는 수목생장에 관한 이론.

불완전화(不完全花, imperfect flower) 암술이나 수술 생식기관만 가지고 있는 꽃.

비료(肥料, fertilizer) 식물의 생장에 기본적인 특정 원소를 공급하기 위해 토양에 추가하는 자연적 또는 합성적인 유기 또는 무기 물질(Brady와 Weil, 1996).

뿌리(root) 토양과 대기로부터 수분, 가스, 영양분을 흡수하고 수관을 지탱하는 목질과 비목질 조직을 가진 식물의 일부.

뿌리정단분열조직(root apical meristem) 나중에 분화된 뿌리 조직으로 발달되도록 세포분열과 미분화 세포 형성을 통해 근관을 계속 만들어내는 미성숙 세포

뿌리조절장치(root control device) 뿌리의 생장과 뿌리를 일정 지역으로 유도하기 위해 땅속에 설치하는 수지, 금속, 천 등의 물질.

뿌리줄기비율(root-shoot ratio) 수관 부분에 대한 뿌리 부분의 중량 기준 상대적 비율.

뿌리털/근모(根毛, root hair) 가는 뿌리의 끝 근처에서 자라나오는 머리털 같은 관속조직으로, 흡수기능을 수행한다(Horticultural Research Institute, 1971).

사망나선(死亡螺線, mortality spiral) 활력이 높은 상태에서 스트레스를 거쳐 쇠퇴, 폐사에 이르는 수목 건강의 변화를 설명하는 일련의 사건.

사문토(蛇紋土, serpentine) 규산마그네슘(magnesium silicates)의 함량이 높은 것이 특징인 토양 유형.

사부(篩部, phloem) 성숙한 잎으로부터 식물의 다른 부위로 유기물질을 수송하는 통도조직. 전위(轉位, translocation)는 농도가 높은 곳에서 낮은 곳으로 일어난다.

사이토키닌(cytokinin) 자연적으로 발생하는 식물생장조절제의 일종으로, 보통 세포분열과 분화와 같은 생장 과정을 촉진하는 역할을 한다.

산공(散孔, diffuse porous) 도관이 연륜 전반에 걸쳐 고루 분포하는 목재 발달 유형. 환공과 비교.

산도(酸度, pH) 수소이온의 음의 대수(negative logarithm). 토양의 산도나 알칼리성의 척도. pH 7.0이 중성이고, 산성토양은 이보다 낮고, 알칼리 토양은 이보다 높다.

산란관(産卵管, ovipositor) 암컷 성충의 배에 있는 알을 낳는데 사용되는 특수한 구조(ISA, 1997).

산책로(散策路, alleé) 수관이 인접하게 자라서 길고 연속적인 길을 이루는 두 줄의 수목이 형성하는 통로.

살균제(殺菌劑, fungicide) 곰팡이를 죽이는 농약.

살아 있는 수관비율(live crown ratio, LCR) 전체 수고에 대한 구과수목의 상대적인 수관 높이.

살충제(殺蟲劑, insecticide) 곤충을 죽이는 농약(Brady와 Weil, 1996).

상대생장관계(相對生長關係, allometric relationship) 식물의 한쪽 생장과 다른 쪽 생장의 연결.

상렬(霜裂, frost crack) 나무의 결을 따라 수피와 목재 내에 발생하여 수간의 중심까지 연장되는 수직적인 균열.

상록수(常綠樹, evergreen) 한 생육기 이상 잎을 가지고 있는 수목.

상자(box) 수확할 때 노지에서 자란 식물의 뿌리 주변에 목재나 철제의 틀을 설치하는 농장 출하수목의 형태로, 출하나 취급할 때 뿌리를 지지하고 보호하는 용기가 된다. 또한 한 면이 60, 90, 120cm (24, 36, 48인치) 크기의 목재 용기 내에서 자란 농장 출하수목의 한 형태를 의미하기도 한다.

상처(傷處, wound) 구획화 반응을 유발하는 상해.

새살(woundwood) 상처와 관련된 유상조직으로부터 발달한 리그닌화되고 부분적으로 분화된 조직(Matheny와 Clark, 1994).

생물검정(生物檢定, bioassay) 살아 있는 잔유물을 이용한 농약의 활동성 평가(예: 제초제에 대한 발아 시험).

생물적(生物的, biotic) 살아 있는; 살아 있는 병원체와 관련된.

생장조절제(生長調節劑, growth regulator) 식물의 생장이나 발달에서 변화를 초래하는 자연 및 합성 화학물질.

서리주머니(frost pocket) 찬 공기가 경사를 따라 흘러내려 가장 낮은 지역에 쌓이면서 더운 공기를 위로 밀어 내어 발생.

석고(石膏, gypsum) 수산화황산칼슘(hydrated calcium sulfate)으로 구성된 광물질로서, 건축자재나 토양 개량제로 사용된다(Horticultural Research Institute, 1971).

석력토양(石礫土壤, structural/skeletal soil) 암버럭(crushed rock)과 같은 하중을 견딜 수 있는 성분과 원 토양 성분으로 구성된 식물을 키우기 위한 매개체.

석회질(石灰質, calcareous) 중량기준으로 탄산칼슘(carbon carbonate)을 2% 이상 함유한 토양.

석회침착(石灰沈着, calcification) 산화칼슘(calcium oxide)과 탄산염(carbonate)의 집적.

선별정지(選別整地, selective grading) 정지가 지정된 건축지역과 도로에 한정되고 주변의 토지는 교란되지 않은 상태로 두는 것.

성숙(成熟, mature) 식물이 개화유도(flower-inducing) 여건에 반응하는 상태. 유형과 비교.

성토(盛土, fill) 건설공사에서 기존 사면을 높이기 위해 토양을 추가하는 것.

세균(細菌, bacteria) 일반적으로 세포벽은 있으나 조직화된 핵은 없는 단세포 미생물을 말함.

세포(細胞, cell) 살아 있는 기관을 구성하는 구조적, 생리적 단위로, 여기서 생명의 특징인 복잡한 반응의 대부분이 일어난다(Robbins 등, 1950).

소공극(小孔隙, micropore) 상대적으로 작은 토양 공극으로, 보통 구조적인 입단 내에서 발견된다(Brady와 Weil, 1996).

소인(素因, predisposing factor) 스트레스에 대한 식물의 저항성을 저하시키거나 병해충의 공격에 감수성을 높여주는 생물적, 무생물적 요소.

솎기(thinning) 수관 내 살아 있는 가지의 밀도를 줄이기 위한 선별적인 전정(ANSI A300, 2001).

솎음절단(thinning cut) 가지를 발생지점에서 제거하는 전정기술. 제거절단과 동의어(Gilman과 Lilly, 2002).

쇠조임(bracing) 수목의 약한 부위를 관통하여 쇠막대를 설치하는 것.

쇠퇴(衰退, decline) 식물의 기관이나 전체 건강이 점진적으로 저하되는 과정; 일련의 상호작용 요소에 기인한다.

수간결절(樹幹結節, lignotuber) 일부 수종(예: 레드우드와 유칼리속)의 기부에 혹처럼 솟아오른 것으로, 새로운 가지가 나오는 원천이 될 수 있다.

수관(樹冠, crown) 수간의 가장 낮은 가지로부터 수목의 상단까지 측정한 수목의 잎과 가지(ANSI A300, 2001).

수관급(樹冠級, crown class) 인접한 수목의 수관과의 상대적인 위치를 기준으로 한 해당 수목 수관의 등급; 보통 우세목(dominant), 준우세목(codominant), 중간목(intermediate), 피압목(suppressed) 등으로 구분한다.

수꽃(staminate) 웅성생식조직만 가지고 있는 꽃.

수력굴착(水力掘鑿, hydraulic excavation) 물을 이용하여 뿌리 주변의 토양을 제거하는 기술.

수목건강관리(樹木健康管理, plant health care, PHC) 수목의 활력에 초점을 두고 수목 선정과 수목의 건강을 보호하고 제고시키는 것을 목적으로 하는 종합적인 폭넓은 기술에 의존하는 수목보호를 위한 다차원적인 전략(Smith 등, 1995).

수목관리학(樹木管理學, arboriculture) 조성된 경관에 있는 교목, 관목, 기타 목본식물을 관리하는 과학과 예술.

수목부후구획화(樹木腐朽區劃化, compartmentalization of decay in trees, CODIT) 상처발생에 대한 수목 반응의 모델.

수목생장조절제(樹木生長調節劑, tree growth regulator, TGR) 신초의 신장을 감축하거나 억제하기 위해 사용하는 일단의 화학물질.

수술(stamen) 꽃가루를 가지고 있는 꽃의 웅성생식기관.

수액유출(樹液流出, bleeding) 상처나 상해로부터의 수액 흐름으로, 악취를 동반할 수도 있다(Matheny와 Clark, 1994).

수염뿌리계(fibrous root system) 많은 가는 측근을 가진 여러 갈래의 뿌리로 구성된 뿌리계로서, 주근이나 직근이 발달하지 않는 경우도 있다(Horticultural Research Institute, 1971).

수직근(垂直根, sinker root) 수평으로 자라는 뿌리로부터 수직으로 자라는 뿌리로서, 수목의 안정성을 제고하고, 이 뿌리에 의해 개척된 더 깊은 토양의 량을 증대시킨다.

수직적 멀칭(vertical mulch) 땅속으로 구멍을 뚫어 제거된 토양 대신 거친 질감의 물질이나 유기물을 주입하여 답압된 토양의 통기성을 증대시키도록 설계된 기술.

수피매몰(樹皮埋沒, bark inclusion) 매몰된 수피 참조.

순화(馴化, acclimation) 추위와 관련하여, 민감한 상태에서 저항성 상태로 변화하는 것. 또한 부지 변경이나 환경적인 스트레스(고광도에서 저광도로 변화 등)를 조절하는 과정을 의미하기도 한다.

스트레스(stress) 정상으로부터 불리한 방향으로의 일탈. 힘의 균형을 유지하고 있는 물체에 작용하여 긴장과 변형을 가져온다. 수목관리학에서 무생물적/생물적 요소에 의해 수목의 건강이 불리하게 전환되는 것.

시각적 수목평가(visual tree assessment, VTA) 수목의 구조적인 결함과 안정성을 평가하는 방법(Mattheck와 Breloer, 1994).

식물독성(phytotoxic) 식물에 유독한(Lilly, 1994).

식물생장조절제(植物生長調節劑, plant growth regulator, PGR) 낮은 농도에서 식물의 생리적 작용에 영향을 주는 자연적으로 발생하는 화학물질; 예를 들면, 옥신, 지베렐린, 사이토키닌, 앱시스산, 에틸렌 등이 있다(Helms, 1998).

실행역(實行閾, action threshold) 수목건강관리(PHC)와 종합적

인 병해충 관리(IPM)에서 방제수단이 동원되는 수준. 이 수준은 식물피해와 병해충 밀도에 대한 허용 수준에 의해 결정된다.

심장근(心臟根, heart root) 아래쪽으로 자라면서 굵어지는 뿌리로서, 수목의 지상부의 안정성에 기여한다.

심재(心材, heartwood) 생리적으로 비활동적이 된 줄기나 뿌리의 중심 방향으로 짙은 색으로 바뀐 목재. 수분이나 양분의 이동 기능은 더 이상 없지만 에너지 저장소 역할을 할 것이다(Horticultural Research Institute, 1971).

심재부후(心材腐朽, heart rot) 가지, 수간, 굵은 뿌리에서 중심(심재)의 부후(Matheny와 Clark, 1994).

쌍자엽식물(雙子葉植物, dicotyledonous plant) 종자가 둘 이상의 자엽 또는 종자 잎을 가진 식물(Horticultural Research Institute, 1971). 단자엽식물과 비교.

아몬아이너트(Amon eye nut) 아이볼트(eye bolt; 머리 부분에 거는 고리가 달린 볼트 – 역자 주)를 고정시키기 위해 봉에 끼울 수 있는 낙하 단조로 성형된(drop-forged) 아이(eye).

아이볼트(eye bolt) 케이블을 걸 수 있게 수목에 설치되는 기구(Lilly, 1994).

알칼리 토양(alkali soil; 옛 용어) 나트륨(sodium)이 주된 양이온이고 식물의 생장에 악영향을 줄 수 있을 정도로 충분히 많이 존재하는 토양. 나트륨 토양(sodic soil) 참조.

암꽃(pistillate) 자성생식기관(pistil)만 가지고 있는 꽃.

암술(pistil) 암술머리(柱頭, stigma), 암술대(花柱, style), 씨방(子房, ovary)의 3부로 되어 있는 꽃의 자성생식기관(Horticultural Research Institute, 1971).

압축이상재(壓縮異常材, compression wood) 구과수목에서 가지 생장각도를 유지하거나 수간을 곧추서게 하기 위해 가지나 기울어진 수간의 아래쪽에 발달되는 이상재의 유형.

액/겨드랑이(腋, axil) 잎이 줄기에 부착되어 있는 지점.

앱시스산(abscisic acid, ABA) 자연적으로 생성되는 식물생장조절물질의 일종으로, 보통 식물의 생장저해와 관련이 있다.

양(陽)이온(cation) 양전기를 띤 이온(예: 칼륨, K^+)

양분(養分, nutrient) 광물 원소나 화합물 같은 물질로서, 물, 공기가 포함되며, 식물이 이들을 조직의 복잡한 화합물로 합성한다(Horticultural Research Institute, 1971).

양이온치환능력(陽이온置換能力, cation exchange capacity, CEC) 토양이 흡수할 수 있는 치환가능한 양이온의 총량. 때로는 총 또는 기본치환능력(total or base-exchange capacity), 양이온흡착능력(cation-adsorption capacity)이라고 부른다.

양토(壤土, loam) 모래나 미사보다 점토가 반 이하인 토성 분류로서, 토양입자의 구성이 바람직하다; 모든 식물에 이상적인 토성이라고 여겨진다.

얽힌 뿌리(root/pot bound) 컨테이너에서 자란 식물에서 근계가 가용한 공간을 대부분 차지하여 서로 얽히면서 빈틈없이 자란 상태.

에틸렌(ethylene) 식물의 노화와 낙엽에 관여하는 자연적으로 발생하는 식물생장조절물질의 일종. 에틸렌 방출물질은 원하지 않는 꽃이나 과실을 방지하거나 제거하는데 활용된다.

역(閾, threshold) 수목건강관리와 종합적 병해충관리 프로그램에서 피해나 병해충 밀도의 수용가능 수준과 수용 불가능 수준 사이의 경계선. 행동역과 비교.

연륜/나이테(年輪, annual/growth ring) 1년 내에 줄기가 생성하는 2차 목부의 폭.

염류토양(saline soil) 생산성을 해치기에 충분한 가용성 염류(可溶性鹽類)를 함유한 토양. 포화된 추출물의 전도도는 > 4dS/m이다(Brady와 Weil, 1996).

염류피각/칼리치(塩類皮殼, caliche) 토양용액으로부터 침전된 칼슘과 마그네슘의 2차 탄산염에 의해 토양 표면 근처에 형성된 다소 굳어진 층의 일종. 연하고 얇은 토양층 위로 나타날 수도 있고, 토양 단면의 풍화된 부분 바로 아래에 딱딱하고 두껍게 나타날 수도 있다. 또는 침식으로 노출되어 지표층으로 나타날 수 있다(Brady와 Weil, 1996). 일반적으로 작업이 어렵고 대부분의 식물 생장에 불리하다.

염생식물(鹽生植物, halophyte) 염분(소금 함량이 높은) 환경을 필요로 하거나 이러한 환경에 견디는 식물(Brady와 Weil, 1996).

엽록소(葉綠素, chlorophyll) 엽록체 내의 녹색 색소로, 광합성에서 빛에너지를 흡수하는데 중요하다(Robbins 등, 1950).

엽록체(葉綠體, chloroplast) 잎이나 엽록소와 때로는 다른 추가적인 색소를 가지고 있는 식물의 다른 부분에 있는 녹색의 세포로 된 구조(Horticultural Research Institute, 1971).

엽맥(葉脈, veins) 잎의 섬유질 조직의 뼈대를 형성하고 있는 유관속(Horticultural Research Institute, 1971).

엽병(葉柄, petiole) 잎의 대 또는 줄기.

엽서(葉序, phyllotaxy) 가지에서의 잎이나 눈의 배열.

엽소(葉燒, scorch) 잎의 가장자리 괴사.

엽육(葉肉, mesophyll) 대개 책상 및 해면 유세포로 구성된 잎의 중간 층.

영구위조점(永久萎凋點, permanent wilting point) 식물이 시들 때 토양 내에 있는 수분의 양으로 수분이 보충되지 않으면 회복되지 않는다. 위조점과 비교.

예기(豫期, prolepsis) 휴면기가 필요할 때 측지의 신장을 설명하는 것. 강력한 정아우세와 유사하다.

옥신(auxin) 자연적으로 발생하는 식물생장조절제의 일종.

옥죄는 뿌리(girdling root) 수간의 주위를 맴돌면서 자라는 뿌리로서, 다른 뿌리를 죄고 수간의 생장을 제한한다.

옹스트롬(angstrom) 빛의 파장을 표시하는 데 쓰이는 길이의 단위.

완전화(完全花, perfect flower) 암술과 수술을 모두 가지고 있는 꽃. 불완전화와 비교.

완효성(緩效性, slow-release) 양료 성분이나 활성 성분이 시간을 두고 방출되거나 용해되는 일부 비료나 농약의 특징.

외굴성(外屈性, exotropy) 뿌리가 물체에 의해 구부러진 다음 당초 방향으로의 생장을 재개하는 성질.

외생균근(外生菌根, ectomycorrhizae) 짧은 측근의 피층세포(cortical cell) 사이에서 생장하고 감염된 뿌리 주변에 균투(菌套, mantle)를 형성하는 곰팡이 균사. 내생균근과 비교.

윗가지 덮기(wattling) 경사지에 식생을 조성하는데 사용되는 묶어 놓은 줄기.

용기함수용량(容器含水容量, container capacity) 관수와 자유수 배수 후에 용기 토양 내에 존재하는 수분의 양. 표장용수량 참조.

용적비중(容積比重, bulk density, soil) 부피단위당 건조 토양의 질량으로 공기가 차지하고 있는 공간을 포함한다. 부피는 105°C (221°F)에서의 불변 중량으로 건조하기 전에 확정한다(Brady와 Weil, 1996).

용탈(溶脫, leach) 토양에서 여과수에 의해 용액 내의 물질이 제거되는 것(Brady와 Weil, 1996).

우세목(優勢木, dominant) 네 가지 수관급 중 하나; 임분에서 인접 수목의 키 위에서 수관을 펼치는 수목으로, 상부와 측면으로부터 햇빛을 받는다.

원예(園藝, horticulture) 과수, 채소, 관상식물 재배.

원추형(圓錐形, excurent) 강력한 중앙 주지가 수목의 상단까지 존재하는 수관형. 구형과 비교(Matheny와 Clark, 1994).

위조/시듦(萎凋, wilting) 잎이 붕괴지점까지 건조되는 것; 보통 토양에 수분을 공급하면 되돌릴 수 있다.

위조점(萎凋點, wilting point) 시든 식물이 수분을 공급하면 회복할 수 있는 토양수분의 수준. 영구위조점과 비교.

유관속/관다발(維管束, vascular) 물, 영양소, 탄수화물, 기타 물질의 수송기능을 하는 기관(즉, 형성층, 사부, 목부).

유기물(有機物, organic) 식물이나 동물이 생산하는 탄소화합물을 가지고 있는 물질.

유묘(幼苗, whip) 농장 출하수목의 유형으로, 일반적으로 측지가 거의 없는 작은 실생묘.

유상조직(癒傷組織, callus) 상처 발생에 반응하여 생성되는 미분화 조직.

유세포(柔細胞, parenchyma cell) 목질조직이나 조직 자체를 만드는 세포로, 이들 세포군은 분열조직적 여건으로부터 비교적 형태의 변화가 거의 없다(Horticultural Research Institute, 1971).

유형(幼形, juvenile) 종합적인 유전적 제어 때문에 모든 환경적인 여건이 충분함에도 불구하고 꽃이 피지 않는 미성숙 식물. 성숙과 비교.

유효수분(有效水分, available water) 식물에 의해 흡수될 수 있는 토양 수분의 양; 일반적으로 토양 내 포장용수량(field capacity)과 영구위조점(permanent wilting point) 사이의 수분량을 말한다.

윤생(輪生, whorled) 줄기의 같은 높이에서 3개 이상의 눈이 배열되어 있는 것.

윤할(輪割, cup/ring/arc shake) 동결점 이상 또는 이하에서 기온의 폭넓은 변화로 인해 하나 또는 둘 이상의 연륜을 따라 목재가 분리되는 것.

음이온(anion) 음전하를 띤 이온(예: 염소, Cl^-).

응축(凝縮, condensation) 물질이 밀도가 더 높은 형태로 바뀌는 것(예: 기체로부터 액체로).

응축트랩(condensation trap) 식재 구덩이의 한 형태로, 관수를 하지 않는 곳에 활용된다. 플라스틱에 의해 둘러싸인 얕은 분지 내에 수목을 식재된다.

이류동결(移流凍結, advective freeze) 찬 공기 집단과 만나는 0°C 또는 32°F 미만의 기온. 복사서리(radiation frost)와 비교.

이상재(異常材, reaction wood) 기울어지거나 이와 유사한 기계적인 스트레스에 반응하여 줄기를 수직으로 회복하기 위해 발달한 분화된 2차 목부. 구과식물에는 압축이상재, 피자식물에는 인장이상재가 발생한다(Shigo, 1986a).

이슬점(dew point) 공기가 수증기로 포화되는 기온(100% 상대습도).

이식충격(移植衝擊, transplant shock) 식물을 한 장소에서 다른 장소로 옮긴 다음에 발생할 수 있는 생장과 활력의 감소.

인공적 요소(hardscape) 포장, 배수 시스템, 기타 경관의 구조물적 요소.

인장이상재(引張異常材, tension wood) 피자식물에서 가지나 줄기의 상부에 형성되는 이상재의 유형으로, 이들을 수직적인 방향이나 유전적으로 프로그램된 생장각도로 당기는 역할을 한다.

일괄정지(一括整地, mass graded) 정지 경계선에 의해 한정된 공사 지역으로 이 경계선 내의 모든 지역은 변경된다.

일년생(一年生, annual) 같은 생육기에 발아, 결실, 고사되는 1년 내에 생활주기(生活週期, life cycle)를 완료하는 식물.

일주기(日週期, diurnal) 매일 일어나는 것.

임업(林業, forestry) 상업적인 목재의 생산과 활용.

입단(粒團, aggregate) 흙덩어리(clod), 작은 조각(crumb), 블록, 기둥 등과 같이 하나의 덩어리나 집단의 형태를 이루고 있는 토양 조각(Brady와 Weil, 1996).

입상(粒狀, granular) 개별 토양입자가 불규칙한 형태로 둥글게 뭉쳐 모여 있는 토양구조. 잘 입단화된 토양은 대부분의 작물에 가장 좋은 구조이다(Brady와 Weil, 1996).

자성구과(雌性毬果, ovulate) 배주를 가진 구과식물의 생식구조(솔방울).

자실체(字實體, conk) 가지나 수간의 외부 표면에 형성하는 목재부후 곰팡이의 자실이나 포자를 생산하는 물체(Matheny와 Clark, 1994).

자연표적전정(自然標的剪定, natural target pruning, NTP) 가지 깃 바로 위를 절단함으로써 가지 조직만을 제거하는 가지치기 기술(Matheny와 Clark, 1994).

자엽(子葉, cotyledon) 종자 안에 있는 첫 번째 잎. 어떤 식물은 종자 안에 남아 있고, 어떤 식물은 발아할 때 나타난다(Horticultural Research Institute, 1971).

잔적토(殘積土, residual soil) 풍화된 바위 위에 그 자리에서 발생한 토양; 산의 경사면이나 언덕에서 발견된다.

잠아(潛芽, latent/suppressed bud) 일 년 이상 된 휴면하고 있는 눈이지만 매년 생장점이 수피 표면이나 표면 가까이까지 자란다.

장파복사(長波輻射, long-wave radiation) 1,000m보다 긴 전자파.

재활용수(再活用水, recycled/reclaimed water) 1차와 2차(3차도 가능) 처리한 빗물 또는 생활하수; 가끔 조경식물의 관수로 활용된다.

저온처리(低溫處理, chilling) 꽃과 과실 생산을 위해 필요한 임계 기온에서의 또는 그 이하에서의 시간량.

전기전도도(電氣傳導度, electrical conductivity, EC) 전류를 전도하는 물질의 능력. 토양이나 물에서는 미터당 지멘스(siemens)로 측정하며, 용해된 용질과 관련이 있다(Brady와 Weil, 1996).

전도(傳導, conduction) 한 분자와 다른 분자의 접촉에 의한 열의 전달.

전염원(傳染源, inoculum) 병을 일으킬 수 있는 병원체의 일부 또는 개별 병원체의 집합.

전자기 스펙트럼(electromagnetic spectrum) 복사, 적외선, 가시광선, 자외선, x-선, 감마선 등을 포함한 복사주파수의 범위.

전정/가지치기(剪定, pruning) 식물, 일반적으로 다년생 목본식물의 가지를 체계적으로 제거하는 것.

전정가위(secateur) 전정용 가위(영국).

절간(節間, internode) 두 마디 사이에 있는 줄기 부분.

절단(切斷, cut) 가지치기에서 가지가 제거되는 지점. 건설공사에서 토양을 제거하여 적절한 높이가 될 때까지 자연적인 경사를 낮추는 것.

접수(接穗, scion) 대목에 접을 붙이는 가지나 눈.

접합선(接合線, seam) 새살이나 유상조직의 두 가장자리가 만나는 곳에 나타나는 특징적인 수직의 선. 보통, 수피가 매몰된 두 가지의 연결부위와 공동이나 상처의 중간인 유상조직/새살의 두 가장자리 사이에 나타난다.

정단분열조직(頂端分裂組織, apical meristem) 가지의 끝에 있는 생장점.

정아우세(頂芽優勢, apical dominance) 당년도에 신장하는 신초의 정아(頂芽, terminal bud)에 의해 측아(側芽, lateral bud)의 생장이 억제되는 것.

정아통제(頂芽統制, apical control) 여러 생육기 동안 중앙 주지(central leader)에 의해 측지(later branch)의 생장이 억제되는 현상. 원추형으로 자라는 수목의 특성.

정지/땅고르기(整地, grading) 토지의 자연적인 지형이나 고도를 변경하는 것으로, 보통 중장비를 이용한다.

제거절단(除去切斷, removal cut) 수간이나 모지(母枝, parent limb)로부터 가지를 제거하는 것(Gilaman과 Lilly, 2002). 솎기 절단과 동의어.

제초제(除草劑, herbicide) 어떤 식물을 죽이거나 생장을 억제하는 약품; 잡초방제에 그 목적이 있다(Brady와 Weil, 1996).

조도(照度, illuminance) 단위 면적당 빛의 강도.

종(種, species) 서로 아주 비슷하고 자유롭게 교배하는 식물의 집단(Horticultural Research Institute, 1971).

종자휴면(鐘子休眠, seed dormancy) 살아 있는 종자가 내부 또는 외부 요인 때문에 발아하지 않는 상태.

종합적병해충관리(綜合的病害蟲管理, integrated pest management, IPM) 기계적, 화학적, 생물적, 경종적, 법률적 방법을 통해 병해충과 이들의 피해를 조절하는 시스템.

종합적식생관리(綜合的植生管理, integrated vegetation management) 기계적, 화학적, 생물적 기술을 결합한 수목건강관리(plant health care) 원칙을 이용하여 송전선로 내에서 자라는 식생을 관리하는 접근방법.

주수위(宙水位, perched water table) 천천히 침투하거나 침투하지 않는 심토층 위해 집적된 물. 수위 참조.

주지(主枝, leader) 아래에 있는 측지보다 더 많이 자랄 수 있는 수간에서 가장 높은 부분.

주피(珠皮, periderm) 바깥쪽 수피. 크르크 형성층에 의해 유래된 2차 조직.

준정단분열조직(subapical meristem) 가지에서, 정단 바로 아래 위치한 세포분열 지역.

줄기(stem) 수목이나 다른 식물의 주된 수간(Webster' s, 1976).

줄당김(cabling) 지지를 위해 수관 내에 굵은 철선과 이와 관련된 장치를 설치하는 것.

중간목(中間木, intermediate) 네 가지 수관급 중 하나; 주된 임관으로 수관을 뻗고 있지만 준우세목보다 낮은 수목으로, 상층으로부터 직사광선을 거의 받지 못하며, 측방광선은 받지 못한다(Helms, 1998).

중기후(中氣候, mesoclimate) 지형, 수체(수체), 구름량, 바람, 지면 피복 등의 지역적인 영향에 의해 바뀔 수 있는 주변 또는 한 도시의 기후. 미기후, 대기후와 비교.

중앙주지(中央主枝, central leader) 수목의 주된 줄기(Matheny와 Clark, 1994).

증기압(蒸氣壓, vapor pressure) 기상과 액상 사이의 균형 잡힌 힘. 증기압에서의 차이는 증산의 추진력이다.

증발산(蒸發散, evapotranspiration, ET) 일정한 지역에서 특정한 시간 동안 토양표면으로부터의 증발과 식물로부터의 증산에 의한 수분 감소 총량(Brady와 Weil, 1996).

증산억제제(蒸散抑制劑, anti-transpirant) 식물에 살포하면, 기공과 각피(cuticle)를 통해 상실되는 수분의 양을 줄여주는 화합물.

증산작용(蒸散作用, transpiration) 식물의 지상부, 주로 잎의 기공을 통해 수증기를 상실하는 것(Horticultural Research Institute, 1971).

지베렐린(gibberellin) 자연적으로 발생하는 식물조절물질의 일종으로, 신초 생장의 조절에 관여한다.

지속가능성(持續可能性, sustainability) 생태적, 사회적, 경제적 기능을 유지하고 오랫동안 편익을 주는 것.

지연출엽(遲延出葉, delayed foliation) 부적절한 겨울 저온처리로 인해 봄에 잎이나 꽃의 출현이 정상보다 늦은 경우.

지피융기선(枝皮隆起線, branch bark ridge) 가지 연결부위의 위쪽에 있는 수피조직이 부풀어 오른 부위; 정상적인 발달 유형(매몰된 수피와 대비) (Matheny와 Clark, 1994).

지하수위(water table) 지하수의 상부 표면, 또는 물로 포화된 지하 수준.

직근(直根, taproot) 실생묘에서 아래로 뻗는 주근으로, 보통 수목이 크게 자라면서 없어진다.

처짐(flagging) 낮은 토양수분이나 과도한 증산으로 잎이 시들거나 연한 가지가 늘어지는 것.

청소(淸掃, cleaning) 죽은, 병든, 부러진 가지 등을 제거하기 위한 선택적인 전정(Gilman과 Lilly, 2002; ANSI(A300), 2001).

초고강도케이블(extra high strength cable) 수목을 지지하는데 사용하는 일반적인 피복 전선보다 더 강하지만 유연성은 떨어지는 전선의 일종.

초살도(梢殺度, taper) 수간과 가지의 길이에 따라 직경이 변하는 것. 기계적인 강도에 중요하다.

촉광(燭光, foot-candle) 조명도의 단위.

축소절단(縮小切斷, reduction/drop-crotch/lateral cut) 정단의 역할을 이어받을 수 있을 정도로 굵은 측지에서 가지나 줄기를 절단하여 이들의 길이를 줄이는 것(Gilaman과 Lilly, 2002).

출하수목직경(出荷直徑, caliper) 농장 출하수목의 크기를 측정하는 수간직경과 동의어; 관례로, 줄기가 10cm(4인치) 미만이면 지상 15cm(6인치)에서 측정하고, 10cm(4인치)를 초과하면 지상 30cm(12인치)에서 측정한다. 흉고직경과 비교하라.

충적토(沖積土, alluvial soil) 자갈, 모래, 미사, 점토 등의 모재(母材, parent material)가 물에 의해 이동하여 생성된 토양. 일반적으로 단단해지지 않은 상태.

측지(側枝, lateral) 큰 가지에서 자라는 2차 가지.

측지에서 솎기(thinning to a lateral) 주지를 정단 역할을 이어받을 수 있을 정도로 굵은 측지에서 절단하여 가지를 축소하는 것(제거되는 가지 직경의 최소 1/3이 되는 측지). 축소절단과 동의어(Gilman과 Lilly, 2002).

층위(層位, horizon) 지표 아래에 지표와 평행한 뚜렷이 구분되는 층; 토양에서 모암 방향으로 A, B, C, R 순으로 되어 있다.

치환성나트륨백분율(置換性百分率, exchangeable sodium percentage, ESP) 토양의 흡착복합체(吸着複合體, adsorption complex)가 나트륨에 의해 점유되는 정도로서, (치환가능나트륨/양이온치환능력) × 100으로 표시된다(Brady와 Weil, 1996).

침투율(浸透率, infiltration rate) 특정한 여건 하에서 물이 토양으로 들어갈 수 있는 최대율을 확인하거나 설명하는 토양 성질로, 과도한 수분의 존재를 포함한다(Brady와 Weil, 1996).

코르크형성층(phellogen, cork cambium) 수피를 형성하는 사부 바깥의 분열, 확장하는 층.

킬레이트(chelate) 금속이온(예: 철, 아연 등)이 유기물 분자와 화학적 결합에 의해 강하게 결합된 화합물의 한 유형. 이러한 화합물은 식물의 흡수를 방해하는 다른 토양 화합물로부터 보호된다(Brady와 Weil, 1996).

타감작용(他感作用, allelopathy) 다른 식물에 의해 어떤 식물의 생장이 저해되는 것으로, 일반적으로 화학적인 물질을 토양환경에 방출함으로써 발생한다.

탄수화물(炭水化物, carbohydrate) 광합성의 최종 산물. 수소와 산소의 비율이 2:1로서 탄소, 수소, 산소로 구성되어 있다(Robbins 등, 1950).

탄저병(炭疽病, anthracnose) 잎, 눈, 줄기, 과실 등에 괴사부위를 발생시키는 곰팡이 병으로, 보통 *Cryptocline, Discula, Glomerella, Gnomonia* 등의 속에 속하는 곰팡이가 일으킨다.

탈습(脫濕, desiccation) 완전한 건조. 식물에서 증산이 수분 흡수를 초과할 때 발생하며, 시듦과 식물조직의 손상으로 이어진다.

탈질작용(脫窒作用, denitrification) 질산염(nitrate)과 아질산염(nitrite)이 질소 분자나 산화질소 상태의 기체상태의 질소로 변환되는 생화학적인 감소(Brady와 Weil, 1996).

토괴(土塊, ped) 자연적인 과정에 의해 형성된 입단(aggregate), 설립상구조(屑粒狀構造, crumb), 각주(prism), 벽돌, 과립 등과 같은 토양구조의 단위(Brady와 Weil, 1996).

토목섬유(土木纖維, geotextile fabric) 섬유로 직조되어 담요로 만들어진 합성 자재.

토성(土性, soil texture) 토양에서 다양한 토양입자(점토, 미사, 모래)의 상대적인 구성(Brady와 Weil, 1996).

토양(土壤, soil) 식물이 자라는 광물질, 유기물, 생물 등으로 구성된 동적인 자연체(Brady와 Weil, 1996).

토양개량제(土壤改良劑, soil amendment) 토양의 물리적, 화학적 성질을 변경하기 위해 사용되는 비료 외의 석회(lime), 황(sulfur), 석고(gypsum), 톱밥 등과 같은 물질로서, 일반적으로 토양의 생산성을 향상시키는데 그 목적이 있다(Brady와 Weil, 1996).

토양구조(土壤構造, soil structure) 1차적인 토양 입자가 2차적인 입자, 단위, 토양단위체로의 결합 또는 배열.

토양단면(土壤斷面, profile) 토양의 모든 층을 관통하는 토양의 수직적인 단면으로 모재(母材, parent material)까지 확장된다.

토양단위체(土壤單位體, pedon) 토양으로 간주될 수 있는 가장 작은 3차원 부피. 아래쪽으로는 식물의 뿌리 깊이나 발생적 토층의 하부 한계까지 연장된다(Brady와 Weil, 1996).

토양반응(soil reaction) 토양의 산도와 알칼리도.

토양체(土壤體, polypedon) 지도에 표시할 수 있도록 통합된 유사한 토양단위체.

토양히빙(soil heaving) 겨울철에 지표의 동결과 해동에 의해 지면으로부터 식물체, 건물, 도로가 부분적으로 솟아오르는 것(Brady와 Weil, 1996).

통기(通氣, aeration) 토양에서 토양 내 공기가 대기 중의 공기에 의해 대체되는 과정(Brady와 Weil, 1996). 또한 토양 내의 대공극의 상대적인 양을 의미한다.

퇴비(堆肥, compost) 유기물이나 유기물과 토양의 혼합물로서, 쌓아서 수분이 공급되고 생물적 분해가 진행되도록 허용된다(Brady와 Weil, 1996).

퇴적토(堆積土, depositional soil) 바람, 물, 얼음, 중력 등에 의해 이동되어 새로운 위치에 쌓인 모재로부터 유래된 토양.

투수(透水, percolation) 토양 단면을 통한 자유수의 이동.

파급효과(波及效果, backflash) 비표적 식물이 제초제 피해 증상을 보이는 현상. 대부분 그루터기 처리나 고농도의 수용성 제초제 살포로 활력이 높은 성분이 처리 지점에서 비표적 식물이나 식물의 일부로 이동할 때 발생한다.

파상토(破傷土, scarified soil) 느슨해지거나 기계적으로 교란된 토양.

파이토크롬(phytochrome) 빛의 두 가지 특정한 파장에 민감한 식물 색소로, 광주기 반응과 관련이 있다.

판근(板根, buttress root) 수간의 기부에 위치한 넓은 목질의 뿌리(근원; root collar).

평절(平切, flush cut) 가지와 줄기 조직이 모두 제거되는 전정기술. 일반적으로 잘못된 관행으로 간주된다(Matheny와 Clark, 1994).

포도졸화(podzolization) 특히 습한 지역에서의 토양형성 과정으로, 주로 상층에서 용탈된 것이 집적층에 쌓인다: 어두운 층 위에 놓인 회색의 용탈층 위에 얇은 유기 광물층을 가진 유기물 표면 매트(Webster, 1976).

포자형성(sporulate) 생식세포의 방출.

포장용수량(圃場容水量, field capacity, FC) 포화 상태에 이른 뒤, 그리고 자연적인 배수가 중단된 뒤 2, 3일 후에 토양에 남아 있는 수분비율. 용기함수용량과 동의어(Brady와 Weil, 1996).

포화(飽和, saturation) 토양수분에서 대공극과 소공극이 모두 물로 차 있는 상태.

표징(表徵, sign) 문제 진단에서 포자, 버섯, 해충 사체 등과 같은 손상을 입히는 매개체의 존재나 활동의 증거. 병징 참조.

표피세포(表皮細胞, epidermis) 뿌리, 줄기, 잎의 외부에 있는 보호기능을 하는 표면층의 세포(Horticultural Research Institute, 1971).

품종(品種, cultivar) 재배된 식물의 변종. 영양생식이나 복제를 통해 동일하거나 거의 동일한 식물을 생산할 수 있도록 선발하여 명명된 식물(International Society of Arboriculture, 1997).

풍도(風倒, windthrow) 뿌리 판 전체가 위로 들어 올려지는 수목 파손으로, 강풍에 의해 발생한다.

피소(皮燒, sunscald) 저온에서 기온의 급강하로 인한 수피와 형성층에 대한 상처의 일종. 북반구에서 남서향에 발생하기 쉽다.

피압목(被壓木, suppressed) 네 가지 수관급 중 하나; 인근 수목에 의해 상층이 덮인 수목(Helms, 1998).

피자(속씨)식물(被子植物, angiosperm) 자방으로 둘러싸인 씨앗을 가진 꽃이 피는 식물.

항지베렐린(anti-gibberellin) 지베렐린에 상반되는 역할을 하는 생장조절물질로, 신초의 신장을 저해하는 역할을 한다.

향(向, aspect) 경사면이 태양을 향하고 있는 방향(Brady와 Weil, 1996).

형광등(螢光燈, florescent) 진공 상태에서 전도성 가스를 통해 전류를 흘려보내 빛이 발생하는 등의 유형. 발생하는 빛은 광합성에 유효한 광선의 범위 내에 집중된다. 백열등과 비교.

형상수(形狀樹, topiary) 식물을 다양한 정형적 형태, 기하학적 또는 유사한 형태로 정지하고 다듬는 기술.

형성층(形成層, cambium) 사부와 목부를 생장시키는 분열조직.

호생(互生, alternate) 엽축(axis)이나 줄기에 눈이나 잎이 높이가 다르게 또는 다른 방사상 위치에 배열된 상태(Horticultural Research Institute, 1971).

호흡(呼吸, respiration) 미토콘드리아(mitochondria)에서 일어나는 일련의 반응으로, 식물의 기능을 위해 필요한 에너지를 공급하기 위해 설탕을 에너지로 분해하는 것. 산소가 소비되고 이산화탄소가 방출된다(ISA, 1997).

혹(gall) 가지나 줄기에서 비정상적이고 국지적으로 자라서 보통 미분화된 목질조직의 큰 덩어리처럼 보이는 것으로, 세균에 기인한다; 잎에서는 해충이나 응애에 의해 잎 가장자리가 비정상적으로 자라거나 뒤틀린다(Matheny와 Clark, 1994).

확산(擴散, diffusion) 농도가 높은 곳에서 낮은 곳으로 분자가 이동하는 것(Robbins 등, 1950).

환공(環孔, ring porous) 도관이 연륜의 춘재(early wood) 쪽에 집중되는 목재 형성 유형. 산공재와 비교.

활력(活力, vigor) 전반적인 건강; 생장 능력과 스트레스에 대한 저항능력.

황백화현상(黃白化現象, chlorosis) 엽록소가 부족한 것으로, 보통 노란색이다(Matheny와 Clark, 1994).

회복(回復, restoration) 손상을 입은 수목이 좀 더 자연적인 형태로 재형성되는 것.

휴면(休眠, dormancy) 내부의 호르몬적인 방해(휴식)나 불리한 환경적인 상태(활동정지) 또는 두 경우 모두로 인해 생리적인 활동과 생장이 감소되는 시기. 종자휴면 참조.

휴면아(休眠芽, dormant bud) 가지에 있는 활동하지 않는 생장점.

휴지(休止, quiescent) 불리한 환경적인 여건, 대부분 저온으로 인해 생리적인 활동과 생장이 감소되는 기간. 휴면과 비교.

흉고직경(胸高直徑, diameter breast height, DBH) 가슴 높이(지상 1.4m/54인치)에서 측정한 수간의 직경(Matheny와 Clark, 1994). 출하수목직경과 비교.

흡수(吸收, absorb) 공극이나 좁은 공간을 통해서 물이나 기타 양분을 끌어들이는 것. 흡착과 비교

흡지(吸枝, sucker) 접목 접착부(接木接着部) 아래에 있는 눈이나 지면으로부터 자라는 왕성한 직립의 맹아지.

흡착(吸着, adsorb) 표면에 이온이나 물질이 부착되는 것.

영한 용어 대비

abiotic	무생물적(無生物的)
abscisic acid; ABA	앱시스산
absorb	흡수(吸收)
acclimation	순화(馴化)
actinomycetes	방선균류(放線菌類)
action threshold	실행역(實行閾)
adsorb	흡착(吸着)
advective freeze	이류동결(移流凍結)
adventitious bud	부정아(不定芽)
adventitious roots	부정근(不定根)
aeration	통기(通氣)
aggregate	입단(粒團)
alkali soil	알칼리 토양(옛 용어)
alleé	산책로(散策路)
allelopathy	타감작용(他感作用)
allometric relationship	상대생장관계
alluvial soil	충적토(沖積土)
alternate	호생(互生)
amendment, soil	토양개량제(土壤改良劑)
Amon eye nut	아몬아이너트
angiosperm	피자식물(被子植物)
angstrom	옹스트롬
anion	음이온
annual/growth ring	연륜/나이테(年輪)
annual	일년생(一年生)
ANSI; American National Standards nstitute	미국국립표준원
antagonism	길항작용(拮抗作用)
anthracnose	탄저병(炭疽病)
anti-gibberellin	항지베렐린
anti-transpirant	증산억제제(蒸散抑制劑)
apical control	정아통제(頂芽統制)
apical dominance	정아우세(頂芽優勢)
apical meristem	정단분열조직(頂端分裂組織)
arboriculture	수목관리학(樹木管理學)
aspect	향(向)
asymptomatic	무증상(無症狀)
auxin	옥신
available water	유효수분(有效水分)
axil	액/겨드랑이(腋)
backflash	파급효과(波及效果)

bacteria	세균(細菌)
balled-in-burlap; B in B, B and B	마대로 싼 근분(根盆)
bare root	나근(裸根)
bark inclusion	수피매몰(樹皮埋沒)
barrier zone	방벽지대(防壁地帶)
basal flare	근원(根元)
bioassay	생물검정(生物檢定)
biotic	생물적(生物的)
black frost	된서리
bleeding	수액유출(樹液流出)
bonsai	분재(盆栽)
bow	만곡(彎曲)
box	상자(箱子)
bracing	쇠조임
branch attachment	가지 부착
branch bark ridge	지피융기선(枝皮隆起線)
branch collar	가지깃
branch protection zone; barrier zone	가지보호지대
bud	눈
bulk density; soil	용적비중(容積比重)
butterfly root ball	나비근분
buttress root	판근(板根)
buttress	날개
cabling	줄당김
calcareous	석회질(石灰質)
calcification	석회침착(石灰沈着)
caliche	염류피각(塩類皮殼)/칼리치
caliper	출하수목직경(出荷樹木直徑)
callus	유상조직(癒傷組織)
cambium	형성층(形成層)
canker	궤양(潰瘍)
canopy	덮개
carbohydrate	탄수화물(炭水化物)
cation exchange capacity; CEC	양이온치환능력(陽이온置換能力)
cation	양(陽)이온
cavity	공동(空洞)
cell	세포(細胞)
central leader	중앙주지(中央主枝)
chelate	킬레이트

chilling	저온처리(低溫處理)
chlorophyll	엽록소(葉綠素)
chloroplast	엽록체(葉綠體)
chlorosis	황백화현상(黃白化現象)
chronic	고질적(痼疾的)
circling root	맴도는 뿌리
cleaning	청소(淸掃)
CODIT; compartmentalization of decay in trees	수목부후구획화(樹木腐朽區劃化)
codominant	동일세력(同一勢力)
collar	깃
colloid	교질/콜로이드(膠質)
compaction	답압(踏壓)
compartmentalization	구획화(區劃化)
complete flower	갖춘꽃
compost	퇴비(堆肥)
compression wood	압축이상재(壓縮異常材)
condensation trap	응축트랩
condensation	응축(凝縮)
conduction	전도(傳導)
conifer	구과식물(毬果植物)
conk	자실체(字實體)
constant strain hypothesis	불변인장가설(不變引張假說)
container capacity	용기용량
convection	대류(對流)
cotyledon	자엽(子葉)
crotch	분기(分岐)
crown clas	수관급(樹冠級)
crown	수관(樹冠)
cultivar	품종(品種)
cup/ring/arc shake	윤할(輪割)
cut	절단(切斷)
cuticle	각피(角皮)
cytokinin	사이토키닌
decay	부후(腐朽)
deciduous	낙엽수(落葉樹)
decline	쇠퇴(衰退)
decurrent, deliquescent	구형(球形)
defoliation	낙엽(落葉)
delayed foliation	지연출엽(遲延出葉)
denitrification	탈질작용(脫窒作用)
depositional soil	퇴적토(堆積土)
desiccation	탈습(脫濕)
dew point	이슬점
diameter breast height; DBH	흉고직경(胸高直徑)
dicotyledonous plant	쌍자엽식물(雙子葉植物)
dieback	가지마름
diffuse porous	산공(散孔)
diffusion	확산(擴散)
diurnal	일주기(日週期)
dominant	우세목(優勢木)
dormancy	휴면(休眠)
dormant bud	휴면아(休眠芽)
drainage	배수(排水)
dripline	낙수선(落水線)
ectomycorrhizae	외생균근(外生菌根)
electrical conductivity; EC	전기전도도(電氣傳導度)
electromagnetic spectrum	전자기 스펙트럼
embedded bark	매몰된 수피
embryo	배(胚)
endomycorrhizae	내생균근(內生菌根)
epicormic shoot	도장지(徒長枝)
epidermis	표피세포(表皮細胞)
espalier	격자시렁
ethylene	에틸렌
evapotranspiration; ET	증발산(蒸發散)
evergreen	상록(常綠)
exchangeable sodium	치환성나트륨백분율
excurent	원추형(圓錐形)
exotropy	외굴성(外屈性)
extra high strength cable	초고강도케이블
eye bolt	아이볼트
fertilizer	비료(肥料)
fibrous root system	수염뿌리계
field capacity; FC	포장용수량(圃場容水量)
fill	성토(盛土)
flagging	처짐
florescent	형광등(螢光燈)
flush cut	평절(平切)
foot-candle	촉광(燭光)
forestry	임업(林業)
frost crack	상렬(霜裂)
frost pocket	서리주머니
fungicide	살균제(殺菌劑)
fungus	곰팡이
gall	혹
geotextile fabric	토목섬유(土木纖維)
gibberellin	지베렐린
girdling root	옥죄는 뿌리
grading	땅고르기(정지/整地)
granular	입상(粒狀)
growth regulator	생장조절제(生長調節劑)
guy	당김줄

gymnosperm	나자식물(裸子植物)
gypsum	석고(石膏)
halophyte	염생식물(鹽生植物)
harden/hardening	내성강화(耐性强化)
hardiness/hardy	내한성(耐寒性)
hardpan	기반층/하드팬(基盤層)
hardscape	인공적 요소
heading cut	두절(頭切)
heart roots	심장근(心臟根)
heart rot	심재부후(心材腐朽)
heartwood	심재(心材)
heel in	가식(假植)
herbicide	제초제(除草劑)
holdfast	부착기(附着器)
horizon	층위(層位)
horticulture	원예(園藝)
host	기주(寄主)
humus	부식질(腐植質)
hydraulic excavation	수력굴착(水力掘鑿)
hyphe	균사(菌絲)
illuminance	조도(照度)
imperfect flower	불완전화(不完全花)
import fill	반입성토(搬入盛土)
incandescent	백열등(白熱燈)
include/embedded bark	매몰된 수피
infiltration rate	침투율(浸透率)
inflorescence	꽃송이
inoculum	전염원(傳染源)
inorganic	무기물(無機物)
insecticide	살충제(殺蟲劑)
integrated pest	종합적병해충관리
integrated vegetation	종합적식생관리
interface, soil	경계면(境界面)
intermediate	중간목(中間木)
internode	절간(節間)
juvenile	유형(幼形)
lag hook	래그후크
latent/suppressed bud	잠아(潛芽)
lateral	측지(側枝)
leach	용탈(溶脫)
leader	주지(主枝)
lean	기움
lignotuber	수간결절(樹幹結節)
live crown ratio; LCR	살아있는 수관비율
loam	양토(壤土)
long-wave radiation	장파 복사(長波輻射)
lux	럭스
macroclimate	대기후(大氣候)

macronutrient	대량원소(大量元素)
macropore	대공극(大孔隙)
management	(綜合的植生管理)
management; IPM	(綜合的病害蟲管理)
mass graded	일괄정지(一括整地)
mature	성숙(成熟)
meristem	분열조직(分裂組織)
meristematic tissue	분열조직(分裂組織)
mesoclimate	중기후(中氣候)
mesophyll	엽육(葉肉)
microclimate	미기후(微氣候)
microfauna	미소동물(微少動物)
microflora	미소식물(微少植物)
micron	마이크론
micronutrient	미량원소(微量元素)
microorganism	미생물(微生物)
micropore	소공극(小孔隙)
monocotyledonous plant	단자엽식물(單子葉植物)
mortality spiral	사망나선(死亡螺線)
mulch	멀치
mycorrhizae	균근(菌根)
NAA; naphthalene acetic acid	NAA
nanometer	나노미터
natural target pruning; NTP	자연표적전정(自然標的剪定)
necrosis/nocrotic	괴사(壞死)
nutrient	영양(營養)
opposite	대생(對生)
organic	유기물(有機物)
ovipositor	산란관(産卵管)
ovulate	자성 구과(雌性毬果)
parasite	기생체(寄生體)
parenchyma cell	유세포(柔細胞)
ped	토괴(土塊)
pedon	토양단위체(土壤單位體)
penjing	분경(盆景)
percentage; ESP	치환성백분율(置換性百分率)
perched water table	주수위(宙水位)
percolation	투수(透水)
perennial	다년생(多年生)
perfect flower	완전화(完全花)
periderm	주피(珠皮)
permanent wilting point	영구위조점(永久萎凋點)
pesticide	농약(農藥)
petiole	엽병(葉柄)
pH	산도(酸度)
phellogen/cork cambium	코르크형성층

phloem	사부(篩部)
photoperiod	광주기(光週期)
photosynthesis	광합성(光合成)
photosynthetic active radiation; PAR	광합성유효방사(光合成有效放射)
phototropic	굴광성(屈光性)
phyllotaxy	엽서(葉序)
phytochrome	파이토크롬
phytotoxic	식물독성(植物毒性)
pistil	암술
pistillate	암꽃
plagiotropic	경사굴성(傾斜屈性)
plant growth regulator; PGR	식물생장조절제(植物生長調節劑)
plant health care; PHC	수목건강관리(樹木健康管理)
pleach	가지엮기
plowpan	경반층(耕盤層)
podzolization.	포도졸화(-化)
pollard	두목전정(頭木剪定)
polypedon	토양체(土壤體)
pomology	과수원예(果樹園藝)
predisposing factor	소인(素因)
preformed bud initials	미리 형성된 눈 원기(原氣)
preformed tree grip	미리 제작된 수목 그립
profile	토양 단면(土壤斷面)
prolepsis	예기(豫期)
pruning	전정/가지치기(剪定)
quiescent	휴지(休止)
radiation frost	복사서리
radiation	복사(輻射)
ray	방사조직(放射組織)
reaction wood	이상재(異常材)
recycled/reclaimed water	재활용수(再活用水)
reduction/drop-crotch/ lateral cut	축소절단(縮小切斷)
removal cut	제거절단(除去切斷)
residual soil	잔적토(殘積土)
respiration	호흡(呼吸)
restoration	회복(回復)
ring porous	환공(環孔)
root apical meristem	뿌리정단분열조직
root ball	근분(根盆)
root cap	근관(根冠)
root collar inspection	근원점검(根元點檢)
root collar/crown	근원(根元)
root control device	뿌리조절장치
root hair	뿌리털/근모(根毛)
root/pot bound	얽힌 뿌리
root	뿌리
root-shoot ratio	뿌리줄기비율
saline soil	염류토양(鹽類土壤)
sap rot	변재부후(邊材腐朽)
saprophyte	부생체(腐生體)
sapwood	변재(邊材)
saturation	포화(飽和)
scaffold	골격지(骨格枝)
scarified soil	파상토(破傷土)
scion	접수(接穗)
scorch	엽소(葉燒)
seam	접합선(接合線)
secateur	전정가위
seed dormancy	종자휴면(種子休眠)
selective grading	선별정지(選別整地)
senescence	노화(老化)
serpentine	사문토(蛇紋土)
shade-grown	그늘 재배
shoot apical meristem	가지 정단분열조직
shrub	관목(灌木)
sign	표징(表徵)
sinker root	수직근(垂直根)
slope	경사(傾斜)
slow-release	완효성(緩效性)
sodic soil	나트륨 토양
sodium adsorption ratio; SAR	나트륨흡착률
soil heaving	토양 히빙
soil reaction	토양반응
soil structure	토양구조(土壤構造)
soil texture	토성(土性)
soil	토양(土壤)
species	종(種)
sporulate	포자형성
spreader	버팀목
spurs	단지(短枝)
stag-headed	고사지 돌출
stamen	수술
staminate	수꽃
stem	줄기
stomata	기공(氣孔)
stress	스트레스
structural/skeletal soil	석력토양(石礫土壤)
stub	가지터기
subapical meristem	준정단분열조직(準頂端分裂組織)
sucker	흡지(吸枝)
sunscald	피소(皮燒)
supercooled liquid	과냉액체(過冷液體)

suppressed	피압목(被壓木)
sustainability	지속가능성(持續可能性)
syllepsis	무휴면생장(無休眠生長)
symbiotic	공생(共生)
symptom	병징(病徵)
taper	초살도(梢殺度)
taproot	직근(直根)
temperature inversion	기온역전(氣溫逆轉)
tension wood	인장이상재(引張異常材)
thinning cut	솎음절단
thinning to a lateral	측지에서 솎기
thinning	솎기
threaded rod	나사봉
threshold	역(閾)
topiary	형상수(形狀樹)
topping	단간(斷幹)
tracheid	가도관(假導管)
transpiration	증산작용(蒸散作用)
transplant shock	이식충격(移植衝擊)
tree growth regulator; TGR	수목생장조절제(樹木生長調節劑)
tree	교목(喬木)
urban forestry	도시임업(都市林業)
urban soil	도시토양(都市土壤)

vapor pressure	증기압(蒸氣壓)
vascular	유관속(維管束)/관다발
veins	엽맥(葉脈)
vertical mulch	수직적 멀칭
vessel	도관(導管)
vigor	활력(活力)
vine	덩굴식물
visual tree assessment; VTA	시각적 수목평가(視覺的樹木評價)
voids	공극
water table	지하수위(地下水位)
watersprout	기부도장지(基部徒長枝)
wattling	욋가지 덮기
whip	유묘
whorled	윤생(輪生)
wilting point	위조점(萎凋點)
wilting	위조(萎凋)/시듦
windthrow	풍도(風倒)
winter burn	동계건조(冬季乾燥)
winter chilling	겨울저온처리
wound	상처(傷處)
woundwood	새살
xeriscape	내건조경(耐乾造景)
xylem	목부(木部)

인용문헌

ABDOULAHI, K., Z. NING, and A. APPEANING, eds. 2000. *Global Climate Change and the Urban Forest.* Gulf Coast Regional Climate Change Council. Baton Rouge, LA: Franklin Press.

ABRAMS, M. 1992. Fire and the Development of Oak Forests. *BioScience* 42(5):346–53.

ADAMS, D., S. FRANKEL, and J. LICHTER. 1993. Considerations When Using Ethephon for Suppressing Dwarf and Leafy Mistletoe Infestations in Ornamental Landscapes. *J. Arboriculture* 19(6):351–57.

ADAMS, J. C. 1984. Severe Top Pruning Improves Water Oak Seedling Growth. *Proc., Georgia Gen. Tech. Rep. SO-54.* New Orleans: USDA Forest Service, Southern Experiment Station 1–3.

ADRIANO, D. C., A. L. PAGE, A. A. ELSEEWI, A. D. CHANG, and I. STRAUGHAN. 1980. Utilization and Disposal of Fly Ash and Other Coal Residues in Terrestrial Ecosystems: A Review. *J. Environmental Quality* 9(3):333–344.

AGEE, J. 1995. Management of Greenbelts and Forest Remnants in Urban Forest Landscapes, pp. 128–38. In *Urban Forest Landscapes: Integrating Multidisciplinary Perspectives,* ed. G. Bradley. Seattle, WA: University of Washington Press.

AKBARI, H., S. DAVIS, S. DORSANO, J. HUANG, and S. WINNETT. 1992. *Cooling Our Communities: A Guidebook on Tree Planting and Light-Colored Surfacing.* U.S. Environmental Protection Agency. Policy, Planning and Evaluation (PM-221). Washington, DC.

ALBERTY, C. A., H. M. PELLETT, and D. H. TAYLOR. 1984. Characterization of Soil Compaction on Vertical and Horizontal Root Distribution. *J. Environmental Horticulture* 5(1):33–36.

ALJIBURY, F. K., J. L. MEYER, and W. E. WILDMAN. 1979. Managing Compacted and Layered Soils. University of California Agricultural Science Leaflet 2635.

ALLEN, M. F. 1991. *The Ecology of Mycorrhizae.* Cambridge, England: Cambridge University Press.

AMERICAN CANCER SOCIETY. 2002. *Cancer Facts and Figures 2002.* American Cancer Society. New York NY. *www.cancer.org/downloads/STT/CancerFacts&Figures2002TM.pdf.* Retrieved August 2002.

AMERICAN HORTICULTURAL SOCIETY. 1980. Are Wood Ashes Good for the Soil? Area Nursery and Garden Store Newsletter (Ohio State University) 22(4):8.

———. 1988. New Research on Mulches. *American Horticulturist,* Nov., p. 11.

AMERICAN NATIONAL STANDARDS INSTITUTE. 1997. *American Standard for Nursery Stock.* Washington, DC: American National Standards Institute.

———. (ANSI Z133.1). 1994. *American National Standard for Tree Care Operations—Pruning, Trimming, Repairing, Maintaining, and Removing Trees and Cutting Brush Safety Requirements.* New York: American National Standards Institute.

———. (ANSI A300, Part 2). 1998. *American National Standard for Tree Care Operations—Tree, Shrub, and Other Woody Plant Maintenance—Standard Practices (Fertilization).* New York, NY: American National Standards Institute.

———. (ANSI A300, Part 3). 2000. *American National Standard for Tree Care Operations—Tree, Shrub, and Other Woody Plant Maintenance—Standard Practices (Support Systems a. Cabling, Bracing and Guying).* New York, NY: American National Standards Institute.

———. (ANSI A300, Part 1). 2001. *American National Standard for Tree Care Operations—Tree, Shrub, and Other Woody Plant Maintenance—Standard Practices (Pruning).* New York, NY: American National Standards Institute.

———. (ANSI A300, Part 4). *In preparation. American National Standard for Tree Care Operations—Tree, Shrub, and Other Woody Plant Maintenance—Standard Practices (Lightning Protection).* New York, NY: American National Standards Institute.

AMERICAN NURSERYMAN. 1970. Steel-Clad Balled Trees. *American Nurseryman* 131(1):14.

ANDERSON, L., and J. BARROWS-BROADDUS. 1989. Inexpensive Ways to Improve Homebuilders Tree Survival. *J. Arboriculture* 15:13–16.

ANDERSON, L., and H. CORDELL. 1988. Influence of Trees on Residential Property Values in Athens, Georgia (USA): A Survey Based on Actual Sales Prices. *Landscape Urban Planning* 15:153–64.

ANDRESEN, J. W. 1977. Survey of Growth and Survival of Trees Indicated No Detrimental Effects Caused by High-Pressure Sodium Street Lighting. *Utility Arborist Association Newsletter* 7(4):1–2.

ANELLA, L., and T. WHITLOW. 1999. Flood-Tolerance Ranking of Red and Freeman Maple Cultivars. *J. Arboriculture* 25(1):31–37.

APPEL, D. 2001a. The Basics of Oak Wilt Biology and Factors Influencing Disease Incidence and Severity, pp. 71–81. In *Shade Tree Wilt Diseases,* ed. C. Ash. St. Paul, MN: American Phytopathological Society.

———. 2001b. The Use of Alamo for Oak Wilt Management. In *Shade Tree Wilt Diseases,* pp. 101–106. ed. C. Ash, St. Paul, MN: American Phytopathological Society.

APPLETON, B. L., J. F. DERR, and B. B ROSS. 1990. The Effect of Various Landscape Weed Control Measures on Soil Moisture and Temperature, and Tree Root Growth. *J. of Arboriculture* 16(10):264–268.

ARMSTRONG, N. 1925. Open Cavities. *Proc. National Shade Tree Conf.* 1:104–8.

ARRON, G., S. DEBECKER, H. STUBBS, and E. SZETO. 1997. An Evaluation of the Efficacy of Tree Growth Regulators Paclobutrazol, Flurprimidol, Dikegulac, and Uniconazole for Utility Line Clearance. *J. Arboriculture* 23(1):8–16.

ASH, C., ed. 2001. *Shade Tree Wilt Diseases.* St. Paul, MN: American Phytopathological Society.

ASHBAUGH, F. A. 1968. Edison Electrical Institute Tree Growth Control Project, 1968. *Proc. International Shade Tree Conf.* 44:169–72.

ASHWORTH, S. and H. HARRISON. 1983. Evaluation of Mulches for Use in the Home Garden. *HortScience,* 18(2):180–182.

ASOCIACION ESPAÑOLA DE PARQUES Y JARDINES PUBLICOS. 1999. Metedo Para Valoración de Árboles y arbustos Ornamentalies. Norma Granada. Asociacion Españoal de Parques y Jardines Publicos. Madrid, Spain.

BACKHAUS, R. A., R. M. SACHS, and J. L. PAUL. 1980. Morphactin Transport and Metabolism in Tree Bark Tissues: Comparative Studies *in Vitro. Physiologia Plantarum* 50:131–36.

BAILEY, L. H. 1916. *The Pruning Manual.* London: Macmillan.

———. 1949. *Manual of Cultivated Plants.* New York: Macmillan.

———, E. Z. BAILEY, and STAFF of the L. H. BAILEY HORTORIUM. 1976. *Hortus Third.* New York: Macmillan.

BAKER, K. F. 1957. The U.C. System for Producing Healthy Container-Grown Plants. California Agricultural Experiment Station Manual 23.

BAKKEN, S. 1986. Tree Hazard Control Program: Guidelines and Standards for the California Department of Parks and Recreation. Sacramento: California Department of Parks and Recreation.

BALIGAR, V. C., N. K. FAGERIA, and M. A. ELRASHIDI. 1998. Toxicity and Nutrient Constraints on Root Growth. *HortScience* 33(6):960–65.

BALL, J. 1987. Efficient Monitoring for an Urban IPM Program. *J. Arboriculture* 13(7):174–77.

———, and T. KONDA. 2000. Cobra: An Examination of an Alternative Tree Support System. *Tree Care Industry* 11(3):8–16.

———, J. LLOYD, and D. MARION. 1999. The Appropriate Response Process (ARP) and Its Role in Plant Health Care. *J. Arboriculture* 25(1):24–30.

BALL, J., and G. SIMMONS. 1984. The Shigometer as Predictor of Bronze Birch Borer Risk. *J. Arboriculture* 10:237–239.

BANCROFT-WHITNEY. 1967. *Deering's California Codes: Agricultural Code Annotated.* Div. 18, Ch. 5, Art. 6. San Francisco: Bancroft-Whitney.

BANKO, T., and M. STEFANI. 1995. Growth Regulators for Management of Fruit Production on American Sweetgum. *J. Arboriculture* 21(2):88–89.

BARBOUR, M., J. BURK, and W. PITTS. 1987. *Terrestrial Plant Ecology.* Menlo Park, CA: The Benjamin/ Cummings Publishing Company, Inc.

BARKER, P., and P. PEPER. 1995. Strategies to Prevent Damage to Sidewalks by Tree Roots. *Arboricultural J.* 19: 295–309.

BARNETT, D. P. 1986. Root Growth and Water Use by Newly Transplanted Woody Landscape Plants. *Public Garden* 1:23–25.

BARRO, S., P. GOBSTER, H. SCHROEDER, and S. BARTRAM. 1997. What Makes a Big Tree Special? Insights from the Chicagoland Treemendous Trees Program. *J. Arboriculture* 23(6):239–49.

BARROWS, W. 1970. Some Practical Steps to Quality Control of New Street Plantings. *International Shade Tree Conf. Western Chapter Newsletter,* Sept., pp. 12–15.

BAXTER, J. W., S. T. A. PICKETT, M. M. CARRIERO, and J. DIGHTON. 1999. Ectomycorrhizal diversity and community structure in oak forest stands exposed to contrasting anthropogenic impacts. *Canadian J. Botany* 77:771–82.

BEAUCHAMP, K. H. 1955. Tile Drainage: Its Installation and Upkeep, pp. 508–20. In *Water: Yearbook of Agriculture,* ed. A. Stefferud. Washington, DC: U.S. Government Printing Office.

BEAUDOIN, M. 2000. Root Archeology: Tree Roots in the San Jose Urban Forest. In: *Strategies to Reduce Infrastructure Damage by Tree Roots. Proc. Symposium for Researchers and Practitioners.* L. Costello, E. McPherson, D. Burger and L. Dodge (eds.). Western Chapter. International Society of Arboriculture. Cohasset, CA. pp. 63–66.

BECKENBACH, J., and J. H. GOURLEY. 1932. Some Effects of Different Cultural Methods upon Root Distribution of Apple Trees. *Proc. American Society Horticultural Science* 29:202–4.

BEN-JAACOV, J., G. NATANSON, and A. HAGILADI. 1980. The Use of a Wind-Controlled Overhead Irrigation System to Prevent Damage by Wind-borne Salts. *J. American Society Horticultural Science* 105(6):833–35.

BENNETT, J. P. 1931. The Treatment of Lime-Induced Chlorosis with Iron Salts. University of California Agricultural Experiment Station Circ. 321.

BERANEK, G. F. 1996. *The Fundamentals of General Tree Work.* Fort Bragg, CA: Beranek.

BERMAN, J. T., and C. S. BLEDSOE. 1998. Soil Transfers from Valley Oak (*Quercus lobata* Nee) Stands Increase Ectomycorrhizal Diversity and Alter Root and Shoot Growth on Valley Oak Seedlings. *Mycorrhiza* 7:223–35.

BERNATZKY, A. 1978. *Tree Ecology and Preservation.* New York: Elsevier.

BERNHARDT, E., and T. SWIECKI. 1991. Guidelines for Developing and Evaluating Tree Ordinances. Sacramento: California Department of Forestry and Fire Protection.

———, and ———. 1993. The State of Urban Forestry in California. Sacramento: California Department of Forestry and Fire Protection.

BERNSTEIN, L. 1964. Salt Tolerance of Plants. USDA Inf. Bull. 283.

———, and L. E. Francois. 1973. Sensitivity of Alfalfa to Salinity of Irrigation and Drainage Water. *Soil Sci. Society America Proc.* 37:931–43.

Berry, W. L. 1974. The Use of Effluent Water in Your Management Program. *California Turfgrass Culture* 24(4):26–27.

Beveridge, C. 2000. The Ups and Downs of Signaling Between Root and Shoot. *New Phytologist* 147:413–16.

Bey, C. F. 1980. Growth Gains from Moving Black Walnut Provenances Northward. *J. Forestry* 78(10):640–41.

Biddle, P. G. 1979. Tree Root Damage to Buildings: An Arboriculturist's Experience. *Arboricultural J.* 3(6):397–412.

Billings, R., E. Gehring, R. Cameron, and J. Gunter. 2001. Current Practices in Managing Oak Wilt: Federal Cost Share Programs, Trenching, Chemical Injection, and the Texas Suppression Program, pp. 117–29. In *Shade Tree Wilt Diseases*. ed. C. Ash. St. Paul, MN: American Phytopathological Society.

Bingham, F. T. 1966. Phosphorus. In *Diagnostic Criteria for Plants and Soils*, pp. 324–61. ed. H. D. Chapman. Riverside, CA: H. D. Chapman.

Birdel, R., B. L. Appleton, and C. E. Whitcomb. 1983. Planting Techniques for Tree Spade Dug Trees. *J. Arboriculture* 9:282–84.

Black, M. 1978. Reducing Vandalism. International Society Arboriculture Western Chapter News, July–August, p. 42.

Blair, D. 1995. *Arborist Equipment: A Guide to the Tools and Equipment of Tree Maintenance and Removal.* Savoy, IL: International Society of Arboriculture.

Blair, G. D. 1940. *Tree Clearance for Overhead Lines.* Chicago: Electrical Publications, Inc.

Blaze, K. L. 1990. *PIRM Handbook of Background Information and Operating Instructions.* Ringwood, Victoria, Australia: Biosensors.

Bockheim, J. G. 1974. Nature and Properties of Highly Disturbed Urban Soils, Philadelphia, PA. Paper presented before Div. S-5, Soil Science Society of America annual meeting, Chicago.

Bond, B. 2000. Age-Related Changes in Photosynthesis of Woody Plants. *Trends in Plant Science* 5(8):349–53.

Bonneville Power Administration. 2001. Transmission System Vegetation Management Program. Portland, OR: U.S. Department of Energy. *www.efw.bpa.gov*.

Borst, H. L., and R. Woodburn. 1942. The Effect of Mulching and Methods of Cultivation on Runoff and Erosion from Muskingham Silt Loam. *Agricultural Engineering* 23:19–22.

Bory, G., G. Hebert, N. Macle, and D. Clair-Maczulatys. 1996. Physiological Consequences of Architectural Pruning on Trees. In *The Tree in Its Various States.* Proc. Second European Congress in Arboriculture. Institut pour le Développement Forestier, Paris, France, pp. 111–19.

Bowman, D. C., R. Y. Evans, and J. L. Paul. 1990. Fertilizer Salts Reduce Hydration of Polyacrylamide Gels and Affect Properties of Gel-Amended Container Media. *J. American Society Horticultural Science* 115(3):382–86.

———, J. Paul, W. Davis, and S. Davis. 1987. The Rapid Depletion of Nitrogen Applied to Turfgrass. *Proc. 1987 California Plant and Soil Conf. American Society Agronomy,* 103–8.

Boyce, S. G. 1954. The Salt Spray Community. *Ecological Monographs* 24:29–67.

Boynton, D., and G. H. Oberly. 1966. Apple Nutrition, pp. 1–50. In *Nutrition of Fruit Crops: Temperate, Subtropical, Tropical,* ed. N. F. Childers. New Brunswick, NJ: Horticultural Pub., Rutgers University.

Bozozuk, M. 1962. Soil Shrinkage Damages Shallow Foundations at Ottawa, Canada. Division of Building Research Paper 163. National Research Council.

Bradford, G. R. 1966. Boron, pp. 33–61. In *Diagnostic Criteria for Plants and Soil,* ed. H. D. Chapman. Riverside, CA: Chapman.

Brady, N. and R. Weil. 1999. *The Nature and Properties of Soils,* 12th ed. Prentice-Hall, Upper Saddle River, NJ.

———, 1990. *The Nature and Property of Soils,* 10th ed. New York: Macmillan.

Bramble, W. C., and W. Byrnes. 1983. Thirty Years of Research on Development of Plant Cover on an Electric Transmission Right-of-Way. *J. Arboriculture* 9(3):67–74.

———, W. R. Byrnes, and R. J. Hutnik. 1990. Resistance of Plant Cover Types to Tree Seedling Invasion on an Electric Transmission Right-of-Way. *J. Arboriculture* 16:130–35.

———, W. Byrnes, R. Huntik, and S. Liscinsky. 1991. Prediction of Cover Type on Rights-of-Way after Maintenance Treatments. *J. Arboriculture* 17(2):38–43.

Bramble, W., R. Yahner, and W. Byrnes. 1997. Effect of Herbicides on Butterfly Populations of an Electric Transmission Right-of-Way. *J. Arboriculture* 23(5):196–206.

———, R. Yahner, and W. Byrnes. 1999. Effect of Herbicide Maintenance of an Electric Transmission Line Right-of-Way on Butterfly Populations. *J. Arboriculture* 25(6):302–7.

———, R. Yahner, and W. Byrnes. 2000. Effect of Herbicides on Butterfly Populations of an Electric Transmission Right-of-Way. *J. Arboriculture* 23(5):196–206.

Bramble, W., R. Yahner, and W. Byrnes. 1994. Nesting of Breeding Birds on an Electric Transmission Right-of-Way. *J. Arboriculture* 20(2):124–29.

Bramble, W., R. Yahner, W. Byrnes, and S. Liscinsky. 1992. Small Mammals in Plant Cover Types on an Electric Transmission Right-of-Way. *J. Arboriculture* 18(6):316–21.

Branson, R. L. 1977. Make Softened Water Suitable for Watering Plants. University of California Soil and Water Newsletter 32:1.

———. 1980. Wood Ashes as a Soil Additive. Soil and Water University of California Cooperative Extension 45:2–3.

BRANTLEY, E., D. DAVIS, and L. KUHNS. 2001a. Biological Control of the Artillery Fungus *Sphaerobolus stellatus* with *Trichoderma harzianum* and *Bacillus subtilis*. *J. Environmental Horticulture* 19(1):21–23.

———. 2001b. Influence of Mulch Characteristics on Sporulation by the Artillery Fungus *Sphaerobolus stellatus*. *J. Environmental Horticulture* 19(2):89–95.

BRATKOVICH, S. 2001. *Utilizing Municipal Trees: Ideas from Across the Country.* St. Paul, MN: USDA Forest Service, Northeastern Area, NA-TP-06-01.

BRATKOVICH, S., L. BURBAN, S. KATOVICH, C. LOCEY, J. POKORNY, and R. WIEST. 1993. Flooding and Its Effect on Trees. St. Paul, MN: USDA Forest Service, State and Private Forestry, Northeastern Area.

BRENZEL, K. (ed.). 1995. *Western Garden Book.* Menlo Park, CA: Sunset Books, Inc.

——— (ed.). 1997. *Sunset National Garden Book.* Menlo Park, CA: Sunset Books, Inc.

BRIDGEMAN, P. H. 1976. *Tree Surgery.* London: David & Charles.

BRITISH STANDARDS INSTITUTE. 1966. Recommendations for Tree Work. London: British Standards Institute 3998.

———. 1989. British Standard Recommendations for Tree Work. London: British Standards Institute 3998.

———. 1991. British Standard Guide for Trees in Relation to Construction. British Standards Institute BS 5837.

BRITTON, J. C. 1990. Root Crown Examinations for Disease and Decay. *J. Arboriculture* 18(7):v.

———. 1995. *Pruning Guidelines.* Urbana, IL: International Society Arboriculture.

BROECKER, W. S. 1970. Enough Air. *Environment* 12(7):28–31.

———. 1981. Handbook on Pruning. *Plants and Gardens* 37(2).

BROSCHAT, T. K. 1991. Effects of Leaf Removal on Survival of Transplanted Sabal Palms. *J. Arboriculture* 17:32–33.

———. 1994. Effects of Leaf Removal, Leaf Tying and Overhead Irrigation on Transplanted Pygmy Date Palms. *J. Arboriculture* 20(4):210–13.

———. 1995. Planting Depth Affects Survival, Root Growth, and Nutrient Content of Transplanted Pygmy Date Palms. *HortScience* 30(5):1031–32.

———, and H. DONSELMAN. 1984. Root Regeneration in Transplanted Palms. *Principles* 28:90–91.

———. 1987. Factors Affecting Palm Transplant Success. *Proc. Florida State Horticulture Society* 100:396–97.

———. 1990. *Principles* 32:96–97.

———, and A. W. MEEROW. 1990. *Palm Nutrition Guide.* Nursery Digest (Cooper City, FL) 24(4):1–4.

———, and A. MEEROW. 2000. *Ornamental Palm Horticulture.* Gainesville: University of Florida Press.

BROWN, C. L., R. G. MCALPINE, and P. P. KORMANIK. 1967. Apical Dominance and Form in Woody Plants: A Reappraisal. *American J. Botany* 54(2):153–62.

BROWN, G. E. 1972. *The Pruning of Trees, Shrubs, and Conifers.* London: Faber and Faber.

BURCH, P., R. WELLS, and W. KLINE. 1996. Red Maple and Silver Maple Growth Evaluated 10 Years after Application of Paclobutrazol Tree Growth Regulator. *J. Arboriculture* 22(2):61–66.

BURGER, D. 2000. Selection and Propagation of Deep-rooted Ornamental Trees for Urban Environments. In: *Strategies to Reduce Infrastructure Damage by Tree Roots. Proc. Symposium for Researchers and Practioners.* L. COSTELLO, E. MCPHERSON, D. BURGER, and L. DODGE (eds.). Western Chapter. International Society of Arboriculture. Cohasset, CA. pp. 23–25.

BURGER, D. W., G. W. FORISTER, and P. A. KIEHL. 1996. Height, Caliper Growth, and Biomass Response of Ten Shade Tree Species to Treeshelters. *J. Arboriculture* 22:161–66.

BURGER, D. W., P. SVIHRA, and R. W. HARRIS. 1991. Tree Shelter Use in Producing Container-Grown Trees. *HortScience* 27(1):30–32.

BURGER, I., and D. ECKSTEIN. 2001. The Tensile Strength of Isolated Wood Rays of Beech and Its Significance for the Biomechanics of Living Trees. *Trees* 15:168–70.

BURGER, J. A., and D. L. KELTING. 1999. Using Soil Quality Indicators to Assess Forest Stand Management. *Forest Ecology and Management* 122:155–66.

BUTIN, H. 1995. *Tree Diseases and Disorders.* New York, NY: Oxford University Press.

BUTIN, H., and A. SHIGO. 1981. Radial Shakes and "Frost Cracks" in Living Oak Trees. USDA Forest Service Research Paper NE-478.

BÜYÜKSÖNMEZ, F., R. RYNK, T. HESS, and E. BECHINSKI. 2000. Occurrence, Degradation and Fate of Pesticides during Composting, Part II: Occurrence and Fate of Pesticides in Compost and Composting Systems. *Compost Science and Utilization* 8(1):61–81.

CABORN, J. M. 1965. *Shelterbelts and Windbreaks.* London: Faber and Faber.

CALIFORNIA FERTILIZER ASSOCIATION. 1985. *Western Fertilizer Handbook,* 7th ed. Sacramento: California Fertilizer Association.

CANNELL, M. G. R. 1989. Physiological Basis of Wood Production: A Review. *Scandinavian J. of Forestry Research* 4:459–90.

CAPON, B. 1990. *Botany for Gardeners.* Portland, OR: Timber Press.

CARLSON, C. R. 2001. Mulch, Part 1: Too Much of a Good Thing Can Be Bad. *Arborist News* 10(6):35–39.

CARLSON, R. 2001. Starch Reserve Testing of Woody Tissues. Tree Tech Consulting Technical Report. *http//www.tree-tech.com/techrpt/lugolstain.html.*

CARPENTER, E. D. 1970. Salt Tolerance of Ornamental Plants. *American Nurseryman* 131(2):12, 54–71.

CARTER, J. and C. JOHNSON. 1988 Influence of Different Types of Mulches on Eggplant Production. *HortScience* 23:143–145.

CARTER, J. C. 1975. *Diseases of Midwest Trees.* Urbana: University of Illinois.

CATHEY, H. M. 1990. USDA Plant Hardiness Zone Map. United States Department of Agriculture. Agricultural Research Service Miscellaneous Publication Number 1475.

———, and L. E. CAMPBELL. 1975a. Effectiveness of Five Vision-Lighting Sources on Photoregulation of 22 Species of Ornamental Plants. *J. American Society Horticultural Science* 100(1):65–71.

———. 1975b. Security Lighting and Its Impact on the Landscape. *J. Arboriculture* 1:181–87.

CESA, E., E. LEMPICKI, and J. KNOTTS. 1994. *Recycling Municipal Trees—A Guide for Marketing Sawlogs from Street Tree Removals in Municipalities.* USDA Forest Service, Northeastern Area, NA-TP-02-94.

CHADWICK, L. C. 1941. Fertilization of Ornamental Trees, Shrubs, and Evergreens. Ohio Agricultural Experiment Station Bull. 620.

———. 1971. 3000 Years of Arboriculture: Past, Present and Future. *Arborist's News* 36(6):73a–78a.

CHAMBERLAIN, C. J. 1935. *Gymnosperms: Structure and Evolution.* Chicago: University of Chicago Press.

CHAN, F. J. 1974. Vermiculite Seeding Block: Aid for Direct Seeding of Small-Seeded Woody Plants. *Combined Proc. International Plant Propagators' Society* 20(2):23–25.

———, R. W. HARRIS, and A. T. LEISER. 1977. Direct Seeding Woody Plants in the Landscape. University of California Agricultural Science Leaflet 2577.

CHANCELLOR, W. J. 1976. Compaction of Soil by Agricultural Equipment. University of California Agricultural Science Bull. 1881.

CHANDLER, W. H., and R. D. CORNELL. 1952. Pruning Ornamental Trees, Shrubs and Vines. California Agricultural Extension Service Circ. 183.

CHANEY, D., L. DRINKWATER, and G. S. PETTYGROVE. 1992. Organic Soil Amendments and Fertilizers. Oakland: University of California, Division of Agriculture and Natural Resources Pub. 21505.

CHANEY, W. R. 1986. Anatomy and Physiology Related to Chemical Movement in Trees. *J. Arboriculture* 12:85–91.

———, and T. T. KOZLOWSKI. 1977. Patterns of Water Movement in Intact and Excised Stems of *Fraxinus americana* and *Acer saccharum* Seedlings. *Annals Botany* 41:1093–1100.

CHANG, J. H. 1968. *Climate and Agriculture.* Chicago: Aldine.

CHAPMAN, H. D. 1960. Leaf and Soil Analyses in Citrus Orchards. California Agricultural Extension Service Manual 25.

———. 1966a. Calcium, pp. 65–92. In *Diagnostic Criteria for Plants and Soils,* ed. H. D. Chapman. Riverside, CA: H. D. Chapman.

———. 1966b. Zinc, pp. 484–99. In *Diagnostic Criteria for Plants and Soils,* ed. H. D. Chapman. Riverside, CA: H. D. Chapman.

CHEN, F. H. 1975. *Foundations on Expansive Soils.* Amsterdam: Elsevier.

CHRISTOPHERSON, J. 1994. Community Based Wildfire Hazard Reduction, pp. 197–98. In *Proc. Sixth National Urban Forestry Conf.,* eds. C. Kollin, J. Mahon, and L. Frame. Washington, DC: American Forests.

CLAASSEN, V. P., and R. J. ZASOSKI. 1993. Enhancement of Revegetation on Construction Fill by Fertilizer and Topsoil Application: Effect on Mycorrhizal Infection. *Land Degradation and Rehabilitation* 4:45–57.

CLARK, F. E. 1957. Living Organisms in the Soil. In *Soil: The 1957 Yearbook of Agriculture,* Washington, DC: U.S. Government Printing Office.

CLARK, J. R., and R. KJELGREN. 1990. Water as a Limiting Factor in the Development of Urban Trees. *J. Arboriculture* 16(8):203–8.

CLARK, J., and N. MATHENY. 1991. Management of Mature Trees. *J. Arboriculture* 17(7):173–83.

———, and ———. 1994. The Special Needs of Trees, pp. 17–28. In *Integrated Pest Management for Turf and Ornamentals,* ed. A. Leslie. Boca Raton, FL: CRC Press.

———, ———, G. CROSS, and V. WAKE. 1997. A Model of Urban Forest Sustainability. *J. Arboriculture* 23(1):17–31.

———, ———, and J. MCNEIL. 1990. Developing a Species Profile. *J. Arboriculture* 16(5):101–7.

CLARK, J., R. KJELGREN, J. HUSHAGEN, and J. FIORE. 1992. Cambial Electrical Resistance Does Not Assess Vitality of Individual Sweet Gum Trees. *J. of Arboriculture* 18(1):1–5.

COATE, B. 2001. Unpublished list of tree species and their tendency to conflict with pavement. Presentation to a meeting of the Western Chapter International Society of Arboriculture. Barrie Coate Associates. Los Gatos, CA.

CODER, K. D. 1989. Should You or Shouldn't You Fill Tree Hollows? *Grounds Maintenance* 24(10):68, 70–73, 100.

———. 1995. Tree Quality BMPs for Developing Wooded Areas and Protecting Residual Trees. In *Trees and Building Sites,* eds. G. W. Watson and D. Neely. Savoy, IL: International Society of Arboriculture.

———. 1996. Cultural and Psychological Aspects of Trees and Forests. Athens: University of Georgia.

———. 1998. Root Growth Control: Managing Perceptions and Realities, pp. 51–81. In *The Landscape below Ground II,* eds. D. Neely and G. Watson. Champaign, IL: International Society of Arboriculture.

COLE, J., and D. HENSLEY. 1994. Field-Grown Fabric Containers Do Not Affect Transplant Survival or Establishment of Green Ash. *J. Arboriculture* 20(2):120–23.

CONNELL, J. H., R. D. MEYER, J. L. MEYER, and R. M. CARLSON. 1979. Gaseous Ammonia Losses Following Nitrogen Fertilization. *California Agriculture.* 33(1):11–12.

Cook, D. I., and D. F. Van Haverbeke. 1971. Trees and Shrubs for Noise Abatement. USDA Forest Service Research Bull. 246.

Cook, R. J., and K. Baker. 1983. *The Nature and Practice of Biological Control of Plant Pathogens.* St. Paul, MN: American Phytopathological Society.

Cook, S. 2001. Current Practices and Suppression Methods for Managing Oak Wilt Disease, pp. 93–100. In *Shade Tree Wilt Diseases,* ed. C. Ash, St. Paul MN: American Phytopathological Society.

Cool, R. A. 1976. Tree Spade vs. Bare Root Planting. *J. Arboriculture* 2(5):92–95.

Copeland, E. B. 1906. On the Water Relations of the Coconut Palm. *Philippine J. Sci.* 1:657.

Corley, W. L. 1984. Soil Amendments at Planting. *J. Environmental Horticulture* 2(1):27–30.

Cosgrove, T. J. 1989. The Greenhouse Effect: Perceptions and Misperceptions. *J. Arboriculture* 15:285–89.

Costanza, R., R. d'Arge, R. de Groot, S. Farber, M. Grasso, B. Hannon, S. Naeem, K. Limburg, J. Paruelo, R. V. O'Neill, R. Raskin, P. Sutton, and M. van den Belt. 1997. The value of the world's ecosystem services and natural capital. *Nature* 387:253–60.

Costello, L. R. 1999. Training Young Trees for Structure and Form. (Videocassette). Champaign, IL: International Society of Arboriculture.

Costello, L. R., and A. M. Berry. 1991. California Tree Failure Report Program: An Overview. *J. Arboriculture* 17(9):250–55.

———, C. Elmore, and S. Steinmaus. 1997. Tree Root Response to Circling Root Barriers. *J. Arboriculture* 23(6):211–18.

———, N. P. Matheny, and J. R. Clark. 1991. Estimating Water Requirements of Landscape Plantings. University of California Agricultural and Natural Science Research Leaflet 21493.

———, and J. L. Paul. 1975. Moisture Relations in Transplanted Container Plants. *HortScience* 10:371–72.

Costello, L., E. Perry, N. Matheny, P. Elam, and M. Henry. 2002 (in press). *Abiotic Disorders in Landscape Plants: A Diagnostic Guide.* Oakland, CA: University of California, ANR Publications.

———, A. Peters, and G. A. Giusti. 1996. An Evaluation of Treeshelter Effects on Plant Survival and Growth in a Mediterranean Climate. *J. Arboriculture* 22:1–9.

———, E. Perry, and D. Kelley. 2000. Field Assessment of Soil Factors Contributing to Sidewalk Damage by Tree Roots. In: *Strategies to Reduce Infrastructure Damage by Tree Roots. Proc. Symposium for Researchers and Practitioners.* L. Costello, E. McPherson, D. Burger and L. Dodge (eds.). Western Chapter. International Society of Arboriculture. Cohasset, CA. pp. 19–22.

———, and J. D. Peterson. 1989. Decay Detection in Eucalyptus: An Evaluation of Two Methods. *J. Arboriculture* 15:185–88.

———, E. McPherson, D. Burger, and L. Dodge (ed.). 2000. *Strategies to Reduce Infrastructure Damage by Tree Roots. Proc. Symposium for Researchers and Practitioners.* Western Chapter. International Society of Arboriculture. Cohasset, CA.

———, and S. L. Quarles. 1999. Detection of Wood Decay in Blue Gum and Elm: An Evaluation of the Resistograph and the Portable Drill. *J. Arboriculture* 24(6):311–18.

———, D. Thomas, and J. DeVries. 1996. Plant Water Loss in a Shaded Environment: A Pilot Study. Research Note. *J. Arboriculture* 22(2):106–8.

Costonis, A. 1995. Factors Affecting the Survival of Transplanted Sabal Palms. *J. Arboriculture* 21(2):98–103.

Couenberg, E. A. M. 1994. Amsterdam Tree Soil, pp. 24–33. In *The Landscape below Ground.* Proc. of an International Workshop on Tree Root Development in Urban Soils. Savoy, IL: International Society of Arboriculture.

———. 1998. Urban Tree Soil and Tree-Pit Design, pp. 189–202. In *The Landscape below Ground II,* (eds.), D. Neely and G. Watson. Champaign IL: International Society of Arboriculture.

Council of Tree, and Landscape Appraisers (CTLA). 1992. *Guide for Plant Appraisal,* 8th ed. Urbana, IL: International Society of Arboriculture.

———. 2000. *Guide for Plant Appraisal,* 9th ed. Champaign, IL: International Society of Arboriculture.

Coutts, M. P., and J. J. Philipson. 1980. Mineral Nutrition and Tree Growth, pp. 123–26. In *Mineral Nutrition of Fruit Trees,* eds. D. Atkinson, J. E. Jackson, R. O. Sharples, and W. M. Waller. London: Butterworths.

Craul, P. 1985. A Description of Urban Soils and Their Desired Characteristics. *J. Arboriculture* 11:330–39.

———. 1992. *Urban Soil in Landscape Design.* New York: Wiley.

———. 1999. *Urban Soils: Applications and Practices.* New York: Wiley.

Creech, J. L., and W. Hawley. 1960. Effects of Mulching on Growth and Winter Injury of Evergreen Azaleas. *Proc. American Society Horticultural Science* 75:650–57.

Cremer, K. W., B. J. Meyers, van der Duys, and I. E. Graig. 1977. Silvicultural Lessons from the 1974 Windthrow in Radiata Pine Plantations near Canberra. *Australian Forestry* 40: 274–292.

Curry, E. A., and M. W. Williams. 1984. A Comparison of Methods of Application of Growth Retardants to Apple and Pear Trees. *Proc. Plant Growth Regulator Society America* 20:151.

Cutler, D. F., and I. B. K. Richardson. 1989. *Tree Roots and Buildings,* 2nd ed. Harlow, England: Longman Scientific and Technical.

Daddow, R. L., and G. E. Warrington. 1984. The Influence of Soil Texture on Growth-limiting Soil Bulk Densities. *Proc. Conv. Society American Foresters.* pp. 252–56.

Dagit, R., and J. Downer. In Press. To Prune or Not to Prune: Responses of Coast Live Oaks (*Quercus agrifolia*) to Canopy Retention during

Transplanting. In *Proc. Fifth Oak Symposium.* California Polytechnical University, San Luis Obispo, October 2001.

DAGIT, R., and J. DOWNER. 1996. Transplanted Coast Live Oaks *(Quercus agrifolia)* in Southern California. *Western Arborist* 24(4):36–41.

D'AMBROSIO, D. P. 1990. Crown Density and Its Correlation to Girdling Root Syndrome. *J. Arboriculture* 16:153–57.

DAVENPORT, D. C., R. M. HAGAN, and P. E. MARTIN. 1969. Antitranspirants: Uses and Effects on Plant Life. *California Turfgrass Culture* 19(4):25–27.

DAVIDSON, J. A., S. A. GILL, and M. J. RAUPP. 1990. Foliar and Growth Effects of Repetitive Summer Horticultural Oil Sprays on Trees and Shrubs under Drought Stress. *J. Arboriculture* 16:77–81.

DAVIDSON, J., and M. RAUPP. 1997. *Landscape IPM Guidelines for IPM of Insect and Mite Pests on Landscape Trees and Shrubs.* Cooperative Extension Service. Univ. Maryland. Bulletin 350. College Park, MD.

DAVIES, R. J. 1987. Do Soil Ameliorates Help Tree Establishment? *Arboriculture Research Note* 69.

DAVIS, J. 1990. The Wildland-Urban Interface: Paradise or Battleground? *Journal of Forestry.* 26–31.

DAVIS, S. H., JR. 1971. What's Wrong with My Tree? New Jersey Cooperative Extension Service Leaflet 156-A.

DAVIS, W. B., and others. 1974. Landscaping in Containers without Natural Drainage. University of California Agricultural Science Leaflet 2577.

DAY, R. W. 1991. Damage of Structures Due to Tree Roots. *J. Performance of Constructed Facilities* 5(3):200–7.

———. 1992a. Irrigation, Drainage and Landscaping for Expansive Soil. *J. Irrigation Drainage Engineering.* 118(2):285–90.

———. 1992b. Damage to Two Apartment Buildings Due to Moisture Variation of Expansive Soil. *J. Performance of Constructed Facilities* 6(3):169–76.

DAY, S., and N. BASSUK. 1994. A Review of the Effects of Soil Compaction and Amelioration Treatments on Landscape Trees. *J. Arboriculture* 20:9–17.

———, N. BASSUK, and V. VAN ES. 1995. Effects of Four Compaction Remediation Methods for Landscape Trees on Soil Aeration, Mechanical Impedance and Tree Establishment. *J. Environmental Horticulture* 13:64–71.

DAY, S. D., J. R. SEILER, R. KREH, and D. W. SMITH. 2001. Overlaying Compacted or Uncompacted Construction Fill Has No Negative Impact on White Oak and Sweetgum Growth and Physiology. *Canadian J. Forest Research* 31:100–8.

DAY, S. J. 1993. Is the 1991 Halloween Freeze to Blame? ISA Rocky Mountain Chapter Tree Leaves, Spring: 18–19.

DEAN, T., and J. LONG. 1986. Validity of Constant-Stress and Elastic-Instability Principles of Stem Formation in *Pinus contorta* and *Trifolium pratense. Annals of Botany* 58:833–40.

DERR, J. F., and B. L. APPLETON. 1988. *Herbicide Injury to Trees and Shrubs: A Pictorial Guide to Symptoms Diagnosis.* Virginia Beach, VA: Blue Crab Press.

DEGAETANO, A. 2000. Specifications of Soil Volume and Irrigation Frequency for Urban Tree Containers Using Climate Data. *J. Arboriculture* 26(3):142–51.

DEL MORAL, R., and C. H. MULLER. 1970. Allelopathic Effects of *Eucalyptus camaldulensis. American Midland Naturalist* 83:254–82.

DELUCIA, E. H., and G. P. BERLYN. 1984. The Effect of Increasing Elevation on Leaf Cuticle Thickness and Cuticular Transpiration in Balsam Fir. *Canadian J. Botany* 62:2423–2431.

DEPARTMENT OF THE ENVIRONMENT. 1988. *The Effects of the Great Storm.* Department of the Environment; Min. Agric., Fisheries, and Food and Forestry Commission. London: Her Majesty's Stationery Office.

DEPARTMENT OF THE ENVIRONMENT, TRANSPORT AND THE REGIONS. 2000. *Woodland Establishment on Landfill Sites—Site Monitoring.* London: Her Majesty's Stationery Office.

DEPUTY SURVEYOR. 1988. *The New Forest Brochure.* Lyndhurst, England: Forestry Commission.

DICKERSON, G. W. 1999. Description and Use of Municipal Solid Waste Composts in New Mexico. New Mexico State University, College of Agriculture and Home Economics Circ. 562.

DICKEY, R. D. 1977. Nutritional Deficiencies of Woody Ornamental Plants Used in Florida Landscapes. Florida Agricultural Experiment Bull. 791.

DOLWIN, J. A., D. LONSDALE, and J. BARNETT. 1999. Detection of Decay in Trees. *Arboricultural J.* 23(2):139–50.

DOMIR, S. C. 1978. Chemical Control of Tree Height. *J. Arboriculture* 4(7):145–53.

DREISTADT, S. H., and D. L. DAHLSTEN. 1990. Relationships of Temperature to Elm Leaf Beetle (Coleoptera: Chrysomelidae) Development and Damage in the Field. *J. Economic Entomol.* 83:837–41.

———, J. CLARK, and M. FLINT. 1994. *Pests of Landscape Trees and Shrubs—An Integrated Approach.* University of California, Division of Agriculture and Natural Resources Publication 3359.

DRISCOLL, R. 1983. The Influence of Vegetation on the Swelling and Shrinking of Clay Soils in Britain. *Geotechnique* 33(2):93–105.

DUJESIEFKEN, D., A. RHAESA, D. ECKSTEIN, and H. STOBBE. 1999. Tree Wound Reactions of Differently Treated Boreholes. *J. Arboriculture* 25(3):113–23.

DUNMIRE, J. R. 1988. *Sunset New Western Garden Book.* Menlo Park, CA: Lane.

DUNN, L. 2000. Dealing with Tree Roots and Concrete: The Sunnyvale Experience. In: *Strategies to Reduce Infrastructure Damage by Tree Roots. Proc. Symposium for Researchers and Practitioners.* L. Costello, E. McPherson, D. Burger and L. Dodge (eds.). Western Chapter. International Society of Arboriculture. Cohasset, CA. pp. 83–88.

DUNSTER, J. 1994. New Legislative Ways of Protecting Trees in Municipalities: An Overview of the British Columbia Approach. *J. Arboriculture* 20:109–13.

———. 1995. Effective Tree Retention in New Developments. In *Trees and Building Sites,* eds. G. W. Watson and D. Neely. Savoy, IL: International Society of Arboriculture, pp. 125–131.

———. 1996. Hazard Tree Assessments: Developing a Species Profile for Western Hemlock. *J. of Arboriculture* 22(1):51–57.

———. 2000. *A Manual for Users of the Resistograph Decay Detection Instrument.* Bowen Island, BC: Dunster & Associates Environmental Consultants Ltd.

———. 2000. *A Manual for Users of the Resistograph Decay Detection Instrument.* Bowen Island, BC: Dunster & Associates Environmental Consultants Ltd.

———, and K. DUNSTER. 1996. *Dictionary of Natural Resource Management.* Vancouver, Canada: University of British Columbia Press.

DURYEA, M. L., G. M. BLAKESLEE, W. G. HUBBARD, and R. A. VASQUEZ. 1996. Wind and Trees: A Survey of Homeowners after Hurricane Andrew. *J. Arboriculture* 22:44–50.

———, R. J. ENGLISH, and L. A. HERMANSEN. 1999. A Comparison of Landscape Mulches: Chemical, Allelopathic, and Decomposition Properties. *J. Arboriculture* 25(2):89–97.

DWYER, J., D. NOWAK, M. NOBLE, and S. SISINNI. 2000. *Connecting People with Ecosystems in the Twenty-First Century: An Assessment of Our Nation's Urban Forests.* USDA Forest Service, Pacific Northwest Research Station, Portland, OR. Gen. Tech. Rpt. PNW-GTR0490.

EAMES, A., and L. MACDANIELS. 1947. *An Introduction to Plant Anatomy,* 2nd ed. New York: McGraw-Hill.

EATON, F. M. 1966. Chlorine, pp. 98–135. In *Diagnostic Criteria for Plants and Soils,* ed. H. D. Chapman. Riverside, CA: H. D. Chapman.

ECKMÜLLER, O., and H. STERBA. 2000. Crown Condition, Needle Mass and Sapwood Area Relationships of Norway Spruce *(Picea abies). Canadian J. Forest Research* 30:1646–54.

EDBERG, R., and A. BERRY. 1999. Patterns of Structural Failure in Urban Trees: Coast Live Oak. *J. Arboriculture* 25(1):48–55.

———, A. M. BERRY, and L. R. COSTELLO. 1994. Patterns of Structural Failure in Monterey Pine. *J. Arboriculture* 20(6):297–304.

EHLEN, G. 2000. AEP vs. Trees: The Precedent for TGRs. *Right-of-Way Vistas.* 13(5):6,7. Dow AgroSciences. Customer Information Center. Indianapolis, IN.

EISNER, N. J., E. F. GILMAN, and J. C. GRABOSKY. 2002. Branch Morphology Impacts Compartmentalization of Pruning Wounds. *J. Arboriculture* 28:99–105.

ELAM, P., and J. BAKER. 1996. Fruit Inhibition of *Quercus* Species Using Growth Regulators. *J. Arboriculture* 22(2):109–10.

ENVIRONMENTAL CONSULTANTS INC. 1990. Tree Growth Regulator Study—Final Report. Hagerstown, MD: Potomac Edison Company, pp. 1–24.

EPSTEIN, E. 2000. The Discovery of the Essential Elements. Chapter 1 in *Discoveries in Plant Biology.* Volume III. Editors: Shain-Dow Kung and Shang-Fa Yang. World Scientific. Singapore, New Jersey, London, Hong Kong.

EPSTEIN, E. 1972. *Mineral Nutrition of Plants: Principles and Perspectives.* New York: Wiley.

ERICSSON, T. 1981. Effects of Varied Nitrogen Stress on Growth and Nutrition in Three *Salix* Clones. *Physiologia Plantarum* 51:423–29.

———. 1995. Growth and Shoot:Root Ratio of Seedlings in Relation to Nutrient Availability. *Plant and Soil* 168–69:205–14.

———, and T. INGESTAD. 1988. Nutrition and Growth of Birch Seedlings at Varied Relative Phosphorus Addition Rates. *Physiologia Plantarum* 72:227–35.

ESSIG, E. D. 1958. *Insects and Mites of Western North America.* New York: Macmillan.

ESKEW, D. L., R. M. WELCH, and E. E. CARY. 1983. Nickel: An Essential Micronutrient for Legumes and Possibly All Higher Plants. *Science* 222: 621–23.

EUROPEAN ARBORICULTURAL COUNCIL. 1999. *European Tree Pruning Guide* (8th version). European Arboricultural Council. C/o The Tree Advice Trust. Surrey, England.

EVANS, J., and C. W. SHANKS. 1987. Treeshelters. *Arboricultural Research Note* 63/87SILS:1–4.

EVANS, P. E., and J. E. KLETT. 1984. The Effects of Dormant Pruning Treatments on Leaf, Shoot, and Root Production from Bare-Root *Malus sargentii. J. Arboriculture* 10:298–302.

———, and ———. 1985. The Effects of Dormant Branch Thinning on Total Leaf, Shoot, and Root Production from Bare-Root *Prunus cerasifera* 'Newportii.' *J. Arboriculture* 11:149–51.

EWERS, F., and M. ZIMMERMANN. 1984. The Hydraulic Architecture of Eastern Hemlock (*Tsuga canadensis*). *Canadian J. Botany* 62:940–46.

EZQUERRA, F., and L. GIL. 2001. Wood Anatomy and Stress Distribution in the Stem of *Pinus pinaster* Ait. *Invest. Agricultural: Sist. Recur. For.* 10(1).

FARNHAM, D. S., R. F. HASEK, and J. L. PAUL. n.d. Water Quality: Its Effects on Ornamental Plants. University of California Cooperative Extension Leaflet 2995 (updated from 1979 publication).

FARQUHAR, G. D. 1979. Carbon Assimilation in Relation to Transpiration and Fluxes in Ammonia, pp. 521–28. In *Photosynthesis and Plant Development,* eds. R. Marcelle, H. Clijsters, and M. Van Pouche. The Hague: Dr. W. Junk.

FAYLE, D. C. F. 1968. Radial Growth in Tree Roots: Distribution, Timing, Anatomy. University of Toronto, Forestry Tech. Rpt. 9.

FAZIO, J. (ed.). 1994. *How to Recycle Shade Tree Materials.* Tree City USA Bulletin No. 16. National Arbor Day Foundation. Nebraska City, NE. 8pp.

FEDERER, C. A. 1971. Effects of Trees in Modifying Urban Microclimate. *Proc. Symp. on the Role of Trees in the South's Urban Environment.* USDA Forest Service.

FELIX, R., and A. L. SHIGO. 1977. Rots and Rods. *J. Arboriculture* 3(10):187–90.

FELT, E. J. 1953. Influence of Vegetation on Soil Moisture Contents and Resulting Soil Volume Changes. *Proc. Third International Conf. on Soil Mech. Foundation Engineering* 1:24–27.

FERERES, E., ed. 1981. Drip Irrigation Management, University of California Agricultural Science Leaflet 21199.

FERRINI, F., and F. P. NICESE. 2002. Response of English oak (*Quercus robur* L.) Trees to Biostimulants Application in the Urban Environment. *J. Arboriculture* 28(2):71–75.

FEUCHT, J. R. 1988. Early Results of Colorado Study on Wire Baskets Recommend Cautious, Thoughtful Use. *Pacific Coast Nurseryman* 47(4):57–58.

FLEMER, W. 1986. Planting Trees and Shrubs in Island Beds. *Grounds Maintenance* 21(9):96–97.

FLETCHER, R., and G. HOFSTRA. 1988. Triazoles as Potential Plant Protectants. *Sterol Biosynthesis Inhibitors* pp. 321–30.

FLINT, M. L., and P. GOUVEIA. 2001. *IPM in Practice: Principles and Methods of Integrated Pest Management.* University of California, Statewide Integrated Pest Mangement Project, Agriculture and Natural Resources Pub. 3418, Oakland, CA.

———, and R. VAN DEN BOSCH. 1981. *Introduction to Integrated Pest Management.* New York: Plenum.

FLOOK, R. 1996. A Standard Tree Evaluation Method (STEM). Ron Flook. Tahunanui. Nelson, New Zealand.

FLORIDA DEPARTMENT OF AGRICULTURE. 1996. Grades and Standards for Nursery Stock. Division of Plant Industry. Publication #168. Tallahassee, FL.

FOSTER, R. S. 1978. *Landscaping That Saves Energy Dollars.* New York: McKay.

FRAEDRICH, B. 1995. Solutions to Tree and Sidewalk Conflicts. *City Trees,* May–June, pp. 13–15. Society of Municipal Arboriculture. Champaign, IL: International Society of Arboriculture.

———, and T. SMILEY. 1996. Maintenance Pruning Standard: A Simplified View. *Arborist News* 5(2):49–52.

———, D. C. BOOTH, and E. T. SMILEY. 1989. Pest Management Recommendations 1990. Charlotte, NC: Bartlett Tree Research Lab., p. 116.

FRANCIS, H. L., J. R. BREECE, and R. L. BALDWIN. 1974. Christmas Tree Farming with Monterey Pines in Southern California. University of California Agricultural Extension AXT-N 200.

FRANCIS, J., B. PARRESOL, and J. DE PATINO. 1996. Probability of Damage to Sidewalks and Curbs by Street Trees in the Tropics. *J. Arboriculture* 22(4):193–97.

FRANCOIS, L., and R. A. CLARK. 1978. Salt Tolerance of Ornamental Shrubs, Trees, and Iceplant. *J. American Society Horticultural Science* 103(2):280–83.

———, and ———. 1979. Boron Tolerance of Twenty-Five Ornamental Shrub Species. *J. American Society Horticultural Science* 104(3):319–22.

FRANKLIN, J., H. SHUGART, and M. HARMON. 1987. Tree Death as an Ecological Process. *BioScience* 37:550–56.

FRANKS, E., and J. REEVES. 1988. A Formula for Assessing the Ecological Value of Trees. *J. Arboriculture* 14(10):255–59.

FRASER, E., and W. KENNEY. 2000. Cultural Background and Landscape History as Factors Affecting Perceptions of the Urban Forest. *J. Arboriculture* 26(2):106–13.

FREE, M. 1961. *Plant Pruning in Pictures.* Garden City, NY: Doubleday.

FULLER, R. G., D. E. BELL, and H. E. KAZMAIER. 1965. Tree Wound Dressing for Sprout Control in Pole Line Clearing. Edison Electric Inst. Bull. 33:290–94.

FUNK, R. 2000. The Effects of Fertilizer Sources and Placement on Tree Growth. *Proc. International Conference on Tree and Shrub Fertilization.* Senior Editor: Alan Siewert, Ohio Division of Forestry, Middlefield, OH.

GALE, J., and R. M. HAGAN. 1966. Plant Antitranspirants. *Ann. Rev. Plant Physiol.* 17:269–82.

GALLAGHER, P. W., and T. D. SYDNOR. 1983. Electrical Resistance Related to Volume of Discolored and Decayed Wood in Silver Maple. *HortScience* 18:762–64.

GARBAYE, J., and J. L. CHURIN. 1996. Effect of Ectomycorrhizal Inoculation at Planting on Growth and Foliage Quality of *Tilia tomentosa. J. Arboriculture* 22(1):29–34.

GARBESI, K., H. AKBARI, and P. MARTIEN, eds. 1989. Controlling Summer Heat Islands. *Proc. Workshop on Saving Energy and Reducing Atmospheric Pollution by Controlling Summer Heat Islands.* University of California, Lawrence Berkeley Laboratory, LBL-27872, CONF-8902142.

GARCIA, C., T. HERNANDEZ, A. ROLDAN, J. ALBALADEJO, and V. CASTILLO. 2000. Organic Amendment and Mycorrhizal Inoculation as a Practice in Afforestation of Soils with *Pinus halepensis* Miller: Effect on Their Microbial Activity. *Soil Biology and Biochemistry* 32:1173–81.

GARDNER, V. R., F. C. BRADFORD, and H. D. HOOKER, JR. 1939. *The Fundamentals of Fruit Production.* New York: McGraw-Hill.

GARDNER, W. R., and M. FIREMAN. 1958. Laboratory Studies of Evaporation from Soil Columns in the Presence of a Water Table. *Soil Sci.* 85:244–49.

GARNER, J. H. B. 1974. The Death of Woody Ornamental Plants Associated with Leaking Natural Gas. *Arborist's News* 39(12):13–17.

GEIGER, R. 1961. *The Climate near the Ground.* Cambridge, MA: Harvard University Press.

GILBERT, O. L. 1996. Regaining Trees on Construction Sites. *Arboricultural Journal* 20(1):39–45.

GILBERTSON, P., A. D. KENDLE, and A. D. BRADSHAW. 1987. Root Growth and the Problems of Trees in Urban and Industrial Areas, pp. 59–66. In *Advances in Practical Arboriculture,* ed. D. Patch. Forestry Commission Bull. 65. London: Her Majesty's Stationery Office.

GILL, L. S., and F. G. HAWKSWORTH. 1961. The Mistletoes: A Literature Review. USDA Forest Service Pest Leaflet 147.

GILL, S., and M. RAUPP. 1994. Using Entopathogenic Nematodes and Conventional and Biorational Pesticides for Controlling Bagworm. *J. Arboriculture* 20(6):318–22.

GILLIAM, C. H., D. C. FARE, and J. T. EASON. 1988. Control of *Acer rubrum* Growth with Flurprimidol. *J. Arboriculture* 14:99–105.

GILMAN, E. 1994. Establishing Trees in the Landscape, pp. 69–77. In *The Landscape below Ground,* eds. G. Watson and D. Neely. Savoy, IL: International Society of Arboriculture.

———. 1997. *Trees for Urban and Suburban Landscapes.* Albany, NY: Delmar.

———. 2000. *An Illustrated Guide to Pruning,* 2nd ed. Albany, NY: Delmar.

———. 2001. *Horticopia: Illustrated Pruning and Planting.* (CD ROM). Horticopia, Inc., Purcellville, VA.

———, H. BECK, D. WATSON, P. FOWLER, D. WEIGLE, and N. MORGAN. 1996. Southern Trees: An Expert System for Selecting Trees, 2nd ed. (CD-ROM). Gainesville, FL: University of Florida, Monograph 3.

———, I. A. LEONE, and F. B. FLOWER. 1987. Effect of Soil Compaction and Oxygen Content on Vertical and Horizontal Root Distribution. *J. Environmental Horticulture* 5(1):33–36.

———, and S. LILLY. (2002). *Best Management Practice—Tree Pruning.* Champaign, IL: International Society of Arboriculture.

GILSTRAP, C. 2000. The City of Modesto's Strategies to Reduce Infrastructure Damage by Tree Roots. In: *Strategies to Reduce Infrastructure Damage by Tree Roots. Proc. Symposium for Researchers and Practitioners.* L. Costello, E. McPherson, D. Burger, and L. Dodge (eds.). Western Chapter. International Society of Arboriculture. Cohasset, CA. pp 46–48.

GLASS, E. H., ed. 1975. *Integrated Pest Management: Rationale, Potential, Needs, and Implementation.* Washington, DC: Entomological Society of America.

GLOCK, W. S., and S. H. AGERTER. 1962. Rainfall and Tree Growth. In *Tree Growth,* ed. T. T. Kozlowski. New York: Ronald Press.

GOFF, F., and F. WEST. 1975. Canopy–Understory Interaction Effects on Forest Population Structure. *Forest Sci.* 21:98–108.

GOLDHAMER, D. A., and R. L. SNYDER. 1989. Irrigation Scheduling. University of California Agricultural Science Leaflet 21454.

GOODIN, J. R., and V. T. STOUTEMYER. 1962. Carob Tree Growth Stimulated with Gibberellin. *California Agriculture* 16(9):4–5.

GOUIN, F. R. 1979. Anti-Desiccants for Protecting Evergreens. *News and Views* (American Horticulture Society) 21(l):6.

———. 1983. Girdling by Roots and Ropes. *J. Environmental Horticulture.* 1:50–52.

GOWANS, K. D. 1970. Water Pollution Considerations in Landscape Management. *Proc. California Park and Recreation Administrators Institute* 11(20):1–5.

———, and H. L. HALL. 1971. Providing Drainage for Ornamental Trees in Layered Soils. University of California Agricultural Science Leaflet 2575.

GOWER, S., R. MCMURTRIE, and D. MURTY. 1996. Aboveground Net Primary Production Decline with Stand Age: Potential Causes. *Trees* 11(9):378–82.

GRABOSKY, J., and N. BASSUK. 1995. A New Urban Tree Soil to Safely Increase Rooting Volumes under Sidewalks. *J. Arboriculture* 21(4):187–201.

———, and ———. 1996. Testing of Structural Urban Tree Soil Materials for Use under Pavement to Increase Street Tree Rooting Volumes. *J. Arboriculture* 22(6):255–63.

GRABOSKY, J., N. BASSUK, L. IRWIN, and H. VAN ES. 1998. Pilot Field Study of Structural Soil Materials in Pavement Profiles, pp. 210–21. In *The Landscape below Ground II,* eds. D. Neely and G. Watson. Champaign IL: International Society of Arboriculture.

———, ———, and B. MARRANCA. 2002. Preliminary Findings from Measuring Street Tree Shoot Growth in Two Skeletal Soil Installations Compared to Tree Lawn Plantings. *J. Arboriculture* 28(2):106–8.

GRAHAM, J. H. 2001. What do Root Pathogens See in Mycorrhizas? *New Phytologist* 149:357–359.

GRANT, J., D. A. GOLDHAMER, and M. GAGNON. 1986. The Water Budget Method: Irrigation Scheduling. University of California Agricultural Science Leaflet 21419.

GRANT, J. A., and C. L. GRANT. 1955. *Trees and Shrubs for Pacific Northwest Gardens.* San Carlos, CA: Brown & Nourse.

GRANT, R. 1990. Largest Landfill Gas Recovery Unit Opens in Meadowlands District News Release. Lyndhurst, NJ: Hackensack Meadowlands Dev. Corn., April.

GREEN, J. L. 1978. Plant Injury Caused by Sawdusts and Barks. *Ornamentals Northwest* Newsletter (Oregon State University), Dec.–Jan. 1977–78, pp. 8–12.

———, O. MALOY, and J. CAPIZZI. 1990. Patterns: Signs to Direct the Diagnosis of Plant Damage. *Ornamentals Northwest* Newsletter (Oregon State University) 13(6):1–24.

———, and G. W. WATSON. 1989. Effects of Turfgrass and Mulch on the Establishment and Growth of Bare-Root Sugar Maples. *J. Arboriculture* 15:268–72.

GREENLY, K. M., and D. A. RAKOW. 1995. The Effect of Wood Mulch Type and Depth on Weed and Tree Growth and Certain Soil Parameters. *J. Arboriculture* 21:225–32.

GREENWOOD, M. 1995. Juvenility and Maturation in Conifers: Current Concepts. *Tree Physiology* 15:433–38.

GROSS, R. 1995. Construction Applications of Hydraulic Soil Excavation, pp. 177–84. In *Trees and Building Sites,* eds. G. Watson and D. Neely. Savoy, IL: International Society of Arboriculture.

GROUNDS, R. 1973. *The Complete Handbook of Pruning.* New York: Macmillan.

HABERMEHL, A., and H.-W. RIDDER. 1995. Computerized Tomographic Investigations of Street and Park Trees. *Arboricultural Journal.* 19:419–437.

HACKETT, W. P. 1976. Control of Phase Change in Woody Plants. *Acta Horticulturae* 56:143–54.

HALE, M., and D. ORCUTT. 1987. *The Physiology of Plants under Stress.* New York: Wiley.

HALFACRE, R. G., and J. A. BARDEN. 1979. *Horticulture.* New York: McGraw-Hill.

HALIK, S. 1990. Survival of *Bursaphelenchus xylophilus* in Wood Chips in Soil and Potential for Infecting Roots of Pine Seedlings. M.S. thesis. University of Vermont, Burlington.

HALLIWELL, B., J. TURPIN, and J. WRIGHT. 1979. *The Complete Handbook of Pruning,* 2nd ed. London: Ward Lock.

HAMILTON, W. D. 1976. Street Tree Root Problem Survey. *Landscape Supervisors Forum Newsletter,* May 11. Hayward: University of California Cooperative Extension, pp. 1–3.

———. 1978. Drip Irrigation I, II, & III. *Growing Points.* Hayward: University of California Cooperative Extension, Apr., pp. 3–4; May, pp. 2–4; June, pp. 1–4.

———. 1983. Roots Pot Bound—Trees Grew. *Growing Points.* University of California Cooperative Extension 21(4):2.

———. 1988. Significance of Root Severance on Performance of Established Trees. *J. Arboriculture* 14:288–92.

———, and K. D. GOWANS. 1970. Fire Protection in the Bay Area. *Growing Points.* University of California Cooperative Extension, Oct., pp. 1–8.

———, and D. MARLINO. 1981. Large Tree Cavity Work and Cabling. *J. Arboriculture* 7(7):180–82.

HAMMER, M. J., and O. B. THOMPSON. 1966. Foundation Clay Shrinkage Caused by Large Trees. *J. Soil Mech. and Fdn Div. Proc. of the American Society of Civil Eng.* 92(6):1–17.

HAMMITT, W. 2002. Urban Forests and Parks as Privacy Refuges. *J. Arboriculture* 28(1):19–26.

HANSEN, M. A. 2001. Beware of Sour Mulch. *The Wisconsin Arborist* 20(2).

HANSON, B., and D. PETERS. 1997. Update on Moisture Sensors. *Irrigation Business and Technology* 5(6):43–45.

HANSON, B., S. ORLOFF, and D. PETERS. 2000. Monitoring Soil Moisture Helps Refine Irrigation Management. *California Agriculture* 54(3):38–42.

HARIVANDI, A. 1988. Irrigation Water Quality and Turfgrass Management. *California Turfgrass Culture* 38(3, 4):1–4.

HARRIS, R. W. 1962. Water: Hazardous Necessity. *Proc. International Shade Tree Conf.* 38:182–88.

———. 1966. Influence of Turfgrass on Young Landscape Trees. *Proc. Seventeenth International Horticulture Congress* 1:81.

———. 1967. Factors Influencing Root Development of Container-Grown Trees. *Proc. International Shade Tree Conf.* 43:304–14.

———. 1972. High-Temperature Limb Breakage. *Proc. International Shade Tree Conf.* 48:133–34.

———. 1983. Summer Branch Drop. *J. Arboriculture* 9:111–13.

———. 1989. Arboriculture: World Glimpses and Ideas. *J. Arboriculture* 15:62–66.

———. 1992. *Arboriculture: Integrated Management of Landscape Trees, Shrubs, and Vines,* 2nd ed. Englewood Cliffs, NJ: Prentice Hall.

———, and L. BALICS. 1963. Strong Branch Structure for Modesto Ash. *California Agriculture* 17(2):10–11.

HARRIS, R., J. CLARK, and N. MATHENY. 1995. *Arboriculture: Integrated Management of Trees, Shrubs, and Vines,* 3rd ed. Englewood Cliffs, NJ: Prentice Hall.

HARRIS, R., W. B. DAVIS, N. W. STICE, and D. LONG. 1971. Root Pruning Improves Nursery Tree Quality. *J. American Society Horticultural Science* 96:105–8.

HARRIS, R. and W. B. DAVIS. 1976. Planting Landscape Trees University of California Agricultural Science Leaflet 2583.

———, and R. H. COPPOCK. 1977. Saving Water in Landscape Irrigation. University of California Agricultural Science Leaflet 2976.

HARRIS, R., W. D. HAMILTON, W. D. DAVIS, and A. T. LEISER. 1969. Pruning Landscape Trees. University of California Agricultural Science Leaflet 2574.

———, A. T. LEISER, and W. B. DAVIS. 1976. Staking Landscape Trees. University of California Agricultural Extension Leaflet 2576.

———, D. LONG, and W. B. DAVIS. 1967. Root Problems in Nursery Liner Production. University of California Agricultural Science Leaflet 2563.

———, J. L. PAUL, and A. T. LEISER. 1977. Fertilizing Woody Plants. University of California Agricultural Science Leaflet 2958.

———, R. M. SACHS, and R. E. FISSELL. 1971. Control of Trunk Sprouts with Growth Regulators. *California Agriculture* 25:1–3.

———, and others. 1969. Pruning Landscape Trees. University of California Agricultural Science Leaflet 2574.

———, and others. 1971. Root Pruning Improves Nursery Tree Quality. *J. American Society Horticultural Science* 96:105–8.

———, and others. 1972. Spacing of Container-Grown Trees in the Nursery. *J. American Society Horticultural Science* 97(4):503–6.

HARTIG, R. 1878. *Die Zersetzungserscheinungen des Holzes der Nadelbiiume und der Eiche* [Decay Phenomena in the Wood of Conifers and Oaks]. Berlin: Springer.

HARTMANN, H. T. 1967. Swan Hill: A New Ornamental Fruitless Olive for California. *California Agriculture* 21(1):4–5.

———, D. E. KESTER, and F. J. DAVIES, JR. 1990. *Plant Propagation: Principles and Practices,* 5th ed. Upper Saddle River, NJ: Prentice Hall.

HAUER, R. J., and J. O. DAWSON. 1996. Growth and Iron Sequestering of Pin Oak (*Quercus palustris*) Seedlings Inoculated with Soil Containing Ectomycorrhizal Fungi. *J. Arboriculture* 22(3):122–30.

———, M. C. HRUSKA, and J. O. DAWSON. 1994. *Trees and Ice Storms: The Development of Ice Storm-Resistant Urban Tree Populations.* Special Publication 94-1, Department of Forestry, University of Illinois at Urbana–Champaign, Urbana, IL.

———, W. WANG, and J. DAWSON. 1993. Ice Storm Damage to Urban Trees. *J. Arboriculture* 19(4):187–93.

HAUPT, E. H. 1980. The Private Tree Worker and Energized Lines. *J. Arboriculture* 6(4):93–95.

HAUSENBUILLER, R. L. 1985. *Soil Science: Principles and Practices,* 3rd ed. Dubuque, IA: William C. Brown.

HEERMANN, D. F., and R. A. KOHL. 1980. Fluid Dynamics of Sprinkler Systems, pp. 583–618. In *Design and Operation of Farm Irrigation Systems,* ed. M. E. Jensen. St. Joseph, MI: American Society Agricultural Engineering.

HEINICKE, D. R. 1966. The Effect of Natural Shade on Photosynthesis and Light Intensity in Red Delicious Apple Trees. *Proc. American Society Horticultural Science* 88:1–8.

HEINZE, V. W., and D. SCHREIBER, 1984. Map of Winter Hardiness Zones for Trees in Europe. *German Dendrology J.* (Mit Deutsch Dendrol) 75:11–56.

HEISLER, G. M. 1982. Reductions of Solar Radiation by Tree Crowns. In The Renewable Challenge. *Proc. International Solar Energy Society,* Houston, TX, pp. 133–38.

———. 1990. Mean Wind Speed below Building Height in Residential Neighborhoods with Different Tree Densities. *American Society Heating, Refrigerating and Air-Conditioning Engineers (ASHRAE) Transactions* 96(1):1389–95.

———. 1991. Computer Simulation for Optimizing Windbreak Placement to Save Energy for Heating and Cooling Buildings. In *Proc. Third International Windbreaks and Agroforestry Symp.* Ridgetown, Ontario, Canada, pp. 100–4.

HELALIA, A. M., and J. LETEY. 1988. Cationic Polymer Effects on Infiltration Rates with Rainfall Simulator. *Soil Sci.* 52(1):247–50.

HELLIWELL, D. R. 1985. *Trees on Development Sites.* Romsey, England: Arboricultural Assn.

HELLIWELL, R. 2000. *Amenity Valuation of Trees and Woodlands* (rev. ed.). Arboricultural Association. Romsey, Hants., United Kingdom.

HELMS, J., ed. 1998. *The Dictionary of Forestry.* Washington, DC: Society of American Foresters.

HENDRICKSON, A. H. 1918. What Size Nursery Trees? California State Department of Agriculture Monthly Bull. 7:171–74.

HENRY, M. 1994. The Contribution of Landscaping to the Price of Single Family Houses: A Study of Home Sales in Greenville, South Carolina. *J. Environmental Horticulture* 12(2):65–70.

HENSLEY, D., and J. YOGI. 1996. Growth Regulation of Some Tropical Species. *J. Arboriculture* 22(5):244–246.

HEPTING, G. H. 1935. Decay Following Fire in Young Mississippi Delta Hardwoods. USDA Forest Service *Tech. Bull.* 494.

HERMS, D. 2000. A Biological Calendar: Using Plant Phenology to Predict Insect Activity. *Ornamental Plants: Annual Reports and Research Reviews,* pp. 53–59.

———, D., M. GLEASON, J. ILES, D. LEWIS, H. HOITINK, and J. HARTMAN. 2001. *Using Mulches in Managed Landscapes.* Iowa State University Extension, SUL 12.

HERR, S. 1992. Trees Cause Smog? California Releaf Remarks (San Francisco) 3(1):1–3.

HERSHEY, D. R., and J. J. PAUL. 1983. Ion Absorption by a Woody Plant with Episodic Growth. *HortScience* 18(3):357–59.

———, and E. PERRY. 1996. Using Ammonium Sulfate Fertilizer as an Organic Mulch Fire Retardant. *J. Arboriculture* 22(6)279–80.

———, and E. PERRY. 2000. Toxic Effects of Organic Mulches on Container Nursery Trees. Poster. *Proc. California Plant and Soil Conf.* p. 162.

HICKMAN, G. W., E. PERRY, and R. EVANS. 1995. Validation of a Tree Failure Evaluation System. *J. of Arboriculture* 21(5):233–235.

HILD, A. L. and D. L. MORGAN. 1993. Mulch Effects on Crown Growth of Five Southwestern Shrub Species. *J. of Environ. Hort.* 11(1):41–43.

HILLEL, D. 1980. *Applications of Soil Physics.* San Diego, CA: Academic Press.

———. 1970. Frost Cracks on London Plane Tree an Important Outdoor Winter Thermometer. *Arborist's News* 35(1):5–6.

———. 1991. *Transplanting Manual for Trees and Shrubs.* Urbana, IL: International Society of Arboriculture.

———, and D. W. CEPLECHA. 1976. Dutch Elm Disease Eradication by Pruning. *J. Arboriculture* 2(5):81–84.

———, and G. WATSON. 1990. Reduction of Oak Chlorosis with Wood Chip Mulch Treatments. *J. Arboriculture* 16(10): 275–78.

HINCKLEY, T., R. TESKEY, F. DUHME, and H. RICHTER. 1981. Temperate Hardwood Forests. In *Water Deficits and Plant Growth,* Vol, VI, ed. Kozlowski. New York: Academic Press.

HOCKS, J. 1972. Changes in Composition of Soil Air near Leaks in Natural Gas Mains. *Soil Sci.* 13:46–54.

HODEL, D. R. 1986. Drought Tolerance of Selected Non-irrigated Trees. *Landscape and Irrigation,* Aug., pp. 66–69.

HODGE, S. J. 1993. The Effect of Stem Nutrient Injection and Compressed Air Soil Injection on the Performance of Established Amenity Trees. *Arboriculture J.* 17:287–300.

———. 1990. Organic Soil Amendments for Tree Establishment. *Arboriculture Research Note* 8690-ARB:1–4.

HOEFER, P., E. HIMELICK, and D. DEVOTO. 1990. *Municipal Tree Manual.* Savoy, IL: International Society of Arboriculture.

HOITINK, H. A. J., and H. A. POOLE. 1977. Composted Bark Media for Control of Soil Borne Plant Pathogens. *Ohio Florists' Assn. Bull.* 567, pp. 10–11.

HOITINK, H. A. J., W. ZHANG, D. HAN, A. STONE, M. DRAUSE, and W. DICK. 1998. How to Optimize Disease Control Using Composts. Special Circular 157, Ornamental Plants-Annual Reports and Research Reviews, Ohio State University.

HOLEWINSKI, D. E., J. W. ORR, and J. P. GILLON. 1983. Development of Improved Tree Trimming Equipment and Techniques. *J. Arboriculture* 9:137–40.

HOLLOWAY, P. S. 1992. Aspen Wood Chip and Stone Mulches for Landscape Plantings in Interior, Alaska. *J. Environmental Horticulture* 10(1):23–27.

HOLMES, F. W. 1986. Drought After-Effects. Notes from the Shade Tree Labs. University of Massachusetts Cooperative Extension, Dec.

HOLTZ, W. 1983. The Influence of Vegetation on the Swelling and Shrinking of Clays in the United States of America. *Geotechnique* 33:159–63.

HOLTZ, W. G., and S. S. HART. 1978. *Home Construction on Shrinking and Swelling Soils.* Washington, DC: National Science Foundation and Denver, CO: Colorado Geological Survey.

HORTICULTURAL RESEARCH INSTITUTE. 1971. *A Technical Glossary of Horticultural and Landscape Terminology.* Washington, DC: Horticultural Research Institute.

HOOTMAN, R. G., P. D. KELSEY, R. REID, and K. VON DER HEIDE-SPRAVKA. 1994. Factors Affecting Accumulation of Deicing Salts in Soils Around Trees. *J. of Arboriculture* 20(3):196–201.

HOUSER, J. S. 1937. Borer Control Experiments. *Proc. National Shade Tree Conf.* 13:159–68.

HOYT, R. S. 1978. *Ornamental Plants for Subtropical Regions.* Anaheim, CA: Livingston.

HUDLER, G. W., and M. A. BEALE. 1981. Anatomical Features of Girdling Root Injury. *J. Arboriculture* 7(2):29–32.

HUDSON, B. O. 1981. Maintaining Safety While Maintaining Trees. *Arbor Age* 1(1):14–15.

HUTCHINSON, F. E. 1968. The Relationship of Road Salt Applications to Sodium and Chloride Ion Levels in the Soil Bordering Major Highways, ed. E. D. Carpenter. In *Proc. Symp. Pollutants in the Roadside Environment* (University of Connecticut), pp. 24–35.

IDSO, S. B., and others. 1981. Normalizing the Stress Degree Day Concept for Environmental Variability. *Agricultural Meteor.* 24:45–55.

IKEDA, T., and T. SUZAKI. 1984. Distribution of Xylem Resistance to Water Flow in Stems and Branches of Hardwood Species. *J. Japanese Forestry Society* 66:229–36.

ILES, J. K. and M. S. DOSMANN. 1999. Effect of Organic and Mineral Mulches on Soil Properties and Growth of Fairview Flame Red Maple Trees. *J. Arboriculture* 25(3):163–167.

INGESTAD, T., and A. B. LUND. 1979. Nitrogen Stress in Birch Seedlings I. Growth Technique and Growth. *Physiologia Plantarum* 45:137–48.

INTERAGENCY AGRICULTURAL INFORMATION TASK FORCE. n.d. (after 1974). *Drought Tips: Common Irrigation Problems: Some Solutions.* Davis: University of California Land, Air, and Water Resources Extension.

INTERNATIONAL SOCIETY OF ARBORICULTURE. 1991. *A National Research Agenda for Urban Forestry in the 1990's.* Champaign IL: International Society of Arboriculture.

———. 1997. *Plant Health Care for Woody Ornamentals.* Savoy, IL: International Society of Arboriculture.

IRVINE, CA. 1975. Comparative Costs of Park Maintenance. Unpublished report. City of Irvine, CA.

JACKS, G. V., W. D. BRIND, and R. SMITH. 1955. Mulching. *Commonwealth Bureau of Soil Sci. Tech. Comm.* 49.

JACOBS, K., B. RAO, B. JEFFERS, and D. DANIELSON. 2000. The effect of Biobarrier® on Mycorrhizae in Oak and Sweetgum. *J. Arboriculture* 26(2):32–96.

JACOBS, M. R. 1939. A Study of the Effect of Sway on Trees. *Australian Commonwealth Forest Bull.* 26.

JARVIS, B., J. CALKINS, and B. SWANSON. 1996. Compost and Rubber Tire Chips as Peat Substitutes in Nursery Container Media: Effects on Chemical and Physical Media Properties. *J. Environmental Horticulture* 14(3):122–29.

JENNINGS, J. E. 1953. The Heaving of Buildings on Desiccated Clay. *Proc. Third International Conf. Soil Mech. and Fdn. Eng.* 1.

JETTER, K., K. KLONSKY, and C. PICKETT. 1997. A Cost/Benefit Analysis of the Ash Whitefly Biological Control Program in California. *J. Arboriculture* 23(2):65–72.

JIM, C. 1995. Transplanting Two Champion Specimens of Mature Chinese Banyans. *J. Arboriculture* 21(6):289–95.

JOHNSON, C. M. 1966. Molybdenum, pp. 286–301. In *Diagnostic Criteria for Plants and Soils,* ed. H. D. Chapman. Riverside, CA: H. D. Chapman.

JOHNSON, D. W. 1981. Tree Hazards: Recognition and Reduction in Recreation Sites. USDA Forest Service, Forest Pest Mgmt. Tech. Rpt. R2-1.

JOHNSON, M. S. 1984. The Effects of Gel-Forming Polyacrylamides on Moisture Storage in Sandy Soils. *J. Science Food Agriculture* 35:1196–200.

JOHNSON, N. C. 1993. Can fertilization of soil select less mutualistic mycorrhizae? *Ecol. Appl.* 3:749–757.

JOHNSON, W. T., and H. H. LYON. 1988. *Insects That Feed on Trees and Shrubs,* 2nd ed. Ithaca, NY: Comstock.

JOHNSTONE, R. A. 1988. Economics of Utility Lateral Trimming. *J. Arboriculture* 14:74–77.

JONES, D. E., and W. D. HOLTZ. 1973. Expansive Soils—The Hidden Disaster. *Civil Engineering, ASCE,* 43(3):49.

JUZWIK, J. 2001. Overland Transmission of *Ceratocystis fagacearum:* Extending Our Understanding, pp. 83–92. In *Shade Tree Wilt Diseases,* ed. C. Ash. St. Paul, MN: American Phytopathological Society.

KALISZ, P., J. STRINGER, and R. WELLS. 1994. Vertical Mulching of Trees: Effects on Roots and Water Status. *J. Arboriculture* 20:141–45.

KANE, B., D. RYAN, and D. V. BLONIARZ. Comparing Formulae That Assess Strength Loss Due to Decay in Trees. *J. Arboriculture* 27(2):78–86.

KAPLAN, R., J. TALBOT, and S. KAPLAN. 1988. *Coping with Daily Hassles: The Impact of Nearby Nature on the Work Environment.* USDA Forest Service, North Central Forest Experiment Station, Project Report, Urban Forestry Unit Cooperative Agreement 23-85-08.

KAPLAN, R. and S. KAPLAN. 1989. *The Experience of Nature.* New York: Cambridge University Press.

KAPLAN, S. 1993. *Human Perspectives: The Urban Forest as a Source of Psychological, Function and Spiritual Benefit.* Unpublished abstract from: Urban Forest Landscapes: Integrating Multidisciplinary Perspectives. G. Bradley (ed.). University of Washington. Seattle, WA.

KELLOGG, A. 1882. *Forest Trees of California.* Sacramento, CA: State Printing Office.

KELLY, S. 1969. *Eucalypts.* Melbourne: Thomas Nelson.

KELSEY, P. J. 1987. Building Movement and Damage—Identifying the Causes. *Arboricultural J.* 11:345–61.

KELTING, M., J. R. HARRIS, J. FANELLI, B. APPLETON, and A. NIEMIERA. 1997. Humate-Based Biostimulants Do Not Consistently Increase Growth of Container-Grown Turkish Hazelnut. *J. Environmental Horticulture* 15(4):197–99.

KENWORTHY, A. L. 1953. Depletion of Soil Moisture in a Mature Apple Orchard with a Sod–Mulch System of Soil Management. Michigan Agricultural Station Quarterly Bull. 36:39–45.

KEPNER, R. A. 1950. The Principles of Orchard Heating. California Agricultural Experiment Station Cir. 400.

KEYES, M., and C. GRIER. 1981. Above- and Below-Ground Net Production in 40-Year-Old Douglas Fir Stands on Low and High Productivity Sites. *Canadian J. Forest Research* 11:599–605.

KHOSLA, S. 1997. When Turf Meets Trees. *Tree Care Industry* 8(9):21–28.

KIELBASO, J., and J. HART. 1998. Comparison of Commercial Compounds to Promote Wound Closure on Michigan Hardwoods. *J. Arboriculture* 24(5):274.

KIELBASO, J., and K. OTTMAN. 1976. Manganese Deficiency—Contributory to Maple Decline? *J. Arboriculture* 2:27–32.

KIMBALL, M. H., and F. A. BROOKS. 1959. Plant Climates of California. *California Agriculture* 13(5):27.

KIMBALL, S. L. 1990. The Physiology of Tree Growth Regulators. *J. Arboriculture* 16:39–41.

KJELGREN, R., and J. R. CLARK. 1994. Urban Microclimates and Growth of Sweetgum Street Trees. *Arboricultural J.* 18:401–17.

———, L. RUPP, and D. KILGREN. 2000 Water Conservation in Urban Landscapes. *HortScience* 35(6):1037–40.

KOEHLER, C., D. WOOD, and A. SCARLETT. 1978. Bark Beetles in California Forest Trees. University of California Cooperative Extension Leaflet 21034.

KOLLIN, C. 1991. *On Balance: Weighing the Benefits and Costs of Urban Trees.* USDA Forest Service, Northeastern Forest Experiment Station, Berkeley, CA.

KOPINGA, J. 1985. Site Preparation Practices in the Netherlands. *Metria* 5:72–84.

———. 1994. Aspects of the Damage to Asphalt Road Pavings Caused by Tree Roots, pp. 165–78. In *The Landscape below Ground,* eds. G. Watson and D. Neely. Savoy, IL: International Society of Arboriculture.

———, and J. VAN DEN BURG. 1995. Using Soil and Foliar Analysis to Diagnose the Nutritional Status of Urban Trees. *J. Arboriculture* 21(1):17–24.

KOZLOWSKI, T. T., ed. 1971. *Growth and Development of Trees,* Vol. I. San Diego, CA: Academic Press.

———, P. J. KRAMER, and S. G. PALLARDY. 1991. *The Physiological Ecology of Woody Plants.* San Diego, CA: Academic Press.

———, and S. G. PALLARDY. 1997a. *Growth Control in Woody Plants.* San Diego, CA: Academic Press.

———, and S. G. PALLARDY. 1997b. *Physiology of Woody Plants,* 2nd ed. San Diego, CA: Academic Press.

———, and C. H. WINGET. 1964. Diurnal and Seasonal Variation in Radii of Tree Stems. *Ecology* 45:149–55.

KRAMER, P. J., and T. T. KOZLOWSKI. 1979. *Physiology of Woody Plants.* San Diego, CA: Academic Press.

KRISTOFFERSEN, P. 1998. Designing Urban Pavement Sub-Bases to Support Trees. *J. Arboriculture* 24(3):121–26.

———. 1999. Growing Trees in Road Foundation Materials. *Arboricultural J.* 23(1):57–76.

KUBLER, H. 1988. Frost Cracks in Stems of Trees. *Arboricultural J.* 12:163–75.

KUO, F., and W. SULLIVAN. 2001. Environment and Crime in the Inner City: Does Vegetation Reduce Crime? *Environment and Behavior* 33(3):343–67.

KUO, F., M. BACAICOA, and W. SULLIVAN. 1998. Transforming Inner-City Landscapes—Trees, Sense of Safety and Preference. *Environment and Behavior* 30(1):28–59.

KUSER, J., G. ROBINSON, and N. POLANIN. 2001. Four-Year Evaluation of Five Cultivars of *Pyrus calleryana. J. Arboriculture* 27(2):88–91.

LABANAUSKAS, C. K. 1966. Manganese, pp. 264–85. In *Diagnostic Criteria for Plants and Soils,* ed. H. D. Chapman. Riverside, CA: H. D. Chapman.

LANDSBERG, H. E. 1970. Climates and Urban Planning, pp. 364–74. In *Urban Climates.* Geneva, Switzerland: World Meteorological Organization, Tech. Note 108.

LATHROP, J. K., and R. A. MECKLENBURG. 1971. Root Regeneration and Root Dormancy in *Taxus. J. American Society Horticultural Science* 96(1):111–14.

LAWRENCE, T., R. NORQUAY, and K. LIFFMAN. 1993. *Practical Tree Management: An Arborists Handbook.* Melbourne, Australia: Inkata Press (A Division of Butterworth–Heinemann).

LAX, A., E. DIAZ, V. CASTILLO, and J. ALBALADEJO. 1994. Reclamation of Physical and Chemical Properties of a Salinized Soil by Organic Amendment. *Arid Soil Research and Rehabilitation* 8:9–17.

LEAF, A. L. 1968. K, Mg, and S Deficiencies in Forest Trees, pp. 88–122. In *Forest Fertilization: Theory and Practice.* Knoxville: Tennessee Valley Authority.

LEDIN, R. B. 1961. Pruning Palms. *American Horticulture Magazine* 40:142–43.

LEIGHTON, G. M., R. D. HARTER, and G. R. CROMBIE. 1978. Sewage Sludge Composting in Small Towns. University of New Hampshire Station Bull. 508.

LEISER, A. T., J. NUSSBAUN, B. KAY, J. PAUL AND W. THORNHILL. 1974. Revegetation of Disturbed Soils in the Tahoe Basin. Final Report: CA-DOT-TL-7036-1-75-25. Sacramento, CA: Department of Transportation.

———, and J. D. KEMPER. 1968. A Theoretical Analysis of a Critical Height of Staking Landscape Trees. *Proc. American Society Horticultural Science* 92:713–20.

———, and ———. 1973. Analysis of Stress Distribution in the Sapling Tree Trunk. *J. American Society Horticultural Science* 98(2):164–70.

———, R. HARRIS, P. NEEL, D. LONG, N. STICE, and R. MAIRE. 1972. Staking and Pruning Influence Trunk Development. of Young Trees. *J. American Society Horticultural Science* 97(4):498–503.

LEIUS, K. 1967. Influence of Wild Flowers on Parasitism of Tent Caterpillar and Codling Moth. *Canadian Entomology* 99:444–46.

LEONARD, O. A., and N. R. TOWNLEY. 1971. Control of Tree Roots in Sewers and Drains. *California Agriculture* 25(11):13–15.

———, D. E. BAYER, and R. K. GLENN. 1974. Control of Tree Roots. *Weed Sci.* 22:516–20.

LEONE, I. A., F. FLOWER, J. ARTHUR, and E. GILMAN. 1977. Damage to Woody Species by Anaerobic Landfill Gases. *J. Arboriculture* 3(12):221–25.

LERMAN, S. L., and E. F. DARLEY. 1975. Particulates, pp. 141–58. In *Responses of Plants to Air Pollution,* eds. J. B. Mudd and T. T. Kozlowski. San Diego, CA: Academic Press.

LESSER, L. 2001. Hardscape Damage by Tree Roots. *J. Arboriculture* 27(5):272–76.

LEVITT, D. O., J. R. SIMPSON, and J. L TIPTON. 1997. Water Use of Two Landscape Trees in Containers. *Turfgrass and Ornamentals Research Summary,* Series P-107, USDA, University of Arizona Agricultural Experiment Station, Tucson, AZ.

LICHTER, J. M., and P. A. LINDSEY. 1995. The Use of Surface Treatments for the Prevention of Soil Compaction during Site Construction. *J. Arboriculture* 20(4):205–9.

LICHTER, J. M., M. S. REID, and A. M. BERRY. 1991. New Methods for Control of Leafy Mistletoe (*Phoradendron* spp.) on Landscape Trees. *J. Arboriculture* 17:127–30.

LILLY, S. 1994. *Tree Climbers Guide.* Savoy, IL: International Society of Arboriculture.

LILLY, S. 2001. *Arborists' Certification Study Guide.* International Society of Arboriculture. Champaign, IL. 222 pp.

LIN, C., and T. KAIMING. 1985. The Effect of Vegetation Transpiration on the Deformation of High Void Ratio Expansive Soil Foundation. In *Evaluation and Control of Expansive Soils,* Transportation Research Record 1032, Transportation Research Board, National Research Council, Washington, DC.

LINDER, S., M. L. BENSON, B. J. MEYERS, and R. J. RAISON. 1987. Canopy Dynamics and Growth of *Pinus radiata.* I. Effects of Irrigation and Fertilization during a Drought. *Canadian J. Forest Research* 17(10):1157–65.

LINDSEY, P. and N. BASSUK. 1991. Specifying Soil Volumes to Meet the Water Needs of Mature Urban Street Trees and Trees in Containers. *J. Arboriculture* 17(6):141–149.

LITEWKA, J., and M. W. STIMMANN. 1979. *Pesticide Toxicities.* University of California Agricultural Science Leaflet 21062.

LOCKE, L. F., and H. V. ECK. 1965. Iron Deficiency in Plants. USDA Home and Garden Bull. 102.

LOEHLE, C. 1988. Tree Life History Strategies: The Role of Defenses. *Canadian J. Forest Research* 18:209–22.

LONG, A. B. 1989. Hail. *The World Book Encyclopedia,* p. H-8. World Book Inc. Chicago, IL.

LONG, D. 1961. Developing and Maintaining Street Trees. *Proc. International Shade Tree Conf.* 37:172.

LONSDALE, D. 1999. *Principles of Tree Hazard Assessment and Management.* Research for Amenity Trees No. 7, Department of the Environment, Transport and the Regions, Forestry Commission. London: Her Majesty's Stationery Office.

LOVELADY, S. M. 1965. Handsome Factories Yield Unexpected Joys. *Wall Street Journal,* Dec. 1, p. 1.

LUMIS, G. P. 1990. Wire Baskets: A Further Look. *American Nurseryman* 172(4):128–31.

———, G. HOFSTRA, and R. HALL. 1973. Sensitivity of Roadside Trees and Shrubs to Aerial Drift of Deicing Salt. *HortScience* 8(6):475–77.

———, and S. A. STRUGER. 1988. Root Tissue Development around Wire-Basket Transplant Containers. *HortScience* 23(2):401.

MACDONALD, W., J. PINON, F. TAINTER, and M. DOUBLE. 2001. European Oaks—Susceptible to Oak Wilt? pp. 131–37. In *Shade Tree Wilt Diseases,* ed. C. Ash. St. Paul, MN: American Phytopathological Society.

MACLEOD, R., and W. CRAM. n.d. Forces Exerted by Tree Roots. Arboricultural Advisory Service Research Note 134/96/EXT. Arboricultural Advisory and Information Service.

MADER, D. L., and R. N. COOK. 1982. Soil Fertility for Urban Trees, pp. 4-1 to 4-28. In *Urban Forest Soils, A Reference Workbook,* ed. P. J. Craul. Syracuse: State University of New York–College of Environmental Science.

MAFTOUN, M., and W. L. PRITCHETT. 1970. Effects of Added Nitrogen on the Availability of Phosphorus to Slash Pine on Two Lower Coastal Plain Soils. *Soil Sci. Society American Proc.* 34(4):685–90.

MAGELIN, R. 1979. Increment Cores: How to Collect, Handle and Use Them. USDA Forest Service, Forest Products Laboratory, Gen. Tech. Rpt. FP-25.

MAIRE, R. G. 1976. Landscape for Fire Protection. University of California Agricultural Science Leaflet 2401.

———, and R. L. BRANSON. 1972. Salinity Tolerance of Landscape Plants. Los Angeles County Agricultural Extension Service Progress Report, May 11.

MANION, P. D. 1981. *Tree Disease Concepts.* Upper Saddle River, NJ: Prentice Hall.

MANN, G. 2000. Redwood City, California's Tree Preservation and Sidewalk Repair Program. In: *Strategies to Reduce Infrastructure Damage by Tree Roots. Proc. Symposium for Researchers and Practitioners.* L. Costello, E. McPherson, D. Burger and L. Dodge (ed.). Western Chapter. International Society of Arboriculture. Cohasset, CA. pp. 70–74.

MANN, M., H. HOLT, W. CHANEY, W. MILLS, and R. MCKENZIE. 1995. Tree Growth Regulators Reduce Line Clearance Trimming Time. *J. Arboriculture* 21(4):209–12.

MAROTZ, G. A., and J. C. COINER. 1973. Acquisition and Characterization of Surface Material Data for Urban Climatological Studies. *J. Applied Meteorology* 12:919–23.

MARSCHNER, H. 1995. *Mineral Nutrition of Higher Plants.* 2nd ed. San Diego, CA: Academic Press Inc.

MARX, D. H. 1973. Mycorrhizae and Feeder Root Disease, pp. 351–82. In *Ectomycorrhizae,* eds. G. C. Marks and T. T. Kozlowski. San Diegio, CA: Academic Press.

———. 1991. The Practical Significance of Ectomycorrhizae in Forest Establishment. In *Ecophysiology of Ectomycorrhizae of Forest Trees.* Marcus Wallenberg Foundation Symposia Proceedings, Vol. 7. M. Wallenberg Foundations, Stockholm, Sweden pp. 54–90.

———, and C. CORDELL. 1989. The Use of Specific Ectomycorrhizaes to Improve Artificial Forestation Practices. In *Biotechnology of Fungi for Improving Plant Growth,* eds. J. M. Whipps and R. D. Lumsden. Cambridge, UK: Cambridge University Press p. 1–25.

———, M. MURPHY, T. PARRISH, S. MARX, D. HAIGLER, and D. ECKARD. 1997. Root Response of Mature Live Oaks in Coastal South Carolina to Root Zone Inoculations with Ectomycorrhizal Fungal Inoculants. *J. Arboriculture* 23(6):257–63.

MATHENY, N. P. 1989. Preserving Trees Affected by Development, pp. 34–41. In *A Technical Guide to Community and Urban Forestry in Washington, Oregon, and California,* ed. R. Morgan. Portland, OR: World Forestry Center.

———, and J. R. CLARK. 1994. *Photographic Guide to the Evaluation of Hazard Trees in Urban Areas,* 2nd ed. Urbana, IL: International Society of Arboriculture.

———, and ———. 1998. *Trees and Development: A Technical Guide to Tree Preservation during Land Development.* Champaign, IL: International Society of Arboriculture.

MATTHECK, C. 1991. *Trees: The Mechanical Design.* New York: Springer-Verlag.

———, and K. A. BETHGE. 1993. Detection of Decay in Trees with Megriguard Stress Wave Timer. *J. Arboriculture* 19(6):374–78.

———, and K. BETHGE. 2000. Biomechanical Study on the Interactions of Roots with Gas and Water Pipelines for the Evaluation of Tree Sites. *Arboricultural J.* 23:343–77.

———, K. BETHGE, and W. ALBRECHT. 1997. How to Read the Results of the Resistograph M. *Arboricultural J.* 21:331–46.

———, K. BETHGE, I. TESARI, and R. KAPPEL. 2002. A New Failure Criterion for Non Decayed Solitary Trees. *Arboricultural Journal* 26:43–54.

———, and H. BRELOER. 1994. *The Body Language of Trees: A Handbook for Failure Analysis.* London: Her Majesty's Stationery Office.

———, H. GERHARDT, and H. BRELOER. 1992. VTA: Visual Tree Defect Assessment Based on Computer Simulation of Adaptive Growth, pp. 109–20. In *Experimental Mechanics.* Elsevier Science.

———, and H. KUBLER. 1995. *Wood—The Internal Optimization of Trees.* Berlin, Germany: Springer.

MATTHEWS, W. E. 1988. After the Hurricane. *Arboricultural Association News,* Winter, 1987/88, p. 1.

MAUGH, T. H., II. 1979. SO_2 Pollution May Be Good for Plants. *Science* 205:383.

MCCAIN, A. H. 1979a. Sycamore Anthracnose. University of California Agricultural Science Leaflet 2618.

MCCARTHY, L. 1991. IFA Nurseries Flexibility Exercises Cut Injury Time Loss and Lower Insurance Costs. *Pacific Coast Nurseryman* 50(1):8.

MCCOMBIE, P. F. 1993. Trees and Foundations—A Reassessment. *Arboricultural J.* 17(4):341–57.

MCCREARY, D., and J. TECKLIN. 1993. Top Pruning Improves Field Performance of Blue Oak Seedlings. *Tree Planters' Notes,* Spring, pp. 73–77.

MCDONALD, A. J. S., A. ERICSSON, and T. LOHAMNLAR. 1986. Dependence of Starch Storage on Nutrient Availability and Photon Flux Density in Small Birch (*Betula pendula* Roth). *Plant, Cell, and Environment* 9:433–38.

MCGINNES, JR., E. A., and A. L. SHIGO. 1975. Electronic Technique for Detecting Discoloration, Decay, and Injury-Associated Ring Shake in Black Walnut. *Forest Products Journal* 25(5):30–32.

MCKENNEY, D. W., M. F. HUTCHINSON, J. L. KESTEVEN, and L. A. VENIER. 2001. Canada's Plant Hardiness Zones Revisited Using Modern Climate Interpolation Techniques. *Canadian J. Plant Science* 81:129–143.

MCLAURIN, W. J., and G. L. WADE. 2000. Composting and Mulching: A Guide to Managing Organic Landscape Refuse. Cooperative Extension Service Circular 816, University of Georgia, College of Agricultural and Environmental Sciences/Athens.

MCPHERSON, E. G., ed. 1984. A Methodology for Locating and Selecting Trees for Solar Control in Utah. *Proc. 1981 Annual Meeting of American Sect. International Solar Energy Society,* Newark, DE, pp. 369–73.

MCPHERSON, G. 1994. Energy-Saving Potential of Trees in Chicago. *In:* Chicago's Urban Forest Ecosystem: Results of the Chicago Urban Forest Climate Project.

———. 2001. Benefit–Cost Analysis of Santa Monica's Municipal Urban Forest. USDA Forest Service, Pacific Southwest Research Station, Western Center for Urban Forest Research, Davis, CA.

MCPHERSON, E., D. NOWAK, and R. ROWNTREE (ed.). USDA Forest Service. General Technical Report NE-186. Radnor, PA: Northeast Forest Experiment Station. pp 95–113.

———, and P. PEPER. 1995. Infrastructure Repair Costs Associated with Street Trees in 15 Cities, pp. 49–63. In *Trees and Building Sites,* eds. G. Watson and D. Neely, Savoy, IL: International Society of Arboriculture.

——— and P. PEPER. 2000. Costs Due to Conflicts Between Street Tree Root Growth and Hardscape. In: *Strategies to Reduce Infrastructure Damage by Tree Roots. Proc. Symposium for Researchers and Practioners.* L. Costello, E. McPherson, D. Burger, and L. Dodge (ed.). Western Chapter. International Society of Arboriculture. Cohasset, CA. pp. 15–18.

———, and R. A. ROWNTREE. 1993. Energy Conservation Potential of Urban Tree Planting. *J. Arboriculture* 19:321–31.

———. 1998. Atmospheric Carbon Dioxide Reduction by Sacramento's Urban Forest. *J. Arboriculture* 24(4): 215–223.

———. 2001. Sacramento's Parking Lot Shade Ordinance: Environmental and Economic Costs of Compliance. *Landscape Urban Planning.* 57:105–123.

———, D. J. NOWAK, P. L. SACAMANO, S. E. PRICHARD, and E. M. MAKRA. 1993. Chicago's Evolving Urban Forest: Initial Report of the Chicago Urban Forest Climate Project. USDA Forest Service Gen. Tech. Rpt. NE-169. Radnor, PA: Northeastern Forest Experiment Station.

———, P. SACAMANO, and S. WENSMAN. 1993. Modeling Benefits and Costs of Community Tree Plantings: A Demonstration Project. USDA Forest Service, Northeastern Forest Experiment Station, Chicago, IL.

———, and J. SIMPSON. 1999. Carbon Dioxide Reduction through Urban Forestry: Guidelines for Professional and Volunteer Tree Planters. USDA Forest Service, Pacific Southwest Research Station, Gen. Tech. Rpt. PSW-GTR-171.

———, and J. SIMPSON. 2001. Effects of California's Urban Forests on Energy Use and Potential Savings from Large-Scale Tree Planting. USDA Forest Service. Center for Urban Forest Research, Davis, CA. 34 pp.

———, J. SIMPSON, P. PEPER, and Q. XIAO. 1999. Benefit–Cost Analysis of Modesto's Municipal Urban Forest. USDA Forest Service, Pacific Southwest Research Station, Western Center for Urban Forest Research, Davis, CA.

———, J. SIMPSON, P. PEPER, K. SCOTT, D. PETTINGER and Q. XIAO. 2001. Tree Guidelines for Inland Empire Communities. Western Center for Urban Forest Research and Education. USDA Forest Service. Pacific Southwest Experiment Station. Davis, CA. 116 pp.

———, J. SIMPSON, P. PEPER, K. SCOTT, AND Q. XIAO. 2000. Tree Guidelines for Coastal Southern California Communities. Western Center for Urban Forest Research and Education. USDA Forest Service. Pacific Southwest Experiment Station. Davis, CA. 98 pp.

———, J. SIMPSON, P. PEPER, and Q. XIAO. 1999. Benefit–Cost Analysis of Modesto's Municipal Urban Forest. Western Center for Urban Forest Research and Education. USDA Forest Service. Pacific Southwest Experiment Station. Davis, CA. 43 pp.

———, J. SIMPSON, P. PEPER, and Q. XIAO. 1999. Tree Guidelines for San Joaquin Valley Communities. Western Center for Urban Forest Research and Education. USDA Forest Service. Pacific Southwest Experiment Station. Davis, CA. 63 pp.

MCQUILKIN, W. E. 1950. Effects of Some Growth Regulators and Dressings on the Healing of Tree Wounds. *J. Forestry* 48:423–28.

MEE, T. R., and J. F. BARTHOLIC. 1979. Man-made Fog, pp. 334–52. In *Modification of the Aerial Environment of Crops,* eds. B. J. Barfield and J. F. Gerber. St. Joseph, MI: American Society Agricultural Engineers.

MEISTER, E. L., JR. 1982. *Farm Chemicals Handbook.* Willoughby, OH: Meister.

MENCUCCINI, M., J. GRACE, and M. FIORAVANTI. 1997. Biomechanical and Hydraulic Determinants of Tree Structure in Scots Pine: Anatomical Characteristics. *Tree Physiology* 17:105–13.

MERRILL, W., D. H. LAMBERT, and W. LIESE. 1975. In *Phytopathological Classics 12.* [Translation of *Wichtige Krankheiten der Waldbdume* or *Important Diseases of Forest Trees.* R. Hartig. 1874. Berlin: Springer.] St. Paul, MN: American Phytopath Society, unnumbered introduction.

MESKIMEN, G. 1970. Combating Grass Competition for Eucalyptus Planted in Turf. *Tree Planter Notes* 21(4):3–5.

MESSENGER, S. 1984. Treatment of Chlorotic Oaks and Red Maples by Soil Acidification. *J. Arboriculture* 10:122–28.

METCALF, L. J. 1975. *The Cultivation of New Zealand Trees and Shrubs.* Wellington, NZ: A. H. and A. W. Reed.

MEYER, M. M., and H. B. TUKEY, JR. 1965. Nitrogen, Phosphorus and Potassium Plant Reserves and the Spring Growth of *Taxus* and *Forsythia. Proc. American Society Horticultural Science* 87:537–44.

MIDDLETON, J. T., E. F. DARLEY, and R. F. BREWER. 1958. Damage to Vegetation from Polluted Atmosphere. *J. Air Pollution Control Assn.* 8:7–15.

MILLER, F. 1994. The Effect of Trenching on Growth and Overall Plant Health of Selected Species of Shade Trees, pp. 157–164. In *The Landscape below Ground,* eds. G. Watson and D. Neely. Savoy, IL: International Society of Arboriculture.

MILLER, N. L., D. M. RATHKE, and G. R. JOHNSON. 1993. Protecting Trees from Construction Damage: A Homeowner's Guide. NO-OF-6135-S. St. Paul, MN: Minnesota Extension Service.

MILLER, R., W. SCOTT, and J. HAZARD. 1996. Soil Compaction and Conifer Growth after Tractor Yarding at Three Coastal Washington Locations. *Canadian J. Forest Research* 26:225–36.

MILLER, R. 1994. Greenbelt Silviculture. In *Proc. Sixth National Urban Forest Conf.* eds. C. Kolln, J. Mahon, and L. Frame. Washington, DC: American Forests, pp. 194–96.

———. 1997. *Urban Forestry: Planning and Managing Urban Green Spaces,* 2nd. ed. Upper Saddle River, NJ: Prentice Hall.

MILLER, V. J. 1959. Crotch Influence on Strength and Breaking Point of Apple Tree Branches. *Proc. American Society Horticultural Science* 73:27–32.

MILLS, H. A. and J. B. JONES, JR. 1996. *Plant Analysis Handbook II: A Practical Sampling, Preparation, Analysis, and Interpretation Guide.* MicroMacro Pub. Inc., Athens, GA.

MILLS, L. J., and K. RUSSELL. 1981. Detection and Correction of Hazard Trees in Washington's Recreation Areas. Olympia, WA: 37 pp. Dept. Natl. Res. Rpt. No. 42.

MISRA, R. K., and R. SANDS. 1993. Water Extraction by Isolated Trees and Its Possible Impact on Building Foundations on Clay Soils. *Australian J. Soil Research* 31:24–37.

MONCK, J. W. 1980. Root Growth in Sewers. Speech at American Public Works Association Convention, Kansas City, MO.

MOORE, E. O. 1982. A Prison Environment's Effect on Health Care Service Demands. *J. Environmental Systems* 11:17–34.

MOORE, G. 1991. Amenity Tree Evaluation: A Revised Method. In: *The Scientific Management of Planting in the Urban Environment.* Proceedings of the Burnley Centenary Conference. Centre for Urban Horticulture. Melbourne, Australia. pp 166–171.

MOORE, W. 1999. The Combined Use of the Resistograph and the Shigometer for the Accurate Mapping and Diagnosis of the Internal Condition of Woody Support Organs of Trees. *Arboricultural J.* 23:273–87.

MORALES, D. 1980. The Contribution of Trees to Residential Property Value. *J. Arboriculture* 6:305–8.

———, B. BOYCE, and R. FAVRETTI. 1976. The Contribution of Trees to Residential Property Value: Manchester Connecticut. *Valuation* 23(2):26–43.

———, F. MICHA, and R. WEBER. 1983. Two Methods of Valuating Trees on Residential Sites. *J. Arboriculture* 9:21–24.

MORELL, J. D. 1984. Parkway Tree Augering Specifications. *J. Arboriculture* 10:129–32.

MORGAN, W. C. 1965. New Irrigation and Aerification Methods. *California Turfgrass Culture* 15(2):11–15.

MORLING, R. J. 1963. *Trees: Including Preservation, Planting, Law, Highways.* London: Estates Gazette.

MORRISON, S. J., P. A. NICHOLL, and P. R. HICKLENTON. 1993. VA Mycorrhizal Inoculation of Landscape Trees and Shrubs Growing under High Fertility Conditions. *J. Environ. Hort.* 11(2):64–71.

MUIRHEAD, D. 1961. *Palms.* Globe, AZ: D. S. King.

MULLINS, M. G. 1979. *Reader's Digest Illustrated Guide to Gardening.* Sydney: Reader's Digest Services.

MURPHY, R. C., and W. E. MEYER. 1969. *The Care and Feeding of Trees.* New York: Crown.

MURTY, D., R. MCMURTRIE, and M. RYAN. 1996. Declining Forest Productivity in Aging Forest Stands: A Modeling Analysis of Alternative Hypotheses. *Tree Physiology* 16:187–200.

MUNSON, D. 2001. Live Right, Eat Healthy—Die Anyway. *Tree Care Industry* 12(4):72–73.

NATIONAL ARBORIST ASSOCIATION (NAA). 1987. *National Arborist Association Standards.* Amherst, NH: National Arborist Association.

National Fire Protection Association (NFPA). 1991. *Wildfire Strikes Home*! 2nd ed. Quincy, MA: National Fire Protection Association.

NATIONAL JOINT UTILITIES GROUP. 1995. Guidelines for Contractors Working in the Vicinity of Trees. NJUG, 30 Millbank, London W1.

NEEL, P. L. 1967. Factors Influencing Trunk Development of Landscape Trees. *Proc. International Shade Tree Conf.* 43:293–303.

———. 1971. Experimental Manipulation of Trunk Growth in Young Trees. *Arborist's News* 36(3):25a–31a.

———, and R. W. HARRIS. 1971. Motion-Induced Inhibition of Elongation and Induction of Dormancy in *Liquidambar. Science* 173:58–59.

NEELY, D. 1970. Healing of Wounds on Trees. *J. American Society Horticultural Science* 95(5):536–40.

———. 1972. Hints on Diagnosis of Tree Problems. *Proc. International Shade Tree Conf.* 48:33–37.

———. 1976. Iron Deficiency Chlorosis of Shade Trees. *J. Arboriculture* 2(7):128–30.

———. 1988c. Closure of Branch Pruning Wounds with Conventional and "Shigo" Cuts. *J. Arboriculture* 14:261–64.

———. 1991. Water Transport at Stem–Branch Juncture in Woody Angiosperms. *J. Arboriculture* 17:285–90.

———. 2000. Illinois Shade Tree Fertilization Studies. *Proc. International Conf. on Tree and Shrub Fertilization,* ed. Alan Siewert, Ohio Division of Forestry, Middlefield, OH.

———, and E. B. HIMELICK. 1987. Fertilization and Watering Trees. III. Natural History Survey Bull. 52:1–20.

———, E. B. HIMELICK, and W. R. CROWLEY, JR. 1970. Fertilization of Established Trees: A Report of Field Studies. III. Natural History Survey Bull. 30(4):235–66.

NEOS CORPORATION. 1994. *Final Report—Urban Tree Residues: Results of the First National Inventory.* International Society of Arboriculture, Research Trust, Champaign, IL.

NEWMAN, C. J. 1963. Transplanting Semi-Mature Trees, pp. 29–39. In *Trees,* ed. R. J. Morling. London: Estates Gazette.

NICOLL, B., and D. RAY. 1996. Adaptive Growth of Tree Root Systems in Response to Wind Action and Site Conditions. *Tree Physiology* 16:891–98.

NICKERSON, N. 1992. Impacts of Vegetation Management Techniques on Wetlands in Utility Rights-of-Way in Massachusetts. *J. Arboriculture* 18:102–6.

NIELSEN, D. G. 1990. Evaluation of Biorational Pesticides for Use in Arboriculture *J. Arboriculture* 16:82–88.

———, 1990. Landscape Integrated Pest Management. *J. Arboriculture* 16(10):253–59.

NOWAK, D. J. 1992. Smog Check Your Trees: Clouding the Issue. *Arborist News* 1(1):13–15.

———, and D. CRANE. 1998. The Urban Forest Effects (UFORE) Model: Quantifying Urban Forest Structure and Functions. In *Proc. Integrated Tools for Natural Resources Inventories in the Twenty-First Century,* eds. M. Hansen and T. Burk. USDA Forest Service, North Central Research Station, St. Paul, MN. Gen. Tech. Rpt. NC-212, pp. 714–20.

O'CALLAGHAN, D., and M. LAWSON. 1995. Trees and Development Conflicts: The Importance of Advance Planning and Site Control in Tree Preservation Plans. In *Trees and Building Sites,* eds. G. W. Watson and D. Neely. Savoy, IL: International Society of Arboriculture, pp. 99–107.

OHR, H. D. 1989. Diseases Can Diminish Palm Tree Value. *Arbor Age* 9(9):26, 32.

———. 1987. *Boundary Layer Climates.* New York: Methuen.

OLEKSAK, B., M. KMETZ-GONZALEZ, and D. STRUVE. 1997. Terminal Bud Cluster Pruning Promotes Apical Control in Transplanted Shade Tree Whips. *J. Arboriculture* 23:147–54.

OLKOWSKI, W. C. 1973. A Model Ecosystem Management Program. *Proc. Tall Timbers Conf. on Animal Control by Habitat Management* 5:103–17.

OPITZ, K. W. 1970. Spray to Prevent Fruit Set on Ornamental Olive Trees. University of California Agricultural Science Leaflet 2479, Rev.

ORTON, D. A. 1989. *Coincide: The Orton System of Pest Management.* Flossmoor, IL: Plantsmen's Publications.

OSTER, J. D., and M. J. SINGER. 1984. Water Penetration Problem in California Soils. Department of Land, Air, and Water Resources Paper. No. 10011. University of California, Davis.

OUIS, D. 2001. Detection of Rot in Standing Trees by Means of an Acoustic Technique. *Arboricultural J.* 25:117–152.

OUTCALT, S. I. 1972. A Reconnaissance Experiment in Mapping and Modeling the Effect of Land Use on Urban Thermal Regimes. *J. Applied Meteorology* 11:1369–73.

PAGE DUMROESE, D., M. JURGENSEN, W. ELLIOT, T. RICE, J. NESSER, T. COLLINS, and R. MEURISSE. 2000. Soil Quality Standards and Guidelines for Forest Sustainability in northwestern North America. *Forest Ecology and Management* 138:445–462.

PAINE, L. A. 1971. Accident Hazard Evaluation and Control Decisions on Forested Recreation Sites. U.S. Forest Service Research Paper, PSW-68.

PARKER, E. R., and R. W. SOUTHWICK. 1941. Manganese Deficiency in Citrus. *Proc. American Society Horticultural Science* 39:51–58.

PARKER, J. 1983. Landscaping to Reduce the Energy Used in Cooling Buildings. *J. Forestry* 81(2):82–83.

PATCH, D., W. O. BINNS, and D. F. FOURT. 1984. Nutrition of Broadleaved Amenity Trees. II—Fertilizers. *Arboricultural Research Note* 52–84 SSS.

———, M. P. COUTTS, and J. EVANS. 1984. Control of Epicormic Shoots on Amenity Trees. *Arboricultural Research Note* 54–84.

PATTERSON, J. C. 1977. Soil Compaction—Effects on Urban Vegetation. *J. Arboriculture* 3:161–67.

———, and C. J. BATES. 1994. Long Term, Light-Weight Aggregate Performance as Soil Amendments, pp. 149–56. In *The Landscape below Ground,* eds. G. W. Watson and D. Neely. Savoy, IL: International Society of Arboriculture.

PAYNE, B. R. 1973. The 29 Tree Home Improvement Plan. *Natural History* 82(9):74–75.

———, and S. STROM. 1975. The Contribution of Trees to the Appraised Value of Unimproved Residential Land. *Valuation* 22(2):36–45.

PEEPRE, J. n.d. Saving Native Trees in the Lower Mainland, British Columbia. Vancouver BC: J. Peepre and Associates.

PELLETT, H. 1971. Effect of Soil Amendments on Growth of Landscape Plants. *American Nurseryman* 13(12):103–6.

———. 1981. Minimizing Winter Injury of Shade Trees. *J. Arboriculture* 7:309–12.

PEPER, P., and P. BARKER. 1994. A Buyer's Technical Guide to Root Barriers, pp. 186–93. In *The Landscape below Ground,* eds. G. Watson and D. Neely. Savoy, IL: International Society of Arboriculture.

———, and S. MORI. 1999. Root Barrier and Extension Casing Effects on Chinese Hackberry. *J. Arboriculture* 25(1):1–7.

PERCIVAL, G. 2001. Induction of Systemic Acquired Disease Resistance in Plants: Potential Implications for Disease Management in Urban Forestry. *J. Arboriculture* 27(4):181–92.

———, and G. R. DIXON. 1997. Detection of Salt and Waterlogging Stresses in *Alnus cordata* by Measurement of Leaf Chlorophyll Fluorescence. *J. Arboriculture* 23(5):181–90.

———, and G. A. FRASER. 2001. Measurement of the Salinity and Freezing Tolerance of *Crataegus* Tenotypes Using Chlorophyll Fluorescence. *J. Arboriculture* 27(5):233–45.

PERPICH, W. M., R. G. LUKAS, and C. N. BAKER. 1965. Desiccation of Soil by Trees Related to Foundation Settlement. *Canadian Geotechnical J.* 11(1):23–39.

PERRY, E. J., ed. 1988. *Pruning Standards.* Cohasset, CA: Western Chapter International Society Arboriculture.

———, and G. W. HICKMAN. 2001. A Survey to Determine the Leaf Nitrogen Concentrations of 25 Landscape Tree Species. *J. Arboriculture* 27(3):152–58.

———, and A. LAGARBO. 1994. Ethephon Sprays Eliminate the Messy, Hazardous Fruits of Flowering Pear and *Liquidambar. California Agriculture* 48(2):21–24.

PERRY, R. 1992. *Landscape Plants for Western Regions.* Claremont, CA: Land Design Publishing.

PERRY, T. O. 1982. The Ecology of Tree Roots and the Practical Significance Thereof. *J. Arboriculture* 8:197–211.

PETERSEN, A., and D. ECKSTEIN. 1988. Road Trees in Hamburg—Their Present Situation of Environmental Stress and Their Future Chance of Recovery. *Arboricultural J.* 12:109–18.

PETIT, J., D. BASSERT, and C. KOLLIN. 1995. *Building Greener Neighborhoods—Trees as Part of the Plan.* Washington, DC: National Association of Home Builders Press.

PETTYGROVE, G. S., and T. ASANO, eds. 1985. *Irrigation with Reclaimed Municipal Wastewater—A Guidance Manual.* Chelsea, MI: Lewis.

PEURIFOY, R. L., and W. B. BEDBETTER. 1985. *Construction Planning, Equipment, and Methods,* 4th ed. New York: McGraw-Hill.

PHILIP, J. R., and D. A. DEVRIES. 1957. Moisture Movement in Porous Material under Thermal Gradients. *Trans. American Geophys. Union* 38:222–32.

PHILIPSON, J. J., and M. P. COUTTS. 1977. The Influence of Mineral Nutrition on the Root Development of Trees. II. The Effect of Specific Nutrient Elements on the Growth of Individual Roots of Sitka Spruce. *J. Experimental Botany* 28(105):864–71.

PICKERING, J. S., and A. SHEPHERD. 2000. Evaluation of Organic Landscape Mulches: Composition and Nutrient Release Characteristics. *Arboricultural J.* 24:175–87.

PIRONE, P. P. 1978a. *Tree Maintenance,* 5th ed. New York: Oxford University Press.

———. 1978b. *Diseases and Pests of Ornamental Plants,* 5th ed. New York: Wiley.

———, J. HARTMAN, M. SAUL, and T. PIRONE. 1988. *Tree Maintenance,* 6th ed. New York: Oxford University Press.

PITTENGER, D., and T. STAMEN. 1990. Effectiveness of Methods Used to Reduce Harmful Effects of Compacted Soil around Landscape Trees. *J. Arboriculture* 16:55–57.

PITTENGER, D., D. SHAW, D. HODEL, and D. HOLT. 2001. Responses of Landscape Groundcovers to Minimum Irrigation. *J. Environmental Horticulture* 19(2):78–84.

PLUMB, T., M. WOLF and J. SHELLY. 1999. *California Urban Woody Green Waste Utilization.* California Polytechnic State University San Luis Obispo. Urban Forest Ecosystem Institute. Technical Report No. 8. 218 pp.

POTTER, D. A., and G. M. TIMMONS. 1983. Forecasting Emergence and Flight of the Lilac Borer (Lepidoptera: Sessiidae) Based on Pheromone Trapping and Degree-Day Accumulations. *Environmental Entomology.* 12:400–3.

POTTER, M. J. 1987. Shelter Questions and Answers. *Forestry and British Timber,* Oct., pp. 28–29.

———. 1991. Treeshelters. *Forestry Commission Handbook 7.* London: Her Majesty's Stationery Office.

POWERS, R. F. 1979. Nutrient Deficiency Symptoms in Conifers. In *Principles of Silviculture,* 2nd ed, eds. T. W. Daniel, J. A. Helms, and F. S. Baker. New York: McGraw-Hill.

———. 1981a. Nutritional Characteristics of Ponderosa Pine and Associated Species. Ph.D. dissertation. University of California, Berkeley.

———. 1981b. Response of California True Fir to Fertilization. In *Forest Fertilization Conf.,* eds. S. P. Gessel, R. M. Kenady, and W. A. Atkinson. University of Washington, Institute of Forest Resources Contrib. 50:95–101.

PRATT, D. 1982. Plants That Fight Back. *West Land News* 22(7):32, 34, 39.

PRATT, P. F. 1966. Carbonate and Bicarbonate. In *Diagnostic Criteria for Plants and Soils,* ed. H. D. Chapman. Riverside, CA: H. D. Chapman.

PREAUS, K. B., and C. E. WHITCOMB. 1980. Transplanting Landscape Trees. *J. Arboriculture* 6:221–23.

PRIDHAM, A. M. S. 1938. Growth of Pin Oak *(Quercus palustris):* Report of Seven Years' Observations. *Proc. American Society Horticultural Science* 35:739–41.

PRITCHETT, W. L. 1979. *Properties and Management of Forest Soils.* New York: Wiley.

PROEBSTING, E. L. 1935. Field and Laboratory Studies on the Behavior of NH_4 Fertilizer with Special Reference to the Almond. *Proc. American Society Horticultural Science* 33:46–50.

———. 1958. Fertilizers and Cover Crops for California Orchards. California Agricultural Extension Service Cir. 466.

PRUITT, W. O. 1971. Factors Affecting Potential Evapotranspiration. *Proc. Third International Sem. Hydrology Professionals,* West Lafayette, IN (Purdue University), pp. 82–102.

PRYKE, J. F. S. 1979. Trees and Buildings. *Arboricultural J.* 3(6):388–96.

QUALLS, R., J. SCOTT, and W. DEOREO. 2001. Soil Moisture Sensors for Urban Landscape Irrigation: Effectiveness and Reliability. *J. American Water Resources Association* 37(3):547–59.

RAABE, R. D. 1974. A Look at Rapid Composting. *California Horticulture J.* 35(1):17–18.

———. 1979. Resistance or Susceptibility of Certain Plants to *Armillaria* Root Rot. University of California Agricultural Science Leaflet 2591.

RAE, W. A. 1969. Large Tree Moving by Frozen Root Balls. *Trees,* Jan.–Feb., pp. 8–9.

RAIMBAULT, P. 1996. Physiological Diagnosis. In *The Tree in Its Various States. Proc. Second European Congress in Arboriculture.* Institut pour le Développement Forestier, Paris, France, pp. 52–55.

———. 1996. Unique Pruning Techniques Used in France. Paper given at the 1996 Conference, International Society of Arboriculture. Cleveland, OH.

RANDRUP, T. 2000. Occurrence of Tree Roots in Danish Municipal Sewer Systems. *Arboricultural J.* 24:283–306.

———, E. MCPHERSON, and L. COSTELLO. 2001. Tree Root Intrusion in Sewer Systems: Review of Extent and Costs. *J. Infrastructure Systems* pp. 26–31.

RAUPP, M. J. 1985. Monitoring: An Essential Factor to Managing Pests of Landscape Trees and Shrubs. *J. Arboriculture* 11:349–55.

———. 1990. Recognizing the Larvae of Key Pests and Beneficials Found on Woody Landscape Plants. *J. Arboriculture* 16:49–54.

———, J. DAVIDSON, J. HOLMES, and J. HELLMAN. 1985. The Concept of Key Plants in Integrated Pest Management for Landscapes. *J. Arboriculture* 11(11):317–22.

———, J. A. DAVIDSON, and F. E. WOOD. 1987–1988. The Gypsy Moth and the Homeowner. University of Maryland Cooperative Extension Service Fact Sheet 242, Rev.

———, J. HOLMES, C. SADOF, P. SHREWSBURY, and J. DAVIDSON. 2001. Effects of Cover Sprays and Residual Pesticides on Scale Insects and Natural Enemies in Urban Forests. *J. Arboriculture* 27(4):203–13.

———, and R. M. NOLAND. 1984. Implementing Landscape Plant Management Programs in Institutional and Residential Settings. *J. Arboriculture* 10:161–69.

——— P. SHREWSBURY, and S. GILL. 1999. Advances in Managing Insect Pests of Urban Trees. *Proc. International Symp. on Urban Tree Health,* pp. 147–53.

———, R. VAN DRIESCHE, and J. DAVIDSON. 1993. Biological Control of Insect and Mite Pests of Woody Landscape Plants: Concepts, Agents and Methods. Maryland Cooperative Extension Service, College Park, MD.

READ, H. 2000. *Veteran Trees.* English Nature. Peterborough, England: Northminster House.

REDDING, K., P. BURCH, and K. MILLER. 1994. Growth, Biomass, and Trim/Chip Time Reduction Following Application of Flurprimidol Tree Growth Regulator. *J. Arboriculture* 20(1):38–45.

REECE, R. A. 1979. Trees and Insurance. *Arboricultural J.* 3(7):492–99.

REHDER, A. 1940. *Manual of Cultivated Trees and Shrubs Hardy in North America,* 2nd ed. New York: Macmillan.

REINHARDT, E., and K. RYAN. 2000. *Estimating Tree Mortality Resulting from Prescribed Fire.* USDA Forest Service, Intermountain Fire Science Laboratory, Missoula, MT. Forest Health Reports, 2000.

REUTHER, W., and C. K. LABANAUSKAS. 1966. Copper, pp. 157–79. In *Diagnostic Criteria for Plant and Soils,* ed. H. D. Chapman. Riverside, CA: H. D. Chapman.

———, and others. 1981. Irrigating Deciduous Orchards. University of California Agricultural Science Leaflet 21212.

RICH, A. E. 1971. Salt Injury to Roadside Trees. *Proc. International Shade Tree Conf.* 47:77a–79a.

RICH, S. 1975. Air Pollution and Agricultural Practices, pp. 335–60. In *Responses of Plants to Air Pollution,* eds. J. B. Mudd and T. T. Kozlowski. San Diego, CA: Academic Press.

RICHARDS, B. G., P. PETER, and W. W. EMERSON. 1983. The Effects of Vegetation on the Swelling and Shrinking of Soils in Australia. *Geotechnique* 33(2):127–39.

RICHARDSON, S. D. 1958. Bud Dormancy and Root Development in *Acer saccharinum,* pp. 409–25. In *The Physiology of Forest Trees,* ed. K. V. Thimann. New York: Ronald Press.

RICKMAN, R. W. 1979. Bad with the Good. USDA Agricultural Res. 28(3):15.

ROBBINS, K. 1986. How to Recognize and Reduce Tree Hazards in Recreation Sites. U.S. Forest Service NA-FR-3 1.

ROBBINS, W. W., T. E. WEIR, and C. R. STOCKING. 1950. *Botany: An Introduction to Plant Science,* 2nd ed. New York: Wiley.

ROLF, K. 1990. Soil Improvement and Increased Growth Response from Subsoil Cultivation. *J. Arboriculture* 16:307.

———. 1992a. A Review of Preventative and Loosening Measures to Alleviate Soil Compaction in Tree Planting Areas. *Arboricultural J.* 18:431–48.

ROLF, K. 1992b. Soil Physical Effects of Pneumatic Subsoil Loosening Using a Terralift Soil Aerator. *J. Arboriculture* 18:235–40.

———. 1994. Soil Compaction and Loosening Effects on Soil Physics and Tree Growth, pp. 131–48. In *The Landscape below Ground,* eds. G. Watson and D. Neely. Savoy IL: International Society of Arboriculture.

———, and O. STÅL. 1994. Tree Roots in Sewer Systems in Malmö Sweden. *J. Arboriculture* 20(6):329–35.

RONCADORI, R. W., and F. A. POKORNY. 1982. Growth of *Juniperus chinensis* var. *sargentii* as influenced by vesicular-arbuscular mycorrhizae and soil fertility. *HortScience* 17(6):917–18.

ROSS, J., and D. O'NEILL. 2001. New Interactions between Classical Plant Hormones. *Trends in Plant Science* 6:1.

ROWNTREE, R. 1984. Forest Canopy Cover and Land Use in Four Eastern United States Cities. *Urban Ecology.* 8:55–67.

———. 1986. Ecology of the Urban Forest—Introduction to Part II. *Urban Ecology.* 9:229–43.

RUBENS, J. M. 1978. Soil Desalination to Counteract Maple Decline. *J. Arboriculture* 4:33–42.

RUSHFORTH, K. D. 1979. Summer Branch Drop. *Arboricultural Research Note* (British Department of the Environment), Dec., pp. 1–2.

RUSSELL, J. C. 1939. The Effect of Surface Cover on Soil Moisture Losses by Evaporation. *Proc. Soil Sci. Society America* 4:65–70.

SACHS, R. M., and W. P. HACKETT. 1972. Chemical Inhibition of Plant Height. *HortScience.* 7:440–47.

———, T. KRETCHUM, and T. MOCK. 1975. Minimum Irrigation Requirements for Landscape Plants. *J. American Society Horticultural Science* 100(5):499–502.

———, M. CAMPIDONICA, J. STEFFEN, D. HODEL, and M.-P. JAUNIAUX. 1986. Chemical Control of Tree Growth by Bark Painting. *J. Arboriculture* 12:284–91.

———, R. EVANS, L. DODGE, M. BOOTH, and C. LIN. 1990. Slow Release Formulations of Growth Retardants. *Proc. Second Annual Conf. West. Plant Growth. Regulator Society* San Jose, CA, pp. 80–84.

SADOF, C., and M. RAUPP. 1997. Aesthetic Thresholds and Their Development. In: *Economic Thresholds for Integrated Plant Management.* L. Higley and L. Pedigo (eds.). University of Nebraska Press. Lincoln NE. pp. 203–226.

SALISBURY, F. B., and C. W. ROSS. 1978. *Plant Physiology,* 2nd ed. Belmont, CA: Wadsworth.

SALMOND, J., and D. MINNER. 1997. Rubber Tire Particles as a Topdressing Amendment for Intensely Trafficked Grass—1996 Data. Iowa Turfgrass Report, Iowa State University.

SANDELL, P., and P. KUBE. n.d. Dryland Tree Establishment—Central Australia. Forestry Unit, Conservation Commission, Alice Springs, NT.

SANDERS, R. 1986. Urban Vegetation Impacts on the Hydrology of Dayton, Ohio. *Urban Ecology* 9:361–76.

SANTAMOUR, F. S., JR. 1972. Shade-Tree Improvement Research at the U.S. National Arboretum. *Proc. International Shade Tree Conf.* 48:132–33.

———. 1979a. Root Hardiness of Green Ash Seedlings from Different Provenances. *J. Arboriculture* 5(12):276–79.

———. 1979b. Inheritance of Wound Compartmentalization in Soft Maples. *J. Arboriculture* 5(10):220–25.

SARGENT, C. S. 1926. *Manual of the Trees of North America.* Boston: Houghton.

SCAGEL, C., and R. LINDERMAN. 2000. Changes in Root IAA Content and Growth of Bareroot Conifers Treated with Plant Growth Regulating Substances at Planting. *J. Environmental Horticulture* 18(2):99–107.

———, and R. SCAGEL. 2000. Ten-Year Growth and Survival of Douglas-Fir Seedlings Treated with Plant Growth Regulating Substances at Transplant. *Canadian J. Forest Research* 30(11):1778–87.

SCARLETT, A. L., and C. L. WAGENER. 1973. Managing and Marketing California Forest Grown Christmas Trees. California Agricultural Extension Service AXT-182.

SCHMID, I. A. 1975. *Urban Vegetation.* University of Chicago Department of Geography Research Ppr. 161.

SCHOENEWEISS, D. F. 1973. Diagnosis of Physiological Disorders of Woody Ornamentals. *Proc. International Shade Tree Conf.* 49:33a–38a.

———. 1978. The Influence of Stress on Diseases of Nursery and Landscape Plants. *J. Arboriculture* 4(10):217–25.

———. 1981. Infectious Diseases of Trees Associated with Water and Freezing Stress. *J. Arboriculture* 7:13–18.

———. 1982. Prevention and Treatment of Construction Damage. *J. Arboriculture* 8:169–75.

SCHROEDER, H. 1990. Perceptions and Preferences of Urban Forest Users. *J. Arboriculture* 16(3):58–61.

———, and L. ANDERSON. 1984. Perception of Personal Safety in Urban Recreation Sites. *J. Leisure Research* 16:178–94.

———, and S. RUFFALO. 1996. Householder Evaluations of Street Trees in a Chicago Suburb. *J. Arboriculture* 22(1):35–43.

SCHULTZ, H. B., and J. V. LIDER. 1968. Frost Protection with Overhead Sprinklers. California Agricultural Extension Service Leaflet 201.

SCHWARZE, F., D. LONSDALE, and S. FINK. 1997. An Overview of Wood Degradation Patterns and Their Implications for Tree Hazard Assessment. *Arboricultural J.* 21(1):1–32.

SCOTT, D. H. 1973. *Air Pollution Injury to Plant Life.* Washington, DC: National Landscape Association.

SCOTT, J., and D. BETTERS. 2000. Economic Analysis of Urban Tree Replacement Decisions. *J. Arboriculture* 26(2):69–77.

SCOTT, K., G. MCPHERSON, and J. SIMPSON. 1998. Air Pollutant Uptake by Sacramento's Urban Forest. *J. Arboriculture* 24(4):224–34.

SCROGGINS, T. 1971. Using Leached Cedar Tow for Packing? Be Careful! *Oregon Ornamental and Nursery Digest* 15(2):4.

SEALANA and ASSOCIATES. 1994. City of San Jose Sidewalk Survey and Analysis Study. City of San Jose, Department of Streets and Parks, San Jose, CA.

SEARGEANT, S. 1998. *The Birds and Bees Guide to Allergy-Free Living.* Visalia, CA: Seargeant.

SEILA, A., and L. ANDERSON. 1982. Estimating Costs of Tree Preservation on Residential Lots. *J. Arboriculture* 8:182–85.

———. 1984. *Estimating Tree Preservation Costs on Urban Residential Lots in Metropolitan Atlanta.* Georgia Forestry Comm. Forestry Research Paper No. 48, Macon, GA.

SEMONIN, R. G. 1978. Severe Weather Climatology in the Midwest and Arboriculture. *J. Arboriculture* 4:128–36.

SHARON, E. M. 1973. Some Histological Features of *Acer saccharum* Wood Formed after Wounding. *Canadian J. Forestry Research.* 3:83–89.

SHARON, M. 1989. Tree Failures, Risk and Reasonableness: A Commonsense Approach. *Arboricultural J.* 13:193–209.

SHIGO, A. L. 1979b. Tree Decay: An Expanded Concept. USDA Forest Service Agricultural Information Bull. 419.

———. 1983. Targets for Proper Tree Care. *J. Arboriculture* 9(11):285–94.

———. 1984. Compartmentalization: A Conceptual Framework for Understanding How Trees Grow and Defend Themselves. *Annu. Rev. Phytopathology* 22:189–214.

———. 1985. How Tree Branches Are Attached to Trunks. *Canadian J. Botany* 63:1391–1401.
———. 1986a. *A New Tree Biology.* Durham, NH: Shigo and Trees, Associates.
———. 1986b. *A New Tree Biology Dictionary.* Durham, NH: Shigo and Trees, Associates.
———. 1989. *Tree Pruning: A Worldwide Photo Guide.* Durham, NH: Shigo and Trees, Associates.
SHIGO, A. L., and P. BERRY. 1975. A New tool for Detecting Decay Associated with *Fomes annonus* in *Pinus resinosa. Plant Disease Reporter* 59:739–42.
———, and H. G. MARX. 1977. Compartmentalization of Decay in Trees. USDA Forest Service Agricultural Information Bull. 405.
———, W. E. MONEY, and D. I. DODDS. 1977. Some Internal Effects of Mauget Tree Injections. *J. Arboriculture* 3(11):213–20.
———, and C. L. WILSON. 1977. Wound Dressings on Red Maple and American Elm: Effectiveness after Five Years. *J. Arboriculture* 3(5):81–87.
———, and others. 1979. Internal Defects Associated with Pruned and Nonpruned Branch Stubs in Black Walnut. USDA Forest Service Research Paper 440.
SHORTLE, W. C. 1979. New Look at Tree Care. *J. Arboriculture* 5(12):281–84.
SHURTLEFF, M. C. 1980. The Search for Disease-Resistant Trees. *J. Arboriculture* 6(9):238–44.
———, and B. J. JACOBSEN. 1983. Iron Chlorosis of Wood Plants: Cause and Control. University of Illinois, Report on Plant Diseases No. 603.
SIEWERT, A. R. 2000. Results of the Open Discussion on Fertilizer. In *Proc. International Conference on Tree and Shrub Fertilization.* Ed. Alan Siewert, Ohio Division of Forestry, Middlefield, OH.
SILVIA, D., A. ALAGELY, D. KENT, and R. MECKLENBURG. 1998. Mycorrhizae of Landscape Trees Produced in Raised Beds and Containers. *J. Arboriculture* 24(6):309–15.
SIMMONS, G., and P. POPE. 1987. Influence of Soil Compaction and Vesicular–Arbuscular Mycorrhizae on Root Growth of Yellow Poplar and Sweet Gum Seedlings. *Canadian J. Forest Research* 17:970–75.
SIMONE, G. W. 1998. Prevention and Management of Palm Diseases in Florida's Landscapes. University of Florida Cooperative Extension Service, PP-Mimeo 98-4.
SIMPSON, J. 1998. Urban Forest Impacts on Regional Cooling and Heating Energy Use: Sacramento County Case Study. *J. Arboriculture* 24(4):201–14.
———, and G. MCPHERSON. 2001. Tree Planting to Optimize Energy and CO_2 Benefits, pp. 81–84. In *Proc. 2001 National Urban Forestry Conf.* Washington DC, American Forests.
SINCLAIR, W., H. GRIFFITHS, and I-M. LEE. 1994. Mycoplasmalike Organisms as Causes of Slow Growth and Decline of Trees and Shrubs. *J. Arboriculture* 20(3):176–89.
SINCLAIR, W. A., and R. J. CAMPANA. 1978. Development and Status of Dutch Elm Disease. In *Dutch Elm Disease: Perspectives after 60 Years,* eds. W. A. Sinclair and R. J. Campana. *Cornell University Agricultural Experiment Station Search Agricultural* 8(5):5–6.
———, H. L. LYON, and W. T. JOHNSON. 1987. *Diseases of Trees and Shrubs.* Ithaca, NY: Cornell University Press.
SINGER, M. J., and D. N. MUNNS. 1987. *Soils: An Introduction.* New York: Macmillan.
SKEMPTON, A. W. 1954. A Foundation Failure Due to Clay Shrinkage Caused by Poplar Trees. *Proc. Institution of Civil Engineers,* London, England, 3(1):66.
SKROCH, W., M. POWELL, T. BILDERBACK, and P. HENRY. 1992. Mulches: Durability, Aesthetic Value, Weed Control and Temperature. *J. Environmental Horticulture.* 10(1):43–45.
SMALLEY, T. J., and C. B. WOOD. 1995. Effect of Backfill Amendment on Growth of Red Maple. *J. Arboriculture* 21:247–50.
SMILEY, T. 1994. The Effects of Soil Aeration Equipment on Tree Growth, pp. 207–10. In *The Landscape below Ground,* eds. G. Watson and D. Neely. Savoy, IL: International Society of Arboriculture.
———. 1996. Treating Soil Compaction near Trees. *Grounds Maintenance.* 32(1):c6, c10, c12.
———. 1997. Strategies for Reducing Soil Compaction. *Tree Care Industry* 8(4):24–26, 28, 30–32.
———. 1998. Countersinking for Tree Bolts. *J. Arboriculture.* 24(5):245–47.
———. 1999. Prescription Fertilization: Selecting Materials and Rates. *Tree Care Industry* 10(10):36–39.
———. 2001. Terravent™: Soil Fracture Patterns and Impact on Bulk Density. *J. Arboriculture* 27(6):236–330.
———, and B. FRAEDRICH. 1990. Hazardous Tree Evaluation and Management. Charlotte, NC: Bartlett Tree Research Laboratory.
———, and B. R. FRAEDRICH. 1992. Determining Strength Loss from Decay. *J. Arboriculture* 18:201–4.
———, B. R. FRAEDRICH, and D. C. BOOTH. 1991. Comparison of Trunk Injected and Soil Applied Macronutrients. *J. Arboriculture* 17:322–24.
———, C. GRECO, and J. WILLIAMS. 2000. Brace Rods for Codominant Stems: Installation Location and Breaking Strength. *J. Arboriculture* 26(3):170–176.
———, A. KEY, and C. GRECO. 2000. Root Barriers and Windthrow Potential. *J. Arboriculture* 26(4):213–17.
———, and S. LILLY. 2001. *Best Management Practices—Tree Support Systems: Cabling, Bracing and Guying.* Champaign, IL: International Society of Arboriculture.
———, D. H MARX, and B. R. FRAEDRICH. 1997. Ectomycorrhizal Fungus Inoculations of Established Residential Trees. *J. Arboriculture* 23(3):113–15.
———, G. WATSON, B. FRAEDRICH, and D. BOOTH. 1990. Evaluation of Soil Aeration Equipment. *J. Arboriculture* 16:118–23.

SMITH, D. M. 1962. *The Practice of Silviculture.* New York: Wiley.

SMITH, E. M. 1976. Pin Oak Chlorosis: A Serious Landscape Problem. *American Nurseryman* 143(3):15, 44.

———, 2000. Tree Growth as Influenced by Fertilizer Placement. *Proc. International Conf. on Tree and Shrub Fertilization,* ed. Alan Siewert. Ohio Division of Forestry, Middlefield, OH

———, and T. A. FRETZ. 1979. Chemical Weed Control in Commercial Nursery and Landscape Plantings. Ohio Cooperative Extension Service MM-297.

SMITH, J., A. ENDRESS, G. SMITH, J. LLOYD, R. NEELY, R. STUTMAN, J. BALL, K. CODER, and T. WADLEY. 1995. *A Guide to the Plant Health Care Management System,* 2nd ed. Savoy, IL: International Society of Arboriculture.

SMITH, K., D. HAM, A. MILER, and T. CHESTNUT. 1995. Soil Aeration Systems: Do They Work? pp. 17–21. In *Trees and Building Sites,* eds. G. W. Watson and D. Neeley. Savoy, IL: International Society of Arboriculture.

SMITH, R. C. 1977. Planting Trees with a Power Auger. *Grounds Maintenance,* May, p. 84.

SMITH, S. E., and D. J. READ. 1997. *Mycorrhizal Symbiosis.* San Diego, CA: Academic Press.

SMITH, W. H. 1970. *Tree Pathology: A Short Introduction.* San Diego, CA: Academic Press.

SOUTHERN PINE BEETLE WORKING GROUP. 1998. *Insects and the Wildfires of 1998: Reducing the Risk of Additional Tree Losses.* Florida Department of Agriculture, Division of Forestry. *www.sfrc.ufl.edu/extesnion/fsnl/ffsn161.htm.*

SPOMER, L. A. 1983. Physical Amendment of Landscape Soils. *J. Environmental Horticulture* 1(3):77–80.

SPRINGGATE, L., and R. HOESTEREY. 1995. Bellevue, Washington: Managing the Urban Forest for Multiple Benefits, pp. 195–200. In *Urban Forest Landscapes: Integrating Multidisciplinary Perspectives,* ed. G. Bradley. Seattle: University of Washington Press.

STABLER, L. B., C. A. MARTIN, and J. C. STUTZ. 2001. Effect of Urban Expansion on Arbuscular Mycorrhizal Fungal Mediation of Landscape Tree Growth. *J. Arboriculture* 27(4):193–201.

STANDIFORD, R. 1991. Assessing Fire Damaged Coast Live Oaks. University California, Department of Forestry and Resource Management, Berkeley, CA.

STANKOVICK, M. 1990. Sidewalks and Trees. Village of Oak Park. Oak Park, IL.

STERRETT, J. P., T. J. TWORKOSKI, and P. T. KUJAWSKI. 1989. Physiological Responses of Deciduous Tree Root Collar Drenched with Flurprimidol. *J. Arboriculture* 15:120–24.

STIMMANN, M. W. 1977. Pesticide Application and Safety Training. University of California Agricultural Science Pub. 4070.

STOBBE, H., D. DUJESIEFKEN, and K. SCHRÖDER. 2000. Tree Crown Stabilization with the Double-Belt System Osnabrück. *J. Arboriculture* 26(5):270–73.

STONE, E. C., and R. B. VASEY. 1968. Preservation of Coast Redwood on Alluvial Flats. *Science* 159:157–161.

STONE, E. L. 1968. Microelement Nutrition of Forest Trees: A Review, pp. 132–75. In *Forest Fertilization: Theory and Practice.* ed. G. Bengtson Knoxville: Tennessee Valley Authority.

STREETS, R. B. 1984. *The Diagnosis of Plant Diseases.* Tucson: University of Arizona Press.

STRIBLING'S NURSERIES. 1966. New System in Tree Plantings. Merces, CA. *Stribling's Fruit and Grape Growers Newsletter,* Jan.

STROMBERG, L. K. 1975. Water Quality for Irrigation. Fresno County: California Cooperative Extension Service Pub., Nov. 18.

STRUVE, D., L. BURCHFIELD, and C. MAUPIN. 2000. Survival and Growth of Transplanted Large- and Small-Caliper Red Oaks. *J. Arboriculture* 26(3):162–69.

SULAK, J., and J. KIELBASO. 2000. Vegetation Management along Transmission Utility Rights-of-Way in Massachusetts. *J. Arboriculture* 26(4):198–204.

SULLIVAN, W., and F. KUO. 1996. Do Trees Strengthen Urban Communities, Reduce Domestic Violence? *Arborist News* 5(2):33–34.

SUMMITT, J., and E. G. MCPHERSON. 1998. Residential Tree Planting and Care: A Study of Attitudes and Behavior in Sacramento California. *J. Arboriculture* 24(2):89–97.

SVIHRA, P. 1987. Suitability of Elm Firewood to Bark Beetle Attack Stored under Polyethylene Sheeting. *J. Arboriculture* 13:164–66.

———. 1994. Principles of Eradicative Pruning. *J. Arboriculture* 20(5):262–71.

———, P. D. BURGER, and R. W. HARRIS. 1993. Treeshelters for Nursery Plants May Increase Growth, Be Cost Effective. *California Agriculture* 47(4):13–20.

SYLVIA, D., A. ALAGELY, D. KENT, and R. MECKLENBURG. 1998. Mycorrhizae of Landscape Trees Produced in Raised Beds and Containers. *J. Arboriculture* 24(6):308–15.

SYNDOR, T., D. GAMSTETTER, J. NICHOLS, B. BISHOP, J. FAVORITE, C. BLAZER, and L. TURPIN. 2000. Trees Are Not the Root of Sidewalk Problems. *J. Arboriculture* 26(1):20–26.

SZETO, E. 1989. Plant Growth Regulator Literature Review and Status Report. San Ramon, CA: Pacific Gas and Electric Company. Env., Health, and Safety Rpt. 009. 4-89.4.

TATE, R. L. 1981. Characteristics of Girdling Roots on Urban Norway Maples. *J. Arboriculture* 7:268–70.

TATTAR, T. A. 1989. *Diseases of Shade Trees,* 2nd ed. San Diego, CA: Academic Press.

TEMPLETON, S., and G. GOLDMAN. 1996. Urban Forestry Adds $3.8 Billion to California Economy. *California Agriculture.* 50(1):6–10.

TENNESSEE VALLEY AUTHORITY. 1968. *Forest Fertilization: Theory and Practice. Symposium on Forest Fertilization.* Muscle Shoals, AL: Tennessee Valley Authority.

TERLOUW, A. L. 1981. Lava Slag, the Elixir of Life for Street Trees? *Groen* 37(7):301–4.

THAYER, R. C., JR. 1959. Tree Bracing. U.S. National Park Service Tree Preservation Bull. 3.

———. 1961. Shade Tree Pruning. U.S. National Park Service Tree Preservation Bull. 4.

THOMPSON, R., N. PILLSBURY, and R. HANNA. 1994. *The Elements of Sustainability in Urban Forestry.* Urban Forest Ecosystems Institute. California Polytechnic State University, San Luis Obispo, CA.

THOMSON, J., and P. RUMSEY. 1997. Trenchless Technology Applications for Utility Installation. *Arboricultural J.* 21:137–43.

THURSTON, G. 1998. Biological Control of Elm Leaf Beetle. *J. Arboriculture* 24(3):154–59.

TICKNOR, R. L. 1981. Deciduous Trees Modify Temperature of Buildings. *Weeds, Trees, and Turf* 20(2):22–23, 25–26.

TIPTON, J. L. 1994. Relative Drought Resistance Among Selected Southwestern Landscape Plants. *J. of Arboriculture* 20(3):150–55.

TISDALE, S. L., and W. L. NELSON. 1975. *Soil Fertility and Fertilizers,* 3rd ed. New York: Macmillan.

TODHUNTER, M. N., and W. F. BEINEKE. 1979. Effect of Fescue on Black Walnut Growth. *Tree Planter's Notes,* Summer, 20–23.

TOKLE, G. O., and J. MARKER. 1987. Wildfire Strikes Home. U.S. Forest Service National Fire Protection Association No. SPP-86.

TOMPKINS, D., J. ROSS, and D. MOROZ. 1997. Effect of Incorporating Tire Crumb Rubber and Compost during the Construction of Athletic Field Turf. Research Report 9713, Prairie Turfgrass Research Centre, Alberta, Canada.

TORNGREN, T. S., E. J. PERRY, and C. L. ELMORE. 1980. Mistletoe Control in Shade Trees. University of California Agricultural Science Leaflet 2571.

TOWNSEND, A. M. 1977. Improving the Adaptation of Maples and Elms to the Urban Environment. In: *Proc. Sixteenth Meeting Canadian Improvement Association: Part 2.* Winnipeg: University of Manitoba Press, pp. 27–31.

TREESCAPES. n.d. A Practical Workshop for Cabling and Bracing. Oakland, CA: Self Published.

TROUSE, A. C., JR., and R. P. HUMBERT. 1959. Deep Tillage in Hawaii: Subsoiling. *Soil Sci.* 88:150–58.

TUCKER, R. L., and A. R. POOR. 1978. Field Study of Moisture Effects on Slab Movement. *J. Geotechnical Engineering* 104(4):402–14.

TURNER, N. C., and H. C. DEROO. 1974. Hydration of Eastern Hemlock as Influenced by Waxing and Weather. *Forest Sci.* 20:19–24.

ULRICH, R. S. 1984. View through a Window May Influence Recovery from Surgery. *Science* 224:420–21.

———. 1986. Human Responses to Vegetation and Landscapes. *Landscape and Urban Planning* 13:29–44.

U.S. COMPOSTING COUNCIL. 1996. *Field Guide to Compost Use.* Harrisburg, PA: U.S. Composting Council.

U.S. DEPARTMENT OF AGRICULTURE (USDA). 1969. Pruning Ornamental Shrubs and Vines. USDA Home and Garden Bull. 165.

———. 1973a. Air Pollution Damages Trees. Upper Darby, PA: USDA Forest Service, Northeast Area.

———. 1973b. Controlling the Japanese Beetle. USDA Home and Garden Bull. 159.

———. 1975. Protecting Shade Trees during Home Construction. USDA Home and Garden Bull. 104.

———. 1988. *Plant Hardiness Zone Map.* USDA Misc. Pub. 1475.

———. 2002. Fire Effects Information System (FEIS). USDA Forest Service. Rocky Mountain Research Station. Fire Sciences Laboratory. *www.fs.fed.us/database/feis.*

UNIVERSITY OF CALIFORNIA COOPERATIVE EXTENSION. 2000. *Guide to Estimating Irrigation Water Needs of Landscape Plantings in California.* Sacramento, CA: Department of Water Resources, Bulletins and Reports, P.O. Box 942836.

UNRUH, J. and B. BRECKE. 1999. Plant Growth Retardants for Fine Turf and Roadsides/Utilities. Univ. of Florida. Inst. Food and Agricultural Sciences. Dept. Environmental Horticulture. Cooperative Extension Service Publication AGR-17. Gainesville, FL.

UNTERMANN, R. K. 1973. *Grade Easy.* Washington, DC: American Society of Landscape Architects.

URBAN, J. 1989. New Techniques in Urban Tree Planting. *J. Arboriculture,* 15:281–84.

———. 1990. Evaluation of Tree Planting Practices in the Urban Landscape. In: *Proc. Fourth Urban Forestry Conference.* P. Rodbell (ed.). American Forests. Washington D.C. pp. 119–127.

———. 1992. Bringing Order to the Technical Dysfunction within the Urban Forest. *J. Arboriculture* 18(2):85–90.

———. 1995. Roots Barriers: An Evaluation. *Landscape Architecture.* 84(9):28–31.

———. 1996. Room to Grow. *Landscape Architecture,* Mar.

VAN DAM, J., J. W. MAMER, and W. W. WOOD. 1981. Labor Requirement Analysis for Landscape Maintenance. University of California Agricultural Science Leaflet 21232.

VAN DER MEIDEN, H. A. 1957. (no title). *Ned. Bos. Tjd.* 10:229–42.

VAN DE WERKEN, H. 1981. Fertilization and Other Factors Enhancing the Growth Rate of Young Shade Trees. *J. Arboriculture* 7(2):33–37.

———. 1984b. Why Use Obsolete Fertilizer Practices? *American Nurseryman* 159(7):65–71.

VAN BRUGGEN, A. and N. J. GRUNWALD. 1996. Tests for Risk Assessment of Root Infection by Plant Pathogens. In *Methods for Assessing Soil Quality,* eds. J. Doran and A. J. Jones. Madison, WI: Soil Science Society of America, pp. 293–310.

VAN HEUIT, R. E. 1979. Sanitation Districts of Los Angeles County: Generation of Methane Gas in Sanitary Landfills and Its Effect on Growth of Plant Materials. Unpublished paper delivered at 1979 meeting of American Society of Consulting Arborists (Abstract in Horizons, 1980. Washington, DC: American Association Nurserymen, Sept.).

VANSTONE, D. E., and W. G. RONALD. 1981. Comparison of Bare-Root versus Tree Spade Transplanting of Boulevard Trees. *J. Arboriculture* 7:271–74.

VEIHMEYER, F. J., and A. H. HENDRICKSON. 1955. Does Transpiration Decrease as the Soil Moisture Decreases? *Transactions, American Geophysical Union* 36:425–48.

VERNER, L. 1955. Hormone Relations in the Growth and Training of Apple Trees. University of Idaho, College of Agricultural Res. Bull. 28.

VETTERLEIN, D., and R. F. HÜTTL. 1999. Can Applied Organic Matter Fulfill Similar Functions as Soil Organic Matter? Risk–Benefit Analysis for Organic Matter Application as a Potential Strategy for Rehabilitation of Disturbed Ecosystems. *Plant and Soil* 213:1–10.

WAGAR, A. 1985. Reducing Surface Rooting of Trees with Control Planters and Wells. *J. Arboriculture* 11:165–71.

———, and P. A. BARKER. 1983. Tree Root Damage to Sidewalks and Curbs. *J. Arboriculture* 9:177–81.

WAGENER, W. W. 1961. Guidelines for Estimating the Survival of Fire Damaged Trees in California. USDA Department of Agriculture, Misc. Ppr. No. 60, Sept.

———. 1963. Judging Hazard from Native Trees in California Recreational Areas: A Guide for Professional Foresters. USDA Forest Service Res. Ppr. PSW-P 1.

WALKER, R. E., and G. F. KAH. 1989. *Landscape Water Management Handbook.* California Department of Water Resources, Sacramento, Version 4.1.

WALLACE, A., and S. D. NELSON. 1986. Foreword. *Soil Sci.* 141(5):311.

WALLIHAN, E. F. 1966. Iron, pp. 203–12. In *Diagnostic Criteria for Plants and Soils,* ed. H. D. Chapman. Riverside, CA: H. D. Chapman.

WALLIS, G., D. MORRISON, and D. ROSS. 1980. Tree Hazards in Recreation Sites in British Columbia. D.B. Ministry of Lands, Parks and Housing, Canadian Forestry Service, Joint Rpt. No. 13.

WALMSLEY, T. J. 1989. Factors Influencing the Establishment of Amenity Trees. Ph.D. Thesis, University of Liverpool.

WALTER, H. 1985. *Vegetation of the Earth and Ecological Systems of the Geobiosphere.* Berlin: Springer-Verlag.

WALTERS, D. T., and A. R. GILMORE. 1976. Allelopathic Effects of Fescue on the Growth of Sweetgum. *J. Chemical Ecology.* 2:469–79.

WALTON, J. 1998. Stormwater Runoff Reduction by Urban Trees in Austin Texas, pp. 82–85. In *Proc. Eighth National Urban Forestry Conf.,* ed. C. Kollin. Washington DC: American Forests.

WARD, W. H. 1953. Soil Movement and Weather. *Proc. Third International Conf. Soil Mechanics and Foundation Engineering.*

WARGO, P. M. 1980. *Armillaria mellea:* An Opportunist. *J. Arboriculture* 6(10):276–78.

WARRINER, W. 2000. Educating Related Disciplines and the Impact of a Community Forest Management Plan. In: *Strategies to Reduce Infrastructure Damage by Tree Roots. Proc. Symposium for Researchers and Practioners.* L. Costello, E. McPherson, D. Burger, and L. Dodge (ed.). Western Chapter. International Society of Arboriculture. Cohasset, CA. pp. 49–53.

WATER POLLUTION CONTROL FEDERATION. 1980. Operation and Maintenance of Wastewater Collection Systems, Manual of Practice #7.

WATSON, G. W. 1985. Tree Size Affects Root Regeneration and Top Growth after Transplanting. *J. Arboriculture* 11:37–40.

———. 1990. Preventing construction damage to trees. Lisle, IL: The Morton Arboretum Information Leaflet 36.

———. 1994. Root Growth Response to Fertilizers. *J. Arboriculture* 20: 4–9.

———. 1996. Tree Root System Enhancement with Paclobutrazol. *J. Arboriculture* 22:211–17.

———. 2002. Comparing Formula Methods of Tree Appraisal. *J. Arboriculture* 28(1):11–18.

———, S. CLARK, and K. JOHNSON. 1990. Formation of Girdling Roots. *J. Arboriculture* 16:197–202.

———, and E. B. HIMELICK. 1982. Root Distribution of Nursery Trees and Its Relationship to Transplanting Success. *J. Arboriculture* 8:225–29.

———, and ———. 1997. *Principles and Practice of Planting Trees and Shrubs.* Savoy, IL: International Society of Arboriculture.

———, P. KELSEY, and K. WOODTLI. 1996. Replacing Soil in the Root Zone of Mature Trees for Better Root Growth. *J. Arboriculture.* 22:167–73.

———, and G. KUPKOWSKI. 1991. Effects of a Deep Layer of Mulch on the Soil Environment and Tree Root Growth. *J. Arboriculture* 17(9):242–45.

———, G. KUPKOWSKI, and K. VON DER HEIDE. 1991. Pin Oak Root Injury from Soil Acidification with Sulfuric Acid. *J. Environmental Horticulture* 9(2):102–5.

———, K. G. VON DER HEIDE-SPRAVKA, and V. K. HOWE. 1990. Ecological Significance of Endo-Ectomycorrhizae in the Oak Sub-Genus *Erythrobalanus. Arboricultural J.* 14:107–16.

WATSON, M. R. 1987. Use of Tree Growth Regulators at Potomac Edison. *J. Arboriculture* 13:65–69.

WEATHERSPOON, P. 1998. Evaluating Damage to Trees from the 1987 Wildfires. *FIR Report.* 9(4):13–14. Oregon State University Cooperative Extension, Corvallis, OR.

WEBSTER, D. H. 1980. Response of Compact Subsoils to Soil Disturbance. *Canadian J. Soil Science.* 60:127–31.

Webster's Seventh New Collegiate Dictionary. 1976. Springfield, MA: Merriam.

WEIER, T. E., C. R. STOCKING, and M. G. BARBOUR. 1974. *Botany: An Introduction to Plant Biology,* 5th ed. New York: Wiley.

———, ———, ———, and T. L. ROSS. 1982. *Botany: An Introduction to Plant Biology,* 6th ed. New York: Wiley.

WEINBAUM, S. A., R. S. JOHNSON, and T. M. DEJONG. 1992. Causes and Consequences of Overfertilization in Orchards. *HortTechnology* 2(1):112–21.

———, I. KLEIN, F. BROADBENT, W. MICKE, and T. MURAOKA. 1984. Effects of Time of Nitrogen Application and Soil Texture on the Availability of Isotopically Labelled Fertilizer Nitrogen to Reproductive and Vegetative Tissue of Mature Almond Trees. *J. American Society Horticultural Science* 109(3):339–43.

———, A., M. L. MERWIN, and T. T. MURAOKA. 1978. Seasonal Variation in Nitrate Uptake Efficiency and Distribution of Absorbed Nitrogen in Non-Bearing Prune Trees. *J. American Society Horticultural Science* 103(4):516–19.

WEISER, C. J. 1970a. Cold Resistance and Acclimation in Woody Plants. *HortScience* 5(5):403–10.

———. 1970b. Cold Resistance and Injury in Woody Plants. *Science* 169:1269–78.

WELCH, D. S. 1949. The Cause and Treatment of Cavities in Trees. *Proc. National Shade Tree Conf.* 25:126–31.

WELLS, N. M. 2000. At Home with Nature: Effects of "Greenness" on Children's Cognitive Functioning. *Environment and Behavior* 32(6):775–95.

WELTERLEN, M. S. 1996. Researching Maintenance. *Grounds Maintenance* 31(2):98.

WESSOLLY, L. 1995. Fracture Diagnosis of Trees. Part 1: Statics-integrated methods—Measurement with tension test. *Stadt und Grun.* 6:416–422.

WHITCOMB, C. E. 1979a. Amendments and Tree Establishment. *J. Arboriculture* 5(7):167.

———. 1979b. Factors Affecting the Establishment of Urban Trees. *J. Arboriculture* 5(10):217–19.

———. 1980. Effects of Black Plastic and Mulches on Growth and Survival of Landscape Plants. *J. Arboriculture* 6(10):10–12.

———. 1986. Solving the Iron Chlorosis Problem. *J. Arboriculture* 12:44–48.

———. 1987. *Establishment and Maintenance of Landscape Plants.* Stillwater, OK: Lacebark.

WHITE, D. P. 1956. Aerial Application of Potash Fertilizer to Coniferous Plantations. *J. Forestry* 54:762–68.

WHITE, P. M. 1987. Transplanting Trees and Shrubs in the Fall. *Country J.,* Nov., pp. 33–35.

WHITLOW, T. H., and R. W. HARRIS. 1979. Flood Tolerance in Plants: A State-of-the-Art Review. Vicksburg, MS: U.S. Army Engineer Waterways Experiment. Station Tech. Rpt. E-79-2.

WHITTAKER, R. H. 1954. The Ecology of Serpentine Soils: A Symposium. *Ecology* 35(2):258–59.

WHITTIER, J., D. RUE, and S. HAASE. 1995. Urban Tree Residues: Results of the First National Inventory. *J. Arboriculture* 21(2):57–62.

WIKSTROM, F., and T. ERICSSON. 1995. Allocation of Mass in Trees Subject to Nitrogen and Magnesium Limitation. *Tree Physiology* 15:339–44.

WILDMAN, W. E. 1969. Water Penetration: Where Is the Restricting Layer. Soil and Water. University of California Cooperative Extension Service 7:1–4.

———. 1976. Diagnosing Soil Physical Problems. University of California Cooperative Extension Leaflet 2664.

———, and K. D. GOWANS. 1975. Soil: Physical Environment and How It Affects Plant Growth. University of California Extension Leaflet 2280.

———, J. L. MEYER, and R. A. NEJA. 1975. Managing and Modifying Problem Soils. University of California Extension Leaflet 2791.

WILKES, J. 1983. Use of the Shigometer Technique to Detect Decay in Eucalypts. *Australian Forestry.* 46(1):35–38.

WILLEKE, D. 1992. A True and Full Accounting of the Urban Forest, pp. 40–47. In *Proc. Fifth National Urban Forestry Conf.,* ed. P. Rodbell. Washington, DC: American Forests.

WILLIAMS, A. A. B., and J. T. PIDGEON. 1983. Evapo-Transpiration and Heaving Clays in South Africa. *Geotechnique* 33(2):141–50.

WILLIAMSON, J. F. 1972. *Sunset Pruning Handbook.* Menlo Park, CA: Lane Books.

WILSON, B. F. 1984. *The Growing Tree,* rev. ed. Amherst: University of Massachusetts Press.

WILSON, P. J. 1983. The Shigometer Technique in Practice. *Arboricultural J.* 7:81–85.

WISNIEWSKI, N. 2000. Regulating Growth. *Land and Landscape.* August 2000:48,50,52,54,56.

WILTSEE, G. 1998. Urban wood waste resource assessment. National Renewable Energy Laboratory. 1617 Cole Blvd., Golden, CO. 80401-3393. *http://www.eren.doe.gov/biopower/bplib/library/urbanwaste.pdf.*

WITMER, R. K., H. D. GERHOLD, and E. R. ULRICH. 1997. Tree Shelters Accelerate Slow-Growing Species in Nurseries. *J. Arboriculture* 23:40–48.

WOLF, K. 1997. Enterprising Landscapes: Business Districts and the Urban Forest. In *Proc. Eighth National Urban Forestry Conf.,* ed. C. Kollin, Washington, DC: American Forests. pp. 39–42

WONG, T. L., R. W. HARRIS, and R. E. FISSELL. 1971. Influence of High Soil Temperatures of Five Woody Species. *J. American Society Horticultural Science* 96:80–83.

WONG, T. W., J. E. G. GOOD, and M. P. DENNE. 1988. Tree Root Damage to Pavements and Kerbs in the City of Manchester. *Arboricultural J.* 12:17–34.

WOODTLI, K. 1989. Radosan and Sanator. *J. Arboriculture* 15:253.

WORTHING, C. R., and S. B. WALKER. 1983. *The Pesticide Manual,* 7th ed., ed. C. R. Worthing. Croydon, England: British Crop Protection Council.

WYMAN, D. P. 1936. Growth Experiments with Pin Oaks Which Are Growing under Lawn Conditions. Cornell University Agricultural Experiment Station Bull. 646.

———. 1958. Mulching Practices at the Arnold Arboretum. *Plants and Gardens Pruning Handbook,* New York: Brooklyn Botanic Garden 13(1):27–30.

———. 1971. *Wyman's Gardening Encyclopedia.* New York: Macmillan.

XIAO, Q., G. MCPHERSON, J. SIMPSON, and S. USTIN. 1998. Rainfall Interception by Sacramento's Urban Forest. *J. Arboriculture* 24(4):235–44.

YAHNER, R., W. BRAMBLE, and R. BYRNES. 2001. Response of Amphibian and Reptile Populations to Vegetation Maintenance of an Electric Transmission Line Right-of-Way. *J. Arboriculture* 27(4):215–21.

YINGLING, E. L., C. A. KEELEY, S. LITTLE, and J. BURTIS, JR. 1979. Reducing Damage to Shade and Woodland Trees from Construction Activities. *J. Arboriculture* 5(5):97–105.

ZABEL, R. A., and J. J. MORRELL. 1994. *Wood Microbiology—Decay and Its Prevention.* San Diego, CA: Academic Press.

ZANETTO, J. 1978. Trees for Solar Neighborhoods. *Landscape Architecture,* Nov., pp. 514–19.

ZIMMERMANN, M. H., and C. L. BROWN. 1971. *Trees, Structure and Function.* New York: Springer-Verlag.

국문 찾아보기

ㅈ

ㅊ

ㅋ

ㅌ

ㅍ

영문 찾아보기

D

E

F

G

H

I

L

M

N

O

P

Q

R

S

T

Sunset National Garden Plant-Climate Zones

이들 Zone은 뒤의 접어 넣은 페이지의 식물-기후지대 지도(Plant-Climate Zone Map)에 표시되어 있다. 각 Zone의 지리적인 위치, 생육기의 길이, 예상되는 평균 최저기온이 아래에 표시되어 있다. 이러한 정보에 더하여, Zone 설정의 기준이 되는 다음 정보를 포함한다: 여름 고온, 습도, 강우 패턴과 바람. 이들 Zone의 각각에 대한 기후는 *Sunset National Garden Book* (Brenzel, 1997)에 기술되어 있다. 접어 넣은 페이지에 있는 지도와 아래의 정보는 Sunset Books Inc.(Menlo, CA; 1998)의 협조로 입수 가능하였다.

Zone 1 서부에서 가장 추운 겨울
6/2~8/4*, Zone 2보다 더 추움

Zone 2 서부에서 두 번째로 추운 지대
5/2~9/4, −19~−37°C; −3~−34°F**

Zone 3 가장 온난한 고지대와 내륙 기후
5/2~9/3, −11~−31°C; −13~−24°F

Zone 4 서부의 겨울이 추운 지역. **WA & B.C.**
5/2~10/1, −7~−22°C; 19~−7°F

Zone 5 바다의 영향을 받는 북서 해안과 퓨젯 사운드**(Puget Sound)**
4/4~10/4, −2~−17°C; 28~1°F

Zone 6 윌라멧 밸리**(Willamette Valley, OR), Zone 5** 대비 겨울은 비슷하고 여름은 더 따뜻함
3/3~11/2, −2~−17°C; 28~1°F

Zone 7 캘리포니아의 디거소나무벨트**(Digger Pine Belt)**와 오래건의 루지강 계곡**(Rouge River Valley)**
5/1~10/1, −5~−13°C; 23~9°F

Zone 8 캘리포니아 센트럴밸리**(Central Valley)**의 찬 공기 분지**(Cold-air Basin)**
2/3~11/4, −2~−11°C; 29~13°F

Zone 9 캘리포니아 센트럴밸리**(Central Valley)**의 온난사면 **(Thermal Belt)**
2/4~11/4, −2~−8°C; 28~18°F

Zone 10 아리조나, 뉴멕시코, 캔사스, 텍사스, 오클라호마의 고지대 사막
4/1~11/1, −1~−4°C; 31~24°F

Zone 11 캘리포니아, 네바다 남부의 중간~고지대 사막
4/2~10/3, −12~−18°C;
11~0°F(극단적 저온)

Zone 12 애리조나의 중간 사막
3/3~11/2, −14°C; 6°F(극단적 저온)

Zone 13 낮은, 또는 아열대 사막 지역
(더위로 6월, 7월, 8월 생장이 중단됨)
2/2~5/4; 8/3~11/4,
−11~−17°C; 19~13°F

Zone 14 북부 캘리포니아 내륙 지역 + 해양 영향을 받는 지역
3/1~11/2, −7~−12°C; 20~11°F

Zone 15 코스트산맥**(Coast Range)**을 따라 차가운 겨울 지역
3/1~11/4, −3~−9°C; 26~16°F

Zone 16 중앙과 북부 캘리포니아 해안의 온난사면**(Coast Thermal Belt)**
2/4~11/3, 0~−7°C; 32~19°F

Zone 17 북부 캘리포니아의 해양 영향권
3/1~11/4, 2~−5°C; 36~23°F

Zone 18 남부 캘리포니아의 내륙 계곡 내 온난사면 위와 아래
3/5~11/2, −2~−12°C; 28~10°F

Zone 19 남부 캘리포니아의 내륙 계곡 주변의 온난사면
3/2~11/4, −3~−6°C; 27~22°F

Zone 20 남부 캘리포니아의 간헐적으로 해양의 영향을 받는 겨울이 서늘한 지역
3/4~11/2, −2~−5°C; 28~23°F

---

* 생육기 – 즉, 앞의 6/2는 생육기가 "6월 두 번째 주"에 시작된다는 것을 의미한다; 그리고 뒤의 8/4는 생육기가 "8월의 네 번째 주에 끝난다는 것을 의미한다.
** 겨울 최저 평균기온(달리 표시된 경우 제외).

Zone 21 남부 캘리포니아의 간헐적으로 해양의 영향을 받는 온난사면
3/2~11/4, 2~−5°C; 36~23°F

Zone 22 남부 캘리포니아 해양성 기후 중 겨울이 추운 지역
3/1~11/4, 드물게 −2°C; 28°F 미만

Zone 23 남부 캘리포니아 해양성 기후의 온난사면
1/3~12/4, 3~−5°C; 38~23°F

Zone 24 남부 캘리포니아 해안을 따라 해양성 기후 지역
1/1~12/31, 7~−4°C; 44~24°F

Zone 25 남부 플로리다와 키 지역(**Keys**)
1/1~12/31, 4~−4°C; 40~25°F

Zone 26 플로리다 중앙과 내륙
2/2~12/3, −1~−9°C; 30~15°F

Zone 27 리오 그란데밸리(**Lower Rio Grande Valley**) 저지대
3/2~12/2, 5~−1°C; 40~30°F

Zone 28 플로리다 북중부와 걸프만
3/3~11/4, 5~−1°C; 40~30°F

Zone 29 남부 텍사스의 내륙 평원
3/3~11/4, 1~−3°C; 34~26°F

Zone 30 중부 텍사스의 구릉지(**Hill Country**)
3/3~11/4, −7°C; 20°F

Zone 31 걸프만과 남동부 해안지역의 내륙 평원
3/4~10/4, −14~−18°C; 7~0°F

Zone 32 중부 대서양 주의 내륙 평원(체사픽 만, 남부 펜실베이니아, 남부 뉴저지)
3/4~11/1, −12~−18°C; 10~0°F

Zone 33 북부 텍사스와 남부 오클라호마에서 북부 앨라배마와 중부 테네시까지
4/2~10/4, −9~−18°C; 15~0°F

Zone 34 게티즈버그에서 북부 보스턴까지의 저지대와 해안
4/4~10/3, −19~−30°C; −3~−22°F

Zone 35 워시토(**Ouachita**)산맥, 북부 오클라호마, 남부 캔자스에서 북부 중앙 켄터키와 남부 오하이오까지
4/4~10/3, −29°C; −20°F(극단적 저온)

Zone 36 애팔래치아 산맥
5/1~10/3, −18~−29°C; 0~−20°F

Zone 37 허드슨 계곡과 애팔래치아 고원
5/1~10/2, −20~−26°C; −5~−15°F

Zone 38 뉴잉글랜드 내륙과 메인 주 저지대
5/1~10/1, −8~−19°C; 18~−2°F

Zone 39 오대호 연안지역
5/2~10/1, −12~−18°C; 10~0°F

Zone 40 이리호와 온타리오호의 내륙 평원
5/4~9/2, −23~−29°C; −10~−20°F

Zone 41 남동부 네브래스카, 북동부 캔자스에서 인디애나, 남동부 위스콘신, 미시간, 오하이오까지
5/2~10/1, −7~−12°C; 20~11°F

Zone 42 펜실베이니아와 뉴욕의 산간지방, 세인트 로렌스 계곡
5/4~9/3, −29~−40°C; −20~−40°F

Zone 43 미시시피 계곡 위쪽, 미시간 위쪽, 온타리오와 퀘벡 남부
5/4~9/2, −29~−34°C; −20~−30°F

Zone 44 뉴잉글랜드 산간지방, 퀘벡 남동부
6/1~9/1, −29~−40°C; −20~−40°F

Zone 45 북부 미네소타, 북서부 위스콘신, 동부 마니토바, 북부와 중부 온타리아, 퀘벡
6/2~8/4, −34~−40°C; −30~−40°F

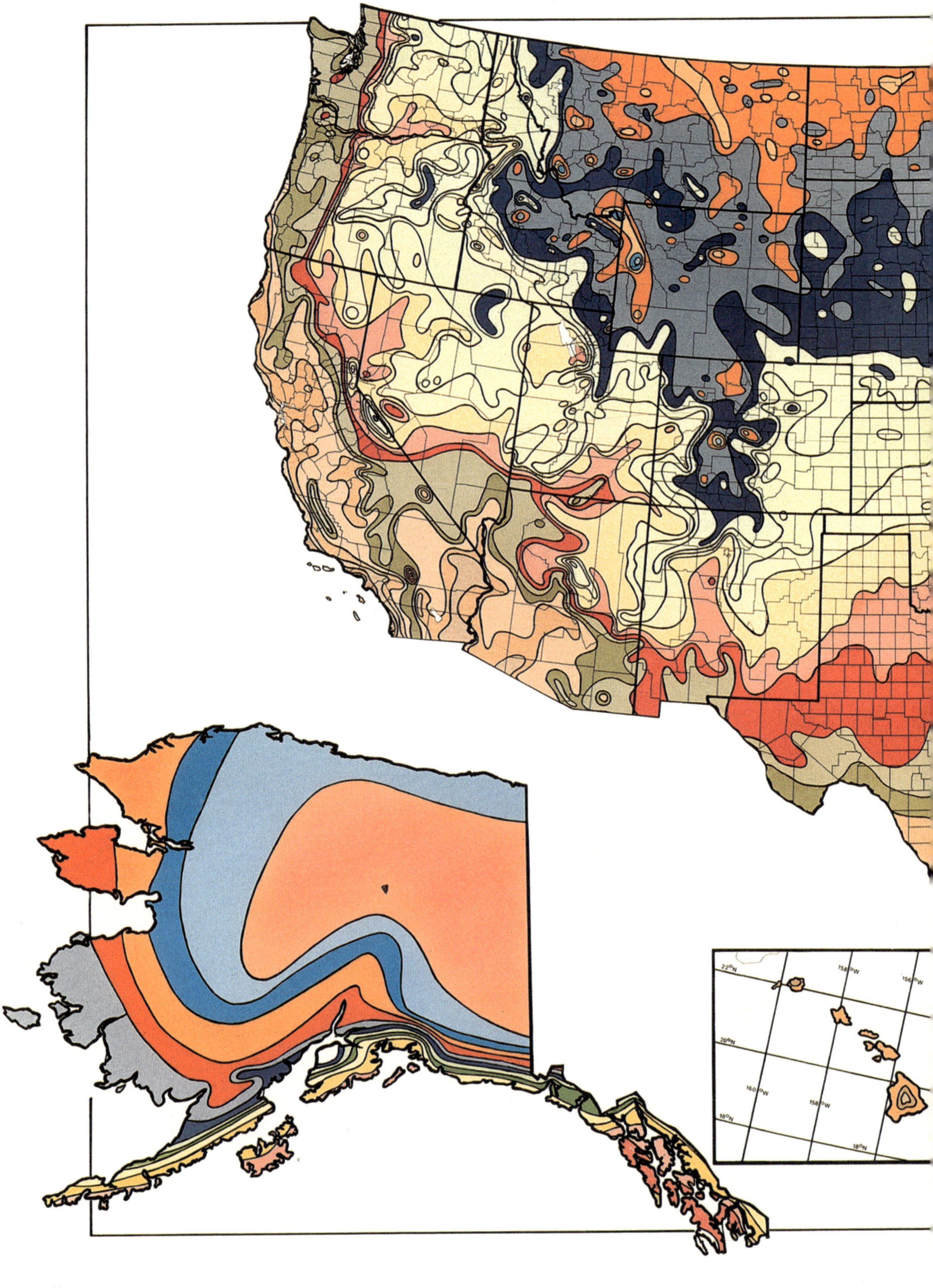

22°N
158°W
156°W
20°N
160°W
158°W
18°N
18°N